Wagenitz
Wörterbuch der Botanik

Wörterbuch der Botanik

Die Termini in ihrem historischen Zusammenhang

Zweite, erweiterte Auflage

Mit 10 Abbildungen,
einem englisch-deutschen und
einem französisch-deutschen Register

Von Gerhard Wagenitz, Göttingen

Spektrum Akademischer Verlag   Heidelberg · Berlin

Anschrift des Autors:

Professor em. Dr. Gerhard Wagenitz
Albrecht-von-Haller-Institut für Pflanzenwissenschaften
der Universität Göttingen
Abt. Systematische Botanik
Untere Karspüle 2
37073 Göttingen

Bibliografische Information Der Deutschen Bibliothek

Die Deutsche Bibliothek verzeichnet diese Publikation in der Deutschen Nationalbibliografie; detaillierte bibliografische Daten sind im Internet über http://dnb.ddb.de abrufbar.

©2003 Spektrum Akademischer Verlag GmbH Heidelberg, Berlin

ISBN 3-8274-1398-2

Alle Rechte, insbesondere die der Übersetzung in fremde Sprachen, sind vorbehalten. Kein Teil des Buches darf ohne schriftliche Genehmigung des Verlages photokopiert oder in irgendeiner Form reproduziert oder in eine von Maschinen verwendbare Sprache übertragen oder übersetzt werden.

Lektorat: Dr. Ulrich G. Moltmann, Inga Eicken
Herstellung: Katrin Frohberg
Umschlaggestaltung: Kurt Bitsch, Birkenau
Druck und Bindung: Ebner & Spiegel GmbH, Ulm
Titelbild: *Gazania splendens* (Photo P. Sitte, Freiburg)

Inhalt

Vorwort VII

Einleitung IX

  I: Zur Geschichte der botanischen Terminologie in der Neuzeit IX
  II. Quellen XI
  III. Aufbau der Artikel XIII

Lexikalischer Hauptteil 1

Übersicht über das System der Bakterien, Pilze und Pflanzen 360

Erläuterungen zum Literaturverzeichnis 362

Zitierte Literatur 363

Wörter und Wortbestandteile lateinischer und griechischer Herkunft ... 473

Englisch-deutsches Register 479

Französisch-deutsches Register 517

Quellen der Abbildungen 552

Vorwort

Diese zweite Auflage trägt ihren Titel „Wörterbuch der Botanik" mit größerem Recht als die erste, denn dort ausgesparte Gebiete (vor allem Physiologie und Ökologie) sind nun mit einbezogen. Dies ergab sich zunächst durch die Bitte des Verlages um eine Einbindung des Wörterbuches in die „Strasburger-CD" mit der „Studienhilfe". Daher habe ich mich im Wesentlichen auf die grundlegenden Begriffe beschränkt, die in den Fragen der Studienhilfe auftauchen. Sie werden kurz definiert, Bemerkungen zur Geschichte sind nur in manchen Fällen hinzugefügt. Rein biochemische Begriffe und Randgebiete wie Bodenkunde fehlen.

Es bleibt dabei, dass einzelne Pflanzengattungen und davon abgeleitete Namen von Familien oder Ordnungen nicht behandelt werden. Kurz definiert werden aber die größeren Gruppen, die man braucht, um das Vorkommen einzelner Merkmale zu beschreiben. Hierzu habe ich mich meist der älteren bekannten, z.T. auch deutschen Namen bedient, wie z.B. Moose, Flechten, Gymnospermen, Angiospermen, Monokotylen. Dabei wird aber immer angegeben, welchen Gruppen des gegenwärtig in der 35. Aufl. des „Lehrbuches der Botanik" (Sitte et al. 2002) akzeptierten Systems sie entsprechen (vgl. die Übersicht S. 360).

Die Feststellung der Herkunft der Termini war sehr mühsam, da es bisher - mit ganz wenigen Ausnahmen, dem „Glossary of Genetics" (RIEGER, MICHAELIS & GREEN 1991) und dem „Dictionary of Theoretical Concepts in Biology" (ROE & FREDERICK 1981) - keine Fachwörterbücher der Biologie gibt, die mit einiger Konsequenz versucht haben, die ersten Autoren zu nennen. Es waren also umfangreiche Recherchen nötig, die nur mit Hilfe der reichen Bestände der Niedersächsischen Staats- und Universitätsbibliothek in Göttingen möglich waren, die vor allem für das 18. und 19. Jahrhundert nur selten Lücken aufweisen. Daneben benutzte ich verschiedene Bibliotheken, von denen nur die des Botanischen Museums in Berlin-Dahlem und des MPIs für experimentelle Medizin in Göttingen genannt seien. Für diese neue Auflage war bei der Suche nach Definitionen aktueller Begriffe, bzw. Literatur über sie und nach den englischen und französischen Entsprechungen das Internet oft eine große Hilfe (besonders die Suchmaschine Google erwies sich als sehr leistungsfähig). Neu ist die Angabe des Geschlechts bei deutschen Wörtern. Denen, die Deutsch nicht als Muttersprache haben, soll damit geholfen werden. Vor allem bei einigen Fremdwörtern ist aber der Gebrauch im Deutschen nicht einheitlich. Die c/k/z-Schreibung ist nach wie vor ein kritischer Punkt, hier habe ich meine bisherige Schreibweise weitgehend an die im Lehrbuch der Botanik angeglichen, um die sich Herr Prof. Sitte besonders verdient gemacht hat.

Bei der ersten Auflage waren für mich besonders hilfreich Frau Dr. U. Hofmann, Göttingen (Morphologie, Anatomie) und die Herren Prof. S.R. Gradstein, Göttingen (Moose), Prof. O.L. Lange, Würzburg (Flechten, allgemeine Durchsicht), Prof. U.

Schlösser (Algen, Fortpflanzung), Prof. Y. Sell, Straßburg (französische Termini) und Prof. P. Sitte, Freiburg i.Br. (Cytologie).

Meine Aufforderung in der ersten Auflage an die „Kritiker, mich zu belehren" fand ein erfreuliches Echo. In vielen Schreiben und in ausführlichen gedruckten Besprechungen wurde ich auf fehlende Begriffe, ungenaue Definitionen und andere Irrtümer hingewiesen. Ich habe das alles sorgfältig berücksichtigt, wenn ich auch nicht alle vorgeschlagenen Stichwörter aufnehmen konnte.

Umfangreichere Beiträge kamen vor allem von den folgenden Korrespondenten: Prof. E. Battaglia (Pisa), Prof. A. Bresinsky (Regensburg), Prof. Th. Butterfaß (Frankfurt a.M.), Dr. P. Döbbeler (München), Prof. M. Fischer (Wien, vgl. Flora **192**: 391-392. 1979), Prof. G. Heubl (Konstanz, bzw. München), Prof. E. Jäger (Halle/S.), Prof. A. Pirson (Göttingen), Prof. H. Scholz (Berlin, vgl. Willdenowia **27**: 301-306. 1997), Prof. W.T. Stearn (London), PD. Dr. Storch (Freiburg i.Br.), Prof. H. Teppner (Graz, vgl. Phyton **39**: 216, 249-250, 264, 276, 292, 302. 1999). Große Teile der neu eingefügten Stichwörter wurden durchgesehen, ergänzt und korrigiert von Frau Prof. C. Oecking, Tübingen, und den Herren Prof. O. L. Lange, Würzburg, Prof. E. Weiler, Bochum und Dr. V. Wissemann, Jena. Allen genannten Personen bin ich für ihre uneigennützige Hilfe sehr dankbar.

Der Lektorin des Verlages, Frau Inga Eicken, danke ich sehr für viele Hinweise auf Inkonsistenzen in der Rechtschreibung, den Verweisen, den Registern etc. Nicht zuletzt gilt mein Dank dem Verlag, vertreten durch Herrn Dr. Ulrich G. Moltmann, dass er diese neue Buchauflage so zügig nach Erscheinen des neuen Strasburgers in Angriff genommen hat.

Göttingen, im Oktober 2002   Gerhard Wagenitz

Einleitung

Es liegt in der Natur jeder wissenschaftlichen Entwicklung, daß auch die Terminologie einer Metamorphose unterworfen ist.
(A. BRAUN in einem Brief an FÜRNROHR vom 17.6.1831, METTENIUS 1882, S. 195).

I. Zur Geschichte der botanischen Terminologie in der Neuzeit

Einige der grundlegenden Termini lassen sich bis in die Antike zurückverfolgen. Gelegentlich wird darauf aufgrund von Sekundärliteratur hingewiesen, eigene Quellenstudien wurden hierzu nicht ausgeführt. In der Neuzeit lassen sich mehrere, natürlich nur unscharf abgegrenzte Perioden unterscheiden.

1. Von den Kräuterbüchern des 16. Jahrhunderts bis 1734
In diesem Zeitabschnitt werden die Termini ganz überwiegend direkt von den antiken Schriftstellern übernommen, wenn auch oft in leicht verändertem Sinn. Die Wissenschaftssprache ist das Lateinische. Es werden nur selten Versuche gemacht, die Begriffe scharf zu umschreiben, vielfach sind sie noch wenig festgelegt. Bei den Pflanzenbeschreibungen werden oft Merkmale einer Art durch den Vergleich mit anderen charakterisiert. Gegen Ende der Periode werden durch Autoren wie JUNGIUS (1678), RAY (1682, 1686), TOURNEFORT (1700) und VAILLANT (1718) Grundlagen der Morphologie, vor allem durch eine genaue Untersuchung der Blüten, gelegt.

2. Die Zeit von 1735 bis etwa 1800
Auch hier steht das Latein noch ganz im Vordergrund, es gibt nur wenige wirklich neue Wortschöpfungen. Durch LINNAEUS (später C. V. LINNÉ) und seine Schüler werden aber zahlreiche Termini neu definiert oder schärfer umschrieben. Das Werk von LINNAEUS (1735 b) „Fundamenta Botanica" enthält eine der ersten systematisch aufgebauten Terminologien. Ausführlicher dargestellt wurde sie in der sehr einflussreichen „Philosophia botanica" (LINNAEUS 1751). Eine Reihe von Termini werden hier erstmals verwendet, mindestens ebenso wichtig ist die Festlegung der Definitionen für viele andere. Dieser Aspekt des Wirkens von LINNÉ ist bisher noch selten gewürdigt worden (STEARN 1955). Erste Übersetzungen aus dem Latein führen zur Einführung deutscher, französischer oder englischer Äquivalente der lateinischen Termini in die Fachsprache. Von Autoren wie F. EHRHART, J. HEDWIG, CH.H. PERSOON und E. ACHARIUS wird eine spezielle Terminologie für Moose, Pilze und Flechten geschaffen. J. GAERTNER (1788) benennt Teile des Samens und einige Fruchttypen, Ch. K. SPRENGEL (1793) legt die Grundlagen für die Blütenökologie.

3. Von 1800 bis 1850/60
Neben dem Latein wird vor allem das Französische als Wissenschaftssprache wichtig. Französische bzw. französischsprachige Autoren sind zu Beginn des Jahr-

Einleitung

hunderts führend auf den Gebieten der Morphologie und Anatomie, C.F.B. de MIRBEL, L.-C. RICHARD und A.P. de CANDOLLE seien beispielhaft genannt. Neue Termini werden zunehmend als zusammengesetzte Kunstwörter aus griechischen Bestandteilen gebildet. Etwas später gibt es dann in der Morphologie (durch C.F. SCHIMPER, A. BRAUN, J. ROEPER) und in der Anatomie (vor allem durch H. MOHL und C. NÄGELI) auch gewichtige Beiträge deutscher und Schweizer Autoren. Das Lehrbuch von M.J. SCHLEIDEN und die von ihm in der Botanik durchgesetzte Zelltheorie wirken außerordentlich anregend.

4. Von etwa 1860 bis 1940
In dieser Zeit spielt die Wissenschaft Mitteleuropas, vor allem Deutschlands, eine herausragende Rolle. Die Termini werden weiter vielfach aus griechischen Wörtern zusammengesetzt, aber in Bereichen wie Anatomie und Embryologie gibt es auch zunehmend deutsche Bezeichnungen. Durch Übersetzungen deutscher Lehrbücher (SACHS, STRASBURGER) ins Englische werden die neuen Termini auch dort bekannt. Die Arbeiten von W. HOFMEISTER legen die Grundlagen zur Homologisierung des Entwicklungsganges der Höheren Pflanzen. Verbesserte Mikroskope erschließen die Feinstrukturen der Zelle und des Kerns. Mikroskopische Untersuchungen kombiniert mit Kulturmethoden führen zur Aufklärung der Fortpflanzungsverhältnisse der Algen und Pilze; neben einer Reihe französischer Autoren sind hier vor allem N. PRINGSHEIM und A. DE BARY als Pioniere zu nennen. Der Durchbruch des Evolutionsgedankens bringt neue Ideen, und nach 1900 entsteht die Genetik als eigener Wissenschaftszweig. Für Gebiete wie die Blüten- und Ausbreitungsökologie wird eine Terminologie neu geschaffen. In der Physiologie sind die Lehrbücher von J. SACHS und W. PFEFFER und die von ihnen eingeführten Begriffe sehr wirksam.

5. Seit 1940
Die anglo-amerikanische Wissenschaftsliteratur wird führend, dies beginnt im Bereich der Genetik und Cytologie schon früher, gilt dann aber auch für andere Gebiete. Nur die Morphologie bleibt weithin eine Domäne mitteleuropäischer Botaniker. Vor allem die Schule von W. TROLL hat viele Termini neu geschaffen. Fachtermini werden auch jetzt noch bevorzugt als Kunstwörter aus griechischen Wörtern oder Silben gebildet. Daneben treten aber auch rein englische Termini auf, die direkt als Fremdwörter in andere Sprachen übernommen werden (z.B. fitness, male germ unit, hydraulic lift), auch sprachlich ungewöhnliche (um nicht zu sagen unschöne) Mischbildungen aus Griechisch und Englisch treten auf (Enhanceosom, Rumposom). Die Entwicklung der Elektronenmikroskopie erschließt neue Strukturen, die neue Termini erfordern. In der Systematik wird für die kladistischen Methoden eine neue Terminologie entwickelt. Eine sehr spezielle Terminologie hat sich die Molekularbiologie geschaffen. Hier wird stark mit Abkürzungen gearbeitet und manche Wörter werden aus dem „Laborjargon" übernommen. Typisch hierfür ist auch, dass selbst in Aufsatztiteln Bezeichnungen wie *E. coli* oder *A. thaliana* als Kürzel für Namen auftreten.

Die Entwicklung der Termini von der Antike bis ins 19. Jahrhundert wurde von STEARN (1992) sehr anschaulich dargestellt und durch Beispiele belegt. Hier seien nur noch einige typische Fälle herausgehoben, die verschiedene Möglichkeiten aufzeigen. Lateinische Wörter, die einfache Strukturen bezeichnen, sind oft in ganz verschiedenen Bereichen für ähnliche, aber keineswegs homologe Bildungen eingesetzt worden (z.B. Columella, Operculum, Ostiolum, Porus, Retinaculum, Trabecula). Mehrfach ist die erste Bedeutung eines Terminus nach kurzer oder auch längerer Zeit durch eine andere abgelöst worden (Centromer, Kollenchym, Meiospore, Perisperm, Plastiden). Mehrere Termini sind zwei- oder mehrfach unabhängig voneinander geprägt worden (subspecies, Kernphasenwechsel). Neu entdeckte Strukturen haben oft sehr verschiedene Namen bekommen, bis sich einer durchsetzte (Chromosomen, Mitochondrien, Chromozentrum). Zuweilen hängt der Wechsel der Bezeichnungen auch mit der Deutung zusammen, so wurde aus Ovulum im Deutschen zunächst Samenknospe und schließlich Samenanlage (das Englische und Französische haben diesen Wechsel nicht mitgemacht). Versuche zur Reform waren nicht immer erfolgreich, auch wenn sie einleuchtende Gründe hatten. Vor allem besteht die Gefahr, dass sie von anderen Ländern nicht akzeptiert werden. Dies gilt z.b. für den Ersatz von apokarp durch chorikarp. Einige Autoren haben eine besondere Vorliebe für die Schaffung neuer Termini, in den letzten Jahrzehnten z.B. B. SCHUSSNIG und W. TROLL; von ihren zahllosen Neuschöpfungen konnte nur eine Auswahl aufgenommen werden. – Es gibt aber auch Bereiche, die sich ganz besonders dafür anbieten, neue Termini zu schaffen, dazu gehören die Stelen- und Stomatatypen, die Fruchtformen, die Ausbreitungsbiologie und die Statusbezeichnungen einheimischer, eingebürgter und eingeschleppter Pflanzen. Beim Durchlesen mancher Artikel wird der Benutzer feststellen, dass einige Phänomene schon viel länger bekannt sind, als man annehmen möchte, und dass Ideen, die heute aktuell sind (Aufbau von Pflanzen aus Modulen, Endosymbionten-Theorie), ihre Wurzeln schon im 19. Jahrhundert haben. Wenn das Wörterbuch dazu beiträgt, die Leistungen früherer Generationen von Botanikern besser zu würdigen, würde es mich freuen.

II. Quellen

Im Unterschied zur 1. Aufl. wurde auf die Aufführung von Lehr- und Handbüchern verzichtet, sie sind im Literaturverzeichnis nur genannt, wenn sie neue Termini enthalten. Eine ausführliche Literaturliste enthält die neueste Auflage des „Strasburgers" (SITTE et al. 2002). Hier sind daher nur die benutzten Wörterbücher und die wichtigsten Werke zur Geschichte der Botanik zusammengestellt.

A. Wörterbücher der Botanik und Biologie (einschließlich einiger Werke mit umfangreichen Glossarien)

1. Allgemeine Botanik (und Biologie)
Deutsch: ILLIGER (1800), RÖMER (1815), SCHMIDT (1912), SCHNEIDER (1917), Lexikon der Biologie (1983-92, 2. Aufl. 1999 ff.), NATHO et al. (1990), SCHERF (1997), SCHU-

Bert & Wagner (2000)
Englisch: Jackson (1928), Holmes (1979), Roe & Frederick (1981: biologische Theorien), E. Lawrence (1995)
Französisch: Bulliard (1783), Richard (1798), Jourdan (1837), Baillon (1876-92), Gatin (1925), Lender et al. (1979), Billy (1991)
Zwei- bis mehrsprachig (ohne Definitionen): Haensch & Haberkamp de Anton (1976), Macura (1982), Launert (1998), Eichhorn (1999)

2. Morphologie:
Bischoff (1830-44), G.H.M. Lawrence (1951), Stearn (1992: Lateinisch-Englisch).
- Listen der rein beschreibenden Termini finden sich in zahlreichen Lehrbüchern und Floren (vgl. die Liste in Taxon **9**: 245-257. 1960).

3. Anatomie:
Kurth (1964), Wheeler et al. (1989)

4. Pollenmorphologie:
Punt et al. (1994), Neufassung im Internet.

5. Cytologie, Genetik, Molekularbiologie:
E.B. Wilson (1896/97), Shull (1915), Rieger & Michaelis (1958), Rieger et al. (1991), Meyers (1995), King & Stansfield (1997), A.D. Smith et al. (1997)

6. Pflanzenphysiologie:
Borriss & Libbert (1985)

7. Pflanzengeographie und Ökologie:
Kirchner, Loew & Schröter (1904-08), Hanson (1962), Sedlag & Weinert (1987), Schaefer (1982), Lincoln et al. (1998)

8. Allgemeine Taxonomie, Nomenklatur, Evolutionsforschung:
Rothmaler (1955), McVaugh et al. (1968), Sedlag & Weinert (1987), Keller & Lloyd (1992), Rauschert (1993)

9. Mykologie (incl. Lichenologie):
Maas Geesteranus (1947/48), Snell & Dick (1971), Berger (1980), Hawksworth et al. (1995), Dörfelt & Jetschke (2001), Kirk et al. (2001)

10. Bryologie:
Magill (1990)

11. Etymologie der Termini:
R.W. Brown (1956), F.C. Werner (1972), Vogellehner (1983), Wolff & Wittstock (1999)

B. Die wichtigsten Werke zur Geschichte der Botanik
(in der Reihenfolge des Erscheinens)

SACHS (1875): Botanik
GREEN, J.R. (1909): Botanik 1860-1900
LUNDEGÅRDH (1922): Anatomie
NORDENSKIÖLD (1926): Biologie
SINGER (1931): Biologie
MÖBIUS (1937): Botanik
JOHANSEN (1950): Embryologie
SCHMUCKER & LINNEMANN (1951): Anatomie
PRESCOTT (1951): Phykologie
PAPENFUSS (1955): Phykologie
HUGHES, A. (1959) Cytologie
STUBBE (1965): Genetik bis 1900
STURTEVANT (1965): Genetik
BOUMAN (1974): Embryologie
SMIT (1974): Bibliographie zur Geschichte der Biologie
AINSWORTH (1976): Mykologie
SCHULZ-SCHAEFFER (1976, 1980): Cytogenetik
PORTUGAL & COHEN (1977): Molekularbiologie
MORTON (1981): Botanik
MAYR (1982, 1984): Evolutionsforschung
SCHMITHÜSEN (1985): Biogeographie
BROCK (1990): Bakteriengenetik
MÄGDEFRAU (1992): Botanik
KING & STANSFIELD (1997): Chronologie der Genetik im Anhang
JAHN (1992): Populationsbiologie
JAHN (1998): Biologie
DÖRFELT & HEKLAU (1998): Mykologie

III. Aufbau der Artikel

Stichwort (fett gedruckt) mit Angabe des grammatikalischen Geschlechts
In Klammern Entsprechungen in Englisch (E) und Französisch (F), gegebenenfalls auch in Latein (L).
Es bedeuten: m. Masculinum, f. Femininum, n. Neutrum, sg. Singular, pl. Plural
Definition: Wenn sich für verschiedene Bereiche (Pflanzengruppen) unterschiedliche Definitionen ergeben, so sind diese mit 1., 2. etc. nummeriert. Um eine größere Übersichtlichkeit zu erreichen, werden die verschiedenen Ausbildungsformen meist in einem Stichwort zusammengefasst (z.B. Sporentypen, Stomatatypen). Dabei wurden die verschiedenen Möglichkeiten einer Untergliederung mit A, B, etc. bezeichnet.
G: Geschichte des Begriffes. Wird nur ein Autor ohne Kommentar genannt, so ist es nach unserer Kenntnis der erste, der den Terminus geprägt bzw. in die

Einleitung

Botanik eingeführt hat. Die Etymologie des Begriffes wird hier (seltener im vorigen Abschnitt) erläutert. Darauf wird verzichtet, wenn sich das Wort aus häufiger vorkommenden lateinischen oder griechischen Stämmen zusammensetzt. In solchen Fällen muss auf die Liste solcher Wortbestandteile auf S.473 zurückgegriffen werden.

Lit.: Die Auswahl der hier angegebenen weiterführenden Literatur soll vor allem folgende Artikel oder Werke berücksichtigen: Arbeiten, die sich kritisch mit der Terminologie und ihrer Geschichte auseinandersetzen, sowie Zusammenfassungen über das Gebiet, und zwar sowohl frühe, die einen Einblick in die Erforschungsgeschichte geben als auch aktuelle, die über den neuesten Stand informieren. Eine Vollständigkeit darf man hier – ganz besonders bei den neu hinzugenommenen Gebieten – nicht erwarten. Für die aktuelle Literatur kann auch auf die Listen im neuen Strasburger (SITTE et al. 2002, S. 1045-1081) verwiesen werden.

Bei der Alphabetisierung der Stichwörter und der Autoren im Literaturverzeichnis werden ä, ö und ü wie ae, oe, ue behandelt.

Aasblumen → Sapromyiophilae
Aasfliegenblumen → Sapromyiophilae
ABA → Abscisinsäure
Abart → Lusus
abaxial, dorsal (L: abaxialis E: abaxial F: abaxial, dorsal): Am Blatt die der Sprossachse abgewandte Seite (die morphologische Unterseite, die aber nicht nach unten gerichtet sein muss), bei Blütenorganen die nach außen gewandte Seite.
Abbildung → Icon
Abbreviation, f. (E: abbreviation F: abréviation, f.): Abkürzung der Ontogenese im Vergleich zu der der Vorfahren. Hierzu gehört die → Neotenie.
G: Franz (1927, S. 39), von lat. abbreviatio, Abkürzung.
Aberration → Lusus
abgeleitet → apomorph
Abhärtung, f. (E: hardening F: endurcissement, m.): Die Erhöhung der → Resistenz durch die allmähliche Gewöhnung an einen ungünstigen Umweltfaktor, z.B. die Kälte.
Ablast, m.: Das Fehlen von Organen an Stellen, wo man sie im Vergleich mit verwandten Sippen erwarten würde.
G: Der Terminus wurde von Schmitz (1872, S. 58) gebildet (von gr. a- Verneinung und blaste, Keim, Spross), der gleichzeitig das Wort → Abort auf Fälle beschränken wollte, wo Organe noch erkennbar angelegt werden, sich aber nicht weiterentwickeln. Eichler (1875, S. 6) wies darauf hin, dass nicht selten in einem Verwandtschaftskreis „eine vollständige Stufenleiter von vollkommener Entwickelung durch alle Stadien der Verkümmerung hindurch bis zu spurlosem Fehlen" nachweisbar sei.
Ableger, m. (E: layer, offshoot, scion F: bouture, f., marcotte, f.): Im engeren Sinne Tochterpflanze aus einem sich bewurzelnden Ausläufer, vielfach aber allgemein für alle durch vegetative Vermehrung gebildeten Nachkommen verwendet.
G: Der Ausdruck stammt aus der gärtnerischen Praxis. Kerner v. Marilaun (1891, S. 8) verwendete Ableger in sehr weitem Sinn für alle nicht aus einer Zygote hervorgegangenen Pflanzen, also auch für solche, die aus einer → Mitospore entstehen.
Ableiten → Ableitung
Ableitung, f. (E: derivation F: dérivation, f.): Der Vorgang des „**Ableitens**" einer Form von einer anderen (oft über Zwischenformen) wurde sowohl idealistisch (als bloß gedachter morphologisch möglicher Zusammenhang) als auch konkret phylogenetisch (so z.B. bei Haeckel 1866) verstanden.
Abort, m. (L: abortio, f., gen. abortionis E: abortion F: avortement, m.): Verlust (oder weitgehende Reduktion, vgl. → Ablast) eines Organs, das aus theoretischen Gründen (z.B. wegen Störung der → Alternanzregel oder durch Vergleich mit verwandten Formen) als früher vorhanden angenommen wird. Dieser Begriff wurde sowohl in der Zeit vor Darwin als auch später und dann meist im phylogenetischen Sinn verwendet.
Abortiert (E: abortive F: abortif) sind z.B. einzelne Karpelle im pseudomonomeren → Gynoeceum.
abortiert → Abort
abrupt speciation → Artbildung
Abschlussgewebe, n. (E: boundary tissue F: appareil tégumentaire, appareil protecteur [für äußere A.]): Gewebe, die äußere oder innere Grenzschichten bilden, d.h., dass sie durch besondere Eigenschaften den Stofftransport regulieren. Zu den primären Abschlussgeweben gehören besonders → Epidermis, → Rhizodermis und → Endodermis, zu den sekundären die → Exodermis und der → Kork.
G: Für die äußeren Abschlussgewebe verwendete Sachs (1868, S. 76) Hautgewebe und Haberlandt (1882 b) Hautsystem (so noch Guttenberg 1956: äußere und innere Häute).
Abscisinsäure, f., ABA (E: abscisic acid F: acide abscisique, m.): Phytohormon, das wachstumshemmend wirkt, Ruhezustände auslöst und durch Ethylenfreisetzung den Blatt- und Fruchtfall fördern kann.
G: Die erste Isolation einer Substanz, die den Blattfall fördert, erfolgte durch Liu & Carns (1960). Die Autoren nannten sie Abscisin, abgeleitet von abscission (lat. abscisio), Abtrennung, Abfall. Ohkuma et al. (1963) isolierten ein Abscisin II.
Abscission, f. (E: abscission F: abscission, f.): Die Abtrennung eines Organs (z.B. Blatt, Blüten- oder Fruchtstiel) unter Mitwirkung eines besonderen Gewebes (→ Trennungsgewebe), abgeleitet von lat. abscindo, ich trenne. Sie führt zum Blattfall bzw. Blüten- oder Fruchtfall. Auslösend wirkt vor allem

das → Ethylen.
Absorptionsgewebe, n. (E: absorptive tissue F: tissu d'absorption, m.): Gewebe bzw. Zellen, deren Aufgabe in der Aufnahme von Wasser bzw. wässerigen Lösungen anorganischer und organischer Substanzen besteht. Dazu gehören u.a. → Wurzelhaare, das → Velamen radicum, wasserabsorbierende Haare und verschiedene → Haustorien.
G: HABERLANDT (1884, S. 146).
Absprung, m.: Die durch ein → Trenngewebe bewirkte Abstoßung eines Zweiges (Jahrestriebes), die vor allem im Herbst erfolgt. Besonders auffällig sind solche Absprünge bei *Taxodium, Metasequoia* und *Populus*.
Abstammungsachse, f. (E: principal axis F: axe principale, m., axe d'origine, m.): Die (relative) Hauptachse, aus der eine Seitenachse (ein Seitenspross) hervorgegangen ist. Bei Blütendiagrammen wird sie oben eingezeichnet.
Abstammungsgeschichte → Phylogenie
Abstammungslehre → Deszendenztheorie
Abteilung, f., Divisio, f., Phylum, n. (L: divisio, f., gen. divisionis E: division F: embranchement, m.): Die höchste im → Code 1. ICBN unterhalb von → Reich und Unterreich anerkannte Rangstufe zur Gliederung des Pflanzenreiches. Als Endungen werden empfohlen -phyta bzw. bei den Pilzen -mycota. Die Abteilung entspricht dem Stamm der zoologischen Systematik; seit dem → Code 1. ICBN 1994 ist in der Botanik neben Abteilung (divisio) auch Stamm (phylum) zugelassen.
G: Ältere Systeme haben die Klasse als höchste benannte Kategorie, wobei allerdings vielfach die Klassen noch in wenige größere Gruppen zusammengefasst werden. Diese wurden dann später als Abteilungen bezeichnet. Gelegentlich wurden die Abteilungen auch in der Botanik als Stämme bezeichnet. R.v. WETTSTEIN (1901 ff.) ordnete die Abteilung dem Stamm unter.
Abundanz, f. (E: abundance F: abondance, f.): In der Vegetationskunde die Zahl der Individuen auf einer Fläche. Bei Arten mit vegetativer Vermehrung (z.B. durch Ausläufer, Wurzelsprosse) sind oft die Individuen nicht zu ermitteln, dann zählt man die Zahl der Sprosse (→ Rameten).
Abwehrstoffe, m.pl. (E: repellents, defensive substances): Bei Pflanzen → sekundäre Pflanzenstoffe, die wegen ihrer Giftigkeit oder ihres Geschmackes → Herbivore (Fraßfeinde) abschrecken.
G: Die Bedeutung von Inhaltsstoffen als Abwehr gegen Fraßfeinde wurde zuerst von STAHL (1888) am Beispiel der Schnecken postuliert. Sie war noch lange umstritten.
acanthochor → Epizoochorie
Acarocecidie, f. (E: acarocecidium F: acarocécidie, f.): Galle, die von Milben hervorgerufen wird (gr. acari, Milbe).
Acarodomatium → Domatium
Acervulus, m., pl. Acervuli (E: acervulus F: acervule, m.): Ansammlung von Hyphen, die eng zusammengedrängte lagerartige Konidienträger hervorbringen. Charakteristisch für manche Ascomyceten, besonders die Melanconiales.
G: Erstnachweis: NEES V. ESENBECK & HENRY (1837), von lat. acervulus, kleiner Haufen.
Acetolyse, f. (E: acetolysis F: acétolyse, f.): Standardmethode für die Aufbereitung von Pollenkörnern zur mikroskopischen Untersuchung. Dabei werden durch Behandlung mit Essigsäureanhydrid und Schwefelsäure die Intine und der Zellinhalt herausgelöst.
G: ERDTMAN (1934).
Acetyl-Coenzym A, n., Acetyl-CoA (E: acetyl-CoA): Bindung einer Acetyl-(Essigsäure-) Gruppe an das Coenzym A über ein Schwefelatom (Thioester). Der Acetyl-Rest wird auch als „aktivierte Essigsäure" bezeichnet, da er leicht übertragen und für verschiedene Synthesen verwendet werden kann.
Achäne, f. (L: achenium, achena E: achene, cypsela F: akène, achaine, achène, m.): Eine kleine einsamige trockene Schließfrucht. Dieser sehr allgemeinen und weiten Definition, die oft auch Nüsschen chorikarper Gynoeceen (z.B. von *Ranunculus*) einschließt, stehen engere gegenüber, die eine „Verwachsung" der Samenschale mit dem Perikarp oder/und ein unterständiges Ovar fordern.
G: Der Begriff wurde mit einer weiten Definition von NECKER (1790, S. 8, als „achena") geprägt, abgeleitet von gr. chainein, aufplatzen, und der verneinenden Vorsilbe a-. RICHARD (1808) stellte der Achäne die Caryopse gegenüber, bei der im Unterschied zur Achäne Frucht- und Samenschale verwachsen seien. A.P. de CANDOLLE (1813) fordert für die Achäne die Verwachsung des Perikarps mit dem Kelch, d.h. ein unterständi-

ges Ovar. Beispiel für die Achäne ist für ihn die Frucht der Asteraceae (Compositen). LINDLEY (1832) nennt dagegen die Achäne im Sinne von de CANDOLLE „cypsela" und begrenzt „achene" auf einsamige Früchte aus einem oberständigen Fruchtknoten oder Teilen davon (z.B. Klausen, Nussfrüchtchen chorikarper Gynoeceen). Diese Auffassung hat sich vor allem in einem Teil der angloamerikanischen Literatur erhalten. Lit.: WAGENITZ (1976).
achlamydeisch (E: achlamydeous, gymnanthous F: achlamydé, apérianthé): Blüte ohne Perianth (nackte Blüte).
Achorie → Atelechorie
Achromatin, n. (E: achromatin F: achromatine, f.): Substanzen in den Chromosomen, die sich im Gegensatz zum → Chromatin mit den üblichen Kernfärbemitteln nicht anfärben.
G: Von FLEMMING (1880, S. 226) als Gegensatz zum Chromatin definiert. Der rein beschreibende Begriff (früher auch **Linin**) ist heute ohne Bedeutung, man spricht aber noch von **achromatischen** Regionen.
A-Chromosom → B-Chromosom
Achse → Sprossachse
Achsel → Blattachsel
Achselknospe, f., Axillärknospe, f. (E: axillary bud F: bourgeon axillaire, m.): Knospe in der Achsel eines Blattes, typischerweise ist es nur eine, sie ist dann **achselständig** (vgl. aber → Beiknospe).
Achselspross, m., Axillärspross, m. (E: axillary shoot F: rameau axillaire, m.): Seitenspross, der aus einer Blattachsel entspringt. Dies ist bei den Samenpflanzen der Regelfall, daneben können aber → Adventivsprosse auftreten.
Achsenbecher → Hypanthium
Ackerunkraut → Segetalpflanze
Ackerwildpflanze → Segetalpflanze
Acladium → Akladium
Acotyledones: Klasse im System von JUSSIEU (1789, S. 2), die alle Pflanzen „ohne Kotyledonen" einschließt, das entspricht den Cryptogamae von LINNAEUS (1735 a).
acro- → akro-
Actin, n. (E: actin F: actine, f.): Bei allen Organismen verbreitetes Protein, das bei den Pflanzen und Pilzen zusammen mit dem → Myosin für Transportvorgänge innerhalb der Zelle verantwortlich ist. Es bildet in den Zellen → Mikrofilamente.

G: Zuerst 1941-42 in Muskelfasern von Tieren durch F. B. STRAUB im Labor von SZENT-GYÖRGYI entdeckt (MOMMAERTS 1992).
Aculeus → Stachel
adalpin: Taxa, die ihre Hauptverbreitung außerhalb des Alpenraumes haben, aber (oft mit besonderen Ökotypen oder Unterarten) bis in die subalpine und alpine Stufe der Gebirge vordringen. Ein bekanntes Beispiel ist *Biscutella laevigata*.
G: Diese Sippen wurden vielfach auch als → dealpin bezeichnet. Die Unterscheidung dealpin-subalpin stammt von SCHÖNFELDER (1968, S. 6).
Adaptation, f., Anpassung, f. (E: adaptation, adaptedness F: adaptation, f.): Der Begriff bezeichnet sowohl die Tatsache, dass die lebenden Organismen in ihrem Bau und ihren Funktionen so beschaffen sind, dass sie sich in einem bestimmten Lebensraum behaupten können (an ihn angepasst sind), als auch den Vorgang, der dazu führt, dass auch bei Änderungen der Umwelt dies erhalten bleibt, d.h. dass sich Strukturen oder Funktionen ändern. Insgesamt ist die Anpassung nicht zu bestreiten, ja trivial, da ohne sie kein Organismus leben könnte. Schwierig und umstritten sind die Fragen, die das Entstehen von Anpassungen betreffen, und das Problem, ob einzelne auch unbedeutend erscheinende Merkmale einen „Anpassungswert" besitzen bzw. früher besaßen. – Auch die individuelle Reaktion auf Umweltbedingungen (durch modifikative Änderungen) kann als Anpassung bezeichnet werden.
G: DETTO (1902, S. 30/31) hat die beiden Hauptbedeutungen von Anpassung getrennt bezeichnet: er nennt das „Angepasstsein" **Ökologismus** und die Entstehung von Anpassungen **Ökogenese**, vgl. → adaptive Radiation. Im Englischen wird für das Angepasstsein auch „adaptedness" verwendet.
Lit.: CUÉNOT (1925), UNDERWOOD (1954), BURIAN und WEST-EBERHARD in KELLER & LLOYD (1992, S. 7-18).
adaptive Radiation, f. (E: adaptive radiation, ecoradiation): Vorgang in der Evolution, bei der sich aus einer Ursprungsart Sippen entwickeln, die an verschiedene Lebensräume oder Lebensweisen angepasst sind. Der Ausdruck Radiation suggeriert eine gleichsam von einem Punkt ausgehende „Ausstrahlung".
G: Der Begriff stammt aus der Zoologie, wo

adaxial

diese Erscheinung auffälliger ist, da ganze Ordnungen durch eine bestimmte Lebensweise gekennzeichnet sind. Die Tatsache war schon DARWIN geläufig (vgl. DARWIN 1859, S. 303). Der Ausdruck wurde bekannt durch eine Arbeit von OSBORN (1905, S. 960), soll aber schon vorher von ihm veröffentlicht sein. Übersichten über Beispiele bei den Blütenpflanzen geben LI (1960) und STEBBINS (1970/71, 1974).
adaxial, ventral (E: adaxial F: adaxial, ventral): Am Blatt die der Sprossachse zugewandte Seite (die morphologische Oberseite, die aber nicht nach oben gerichtet sein muss), entsprechend für Blütenorgane die nach innen gewandte Seite.
Adelphie → adelphisch
adelphisch (E: adelphous F: adelphe): Zu Bündeln verwachsen, besonders bei Staubblättern, deren Filamente vereinigt sind. Je nach Zahl der Bündel spricht man von **monadelphisch, diadelphisch, polyadelphisch** (mit ein, zwei, mehreren Bündeln oder **Adelphien**).
G: Die Bezeichnungen gehen auf die Namen bestimmter Klassen im System von LINNAEUS (1735 a) zurück: Monadelphia, Diadelphia und Polyadelphia (mit einem, zwei oder vielen Bündeln von Staubblättern), sie leiten sich ab von gr. adelphos, Bruder.
Adelphoparasitismus, m. (E: adelphoparasitism F: adelphoparasitism, m.): Form des Parasitismus, bei der der Parasit ein naher Verwandter des Wirtes ist. Adelphoparasitismus ist vor allem von → Rotalgen bekannt, kommt aber auch bei Pilzen vor. – Der Gegenbegriff **Alloparasitismus** für den Normalfall, dass Parasit und Wirt nicht nahe verwandt sind, ist wenig gebräuchlich.
G: Der erste Fall von Parasitismus dieser Art wurde bereits 1877 von SOLMS-LAUBACH beschrieben. Aber erst FELDMANN & FELDMANN (1958, S. 109) schufen die Termini „adelphoparasites" und „alloparasites" von gr. adelphos, Bruder, bzw. allos, anders.
Adelphotaxon, pl. Adelphotaxa → Schwestergruppe
Adenosin-5'-triphosphat → ATP
Ader → Blattader
Aderung → Blattaderung
adnat, angewachsen (E: adnate F: adné): Verbindung verschiedener Organe in Längsrichtung, z.B. Stipeln am Blattstiel oder Filamente an der Blütenkrone oder Anthere am Filament (→ Antherenbau, C.).
adossiert (E: addorsed F: adossé): Typische Stellung des → Vorblattes bei den Monokotylen mit dem Rücken (der morphologischen Unterseite) zur relativen Hauptachse.
G: Von TURPIN (1819, S. 438) bei seinen Untersuchungen über die Infloreszenzen der Poaceae (Gramineae) und Cyperaceae geprägt, abgeleitet von franz. à dos, zum Rücken hin.
Adoxa-Typ → Embryosacktypen
adult: Erwachsen, geschlechtsreif, bei den Pflanzen soviel wie blühreif. Lat. adultus, erwachsen.
adventiv (E: adventive F: adventif):
1. Organ, das an ungewöhnlicher Stelle entsteht (→ Adventivknospe, → Adventivwurzel, → Nucellarembryonie).
2. Pflanze, die nicht zur ursprünglichen Flora gehört (→ Adventivpflanze).
Adventivembryonie → Nucellarembryonie
Adventivfiedern → Aphlebien
Adventivknospe, f. (L: gemma adventitia E: adventitious bud F: bourgeon adventif, m.): Knospe, die nicht endständig oder in einer gesetzmäßigen Bindung an die Blattachseln steht (→ Hypokotylknospe, → Wurzelknospe, → Bulbille).
G: DU PETIT-THOUARS (1809, S. 147/148) als bourgeon adventif.
Adventivpflanze, f. (E: adventive plant F: plante adventive, f.): Pflanze, die meist unter direkter oder indirekter Mitwirkung des Menschen in ein Gebiet eingewandert ist, in dem sie ursprünglich nicht beheimatet war. Weitgehend identisch mit → Anthropochore, allerdings werden meist die Kulturpflanzen nicht einbezogen. In der Floristik oft vor allem für nicht eingebürgerte → Neophyten gebraucht.
G: A. de CANDOLLE (1855, S. 608/609) versuchte wohl als Erster eine klare Abgrenzung zwischen eingebürgerten und adventiven Pflanzen.
Adventivspross, m. (E: adventitious shoot F: pousse adventive, f.): Spross, der aus einer → Adventivknospe entstanden ist.
Adventivwurzel, f., Beiwurzel, f. (L: radix adventitia E: adventitious root F: racine adventive, f.): In der ursprünglichen Bedeutung soviel wie sprossbürtige → Wurzel. Da diese aber bei den Monokotylen allein das Wurzelsystem der erwachsenen Pflanze bilden, ist die Bezeichnung „adventiv" (hin-

zukommend) nicht passend. Einige Autoren haben daher dem Begriff eine andere Bedeutung gegeben, so sind Adventivwurzeln nach v. DENFFER (1971, S. 171) Wurzeln, die „zu ungewöhnlichen Zeiten an ungewöhnlichen Orten entstehen" und TROLL & HÖHN (1973, S. 396) verwenden den Begriff für Seitenwurzeln der Hauptwurzeln, die sich später zwischen die zuerst gebildeten einschieben.
G: Eingeführt in der Form „racines adventives" von A.P. de CANDOLLE 1827 (1, S. 258), abgeleitet von lat. advenire, hinzukommen. Die deutsche Bezeichnung Beiwurzel verwendet REINKE (1871, S. 41).
Lit.: TROLL (1949 a).

Aecidiospore, f. (E: aecidiospore, aeciospore F: écidiospore, f.): Im → Aecidium in Ketten gebildete zweikernige Spore der Uredinales. Bei wirtswechselnden Arten werden sie auf dem ersten Wirt gebildet und infizieren den zweiten.
G: Spätestens bei De BARY (1865, S. 16, „Aecidiumspore").

Aecidium, n. (E: aecidium, aecium, cluster cup F: écidie, f., écie, f.): Eine Struktur der Uredinales, die aus Gruppen zweikerniger Hyphenzellen Ketten aus Aecidiosporen und → Disjunctoren bildet. Sie kann von einer → Peridie (bzw. → Pseudoperidie) umgeben sein.
G: *Aecidium* Pers. wurde zuerst 1791 als Gattungsname veröffentlicht für Arten der Uredinales, die vorher meist unter *Lycoperdon* standen. Später wurde Aecidium der Name einer Struktur. Der Terminus aecium stammt von ARTHUR (1905, S. 221), vgl. HOLM (1987).

Ähnlichkeit, f. (E: similarity, likeness, resemblance F: ressemblance, f., similitude, f.): Primär eine ins Auge springende Übereinstimmung in mehreren morphologischen Merkmalen bei Unterschieden in anderen. Der Begriff kann auch auf Übereinstimmungen in anatomischen und anderen Merkmalen ausgedehnt werden. Äußere Ähnlichkeiten waren der erste Anlass zur Bildung von Gruppen. Die → Phänetik nutzt konsequent die Ähnlichkeiten für die Systematik. Sie hat besondere mathematische Methoden zu ihrer Erfassung entwickelt.

Ährchen, n. (L: spicula, f., pl. spiculae, locusta, f. E: spicule, spikelet, locusta F: épillet, m., spicule, locuste, f.): Ährige Teilinfloreszenz, besonders bei den Poaceae (Gramineae) und Cyperaceae. Ein bis mehrere Blüten sitzen an der **Ährchenachse** (Rhachilla E: rachilla F: rachéole).
G: Spicula wurde schon bei LINNAEUS (1751, S. 223) für Grasährchen verwendet. Eine noch ältere Bezeichnung ist locusta (wegen der Ähnlichkeit von Ährchen mit geknieter Granne mit einer Heuschrecke).

Ährchenachse → Ährchen

Ähre, f., Spica, f. (L: spica, f., pl. spicae E: spike F: racème, épi, m.): Blütenstand mit einer Hauptachse, an der ungestielte Blüten sitzen. Neuerdings werden die Ähre i.e.S. ohne Terminalblüte vom **Stachyoid** (TROLL 1964, S. 52) mit Terminalblüte unterschieden.
G: Das deutsche und das lateinische Wort bezeichnen im allgemeinen Sprachgebrauch (noch im ersten botanischen Wörterbuch von FUCHS 1542) die Blütenstände von Roggen, Weizen und Gerste (die keine Ähren im botanischen Sinn sind!). Die heutige Definition findet sich bei LINNAEUS (1751, S. 41).

Ährenrispe, f. (E: spike-like panicle F: panicule spiciforme, f.): Rispenartiger Blütenstand, der durch starke Verkürzung der Äste das Aussehen einer Ähre hat. Der rein beschreibende Begriff wird besonders bei den Poaceae (Gramineae) verwendet, so werden z.B. *Phleum*, *Alopecurus* und *Koeleria* als Ährenrispengräser bezeichnet.
G: Bei SCHREBER (1769, S. 11) wird dieser Blütenstand als „panicula spicata" bezeichnet, Ährenrispe (z.B. EICHLER 1875, S. 42) ist eine Übersetzung.

Äquationsteilung → Mitose

Äquatorialplatte, f. (E: equatorial plate, metaphase plate F: plaque équatoriale, f.): Die Anordnung der Chromosomen in der Äquatorialebene bei der Mitose. In der Äquatorialebene differenziert sich später die neue Zellwand.
G: FLEMMING (1878, S. 381).

Äquidistanzregel, f. (E: rule of equidistance, principle of equidistance F: règle de l'équidistance, f.): Die Glieder eines Blattwirtels bilden untereinander in der Regel den gleichen Winkel (Divergenzwinkel, → Divergenz).
G: Implizit ist die Regel in der Blattstellungslehre von C.F. SCHIMPER (1829/30) enthalten; schärfer formuliert wurde sie von HOFMEISTER (1868, S. 440).

äquifacial → Blattbau (A.)
Aërenchym, n., Durchlüftungsgewebe, n. (E: aerenchyma F: aérenchyme, m.): Interzellularenreiches Gewebe aus zartwandigen, unverkorkten Zellen, das nicht hauptsächlich der Assimilation dient. Es findet sich vor allem bei Sumpf- und Wasserpflanzen.
G: Von SCHENCK (1889) für Durchlüftungsgewebe geprägt, die von einem Phellogen gebildet werden und damit dem Kork homolog sind. Später unabhängig von der Entstehung durch Bau und Funktion definiert.
Lit.: SIFTON (1945, 1957).
Aerobier → Anaerobier
Ästatiphorie, f.: Stehenbleiben von im Frühjahr entwickelten Früchten bis in den Sommer. Pflanzen, die diese Erscheinung zeigen, werden als **Sommersteher** bezeichnet.
G: Von MURBECK (1919, S. 32) stammt der Begriff Sommersteher, ZOHARY (1937, S. 146) nannte die Erscheinung Aestatiphorie (von lat. aestas, aestatis, Sommer, und gr. phora, Tragen).

Ästivation, f., Präfloration, f., Knospendeckung, f. (L: aestivatio, f. E: aestivation F: préfloraison, f., estivation f.): Die Lage der jungen Blattorgane (Kelch- und Kronblätter) in der Knospe. Dabei ist die Knospendeckung von Kelch und Krone oft verschieden. Die Hauptformen sind (Abb. 1):
- **apert**, offen (L: aperta E: open F: ouvert): Die Blattorgane berühren sich nicht an den Rändern.
- **valvat**, klappig (L: valvata E: valvate F: valvaire): Die Blattorgane grenzen aneinander, ohne sich zu überdecken
- **imbricat**, deckend, dachziegelig (L: imbricata E: imbricated, imbricate F: imbriqué): Ein Teil der Blätter deckt auf beiden Seiten, andere auf einer Seite. Hiervon gibt es mehrere Varianten, von denen die quincunciale A. vor allem beim Kelch häufig ist. Dabei stehen die Organe in der 2/5-Stellung (→ Quincunx). Bei der **cochlearen** A. steht ebenfalls je ein Blatt ganz innen, eines außen, die übrigen sind einseitig gedeckt, ohne dass eine 2/5-Stellung vorliegt.
- **contort**, gedreht (L: contorta E: contorted

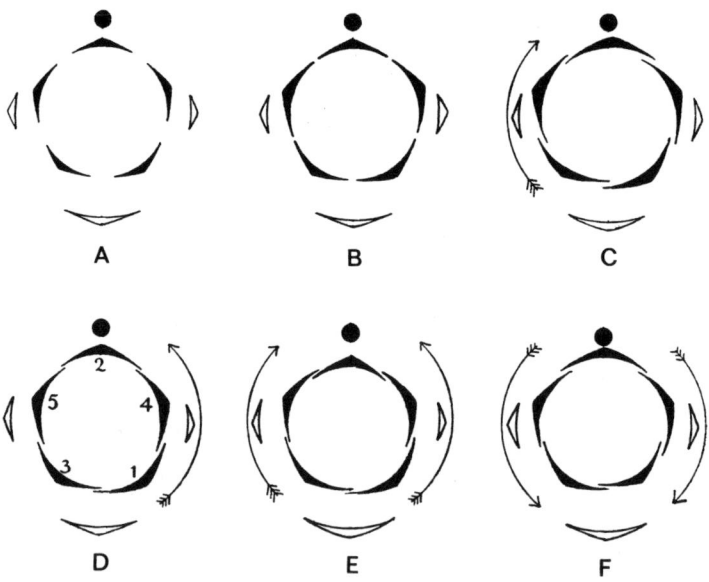

Abb. 1 Ästivation (Knospendeckung). A Offen, B valvat, C contort, D-E imbricat, D quincuncial, E cochlear (aufsteigend), F cochlear (absteigend). Nach PULLE (1938).

F: tordu, contorté): Jedes Blatt deckt auf der einen Seite das nächste und wird auf der anderen vom angrenzenden gedeckt.
G: Der Terminus aestivatio findet sich bei LINNAEUS (1767, S. 38), in der „Philosophia Plantarum" (1751) fehlt er noch. BISCHOFF (1833) zieht praefloratio vor, da aestivatio auch für die Blütezeit benutzt wurde.
Lit.: CLOS (1855/56), REINSCH (1927), SCHOUTE (1935).

Aethalium, n. (E: aethalium F: aethélie, f., aethalie, f.): Sammelfruchtkörper bestimmter Myxomyceten, der vom gesamten Plasmodium oder großen Teilen davon gebildet wird. Man nimmt an, dass ein Aethalium phylogenetisch aus vielen verschmolzenen Sporokarpien entstanden ist (→ Pseudocapillitium).
G: Die Bezeichnung leitet sich vom Gattungsnamen *Aethalium* Link (1809), einem Synonym von *Fuligo*, her.

ätherische Öle, n.pl. (etherische Öle) (E: essential oils F: huiles essentielles, f., huiles volatiles, f.): Intensiv duftende lipophile Stoffgemische, die sich meist leicht durch Destillation aus ihren Stammpflanzen gewinnen lassen. Sie enthalten häufig Terpene, aber auch Alkohole, Aldehyde, Ester, Phenylpropane und andere Verbindungen. Familien, deren Vertreter reich an ätherischen Ölen sind (z. B. Apiaceae, Lamiaceae), liefern viele Gewürz- und Heilpflanzen.
G: Die Bezeichnung ätherisch, die auf gr. aither, reine Luft, Himmel, zurückgeht, bezeichnet den flüchtigen Charakter der Stoffe. Sie hat nichts mit Äthern (jetzt Ethern) als chemische Substanzen zu tun, so dass eine Angleichung an die chemische Nomenklatur nicht gerechtfertigt ist (ROTH et al. 1994, S. 764).

Äthylen → Ethylen

Afterblätter → Stipel

Agameon, n. (E: agameon F: espèce agame, f.): Eine Art, die nur apomiktische Individuen umfasst.
G: CAMP & GILLY (1943, S. 355).

Agamet, m. (E: agamete F: agamète, m.): Fortpflanzungszelle, die nicht zur → Syngamie fähig (befruchtungsfähig) ist. Dazu gehören die Teilungsprodukte eines Einzellers und verschiedene Typen von Sporen (Mito- und Meiosporen). Da die Meiosporen obligater Teil der sexuellen Fortpflanzung sind, ist es fraglich, ob man sie hierzu rechnen soll.
G: HARTMANN (1904, S. 24).

Agamogonie, f. (E: agamogony, agamogenesis F: agamogonie, f.): Fortpflanzung durch nicht befruchtungsfähige Zellen (Agameten) im Gegensatz zur Gamogonie. Es handelt sich um eine **ungeschlechtliche Fortpflanzung**, die aber nicht – wie die vegetative Fortpflanzung – durch mehrzellige Gebilde bewirkt wird.
G: HARTMANN (1904, S. 24).

Agamospecies, f. (E: agamospecies F: agamoespèce, f., espèce agame, f.): Komplex apomiktischer Sippen, die aus morphologischen oder cytologischen Gründen als nahe verwandt angesehen werden. Die Agamospecies entspricht in ihrer morphologischen Spannweite etwa einer Art mit sexueller Fortpflanzung, lässt sich aber in zahlreiche konstante apomiktische Sippen (→ Apomikten) aufgliedern.
G: Eingeführt von TURESSON (1929, S. 330, 332), vgl. DAVIS & HEYWOOD (1963, S. 385).

Agamospermie, f. (E: agamospermy F: agamospermie, f.): Bildung von Embryonen und Samen ohne vorhergehende Befruchtung. Hierzu gehören → Aposporie, → Diplosporie und → Nucellarembryonie.
G: TÄCKHOLM (1922, S. 276).

Age-und-Area-Hypothese, f. (E: age and area hypothesis F: hypothèse de l'ancienneté et de l'aire de répartition des espèces): Unter bestimmten Bedingungen soll die Größe des Verbreitungsgebietes einer Sippe ein Hinweis auf ihr Alter sein. Wegen der vielen Ausnahmen, die durch unterschiedliche Ausbreitungsfähigkeit, das Auftreten von ökologischen oder geographischen Barrieren etc. gegeben sind, hat die Hypothese wenig praktische Bedeutung.
G: Zuerst entwickelt von WILLIS (1915) an der Flora von Ceylon. ARBER (1919 a) sprach von „the Law of Age and Area", lehnte aber die damit verbundene Vorstellung, dass keine Arten aussterben würden, ab. Weiterentwickelt wurde die Hypothese von WILLIS (1919, 1922).

agg. → Aggregat

Aggregat, n. (Abk.: agg.), Artengruppe f., Kollektivart, f., Sammelart, f., Conspecies, f. (L: species collectiva E: species aggregate, species group F: agrégat, m., espèce collective, f.): Gruppe von Arten, die als nahe verwandt angesehen werden und oft

Aggregatae

von Nichtspezialisten nur schwer zu unterscheiden sind (von lat. se aggregare, sich anschließen).
G: Der Begriff Aggregat wurde in der „Flora of the British Isles" (CLAPHAM, TUTIN & WARBURG 1952, z.B. S. 1371) verwendet. In Mitteleuropa wurde er bekannt durch die Liste von EHRENDORFER (1967). Die „Flora Europaea" spricht dagegen von „species groups" (Artengruppen). Die Aggregate werden üblicherweise nach der ältesten oder bekanntesten Art benannt. Es handelt sich um eine informelle Gruppe, keine Rangstufe, die im Code vorgesehen ist. Vorläufer ist die **Gesamtart** (L: species collectiva) bei ASCHERSON & GRAEBNER (1896 ff.) oder **Sammelart** (Conspecies bei SEMENOV-TIAN-SHANSKY 1910, S. 14). – Teilweise vergleichbar ist der nur oder überwiegend in der Zoologie gebrauchte Terminus Artenkreis (→ Superspecies), der aber einen stärkeren Bezug zur Evolution hat.
Lit.: MANTON (1958).
Aggregatae: Alter Name für eine Ordnung, zu der im Kern die Dipsacaceae und Valerianaceae gehören.
G: Eine sehr heterogene Gruppe der Aggregatae hat schon LINNAEUS (1751, S. 28) aufgestellt; zuletzt verwendeten WARMING & MÖBIUS (1929) den Namen für eine Ordnung aus Valerianaceae, Dipsacaceae und Calyceraceae.
Aggregationsplasmodium, n., Pseudoplasmodium, n. (E: pseudoplasmodium F: pseudoplasmodium, m.): Plasmodium-artige Bildung der Acrasiomycota, die aus eng verbundenen, aber nicht verschmolzenen Protoplasten besteht.
Aggregationsverband, m. (E: coenobium): Einfacher Thallus, der durch die Zusammenlagerung frei beweglicher Zellen entstanden ist. Bekannte Beispiele sind die Grünalgen *Scenedesmus, Pediastrum* und *Hydrodictyon*. Auch → Coenobium wird hierfür verwendet.
G: Erstnachweis: Lehrb. Bot. 27 Aufl. (v. DENFFER 1958).
Agmatoploidie, f. (E: agmatoploidy F: agmatoploïdie, f.): Zunahme der Chromosomenzahl durch Zerfall (Fragmentation) von Chromosomen, die einen diffusen → Kinetochor haben.
G: Eingeführt von MALHEIROS-GARDÉ & GARDÉ (1950, S. 259) auf Grund von Untersuchungen an *Luzula* (abgeleitet von gr. agma, Bruch, und -ploidie).

Agriophyt, m., Neuheimischer, m., Neubürger, m. (E: agriophyte, naturalized alien F: espèce naturalisée): „Pflanzensippen, die durch die Tätigkeit des Menschen in ein bestimmtes Gebiet gelangt sind, mittlerweile feste Bestandteile der heutigen natürlichen Vegetation sind und künftig in ihrem Fortbestehen nicht mehr auf menschliche Aktivitäten angewiesen sind." (LOHMEYER & SUKOPP 1992, S. 9).
G: Die heute als Agriophyten bezeichneten Pflanzen wurden zunächst von THELLUNG (1922) mit einem von M. RIKLI stammenden Wort als → Neophyten bezeichnet. Als dieser Begriff später zur Kennzeichnung der Zeitepoche der Einführung benutzt wurde, schuf KAMYSEV (1959, S. 1614) die Bezeichnung Agriophyten (von gr. agrios, wild, und phyton, Pflanze), die SCHROEDER (1969) in das deutschsprachige Schrifttum einführte.
Agroinfektion → Wurzelhalstumor
aitionom → Entwicklung (1.)
Akinet, m. (E: akinete F: akinète, acinète, m.): Dauerzelle, die durch Zellwandverdickung direkt aus einer vegetativen Zelle gebildet wird (Algen, auch Cyanobakterien).
G: Von WILLE (1883 a, S. 10, 1883 b) definiert und von den Aplanosporen abgegrenzt. Auch als **Hypnocyste** bezeichnet (z.B. CHODAT 1902, S. 60), bzw. als **Hypnoblast** (ETTL 1988 a, S. 23).
Akkumulatorpflanze, f. (E: accumulator plant): Pflanze (incl. Pilze), die in ihren Geweben bestimmte Elemente anreichert, z.B. Aluminium, Nickel, Selen und Mangan. Es handelt sich dabei vielfach um Elemente, die für andere Pflanzen toxisch wirken.
Akladium, n., Acladium (E: acladium): Das nicht verzweigte mit dem Endköpfchen abgeschlossene Stück des Sprosses, vor allem bei *Hieracium*.
G: NÄGELI & PETER (1885, S. 7: Acladium).
Akolutophyt, m., Eindringling (E: akolutophyte F: acolutophyte, f.): Pflanze, die ohne Mithilfe des Menschen in ein Gebiet eingewandert ist, dabei aber vom Menschen geschaffene Standorte besiedelt.
G: KREH (1957, S. 91) bezeichnete diese Pflanzen als Eindringlinge, SCHROEDER (1969, S. 231) schuf den Fachterminus Akolutophyten (von gr. akoluthein, begleiten, mitreisen, nachfolgen).

akrodrom → Blattaderung
akrogyn (E: acrogynous F: acrogyne): Stellung der Archegonien an der Spitze der Stämmchen bei den Lebermoosen (Jungermaniales). Gegensatz → anakrogyn.
G: Leitgeb (1877, S. 2-3) erkannte den Unterschied in der Stellung der Archegonien innerhalb der früher weit gefassten Jungermaniales. Er unterschied danach die Jungermanniae acrogynae (= Jungermaniales) und J. anacrogynae (= Metzgeriales).
akrokarp (E: acrocarpic, acrocarpous F: acrocarpe): Bei den Laubmoosen Stellung der Sporogone am Ende des Stämmchens, diese sind dann meist aufrecht und wenig verzweigt (Gegensatz → pleurokarp).
G: Bei Bridel-Brideri (1826/27) gibt es Gruppen der Acrocarpi und Pleurocarpi.
akrokont → Begeißelung (A.)
Akronema → Geißeltypen
akronematisch → Geißeltypen
akropetal (E: acropetal, basifugal F: acropète, basifuge): Normale Anlegungsfolge der Organe an einer Achse von der Basis zur Spitze hin, so dass die jüngsten Anlagen an der Spitze stehen (vgl. → basipetal, → zentripetal).
akroplast: Beim Blatt ein Wachstum in der Spitzenregion. Meist wird das akroplaste Wachstum bald eingestellt, nur bei den Farnen dauert es lange an.
akroton (E: acrotonic, acrotonous F: acrotone): Adj. zu → Akrotonie.
Akrotonie, f. (E: acrotony F: acrotonie, f.): Förderung im Spitzenbereich eines Organs oder einer Pflanze, besonders Verzweigungsmodus, bei dem die Äste zur Spitze hin stärker entwickelt sind. Akrotonie ist typisch für Bäume (im Unterschied zur → Basitonie der Sträucher). Bei Infloreszenzen bedeutet sie Förderung der Endblüte und der oberen Seitenzweige.
G: Von Goebel (1928, S. 363) zuerst für Blätter mit Förderung im oberen Teil verwendet, später (Goebel 1931, S. 80, 87-88) bei Infloreszenzen gebraucht. W. Troll benutzte den Terminus dann vor allem für den vegetativen Bereich.
akrocentrisch → Chromosomentypen
aktinocytisch → Stomata-Typen (B.)
aktinodrom → Blattaderung
aktinomorph → Symmetrie
Aktinostele → Stelentypen (I.)
Aktionsspektrum → Wirkungsspektrum

aktiver Transport, m. (E: active transport F: transport actif, m.): Transport, der unter Energieverbrauch bestimmte Stoffe auch gegen das Konzentrationsgefälle und durch schwer durchdringliche Membranen schafft.
Albumen → Nährgewebe
Albumine, n.pl. (E: albumins F: albumines, f.): Gruppe von in salzfreiem Wasser löslichen, niedermolekularen Proteinen von saurem Charakter.
G: Das (neu-)lat. Wort albumen bedeutet das Weiße, speziell des Hühnereis, in der Botanik früher auch → Endosperm.
Aleuriospore, n.pl. (E: aleurispore F: aleurie, f.): Konidie, die durch Abschnürung eines erweiterten Endstücks einer Hyphe (holoblastisch) entsteht. Es gibt Übergänge zu den → Chlamydosporen.
G: Vuillemin (1911, S. 151, „aleuries"), abgeleitet von dem mehlartigen Eindruck, den ihre Anhäufung macht (gr. aleuron, Weizenmehl). Eine Unterteilung dieses Sporentyps bei Grigoraki (1936). Die Problematik verschiedener Definitionen besprechen Minter, Sutton & Brady (1983, S. 117).
Aleuronkörner, n.pl., Proteinkörner, n.pl. (E: grains of aleurone F: grains d'aleurone): Proteinspeichervakuolen, die sich z.B. in der Aleuronschicht des Endosperms von Getreidekörnern und in den Speicherkotyledonen der Samen der Fabaceae (Leguminosae) finden.
G: Th. Hartig (1855, Sp. 881) bezeichnete die mehlige Substanz, die er aus dem **Kleber** von Samen gewonnen hatte, als „Klebermehl" und sprach von „Klebermehlkörnchen", später (Th. Hartig 1856, Sp. 257) führte er für Klebermehl Aleuron (gr. aleuron, Weizenmehl) ein.
Aleuronschicht, f. (E: aleurone layer F: assise protéique, f., couche d'aleurone, f.): Schicht des Endosperms, deren Zellen → Aleuronkörner enthalten.
Algen, f.pl. (L: algae, f.pl. E: algae F: algues, f. pl.): Sammelbegriff für überwiegend im Wasser lebende, zur Photosynthese fähige Thallophyten.
G: Das lat. Wort alga bedeutete zunächst verschiedene makroskopische Pflanzen der Meere (Tange, Seegras). Nachdem erkannt war, dass eine Gruppe, die Cyanophyceae (Blaualgen), zu den Prokaryoten gehören, werden diese heute meist nicht mehr zu den Algen gezählt und deshalb → Cyanobakte-

rien genannt. Zur Nomenklatur der Klassen und Familien: SILVA 1980.
Algenkunde → Phycologie
Algologie → Phycologie
Alignment, n. (E: alignment F: alignement, m.): Die Parallelisierung zweier DNA-Sequenzen, die einen gewissen Grad von Übereinstimmung in der Basenfolge zeigen. Das Alignment lässt Veränderungen erkennen (→ Transitionen, → Transversionen, → Insertionen, → Deletionen) und ist Voraussetzung für eine → Sequenzanalyse und damit für die → Molekulare Systematik.
Alkaloide, n.pl. (E: alkaloids F: alcaloïdes, m.pl.): Eine Gruppe überwiegend aus Pflanzen stammender stickstoffhaltiger, basisch reagierender Substanzen. Alkaloide im engeren Sinne enthalten heterozyklisch gebundenen Stickstoff, der aus Aminosäuren stammt. Alkaloide haben gewöhnlich starke physiologische Wirkungen oder sind toxisch für andere Organismen. Sie treten gehäuft in einigen Familien oder Ordnungen auf, z.B. bei den Amaryllidaceae, Solanaceae, Papaverales und Gentianales. – Vgl. auch → Protoalkaloide und → Pseudalkaloide.
G: Diese Verbindungen wurden nach ihrer Entdeckung zuerst „Pflanzenalkalien" genannt, bis MEISSNER (1819, S. 381) Alkaloide vorschlug.
Allel, n. (E: allele F: allèle, m.): Eine von zwei oder mehr verschiedenen Ausprägungsformen eines Genes am selben Locus eines Chromosoms. Die verschiedenen Allele entstehen durch Genmutationen, bei diploiden Organismen liegen von jedem Gen zwei Allele vor.
G: BATESON & SAUNDERS (1902) prägten hierfür den Terminus allelomorph (von gr. allelon, einander), später (besonders durch JOHANNSEN 1909) setzte sich Allel durch.
Allelfrequenz, f. (E: allele frequency): Die relative Häufigkeit eines Allels (→ Allel) innerhalb einer Population. Für ein selektionsneutrales Allel bleibt die Frequenz in großen Populationen annähernd konstant (→ Hardy-Weinberg-Gesetz).
Alleloparasitismus, m.: Form des Zusammenlebens, bei dem jeder dem Partner bestimmte Nähr- oder Wirkstoffe entzieht. Diese wechselseitige Parasitismus kann sich zur Symbiose oder auch zum einseitigen Parasitismus entwickeln.
Allelopathie, f. (E: allelopathy F: allelopathie, f.): Stoffliche Einwirkung einer Pflanze auf andere in der Umgebung, die nicht in der Konkurrenz um Wasser oder Nährstoffe besteht.
G: Der erste Stoff, dessen allelopathische Wirkung bekannt wurde, war das → Ethylen. Die Bezeichnung Allelopathie schuf MOLISCH (1937, S. 20), abgeleitet von gr. allelon, wechselseitig, und pathos, Leiden.
Allelophysiologie, f. (E: allelophysiology): Physiologie der Interaktionen von Pflanzen mit anderen Organismen.
G: Eingeführt von WEILER in der 35. Aufl. des Lehrbuchs der Botanik (2002).
Allium-Typ → Embryosacktypen
Allochorie, f. (E: allochory F: allochorie, f.): Ausbreitung von Pflanzen durch äußere Agentien (vor allem Wind, Wasser und Tiere) im Gegensatz zur Ausbreitung durch die Pflanze selbst (→ Autochorie).
G: Von SERNANDER (1906, S. 245) als Gegensatz zu Autochorie geprägt.
allochthon, nicht einheimisch (E: allochthonous F: allochtone): Pflanze, die außerhalb ihres natürlichen Areals vorkommt.
Allodiversität → Biodiversität
Alloenzyme → Isozyme
allogam (E: allogamous): Adj. zu → Allogamie.
Allogamie, f., Fremdbestäubung, f., Fremdbefruchtung, f. (E: allogamy, exogamy F: allogamie, f.): Bestäubung durch den Pollen einer anderen Blüte, bzw. (enger gefasst) durch den Pollen einer genetisch verschiedenen Pflanze (→ Xenogamie). Allogamie wird befördert durch → Dichogamie und → Herkogamie, erzwungen durch → Selbststerilität oder → Diözie. Organismen, bei denen sie vorherrscht, heißen auch Fremdbefruchter.
G: Eingeführt von KERNER (1876, S. 192).
Allokation, f. (E: allocation, partitioning F: allocation, f.): Die Aufteilung der von einem Organismus aufgenommenen oder synthetisierten Stoffe auf verschiedene Bereiche bzw. Funktionen. Wichtig für die Pflanze ist z.B. die Verteilung im Hinblick auf erhöhtes vegetatives Wachstum oder verstärkte Fruchtbarkeit (vgl. → Trade-off).
Allometrie, f. (E: allometry F: allométrie, f.): Änderungen in den Proportionen durch unterschiedliche Wachstumsraten von Teilen. TROLL (1937, S. 12) sprach von „Verschiebung der Wachstumsproportionen", bzw.

vom **Prinzip der variablen Proportionen** (TROLL 1949 b), das die Unterschiede innerhalb eines Formenkreises bestimmt.
G: J.S. HUXLEY & TEISSIER (1936, S. 780).
Lit.: NIKLAS (1994).
Allomon, n. (E: allomone   F: allomone, f.): Substanz, die von einem Organismus nach außen abgegeben wird und die auf andere Arten wirkt und zwar so, dass der Sender davon einen Vorteil hat. Dazu gehören z.B. Duftstoffe der Blüten, die Bestäuber anlokken. Gegenbegriff: → Kairomon.
G: Zuerst von BETHE (1932, S. 178) als Alloiohormone bezeichnet. Die heute übliche Wortform stammt von W.L. BROWN (1968, S. 190).
Alloparasitismus → Adelphoparasitismus
allopatrisch (E: allopatric F: allopatrique): Ursprünglich Kennzeichnung der Verbreitung zweier (verwandter) Taxa, deren Areale sich gegenseitig ausschließen. Später vor allem für einen bestimmten Typ der → Artbildung verwendet.
G: MAYR (1942, S. 148) hat den Terminus allopatric als Gegenstück zu dem älteren sympatric (→ sympatrisch) geprägt.
Allophycocyanin → Phycobiliproteide
Allophyt, m. (E: allophyte): Pflanze, die in einem Gebiet nicht einheimisch ist (kein → Autophyt). Sie ist erst unter Mitwirkung des Menschen eingewandert. Hierzu gehören die → Archaeophyten und → Neophyten.
G: Allophyt wurde zuerst von SCHOLZ (1995, S. 432) eng definiert (unter Ausschluss der → Anökophyten). Die vereinfachte Fassung stammt von BARTHLOTT et al. (1999, S. 104), BARTHLOTT et al. (2000, S. 77).
Allopolyploidie, f., Amphiploidie, f. (E: allopolyploidy F: allopolyploïdie, f.): Verdopplung oder Vervielfachung der Chromosomenzahl durch das Zusammenkommen verschiedener Chromosomensätze (durch Bastardierung). Sind die beiden Genome sehr verschieden, so werden bei der Meiose nur Bivalente gebildet, und die Fertilität ist sehr hoch, gibt es dagegen größere homologe Abschnitte (**Segmentallopolyploidie**, STEBBINS 1947, S. 419: segmental allopolyploids), so kommt es auch zu Multivalenten und die Fertilität ist geringer.
G: Allopolyploidie wurde zuerst bei *Triticum* entdeckt (SAX 1921, KIHARA 1924). Der Begriff wurde - angeregt von B. NEMEC - durch KIHARA & ONO (1926, S. 480) geprägt. Der gleichbedeutende Ausdruck Amphiploidie (vorher amphidiploid NAWASCHIN 1927 b, S. 228) stammt von CLAUSEN, KECK & HIESEY (1945, S. VII, 117). – Die Allopolyploidie erklärte das Auftreten „konstanter Bastarde", die seit langem bekannt waren.
Allopolyploidion Durch Allopolyploidie entstandene Art.
G: CAMP & GILLY (1943, S. 342).
allorrhiz (E: allorhizic, allorhizal): Adj. zu → Allorrhizie.
Allorrhizie, f. (E: allorhizy F: allorhizie, f.): Typ der Bewurzelung, bei dem es ein aus dem Wurzelpol des Embryos hervorgehendes Hauptwurzelsystem und daneben - zumindest potentiell - sprossbürtige Wurzeln gibt.
G: GOEBEL (1930, S. 1145).
Allosom → Geschlechtschromosom
allosterisches Enzym → Enzym, allosterisches
Allosyndese, f. (E: allosyndesis F: allosyndèse, f.): Paarung von Chromosomen in der Meiose, die homolog sind und von denen je eines vom väterlichen und vom mütterlichen Gameten stammt. Dies ist der Normalfall, bei Polyploiden gibt es daneben aber auch → Autosyndese.
G: Terminus geprägt von LJUNGDAHL (1924, S. 286) bei der Untersuchung von *Papaver*-Hybriden.
allotop (E: allotopic F: allotopique): An verschiedenen Standorten lebend. Dies kann für allopatrische, aber auch für sympatrische Arten gelten.
G: RIVAS (1964, S. 42/43).
allotrop → Allotropie
Allotropie, f. (E: allotropy F: allotropie, f.): Ausrichtung einer Blüte (Blume) auf verschiedene, wenig spezialisierte Besucher (meist Insekten). Eine solche Blüte heißt **allotrop**, hierzu gehören z.B. viele Brassicaceae (Cruciferae), Rosaceae und Umbelliferae (Apiaceae).
G: LOEW (1886, S. 106) unterschied zunächst eutrope, hemitrope und allotrope Blütenbesucher und benutzte (1886, S. 146) Allotropie für eine Anpassungsstufe der Insekten. Später (1889, S. 16) führte er die Einteilung auch für Blumen ein.
Allozyme → Isozyme
Alpenpflanze, f. **1.** Pflanze des europäischen Hochgebirges Alpen. **2.** → Oreophyt.
Alpha-Taxonomie, f. (E: alpha taxonomy

F: alpha taxonomie, f.): Die erste Stufe der Taxonomie (Systematik), die sich vor allem mit der morphologischen Beschreibung und Ordnung der Taxa befasst.
G: TURRILL (1938, S. 346).
Alteinwanderer → Archäophyt
Alternanz → Alternanzregel
Alternanz → Phyllotaxis (A.)
Alternanzregel, f. (E: alternation rule F: règle de l'alternance): Regel, nach der die Glieder aufeinander folgender (Blatt-)Wirtel miteinander alternieren, d.h. über den Lücken der vorhergehenden stehen. Die Alternanzregel ist vor allem für die Blütenmorphologie von Bedeutung. Während zwischen Kelch und Krone fast immer **Alternanz** herrscht, ist sie beim Androeceum und Gynoeceum nicht selten gestört (→ Obdiplostemonie).
G: Die Alternanz wurde schon früh beobachtet, z.B. von LINNAEUS (1735 b, S. 11, als „situs naturalissimus"). Als Regel wird sie von MARTIUS (1828, Sp. 523) und HOFMEISTER (1868, S. 459) klar herausgestellt.
Alternativname → nomen alternativum
alternierend → Phyllotaxis (A.)
Alveolata: Phylogenetisch zusammengehörige Gruppe aus morphologisch und ökologisch sehr verschiedenen Organismen: Dinophyta (Dinoflagellaten), Ciliaten und Apicomplexa (Sporozoen, u.a. *Plasmodium, Toxoplasma*). Gemeinsames Merkmal sind die **Alveoli**, flache von einer Membran umgebene Vesikel direkt unter der Plasmamembran.
G: Die Zusammengehörigkeit der Gruppe erkannte u.a. WOLTERS (1991) auf Grund einer Analyse der rRNA, er schlug den Namen Dinozoa vor. Nach CAVALIER-SMITH (1998) wurde der Name Alveolata von ihm 1991 geprägt.
Alveoli → Alveolata
AM → Mykorrhiza
Ameisenausbreitung → Myrmekochorie
Ameisenpflanze → Myrmekophyt
Ameisenverbreitung → Myrmekochorie
Amentiferae, Amentiflorae, Kätzchenblütler (E: catkin-bearing plants F: arbres à chatons): Windblütige Holzgewächse mit unscheinbaren, in → Kätzchen angeordneten Blüten, wie z.B. die Betulaceae und Fagaceae.
G: Eine Gruppe der „Amentaceae" (ohne nähere Definition) findet sich schon bei LINNAEUS (1735 b, S. 34).
Amentiflorae → Amentiferae
Amentum → Kätzchen
amerospor → Sporenformen
Aminopeptidasen → Proteinasen
Aminosäure, f. (E: amino acid F: acide aminé): Organische Verbindung mit einer Carboxylgruppe und ein bis zwei Aminogruppen. Aminosäuren sind amphoter, d.h. sie haben Säure- und Basencharakter. Man unterscheidet **proteinogene** Aminosäuren, die die → Proteine aufbauen, und **nichtproteinogene**, die z.B. Transport- und Speicherfunktion haben können. Pflanzen können alle 20 proteinogenen Aminosäuren synthetisieren.
Amitose, f. (E: amitosis F: amitose, f.): (Angebliche) Teilung des Kerns ohne präzise Chromosomenverteilung. Kommt bei Pflanzen höchstens als Degenerationserscheinung vor, der Terminus wird deshalb in der Botanik nicht mehr verwendet (eine amitotische Teilung ist vom Makronucleus der Ciliaten bekannt).
G: In der Frühzeit der Cytologie wurde immer wieder von einer „Fragmentation" oder „direkten Kernteilung" (FLEMMING 1880, S. 154 ff., JOHOW 1880) berichtet. FLEMMING (1882, S. 376) spricht von „amitotischer" Teilung, daraus wurde später Amitose (z.B. SCHÜRHOFF 1915).
amitotisch (E: amitotic F: amitotique): Kernteilung durch → Amitose
amöboides Tapetum → Tapetumtypen
Ampelographie, f. (E: ampelography F: ampélographie, f.): Beschreibung und Untersuchung der Arten und Sorten des Weins (*Vitis*, gr. ampelos, Weinstock).
Amphiastral-Spindel, f. (E: amphiastralmitosis F: fuseau amphiastral): Spindelapparat bei Organismen mit → Centrosomen, bei denen an jedem Pol eine Struktur aus radial angeordneten Mikrotubuli gebildet wird.
G: FOL (1877, S. 441) nannte die doppelte Aster-Struktur Amphiaster.
Amphibolismus → Metabolismus
Amphidiploidie → Allopolyploidie
Amphiesma, n. (E: amphiesma, cortex F: tunique cellulosique, f.): Die äußeren Bereiche der Zelle bei den Dinophyta einschließlich der Vesikel (→ Alveolata), in denen Celluloseplatten abgelagert werden.
G: Das innere Skelett der Dinophyta wurde zuerst von SCHÜTT (1891) beschrieben; er

führte (1895, S. 3) den Terminus Amphiesma (von gr. amphiesma, Anzug, Kleidung) ein.
Amphigastrien, pl., Unterblätter, n.pl., Bauchblätter, n.pl. (E: under leaves F: feuilles ventrales, amphigastres, m.pl.): Die dem Substrat zugewandte Reihe von meist kleineren Blättchen bei vielen beblätterten Lebermoosen (Jungermaniales). Die Amphigastrien gehen wie die Ober- oder Flankenblätter auf eine der drei Zellreihen zurück, die die dreischneidige Scheitelzelle abgibt.
G: Die Unterblätter wurden zunächst zu den „stipulae" gerechnet. EHRHART (1784 b, Sp. 141) führte den Terminus Amphigastria ein, er leitet sich her von gr. amphi, um ... herum, und gaster, gastros, Bauch.
amphikarp (E: amphicarpic, amphicarpous F: amphicarpe): Pflanze mit → Amphikarpie.
Amphikarpie, f. (E: amphicarpy F: amphicarpie, f.): Auftreten von oberirdischen und → geokarpen Früchten an einer Pflanze.
G: Schon PONA (1617, S. 79) spricht von einer Pflanze (*Vicia* ?), die wegen ihrer ober- und unterirdischen Früchte die Bezeichnung „amphicarpa" verdiene. Die Bezeichnung Amphikarpie findet sich bei TREVIRANUS (1863).
Lit.: ASCHERSON (1884).
Amphimikt, m. (E: amphimict F: amphimictique): Ein sich obligat sexuell fortpflanzender Organismus bzw. eine Sippe mit dieser Fortpflanzungsart (→ Apomikt).
G: Der Terminus wurde geprägt von TURESSON (1926/27, S. 190) bei seinen Untersuchungen über geschlechtliche und vivipare Sippen von *Festuca ovina*. Er leitet sich her von → Amphimixis.
Amphimixis, f. (E: amphimixis F: amphimixie, f.): Verschmelzung der Zellkerne bei der Befruchtung und dadurch Vereinigung der Chromosomen väterlicher und mütterlicher Herkunft in einem Kern (Zygotenkern). Amphimixis ist Vorbedingung für die Rekombination.
G: Eingeführt von WEISMANN (1891, Titel, S. 112), abgeleitet von gr. amphi, um ... herum, und mixis, Vermischung, Begattung.
amphiphloisch → Stelentypen (II.)
Amphiploidie → Allopolyploidie
amphistomatisch → Blattbau (B.)
Amphithecium, n. (E: amphithecium F: amphithèce, f.): **1.** Bei Moosen: äußerer Bereich der Kapsel, der durch eine frühe perikline Teilung vom Inneren, dem → Endothecium, abgetrennt wird. Aus dem Amphithecium entwickelt sich bei den Bryidae die Sporangienwand, bei den Sphagnidae außerdem das Archespor.
G: KIENITZ-GERLOFF (1878, Sp. 40).
2. Bei Flechten: → Excipulum.
Amphitonie, f., flankenständige Förderung, f. (F: amphitonie, f.): Verzweigung, bei der an plagiotropen Seitenästen die Äste zweiter Ordnung nur an den Seiten kräftig entwickelt werden. Es entstehen dann abgeflachte „wedelartige" Seitenäste wie besonders ausgeprägt bei *Araucaria*.
G: TROLL (1935-37, S. 17, 612)
amphitrop → Samenanlage (C.)
Amphosom, n. (E: amphosome F: amphosome, m.): Extraplastidiales → Pyrenoid bei Cryptophyta.
G: Benannt von HOLLANDE (1941, n.v., ausführlich beschrieben 1942, S. 50).
Ampulle, f. (E: ampulla F: ampoule, f.): Flaschenförmige Einstülpung am vorderen Ende der Zelle bei den Euglenophyta. An ihrem Grund entspringen meist zwei Geißeln.
Ampullenzelle → Retortenzelle
Amylasen, f.pl., Diastasen, f.pl. (E: amylases F: amylases, f., diastases, f.): Eine weit verbreitete Gruppe von → Hydrolasen, die die glykosidische Bindung von Oligo- und Polysachariden aufspalten.
Amylopektin → Stärke
amylophyll → Stärkeblätter
Amyloplast, m. (E: amyloplast F: amyloplaste, m.): Farbloser Plastid, der Stärke speichert. Amyloplasten finden sich vor allem in Speichergeweben in Samen, Rhizomen, Wurzeln, Holzparenchym etc.
G: Der Terminus wurde von ERRERA (1882, 1906, S. 65) eingeführt. Da im Prinzip fast jeder Plastid zur Stärkespeicherung fähig ist, wollte KÜSTER (1915, S. 803) den Begriff als Sammelbezeichnung für alle Plastiden verwenden.
Amylose → Stärke
Amylum → Stärke
Anabolismus → Metabolismus
anadrom (E: anadromous F: anadrome): Typ der Nervatur, bei der der 1. (und 3., 5. etc.) Tertiärnerv eines fiederschnittigen oder gefiederten Blattes zur Spitze hin gerichtet ist. Sind diese zur Basis gerichtet, so ist die Nervatur **katadrom** (E: catadromous F:

catadrome).
G: Die Termini wurden von METTENIUS (1858, S. 286) bei der Untersuchung von Farnen geschaffen (abgeleitet von gr. ana-, hinauf, bzw. kata-, hinab, und dromos, Lauf).
Anaerobier, m. (E: anaerobe F: anaérobie, m., anoxybionte, m.): Organismus, der unter bestimmten Bedingungen (fakultativ) oder nur (obligat) unter Luftabschluss (ohne molekularen Sauerstoff) leben kann. Im Gegensatz dazu sind die meisten Organismen **Aerobier** (E: aerobes), die Sauerstoff benötigen.
Anagenese, f. (E: anagenesis F: anagenèse, f.): Höherentwicklung im Gegensatz zur Stammverzweigung (Kladogenese).
G: Geprägt von dem Zoologen RENSCH (1947, S. 95).
Anagramm, n. (E: anagram F: anagramme, f.): Name, der aus einem anderen durch Buchstabenumstellung entstanden ist. Die Nomenklaturregeln lassen eine solche willkürliche Namensgebung zu. H. CASSINI schuf auf diese Weise aus dem alten Gattungsnamen *Filago* folgende neue: *Logfia, Ifloga, Gifola.*
anakrogyn (E: anacrogynous F: anacrogyne): Stellung der Archegonien an Seitenästen oder auf dem Thallus bei den → Lebermoosen. Gegensatz: → akrogyn.
analog (E: analogous F: analogue): Adjektiv zu → Analogie.
Analogie, f. (E: analogy F: analogie, f.): Ähnlichkeit im Bau, die nicht auf Übernahme der Merkmale von einem gemeinsamen Vorfahren, sondern auf Anpassung an gleiche Funktion beruht. Die Feststellung einer Analogie ist wie die einer Homologie oft problematisch, weil sie vom Erkennen der Abstammungsverhältnisse abhängt. Adj.: analog.
G: Im allgemeinen Sinn einer Übereinstimmung oder Entsprechung wird analogia schon früh in der Biologie verwendet. Eine deutliche Gegenüberstellung von Analogie und → Homologie erfolgte erst durch den Zoologen und vergleichenden Anatom R. OWEN (1843, zit. nach 1848, S. 7). Lit.: BOYDEN (1947).
Analyse, f. (E: analysis F: analyse, f.): In der beschreibenden Botanik eine Zeichnung, die Einzelheiten des Blütenbaues erkennen lässt. Nach den Nomenklaturregeln gilt bis Ende 1907 eine neue Art durch eine Zeichnung (Tafel) mit Analyse als gültig veröffentlicht (→ Code 1. ICBN 2000, Art. 42.3).
Anamorphe, f., Nebenfruchtform, f., imperfektes Stadium, n. (E: anamorph F: anamorphe, f.): Entwicklungsstadium eines pleomorphen Pilzes (→ Pleomorphie), das keine Meiosporenbildung zeigt. Die Anamorphe vermehrt sich meist durch → Konidien. Sie kann gesondert benannt werden, der Name der → Holomorphe (des Organismus in allen seinen Entwicklungsstadien) richtet sich aber nach dem ältesten legitimen Name der auf einem Element der → Teleomorphe beruht.
G: Anamorphosis wurde schon von MASON (1937) benutzt und dann von DONK (1960) wieder aufgenommen, HENNEBERT & WERESUB (1977) verkürzten es zu „anamorph".
Anaphase, f. (E: anaphase F: anaphase, f.): Phase der Kernteilung, in der bei der Mitose Chromatiden (Spalthälften der Chromosomen), bei der Meiose 1 homologe Chromosomen voneinander getrennt werden.
G: Gleichzeitig mit anderen Phasen von STRASBURGER (1884 a, S. 260) benannt.
Anaplast → Leukoplast
Anastomose, f. (E: anastomosis F: anastomose, f.): **1.** Bei Kormophyten: Dünne Adern (Nerven) des Blattes, die zwei stärkere verbinden. **2.** Bei Pilzen: Fusion vegetativer Hyphen innerhalb eines Thallus oder zwischen genetisch verschiedenen Thalli.
G: Aus der medizinischen Terminologie übernommen.
Anatomie, f., Phytotomie, f. (L: anatomia E: anatomy F: anatomie, f.): In der Botanik die Analyse des zellulären Aufbaues und der Anordnung der Gewebe. Die → Histologie, die sich mit den Geweben befasst, wird gewöhnlich nicht als besonderes Gebiet abgetrennt. Die Methode der Anatomie der Pflanzen ist die mikroskopische Untersuchung von Schnittpräparaten.
G: Das für die Untersuchung der Tiere und des Menschen schon im 16. Jahrhundert verwendete Wort (von gr. anatemnein, aufschneiden, sezieren) wurde in der Botanik ab 1671/72 durch die Werke von NEHEMIA GREW (vgl. GREW 1682) und MALPIGHI (1675) bekannt. Dabei umfasste die A. in diesen Werken auch makroskopisch sichtbare Phänomene, wie das der Keimung, die man heute zur Morphologie rechnet. Gelegentlich wurde für die Anatomie der Pflanzen auch das Wort Phytotomie verwendet (z.B.

SACHS 1875).
Lit. zur Geschichte: SACHS (1875, S. 235-384), LUNDEGÅRDH (1922), SCHMUCKER & LINNEMANN (1951).
anatrop → Samenanlage (C.)
androdiözisch (E: androdioecious F: androdioïque): Pflanzen mit zwittrigen und männlichen Blüten auf verschiedenen Individuen sind androdiözisch, auf demselben Individuum → andromonözisch.
G: DARWIN (1877, S. 12/13).
Androeceum, n., Andröcium, n. (E: androecium F: androcée, m.): Gesamtheit der Staubblätter einer Blüte.
G: Von ROEPER (1826, S. 433) gleichzeitig mit → Gynoeceum eingeführt, abgeleitet von gr. aner, andros, Mann und oikos, Haus. Neben der Originalschreibung findet sich vielfach im Deutschen Andröcium.
Andröcium → Androeceum, → Gametangienstand
Androgamet, m. (E: androgamete F: androgamète, m.): Männlicher Gamet. Er kann als begeißelter Spermatozoid oder als unbegeißelte Spermazelle vorliegen.
Androgametocyste, f. (E: antheridium F: anthérocyste, m., spermatocyste, m.): Zelle (der Thallophyten), in der sich männliche Gameten entwickeln, oft als Antheridium bezeichnet.
G: Schon VUILLEMIN (1902, S. 17) sah den Unterschied zwischen dem von einer Wand aus Zellen umgebenen Antheridium der Moos- und Farnpflanzen und den „Antheridien" der Thallophyten. Er führte für diese den Begriff Antherocysten ein. SCHUSSNIG (1960, S. 690) spricht von Androgametocyt, dies wurde von GROLLE (1971, S. 120) wieder aufgenommen.
Androgynie, f. (E: androgyny F: androgynie, f.): Auftreten von männlichen und weiblichen Blüten in einer Inflöreszenz.
G: LINNAEUS (1751, S. 93-94) bezeichnete eine monözischen Pflanze mit männlichen und weiblichen Blüten auf einem Individuum als planta androgyna. Allgemein wurde A. später für das gemeinsame Auftreten männlicher und weiblicher Organe oder Blüten benutzt. Eine androgyne Blüte ist dann gleichbedeutend mit einer → Zwitterblüte.
Androgynophor, m. (E: androgynophore F: androgynophore, m.): Achsenstück innerhalb der Blüte, das Androeceum und Gynoeceum von der Blütenhülle trennt.

Androkladium → Blütentheorie
andromonözisch (E: andromonoecious F: andromonoïque): Mit männlichen und zwittrigen Blüten auf einer Pflanze.
G: DARWIN (1877, S. 12).
Androphor, m. (E: androphore F: androphore, m.): Achsenstück innerhalb der Blüte zwischen Perianth und Androeceum (vgl. → Androgynophor).
G: Wohl zuerst verwendet von MIRBEL (1815, S. 240), bei dem allerdings im Gegensatz zum heutigen Gebrauch auch das Filament als Androphor bezeichnet wird.
Androphyll → Blütentheorien
Androspore, f. (E: androspore F: androspore, f.): Besondere Fortpflanzungszelle bei *Oedogonium*, aus der sich ein → Nannandrium (Zwergmännchen) entwickelt.
G: PRINGSHEIM (1856, S. 228; 1895, S. 40). - Die ältere Verwendung von A. BRAUN (1855, S. 16) für Pollenkörner und Mikrosporen wurde nicht angenommen.
Anellophor, m. (E: anellophore F: anellophore, m., filament conidiogène, m.): Konidiophor, der an der Spitze nach und nach Konidien entwickelt. Dabei wird jedes Mal etwas weiter nach oben ein Ring gebildet.
G: HUGHES (1953, S. 613).
anemochor (E: anemochorous F: anémochore): Adj. zu → Anemochorie.
Anemochorie, f., Windausbreitung, f., (Windverbreitung, f.) (E: anemochory F: anémochorie, f.): Ausbreitung (Dissemination) mit Hilfe des Windes. Auffällige Anpassungen der Diasporen sind: häutige Flügel (**pterochore** Diasporen), Schirme aus Haaren (**pogonochore** D.) und lose Hüllen (**saccochore** D.).
G: Zuerst als Adjektiv anemochor bei DAMMER 1892, S. 259). Die Fachtermini für die verschiedenen Formen der Ausbildung der Diasporen stammen von DANSEREAU & LEMS (1957, S. 33).
anemogam, anemophil, windbestäubt, windblütig (E: anemogamous F: anémogame): Pflanzen, die vom Wind bestäubt werden. Sie sind im Allgemeinen durch Blüten ohne oder mit unscheinbarer Blütenhülle, heraushängenden Antheren und exponierte Narbe, reichlich trockenen Pollen und nur eine oder wenige Samenanlagen je Blüte gekennzeichnet. Geschlechtertrennung ist verbreitet.
G: → Anemogamie

Anemogamie, f., Anemophilie, f., Windbestäubung, f. (E: anemogamy, anemophily F: anémogamie, f., anémophilie, f.): Bestäubung mit Hilfe des Windes (→ anemogam). G: Windbestäubung ist seit langem bekannt. Sie wurde z.B. von LINNAEUS (1746) in der Dissertation „Sponsalia plantarum" in einem bekannten Bild an *Mercurialis* bildlich dargestellt. Ch. K. SPRENGEL (1793) arbeitete die Unterschiede zwischen Wind- und Insektenbestäubung klar heraus. Aber selbst danach wurden Anemogamie und Autogamie vielfach noch für wichtiger gehalten als Insektenbestäubung. Die ältere Bezeichnung Anemophilie von DELPINO (1867 c, S. 275, als „piante anemofile") wurde später weitgehend durch Anemogamie verdrängt (KIRCHNER 1904 in KIRCHNER, LOEW & SCHROETER I, 1: S. 34 als „Anemogamae"), beide leiten sich her von gr. anemos, Wind.
aneuploid (E: aneuploid): Adj. zu → Aneuploidie.
Aneuploidie, f. (E: aneuploidy F: aneuploïdie, f.): Zusätzliches Vorkommen oder Fehlen eines Chromosoms gegenüber dem normalen Chromosomensatz. Aneuploidie kann durch Fehler bei der Verteilung der Chromosomen in der Mitose oder Meiose entstehen und führt im Allgemeinen zu Störungen bei der Meiose.
G: Zuerst beobachtet (?) und benannt von TÄCKHOLM (1922, S. 234) bei seinen Untersuchungen an *Rosa*. Man kann die obige Definition im engeren Sinn als **chromosomale Aneuploidie** (E: chromosomal aneuploidy) unterscheiden von **Segmentaneuploidie** (E: segmental aneuploidy), bei der nur Teile eines Chromosoms fehlen oder überzählig sind (DYER et al. 1970). – Später wurde auch die Abnahme oder Zunahme der Chromosomenzahl bei verwandten Arten als Aneuploidie bezeichnet, hierfür sollte aber → Dysploidie verwendet werden.
Aneusomatie, f. (E: aneusomaty F: aneusomatie, f.): Auftreten von Zellen mit unterschiedlicher Chromosomenzahl innerhalb eines Organismus (besonders durch Abweichungen in der Zahl der B-Chromosomen).
Angelborste →Glochidium
Angiogamie → Gametangiogamie
angiokarp → Fruchtkörper
Angiospermae → Angiospermen
Angiospermen, f.pl., Angiospermae, f.pl., Magnoliopsida, Bedecktsamer, m.pl. (E: angiosperms, flowering plants F: Angiospermes, f.pl.): Klasse der Spermatophytina (Samenpflanzen), bei der die Samenanlage(n) in einem Fruchtknoten bzw. in einzelnen Karpellen eingeschlossen sind. Typisch ist die doppelte → Befruchtung der Angiospemen und der meist achtkernige → Embryosack. Es handelt sich um die artenreichste Pflanzengruppe von großer Vielfalt in den → Wuchsformen, dem → Blütenbau und der → Blütenökologie.
G: HERMANN (1690) hat im Anhang zu seinen „Florae Lugduno-Batavae flores" zwei große Unterabteilungen seines Systems: Plantae Gymnospermae und Plantae Angiospermae seu Seminibus capsulis inclusis (von gr. angeion, Gefäß, und sperma, Same). Es handelt sich hier aber um eine Gruppe innerhalb der heutigen Angiospermen! Erst BRONGNIART (1843) teilte die Dicotyledoneae in „Angiospermes" und „Gymnospermes" ein. Bei A. BRAUN (in ASCHERSON 1864) umfassen dann die Angiospermae, wie heute üblich, die Mono- und Dikotylen.
Anhängsel → Appendix
anisocytisch → Stomata-Typen (B.)
Anisogamet → Anisogamie
Anisogametangiogamie → Gametangiogamie
Anisogametie → Anisogamie
Anisogamie, f. (E: anisogamy F: anisogamie, f., hétérogamie, f.): Befruchtungsvorgang, an dem zwei deutlich verschiedene begeißelte Gameten, die **Anisogameten**, beteiligt sind. Von manchen Autoren wird auch **Anisogametie** verwendet. (→ Isogamie, → Oogamie).
Anisokladie, f. (E: anisoclady F: anisocladie, f.): Ungleiche Ausbildung der Seitenäste an einer dorsiventralen Achse.
Anisokotylie, f. (E: anisocotyly F: anisocotylie, f., hétérocotylie, f.): Ungleichheit der Kotyledonen, wie sie vor allem für altweltliche Gesneriaceae typisch ist.
G: CASPARY (1858 b, S. LXXIV) beschrieb als Erster die Ungleichheit der Keimblätter bei *Streptocarpus*. Der Terminus wurde von FRITSCH (1904, S. 116) geprägt, er spricht von einem „Spezialfall der habituellen Anisophyllie."
Anisophyllie, f., Ungleichblättrigkeit, f. (E: anisophylly F: anisophyllie, f.): Auftreten verschieden großer (oder auch verschieden gestalteter) Blätter an der Ober- und Unter-

seite dorsiventraler Sprosse. – Zuweilen wird Anisophyllie auch so definiert, dass sie Unterschiede zwischen Blättern an einem Knoten voraussetzt. Dies entspricht aber nicht der ursprünglichen Definition und engt den Begriff zu stark ein. (Vgl. → Heterophyllie).
G: WIESNER (1868, S. 377) bezeichnete als Anisophyllie die Größenunterschiede verschieden inserierter Blätter an schief stehenden Zweigen.
Lit.: FIGDOR (1909).
Anisorrhizie, f. (E: anisorhizy F: anisorhizie, f.): Ungleiche Ausbildung der (sprossbürtigen) Wurzeln an der Ober- und Unterseite dorsiventraler Rhizome.
G: Von TROLL (1937, S. 316; 1942, S. 2232) eingeführt im Gegensatz zur → Heterorrhizie.
Anisosporie, f. (E: anisospory F: anisosporie, f.): Auftreten verschieden großer Sporen in einem Sporangium bei Laubmoosen (besonders *Orthotrichum*, *Macromitrium*). Bei *Macromitrium* entwickeln sich aus den kleinen Sporen männliche Pflanzen (z.T. → Zwergmännchen), aus den großen weibliche.
G: Durch GREGUSS (1925, S. 476/477) geprägt und von VITT (1968) wieder aufgenommen. Die Angaben, ob sich aus den großen oder den kleinen Sporen von *Macromitrium* die männlichen Pflanzen entwickeln, widersprechen sich (FLEISCHER 1904, S. 402, 1920, SCHELLENBERG 1920, ERNST-SCHWARZENBACH 1939).
Lit.: RAMSAY (1979).
Anisotomie, f. (E: anisotomy F: anisotomie, f.): Form der dichotomen Verzweigung, bei der die beiden Sprosse ungleich entwickelt sind, wie bei den kriechenden Sprossen vieler *Lycopodium*-Arten.
G: TROLL (1934 a, S. 100).
Anlage, f.: Wird in der Biologie in zweierlei Bedeutung verwendet: **1.** (E: rudiment, primordium, anlage F: rudiment, m., primordium, m., ébauche, f.): Entwicklungsgeschichtlich das erste erkennbare Entwicklungsstadium eines Organs (in diesem Sinne spricht man von der Anlage eines Blattes, eines Karpells etc., → Primordium). **2.** (E: hereditary factor F: facteur génotypique, m., facteur héréditaire, m.): In der Genetik die genetische Grundlage (das → Gen) für eine Merkmalsausprägung, z.B. eine „Anlage für rote Blütenfarbe".

annuell, einjährig (E: annual F: annuel): Annuelle Pflanzen blühen und fruchten nur einmal und vollenden ihren Lebenszyklus in einem Jahr (oder weniger). Wenn die Entwicklung im Frühjahr beginnt und im Sommer beendet ist, spricht man von **sommerannuellen** Pflanzen; keimen sie schon im Herbst und blühen im Frühjahr, von **winterannuellen**. Lat. annuus, jährlich, für ein Jahr.
Annuelle, f., Therophyt, m. (E: annual plant F: plante annuelle): Subst. zu → annuell, vgl. → Therophyt.
Annulus → Anulus
Anökophyt, m. (E: anecophyte): Pflanzensippe, die unter dem Einfluss des Menschen entstanden ist, und von der keine ursprünglichen Vorkommen bekannt sind. Es kann sich um Unkräuter oder Kulturpflanzen handeln.
G: Eingeführt von ZOHARY (1962, S. 219) für „obligatory weeds" (obligatorische Unkräuter). Aufgenommen u.a. von SCHOLZ (1995, S. 432), der sie auch als „Indigenophyta anthropogena" bezeichnet. SCHROEDER (2000, S. 435) hat die Definition erweitert und präzisiert.
anomales sekundäres Dickenwachstum → Dickenwachstum
anomocytisch → Stomata-Typen (B.)
anorthoploid (E: anorthoploid F: anorthoploïde): Organismus oder Zelle mit ungerader Chromosomenzahl.
G: Hans WINKLER (1916, S. 422). Wird zuweilen mit aneuploid gleichgesetzt, das entspricht aber nicht der Definition von WINKLER. So kann z.B. auch eine triploide Sippe anorthoploid sein.
Anpassung → Adaptation
Anpassungsmerkmal, n. (E: adaptive character F: caractère adaptatif, m.): Ein Merkmal, das erkennbar eine bestimmte, dem Überleben der Art förderliche Funktion hat (im Gegensatz zu einem **Organisationsmerkmal** ohne erkennbaren Selektionsvorteil).
G: Der Gegensatz Anpassungsmerkmal – Organisationsmerkmal wurde von NÄGELI (1884, S. 327) herausgearbeitet. Er meinte, dass für die Systematik nur die Organisationsmerkmale von Bedeutung sind. Dabei wird aus dem Zusammenhang klar, dass er mit einer unmittelbaren Wirkung der Umwelt

auf die Ausbildung der Merkmale rechnete. Tatsächlich ist oft zu beobachten, dass gerade unbedeutend erscheinende Merkmale (z.B. die Zahlenverhältnisse der Blütenglieder), die man als Organisationsmerkmale ansprechen möchte, erstaunlich konstant sind und große Gruppen charakterisieren. Es ist aber nicht möglich, eine scharfe Grenze zwischen Anpassungs- und Organisationsmerkmalen zu ziehen, und auch Merkmale von klarem Anpassungswert können für die Systematik wichtig sein. Dies ist bei den Tieren deutlicher als bei den Pflanzen (man denke an die Merkmale der Säugetierordnungen). Entsprechende Unterscheidungen verschiedener Merkmalstypen hat es vorher schon gegeben, so unterschied FLOWER (zitiert nach BENTHAM 1874, S. 34) „adaptive and essential characters", DIELS (1921, S. 136 ff.) bezeichnete die Organisationsmerkmale als „konstitutive Merkmale", die Anpassungsmerkmale als „nicht konstitutive Merkmale".

Ansalbung, f.: Bewusstes Anpflanzen oder Aussäen einer Pflanze an einem Ort, wo sie nicht heimisch ist, als Versuch einer Einbürgerung ohne die Absicht einer Nutzung. Ansalbungen bedeuten eine Verfälschung der Natur und sind aus Naturschutzgründen abzulehnen, ganz besonders dann, wenn sie nicht bekannt gemacht werden.
G: Nach einer Notiz von ASCHERSON (Verh. Bot. Ver. Prov. Brandenburg **32**: 133. 1891) wurde der Ausdruck von VATKE in die Botanik eingeführt (WAGENITZ 2001).

Anschluss (der Blüte) (F: rattachement, m., enchaînement, m.): Die Art und Weise, wie sich die Stellung der Blütenorgane (speziell der Kelchblätter) an die der Vorblätter anschließt.
G: EICHLER (1875, S. 25 ff.), der wohl auch den Begriff schuf, hat die verschiedenen Möglichkeiten ausführlich besprochen.
Lit.: SCHUMANN (1890).

Anschlusszelle → Hypophyse

Antennenkomplex, m. (E: light-harvesting complex): Komplex aus Chlorophyll und assoziierten Pigmenten, der Licht aufnimmt und an die Photosysteme weiterleitet.

Anthere, f., Staubbeutel (L: anthera, f. E: anther F: anthère, f.): Der obere, den Pollen enthaltende Teil des Stamens (Staubblattes). Eine Anthere besteht meist aus zwei Teilen (→ Theca) mit je zwei Pollensäcken, sie ist dann → tetrasporangiat.
G: Das gelegentlich schon vorher verwendete griechische Wort, das ursprünglich „blühend, bunt" bedeutet, wurde von LINNAEUS (1735 a; 1735 b, S. 10) definitiv in die botanische Terminologie eingeführt. Es ersetzte den vorher (z.B. bei TOURNEFORT 1700, S. 70, VAILLANT 1718) gebrauchten Terminus **apex**, m. (pl. apices), der Spitze bedeutet. SAINT-LAGER (1884, p. 6) nennt MANARDUS (1535, S. 142) als erste Quelle für „anthera". Es handelt sich aber hier noch nicht um einen botanischen Fachausdruck, eher um die Bezeichnung einer Medizin aus den Staubblättern der Rose.
Lit.: D'ARCY & KEATING (1996).

Antherenbau a) Nach der Zahl der Theken (→ Theca) sind Antheren: - **dithecisch** (E: dithecous F: dithèque), **monothecisch** (E: monothecous F: monothèque) oder **polythecisch** (E: polythecous F: polythèque): Die meisten Antheren haben zwei äußerlich erkennbare Pollenbehälter (Theken), sie sind dithecisch (De BARY 1868, S. 265). Es gibt aber auch solche mit nur einer Theke (monothecisch) oder mit mehreren (polythecisch). Davon unabhängig ist die Zahl der Pollensäcke. Scheinbar monothecische Antheren, die durch Verschmelzen zweier Theken über den Scheitel entstehen, werden **synthecisch** genannt (TRAPP 1956, S. 18, 27)
b) Nach der Öffnungsweise (außer der üblichen Öffnung mit Längsrissen): - **poricid** (E: poricidal anther F: anthère poricide): Anthere, die sich mit Poren öffnet. Sie ist verbunden mit der Ausbildung eines Pollens ohne oder mit wenig Pollenkitt.
c) Nach der Anheftung: - **basifix** (E: basifixed F: basifixe) - **dorsifix** (E: dorsifixed F: dorsifixe): Eine Anthere ist basifix, wenn das Filament an ihrer Basis ansetzt, dorsifix, wenn der Ansatz am Rücken befindet.
G: MIRBEL (1815, S. 708) unterschied (als Erster ?) anthera basifixa und medifixa.
- **versatil** (L: versatilis E: versatile F: vacillant, versatile): Anthere, die auf der Rückseite nur fast punktförmig an ein Filament ansitzt und dadurch sehr beweglich ist.
G: Erstnachweis: LAMARCK (1778, S. 115).
- **adnat** (E: adnate F: adné): Anthere, die mit einem längeren Stück des Filaments verbunden ist.

Antherentapetum → Tapetum, Tapetumtypen

Antheridienstand → Gametangienstand
Antheridium, n. (L: antheridium, n. E: antheridium F: anthéridie, f.): Im weiteren Sinne ein Organ (→ Gametangium), in dem männliche Fortpflanzungszellen gebildet werden. Neuerdings von manchen Autoren begrenzt auf solche mit sterilen Wandzellen, wie sie bei Moosen und Farnpflanzen auftreten. Bei Thallophyten spricht man dann von → Spermatogonien, bzw. → Androgametocysten. Für die kompliziert gebauten Organe der Charales, in denen Spermatozoide gebildet werden, wird zuweilen auch Antheridium verwendet.
G: MICHELI (1729, Taf. 59) sah Antheridien bei Laubmoosen und bildete sie ab, erkannte sie aber nicht als männliche Organe. HEDWIG (1784) bezeichnete sie als Antheren. BISCHOFF (1835 b, S. 926/927) schuf dann den Terminus Antheridium (aus anthera, Staubbeutel und der Verkleinerungssilbe -idium). Bei den → Farnen wurden die Antheridien von NÄGELI (1844 a) entdeckt.
Antheridiumzelle → generative Zelle
Antherocyste → Androgametocyste
Antherozoid → Spermatozoid
Anthese, f., Blüte, f., Blütezeit, f. (E: anthesis, florescence, period of flowering F: anthèse, f., floraison, f.): Zustand der geöffneten Blüte (zwischen Aufblühen und Verwelken).
Anthium → Blume
Anthocyan, n. (E: anthocyan F: anthocyane, f.): Die Anthocyane sind eine Gruppe roter bis blauer wasserlöslicher Blütenfarbstoffe, die aus einem Anthocyanidin und einem Zucker bestehen. A. sind Glykoside und Chymochrome, d.h. in der Vakuole lokalisiert.
G: Der Name wurde von MARQUART (1835, S. 55) geprägt. Seine Hypothese, nach der Anthocyan durch Wasserentzug aus Chlorophyll entstehen sollte, wurde schon von SCHLEIDEN (1845, S. 192) scharf kritisiert, aber die Bezeichnung blieb erhalten.
Anthodium, n. (E: anthodium F: anthode, m.): Blütenähnlicher Blütenstand, z.B. Köpfchen der Asteraceae (Compositae) oder anderer Familien.
G: Von EHRHART (1784 b; 1788, S. 64) zunächst für Köpfchen der Asteraceae (Compositae) verwendet, von LINK (1824, S. 256) dann für blütenähnliche Infloreszenzen der verschiedensten Art. – Bei WILLDENOW (1802 a, S. 118) ist dagegen das Anthodium das Involucrum eines Köpfchens!
Lit.: CLASSEN-BOCKHOFF (1991).
Anthokarp, n. (E: anthocarp F: anthocarpe, m.): Frucht, bei der die Blütenhülle das Ovar eng umschließt und damit zu einem Bestandteil derselben wird. Typisch für die Nyctaginaceae.
G: LINDLEY (1848, 2, S. 24) bezeichnete alle Früchte (oder Fruchtstände), bei denen die Blütenhülle oder Blütenachse beteiligt ist, als Anthocarpi. Im Englischen und Französischen hat sich diese weite Begriffsbestimmung noch weitgehend erhalten.
Anthokladium, n. (E: anthoclade F: anthoclade, m.): Abwechselnd Laubblätter und Endblüten bildendes Sprosssystem, z.B. bei *Atropa* und anderen Solanaceen.
G: Die oben genannte Definition stammt von GOEBEL (1931, S. 4/5).
Anthokorm-Theorie → Blütentheorien
Anthokormus → Blütentheorien
Antholyse, f. (E: antholysis F: antholyse, f.): Missbildung (Monstrosität) der Blüte, bei der deren Struktur „aufgelöst" wird, z.B. durch → Verlaubung, → Diaphyse oder Bildung von Achselknospen innerhalb der Blüte.
G: Der Terminus wurde durch eine Dissertation von ENGELMANN (1832) mit dem Titel „De antholysi prodromus" bekannt. ENGELMANN führt ihn auf die „Flora friburgensis" von SPENNER (1825-29) zurück. In einem Brief von A. BRAUN vom 8.8.1828 heißt es, nach dem der Jagd nach Monstrositäten gesprochen wurde: „Auf diese hat nun Schimper eine ganz neue und herrliche Theorie gebaut, welche einmal unter dem Titel Antholysis (die Auflösung der Blüthe) bekannt gemacht und berühmt werden wird." (C. METTENIUS 1882, S. 129). Wie bei so vielen anderen Gedanken und Begriffen wurde auch in diesem Fall von C.F. SCHIMPER nichts veröffentlicht.
Anthophor, m. (E: anthophore F: anthophore, m.): Achsenstück in der Blüte zwischen Kelch und Krone.
Anthophyta → Samenpflanzen
Anthropochore, f. (E: anthropophile F: anthropochore): „Alle diejenigen Pflanzen, welche ohne Zutun des Menschen, sich hauptsächlich nur auf den durch die Kultur geschaffenen, künstlichen Standorten ansiedeln. Die Anthropochoren umfassen somit alle Ackerunkräuter, sowie die gesamte

Ruderal- und Adventivflora."
G: Die Bezeichnung und die oben zitierte Definition stammen von Rikli (1903, S. 71). Die Kulturpflanzen werden neuerdings meist eingeschlossen. Zur weiteren Untergliederung vgl. Rikli (1903), Thellung (1912, 1922), Kreh (1935, 1957), Schroeder (1969), Jovet (1984). Mannerkorpi (1945, S. 51) bezeichnete die im Verlauf von Kriegshandlungen (früher besonders mit dem Pferdefutter) verschleppten Pflanzen als **Polemochore**, von gr. polemos, Krieg.

Anthropochorie, f. (E: anthropochory F: anthropochorie, f.): Ausbreitung von Diasporen mit Hilfe des Menschen.
G: Heintze (1932, S. 23).

Antibiotikum, n., pl. Antibiotika (E: antibiotic F: antibiotique, m.): Aus Pilzen (besonders *Penicillium* und *Aspergillus*) oder Actinomyceten gewonnene Substanzen, die andere Mikroorganismen hemmen oder töten.
G: Als erstes Antibiotikum wurde 1928 von Alexander Flemming (1881-1955) das Penicillin entdeckt, das aber erst nach 1941 klinisch verwendet wurde.

Anticodon, n. (E: anticodon F: anticodon, m.): Eine Folge von drei Nucleotiden in der → tRNA. Ihre drei Basen bilden ein Gegenstück zu dem → Codon der mRNA, das sie „erkennen".

antidrom (E: antidromous, antidromal F: antidrome): Adj. zu → Antidromie.

Antidromie, f. (E: antidromy F: antidromie, f.): Antidrom ist die Drehrichtung der Blattspirale eines Seitenzweiges, die zu der der Hauptachse gegenläufig ist. Wenn dies regelmäßig der Fall ist, spricht man von Antidromie.
G: Der Terminus Antidromie wurde von C.F. Schimper geprägt, veröffentlicht hat ihn A. Braun (1835, S. 183).

antiklin (E: anticlinal F: anticline): Zellwandrichtung senkrecht zur Oberfläche des Organs, insbesondere eines Vegetationskegels.
G: Eingeführt von Sachs (1877, S. 227; 1878, S. 58).

antipetal → epipetal

Antipoden, m.pl., Antipodenzellen, f.pl., Gegenfüßlerzellen, f.pl. (E: antipodal cells F: antipodes, f.pl.): Zellen im → Embryosack der Angiospermen gegenüber dem → Eiapparat (zur → Chalaza hin). Meist, so beim häufigen *Polygonum*-Typ, sind es drei Antipodenzellen, sekundäre Vermehrung oder früher Schwund kommen vor (→ Embryosacktypen). Die Antipoden fehlen dem vierkernigen *Oenothera*-Typus.
G: Antipoden wurden als konstanter Bestandteil des Embryosackes schon von Hofmeister (1849 a, z.B. Taf. VII, Fig. 10) abgebildet und erwähnt. Der Name findet sich (zuerst?) bei Hofmeister (1858, S. 85, 91, 97 etc.), der auch von „Gegenfüßlerinnen" spricht. Antipoden (oder wörtlich deutsch Gegenfüßler) wurde zuerst für die Menschen verwendet, die in dem diametral entgegensetzten Gebiet der Erde leben. Hier bezieht es sich auf die Lage gegenüber dem Eiapparat.

Antiport, m. (E: antiport F: antiport, m.): Transport mit Hilfe von Translokatoren, bei dem gleichzeitig zwei Substanzen in entgegengesetzter Richtung durch eine Membran gelangen.

antisepal → episepal
Antisymmetrie → Komplementärsymmetrie
Antitelechorie → Atelechorie
antithetisch → Generationswechsel, heterophasischer

Anulus, m., Ring, m. (E: annulus, ring F: anneau, m.): Das lat. Wort anulus (kleiner Ring) wird für sehr verschiedene ringförmige Strukturen verwendet: **1.** An Farnsporangien ringförmig angeordnete Zellen, bestehend aus dem **Bogen** (Haider 1954, S. 373) mit verdickten Wänden und der **Stomiumregion** (→ Stomium), in der das Aufreißen erfolgt. Durch einen Kohäsionsmechanismus bewirkt der Anulus die Öffnung und das Ausschleudern der Sporen.
G: Malpighi (1675, S. 72, Taf. 51, Fig. 299) beobachtete die Öffnung der Farnsporangien und den „annulus". **2.** Bei den Kapseln von Laubmoosen ein Ring aus quellfähigen Zellen, die bei der Ablösung des Deckels mitwirken. **3.** Bei Basidiomyceten die zuweilen am Stiel stehenbleibende Manschette. **4.** In der Pollenmorphologie ein ringförmiges Areal um eine Pore, das sich durch die Dicke der Ektexine oder abweichende Struktur und Skulptur vom Umfeld unterscheidet (R. Potonié 1934 a, S. 19).

apert → Ästivation
Apertur, f., Trema, Keimstelle (L: apertura, f. E: aperture F: aperture, f.): Vorgebildete Stelle (dünne Stelle oder Loch der Exine) am Pollenkorn für die Keimung des Pol-

lenschlauches. Wichtige Ausbildungsformen sind → Colpus, → Porus, → Sulcus, → Ulcus.
G: ERDTMAN (1947, S. 104) von lat. apertura, Öffnung. Trema wurde als Terminus gr. Herkunft von ERDTMAN & STRAKA (1961) vorgeschlagen, hat sich aber nicht durchgesetzt.
apetal (E: apetalous, apopetalous F: apétale): Blüte ohne Petalen.
G: Soll schon von JOHN RAY verwendet worden sein. Als Name einer Gruppe Apetalae der Dikotylen bei JUSSIEU (1778, 1789).
Apex, m. **1.** Spitze, insbesondere die Sprossspitze. **2.** → Anthere.
Apfelfrucht, f. (L: pomum, n. E: pome, corefruit F: pomme, f.): Frucht aus einem unterständigen Gynoeceum, dabei sind nach der üblichen Deutung die eigentlichen Karpelle untereinander weitgehend frei und lederig (das **Kerngehäuse** des **Kernapfels** von *Malus* und *Pyrus*). Sie werden von einem fleischigen Gewebe umgeben, das als Achsengewebe anzusehen ist. Bei anderen Gattungen (z.B. *Crataegus*) sind die Karpelle steinhart und holzig (**Steinapfel**).
G: Schon LINNAEUS (1751, S. 53) führt pomum als eine besondere Fruchtkategorie mit einem fleischigen Perikarp ohne Klappen, das eine Kapsel enthält.
Aphanoplasmodium → Plasmodiumtypen
Aphidentechnik, f. (E: aphid technique): Methode zur Bestimmung der Zusammensetzung des Siebröhrensaftes. Aphiden (Blattläuse) stechen einzelne Siebröhren mit ihrem Rüssel an. Wird dieser dann abgeschnitten, tritt der Saft heraus.
G: Die Methode wurde zuerst von den Zoologen KENNEDY & MITTLER (1953) beschrieben.
Aphlebien, f.pl., Zusatzfiedern, f.pl., Adventivfiedern, f.pl. (E: aphlebia, pl. F: aphlébies, f.pl.): Stipelartige basale Lappen an der Rhachis der Blätter bestimmter Farne.
G: Benannt nach der fossilen Farngattung (Formgattung) *Aphlebia* C. Presl (1838), vgl. POTONIÉ (1900, S. 503). Der Name leitet sich her von gr. a-, ohne, und phleps, phlebos, Ader, wegen der fehlenden bzw. schlecht erkennbaren Blattadern.
apikal → Placentation (B.)
Apikalapparat, m. (E: apical apparatus F: appareil apical, m.): Strukturen an der Spitze eines Ascus, die mit der Öffnung in Zusammenhang stehen.

G: Beschrieben und benannt von CHADEFAUD (1940, S. 660).
apikale Dominanz, f., Apikaldominanz, f. (E: apical dominance F: dominance apicale, f.): Das Phänomen, dass eine Endknospe das Austreiben der ihr nahe liegenden Seitenknospen verhindert. Entfernt man die Endknospe, so treiben die Seitenknospen aus. Da dies durch Auftragen einer Paste mit → Auxin verhindert werden kann, ist offenbar die Produktion von Auxin durch das Apikalmeristem ein Auslöser.
Apikalmeristem, n., Scheitelmeristem, Spitzenmeristem (E: apical meristem F: méristème apical): Meristem (Bildungsgewebe) an den Spross- und Wurzelspitzen (→ Vegetationspunkt).
G: NÄGELI (1858, S. 3) bezeichnete die Apikalmeristeme als Urmeristeme.
Apikalseptum, n. (E: apical septum F: septum apical, m., cloison apicale, f.): Scheidewand im oberen Teil synkarper Gynoeceen. Sie ist bei den „Tubifloren" (Solanales, Scrophulariales, Lamiales) besonders verbreitet, kommt aber auch anderwärts vor
G: Nachgewiesen und benannt von HARTL (1962).
Aplanogamet, m. (E: aplanogamete F: aplanogamète, m.): Unbegeißelter Gamet (z.B. bei den Conjugaten und Diatomeen) im Gegensatz zu den begeißelten Planogameten.
G: De BARY & STRASBURGER (1877, Sp. 756).
Aplanogamie, f. (E: aplanogamy F: aplanogamie, f.): Geschlechtsvorgänge (bei Thallophyten) ohne Beteiligung begeißelter Gameten.
G: CHADEFAUD (1960).
Aplanospore (E: aplanospore F: aplanospore, f., spore aplanétique): Unbegeißelte Spore (meist Dauerform), die – im Gegensatz zu den → Akineten – eine eigene neue Zellwand bildet. Vgl. → Hypnospore, → Sporenformen (C.).
G: WILLE (1883 a, S. 11; 1883 b), vgl. ETTL (1988 a).
apochlamydeisch (E: apochlamydeous F: apochlamydé): Blüte, bei der ein Verlust der Blütenhülle (im Vergleich zu den Vorfahren) angenommen wird.
Apoenzym → Enzym
Apogameon, n.: Eine Art, die Individuen mit apomiktischer und mit sexueller Fortpflanzung umfasst.
G: CAMP & GILLY (1943, S. 354).
Apogamet → Apomikt

Apogamie, f. (E: apogamy F: apogamie, f.): Die Entstehung eines Sporophyten aus einer oder mehreren vegetativen Zellen des Gametophyten ohne Befruchtungsvorgang. Relativ verbreitet ist Apogamie bei → Farnen, dabei entsteht die Farnpflanze aus vegetativen Zellen des Prothalliums.
G: Apogamie wurde bei Farnen zuerst durch Farlow (1874) entdeckt. Der Begriff Apogamie geht auf De Bary (1878 a, S. 479) zurück. Bei ihm sind Parthenogenese und Aposporie mit eingeschlossen. Bei Juel (1900, S. 42) und Hans Winkler (1908 a) findet man die oben gegebene engere Definition.
apokarp → Gynoeceum
Apokarpie → Gynoeceum
Apokarpium → Fruchttypen (C.)
Apokarpium → Sammelfrucht
Apomeiose, f. (E: apomeiosis F: apoméiose, f.): Ausfall der Meiose (Reduktionsteilung). Apomeiose muss dort auftreten, wo die Entwicklung ohne Befruchtung stattfindet (bei → Apogamie und → Parthenogenese).
G: Renner (1916, S. 351).
Apomikt, m., Apogamet, m. (veraltet) (E: apomict F: apomictique, Adj.): Ein Organismus bzw. eine Sippe mit obligat apomiktischer Fortpflanzung (Gegensatz → Amphimikt).
G: Der von Apomixis hergeleitete Terminus wurde von Turesson (1926/27, S. 190) bei seinen Untersuchungen über geschlechtliche und vivipare Sippen von *Festuca ovina* geprägt. Die ältere Bezeichnung Apogamet (Kupffer 1907) hat sich nicht durchgesetzt, sie erinnert zu sehr an Namen, die Gameten bezeichnen.
Apomixis, f. (E: apomixis F: apomixie, f.): Verlust der geschlechtlichen Fortpflanzung und Ersatz durch eine andere Fortpflanzungsart ohne Syngamie (Apogamie, Parthenogenese, vegetative Vermehrung). Häufig auch im Sinne von → Agamospermie, d.h. unter Ausschluss der vegetativen Vermehrung benutzt.
G: Von Hans Winkler (1906, S. 253) als Pendant zu Amphimixis gebildet. Unabhängig davon verwendete Haacke (1893, S. 247) Apomixis für eine „Sonderung der bei der Befruchtung gemischten Plasmen und Kernstoffe" bei der Meiose.
Lit.: Nygren (1941, 1954), Naumova (1993).

apomorph (E: apomorph(ous) F: apomorphe): Apomorph ist die abgeleitete Ausprägungsstufe eines Merkmals bei einem bestimmten Taxon im Vergleich zu dessen Vorfahren. Der Begriff ist relativ, denn im Vergleich zu dem Merkmal der sich daraus entwickelnden Sippe kann der Merkmalszustand → plesiomorph sein (Abb. 4, S. 170).
G: Hennig (1950, S. 142, 144). Der ältere Terminus neomorphic (Garstang 1922, S. 99) ist kaum in Gebrauch gekommen.
Apomorphie, f. (E: apomorphy F: apomorphie, f.): Subst. zu → apomorph.
apopetal (E: apopetalous F: apopétale): Blüte ohne Petalen bei einer Art, bei der auf Grund der Verwandtschaft zu Arten mit Petalen vermutet wird, dass die Vorfahren sie besaßen.
Apophyse, f. (E: apophysis F: apophyse, f.): **1.** Verdickter Teil am oberen Ende der Seta (unterhalb der Kapsel) bei den → Laubmoosen, zuweilen auch Hypophyse genannt. **2.** Anschwellung einer Hyphe unterhalb des Sporangiums bei manchen Pilzen. **3.** Bei *Pinus* Verdickung der Zapfenschuppe.
G: Bei den Moosen schon von Weis (1770, S. 138) verwendet.
Apophyt, m. (E: apophyte F: apophyte, f.): In einem Gebiet einheimische (indigene) Art, die vom Menschen geschaffene Standorte besiedelt.
G: Rikli (1903, S. 76).
apoplasmatisch: Der Weg (Transport) durch den → Apoplast.
Apoplast, m. (E: apoplast F: apoplaste, m.): Die Gesamtheit der untereinander verbundenen Zellwände der Pflanzen (vgl. → Symplast). Ein Transport von Wasser und Nährsalzen ist im Apoplast möglich, ohne dass eine Biomembran überwunden werden muss. Unterbrochen wird der Apoplast in der Wurzel durch die Endodermis.
G: Münch (1930, S. 73).
apoplastid(ial) (E: apoplastid F: apoplastidée): Alge, die ihre Plastiden vollständig verloren hat.
G: Ternetz (1912, S. 512) beobachtete eine „hyaline Lichtform" von *Euglena* ganz ohne Plastiden und nannte sie apoplastid.
Apoptosis → Zelltod, programmierter
Aporogamie, f. (E: aporogamy F: aporogamie, f.): Eintreten des Pollenschlauches in die Samenanlage, das nicht durch die Mikropyle erfolgt (→ Chalazogamie).

G: Als Adjektiv aporogam von GOEBEL (1901, S. 785) eingeführt.
Aposporie, f. (E: apospory F: aposporie, f.): Bei Farnpflanzen Entstehung von Prothallien aus vegetativem Gewebe des Sporophyten, d.h. unter Fortfall der Sporenbildung. Bei den Angiospermen spricht man von A., wenn Embryosäcke aus somatischen Zellen der Samenanlagen gebildet werden (vgl. → Diplosporie).
G: Als Erster sprach VINES (1878, S. 361) davon, dass *Chara* „aposporous" sei. Die zugrunde liegende Auffassung des Entwicklungsganges von *Chara* war aber nicht haltbar. Im heutigen Sinn führte BOWER (1885 a, S. 363) bei Farnpflanzen den Begriff ein.
Apothecium, n. (L: apothecium, n. E: apothecium F: apothécie, f.): Offenes, becher- oder schüsselförmiges → Ascokarp (Lager von Asci) bei Ascomyceten und Ascolichenes.
G: Der Terminus wurde von ACHARIUS (1803, S. IX) geprägt und zwar bei Untersuchungen über die Fruchtkörper von Flechten, abgeleitet vom gr. apotheke, Abstellkammer, auf das auch Apotheke zurück geht.
Lit.: E. FREY (1936): Terminologie der Teile eines Apotheciums.
apotracheal → Holzparenchym
apotrop → Samenanlage (D.)
Appendix, m., pl. Appendices, Anhängsel (L: appendix, -dicis, f. E: appendage F: appendice, m.): **1.** Schmaleres oder anderweitig abgesetztes Gebilde an einem Organ. Appendices gibt es z.B. an den Hüllblättern von *Centaurea* und anderen Asteraceae (Compositen), am Kolben der Araceae, an Cleistothecien von Erysiphales. **2.** Appendices der Stigmarien (E: stigmarian appendages F: appendices): Die an den fossilen Stigmarien (*Stigmaria,* basale Organe der Lepidodendrales) sitzenden Organe mit Wurzelfunktion, die heute als Wurzeln angesehen werden.
G: Die fossilen Appendices wurden von einigen Autoren (SOLMS-LAUBACH 1887, SCHOUTE 1938, S. 57) vor allem wegen ihrer Stellung in Parastichen als spezialisierte Blätter an Rhizomen angesehen. Andere hielten sie für echte Wurzeln an → Rhizophoren. Diese Ansicht bestätigte STEWART (1947) durch den Vergleich mit den Wurzeln von *Isoetes.*
Appressorium, n., pl. Appressorien (E: appressorium F: appressorium): Dem Wirt angedrückte, erweiterte Hyphen, von denen aus Infektionsschläuche eindringen. Auch ein Typ von die → Photobionten umgreifenden und in die Wand eindringenden Hyphen bei Flechten wird Appressorium genannt.
G: BORNET (1873) beobachtete solche Strukturen bei den Pilzen in Flechten. Der Name A. geht auf eine Arbeit von FRANK (1883, S. 30) über *Fusicladium* zurück.
apud: Früher bei Autorennamen benutzt, wenn ein Name eines Autors von einem anderen veröffentlicht wurde (→ ex).
Aquaporine, n.pl. (E: aquaporins F: aquaporines, f.): Allgemein verbreitete Klasse von Proteinen, die Poren in den Biomembranen bilden, die den Transport von Wasser beschleunigen, aber auch bestimmte Neutralteilchen (z.B. Glycerin) durchlassen.
G: Aquaporine wurden zunächst an Erythrocyten entdeckt. Erst 1993 wurden sie bei Pflanzen aufgefunden.
Arbeitskern → Interphase
Arbusceln → Mykorrhiza
arbusculär → Mykorrhiza
Archaea, n.pl., Archaebacteria, n.pl. (E: Archaebacteria, pl.): Eine der drei → Domänen des Organismusreiches. Die Archaea gehören zur Organisationsstufe der → Prokaryoten und wurden früher zu den Bakterien gestellt (extrem halophile und thermophile Bakterien, methanogene Bakterien).
G: Die Sonderstellung dieser Gruppe ergab sich bei der → Sequenzanalyse der rRNA. Die Bezeichnung Archaebacteria stammt von WOESE & FOX (1977, S. 5089), später wurde sie in Archaea geändert, um die Unterschiede zu den „Eubacteria" zu betonen.
Archäophyt, m., Alteinwanderer (E: archeophyte, archaeophyte F: archéophyte, m.): Pflanze, die im Gefolge des Menschen in vor- oder frühgeschichtlicher Zeit in ein Gebiet eingewandert ist. Hierzu gehören viele Ackerunkräuter. Die Arten der altdeutschen Gartenflora, die vor der Renaissance verwilderten, werden auch **Paläophyten** genannt.
G: Der Begriff stammt von RIKLI (1903, S. 74), die deutsche Bezeichnung von KREH (1935, S. 66). HEMPEL (1990, S. 138) führte Paläophyten ein.
Archaeopyle: Austrittsöffnung bei der Keimung der Cyste eines Dinophyten.
Archegon → Archegonium
Archegoniaten, pl. (E: archegoniates F:

Archégoniates, m.pl.): Sammelbezeichnung für die Gruppen mit gut ausgebildeten Archegonien: → Moose und → Farnpflanzen. G: Erstnachweis: GOEBEL (1882, S. 2, incl. Gymnospermae), später (z.B. R.v. WETTSTEIN 1901-08; 1935, S. 306) meist nur für Moose und Farnpflanzen verwendet.

Archegonienstand → Gametangienstand

Archegonium, n., Archegon, n. (E: archegonium F: archégone, m.): Weibliches Fortpflanzungsorgan (Gametangium) der Moose, Farnpflanzen und Gymnospermen, in dem ein Ei gebildet wird. In typischer Ausbildung bei den Moosen und Farnpflanzen (den „Archegoniaten") mit einem verdickten Bauch- und schlankerem Halsteil, bei den Gymnospermen in stark reduzierter Form. G: Der Ausdruck wurde von BISCHOFF (1835 b, S. 920) für die Moose (Bryophyta) geprägt. Er leitet sich her von gr. arche, Anfang, und gone, Same, Frucht. Die Bedeutung „Fruchtanfang" erklärt sich daraus, dass sich aus dem Archegonium die Mooskapsel entwikkelt, die fälschlich mit der Frucht verglichen wurde. Die A. bei den → Farnen und ihre Befruchtung sah zuerst LESZCZYC-SUMINSKI (1848). Aber erst HOFMEISTER (1851, S. 80) hat den Terminus in klarer Erkenntnis der Homologien bei den Farnen angewendet.

Archespor, n., sporogenes Gewebe (L: archesporium, n. E: archespore, archesporium F: archéspore, f.): Zellen im Innern von Sporangien der Moose, Farnpflanzen und Samenpflanzen, die sich frühzeitig durch Plasmareichtum auszeichnen und sich zu Sporenmutterzellen (und Sporen) entwickeln. Es kann sich um eine zylindrische Schicht (Laubmoose), eine das ganze Innere erfüllende Masse, eine Zellreihe oder (bei der Samenanlage) eine einzelne Zelle handeln. G: GOEBEL (1880, Sp. 546) aus gr. arche, Anfang und Spore.

Archetyp → Typus, morphologischer

Archikarp, n. (E: archicarp F: archicarpe, m.): Das Anfangsstadium eines Fruchtkörpers bei den Pilzen. G: De BARY, der 1884 (S. 130) den Namen „Archicarpium" prägte, verstand darunter die Eizelle oder sogar einen Gameten bei Isogamie. Bei den Ascomyceten wurde Archikarp z.T. mit dem Ascogon gleichgesetzt. Außerhalb der Pilze wird der Terminus nicht mehr verwendet.

Areal, n., Verbreitungsgebiet, f., Verbreitung, f. (E: area F: aire de répartition, f.): Das Gebiet, in dem eine Art (oder allgemein ein Taxon) vorkommt. (lat. area, Fläche). Man kann auch von Arealen von Pflanzengesellschaften sprechen.

Areal, disjunktes (E: disjunct area F: aire de répartition disjointe): Verbreitungsgebiet, das aus Teilen besteht, zwischen denen normalerweise kein Austausch von Diasporen möglich ist (→ Disjunktionsschwelle). G: Schon SCHOUW (1823, S. 168) unterschied „extensio continua und extensio interrupta". A. de CANDOLLE (1855, S. 993) spricht von „espèces disjointes", SCHRÖTER (1913, S. 914) von Disjunktion.

Areal, geschlossenes (F: aire de répartition fermée): Verbreitungsgebiet ohne große Lücken, zumindest ist zwischen den Teilen ein Austausch von Diasporen möglich.

Arealdiagnose, f. (F: formule de l'aire de répartition): Beschreibung des Areals einer Sippe durch formelhafte Abkürzungen, die sich auf die zonale Lage, die geographische Ausdehnung, den Ozeanitäts- bzw. Kontinentalitätsgrad und die Bindung an eine Höhenstufe beziehen. G: Eingeführt von MEUSEL et al. (1965, S. 11, 15 ff.).

Arealkarte, f., Verbreitungskarte, f. (E: distribution map F: carte (f.) de répartition): Kartographische Darstellung der Verbreitung einer Sippe. Wichtigste Typen sind:
- **Umrisskarte** (E: outline map): Sie gibt nur die Umrisse des Areals wieder, nur größere Lücken werden angegeben. Wird die Fläche ausgefüllt dargestellt, ergibt sich die **Flächenkarte** (F: carte des surfaces d'extension).
- **Rasterkarte** (E: grid map F: carte quadrillée, carte par quadrillage): Der kartierte Bereich wird in gleichgroße Quadrate oder Rechtecke geteilt. Die Karte zeigt dann nur an, ob die Sippe in einem dieser Felder vorkommt oder nicht. Für die Kartierung auf der Ebene von Ländern (Staaten) heute oft bevorzugt, u.a. wegen der guten Möglichkeit zur Bearbeitung mit EDV. G: Das Grundprinzip der Rasterkarte wurde zuerst von H. HOFFMANN (1879) im Mittelrheingebiet angewendet.
- **Punktkarte** (E: dot map F: carte de points): Karte, bei der ein Fundort oder einige benachbarte als Punkte eingezeichnet werden.

Arealkunde → Chorologie

Arealtyp, m. (E: chorotype F: type de l'aire de répartition): Zusammenfassung von Arealen, die sich auf Grund ihrer Grenzen ähnlich sind, und von denen man annehmen kann, dass ihnen Gemeinsamkeiten (z.B. der Bedingtheit durch das Klima oder durch historische Faktoren) zugrunde liegen.
G: Vorläufer sind die geographischen Elemente (→ Florenelement).
Arealtypenspektrum, n.: Darstellung des Anteils von Arten verschiedener → Arealtypen an einem Florengebiet oder einem Vegetationstyp.
Areole, f. (E: areole F: aréole, f.): Der von lat. areola, kleiner Platz, abgeleitete Terminus wird für sehr verschiedene Dinge verwendet:
1. Der Bereich des Mesophylls innerhalb eines Blattes, der von kleinen Blattadern begrenzt ist.
2. Sonderbildung der Cactaceae: gestauchte Achselsprosse, die mit Dornen (und Borsten) besetzt sind. Diese werden als umgewandelte Blätter angesehen.
G: Erstnachweis: LEMAIRE (1839), vgl. LEINFELLNER (1937).
3. Bei Flechten (besonders Krustenflechten) kleine Felder des Thallus.
arid → Klimadiagramm
Arillodium, n. (E: arillode F: arillode, m.): Arillus-artige Bildung, die vom Exostom ausgeht, während der „echte" Arillus vom Funiculus gebildet wird. Die Schwierigkeiten dieser Unterscheidung werden von CORNER (1976, S. 23) besprochen.
Arilloid, n. (E: arilloid): Sammelbegriff für verschiedene Arillus-artige Bildungen.
G: Von van der PIJL (1957, S. 620) eingeführt.
Arillus, m., Samenmantel, m. (E: aril F: arille, m.): Zusätzliche fleischige Hülle, die einen Samen ganz oder teilweise umgibt, und meist vom Funiculus ausgeht. Es soll sich mindestens in manchen Fällen phylogenetisch um einen Überrest einer → Sarkotesta handeln.
G: Bei LINNAEUS (1751, S. 54) war Arillus die ganze Samenschale. Erst GAERTNER (1788, S. CXXXVI) führte die heutige Bedeutung ein, die allerdings in ihrer näheren Begriffsbestimmung sehr schwankend ist (→ Arilloid, → Caruncula, → Strophiolum).
Lit.: A. PFEIFFER (1891), van der PIJL (1957), CORNER (1976), KAPIL et al. (1980).
Arista → Granne
arktische Zone → Vegetationszonen

arktotertiär (E: arctotertiary): Bezeichnung für eine Flora, die im frühen Tertiär in Gebieten der heutigen Arktis lebte. Zu ihr gehören viele der Laubgehölze, die heute in der nemoralen Zone von Europa, Asien und Nordamerika verbreitet sind.
G: Ausgangspunkt war die Untersuchung der tertiären Flora verschiedener arktischer Gebiete durch OSVALD HEER (1809-1883). ENGLER (1882, S. 327) führte den Begriff arktotertiäres Element ein.
Armpalisaden(-zellen) (E: arm-palisade F: parenchyme palissadique à replis): Zellen des Assimilationssystems, die durch nach innen einspringende Falten oder Auswüchse der Wand in mehrere Arme gegliedert sind (z.B. bei *Sambucus*, verschiedenen Ranunculaceae, *Pinus*).
G: Zuerst von HABERLANDT (1882 a, S. 98) an *Sambucus* beobachtet und benannt.
Art → Species
Artbastard, m. (E: interspecific hybrid F: hybride interspécifique): Hybride (Bastard) zwischen zwei Arten. Alle Hybriden zwischen zwei Arten gehören zu einer → Nothospecies.
Artbegriff → Species-Definition
Artbildung, f., Speciation, f. (E: speciation F: spéciation, f.): Der Vorgang der Bildung neuer Arten unter der Wirkung der → Evolutionsfaktoren. Man unterscheidet:
- **gradual speciation** (F: spéciation graduelle) Allmähliche Artbildung, die von ökologisch oder geographisch isolierten Populationen ausgeht, deren genetische Zusammensetzung sich ändert und zwischen denen schließlich Isolationsmechanismen ausgebildet werden. Es handelt sich um eine → allopatrische Artbildung.
- **abrupt speciation** (F: spéciation abrupte): Plötzliche Entstehung neuer Arten durch Allopolyploidie. Sie entstehen → sympatrisch und sind von Anfang an gegenüber den Ausgangsarten weitgehend sexuell isoliert.
G: VALENTINE (1949, S. 80) nannte Arten, die allmählich (gradual) entstehen, g-ecospecies, solche, die durch Polyploidie plötzlich (abrupt) gebildet werden, a-ecospecies.
Lit.: GRANT (1971, 1976).
Neben der genannten allopatrischen und sympatrischen Artbildung gibt es noch eine:
- **peripatrische Artbildung** (E: quantum speciation): Artbildung, bei der sich von einer großen polymorphen Art peripher kleine

Populationen abgrenzen und durch → Genetische Drift schnell differenzieren.
G: Der Vorgang wurde zuerst von E. MAYR bei Tieren beschrieben. Die Bezeichnung quantum speciation stammt von GRANT (1963, S. 459). - Schon KERNER (1869) hat ähnliche Vorstellungen entwickelt.
- **Gründereffekt-Artbildung**, f. (E: founder effect speciation): Artbildung, die ebenfalls von kleinen Populationen ausgeht, die weit von dem Hauptareal entfernt sein können (z.B. auf Inseln) und bei denen ebenfalls → Genetische Drift eine wichtige Rolle spielt (→ Gründereffekt).
Artengruppe → Aggregat
Artenkreis → Superspecies
Artepitheton, n., Epitheton, n. (E: specific epithet F: épithète spécifique, f.): Das Wort, das innerhalb einer Gattung die Arten kennzeichnet. Jeder Artname besteht aus dem Gattungsnamen und dem Artepitheton. Es handelt sich meist um ein lateinisches Adjektiv, kann aber auch ein ehemaliger Gattungsname (z.B. in *Centaurea cyanus*) oder ein Volksname (z.B. in *Theobroma cacao*) sein.
G: Von LINNAEUS eingeführt (→ Nomenklatur, binäre), der es (1751, S. 202) **nomen triviale** nannte.
Arthroconidie → Arthrospore
arthrodont → Peristomtypen (A.)
Arthrokonidie → Arthrospore
Arthrospore, m., Arthrokonidie, f., Oidie, f. (E: arthrospore F: arthrospore, f., arthroconidie, f.): Bei Thallophyten (besonders Fungi) vegetative Fortpflanzungszelle, die aus Abschnitten der Zellfäden bzw. Hyphen besteht.
G: Bei Grünalgen führte CHODAT (1902, S. 61) den Begriff ein. Er soll schon vorher von LÉVEILLÉ bei Pilzen verwendet worden sein.
Articulatae → Equisetopsida
Artkonzept → Species-Definition
Artname, m. (E: name of a species F: nom de l'espèce): Der (wissenschaftliche) Artname ist eine Kombination aus dem Gattungsnamen und dem → Artepitheton (→ Nomenklatur, binäre).
Artselektion, f. (E: species selection F: sélection d'espèce, f.): Selektionsvorgang, dessen Einheit die Art ist. Dazu gehört die Verdrängung einer Art durch eine andere. Die Bedeutung des Vorganges ist umstritten.
G: STANLEY (1975).

ascidiat, schlauchförmig (E: ascidial F: ascidié, ascidiforme): Die Form eines Schlauchblattes. Beim Karpell der untere ringsum geschlossene Teil im Gegensatz zu dem darüber gelegenen nur durch Faltung verschlossenen (→ plicaten) Teil (LEINELLNER 1950, S. 404).
Ascidium, n., Ascidie, f., Schlauchblatt, n. (E: ascidium, pitcher-leaf F: ascidie, f., urne, f.): Blatt, das ganz oder in Teilen zu einem Schlauch umgebildet ist, besonders bei vielen Insectivoren. Ascidien lassen sich von → peltaten Blättern ableiten. Wie zuerst ČELAKOVSKÝ (1876, S. 68) gezeigt hat, zeigt das Karpell in der Anlage Merkmale eines Schlauchblattes (→ ascidiat).
G: Der Terminus wurde von WILLDENOW (1792, S. 53) zunächst für die Blätter von *Nepenthes* und *Sarracenia* eingeführt.
Lit.: TROLL(1933).
ascogene Hyphen → Ascogon
Ascogon, n. (E: ascogonium F: ascogone, m.): Das weibliche Sexualorgan („Gametangium") der Ascomyceten, aus dem nach Befruchtung (Gametangiogamie) **ascogene Hyphen** entspringen, diese sind dikaryotisch.
G: De BARY (1870, S. 369)
ascohymenial (E: ascohymenial F: ascohyménial): Entwicklungstyp der Fruchtkörper bei den Ascomyceten, der eine große Gruppe charakterisiert. Bei der ascohymenialen Entwicklung wird die Fruchtkörperbildung durch die Befruchtung eingeleitet. Erst danach bildet sich eine Hülle (Perithecium) um die ascogenen Hyphen (vgl. → ascolocular).
G: NANNFELDT (1930, 1932) führte die Gruppen der Ascohymeniales und Ascoloculares ein.
Ascokarp, n., Ascusfrucht, f. (E: ascocarp, ascoma F: ascocarpe, m.): Fruchtkörper der Ascomyceten. Die wichtigsten Typen sind: → Kleistothecium, → Perithecium, → Apothecium und → Ascostroma.
G: Neuerdings wird ascocarp im engl. durch ascoma (pl. ascomata) ersetzt. Ascoma tritt zuerst bei WALLROTH (1833, S. 407) für die Basidien (!) tragende Schicht bei Hymenomyceten auf.
Ascolichenes (E: ascolichens F: lichens ascosporés, m.pl.): Informeller Name für lichenisierte Ascomyceten.
ascolocular (E: ascolocular F: ascolocu-

laire): Entwicklungstyp der Fruchtkörper bei den Ascomyceten, der eine große Gruppe charakterisiert. Bei der ascolocularen Entwicklung werden die Fruchtkörperanlagen (Stromata) schon vor der Befruchtung gebildet, die ascogenen Hyphen wachsen in Höhlungen (loculi) hinein, die später entstehen (vgl. → ascohymenial)-
G: NANNFELDT (1930, 1932) führte die Gruppen der Ascohymeniales und Ascoloculares ein.
Ascoma → Ascokarp
Ascomyceten, m.pl., Schlauchpilze, m.p., Ascomycetes: Klasse der Mycobionta, die durch ein Mycel aus septierten Hyphen, Querwände mit einfachem Porus und die Sporenbildung im → Ascus charakterisiert ist. Die Fruchtkörper heißen → Ascokarp.
Ascomycetes → Ascomyceten
Ascospore, f. (E: ascospore F: ascospore, f.): Meiospore, die sich (meist zu acht) im → Ascus der Ascomyceten entwickelt.
Ascostroma, n., pl. Ascostromata (E: ascostroma F: ascostroma, m.): Fruchtkörper der → ascolocularen Ascomyceten, bei dem die Asci direkt in einer Höhlung des Stromas gebildet werden.
G: Erstnachweis: GÄUMANN (1926, S. 132, als Ascusstroma)
Ascus, m., pl. Asci, Schlauch, m. (E: ascus, asc F: asque, m.): Typisches schlauchförmiges Meiosporangium der Ascomyceten, in dem die Karyogamie, Meiose und meistens eine postmeiotische Mitose stattfinden, so dass in der Regel acht Ascosporen entstehen. Die Wand ist zweischichtig, sie besteht aus **Exo**- und **Endoascus**.
G: Asci und Ascosporen wurden zuerst von MICHELI (1729, Taf. XXXVII, Fig. 7; vgl. AINSWORTH 1976, S. 66) gesehen und abgebildet. HEDWIG (1788) stellte die konstante Achtzahl der Sporen fest und schuf deshalb für verschiedene Ascomyceten eine Gattung *Octospora*. Man benutzte zunächst Theca, erst Ch.G. NEES VON ESENBECK (1816) führte die Bezeichnung Schlauch und ascidium (später ascus) ein.
Lit.: BELLEMERE & LETROUIT-GALINOU (1988).
Ascusfrucht → Ascokarp
Ascustypen a) Nach dem Wandbau:
- **prototunicat** (E: prototunicate F: prototuniqué): Ascus mit dünner, undifferenzierter Wand, die sich bei oder vor der Reife auflöst und keinen → Apikalapparat ausbildet.

- **unitunicat** (E: unitunicate F: unituniqué): Ascus mit einfach erscheinender Wand, bei dem das Ausstoßen der Sporen fast gleichzeitig erfolgt.
- **bitunicat** (E: bitunicate F: bituniqué): Ascus mit deutlich aus zwei Schichten bestehender Wand. Beim Ausstoßen der Sporen trennen sich die beiden Schichten, die innere streckt sich und stößt die Sporen in Abständen heraus.
G: Auf Grund von älteren Arbeiten und eigenen Untersuchungen hat De BARY (1884, S. 100-102) den bitunicaten Ascus zuerst genauer beschrieben. Die Bezeichnung bitunicat benutzte schon JENKINS (1942, S. 75, 77). Ausführlich behandelt werden die Unterschiede zwischen uni- und bitunicatem Ascus bei LUTTRELL (1951). REYNOLDS (1989) bespricht die Weiterentwicklung des Begriffs und die Aufstellung weiterer Ascus-Typen.
b) Nach der Öffnungsweise: - **inoperculat** (E: inoperculate F: inoperculé) - **operculat** (E: operculate F: operculé): Ascus, der sich ohne, bzw. mit Deckel öffnet.
G: Einen Ascus, der sich mit einem Deckel öffnet, beobachteten zuerst die Brüder CROUAN & CROAUN (1857, S. 176). BOUDIER (1879, S. 46) benutzte dies für die Einteilung der Discomyceten in operculate und inoperculate Dicsomycetes.
Assimilate, n.pl. (E: assimilates): Sammelbegriff für die durch die → Assimilation gebildeten Stoffe, wobei meist in erster Linie an die durch die Photosynthese gebildeten Kohlenhydrate gedacht wird.
Assimilation, f. (E: assimilation F: assimilation, f.): Stoffwechselvorgänge, die aufgenommene Stoffe in die des eigenen Organismus umwandeln, dazu gehören u.a. → Photosynthese, → Nitratassimilation und → Sulfatassimilation.
G: In der Biologie zuerst in der Zoologie verwendet. Das Wort leitet sich ab von lat. assimilare, ähnlich machen. Unter dem Einfluss von SACHS (1865, S. 18) wurde Assimilation zeitweise nur für die → Photosynthese verwendet.
Assimilationsgewebe → Chlorenchym
Assimilationslamelle, f. (E: lamella F: lamelle chlorophyllienne, f.): Auf der verbreiterten Mittelrippe von *Polytrichum* und einigen anderen Laubmoosen parallel längs verlaufende einzelreihige Lamelle aus Assimilationsparenchym.

Assimilationsparenchym → Chlorenchym
Assimilattransport, m. (E: transport of assimilates): Assimilate werden vor allem in den Chloroplasten der Blätter gebildet, sie werden über das → Phloem zu den Orten des Verbrauches (Sprossachse, Wurzeln, Früchte) geleitet. Wichtigste Transportform der Kohlenhydrate ist die → Saccharose. Vgl. auch → Druckstromtheorie.
Assoziation, f. (E: association F: association, f.): Die Grundeinheit des pflanzensoziologischen Systems. Es handelt sich um einen Vegetationstyp bestimmter floristischer Zusammensetzung (definiert durch → Charakterarten und → Differentialarten) mit relativ einheitlicher Physiognomie und annähernd gleichen Standortsbedingungen. Die Namen werden von Gattungsnamen (oder der Kombination von zweien) abgeleitet unter Anhängung der Endung -etum.
G: Den Begriff „association" verwendete bereits Lecoq (1854) für relativ weit gefasste Vegetationseinheiten, Schröter (1902) präzisierte ihn. Eine erste „offizielle" Definition lieferten Flahault & Schröter (1911, S. 135). Die bereits im Latein übliche Endung -etum (z.B. Pinetum, Kiefernwald) wurde schon von Lorenz (1858) für Moorgesellschaften verwendet.
Ast → Sprossachse
Aster, m. (E: aster F: aster, m.): Struktur aus radial (sternförmig) angeordneten Mikrotubuli, die bei der Mitose auftritt, wenn → Centrosomen vorhanden sind.
G: Fol (1877, S. 450) von gr. (u. lat.) aster, Stern.
Asteraceae → Compositae
Astrosklereide → Sklereide
asymmetrisch → Symmetrie
Asynapse, f. (E: asynapsis F: asyndèse, f.): Ausfallen der Paarung von Chromosomenpaaren bei der Meiose, z.B. wegen fehlender Homologie.
G: Randolph (1928 b, S. 35, asynapsis).
Ataktostele → Stelentypen (III.)
Atavismus, Rückschlag (E: atavism F: atavisme, m.): Spontanes Auftreten von Merkmalen, von denen man annimmt, dass sie bei weiter zurückliegenden Vorfahren ausgebildet waren.
G: Von Sageret (1826, S. 300) bei seinen Untersuchungen über Bastarde von Cucurbitaceae verwendet, aber wahrscheinlich älter (abgeleitet von lat. atavus, entfernter Vorfahr).
Atelechorie, f., Topochorie (E: atelechory, antitelechory, achory F: atéléchorie, f., achorie, f.): Einrichtungen der Pflanze, die Fernverbreitung ganz oder teilweise verhindern. Sie finden sich besonders bei kurzlebigen Wüstenpflanzen, für die es wichtig ist, einen günstigen Standort auf jeden Fall zu erhalten. Hierzu gehören manche Typen der → Heterokarpie, → Synaptospermie und die → Basikarpie.
G: Die Erscheinung wurde zuerst von Zohary (1937, S. 6) beobachtet und Antitelechorie genannt, später führte Zohary (1962, S. 179) topochory ein. Da „Ausbreitung am Ort" ein Widerspruch in sich ist, schlug van der Pijl (1969, S. 76/77) achory oder atelechory vor.
Atemhöhle, f. (E: respiratory cavity F: chambre sous-stomatique, f.): Großer Interzellularraum, der an eine Spaltöffnung angrenzt. Dieser wird bei eingesenkten Spaltöffnungen als innere Atemhöhle bezeichnet und einer äußeren (zwischen Spaltöffnung und einem von der Epidermis gebildeten Spalt) gegenübergestellt. Auch die → Luftkammern der Marchantiales werden zuweilen Atemhöhlen genannt.
G: Unger (1833, S. 43) prägte den Terminus „Atemhöhle" für den inneren Bereich. Mohl (1856, Sp. 701-702) behielt dies bei und bezeichnete eine äußere Atemhöhle als **Vorhof** und einen Raum zwischen der Spalte und der inneren Atemhöhle als **Hinterhof**. Bei Haberlandt (1884, S.308) finden sich die Bezeichnungen innere und äußere Atemhöhle.
Atemöffnung, f. (E: air pore F: pore aérifère, m., ostiole, m.): Bei den Marchantiales (Lebermoosen) von mehreren Zellen umgebene Öffnung in der Epidermis, die in eine → Luftkammer mit Assimilatoren führt. Sie kann einfach oder tonnenförmig (z.B. *Marchantia*) sein.
G: Die Öffnung wurde zunächst mit einem Stoma verglichen, dann hieß sie Atempore, bis Leitgeb (1880, S. 123) den Ausdruck Atemöffnung einführte.
Atemwurzel → Pneumatophor
Atmung, f. (E: respiration F: respiration, f.): Gaswechsel, bei dem Sauerstoff aufgenommen und Kohlendioxid abgegeben wird, und der letzlich auf die → Zellatmung zurückgeht. Man spricht z.B. von der **Bodenatmung** (die auf das gesamte → Edaphon zurückzufüh-

ren ist) oder der **Wurzelatmung**. Ein Sonderfall ist die → Photorespiration.
Atmungskette, f. (E: respiratory chain F: chaîne respiratoire): Redoxkette in den Mitochondrien, die den Wasserstoff aus dem Substrat der Atmung schrittweise zu Wasser oxidiert. Beteiligt sind daran u.a.: NAD, Flavoproteine, → Cytochrome und → Ubichinone.
ATP, Adenosin-5'-triphosphat, n. (E: adenosine 5'-triphosphate F: adénosine (f.) triphosphate): Der wichtigste Energieüberträger der Organismen, der durch seine beiden Pyrophosphatbindungen energiereich ist. In zwei Schritten kann unter Spaltung durch die **ATPasen** die Energie freigesetzt werden. Die umgekehrte Reaktion wird durch **ATP-Synthasen** bewirkt.
ATPasen → ATP
ATP-Synthasen → ATP
Atrichoblast → Trichoblast
atrop → Samenanlage (C.)
auctorum (Abk.: auct.): Auctorum (lat.: der Autoren) hinter einem Artnamen weist auf eine Fehlbestimmung hin, d.h. ein Name wurde von Autoren in einem Sinne verwendet, der nicht den Typus einschloss. Der → Code 1. ICBN 2000 empfiehlt folgende Zitierweise (Art. 50, Empfehlung 50 D): „*Ficus exasperata*" auct. non Vahl: De Wildeman & Durand,… Dabei steht nach „auct. non" der Autor des Namens, nach dem Doppelpunkt der, der ihn falsch angewendet hat (mit Literaturzitat).
Aufblühfolge, f. (E: flowering sequence F: ordre de floraison, m.): Die Reihenfolge des Aufblühens, besonders innerhalb einer → Infloreszenz. Typisch ist für monotele Infloreszenzen, dass die Endblüte zuerst aufblüht, während bei polytelen Infloreszenzen das Aufblühen an der Basis beginnt.
Aufgusstierchen → Infusorien
Aufsitzer → Epiphyt
Augenfleck → Stigma (2.)
Ausbreitung, f., Verbreitung, f., Samenverbreitung, f. (E: dispersal F: dissémination, f.): Der Vorgang, durch den die → Diasporen einer Pflanze auf neue Standorte übertragen werden. Neben der häufigen **Nahausbreitung** kommt auch → **Fernausbreitung** über große Entfernungen z.B. durch starke Stürme, Meeresströmungen oder Zugvögel vor.
G: In der deutschen Literatur wurde Ausbreitung im Allgemeinen als Verbreitung bezeichnet, und man sprach deshalb auch von Verbreitungsbiologie. CHRISTIANSEN (1954) hat darauf hingewiesen, dass es sinnvoll ist, den Begriff „Verbreitung" auf die Gesamtheit aller Fundorte (das Areal) zu beschränken und diesem statischen Begriff die „Ausbreitung" als dynamischen Prozess gegenüberzustellen. Auch heute geschieht dies aber keineswegs konsequent.
Ausbreitungsbiologie → Diasporologie
Ausbreitungseinheit → Diaspore
ausdauernd → perenn
Ausgangspunkt, m., Startpunkt (für die Nomenklatur), m. (E: starting point F: point (m.) de départ [de la nomenclature]): In der Nomenklatur das Werk mit seinem Erscheinungsdatum, das als Beginn der heutigen Namengebung angesehen wird (→ Code 1. ICBN 2000, Art. 13.1). Dies ist für die meisten Gruppen LINNAEUS (1753) „Species Plantarum". Abweichende (jüngere) Ausgangspunkte gibt es für die Nomenklatur der Musci (HEDWIG 1801) und einen Teil der Algen. Die Nomenklatur aller fossilen Pflanzen beginnt mit STERNBERG (1820). Sonderregelungen gelten auch für die Pilze (→ Name, sanktionierter).
Ausläufer → Stolo
Auslese → Selektion
Außengruppe, f. (E: outgroup F: groupe (m.) externe, extra-groupe, m.): In der Terminologie der Kladistik die Gruppe, die zum Vergleich (**Außengruppenvergleich**) mit der untersuchten „Innengruppe" zur Feststellung der Polarität der Merkmale herangezogen wird. Im Idealfall sollte es die → Schwestergruppe sein. Da diese aber oft nicht sicher bekannt ist, muss man sich mit einer Gruppe behelfen, die vielleicht als solche infrage kommt. Im Verlauf der phylogenetischen Analyse werden zuweilen auch verschiedene Taxa als Außengruppe benutzt.
G: Der Gedanke, eine Außengruppe heranzuziehen, um festzustellen, was die → plesiomorphen Merkmalszustände sind, ist relativ alt. Man sprach zunächst nur von einer verwandten Gruppe, ROSS (1974, S. 152) von einer „ex-group". Nach NIXON & CARPENTER (1993, S. 414) kam die Bezeichnung „outgroup" bald nach 1970 am American Museum of Natural History in Gebrauch.
Außengruppenvergleich → Außengruppe
Außenkelch → Epicalyx

Aussterben, n. (E: extinction F: extinction, f.): Verschwinden einer Pflanzen- oder Tiersippe durch den Tod aller ihrer Individuen. Ursachen sind Änderungen der Umweltbedingungen im weitesten Sinn (Klimaänderungen, Auftreten neuer Konkurrenten oder Feinde). Es gibt auch zunehmend Argumente für die Möglichkeit eines **Massenaussterbens** (E: mass extinction) durch die Wirkungen des Einschlages riesiger Meteoriten (z.B. am Ende der Kreidezeit). Der Mensch hat das Aussterben in neuester Zeit erheblich beschleunigt. Unklar ist, ob auch innere Ursachen allein zum Aussterben führen können. Fossile Arten können auch durch Artwandel und Aufspaltung in Tochterarten verschwinden.
G: Anhänger der Lehre von einer → Scala naturae im 18. Jahrhundert hielten ein Aussterben von Arten für unmöglich, da sie als Teile einer ununterbrochenen Kette geschaffen seien. Die Entwicklung der Diskussionen um das Massenaussterben ist bei GLEN (1994) dargestellt.
australe Zone → Vegetationszonen
Australis, f., australisches Florenreich, n.: Florenreich, das den australischen Kontinent umfasst. Es ist u.a. gekennzeichnet durch die Goodeniaceae, Casuarinaceae und eine starke Entwicklung der Myrtaceae und der Gattung *Eucalyptus*. Viele weiter verbreitete Familien haben hier eine eigene Entwicklung durchlaufen und die australischen Vertreter weichen von den anderen auffällig ab.
australisches Florenreich → Australis
Austrocknungsstreuer → Ballochorie
autapomorph (E: autapomorphous F: autapomorphe): Ein abgeleitetes Merkmal, das nur bei einem bestimmten Taxon vorkommt (Abb. 4, S. 170).
G: HENNIG (1953, S. 15).
Autapomorphie, f. (E: autapomorphy F: autapomorphie, f.): Subst. zu → autapomorph.
Auteuform → Entwicklungsgang der Uredinales
autoallopolyploid (E: autoallopolyploid F: autallopolyploïde): Eine Pflanze der genetischen Konstitution AAAABB (A und B sind Chromosomensätze zweier verwandter Sippen) ist autoallopolyploid, d.h. gleichzeitig auto- und allopolyploid. Es gibt auch Autoallopolyploide mit höherem Polyploidiegrad.
G: KOSTOFF (1939, S. 285) sprach bei *Helianthus tuberosus* davon, dass diese Art möglicherweise „auto-allo-hexaploid" sei.
Autochorie, f., Selbstausbreitung, f. (E: autochory F: autochorie, f.): Ausbreitung, die eine Pflanze selbst bewirkt, z.B. durch Abschleuderung von Samen. Sie wirkt immer nur auf engem Raum.
G: Zuerst verwendete KIRCHNER (1904, in KIRCHNER, LOEW & SCHRÖTER I S. 35) die Bezeichnung autochor.
autochthon (E: autochthonous F: autochtone): einheimisch (indigen), bzw. an Ort und Stelle entstanden
Autodiversität → Biodiversität
Autökologie → Ökologie
Autözie, f.: Subst. zu → autözisch.
autözisch 1. Bei Pilzen: (E: autoecious F: autoïque, autoxène): Parasitische Pilze, deren Generationswechsel auf einem Wirt durchlaufen wird. Autözie kommt bei einigen Uredinales vor.
G: Geprägt von de BARY (1865, S. 32) bei seinen Untersuchungen an *Puccinia graminis*.
2. Bei Moosen: (E: autoicous F: autoïque): Moose, bei denen Antheridien und Archegonien in getrennten Ständen, aber auf demselben Spross vorkommen.
G: LINDBERG (1886, S. 93).
Autogamie, f., Selbstbefruchtung, f. (E: autogamy, self-fertilization F: autogamie, f., autofécondation, f.): Allgemein ein Sexualvorgang, bei dem beide Gameten von einem Individuum stammen. **1.** Bei Angiospermen: Selbstbestäubung (E: self-pollination F: autopollinisation, f.): Die Bestäubung (und Befruchtung) einer Blüte durch ihren eigenen Pollen. Autogamie kann obligat sein (vor allem bei → Kleistogamie) oder fakultativ. Genetisch gleichbedeutend ist die meist als → Geitonogamie bezeichnete Bestäubung einer Blüte durch den Pollen einer anderen Blüte derselben Pflanze.
G: Zuerst nachweisbar bei DELPINO (1867 a, S. 36), bekannt geworden vor allem durch KERNER (1876, S. 192).
2. Bei Protisten: Befruchtung, die sich in einer Zelle abspielt.
G: In diesem engen Sinn: HARTMANN (1909, S. 269).
3. Bei Pilzen: Fusion zwischen Hyphen desselben Mycels.
Autogonie → Urzeugung
Automixis, f. (E: automixis F: automixie,

f.): Selbstbefruchtung bei Protisten, entweder durch → Autogamie (2.) oder → Paedogamie.
G: HARTMANN (1909, S. 268).
Autonym, n. (E: autonym F: autonyme, m.): Name, der nach den Nomenklaturregeln automatisch aus dem Namen oder Epitheton des in der Rangstufe höheren Taxons gebildet wird, weil er den Typus einschließt, z.B. Rubiaceae subfam. Rubioideae; *Senecio* sect. *Senecio*; *Glechoma hederaceum* subsp. *hederaceum*.
G: Das Prinzip wurde durch den → Code 1. ICBN 1952 eingeführt, das Wort Autonym tritt aber erst im → Code 1. ICBN 1972 auf (vgl. Taxon **30**: 183-200. 1981).
Autophyt, m., Idiochorophyt, m. (E: autophyte): Art, die in einem Gebiet einheimisch ist, d.h. ohne Mithilfe des Menschen dorthin gelangt ist. Sie hatte also schon in der ursprünglichen Vegetation einen festen Platz. Ein solche Pflanze ist **indigen** (einheimisch, idiochor E: indigenous, native F: indigène, originaire). In einem weiteren Sinne werden zuweilen auch die → Archäophyten als indigen bezeichnet.
G: BARTHLOTT et al. (1999, S. 104), BARTHLOTT et al. (2000, S. 77). Idiochorophyt: SCHROEDER (1969, S. 226).
Lit.: USHER (2000).
Autopolyploidie, f. (E: autopolyploidy F: autopolyploïdie, f.): Verdopplung desselben Chromosomensatzes, so dass bei Autotetraploidie jedes Chromosom viermal, davon mindestens zweimal in identischer Form vorliegt.
G: Auf Grund eines Diskussion mit B. NEMEC von KIHARA & ONO (1926, S. 480) zusammen mit Allopolyploidie veröffentlicht.
Autor, m. (eines Pflanzennamens) (E: author F: auteur, m.): In der Nomenklatur gilt derjenige als Autor, für die Sippe gültig beschrieben oder ihr eine neue systematische Stellung zugewiesen hat (→ Autorzitat).
Autorzitat, n. (E: author citation F: citation (f.) de l'auteur): In der Nomenklatur die Angabe des Autors eines Pflanzennamens, die meist abgekürzt wird (→ Code 1. ICBN 2000, Art. 46-50). Ein Autorzitat entfällt bei → Autonymen. Wenn jemand einen von einem anderen geprägten aber nicht veröffentlichten Namen aufnimmt, so wird dies in folgender Form zitiert: Hausskn. ex Bornm. In älteren Veröffentlichungen wurde der eigene Name vom Autor oder den Autoren oft durch „mihi" (= von mir) oder „nobis" (von uns) gekennzeichnet. - Bei einer Umstellung in eine andere Gattung oder Versetzung in eine andere Rangstufe, bei der das Epitheton erhalten bleibt, wird der Autor des → Basionyms in Klammer eingefügt (so genannter **Klammerautor**).
Lit.: Das ausführlichste Verzeichnis der Autoren mit standardisierten Abkürzungen der Namen von BRUMMITT & POWELL (1992).
Autosom, n. (E: autosome F: autosome, m.): Jedes Chromosom, das nicht Geschlechtschromosom (Allosom) ist.
G: MONTGOMERY (1904).
Autospore, f. (E: autospore F: autospore, f.): Geißellose Spore, die sich durch → Gonitogonie als Endospore innerhalb der Wand der Mutterzelle entwickelt und schon dort deren Gestalt ausbildet. Wenn mehrere Teilung in einer Richtung aufeinander folgen, entstehen **Pseudofilamente**. Man spricht auch von **Filamentosporen** (ETTL 1988 a, S. 29).
G: CHODAT (1902, S. 58), vgl. ETTL (1988 a).
Autosyndese, f. (E: autosyndesis F: autosyndèse, f.): Paarung von ganz oder teilweise homologen Chromosomen bei der Meiose, die aus demselben Gameten stammen. Die Autosyndese kommt bei Polyploidie vor (vgl. als Gegensatz Allosyndese).
G: Terminus geprägt von LJUNGDAHL (1924, S. 286).
autotroph (E: autotrophic F: autotrophe): Adj. zu → Autotrophie.
Autotrophie, f. (E: autotrophy F: autotrophie, f.): Ernährungsweise, bei der anorganische Stoffe in gasförmiger oder gelöster Form aufgenommen werden und unter Energieaufwand in die organischen Verbindungen des Körpers umgewandelt werden. Man unterscheidet: **1. Photoautotrophie**, f. (E: photoautotrophy): Als Energiequelle dient das Licht. Elektronendonator ist bei der **Photohydrotrophie** der grünen Pflanzen und farbigen Algen (→ Photosynthese) das Wasser, bei der **Photolitotrophie** bestimmter Prokaryoten (Schwefelpurpurbakterien, Grüne Schwefelbakterien) sind es andere anorganische Stoffe (besonders H_2S). **2. Chemoautotrophie,** f., **Chemolithotrophie**, f. (E: chemoautotrophy): Ernährungsweise einiger Prokaryoten, bei der die Energie aus der Oxidation anorgani-

scher Stoffe stammt. Das wurde früher auch als → Chemosynthese bezeichnet.
G: Autotrophie wurde eingeführt von PFEFFER (1897).
Auxiliarzelle, f. (E: auxiliary cell [auch = Nebenzellen !] F: cellule auxiliaire, f.): Plasmareiche Zelle des weiblichen Gametophyten der Rotalgen, die den Zygotenkern übernimmt und vermehrt, was schließlich zur Bildung des → Karposporophyten führt (Gonimokarp).
G: Von F. SCHMITZ (1883, S. 229) zuerst beschrieben und benannt.
Auxine, n.pl. (E: auxins, pl. F: auxines, f.pl.): Eine Gruppe von Phytohormonen, die in niedrigen Konzentrationen das Streckungswachstum von Sprossen fördern und das Längenwachstum der Wurzeln hemmen. Der wichtigste natürliche Stoff dieser Gruppe ist die ß-Indolylessigsäure (IAA), zeitweilig auch als **Heteroauxin** bezeichnet.
G: Der Name Auxin wurde von KÖGL & HAAGEN SMIT (1931, S. 146) für eine Substanz vorgeschlagen, die sie aus Schwangerenharn kristallisiert gewonnen hatten. Dieser Stoff ließ sich aber von anderen Arbeitsgruppen nicht wiederfinden, stattdessen erwies sich die ß-Indolylessigsäure als wirksamer Wuchsstoff, der zunächst (von KÖGL, HAAGEN SMIT & ERXLEBEN 1934) Heteroauxin genannt wurde. Nachdem sicher war, dass das zunächst von KÖGL beschriebene „Auxin" mit der angegebenen Formel nicht existierte (VLIEGENTHART & VLIEGENTHART 1966), wurde der Name Auxin auf das „Heteroauxin" übertragen.
Auxocyte → Auxospore
Auxospore, f., Auxocyte (E: auxospore, auxozygote F: auxospore, f.): Stark heranwachsendes schalenloses Stadium der Diatomeen mit einer Wand aus Polysacchariden. Bei den pennaten Diatomeen handelt es sich um eine Zygote, die deshalb auch als **Auxozygote** bezeichnet wird.
G: Die Notwendigkeit der Bildung einer wachstumsfähigen Auxospore hängt mit dem Bau der Diatomeen und ihrem Teilungsmodus zusammen. Da immer die innere von zwei festen Schalenhälften neu gebildet wird, werden sie z.T. immer kleiner. Dies wurde unabhängig voneinander von MACDONALD (1869) und PFITZER (1869 a, b) erkannt. PFITZER (1869 a, S. 88; 1871 a, S. 21) schlug den Namen Auxospore vor. Da es sich nicht um eine Fortpflanzungszelle, ja z.T. um eine Zygote handelt, führte RENNER (1916, S. 360) **Auxocyte** ein.
auxotroph (E: auxotrophic F: auxotrophique): Adj. zu → Auxotrophie.
Auxotrophie, f. (E: auxotrophy F: auxotrophie, f.): Die Abhängigkeit des Wachstums eines Organismus von einer von außen zugeführten organischen Verbindung, die er nicht selbst synthetisieren kann. Die Tiere, Pilze und viele Mikroorganismen sind auxotroph, Höhere Pflanzen nur in Ausnahmefällen.
G: Der Begriff wurde von DAVIS & MINGIOLI (1950, S. 17) eingeführt, abgeleitet von lat. auxilium, Hilfe, und gr. trophe, Ernährung.
Auxozygote → Auxospore
axiales Holzparenchym → Holzparenchym
axillär (E: axillary F: axillaire) In der Blattachsel stehend.
Axillärspross → Achselspross
Axillarstipel, f. (E: axillary stipule F: stipule (f.) axillaire): Stipel, die zwischen Sprossachse und Blattstiel steht.
G: Erstnachweis: GOEBEL (1898/1901, S. 563).
Axonema, n. (E: axoneme F: axonème): Das zylindrische Bündel aus neun doppelten Mikrotubuli mit zwei zentralen, wie es für die → Geißeln der Eukaryoten typisch ist.
G: Um 1960 gebräuchlich geworden.
azonal → Vegetation
Azygospore, f. (E: azygospore F: azygospore, f.): Ohne Befruchtung zu einem Dauerorgan umgebildetes Gametangium (Gametocyste), das einer Coenozygote äußerlich ähnlich sein kann. A. kommen bei Zygomyceten vor.
azyklisch → Blütenbau (B.)

Bacillariophyceae → Diatomeen
Bacteria, n.pl., Eubacteria, n.pl.: Eine der drei Domänen (Regna) der Organismen. Sie zeigen die Merkmale der → Prokaryoten. Von den → Archaea unterscheiden sie sich am auffälligsten durch die Zellwand aus → Murein.
G: Die Domäne Bacteria entstand aus der alten Gruppe der Spaltpilze (→ Bakterien) durch Eingliederung der → Cyanobakterien (Cyanophyta) und Ausschluss der → Archaea.

Baculum, n., pl. Bacula, Stäbchen, n. (E: baculum, bacule F: bacule, f.): In der Pollenmorphologie radial angeordnetes stäbchenförmiges Skulpturelement der Exine.
G: R. POTONIÉ (1934 a, S. 11). Man findet in der Literatur auch „bacula, pl. baculae", das entspricht aber weder der Herkunft aus dem Lateinischen noch der Einführung in die pollenmorphologische Terminologie.
Baeocyt, m. (E: baeocyte F: baeocyte, m., coccospore, f.): Endospore der Pleurocapsales (Cyanobakterien), die durch schnell aufeinander folgende Teilungen entsteht.
G: WATERBURY & STANIER (1978, S. 3). Von gr. baios, klein, und kytos, Höhlung, Zelle.
Bakers Gesetz, n. (E: Bakers' law F: loi de Baker, f.): Bei Gattungen oder Artengruppen mit normalerweise allogamen, selbstinkompatiblen Arten finden sich an den Rändern des Areals und als abgetrennte Vorposten selbstfertile, vielfach autogame Arten, da die Selbstfertilität es leichter erlaubt, solche Orte zu besiedeln.
G: Das Phänomen wurde zuerst von BAKER (1948, S. 214; 1953, S. 626) an Plumbaginaceae beobachtet. Die Bezeichnung „Bakers' law" stammt von STEBBINS (1957, S. 344).
Bakterien, pl., sg. Bakterium, n. oder Bakterie, f. (E: bacteria, pl. F: bactéries, f.pl.): Sammelgruppe meist einzelliger → Prokaryoten. Die Bakterien sind keine taxonomische Einheit, der Name ist aber für Mikroben aus den → Bacteria und → Archaea als Sammelbezeichnung noch in Gebrauch.
G: Die erste eindeutige Abbildung von Bakterien stammt von LEEUWENHOEK (1684). Als Gattung wurde *Bacterium* (von gr. bacteria, Stab) zuerst von EHRENBERG (1838) für stäbchenförmigen Mikroorganismen aufgestellt. Durch COHN (1872, S. 136) wurde Bakterien dann zum Sammelbegriff für alle nichtgrünen Mikroorganismen, die nicht zu den Tieren, sondern zu den Pilzen („Spaltpilze") gerechnet wurden (vgl. → Bacteria).
Bakterienchromosom → Genophor
Bakteriengeißel → Geißel (2)
Bakteriochlorophyll, n. (E: bacteriochlorophyll F: bactériochlorophylle, f.): Eine Reihe von dem Chlorophyll verwandten Photosynthesepigmenten, die bei photoautotrophen Bakterien vorkommen.
G: NOACK & SCHNEIDER (1930) führten Bacteriochlorophyll an Stelle des vorher verwendeten Bacteriochlorin ein.
Bakteriophage, m., Phage, m. (E: bacteriophage, phage F: bactériophage, m.): Virus, das Bakterien befällt. Ein B. besteht aus genetischem Material (DNA oder RNA) umgeben von einer Proteinhülle. Die Bakteriophagen der Cyanobakterien werden auch **Cyanophagen** (E: cyanophages) genannt. Man unterscheidet: **1. virulente** Bakteriophagen (E: virulent phages): Phagen, die immer einen → lytischen Zyklus durchlaufen, der mit der Zerstörung der Wirtszelle endet. **2. temperente** Bakteriophagen (E: temperate phages F: phages tempérés): Phagen, die außer dem → lytischen Zyklus einen → lysogenen Zyklus haben, bei dem die Phagen-DNA als → Prophage in das Genom des Wirtes integriert ist.
G: D'HERELLE (1917, S. 375) benannte von ihm gefundene unsichtbare Mikroben, die Erreger von Dysenterie abtöteten, Bakteriophagen (von Bakterium und gr. phagein, fressen). Zeitweilig wurden daher die Bakteriophagen auch „D'Herellen" genannt.
Bakteriorhodopsin, n. (E: bacteriorhodopsin F: bacteriorhodopsine): Membrangebundenes Chromoprotein der Halobakterien (Archaea), das eine Photophosphorylierung ohne Chlorophyll ermöglicht. Es ist dem Sehfarbstoff Rhodopsin ähnlich.
Bakteroide, n.pl. (E: bacteroids): Die unter der Einwirkung der Wirtszellen veränderten, nicht mehr teilungsfähigen Bakterien der Gattung *Rhizobium* in den → Wurzelknöllchen. Sie sind von einer pflanzlichen Symbiosemembran (der **peribakteroiden Membran**) umgeben. Der ganze Komplex wird als → Symbiosom bezeichnet.
Baldwin-Effekt, m. (E: Baldwin-effect F: effet Baldwin, m.): Der Ersatz eines zunächst als nicht erbliche Modifikation auftretenden Merkmals durch eine Mutation, die es erblich macht.
G: Als Faktor der Evolution von BALDWIN (1896) herausgestellt und von SIMPSON (1953) nach ihm benannt. Vgl. WADDINGTON (1953).
Balg → Follikel
Balgfrucht → Follikel
Ballist, m. (E: plant with ballistic fruits F: plante à fruits ballistiques): Pflanze, bei der die Samen (oder andere Diasporen) dadurch ein Stück von der Pflanze entfernt werden, dass ein elastischer Teil durch Wind, Regen oder die Berührung von Tieren verbogen

wird, der dann beim Zurückschnellen die Diasporen fortschleudert.
G: KERNER V. MARILAUN (1891, S. 754, 777 ff.) hat diesen Mechanismus zuerst als eine „ballistische Vorrichtung" beschrieben. MÜLLER-SCHNEIDER (1977, S. 75, 91) unterscheidet nach der wirkenden Kraft Windstreuer (→ Boleochoren) und Regenballisten (→ Ombrohydrochorie).

Ballistospore, f. (E: ballistospore F: balistospore, f.): Einzeln außen stehende Spore, die abgeschleudert wird. Es kann sich dabei um Meiosporen oder Konidien handeln.
G: M.A. DONK in DERX (1948, S. 468).

Ballochorie, f. (E: ballochory F: balochorie, f.): Abschleudern der Diasporen (meist Samen) durch die Pflanze, entweder durch plötzliche Entladung eines erhöhten Turgors (**Saftdruckstreuer, Hygroballochorie**) oder durch Spannung bei der Austrocknung (**Austrocknungsstreuer, Xeroballochorie**).
G: Zunächst sprach man einfach von Pflanzen mit Schleudereinrichtungen oder Schleuderfrüchten (z.B. KERNER V. MARILAUN 1891, S. 771). Bei P. MÜLLER (1955, S. 29) heißen sie Ballautochoren, später (MÜLLER-SCHNEIDER 1977, S. 36) Ballochoren, Selbststreuer. Die Termini Hygro- und Xeroballochorie stammen von LHOTSKÁ (1975, S. 105).

Barochorie, f. (E: barochory F: barochorie, f.): Aussaat bzw. Ausbreitung durch Herabfallen der Samen durch ihre Schwere.
G: ULBRICH (1928, S. 27) sprach von Fallvorrichtungen. MOLINIER & MÜLLER (1938, S. 206/43) führten Barochorie ein.

Basalapparat, m. (E: basal apparatus F: appareil basal, m.): **1.** Besonders differenzierter Abschnitt des Endosperms am chalazalen Pol mit wenigen großen Kernen.
G: SCHÜRHOFF (1926, S. 352) bezog hier auch das später so genannte helobiale Endosperm ein.
2. → Basalkörper

basale Placentation → Placentation (B.)

Basalgruppe → Basisgruppe

Basalkörper, m. (E: basal body F: grain basal, m., corpuscule basal, m.): Struktur an der Basis von Geißeln, die aus einem kurzen Zylinder von neun Dreiergruppen (Tripletts) aus → Mikrotubuli besteht. Sie entsprechen → Centriolen.
G: Von FAWCETT (1961, S. 233) eingeführt. Vorher gab es verschiedene Termini z.B. **Basalkorn** und Kinetosom (bei Ciliaten).

Neuerdings wurde basal body auch auf die basale Struktur der Bakteriengeißel angewendet (vgl. die Diskussion hierzu von BOVEE 1981 und CORLISS 1981 b).

Basalkorn → Basalkörper

Basalplatte, f. (E: basal plate F: plaque basale, m.): Verdickte Wand, die bei der Entwicklung des Proembryos der Coniferen die so genannte Rosette von den obersten vier degenerierenden Zellen abgrenzt.

Basidie, f. (L: basidium, n. E: basidium F: baside, f.): Meiosporangium der Basidiomyceten, an dem sich an Sterigmen (→ Sterigma) meist vier → Basidiosporen bilden.
G: Eine erste erkennbare Abbildung von Basidien mit Sporen an Sterigmen findet sich in den Abbildungen zur Flora Danica (1780, tab. 834). Lange Zeit meinte man aber, die Sporen würden bei den Basidiomyceten wie bei den Ascomyceten in einem Schlauch gebildet, bis zuerst F.M. ASCHERSON (1836) in einer kurzen Notiz die Verhältnisse klarstellte. Ihm folgten fast gleichzeitig und unabhängig voneinander mehrere Autoren (vgl. RAMSBOTTOM 1939, S. 341 ff.). Der Name Basidie wurde von GUILLEMIN & LÉVEILLÉ (in LÉVEILLÉ 1837, S. 327) vorgeschlagen (von gr. basis, Grundlage, Säulenfuß, und der Verkleinerungssilbe -idium).
Lit.: WELLS & WELLS (1982).

Basidientypen: **a)** Einteilung nach der Fächerung:
- **Holobasidie**, f. (E: holobasidium, autobasidium F: holobaside, f., eubaside, f., néobaside, f.): Einzellige Basidie (ohne Querwände).
- **Phragmobasidie**, f. (E: phragmobasidium F: phragmobaside, f., hétérobaside, f.): Basidie, in der nach den meiotischen Kernteilungen Zellteilungen stattfinden, so dass sie zwei- oder vierzellig (septiert) wird. Die Zellen bilden nach Sprossung an Sterigmen Basidiosporen.
G: Die erste Einteilung der Höheren Pilze nach der Basidienausbildung stammt von PATOUILLARD (1887, S. 75): Homobasidiés mit einzelligen, Hétérobasidiés mit mehrzelligen Basidien. BREFELD (1888, S. 25) nannte die entsprechenden Gruppen unabhängig davon Auto- und Protobasidiomyceten, schließlich unterschied van TIEGHEM (1893, S. 79) Gruppen der Holobasides und Phragmobasides.
b) Einteilung der Holobasidie nach der Form:

- **Chiastobasidie** (E: chiastobasidium F: chiastobaside, f.): Die keulige Normalform der Holobasidie.
- **Stichobasidie** (E: stichobasidium F: stichobaside, f.): Schmal zylindrische Holobasidie.
G: Die Bezeichnungen gehen zurück auf die Gruppen der Stichobasidiae und Chiastobasidiae JUEL (1898 a, S. 381), von gr. chiastos, überkreuzt; stichos, Linie, Reihe.
c) Bei den Heterobasidiomycetidae besteht die reife Basidie aus der **Hypobasidie** und einer (oder einigen) darauf sitzenden **Epibasidie**, die die Basidiosporen bildet. Die → Probasidien der Brand- und Rostpilze, die in Form dickwandiger Dauersporen vorliegen, werden auch **Sklerobasidien** (E: sclerobasidium, hypnobasidium F: sclérobaside, f.) genannt (JANCHEN 1923, S. 168).
G: Epi- und Hypobasidie NEUHOFF (1924, S. 256).
Lit.: MARTIN (1957).
Basidiokarp(ium), n., Basidioma, n., pl. Basidiomata (E: basidiocarp, basidioma F: basidiocarpe, m.): Fruchtkörper der Basidiomyceten. Er ist im Unterschied zum Ascokarp aus dikaryotischem Mycel aufgebaut.
Basidiolichenes (E: basidiolichens F: lichens basidiosporés): Informelle Bezeichnung für lichenisierte Basidiomyceten.
Basidioma → Basidiokarp
Basidiomyceten, m.pl., Basidiomycetes: Klasse der Mycobionta, die durch septierte Hyphen (Querwände oft mit → Doliporus) und durch die Ausbildung von meist 4 Meiosporen an einer → Basidie charakterisiert ist. Der Fruchtkörper wird → Basidiokarp genannt.
Basidiospore, f. (E: basidiospore F: basidiospore, f.): Die Sporen, die in einer Basidie gebildet werden. Es handelt sich um Meiosporen und Exosporen, die am Ende der von der Basidie ausgestülpten Sterigmen (→ Sterigma) sitzen. Anm.: Von manchen Autoren werden sie auch als Endosporen angesehen, die sich in einer Ausstülpung der Basidie entwickeln.
Lit.: PEGLER & YOUNG (1971).
basifix → Antherenbau (C.)
Basikarpie, f. (E: basicarpy F: basicarpie, f.): Ausbildung von Früchten an der Basis einer Pflanze in unmittelbarer Bodennähe. Die dort gebildeten Diasporen dienen nicht der Ausbreitung der Art, sondern der Bewahrung des Standortes. Die Erscheinung findet sich vor allem in Trockengebieten.
G: MURBECK (1920, S. 41) erwähnte das Phänomen; ausführlicher behandelt wurde es erst von ZOHARY (1937, S. 108 ff.).
Basilarmembran, f., Grundhaut, f. (E: basal membrane F: membrane basilaire, f.): Bei den Laubmoosen unterer röhriger Teil des → Endostoms oder eines einfachen Peristoms, auf dem Zähne aufsitzen (→ Peristomtypen).
Basionym, n. (E: basionym, basinym F: basionyme, m.): In der Nomenklatur bei Neukombinationen oder neuen Namen der Name, auf dem der neue basiert und dessen Typus automatisch übernommen wird. Ab 1. 1. 1953 muss das Basionym mit Autor und vollständigem Literaturzitat angegeben werden.
G: Der Begriff tritt zuerst im → Code 1. ICBN 1952 auf (als basonym) mit der Definition als „name-bringing or epithet-bringing synonym".
basipetal (E: basipetal F: basipète): Entwicklungsrichtung von der Spitze zur Basis.
basiplast: Beim Blatt ein Wachstum mit einem basalen bzw. interkalaren Meristem.
G: PRANTL (1883).
Basisgruppe, f., Basalgruppe, m. (E: basal group F: groupe ancestral, m.): Gruppe, die durch gemeinsame ursprüngliche Merkmale gekennzeichnet ist. In der Bezeichnungsweise der Kladistik handelt es sich um para- oder polyphyletische Gruppen, die in der Systematik keinen Platz haben. Ein gutes Beispiel sind die → Flagellaten.
G: Der Begriff findet sich bei REMANE (1952, S. 140), ist aber wahrscheinlich älter.
Basispromotor → Promotor
Basiszahl, f., Grundzahl, f. (E: basic number F: nombre de base, m.): Die theoretisch erschlossene haploide Chromosomen-Grundzahl für eine Gruppe (z.B. Gattung). Sie wird mit x bezeichnet und ist besonders in Polyploidkomplexen von Bedeutung. Wenn alle Sippen polyploid sind, kann ihre Feststellung problematisch sein.
G: Begriff und Bezeichnung mit x (zuerst ?) bei DARLINGTON (1937).
basiton (E: basitonic F: basitone): Adj. zu → Basitonie
Basitonie, f. (E: basitony F: basitonie, f.): Förderung im basalen Bereich eines Organs oder einer Pflanze, vor allem Verzweigung,

die überwiegend im basalen Teil des Stammes und der Äste erfolgt. Sie ist für Sträucher charakteristisch (Gegensatz: → Akrotonie).
G: Von GOEBEL (1928, S. 363) wurde basiton zuerst für im unteren Teil geförderte Blätter verwendet, später (1931, S. 88) bei Infloreszenzen.
Bast, m. (E: bast, inner bark F: liber, m.): Die Bezeichnung wird in der botanischen Literatur in verschiedenem Sinne verwendet. Ursprünglich verstand man darunter die mechanischen Fasern in der Rinde der Dikotylen, also eine Gewebeart. Später wurde Bast für alles vom Cambium nach außen abgegebene Gewebe, also für eine Geweberegion verwendet, die auch sekundäre Rinde (sekundäres Phloëm) heißt. Man unterscheidet dann den **Hartbast** (Fasern, E: hard bast) vom **Weichbast** (Parenchym und Siebröhren bzw. ihre Reste, E: soft bast).
G: Vgl. HABERLANDT (1918, S. 196) über die Entwicklung des Begriffes.
Bastard → Hybride
Bastardierung → Hybridisierung
Bastardschwarm → Hybridschwarm
Bastardsterilität → Hybridsterilität
Bastfaser → Faser
Bastteil → Phloem
Batha → Garrigue
Batologie, f. (E: batology): Die wissenschaftliche Beschäftigung mit der Gattung *Rubus*, vor allem den Brombeeren (von gr. batos, Brombeerstrauch).
Bauchblätter → Amphigastrien
Bauchkanalzelle, f. (E: ventral canal cell, venter cell F: cellule de canal du ventre): Die unterste Zelle im Hals eines Archegoniums. Sie grenzt an die Eizelle und ist deren Schwesterzelle.
G: PRINGSHEIM (1863) spricht bei *Salvinia* von einer „Canalzelle", die der Bauchkanalzelle entspricht. STRASBURGER (1877, S. 444) verwendet Bauchkanalzelle.
Bauchnaht → Ventralnaht
Bauchschuppe → Ventralschuppe
Baum, m. (L: arbor, f., pl. arbores E: tree F: arbre, m.): Holzpflanze mit einem mehr oder weniger ausgeprägten Stamm und einer Krone. Diese Gestalt bildet sich durch akrotone Verzweigung und → Stammreinigung aus.
G: Begriff, der zum allgemeinen Sprachschatz gehört und daraus übernommen wurde. Die Bäume wurden in der Antike besonders verehrt; da sie von weiblichen Göttern beseelt sein sollten, waren ihre Namen weiblich (vgl. *Quercus petraea, Fagus sylvatica*). In der Einteilung der Gewächse bei THEOPHRAST wurden sie als eine besondere Gruppe behandelt. Auch frühe Systeme der Neuzeit (z.B. von CAESALPINUS 1583 oder RAY 1682) haben die Arbores als taxonomische Einheit. Zuletzt hat noch HUTCHINSON (1969) in seinem System die Dikotylen in die beiden „Phyla" der Lignosae (Holzpflanzen) und Herbaceae (krautige Pflanzen) gegliedert.
Baumgrenze, f. (E: tree limit, tree line F: limite des arbres): Grenze, bis zu der einzelne Bäume sich normal entwickeln können. Baumgrenzen gibt es im Gebirge, aber auch gegenüber der Arktis und Trockengebieten.
Baumhaare → Trichomtypen
Baum-Modell, n. (E: architectural tree model F: modèle architectural des arbres, m.): Durch Art der Verzweigung, Ausbildung von Stamm, Ästen und Blättern, sowie Stellung der Blüten gekennzeichneter Baumtyp.
G: HALLÉ & OLDEMAN (1970) unterschieden für die Tropen 21 Baum-Modelle, die sie nach Botanikern benannten; HALLÉ et al. (1978) erhöhten diese Zahl auf 23.
Bauplan, m. (E: Bauplan [als Fremdwort in der Fachliteratur!], body plan F: plan (m.) de construction): Vorwiegend in der Zoologie, aber auch in der Botanik verwendeter Ausdruck für das Grundmuster einer Tier- oder Pflanzengruppe, von dem sich die Vielfalt durch relative geringe Änderungen ableiten lässt.
G: Der Gedanke von einigen wenigen Grundbauplänen der Tiere findet sich bei den französischen vergleichenden Anatomen zu Anfang des 19. Jahrhunderts. CUVIER spricht von vier „plans", SAINT-HILAIRE von der „unité de plan." Die Vorstellung von einer „Urpflanze" bei Goethe ist ähnlich zu verstehen. - Der Terminus, der ursprünglich den Grundgedanken eines göttlichen Plans hatte, wurde später phylogenetisch verstanden und auch von HAECKEL (1866) verwendet. In neuester Zeit wird „body plan" im Zusammenhang mit entwicklungsgenetischen Untersuchungen wieder verwendet (LAUX & JÜRGENS 1994).
B-Chromosom, n. (E: B-chromosome F: chromosome B, m.): Neben den normalen

(A-)Chromosomen des Chromosomensatzes in oft wechselnder Anzahl auftretende kleinere überzählige Chromosomen.
G: Pflanzen mit einzelnen überzähligen Chromosomen wurden früh bekannt. RANDOLPH (1928 a) bezeichnete sie als B-Chromosomen, bzw. (1928 b, S. 19) als „extra chromosomes" und diskutierte Vorkommen und Entstehungsmöglichkeiten.
Lit.: JONES & REES (1982).
Bedecktsamer → Angiospermae
Beere, f. (L: bacca, f. E: berry F: baie, f.): Frucht mit fleischigem → Perikarp ohne innere harte Schicht, fast immer mehrsamig.
G: Einer der ältesten Termini der Fruchtmorphologie, der aus der Antike, bzw. der Alltagssprache übernommen wurde. Bacca findet sich schon im Wörterbuch von FUCHS (1542). Allerdings sind nicht alle landläufig als „Beeren" bezeichneten Früchte wirklich Beeren im Sinne der obigen Definition.
Beerenzapfen, m. (E: berry-like cone, galbulus F: cône bacciforme, m., galbule, f.): Zapfen bei manchen Cupressaceae (z.B. *Juniperus*), bei dem die Schuppen fleischig werden. Beerenzapfen sind funktionell mit Beeren vergleichbar, sie werden wie diese durch → Endozoochorie verbreitet.
Befruchtung, f. (L: fecundatio, f. E: fertilization F: fécondation, f.): Vorgang der Vereinigung zweier Gameten (Keimzellen) zur Zygote (→ Syngamie).
G: Der erste experimentelle Nachweis der Befruchtung gelang THURET (1852, 1853) bei seinen Versuchen mit diözischen *Fucus*-Sippen, bei denen nur die Vereinigung der Suspensionen mit männlichen und weiblichen Gameten zur Entwicklung von Embryonen führte. – Die Befruchtung im engen Sinne der Fusion von Gameten wurde zuerst von N. PRINGSHEIM (1856, S. 231) an der Alge *Oedogonium* beobachtet. Der deutsche Name erklärt sich durch die primäre Anwendung auf das Ei, das durch diesen Vorgang befähigt wird, eine „Frucht" (= Embryo) zu bilden.
Befruchtung der Angiospermen: Der Befruchtungsvorgang beginnt mit der Keimung der Pollenkörner auf der Narbe. Der sich bildende Pollenschlauch wächst durch den Griffel bis zur Samenanlage. Bei der eigentlichen Befruchtung vereinigt sich ein Spermakern mit der Eizelle, der zweite mit dem sekundären Embryosackkern zum primären Endospermkern (**doppelte Befruchtung** E: double fertilization F: double fécondation).
G: Für die Kenntnis des Befruchtungsvorganges bei den Angiospermen legte AMICI (1830, S. 331) eine wichtige Grundlage, als er beobachtete, dass aus den Pollenkörnern Pollenschläuche austreten, die bis zur Samenanlage vordringen. Zwischen 1837 und 1856 entbrannte ein heftiger Streit darum, wie sich der Embryo bildet. Nach SCHLEIDEN (1837) entsteht er aus der Spitze des Pollenschlauches und die Samenanlage liefert nur Nährmaterial. Diese Theorie, die eine echte Befruchtung leugnete, wurde unterstützt von ENDLICHER & UNGER (1843, vgl. Abb. S. 298) und SCHACHT (1850). Gegner waren u.a. MEYEN (1840), AMICI (1847), MOHL (1847 a), HOFMEISTER (1847 ff.) und RADLKOFER (1856), die erkannten, dass sich der Embryo im Embryosack unter Einwirkung des Pollenschlauches entwickelt. Die eigentliche Befruchtung der Eizelle wurde erst durch STRASBURGER (1884 b, S. 62) beobachtet. Der Vorgang der doppelten Befruchtung wurde kurz hintereinander unabhängig von S. NAWASCHIN (1898) und GUIGNARD (1899) beschrieben. GUIGNARD benutzte den Ausdruck „double copulation", S. NAWASCHIN (1900) „doppelte Befruchtung."
Lit. zur Geschichte: LORCH (1966), SCHOLZ (1993).
Begeißelung, f. (E: flagellation): **a)** Nach der Ansatzstelle der Geißeln am → Zoid:
- **akrokont** (E: akrocont, acrocont F: acroconté): Geißel(n) an der Spitze (apikal) ansitzend. Beispiel: Chlorophyceae.
- **pleurokont** (E: pleurokont, pleurocont F: pleuroconté): Geißel(n) seitlich (lateral) ansitzend. Beispiel: Braunalgen.
- **opisthokont** (E: opisthokont, opisthocont F: opisthoconté): Geißel am Ende (terminal) ansitzend. Es handelt sich dann um eine → Schubgeißel. Beispiel: Chytridiomycetes.
b) Nach der Zahl und Ausbildung der Geißeln:
- **isokont** (E: isokont, isocont F: isoconté): Mit zwei (oder mehr) gleichartigen und gleichlangen Geißeln.
G: Nachdem LUTHER (1899) einen Teil der vorher zu den Grünalgen gerechneten Algen als „Heterokontae" abgetrennt hatte, fügten BLACKMAN & TANSLEY (1902, S. 20) der

Bezeichnung der Klasse der Chlorophyceae in Klammern „Isokontae" hinzu.
- **heterokont** (E: heterokont, heterocont F: hétéroconté): Mit zwei verschiedenen Geißeln, typischerweise einer nach vorn gerichteten Flimmergeißel und einer nach hinten gerichteten glatten Geißel.
G: Das Eigenschaftswort leitet sich ab von dem Namen einer Gruppe der Heterokontae, die LUTHER (1899, S. 17) begründete.
- **lophokont** (E: lophotrichous F: lophotrique): Mit einem Büschel von Geißeln am vorderen Pol.
G: Erstnachweis: SCHUSSNIG (1960, S. 90); gr. lophos, Haarschopf.
- **stephanokont** (E: stephanokont F: stéphanoconté): Mit einem Ring gleichartiger Geißeln am vorderen Ende (gr. stephanos, Kranz). Beispiel: Zoosporen von *Oedogonium*.
G: BOHLIN (1901, S. 25) schuf für die Oedogoniaceae eine Gruppe der Stephanokontae.
c) Bei Bakterien werden folgende Termini benutzt:
- **monotrich** (E: monotrichous F: acrotriche): Mit einer Bakteriengeißel.
- **lophotrich** (E: lophotrichous F: acritriche): Mit einem Büschel von Bakteriengeißeln.
- **peritrich** (E: peritrichous F: péritriche): Ringsherum mit Bakteriengeißeln besetzt.
Begleitart, f., Begleiter,m. (E: companion F: accessoire): Art, die in verschiedenen Pflanzengesellschaften auftritt, aber keine Bindung an eine von ihnen zeigt.
Begleiter, m. 1. bei Moosen (L: comes, m/f., pl. comites F: sténocyste, m.): Englumige, zartwandige Zellen in der Blattmittelrippe von Laubmoosen, die die → Deuter begleiten. Sie gehören nach HÉBANT (1977) zu den → Hydroiden.
G: LORENTZ (1867, S. 247; 1868, S. 378). LORENTZ bezog sich bei der Namenswahl auf die Musik: dux (→ Deuter) und comes (Begleiter) sind Begriffe, die bei einer Fuge verwendet werden. Sténocyste stammt von MORIN (1893, S. 22), von gr. stenos, eng.
2. → Begleitart
Behaarung → Indument
Beiknospe, f. (L: gemma accessoria E: accessory bud F: bourgeon accessoire, m., bourgeon surnuméraire, m.): Knospe, die zusätzlich zur Achselknospe gebildet wird. Beiknospen, die in der Mediane liegen, werden als **seriale Beiknospen** bezeichnet, sie finden sich bei Dikotylen und können über der Achselknospe (aufsteigend) oder unter ihr (absteigend) angelegt werden. Bei den Monokotylen gibt es lateral neben der Achselknospe gebildete, so genannte **collaterale Beiknospen**.
G: Zuerst von ROEPER (1824, S. 26) bei *Euphorbia*, *Ballota* und *Lonicera* beobachtet und als gemma accessoria bezeichnet. E. MEYER (1832, S. 435) nannte sie „Beiaugen", später setzte sich im Deutschen Beiknospen durch.
Lit.: SANDT (1925).
Beispross, m. (E: accessory shoot F: pousse surnuméraire, f., rameau surnuméraire, m.): Aus einer → Beiknospe hervorgehender Spross.
Beiwurzel → Adventivwurzel
Beköstigungsanthere → Heterantherie
Belaubung → Frondeszenz
Belegexemplar, n. (E: voucher specimen F: exemplaire d'herbier): Exemplar einer untersuchten Sippe, das als Beleg konserviert wird. Dies ist z.B. von großer Bedeutung bei cytologischen oder phytochemischen Untersuchungen, da es ermöglicht, eine Bestimmung auch später zu überprüfen.
Beltsche Körperchen, n. (E: Beltian bodies, Belt's bodies F: corpuscules de Belt, m.pl.): Futterkörper an der Spitze der Blättchen bei von Ameisen bewohnten *Acacia*-Arten.
G: Der englische Naturforscher THOMAS BELT (1832-1878) beobachtete in Nicaragua die engen Beziehungen zwischen bestimmten *Acacia*-Arten und Ameisen. Er beschrieb auch die Futterkörper (BELT 1874, S. 219), die A.F.W. SCHIMPER (1888, S. 50) nach ihm benannte.
Benthos, n. (E: benthos F: benthos, m.): Die Gesamtheit der Organismen in der Bodenzone von Gewässern, die dort festsitzend, kriechend oder laufend (aber nicht schwimmend) leben.
G: Von HAECKEL (1890, S. 19) zunächst für Organismen des Meeres benutzt, später auch auf andere Gewässer angewendet, abgeleitet von gr. benthos, Tiefe.
Bereicherungsspross, m., Bereicherungstrieb, m. (E: enrichment branch F: pousse d'enrichissement, f., pousse de renfort, f.): Ein blühendes → Paraklladium, das dadurch die Endblüte bzw. Hauptfloreszenz um weitere Blüten bereichert.

G: Der Begriff wurde von A. BRAUN (1850, S. 40) eingeführt, der auch nicht zur Blüte kommende Sprosse einschloss. TROLL (1951, S. 379; 1964, S. 148) schränkte ihn im obigen Sinne ein.

Bereicherungstrieb → Bereicherungsspross

Bereicherungszone, f. (E: enrichment zone F: zone d'enrichissement, zone de renfort, f.): Der Abschnitt einer Synfloreszenz, der die → Bereicherungssprosse trägt (Abb. 3, S. 157).
G: TROLL (1951, S. 381; 1961, S. 352).

Beschreibung, f., Deskription, f. (L: descriptio, f., pl. descriptiones E: description F: description, f.): Darstellung der (wesentlichen) Merkmale einer Pflanze (oder einer Sippe) durch Worte. Da hierfür Fachtermini wie z.B. (bei einer Blütenpflanze) Blatt, Kelchblatt, Staubblatt etc. verwendet werden, handelt es sich immer um einen Vergleich, da man davon ausgeht, dass gleich benannte Organe einander homolog sind (vgl. A. ARBER 1960, S. 35). – Für die Beschreibung neuer Taxa gelten besondere Regeln. Nach dem 1.1.1935 setzt eine gültige Veröffentlichung eines Namens neuer Sippen eine Beschreibung oder → Diagnose in Latein voraus (→ Code 1. ICBN 2000, Art. 36). Ab 1.1.1958 gilt das auch für Algen, während für fossile Pflanzen Latein oder Englisch vorgeschrieben sind.

Bestäuber, m. (E: pollinator F: pollinisateur, m.): Organismus, der regelmäßig Blüten aufsucht und dabei Pollen überträgt.

Bestäubung, f., Pollination, f. (L: pollinatio, f. E: pollination F: pollinisation, f.) Der Vorgang der Übertragung des Pollens von der Anthere auf die Mikropyle der Samenanlage (bei Gymnospermen) bzw. auf die Narbe (bei Angiospermen). Die Bestäubung kann durch den Wind, das Wasser, durch Tiere oder durch den direkten Kontakt von Anthere und Narbe erfolgen. Diese Vorgänge sind Gegenstand der Blütenökologie.

Bestäubungsökologie → Blütenökologie

Bestäubungstropfen, m. (E: pollination drop F: goutte de pollinisation): Von der Mikropyle vieler → Gymnospermen abgeschiedener Tropfen, in dem sich Pollenkörner fangen, die dann beim Eintrocknen des Tropfens nach innen gelangen.
G: Zuerst von VAUCHER (1841, S. 184) von *Taxus* und verschiedenen Cupressaceae beschrieben.

Bestandsaufnahme → Vegetationsaufnahme

Bestimmungsschlüssel, m., Schlüssel, m. (L: clavis, f., pl. claves E: key F: clef, f., clé, f. [de détermination]): Jede Übersicht von Merkmalen, die dazu geeignet ist, eine unbekannte Pflanze (oder ein anderes Objekt) zu bestimmen. Der häufigste Typus ist der **dichotome Schlüssel**, bei dem man bei jedem Schritt des Bestimmungsvorgangs vor eine Alternative gestellt wird. Vor allem der Einsatz von Computern ermöglicht Schlüssel, bei denen die Reihenfolge der zu benutzenden Merkmale nicht vorgegeben ist.
G: Schlüsselartige Übersichten findet man schon bei CONRAD GESSNER (z.B. in der „Historia animalium" 1551-1587) und RAY (1682). Die erste Flora, die durchgängig mit dichotomen Schlüsseln ausgestattet ist, war die „Flore françoise" von LAMARCK (1778). Etwa ab 1970 begann der Einsatz von Computerprogrammen zur Herstellung von Schlüsseln (PANKHURST 1971).
Lit.: VOSS (1952), LEENHOUTS (1966).

Bestockung, f. (E: tillering F: tallage, m.): Die basale Verzweigung vor allem bei Poaceae (Gramineae), die dazu führt, dass aus einer Frucht eine Pflanze mit vielen blühenden Sprossen entsteht.

Betacyanine → Betalaine

Betalaine, n.pl. (E: betalains): Stickstoffhaltige Blütenfarbstoffe der meisten Caryophyllales. Wie die Anthocyane sind sie im Zellsaft gelöst, sie sind aber chemisch nicht mit ihnen verwandt. Sie sind meist rot bis violett (**Betacyanine**), aber auch gelb (**Betaxanthine**).
G: Die Betalaine galten längere Zeit als „stickstoffhaltige Anthocyane", bis ihre Eigenständigkeit festgestellt wurde. Die zusammenfassende Bezeichnung Betalaine stammt von MABRY & DREIDING (1968), sie hängt zusammen mit der Gattung *Beta*, zu der die Rote Rübe, eine der frühen Quellen für diese Farbstoffe, gehört.

Betaxanthine → Betalaine

Beutelchen → Bursicula

Bewegungsgewebe, n. (F: tissu d'éléments dynamiques): Gewebe sehr verschiedener Art, die durch Quellungen, Kohäsions- oder Turgormechanismen Bewegungen von Pflanzenteilen bewirken.
G: HABERLANDT (1896, S. 463).
Lit.: GUTTENBERG (1926).

Bewurzelung → Radikation
BFI → Blattflächenindex
bicollateral → Leitbündel (B.)
Bicornes: Älterer Name für die Ordnung der Ericales, zu der die Ericaceae, Pyrolaceae, Empetraceae und Epacridaceae gehören.
G: Bei LINNAEUS (1751) heißt eine seiner Ordines naturales, zu der im wesentlichen Ericaceae gehören, Bicornes. Der Name rührt von den zwei hornartigen Fortsätzen der Antheren vieler Arten her (lat. cornu, Horn). Eine Ordnung bzw. Reihe Bicornes gibt es noch bei R. WETTSTEIN (1935, S. 869).
Bienenblumen → melittophile Blumen
bienn, zweijährig (E: biennial F: bisannuel): Pflanze, die sich im ersten Jahr nur vegetativ entwickelt (häufig unter Bildung einer Pfahlwurzel oder Rübe), im zweiten Jahr zur Blüte kommt und dann abstirbt. Bekannte zweijährige Kulturpflanzen sind die Mohrrübe, *Daucus carota*, und die Zuckerrübe, *Beta vulgaris*. Zweijährig sind unter den Wildpflanzen z.B. viele Arten der Königskerze (*Verbascum*) und der Nachtkerze (*Oenothera*).
Bienne, f., Zweijährige, f. (E: biennial plant F: plante bisannuelle): Subst. zu → bienn.
bifacial → Blattbau (A.)
Big-Bang-Strategie, f. (E: big bang strategy): Form der Reproduktion, bei der die Blüten- und Fruchtbildung in einem Gebiet in Abständen von mehreren Jahren zeitlich korreliert auftritt. Dabei kann eine lange Zeit des vegetativen Zustandes vorausgehen, wie bei einigen Bambus-Arten. Auch die → Mastjahre mancher Bäume kann man hierzu rechnen.
G: Der Ausdruck wurde aus der Astronomie (Kosmologie) übernommen, wo Big Bang den Urknall bedeutet.
bigenerischer Bastard → Gattungsbastard
Bilateralsymmetrie → Symmetrie
Bildungsgewebe → Meristem
Bildungsort → Source
Bilomentum → Gliederschote
binär, Binom → Nomenklatur, binäre
Bioassay → Biotest
Biocoenose → Biozönose
Biodiversität, f. (E: biodiversity F: biodiversité, f.): Die Vielfalt der belebten Natur nach Artenzahl der Organismen, ihrer genetischen Variabilität und der Verschiedenheit der Biozönosen. BARTHLOTT et al. (1999, S. 105; 2000, S. 77) unterscheiden bei den Pflanzen die **Autodiversität** (E: autodiversity), die durch die indigenen Pflanzen (→ Autophyten) bedingt ist, von der **Allodiversität** (E: allodiversity), die von den vom Menschen eingeführten → Allophyten verursacht wird.
G: Im September 1986 fand in Washington, D.C., ein „National Forum on Biodiversity" statt (E.O. WILSON 1988), das den Begriff bekannt machte. Seit Beginn der 90er-Jahre wird er auch in Deutschland viel gebraucht, ja ist zum Schlagwort geworden.
Biogenetische Grundregel, f., **Biogenetisches Grundgesetz**, n. (E: biogenetic law, recapitulation theory, Haeckel's law F: loi de récapitulation phylogénique, loi biogénétique, loi de Serres-Muller) Nach der Biogenetischen Grundregel, die vor allem von Zoologen entwickelt wurde, ist die Ontogenie eine verkürzte Wiederholung (**Rekapitulation**) der Phylogenie. Wegen der vielen Ausnahmen (→ Caenogenie) wird der Nutzen zur Rekonstruktion der Phylogenie heute in Zweifel gezogen. In der Botanik gibt es nur wenige Fälle, wo man diese Regel eventuell anwenden kann.
G: Das „Biogenetische Grundgesetz" wurde von HAECKEL (1866 b, S. 300) formuliert, die Bezeichnung stammt von HAECKEL (1872, S. 471). Es ist zwar mit dem Namen von ERNST HAECKEL verbunden, hat aber viele Vorläufer. Grundlagen wurden schon zu einer Zeit gelegt, in der man nicht an eine Deszendenz dachte, aber die Stufenleiter der Organismen (→ Scala naturae) mit den Entwicklungsstadien eines Embryos verglich. Dies taten z.B. KIELMEYER (1793), die Anatomen MECKEL (1811), SERRES (1827) und viele andere (vgl. KOHLBRUGGE 1911, GOULD 1977). RUSSELL (1916, S. 94) sprach vom „**Meckel-Serres law**". Eindeutig phylogenetisch wurde der Gedanke der Biogenetischen Grundregel schon von F. MÜLLER (1864) formuliert, der auch die Einschränkungen hervor hob, der sie unterliegt.
Biogenetisches Grundgesetz → Biogenetische Grundregel
Biogeographie, f. (E: biogeography F: biogéographie, f.): Die Lehre von der Verbreitung der Lebewesen auf der Erde und ihren Ursachen.
G: Die zusammenfassende Darstellung der Fragen der Verbreitung von Tieren und Pflan-

zen begann Ende des 19. Jahrhunderts, und zu dieser Zeit findet man auch den Begriff. Er wurde aber erst ab Mitte des 20. Jahrhunderts durch eigene Lehrbücher (zuerst wohl DANSEREAU 1957) bekannter. Das „Journal of Biogeography" erscheint seit 1974. Vgl. SCHMITHÜSEN (1985).
Lit.: MYERS & GILLER (1988).
Bioindikator, m., Zeigerart, f. (E: bioindicator, indicator species F: indicateur écologique, m.): Art (oder Artengruppe), die auf Grund ihrer ökologischen Ansprüche als Anzeiger für bestimmte Umweltparameter dienen kann, z.B. für die Reinheit der Luft, den Grad der Verschmutzung von Wasser oder besondere Bodeneigenschaften.
G: Die Möglichkeit Arten als Zeiger zu benutzen ist schon seit langem bekannt. Erster Nachweis für Bioindikator: JÜRGING (1972).
Biologie, f. (E: biology F: biologie, f.): Die Wissenschaft vom Leben bzw. den Lebewesen, die man nach den Organismengruppen in Mikrobiologie, Botanik, Zoologie und Anthropologie gliedern kann oder aber nach Forschungsmethode und -ziel in Morphologie, Physiologie, Zellbiologie etc. (Vgl. TSCHULOK 1910). – Zeitweilig auch im Sinne von → Ökologie verwendet.
G: Das Wort Biologie hat eine lange wechselvolle Geschichte. Es läßt sich in deutschen Texten seit dem 17. Jahrhundert nachweisen (KANZ 2002), zunächst in Erbauungsschriften für eine Lehre vom individuellen Leben, dann auch für Biographie. Eine erste Annäherung an die heutige Bedeutung findet sich bei G. R. TREVIRANUS (1802-22) in der „Biologie oder Philosophie der lebenden Natur für Naturforscher und Ärzte" und bei LAMARCK (1802, S. 186, 202). Erst in der zweiten Hälfte des 19. Jahrhunderts tritt der Begriff häufiger auf, allerdings zunehmend wieder in einem eingeschränkten Sinn: Unter „Biologie" und „biologische Betrachtungsweise" wurde nämlich das verstanden, was man heute Ökologie (vor allem Autökologie) nennt. Diese Verwendung des Begriffes geht nach LUDWIG (1895) auf DELPINO (1867 b) zurück. In den Jahrzehnten vor und nach 1900 erschienen mehrere Lehrbücher der Biologie in diesem Sinn (WIESNER 1889, LUDWIG 1895, NEGER 1913). Diese Bedeutung wirkt noch nach in der gebräuchlichen Bezeichnung Blütenbiologie (für Blütenökologie).

Lit.: G. SCHMID (1935), BARON (1966), SCHILLER (1971), CARON (1988), KANZ (2002).
Biologische Flora, f. (E: Biological flora): Flora, die die Autökologie (= Biologie im Sinne der Wende vom 19. zum 20. Jahrhundert) besonders berücksichtigt, d.h. die Angaben über Blütenökologie, Ausbreitungsökologie, Standorte, Vergesellschaftung, Schädlinge etc. enthält.
G: Die erste Flora, die die „pflanzenbiologischen Verhältnisse" berücksichtigte, stammt von KIRCHNER (1888), der mit LOEW und SCHRÖTER später eine groß angelegte biologische Flora mit dem Titel „Lebensgeschichte der Blütenpflanzen Mitteleuropas" begann.
Lit.: POSCHLOD et al. (1996), MATTHIES & POSCHLOD (2000).
biologische Uhr, f., physiologische Uhr, f. (E: biological clock, physiological clock F: heure biologique, f., heure physiologique, f.): Interner Zeitgeber der Organismen, der einen bestimmten autonomen Rhythmus vorgibt, am häufigsten eine → Tagesrhythmik.
G: Die Bezeichnung „physiologische Uhr" stammt von BÜNNING (1958). Er fasste damit verschiedene ältere Namen zusammen.
Biolumineszenz, f. (E: bioluminescence F: bioluminescence, f.): Die Fähigkeit lebender Organismen auf chemischem Wege Licht zu erzeugen. Dabei wird eine Leuchtsubstanz (Luciferin) oxidiert. Zur Biolumineszenz fähig sind einige Bakterien (Leuchtbakterien, z.B. *Photobacterium*), Dinophyta (Erreger des Meeresleuchtens, z.B. *Noctiluca*) und Pilze.
Biom, n. (E: biome F: biome, m.): Die Gesamtheit der Lebensgemeinschaften eines größeren Klimabereiches, der durch eine Formation gekennzeichnet ist. Man kann unterscheiden: **1. Zonobiom**: entspricht einer Klimazone und damit einem Biom im engeren Sinn. **2. Orobiom**: in → Höhenstufen gegliederter Gebirgslebensraum. **3. Pedobiom**: Gebiete mit einem extremen Bodentyp und dadurch bedingter → azonaler Vegetation.
G: Biome wurde von CLEMENTS (1916, S. 319) primär für Lebensgemeinschaften der Vergangenheit eingeführt. TANSLEY (1935, S. 306) schrieb: „The whole complex of organisms present in an ecological unit may be called the *biome*." Die Verfeinerung der Biom-Terminologie stammt von WALTER (1976, S. 6 ff.).

Biomasse, f. (E: biomass F: biomasse, f.): Die Masse (das Gewicht) der Lebewesen, die zu einem Zeitpunkt in einer Biozönose vorhanden sind (bezogen auf die Fläche oder – z.B. im Wasser – das Volumen). Wenn nur die Pflanzen untersucht werden, spricht man von der **Phytomasse**.

Biomembran, f., Elementarmembran, f., Membran, f. (E: biomembrane, unit membrane, cell membrane, biological membrane F: membrane unitaire, f.): Membran aus einer Doppelschicht von Lipiden, die mit ihren hydrophilen Abschnitten nach außen weisen (vgl. → Kompartimentierungsregel). Eingelagert sind **Membranproteine**, von denen die „Tunnelproteine" für den Transport durch die Membran verantwortlich sind. Als → Plasmamembran (Plasmalemma) umgibt eine Biomembran den Protoplasten, im Innern treten sie als geschlossene Hüllen auf, die Kompartimente abtrennen. Auch der → Tonoplast, der die Vakuolen begrenzt, ist eine Biomembran.

G: Membran hat lange Zeit eine doppelte Bedeutung gehabt: Biomembran und – besonders im Deutschen – → Zellwand. Während im Englischen membrane schon frühzeitig im heutigen Sinn verwendet wurde (vgl. SEIFRIZ 1929, ROBERTSON 1959), bedeutete das Wort (vor allem als Zellmembran) im Deutschen noch lange Zellwand.
Lit.: HARWOOD & WALTON (1988).

Biometrie, f. (E: biometrics, biometry F: biométrie, f.): Ausführung von Zählungen und Messungen an Organismen und ihre statistische Auswertung. Die Biometrie liefert Methoden zur quantitativen Erfassung der Variabilität. Sie kann im Dienste der Morphologie, Systematik, Genetik oder Evolutionsforschung stehen.

G: Statistische Auswertung von Messungen wurde zunächst vor allem am Menschen vorgenommen. In dem grundlegenden Werk von QUETELET (1846) gibt es aber auch schon eine Statistik des Blühens des Flieders. Der Begriff Biometrie entstand offenbar um 1900 in England. Eine frühe Definition gab GALTON (1901) im ersten Band der Zeitschrift Biometrika.

Biomonitoring, n. (E: biomonitoring): Erfassung von Schadstoffen durch → Bioindikatoren. Es kann sich um Organismen handeln, die im Ökosystem leben, oder um solche, die in einem Experiment eingebracht wurden. Die Auswertung erfolgt qualitativ durch Abschätzung des Schädigungsgrades oder quantitativ durch Feststellung aufgenommener Stoffe.

G: Der Begriff lässt sich seit den 70er Jahren des 20. Jahrhunderts nachweisen, abgeleitet von gr. bios, Leben, und engl. (aus lat.) monitor, Mahner, Warner. Die Untersuchung der → Saprobien um 1900 war bereits ein Biomonitoring. Zur Feststellung der Luftverschmutzung wurden besonders Flechten eingesetzt.

Bionik, f. (E: bionics F: bionique, f.): Die Erforschung von Strukturen oder Funktionen der Lebewesen mit dem Ziel, sie in der Technik nachzuahmen und zu nutzen.

G: Die Bezeichnung entstand 1960, nach Anonymus (1961) leitet sie sich von Biologie und Elektronik ab, einleuchtender ist aber eine Ableitung von *Bio*logie und Tech*nik*.

Biospecies → Species-Definition

Biosystematik, f. (E: biosystematy, biosystematics F: biosystématique, f.): **1.** (Vor allem im Deutschen) Oberbegriff für Zoologische und Botanische Systematik besonders im Hinblick auf deren generelle Probleme (z.B. TROLL & MEISTER 1951). **2.** Eine besondere Zielrichtung und Methode der Systematik, die vor allem die Abgrenzung und Entstehung der Arten untersucht. Sie berücksichtigt neben morphologischen Merkmalen Karyologie, Genetik und Ökologie (CAMP & GILLY 1943, CLAUSEN, KECK & HIESEY 1945). In diesem Sinn umfasst Biosystematik Gebiete wie → Karyosystematik und → Genökologie und ist weitgehend identisch mit → experimenteller Taxonomie.

G: Nach KECK (in Regn. Veget. 27: 7. 1963) hat sich schon um 1942 eine Gruppe von Biologen in California mit ähnlichen Zielen als „Biosystematists" bezeichnet. Auf dem International Botanical Congress in Montréal 1959 wurde die Bildung eines „Committee on Biosystematic Terminology" vorgeschlagen (Taxon **9**: 88. 1960). Auf dessen erstem Treffen in Kopenhagen (1960) wurde die Schaffung einer „International Organization of Biosystematists" beschlossen (Taxon **10**: 259. 1961).

Biotaxonomie → Biosystematik

Biotechnik, f. (E: biotechnics F: biotechnique, f.): **1.** Die Untersuchung und Darstellung von Strukturen und Vorgängen

in der Natur unter dem Gesichtspunkt des technischen (insbesondere mechanischen) Funktionierens und der Möglichkeiten einer Übertragung auf technische Probleme. 2. Die Nutzung von Leistungen der Organismen (besonders Mikroorganismen) für technische Verfahren (= Biotechnologie).
G: Die ersten umfassenden Untersuchungen zur Biotechnik in der zuerst genannten Bedeutung wurden von SCHWENDENER (1874) für die statischen Bauprinzipien der Pflanzen durchgeführt. Die Bezeichnung Biotechnik (vgl. GIESSLER 1939, NACHTIGALL 1982) tritt aber erst später auf (besonders für die Analyse von Bewegungsvorgängen in Blüten und bei der Frucht- und Samenausbreitung). Diese Bedeutung ist erst in den letzten Jahrzehnten durch die zweite fast ganz verdrängt worden (vgl. STRAUSS et al. 1989, S. 442).
Bioteknose → Viviparie
Biotest, m., Bioassay, m. (E: bioassay F: bioessai, m., test biologique, m.): Ausnutzung der Reaktion eines Organismus zur Bestimmung der Wirksamkeit einer Substanz bzw. ihrer Konzentration. Zu den ältesten Biotests gehört die Bestimmung der Wuchsstoffaktivität durch Messung der Verlängerung der *Avena*-Koleoptile.
Biotop, m. (auch n.), Lebensraum, m. (E: habitat, biotope F: biotope, m.): Durch mehr oder weniger einheitliche Lebensbedingungen gekennzeichneter, abgrenzbarer Standort einer → Biozönose.
G: Eingeführt von DAHL (1908, S. 351), von gr. bios, Leben, und topos, Ort. Der in der Ökologie wertfreie Begriff wird im allgemeinen Sprachgebrauch fast nur noch für „ökologisch wertvolle" (artenreiche) kleine Gebiete verwendet (vgl. STRAUSS et al. 1989, S. 446 ff.)
Biotyp, m. (E: biotype F: biotype, m.): Eine Gruppe von Individuen mit identischer genetischer Zusammensetzung.
G: Eingeführt von JOHANNSEN (1903).
Biozönose, f., Biocoenose, Lebensgemeinschaft, f. (E: biocoenosis F: biocoenose, f., biocénose, f.): Die Gesamtheit der an einem Standort (in einem Biotop) zusammenlebenden und untereinander in Beziehung stehenden Lebewesen. Sie bilden mit ihrer Umwelt ein → Ökosystem. Werden nur die Pflanzen betrachtet, so spricht man von einer → Phytozönose.
G: MOEBIUS (1877, S. 72, 76), von gr. bios, Leben, und koinos, gemeinsam. Die deutsche Bezeichnung Lebensgemeinschaft wurde um die Wende vom 19. zum 20. Jahrhundert durch den Biologieunterricht sehr populär.
biparental → Plastidengenetik
bisporisch → Embryosacktypen
bitegmisch → Samenanlage (A.)
bitunicat → Ascustypen (A.)
Bivalent, n., Geminus, m., pl. Gemini (E: bivalent F: bivalent, m.): Paar homologer Chromosomen während der ersten meiotischen Teilung.
G: HÄCKER (1892, S. 169) spricht von „doppelwerthigen chromatischen Theilungseinheiten", verwendet aber den Terminus Bivalent noch nicht. In einer späteren Arbeit (HÄCKER 1897, S. 738) benutzt er „bivalente Chromosomen"; von lat. bi-, zwei und valens, kräftig, wirksam).
Blättchen, n. 1. Blattartige Bildungen der Laubmoose und der beblätterten Lebermoose. Die Bezeichnung Blättchen soll nicht nur die Größenunterschiede kennzeichnen, sondern auf die wesentlichen Unterschiede im Bau und der Stellung im Vergleich zu den Gefäßpflanzen hinweisen.
G: Der Unterschied zu den Gefäßpflanzen wurde von BOWER (1887, S. 146) betont, sein Terminus **Phyllidium** hat sich nicht durchgesetzt.
2. Fiederblättchen, Fieder (L: foliolum, n. E: leaflet F: foliole, f.): Blattartiger Teil eines gefiederten oder gefingerten Blattes.
Blasenhaar, n. (E: bladder hair, vesicular trichome F: trichome vésiculaire, m.): Haar mit kurzem Stiel und großer dünnwandiger wasserspeichernder Endzelle. Das Auftreten von Blasenhaaren kann die Blätter wie „mit Mehl bestäubt" erscheinen lassen (z.B. *Chenopodium*).
G: VOLKENS (1887, S. 138).
Blastautochore, f., Selbstableger, m.: Pflanze, die sich durch lang kriechende Äste oder Ausläufer selbst ausbreitet.
G: P. MÜLLER (1955, S. 28).
blastisch → Konidiogenese
Blastospore, f. (E: blastospore F: blastospore, f.): Konidiospore, die durch Sprossung (oft in Ketten) gebildet wird.
G: VUILLEMIN (1910 b, S. 131).
Blatt, n. (L: folium, n, pl. folia E: leaf, pl. leaves F: feuille, f.): Eines des Grundorgane der Kormophyten. Es entsteht exogen an

einer Sprossspitze und ist meist flächig ausgebildet. Die Vielfalt der Blätter kann bereits an einer Pflanze sehr groß sein (→ Blattfolge). Man unterscheidet den basalen Teil als **Unterblatt** (→ Blattgrund) vom **Oberblatt** mit Blattstiel (→ Petiolus) und → Blattspreite. Das Unterblatt kann eine → Stipel oder → Blattöhrchen tragen oder auch als → Blattscheide ausgebildet sein.
G: Der Begriff Blatt gehört zur Umgangssprache. Seine nähere Definition geschah erst durch die botanische Morphologie im 18. Jahrhundert. Dies hat KERNER V. MARILAUN (1890, S. 554 ff.) dargestellt, der das Blatt dabei definiert als ein „in geometrisch bestimmter Reihenfolge aus den äußern Gewebeschichten unter der fortwachsenden Spitze des Stammes entspringendes, seitlich ausladendes Glied mit begrenztem Wachstum." Die Gliederung in Unter- und Oberblatt geht auf EICHLER (1861, S. 8) zurück.
Lit.: WEBERLING (1955).
Blattachsel, f., Achsel, f. (E: leaf axil, axil, axilla F: aisselle foliaire, f.): Die Stelle im Winkel zwischen Blattoberseite und Sprossachse, in der sich normalerweise eine Achselknospe entwickeln kann.
Blattader, f., Blattnerv, m. (L: vena, f. E: vein F: nervure, f.): Leitbündel im Blatt. Blattadern dienen dem Zustrom von Wasser und dem Abtransport von Assimilaten, häufig auch der mechanischen Verstärkung.
G: Alle Bezeichnungen für die Leitbündel in den Blättern sind aus der Zoologie übernommen: Blattader, Blattnerv und - für stärker hervortretende mechanische verstärkte Leitbündel - **Blattrippe**. Von diesen trifft der Vergleich mit Adern als Analogie noch am ehesten zu, da in beiden Fällen Flüssigkeiten transportiert werden. - Von JUNGIUS (1678) wird ein „Blattnerv" als „nervus aut costa" (Nerv oder Rippe) bezeichnet.
Blattaderung, f., Blattnervatur, f., Nervatur, f. (L: nervatio, f. E: leaf venation F: nervation foliaire, f.): Anordnung und Verzweigung der Blattadern (-nerven); ihr Muster ist für einzelne Pflanzengruppen sehr charakteristisch. Wichtigste Typen (Abb. 2): - **akrodrom**, spitzläufig (E: acrodrome, acrodromous F: acrodrome): Nervatur, bei der zwei oder mehrere basale Seitennerven zwischen dem Mittelnerv und dem Rand im Bogen zur Spitze laufen. - **aktinodrom**, strahlenläufig (E: actinodrome F: actinodrome): Drei oder mehrere Primärnerven laufen von der Basis der Lamina divergierend auseinander. - **brochidodrom**, schlingläufig (E: brochidodrome): Die Sekundärnerven sind miteinander durch deutlich vortretende schlingenartige Anastomosen verbunden. - **hyphodrom**, gewebläufig (E: hyphodrome): Nur ein Primärnerv deutlich, die übrigen fehlen oder sind äußerlich nicht sichtbar, da sie im Mesophyll verlaufen. - **kamptodrom**, bogenläufig (E: camptodrome F: camptodrome): Sekundärnerven in einem Bogen dem Rand zulaufend, wo sie miteinander anastomosieren - **kampylodrom**, krummläufig (E: kampylodrome F: campilodrome): Mehrere vom Grunde der Lamina ausgehende Primärnerven laufen in Bogen zur Spitze, wo sie konvergieren. - **kraspedodrom**, randläufig (E: craspedodrome F: craspédodrome): Mit einem einzigen Primärnerv, die Sekundärnerven laufen dem Blattrand zu und enden in ihm (oft in Blattzähnen). - **parallelodrom**, parallelläufig (E: parallelodrome F: parallélodrome): Mehrere neben einander entspringende Primärnerven verlaufen fast parallel und konvergieren erst im Bereich der Spitze. Dies ist der typische Verlauf der Nerven bei vielen Monokotylen, er kommt aber auch bei Dikotylen vor (z.B. *Plantago*).
G: L.v. BUCH (1852) unterschied Rand-, Bogen-, Spitz- und Saumläufer. Griechische Fachtermini hierfür und für weitere Typen schuf ETTINGSHAUSEN (1854), sie wurden in seinem Buch „Die Blatt-Skelette der Dikotyledonen" (1861) weiter ausgebaut. Neuere Übersichten bei HICKEY (1973, 1979).
Blattbau, m. **a)** Nach dem anatomischen Bau der Blattspreite:
- **bifacial** (E: bifacial, dorsiventral F: bifacial, dorsiventral): Der verbreitetste Typ des Blattbaues mit einer oberen Palisaden- und einer unteren Schwammparenchymschicht. Die Leitbündel liegen in einer Fläche, Ober- und Unterseite sind deutlich unterscheidbar und berühren sich am Blattrand.
G: De BARY (1877, S. 426)
- **äquifacial** (E: isobilateral, isolateral F: isobilatéral, isolatéral): Blätter, bei denen Ober- und Unterseite morphologisch und anatomisch gleich gestaltet sind, d.h., dass z.B. beiderseits ein Palisadenparenchym vorhanden sein kann und sich Spaltöffnungen auf beiden Seiten befinden. Bei solchen Blättern

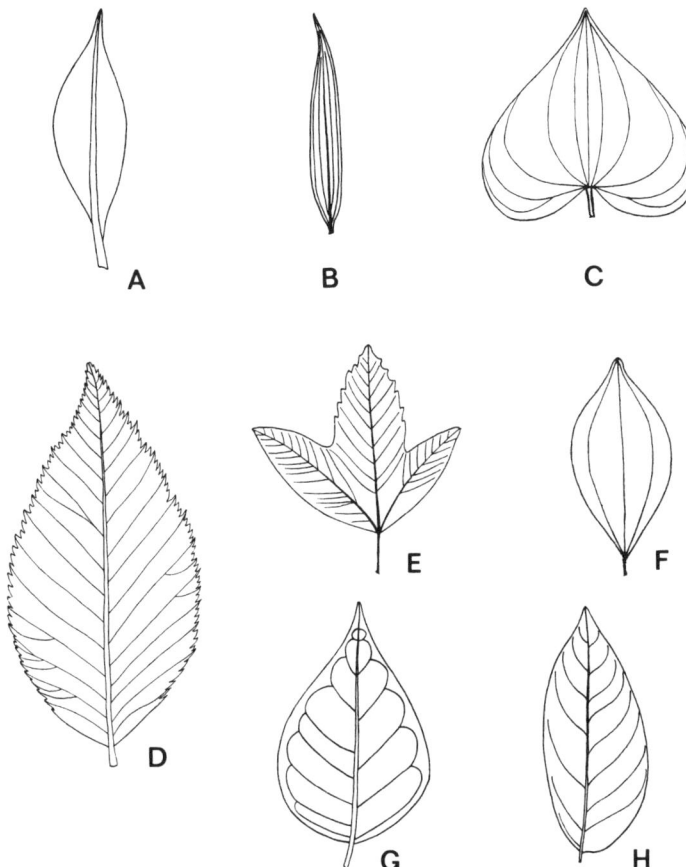

Abb. 2 Blattaderung. A Hyphodrom, B parallelodrom, C kampylodrom, E aktinodrom, F akrodrom, G brochidodrom, H kamptodrom (nach HICKEY 1973).

steht die Spreite oft senkrecht. Die Leitbündel sind in einer Ebene angeordnet. G: De BARY (1877, S. 423) sprach von einem „centrischen Bau", HEINRICHER (1884, S. 502) ersetzte dies durch „isolateraler Blattbau", während schließlich GOEBEL (1913 a, S. 273, 277) die heute übliche Bezeichnung äquifacial einführte.

- **unifacial** (E: unifacial F: unifacial): Ohne klar erkennbare Ober- und Unterseite (oft mit kreisförmigem Querschnitt) und ohne Blattrand. Nach GOEBEL (1913 a) lassen sich unifaciale Blätter meist durch starke Reduktion bzw. Unterdrückung der Oberseite aus bifacialen Blättern entstanden denken. Das Xylem der zerstreuten oder annähernd kreisförmig angeordneten Leitbündel ist nach innen gerichtet. G: GOEBEL (1913 a, S. 273, 278).

b) Nach der Verteilung der Stomata:
- **hypostomatisch** (E: hypostomatic, hypostomatous F: hypostomatique): Stomata nur unterseits, das häufigste Verhalten. - **amphistomatisch** (E: amphistomatic, amphistomatous F: amphistomatique): Stomata beiderseits (vor allem bei äquifacialen Blättern).

- **epistomatisch** (E: epistomatic, epistomatous F: épistomatique): Stomata nur oberseits (z.B. bei Schwimmblättern).
G: Die Termini stammen von F. DARWIN (1898 b, S. 532; als „hypostomatal" etc.).
Blattdorn, m., Dornblatt, n. (E: thorn leaf F: épine foliaire, f.): Morphologisch einem Blatt oder einem Blattteil entsprechender Dorn. Besondere Fälle sind die → Vorblattdornen, die → Stipulardornen, die Blattstieldornen und die → Rhachisdornen.
Blattfall → Abscission
Blattfieder → Blättchen (2.)
Blattflächendichte, f., LAD (E: leaf area density, LAD): Die Blattfläche in einem bestimmten Volumen des Bestandes.
Blattflächenindex, m., BFI, LAI (E: leaf area index, LAI): Die Fläche aller Blätter in einem Bestand im Verhältnis zur Bodenoberfläche. Dies ist ein Maß für die Belaubungsdichte.
Blattflechte, f., Laubflechte, f. (E: foliose lichen F: lichen foliacé, m.): Wuchsformtyp der Flechten mit einem blattartig dünnen, oft gelapptem und dem Substrat mehr oder weniger locker anliegendem Thallus, der oft mit → Rhizinen befestigt ist.
Blattfolge, f. (E: leaf succession): Die Folge morphologisch verschiedener Blätter an einer Achse. Man unterscheidet dabei → Kotyledonen, → Primärblätter, → Übergangsblätter, → Folgeblätter (normale Laubblätter), → Hochblätter. Nach der Blatt-Theorie der Blüte gehören schließlich auch die Organe der Blüte in diese Folge. → Niederblätter gibt es vor allem bei Trieben aus einem Wurzelstock, sie kommen aber auch bei Keimpflanzen vor und am Grunde von Seitentrieben.
G: Einer der Ersten, der die Blattfolge beobachtete, war BONNET (1754, S. 203). Die Bezeichnung findet sich spätestens bei HANSTEIN (1882, S. 28). Primär- und Folgeblätter unterschied GOEBEL (1883/84, S. 252).
Blattgelenk → Pulvinus
Blattgrößenklassen, f.pl. (E: leaf size classes): Für Vegetationsbeschreibungen und ökologische Auswertungen werden die Blätter nach ihrer Größe in folgende Gruppen geteilt (von sehr klein bis riesig): **leptophyll, nanophyll, mikrophyll, notophyll, mesophyll, makrophyll, megaphyll.**
G: Die Einteilung stammt (bis auf notophyll) von RAUNKIAER (1916, S. 229), zunächst als „Leptofyl" etc., bekannt wurde sie durch die englische Übersetzung in RAUNKIAER (1934, S. 371). Notophyll wurde durch WEBB (1959, S. 556) hinzugefügt. Da → Mikrophyll und → Megaphyll (= Makrophyll !) in der Morphologie und → Mesophyll in der Anatomie in einem ganz anderen Sinn gebraucht werden, empfiehlt es sich die Bezeichnungen der Größenklassen nur als Adjektive zu gebrauchen.
Blattgrün → Chlorophyll
Blattgrund, m. (E: leaf base F: base foliaire, f.): Der basale Teil des Blattes, der aus dem Unterblatt hervorgeht. Er kann Stipeln oder Öhrchen ausbilden oder ist scheidig erweitert.
Blatthäutchen → Ligula
Blattkissen → Pulvinus
Blattknöllchen, n. (E: leaf nodule F: nodule foliaire): Von Bakterien bewohnte Knötchen, die regelmäßig in den Blättern einiger Arten von *Ardisia, Dioscorea* und verschiedener Rubiaceae auftreten. Die früher angenommene N-Fixierung scheint nicht vorzuliegen.
G: Die ersten Beobachtungen über „Bakterienknoten" in den Blättern von *Pavetta* (Rubiaceae) stellte A. ZIMMERMANN (1902) auf Java an.
Lit.: I.M. MILLER (1990).
Blattknospe, f. (E: leaf bud F: bourgeon foliaire, m.): **1.** Knospe, die im Gegensatz zur Blütenknospe nur Blätter enthält. **2.** Spitzenteil eines Fiederblattes, der sich nicht entfaltet und damit eine Art Knospe bildet. Dies setzt langanhaltendes Spitzenwachstum voraus. Man trifft solche Blattknospen daher vor allem bei Farnen.
Lit.: TROLL (1938/39, S. 1476 ff.).
Blattlücke, f. (E: leaf gap F: fenêtre foliaire, f., lacune foliaire, f.): Lücke im Leitgewebezylinder oberhalb der Stelle, an der Blattspurstränge abzweigen.
G: Abgebildet bei NÄGELI (1858).
Blattmosaik, n. (F: mosaïque de feuilles): Anordnung der Blätter an einem Zweig, die gewährleistet, dass nur geringe Teile der Blätter sich überdecken. Maßgebend dafür sind Form der Blätter, Stellung und Länge der Blattstiele.
G: KERNER von MARILAUN (1890, S. 390) sprach als Erster von einem Blättermosaik.
Blattnarbe → Narbe (2.)
Blattnerv → Blattader
Blattnervatur → Blattaderung

Blattöhrchen, n. (L: auricula, f. E: auricle F: oreillette, f., auricule, f.): Kleine Lappen an beiden Seiten des Blattgrundes, die den Stängel (Stengel) mehr oder weniger umfassen, aber keine Stipeln sind, und sich nicht wie diese frühzeitig entwickeln. Im Einzelfall kann die Unterscheidung aber schwierig sein. Bei den Poaceae (Gramineae) finden sich Öhrchen am Grunde der Blattspreite. Auch Petalen können Öhrchen ausbilden.
G: Vor 1800. Als Artepitheton gibt es auriculatus (geöhrt) schon bei LINNAEUS (1753), wo es aber auch Stipeln bezeichnen kann.
Lit.: WEBERLING (1955).
Blattpolster → Pulvinus
Blattranke, f. (E: leaf tendril F: vrille foliaire, f.): Ranke, die sich morphologisch von einem Blatt oder einem Teil eines Blattes herleitet, z.B. bei *Vicia*.
Blattrippe → Blattader
Blattrosette, f. (L: rosula [foliorum], f. E: rosette F: rosette, f.): Zusammendrängung von Blättern durch Ausbleiben der Streckung der Internodien. Blattrosetten stehen meist am Stängelgrund (→ Rosettenpflanze), das ist aber nicht zwingend.
Blattscheide, f. (L: vagina, f. E: sheath F: gaine foliaire, f.): Erweiterung des Blattgrundes, die den Stängel (Stengel) umgreift. Sie ist besonders häufig bei den Monokotylen und die Scheide kann hier sogar (z.B. bei manchen Poaceae = Gramineae) völlig geschlossen sein.
Blattspreite, f., Lamina, f. (L: lamina, f. E: leaf blade F: limbe foliaire, m.): Der flächige Teil eines Blattes.
Blattspur(-strang) (E: leaf trace (bundle) F: trace foliaire, f.): Leitbündel in der Rinde, das Blatt und Zentralzylinder verbindet. - Auch bei einigen anatomisch stärker differenzierten Laubmoosen spricht man analog von Blattspuren.
G: HANSTEIN (1858, S. 109).
Blattstellung → Phyllotaxis
Blattstiel → Petiolus
Blattstielblatt → Phyllodium
Blattsukkulenz → Sukkulenz
Blatt-Theorie, f. (E: foliar theory F: théorie foliaire, f.): Die Auffassung, dass die Organe der Blüte besonders abgewandelte Blattorgane darstellen. Im Gegensatz dazu stehen Hypothesen, die in ihnen teilweise Achsenorgane sehen wollen, oder aber Organe „sui generis" (→ Blütentheorien).

G: Die Blatt-Theorie findet sich schon bei WOLFF (1764, S. 229), aber erst die ausführlichere Darstellung durch GOETHE (1790) in seinem „Versuch die Metamorphose der Pflanzen zu erklären" machte sie bekannt. Dieses Werk begründete damit eine Richtung der Morphologie, die bis heute nachwirkt (→ Morphologie, Idealistische).
Lit.: EYDE (1975).
Blattvorspitze → Träufelspitze
Blaualgen → Cyanobakterien
Blaualgenflechten → Cyanolichenen
Blausäureglykoside → cyanogene Glykoside
Bleichsucht → Chlorose
Blendling → Hybride
Blepharoplast, m. (E: blepharoplast F: blépharoplaste, m.): Bezirk aus verdichtetem Plasma, aus dem sich → Basalkörper (und daraus) Geißeln entwickeln.
G: Die Struktur wurde von WEBBER (1897, S. 233) an Spermatozoiden von *Zamia* und *Ginkgo* beobachtet und nach ihrer vermuteten Funktion als Geißelbildner (von gr. blepharis, Wimper, und plastos, gebildet) benannt. Sie wurde mehrfach mit Basalkörpern und Centriolen gleichgesetzt.
Blühhormon, n., Florigen, n. (E: florigen F: hormone de floraison, florigène, m.): Hypothetisches Hormon, das die Blütenbildung auslöst. Nachweislich kann ein Blühimpuls über größere Entfernung von einem Blatt zu einem Vegetationskegel geleitet werden und zwar auch über eine Pfropfstelle hinweg. Es gelang aber noch nicht, eine bestimmte Verbindung als Blühhormon zu identifizieren.
G: Die Bezeichnung Florigen stammt von CAILACHJAN (1937; S. 230), vgl. TSCHAILACHJAN = CHAILAKHYAN (1958).
Blütchen → Köpfchen
Blüte, f. (L: flos, m., pl. flores E: flower F: fleur, f.): Organ der Samenpflanzen, das die Sporophylle trägt, und damit der sexuellen Fortpflanzung dient. Man spricht nur dann von Blüte, wenn es sich um einen Spross begrenzten Wachstums handelt. Da dies schon bei einigen Farnpflanzen vorkommt (z.B. *Lycopodium*) kann man den Begriff auf solche Sporophyllstände ausdehnen (POTONIÉ 1893). Eine Hülle (→ Perianth) ist häufig vorhanden, gehört aber nicht notwendig zur Blüte.
G: Im Gegensatz zur jetzigen wissenschaftlichen Definition der Blüte galt früher (vor

allem in der Zeit vor LINNAEUS) die Blütenkrone als das eigentlich Wesentliche an der Blüte.

Blüte, gefüllte (L: flos plenus, fl.pl. = flore pleno = mit gefüllter Blüte E: double flower F: fleur double): Blüte, die von der Normalform dadurch abweicht, dass die Zahl der Petalen auf Kosten der Stamina und z.T. auch der Karpelle vermehrt ist.
G: Die Bezeichnung „gefüllte Blüte" findet sich schon im Kräuterbuch von H. BOCK 1565 (nach Deutsches Wörterbuch).
Lit.: A.P.de CANDOLLE (1817); GOEBEL (1886).
Blütenbau, m. a) Nach den Zahlenverhältnissen in den Kreisen:
- **isomer** (E: isomerous F: isomère): Isomer ist ein Blüte mit gleicher Zahl der Glieder in allen Kreisen, also z.B. mit der → Blütenformel P 3 + 3, A 3 + 3, G 3. Isomerie ist bei den Monokotylen häufig, bei Dikotylen selten, da dort vor allem das Gynoeceum in der Zahl der Karpelle häufig abweicht.
G: Eingeführt durch C.F.v. MARTIUS (1828, Sp. 524, als „isomerisch").
- **heteromer** (E: heteromerous F: hétéromère): Heteromer ist eine Blüte mit verschiedener Zahl der Glieder in den Kreisen.
G: C.F.v. MARTIUS (1828, Sp. 254) sprach von anisomerischen Blüten.
b) Nach den Stellungsverhältnissen in der Blüte:
- **azyklisch** (E: acyclic F: acyclique): Blüte, bei der alle Glieder schraubig angeordnet sind (z.B. *Drimys*).
- **zyklisch** (E: cyclic F: cyclique, verticillé): Blüte, bei der alle Glieder in Kreisen stehen (z.B. *Aquilegia*). Völlig zyklische Blüten sind bei Dikotylen selten, da meist der Kelch eine schraubige Stellung zeigt. Sind alle Kreise gleichzählig, so nennt man die Blüte **euzyklisch** oder **isozyklisch**.
- **hemizyklisch** (E: hemicyclic F: hémicyclique): Blüte, bei der die Glieder z.T. schraubig, z.T. in Kreisen stehen. Dies ist der häufigste Fall.
G: Die Bezeichnungen a-, hemi- und euzyklisch stammen von A. BRAUN (1858, S. 367).
Blütenbecher → Hypanthium
Blütenbiologie → Blütenökologie
Blütenblatt → Petalum
Blütenboden → Receptaculum, → Köpfchenboden
Blütendiagramm, n. (E: floral diagram F: diagramme floral, m.): Grundrissartige Darstellung der Blütenteile und ihrer Anordnung. Dargestellt werden vor allem Zahl und gegenseitige Stellung der Blütenteile; ihre Form und räumliche Ausdehnung lassen sich nur sehr begrenzt wiedergeben. Üblicherweise wird die Blüte so ausgerichtet, dass die Abstammungsachse oben ist und die Mediane senkrecht verläuft. – EICHLER (1875, S. 2) unterschied das **empirische Blütendiagramm**, das nur die tatsächlich festgestellten Verhältnisse wiedergibt, vom **theoretischen Blütendiagramm**, das Deutungen enthält, in dem z.B. Organe, von denen man annimmt, dass sie bei Vorfahren vorhanden waren, mit Kreuzen eingezeichnet werden.
G: Die ersten bekannten Diagramme stammen von TURPIN (1819), weitere frühe von A. BRAUN (1850, Taf. 3). Die umfangreichste Sammlung von Blütendiagrammen enthält das Buch mit dem Titel „Blüthendiagramme" von EICHLER (1875/78).
Blütendimorphismus, m. (E: floral dimorphism, flower dimorphism F: dimorphisme floral, m.): Das Vorkommen von verschieden gestalteten Blüten bei einem Individuum oder verschiedenen einer Art. Es steht meist im Zusammenhang mit der Blütenökologie oder dem Fortpflanzungssystem (Schaublüten, Monözie, Diözie, fakultative Kleistogamie, Heterostylie, Amphikarpie etc.).
G: DARWIN (1862 b) verwendete „dimorphic" für das Auftreten von zwei Blütentypen bei → Heterostylie.
Lit.: PLITMANN (1995).
Blütenformel, f. (E: floral formula F: formule florale, f.): Formelmäßige Darstellung der Zahlenverhältnisse der Blüten. Durch konventionelle Zeichen können Verwachsungen (durch Klammern) und die Stellung des Pistills (durch Striche) angegeben werden. Die Stellung der Glieder zueinander (einschließlich der Knospendeckung) ist nicht darstellbar. Übliche Abkürzungen sind: P Perigon, K Calyx (Kelch), C Corolla, A Androeceum, G Gynoeceum
G: Schon 1820 hatte CASSEL in seiner „Morphonomia botanica" einen Vorschlag zu einer sehr detaillierten Darstellung der Blüten durch Formeln gemacht, die auch die Größenverhältnisse der Teile berücksichtigten. Die ersten Blütenformeln, die den heutigen ähnlich sind, stammen von MARTIUS (1828,

Sp. 525) und GRISEBACH (1854), allgemein verwendet wurden sie dann in der Form, die ihnen EICHLER (1876) gab.
Blütenhülle → Perianth, → Perigon
Blütenknospe → Knospe
Blütenkrone → Corolla
Blütenökologie, f., Bestäubungsökologie, f., Blütenbiologie, f. (E: floral ecology, anthecology, pollination ecology F: écologie florale, f.): Die Untersuchung des Zusammenhangs zwischen der Blüte und ihrer Bestäubung durch biotische oder abiotische Faktoren.
G: Nach ersten Beobachtungen durch A. DOBBS 1750 (vgl. GRANT 1949), Ph. MILLER 1759 (vgl. H.F. ROBERTS 1929) und vor allem KÖLREUTER (1761-66) wurde die Blütenökologie als eigene Disziplin durch Ch. K. SPRENGEL (1793) begründet. Aber erst in der zweiten Hälfte des vorigen Jahrhunderts nahm unter dem Einfluss von CHARLES DARWIN das Interesse zu. Zunächst sprach man von Blütenbiologie (z.B. LOEW 1889), später dann von Blütenökologie.
Lit. zur Geschichte: LOEW (1895), KNUTH (1898, S. 1-33), PROCTOR & YEO (1973), R. SCHMID (1975), H.G. BAKER (1979).
Blütenpflanzen, f.pl. (E: flowering plants): Blütenpflanzen (Anthophyta) sind eigentlich die → Samenpflanzen. Neuerdings wird aber Blütenpflanzen unter dem Einfluss von engl. flowering plants auch im Deutschen als Synonym für die → Angiospermen verwendet.
Blütenschaft → Schaft
Blütenstand → Infloreszenz
Blütenstandstheorie → Zapfen
Blütenstaub → Pollen
Blütenstiel → Pedicellus
Blütentheorien, f.pl.: Theorien, die den Aufbau der Blüte der Samenpflanzen erkären sollen. Dabei geht es besonders um die Deutung der Stamina und Karpelle der Angiospermenblüte.
- **Euanthientheorie** (E: euanthium theory F: théorie de l'euanthium): Nach der Euanthientheorie ist die Zwitterblüte für die Angiospermen ursprünglich, ihre Organe sind Blättern homolog (bzw. richtiger → homonom), und es handelt sich um ein einachsiges System.
G: Diese Theorie findet sich (ohne phylogenetischen Hintergrund) bereits bei GOETHE (1790). Frühe Vertreter einer phylogenetischen Euanthientheorie sind ARBER & PARKIN (1907), die von einer **Strobilus-Theorie** sprechen, da die ursprüngliche Blüte als ein zapfenartiges Gebilde angesehen wird, das Mikro- und Megasporophylle trägt. Die Vorstellung führte dazu, die „Polycarpicae" (heute Magnoliidae und Ranunculidae) als ursprünglich anzusehen und ihre Vorfahren bei den Bennettitales zu suchen. Schwierigkeiten ergaben sich vor allem beim Versuch der Herleitung des Karpells von den einzeln gestielt an der Blütenachse sitzenden Samenanlagen der Bennettitales. – Den Ausdruck „Euanthienlehre" verwendet R. v. WETTSTEIN (1924).
- **Pseudanthientheorie** (E: pseudanthium hypothesis, multiaxial flower theorem F: théorie du pseudanthium): Bei dieser Theorie werden die Blüten der Angiospermen als zwei- oder mehrachsige Systeme, d.h. als blütenähnliche Blütenstand angesehen. Dabei benutzt R.v. WETTSTEIN (1901-08) unter den Gymnospermen besonders *Ephedra* als Modell für eine Ausgangsform. Ein Stamen der Angiospermen entspricht danach einem Achselspross eines Hochblattes, der aus einer Blüte mit zwei Staubblättern hervorgegangen ist. Ein Karpell wird verstanden als Produkt der Verwachsung eines Tragblattes mit einer achselständigen Samenanlage. Nach dieser Theorie sind eingeschlechtige, anemogame Blüten mit epitepalen Stamina und Karpelle mit einer basalen Samenanlage ursprünglich, wie sie unter den Monochlamydeae vorkommen.
- **Anthokorm-Theorie** (E: anthocorm theory F: théorie de l'anthocorme): Eine von NEUMAYER (1924) begründete Variante der Pseudanthientheorie, die sich durch eine besondere Terminologie auszeichnet. Bei den Angiospermen wird die Blüte als **Anthokormus** bezeichnet, der mit **Gonophyllen** besetzt ist, in deren Achseln sich **Gonokladien** entwickeln. Dabei werden unterschieden: die männlichen **Androphylle** und **Androkladien** und die weiblichen **Gynophylle** und **Gynokladien**. Bei den Angiospermen soll die Blütenhülle von Androphyllen gebildet werden, während die Stamina Androkladien entsprechen. Die Wand des Ovars soll aus Gynophyllen bestehen, die Samenanlagen werden als Gynokladien angesehen. – MEEUSE (1966) hat diese Theorie weiterentwickelt, wobei er die Termini z.T. übernahm.
- **Gonophyll-Theorie** (E: gonophyll theory):

Eine andere Form einer Pseudanthientheorie, die MELVILLE (1962) begründete. Unabhängig von NEUMAYER benutzt er die Begriffe **gonophyll, androphyll** und **gynophyll**. Unter einem Gonophyll versteht er den Komplex aus einem Blatt und einer epiphyll aufsitzenden sporangientragenden Achse. Diese Sprossachse soll zunächst dichotom verzweigt gewesen sein. Beim Gynophyll der Angiospermen bleibt nur eine Gabelung nahe dem Grunde, die beiden Äste bilden dann die randständigen Placenten des Karpells.
Blütezeit → Anthese
Blume, f., Anthium, n. (E: blossom F: fleur, f. [= Blüte oder Blume]): Eine Blüte, ein Teil einer Blüte (→ Meranthium) oder ein Blütenstand (→ Pseudanthium), die geeignet sind Tiere anzulocken und blütenökologisch als Einheit wirken. Eine Blume verfügt über **Reizmittel** (E: advertisements), wie Farbe und Duft, und **Lockmittel** (E: rewards, „Belohnungen"), vor allem Nektar (vgl. auch → Ölblumen, → Parfümblumen, → Täuschblumen).
G: Der aus der allgemeinen Sprache stammende Ausdruck wird in der Blütenökologie verwendet, wenn es nicht um die morphologische Einheit, sondern um die Wirkung auf bestäubende Tiere geht (H. MÜLLER 1873, S. 2; BUCHENAU 1893, S. 7).
Lit.: VOGEL (1983).
Blumenblatt → Petalum
Blutung, f. (E: bleeding F: exsudation de la plante): Bei Pflanzen das Austreten von Saft (**Blutungssaft**) aus einer Wunde. Bei Holzpflanzen handelt es sich vor allem um Xylemsaft, bei Monokotylen auch um Phloemsaft. Vgl. → Wurzeldruck.
Blutungssaft → Blutung
Bodenatmung → Atmung
Bodenläufer → Steppenroller
Bogen → Anulus
bogenläufig → Blattaderung
Boleochore, f., Windstreuer, m. (F: plante boléochore): Pflanze, bei der die Diasporen (meist Samen oder einsamige Früchte) vom Wind herausgeschüttelt werden.
G: Erstnachweis: MÜLLER-SCHNEIDER (1977, S. 75), von gr. bolos, Wurf, Schuss.
Boragoid, n. (E: boragoid F: boragoïde): Wickel der Boraginaceae, bei dem eine einheitliche Hauptachse vorgetäuscht wird.
G: Der Ausdruck stammt von SCHUMANN (1889, S. 53). Er schreibt „Borragoid", dies wird aber heute entsprechend der Schreibung des Gattungsnamen Borago zu Boragoid korrigiert.
boreale Zone → Vegetationszonen
Borke, f., Rhytidom, n. (E: bark, tertiary bark, rhytidome F: écorce, f., rhytidome, m.): Abschlussgewebe mehrjähriger Sprossachsenabschnitte der meisten Holzgewächse aus totem Gewebe, das z.T. aus sekundärem Phloem, z.T. aus Korkgewebe (Periderm) besteht. Borke wird im allgemeinen Sprachgebrauch für alles Gewebe außerhalb des Cambiums benutzt.
G: Der Fachausdruck Rhytidom (von gr. rhytis, Runzel), den MOHL (1836, S. 22) prägte, wird nur noch selten benutzt.
Bostryx → Schraubel
Botanik, f., Phytologie, f., Pflanzenkunde (E: botany, plant science, phytology F: botanique, f., phytologie, f.): Der Teil der Biologie, der sich mit den Pflanzen (meist einschließlich der Pilze verstanden) beschäftigt. Eine klassische Definition von LINNAEUS (1751, S. 1) lautet: „Botanica est scientia naturalis, quae vegetabilium cognitionem tradit" (Die Botanik ist die Naturwissenschaft, die sich mit der Kenntnis der Pflanzen beschäftigt).
G: Das Wort, das von gr. botane, Kraut für das Weidevieh, abgeleitet ist, tritt in der Neuzeit zuerst in der Form „Botanologicon" als Buchtitel bei Euricius CORDUS (1534) auf, ab 1640 (PARKINSON, „Theatrum Botanicum") wird es häufiger und kommt dann auch in abgewandelter Form in anderen Sprachen vor. Im 17. Jahrhundert wurde auch vielfach historia plantarum verwendet. Die wegen der Entsprechung zur Zoologie eigentlich vorzuziehende Bezeichnung Phytologie ist ebenfalls alt, als Titel einer Schrift über Heilpflanzen hat sie TIDICAEUS (1582) verwendet. Gegenüber Botanik hat sich aber Phytologie nie durchsetzen können. In Deutschland versuchte zuletzt H. WALTER mit seiner mehrbändigen „Einführung in die Phytologie" (1946-63) vergeblich, das Wort zu etablieren. SCHLEIDEN (1845, S. 51) spottete über die Trivialität der oben gegebenen Definition, aber eine andere ist kaum möglich. In den USA gibt es Bestrebungen, „botany" durch „plant biology" zu ersetzen, hierzu äußert sich kritisch SMOCOVITIS (1992). Auch die Deutsche Botanische Gesellschaft hat ihre Umbenennung diskutiert (Botanica Acta

109, N 16-19. 1996). – LINNÉ (1767, S. 10) bezeichnete die Botanik als die „scientia amabilis" (die liebenswerte Wissenschaft), ein Beiname, der im 18. und 19. Jahrhundert sehr bekannt war und von Botanikern auch heute noch verwendet wird (WAGENITZ 2001).
Lit.: MÖBIUS (1944), BARON (1966).
botanisch (E: botanical F: botanique): Adj. zu → Botanik.
Botanischer Garten, m. (L: Hortus (m.) botanicus E: botanic(al) garden F: jardin botanique, m.): Garten, der eine große Zahl von Arten kultiviert, die unter bestimmten Gesichtspunkten ausgewählt und mit Namen bezeichnet werden. Er dient damit der Botanik.
G: Die ersten Botanischen Gärten an Universitäten entstanden um 1545 in Oberitalien (Padua, Florenz, Pisa). Es waren zunächst vor allem Medizinalgärten.
Lit.: STEARN (1971), PREST (1981).
Botanisierbüchse, f., Botanisiertrommel, f. (L: vasculum, n. E: vasculum, specimen box F: boîte à herboriser, f.): Metalldose oder -büchse, die zum Pflanzensammeln benutzt wird und speziell dafür angefertigt ist. Typischerweise ist sie mit einem Deckel auf der Langseite zu öffnen und wird mit einem Riemen über der Schulter getragen.
G: Eine Botanisiertrommel von kleinem Format hat LINNAEUS (1751, S. 293) beschrieben und als „vasculum Dillenianum" bezeichnet. Es scheint, dass er sie bei J.J. DILLENIUS (1684-1747) in England kennen lernte. Es lässt sich aber weder von DILLENIUS noch LINNAEUS der Gebrauch dieses Gerätes nachweisen. Populär wurde die Botanisiertrommel erst Anfang des 19. Jahrhunderts, während sie gegen dessen Ende bereits weitgehend verpönt war. In Karikaturen galt sie aber noch lange als Kennzeichen des Botanikers.
Lit.: G. SCHMID (1936), ALLEN (1959).
Botanisiertrommel → Botanisierbüchse
Botryoid → Traube
botrytisch → Infloreszenz (B.)
bottleneck effect → Gründereffekt
Brachyblast → Kurztrieb
Brachysklereide → Sklereide
brachystyl → Heterostylie
brachyzyklisch → Entwicklungsgang der Uredinales
Bractee, f., Deckblatt (L: bractea, f. E: bract F: bractée, f.): Hochblatt im Blütenbereich, häufig ein solches, aus dessen Achsel ein Teilblütenstand oder ein Blütenstiel hervorgeht (→ Tragblatt).
G: Das lat. Wort bractea oder brattea, das kleine Metallplättchen bezeichnet, wurde schon von LINNAEUS (1735 b, S. 9) erwähnt, aber erst später (1751, S. 50) definiert. Die deutsche Bezeichnung Deckblatt findet sich bei GISEKE (1781, S.55).
Bracteole → Vorblatt
Bradysporie, f. (E: bradyspory F: bradysporie, f.): Langsame Freisetzung der Diasporen (z.B. aus einer Kapsel, bei Asteraceae aus einem Köpfchen etc.). Gegensatz: → Tachysporie.
G: SERNANDER (1906, S. 335), von gr. bradys, langsam, träge.
bradytelisch → Evolutionsgeschwindigkeit
Brassicaceae → Cruciferae
Brassinolid, n. (E: brassinolide): Ein Triterpen, das als Wuchsstoff wirkt. Es gehört zu den **Brassinosteroiden**.
G: Nachdem schon vorher Extrakte aus Brassica-Pollen Wuchsstoffwirksamkeit gezeigt hatten, gelang GROVE et al. (1979) die Reindarstellung und Konstitutionsaufklärung des Brassinolids aus von Bienen gesammeltem Rapspollen (Brassica napus).
Lit.: SAKURAI et al. (1999).
Braunalgen, f.pl., Phaeophyceae, Phaeophyta (E: brown algae F: algues brunes, Phéophycées, f.pl.): Die Klasse der Phaeophyceae (bzw. Abt. Phaeophyta) umfasst Algen, die zu den → Heterokontophyta gehören. Es sind kleine fädige bis sehr große flächige Thalli (dann oft **Tange** genannt), die durch die → Phaeoplasten braun gefärbt sind. Zoosporen und Gameten zeigen eine heterokonte → Begeißelung. Der heterophasische Generationswechsel ist iso- bis extrem heteromorph.
G: Die Einteilung der Algen in Gruppen nach der Farbe geht auf W.H. HARVEY (1836) zurück. Seine „Melanospermeae" entsprechen im Wesentlichen den späteren Phaeophyceae (gr. phaios, braun).
Braunfäule, f. (E: brown rot): Form der Holzzersetzung durch Pilze, bei der die Cellulose abgebaut wird, aber das Lignin erhalten bleibt. Das Holz zerfällt durch Trockenrisse in würfelartige braune Stücke.
Brennhaar, n. (E: stinging hair F: poil urticant, m.): Haar, dessen Spitze bei Berührung abbricht und eine hautreizende Flüssigkeit

entlässt. Brennhaare sind vor allem von den Urticaceae, Euphorbiaceae und Loasaceae bekannt.
Lit.: THURSTON & LERSTEN (1969).
Brettwurzel, f. (E: buttress root, tabular root F: racine contrefort, f.): Einseitig auf der Oberseite verdickte obere Seitenwurzel von Bäumen, die brettartig hoch den Stamm hinaufreichen kann. B. finden sich vor allem bei tropischen Bäumen, ansatzweise aber auch z.B. bei *Ulmus laevis*.
brochidodrom → Blattaderung
Brochus, m.: In der Pollenmorphologie Masche eines Netzes (Reticulum) der Skulptur mit den umgebenden Muri.
G: ERDTMAN (1952, S. 461), von gr. brochos, Masche, Netz.
Bruchfrucht, f. (E: lomentaceous fruit F: fruit lomentacé, m.): Trockene Frucht aus ein oder zwei Karpellen, die quer in einsamige Teile zerfällt. Hierzu gehören die → Gliederhülse und die → Gliederschote.
Brutbecher, m. (E: gemma cup, cupule, cyathus F: corbeille à propagules, f., cupule, f.): Becherförmiges Gebilde bei Moosen, an dessen Grunde Brutkörper gebildet werden. Klassisches Beispiel sind die Brutbecher von *Marchantia*.
Brutknospe → Bulbille, → Gemme (1.)
Brutkörper → Gemme (1.)
Brutorgane, n.pl.: Zusammenfassender Ausdruck für Organe der vegetativen Vermehrung, wie → Bulbillen, → Gemmen etc.
Lit.: CORRENS (1897, 1899).
Brutzwiebel → Bulbille
Bryologie, f., Mooskunde, f. (E: bryology F: bryologie, f.): Der Teil der Botanik, der sich mit den Moosen (Bryophyta) befasst.
G: Zunächst verwendete man Muscologie. Diese als Zusammensetzung aus lat. und gr. Elementen sprachlich nicht korrekte Bezeichnung wurde dann durch Bryologie abgelöst (seit NEES, HORNSCHUCH & STURM 1823).
Lit. zur Terminologie: MAGILL (1990).
Bryophyta, **Bryophytina** → Moose
Bryopsida → Laubmoose
Bryotheca, f. (E: moss herbarium F: herbier bryologique, herbier de mousses): Moosherbar. Die Moose werden dabei meist in Papierkapseln aufbewahrt, die entweder auf Bögen geklebt oder wie eine Kartei aufgestellt sind. Auch ein Moosexsikkatenwerk wird zuweilen Bryotheca genannt.
Büchse, **Büchsenfrucht** → Pyxidium

Bündel → Leitbündel
Bündelcambium → Cambium, faszikuläres
Bündelscheide, f., Leitbündelscheide, f. (E: bundle sheath F: gaine du faisceau): Parenchymatische oder sklerenchymatische Zellen, die ein Leitbündel (besonders im Blatt) begleiten.
Bürstenblume, f. (E: brush blossom F: fleur à brousse): Blüte oder (häufig) Blütenstand mit weit herausragenden Stamina, die wie eine Bürste den Pollen an die Bestäuber abgeben. Bekannte Beispiele sind *Callistemon*, *Melaleuca*, viele Proteaceae. Besonders häufig sind B. unter den Vogel- und Fledermausblumen. KUGLER (1970, S. 32) spricht außerdem von **Pinselblumen**, ein Terminus, der bei stärkerer Bündelung der Stamina besser passt.
Bulbille, f., **Brutzwiebel**, f., **Brutknospe**, f. (L: bulbillus E: bulbil, bulblet F: bulbille, f.): Besonders gestaltete Knospe an oberirdischen Organen von Gefäßpflanzen, die abfällt, sich bewurzelt und damit der vegetativen Vermehrung dient. Ihre Blätter sind oft etwas fleischig. B. können in Blattachseln sitzen, an den Blättern oder auch im Blütenstand (→ Viviparie).
G: Die B. wurden zunächst einfach als bulbi (Zwiebeln) bezeichnet (vgl. *Lilium bulbiferum*), teilweise auch als propago. ILLIGER (1800, S. 371) kennt (mit unwesentlichen Unterschieden) die Begriffe propagines und bulbilli (kleine Zwiebeln).
Bulbus → Zwiebel
Bulliformzellen → Gelenkzellen
Burdo, m., pl. Burdonen (E: burdo F: bourdon, m.): Pflanze, die durch Verschmelzung vegetativer Zellen bei einer Pfropfung entstanden sein soll. Ein solcher Fall ist bisher nicht bekannt, möglich sind aber künstlich erzeugte → Zellhybride.
G: Der Ausdruck wurde von Hans WINKLER (1912, S. 11) vorgeschlagen (abgeleitet von spätlat. burdo, Maulesel).
Bursicula, f., Beutelchen, n. (E: bursicle F: bursicule, f.): Bei den Orchidaceae Hautfalte am → Rostellum, die eine Klebdrüse (→ Viscidium) bedeckt.
G: L.C. RICHARD (1818, S. 26), von lat. bursicula, kleine Tasche.

C₃-Typ der Photosynthese (E: C_3-type of

photosynthesis F: photosynthèse C3): Der „Normaltyp" der Photosynthese, bei der C_4-Verbindungen als erstes Photosyntheseprodukt fassbar sind (→ Calvin-Zyklus).

C_4-**Typ der Photosynthese** (E: C_4-type of photosynthesis F: photosynthèse C4): Photosynthesetyp bei dem das CO_2→ zunächst im Oxalacetat festgelegt wird, das anschließend in die C_4-Verbindungen Malat oder Aspartat überführt wird. C_4-Pflanzen zeigen fast immer einen Blattbau vom → Kranz-Typus. Eine Ausnahme bildet die Gattung *Borszczowia* (Chenopodiaceae), vgl. VOZNESENSKAYA et al. (2001).
G: Das frühe Auftreten von Malat und Aspartat bei der Photosynthese wurde zuerst von KORTSCHAK et al. (1965) beobachtet. HATCH & SLACK (1966) zeigten in einer klassischen Arbeit die Grundlagen dieses Stoffwechselweges auf. Man spricht deshalb auch vom **Hatch-Slack-Weg** der Photosynthese.

Caenogenie, f. (E: caenogenesis F: caenogenèse, cénogenèse, f.): Auftreten neuer Merkmale in der Ontogenie, die nicht auf solche der Vorfahren zurückgehen.
G: HAECKEL (1875, S. 404, „Cenogenie"), von gr. kainos, neu. Das Vorkommen von caenogenetischen Merkmalen hat schon F. MÜLLER (1864, S. 77) betont. (→ Biogenetische Grundregel). Gegenbegriff: → Palingenie.

Caeoma-Typ, m. (E: caeoma F: type (m.) céomique): Aecidium ohne → Pseudoperidie.
G: Benannt nach einer Formgattung *Caeoma* Tulasne (non Link, vgl. ARTHUR 1905, S. 220).

Calathidium, n., Körbchen, n. (E: calathide F: calathide, f., capitule, m.): Kopfige Infloreszenz (d.h. Blüten ungestielt und eng zusammengedrängt), die von einer Hochblatthülle umgeben ist. Typisch für die Asteraceae (Compositae) und meisten Dipsacaceae (→ Anthodium).
G: Die Unterscheidung von Capitulum (→ Köpfchen) und Calathidium scheint von MIRBEL (1815, S. 283, 778) zu stammen. Sie ist nicht eindeutig, da das Calathidium vor allem durch den Besitz einer Hülle gekennzeichnet ist, während es andererseits nach demselben Autor auch ein „capitulum involucratum" geben soll. Das Köpfchen der Asteraceae (Compositae) wurde lange als „flos compositus" (zusammengesetzte Blüte) bezeichnet.

Calcar → Sporn
calcicol → Kalkpflanze
calcifug → Kieselpflanze
Caliculus → Epicalyx
Callose, f., Kallose, f. (E: callose F: callose, f.): Ein extrazelluläres Polysaccharid (ß-(1→3)-Glucan), das besondere Funktionen des Abschlusses wahrnimmt. Es findet sich vor allem auf älteren Siebplatten, an Plasmodesmen, zwischen Pollenkörnern und im Innern der Pollenschläuche (Abgrenzung älterer Teile gegenüber der wachsenden Spitze), aber auch bei den Laminariales in den siebröhrenartigen Zellen.
G: HANSTEIN (1864, S. 25) beobachtete eine „callöse Aufschwellung" der Siebplatten, er spricht auch von einer „Callusplatte", davon wurde später Callose bzw. Kallose abgeleitet. Die weite Verbreitung der Callose bei Siebröhren und Siebzellen stellte RUSSOW (1882, n.v., vgl. Bot. Centralbl. **11**: 419-422) fest.

Callus → Kallus
Calmodulin, n. (E: calmodulin F: calmoduline, f.): Bei den Eukaryoten allgemein verbreitetes Protein, das Calcium-Ionen binden kann und die Aktivitäten verschiedener Enzyme beeinflusst.
G: Das zehn Jahre vorher bei Tieren entdeckte „Aktivator Protein" wurde von CHENG et al. (1978, S. 249) Calmodulin genannt. ANDERSON & CORMIER (1978) beschrieben im gleichen Jahr erstmals seine Wirkung bei Pflanzen.

Calvin-Zyklus, m. (E: Calvin cycle, Calvin-Benson cycle F: cycle de Calvin, m.): Zyklische Reaktionsfolge der Dunkelreaktion der → Photosynthese, bei der CO_2 an einen C_5-Körper (Ribulose-1,5-bisphosphat) angelagert wird. Die daraus entstandene C_6-Verbindung zerfällt in zwei Moleküle 3-Phosphoglycerat. Diese werden mit Energie, die letztlich aus der Lichtreaktion der Photosynthese stammt, zu Glycerinaldehyd-3-phosphat reduziert. Es wird zum kleinen Teil zum Aufbau von Zucker bzw. Stärke verwendet, zum größeren Teil zur Regeneration des Ribulose-1,5-bisphosphats.
G: Benannt nach MELVIN CALVIN (1911-1997), der 1956 diesen Zyklus aufklärte.

Calycanthemie, f. (E: calycanthemy F: calycanthémie, f.): Monstrosität, bei der Kelchblätter kronblattähnlich sind.

Calyciflorae

G: Von MASTERS (1869, S. 283) eingeführt. Vorher gab es schon eine Primelsorte, die als *Primula calycanthema* bezeichnet wurde.
Calyciflorae: Name für eine Unterklasse der Dicotyledoneae (Dikotylen) im System von A.P. de CANDOLLE, bei der freie oder verwachsene Petalen am Kelch inserieren (d.h. Blüte peri- oder epigyn).
G: Als Adjektiv calyciflorus bei A.P. de CANDOLLE (1813, S. 431), derselbe Autor definierte damit 1818 (S. 124) die Unterklasse Calyciflorae.
Calycophyllie, f. (E: calycophylly F: calycophyllie, f.): Blütenblattartige Ausbildung einzelner Kelchblätter, besonders am Rande der Infloreszenz bei einigen Rubiaceae, z.B. *Mussaenda*.
G: Erstnachweis: WERNHAM (1913, S. 89). DELPRETE (1996) führt für die vergrößerten Kelchblätter „calycophyll" ein.
Calyculus → Epicalyx
Calyptra → Kalyptra
Calyptrogen → Kalyptrogen
Calyx, m., Kelch, m. (L: calyx, m., pl. calyces E: calyx F: calice, m.): Die äußere Hülle einer Blüte mit doppelter Blütenhülle. Ihre Glieder, die Sepalen (→ Sepalum), sind im Allgemeinen grün, derber als die Petalen und sitzen mit breiter Basis an der Achse.
G: Das lat. Wort calix (Becher, Pokal, Kelch, spätere Schreibung calyx) wurde schon von PLINIUS (23-79) wenigstens teilweise im heutigen Sinn verwendet. FUCHS (1542, vgl. CHOATE 1917) hat eine Definition, die schon weitgehend der heutigen entspricht. Bei JUNGIUS (1678) und RAY (1682) wird Calyx auch als Perianthium bezeichnet, da damals die Corolla als eigentliche Blüte galt, ist dies logisch. Spätestens seit TOURNEFORT (1700) liegt der Begriff dann im Wesentlichen fest.
CAM, CAM-Pflanzen → Crassulaceen-Säurestoffwechsel
Cambialzone, f., Cambiumzone, f. (E: cambial zone F: zone cambiale): Die meristematische Zone aus den → Cambiuminitialen und den jüngsten, noch undifferenzierten Abkömmlingen. Sie geht nach innen in das Xylem über, nach außen in das Phloëm.
Cambiform, n. (E: cambiform F: cellules cambiformes): Vom Cambium abstammende und ihm gegenüber erst wenig veränderte, noch nicht fertig differenzierte Zellen im Phloem und Xylem.

G: Die Bezeichnung stammt von NÄGELI (1858, S. 4). Wahrscheinlich rechnete er hierzu u.a. auch die später Geleitzellen genannten Zellen, die man dann ausdrücklich ausgeschlossen hat. Der Terminus wird heute kaum noch verwendet.
Cambium, n., Kambium, n. (E: cambium F: cambium, m., assise génératrice, f.): Laterales meristematisches Gewebe im Stamm und in der Wurzel, das nach außen und innen Zellen abgibt. Es stellt im ausgebildetem Zustand einen Hohlzylinder dar und findet sich bei allen Pflanzen mit typischem (normalem) sekundärem Dickenwachstum. Im engeren Sinne besteht es aus den → Cambiuminitialen. Abweichende Ausbildungsformen eines Cambiums findet man in manchen Blättern und beim anomalen → Dikkenwachstum. Wenn nicht von vornherein ein Cambiumzylinder angelegt wird, unterscheidet man:
- **faszikuläres** Cambium, Fascicularcambium, Bündelcambium (E: fascicular cambium, vascular cambium F: cambium fasciculaire): Cambium innerhalb eines Leitbündels. Meist werden die Cambien der Leitbündel im Laufe der Weiterentwicklung durch interfaszikuläres Cambium zu einem Hohlzylinder verbunden.
- **interfaszikuläres** Cambium, Interfascicularcambium, Zwischenbündelcambium (E: interfascicular cambium F: cambium interfasciculaire): Cambium, das sich nachträglich zwischen Leitbündeln (d.h. in den primären Markstrahlen) aus dem Parenchym entwickelt, und damit zusammen mit dem fascicularen Cambium zur Bildung eines Cambiumzylinders führt. Es kommt beim *Aristolochia*- und *Helianthus*-Typ der Cambiumbildung vor.
G: Das Wort Cambium wurde in der Botanik zuerst von GREW (1682, S. 15) verwendet, ohne dass die Herkunft angegeben ist. Nach MÖBIUS (1934) findet sich in lateinischen Ausgaben des IBN SINA (AVICENNA, 980-1037) ein Wort cambium, Saft, Bildungssaft; die Ableitung von einem spätlat. Verb cambire, wechseln, tauschen ist wahrscheinlich falsch. Cambium galt lange als ein Schleim, aus dem sich Zellen bilden. Erste Zweifel daran hatte DUHAMEL DU MONCEAU (1758, 2, S. 27). Als Gewebe erkannte MIRBEL (1816, S. 107) das Cambium und sprach von einer Bildungsschicht („couche régénératrice"). Völ-

lige Klarheit darüber schuf UNGER (1840), der auch die Geschichte des Begriffes behandelte. Vor allem auf SANIO (1873, S. 60) geht die heute herrschende Theorie zurück, dass es nur eine Schicht von → Cambiuminitialen gibt. Er beschrieb auch genauer die Bildung des Interfascicularcambiums, das er „Cambium des Interfasciculargewebes" nannte (SANIO 1863 b, S. 380).
Lit.: PHILIPSON et al. (1971), Ph.R. LARSON (1994), IQBAL (1995). - Zur Geschichte: MÖBIUS (1934), SCHOPFER (1948), LORCH (1968).
Cambiumbau, m.: Man kann unterscheiden:
- **etagiertes Cambium**, Stockwerk-Cambium (E: storied cambium F: cambium étagé): Cambium mit relativ kurzen Initialen, die in horizontalen Reihen angeordnet sind.
- **nichtetagiertes Cambium** (E: nonstoried cambium F: cambium non étagé): Cambium mit langen fusiformen Initialen, die gegeneinander verschoben erscheinen.
Cambiuminitiale, f. (E: cambial initial F: initiale du cambium): Einzelne Zelle des Cambiums im engsten Sinn. Die C. sind, im Gegensatz zu den Zellen apikaler Meristeme, stark vakuolisiert. Man unterscheidet:
- **Fusiforminitialen** (E: fusiform initials F: initiales fusiformes): Axial langgestreckte C. mit spitzen Enden, aus denen die Zellen des Phloems und Xylems werden.
- **Markstrahlinitialen**, Strahlinitialen (E: ray initials F: initiales de rayon médullaire): Mehr oder weniger isodiametrische C., aus denen die Markstrahlzellen werden.
G: Erstnachweis: BAILEY (1920, S. 365). SCHACHT (1860, S. 185) sprach von Zellen des Gefäßbündel- und des Markstrahlcambiums.
Cambiumzone → Cambialzone
Campylidium, n. (E: campylidium): Helmförmiges → Konidioma verschiedener Gattungen blattbewohnender Flechten.
G: Der Terminus wurde von J. MÜLLER-ARGOVIENSIS (1881, S. 111) eingeführt.
Lit.: SÉRUSIAUX (1986).
campylotrop → Samenanlage
cantharophil, käferblütig (E: cantharophilous): Adj. zu → Cantharophilie.
Cantharophilie, f., Käferblütigkeit (E: cantharophily, beetle pollination F: cantharophilie, f.): Bestäubung von Blüten durch daran angepasste Käfer. Lange Zeit wurden Käferblumen (cantharophile Blumen) wenig beachtet und für → hemitrop erklärt. Inzwischen weiß man, dass es hoch angepasste (→ eutrope) Käferblumen gibt.
G: Der Terminus wurde von DELPINO (1874, S. 152) geprägt (abgeleitet von gr. kantharos, Käfer).
Capillitium, n. (E: capillitium F: capillitium, m.): Geflecht aus nicht-zellulären einfachen oder verzweigten Fäden in den Fruchtkörpern der Myxomyceten. Das Capillitium verzögert die Sporenfreisetzung, kann aber auch bei manchen Arten hygroskopische Bewegungen ausführen. Ähnliche Funktion hat das aus Hyphen bestehende Capillitium von Gasteromyceten (→ Pseudocapillitium).
G: Erstnachweis: PERSOON (1794, S. 71) abgeleitet von lat. capillus, Haar.
Capitulum → Köpfchen
Capitulumzelle, f., Köpfchenzelle, f. (E: capitulum F: cellule du capitulum): Zelle im Innern der männlichen Fortpflanzungsorgane („Antheridien") der Charophyceae, aus der sich die spermatogenen Fäden entwickeln.
G: A. BRAUN (1853, S. 60).
Capsid, n. (E: capsid F: capside, f.): Die Proteinhülle eines → Virus.
G: LWOFF et al. (1959, S. 286), von gr. kapsa, Kapsel (auch lat. capsa).
Capsula → Kapsel
Carboxypeptidasen → Proteinase
Carboxysomen, n.pl. (E: carboxysomes F: carboxysomes, m.pl.): Polyedrisch geformte Gebilde in den Zellen von Cyanobakterien, in denen das Enzym → RubisCO konzentriert ist.
G: Die zuerst als „polyhedral bodies" bezeichneten Gebilde wurden von SHIVELY et al. (1973, S. 584) nach ihrer Funktion Carboxysomen genannt.
Cardenolide, n.pl., Herzglykoside, n.pl. (E: cardenolides, cardiac glycosides): Glykoside mit einem Steroid als Aglykon, die spezifisch auf das Herz wirken, je nach Konzentration als Medizin oder Gift. Die bekanntesten Cardenolide sind Digitoxin und Digoxin aus Arten der Gattung Digitalis (Fingerhut).
Carina, f., Kiel, f., Schiffchen, n. (E: keel F: carène, f.): **1**. Das aus zwei verklebten Petalen bestehende an der Blüte nach unten (vorn) zeigende „Schiffchen" der Schmetterlingsblüte (Papilionaceae = Fabaceae).

carinal

G: Erstnachweis: SPIGELIUS (1633, S. 57).
2. Verschiedene kielartige Strukturen.
carinal → Stigma (Narbe)
Carinalkanal, m. (E: carinal canal F: lacune carénale, f., lacune vasculaire, f.): Durch Aufreißen entstandene Interzellularkanäle im Bereich des Protoxylems der Leitbündel von *Equisetum*, die gewöhnlich mit Wasser gefüllt sind. Die Carinalkanäle verlaufen unterhalb der Längsriefen („Kiele") des Sprosses, daher der Name (von lat. carina, Schiffskiel).
G: Bei DUVAL-JOUVE (1864, S. 1) heißt es „lacune carénale", bei MILDE (1865, S. 113) „Carinalhöhle".
Carnivoren → Insectivoren
Carotin → Carotinoide 1.
Carotinoide, n.pl. (E: carotenoids F: caroténoïdes): Ungesättigte Kohlenwasserstoffe mit zahlreichen konjugierten Doppelbindungen und meist Iononringen an den Enden. Es sind Terpenoide mit 40 C-Atomen. Sie sind gelb, orange oder rot gefärbte lipophile Farbstoffe, die das Chlorophyll begleiten können, aber auch in Speicherorganen vorkommen. Man unterscheidet zwei Gruppen: **1. Carotine**, Karotine, n.pl. (E: carotenes F: carotènes): Reine Kohlenwasserstoffe, unter denen das ß-Carotin am häufigsten ist. Es wird im tierischen Organismus zu Vitamin A gespalten. **2. Xanthophylle,** n.pl. (E: xanthophylls F: xanthophylles): Oxidierte Carotine, wie z.B. das Lutein, Fucoxanthin und viele andere.
G: WACKENRODER (1831) isolierte einen roten kristallisierten Farbstoff aus der Mohrrübe (*Daucus carota*) und nannte ihn Carotin. Es handelte sich um das bei Pflanzen weit verbreitete B-Carotin. – Xanthophyll wurde von BERZELIUS (1837, S. 261) beschrieben und benannt (von gr. xanthos, gelb, und phyllon, Laub). WILLSTÄTTER & MIEG (1907) stellten die Summenformel fest und bezeichneten Xanthophyll als „ein Oxyd des Carotins".
Carpell → Karpell
Carpellodium, n. (E: sterile carpel F: carpode, m.): Ein steriles Karpell (Analogiebildung zu → Staminodium).
Carpid → Karpid
Carrier → Translokator
Caruncula, f., Samenschwiele, f., Samenwarze, f. (E: caruncle F: caroncule, f.): Auswuchs des äußeren Integuments im Bereich des → Exostoms, daher auch **Exostomaril-**
lus genannt. Bekanntestes Beispiel: *Euphorbia*. Die Caruncula kann die Funktion eines Elaiosoms haben.
G: In der Zoologie ein fleischiger Auswuchs am Kopf eines Vogels. Für Samen zuerst nachweisbar bei MIRBEL (1815, S. 49). Die Bezeichnung Exostomarillus stammt von PFEIFFER (1891, S. 530).
Caryo- → Karyo-
Caryophyllaceen-Typ → Stomata-Typen (A.)
Caryophyllales → Centrospermae
Caryopse → Karyopse
Caspary-Streifen, m. (E: Casparian strip or band, Casparian thickening F: bande de Caspary, cadre de Caspary): Streifenförmige Zone in den radialen Wänden der Endodermiszellen, die durch Lignifizierung [und korkartige Einlagerung?] den Transport im → Apoplast unterbricht und damit einen Eintritt in den Symplast erzwingt. - Auch in Zellen der → Hypodermis kann ein Caspary-Streifen vorkommen (PERUMALLA 1990).
G: Die charakteristische Struktur wurde zuerst von PLANCHON (1850, S. 211 ff.) an der Wurzel von *Victoria amazonica* beobachtet, allerdings hielt er die Endodermis noch für eine Reihe von Gefäßen. CASPARY (1858 a) gab eine genauere Beschreibung, war sich aber über die Natur des „Punktes" noch unklar. Er sah darin zuerst einen Spalt in den Wänden, später (1865/66) meinte er, er sei „durch Wellung der Seitenwand verursacht". Bei de BARY (1877, S. 163) ist der „Punkt" zwar gut abgebildet, wird aber nicht näher diskutiert. Später wurde der Streifen in den radialen Wänden „Casparyscher Punkt" genannt, da man auf Querschnitten einen Punkt auf den Radialwänden erkennt (z.B. POTONIÉ 1894 a, S. 58). Die übliche Lehrmeinung, nach der sich im Caspary-Streifen wachsartige Substanzen befinden, konnten neuere Untersuchungen für die primäre Endodermis nicht bestätigen (SCHREIBER et al. 1994).
Cataphyll → Niederblatt
Caudex, m. (L: caudex, m., pl. caudices E: caudex, m. F: caudex): Unklar definierter morphologischer Begriff, mit dem der gesamte Spross einer Pflanze, ein Baumstamm, die Sprossbasis, der Wurzelstock von Farnen und anderes bezeichnet wurde. Im Französischen vor allem verdickte Sprossteile.
G: Der Ausdruck caudex bedeutet in der

Antike vor allem den Stamm von Bäumen (z.B. bei PLINIUS, SPRAGUE 1933 a), er findet sich in der Neuzeit schon bei FUCHS (1542). LINK (1798) versteht darunter Sprossachse und Wurzel als die tragenden Elemente.
Caudicula, f. (E: caudicle F: caudicule, m.): Von der Anthere gebildetes Stielchen der → Pollinien bei Orchidaceae und Asclepiadaceae (→ Klemmkörper). Bei den Orchideen verbindet es die Pollinien mit dem → Viscidium (vgl. → Stipes).
G: Mit anderen Termini für Orchideen von L.C. RICHARD (1818, S. 26) geprägt als Verkleinerungsform von lat. caudex, Stamm.
Caulidium → Cauloid
Cauliflorie, f., Kauliflorie, f., Stammblütigkeit, f. (E: cauliflory F: cauliflorie, f.): Das Auftreten von Blütenknospen am älteren Holz (aus ruhenden Knospen). Die Erscheinung ist vor allem aus den Tropen bekannt. Bekannte Beispiele: *Cercis, Theobroma, Carica*. Viele cauliflore Pflanzen haben große Früchte, die häufig von Fledermäusen verbreitet werden.
G: Schon DIOSKURIDES war die Stammblütigkeit von *Ficus sycomorus* bekannt. Mehrere cauliflore Pflanzen hat dann RUMPHIUS (1741, z.B. tab. 29, 50, 62) abgebildet. Eine von diesen nannte LINNAEUS (1753) *Cynometra cauliflora* L. und das Epitheton „cauliflorus" wurde später mehrfach verwendet. Davon leitete sich schließlich die Bezeichnung Cauliflorie ab.
Lit.: HUTH (1888).
Caulis → Sprossachse
Cauloid, n., Caulidium, n., Stämmchen, n. (E: stipe, caulid F: caulidium, m., caulidie, f., cauloïde, m., stipe, m.): Die stängelartigen Bildungen der Moose (Laubmoose und beblätterte Lebermoose). Sie unterscheiden sich vom Stängel (Stengel, caulis) der Kormophyten anatomisch und dadurch, dass sie vom Gametophyten gebildet werden. Auch stängelartige Strukturen bei Algen (z.B. Laminaria) werden Cauloid genannt.
G: Caulidium BOWER (1887, S. 146).
Caulom, n., Kaulom, n. (E: caulome F: axe caulinaire, caulome, m.): Die → Sprossachse (caulis im weiten Sinn) als eines der drei Grundorgane der Kormophyten.
G: SACHS (1868, S. 116).
Caulonema → Kaulonema
Cavea, f. (E: cavea F: cavea, f.): Hohlraum in der Exine (zwischen Ektexine und Endexine). Wenn er vorhanden ist, nennt man das Pollenkorn **caveat**.
G: IVERSEN & TROELS-SMITH (1950, S. 35) von lat. cavea, Höhlung.
caveat → Cavea
Cecidie → Galle
Cecidiologie, f. (E: cecidiology F: cécidologie, f.): Die Untersuchung der → Gallen, ihres Baues und ihres Vorkommens.
G: Die ältere Geschichte der Cecidiologie ist von BÖHNER (1933-35) ausführlich dargestellt worden, einen kurzen Gesamtüberblick gibt KÜSTER (1911).
Cecidophyten → Galle
Cecidozoën → Galle
Cellulose, f. (E: cellulose F: cellulose, f.): Hochmolekulares Polysaccharid aus Glucose-Molekülen, das den Hauptanteil der unverholzten Zellwand ausmacht. Cellulosemoleküle assoziieren sich zu **Elementarfibrillen**, diese wiederum (vor allem in Sekundärwänden) zu **Mikrofibrillen** von 5-30 nm Durchmesser. Cellulose kann auch Reservesubstanz sein (**Reservecellulose**), z.B. in den Samen der Dattelpalme (*Phoenix dactylifera*).
G: PAYEN (1839) stellte fest, dass die unverholzten Zellwände aus einer besonderen, der Stärke isomeren Substanz bestehen, und nannte sie Cellulose.
Cellulosepilze → Oomycota
Centriol, n., Zentriol, n. (E: centriole F: centriole, m.): Zylindrische Struktur aus neun Tripletts von Mikrotubuli. Centriolen finden sich meist an den Polen der Kernteilungsspindel (→ Centrosom). Sie entsprechen in ihrem Bau den Basalkörpern der Geißeln und können als potentielle Basalkörper angesehen werden. Den Angiospermen, die keine Geißeln besitzen, fehlen sie ganz.
G: BOVERI (1895, S. 66).
Lit.: WHEATLEY (1982).
Centromer, n., Zentromer, n. (E: centromere F: centromère, m.): Stelle der primären Einschnürung bei den Chromosomen, an der die Spindelfasern ansetzen. Das Centromer ist oft durch besondere Zusammensetzung der DNA gekennzeichnet und umfasst auch den → Kinetochor. Die Lage des Centromers ist ein wichtiges Merkmal bei der Unterscheidung einzelner Chromosomen. Hierfür führten LEVAN et al. (1964, S. 204) folgende Begriffe ein: median, submedian, subterminal und terminal (abgekürzt als m, sm, st

und t).
G: Das Wort Centromer wurde zuerst von WALDEYER (1901-03) für einen Abschnitt der Spermatozoiden verwendet. Im heutigen Sinne findet es sich erst bei DARLINGTON (1936, S. 266). Lange Zeit wurden Centromer und Kinetochor gleichgesetzt, erst seit RIEDER (1982, S. 5, vgl. auch BRINKLEY et al. 1989) wird eine Trennung der Begriffe vorgenommen.
Centromer, diffuses → Kinetochor, diffuser
Centroplasma, n. (E: centroplasm F: centroplasme, m.): Der innere, nicht oder wenig gefärbte Bereich des Protoplasmas der Cyanobakterien, in dem das Kernäquivalent (→ Genophor) liegt.
G: Der zentrale Bereich wurde von BÜTSCHLI (1890, S. 11) als Centralkörper bezeichnet, Centroplasma stammt von BAUMGÄRTEL (1920, S. 98).
Centrosom, n., Zentrosom, n., Polkörperchen, n. (E: centrosome F: centrosome, m., corpuscule central): Struktur, von der die Mitosespindel bei den Tieren und einem Teil der Pflanzen ausgeht. Das C. enthält in der Regel zwei → Centriolen.
G: BOVERI (1888, S. 752) „Centrosoma"als Übersetzung von „corpuscule central" (Zentralkörperchen) bei BENEDEN & NEYT (1887, S. 264).
Lit.: LEPPER (1956).
Centrospermae: Eine Ordnung der Angiospermen, die heute Caryophyllales heißt. Sie lässt sich vor allem durch embryologische (kampylotrope Samenanlagen, Perisperm), chemische (Vorkommen von Betacyanen bei den meisten Familien) und mikromorphologische Merkmale (Siebröhrenplastiden vom P-Typ) gut abgrenzen.
G: BARTLING (1830, S. 222, 295) schuf eine Klasse Caryophyllinae, deren Umgrenzung weitgehend mit den Centrospermae übereinstimmt. Der Name Centrospermae stammt von EICHLER (1875, S. 20) und bezieht sich auf die häufige zentralwinkelständige oder basale Plazentation.
Centrum, n. (E: centrum F: garniture interne, f.): Das Innere eines Perithreciums, d.h. Asci, Paraphysen und Subhymenium.
G: Dieser Teil wurde zunächst „nucleus" (z.B. WORONIN 1870, S. 328) genannt. Wegen der Mehrdeutigkeit dieses Begriffes führte WEHMEYER (1926, S. 583) an Stelle dessen „perithecial centrum" ein.

Cephalium, n. (E: cephalium F: céphalium, m.): **1.** Von der vegetativen Region scharf getrennte Blühzone bestimmter Kakteengattungen, die nicht wieder zu vegetativem Wachstum umgestimmt werden kann. Sie ist durch dichte wollige Haare und Borsten gekennzeichnet. RAUH (1957, S. 134) unterscheidet terminale und laterale Cephalien.
G: Erstnachweis: LINK & OTTO (1827, S. 417).
Lit.: BUXBAUM (1961).
2. → Köpfchen
Cephalodium, n. (E: cephalodium F: céphalodie, f.): Bereich des Thallus einer Grünalgenflechte, der Cyanobakterien als weiteren Symbionten enthält. Es gibt interne und externe (nach außen vortretende) Cephalodien.
G: ACHARIUS (1803, S. XIX, noch als Form von Apothecien).
Chalaza, f. (E: chalaza F: chalaze, f.): Die der Mikropyle gegenüberliegende Region einer Samenanlage, die Ansatzstelle des Funiculus und der Integumente ist. Sie ist vom Nucellus nicht scharf abgrenzbar.
G: Der Terminus wurde von GAERTNER (1788, S. XCV) aus der Zoologie übernommen. Er bezeichnet dort die „Hagelschnur", eine Eiweißstruktur, die das Eidotter mit der Außenhülle des Eis verbindet. Die Benennung erklärt sich durch den damals vorgenommenen Vergleich der Samenanlage mit einem Ei.
chalazal → Endospermhaustorium
chalazogam (E: chalazogamic F: chalazogame): Adj. zu → Chalazogamie.
Chalazogamie, f. (E: chalazogamy F: chalazogamie, f.): Befruchtungsvorgang, bei dem der Pollenschlauch nicht durch die → Mikropyle, sondern durch die → Chalaza eindringt, um das Ei zu erreichen.
G: TREUB (1891) beobachtete den Vorgang bei *Casuarina*. Er teilte daraufhin die Angiospermen in die „Chalazogames" und „Porogames" ein (S. 219). Davon wurde dann Chalazogamie abgeleitet (z.B. S. NAWASCHIN 1894, S. 167).
Chalazosperm, n. (E: chalazosperm F: chalazosperme, m.): Nährstoffreiches Gewebe im Samen, das aus einer Wucherung des chalazalen Teiles der Samenanlage hervorgeht. Es ist nicht sicher, ob es ein echtes Nährgewebe ist, das bei der Keimung verbraucht wird oder aber ein Futterkörper im Dienst der Samenverbreitung.
G: Das Chalazosperm wurde von Th.C.E.

FRIES (1920, S. 302) bei *Cyanastrum* aufgefunden und benannt.
Chalkophyt → Metallophyt
Chamaephyt, m. (E: chamaephyte F: chaméphyte, m.): Lebensform, bei der die Überdauerungsorgane (Knospen) sich nahe der Bodenoberfläche oder wenig darüber befinden, so dass sie im Winter meist Schneeschutz genießen. Hierzu gehören u.a. die Halbsträucher und Polsterpflanzen.
G: Gleichzeitig mit anderen Begriffen für Wuchsformen von RAUNKIAER (1905, S. 372) geschaffen („chaméphytes"), abgeleitet von gr. chamai, auf oder an der Erde, und phyton, Pflanze.
Chantransia-Stadium, n. (E: Chantransia-stage F: stade Chantransia): Diploider „Vorkeim" (Sporophyt) einiger Rotalgen (z.B. *Batrachospermum*, *Lemanea*), in dessen Zellen die Meiose stattfindet.
G: Benannt nach der Gattung *Chantransia* DC. (1801). Neuerdings auch **Pseudochantransia-Stadium** oder **Mikrothallus-Phase**. Den Zusammenhang zwischen *Chantransia*-Arten und *Batrachospermum* hat schon SIRODOT (1875, S. 1336) klar erkannt und als Generationswechsel gedeutet. BRAND (1897, S. 318) schlug vor, die zu *Batrachospermum* gehörigen Formen als *Pseudochantransia* zu bezeichnen.
Chaperone, n.pl. (E: chaperones F: chaperones): Proteine, die anderen, neu gebildeten helfen, die richtige Faltungsstruktur zu erlangen („Faltungshelfer"). Sie sind teilweise identisch mit → Hitzeschockproteinen. Eine besondere, sehr weit verbreitete Gruppe sind die **Chaperonine**, die z.B. bei der Ausbildung der → RubisCO beteiligt sind.
G: Zuerst wurde von LASKEY et al. (1978, S. 420) ein Protein, das bei der Assemblierung der Nucleosomen hilft, als ‚molecular chaperone' bezeichnet, abgeleitet von engl. (aus franz.) chaperon(e), Anstandsdame, Beschützer. Später wurde der Begriff stark ausgeweitet (vgl. ELLIS 1990). Chaperonine wurde eingeführt von HEMMINGSEN et al. (1988).
Chaperonine → Chaperone
Charakterart, f., Kennart, f. (E: characteristic species, index species F: espèce caractéristique): In der Pflanzensoziologie eine Art, die mehr oder weniger streng an ein → Syntaxon, z.B. eine → Assoziation gebunden ist.
G: Die Definition von Assoziationen durch Charakterarten ist zuerst als Programm von BRAUN-BLANQUET durchgeführt worden (über Vorläufer vgl. BRAUN-BLANQUET 1921). Das Problem bei der Festlegung von Charakterarten liegt darin, dass sie eine Assoziation voraussetzt, die andererseits durch das Vorkommen von Charakterarten bestimmt wird.
Chargaff-Regel, f. (E: Chargaff rule F: règle de Chargaff, f.): In einem Genom ist immer die Menge von Adenin gleich der von Thymin und die von Guanin gleich der von Cytosin. Dies folgt unmittelbar aus dem Aufbau der → Doppel-Helix.
G: Benannt nach ERWIN CHARGAFF (geb. 1905), der diese Gesetzmäßigkeit in mehreren Arbeiten feststellte (z.B. CHARGAFF et al. 1950). Sie spielte eine wichtige Rolle bei der Aufstellung des Watson-Crick-Modells der Doppel-Helix.
chasmanther (E: chasmantheric F: chasmanthérique): Eine → kleistogame Blüte, bei der sich die Antheren öffnen, wird als chasmanther bezeichnet (Gegensatz → kleistanther).
G: ASCHERSON (1884, S. 240).
chasmogam (E: chasmogamous): Adj. zu → Chasmogamie.
Chasmogamie, f. (E: chasmogamy F: chasmogamie, f.): Das übliche Verhalten, bei dem eine Blüte sich öffnet, bevor eine Bestäubung stattfinden kann, im Gegensatz zur → Kleistogamie.
G: AXELL (1869, S. 14) spricht von „Flores chasmogami", davon wurden Chasmogamie und chasmogam abgeleitet (von gr. chasma, Lücke, Öffnung).
Chasmophyt, m. (E: chasmophyte F: chasmophyte, m.): Pflanze, die in Felsspalten wächst.
G: Erstnachweis: A.F.W. SCHIMPER (1898, S. 193), abgeleitet von gr. chasma, Spalt.
Chemiosmotische Hypothese, f., Chemiosmose, f. (E: chemiosmotic hypothesis): Im allgemeinen Sinn die Kopplung eines chemischen Prozesses (z.B. Phosphorylierung) mit einem osmotischen Prozess, durch den z.B. ein Protonengradient aufgebaut wird.
G: Zuerst für die ATP-Synthese von MITCHELL (1961) vorgeschlagen.
Chemoautotrophie → Autotrophie
Chemodinese → Dinese
Chemolithotrophie → Autotrophie

Chemonastie → Nastie
Chemosynthese, f. (E: chemosynthesis F: chimiosynthèse, m.): In der Biologie eine autotrophe Ernährungsform, bei der die Energie zur Reduktion von CO_2 und zum Aufbau organischer Verbindungen durch Oxidation anorganischer Verbindungen (z.B. Schwefelwasserstoff, Ammoniak, Nitrit) gewonnen wird. Zur Chemosynthese sind nur bestimmte Bakterien befähigt. Es besteht eine weitgehende Analogie zur → Photosynthese.
G: Eingeführt von PFEFFER (1897, S. 273), heute wird Chemolithotrophie (→ Autotrophie) bevorzugt, da Chemosynthese eine zu unspezifische Bezeichnung ist.
Chemotaxis → Taxie
Chemotaxonomie, f., Chemosystematik, f. (E: chemotaxonomy F: chimiotaxinomie, f.): Die Benutzung chemischer Merkmale in der Systematik. Dabei geht es vor allem um die so genannten sekundären Pflanzenstoffe.
G: Erste Anfänge in der zweiten Hälfte des 19. Jahrhunderts, aber erst nach 1945 erlaubten verbesserte Analysemethoden eine intensive Bearbeitung einzelner Stoffklassen mit dem Ziel der Verwendung für die Systematik (vgl. JARETZKY 1928, GIBBS 1974, S. 9-18).
Chemotropismus → Tropismus
Chemotypus, m., Chemovar, f. (E: chemotype, chemical race or strain F: chimiotype, m.): Sippe, die sich im Chemismus von den nächstverwandten unterscheidet, ohne dass morphologische Unterschiede erkennbar sind. Die Unterscheidung von Chemotypen ist für Arzneipflanzen wichtig, sie wurden aber auch bei Flechten viel untersucht.
G: Chemotypus wurde offenbar in Analogie zu Ökotypus gebildet. – Chemovar wurde für „chemische Rassen" vorgeschlagen von TÉTÉNYI 1958 (Taxon 7: 40, vgl. Diskussion auf den folgenden Seiten). Diese Kategorie (und weitere wie chemoforma, chemocultivar etc.) wurden nicht in den → Code 1. ICBN aufgenommen. Man vergleiche hierzu die Begründung der Ablehnung durch VENT 1960 (Taxon 9: 53-54).
Chemovar → Chemotypus
Chiasma, n., pl. Chiasmata (E: chiasma F: chiasma, m.): Die Stellen, an denen während der Meiose zwischen Paaren homologer Chromatiden ein Austausch von Abschnitten unter Nichtschwesterchromatiden erfolgt (→ Crossing over).
G: JANSSENS (1909) begründete die von ihm „Chiasmatypie" genannte Theorie und führte den Begriff Chiasma ein, abgeleitet von gr. chiasma, Buchstabe chi, auch Kreuzung zweier Linien.
Chiastobasidie → Basidientypen (B.)
Chimäre, f. (E: chimera, chimaera F: chimère, f.): Pflanze, die Gewebe mit verschiedener genetischer Zusammensetzung enthält. Dies kann durch Pfropfung, somatische Mutation oder Segregation zustandekommen. Bei verschiedenem Polyploidiegrad, wie er z.B. durch Colchicin-Behandlung entstehen kann, spricht man von einer **Cytochimäre** (E: cytochimera F: cytochimère, f.).
G: Chimären sind schon sehr lange bekannt, ihre Entstehung war aber zunächst ganz unklar. Schon NATUS (1675) beschrieb eine in Florenz gefundene Chimäre aus Zitrone und Orange (vgl. STRASBURGER 1907 b). 1825 entstand im Garten von ADAM in Vitry bei Paris + *Laburnocytisus adamii* aus *Laburnum anagyroides* und *Cytisus purpureus* (das Pluszeichen kennzeichnet Chimären). STRASBURGER (1907 b) zeigte durch Chromosomenzählungen, dass keine Vereinigung der Kerne stattgefunden hat, da *Laburnocytisus* nicht mehr Chromosomen hat als die beiden Partner. Der Begriff Chimäre (von gr. chimaira, einem mythischen Ungeheuer) wurde von Hans WINKLER (1908 b, S. 574) zunächst für einen Spross geschaffen, der durch Pfropfung zwei Längshälften hatte, die die Merkmale verschiedener Arten aufwiesen. Er ist dann später erweitert worden (vgl. BAUR 1909, → Sektorialchimäre und → Periklinalchimäre). Der Terminus cytochimera wurde von DERMEN (1947 oder früher ?) geprägt.
Lit.: TILNEY-BASSETT (1986).
Chiropterochorie, f. (E: bat-dispersal, chiropterochory F: chéiroptérochorie, f.): Ausbreitung durch fruchtfressende Fledermäuse.
Chiropterogamie → Chiropterophilie
chiropterophile Blume, f., Fledermausblume, f. (E: chiropterophilous flower F: fleur chéiroptérophile, f.): Blume, die regelmäßig von Fledermäusen besucht und bestäubt wird und eine charakteristische Merkmalskombination zeigt. Dazu gehören vor allem: nächtliche Blütezeit, helle oder trübe Farben,

unangenehmer, säuerlicher oder muffiger Geruch, viel schleimhaltiger Nektar, viel Pollen, exponierte Stellung der Blumen (→ Cauliflorie, → Flagelliflorie).
G: → Chiropterophilie.
Chiropterophilie, f. Chiropterogamie, f., Fledermausbestäubung, f., Fledermausblütigkeit, f. (E: chiropterogamy, chiropterophily, bat pollination F: chéiroptérogamie, f., chéiroptérophilie, f.): Bestäubung durch Fledermäuse (→ chiropterophile Blume).
G: Die Chiropterogamie, die nur in den Tropen vorkommt, wurde verhältnismäßig spät entdeckt. Die ersten genauen Beobachtungen machte BURCK 1892 im Botanischen Garten von Buitenzorg (jetzt Bogor). KNUTH (1898, S. 88) führte eine Gruppe der „Chiropterophilae" ein. Viele Fälle wurden von PORSCH vorhergesagt, der 1924 (S. 481) von Fledermausblumen als einer besonderen blütenökologischen Gruppe sprach.
Lit.: VOGEL (1968/69), DOBAT & PEIKERT-HOLLE (1985).
Chitin, n. (E: chitin F: chitine, f.): Polysaccharid aus N-Acetylglucosamin-Einheiten, die eine unverzweigte Kette bilden. Chitin wurde zunächst bekannt als Grundsubstanz des Exoskeletts der Arthropoden. Es bildet aber auch die Wand der meisten Pilze, der → Mycobionta (Chitinpilze).
G: ODIER (1823, S. 35) untersuchte die Flügeldecken von Maikäfern chemisch und nannte die gefundene Substanz „la chitine" nach dem gr. Wort chiton, Gewand, Panzer.
Chitinpilze → Mycobionta
Chlamydospermae: Alte Bezeichnung für die Klasse der Gnetopsida.
G: PULLE (1938, S. 163) als Unter-Abt. der Spermatophyta (gleichrangig mit den Gymnospermae). Der Name bezieht sich auf die von einer Hülle umgebenen Samen (gr. chlamys, Mantel, Oberkleid).
Chlamydospore, f., Dauerspore, f. (E: chlamydospore F: chlamydospore, f.): Dickwandiges Dauerorgan, das durch Zerfall aus Hyphen entsteht. In der Hyphenzelle wird vorher eine sekundäre Wand gebildet. Die Abgrenzung gegenüber anderen ähnlichen Bildungen (z.B. → Arthrosporen) ist schwierig.
G: Von DE BARY (1859, S. 395) von der Basidiomycetengattung *Nyctalis* zuerst beschrieben, abgeleitet von gr. chlamys, Mantel.
Lit.: D.A. GRIFFITHS (1974).

Chlamys, f.: Nicht mehr gebräuchlicher Ausdruck für eine Wandbildung einzelliger Algen, aus der der Protoplast herausschlüpfen kann, wie bei *Chlamydomonas* und Verwandten (von gr. chlamys, Mantel).
G: EHRENBERG (1838, S. 16) schrieb von *Chlamydomonas*: „Der Panzer ist ein Büchschen (Urceolus), welches das Thier bis zum Munde eng umschließt, und in welchem es sich einfach oder mehfach theilt, ...".
Chloranthie → Verlaubung
Chlorenchym, n., Assimilationsgewebe, n., Assimilationsparenchym, n., Chlorophyllparenchym, n. (E: chlorenchyma F: chlorenchyme, m.): Parenchym, dessen Zellen reichlich Chloroplasten enthalten, und dessen Hauptfunktion die Photosynthese ist.
G: DE BARY (1877, S. 123) spricht von Chlorophyllparenchym.
Chlorobionta, Viridiplantae: Unterreich (Subregnum), das vor allem durch rein grüne Plastiden mit Chlorophyll a und b, Stärke als wichtigstes Reservepolysaccharid und eine Zellwand mit vorherrschender Cellulose gekennzeichnet ist. Hierzu gehören die Grünalgen (→ Chlorophyta), Moose, Farn- und Samenpflanzen.
G: Erst neuere streng phylogenetisch orientierte Systeme haben diese Gruppen ganz verschiedener Organisationsstufe vereinigt. Die Bezeichnung Viridiplantae geht auf CAVALIER-SMITH (1981, S. 479) zurück.
Chlorocyten → Chlorophyllzellen
Chloronema, n. (E: chloronema F: chloronéma, m.): Das erste Stadium des Protonemas der Laubmoose, das durch ungefärbte Wände, normal ausgebildete (nicht schräge) Querwände und reichliche Chloroplasten ausgezeichnet ist (→ Kaulonema).
G: CORRENS (1899, S. XXIII).
Chlorophyll, n., Blattgrün, n. (E: chlorophyll F: chlorophylle, f.): Das in verschiedenen Formen auftretende grüne Photosynthesepigment. Es besteht im Kern aus einem Porphyrinringsystem aus vier Pyrrolen mit einem zentralen Magnesium-Atom. Die Chlorophylle a-e unterscheiden sich durch die Substituenden, mit Ausnahme des Chlorophylls c haben alle eine mit einem langkettigen Alkohol, dem **Phytol**, veresterte Carboxylgruppe.
G: Das „Blattgrün" erhielt seinen wissenschaftlichen Namen durch PELLETIER & CAVENTOU (1817, S. 490), als „chlo-

rophyle"). In zahlreichen Arbeiten haben RICHARD WILLSTÄTTER und Mitarbeiter (vgl. WILLSTÄTTER & STOLL 1913) die Grundzüge der Chemie der Chlorophylle geklärt. Lit. zur Geschichte: GRIS (1857), HÖXTERMANN (1980).
Chlorophyllkörner, Chlorophyllkörper → Chloroplast
Chlorophyllparenchym → Chlorenchym
Chlorophyllzellen, f.pl., Chlorocyten, m./f.pl., Chlorozysten, f.pl. (E: chlorophyllose cells F: chlorocystes, m. pl.): Schmale, chloroplastenführende Zellen, die die großen, toten, wasserspeichernden → Hyalinzellen in den Blättchen von *Sphagnum* umgeben.
G: Chlorocyste wurde von MORIN (1893, S. 16) eingeführt.
Chlorophyta, Grünalgen, f.pl. (E: green algae F: algues vertes, f.pl.): Abteilung der „Algen" in klassischen Systemen. Grünalgen sind äußerlich meist an der rein grünen Farbe erkennbar, chemisch sind sie gekennzeichnet durch das Vorkommen von Chlorophyll a und b und von Stärke als Reservestoff. Neuerdings werden einerseits in die Chlorophyta (bzw. → Chlorobionta) auch die Landpflanzen (Moose, Farn- und Samenpflanzen) einbezogen (z.B. FOTT 1974, S. 461) oder es werden die Algengruppen ausgegliedert, die mit den Landpflanzen näher verwandt sind und mit diesen zu den → Streptophyta vereinigt.
G: Die Einteilung der Algen in Gruppen, die auf der Farbe beruhen, wurde zum ersten Mal konsequent durch W.H. HARVEY (1836) durchgeführt, der Chlorospermeae, Rhodospermeae und Melanospermeae unterschied (d.h. Grün-, Rot- und Braunalgen). Als Name einer Klasse der Algen heißt das Taxon Chlorophyceae (vgl. Taxon **43**: 245. 1994).
Chloroplast, m., pl. Chloroplasten (E: chloroplast, chlorophyll body F: chloroplaste, m., corps chlorophyllien): Zellorganell autotropher Eukaryoten, das Chlorophyll enthält und damit zur Photosynthese fähig ist. Chloroplasten sind von einer äußeren Doppelmembran umgeben und haben ein inneres Membransystem (→ Thylakoide). Sie besitzen DNA und Ribosomen und vermehren sich durch Teilung. Durch akzessorische Farbstoffe kann die grüne Farbe des Chlorophylls verdeckt sein. Zur Entstehung der Chloroplasten vgl. → Endosymbionten-Theorie.
G: Eine erste deutlichere Beschreibung der Natur der Chloroplasten gab MEYEN (1837, 1, S. 201), der zeigte, dass sie nicht mit dem Chlorophyll identisch sind. Sie wurden lange Zeit als **Chlorophyllkörner** oder **Chlorophyllkörper** bezeichnet. Arthur MEYER (1882, S. 2) sprach von Autoplasten, A.F.W. SCHIMPER (1883, Sp. 108) nannte sie Chloroplastiden, STRASBURGER (1884 c, S. 67) dann Chloroplasten.
Chloroplastendimorphismus, m.: Bei Pflanzen mit dem → C_4-Typ der Photosynthese gibt es zwei morphologisch und physiologisch verschiedene Typen von Chloroplasten. Die Chloroplasten des Mesophylls sind kleiner und enthalten als wichtigstes Enzym die PEP-Carboxylase, sie bilden keine Stärke, die der Bündelscheiden sind besonders groß, z.T. ohne Grana, haben die → RubisCO und bilden reichlich Stärke.
Chloroplastendrehung, f.: In Abhängigkeit von der Lichtintensität können Chloroplasten ihre Lage ändern. Bei geringer Intensität weisen sie ihre Breitseite dem Licht zu (**Schwachlichtstellung**), bei stärkerer drehen sie sich so, dass ihre Schmalseite zur Einfallsrichtung des Lichtes zeigt (**Starklichtstellung**).
Chlorose, f., Bleichsucht, f. (E: chlorosis F: chlorose, f.): Mangelhafte Ausbildung des Chlorophylls, die zu einer blassgrünen bis weißlichen Farbe führt. Sie kann durch Lichtmangel (→ Etiolement), Eisenmangel, aber auch durch genetische Defekte hervorgerufen sein.
G: Erstnachweis: WILLDENOW (1802 a, S. 446).
Chlorosom, n. (E: chlorosome): Die Lichtsammeleinheit der grünen phototrophen Bakterien.
Chlorozysten → Chlorophyllzellen
Chondriom, n., Chondrom, n. (E: chondriome, chondrioma F: chondriome, m.): Die Gesamtheit der → Mitochondrien einer Zelle, bzw. das gesamte in ihnen enthaltene genetische Material.
G: Das Wort stammt von MEVES (1907, S. 405). Es leitet sich her von Chondriosomen, einer heute nicht mehr gebräuchlichen Bezeichnung für die Mitochondrien. Neuerdings wird auch Chondrom verwendet als direkte Ableitung von gr. chondros, Stückchen, Korn. Allerdings ist in der Medizin ein

Chondrom eine gutartige Geschwulst.
Chondriosomen → Mitochondrien
Chondrom → Chondriom
chorikarp → Gynoeceum
chorikarpe Frucht → Fruchttypen (C.)
choripetal, dialypetal, eleutheropetal (E: choripetalous, dialypetalous F: choripétale, dialypétale): Blüten, bei denen die Petalen bis zum Grunde frei sind, werden choripetal genannt (Gegensatz: → sympetal). Entsprechende Bildungen sind **chorisepal** (für freie Sepalen) und **choritepal** (für freie Tepalen).
G: EICHLER (1876, S. 18) ersetzte Eleutheropetalae durch Choripetalae (von gr. choris, getrennt), davon wurde choripetal hergeleitet.
Chorise → Dédoublement
chorisepal → choripetal
choritepal → choripetal
Chorologie, f., Arealkunde, f. (E: chorology F: aréologie, f., chorologie, f., phytogéographie, f.): Die Lehre von der Verbreitung der Pflanzen (und Tiere). Die botanische Chorologie wird auch als **Phytochorologie** bezeichnet.
G: Der Ausdruck wurde von HAECKEL (1866 b, S. 287) geschaffen als „Wissenschaft von der geographischen und topographischen Verbreitung der Organismen", abgeleitet von gr. choros, Ort. Er wurde jahrzehntelang wenig gebraucht und wird erst in letzter Zeit vor allem im deutschen Sprachraum stärker verwendet, nicht zuletzt durch die „Vergleichende Chorologie der zentraleuropäischen Flora" (MEUSEL et al. 1965-92). Lit. zur Terminologie: HOLUB & JIRÁSEK (1967).
Chromatid, n. (E: chromatid F: chromatide, f.): Eine der beiden Untereinheiten des reduplizierten Chromosoms, die bei der Mitose und Meiose sichtbar werden und sich in deren Anaphase II trennen. Beide werden auch als **Schwesterchromatiden** oder **Tochterchromatiden** bezeichnet.
G: MCCLUNG (1900, S. 78).
Chromatin, n., Karyotin, n. (E: chromatin F: chromatine, f.): Das mit basischen Kernfarbstoffen färbbare Material des Interphase-Kerns, das vor allem aus DNA und Histonen, sowie wechselnden Anteilen von Nichthistonproteinen besteht.
G: Von FLEMMING (1880, S. 226) wurden Chromatin und Achromatin des Kerns nach dem Färbeverhalten einander gegenübergestellt. LUNDEGÅRDH (1910, S. 177) nennt das Chromatin „Gerüstsubstanz oder Karyotin".
Chromatische Adaptation, f. (E: chromatic adaptation F: adaptation chromatique, f.): Die Fähigkeit einiger Cyanobakterien und Rotalgen die Ausstattung mit → Phycoerythrin und → Phycocyanin der Lichtqualität am Standort anzupassen.
Chromatophor, m. (E: chromatophore F: chromatophore, m.): Sammelbezeichnung für gefärbte Plastiden, d.h. für → Chloroplasten, → Phaeoplasten, → Chromoplasten etc.
G: SCHMITZ (1882).
Chromatoplasma, n. (E: chromatoplasm F: chromatoplasme, m.): Der äußere, deutlich gefärbte Teil des Protoplasmas bei den Cyanobakterien im Gegensatz zum → Centroplasma.
G: BAUMGÄRTEL (1920, S. 94).
Chromomer, n. (E: chromomere F: chromomère, m.): Ein mikroskopisch erkennbarer, verdickter und kräftig färbbarer Abschnitt eines Chromosoms. Chromomere sind vor allem in bestimmten Stadien der Prophase und an → Riesenchromosomen deutlich.
G: Im heutigen Sinn seit WILSON (1896, S. 221, 335) für die auch „chromatin granules" genannten erkennbaren Abschnitte. Vorher soll das Wort auch für Chromosomen benutzt worden sein. „Chromatinkugeln" beobachtete an tierischen Chromosomen schon PFITZNER (1881, S. 310).
Chromonema, n., pl. Chromonemata oder Chromonemen (E: chromonema F: chromonéma, m.): Lichtmikroskopisch sichtbare fädige Strukturen der Chromosomen (besonders im Leptotän), an denen sich durch lokale Aufknäulung die Chromosomen bilden.
G: Eingeführt von VEJDOVSKY (1912, S. 12), dessen damit verbundene Vorstellung über die Entwicklung der Chromosomen aber seit langem überholt ist.
Chromoplast, m. (E: chromoplast(id) F: chromoplaste, m.): Gefärbter Plastid, der Carotinoide, aber kein Chlorophyll enthält, und sich besonders in Blütenblättern und Früchten findet. (vgl. jedoch auch → Gerontoplast).
G: Die vorher als „Farbkörper" bezeichneten Plastiden nannte A.F.W. SCHIMPER (1883, Sp. 108) Chromoplastiden, Arthur MEYER (1882, S. 314; 1883 b, S. 2) Chromoplasten, was

Chromosom

STRASBURGER (1884 c, S. 66/67) übernahm.
Chromosom, n. (E: chromosome F: chromosome, m.): Die Gebilde im Kern der Eukaryoten, in denen die DNA zusammen mit Histonen etc. organisiert ist und die den größten Teil der genetischen Information enthalten (→ Chromosomentheorie der Vererbung). Sie vermehren sich in der S-Phase des Zellzyklus durch Längsteilung. Nur während der → Mitose und → Meiose sind sie nach Kondensation deutlich erkennbar. Eine Sonderstellung nehmen die Chromosomen der Dinophyta ein, denen Histone fehlen und die auch in der Interphase kondensiert und damit sichtbar sind (→ Dinokaryon). – Zuweilen wird der Begriff auch auf die → Genophore der Prokaryoten, Plastiden und Mitochondrien ausgedehnt, was aber die Unterschiede zu den echten Chromosomen verwischt.
G: Die ersten Abbildungen von Chromosomen findet man (ohne dass dem besondere Bedeutung beigemessen wurde) um die Mitte des 19. Jahrhunderts (z.B. bei HOFMEISTER 1848). Relativ deutlich sind sie bei HOFMEISTER (1867, S. 82) abgebildet, dort wird gesagt, die „eiweißartige Flüssigkeit im Mittelraum ist zu unregelmäßigen Klumpen geronnen." Nach Einführung von Färbemethoden wurden sie als regelmäßiger Bestandteil der Kernteilungsfiguren erkannt und erhielten von Zoologen und Botanikern viele verschiedene Namen: Fäden der Kernfigur, Kernsegmente, Kernschleifen, primäre Schleifen, chromatische Elemente, chromatische Fäden, Strahlen und Karyosomen. Der Anatom und Cytologe WALDEYER (1888, S. 27) schlug dann „Chromosomen" vor. Er bemerkte dazu „Ist die von mir vorgeschlagene [Bezeichnung] praktisch verwendbar, so wird sie sich wohl einbürgern, sonst möge sie bald der Vergessenheit anheim fallen." Tatsächlich setzte sich der Terminus, der auf die Färbbarkeit der Chromosomen hinweist, international sehr schnell durch.
Lit.: STRASBURGER (1907 a, Geschichte der Anfänge), NEBEL (1939), WAGNER et al. (1993).
chromosomale Aneuploidie → Aneuploidie
Chromosomenkarte → Genkarte
Chromosomenkontinuität, f. Chromosomen sind zwar nur während der Mitose und Meiose sichtbar, bleiben aber auch während der Interphase erhalten.

G: Die Diskussion um die Kontinuität der Ch. war entscheidend für die Erkenntnis ihrer Bedeutung bei der Vererbung (vgl. CREMER 1985, S. 145).
Chromosomenmutation, f. (E: chromosome mutation F: mutation chromosomique, f.): Erbliche Änderung im Genom, bei der Abschnitte von Chromosomen verloren, verdoppelt oder verlagert sind (→ Deletion, → Duplikation, → Translokation).
Chromosomenrasse → Cytotyp
Chromosomentheorie der Vererbung, f. (E: chromosome theory of heredity F: théorie chromosomique de l'hérédité): Die heute gesicherte Erkenntnis, dass die Chromosomen (genauer: die in ihnen lokalisierte DNA) den Hauptanteil der genetischen Information enthalten und damit die entscheidende Grundlage für die Vererbung darstellen.
G: Nachdem die konstante Zahl der Chromosomen erkannt war und man ihre exakte Verteilung in der Mitose beobachtet hatte, war ihre Bedeutung für die Vererbung bald deutlich. WEISMANN (1887, S. 28) sprach von einer Vererbungssubstanz, die „in der Kernsubstanz der Keimzelle enthalten ist und zwar in demjenigen Theil derselben, welcher den Kernfaden bildet und welcher zu gewissen Perioden in der Gestalt von Schleifen oder Stäbchen erscheint." Man nahm allerdings vielfach noch an, dass jedes Chromosom Träger aller Erbanlagen war, eine Vorstellung, die W. ROUX schon 1883 widerlegt hatte. Entscheidend waren dann Darlegungen von SUTTON (1903) und BOVERI (1904). Die Verbindung von Mendelgenetik und Cytologie wurde aber nicht allgemein akzeptiert (MORGAN lehnte sie noch 1910 ab).
Lit.: HEBERER (1933), CARLSON (1966), G.E. ALLEN (1978, S. 154-213), CREMER (1985).
Chromosomentypen, m.pl. (E: types of chromosomes F: types chromosomiques): Nach der Lage des → Centromers kann man unterscheiden: - **akrocentrisch** (E: acrocentric F: acrocentrique): Chromosom, bei dem das Centromer nahe an einem Ende liegt. - **metacentrisch** (E: metacentric F: métacentrique): Chromosom, bei dem das Centromer in der Mitte liegt. - **submetacentrisch** (E: submetacentric): Chromosom, bei dem das Centromer in der Nähe der Mitte liegt. - **telocentrisch** (E: telocentric F: télocentrique): Chromosom, dessen Centromer sich

an einem Ende befindet. Ihr Vorkommen in der Natur war lange umstritten, ist aber jetzt erwiesen.
G: Der Terminus telocentrisch stammt von DARLINGTON (1939, S. 349), akro- und metacentrisch wurden von WHITE (1945/48, S. 20) eingeführt. Da es Unstimmigkeiten in der Auffassung gab, führten LEVAN et al. (1964) eine neue Bezeichnungsweise für die Lage des Centromers ein.
Chromosomenzahl, f. (E: chromosome number F: nombre chromosomique): Die Zahl der Chromosomen eines haploiden Satzes wird mit n bezeichnet. Die diploide Zahl ist damit 2n. Eine theoretisch erschlossene Grundzahl (→ Basiszahl) einer Gattung bezeichnet man mit x.
G: Durch STRASBURGER (1882 a) und GUIGNARD (1883) wurde nachgewiesen, dass die Chromosomenzahl (im Allgemeinen) artkonstant ist. Die Beobachtung, dass in den vegetativen Zellen die Zahl doppelt so hoch ist wie in den Geschlechtszellen, führte zur Bestätigung des schon vorher aus theoretischen Überlegungen geforderten Gedankens einer Reduktionsteilung (→ Meiose). STRASBURGER (1894) fasste die Ergebnisse zusammen. Die Probleme, die mit der Feststellung der Chromosomenzahl verbunden sind, wurden von FAVARGER (1978) dargestellt. - Einen ersten Überblick über Chromosomenzahlen im Pflanzenreich gab TISCHLER (1917).
Chromozentrum, n. (E: chromocentre F: chromocentre, m.): Im Interphasekern durch stärkere Färbbarkeit erkennbare Struktur aus → Heterochromatin.
G: Diese Strukturen sind früh aufgefallen und erhielten verschiedene Namen. FLEMMING (1882) sprach von Netzknoten, ROSEN (1892, S. 445) von **Pseudonucleolen** und LUNDEGÅRDH (1910, S. 184) von **Karyosomen**. Die heute verwendete Bezeichnung stammt von BACCARINI (1908, S. 195, „cromocentri"). Die Zahl der Chromozentren entspricht zuweilen der Zahl der Chromosomen (daher auch der Ausdruck **Prochromosomen**), es gibt aber viele Ausnahmen.
Chronospecies, f. (E: chronospecies F: chronoespèce, f., espèce panchrone, f.): Art, deren Vorkommen sich über längere geologische Zeiträume erstreckt und deren Grenzen zu zeitlich vorhergehenden und nachfolgenden durch morphologische Unterschiede willkürlich festgelegt werden. Vgl. →

Paläospecies.
G: GEORGE (1956, S. 129), von gr. chronos, Zeit.
Chrysanthemum cinerariifolium-Typ → Embryosacktypen
Chymochrom, n., Vakuolenfarbstoff, m. (E: vacuolar pigment): Wasserlöslicher Farbstoff, der in der Vakuole lokalisiert ist. Zu den Chymochromen gehören die → Anthocyane.
G: SEYBOLD (1943, S. 67)), von gr. chymos, Speisebrei im Verdauungstrakt, und chroma, Farbe.
Cicinnus → Wickel
Cilie, f., Zilie, f., Wimper, f. (L: cilium, pl. cilia E: cilia F: cil, m.): **1.** Organ vom gleichen Bau wie die → Geißel, aber kürzer und in großer Zahl nebeneinander angeordnet. In dieser Form fast nur bei Tieren. **2.** Als unscharfer beschreibender Ausdruck für steife abstehende Haare bei Kormophyten oder Anhänge am Thallus z.B. an Apothecien.
Cincinnus → Wickel
Cingulum, n., Thecengürtel, m., Gürtel, m., Gürtelband, n. (E: cingulum F: cingulum, m.): Bei den Diatomeen an die → Valva angrenzende Teile der Schale. Zur Epivalva gehört das **Epicingulum**, zur Hypovalva das **Hypocingulum**. Ein vollständiges C. besteht aus der an die Valva angrenzen den **Valvocopula**, den **Copulae** (Zwischenbändern E: intercalary bands F: bandes intercalaires) und den **Pleurae** (Gürtelbändern E: connecting bands F: bandes connectives). Epi- und Hypocingulum zusammen bilden den **Zellgürtel** (E: girdle F: ceinture, f.).
G: Die beiden Gürtelbänder wurden zunächst als „connective membrane" bezeichnet. PFITZER (1871, S. 10) führte den Terminus Gürtelbänder ein. O. MÜLLER (1886) untersuchte den Gürtel als Erster genau, 1895 (S. 223) prägte er Copulae und Pleurae. Die Bezeichnung Cingulum (lat. Gürtel) führte DE TONI (1891, S. 1) ein. Eine detaillierte Untersuchung mit Klarstellung der Terminologie und Einführung von Valvocopula stammt von v. STOSCH (1975, vgl. auch Anonymus 1975).
circadian → Tagesrhythmik
circinat → Vernation
Circumnutationen → Nutationsbewegung
Cirrhus, m., Cirrus, m. (E: cirrus, tendril F: vrille, f., cirre, f.): **1.** → Ranke. **2.** In einer Schleimmasse aus Fortpflanzungsor-

ganen (→ Pyknidien, → Spermogonien der Rostpilze) herausquellende, fadenförmige zusammenhängende Masse von Sporen oder Spermatien.
Cirrus → Cirrhus
Cistron, n. (E: cistron F: cistron, m.): Genetische Einheit, bei der durch einen besonderen Test (cis-trans-Test) nachgewiesen ist, dass es sich um ein Gen handelt und nicht um zwei eng benachbarte.
G: BENZER (1957, S. 71), Kunstwort, abgeleitet von cis-trans.
Citrat-Zyklus, m., Krebs-Zyklus, m. (E: tricarboxylic acid cycle, citric acid cycle, Krebs cycle F: cycle de Krebs, m.): Wichtiger Teil der → Zellatmung, in dem zunächst aus Oxalacetat und einem Acetylrest Citrat gebildet wird. Im Verlaufe des Zyklus werden zwei Moleküle CO_2 abgespalten und das Oxalacetat wird regeneriert.
G: Krebs-Zyklus nach dem Biochemiker HANS ADOLF KREBS (1900-1981).
Citrusfrucht → Panzerbeere
Clad- → Klad-
Clade, m. (E: clade F: clade, m.): Eine monophyletische Einheit beliebigen Umfanges, d.h. alle Nachkommen einer Art oder - anders ausgedrückt - ein Stammbaumast. In der Kladistik auch als **Monophylum** bezeichnet.
G: J.S. HUXLEY (1957, S. 455) von gr. klados, Ast.
Cladodium → Platycladium
Classis → Klasse
Clathrin-Vesikel → Coated Vesicles
Clavis → Bestimmungsschlüssel
cleistocarp → kleistokarp
Cleistothecium → Kleistothecium
Clinanthium → Köpfchenboden
Cline → Merkmalsgradient
Cluster → Phänogramm
CMS → Sterilität
Cnidocyste → Nematocyste
Coated Vesicles, pl.: Kleine → Vesikel, die dem Transport zwischen verschiedenen Kompartimenten der Zelle und der Exo- und Endocytose dienen und die von Hüllproteinen umgeben sind. Man unterscheidet nach diesen Proteinen: **1. Clathrin-Vesikel**, umgeben von einer wabenartigen Käfigstruktur aus dem Strukturprotein Clathrin. **2. Coatprotein-Vesikel**. Hülle aus verschiedenen Proteinen, den so genannten **Coatomeren**.

G: Clathrin (von gr. klathron, Gitter) wurde von PEARSE (1975, S. 98) vorgeschlagen, Coatomer von WATERS et al. (1991).
Coatomer → Coated Vesicles
Coatprotein-Vesikel → Coated Vesicles
coccal (E: coccal F: coccale): Organisationsstufe einzelliger, unbegeißelter Organismen mit einer Zellwand.
Lit.: ETTL & KOMÁREK (1982).
Coccolith, m. (E: coccolith F: coccolite, m.): Kalkschuppen der Coccolithophorales (Haptophyta), die ein wichtiges Mikrofossil der Kreide bilden. Die etwa 10-100 Coccolithen eines Organismus bilden die **Coccosphäre** (E: coccosphere).
G: Coccolithen wurden in der Kreide bereits von EHRENBERG (1836) beobachtet, aber für rein anorganische Bildungen gehalten. Die Bezeichnung C. stammt von Th.H. HUXLEY (1858, zitiert nach 1868, S. 203), Th.H. HUXLEY (1868, S. 206-208) unterschied dann **Discolithen** und **Cyatholithen**. Erst LOHMANN (1902) stellte fest, dass die Organismen, die die C. tragen, Flagellaten sind.
Coccosphäre → Coccolith
cochlear → Ästivation
Code → genetischer Code
Code 1. ICBN, Internationaler Code der Botanischen Nomenklatur (E: International Code of Botanical Nomenclature F: Code international de la nomenclature botanique): Bezeichnung für die auf den Internationalen Botanischen Kongressen beschlossenen Regeln der botanischen Nomenklatur. Die offiziellen Ausgaben des Code erschienen in folgender Reihenfolge:
1867 (Kongress Paris 1867)
1906 (Kongress Wien 1905)
1912 (Kongress Brüssel 1910)
1935 (Kongress Cambridge 1930)
vorher inoffizielle Ausgabe in J. Bot., London , Suppl. 1934
1947 (Kongress Amsterdam 1935) in Brittonia **6**: 1-120.
1950 (Kongress Amsterdam 1935) in Chron. Bot. **12**: 65-88.
1952 (Kongress Stockholm 1950)
1956 (Kongress Paris 1954)
1961 (Kongress Montreal 1959)
1966 (Kongress Edinburgh 1964)
1972 (Kongress Seattle 1969)
1978 (Kongress Leningrad 1975)
1983 (Kongress Sydney 1981)
1988 (Kongress Berlin 1987), deutsch

1989 (Englera **11**), franz. 1988 (Boissiera **42**) 1994 (Kongress Tokyo 1993), deutsch 1995 (Englera **15**), franz. 1996 (Boissiera **49**) 2000 (Kongress St. Louis 1999). In diesem Wörterbuch werden sie als Code 1. ICBN mit dem Jahr des Erscheinens zitiert. Der ICBN 1966 enthält eine ausführliche Bibliographie für die frühen Ausgaben.
Code 2. ICNCP, Internationaler Code der Nomenklatur für Kulturpflanzen (Kulturpflanzencode) (E: International Code of Nomenclature for Cultivated Plants) Ausgaben nach 1945:
1953 STEARN (1953)
1958 Regn. Veget. **10**.
1961 Regn. Veget. **22**
1969 Regn. Veget. **64** (deutsch: Stuttgart 1972)
1980 Regn. Veget. **104** (deutsch in ENCKE et al. 1993, S. 19-36).
1995 Regn. Veget. **133** (= TREHANE 1995).
Lit.: BRICKELL (1986), HETTERSCHEID et al. (1996).
Code, American: Von nordamerikanischen Botanikern entwickelter Nomenklaturcode (vgl. Bull.Torrey Bot. Club **31**: 249. 1904), der durch die Einführung der Typenmethode wichtig ist. Er wurde fortentwickelt zum „Type-basis Code" (l.c. **34**: 167-178. 1907), vgl. HITCHCOCK 1925.
Codiaeum-Typ → Embryosacktypen
Codiolum-Stadium, n. (F: stade Codiolum, m.): Einzellige und einkernige Sporophyten einiger Grünalgen (Ulotrichales, Acrosiphoniales), die von den zugehörigen Gametophyten extrem verschieden sind.
G: *Codiolum* A. BRAUN (1855) wurde als eigene Gattung beschrieben und lange den Chlorococcales zugerechnet.
Codon, n. (E: codon F: codon): Eine bestimmte Gruppe von drei Basen in der DNA und mRNA, die den Einbau einer Aminosäure in ein Protein bestimmt.
G: Der Terminus Codon wurde von CRICK (1963, S. 166) zu einer Zeit eingeführt, als die Einzelheiten des genetischen Code noch nicht bekannt waren.
Coeloblast → Coenoblast
Coelocaulie, f. (E: coelocauly F: coelocaulie, f.): Versenkung des Archegoniums in das ausgehöhlte Stämmchen bei manchen Jungermanniales (Lebermoosen). Coelocaulie ist verbunden mit Reduktion oder Verlust des → Perianths (2.).
Coenobium, n. (E: coenobium F: coenobe, cénobe, m.): Zellkolonie bei Algen, besonders solche, die durch das Zusammentreten vorher freier Individuen entsteht (z.b. bei *Pediastrum, Hydrodictyon,* vgl. → Aggregationsverband). Der Terminus wird aber auch für andere Kolonien verwendet.
G: A. BRAUN (1855, S. 10), lat. coenobium (Fremdwort aus dem Griechischen) bedeutete im Mittelalter Kloster.
Coenoblast, m., Coeloblast, m. (E: coenoblast F: coenoblaste, m.): Organisationsstufe eines Thallophyten, bei der Kern- und Zellteilung nicht synchronisiert sind, so dass vielkernige, nicht durch Zellwände gegliederte Thalli entstehen (vgl. → siphonal, auch bei coccalen Algen, vgl. ETTL 1988 b).
G: SACHS (1879) führte in einem Vortrag mit dem Titel „Über nicht celluläre Pflanzen" den Begriff Coeloblast ein, später setzte sich Coenoblast durch.
Coenzym → Enzym
coenocytisch (E: coenocytic F: coenocytique, cénocytique): Thallus, der unseptiert und vielkernig ist. bei Algen spricht man von einer → siphonalen Organisation.
Coenogamet, m. (E: coenogamete F: coenogamète, m.): Vielkerniges Gametangium, das (bei → Gametangiogamie) wie ein Gamet fungiert. Dabei entsteht eine Coenozygote.
coenokarp → Gynoeceum
coenokarpe Frucht → Fruchttypen (C.)
Coenomegaspore, f. (E: coenomegaspore F: coenomégaspore, f.): Megaspore beim tetrasporischen Embryosack, bei dem alle vier aus der Meiose hervorgegangenen Kerne zusammenbleiben.
Coenorrhizom → Coenosom
Coenosom, n.: Einheitlich erscheinender Achsenkörper, von dem man annimmt, dass in ihm verschiedene Generationen von Achsen gleichsam eingeschmolzen sind.
G: Eingeführt von TROLL (1964, S. 141), zunächst am Beispiel des → Boragoids. Der Begriff wurde auch auf den thallusartigen basalen Vegetationskörper von Podostemaceae angewendet, den JÄGER-ZÜRN (1970, S. 31) auch als **Coenorrhizom** (Coenorhizom) bezeichnete.
Coenospecies, f. (E: cenospecies F: coenoespèce, f.): Gruppe verwandter Arten, die

durch die Möglichkeit eines – wenn auch nur begrenzten – Genaustausches miteinander verbunden sind. Eine Coenospecies kann einer Art (→ Ökospecies) entsprechen, häufiger ist es aber eine Gruppe von Arten oder sogar eine kleine Gattung.
G: Von TURESSON (1922 b, S. 344/345) geprägt (vgl. TURESSON 1929, S. 332).
Coenozygote, f. (E: coenozygote F: coenozygote, m.): Durch die Befruchtung eines mehrkernigen Oogoniums oder allgemein durch Gametangiogamie entstehende Zelle mit mehreren Zygotenkernen. Die „Zygosporen" der Phycomyceten sind Coenozygoten.
G: EHRENBERG (1820) beobachtete die Bildung einer Coenozygote bei *Syzygites* (Zygomycetes).
Coevolution, f., Koevolution, f. (E: coevolution F: coévolution, f.): Gemeinsame Evolution verschiedener Organismen in gegenseitiger Beeinflussung, so dass evolutive Änderungen des einen Organismus solche des anderen nach sich ziehen. Viele Beispiele für Coevolution finden sich im Bereich der Blütenökologie und der Wirt-Parasit-Beziehung. Ein besonders eindrucksvoller Fall ist die Coevolution, die zur Entstehung der heutigen Chloroplasten und Mitochondrien aus Prokaryoten führte (→ Endosymbionten-Theorie).
G: Der von MODE (1958, S. 158) stammende Terminus wurde erst durch EHRLICH & RAVEN (1965) allgemein bekannt.
Cofaktor, m. (E: cofactor F: cofacteur, m.): Ein Stoff, der für die Funktion eines → Enzyms notwendig ist, aber kein Protein ist. Es kann sich dabei um ein Coenzym handeln, aber auch z.B. um Metallionen.
Cofloreszenz, f. (E: coflorescence F: coflorescence, f., inflorescence de renfort): In einer → polytelen Synfloreszenz die Blütenstände, die am Ende der Seitenzweige unterhalb der Hauptfloreszenz (d.h. an den Parakladien) stehen (Abb. 3, S. 157).
G: TROLL (1953, S. 40; 1961 a, S. 352).
Cohors, f., pl. Cohortes: Heute nicht mehr verwendete höhere taxonomische Kategorie. Bei ENDLICHER (1836 ff.) steht sie oberhalb der Klassen (die im Umfang etwa heutigen Ordnungen entsprechen), bei BENTHAM & HOOKER (1862, S. VI ff.) fasst eine Cohors mehrere Familien zusammen und entspricht auch in der Endung der heutigen → Ordnung (Ordo). Abgeleitet von lat. cohors, Kohorte,

militärische Einheit (6 Centurien).
Coleoptile → Koleoptile
Coleorhiza → Koleorhiza
colinear (E: colinear F: colinéaire) Bezeichnung für die Übereinstimmung in der Reihenfolge der Gene (zwischen verschiedenen Arten) oder im Code (z.B. zwischen dem DNA-Code der Chromosomen und dem Code der mRNA).
collateral → Leitbündel (B.)
collaterale Beiknospen → Beiknospe
Collenchym → Kollenchym
Colletere → Kolletere
colpat → Colpus
colporat (L: colporatus E: colporate F: colporé): Pollenkorn mit Falten und zusätzlichen Poren, die sich meist in der Äquatorebene innerhalb der Falten befinden.
G: Von ERDTMAN (1945, S. 190) geprägt als Kunstwort aus lat. colpus (Furche) und porus (Pore).
Colpus, m., Falte, f., Furche, f. (L: colpus E: furrow F: colpus, m., sillon, m.): Langgestreckte → Apertur (Öffnungsstelle) der Pollenkörner, die meist in der Richtung der Meridiane verläuft. Bei den Dikotylen sind häufig drei Colpi vorhanden. Da die Exine an diesen Stellen dünn ist, falten sich trockene Pollenkörner hier zusammen. Pollenkörner mit Falten werden **colpat** genannt (E: colpate F: colpé). Vgl. auch → Sulcus.
G: FRITZSCHE (1832) sprach von Furchen, Hugo FISCHER (1890) von Falten, WODEHOUSE (1935) gebrauchte furrow und colpate. ERDTMAN (1943, S. 44, 50) verwendete zuerst „colpa", er schränkte den Begriff colpat ein, als er die → colporaten und → sulcaten Pollenkörner davon abtrennte (ERDTMAN 1945). FAEGRI & IVERSEN (1950, S. 160) benutzten die korrekte Form colpus (pl. colpi).
Columella, f., Säulchen, n., Stäbchen, n. [beim Pollen], Säule, f. (E: columella F: columelle, f.): Das Wort, das kleine Säule bedeutet, wird für sehr unterschiedliche Strukturen vom Aussehen einer Säule in den verschiedensten Gruppen von Pflanzen und Pilzen verwendet. 1. Bei Laubmoosen für den zentralen sterilen Gewebestrang in der Kapsel. 2. Bei Fungi für eine sterile Achse in Fruchtkörpern von Myxomyceten und Ascomyceten oder in Sporocysten von Zygomyceten. 3. Bei den Wurzeln für den zentralen Teil der → Kalyptra. 4. Beim Gynoeceum von *Euphorbia* für die Mittelsäule. 5. Bei Pollen-

körnern für säulenartige Exinenelemente, die ein → Tectum tragen (IVERSEN & TROELS-SMITH 1950, S. 35).
G: LINNAEUS (1751) verwendete Columella für den zentralen Teil mancher Kapseln, von daher lag die Übernahme für die „Mooskapsel" nahe (HEDWIG 1798 als „columnula").
Columna → Gynostemium
Columniferae: Ältere Bezeichnung für die Ordnung der Malvales.
G: Bei LINNAEUS (1751, S. 31) gehören zu seiner Ordo naturalis „Columniferae" vor allem Malvaceae und Sterculiaceae. Bei JUSSIEU (1789) bilden diese zusammen mit den Bombacaceae eine Familie der Malvaceae (s.l.), später kamen die Tiliaceae hinzu. Der Name Columniferae (wörtlich Säulenträger) leitet sich her von der vor allem bei den Malvaceae auffälligen säulenartigen Verwachsung der Stamina.
comb. nov. → Kombination
Comites → Begleiter
Commensalismus, m. (E: commensalism F: commensalisme, m.): Zusammenleben von Arten, bei dem eine Art einen Vorteil von der anderen hat ohne ihr zu schaden.
G: Das von P.J. van BENEDEN (1876, S. 11) geprägte Wort (von lat. mensa, Mahlzeit, und con, mit, also Tischgenossenschaft) wurde zunächst vor allem in der Zoologie verwendet.
Commiscuum, n., Kommiskuum, n. (E: commiscuum F: commiscuum, m.): Gesamtheit aller Individuen, die miteinander fruchtbare Bastarde bilden können („Vermischungsgemeinschaft").
G: Gehört zusammen mit Convivium und Comparium zu einem von DANSER (1929, S. 401) geschaffenen Begriffsystem der experimentellen Taxonomie (abgeleitet von lat. con, mit, und miscui, ich habe vermischt).
Commissur, f., Kommissur, f. (L: commissura E: commissure F: commissure, f.): Verwachsungslinie bzw. -fläche, allgemein zwischen Karpellen eines Gynoeceums, speziell die „Fugenfläche" zwischen den Teilfrüchten der Umbelliferae (Apiaceae).
commissural → Stigma (Narbe)
Comparium, n. (E: comparium F: comparium, m.): Gesamtheit aller Individuen, die miteinander kreuzbar sind (auch wenn die Bastarde nicht fortpflanzungsfähig sind): „Bastardierungsgenossenschaft".
G: Gehört zusammen mit → Commiscuum und → Convivium zu einem von DANSER (1929, S. 400) geschaffenen Begriffssystem.
Compitum, n. (E: compitum): Verbindung zwischen Fruchtknotenfächern durch eine Öffnung, die es den Pollenschläuchen erlaubt, von irgendeinem Teil des Griffels aus verschiedene Loculi zu erreichen.
G: Von CARR & CARR (1961, S. 253) geprägt (abgeleitet von lat. compitum, Kreuzweg, Scheideweg).
Compositae, Asteraceae: Alternativer Name für die Familie der Asteraceae (beide Namen sind gültig), die u.a. durch blütenähnlichen Köpfchen, enge Verbindung der Antheren und einsamige Früchte (→ Achäne) ausgezeichnet ist.
G: Der Name, von lat. compositus, zusammengesetzt, soll deutlich machen, dass die scheinbar einfache Blüte einen aus vielen Einzelblüten („Blütchen") zusammengesetzten Blütenstand darstellt. Das wusste schon RAY (1682), der von „Herbae flore composito" sprach. Als gültiger Familienname bei GISEKE (1792, S. 538).
Concaulescenz, f. (E: concaulescence F: concaulescence, f.): Congenitale Verwachsung der Basis eines Seitensprosses mit dem Hauptspross. Sie wird daran erkennbar, dass der Seitenspross nicht in der Achsel seines Tragblattes steht, sondern weiter oben abzweigt (Abb. 7, S. 198).
Lit.: TROLL (1935-37, S. 523-524).
Conceptaculum, n., Konzeptakel, n. (E: conceptacle F: conceptacle, m.): Krugförmige Einsenkung im Thallus von Braunalgen (Fucales), in denen die Oogonien oder Spermatogonien sitzen.
G: Das lat. Wort für Behälter wurde zunächst (LINNAEUS 1751, S. 53) im Sinne von Folliculum (Balg) benutzt. In dieser Bedeutung ist es obsolet. Die Anwendung auf die oben beschriebenen Organe der Fucales erfolgte (zuerst ?) durch DECAISNE (1842).
Conchocoelis-Phase, f. (E: Conchocoelis phase F: phase Conchocoelis, f.): Diploides fädiges Stadium der Gattungen der Rotalgen *Bangia* und *Porphyra*, das aus den Karposporen entsteht.
G: Eingeführt von TSENG & CHANG (1955, S. 385), die den Zusammenhang von *Porphyra* mit der „Gattung" *Conchocoelis* erkannten.
Conchospore, f. (E: conchospore F: conchospore, f.): Spore der kalkbohrenden, spo-

rophytischen → Conchocoelis-Phase der Gattungen der Rotalgen *Bangia* und *Porphyra*, die an verzweigten Fäden gebildet wird.
G: TSENG & CHANG (1955, S. 391).
conduplicat → Vernation
congenerisch, kongenerisch (E: congeneric F: congénérique): In der Taxonomie: Arten, die zur selben Gattung gestellt werden.
congenitale Verwachsung → Verwachsung, congenitale
Conidie → Konidie
Conidiogenese → Konidiogenese
Conidioma → Konidioma
Conidiophor → Konidie
Coniferen, f.pl., Koniferen, f.pl., Coniferae, Coniferopsida, Nadelgehölze, n.pl. (E: conifers F: conifères, m.pl.): Als Klasse Coniferopsida ein Teil der → Gymnospermen, der durch nadelförmige (oder schuppenförmige) Blätter und zapfenförmige Blüten (bzw. Blütenstände) gekennzeichnet ist.
G: Erstnachweis: HALLER (1742, S. 145) als „classis naturalis" (natürliche Klasse), wörtlich übersetzt bedeutet Coniferae „Zapfenträger".
Connectiv, n., Konnektiv, n., Mittelband, n. (L: connectivum, n. E: connective F: connectif, m.): Steriler Mittelabschnitt der Anthere (zwischen den beiden Theken).
G: Erstnachweis: RICHARD (1798, S. 50), abgeleitet von lat. connecto, ich verbinde.
Consortium, n. (E: consortium F: consortium, m.): Enges Zusammenleben zweier Organismen, von dem beide einen Vorteil haben. Die aus Algen und Pilzen gebildeten Flechten werden oft als ein solches C. angesehen.
G: A. GRISEBACH in REINKE (1872, S. 108) von lat. consortium, Gütergemeinschaft.
Conspecies → Aggregat
conspezifisch, konspezifisch (E: conspecific F: conspécifique): In der Taxonomie: Pflanzen oder Taxa, die zur selben Art gerechnet werden.
contort → Ästivation
Contortae: Alte Bezeichnung für die Ordnung der Gentianales, zu der die Loganiaceae, Apocynaceae, Asclepiadaceae und Gentianaceae gehören (neuerdings oft auch die Rubiaceae).
G: Der Name, der auf die vorherrschende contorte Ästivation zurückgeht, wurde von LINNAEUS (1764, im Anhang „Ordines naturales") geprägt (vgl. GISEKE 1792, S. 402). R.v. WETTSTEIN (1935) und ENGLER & DIELS (1936) haben ihn noch verwendet.
Contribus, f., Supertribus, f.: Selten verwendete Rangstufe des Systems zwischen Tribus und Unterfamilie (vgl. MANSFELD 1954).
Convar → Convarietas
Convarietät → Convarietas
Convarietas, f., Convarietät, f., Convar, f. (L: convarietas): Gruppe von Varietäten bei Kulturpflanzen, die nicht die Merkmale einer Unterart erfüllt (→ Cultivar-Gruppe).
G: Eingeführt von GREBENSCIKOV (1949) bei der Gliederung von *Zea mays* (verwendet bei SCHULTZE-MOTEL 1986). Auf den Kongressen von Stockholm (1950) und London (1952) akzeptiert. MANSFELD (1953, S. 155) schlug dafür Convar vor (auch JEFFREY 1968). Neuerdings wird Cultivar-Gruppe verwendet.
Convivium, n., Konvivium, n. (E: convivium F: convivium, m.): Mehr oder weniger scharf unterscheidbare und untereinander durch größere Ähnlichkeit und engeren Fortpflanzungszusammenhang zusammengehaltene Individuengruppe innerhalb eines → Commiscuums.
G: Gehört zusammen mit → Commiscuum und → Comparium zu einem von DANSER (1929, S. 401) geschaffenen Begriffssystem.
convolut → Vernation
Copula → Cingulum
Corculum → Embryo
Coremie → Coremium
Coremium, n., Koremium, n., Coremie, f. (E: coremium F: corémie, f.): Büschel von Konidiophoren bei bestimmten Pilzen.
G: Benannt nach der Gattung *Coremium* Link ex S.F.Gray (1821), ähnlich dem → Synnema, mit dem es z.T. synonym gesetzt wird.
Cormophyta → Kormophyten
Cormus → Kormus
Corolla, f., Krone, f., Blütenkrone, f. (L: corolla E: corolla F: corolle, f.): Die Gesamtheit der Petalen (Kron- oder Blütenblätter) in einer Blüte mit doppelter Blütenhülle.
G: Die Bezeichnung wurde erst durch LINNAEUS (1735 b, S. 10) eingeführt. Das lat. Wort bedeutet Krönchen oder Kränzchen (Verkleinerungsform von corona). Die deutsche Übersetzung Krone findet sich z.B. bei GISEKE (1781, S. 69). Vorher wurde die Krone einfach als „flos" (Blüte) bezeichnet.

Corolliflorae: Name für eine Unterklasse der Dicotyledoneae (Dikotylen) im System von A.P. de CANDOLLE (1818, S. 124), gekennzeichnet durch verwachsene Petalen und ein oberständiges Ovar.
Corona, f. (E: corona F: couronne, f.): Terminus, der seiner Grundbedeutung (lat. = Krone) entsprechend ziemlich unspezifisch verwendet wurde, z.B. für den Rest des Kelches, der ein unterständiges Ovar „krönt", aber auch für Bildungen, die der Krone aufsitzen (→ Paracorolla), so z.B. bei SALISBURY (1800, S. 142), WILLDENOW (1802 a, S. 133).
Coronula, f. (E: corona F: coronule, f.): Krönchen des Oogons der Charophyceae. Es besteht aus den Endzellen der Fäden, die das Organ berinden.
Corpus, n. (E: corpus F: corpus, m.): Das Innere des Sprossscheitels von Angiospermen, in dem antikline und perikline Teilungen stattfinden. Das Corpus wird von einer bis einigen → Tunica-Schichten (→ Tunica) umgeben. Es handelt sich um beschreibende Ausdrücke, die keine Aussage über die künftige Entwicklung einschließen (im Gegensatz zur → Histogentheorie).
G: Da die frühere Histogentheorie sich nicht als tragfähig erwiesen hatte, wurden von A. SCHMIDT (1924, S. 352) die Begriffe Corpus (lat. Körper) und Tunica eingeführt.
Corpusculum, n.: Historische Bezeichnung für das Archegonium, bzw. die Eizelle der Gymnospermen.
G: Corpusculum soll von ROBERT BROWN stammen. Der Terminus wurde noch von HOFMEISTER (1851) verwendet, durch dessen Aufklärung der Homologien er überflüssig wurde.
Cortex → Rinde
cortical → Leitbündel (B.)
Corticalplasma → Ektoplasma
Cortina, f., Schleier, m., Haarschleier, m. (E: cortina F: cortine, f.): Faserige Haut zwischen Stiel und Hutrand bei Hutpilzen. Es handelt sich um eine besondere Ausbildung des → Velum partiale. Besonders die vom Hutrand (wie ein Schleier oder Vorhang = lat. cortina) herabhängenden Reste werden Cortina genannt.
Corymbus, m., Ebenstrauß, m. (E: corymbe F: corymbe, m.): Blütenstandsform, die aus einer Rispe oder Traube hervorgeht, wenn die unteren Blütenstiele länger sind als die oberen, so dass alle Blüten sich etwa in einer Ebene befinden. Der Begriff wird entweder so oder in verschiedener Weise eingeschränkt gebraucht. **1. Doldentraube**: Aus einer Traube durch Verlängerung der unteren Blütenstiele abgeleitet (z.B. *Iberis*).
G: Nach der Beschreibung und Abbildung bei LINNAEUS (1751, S. 41) war zunächst eine Doldentraube gemeint. A.P. de CANDOLLE (1827, 2, S. 421) wollte den Begriff auf solche Fälle beschränken, wo die Hauptachse in einer Blüte endet. Ebenstrauß stammt von W.D.J. KOCH (1838, S. VIII).
2. Doldenrispe, Schirmrispe (E: umbel-like panicle F: panicule umbelliforme, f.): Rispenartige Infloreszenz, bei der alle Blüten sich in einer flachen oder leicht gewölbten Ebene befinden (z.B. *Viburnum*). Bei flüchtiger Betrachtung kann der Eindruck einer Dolde entstehen (daher auch **Trugdolde**).
G: A. BRAUN (nach ASCHERSON 1860, S. 19) und TROLL (1957, S. 329) setzen Corymbus mit Doldenrispe gleich. Schirmrispe führte EICHLER (1875, S. 42) ein.
Costa, f. (E: costa F: côte, f.): **1.** In der Pollenmorphologie verdickter Leiste der Endexine (→ Exine), die eine → Apertur (Colpus oder Pore) umgibt.
G: IVERSEN & TROELS-SMITH (1950, S. 32/33), von lat. costa, Rippe.
2. → Rippe
Cotyledo, **Cotyledone** → Kotyledone
Cotypus → Syntypus
Craspedium, n., Rahmenhülse, f. (E: craspedium F: craspedium, m.): Gliederhülse, bei der einsamige Teile aus einem Rahmen herausfallen.
G: BECK (1891, S. 316), abgeleitet von gr. kraspedon, Saum, Rand.
Crassulaceen-Säurestoffwechsel, m., CAM, diurnaler Säurerhythmus (E: Crassulacean acid metabolism F: métabolisme acide des Crassulacées): Form der Photosynthese, bei der CO_2 zunächst zeitlich vorgezogen meist als Malat fixiert und in der Nacht in den Vakuolen gespeichert wird. Am Tage wird Malat freigesetzt und weiterverarbeitet. Dadurch ergeben sich Schwankungen im Säuregehalt im Tagesrhythmus. Dieser Typ der Photosynthese findet sich vor allem bei → Sukkulenten, wie z.B. Crassulaceae, Cactaceae und Bromeliaceae, den so genannten **CAM-Pflanzen** (F: plantes CAM).
G: Einen ersten Hinweis gab es durch die

Beobachtung von HEYNE (1815), dass der morgens sehr saure Geschmack der Blätter von *Kalanchoe pinnata* im Laufe des Tages verschwindet.
Lit.: WINTER & SMITH (1996).
crassinucellat → Samenanlage (B.)
Crassulae, f.pl. (E: crassulae): Strich- oder bogenförmige Verdickungen der primären Zellwand, die Hoftüpfel einrahmen.
G: Von SANIO (1873, S. 74-79) zuerst näher untersucht und nach ihm „Sanio's rims" genannt. Wegen der Verwechslung mit den Sanioschen Balken führten EAMES & MACDANIELS (1947, S. 49) die Bezeichnung Crassulae ein (von lat. crassus, dick bzw. crassulus, dicklich).
Cristae mitochondriales, f.pl., Cristae, f.pl. (E: cristae mitochondriales F: crêtes mitochondriales, f.pl.): Einstülpungen der inneren Membran bei den → Mitochondrien, die eine Vergrößerung der Oberfläche bewirken. Lat. crista, Kamm.
G: PALADE (1952, S. 433).
Crossing over, n. (E: Crossing over F: crossing-over, m.): Mechanismus, durch den in der Prophase der ersten meiotischen Teilung ein Austausch zwischen je zwei der vier Chromatiden von homologen, gepaarten Chromosomen stattfindet.
G: Zunächst auf Grund genetischer Experimente an *Drosophila* nur durch die Durchbrechung der Koppelung definiert (MORGAN & CATTELL 1912, S. 83). Der cytologische Mechanismus wurde erst später bekannt.
cruciat → Dichtomie
Cruciferae, Kreuzblütler, Brassicaceae: Alternative Bezeichnung für die Familie der Brassicaceae (beide Namen sind gültig), die sich auf das kreuzartige Aussehen der vierzähligen Krone bezieht (lat. crux, crucis, Kreuz).
G: Die Zusammengehörigkeit der Familie wurde früh erkannt. Bei LINNAEUS (1751, S. 34) heißt sie Siliquosae nach der → Schote. Der Name Cruciferae geht als gültiger Familienname auf JUSSIEU (1789, S. 237) zurück, wurde aber schon vorher verwendet.
Cruciferen-Typ → Stomata-Typen (B.)
Cryptochrome, n.pl. (E: cryptochromes F: cryptochromes): Chromoproteide, die als Photorezeptoren (hauptsächlich für Blau- und UV-Absorption) fungieren.
G: Die Bezeichnung Cryptochrome war zunächst ein „nickname" in den Labors, da diese Photorezeptoren bei den Cryptogamae vorkamen, aber nicht zu fassen waren („kryptisch"). GRESSEL (1979) verwendete den Namen dann offiziell. Die erste Isolation eines Gens, das ein Cryptochrom codiert, erfolgte durch AHMAD & CASHMORE (1993, 1996).
Cryptogamae, pl., Kryptogamen, pl. (E: cryptogams F: Cryptogames, m.pl.): Alte Sammelbezeichnung für alle Pflanzen (im alten Sinne) ohne deutlich erkennbare Blüten, d.h. für die Algen, Pilze, Moos- und Farnpflanzen.
G: Der Begriff stammt aus dem „Systema Naturae" von LINNAEUS (1735 a), wo diese Pflanzen die Klasse „Cryptogamia" bilden. Er impliziert, dass auch diese Pflanzen Sexualität haben, die aber verborgen ist. Die deutsche Übersetzung „Verborgenblütige Pflanzen" wird kaum noch benutzt.
Cryptophyceae → Cryptophyta
Cryptophyta, Cryptophyceae: Abteilung ganz überwiegend einzelliger und zweigeißeliger Algen. Der Schlund ist mit → Ejectosomen ausgekleidet. Die verschieden gefärbten Chloroplasten können auch → Phycobiline enthalten und gehen wahrscheinlich auf Endosymbiose von Eukaryoten (Rotalgen) zurück, darauf deuten die → Nucleomorphe hin.
Cryptospecies → Kryptospecies
Cryptostoma → Kryptostoma
Cryptotetrade → Kryptotetrade
Cultigen, n. (E: cultigen): Eine Species, die nur aus der Kultur bekannt ist. Meist sind Ort und Art der Entstehung unbekannt.
G: Der Begriff wurde von L.H. BAILEY (1918, S. 306) geprägt. Als Beispiel nennt er u.a. *Zea mays*. Auf dem 12. Internationalen Gartenbaukongress in Berlin (1938) in die Nomenklatur eingeführt mit der Abkürzung c. oder cult. (Vgl. Taxon **10**: 35. 1961).
Cultigrex, m., Kulturschwarm, m.: Gruppe von Sorten einer Kulturpflanze.
G: Verwendet von ROTHMALER (1956, S. 99) in seiner *Antirrhinum*-Monographie.
Cultivar, f./n., pl. Cultivaria, cv. (Abkürzung), Sorte, f. (E: cultivar, variety F: cultivar, m., variété, f., souche, f., race, f., lignée, f.): Eine Gruppe kultivierter Pflanzen, die sich durch irgendwelche Merkmale (meist morphologische, aber auch physiologische, chemische etc.) deutlich auszeichnet und bei der Fortpflanzung diese sortentypischen Merkmale

beibehält. Sorten werden im Allgemeinen nicht lateinisch benannt, sondern mit Trivialnamen, die in einfache Anführungszeichen gesetzt werden. Die älteren englischen und französischen Bezeichnungen unterscheiden nicht zwischen Sorte und Varietät im botanischen Sinn.
G: Der Terminus stammt von L.H. BAILEY (1923, S. 113). Er ist abgeleitet von „cultivated variety". Er wurde vom IBC in Stockholm (1950) und dem International Horticultural Congress (1952) akzeptiert.
Lit.: LAWRENCE (1955, 1957), LEWIS (1986).
Cultivar-Gruppe, f.: Gruppe von Cultivars (Sorten). Die Bezeichnung der Gruppe wird nach dem Kulturpflanzencode (TREHANE 1995) in Klammern zwischen Artnamen und Cultivar-Epithet eingefügt.
Culton, n., pl. Culta (E: culton F: culton, m.): Allgemeine Bezeichnung für systematische Gruppen von Kulturpflanzen.
G: HETTERSCHEID (1994) und HETTERSCHEID & BRANDENBURG (1995) haben die Bezeichnung Culton als Gegenstück zu → Taxon vorgeschlagen, da die Systematik der Kulturpflanzen ein anderes Begriffssystem braucht.
Cumarin, n. (E: coumarin F: coumarine, f.): Cumarin im engeren Sinn ist ein Lacton der Hydroxyzimtsäure. Es ist am bekanntesten als Aromastoff des Waldmeisters, *Galium odoratum*. Zahlreiche davon abgeleitete sekundäre Pflanzenstoffe werden als Cumarine bezeichnet. Es handelt sich um Bitterstoffe vielfach mit fraßhemmender Wirkung.
G: Cumarin leitet sich her vom fanzösischen Namen des Tonkabohnen-Baumes, *Dipteryx odorata* (Fabaceae).
Cupula, f. (L: cupula, f. E: cupule, cup F: cupule, f.): Mehr oder weniger ausgeprägt becherförmige Hülle um eine Frucht oder eine Gruppe von Früchten (besonders bei den Fagaceae), deren morphologische Deutung umstritten ist. Cupula wird auch verwendet für die zusätzliche Hülle um eine oder mehrere Samenanlagen bei einigen Pteridospermen (Lyginopteridopsida).
G: Das lat. Wort, das Pokal oder Becher bedeutet, ist in der Botanik zuerst nachweisbar bei BULLIARD (1783), dort aber nur für Apothecien der Flechten.
Cuticula, f., Kutikula (E: cuticle F: cuticule, f.): Die Epidermiszellen kontinuierlich überziehende (daher oft mit diesen abziehbare)

lipophile Schicht aus → Cutin und Wachsen. Sie ist kennzeichnend für Landpflanzen.
G: Der aus der Zoologie übernommene lat. Terminus, der Häutchen bedeutet, findet sich (als cuticle) schon bei GREW (1682, S. 4). Später wird die Cuticula z.T. als Epidermis bezeichnet (z.B. A.P. de CANDOLLE 1813, S. 315), wobei aber oft auch äußere Zellen einbezogen werden. A.P. de CANDOLLE (1827, 1, S. 75) schränkt dann den Begriff Cuticula so ein, dass er dem heutigen Gebrauch entspricht. BRONGNIART (1834) war einer der Ersten, der die Cuticula durch → Mazeration abgelöst hat, er nannte sie „pellicule".
Lit.: MARTIN & JUNIPER (1970), WILKINSON (1979, S. 140-158), KERSTIENS (1996).
cuticulär → Transpiration
Cuticularanalyse, f. (E: cuticle analysis): Im engeren Sinn die quantitative Untersuchung und Auswertung der Cuticulae an einem Fossilfundort (entsprechend der → Pollenanalyse). Häufig wird darunter auch allgemein die Untersuchung und Bestimmung der Cuticula vor allem fossiler Pflanzen verstanden.
G: Nach ANDREWS (1980, S. 272) haben J. LINDLEY & HUTTON bereits 1834 eine fossile Cuticula isoliert. Erst durch NATHORST (1908) wurde die Methode ausgebaut und allgemeiner bekannt. Neben der → Mazeration durch Behandlung mit Säuren und Oxydantien können auch Abdruckverfahren eingesetzt werden (vgl. W.H. LANG 1926).
Lit.: STACE (1965, hier rezenten Pflanzen, mit Angaben zur Geschichte).
Cuticularschichten, f.pl. (E: cuticular layers F: couches cuticulaires, f. pl.): Unterhalb der Cuticula gelegene Schichten der Epidermisaußenwände vor allem von Xerophyten, in denen Cutin mit Pektin und Cellulose vermengt ist.
G: Von v. MOHL (1847 b, Sp. 501) an *Aloe* beobachtet und benannt.
Cutin, n. (E: cutin F: cutine, f.): Polymere Verbindung aus veresterten und veretherten Fettsäuren und deren Derivaten, die als Matrix für die eingelagerten Wachse der Cuticula dient.
G: Zuerst chemisch untersucht und benannt von FREMY (1859, S. 672).
cv. → Cultivar
Cyanelle, f. (E: cyanelle F: cyanelle): Blaugrüner → Endocytobiont, der von Cyanobakterien (Blaualgen) abgeleitet wird, und

isoliert nicht lebensfähig ist.
G: Der Terminus wurde von PASCHER (1929, S. 387) in Analogie zu Zoochlorellen und Zooxanthellen gebildet.
Cyanglykoside → cyanogene Glykoside
Cyanobakterien, f.pl., Cyanobacteriota, Cyanophyta, Blaualgen, f.pl. (E: blue-green algae F: cyanophytes, m.pl.): Einzellige oder fädige Prokaryoten, die Photosynthese mit Sauerstoffentwicklung betreiben. Wegen der Übereinstimmungen in Habitus und Lebensraum wurden sie lange zu den Algen gezählt und hießen dann **Cyanophyceae** oder Blaualgen, bis sich ihre Zugehörigkeit zu den Prokaryoten erwies. Die oft blaugrüne Farbe wird durch → Phycocyanin hervorgerufen. Die Zelle ist in das → Centroplasma und das → Chromatoplasma gegliedert. Häufig sind → Heterocysten vorhanden, die zur → Stickstoff-Fixierung befähigen.
G: Die ältere Bezeichnung **Myxophyta** geht auf die Ordnung der „Myxophykea" von WALLROTH (1833, S. 4) zurück, abgeleitet von gr. myxa, Schleim. Cyanophyceae führte SACHS (1874, S. 251) ein.
Cyanobiont, m. (E: cyanobiont F: cyanobionte, m.): Als Partner in einer Flechtensymbiose lebende Cyanobakterie.
G: Vorgeschlagen von AHMADJIAN (1982, S. 19), da der früher auch für diese Symbionten verwendete Terminus Phycobiont nach deren Ausscheiden aus den Algen nicht mehr passend war.
cyanogene Glykoside, n.pl., Cyanglykoside, n.pl., Blausäureglykoside, n.p. (E: cyanogenic glycosides F: glycosides cyanogeniques): Glykoside, die unter Einwirkung pflanzeneigener Enzyme oder durch Säureeinwirkung (z.B. im Magen) Cyanwasserstoff abspalten. Cyanogene Glykoside haben Fraßschutzfunktion und sind weit verbreitet. Am bekanntesten ist ihr Vorkommen in den Samen des Steinobstes (Rosaceae-Prunoideae), wie z.B. den „Bitteren Mandeln".
Cyanolichenen, f.pl., Cyanophili, Blaualgenflechten, f.pl. (E: cyanolichens, cyanophilic lichens F: cyanolichens, m.pl.): Flechten, bei denen die photosynthetischen Partner Cyanobakterien (Blaualgen) sind.
Cyanophagen → Bakteriophagen
Cyanophili → Cyanolichenen
Cyanophycinkörner, n.pl. (E: cyanophycin granules F: granules de cyanophycine): Körner aus Reserveeiweiß (Polymere von Arginin und Asparagin) bei den Cyanobakterien.
G: BORZÌ (1886/87, S. 79, 98) spricht von „granuli di cianoficina". Die deutsche Übersetzung Cyanophycinkörner wurde von HIERONYMUS (1892, S. 479) eingeführt.
Cyanophyta → Cyanobakterien
Cyanotrophie, f. (E: cyanotrophy F: cyanotrophie, f.): Synsymbiose von Flechten mit Cyanobakterien.
G: POELT & MAYRHOFER (1988, S. 266).
Cyathium, n. (E: cyathium F: cyathium, m., cyathe, f.): Das Pseudanthium von *Euphorbia* mit einer becherartigen Hülle, zahlreichen männlichen Blüten aus je einem Staubblatt und einer zentralen weiblichen Blüte mit einem gestielten Pistill.
G: Das Cyathium war für LINNAEUS, WILLDENOW u.a. noch eine echte Blüte. LAMARCK (1786, S. 413) und JUSSIEU (1789) haben zuerst die Deutung als Pseudanthium erwogen. R. BROWN (1814, S. 556) gab zusätzlich Argumente. Sehr klar wurde es dann, als Adrien de JUSSIEU (1824) die Gattung *Anthostemon* mit einem kleinen Perigon an der Basis der Staubblätter beschrieb. Der Ausdruck Cyathium findet sich (zuerst ?) bei LINK (1837), er stammt von gr. kyathos, Schöpfgefäß.
Cyatholith → Coccolith
Cybride → Zellhybride
Cycadofilices → Pteridospermen
Cycline, n.pl. (E: cyclins F: cyclines): Spezifische Proteine, die in bestimmten Phasen des → Zellzyklus auftreten, um dann durch → Proteasomen wieder abgebaut zu werden.
cyclocytisch → Stomata-Typen (B.)
Cyme, f., Zyme (L: cyma, f. E: cyme F: cyme, f.): Im weiteren Sinn eine cymöse Infloreszenz (→ Infloreszenz, cymöse), besonders aber ein Teilblütenstand eines → Thyrsus, dessen Achse nur (1)-2 Vorblätter trägt und mit einer Blüte abschließt. In den Achseln der Vorblätter setzt sich die Verzweigung in gleicher Weise fort.
G: Der Ausdruck wurde von LINNAEUS (1751) für doldenähnliche Infloreszenzen verwendet. Er leitet sich ab von gr. kyma, junger Spross (des Kohles). Schärfere Definitionen findet man bei ROEPER (1826) und A.P. de CANDOLLE (1827, 1, S. 413).
Cymo-Botryum → Thyrsus
cymös → Infloreszenz (B.)
Cyphelle, f. (E: cyphella F: cyphelle,

f.): Scharf abgesetzte Grube (Loch in der Rinde) auf der Thallusunterseite bei manchen Flechten, typisch für die Stictaceae.
G: ACHARIUS (1803, S. XIII), als Verkleinerungsform von gr. kyphos, Höcker.
Cypsela → Achäne
Cypripedium-Typ → Embryosacktypen
Cyste, f., Zyste (E: cyst F: kyste, m.): Dickwandiges Dauerstadium von Algen und Pilzen, das sich bei ungünstigen Umweltbedingungen (z.B. Austrocknung) bildet. Bau und Entstehung der Cystenwand können sehr verschieden sein. Bei den Chrysomonadales entsteht sie intraplasmatisch und verkieselt allmählich. - Zweiteilige Cystenwände findet man bei Diatomeen und Xanthophyceae.
Cystide, f. (L: cystidium E: cystide F: cystide, f.): Sterile Endzellen der Hyphen von verschiedener Form, die im Hymenium der Basidiomyceten zwischen den Basidien stehen. Nach Entstehung, Stellung und Form wurden zahlreiche Typen unterschieden (vgl. HAWKSWORTH et al. 1995, KIRK et al. 2001).
G: LÉVEILLÉ (1837, S. 325).
Cystokarp(ium), n., Hüllfrucht, f. (E: cystocarp F: cystocarpe, m.): Der von einer Hülle umgebene → Karposporophyt der Rotalgen.
G: Erstnachweise: NÄGELI (1861), BORNET & THURET (1867).
Cystolith, m. (E: cystolith F: cystolithe, m.): Mit Calciumkarbonat inkrustierter Auswuchs der Zellwand, der großer Teil des Innenraumes einer einzelnen Zelle (der **Lithocyste**, f. E: lithocyst F: lithocyste, m.) ausfüllen kann. Zellen mit Cystolithen kommen in der Epidermis (auch in Haaren) und im Parenchym vor. Sie sind besonders charakteristisch für Moraceae, Urticaceae und Acanthaceae.
G: Die Cystolithen wurden von MEYEN (1837, S. 223) bei *Ficus* entdeckt, ihren Namen erhielten sie durch WEDDELL (1854, S. 268).
Cytoblast → Nucleus
Cytochimäre → Chimäre
Cytochrome, n.pl. (E: cytochromes F: cytochromes, m.): Eine Klasse eisenhaltiger Hämproteine (d.h. mit einem Porphyrinringsystem verbundene Proteine), die an verschiedenen Elektronentransportketten (besonders bei der Photosynthese und der Zellatmung) beteiligt sind. Sie kommen bei Prokaryoten und Eukaryoten vor.

G: Ein Cytochrom wurden schon Ende des 19. Jahrhunderts von MACMUNN als „Myohaematin" beschrieben. Die Angaben wurden aber z.T. bestritten. Erst KEILIN (1925) nahm die Untersuchungen wieder auf, stellte die weite Verbreitung fest und gab den Namen Cytochrom. KEILIN (1966) behandelt die Geschichte der Entdeckung.
Cytogenetik, f. (E: cytogenetics F: cytogénétique, f.): Die Untersuchung des Zusammenhangs zwischen der Cytologie (speziell dem Bau und dem Verhalten der Chromosomen) und der Genetik bei der Vererbung.
G: Erstnachweis für cytogenetics/cytogenetic: BABCOCK (1931), CLAUSEN (1931). Vgl. zur Geschichte: SCHULZ-SCHAEFFER (1976, 1980).
cytogenetisch (E: cytogenetic F: cytogénétique): Adj. zu → Cytogenetik.
Cytogonie, f. (E: cytogony F: cytogonie, f.): **1.** Fortpflanzung durch Einzelzellen im Gegensatz zur → vegetativen Vermehrung durch mehrzellige Gebilde. Die Cytogonie kann als → Gamogonie oder → Agamogonie auftreten.
G: HARTMANN (1904, S. 24).
2. → Gonitogonie (Cytogonie sensu SCHUSSNIG 1938).
Cytokinese → Zellteilung
Cytokinine, n.pl. (E: cytokinins F: cytokinines, f.): Eine Gruppe von Phytohormonen, deren Hauptwirkung in der Förderung der Zellteilung besteht. Es handelt sich um Adenin-Derivate mit einer unpolaren Seitenkette in Position 6.
G: HABERLANDT (1921) zeigte bereits, dass hypothetische „Wundhormone" Zellteilungen auslösen. Eine erste wirksame Substanz, das Kinetin, wurde von MILLER et al. (1955) isoliert. Kinetin kommt aber in der Pflanze nicht vor, ist entstand bei der Extraktion. Die Gruppe ähnlicher Wirkstoffe wurde zunächst Kinine genannt, dann Cytokinine (SKOOG et al. 1965).
Cytologie, f., Zellenlehre, f. (E: cytology F: cytologie, f.): Untersuchung der Zelle nach ihrem Bau, ihrer Entwicklung und Funktion. In der Systematik häufig zu Unrecht eingeschränkt auf die Untersuchung der Chromosomen (z.B. im Begriff Cytotaxonomie), richtiger als → Karyologie zu bezeichnen ist.
G: Der „Lehre von der Pflanzenzelle" ist schon im Lehrbuch von SCHLEIDEN (1845) ein

Kapitel gewidmet, von HOFMEISTER (1867) gibt es ein Buch mit diesem Titel. Die Bezeichnung Cytologie wurde kurz vor 1890 geläufig. Lange Zeit bediente sich die Cytologie vor allem der Licht- und Elektronenmikroskopie in Zusammenhang mit Färbemethoden und einfachen physiologischen Untersuchungen. Seit dem Einzug moderner Methoden spricht man bevorzugt von → Zellbiologie. Überblick der älteren Geschichte: HUGHES (1959).
Cytopharynx, m. (E: cytopharynx F: cytopharynx, m.): Schlundartige Einbuchtung bei Protisten, die zur Phagocytose (Einverleibung fester Nahrungspartikel, → Endocytose) dient.
Cytoplasma, n. (E: cytoplasm F: cytoplasme, m.): Das Protoplasma der Zelle im engeren Sinne, d.h. unter Ausschluss von Kern(en), Plastiden und Mitochondrien.
G: Das Wort wurde schon von KÖLLIKER (1863, S, 10) an Stelle von Protoplasma eingeführt. In der Botanik wurde es erst durch STRASBURGER (1882 a, S. 479) bekannt.
cytoplasmatisch vererbte männliche Sterilität → Sterilität
Cytoribosom → Ribosom
Cytoskelett, n. (E: cytoskeleton F: cytosquelette, m.): Intrazelluläres Netzwerk aus Proteinfilamenten, das einerseits die Versteifung und Formbildung bewirkt, andererseits Bewegungsabläufe (z.B. Geißelbewegung, Mitose) bestimmt. Hierzu gehören vor allem → Mikrofilamente (Actinfilamente) und → Mikrotubuli.
G: Die ersten Verwendungen des Begriffes (cytosquelette WINTREBERT 1931, S. 441; cell skeleton NEEDHAM 1942, S. 660; cytoskeleton R.A. PETERS 1949, S. 265) waren noch weitgehend hypothetisch. Erst um 1970 konnte man das Cytoskelett tatsächlich nachweisen. Lit.: SCHLIWA (1986), MENZEL (1992).
Cytosol, n. (E: cytosol F: cytosol, m.): Die flüssige Grundsubstanz des Cytoplasmas im Raum zwischen den Biomembranen und außerhalb der Organellen.
G: Die Bezeichnung Cytosol (von gr. kytos, Raum, Zelle, und sol, flüssiges Kolloid) stammt von LARDY (1963, S. 245) und bezeichnete den Überstand nach Zentrifugieren eines Zellhomogenats, das entspricht dem Cytoplasma unter Abzug der Organellen und des endoplasmatischen Reticulums.

Cytostom, n. (E: cytostome F: cytostome, m.): Bleibender Zellmund bei einigen Protista, durch den Nahrung aufgenommen wird.
Cytotaxonomie → Karyosystematik
Cytotyp, m., Chromosomenrasse, f. (E: cytotype, chromosome race F: cytotype, m., race chromosomique): Sippe innerhalb einer Art, die sich in der Chromosomenzahl (oder anderen Chromosomenmerkmalen) von anderen unterscheidet, ohne dass eine eindeutige morphologische Kennzeichnung möglich wäre.
G: Zuerst wurde von ALFRED JAMES WILMOTT bei der Planung der „Biological Flora of the British Isles" vorgeschlagen (British Ecological Society 1943, S. 94). VALENTINE (1949, S. 82) schränkte den Begriff auf Sippen mit verschiedenen Polyploidiestufe ein.

dachziegelig (E: imbricate F: imbriqué): **1.** Allgemein: dichte Stellung von Blättern, so dass sie sich wie Dachschindeln teilweise überdecken. **2.** → Ästivation.
Darlingtons Regel, f. (E: Darlington's rule F: loi de Darlington): Die Fertilität einer allopolyploiden Art ist der des primären Bastardes umgekehrt proportional. Ein allopolyploider Bastard ist dann fertil, wenn der primäre Bastard zwischen den Eltern ganz oder fast ganz steril ist.
G: Die Beziehung wurde zuerst von DARLINGTON (1928) bei Untersuchungen an *Prunus* festgestellt. DOBZHANSKY (1937, S. 290; 1939, S. 145) spricht von einer von DARLINGTON aufgestellten Regel.
Darwinismus, m. (E: Darwinism F: darwinisme, m.): Die Lehre von der Evolution der Lebewesen (→ Deszendenztheorie) und ihrer Deutung durch die → Selektion, die aus der natürlichen Variabilität auswählt.
G: Nach dem Oxford English Dictionary soll Darwinismus zunächst (1856) für die Lehre von ERASMUS DARWIN (dem Großvater von CHARLES DARWIN) verwendet worden sein. Schon 1860 spricht dann TH. HUXLEY in einer anonym veröffentlichten Besprechung (in Westminster and Foreign Quarterly Rev. N.S. **17**: 569) von Darwins „Origin" von „Darwinism", interessanterweise mit einem leicht skeptischen Unterton. Im deutschsprachigen Schrifttum verwendete KEFERSTEIN (1861, S.

1875) Darwinismus. Durch Buchtitel wurden „Darwinismus" (K.B. HELLER 1869) bzw. „Darwinism" (WALLACE 1889) dann allgemein bekannt. - In der Folge wurde Darwinismus entweder ganz allgemein mit dem Gedanken der Evolution gleichgesetzt, oder aber scharf dem → Lamarckismus (Geoffroyismus) gegenübergestellt, bei dem die Vererbung erworbener Eigenschaften eine wichtige Rolle spielt. Allerdings hat auch DARWIN eine solche keineswegs ausgeschlossen (→ Pangenesis-Theorie).
Lit.: GLICK (1988: Rezeption des D.), JUNKER (1989: D. und Botanik), TORT (1996: Wörterbuch).
Dauerfläche, f. (E: permanent plot): In der Vegetationskunde eine abgegrenzte Fläche, auf der über lange Zeit die Entwicklung der Vegetation in regelmäßigen Abständen untersucht wird. Damit können → Sukzessionen verfolgt werden.
Dauergewebe, n. (E: permanent tissue F: tissu permanent, m.): Gewebe aus ausdifferenzierten Zellen, die sich normalerweise nicht mehr teilen (im Gegensatz zum → Bildungsgewebe). An bestimmten Orten (z.B. bei der Bildung von → Phellogen oder interfasciculärem → Cambium) kann unter besonderen Bedingungen (bei Regeneration nach Verletzung) kann sich jedoch dünnwandiges lebendes Dauergewebe wieder teilen.
G: Das Begriffspaar Bildungsgewebe - Dauergewebe stammt von NÄGELI (1858, S. 2).
Dauerhumus → Huminstoffe
Dauermodifikation, f. (E: dauermodification, persistent modification F: modification (f.) durable): Veränderung eines Merkmals durch die Umwelt, die sich über einige Generationen erhält, ohne im Genom verankert zu werden. Dies ist vor allem bei Protisten beobachtet worden und wird durch eine Einwirkung auf das Plasma erklärt.
G: JOLLOS (1913, S. 233) beobachtete die Erscheinung bei *Paramaecium* und nannte sie Dauermodifikation.
Lit.: HÄMMERLING (1929), JOLLOS (1939).
Dauerspore → Chlamydospore
Dauerzelle → Hypnospore
Dauerzelle, f.: Bei Cyanobakterien aus einer vegetativen Zelle durch Membranverdickung, Stoffspeicherung und Abbau der Assimilationspigmente entstandenes Überdauerungsorgan (GEITLER 1932). Vgl. → Akinet,

→ Gemme (2.)
dealpin: Taxa mit dem Schwerpunkt der Verbreitung in der subalpinen und alpinen Stufe der Alpen, die an geeigneten Standorten im Vorland auftreten (z.T. als Relikte der Eiszeit). Vgl. → adalpin.
G: Die verwickelte Geschichte des Begriffes haben THORN (1957) und SCHÖNFELDER (1968) dargelegt.
Deckblatt → Bractee
Deckel → Operculum
Deckelkapsel → Pyxidium
Deckelzelle, f. (E: cover cell F: cellule apicale): Die Zelle am Scheitel eines → Antheridiums oder → Archegoniums, die durch Aufklappen oder Verschleimen eine Öffnung bildet.
Deckhaar, n. (E: non-glandular hair): Sammelbegriff für alle drüsenlosen Haare.
G: Erstnachweis: SOLEREDER (1899, S. 937).
Deckschuppe, f. (E: subtending bract, bract F: bractée, f.): Bei Coniferen die an der Achse eines Zapfens sitzende Schuppe, auf der die → Samenschuppe aufsitzt. Ihr Anteil am Aufbau des reifen Zapfens ist sehr unterschiedlich.
G: Erstnachweis: GOEBEL (1882, S. 368).
Deckspelze → Lemma
Deckungsgrad, m. (E: cover, degree of coverage F: degré de recouvrement): In der Pflanzensoziologie der Anteil der Fläche, die eine Art bei Projektion auf den Boden bedeckt. Bei einem vielschichtigen Aufbau einer geschlossenen Vegetation kann die Summe der Deckungsgrade weit über 100% betragen.
Deckzelle, f.: **1.** (E: parietal cell F: cellule (f.) pariétale): Zelle in der Samenanlage, die zwischen der Embryosackmutterzelle und der Epidermis liegt und sich weiter teilen kann. Deckzellen fehlen den tenuinucellaten Samenanlagen.
G: STRASBURGER nannte die Deckzelle Tapetenzelle, GOEBEL (1882, S. 436) Schichtzelle.
2. → Stegma.
Decussation, decussiert → Phyllotaxis
Dédoublement, m., Chorise, f. (E: dédoublement, chorisis, deduplication F: dédoublement, m., chorise, f.): Vermehrung der Kreise innerhalb einer Blüte oder Vermehrung der Glieder eines Kreises. Dabei wird von einer idealen pentazyklischen Blüte ausgegangen. Zuerst wurde dies im Sinne der idealistischen Morphologie als Abweichung

vom Typus aufgefasst und z.B. zur Erklärung der Vermehrung von Organen bei gefüllten Blüten verwendet. Es werden aber auch ontogenetisch nachweisbare Vermehrungen von Organen (besonders von Staubblättern, bei denen sich wenige früh angelegte Höcker später aufteilen) so bezeichnet.
G: Der Terminus D. wurde von A.P. de Candolle (1817, S. 402) zuerst in der Botanik verwendet, und zwar für gefüllte Blüten, die durch Vermehrung bestimmter Teile entstehen (von franz. dédoubler, verdoppeln). Später wird er von demselben Autor (1827, 1, S. 506) als Synonym zur „multiplication des organes floraux" (Vermehrung der Blütenorgane) aufgeführt. In diesem allgemeinen Sinn benutzt auch Eichler (1875, S. 5) Dédoublement oder Chorise.
Lit.: Moquin-Tandon (1827).
Defizienz, f. (E: deficiency F: déficience, f.): Chromosomenmutation, bei der ein terminales Stück eines Chromosoms oder Chromatids verloren geht (vgl. → Deletion).
G: Eingeführt von Bridges (1917), allerdings in einem allgemeineren Sinn für jeden Verlust von Genen.
Degeneration, f. (E: degeneration F: dégénérescence, f.): **1.** Verkümmerung einzelner Zellen oder eines Organs in der → Ontogenie. **2.** Rückbildung in der → Phylogenie.
Dehiszenz, f. (L: dehiscentia, f. E: dehiscence F: déhiscence, f.): Das Aufreißen oder Aufplatzen einer Frucht oder eines Sporangiums ohne äußere mechanische Einwirkung. Lat. dehiscere, sich spalten, sich öffnen.
dekussiert → Phyllotaxis
Deletion, f. (E: deletion F: délétion, f.): **1.** Chromosomenmutation, bei der ein nicht am Ende liegendes Stück eines Chromosoms oder Chromatids verloren geht, heute auch allgemein Verlust eines Chromosomenstückes.
G: Painter & Muller (1929, S. 287), von lat. delere, tilgen, vernichten.
2. Genmutation durch Verlust eines Stückes DNA (ein oder mehrere Nucleotide) eines Gens. Dies kann zu einer → Leserastermutation führen.
Dem, n. (E: deme F: dème, m.): Gruppe von untereinander nahe verwandten Individuen, die durch irgendeine Gemeinsamkeit zusammengehalten werden, z.B. gamodeme (lokale Population, deren Glieder in Fortpflanzungszusammenhang stehen), topodeme (geographisch bestimmte Gruppe) und ecodeme (Population an einem speziellen Standort).
G: Die deme-Terminologie wurde von Gilmour & Gregor (1939, S. 333) eingeführt und von Gilmour & Heslop-Harrison (1954) weiter ausgebaut (vgl. die Zusammenfassung bei Davis & Heywood 1963). Das Wort deme leiten sie von gr. demos, Volk, Schar, her. Außerhalb Großbritanniens scheint sich die Terminologie wenig eingebürgert zu haben. Das deutsche Äquivalent Dem ist daher kaum geläufig. Heute wird gelegentlich auch deme allein für eine → Mendelpopulation verwendet, dies widerspricht der ursprünglichen Intention (Briggs & Block 1981).
demizyklisch → Entwicklungsgang der Uredinales
Demökologie → Populationsökologie
Demographie, f. (E: demography F: demographie, f.): Die Beschreibung und statistische Auswertung der Daten über den Aufbau von Populationen und Arten insbesondere im Hinblick auf die Lebensdauer, den Fortpflanzungserfolg und die Altersstruktur.
G: Der Terminus wurde innerhalb der Anthropologie bereits um 1880 verwendet (von gr. demos, Volk, und graphein, schreiben), später wurde er von der Zoologie übernommen. In der Botanik setzte er sich seit der Arbeit von Harper & White (1974) durch.
Dendrochronologie, f. (E: dendrochronology F: dendrochronologie, f.): Methode der Altersbestimmung von Holzgewächsen durch Auszählen von → Jahresringen und Messung ihrer Breite. Durch die von Jahr zu Jahr verschiedene Witterung entstehen Unterschiede in der Jahresringbreite, die eine Identifizierung typischer Muster erlauben. Durch Vergleich älterer und jüngerer Bäume kann man Datierungen über einen großen Zeitraum erreichen.
G: Die ersten umfassenden Untersuchungen über den Zusammenhang von Klima und Jahresringbreite führte der Astronom Douglass ab 1901 durch und veröffentlichte sie zuerst zusammenfassend 1919. Vorher gab Antevs (1917) einen Überblick über die Bedeutung der Jahresringe als klimatischer Indikator.
Lit.: Schweingruber (1988), Kaennel & Schweingruber (1995: Wörterbuch).
Dendrogramm, n. (E: dendrogram F: den-

drogramme, m.): Graphische Darstellung von Ähnlichkeits- oder Abstammungsverhältnissen in baumartiger Form (vgl. → Stammbaum).
G: Früher allgemein als „Stammbaum" bezeichnet. Dendrogramm wurde von Mayr, Linsley & Usinger (1953, 58, 312) zunächst im Sinne von → Phänogramm und als Gegensatz zu „phylogenetic tree" eingeführt und erhielt erst später die weitere Bedeutung.
Dendrologie, f., Baumkunde, f., Gehölzkunde, f. (E: dendrology F: dendrologie, f.): Die Lehre von den Bäumen, besonders in der Unterscheidung ihrer Arten und Varietäten, traditionsgemäß mit besonderer Berücksichtigung der angepflanzten Gehölze.
G: Dendrologia erscheint schon im Titel eines Buches von Ulisse Aldrovandi aus dem Jahre 1668.
Denitrifikation, f., Nitratatmung, f. (E: denitrification F: dénitrification, f.): Reduktion von Nitrat über Nitrit zu Distickstoffoxid oder elementarem Stickstoff. Zahlreiche Bakterien sind hierzu in der Lage. Die Denitrifikation führt besonders an anaeroben Standorten (stagnierende Nässe) zu Stickstoffverlusten im Boden.
G: Gayon & Dupetit (1882, S. 644).
Deplasmolyse → Plasmolyse
Dermatoblast, m. (E: dermatoblast): Zelle mit Zellwand, wie sie die meisten Pflanzenzellen besitzen (Gegenbegriff: → Gymnoblast).
Dermatogen, n. (E: dermatogen F: dermatogène, m.): Die äußerste Zellschicht des Vegetationspunktes, die sich nur durch antikline Wände teilt und aus der die Epidermis hervorgeht. Es handelt sich also um ein wirkliches Histogen (→ Histogentheorie). Der Begriff wird auch bei der Wurzel verwendet, wenn man die entsprechende Schicht nicht als → Dermakalyptrogen gesondert benennt.
G: Von Hanstein (1868 a, S. 114) gleichzeitig mit Periblem und Plerom eingeführt.
Dermokalyptrogen, n. (E: dermatocalyptrogen F: méristème d'entretien de la coiffe): Meristem im Vegetationspunkt der Wurzeln (vorwiegend bei Dikotylen), aus dem Protoderm und Kalyptra hervorgehen
G: Das Gewebe wurde von Eriksson (1876, S. 642) in einer vorläufigen Mitteilung zunächst Dermatokalyptrogen genannt. Kurz darauf (1878, S. 401) änderte er den Namen in Dermokalyptrogen (von gr. derma, Haut; calyptra, Mütze, und genos, Abstammung), ein Terminus, den noch Esau (1969 a) verwendet.
descriptio generico-specifica (E: combined generic and specific description F: description combinée du genre et de l'espèce): Kombinierte Beschreibung einer Art und Gattung. Bei einer neuen monotypischen Gattung, die auf eine neue Art begründet wird, sind damit nach dem Code beide gültig veröffentlicht (→ Code 1. ICBN 2000, Art. 42.1).
Deskription → Beschreibung
desmocytisch → Stomata-Typen (B.)
Desmogen → Procambium
Desmotubulus, m. (E: desmotubule F: desmotubule, f.): Röhrige Struktur aus dem Endoplasmatischen Reticulum, die einen → Plasmodesmos durchzieht.
G: Robards (1968, S. 204).
Desoxyribonucleinsäure → DNA
Destruenten, m.pl., Zersetzer, m.pl. (E: destruents): Organismen (Bakterien und Pilze), die organisches Material zu anorganischem abbauen (**Mineralisierer**). Im weiteren Sinn werden auch saprophage Tiere dazu gerechnet (Saprophagen, Saprovore). Der Terminus stammt von lat. destruere, zerstören. Zuweilen wird auch „Reduzenten" (reducers) verwendet, das ist aber missverständlich, da die organische Substanz ja weitgehend oxidiert wird.
Deszendenztheorie, f., Abstammungslehre, f., Evolutionslehre, f. (E: theory of evolution, transmutation theory F: transformisme, m., théorie de la descendance): Die Theorie, dass alle Organismen durch einen Wandel (→ Evolution) aus anderen hervorgegangen sind. Gewöhnlich wird angenommen, dass sie letzlich alle auf eine gemeinsame Urform zurückgehen.
G: Der Gedanke von einer Evolution und damit einer Deszendenz ist uralt. Er ist unabhängig davon, welche Mechanismen man dafür als wesentlich ansieht. Zum Durchbruch verhalf der Theorie aber erst das Werk von Ch. Darwin (1859), er benutzte den Ausdruck „theory of descent with modification" (1859, S. 333). Die Bezeichnung Deszendenztheorie findet sich in der deutschen Übersetzung (Darwin 1860, S. 198).
Lit. zur Geschichte: Clodd (1897), Zimmermann (1953), Günther (1954).

Determination, f. (E: determination F: détermination, f.): **1.** In der Entwicklungsgeschichte die Festlegung einer bestimmten Entwicklungsrichtung einer Zelle oder eines Zellverbandes. Sie kann durch umgebende Gewebe erfolgen (→ Induktion) und führt zu einer Änderung in den Genaktivitäten.
G: Der Begriff wurde aus der zoologischen Embryologie übernommen.
2. (Bestimmung) In der Taxonomie und Floristik die Feststellung der Artzugehörigkeit und damit des Namens eines Organismus mit Hilfe von Bestimmungsschlüsseln oder durch Vergleich.
Deuter, m.pl. (L: duces, pl. E: central cells, guide cells F: deuter, cellules-guide, eurycystes): Weite, dünnwandige Zellen in der mittleren Schicht der Blattrippe mancher Laubmoose. Nach HÉBANT (1977, S. 31) handelt es sich um → Leptoiden.
G: LORENTZ (1868, S. 378), von deuten, zeigen, weil sie „sogleich in die Augen fallen". Eurycystes wurde von MORIN (1893, S. 21) eingeführt.
Deuterogamie, f. (E: deuterogamy F: deutérogamie, f.): Befruchtungsvorgang, bei dem keine spezifischen Gameten ausgebildet werden. Hierzu gehört die → Somatogamie.
G: GROOM (1900, S. 140), abgeleitet von gr. deuteros, zweiter, auch geringer, und gamein, heiraten.
Deuteromycetes → Fungi imperfecti
Developmental Constraints → Evolutionary Constraints
Deviationsregel, f. (E: deviation rule F: règle de la déviation): Von zwei Tochterarten einer Art weicht in der Regel die eine morphologisch stärker von der Ursprungsart ab, als die andere.
G: Von HENNIG (1950, S. 111) zuerst formuliert (von lat. devius, vom Weg fort führend).
D'Herellen → Bakteriophagen
Diachore → Superspecies
diacytisch → Stomata-Typen (B.)
Diadelphie, f. (E: diadelphy F: diadelphie, f.): Vereinigung von Organen (besonders Stamina) in zwei Bündeln.
G: Bei LINNAEUS (1735 a) gibt es eine Klasse der Diadelphia, zu der z.B. viele Fabaceae (Leguminosae; mit 9 verbundenen und einem freien Stamen) gehören.
Diagnose, f., Differentialdiagnose, f. (L: diagnosis, f., pl. diagnoses E: diagnosis F: diagnose, f.): Kurze Charakterisierung einer Sippe, die nur die Merkmale hervorhebt, die das Taxon von denen auf gleicher Rangstufe unterscheidet, die derselben nächsthöheren Rangstufe zugeordnet sind. Für eine Art werden also die Merkmale hervorgehoben, die sie von anderen Arten derselben Gattung, bzw. auch nur von den nächstverwandten unterscheiden. Zur Diagnose gehört deshalb, das man angibt, wem gegenüber die Unterschiede gelten. In einer lat. Diagnose heißt es oft „a speciebus affinibus differt ..." (von den verwandten Arten unterscheidet sie sich). Der öfter verwendete Ausdruck Differentialdiagnose ist überflüssig, da das Wort „Diagnose" (gr. diagnosis, Unterscheidung) das Differenzieren (lat. differentia, Unterschied) einschließt.
diagnostische Arten, f.pl. (E: diagnostic species F: espèces diagnostiques): Arten, die eine Pflanzengesellschaft charakterisieren. Hierzu gehören die → Charakterarten und die → Differentialarten.
Diagramm, n. (E: diagram F: diagramme, m.): In der Morphologie grundrissartige Darstellung einer Pflanze bzw. ihrer Teile. Am häufigsten sind → Blütendiagramme, aber es gibt auch Diagramme von vegetativen Teilen, z.B. Knospen (DÖLL 1848) oder Sprossverbänden (ENGLER 1877).
Diakinese, f. (E: diakinesis F: diacinèse, f.): Stadium der ersten meiotischen Teilung, in dem sich bei maximaler Kondensation der Chromosomen die beiden Chromosomen eines Homologenpaares so weit wie möglich voneinander entfernen, ohne sich trennen zu können. Dabei werden vorhandene Chiasmata häufig terminalisiert (an die Enden verschoben).
G: HÄCKER (1897, S. 695, 701), von gr. dia, durch, auseinander, und kineo, bewegen.
dialypetal → choripetal
Dialypetalae, Choripetalae, Polypetalae: Sammelgruppe für die Dikotylen mit freien Kronblättern.
G: Die älteste Bezeichnung ist Polypetalae (JUSSIEU 1778, 1789). Dialypetalae stammt von ENDLICHER (1840, S. XXVII). A. BRAUN & DÖLL (in DÖLL 1843, S. 541) verwenden Eleuteropetalae, EICHLER (1876) Choripetalae.
diandrisch (E: diandrous F: diandre): Blüte mit zwei Stamina.
G: Vgl. die Klasse Diandria bei LINNAEUS (1735 a).

Diaphragma, n. (E: diaphragm(a) F: diaphragme, m.): Wird für häutige Bildungen sehr verschiedener Art verwendet, die einen Raum abtrennen. Beispiele: **1.** hautartige Zellschicht, die im Bereich des Knotens zwei hohle Stängelstücke trennt (*Equisetum*, Poaceae) oder die in einem Blatt hohle Bereiche trennt (*Juncus*) (vgl. de BARY 1877, S. 165); **2.** bei *Salvinia* die Grenzschicht zwischen der basalen Zelle des Prothalliums in der Megaspore und dem eigentlichen Prothallium (vgl. SACHS 1873, S. 383); **3.** bei Moosen: → Epiphragma.
G: Das Wort wurde vermutlich aus der Anatomie des Menschen übernommen, wo es Zwerchfell bedeutet.
Diaphyse, f., Durchwachsung, f. (E: diaphysis F: diaphyse, f., prolifération axiale): Durchwachsung einer Blüte, d.h. Fortsetzung der üblicherweise mit der Blüte abschließenden Achse, die dann Blätter oder Blüten tragen kann.
G: Durchwachsene Blüten sind schon früh beachtet worden. J.W. GOETHE widmete ihnen seine besondere Aufmerksamkeit. Eine schärfere Abgrenzung (von der → Ecblastesis) verdanken wir ENGELMANN, der auch die Bezeichnung diaphysis einführte (ENGELMANN 1832, S. 43), von gr. dia-, durch, hindurch, und phyein, hervorbringen, wachsen.
diarch → Zentralzylinder
Diaspore, f., Disseminule, f., Ausbreitungseinheit, f., Verbreitungseinheit, f. (E: diaspore, disseminule, dispersal unit F: diaspore, f., propagule, f.): Pflanzenteil von beliebigem morphologischem Wert, der der Ausbreitung dient. Eine Diaspore kann eine Spore, ein Samen, eine Teilfrucht, Frucht, ein Fruchtstand oder eine vegetative Propagule (z.B. eine Bulbille) sein.
G: Eingeführt von SERNANDER (1927, S. 6) nach Rücksprache mit O. JUEL an Stelle des vorher verwendeten Ausdrucks Verbreitungseinheit (VOGLER 1901, S. 6). Abgeleitet von gr. diaspeiro, ich werfe herum.
Diasporenbank → Samenbank
Diasporologie, f., Ausbreitungsbiologie, f., Verbreitungsbiologie, f., Karpobiologie, f. (E: dispersal ecology F: diasporologie, f., carpobiologie, f.): Die Wissenschaft von den → Diasporen und ihrer → Ausbreitung.
G: ULBRICH (1928) prägte Karpobiologie (wörtlich Fruchtbiologie), MÜLLER-SCHNEIDER & LHOTSKÁ (1971, S. 415) ersetzten dies durch Diasporologie, da es sich nicht nur um Früchte handelt.
Lit.: JENNY (1995: Terminologie), BONN & POSCHLOD (1998).
Diatomeae → Diatomeen
Diatomeen, f.pl., Kieselalgen, f.pl., Bacillariophyceae, Diatomeae (E: diatoms F: Diatomées): Die Klasse Bacillariophyceae gehört zu den → Heterokontophyceae. Es ist eine artenreiche Gruppe von Einzellern, die eine fein strukturierte Kieselschale (→ Frustel) ausbilden. Nur die männlichen Gameten haben bei einigen Arten Geißeln. Diatomeen sind Diplonten.
Dibotryum → Doppeltraube
Dichasium, f. (E: dichasium, dichasial cyme F: dichasium, m., cyme bipare, f.): Typ der Verzweigung, bei dem sich unter der Endblüte Äste aus den beiden Vorblättern entwickeln (vgl. → Monochasium).
G: Von C.F. SCHIMPER geprägter Terminus, den A. BRAUN (1835, S. 188/189) veröffentlichte.
dichlamydeisch, diplochlamydeisch (E: dichlamydeous F: dichlamydé): Eine Blüte mit doppelter, in Kelch und Krone differenzierter Blütenhülle wird dichlamydeisch genannt (vgl. → monochlamydeisch und → achlamydeisch).
G: Dichlamydeae als Gruppe bei DRUDE (1885/87).
Dichogamie, f. (E: dichogamy F: dichogamie, f.): Die verbreitete Erscheinung, dass in einer Zwitterblüte Narbe und Antheren zu verschiedener Zeit zur Bestäubung befähigt sind. Dadurch wird die Befruchtung innerhalb der Blüte unmöglich gemacht. Der Gegensatz heißt → Homogamie. Die beiden Ausbildungsformen der D. sind die → Proterandrie und → Proterogynie.
G: Die Erscheinung wurde schon von KÖLREUTER (1761, S. 34) an *Epilobium angustifolium* beobachtet. Ch.K. SPRENGEL (1793) stellte ihre weite Verbreitung fest und nannte sie Dichogamie (Sp. 17), von gr. dicho-, auseinander, getrennt, und gamein, heiraten.
Lit.: BERTIN & NEWMAN (1993).
dichotomer Schlüssel → Bestimmungsschlüssel
Dichotomie, f. (E: dichotomy F: dichotomie, f.): Im engsten Sinn eine gabelige Verzweigung durch Teilung der Scheitelzelle in zwei (z.B. bei der Alge *Dictyota dichotoma*). Als

Dichotomie bezeichnet man aber auch eine Verzweigung unmittelbar an der Spitze, bei der die Scheitelzelle das Wachstum einstellt und durch zwei neue ersetzt wird oder bei der sich eine Gruppe von Initialzellen aufteilt. Dichotome Verzweigung ist unter den Kormophyten besonders bei den Lycopodiales verbreitet. Nach der Lage der aufeinander folgenden Verzweigungen im Raum unterscheidet TROLL (1934 a, S. 99) die **flabellate** (Verzweigung in einer Ebene) von der **cruciaten** D. (Verzweigung in zwei aufeinander senkrechten Ebenen).
G: Von einem „caulis dichotomus" spricht schon LINNAEUS (1751, S. 40). In der älteren beschreibenden Morphologie wurde aber auch bei einem Dichasium, bei dem der Hauptspross mit einer Blüte oder Infloreszenz sein Wachstum einstellt und zwei Seitenäste es fortsetzen, von dichotomer oder gabeliger Verzweigung gesprochen.
Dickenwachstum, n. (E: growth in thickness F: croissance en épaisseur): Wachstum, das zu einer Zunahme des Durchmessers von Sprossachse oder Wurzel führt. Man unterscheidet:
- **primäres Dickenwachstum** (E: primary thickening F: croissance en épaisseur primaire): Dickenwachstum, das unmittelbar am Scheitel einsetzt und zu einer Vergrößerung des Apikalmeristems führt. Bei den Monokotylen geht es von einem primären Meristemmantel aus (cambiale Form des primären Dickenwachstums). Wenn dieser längere Zeit tätig ist, kann es zur Bildung einer → Scheitelgrube kommen. Bei Dikotylen und Gymnospermen erfolgt ein primäres Dickenwachstum durch unregelmäßige Zellteilungen im Mark (medulläre Form) oder in der primären Rinde (corticale Form). Infolge des primären D. erstarkt die Achse, der gesamte Vorgang wird auch als **Erstarkungswachstum** bezeichnet.
Lit.: HELM (1937), ECKARDT (1941).
- **sekundäres Dickenwachstum** (E: secondary thickening F: croissance secondaire): Der verbreitete Typ des Dickenwachstums bei Gymnospermen und holzigen Dikotylen. Dabei wird ein → Cambium gebildet, das nach innen Xylem (Holz), nach außen Phloem (Bast) bildet.
G: Der Vorgang des sekundären Dickenwachstums war lange rätselhaft. Einer der Ersten, der durch Versuche Klarheit in einem grundsätzlichen Punkt brachte, war DUHAMEL DU MONCEAU (1758). Er steckte feine Silberdrähte einerseits in die Rinde und andererseits zwischen Rinde und Holz. Da die in der Rinde im Verlauf des Wachstums weiter nach außen gerieten, die anderen ins Holz, war gezeigt, dass sich die inneren Rindenschichten nicht - wie bisher angenommen - in Holz verwandeln. Die weitere Aufklärung ist mit der Erkenntnis über die Funktion des → Cambiums verbunden.
- **anomales sekundäres Dickenwachstum** (E: anomalous thickening F: croissance secondaire anormale): Später einsetzendes Dickenwachstum, das nicht von einem normal arbeitenden Cambium ausgeht. Bei einigen Monokotylen wird ein Cambium gebildet, aus dessen Abkömmlingen jedoch nach innen hin durch weitere Teilungen ganze Leitbündel mit Xylem und Phloem gebildet werden. Bei anderen Formen eines ungewöhnlichen Dickenwachstums ist der Zuwachs an Xylem und Phloem an verschiedenen Stellen des Umfanges sehr verschieden. Vor allem von Chenopodiaceae und verwandten Familien ist eine Form des Dickenwachstums bekannt, bei dem im Rindenbereich in Abständen neue Cambiumzonen gebildet werden.
Lit.: TOMLINSON & ZIMMERMANN (1969).
Diclinie → Diklinie
dicotyl → dikotyl
Dicotyledoneae → Dikotylen
Dictyosom, n. (E: dictyosome, Golgi body F: dictyosome, m.): Aus Stapeln von Membranvesikeln (Zisternen) bestehende Strukturen der Zelle, die Sekrete der verschiedensten Art bilden oder verarbeiten, die dann aus der Zelle geschleust werden. D. sind maßgeblich an der Zellwandbildung beteiligt, sowie an allen Drüsentätigkeiten. Ihre Gesamtheit wird als → Golgi-Apparat bezeichnet.
G: Der Begriff geht auf PERRONCITO (1909, S. 603, als „dictuosomi"; 1910, S. 234, als „dittosomi"; 1911, S. 314 „Diktosomen") zurück, abgeleitet von gr. dictyon, Netz, und soma, Körper. Eine genauere Kenntnis konnte erst mit den Methoden der TEM erreicht werden.
didymospor → Sporenformen
didynamisch, zweimächtig (E: didynamous F: didyname): Androeceum mit zwei Gruppen verschieden langer Stamina, typischer-

weise mit zwei langen und zwei kürzeren wie bei vielen Lamiaceae (Labiatae), Scrophulariaceae und verwandten Familien.
G: Bei LINNAEUS (1735 a) gibt es eine Klasse der Didynamia, zu der die meisten Lamiaceae (Labiatae) und viele Scrophulariaceae gehören.
Differentialart, f., Trennart, f. (E: differential species): In der Pflanzensoziologie eine Art, die in einem bestimmten Gebiet eine Assoziation (oder ein anderes → Syntaxon) von anderen trennt ohne aber ganz an diese gebunden zu sein.
G: In Absprache mit BRAUN-BLANQUET von W. KOCH (1926, S. 13) eingeführt.
Differentialdiagnose → Diagnose
differentielle Genaktivierung → Genaktivierung, differentielle
Differenzierung, f. (E: differentiation F: différenciation, f.): Vorgang der Ontogenie, der sowohl die Ausbildung spezieller Strukturen in einer Zelle, als auch die unterschiedliche Ausbildung verschiedener Zellen umfasst. Bei den ursprünglichsten Algen findet eine Differenzierung zwischen Zellen nur bei den Fortpflanzungszellen statt, während die vegetativen Zellen bei einzelligen oder fadenförmigen Algen alle gleichartig sein können. Differenzierung ist meist mit einer Zunahme der Zahl unterscheidbarer Zelltypen verbunden.
diffuses Parenchym → Holzparenchym
Diffusion, f. (E: diffusion F: diffusion, f.): Bewegung einzelner Teilchen (Wärmebewegung) in einem Gas oder einem Lösungsmittel, die statistisch gesehen vom Ort höherer zum Ort niederer Konzentration verläuft und langfristig zum Konzentrationsausgleich führt.
Digestionsdrüse, f.,Verdauungsdrüse, f. (E: digestive gland F: glande digestive, f.): Drüsen von → Insectivoren, die Proteinasen abscheiden und mit diesen eine externe Verdauung kleiner Tiere bewirken können.
G: DARWIN (1875, S. 85 ff.) hat als Erster nachgewiesen, dass die von den Drüsen verschiedener Insektivoren abgeschiedenen Substanzen Eiweiß verdauen können. De BARY (1877, S. 106) nannte sie deshalb Digestions-Drüsen.
Dignität → morphologischer Wert
Dikaryon, n. (E: dikaryon F: dicaryon, m.): Enge Assoziation zweier verschieden geschlechtlich differenzierter Kerne in einer Zelle (meist durch → Somatogamie entstanden), die sich dann gleichzeitig teilen können. Typisch für die Asco- und Basidiomyceten.
G: MAIRE (1900) benutzte hierfür zunächst den Terminus **Synkaryon**, der aber von den Zoologen in anderem Sinn verwendet worden war. Daraufhin schufen BONNET (1912) und MAIRE (1912) das Wort Dikaryon.
Dikaryophase, f., Paarkernphase, f. (E: dikaryophase F: dicaryophase, f.): Phase der Entwicklung, die der diploiden entspricht, bei der aber die Kerne nicht verschmelzen, sondern ein → Dikaryon bilden.
G: Vor 1916 von Dikaryon abgeleitet.
dikaryotisch, paarkernig (E: dikaryotic F: dicaryotique): Hyphenzelle mit zwei geschlechtlich differenzierten Kernen, die sich jedoch nicht vereinigt haben (→ Dikaryon).
diklin, getrenntgeschlechtig (E: diclinous F: dicline): Adj. zu → Diklinie.
Diklinie, f., Getrenntgeschlechtigkeit, f. (E: dicliny, diclinism F: diclinie, f.): Typ der Geschlechterverteilung bei den Samenpflanzen, bei der es nur eingeschlechtige Blüten gibt. Abgeleitet von gr. di-, zwei, und kline, Bett. Hierzu gehören die → Monözie und die → Diözie.
G: LINNAEUS (1735 a) fasste seine Klassen der Monoecia, Dioecia und Polygamia zu den Diclinia zusammen.
dikotyl, zweikeimblättrig (E: dicotyledonous, dicotylous): Mit zwei Keimblättern. Dies gilt nicht nur für die → Dikotylen, sondern auch für viele → Gymnospermen (mit Ausnahme der → polykotylen Coniferen).
Dikotylen, f.pl., Dicotyledoneae, Zweikeimblättrige (E: dicotyledons, dicots F: Dicotylédones): Sammelgruppe der Angiospermen, die in der Regel durch den Besitz von zwei Keimblättern, Netznervatur der Blätter und Vorherrschen 5- oder 4-zähliger Blüten gekennzeichnet ist. Lange Zeit waren die Dicotyledoneae (neben den Monocotyledoneae) eine der beiden Klassen der Angiospermae. Erst in jüngster Zeit erwiesen sie sich als uneinheitlich und wurden aufgeteilt in die Magnoliidae und Rosidae (Eudikotyledonen, E: eudicots).
G: RAY (1682, S. 8) erkannte als Erster, dass nur ein Teil der Samenpflanzen zwei Keimblätter besitzt und dass hiernach eine grundlegende Gliederung möglich ist. RAY

(1703, S. 16) teilte danach die Blütenpflanzen in Dicotyledones und Monocotyledones ein. Jussieu (1778, S. 190; 1789) übernahm dies.
Dikotylie, f., Zweikeimblättrigkeit, f. (E: dicotylie): Subst. zu → dikotyl.
diktyospor → Sporenformen
Diktyostele → Stelentypen (II.)
Dilatation, f. (E: dilation, dilatation F: dilatation, f.): Durch die Zunahme des Umfanges beim sekundären Dickenwachstum bedingtes Wachstum in tangentialer Richtung. Die Dilatation ist besonders auffällig in den Markstrahlen des Phloems bei *Tilia*. Abgeleitet von lat. dilatare, ausdehnen, erweitern.
dimer, zweizählig (E: dimerous F: dimère): Zweigliederig, vor allem für die Glieder einer Formation in der Blüte benutzt. So ist z.B. das Gynoeceum bei vielen Dikotylen dimer.
Dimorphismus, m. (E: dimorphism F: dimorphisme, m.): Auftreten einer Zelle, eines Organs oder eines Organismus in zwei Formen (vgl. → Blütendimorphismus).
Dinese, f. (E: dinesis): Die Auslösung bzw. Beschleunigung der → Plasmaströmung durch verschiedene Reize. Wichtige Formen sind die **Photodinese** bei Lichteinwirkung, die **Thermodinese** durch Temperaturerhöhung und die **Chemodinese** durch chemische Reize.
G: Der Terminus wurde eingeführt von Fitting (1925, S. 370/371), abgeleitet von gr. dinesis, Kreisdrehung.
Dinoflagellaten → Dinophyta
Dinokaryon, n., Mesokaryon, n. (E: dinokaryon F: dinocaryon, m., mésocaryon, m.): Die besondere Ausbildung des Kerns bei den Dinophyta. Die Chromosomen enthalten wenig Protein, haben keine Nucleosomen, da Histone fehlen, und bleiben dauernd kondensiert. Sie sind dadurch auch während der Interphase sichtbar (→ Dinomitose).
G: Der Begriff wurde von Chatton (1920, S. 441 etc.) geprägt. Bei ihm gibt es auch schon den Terminus mésocaryon.
Lit.: Dodge (1985).
Dinomitose, f. (E: dinomitose F: dinomitose, f.): Die besondere Form der Mitose bei den Dinophyta, bei der die Kernhülle nicht aufgelöst wird (→ Dinokaryon).
Dinophyceae → Dinophyta
Dinophyta, Dinoflagellaten, Dinophyceae: Meist einzellige marine Algen mit enger Verwandtschaft zu tierischen Protisten, mit denen sie heute z.T. als → Alveolata zusammengefasst werden. Die Chloroplasten sind oft durch Xanthophylle bräunlich. Zellwand meist mit Panzer aus Cellulose-Platten, in der Quer- und Längsfurche je eine Geißel. Die besondere Ausbildung des Kerns und der Chromosomen hat zum Begriff des → Dinokaryons geführt.
Lit.: Taylor (1987).
Diözie, f., Zweihäusigkeit, f. (E: dioecism F: dioëcie, f.): **1.** Bei Samenpflanzen: Verteilung der Geschlechter, bei der männliche und weibliche Blüten auf verschiedenen Individuen vorkommen. **2.** Bei Pilzen: Ausbildung von zwei Typen von Mycelien, von denen eines nur als Kernspender, ein anderes nur als Kernempfänger fungieren kann.
G: Linnaeus (1735 a) schuf die Klasse der Dioecia für diözische (zweihäusige) Pflanzen.
diözisch, zweihäusig (E: dioecious F: dioïque): Adj. zu → Diözie.
diphasisch → Generationswechsel, heterophasischer
Diplanie, f. (E: diplanetism F: diplanétisme, m.): Auftreten von zwei verschiedenen Typen von → Zoosporen (bei manchen Oomycetes).
diplecolob → Embryobau
Diplobiont, m. (E: diplobiont F: diplobionte, m.): Pflanze oder Pilz mit einem Entwicklungszyklus aus zwei verschiedenen Generationen.
G: Svedelius (1915, S. 43) führte diplobiontisch im oben angegebenen Sinn ein. Der Terminus ist später zuweilen fälschlich für den diploiden Sporophyten gebraucht worden.
diplochlamydeisch → dichlamydeisch
Diplohaplont, m. (E: diplohaplont, haplodiplont F: diplohaplonte, m., haplodiplonte, m.): Organismus, der in einer haploiden und einer diploiden Generation existiert. Dies ist bei den meisten Pflanzen der Fall.
G: Hartmann (1918, S. 13).
diploid (E: diploid F: diploïde): Bezeichnung für den Zustand des Zellkerns, bei dem zwei Sätzen von Chromosomen (normalerweise je einer von einem der beiden Eltern) vorliegen. Es sind homologe Paare vorhanden. Die Bezeichnung wird auch auf einen Organismus, eine Sippe oder eine Generation angewandt.
G: Von Strasburger (1905, S. 62) zuerst für

den Sporophyt als „Diploid oder diploidische Generation" geprägt, abgeleitet von gr. diplous, doppelt, und „Id", einer theoretischen Einheit des Idioplasmas, der Vererbungssubstanz, die von A. WEISMANN so genannt worden war. BUDER (1916) kritisierte die Verwendung des theoretischen Begriffes „Id", heute ist aber diese Ableitung weitgehend vergessen.
diplolepid → Peristomtypen (B.)
Diplont, m. (E: diplont F: diplonte, m.): Organismus, dessen ganzer Lebenszyklus – abgesehen von den haploiden Gameten – in der diploiden Phase verläuft. Die Meiose findet hier bei der Gametenbildung statt. Dies ist bei vielzelligen Tieren der Normalfall, bei Pflanzen sind Diplonten selten (z.B. Diatomeen, *Fucus*).
G: HARTMANN (1918, S. 4).
Diplophase, f. (E: diplophase F: diplophase, f.): Die diploide Phase im Entwicklungsgang eines Organismus, bei Generationswechsel der Sporophyt.
G: Zuerst vorgeschlagen von VUILLEMIN (1907, S. 85), von GOEBEL (1913 a, S. 415) aufgegriffen und durch ihn im deutschen Schrifttum eingeführt.
Diplophyllie, f., Doppelspreitigkeit (E: diplophylly F: diplophyllie, f.): Ausbildung einer zweiten Spreite auf der eigentlichen Laubblattspreite. Sie ist z.B. bekannt von einigen Arten der Gattung *Caltha*. Nach BAUM & LEINFELLNER (1953) sind die Staubblätter der Angiospermen von diplophyllem Bau.
G: A. BRAUN spricht von spreitenverdoppelnden Auswüchsen. TROLL (1932 a, S. 355) hat den Terminus Diplophyllie vom Namen *Alchemilla diplophylla* abgeleitet.
Diplosporie, f. (E: diplospory F: diplosporie, f.): Form der Apomixis, bei der aus Archesporgewebe unter Vermeidung der Meiose diploide Embryosäcke gebildet werden.
G: Von EDMAN (1931, S. 44) geprägter Begriff.
diplostemon (E: diplostemonous F: diplostémone): Blüte mit zwei Kreisen von Staubblättern.
G: Gruppen der „Diplostemones" gibt es in dem System von HALLER (1742, S. 32-33) sowohl bei den „Apetalae" als auch bei den „Petalodeae". Es ist unklar, ob HALLER den Begriff diplostemon schon vorfand oder prägte.
Diplotän, n. (E: diplotene F: diplotène, m.): Stadium der Prophase in der Meiose, bei der die Trennung der Chromatiden sichtbar wird.
G: H.v. WINIWARTER (1900, S. 70) spricht von den „noyaux diplotènes" (abgeleitet von gr. tainia, Band).
diploxyl (E: diploxylic F: diploxylé): **1.** Leitbündel in den Blättern von Cycadales mit mesarchem Xylem und oben und unten gelegenem Metaxylem.
G: Erstnachweis: BERTRAND & RENAULT (1886).
2. Nadeln bei vielen Pinaceae, bei denen das zuerst angelegte Leitbündel später durch Entwicklung von markstrahlartigem Parenchym in zwei Leitbündel gespalten ist.
G: KOEHNE (1893, S. 28/29) unterschied bei *Pinus* die beiden Sektionen *Haploxylon* und *Diploxylon* (heute subgen. *Strobus* und *Pinus*).
Discobolocyste, f. (E: discobolocyst F: discobolocyste, m.): Nur von einigen Chrysophyceen bekanntes → Extrusom: ein kugliges Gebilde unter der Zelloberfläche, das bei Reizung eine Scheibe mit einem gallertigen Faden abschießt.
G: HOVASSE (1948, S. 1038).
Discolith → Coccolith
Discus → Diskus
disjunkt → Areal, disjunktes
Disjunktion → Disjunktionsschwelle
Disjunktionsschwelle, f. (F: seuil de disjonction): Die größte Entfernung, welche eine Sippe noch mit Hilfe natürlicher Ausbreitungsmittel überwinden kann. Liegen zwei Teile des Areals eines Taxons weiter voneinander entfernt, so spricht man von einer **Disjunktion** (vgl. → Areal, disjunktes).
G: C. SCHRÖTER (1913, S. 914).
Disjunctor, m. (E: disjunctor [cell] F: disjoncteur, m., cellule disjonctrice): Zellstruktur oder Zelle (**Disjunctorzelle**), die durch ihre Auflösung zum Freiwerden von Sporen oder Konidien führt. Disjunktorzellen finden sich z.B. zwischen den Aecidiosporen.
Disjunctorzelle → Disjunctor
Diskus, m., Discus, m. (L: discus, m., pl. disci E: disc F: disque, m.): **1.** Mehr oder weniger deutlich scheibenförmiges Nektarium im Zentrum der Blüte (Diskusnektarium). Der Diskus ist im Allgemeinen als Achsenbildung anzusehen, ähnliche Bildungen können aber auch vom Androeceum und Gynoeceum ausgehen (vgl. RAO 1971).

Dislokation 86

G: ADANSON (1764, S. CCCVIII).
2. Der mittlere Teil eines Köpfchens der Asteraceae (Compositae), die Scheibe, im Unterschied zur Peripherie (dem Radius).
G: Schon RAY (1682, S. 70) bezeichnete Köpfchen mit einer solchen Scheibe als discoideus, und TOURNEFORT (1700, S. 74) verwendet Discus.
3. Die scheibenförmige Oberfläche des Hymeniums bei Apothecien der Discomycetes und der von ihnen gebildeten Flechten.
G: Für die Flechten von ACHARIUS (1803, S. XVI) eingeführt.
Dislokation, f. (E: dislocation F: dislocation, f.): Chromosomenmutation mit Verlagerung eines Teiles eines Chromosoms.
G: Von M. NAWASCHIN (1927 a, S. 180) definiert als „Umgruppierung der Kernsubstanz ohne Veränderung seiner gesamten Masse."
Dislokatorzelle → Stielzelle
Disomie, f. (E: disomy F: disomie, f.): Vorhandensein jeweils zweier homologer Chromosomen in einem Gameten oder allgemein in einer Zelle oder einem Individuum. Bei einem diploiden Organismus ist dies der normale Zustand.
G: BLAKESLEE (1921, S. 259: disome).
Dispersion → Phyllotaxis
disporangiat (E: disporangiate F: biloculaire): Stamen mit zwei Mikrosporangien (Pollensäcken), dies ist gegenüber den tetrasporangiaten Stamina eine Ausnahme.
disruptive Selektion → Selektionstypen
Dissemination, f. (L: disseminatio, f. E: dissemination F: dissémination, f.): Die Ausstreuung der Samen und der Prozess, durch den die Samen (oder Früchte) von der Mutterpflanze zu einem neuen Standort befördert werden.
G: In der älteren Literatur wird der Terminus disseminatio verschieden gebraucht, zunächst für den Zeitpunkt der Reife und des Ausstreuens der Samen (BISCHOFF 1830, S. 18, 32), dann so wie oben definiert. LHOTSKÁ (1973) hat versucht, zwischen der Dissemination, dem Vorgang, der unmittelbar die Entfernung der Diaspore von der Mutterpflanze bewirkt, und der Ausbreitung als einem Vorgang, der wiederholbar ist und schließlich die Diaspore an den Ort der Keimung bringt, zu unterscheiden. Dieser künstlich wirkenden Trennung ist man aber kaum gefolgt.

Disseminule → Diaspore
Dissepiment → Septum
Dissimilation, f. (E: dissimilation F: dissimilation, f.): Abbau organischer Substanzen in der Zelle unter Energiegewinnung. Formen der Dissimilation sind die → Zellatmung und die → Gärung. Die Dissimilation ist das Gegenstück zur → Assimilation.
distal (E: distal F: distal): Vom Punkt der Anheftung oder einem anderen Ausgangspunkt entfernt. Bei Pollenkörnern an der Seite, die vom Zentrum der Tetrade entfernt ist (WODEHOUSE 1935, S. 159). – Gegensatz: → proximal.
distich, Distichie → Phyllotaxis
Distylie → Heterostylie
disymmetrisch → Symmetrie
dithecisch → Antherenbau (A.)
diurnal → Tagesrhythmik
diurnaler Säurerhythmus → Crassulaceen-Säurestoffwechsel
Divergenz, f. (E: divergency, divergence F: divergence, f.): **1.** Bei der Blattstellung (→ Phyllotaxis) der Winkel zwischen den Medianebenen von zwei aufeinander folgenden Blättern. Er wird in Bruchteilen des Kreises angegeben. So bedeutet eine Divergenz von 1/2 einen Winkel von 180° und damit eine Distichie. Bei der besonders häufigen 2/5-Stellung beträgt der Divergenzwinkel 144°. Allgemein gibt der Nenner die Anzahl der Blätter eines Zyklus an (d.h. bei der 2/5-Stellung steht das 6. Blatt wieder über dem ersten, der Zähler zeigt, wie oft dabei die Achse umlaufen wird.
G: Der Begriff der Divergenz und die Bezeichnung durch Brüche wurden eingeführt von C.F. SCHIMPER (1830, S. 7 ff.) und A. BRAUN (1831, S. 225).
2. Evolutionsvorgänge, die dazu führen, dass sich die Nachkommen morphologisch in verschiedener Weise verändern und damit untereinander unähnlich werden (Gegensatz → Konvergenz).
G: Im phylogenetischen Sinn eingeführt von DARWIN (1859, S. 111) in dem Abschnitt „Divergence of Character".
Divisio → Abteilung
DNA, DNS, Desoxyribonucleinsäure, f. (E: DNA, deoxyribonucleic acid F: ADN, acide désoxyribonucléique, f.): Die Substanz, in der bei allen Organismen die genetische Information gespeichert ist. Es handelt sich um ein Polymer in Form einer Kette von Des-

oxyribonucleotiden. Jedes dieser Nucleotide besteht aus einer Purinbase (Adenin, A, oder Guanin, G), bzw. einer Pyrimidinbase (Cytosin, C, oder Thymin, T) und einem Zukkermolekül (2'-Desoxyribose) sowie einem Phosphatrest, der die Verbindung zum nächsten Nucleotid herstellt. Normalerweise liegt die DNA in Form einer → Doppelhelix vor.
G: MIESCHER (1874, S. 159) benannte eine von ihm aus Spermatozoen vom Lachs und Stier isolierte phosphorhaltige Substanz Nuclein.
DNS → DNA
Döldchen → Dolde
Dolde, f. (L: umbella, f., pl. umbellae E: umbel F: ombelle, f.): Blütenstand, bei dem von einem Punkt mehrere gleichartige Achsen ausgehen, die eine Blüte oder - bei der → Doppeldolde - ihrerseits eine kleine Dolde, das **Döldchen** (L: umbellula, f. E: partial umbel F: ombellule, f.) tragen.
G: Das lat. Wort umbella, Sonnenschirm, wurde schon von FUCHS (1542) für schirmförmige Blütenstände benutzt.
Doldenrispe → Corymbus (2.)
Doldentraube → Corymbus (1.)
dolichostyl → Heterostylie
Doliporus, m. (E: dolipore F: dolipore, m.): Tonnenförmiger Porus in der Querwand der Hyphen bei den meisten Basidiomyceten.
G: Eingeführt durch MOORE & MACALEAR (1962, S. 91), abgeleitet von lat. dolium, Weinfass.
Dollosches Gesetz, n. (E: Dollo's law F: loi (f.) de Dollo): Gesetz (bzw. Regel) von der Unumkehrbarkeit der Evolution. Es gilt nicht für das Wiederauftreten einzelner Merkmale, aber für Merkmalskomplexe und Arten. Ein Sonderfall ist das „Law of Loss", das besagt, dass verloren gegangene Organe nicht wieder auftreten, sondern höchstens durch andere in ihrer Funktion ersetzt werden.
G: Von dem belgischen Paläontologen DOLLO (1893) formuliert und nach ihm benannt (vgl. GOULD 1970). - Das „Law of Loss" wurde von ARBER (1919 b) am Beispiel von Wasserpflanzen aufgestellt.
Domäne, f. (E: domain F: domaine, m.): Das Wort wird im Sinn von Abschnitt, Bereich, Gebiet für sehr verschiedene Dinge gebraucht, z.B. **1.** in der Systematik (Phylogenetik) für die Großeinteilung der Organismen in die drei Domänen der Bacteria, Archaea und Eucarya. Eine Domäne wird entweder mit Regnum (Reich) gleichgesetzt und in Subregna (Unterreiche) eingeteilt oder dem Regnum noch übergeordnet. **2.** in der Proteinchemie: ein Abschnitt der Aminosäuresequenz eines Proteins mit einer besonderen Funktion. **3.** ein abgegrenzter Teil eines Chromosoms.
Domatium, n., pl. Domatien (E: domatium F: domatie, f.): Regelmäßig ausgebildete Höhlung oder durch Haare begrenzter Raum an Pflanzen, in denen sich Insekten oder Milben aufhalten. Außerhalb der Tropen sind vor allem von Milben bewohnte Domatien in den Blattwinkeln auf der Blattunterseite einiger Bäume bekannt. Am wichtigsten sind die von Milben bewohnten **Acarodomatien** und die von Ameisen besiedelten **Myrmekodomatien**.
G: LUNDSTRÖM (1887, S. 3), von gr. domation, Häuschen.
Lit.: WILKINSON (1979, S. 132-140).
Domestikation, f. (E: domestication F: domestication, f.): Der vom Menschen unbewusst oder bewusst bewirkte Übergang von einer Wild- zur Kulturpflanze. Die Kulturpflanzen sind in der Regel nicht mehr in der Lage, sich ohne die Hilfe des Menschen zu erhalten (→ Domestikationssyndrom).
Domestikationssyndrom, n. (E: domestication syndrome F: syndrome (m.) de la domestication): Die Gesamtheit der Merkmale, die sich bei der → Domestikation entwickeln. Dazu gehören u.a. die Größenzunahme bestimmter Teile (z.B. Samen), der Verlust natürlicher Schutzmittel und von Ausstreu- und Ausbreitungseinrichtungen. Ähnliche Merkmale zeigen auch manche eng an Kulturpflanzen gebundene Unkräuter.
G: Eine Zusammenstellung der wesentlichen Merkmale des Syndroms gab THELLUNG (1925) unter dem Stichwort „Kulturpflanzen-Eigenschaften bei Unkräutern". Auf THELLUNG berief sich FAEGRI (1981, S. 149), als er den Begriff D. schuf.
dominant (E: dominant F: dominant): In der Genetik ist eine Merkmalsausprägung dominant, wenn sie sich bei der Kreuzung mit dem Träger einer anderen in der F_1-Generation durchsetzt. Die Erscheinung heißt **Dominanz**.
G: Als Erster hat SAGERET (1826, S. 302, 307, vgl. STUBBE 1965, S. 99) gezeigt, dass die Merkmale sich bei der Kreuzung nicht vermischen, und er spricht davon, dass ein

Merkmal dominiert. MENDEL (1866) hat diese Beobachtung durch quantitative Untersuchungen bestätigt. Schon GALLESIO (1815, n.v.) spricht vom Dominieren einzelner Merkmale (nach STUBBE 1965, S. 94).
Dominanz, f. (E: dominance F: dominance, f.): Subst. zu → dominant.
Doppeldolde, f. (E: compound umbel F: ombelle double): Zusammengesetzte Infloreszenz aus → Dolden in doldiger Anordnung. Doppeldolden sind für die meisten Vertreter der Umbelliferen (Apiaceae) typisch.
Doppelhelix, f. (E: double helix F: double hélice, f.): Die übliche Struktur der → DNA aus zwei komplementären schraubig gewundenen Strängen von Nucleotiden, die durch Wasserstoffbindungen miteinander verknüpft sind. Einer Purinbase in dem einen Strang entspricht immer eine Pyrimidinbase im anderen und zwar bilden Adenin und Thymin ein Paar oder Guanin und Cytosin (Chargaff-Regel).
G: Aufbauend u.a. auf Röntgenstrukturanalysen von ROSALIND FRANKLIN wurde das Modell der Doppelhelix von WATSON & CRICK (1953 a, b) entworfen.
Doppelspreitigkeit → Diplophyllie
doppelte Befruchtung → Befruchtung der Angiospermen
Doppeltraube, f., Dibotryum, n. (E: dibotryum F: grappe double, raceme double): Zusammengesetzte Infloreszenz aus Trauben in traubiger Anordnung.
G: GUILLARD (1857, S. 376-377) führte Dibotryum ein.
Dormanz, f. (E: dormancy F: dormance, f.): Ruheperiode in der Entwicklung einer Pflanze. Es gibt verschiedene Grade (vgl. VEGIS 1965) von der Wachstumsruhe im Winter bis zur durch Wasserentzug hervorgerufenen extremen Einschränkung aller Stoffwechselvorgänge bei der Ruhe der Samen (→ Samenruhe) und vieler Sporen (→ Hypnospore).
Dorn, m. (L: spina E: spine, thorn F: épine, f.): Stechendes Gebilde, das die Stelle eines Organs (Spross, Blatt, Nebenblatt, selten Wurzel) einnimmt. Dies wird durch die Stellung und zuweilen auch durch Übergangsbildungen deutlich.
Dornblatt → Blattdorn
Dornpolsterflur, f. (E: hedgehog zone): Von dornigen Polsterpflanzen beherrschter Vegetationstyp der typisch für die subalpine bis alpine Stufe in Gebieten mit kaltem Winter und trockenem Sommer (Mediterrangebiet, Südwestasien, Chile) ist, aber auch in tieferen Lagen vorkommen kann.
Dornpolsterpflanze, f. (E: thorn cushion plant): Strauchige oder halbstrauchige sehr reich verzweigte Pflanze mit Blatt- oder Sprossdornen, die kissenförmige bis halbkugelige Polster bildet.
dorsal → abaxial
Dorsalmedianus, m.: Leitbündel eines Karpells, das in der Mediane (Mittellinie) auf der Dorsalseite (abaxial) verläuft. Wenn das Karpell als Blatt aufgefasst wird, entspricht der D. dem Blattmittelbündel.
dorsifix → Antherenbau (C.)
dorsiventral → Symmetrie
Dreiergruppe → Multilayered structure
dreihäusig → triözisch
dreischneidig → Scheitelzelle
dreizählig → trimer
Drepanium → Sichel
Druckholz → Reaktionsholz
Druckstromtheorie, f., Münchsche Druckstromtheorie, f. (E: pressure flow hypothesis): Theorie für den Strom der Assimilate in der Pflanze, besonders in den Siebröhren. Danach handelt es sich um eine Lösungsströmung, deren Richtung bedingt wird durch das osmotische Gefälle zwischen den assimilatproduzierenden Zellen (→ Source) und den assmilatverbrauchenden Zellen (→ Sink).
G: Die Druckstromtheorie geht auf MÜNCH (1926, 1930) zurück. Sie wird in modifizierter Form noch heute als Grundlage des Stofftransportes im Phloem akzeptiert.
Drüse, f. (L: glans, f., pl. glandes, glandula, f., pl. glandulae E: gland F: glande, f.): Sekretions- bzw. Exkretionsorgan, das bei Pflanzen aus einzelnen Drüsenzellen oder Gruppen von diesen besteht. - Beispiele sind die → Nektarien, → Osmophoren, → Digestionsdrüsen und → Salzdrüsen.
G: LINNAEUS (1751, S. 50) verwendete glandula für eine Flüssigkeit abscheidende Papille. Seine Beispiele betreffen überwiegend extraflorale Nektarien. Schon GISEKE (1781, S. 55) führte Drüse ein, das seit langem in der Medizin als Äquivalent für lat. glans und glandula, eingebürgert war. Lat. glans bedeutet auch die Eichel, daher wird für Drüse meist glandula verwendet (vgl. aber STEARN 1992, S. 420).

Drüsenhaar, n. (E: glandular hair, glandular trichome F: poil glanduleux, m.): Haar (oder Emergenz) mit Drüsenfunktion; diese ist meist äußerlich erkennbar an der vergrößerten Endzelle oder einem mehrzelligen Köpfchen am Ende.
Drüsenzotte → Kolletere
Drupa → Steinfrucht
Drusa-Typ → Embryosacktypen
Dublette, f. (E: duplicate F: double, m., duplicata, m.): In der Herbarpraxis „ein Teil einer einzelnen von einem Sammler zur gleichen Zeit gemachten Aufsammlung" einer Sippe (→ Code 1. ICBN 2000, Art. 8.3). Der Begriff der Dublette ist wichtig für die Bestimmung von Iso- bzw. Lectotypen (→ Typus).
Duces → Leptoide
Dunkelatmung, f. (E: dark respiration F: respiration obscure): Die Atmung grüner (chlorophyllhaltiger) Gewebe im Dunkeln. Sie beruht auf der → Zellatmung und ist nicht vergleichbar der „Lichtatmung" (→ Photorespiration).
Dunkelkeimer, m. (E: dark-germinating plant): Art, bei der Licht die Samenkeimung verhindert oder verzögert.
Dunkelreaktion → Photosynthese
Duplikation, f. (E: duplication F: duplication, f.): In der Genetik eine Chromosomenmutation, die zur Verdopplung eines Abschnittes eines Chromosoms führt. Folgt der verdoppelte Abschnitt dem ersten in der gleichen Orientierung, so spricht man von **Tandemduplikation,** ist er umgekehrt orientiert von **invertierter Duplikation.**
G: BRIDGES (1919) führte den Begriff ein, allerdings nur als Hypothese auf der Grundlage von Kreuzungsversuchen. Echte Duplikationen wurden von ihm und von MULLER erst 1935 nachgewiesen (vgl. MULLER 1950, S. 93).
Durchlasszelle, f. (E: passage cell F: cellule de passage): Zellen mit unverdickter bzw. unverkorkt bleibender Wand in der sekundären und tertiären → Endodermis und der → Exodermis.
G: SCHWENDENER (1883, S. 13/14) sprach von „permeablen Durchgangsstellen", STRASBURGER (1891, S. 408) benutzte den Durchlasszellen.
Durchlüftungsgewebe → Aerenchym
Durchwachsung 1. → Diaphyse
Durchwachsung 2. → Prolifikation

Durio-Theorie, f. (E: durian theory F: théorie de durian): Von CORNER (1949, 1954) entwickelte Vorstellung über die Vorfahren der Angiospermen. Dabei soll es sich um tropische Bäume mit dickem, unverzweigtem oder wenig verzweigtem Stamm, großen zusammengesetzten Blättern und großen Früchten gehandelt haben (→ Pachycaulie).
G: Die Bezeichnung „durian theory" wurde von CORNER (1949) selbst gewählt (nach der tropischen Gattung *Durio,* Bombacaceae).
Dux → Leptoide
Dyade, f. (E: dyad F: dyade, f., diade, f.): Vereinigung von zwei Pollenkörnern, die zusammen verbreitet werden.
Dyneine, n.pl. (E: dyneins F: dynéines): Proteine, die meist mit Mikrotubuli zusammen auftreten (z.B. in den Armen der Doppeltubuli bei Geißeln), und ATPase-Aktivität aufweisen. Sie spielen eine Rolle bei der Bewegung der Geißeln (→ Motorproteine).
G: Ein erstes Dynein wurde von GIBBONS & ROWE (1965) aus Geißeln von *Tetrahymena* gewonnen und benannt (abgeleitet von gr. dynis, Kraft).
Dysploidie, f. (E: dysploidy F: dysploïdie, f.): Das Auftreten von Arten mit verschiedenen Chromosomenzahlen, die nicht durch Polyploidie erklärbar sind, innerhalb einer Gattung.
G: E. C. JEFFREY (1925, S. 210) definierte Dysploidie wie oben angegeben. TISCHLER (1937, S. 165) spricht von einem „Carex-Typ". Später wurde der Terminus auch auf Arten angewendet, innerhalb derer verschiedene Chromosomenzahlen auftreten (→ Aneuploidie).
Dysploidion, n. (E: dysploidion F: dysploïdion, m.): Art mit sexueller Fortpflanzung aus Gliedern einer dysploiden Serie, die morphologisch nicht oder kaum unterscheidbar sind.
G: CAMP & GILLY (1943, S. 338).
dystroph (E: dystrophic F: dystrophique): Gewässer, das nährstoffarm ist, aber reich an Humusstoffen. Es handelt sich um „Braunwasserseen".
G: Als Seetyp zuerst bei THIENEMANN (1921). Dystrophie von gr. dys-, erschwert, mangelhaft, und trophe, Ernährung, gab es schon vorher in der Medizin.
Dystropie, f. (E: dystropy F: dystropie, f.): Beziehung zwischen Blumenbesuchern und Blumen, bei der die (dystropen) Besucher

Dyszoochorie

durch Körperbau und Verhalten Schaden durch Zerstörung von Blütenteilen anrichten und nur gelegentlich eine Bestäubung herbeiführen. Hierzu gehören vor allem eine Reihe von Käfergruppen.
G: Von LOEW (1886, S. 107, 146) zusammen mit Eu-, Hemi- und Allotropie eingeführt.
Dyszoochorie, f., Dyschorie. f. (E: dyszoochory): Die Ausbreitung durch Tiere, bei der die → Diasporen überwiegend als Nahrung genutzt werden und nur der Teil, der dem entgeht, die Art ausbreitet. Typisches Beispiel sind die Nüsse oder Coniferensamen sammelnden Eichhörnchen, die Vorräte als Nahrungsreserve anlegen. Ein Teil davon wird vergessen oder nicht mehr gefunden und kann keimen.
G: Eingeführt von P. MÜLLER (1933, S. 412), MÜLLER-SCHNEIDER & LHOTSKÁ (1971, S. 411) verkürzten Dyszoochoren zu Dyschoren.

Ebenstrauß → Corymbus
Ecas, Ökade, f. (E: ecad): Pflanzen von charakteristischem Aussehen (Phänotypus), die an einen bestimmten Standort angepasst sind.
G: CLEMENTS (1905, S. 316). Als formelle Kategorie im Nomenklatur-Code nicht vorgesehen, aber von PHILIPSON (1937, S. 97) bei seiner Revision der Gattung *Agrostis* verwendet. Die deutsche Form Ökade verwendet Loos in Florist. Rundbr. **30**: 155. 1996.
Ecblastesis, f. (E: ecblastesis F: ecblastesis, f.): Monstrosität, bei der innerhalb einer Blüte Sprosse aus den Achseln von Blütenorganen, besonders den Kelch- und Kronblättern, entstehen.
G: ENGELMANN (1832, S. 48), aus gr. ek, aus, durch, und blastos, Spross.
echinolophat → lophat
Eckenkollenchym → Kollenchym
Ect- → Ekt-
Edaphon, n. (E: edaphon F: édaphon, m.): Die Gesamtheit der Lebewesen im Boden (Tiere, Pflanzen, Pilze, Mikroorganismen).
G: FRANCÉ (1911, S. 148), abgeleitet von gr. edaphos, Boden, Erdboden.
Ei → Eizelle
Eiapparat, m. (E: egg apparatus F: appareil micropylaire, unité germinale femelle): Die am mikropylaren Pol des Embryosackes der Angiospermen liegende Gruppe aus der →

Eizelle und zwei → Synergiden.
G: Die älteren Embryologen sahen an der der Mikropyle zugewandten Seite des Embryosackes meist nur zwei „Keimbläschen". Schon HOFMEISTER (1858, S. 178) schreibt aber, es seien oft drei. Dabei war lange nicht klar, ob nur eine oder mehrere als Ei fungieren können. Erst STRASBURGER (1877, S. 463) stellte fest, dass es immer drei Zellen sind und prägte die Bezeichnung Eiapparat.
Eibefruchtung → Oogamie
Eichen → Samenanlage
Eigengehäuse → Excipulum
Eigenrand → Margo
Einblattfrucht → Fruchttypen (C.)
Einbürgerung → Naturalisation
Eindringling → Akolutophyt
einfache Durchbrechung → Tracheentypen (A.)
eingebürgert (E: naturalized F: naturalisé): Art, die im Gebiet nicht einheimisch ist, sich aber auch ohne Hilfe des Menschen selbstständig fortpflanzt. In der älteren Literatur nannte man eine solche Art auch „**quasi spontanea**" (Abk.: q. sp.). In die natürliche Vegetation eingebürgerte Arten sind → Agriophyten.
eingeschlechtig (E: unisexual F: unisexué): Pflanze oder Blüte mit nur einem Geschlecht.
einhäusig → monözisch
einheimisch → Autophyt
einjährig → annuell
einkeimblättrig → monokotyl
Einkeimblättrige → Monokotylen
Einkeimblättrigkeit → Monokotylie
Einsatz, m.: Die Stellung der Blattorgane einer vorblattlosen Blüte zum Tragblatt.
G: Vgl. EICHLER (1875, S. 31 ff.).
einschneidig → Scheitelzelle
einzählig → monomer
Einzeller → Protisten
Eiweiße → Proteine
Eiweißschläuche → Myrosinzellen
Eiweißstoffe → Proteine
Eiweißzellen → Strasburger-Zellen
Eizelle, f., Ei, n., Oosphäre, f. (L: ovum, n., pl. ova E: oosphere, egg-cell F: oosphère, f., gamète femelle, m.): Unbegeißelter weiblicher Gamet, der gewöhnlich erheblich größer ist als die dazugehörigen männlichen Gameten.
G: Das Wort ovum stammt aus der Zoolo-

gie (in der Sprache zuerst für das Vogelei gebraucht). Bei der Übertragung in die Botanik wurde bei den Samenpflanzen zunächst irrtümlich die → Samenanlage für ein Ei gehalten und daher ovulum (kleines Ei) genannt. Erst HOFMEISTER (1847) erkannte in der vorher → Keimbläschen genannten birnenförmigen Zelle „das wahre Ey der Pflanze".
Ejectisom → Ejectosom
Ejectosom, n., Ejectisom, n. (E: ejectosome F: éjectosome, m.): Ein → Extrusum der → Cryptophyta, das aus einem aufgewickelten Band besteht, das bei Reizung ausgestoßen werden kann, und dann eine Röhre bildet. Die E. liegen unter der Zelloberfläche und sind besonders um den Schlund als stark lichtbrechende Körnchen auffällig.
G: Trichocystenartige Gebilde wurden bei den Cryptophyta schon früh bemerkt: PASCHER (1911, S. 195) sah eine „merkwürdige Körnchenauskleidung der Furche", SCHERFFEL (1912) sprach von Trichocysten. Von Everett ANDERSON (1962, S. 393) stammt die Bezeichnung „Ejectisomen", die später zu Ejectosomen verbessert wurde (von lat. eiectum, hinausgeworfen, und soma, Körper).
ekkrin → Exkretion
Ektexine → Exine
Ektodesmos, m., pl. Ektodesmen (E: ectodesma, pl. ectodesmata F: ectodesme, m.): Den Plasmodesmen ähnliche Strukturen in den Außenwänden der Epidermiszellen, die jedoch nicht plasmatischer Natur sind.
G: Die Strukturen wurden zunächst „Außenwandplasmodesmen" genannt. RUHLAND (in SCHUMACHER & LAMBERTZ 1956, S. 47) schlug den Namen Ektodesmen vor. FRANKE (1972), der nachwies, dass sie nicht mit Plasmodesmen vergleichbar sind, wollte sie durch **Teichoden** ersetzen, eine Bezeichnung, die aber kaum in Gebrauch gekommen ist.
Ektomycorrhiza → Mykorrhiza
ektophloisch → Stelentypen (II.)
ektotroph(isch) → Mykorrhiza
ektotrophes Transmissionsgewebe → Transmissionsgewebe
Ektoplasma, n., Corticalplasma, n. (E: ectoplasm F: ectoplasme, m.): Die äußere, stärker verfestigte (gelartige) Schicht des Protoplasmas, in der keine Plasmaströmung stattfindet.

Elaiophor, m. (E: elaiophor F: élaiophore, m.): Organ, das fettes Öl abscheidet, das in den → Ölblumen von Blütenbesuchern gesammelt wird. Nach dem Bau kann man **Trichom-Elaiophoren** und **Epithel-Elaiophoren** unterscheiden, je nachdem ob die Absonderung durch Haare oder ein → Epithel stattfindet.
G: VOGEL (1974, S. 14), abgeleitet von gr. elaion, Öl, und phorein, tragen.
Elaioplast, m. (E: elaioplast F: élaioplaste, m.): Leukoplast, der Öl speichert.
G: Zuerst von WAKKER (1887, 1888, S. 475) bei der Orchidee *Vanilla* beobachtet und benannt.
Elaiosom, n., Ölkörper, m. (E: elaiosome F: élaiosome, m.): Nährstoffreiches weiches Anhängsel an → Diasporen, das von Ameisen verzehrt wird und die → Myrmekochorie fördert. Elaiosome enthalten vor allem Fette. Sie können an Samen sitzen und morphologisch eine → Caruncula oder ein → Strophiolum darstellen oder an Teilfrüchten (z.B. Klausen) oder Früchten (z.B. Achänen) vorkommen.
G: SERNANDER (1906, S. 6).
Lit.: BRESINSKY (1963).
Elastoviscin, n. (E: elastoviscin): Elastische Substanz unbekannter Zusammensetzung in den Antheren der Orchidaceae. Sie verbindet die Pollentetraden und bildet auch die Caudiculae (→ Caudicula).
G: Die Substanz wurde früher als Viscin (→ Viscinfäden) bezeichnet, unterscheidet sich aber deutlich davon. DRESSLER (1981, S. 55, 309) führte Elastoviscin ein. Nach SCHILL & WOLTER (1986) entspricht das E. dem Pollenkitt anderer Angiospermen und wird wie dieser vom Tapetum synthetisiert.
Elatere, f., Schleuderer, m. (E: elater F: élatère, f.): **1.** bei den Lebermoosen (Hepaticae): Fädige Zellen mit schraubigen Verdickungsleisten, die sich zwischen den Sporen befinden. Beim Öffnen der Kapseln vollführen sie durch einen Kohäsionsmechanismus Bewegungen, die zur Auflockerung der Sporen bzw. zu ihrer Ausschleuderung führen. Elateren entstehen wie die Sporen aus dem Archespor und bilden sich in einem zahlenmäßig festgelegten Verhältnis zu den Sporen.
G: Die Elateren der Lebermoose wurden schon von MICHELI (1729) erkennbar abgebildet. HEDWIG (1784) bezeichnete sie als „fila-

menta elastica" (Taf. XVII, fig. 88) oder auch als „elateres" (p. 94/95, gr. elater, Treiber, Wagenlenker).
2. bei Pilzen: Eine besondere Ausbildung des → Capillitiums bei manchen Myxomyceten und Gasteromyceten, das aus einzelnen Fäden besteht 3. an Sporen von *Equisetum*: → Hapteren
Elektronenmikroskop, n. (E: electron microscope F: microscope électronique, m.): Mikroskop, das an Stelle von Licht Elektronenstrahlen und statt Linsen elektrische bzw. magnetische Felder verwendet. Die direkte Betrachtung des Bildes wird ersetzt durch Bildschirm oder Film. Man unterscheidet:
- **Transmissionselektronenmikroskop**, TEM (E: transmission electron microscope F: microscope électronique à transmission): Die Elektronen durchdringen das Objekt.
G: Das erste TEM wurde 1931 von E. Ruska an der TH Berlin gebaut, das erste käufliche TEM wurde 1939 von der Firma Siemens ausgeliefert (Anonymus 1980, S. 141-147).
- **Rasterelektronenmikroskop**, REM (E: scanning electron microscope, SEM, F: microscope électronique à balayage): Die Elektronen werden von dem meist mit Metall beschichteten Objekt zurückgeworfen. Es entstehen plastische Bilder der Oberfläche von großer Schärfentiefe.
G: Die Grundgedanken eines R. hatte Manfred von Ardenne schon 1937 entwickelt (Anonymus 1980, S. 155), in den Handel kamen es aber erst nach 1945.
Elektronentransportkette, f. (E: electron transport chain F: chaîne transporteuse d'electrons): Eine Serie funktionell hintereinander geschalteter Verbindungen, die als Redoxsysteme Elektonen transportieren. Hierzu gehören u.a. die → Cytochrome und → Ubichinone. Besonders wichtig sind Elektronentransportketten bei der → Zellatmung und der → Photosynthese.
Elementarart → Jordanon
Elementarfibrillen → Cellulose
Elementarmembran → Biomembran
Elementarprozess, m. (E: basic process F: processus élémentaire, m.): Einfache morphologische Änderungen im Zuge der Evolution, durch die sich - im Rahmen der Telomtheorie - die Entstehung komplizierter Formen (insbesondere des → Kormus) aus einfachen deuten lässt. Zu den Elementarprozessen nach Zimmermann gehören: → Übergipfelung, → Planation, → Verwachsung, Reduktion und Einkrümmung (Inkurvation). Die Liste kann durch weitere ergänzt werden (Baumann-Bodenheim 1954 b).
G: W. Zimmermann sprach schon 1935 (S. 321) von Elementarprozessen in Zusammenhang mit der Phylogenie der Blattstellungen, später (1938 a, S. 577, 607; 1938 c, S. 388-390; 1949, S. 59/60) führte er dann nach und nach die oben aufgeführten E. ein. Sie sind z.T. schon vorher, besonders von H. Potonié (ab 1897) und Lignier als bedeutsam erkannt worden.
eleutheropetal → choripetal
Eleutheropetalae → Dialypetalae
eleutherosepal → choripetal
eleutherotepal → choripetal
Elicitor, m. (E: elicitor F: eliciteur, m.): Eine Substanz, die eine Abwehrreaktion einer Pflanze gegen einen Parasiten oder ein anderes schädigendes Agens hervorruft. Es kann sich dabei um spezifische vom Parasiten abgegebene Stoffe handeln oder um unspezifische, die erst beim Eindringen des Pathogens gebildet werden.
G: Ein erster spezifischer Elicitor (für ein → Phytoalexin) wurde von Keen (1975) beschrieben. Das Wort kommt von engl. elicit, hervorlocken.
Ellagsäure, f. (E: ellagic acid F: acide (m.) ellagique): Dilacton der Hexahydroxydiphensäure. Es entsteht bei der Hydrolyse bestimmter Gerbstoffe (der Elagitannine) und ist auf die Eudikotylen beschränkt.
G: Aus Galläpfeln dargestellt und benannt von Braconnot (1818, S. 189), ellag ist die Umkehrung des franz. Wortes galle.
Embryo, m., pl. Embryonen, Keim(ling), m. (E: embryo F: embryon, m.): Der sich aus der Zygote entwickelnde Keim, der noch von der Mutterpflanze ernährt wird. Bei den Moosen und Farnpflanzen geht seine Entwicklung kontinuierlich voran, bei den Samenpflanzen erreicht er im reifen Samen ein Ruhestadium und entwickelt sich erst bei der Keimung weiter. „Der erste Anfang der künftigen Pflanze im Samen" (Illiger 1800).
G: Der Keim im Samen hieß bei Linnaeus (1751), Jussieu (1789) u.a. **Corculum** (von lat. kleines Herz). Das Wort Embryo stammt ursprünglich aus dem Griechischen, wird aber in der lat. Form seit langem in der Zoologie verwendet. Die Übertragung in die

Botanik setzte GAERTNER (1788, S. LXI) durch. Nach der Orientierung ist der Embryo:
- **endoskop** (E: endoscopic F: endoscopique): Embryo, dessen Sprosspol nach innen gerichtet ist wie bei den Samenpflanzen und den meisten Farnpflanzen.
- **exoskop** (E: exoscopic F: exoscopique): Embryo, bei dem die nach innen gerichtete Zelle zum Fuss wird, während sich die äußere zum Sprosspol (bzw. Sporangium) entwickelt. Exoskop ist der Embryo bei den Moosen und Equisetopsida.
Embryobau, m. (E: structure of embryo F: structure (f.) de l'embryon): Nach der Lage der → Radicula im Verhältnis zu den → Kotyledonen kann man folgende Typen unterscheiden, die besonders für die Systematik der Brassicaceae (Cruciferae) von Bedeutung sind: - **notorrhiz**, rückenwurzelig (E: notorhizal F: notorhize): Die Radicula liegt einer der flach aufeinanderliegende Kotyledonen an. - **pleurorrhiz**, seitenwurzelig (E: pleurorhizal F: pleurorhize): Die Radicula liegt den Kanten der flach aufeinanderliegenden Kotyledonen an. - **orthoplok**, längsgefaltet (E: conduplicate F: conduplique): Die Radicula liegt an oder zwischen den längsgefalteten Kotyledonen. - **spirolob**, spiralig gerollt (E: spirolobous F: spirolobé): Die Radicula liegt den spiralig gerollten Kotyledonen an. - **diplecolob**, doppelt gefaltet (F: diplecolobé): Die Radicula liegt den s-förmig gebogenen Kotyledonen an.
G: Die Typen des Embryos bei den Brassicaceae wurden von A.P. de CANDOLLE (1821 b, S. 212 ff.) aufgestellt und zur Grundlage seines Systems der Familie gemacht.
Embryobionta, Embryophyta, Telomobionta, Telomophyta: Bezeichnung für ein Unterreich (subregnum) der Pflanzen, das die Moos-, Farn- und Samenpflanzen umfasst. Bei den Embryobionta entwickelt sich der junge Sporophyt (der Embryo) parasitisch auf dem Gametophyten oder - wenn dieser stark reduziert ist - auf der Mutterpflanze.
G: ENGLER (1887, S. 5) unterschied die Embryophyta zoidiogama (Moos- und Farnpflanzen) und die E. siphonogama (Samenpflanzen). CRONQUIST et al. (1966, S. 130, 132) führten Embryobionta an Stelle von Cormophyta (s.l.) und Embryophyta ein. Telomobionta wurde von TAKHTAJAN (1964, S.162) benutzt.
Embryogenese, f., Embryogenie, f. (E: embryogenesis, embryogeny F: embryogénie, f.): Die Entwicklung des Embryos im Samen von der Zygote bis zur endgültigen Gestalt.
G: Da die → Embryologie in der Botanik heute weit gefasst wird und z.b. die Bildung der Samenanlagen, des Embryosackes etc. einschließt, wurde für die Verfolgung der Bildung des Embryos im engeren Sinn der Begriff Embryogenie benutzt, der sich schon bei TULASNE (1849) findet, hier allerdings noch in einem weiteren Sinn. Über die von R. SOUÈGES unterschiedenen Typen der Embryobildung vgl. JOHANSEN (1945).
Lit.: JOHANSEN (1950).
Embryogenie → Embryogenese
Embryologie, f. (E: embryology F: embryologie, f.): In der Botanik vor allem bei den Samenpflanzen verwendet, und zwar versteht man darunter gewöhnlich die Entwicklung, die zum Gametophyten hinführt (Bildung der Samenanlagen und Antherenentwicklung, Pollenbildung), dessen Ausbildung (Typen des Embryosackes, des männlichen Gametophyten), Befruchtung und Embryobildung (→ Embryogenese).
G: Für eine Abgrenzung der Embryologie in einem engen Sinn (= Embryogenie) trat JOHANSEN (1945) ein.
Embryophyta → Embryobionta
Embryosack, m. (E: embryo sac F: sac embryonnaire): Der weibliche Gametophyt der Samenpflanzen, der gewöhnlich aus der einen Megaspore hervorgeht, die erhalten bleibt, und durch drei Mitosen achtkernig wird (Ausnahmen: → Embryosacktypen). Nach der Befruchtung entwickelt sich der Embryo im Embryosack.
G: Der Embryosack wurde schon von MALPIGHI (1675, tab. 37, fig. 233) gesehen und als „amnium" bezeichnet. BRONGNIART (1827, S. 238) hielt den Vergleich mit dem Amnion für zu unsicher und schuf deshalb den neutralen Terminus „sac embryonnaire". Erst durch STRASBURGER (1877, S. 463 ff.) wurde endgültig klar, dass der Embryosack der Angiospermen im Normalfall acht Kerne besitzt.
Embryosackkern, primärer (E: megaspore nucleus F: cellule (f.) initiale du sac embryonnaire): Kern der Megaspore, aus der sich der Embryosack durch meist drei mitotische Teilungen entwickelt (→ Embryosacktypen).

Embryosackkern, sekundärer (E: secondary nucleus, fusion nucleus F: noyau secondaire du sac embryonnaire): Kern im Innern des Embryosackes, der aus der Vereinigung der beiden → Polkerne hervorgeht.

Embryosackmutterzelle, f., EMZ, Megasporenmutterzelle, f. (E: megaspore mother cell F: cellule mère primordiale, cellule mère du sac embryonnaire): Die Zelle in der → Samenanlage der Samenpflanzen, in der die Meiose stattfindet. Dabei entstehen vier Megasporen, von denen meist drei zugrundegehen. Aus einer Megaspore (seltener aus zwei oder vier) entwickelt sich der Embryosack (→ Embryosacktypen).

Embryosacktypen, m.pl. (E: types of embryo sacs F: types de sac embryonnaire): Nach dem Endzustand werden eine Reihe von Typen unterschieden. Ein Haupteinteilungsprinzip ist die Zahl der Megasporen, die in die Bildung eingehen. Am weitesten verbreitet sind **monosporische Embryosäcke** (E: monosporic F: monosporique), bei denen von den vier Megasporen drei degenerieren und nur eine (gewöhnlich die chalazale) sich zum Embryosack entwickelt. Es können aber auch zwei oder alle vier Megasporen an der Bildung beteiligt sein (**bisporische bzw. tetrasporische Embryosäcke**).
G: Erste Einteilungen in Typen erfolgten fast gleichzeitig von DAHLGREN (1915) und PALM (1915). Ausgebaut wurde das System dieser Typen vor allem durch MAHESHWARI (1937, 1941, 1950).

- **Adoxa-Typ**: Tetrasporischer Embryosack mit acht Kernen. Der fertige Zustand entspricht dem *Polygonum*-Typ (Normaltyp).
G: Bei *Adoxa* stellte bereits JÖNSSON (1880) diesen Embryosacktyp fest. Lange Zeit meinte man irrtümlich, auch bei *Lilium* gäbe es eine solche Entwicklung, und PALM (1915) sprach von einem *Lilium*-Typus. Die Bezeichnung *Adoxa*-Typ findet sich bei MAHESHWARI (1937, S. 392).
Lit.: MAHESHWARI (1946).

- **Allium-Typ**: Bisporischer Embryosack mit acht Kernen. Der fertige Zustand entspricht dem *Polygonum*-Typ (Normaltyp). Es gibt hiervon Reduktionsformen mit weniger als acht Kernen.
G: Zuerst von STRASBURGER (1879, S. 19) bei *Allium fistulosum* beobachtet. MAHESHWARI (1937, S. 371) führte daher die Bezeichnung *Allium*-Typ an Stelle der vorher benutzten **Scilla-Typ** (PALM 1915) ein. - *Cypripedium*, dem früher ein besonderer **Cypripedium-Typ** (PALM 1915) zugeschrieben wurde, hat einen *Allium*-Typ mit Reduktion der Kernzahl (MAHESHWARI 1937, S. 374).

- **Chrysanthemum-cinerariifolium-Typ I/II**: Tetrasporischer Embryosack mit 10 oder 12 Kernen.
G: Bei PALM (1915) gibt es eine *Pyrethrum*-Form. Die verschiedenen Varianten des Typs wurden von MARTINOLI (1939) beschrieben.
- **Codiaeum-Typ** → *Oenothera*-Typ
- **Cypripedium-Typ** → *Allium*-Typ
- **Drusa-Typ**: Tetrasporischer Embryosack mit 16 Kernen: neben einem Eiapparat und einem diploiden sekundären Embryosackkern meist 11 Antipoden.
G: Zuerst von HÅKANSSON (1923) beschrieben. Bei MAHESHWARI (1937, S. 383) als Variante des *Peperomia*-Typus.

- **Endymion-Typ**: Bisporischer Embryosack mit acht Kernen. Im Gegensatz zum *Allium*-Typ bleibt nach der ersten meiotischen Teilung der mikropylare Kern erhalten und teilt sich in vier Kerne.
G: Durch HOARE (1934) von *Hyacinthoides non-scripta* (= *Endymion n., Scilla n.*) beschrieben.

- **Fritillaria-Typ**: Tetrasporischer Embryosack mit acht Kernen, dabei werden durch eine (im Vergleich zum *Adoxa*-Typ) zwischengeschaltete Teilung vier Kerne triploid.
G: Zuerst von CARANO (1925, 1926) bei *Euphorbia* festgestellt. An *Fritillaria* und *Lilium* beobachtete BAMBACIANO (1928 a, b) diesen Typ. MAHESHWARI (1937, S. 385 ff.) führte dann die Bezeichnung *Fritillaria*-Typ ein.
- **Lilium-Typ** → *Adoxa*-Typ
- **Normaltyp** → *Polygonum*-Typ
- **Oenothera-Typ**: Monosporischer Embryosack mit vier Kernen, d.h. mit einem Teilungsschritt weniger als beim *Polygonum*-Typus. Es gibt keine Antipoden und nur einen Polkern. Das Endosperm ist diploid. Dieser Typ charakterisiert die Familie der Onagraceae.
G: Der vierkernige Embryosack der Onagraceae ist schon bei HOFMEISTER (1847, Taf. VIII, Fig. 11) richtig abgebildet. Die Entwicklung wurde zuerst von GEERTS (1908, 1909) beschrieben. Ein vierkerniger Embryosack wurde irrtümlich auch für *Codiaeum* ange-

geben, so dass DAHLGREN (1915) und PALM (1915) hierfür den Namen *Codiaeum*-Typ gebrauchten. Dieser wurde dann durch *Oenothera*-Typus ersetzt.
- **Penaea-Typ**: Tetrasporischer Embryosack mit 16 Kernen, davon 12 in vier peripheren Gruppen von drei Zellen, die restlichen vier Kerne bilden einen sekundären Embryosackkern.
G: Entdeckt von STEPHENS (1909) bei *Penaea* und anderen Gattungen der Penaeaceae. Zeitweilig (z.B. MAHESHWARI 1937, S. 383) nur als Variante des *Peperomia*-Typs angesehen.
- **Peperomia-Typ**: Tetrasporischer Embryosack mit 16 Kernen: Eizelle, 1 Synergide und meist 6-8 Antipoden. Die restlichen Kerne verschmelzen zum sekundären Embryosackkern (bei *Peperomia hispidula* sogar 14!).
G: *Peperomia* wurde zuerst von CAMPBELL (1899, 1900) untersucht. Der *Peperomia*-Typus wurde von PALM (1915) aufgestellt.
- **Plumbagella-Typ**: Tetrasporischer Embryosack mit vier Kernen. Dabei gibt es ein sekundäres zweikerniges Stadium (ein haploider, ein triploider Kern) und ein sekundäres vierkerniges Stadium, schließlich eine Eizelle, eine triploide Antipodenzelle und einen tetraploiden sekundären Embryosackkern.
G: Die erste Beschreibung eines „*Plumbagella*-Typs" durch DAHLGREN (1915) war irrig. Der Name wurde aber beibehalten.
- **Plumbago-Typ**: Tetrasporischer Embryosack mit acht Kernen, von denen vier im Zentrum zum sekundären Embryosackkern verschmelzen. Synergiden werden nicht ausgebildet, die drei restlichen Kerne können degenerieren, zuweilen aber auch teilweise einer Eizelle ähnlich sein.
G: Entdeckt von HAUPT (1934) bei *Plumbago capensis*. Die Bezeichnung *Plumbago*-Typus findet sich bei MAHESHWARI (1941, S. 244).
- **Podostemon-Typ**: Bisporischer vierkerniger Embryosack mit Eiapparat und einem Polkern.
G: Zuerst beschrieben von WENT (1908), vgl. MAGNUS & WERNER (1913).
- **Polygonum-Typ**, Normaltyp: Monosporischer achtkerniger Embryosack mit Eizelle, zwei Synergiden, zwei Polkernen und drei Antipoden. Nicht selten kommen eine frühe Degeneration der Antipoden oder ihre Vermehrung vor.

G: Dieser häufigste Typ wurde zuerst von STRASBURGER (1879) bei einer *Polygonum*-Art festgestellt. Seit DAHLGREN (1915) und PALM (1915) hieß er **Normal-Typus** bis MAHESHWARI (1950, S. 84) um der Einheitlichkeit willen die Bezeichnung *Polygonum*-Typ einführte.
- **Scilla-Typus** → *Allium*-Typ
Embryostega, Embryotega → Operculum (6.)
Embryotheca, f., Epigonium, n. (E: epigonium F: épigone, m.): Hülle um den jungen Embryo der Moose, die vom Archegonium z.T. auch von darunter liegenden Teilen gebildet wird. Sie zerreißt im Lauf der weiteren Entwicklung, der untere Teil wird dann als → Vaginula bezeichnet, der obere wird zur → Kalyptra.
G: BISCHOFF (1835 b, S. 920) führte Epigonium für die Wand des basalen Teil des Archegons der Lebermoose ein. Wegen der schwankenden Bedeutung von Epigonium bei verschiedenen Autoren schuf D. ROTH (1969, S. 15) den neuen Terminus Embryotheca.
Embryoträger → Suspensor
Embryotypen → Embryobau
emend. → Emendation
Emendation, f. (E: correction, amendment F: modification, f.): In der Taxonomie die Verengung oder auch Erweiterung des Umfanges einer Sippe (lat. emendare, verbessern). Bei einer Einschränkung muss auf jeden Fall der Typus in der neu gefassten Sippe enthalten bleiben. Der Autor, der eine Veränderung vornimmt, kann mit dem Zusatz „**emend.**" (= **emendavit**) hinzugefügt werden. Das geschieht aber heute nur noch selten.
Emergenz, f. (E: emergence F: énation, f., émergence, f.): Anhangsgebilde bei Kormophyten, das sich nicht allein aus der Epidermis bildet (wie die Trichome), sondern an dem tieferliegende Schichten beteiligt sind. Hierzu gehören z.B. die → Stacheln, → Kolleteren, → Tentakeln bei *Drosera* etc.
G: Die Unterscheidung der Emergenzen (von lat. emergere, auftauchen, hervortreten) von den Trichomen und der Terminus stammen von SACHS (1873, S. 144). WARMING (1873 b) nahm sie auf, betonte aber, dass es Übergänge gibt.
Emergenztheorie, f., Enationstheorie, f. (E: enation theory F: théorie de l'émergence, théorie de l'énation): Die Vorstellung, dass die Blätter (insbesondere die so genannten

→ Mikrophylle der Lycophyten) aus zunächst leitbündellosen Emergenzen entstanden seien.
G: Entwickelt von BOWER (1908, S. 141), der von „enation-leaves" spricht. Die Bezeichnung Emergenztheorie benutzte z.B. ZIMMERMANN (1959, S. 144), ohne dass er diese Theorie akzeptierte.
Emerson-Effekt, m. (E: Emerson effect): Misst man die Quantenausbeute der Photosynthese bei Bestrahlung mit Licht verschiedener Wellenlänge, so erhält man bei längerwelligem Rotlicht eine geringere Ausbeute als bei kürzerwelligem Rotlicht. Die Summe der Ausbeute bei gleichzeitiger Bestrahlung in beiden Wellenbereichen ist aber deutlich höher als bei getrennter Bestrahlung. Dies führte zur Erkenntnis, dass es zwei Lichtreaktionen (→ Photosysteme) geben muss.
G: Benannt nach ROBERT EMERSON (1903-1959), der diese Versuche als Erster ausführte.
Empfängnishyphe, f. (E: receptive hypha F: filament (m.) récepteur): Aus den Spermogonien der Uredinales herausragende Hyphe des haploiden Mycels, die Spermatien aufnimmt.
EMZ → Embryosackmutterzelle
Enantioblastae: Alte Bezeichnung für eine Ordnung der Monokotylen, die etwa den heutigen Commelinales entspricht.
G: Aufgestellt durch v. MARTIUS (1835, S. 71). Der Name bezieht sich darauf, dass in vielen Fällen der Embryo (gr. blastos, Keim) dem Hilum gegenüber (gr. enantios) liegt.
Enantiomorphie, f. (E: enantiomorphy F: énantiomorphie, f.): Besondere Form der → Enantiostylie, bei der die beiden Blütentypen auf verschiedene Individuen verteilt sind. Nur von zwei Gattungen der Haemodoraceae bekannt.
Lit.: ORNDUFF & DULBERGER (1978).
enantiostyl (E: enantiostylous F: énantiostyle): Pflanze mit verschiedenen Blüten, die sich dadurch unterscheiden, dass Griffel (und Antheren) teils nach links, teils nach rechts aus der Symmetriebene heraustreten. Selbstbestäubung wird dadurch erschwert.
G: Von TODD (1882) zuerst bei *Solanum* und *Cassia* beobachtet. Der Terminus (zuerst ?) bei KIRCHNER, LOEW & SCHRÖTER (1904, S. 39). Abgeleitet von gr. enantios, entgegengesetzt.

Enantiostylie, f. (E: enantiostyly F: énantiostylie, f.): Subst. zu → enantiostyl.
Enation, f. (E: enation F: énation, f.): Auswüchse verschiedener Art auf der Oberfläche anderer Organe, weitgehend identisch mit Emergenz.
G: Erstnachweis: MASTERS (1869, S. 443) für teratologische Bildungen dieses Typs, von lat. enascor, hervorwachsen.
Enationstheorie → Emergenztheorie
encyclocytisch → Stomata-Typen (B.)
endarch → Xylementwicklung
Endblüte → Terminalblüte
endemisch (E: endemic F: endémique): Sippe, die auf ein bestimmtes (kleines) Gebiet begrenzt ist. Die Aussage, ein Taxon sei endemisch, verlangt immer die Angabe des Gebietes, z.B. „endemisch auf Kreta."
G: A.P. de CANDOLLE (1821 a, S. 412) in Anlehnung an den Gebrauch in der Medizin für an ein Gebiet gebundene Krankheiten (abgeleitet von gr. demos, Land, Volk).
Endemismus, m. (E: endemism F: endémisme, m.): Das Auftreten von Arten, deren Verbreitung auf ein bestimmtes Gebiet begrenzt ist.Der Endemismus ist in einem Gebiet ausgeprägt, wenn es dort viele Endemiten gibt. Zuweilen wird auch von einer Art gesagt, „sie sei ein Endemismus", richtig muss es aber dann → Endemit heißen.
Endemit, m. (E: endemic taxon, e. species F: taxon endémique): Eine Sippe (meist Art) mit eng begrenztem Verbreitungsgebiet. Nach ihrer Geschichte unterscheidet man **Paläoendemiten**, die eine isolierte systematische Stellung haben und Relikte darstellen, von **Neoendemiten** (progressiven E.), von denen noch nahe Verwandte existieren und bei denen eine Entstehung in jüngerer Zeit anzunehmen ist. Bei sehr kleinem Areal spricht man von einem **Lokalendemit**.
G: Schon ENGLER (1882, S. 48) hat auf den unterschiedlichen Charakter der Endemiten hingewiesen. BRAUN-BLANQUET (1923, S. 230, 237) führte dann paléoendémiques und néo-endémiques ein. FAVARGER & CONTANDRIOPOULOS (1961) haben eine noch differenziertere Form der Einteilung der Endemiten vorgeschlagen.
Lit.: PRENTICE (1976).
Endexine → Exine
Endknospe → Terminalknospe
Endoascus → Ascus

Endoconidie → Konidie
Endocyanom, n. (E: endocyanome): Assoziation (Symbiose) zwischen einer apoplastiden einzelligen Alge und Cyanobakterien, die die Funktion von Plastiden übernommen haben (z.B. *Glaucocystis*).
G: PASCHER (1929, S. 387).
Endocyanose, f. (E: endocyanosis): Zusammenleben mit einem Cyanobakterium, das innerhalb der Zelle lebt. Dies ist von einzelligen Algen bekannt, aber auch von einem Pilz (*Geosiphon*).
Endocytobiont → Endocytobiose
Endocytobiose, f. (E: endocytobiosis F: endocytobiose, f.): Der dauernde Aufenthalt eines Organismus (des **Endocytobionten**) in der Zelle eines anderen (ohne diesen zu schädigen).
Endocytose, f. (E: endocytosis F: endocytose, f.): Der Prozess der Aufnahme von Stoffen in eine Zelle durch Einstülpung des Plasmalemmas mit anschließender Ablösung der gebildeten → Vesikel, die dann nach innen wandern. Man unterscheidet:
1. Phagocytose, f. (E: phagocytosis F: phagocytose, f.): Aufnahme fester Partikel.
2. Pinocytose, f. (E: pinocytosis F: pinocytose, f.): Aufnahme von Flüssigkeiten durch Endocytose.
G: METSCHNIKOFF (1883) prägte die Bezeichnung Phagocyten für die weißen Blutkörperchen, die Bakterien und andere Fremdkörper „fressen" (gr. phagein, essen, fressen). Davon wurde später Phagocytose abgeleitet. Pinocytose stammt von GABRITSCHEWSKY (1894), von gr. pinein, trinken. Als gemeinsamer Terminus für diese Prozesse wurde zunächst „cytosis" vorgeschlagen (NOVIKOFF 1961), was dann DE DUVE (1963, S. 126) durch endocytosis ersetzte.
Endodermis, f., Schutzscheide (E: endodermis F: endoderme, m.): Geschlossene einzellige Schicht, die einen Bereich der Pflanze (besonders den Zentralzylinder der Wurzel) umgibt und durch Einlagerungen in den Radialwänden (→ Caspary-Streifen) abschirmt. Es wird dadurch der Transport im → Apoplast durch die Endodermis verhindert bzw. erschwert.
G: Die ersten sicheren Beobachtungen einer primären Endodermis bei Angiospermen stammen von PLANCHON (1850, bei *Nymphaea*), die auffälligere sekundäre oder tertiäre soll schon vorher gesehen worden sein.

CASPARY (1858 a, S. 441) erkannte die weite Verbreitung solcher Strukturen und nannte sie Schutzscheiden, da weder der Terminus Bündelscheide noch der von SCHLEIDEN stammende Kernscheide passend erschienen. Die Bezeichnung Endodermis wurde von OUDEMANS (1861, S. 9) zunächst speziell für die unter dem → Velamen liegende Zellschicht bei den Luftwurzeln der Orchideen verwendet. A. de BARY hat dann 1877 (S. 129) den Begriff auf alle ähnlichen Grenzschichten erweitert, besonders auf die von CASPARY Schutzscheiden genannten.
Lit.: GUTTENBERG (1943), VAN FLEET (1961).
Endodermiszustände: - **primäre Endodermis** (E: endodermis in the primary state F: endoderme primaire) - **sekundäre Endodermis** (E: endodermis in the secondary state F: endoderme secondaire) - **tertiäre Endodermis** (E: endodermis in the tertiary state F: endoderme tertiaire) Die primäre Endodermis besitzt als Besonderheit nur den → Caspary-Streifen, bei der sekundären tritt zusätzlich eine dünne allseitige Verkorkung ein, bei der tertiären Endodermis (nur bei Monokotylen) schließlich eine starke Verdickung aller oder einiger Wände. Bei den sekundären und tertiären Endodermis bilden sich → Durchlasszellen aus.
G: Die Unterscheidung der drei Zustände der Endodermis geht auf KROEMER (1903, S. 87-88) zurück.
Endoform → Entwicklungsgang der Uredinales
endogen (E: endogenous F: endogène): In der Morphologie eine Entstehung im Innern, bei der außen liegende Zellschichten durchbrochen werden. Dies ist die Bildungsweise der Seitenwurzeln und der sprossbürtigen Wurzeln (→ exogen).
Endokarp, n. (L: endocarpium, n. E: endocarp F: endocarpe, m.): Der innere Teil des Perikarps, vor allem dann, wenn er besonders differenziert ist wie bei der Steinfrucht.
G: L.-C. RICHARD (1808, S. 107; 1811, S. 203).
Endokonidie → Konidie
endolithisch (E: endolithic F: endolithique): Die Lebensweise der → Endolithophyten.
Endolithophyt, m. (E: endolithophyte F: endolithophyte, m.): Alge, Pilz oder Flechte, die in Kalkgestein lebt, das lokal aufgelöst wird.
G: Erstnachweis: BRAUN-BLANQUET (1928, S.

249) als Untergruppe der Endophyten.
Endomembran, f. (E: endomembrane F: endomembrane, f.): Intrazelluläre Biomembran, wie das → endoplasmatische Reticulum, die Membranen der → Dictyosomen und anderer Organellen.
Endomitose, f. (E: endomitosis F: endomitose, f.): Chromosomenteilung ohne Kernteilung, die zur → Endopolyploidie führt.
G: Die Erscheinung wurde von GEITLER (1939, S. 7) an Heteropteren (Wanzen) beobachtet und benannt.
Endomykorrhiza → Mykorrhiza
endonom → Entwicklung (1.)
Endoparasit, m. (E: endoparasite F: endoparasite, m.): Organismus, der sich gänzlich innerhalb eines anderen entwickelt und von diesem ernährt. Hierzu gehören einige Pilze (→ Endophyt).
Endoperidie → Peridie
Endopeptidasen → Proteinase
Endophyt, m. (E: endophyte F: endophyte, m.): Organismus, der in einem anderen lebt. Dabei werden die Parasiten z.T. ausgeschlossen.
G: De BARY (1866, S. 215).
Endoplasma, n. (E: endoplasm F: endoplasme, m.): Der zentrale Bereich des Cytoplasmas, der relativ flüssig ist und in dem die → Plasmaströmung stattfindet.
endoplasmatisches Reticulum, n., Abk.: ER (E: endoplasmatic reticulum F: réticulum endoplasmique): System von Biomembranen in der Zelle. Man unterscheidet ein glattes (sER) und ein raues (rauhes, rER), mit → Ribosomen besetztes endoplasmatisches Reticulum (→ Ergastoplasma).
G: PORTER et al. (1945, S. 238) beschrieben zuerst ein „lace-like reticulum" (spitzenartiges Netz).
Endopolyploidie, f. (E: endopolyploidy F: endopolyploïdie, f.): Polyploidie innerhalb eines Kerns durch Endomitose. Sie entsteht durch eine Entkoppelung von Chromosomenteilung und Kernteilung bei Dauergeweben.
G: An mehreren Beispielen aus dem Pflanzenreich zeigte GEITLER (1940) die weite Verbreitung der Erscheinung. Er sprach von „Polyploidisierung unter innerer Teilung", bzw. von „endomitotischer Polyploidie" (GEITLER 1948, S. 271).
endoskop → Embryo
Endosperm, n., Nährgewebe (L: endospermium, n. E: endosperm, albumen F: endosperme, m. [= prim. Endosperm]; albumen [= sek. Endosperm]): Nährgewebe des Samens. Nach der Herkunft sind zu unterscheiden:
- **primäres Endosperm** (E: endosperm F: endosperme, m.): Das Nährgewebe der Gymnospermsamen, das sich aus dem Megaprothallium entwickelt und damit haploid ist.
- **sekundäres Endosperm** (E: endosperm F: albumen, m.): Das Nährgewebe der Angiospermsamen, das durch die doppelte Befruchtung (→ Befruchtung, doppelte) entsteht und triploid ist.
G: Das Nährgewebe wurde zunächst in Analogie zum Hühnereiweiß als albumen bezeichnet. JUSSIEU (1789, S. XVII) nannte es Perispermium. Erst L.-C. RICHARD (1808, S. 108; 1811, S. 34) führte den heute gebräuchlichen Namen Endosperm ein. Die Entstehung des primären Endosperms direkt aus dem Embryosack hat schon MEYEN (1840) richtig angenommen.
Endospermentwicklung, f. (E: development of endosperm F: développement (m.) de l'albumen): Nach dem Zeitpunkt des Auftretens von Zellwänden unterscheidet man beim sekundären Endosperm der Angiospermen:
- **zelluläre E.** (E: cellular F: cellulaire): Es wird gleich nach der ersten Teilung des Zygotenkernes eine Zellwand gebildet.
- **nucleäre E.** (E: nuclear F: nucléaire): Die Bildung von Zellwänden setzt erst ein, nachdem mehrere Kernteilungen im Endosperm stattgefunden haben.
- **helobiale E.** (E: helobial F: hélobial): Durch die erste Zellteilung wird eine kleinere chalazale Basalzelle gebildet und eine größere mikropylare. Beide Zellen entwickeln sich verschieden, wobei die basale Zelle oft in der Entwicklung zurückbleibt.
G: Verschiedene Typen (zellulär und nucleär) wurden schon von HOFMEISTER (1855 b; 1858, S. 181) unterschieden, der sie aber nicht benannte. Das helobiale Endosperm wurde zuerst von SCHAFFNER (1897) bei *Sagittaria* genau beschrieben; die Bezeichnung findet sich aber erst bei SCHNARF (1929, S. 324, 348), ein Überblick über das Vorkommen bei SWAMY & PARAMESWARAN (1962).
Lit.: JACOBSSON-STIASNY (1914).
Endospermhaustorium, n. (E: endosperm haustorium F: haustorie du sac embryon-

naire, suçoir du sac embryonnaire, m.): Zellen des Endosperms (vor allem des zellulären), die zu Haustorien (Saugorganen) umgewandelt sind, die in das umgebende Gewebe eindringen. Nach der Lage dieser Zellen in der Nähe der → Mikropyle oder → Chalaza unterscheidet man **mikropylare** (E: micropylar F: micropylaire) und **chalazale** (E: chalazal F: chalazial) Endospermhaustorien.

Endospermkern, m. (E: endosperm nucleus F: cellule mère d'albumen): Der bei der → Befruchtung der Angiospermen gebildete triploide Kern, aus dem sich das (sekundäre) Endosperm entwickelt.

Endospor, n. (E: endosporium, endospore F: endosporium, m., endospore, f.): Der innere, zarte Teil der Wand der Meiosporen von Moos- und Farnpflanzen, der im Wesentlichen aus Cellulose gebildet wird. Dem Endospor entspricht die → Intine der Pollenkörner. – Wird auch für die inneren Schichten anderer Sporen verwendet.
G: Zuerst nachweisbar bei de BARY (1864/65, S. 80) für die innere Schicht der „Zygospore" (Zygote).

Endospore → Sporentypen

Endostom, n. (E: endostome F: endostome, m.): 1. Embryologie: Die vom inneren Integument gebildete Öffnung an der Samenanlage (→ Exostom).
G: Von MIRBEL (1829) eingeführt.
2. Bryologie: → Peristomtypen

Endosymbionten-Theorie, f. (E: symbiotic theory, endosymbiont theory, endosymbiosis theory F: théorie endosymbiotique): Die Theorie, dass verschiedene Organellen (besonders die Plastiden und Mitochondrien) durch die endosymbiotische Aufnahme von Prokaryoten in einen Vorfahr der Eukaryoten enstanden sind.
G: Der Erste, der den Gedanken äußerte, dass die Chloroplasten aus symbiotischen Blaualgen (Cyanobakterien) hervorgegangen sein könnten, war A.F.W. SCHIMPER (1883, Sp. 112). Sehr klar begründet wurde diese Hypothese dann von MERESCHKOWSKY (1905); sie stieß aber noch lange auf starken Widerspruch. Erst der Nachweis, dass Plastiden und Mitochondrien DNA und Ribosomen haben, deren Aufbau denen der Prokaryoten entspricht, machte die Hypothese zu einer Theorie, zu deren Durchsetzung das Buch von MARGULIS (1970) sehr beigetragen hat.
Lit.: Geschichte: SAPP (1990). Überblick: TAYLOR (1974), MARGULIS (1993), GRAY (1992).

Endosyncyanose → Syncyanose
Endotegmen-Samen → Samentypen (B.)
Endotesta-Samen → Samentypen (B.)
Endothecium, n. (E: endothecium F: endothécium, m., assise mécanique): 1. bei Samenpflanzen: Subepidermale Schicht der Antherenwand (bei den Angiospermen als → Faserschicht ausgebildet), die nach traditioneller Auffassung durch einen Kohäsionsmechanismus die Öffnung der Antheren bewirkt (vgl. aber R. SCHMID 1976).
G: Gleichzeitig mit Exothecium geschaffen von PURKINJE (1830, S. 1)
2. bei Moosen: Der innere Teil der Kapsel, der durch die erste perikline Längsteilung abgetrennt wird.
G: KIENITZ-GERLOFF (1878, Sp. 40).

Endothel, n., Endothelium, n. Integumenttapetum, n. (E: endothelium F: endothélium, m.): Eine besonders bei unitegmischen → Samenanlagen auffällige innere Schicht des Integuments, die wegen der weitgehenden Reduktion des Nucellus unmittelbar dem Embryosack, bzw. Embryo anliegt.
G: Diese Schicht wurde schon früh beachtet. SCHACHT (1858, S. 206) spricht von einer „epitheliumartigen Schicht", HEGELMAIER (1889, Sp. 837) von einer „Endodermis der Samenknospe". SCHWERE (1896, S. 39) führte dann den Terminus Endothelium ein. Auch Epithel (GOEBEL 1901), Integumenttapetum (vor SCHNARF 1929), bzw. Tapetenschicht (E. SCHMID 1906) wurden verwendet.

Endothelium → Endothel
endotroph(isch) → Mycorrhiza
endotrophes Transmissionsgewebe → Transmissionsgewebe

Endozoochorie, f. (E: endozoochory F: endozoochorie, f.): Ausbreitung durch Tiere, bei der die Diasporen den Darm des Tieres passieren.
G: SERNANDER (1901, S. 449) sprach von endozoischer Verbreitungsweise.

endozooisch (E: endozoic F: endozoïque): In Tieren lebend oder – bei Diasporen – durch zeitweiligen Aufenthalt im Magendarmtrakt von Tieren transportiert und ausgebreitet (→ Endozoochorie).

endozyklisch → Entwicklungsgang der Uredinales

Endymion-Typ → Embryosacktypen
Energide, f. (E: energid F: énergide, f.): Ein Kern mit dem „von ihm beherrschten Protoplasma". Dies ist oft mit einer Zelle identisch, es gibt aber auch Pflanzenzellen mit mehreren Energiden (**polyenergide** Zellen, E: polyenergid cell).
G: Sachs (1892, S. 57 ff.).
Enhanceosom, n. (E: enhanceosome F: enhanceosome, m.): Struktur, die der Genaktivierung dient. Es sind darin Aktivator, Promotor, Enhancer und an sie bindende Faktoren vereint.
G: Eingeführt von Bazett-Jones et al. (1994, S. 1134) als „enhancesome" von. engl. enhance, steigern, und gr. soma, Körper.
Enhancer, m. (E: enhancer F: amplificateur): Ein regulatorischer DNA-Abschnitt, der unabhängig von Position und Orientierung die Verstärkung eines oder mehrerer, nicht notwendigerweise benachbarter Gene bewirkt (vgl. → Silencer).
G: Das Prinzip wurde 1981 von mehreren Arbeitsgruppen entdeckt. Khoury & Gruss (1983) führten Enhancer ein, von engl. enhance, steigern.
Enkapsis → Hierarchie
Entfaltungszellen → Gelenkzellen
entomogam, entomophil (E: entomophilous F: entomogame): Blume, die von Insekten bestäubt wird und daran angepasst ist.
G: Delpino (1867 c, S. 275) benutzte „piante entomofile", daraus wurde entomophil. Kirchner (in Kirchner, Loew & Schroeter 1904, S. 39) führten „Entomogamae" ein.
Entomogamie, f., Entomophilie, f., Insektenbestäubung, f. (E: entomogamy, entomophily F: entomogamie, f., entomophilie, f.): Bestäubung durch Insekten. Sie ist verbunden mit der Ausbildung von → Blumen.
G: → entomogam
entomophil → entomogam
Entomophilie → Entomogamie
Entwicklung, f. 1. **(ontogenetische) Entwicklung** (E: development F: développement, m.): Alle kontinuierlichen und meist irreversiblen Änderungen in Form und Funktion eines Organismus im Laufe seines Lebens. Die einzelnen Entwicklungsschritte sind zum Teil **endonom** (nicht durch Außenfaktoren beeinflussbar), zum Teil **aitionom** (durch Außenfaktoren beeinflussbar), abgeleitet von gr. endon, innen, bzw. aitia, Ursache, und nomos, Gesetz. 2. **(phylogeneti-**

sche) Entwicklung → Evolution → Phylogenie
Entwicklungsgang, m. (E: life-cycle F: cycle de développement, biocycle, m.): Ontogenetische Entwicklung von der Zygote zum adulten Organismus bzw. bis zum Absterben. Er kann mit einem → Generationswechsel verbunden sein.
Entwicklungsgang der Uredinales: Im typischen Fall ist der E. der Uredinales (Rostpilze) mit Generationswechsel, Wirtswechsel und dem Auftreten von fünf verschiedenen Sporenformen verbunden. Dies sind: → Spermatien (0), → Aecidiosporen (I), → Uredosporen (II), → Teleutosporen (III) und → Basidiosporen (IV). Nach der Zahl und Art der auftretenden Sporenformen unterscheidet man:
- **makrozyklisch** (E: macrocyclic F: macrocyclique): 0 I II III IV. Dieser Entwicklungsgang wird auch als **Euform** bezeichnet, und zwar mit Wirtswechsel als **Hetereuform** und ohne als **Auteuform**.
- **demizyklisch** (E: demicyclic F: demicyclique): 0 I - III IV (Uredosporen fehlen). Dies ist die **Opsisform**. Auch hier kann entsprechend zwischen einer **Heteropsisform** mit Wirtswechsel und einer **Euopsisform** ohne Wirtswechsel unterschieden werden.
- **brachyzyklisch** (E: brachycyclic F: brachycyclique): 0 - II III IV (Aecidiosporen fehlen). Es gibt hierbei keinen Wirtswechsel.
- **mikrozyklisch** (E: microcyclic F: microcyclique): (0) - - III IV (Aecidio- und Uredosporen fehlen). Es gibt keinen Generationswechsel. Die Teleutosporen keimen meist nach Überwinterung (**Mikroform i.e.S.**). Arten mit sofortiger Keimung werden auch als **Leptoform** abgetrennt. – Eine Sonderstellung nimmt die **Endoform** ein, bei der ebenfalls nur drei Sporentypen auftreten, die verschieden gedeutet werden, je nachdem, ob man die Kernverhältnisse berücksichtigt. Sie wird zuweilen als **endozyklisch** abgetrennt.
G: J. Schröter (1872) unterschied als Erster innerhalb von *Puccinia*: Eu-, Hetero-, Hemi-, Micro- und Leptopuccinia. Eine weitere Untergliederung erfolgte durch Maire (1911).
Lit.: Arthur (1905, 1925, 1932), Holm (1987), Laundon (1967, 1972), Hiratsuka (1973), Petersen (1974). Die Bezeichnungen sind auch deswegen vielfältig, weil für die Auf-

fassung über die Sporen und ihre Lager für manche Autoren die Morphologie, für andere die Stellung im Entwicklungsgang und die Karyologie entscheidend sind. Bei HAWKSWORTH et al. (1995, S. 473) sind verschiedene terminologische Systeme einander gegenübergestellt.

Entwicklungsgenetik, f.: Untersuchung der genetischen Prozesse, die zu einer geregelten ontogenetischen Entwicklung führen. Sie ist nicht zu trennen von der **Entwicklungsphysiologie**, die die Wirkung der von den Genen codierten Enzyme auf die Ontogenie untersucht.

Entwicklungsgeschichte → Ontogenie
Entwicklungsphysiologie → Entwicklungsgenetik
Entwicklungsstufe → Organisationsstufe
Enumeratio, f. (L: enumeratio, f., pl. enumerationes E: enumeration F: énumération, f.): In der Botanik Titel von Arbeiten, die Artenlisten (lat. enumeratio, Aufzählung) ohne Beschreibungen und Bestimmungsschlüssel enthalten. Meist handelt es sich um die Arten eines bestimmten Gebietes.

Enzym, n., Ferment, n. (E: enzyme F: enzyme, m.): Enzyme sind biologische Katalysatoren, die an fast allen Reaktionen (Synthese und Abbau) in der Zelle beteiligt sind. Das vollständige Enzym (**Holoenzym**) besteht aus einem Protein, dem **Apoenzym**, und einem niedermolekularen **Coenzym**. Ist dieses sehr fest an das Protein gebunden, spricht man von einer **prosthetischen Gruppe**. Enzyme sind selten unspezifisch, meist wirken sie nur auf ein oder einige verwandte Substrate (**Substratspezifität**), außerdem katalysieren sie nur ganz bestimmte Umsetzungen (**Wirkungsspezifität**).
G: Die Bezeichnung Enzym stammt von KÜHNE (1876, S. 190), abgeleitet von gr. en-, in, und zyme, Sauerteig. Sie sollte zunächst im Unterschied zu den an einen Organismus gebundenen Fermenten, solche bezeichnen, die auch außerhalb eines Organismus wirken können, löste aber das ältere Wort Ferment (von lat. fermentum, Hefe) ganz ab. Die Notwendigkeit eines Coenzyms für die Wirksamkeit des Enzyms wurde zuerst von BERTRAND (1897) erkannt. Er sprach von einem „co-ferment".

Enzym, allosterisches, n. (E: allosteric enzyme): Enzym, das unter dem Einfluss eines Modulators seine Konformation ändert. Das katalytische Zentrum wird dadurch entweder inaktiviert oder aktiviert. Allosterische Enzyme bestehen meist aus mehreren Untereinheiten, bei denen sich Konfirmationsänderungen des einen sich den anderen mitteilen und ihre Aktivität beeinflussen. Man nennt das **Kooperativität**.

Eophyll → Primärblatt
epeltat (E: epeltate, impeltate): Blatt, besonders Fruchtblatt, das nicht → peltat ist. Für Laubblätter ist dies normal und wird nicht besonders hervorgehoben. Bei Fruchtblättern ist es nach TROLL die Ausnahme.
G: Erstnachweis: TROLL (1932 b, S. 305).

ephemer (E: ephemeral F: éphémère): **1.** Pflanze: → Ephemerophyt. **2.** Blüte, die nach einmaligem Öffnen und Schließen verwelkt, wie die vieler Cistaceae und Commelinaceae.

Ephemere → Ephemerophyt
Ephemere → Therophyt
Ephemerophyt, m., Passant, m. (E: ephemerophyte F: éphémérophyte, m.): Pflanze, die in ein Gebiet eingeschleppt wurde, sich dort entwickelt und meist auch zur Blüte kommt, aber nach kurzer Zeit verschwindet, z.B. weil keine Samen ausgebildet werden. Hierzu gehören z.B. viele der mit Südfrüchten oder Wolle (**Wolladventivpflanzen**) eingeschleppten Pflanzen.
G: RIKLI (1903, S. 75) bezeichnete solche Pflanzen als **Ephemere** oder Ankömmlinge. Diese Bezeichnungs ist aber missverständlich, da sie auch für kurzlebige Pflanzen verwendet wurde. THELLUNG (1905, S. 234) führte dann Ephemerophyten ein.
Lit.: JOVET (1961).

Ephydrogamie, f. (E: ephydrogamie F: épihydrophily, f., éphydrogamie, f.): Bestäubung, die an der Wasseroberfläche stattfindet. Dabei kommt der Pollen nicht immer mit dem Wasser in Berührung.
G: Sehr früh wurde die eigenartige Bestäubungsweise von *Vallisneria* bekannt, bei der die männlichen Blüten auf der Wasseroberfläche schwimmen und die weiblichen Blüten bestäuben. Sie wurde von MICHELI entdeckt und schon in einer Dissertation von LINNAEUS (1746) beschrieben. – Erstnachweis für die Bezeichnung: KNUTH (1898, S. 83).

Epibasidie → Basidientypen (C.)
Epiblast, m. (E: epiblast F: épiblaste, m.): Anhängsel am Embryo der Poaceae (Gra-

mineae). Er liegt gegenüber vom Scutellum, seine morphologische Deutung ist umstritten.
G: Der Begriff stammt von L.-C. RICHARD (1808, n.v., 1811, S. 204). Nach ihm soll schon MALPIGHI den Epiblast beobachtet haben.
Epiblem → Rhizodermis
Epicalyx, m., Außenkelch (L: epicalyx, m., calyculus, m., caliculus, m. E: epicalyx F: calicule, m., épicalice, m.): Zusätzliche kelchartige Hochblatthülle unmittelbar unter dem Kelch, z.B. bei den Malvaceae.
Epichil, n. (L: epichilium, n. E: epichil(e), epichilium F: épichile, m., épichilium, m.): Der äußere (apikale) Abschnitt der Lippe bei den Orchidaceae, wenn diese deutlich zweigeteilt ist. Oft ist er gelenkig mit dem basalen Abschnitt, dem → Hypochil, verbunden.
G: L.-C. RICHARD (1818, S. 13) von gr. epi-, ober; cheilos, Lippe, Saum.
Epicingulum → Cingulum
Epicotyl → Epikotyl
Epicuticularwachs, n., Wachsüberzug, m. (E: epicuticular wax F: cire épicuticulaire): Wachsauflage auf der → Epidermis. Ihre Elemente haben die Form von unregelmäßigen Körnchen oder von Fäden, Stäbchen, Schuppen. Die Ausbildung ist für einzelne Taxa typisch. Blätter, Stängel (Stengel) oder Früchte erscheinen dadurch bläulich „bereift".
G: Die erste detaillierte Bearbeitung der „Wachsüberzüge" stammt von DE BARY (1871).
Lit.: WILKINSON (1979, S. 158-162); BARTHLOTT & WOLLENWEBER (1981).
Epidermis, f., Oberhaut, f. (E: epidermis F: épiderme, m.): Fast immer aus einer Zellschicht bestehendes primäres Abschlussgewebe des Sprosses bei den Kormophyten (Gefäßpflanzen), das von einer → Cuticula bedeckt wird. In die Epidermis sind meist Stomata eingebaut, häufig bilden auch einzelne Epidermiszellen Haare. Wegen der anderen Entstehungsweise sollte die → Rhizodermis der Wurzel nicht als Epidermis bezeichnet werden.
G: Der Ausdruck findet sich bei LINNAEUS (1751), ist aber wahrscheinlich älter und vielleicht aus der Zoologie übernommen.
Epidermis, multiple, mehrschichtige E. (E: multiple epidermis F: épiderme multiple): Schichten, die aus der zunächst einschichtigen Epidermis durch → perikline Teilungen entstehen.
G: Von PFITZER (1871 b, S. 39) zuerst klar von der Hypodermis getrennt und mehrschichtige Epidermis genannt. Später wurden von den Autoren zuweilen mehrschichtige Epidermis und Hypodermis unter einem der beiden Namen vereinigt.
Lit.: LINSBAUER (1930, S. 38-43), NAPP-ZINN (1973, S. 215-221).
epigäisch: 1. als Keimungstyp: → Keimung 2. als Standortsangabe bei Moosen, Flechten, Pilzen etc.: Auf der Erdoberfläche wachsend.
Epigenese, f. (E: epigenesis F: épigenèse, f.): Entwicklungsprozess, bei dem sich neue Strukturen aus vorher nicht differenziertem Material bilden.
G: Die uns heute selbstverständliche epigenetische Entwicklung wurde zuerst von HARVEY (1651, ed. London, S. 123, ed. Amsterdam, S. 251) auf Grund seiner Untersuchungen am Hühnerei als Möglichkeit erkannt. Diese Auffassung stand im 18. Jahrhundert in scharfem Gegensatz zur → Präformationstheorie, nach der alles, was sich entwickelt, schon vorgebildet ist.
Epigonium → Embryotheca
epigyn (E: epigynous F: épigyne): Adj. zu → Epigynie (vgl. auch → Ovar).
Epigynie, f. (E: epigyny F: épigynie, f.): Stellung der Blütenorgane (Sepalen, Petalen, Stamina) am oberen Ende des (unterständigen) Fruchtknotens.
G: JUSSIEU (1789, S. XIII).
Epikarp → Exokarp
Epikotyl, n., Epicotyl (E: epicotyl F: épicotyle, m., axe épicotylé): Das Internodium unmittelbar über den Kotyledonen. Wird auch für die ganze junge Sprossanlage, die → Plumula, gebraucht.
G: Von DARWIN (1880, S. 5) eingeführt.
Epilimnion, n. (E: epilimnion F: épilimnion): Die obere, relativ warme Schicht innerhalb eines Sees oberhalb der → Sprungschicht. In ihr wird das Wasser gleichmäßig durchmischt.
G: Eingeführt von BIRGE (1909, S. 1005).
Epimatium, n. (E: epimatium F: épimatium, m.): Die äußere Samenhülle von *Podocarpus*.
G: PILGER (1903, S. 16) führte den Begriff bei *Podocarpus* ein, abgeleitet von gr. epi-, über, und himation, Kleid. NEUMAYER (1924,

S. 10, 23) benutzte E. auch für den sonst Arillus genannten Samenmantel von *Taxus* und das so genannte äußere Integument bei *Ephedra*.

Epinastie, f. (E: epinasty F: épinastie, f.): Auf der Oberseite eines Organs verstärktes Wachstum. Es führt zur Einkrümmung nach unten.
G: Epinastisch wurde zuerst von C.F. SCHIMPER (1860, S. 87) für ein exzentrisches, auf der Oberseite verstärktes Dickenwachstum geprägt. Gr. nastos, voll, angefüllt, gibt dabei einen Sinn.

epipetal, antipetal (E: epipetalous F: épipétale, oppositipétale): Stellung von Stamina oder Karpellen auf demselben Radius wie die Petalen.

Epiphragma, n., auch: Diaphragma, n., Paukenhaut, f. (E: epiphragm F: épiphragme, m.): Haut, die bei manchen Laubmoosen (speziell Polytrichaceae) die Kapsel nach dem Abfallen des Deckels verschließt.
G: Erstnachweis: EHRHART (1779 b, Sp. 1004), ohne Definition.

epiphyll (E: epiphyllous F: épiphylle):
1. Stellung einer Blüte oder eines Blütenstandes, die scheinbar auf dem Blatt entspringen. Dies wird üblicherweise durch eine Verwachsung des Stieles der Blüte oder des Blütenstandes mit der Mittelrippe des Blattes erklärt. Nach STORK (1956) u.a. ist dies aber nicht immer nachweisbar.
G: In diesem Sinn von A.P. de CANDOLLE (1827, S. 429) verwendet.
Lit.: STORK (1956), DICKINSON (1978).
2. Vorkommen auf Blättern. Besonders Moose und Flechten wachsen nicht selten epiphyll.

Epiphyt, m., Aufsitzer, m. (E: epiphyte F: épiphyte, m.): Pflanze, die typischerweise auf anderen Pflanzen wächst, ohne jedoch aus diesen Wasser oder Nahrung zu beziehen. Epiphyten der höheren Pflanzen sind dann reich entwickelt, wenn es - wie im tropischen Regenwald - keine Trockenzeiten gibt.
G: Als Epiphyta wurden zunächst bestimmte Pilze, die auf anderen Pflanzen wachsen, bezeichnet. Bei MIRBEL (1815, S. 586) gibt es bereits „plantes épiphytes" mit der heutigen Definition.
Lit.: A.F.W. SCHIMPER (1884), BENZING (1990), LÜTTGE (1989).

Epiplasma, f. (E: epiplasm F: épiplasme): Restliches Plasma im Ascus, das bei der Bildung der Ascosporen nicht gebraucht wird.

Epipleura, f. (E: epipleura F: ceinture épithécale, f.): Gürtelband der größeren Schale bei den Diatomeen.
G: O. MÜLLER (1895, S. 223).

Epipodium, n. (E: epipodium F: épipode, m., épipodium, m.): Das Internodium zwischen einer Blüte und ihrem oberen Vorblatt.
G: Soll von C.F. SCHIMPER stammen, von TROLL (1935-37, S. 203) wieder aufgenommen. - BOWER (1885 b, S. 570) versteht darunter den Teil der Mittelrippe (Rhachis) eines Blattes oberhalb des Blattstieles.

episepal (E: episepalous F: épisépale, oppositisépale): Die Stellung eines Organs (Staub- oder Fruchtblatt) über einem Sepalum (d.h. in dem Radius, der durch das Sepalum geht), auch **antisepal**.

Epispor → Perispor

epistomatisch → Blattbau (B.)

Epitheca → Theca (4.)

Epithecium, n. (E: epithecium F: épithécie, f., épithécium, m.): Von den → Paraphysen gebildete geschlossene Schicht aus verzweigten und miteinander verwobenen Hyphen, die manche → Apothecien von Pilzen und Flechten bedeckt.
G: Erstnachweis: DARBISHIRE (1898, S. 7).

Epithel, n. (E: epithelium F: épithélium, m.): Geschlossene Zellschicht drüsenartiger oder anderweitig hervortretender Zellen an einer äußeren oder inneren Oberfläche.
G: Der in der Zoologie für die oberflächliche Zellschicht viel gebrauchte Terminus wurde in der älteren Literatur für die jugendliche zartwandige Epidermis gebraucht (z.B. SCHLEIDEN 1845, S. 257). GOEBEL (1901, S. 806) verwendete Epithel für die heute meist → Endothel genannte Schicht. Epithel wird noch gebraucht für die Innenauskleidung von Interzellulargängen (De BARY 1877, S. 212) und bei einem bestimmten Typ von Nektarien, bei denen besonders ausgebildete Epidermiszellen Nektarienfunktion haben.

Epithel-Elaiophor → Elaiophor

Epithem, n. (E: epithem(e) F: épithéma, épithème, m.): Zartwandiges chlorophyllfreies Parenchym in einer → Hydathode. Es liegt zwischen den Enden der Tracheiden und der Epidermis und ist reich an Interzellularen, durch die das Wasser austreten kann.
G: Beschrieben und benannt von De BARY

(1877, S. 391), abgeleitet von gr. epithema, Deckel.
Epitheton → Artepitheton
Epitonie, f. (E: epitony F: épitonie, f.): Förderung der Oberseite an einem plagiotropen Organ, z.B. bevorzugtes Austreiben der Knospen an der Oberseite eines Seitenastes.
G: TROLL (1935-37, S. 16, 609).
epitrop → Samenanlage (D.)
Epitypus, m. (E: epitype F: épitype, m.): Exemplar oder Abbildung, die zur Interpretation des Typus dienen, wenn dieser nicht alle zur genauen Identifizierung nötigen Merkmale zeigt.
G: Der Begriff des Epitypus wurde durch den → Code 1. ICBN 1994 (Art. 9,7) neu eingeführt.
Epivalva, f. (E: epivalve F: épivalve, f.): Die mehr oder weniger flache Oberseite der Epitheca bei den Diatomeen.
G: O. MÜLLER (1895).
epixyl (E: epixylic, epixylous F: épixyle): Organismus, der auf Holz wächst. Besonders bei Moosen, Flechten und Pilzen spricht man von epixylem Wachstum.
Epizoochorie, f. (E: epizoochory F: épizoochorie, f.): Ausbreitung der Diasporen durch Anhaften oder Ankleben an Tieren. Typische Anpassungen sind Schleimabsonderung (**myxochore** Diasporen, vor allem Samen) und Ausbildung von Stacheln oder Haken (**acanthochore** Diasporen, vor allem Teilfrüchte und Früchte).
G: SERNANDER (1901, S. 450) verwendet epizoische Verbreitung. Acanthochor wurde durch DANSEREAU & LEMS (1957) eingeführt, myxochor von LUFTENSTEINER (1982, S. 5).
epizooisch (E: epizoic F: épizoïque): Pflanze bzw. Diaspore, die durch → Epizoochorie ausgebreitet wird.
Epökophyt, m., Kulturabhängiger, m. (E: epecophyte F: épécophyte, m.): Art, die in einem Gebiet eingebürgert ist, sich aber nur in vom Menschen geschaffenen Vegetationstypen (Kulturgesellschaften) halten kann.
G: THELLUNG (1912, S. 628, 639).
Equisetophyta → Equisetopsida
Equisetopsida, Sphenophyta, Articulatae, Equisetophyta, Schachtelhalmartige (E: horsetails F: Sphénophytes, Articulées): Eine Gruppe (Klasse) der Farnpflanzen, die durch die wirtelige Blattstellung der → Mikropyhlle gekennzeichnet ist. Dadurch ergibt sich eine auffällige Gliederung (lat. articulatus, gegliedert) in Knoten und Internodien. Die Sporangien sitzen meist an tischchenförmigen → Sporangiophoren.
G: Die Bezeichnung Articulatae stammt von LIGNIER (1903, S. 132, „Articulées").
ER → endoplasmatisches Reticulum
Erbanlage, Erbfaktor → Gen
Ergasiolipophyt, m., Kulturrelikt, n. (E: ergasiolipophyte F: ergasiolipophyte, m.): Pflanze, die an einem natürlichen Standort angepflanzt wurde, sich dann aber ohne Pflege des Menschen hält.
G: THELLUNG (1905, S. 233).
Ergasiophygophyt, m.,Verwilderte, m., Kulturflüchtling, m. (E: ergasiophygophyte F: ergasiophygophyte, m.): Pflanze, die vom Menschen eingeführt und kultiviert wird, dann aber auch außerhalb von Kulturen auftritt.
G: RIKLI (1903) nannte diese Pflanzen Kulturflüchtlinge, THELLUNG (1905, S. 233) übersetzte dies als Ergasiophygophyten (von gr. ergasia, Ackerbau, und phyge, Flucht).
Ergasiophyt, m. (E: ergasiophyte F: ergasiophyte, m.): In einem Gebiet nur als Kulturpflanze auftretende Sippe.
G: THELLUNG (1905, S. 233), von gr. ergasia, Arbeit, Ackerbau.
ergastische Gebilde, n.pl., ergastische Substanzen, f.pl. (E: ergastic materials, ergastic substances F: matériaux ergastiques): Vom Protoplasma gebildete, aber nicht protoplasmatische Substanzen. Dazu gehören Einschlüsse und Ausscheidungen, wie z.B. Stärke- und Aleuronkörner, Kristalle, die Zellwand.
G: Der Begriff stammt von Arthur MEYER (1896, S. 212), der von ergastischen Gebilden spricht (von gr. ergaster, Arbeiter).
ergastische Substanzen → ergastische Gebilde
Ergastoplasma, n. (E: ergastoplasm F: ergastoplasme, m.): Plasmabezirke, die sich mit basischen Farbstoffen stark anfärben. Sie finden sich besonders in aktiven Drüsenzellen. Nach heutiger Kenntnis zeichnen sie sich durch eine Massierung von rauem (rauhem) → endoplasmatischem Reticulum aus.
G: Das Ergastoplasma wurde in einem Labor gleichzeitig an Mensch und Tieren (GARNIER 1897, S. 288) und an Pflanzen (BOUIN & BOUIN 1898) beobachtet. Die Geschichte

der Entdeckung ist dargestellt von HAGUENAU (1958).
ericoid, erikoid (E: ericoid): Pflanzen, die an Vertreter der Ericaceae erinnern: kleine Sträucher oder Zwergsträucher mit nadelförmigen Blättern mit eingerolltem Rand.
G: Den Begriff „erikoides Blatt" verwendet schon WARMING (1896, S. 184).
Erneuerung → Innovation
Erneuerungsknospe → Innovationsknospe
Erneuerungssprosse, Erneuerungstriebe → Innovationsknospe
erosulat → Rosettenpflanze
Ersatzfaser, f. (E: parenchyma-like fiber F: fibre intermédiaire): Wenig verdickte und stärker getüpfelte Holzfaser, die einen Übergang zwischen Holzparenchym und typischen Holzfasern bilden. In der neueren anatomischen Literatur wird der Terminus kaum noch verwendet. Man spricht von fusiformen Parenchymzellen oder lebenden Holzfasern (WOLKINGER 1969).
G: SANIO (1863 a, S. 96) als „Holzparenchymersatzfasern oder kurzweg Ersatzfasern", da sie in manchen Hölzern das Holzparenchym ersetzen.
Ersatzknospe → Ruheknospe
Erscheinungsdatum → Publikationsdatum
Erstarkungswachstum → Dickenwachstum
Erzpflanze → Metallophyt
etherische Öle → ätherische Öle
Ethnobotanik, f. (E: ethnobotany F: ethnobotanique, f.): Das Studium der Pflanzen in Beziehung auf ihre Verwendung als Nutzpflanzen, in der Medizin und im Brauchtum insbesondere bei vorindustriellen Gesellschaften.
G: Ethnobotanik wurde eingeführt von HARSHBERGER (1896, „ethno-botany") und von ihm besonders auf die „Aborigines" bezogen. Von manchen Autoren wird der Begriff jetzt so ausgeweitet, dass er generell die Beziehungen zwischen Mensch und Pflanzen umfasst.
Ethylen, n. (früher Äthylen) (E: ethylene F: éthylène, m.): Ungesättigter gasförmiger Kohlenwasserstoff der Formel $H_2C=CH_2$, der in der Pflanze als → Phytohormon wirkt, aber auch als → Pheromon auf andere Pflanzen derselben Art einwirken kann, ja auch auf andere Arten.
G: Zunächst wurde festgestellt, dass reifende Früchte diesen Prozess bei anderen beschleunigen können. Erst später stellte sich heraus, dass dafür Ethylen verantwortlich ist.
Etiolement, n., Etiolierung, f., Vergeilung, f. (E: etiolation F: étiolement, m.): Die Veränderungen, die bei Pflanzen auftreten, die im Dunkeln herangezogen werden: Hemmung der Chlorophyllausbildung, Verlängerung der Internodien, Ausbildung kleiner gehemmter Blätter.
G: Aus einem Ausdruck der französischen Gärtnersprache („une plante s'ettiole", wird bleichsüchtig) leitete BONNET (1754, S. 209) „ettiolement" ab. In der späteren Form étiolement wurde der Ausdruck ins Deutsche übernommen.
Etiolierung → Etiolement
Etioplast, m. (E: etioplast F: étioplaste, m.): Durch Lichtmangel bedingte Hemmform der Chloroplastengenese. Etioplasten haben nur vereinzelte Thylakoide und sind nicht grün. Meist enthalten sie einen auffälligen → Prolamellarkörper.
Euanthientheorie → Blütentheorien
Eucarya, Eucaryota → Eukaryoten
Euchromatin, n. (E: euchromatin F: euchromatine, f.): Abschnitte des Chromatins, die sich in der Interphase entspiralisieren und während der Kernteilung spiralisieren. Sie enthalten die aktiven Gene.
G: Das Gegensatzpaar Euchromatin – Heterochromatin wurde von HEITZ (1928, S. 764) eingeführt.
Eucyt, m., oft sprachlich unrichtig: Eucyte, f. (E: eucyte F: cellule (f.) eucaryoté): Die Zelle der → Eukaryoten, die einen Zellkern (selten mehrere Zellkerne) und Mitochondrien besitzt und in zahlreiche Kompartimente gegliedert ist.
Eucyte → Eucyt
Eucytengeißel → Geißel
Euform → Entwicklungsgang der Uredinales
Eukarpie, f. (E: eucarpic [Adj.]): Entwicklungsweise der Fruchtkörper von Pilzen, bei der ein Teil des Thallus erhalten bleibt, so dass später weitere gebildet werden können.
Eukaryoten, m.pl., Eucarya, Eucaryota (E: eukaryotes F: eucaryotes, m.pl.): Organismen mit echten Zellkernen, die sich mitotisch vermehren können, und in zahlreiche Kompartimente gegliedertem Protoplasma mit Cytoskelett (Aktinfilamente, Mikrotubuli). Sie besitzen Mitochondrien. Als Regnum (Domäne) heißen sie Eucarya.

Eukaryotengeissel

G: → Prokaryoten.
Eukaryotengeißel → Geißel
Euopsisform → Entwicklungsgang der Uredinales
Euphyllophyta, Euphyllophytina: Umfangreiche monophyletische Gruppe, zu der alle → Kormophyten mit Ausnahme der → Lycophyten gehören.
G: Eingeführt von KENRICK & CRANE (1997, S. 134, 248). Der Name (von der Vorsilbe eu-, echt, gut, und phyllon, Blatt) bezieht sich darauf, dass die Vertreter dieser Gruppe wohl ausgebildete, oft gegliederte Blätter haben, im Gegensatz zu den → Mikrophyllen der Lycophyten.
Euphyllophytina → Euphyllophyta
euploid (E: euploid F: euploïde): Adj. zu → Euploidie.
Euploidie, f. (E: euploidy F: euploïdie, f.): Vorhandensein von einem bis mehreren vollständigen Chromosomensätzen.
G: TÄCKHOLM (1922, S. 234).
Euploidion, f. (E: euploidion F: euploïdion, m.): Komplexe Art aus diploiden und eupolyploiden Sippen, die morphologisch schwach getrennt sind, und höchstens als Subspecies angesehen werden.
G: CAMP & GILLY (1943, S. 341).
euryök, euryözisch (E: euryoecious): Art, die unterschiedliche ökologische Bedingungen tolerieren kann und daher an verschiedenen Standorten vorkommt. Von gr. eurys, breit, weit, und oikos, Haus, Heimat.
euryözisch → euryök
Eusporangiatae (E: eusporangiate ferns F: Eusporangiées, f.pl.): Sammelgruppe von → Farnen, die durch das ursprüngliche Merkmal einer mehrschichtigen Sporangienwand ausgezeichnet sind.
G: GOEBEL (1881, Sp. 717/718) rechnete zu seinen Eusporangiatae neben den eusporangiaten Farnen auch die Equisetales (Equisetopsida), Lycopophyta und Samenpflanzen. In diesem Sinn wird heute höchstens noch das Adjektiv eusporangiat gebraucht.
Eustele → Stelentypen (III.)
eutrop: Adj. zu → Eutropie.
eutroph (E: eutrophic F: eutrophique): Gewässer (oder Böden) mit gutem bis sehr gutem Nährstoffangebot.
G: Als Gewässertyp von NAUMANN (1919, S. 160) eingeführt.
Eutropie, f. (E: euphily F: eutropie, f.): Bei Blütenpflanzen die Bindung an bestimmte Bestäubergruppen, die durch die Ausbildung der Blüten zustandekommt. Meist ist dafür ein Syndrom an Merkmalen wie Größe, Form, Tiefe der Nektarbergung, Farbe, Geruch, Blühverhalten verantwortlich.
G: LOEW (1886, S. 106) unterschied zunächst eutrope, hemitrope und allotrope Blütenbesucher und benutzte (1886, S. 146) Eutropie für eine Anpassungsstufe der Insekten. Später (1889, S. 17) führte er die Einteilung auch für Blumen ein.
euzyklisch → Blütenbau (B.)
Evaporation, f. (E: evaporation F: évaporation, f.): Die Wasserdampfabgabe (Verdunstung) einer feuchten Oberfläche, z.B. vom Boden oder einer Wasserfläche im Gegensatz zur → Transpiration der Pflanzen.
Evapotranspiration, f. (E: evapotranspiration F: évapotranspiration, f.): Die gesamte Verdunstung über einer Fläche, die sich aus der → Evaporation des Bodens und von Wasserflächen und der → Transpiration der Vegetation zusammensetzt.
Evolution, f. (E: evolution F: évolution, f.): Zentraler Begriff der Biologie, unter dem man heute den allmählichen Wandel der Organismen versteht, der mit einer Aufspaltung in Arten und der Herausbildung von Gattungen, Familien etc. verbunden ist (→ Deszendenztheorie, → Evolutionstheorie).
G: Vom Wortsinn her bedeutet Evolution (lat. evolutio) Auswickeln, Entwickeln. So wurde das Wort z.B. im militärischen Bereich für die Entwicklung einer Truppenformation gebraucht. In der Biologie ist es nach BRIEGEL (1963) zuerst bei HALLER (z.B. 1758, S. 172) nachweisbar, und zwar für die embryologische Entwicklung im Sinne der → Präformationslehre (Auswickeln von schon vorhandenen Strukturen). Im heutigen Sinne finden wir evolvieren zuerst in einer Abhandlung von JAMESON (1826), die sich mit LAMARCK auseinandersetzt. Evolution kam dann über die englische philosophische Literatur (Herbert SPENCER) in die Biologie, DARWIN benutzte den Begriff zunächst nicht. Im Deutschen wird das Wort in der Biologie erst ab 1875 häufiger.
Lit. (Geschichte des Begriffes): BRIEGEL (1963), BOWLER (1975), LÖTHER (2000). - Wörterbuch: TORT (1996).
Evolution, transspezifische → Makroevolution

Evolutionary Clock → molekulare Uhr
Evolutionary Constraints: Einschränkungen der Möglichkeiten für die weitere Evolution einer Sippe, die sich aus Bau, Funktion und Lebensweise ergeben, wie sie im Laufe der bisherigen Evolution entstanden sind. In ähnlichem Sinn wird auch von **Phylogenetic Constraints** oder **Developmental Constraints** gesprochen. Einen geläufigen deutschen Terminus dafür gibt es nicht.
Lit.: GOULD (1980), MCKITRICK (1993).
Evolutionsbiologie, f. (E: evolutionary biology F: biologie évolutive): Moderner Ausdruck für die Erforschung der Evolution, die alle biologischen Aspekte einbezieht.
G: Der Terminus evolutionary biology wurde (zuerst?) von E.O. WILSON 1958 an der Harvard Universität für einen Kurs benutzt (E. O. WILSON 1994, S. 226). Er entwickelte sich zu einem Gegenbegriff zu molecular biology. Der erste Internationale Kongress für „Systematic and Evolutionary Biology" fand 1973 in Boulder, USA, statt.
Lit.: FUTUYMA (1995).
Evolutionsfaktoren, m.pl. (E: evolutionary factors F: facteurs de l'évolution): Die Vorgänge, die durch Veränderungen des → Genpools von Populationen und der Beziehungen zwischen Populationen die Evolution maßgeblich beeinflussen: → Mutation, → Rekombination, → Selektion, → Isolation, → genetische Drift.
Evolutionsgeschwindigkeit, f. (E: tempo of evolution, rate of evolution F: taux d'évolution, m.): Die Geschwindigkeit des evolutionären Wandels hat kein eindeutiges Maß. Man kann sie beziehen auf die morphologische Entwicklung, insbesondere das Auftreten grundlegender Abänderungen, aber auch auf die Ausbildung neuer Arten bzw. höherer Taxa. Auch wenn beides nicht exakt messbar ist, wird deutlich, dass es große Unterschiede zwischen einzelnen Gruppen gibt. Man bezeichnet sie danach als: **1. horotelisch** (E: horotelic F: horotélique): Sippe mit normaler Entwicklungsgeschwindigkeit. **2. bradytelisch** (E: bradytelic F: bradytélique): Sippe mit stark verlangsamter Entwicklung. Diese finden sich bevorzugt in sehr stabilen Lebensräumen. **3. tachytelisch** (E: tachytelic F: tachytélique): Sippe mit besonders schneller Entwicklung.
G: SIMPSON (1944, S. 133/134) führte die drei genannten Begriffe ein, abgeleitet von gr. telos, Ziel und horos, Grenze, bzw. bradys, langsam, und tachys, schnell.
Evolutionslehre → Deszendenztheorie, → Evolutionstheorie
Evolutionstheorie, f. (E: theory of evolution F: théorie transformiste): Theorie, die den Vorgang der Evolution naturwissenschaftlich zu erklären versucht. Im Vordergrund steht heute die **Synthetische Theorie der Evolution** (E: synthetic theory of evolution F: théorie synthétique de l'évolution), die von der Selektionstheorie von DARWIN ausgeht, aber Erkenntnisse der Genetik, Populationsgenetik, Cytologie etc. einbezieht. – Vgl. auch → Lamarckismus, → Darwinismus.
G: Marksteine in der Ausbildung der Synthetischen Theorie waren die Werke von DOBZHANSKY (1937) und J.S. HUXLEY (1942). Die Grundgedanken finden sich schon in dem allgemeinverständlichen Werk von WELLS, HUXLEY & WELLS (1931).
Lit.: CUÉNOT (1901), ZIMMERMANN (1953), MAYR & PROVINE (1980), MAYR (1982), GOULD (1983), WUKETITS (1984), GAYON (1990), WIESER (1994), JUNKER & ENGELS (1999).
ex (bei Autorenbezeichnungen): Eine Angabe wie „Hausskn. ex Bornm." bedeutet, dass HAUSSKNECHT einen Namen geprägt hat (z.B. auf einem Herbaretikett oder in einem Manuskript), der aber erst von BORNMÜLLER gültig veröffentlicht wurde.
Exanthem, n., pl. Exanthemata, Exantheme (E: exanthema F: exanthème, m.): Bezeichnung für pilzliche Pflanzenkrankheiten zur Zeit der Romantik. Sie wurden vergleichbar einem Hautekzem als „Ausblühungen" des erkrankten Organismus angesehen.
G: Der Begriff stammt aus der Medizin. Seine Verwendung in der Botanik geht vor allem auf das Buch von UNGER (1833) zurück.
Lit.: WEHNELT (1943, S. 142 ff.).
exarch → Xylementwicklung
Excipulum, n., Eigengehäuse, n. (E: exciple, excipulum F: excipulum, m., rebord thallin, m.): Steriles Hyphengewebe, das ein Apothecium bei Flechten umgibt. Es kann sich in zwei Schichten gliedern, das an das Hymenium angrenzende **Parathecium** (Excipulum proprium) mit parallel zu den Asci angeordneten Hyphen und das äußere **Amphithecium** (Excipulum thallinum) mit radial gestellten Hyphen.
G: Zur Terminologie bei verschiedenen Auto-

ren vgl. DEGELIUS (1954, S. 80 ff.).
Exine, f. (E: extine, exine F: exine, f.):
Die aus → Sporopolleninen gebildete, meist stark strukturierte und vielfach mit Skulpturen versehenen äußere Schicht der Pollenkörner. Im Unterschied zur → Intine ist sie sehr widerstandsfähig und bleibt daher fossil erhalten. Die Untersuchung und Bestimmung fossiler Pollenkörner beruht ganz auf der Morphologie der Exine. Ihre Gliederung wird verschieden vorgenommen. **1. Endexine** (E: endexine F: endexine) und **Ektexine** (E: ectexine F: ectexine): Die äußere Ektexine ist leicht färbbar, sie besteht aus einer basalen Schicht (E: foot-layer), den → Columellae und dem → Tectum. Die Endexine ist nicht erkennbar strukturiert und färbt sich kaum. **2. Nexine** (E: nexine) und **Sexine** (E: sexine): Die Nexine ist die innere Schicht ohne Skulptur, die Sexine enthält die Skulpturelemente.
G: Zwei „Häute" der Pollenkörner sah schon KÖLREUTER (1761, S. 1/2). FRITZSCHE (1836, S. 676) nannte sie Exine und Intine. Endexine und Ektexine benutzte als erster ERDTMAN (1943, S. 43), ERDTMAN (1952) führte an deren Stellen Nexine und Sexine ein (stark verkürzt aus nonsculptured bzw. sculptured Exine). FAEGRI (1956, S. 643/644) benutzt dann Endexine und Ektexine im heutigen Sinne, wobei das foot-layer zur Ektexine gerechnet wird.
excl. (excluso): Als Zusatz zu Namen besonders in der Synonymie, wenn bestimmte Teile des ursprünglichen Umfanges ausgeschlossen werden sollen, z.B. - excl. descr. = excluso descriptione (unter Ausschluss der Beschreibung) - excl. var. = excluso varietatibus (unter Ausschluss der Varietäten) - excl. spec. Asiat. = excluso speciminibus Asiaticis (unter Ausschluss der asiatischen Exemplare) - excl. typo = excluso typo (unter Ausschluss des Typus)
Exkretbehälter, m. (E: secretory cell (container) F: poche (f.) sécrétrice): Zelluläre oder interzelluläre Räume, in denen Exkrete abgelagert werden. Hierzu gehören verschiedene Idioblasten (z.B. Öl- oder Gerbstoffzellen, **Exkretzellen**) sowie schizogene oder lysigene Behälter. Nach der Form kann man kürzere, abgerundete **Exkretlücken** von langgestreckten **Exkretgängen** unterscheiden. Inhaltsstoffe sind z.B. Harze, ätherische Öle oder Schleime. Eine besondere Form von Exkretbehältern sind die → **Milchröhren**.
G: Vor HABERLANDT (1896).
Exkrete, n.pl. (E: excreta, pl. F: excreta, m.pl., excrétions, f.pl.): Stoffe, die als Ballast- oder Schadstoffe von den Zellen abgegeben werden, z.T. werden sie in der Vakuole gelagert, vielfach auch in den Apoplasten oder ganz nach außen abgeschieden.
G: Die aus der Zoologie übernommene Trennung von Exkreten und Sekreten ist in der Botanik schwer durchführbar (vgl. SCHNEPF 1969). Das hat zu einer uneinheitlichen Terminologie geführt, so dass von manchen Autoren Exkret, von anderen Sekret als Oberbegriff benutzt wird. Die rein physiologisch bestimmte Definition von FREY-WYSSLING (1935) hat sich nicht durchgesetzt.
Exkretion, f. (E: excretion F: excrétion, f.): Die Ausscheidung von → Exkreten. Die Trennung von der → Sekretion ist nur schwer durchführbar. Nach der Art der Ausscheidung unterscheidet man: **1. granulokrin**: Das Produkt wird nach der Bildung im Cytoplasma oder Plastiden durch eine Biomembran in das endoplasmatische Reticulum, eine Vakuole oder Dictyosomen eingebracht. Es verlässt die Zelle später durch → Exocytose. **2. ekkrin**: Ausscheidung direkt durch das Plasmalemma nach außen. **3. holokrin**: Freiwerden der Substanz durch Zellauflösung.
G: Die aus der Zoologie stammenden Termini für die Art der Ausscheidung wurden von SCHNEPF (1969) zuerst auf Pflanzen angewendet.
Exkretionsgewebe, n. (E: secretory tissue F: tissu (m.) sécréteur): Gewebe, die → Exkrete abscheiden; wegen der Probleme der Abgrenzung von Sekreten werden sie meist mit den → Sekretionsgeweben zusammen behandelt.
Exkretlücken, **Exkretzellen** → Exkretbehälter
Exoascus → Ascus
Exoconidie → Konidie
Exocytose, f. (E: exocytosis): Das Ausschleusen von Stoffen aus einer eukaryotischen Zelle. Die Stoffe werden in Vesikel verpackt zur Plasmamembran gebracht. Dort verschmilzt die Vesikelmembran mit der Plasmamembran. Es handelt sich um ein Gegenstück zur → Endocytose.
Exodermis, f. (E: exodermis F: exoderme,

m.): Subepidermale Schicht der Wurzel, die nach Absterben der → Rhizodermiszellen ein Abschlussgewebe bildet. Dazu wird in die Zellen Suberin eingelagert, wobei einzelne → Durchlasszellen ausgespart werden können.
G: Erstnachweis: HABERLANDT (1896). Lit.: GUTTENBERG (1943).
exogen (E: exogenous F: exogène): In der Morphologie die Entstehung aus einer Vorwölbung nach außen. Exogen enstehen die Blätter und die Seitensprosse (im Gegensatz zur endogenen Bildung von Seitenwurzeln).
Exokarp, n., Exocarp, n., Epikarp, n. (E: epicarp, exocarp F: épicarpe, m., exocarpe, m.): Die äußere Schicht des Perikarps, im engeren Sinn die äußere Epidermis der Frucht.
G: L.-C. RICHARD (1808, S. 108; 1811, S. 2, 204) bezeichnete die „Rinde oder äußere Haut der Fruchthülle" als epicarpium. Später (ab SACHS 1868 ?) setzte sich Exokarp durch.
Exokonidie → Konidie
Exon, n. (E: exon F: exon, m.): Codierender Abschnitte eines Gens, der von dem nächsten Exon durch ein nicht-codierendes → Intron getrennt ist.
G: Eingeführt von GILBERT (1978, S. 501) als Kunstwort in Abkürzung von „**ex**pressed regi**on**".
Exopeptidasen → Proteinasen
Exoperidie → Peridie
exoskop → Embryo, exoskoper
Exospor, n. (E: exospore, exosporium F: exospore, f.): Die äußere, sehr widerstandsfähige Teil der Wand der Meiosporen von Moos- und Farnpflanzen, der im Wesentlichen aus Sporopolleninen gebildet wird. Das E. entspricht der Exine der Pollenkörner. Auch die Mito- und Meiosporen von Pilzen haben ein Exospor.
G: Erstnachweis: HOFMEISTER (1855 a, S. 125).
Exospore → Sporentypen
Exostom, n. (E: exostome F: exostome, m.):
1. Embryologie: Ein vom äußeren Integument gebildeter Mikropylenkanal (Gegenbegriff: → Endostom).
G: MIRBEL (1829, S. 304).
2. Bryologie: → Peristomtypen
Exostomarillus → Caruncula
Exotegmen-Samen → Samentypen (B.)

Exotesta-Samen → Samentypen (B.)
Exothecium, n. (E: exothecium F: exothécium, m.): Die Epidermis der Pollensackes, besonders dann wenn sie durch Verstärkungen ausgezeichnet ist (wie bei den Gymnospermen).
G: Gleichzeitig mit → Endothecium von PURKINJE (1830, S. 1) geprägt.
experimentelle Taxonomie → Taxonomie, experimentelle
Experimentum Berolinense, n.: Von GLEDITSCH 1749 und 1750 erfolgreich durchgeführter Versuch einer künstlichen Befruchtung. Eine weibliche *Chamaerops*-Pflanze des Botanischen Gartens in Berlin wurde mit Pollen bestäubt, der mit der Post aus Leipzig geholt war, und setzte daraufhin zum ersten Mal Früchte an. Dies war ein wichtiger früher Versuch zum Nachweis der Sexualität bei den Pflanzen (Anonymus 1751, GLEDITSCH 1765).
Exportine → Importine
Exprimierung eines Gens → Genexpression
Exsikkate, n.pl. (L: exsiccata, n.pl. E: exsiccata, pl. F: exsiccata, pl.): Von lat. exsiccare, austrocknen. **1.** (allgemein) Herbarexemplare, d.h. trocken präparierte und (meist) gepresste und mit einem Etikett versehene Pflanzen oder Pilze (E: herbarium specimens F: spécimens (m.) d'herbier). **2.** (im engeren Sinne) Serien getrockneter Pflanzen, die in mehr oder weniger großer Auflage mit gedruckten oder anderweitig vervielfältigten Etiketten (→ Schede) zum Verkauf oder Tausch angeboten werden.
G: Umfangreiche Serien getrockneter Pflanzen gab zuerst der Botaniker Friedrich EHRHART (1742-1795) ab 1780 heraus (vgl. ALPERS 1905, S. 86). Heute werden solche Exsikkate vor allem für den Tausch zwischen Instituten hergestellt.
extrachromosale Vererbung, f. (E: extrachromosomal inheritance F: hérédité extrachomosomique): Weitergabe von Information, die nicht durch die Chromosomen sondern durch die DNA in Plastiden bzw. Mitochondrien erfolgt. Früher sprach man auch von „**plasmatischer Vererbung**", aber im Cytoplasma gibt es keine Erbträger.
extrafloral → Nektarium, extraflorales
extranuptial → Nektarium, extranuptiales
extraxylare Faser → Faser
extrazonal → Vegetation

extrors (L: extrorsus E: extrorse F: extrorse): Nach außen gewendete Stellung der Antheren, d.h. Öffnung auf der vom Griffel bzw. der Blütenmitte abgewandten Seite. (Gegensatz: intrors).
G: Nach A.P. de CANDOLLE (1805, S. 129) stammt „anthera extrorsa" von RICHARD.
extrusives Organell → Extrusom
Extrusom, n., extrusives Organell, n. (E: extrusome, extrusive organelle F: extrusome, m.): Zusammenfassender Begriff für Strukturen, die vor allem von Protisten (Flagellaten, Rhizopoden und Ciliaten) gebildet und abgeschossen oder ausgestoßen werden. Es gibt eine Reihe verschiedener Typen, von denen die → Trichocysten und → Ejectosomen die bekanntesten sind.
G: Der Sammelbegriff „extrusomes" wurde von GRELL (1973, S. 32) eingeführt, der aber betont, dass sie wahrscheinlich nicht untereinander homolog sind.
Lit.: HAUSMANN (1978), KUGRENS et al. (1994).

f. → Form
Fach → Loculus
fachspaltig → loculicid
Fadenapparat, m. (E: filiform apparatus F: appareil filiforme, m.): Streifenförmig erscheinende Struktur im Embryosack am mikropylaren Ende der → Synergiden. Es handelt sich um unregelmäßige, gewundene Vorstülpungen der Zellwand.
G: Der Fadenapparat wurde zuerst von SCHACHT (1858, S. 220) gesehen und benannt.
Lit.: HABERMANN (1906).
Fadenthallus → Haplonema
Fächel, m. (L: rhipidium, n. E: rhipidium F: rhipidium, m., éventail, m.): Fächerförmige Infloreszenz, genauer ein Monochasium, bei dem Achsen nächster Ordnung jeweils aus dem einzigen (→ adossierten) Vorblatt der nächstälteren Blüte entspringen. Bei diesem Typ, der weitgehend auf die Monokotylen beschränkt ist, liegen alle Achsen in einer Ebene.
G: BUCHENAU (1866, S. 392) schuf Fächel (= Rhipes), von gr. rhipis, Fächer. Rhipidium geht auf EICHLER (1875, S. 35) zurück.
Fahne → Vexillum
Fallenblume, f. (E: trap blossom, trap flower F: fleur à piège): Blume (Blüte oder Blütenstand), die die bestäubenden Insekten (meist Fliegen oder Käfer) zeitweilig festhält. Man unterscheidet → Kesselfallenblumen und → Klemmfallenblumen.
falsche Scheidewand → Septum
Falte → Colpus
Falterblume → psychophile Blume
Familie, f. (L: familia, f., pl. familiae E: family F: famille, f.): Eine der Hauptrangstufen der Taxonomie, die mehrere verwandte Gattungen zusammenfasst, die in wesentlichen Merkmalen übereinstimmen.
G: In der botanischen Systematik führte MAGNOL (1689) den Begriff familia ein. Bei LINNAEUS (1751, S. 27, 318) heißen entsprechende Gruppen „Ordines naturales" (natürliche Ordnungen), und auch JUSSIEU (1789) spricht von Ordines. Später setzte sich Familie durch. Der Name wird in der Regel durch Anhängen der Endung -aceae an den Stamm des Namens der Typusgattung gebildet. Ausnahmen sind eine Reihe von historischen Familiennamen, die teils auf Merkmalen (z.B. → Compositae, → Cruciferae, → Umbelliferae) teils auf alten Eigennamen (z.B. → Gramineae) beruhen und als Alternativnamen gültig bleiben. Der → Code 1. ICBN enthält seit der Ausgabe von 1961 eine Liste konservierter Familiennamen. Aufzählungen der Familiennamen der Angiospermen von BULLOCK (1958) und BUCHHEIM (1963).
Farinosae: Älterer Name einer Ordnung (Reihe), die etwa den heutigen Commelinales und Bromeliales entspricht. Der Name (von lat. farina, Mehl) bezieht sich auf das meist stärkereiche Endosperm.
G: ENGLER (1892, S. 33).
Farne, m.pl., Pteridopsida, Filicopsida, Filicinae, Filicatae, Filices (E: ferns F: fougères, f.pl.) Die größte Gruppe (Klasse) innerhalb der → Farnpflanzen. Farne haben meist große reich gegliederte Megaphylle (die → Wedel), an deren Unterseite zahlreiche Sporangien sitzen.
Farnpflanzen, f.pl., Pteridophytina, Pteridophyta: Unterabteilung Pteridophytina (bzw. Abt. Pteridophyta) der grünen Landpflanzen mit ausgeprägtem heteromorphem (anisomorphem) Generationswechsel. Der → Gametophyt, das → Prothallium, ist immer klein und thallos, der → Sporophyt sehr vielgestaltig mit → Megaphyllen (→ Wedel) oder → Mikrophyllen. Farnpflanzen gehören zu den → Kormophyten, wobei die → Grund-

organe sich offenbar im Verlaufe der Evolution der Gruppe herausgebildet haben (→ Telomtheorie). Neben der vorherrschenden → Isosporie kommt → Heterosporie vor. Die Befruchtung der typischen → Archegonien erfolgt durch → Spermatozoide.
Farnsamer → Pteridospermen
Fasciation, f., Verbänderung, f. (E: fasciation F: fascie, m., fasciation, f., tige fasciée): Durch Störung am Vegetationskegel abnorm verbreiterte, bandartige Sprossachse.
G: Fasciationen gehören zu den auffälligen und daher sehr früh beobachteten Abweichungen (z.B. MAJOR 1665). Die Bezeichnung stammt von lat. fascis, Bündel.
Lit.: GEORGESCU (1927).
Fascicularcambium, fasciculares Cambium → Cambium
Faser, f. (E: fibre, fiber F: fibre, f.): Langgestreckte und spitz zulaufende sklerenchymatische Zelle. Die Wände sind stark verdickt, es treten keine Hoftüpfel auf, die Zellen zeigen Spitzenwachstum, sind im ausgewachsenen Zustand meist tot und häufig verholzt. Man unterscheidet zwei Hauptgruppen:
- **Holzfasern**, Xylemfasern (E: wood fibres, xylem fibres F: fibres ligneuses): Fasern im Xylem mit den Haupttypen der → Libriformfasern und der → Fasertracheiden. Eine besondere Ausbildung zeigen die meist lebenden **gefächerten Fasern** (septierte Fasern E: septate wood fibres F: fibres ligneuses cloisonnées): Fasern, die nach der Ausbildung der Sekundärwand durch Querwände unterteilt werden. Sie können Stärke speichern oder Kristalle enthalten. In manchen Hölzern treten **gelatinöse Fasern** (E: gelatinous fibres F: fibres gélatineuses) auf, gekennzeichnet durch nicht oder kaum verholzte, stark quellungsfähige Wände.
- **extraxylare Fasern** (E: extraxylary fibres): Fasern außerhalb des Xylems. Sie können in der primären Rinde, in Blättern, als Begleitung des primären Phloems oder als **Phloemfasern**, Bastfasern (E: phloem or bast fibers F: fibres phloémiennes) im sekundären Phloem liegen.
G: SANIO (1857, S. 121) nannte die gefächerten Fasern „gefächerte Holzzellen oder Fächerprosenchym".
Faserschicht, f. (E: fibrous layer F: assise mécanique, f.): Mit U-förmigen Verstärkungsleisten versehene Schicht der Antherenwand, die der Öffnung dient. Bei den Gymnospermen bildet meist die Epidermis (das → Exothecium) diese Faserschicht, bei fast allen Angiospermen das subepidermale → Endothecium.
Fasertracheide, f. (E: fibre tracheid F: fibretrachéide): Zelltyp im Holz, der zwischen Tracheiden und → Libriformfasern vermittelt (vgl. I.W. BAILEY 1936). Die Zellen sind langgestreckt, dickwandig, sie haben Hoftüpfel, aber mit kleineren Höfen als die Tracheiden.
G: Erstnachweis: HABERLANDT (1884).
Faszikel, m. (L: fasciculus, m., pl. fasciculi E: fascicle F: fascicule, m.): **1.** (Büschel) Morphologisch nicht klar definierte Blütenstandsform, bei der mehrere Blüten auf annähernd gleichlangen Stielen dicht zusammenstehen.
G: Der Terminus findet sich bei LINNAEUS (1751, S. 41) mit *Dianthus barbatus* als Beispiel, ist aber sicher älter.
2. (Bündel) Im Herbar ein Stapel durch einen gemeinsamen Umschlag und/oder einen Gurt zusammengehaltene Anzahl von Herbarbögen (oft der Inhalt eines Faches). Lat. fascis, Bündel.
faszikulär → Cambium
Fegehaare, n.pl. (E: collecting hairs, sweeping hairs F: poils collecteurs): Die Haare an der Außenseite des Griffels bei den Asteraceae (Compositae), die den Pollen aus der Antherenröhre „herausfegen".
G: CASSINI (1812, S. 189) erkannte als Erster die Bedeutung der Haare und nannte sie deshalb „poils balayeurs". HILDEBRAND (1869, S. 7) übersetzte dies als „Fegehaare".
Feinstruktur → Ultrastruktur
Feinwurzeln, f.pl.: Bei den Bäumen die dünnen unverholzten Wurzeln, die vor allem die Aufnahme des Bodenwassers bewirken.
Feldnummer → Sammelnummer
Felspflanze → Lithophyt
Fenstertüpfel, m (E: fenestriform pit F: ponctuations du champ de croisement): Große einfache Tüpfel in den radialen Wänden der Markstrahlzellen bei *Pinus*.
Ferment → Enzym
Fermentation → Gärung
Fernausbreitung, f. (E: long-distance dispersal F: large dispersion, f.): Ausbreitung über weite Entfernung, insbesondere über weite Meeresstrecken. In der Chorologie wird immer wieder diskutiert, ob sich bestimmte Disjunktionen (→ Areal, disjunktes) durch

Fernausbreitung oder durch Landbrücken, versunkene Inseln etc. erklären lassen.
fertil (E: fertile, fecund F: fertile, fécond, prolifique): Pflanze oder Pflanzenteil mit Fortpflanzungsorganen, oft auch - enger gefasst - mit Fruchtansatz (Gegensatz: → steril).
Festigungsgewebe, n., Stützgewebe, n., mechanisches Gewebe, n. (E: supporting tissue, mechanical tissue F: tissu de soutien): Gewebe, das durch verdickte Wände verstärkte Zug- oder Druckfestigkeit aufweist. Es tritt in typischer Weise nur bei Landpflanzen auf. Haupttypen sind → Kollenchym und → Sklerenchym.
G: Das Festigungsgewebe wurde früher (z.B. von HABERLANDT 1879) auch als das mechanische (Gewebe-)System, bzw. mechanisches Gewebe bezeichnet, vgl. TOBLER (1939).
Fettwiese, f. (E: rich pasture): Gedüngte, nährstoffreiche Wiese, die zwei- bis dreimal jährlich gemäht werden kann.
F-Generation → Generation (2.)
Fibrovasalstrang → Leitbündel
Fibula → Raphe (2.)
Fieder, f. (L: pinna, f., pl. pinnae E: pinna F: penne, f.): Abschnitt oder Blättchen eines tief geteilten Blattes (→ Fiederblatt). Fiedern höherer Ordnung werden als **Fiederchen** (F: foliolule, f.) bezeichnet.
Fiederblättchen → Fiederblatt
Fiederblatt, n. (E: pinnate leaf F: feuille (f.) pennée): Blatt, das aus mehreren getrennten Blättchen (**Fiederblättchen** (E: leaflet F: foliole) an einer Spindel (Rhachis) besteht. Ein solches Blatt heißt **gefiedert**.
Fiederchen → Fieder
Filament, n. (L: filamentum, n., pl. filamenta): 1. bei Angiospermen: Filament, **Staubfaden** (E: filament F: filet staminal, m.) Der die Anthere (Staubbeutel) tragende Teil eines Stamen (Staubblattes). Das Filament ist meist fadenförmig ausgebildet, seltener blattartig abgeflacht.
G: Die von lat. filum, Faden, abgeleiteten Bezeichnungen filamentum und filet finden sich schon bei VAILLANT (1718, S. 10/11); durch LINNAEUS (1735 a, 1751) wurde filamentum zur Standardbezeichnung.
2. bei Cyanobakterien: Filament (E: filament F: filament, m.) Die Zellreihe (→ Trichom) und die Gallertscheide zusammen werden als Faden oder Filament, bezeichnet.
G: BORNET & FLAHAULT (1886, S. 327).
Filamentospore → Autospore

Filialgeneration → Generation (2)
Filicatae, Filices, Filicinae, Filicopsida → Farne
Fingerprint-Techniken, f.pl. (E: fingerprinting F: fingerprinting, m.): Analyse von Bruchstücken von DNA oder Proteinen mit Gelelektrophorese. Der Vergleich erlaubt die Unterscheidung und Erkennung von Populationen, Sorten (von Kulturpflanzen), ja unter Umständen von Individuen (vergleichbar dem Fingerabdruck, engl. fingerprint).
G: JEFFREYS et al. (1985) sprachen (als Erste) von der Möglichkeit eines DNA-„fingerprint" zur Erkennung von Individuen.
Fitness, f. (E: fitness F: fitness, f.): In der Populationsgenetik und Evolutionsbiologie ein quantitatives Maß für den Selektionswert bzw. Erfolg der Fortpflanzung eines Genotypus. Die Fitness wird gemessen an der Zahl der Nachkommen im Vergleich zu anderen der Population. Sie ist keine feste Größe eines Genotypus, sondern stark von den jeweiligen Umweltbedingungen abhängig.
G: Der Terminus geht zurück auf den Ausdruck „survival of the fittest", den Ch. DARWIN von H. SPENCER übernahm. FISHER (1930, S. 27) benutzte „reproductive value".
Lit.: KELLER & LLOYD (1992, S. 112-121), DE JONG (1994).
flabellat → Dichotomie
Flachmoor → Moore
Flachspross 1. → Phyllokladium
Flachspross 2. → Platykladium
Flächenkarte → Arealkarte
Flagellaten, m., pl. (sg.: Flagellat), Geißeltierchen, n.pl. (L: flagellata E: flagellates F: Flagellés): Sammelgruppe einzelliger, begeißelter, überwiegend pflanzlicher Organismen (→ Protista). Die Erkenntnis, dass es sich um eine - Basisgruppe handelt, von der verschiedene Linien höherer differenzierter → Algen ausgehen und die daher keine phylogenetische Einheit darstellt, wurde vor allem von PASCHER (1914 a ff.) durchgesetzt.
G: Der Name Flagellata wurde zuerst von COHN (1853, S. 273) vorgeschlagen. In der zoologischen Systematik werden die Flagellaten zu den Mastigophora gezählt, wobei die pflanzlichen Formen auch als **Phytomastigophora** (Phytoflagellata) bezeichnet werden.
Flagelliflorie, f. (E: flagelliflory F: flagelliflorie, f.): Exposition von Blüten oder Blüten-

ständen an langen Ästen, die nach unten hängen oder nach oben stehen und sich damit aus dem Blätterdach herausheben. Flagelliflorie ist verbreitet bei → Chiropterophilie, sie erlaubt es den Fledermäusen, leicht an die Blüten zu gelangen. G: ULE (1915, S. 18) beschrieb das Phänomen von Bäumen des Amazonasgebietes. MILDBRAED (1922, S. 119) sprach von **Penduliflorie** bei hängenden Blüten. Als Flagelliflorie bezeichnete er (S. 117) das Auftreten von Blüten an Ausläufern, die an der Bodenoberfläche verlaufen. Van der PIJL (1941) hat den Begriff der Flagelliflorie so erweitert, dass er alle Fälle von Blüten oder Blütenständen erfasst, die durch lange mehr oder weniger blattlose Äste vom Laub isoliert sind.

Flagellin, n. (E: flagellin): Strukturprotein, das die Bakteriengeißeln (→ Geißeln 2.) aufbaut.

Flagellum: - 1. → Geißel - 2. bei Moosen auch ein ausläuferartiges Sprösschen mit reduzierten Blättchen.

Flankenblatt, n. (E: lateral leaf F: feuille latérale): Seitliches Blatt bei plagiotrop wachsenden Jungermanniales (→ Lebermoose), zuweilen in einen Oberlappen und einen Unterlappen gegliedert.

Flavonoide, n.pl. (E: flavonoids F: flavonoïdes, pl.): Gruppe von sekundären Pflanzenstoffen, die sich vom Flavan, einer Verbindung mit zwei aromatischen Ringen und einem sauerstoffhaltigen Heterozyklus, herleiten. Sie sind bei den Angiospermen weit verbreitet, fehlen aber den Algen, Pilzen und Moosen. Zu ihnen gehören die → Anthocyane.

Flechten, f.pl., Lichenes (E: lichens F: lichens, m.pl.): Pilze, die mit Grünalgen oder/und Cyanobakterien in enger Gemeinschaft (Symbiose) leben. Man spricht auch von **lichenisierten Pilzen**. Nach der Wuchsform unterscheidet man → Krustenflechten, → Laubflechten und → Strauchflechten.
G: Das lat. Wort lichen wurde schon von PLINIUS für kryptogamische Gewächse und (ebenso wie das deutsche Wort Flechte) für Hautausschläge benutzt. In der Frühzeit der Botanik war die Abgrenzung gegenüber den Moosen nicht klar, vor allem *Marchantia* wurde auch als *Lichen* bezeichnet. TOURNEFORT (1700) und MICHELI (1729) haben die L. als Gruppe gut begründet. Lange Zeit galten die Lichenes dann als selbstständige Gruppe der Kryptogamen. Nachdem einzelne Arbeiten schon die Möglichkeit gezeigt hat „Flechtengonidien" wie Algen zu kultivieren, setzte sich mit den Arbeiten von SCHWENDENER (1868, 1869) die Erkenntnis von der „Doppelnatur" aus Pilz und Alge gegen erhebliche Widerstände allmählich durch (vgl. LORCH 1988).

Flechtenkunde → Lichenologie

Flechtenstoffe, m.pl. (E: lichen substances F: substances lichéniques): Stoffe, die von Pilzen gebildet werden, die in Symbiose mit Algen leben (lichenisierte Pilze, → Lichenes). Es handelt sich chemisch um sehr verschiedene, oft gefärbte Substanzen, die der Pilz allein nicht bilden kann.

Flechtgewebe → Plektenchym

Fledermausbestäubung, Fledermausblütigkeit → Chiropterophilie

Fledermausblume → chiropterophile Blume

Fliegenblumen → myiophile Blume

Flimmer → Mastigonema

Flimmergeißel → Geißeltypen

Flora, f. (L: flora E: flora F: flore, f.): 1. Die Gesamtheit der pflanzlichen Taxa eines Gebietes, sein Artenbestand. 2. Ein Buch, das die Pflanzen eines Gebietes aufzählt und meist auch verschlüsselt und beschreibt. Traditionell behandeln die meisten Floren nur die Gefäßpflanzen (Farn- und Samenpflanzen).
G: Der Name der Göttin der Blumen und des Frühlings wurde früh auf die Pflanzenwelt übertragen. In Buchtiteln bezieht er sich zunächst auf Gartenpflanzen. Die „Flora Danica" von PAULI (1648) und die „Flora Marchica" von ELSHOLZ (1663) sind die ersten Werke mit diesem Titel, die einheimische und kultivierte Pflanzen behandeln. WEIN (1932) hat das ausführlich dargestellt.

floral → Nektarium, florales

Florenelement, n. (E: floral element F: élément floristique, m.): Arten einer Flora, die nach einem bestimmtem pflanzengeographischen Gesichtspunkt zusammengehören. Dies kann die heutige Verbreitung sein (**geographisches F.**, Geoelement), das vermutete Entstehungsgebiet (**genetisches F.**, Genoelement) oder die Einwanderungszeit (**historisches F.**).
G: Der Begriff des Florenelementes tritt schon bei ENGLER (1879, S. 22; 1882, S. 327 ff.) auf. Die Unterscheidung der drei oben

genannten Typen von Florenelementen geht auf JEROSCH (1903, S. 73 ff.) zurück.

Florengebiet, n. (E: floristic region F: région floristique, f.): Ein Gebiet innerhalb eines Florenreiches, das durch seine besondere floristische Zusammensetzung gekennzeichnet ist.

Florenreich, n. (E: floristic realm F: empire floristique, m.): Großes Gebiet der Erde, das sich durch floristische Gemeinsamkeiten abgrenzen lässt und gegenüber anderen floristischen Besonderheiten (z.B. endemische Familien) aufweist. Üblicherweise werden sechs oder sieben Florenreiche unterschieden: → Holarktis, → Neotropis, → Paläotropis, → Kapensis, → Australis, → Holantarktisches Florenreich, → Ozeanisches Florenreich.
G: TREVIRANUS (1803, S. 85 ff.) schlug als Erster eine floristisch begründete Gliederung der Erde vor. SCHOUW (1823) gliederte die Erde in „Reiche", die dadurch gekennzeichnet wurden, dass einzelne Familien darin besonders stark vertreten waren. Der Begriff paläotropisches Florenreich findet sich schon bei ENGLER (1882, S. 343), im Übrigen geht die heute übliche Gliederung weitgehend auf RIKLI (1913) zurück. SCHROEDER (1998, S. 85 ff.) diskutiert die verschiedenen Vorschläge zur floristischen Gliederung der Erde.

Floreszenz, f. (E: florescence F: florescence, f.): Grundeinheit einer polytelen Infloreszenz, die in einer Hauptfloreszenz endet, während die → Parakladien entsprechend gebaute Cofloreszenzen tragen. Es handelt sich jeweils um offene Trauben oder Thyrsen.
G: Der schon von J.G. AGARDH (1858, S. LVII, „florescentia") verwendete Begriff wurde von TROLL (1961 a, S. 351; 1964, S. 145) präzisiert.

Florideenstärke, f. (E: floridean starch F: amidon des Floridées) Das Speicherkohlenhydrat der → Rotalgen. Es handelt sich um ein → Glucan, das dem Glykogen sehr nahesteht. Die Bezeichnung geht auf einen alten Namen der Rotalgen zurück.

Florigen → Blühhormon

Floristik, f. (E: floristics F: floristique, f.): In der Botanik die Untersuchung des Vorkommens und der Verbreitung der Pflanzenarten in einem Gebiet.
G: LINNAEUS (1735 c, S. 84) nannte die Botaniker, die Floren schreiben, „floristae". Davon wurde spätestens im 19. Jahrhundert Floristik abgeleitet. – Die vom engl. florist und franz. fleuriste (Blumenhändler) stammende Bezeichnung Floristik für Blumenhandel und Blumenbinden ist in Deutschland erst seit etwa 1965 in Gebrauch.
Lit.: MÖBIUS (1938).

Flos, pl. Flores → Blüte

Flügel, m. pl. (L: alae, f.pl. E: wings F: ailes, f.pl.): **1.** Die beiden seitlichen Petalen der Blüte der Papilionaceae (Fabaceae).
G: Erstnachweis für alae: SPIGELIUS (1633, S. 57).
2. Flache Säume an einem Organ (z.B. Stängel, Blattrhachis, Frucht, Same). Vor allem bei manchen geflügelten Samen ist der Vergleich mit Tierflügeln einleuchtend.

Flügelnuss → Samara

Flugfrucht, f. (E: anemochore, anemochorous fruit F: fruit anémochore): Frucht, die an die Ausbreitung durch den Wind angepasst ist.

Fluidmosaik-Modell (der Biomembranen), n. (E: fluid mosaic model): Nach diesem Modell sind Membranproteine in einer zähflüssigen Lipid-Doppelschicht beweglich und verschiebbar angeordnet.
G: Das Modell wurde von SINGER & NICOLSON (1972) zuerst vorgeschlagen.

fo. → Form

Folgeblatt, n., Metaphyll, n. (E: foliage leaf, metaphyll F: feuille adulte, métaphylle, f.): Eines der auf die Primärblätter folgenden voll ausgebildeten Laubblätter.
G: GOEBEL (1883/84, S. 252).

Folgeform, f.: Das entwickelte Stadium einer Pflanze, das auf eine Jugendform folgt.
G: GOEBEL (1898, S. 123).

Folgemeristem → Meristem

Folgestrang → Replikationsgabel

Foliartheorie → Blatt-Theorie

Foliatio → Vernation

folios (E: foliose F: feuillé): Lebermoose (Hepaticae), die Blättchen ausbilden, werden im Gegensatz zu den → thallosen als folios bezeichnet.

Folium → Blatt

Follikel, m., Balg, m. (L: folliculus, m. E: follicle F: follicule, m.): Trockene Frucht aus einem Karpell, das sich an der Bauchnaht (auf der Innenseite) öffnet. Meist bilden mehrere solche Bälge eine **Balgfrucht**.
G: Folliculus (schon bei FUCHS 1542) war

zunächst eine sehr unspezifisch angewandter Begriff für verschiedene Umhüllungen und Schläuche. LINNAEUS (1754, S. 98 ff.) verwendete ihn für die Früchte (Bälge) von Apocynaceen und Asclepiadaceen. Die deutsche Bezeichnung Balg für folliculus findet sich schon bei GISEKE (1781, S. 79).
Form, f. (L: forma, f., pl. formae [Abk.: f. oder fo.] E: form F: forme, f.): Infraspezifische systematische Rangstufe unterhalb der Varietät für Pflanzen, die meist nur in einem Merkmal abweichen, und häufig zerstreut innerhalb von Populationen der „Normalform" auftreten. Die Rangstufe wird heute im Allgemeinen nicht mehr verwendet.
G: Erstnachweis als systematische Rangstufe bei MIQUEL (1843, z.B. S. 169 ff.). Zuweilen auch verwendet für umweltbedingte, nicht erbliche Änderungen (z.B. Landformen von Wasserpflanzen, vgl. British Ecological Society 1943, S. 94).
forma specialis, f., f. sp. (E: special form F: forme spéciale): Biologisch (vor allem durch die Wirtswahl) verschiedene Sippen innerhalb einer Art, die sich morphologisch nicht unterscheiden lassen. Wird bei parasitischen Pilzen verwendet.
G: Eingeführt von ERIKSSON (1894, S. 293, 297). Schon im → Code 1. ICBN 1935 genannt, seit 1966 aber mit dem Hinweis, dass diese Kategorie nicht den Bestimmungen des Code unterliegt.
Formation, f. (E: formation F: formation, f.): **1.** in der Morphologie: Eine der verschiedenen Ausbildungsformen der Blätter innerhalb der Blattfolge und in der Blüte. Man spricht von der Formation der Nieder-, Kelch- oder Staubblätter etc.
G: Wahrscheinlich eingeführt von C.F. SCHIMPER (1829, S. 44).
2. in der Vegetationskunde: Eine Pflanzengemeinschaft, die durch das Vorherrschen bestimmter Wuchsformen gekennzeichnet ist und dadurch einen einheitlichen physiognomischen Charakter erhält. Beispiele sind Laubwald, Nadelwald, Wiese, Savanne, Hochmoor.
G: Eingeführt von GRISEBACH (1838, S. 160) als „pflanzengeographische Formation".
Formel, f. (L: formula, f., pl. formulae E: formula F: formule, f.): **1.** bei Bastarden: Als Formel (**Hybridformel**) gilt die Bezeichnung einer Hybride durch Angabe der Eltern verbunden durch ein Malzeichen (bei Pfropfbastarden durch ein Pluszeichen).
2. Darstellung von Merkmalen durch Buchstaben und Zahlen.
G: Die frühen Versuche zur Aufstellung von Formeln in der Botanik sind dargestellt bei A. de CANDOLLE (1880, S. 258 ff.). Heute werden vor allem Zahlenverhältnisse der Blüten noch formelmäßig dargestellt (→ Blütenformel, → Pollenformel). ENGLER (1877) benutzte bei den Araceae „Verzweigungsformeln".
Formenkreis → Superspecies
Formgattung, f. (E: form genus F: genre de forme): Gattung fossiler Pflanzen, die auf einzelne Teile (z.B. Sporen, Blattabdrücke, Holz) begründet ist, ohne dass der Zusammenhang mit anderen Organe zunächst bekannt ist. Später kann sich dann herausstellen, dass die Taxa einer Formgattung sehr verschiedenen Gruppen zuzuordnen sind. Im Unterschied zur → Organgattung lässt sich eine Formgattung keiner Familie zuordnen. Die Begriffe sind neuerdings (→ Code 1. ICBN 2000) durch → Morphotaxon ersetzt.
G: De BARY (1884, S. 129) verwendete die Begriffe Formspecies und Formgenera bei Pilzen.
Forst → Wald
Forstgesellschaft → Wald
Fortpflanzung, f., Reproduktion, f. (E: reproduction, propagation F: reproduction, f.): Bildung neuer Individuen auf ungeschlechtlichem oder geschlechtlichem Wege.
Fortpflanzungsbiologie, f., Reproduktionsbiologie, f. (E: reproductive ecology, reproductive biology F: biologie de la reproduction): Untersuchung der Biologie (Ökologie) aller Vorgänge, die mit der Fortpflanzung einer Pflanze zu tun haben, insbesondere Keimung, Blütenbildung, Bestäubung, Befruchtung, Samenausbreitung.
Fortpflanzungsgemeinschaft → Species-Definition (2)
Fortpflanzungsorgan, n. (E: reproductive organ F: organe (m.) de reproduction): Organ, das der (geschlechtlichen) Fortpflanzung dient. Hierzu gehören in erster Linie die Behälter, in denen Gameten entstehen (Gametocysten, Gametangien), im weiteren Sinne aber auch Sporangien oder Konidiomata.
Fortpflanzungssystem, n. (E: mode of reproduction, breeding system): Die Art und

Weise der Fortpflanzung, insbesondere der Anteil von Fremd- und Selbstbefruchtung, das Vorkommen von Apomixis und vegetativer Fortpflanzung. Das F. ist ein wichtiger Faktor für die Evolution einer Art.
Lit.: FRYXELL (1957).
Fortsetzungsspross, m. (F: rameau-relais, m.): Bei der sympodialen Verzweigung ein Seitenspross, der das Sprosssystem fortführt, nachdem der Hauptspross das Wachstum durch eine Blüte (oder Ranke) abgeschlossen oder eingestellt hat. Bei monochasialer Verzweigung gibt es einen, bei dichasialer zwei Fortsetzungssprosse.
Fossil, n., Fossilie, f. (L: fossilium, n., pl. fossilia E: fossil F: fossile, m.): Überrest einer Pflanze (oder eines Tiers) früherer Zeit. Wenn es sich um Reste der jüngsten Zeit handelt, spricht man auch von **subfossilen** Resten.
G: Ursprünglich wurden sehr verschiedene aus der Erde grabene Objekte als fossilia (von lat. fossa, Grube, Loch) bezeichnet, neben Fossilien im heutigen Sinn auch Mineralien, Kristalle oder vorgeschichtliche Objekte. Die Erkenntnis, dass die echten Fossilien Überreste ehemals lebender Organismen sind, setzte sich erst im 17. Jahrhundert durch, wobei man zunächst von einer großen Sintflut ausging.
Lit.: ANDREWS (1980).
Fossil, lebendes (E: living fossil F: fossile vivant): Organismus, der fossil über einen langen Zeitraum nachgewiesen ist, und bis heute, meist nur in einem sehr kleinen Areal, überlebt. Botanische Beispiele sind vor allem die Gymnospermen *Ginkgo biloba* und *Metasequoia glyptostroboides*. *Metasequoia* war 1941 zuerst als Fossil beschrieben worden, 1944 wurde sie in China lebend entdeckt (vgl. FULLING 1976).
G: DARWIN (1859, S. 107) spricht zuerst von „living fossils".
Fossilie → Fossil
Fovilla → Pollenkorn
Fragmentation, f. (E: fragmentation F: fragmentation, f.): Bei Moosen, Algen und Pilzen eine Form der vegetativen Vermehrung durch Zerfall in Bruchstücke von unbestimmter Zellzahl. Auch einige Angiospermen (Wasserpflanzen wie z.B. *Elodea*) können in Sprossstücke zerfallen.
freie Zellbildung → Zellbildung, freie
Fremdbefruchtung → Allogamie
Fremdbestäubung → Allogamie
Frenikel, n. (L: freniculum, n.): Elastischer Zentralstrang, an dem die Pollinien bei den Orchidaceae (Orchidoideae) angeheftet sind. Ein Teil der → Caudicula. Verkleinerungsform von lat. frenum, Zügel, Zaum.
Frequenz, f. (E: frequency F: fréquence, f.): In der Vegetationskunde die Häufigkeit einer Art in einer Probefläche gemessen an der Zahl der Kleinflächen innerhalb des Bestandes, in der sie vorkommt.
G: RAUNKIAER (1909/10) hat eine solche statistische Feststellung der Häufigkeit zuerst vorgeschlagen und ausprobiert.
Fritillaria-Typ → Embryosacktypen
Frondeszenz, f., Belaubung, f., Verlaubung, f. (L: frondescentia, f. E: frondescence F: frondaison, f., feuillaison, f.): **1.** Belaubung: Das Austreiben der Blätter. **2.** → Verlaubung.
G: Bei LINNAEUS (1751, S. 271) ist frondescentia (lat. frons, Laub) die Zeit des Austreibens der Blätter. Im Sinne der Verlaubung verwendet ENGELMANN (1832, S. 32) den Begriff.
frondos: Das Wort ist verschieden, ja gegensätzlich angewendet worden und sollte vermieden werden. **1.** bei Moosen: Die „Musci frondosi" sind bei HEDWIG (1798, S. 119) die Laubmoose. **2.** bei Lebermoosen: (Jungermanniales) frondose (= thallose) Arten im Gegensatz zu den beblätterten (= foliosen), z.B. LOESKE (1903, S. 33). **3.** bei Angiospermen: frondos (= folios), z.B. bei Infloreszenzen mit laubblattartigen Tragblättern (im Gegensatz zu bracteos, TROLL 1954, S. 72).
Frostkeimer, m. (E: frost germinator): Pflanze, deren Samen zur Keimung Temperaturen unter dem Gefrierpunkt benötigen.
Frostresistenz, f. (E: frost resistance, frost hardiness F: résistance au gel): Die Widerstandsfähigkeit von Pflanzen oder Pflanzenteilen gegenüber Minustemperaturen. Sie besteht entweder in der Fähigkeit, die Bildung von Eiskristallen im Cytoplasma zu verhindern (**Gefrierverhinderung** oder Unterkühlbarkeit) oder in der **Gefriertoleranz**, bei der Eisbildung stattfindet, die Symplasten aber einen starken Wasserentzug aushalten.
Frosttrocknis, f. (E: frost drought): Trockenschäden, die dadurch entstehen, dass der Frost im Boden oder in den Leitungsbahnen des Stammes den Wassernachschub verhindert oder stark erschwert.

Frucht, f. (L: fructus, m., pl. fructus   E: fruit   F: fruit, m.): Im engeren Sinn das Gebilde, das sich zur Samenreife aus dem → Ovar entwickelt hat. Heute meist definiert als „die Blüte im Zustand der Samenreife", so dass auch erhaltenbleibende Teile des Perianths und Bildungen der Achse einbezogen sind. (Vgl. → Fruchttypen).
Fruchtblatt → Karpell
Fruchtfall → Abscission
Fruchtfleisch → Pulpa
Fruchthaut → Hymenium
Fruchtklappe → Valva
Fruchtknoten → Ovar
Fruchtkörper, m. (E: fruit body, fructification   F: carpophore, m., sporocarpe, m.): Bei Pilzen eine aus dichtem Hyphengeflecht gebildete Struktur, in der die → Meiosen stattfinden und Meiosporen gebildet werden. Wegen des grundsätzlich verschiedenen Baues unterscheidet man die Fruchtkörper der Ascomyceten als Ascokarpien (→ Ascokarp) von den Basidiokarpien (→ Basidiokarp) der Basidiomyceten. Nach der Art, in der die Meiosporen bildenden Zellen angelegt werden und die Sporen frei werden, sind die Fruchtkörper: - **angiokarp** (E: angiocarpic, angiocarpous   F: angiocarpe): Geschlossene Fruchtkörper mit Sporenbildung im Innern, Freisetzung durch präformierte Öffnungen. - **hemiangiokarp** (E: hemiangiocarpous   F: hémiangiocarpe): Fruchtkörper, bei dem das Hymenium zunächst im Innern angelegt wird. Die Umhüllung reißt aber später auf, so dass die Sporen an einer freien Oberfläche reifen können. - **kleistokarp** (E: cleistocarpic, cleistocarpous   F: cléistocarpe): Sporenbildung im Innern, Freisetzung durch Zerfall oder Verwitterung der Wand. - **gymnokarp** (E: gymnocarpic, gymnocarpous   F: gymnocarpe): Sporenbildung an der von Beginn an freien Oberfläche. - **pseudoangiokarp** (E: pseudoangiocarpous) Entwicklung des Fruchtkörpers zunächst ähnlich dem gymnokarpen, später durch Einbiegung des Hutrandes und Verflechtung seiner Hyphen mit denen des Stiels angiokarp erscheinend.
G: Die Bezeichnung Fruchtkörper tritt spätestens bei De Bary (1864/65, S. 193) auf, gymnokarp bei De Bary (1866, S. 49).
Fruchtsack → Marsupium
Fruchtschuppe → Samenschuppe
Fruchtstand, m. (E: infructescence, compound fruit   F: infructescence, f., fruit composé): Ein Blütenstand, der im Zustand der Samenreife eine funktionelle Einheit bildet und wie eine (Einzel-)Frucht wirkt. Bekannte Beispiele findet man bei Moraceae (Maulbeere, *Morus*, Feige, *Ficus*) oder bei der Ananas.
G: Gaertner (1788, S. LXXV) spricht von „fructi aggregati". Goebel (1882, S. 483) bezeichnete sie als → Scheinfrüchte.
Lit.: Spjut & Thieret (1989).
Fruchtträger → Karpophor
Fruchttypen, m.pl. (E: fruit types   F: types de fruit): Die Einteilung der Früchte kann in verschiedener Weise erfolgen. Große Gruppen werden nach folgenden Grundsätzen gebildet:
A. Verhalten der Samen zur Reifezeit:
- **Öffnungsfrucht** (E: dehiscent fruit   F: fruit déhiscent): Die Samen werden durch Öffnung der Frucht ausgestreut.
- **Schließfrucht** (E: indehiscent fruit   F: fruit indéhiscent): Die Samen bleiben in der Frucht und werden mit ihr ausgebreitet.
B. Ausbildung des Perikarps:
- **Trockenfrucht** (E: dry fruit   F: fruit sec): Frucht mit trockenem, ledrigem bis holzigem Perikarp (z.B. → Kapsel, → Nuss).
- **Saftfrucht** (E: fleshy fruit   F: fruit charnu): Frucht mit gänzlich oder zum großen Teil fleischigem Perikarp (z.B. → Beere, → Panzerbeere, → Steinfrucht).
C. Karpellzahl und Verwachsung:
- **Einblattfrucht**, Monokarpium (E: monocarpellate fruit   F: fruit monocarpique): Frucht aus nur einem Karpell (z.B. → Hülse).
G: Erstnachweis für Monokarpium: Beck (1913, S. 381), für Einblattfrucht: Janchen (1949, S. 483).
- **chorikarpe Frucht**, Apokarpium (→ Sammelfrucht) (F: fruit apocarpique): Frucht aus einem chorikarpen Gynoeceum mit zwei oder mehr freien Karpellen.
- **coenokarpe Frucht**, Synkarpium (F: fruit syncarpique): Frucht aus einem coenokarpen Gynoeceum. Hierzu gehört die Mehrzahl der Fruchttypen. Die Literatur über die Einteilung der Früchte ist umfangreich und die Zahl der unterschiedenen Typen kaum überschaubar. In der letzten Übersicht von Spjut (1994) werden 95 Fruchttypen mit zahlreichen Synonymen unterschieden.
Lit.: Mirbel (1813), Dumortier (1835), Pax (1890: Apocarpium u. Syncarpium), Beck

(1891, 1913), Hubert WINKLER (1939, 1940), JANCHEN (1949), BAUMANN-BODENHEIM (1954 A), ROTH (1977, Anatomie), SPJUT (1994), HILGER & HOPPE (1995).
Fruchtwand → Perikarp
Fruchtzucker → Fructose
Fructiculus → Früchtchen
Fructose, f., Fruchtzucker, m. (E: fructose F: fructose, m.): Ein häufiges Monosaccharid (eine Ketohexose), die in Disacchariden (z.B. Saccharose) und als Polysaccharid (→ Inulin) vorkommt.
Fructus → Frucht
Früchtchen, n. (L: fructiculus, m. E: fruitlet F: fructule, f.): Die aus jeweils einem Fruchtblatt hervorgegangenen Teile einer Sammelfrucht. So sind z.B. bei einer Sammelnussfrucht die einzelnen „Früchtchen" Nüsse bzw. Nüsschen.
Frühholz → Holz (A.)
Frustel, f. (L: frustulum, n. E: frustule F: frustule, f.): Die Kieselschale der → Diatomeen. Sie besteht aus der Hypotheca (Schachtel) und der übergreifenden Epitheca (Deckel). Vgl. → Theca.
f. sp. → forma specialis
fünfzählig → pentamer
Fundort, m. (E: site, location F: localité, f., station, f.): Der geographisch festlegbare Ort, an dem eine Pflanze wächst (vgl. → Habitat = Standort).
Fungi, m.pl., Pilze, m.pl. (E: fungi F: champignons, m.pl.): Sammelbezeichnung für chlorophyllfreie Thallophyten. Dazu gehören vor allem zwei große Gruppen, die mit Algen verwandten → Oomycota und die phylogenetisch ursprünglichen Tiergruppen nahe stehenden → Mycobionta. Diese „typischen" Pilze können nicht zum Pflanzenreich gestellt werden (vgl. MARTIN 1955).
Fungi imperfecti, m.pl., Deuteromycetes, imperfekte Pilze (E: imperfect fungi F: champignons (m.pl.) imparfaits): Pilze und Flechten, bei denen die Hauptfruchtform (→ Teleomorphe) nicht existiert (bzw. noch nicht bekannt ist), und die deshalb als „unvollständig" (imperfekt) bezeichnet werden. Der größte Teil davon gehört zu den Ascomyceten.
G: Die Bezeichnung Fungi imperfecti wurde von FUCKEL (1870. S. 5) eingeführt.
Lit.: COLE & KENDRICK (1981).
Funiculus, m., Nabelstrang, m. (L: funiculus, m. E: funicle F: funicule, m.): Verbindungsstrang zwischen → Placenta und → Samenanlage. Früher wurden auch die Tramastränge, die die → Peridiolen bei manchen Nidulariaceen mit der Peridie verbinden, als Funiculus bezeichnet.
G: Der Name von GAERTNER (1788, S. LVIII) stammt aus einer Zeit, in der die Samenanlage mit einem Ei homologisiert wurde, das mit dem Nabelstrang („funiculus umbilicaris") an der Placenta sitzt (abgeleitet von lat. funiculus, kleines oder dünnes Seil).
Funktionsübertragung, f. (E: transference of function F: transfert (m.) de fonction): Übernahme einer normalerweise von einem bestimmten Organ ausgeübten Funktion durch ein anderes. Es gibt z.B. Orchideen, bei denen die Laubblätter reduziert sind und Wurzeln deren Funktion übernommen haben. Ein → Pseudanthium kann die Funktion einer Blüte übernehmen.
Lit.: CORNER (1958), STEBBINS (1970), HAY & MABBERLEY (1991).
Furche → Colpus
Fusiforminitiale → Cambiuminitialen
Fusionsplasmodium → Plasmodium
Fusoidzellen, f.pl. (E: fusoid cells F: cellules fusoïdes): Auffällig große, dickwandige aber flache Zellen in den Blättern von Poaceae (Gramineae), vor allem bei den Bambusoideae).
G: Von KARELSTSCHICOFF (1868) zuerst richtig als Zellen beschrieben, wurden sie vielfach später für Interzellularräume gehalten. Der Name fusoid-cells stammt von METCALFE (1960, S. XXVI), wohl von lat. fusus, Spindel.
Fuß → Haustorium (4.)
Futtergewebe, n. (E: food tissue F: tissu nourricier): Speichergewebe, das ökologische Bedeutung hat, indem es Tiere anlockt, die es verzehren. Dies können Blütenbesucher sein, Tiere, die die Samenausbreitung besorgen, oder Ameisen, die Schädlinge vertreiben können. Hierzu gehören das Fruchtfleisch, die → Elaiosome, **Futterkörper** (E: food bodies F: corps nourriciers) an Blättern (→ Beltsche Körperchen, → Müllersche Körperchen, → Perldrüsen) und in Blüten.
G: HABERLANDT benutzte schon 1901 (S. 65) Futtergewebe, allerdings für Strukturen bei *Catasetum*, die nach heutiger Kenntnis nicht gefressen werden. Bei HABERLANDT (1918, S. 397) ist der Begriff dann im jetzigen Sinn

erweitert.
Futterkörper → Futtergewebe
Fynbos, m.: Hartlaubvegetation der Kapländischen Region mit zahlreichen Proteaceae, *Erica*-Arten und anderen ericoiden Zwergsträuchern.
G: Das aus dem Niederländischen (bzw. Afrikaans) stammende Wort bedeutet soviel wie „feiner Busch".

Gärung, f., Fermentation, f. (E: fermentation F: fermentation, f.): Abbauvorgang (→ Dissimilation) zur Energiegewinnung unter anaeroben Bedingungen. Dabei erfolgt eine interne Oxidoreduktion. Wichtige Typen sind:
1. alkoholische Gärung: Aus dem Pyruvat (aus der → Glykolyse) wird über Acetaldehyd Ethanol gebildet und CO_2 entwickelt. Außer bei den bekannten Hefen tritt die alkoholische Gärung auch bei einigen Bakterien und bei Sauerstoffmangel in Geweben von Samenpflanzen auf. **2. Milchsäuregärung**: Bei reiner Milchsäuregärung wird aus Glucose nur Milchsäure entwickelt.
G: Fermentation leitet sich von lat. fermentum, Hefe, her. Die Rolle der Hefe bei der alkoholischen Gärung wurde um 1837 von verschiedenen Autoren erkannt, aber von Chemikern heftig bekämpft, bis sie von LOUIS PASTEUR endgültig bestätigt wurde.
Galeriewald, m. (E: gallery forest F: forêt galerie, f.): Wald, der in Steppen und Savannen die Flüsse begleitet. Er wird weitgehend von → Phreatophyten gebildet.
Galle, f., Cecidie, f. (L: galla, f. E: gall F: galle, f., cécidie, f.): Bildungsabweichung einer Pflanze, entstanden als Wachstumsreaktion, die ein fremder Organismus veranlasst. Dabei steht der fremde Organismus in einer ernährungsphysiologischen Beziehung zur Pflanze, in der er sich entwickelt. Die meisten Gallen werden durch Tiere, die **Cecidozoen**, ausgelöst, man bezeichnet sie auch als **Zoocecidien**. Seltener sind Pflanzen, **Cecidophyten**, als Gallenbildner, die **Phytocecidien** hervorrufen. Nach dem Bau unterscheidet man histoide **Gallen**, bei denen die Gewebe verändert sind und **organoide** Gallen mit Neubildungen oder Veränderungen von Organen.
G: Gallen waren schon im Altertum bekannt und wurden mit dem Wort galla bezeichnet.

Die wissenschaftliche Cecidiologie wurde von MALPIGHI (1675) begründet, der über 60 Gallen beschrieb und die Bedeutung der sie besiedelnden Insekten erkannte. Der Terminus „Cecidium" wurde von F. THOMAS (1873, S. 513) eingeführt (von. gr. kekis, kekidos, Gallapfel). Die Einteilung in histoide und organoide Gallen (in Anlehnung an medizinische Begriffe der Geschwulstlehre) geht auf KÜSTER (1910) zurück.
Galmeipflanze → Metallophyt
Gamet, m. (E: gamete F: gamète, m.): Sexuell differenzierte Fortpflanzungszelle, die zur → Plasmo- und Karyogamie fähig ist. Gameten sind einzellig, einkernig und (normalerweise) haploid, zwei G. verschiedenen Geschlechts vereinigen sich zu einer diploiden → Zygote.
G: Eingeführt von STRASBURGER (1877, S. 439, 441 und in DE BARY & STRASBURGER 1877, Sp. 756), abgeleitet von gr. gametes, Gatte.
Gametangienstand, m., Gametöcium, n. (E: gametoecium): Eine Gruppe von Gametangien eines Mooses mit den umgebenden Hüllblättern. Soweit es sich nicht um synözische Moose handelt, kann man unterscheiden: **Antheridienstand**, Andröcium (E: androecium F: andrécie, f.) und **Archegonienstand**, Gynöcium (E: gynoecium F: gynécie, f.): Die neuerdings vor allem in der englischen Literatur benutzten Termini gynoecium und androecium verführen zum Vergleich mit dem ganz anders gearteten Gynoeceum bzw. Androeceum der Angiospermen und sollten vermieden werden.
Gametangienträger, m. (E: gametangiophore F: gamétangiophore, m.): Bei den Lebermoosen (Marchantiales) stielartig ausgebildeter Teil des Thallus, der Gametangien trägt.
Gametangiogamie, f., Gametangienkopulation, f. (E: gametangiogamy F: gamétangie, f.): Sexualvorgang, bei dem sich ganze Gametangien (bzw. → Gametocysten) vereinigen, ohne dass vorher Gameten differenziert werden. Die Gametangien können gleichgestaltet sein (**Isogametangiogamie**) oder verschieden (**Anisogametangiogamie**)
G: EHRENBERG (1829) war wohl der Erste, der bei *Syzygites* (Zygomycetes) eine Gametangiogamie beobachtete. HARTMANN (1909, S. 268) führte Gametangienkopulation ein,

Gametangium

GUILLIERMOND (1910, S. 124) „gamétangie", woraus Gametangiogamie entstand. Der von SCHUSSNIG (1960, S. 831, 858) vorgeschlagene Terminus **Angiogamie** hat sich nicht durchgesetzt.
Gametangium, n. (E: gametangium F: gamétange, m.): Behälter, in dem Gameten (oder ein Gamet) entstehen. Üblicherweise werden hierunter sowohl einzelne Zellen, in denen sich bei Thallophyten Gameten bilden, verstanden, als auch die vielzelligen, mit steriler Wand versehenen → Antheridien und → Archegonien der Bryophyten (Moose) und Kormophyten. – Im Anschluss an VUILLEMIN (1902) schlägt GROLLE (1971) erneut vor, den Begriff Gametangium auf die Gametenbehälter mit steriler Wand zu beschränken (vgl. → Gametocyste). Diese Terminologie hat sich in der deutschen (und englischen) Literatur im Gegensatz zur französischen noch nicht durchgesetzt. Im Französischen wird gamétange gewöhnlich nur noch für die Gametenbehälter der Moos-, Farn- und Samenpflanzen verwendet.
G: STRASBURGER (in De BARY & STRASBURGER 1877, Sp. 756), abgeleitet von Gamet und gr. aggeion, Gefäß.
Gametenlockstoffe → Gamone
gametischer Kernphasenwechsel → Kernphasenwechsel
Gametocyste, f. (E: gametangium F: gamétocyste, m.): Gametenbehälter der Thallophyten. Die G. besitzen keine Wand aus sterilen Zellen und unterscheiden sich dadurch wesentlich von den (echten) Gametangien der Moos- und Farnpflanzen.
G: Vorgeschlagen von VUILLEMIN (1902, S. 17) und vor allem in der franz. Literatur geläufig. Zur Begründung der Wiederaufnahme vgl. GROLLE (1971). Im Englischen wird gametocyst für einen Spezialfall sexueller Fortpflanzung in einer Kapsel (Cyste) bei bestimmten Protozoen benutzt.
Gametöcium → Gametangienstand
Gametogamie, f. (E: gametogamy F: gamétogamie, f., mérogamie, f.): Der normale Sexualvorgang, bei dem Gameten miteinander verschmelzen, im Gegensatz zur Gametangiogamie und Somatogamie.
G: Erstnachweis: KNIEP (1928, S. 456).
Gametogenese, f. (E: gametogenesis F: gamétogenèse, f.): Die Vorgänge, die zur Gametenbildung führen: Teilung der Gametenmutterzelle, Ausbildung der Gameten.

Gametophyt, m. (E: gametophyte F: gamétophyte, m.): Bei Pflanzen mit Generationswechsel die haploide Generation, die die Gameten ausbildet. Der Gametophyt geht aus einer Meiospore hervor. Bei den Moosen stellt die Moospflanze den Gametophyten dar, bei Farnpflanzen ist es das Prothallium. Bei den Samenpflanzen ist der Gametophyt nicht als selbstständige Generation ausgebildet (vgl. auch → Sporophyt).
G: Die Homologien des Generationswechsels der höheren Pflanzen wurden von HOFMEISTER (1849 b, 1851) erkannt. Die Bezeichnung Gametophyt stammt (in der englischen Form „gametophyte") von BOWER (1890, S. 367). Der Gametophyt wird auch als **geschlechtliche Generation** bezeichnet, bzw. als **Geschlechtsgeneration** (z. B. SACHS 1868, S. 307).
Gamie → Befruchtung
Gamodem → Dem
Gamogonie, f. (E: gamogony F: gamogonie, f.): Geschlechtliche Fortpflanzung: Fortpflanzung mit Gameten, bei der es zur → Syngamie kommt.
G: HARTMANN (1904, S. 24).
Gamone, n.pl., Gametenlockstoffe, m.pl. (E: gamones F: gamones, f.pl.): Sexuallockstoffe, die von Gameten eines Geschlechts (meist des weiblichen) abgegeben werden, um die des anderen anzulocken. Gamone treten überall dort auf, wo es frei bewegliche Gameten gibt (von einzelligen Algen bis zu den Archegoniaten).
G: HARTMANN & SCHARTAU (1939, S. 587) schlugen „Im Einvernehmen mit Prof. KUHN" Gamone für die Befruchtungsstoffe der Seeigel vor, abgeleitet von gr. gamos, Hochzeit.
Gamont, m. (E: gamont F: gamonte, m.): Individuum (bei Einzellern), das Gameten bildet.
G: HARTMANN (1904, S. 25).
gamopetal → sympetal
Gamopetalae → Sympetalae
Gamophyllie, f. (E: gamophylly F: gamophyllie, f.): Verwachsung (→ congenital) zwischen benachbarten Organen. **Laterale G.** betrifft die Kreise in einer Blüte, besonders häufig die Kelch- und Kronblätter (→ Synsepalie, → Sympetalie) oder Laubblattquirle (z.B. *Equisetum*). **Seriale G.** kann zwischen Organen stattfinden, die in der Blüte verschiedenen Formationen angehören, so ist sie zwischen Kron- und Staubblatt bei den Asteridae verbreitet.

G: A.P. de CANDOLLE (1813, S. 477) verwendete gamophyllus zunächst nur für den Kelch.
Ganzrosettenpflanze → Rosettenpflanze
Garige → Garrigue
Garrigue, f., Garige, f. (E: garigue F: garrigue, f.): Zwergstrauchreiche lückige Vegetation des Mittelmeergebietes, die durch fortgeschrittene Degradation (Übernutzung) aus der → Macchie entstanden ist. Je nach Gebiet werden auch Namen aus anderen Sprachen gebraucht: Matorral (span.), Tomillares (span.), Phrygana (griech.) und Batha (hebräisch).
Gasteromyceten, pl., Bauchpilze: Gruppe von Basidiomyceten, die sich durch kleistokarpe oder angiokarpe → Fruchtkörper auszeichnet, die auch Gasterothecien (sg. Gasterothecium) genannt werden. In modernen Pilzsystemen wird die offenbar polyphyletische Gruppe häufig aufgelöst.
Gasterothecium → Gasteromyceten
gastroid: Kennzeichnung der Fruchtkörper der früher als → Gasteromyceten zusammengefassten Basidiomyceten, bei denen die Basidien im Innern gebildet werden.
Gasvakuole → Gasvesikel
Gasvesikel, f., Gasvakuole, f. (E: gas vacuole, pseudovacuole F: aérosome, m., pseudovacuole, f., vacuole gazeuse): Gasgefüllter Hohlraum in Zellen von → Cyanobakterien, der das Schweben im Wasser ermöglicht. Es handelt sich nicht um eine echte → Vakuole, daher ist Gasvesikel passender.
G: Gasvesikel wurden zuerst von WINOGRADSKY (1888, n.v.) beschrieben, KLEBAHN (1895, S. 252) nannte sie Gasvakuolen.
Gattung → Genus
Gattungsbastard, m., bigenerischer Bastard (E: bigeneric hybrid F: hybride bigénérique): Ergebnis der Kreuzung zwischen Pflanzen, die zu verschiedenen Gattungen gehören. Da die Ansichten über die systematische Abgrenzung von Gattungen schwanken können, kann es strittig sein, ob ein Bastard als Gattungsbastard anzusehen ist. Gattungsbastarde sind in der Regel steril, das Auftreten fertiler Gattungsbastarde sollte Anlass zu einer Überprüfung der bisherigen Gattungsabgrenzung sein. Treten zwischen zwei Gattungen häufiger Bastarde auf, so können sie – vor allem bei Kulturpflanzen (Zierpflanzen) – einen Namen erhalten, der aus Teilen der Namen der beiden beteiligten Gattungen zusammengesetzt wird, z.b. × *Mahoberberis (Mahonia* × *Berberis),* × *Laeliocattleya (Laelia* × *Cattleya),* × *Heucherella (Heuchera* × *Tiarella). –* Bei den Orchideen wurden künstlich auch tri- und quadrigenerische Bastarde hergestellt, an denen drei oder vier Gattungen beteiligt sind.
Gattungsname, m. (E: name of a genus): Name einer → Gattung des Systems, der gültig veröffentlicht ist (→ Name, gültig veröffentlichter). Die meisten Gattungsnamen sind griechischer oder (seltener) lateinischer Herkunft, viele sind nach Personen benannt. Es gibt aber auch Namen aus vielen anderen Sprachen wie *Cocos, Lotus* oder ganz willkürliche Bildungen (→ Anagramm).
Gaumen → Palatum
Gauses Prinzip, n. (E: Gause's principle, principle of competitive exclusion): Das Prinzip postuliert, dass Arten mit gleicher Wuchsform und gleichen Ansprüchen an die Umwelt (Nutzung der gleichen Ressourcen) nicht zusammenleben können.
G: Das Prinzip wurde von dem Ökologen G. F. GAUSE 1934 in seinem Buch „The struggle for existence" (n.v.) aufgestellt. Es ist umstritten, wieweit es allgemein gilt.
gefächerte Fasern → Faser
Gefäß, n.: Von vielen Autoren synonym mit → Trachee verwendet, aber auch als Oberbegriff für Tracheiden und Tracheen (z.B. bei KAUSSMANN & SCHIEWER 1989). Die umfassendere Definition steckt auch in den Namen → Gefäßkryptogamen und → Gefäßpflanzen, sowie in der Bezeichnung Gefäßteil für das → Xylem.
Gefäßbündel → Leitbündel
Gefäßbündelscheide → Leitbündelscheide
Gefäßelement → Tracheenglied
Gefäßglied → Tracheenglied
Gefäßkryptogamen, f.pl. (L: Cryptogamae vasculares E: vascular cryptogams F: cryptogames vasculaires, m.pl.): Kryptogamen mit Leitbündeln, d.h. die → Farnpflanzen (Pteridophyten).
G: BRONGNIART (1828, S. 97) bezeichnete als Erster die Farnpflanzen (und - irrtümlich - die Characeen) als „cryptogames vasculaires".
Gefäßpflanzen, f.pl., Tracheophyta (L: plantae vasculares E: vascular plants F: plantes vasculaires, trachéophytes, m.pl.): Pflanzen mit Tracheiden oder Tracheen, d.h. die Landpflanzen mit Ausnahme der Moose, Flech-

ten und Pilzen, bzw. die → Kormophyten.
G: Als Gruppe („végétaux vasculaires")
zuerst bei A.P. de CANDOLLE (1813, S. 207).
Tracheophyta wurde nach JUST (1945, S.
305) zuerst 1935 von SINNOTT veröffentlicht.
Gefäßteil → Xylem
Gefäßtracheide → Tracheide
gefiedert → Fiederblatt
Gefriertoleranz → Frostresistenz
Gefrierverhinderung → Frostresistenz
Gegenfüßlerzelle → Antipoden
gegenständig → Phyllotaxis
gegenüberstehend → opponiert
Gehäuse → Lorica
Gehilfin → Synergide
Geißel, f., Flagellum, n. (L: flagellum, n., pl. flagella E: flagellum F: flagelle, m., fouet, m.): Fadenförmiger Fortsatz von Zellen, der der Bewegung dient. Es gibt zwei im Bau sehr verschiedene Typen:
1. Eukaryotengeißel, f., Eucytengeißel, Geißel der Eukaryoten: Sie hat einen charakteristischen inneren Bau aus 9 peripheren Doppel- und 2 zentralen Einzelmikrotubuli (Dupletts bzw. Singuletts), dem so genannten „9 + 2 - Muster". - Vgl. → Geißeltypen, → Begeißelung, → Undulipodium.
G: Ältere Bezeichnungen: fadenförmiger Rüssel (EHRENBERG 1838), Flimmerfäden (A. BRAUN 1847). Schon vor COHN (1853) muss aber auch Geißel in Gebrauch gewesen sein. – MANTON & CLARKE (1951) erkannten zuerst die konstanten Zahlenverhältnisse in der Geißel und stellten (1952, S. 271) die charakteristische innere Struktur weitgehend zutreffend dar (die zwei inneren Mikrotubuli sind noch irrtümlich als Doppelstrukturen angesehen worden). Die Endosymbiosetheorie wurde von L. MARGULIS auch für die Herkunft der Geißel angewendet (vgl. die Kritik daran durch CAVALIER-SMITH 1982).
Lit.: FAURÉ-FREMIET (1951), SATIR (1965).
2. Prokaryotengeißel, f., Bakteriengeißel, f., Plasmageißel, f. (E: bacterial flagellum): Extrazelluläre Struktur aus schraubigen Längsreihen des Proteins Flagellin, die an der Basis drehbar ist.
Geißelapparat, m. (E: flagellar apparatus, kinetid F: appareil flagellaire, m.): Geißel mit ihrem → Basalkörper und ggf. weiteren Strukturen.
Lit.: ANDERSEN et al. (1991): Terminologie.
Geißeltierchen → Flagellaten
Geißeltypen, m.pl. Nach dem Bau kann eine Geißel sein:
- **akronematisch**, Peitschengeißel (E: acronematic, whiplash flagellum F: acronématé): Die Geißel läuft in ein feines Haar (das **Akronema**) aus, in dem nur die beiden zentralen Mikrotubuli noch vorhanden sind.
- **pleuronematisch**, Flimmergeißel (E: tinsel F: pleuronématé): Geißel, die mit Flimmern (→ Mastigonema) besetzt ist; entweder mit einer Reihe (**stichonematisch**) oder mit zwei Reihen (**pantonematisch**). Zur Anordnung der Geißeln → Begeißelung.
G: Die Ausdrücke Peitschen- und Flimmergeißel gehen auf A. FISCHER (1894, S. 190) zurück. Verschiedene Typen der Flimmergeißel unterschied J.B. PETERSEN (1929, S. 382-383), die Fachtermini stammen von DEFLANDRE (1934 b, S. 35).
Geitonogamie, f., Nachbarbestäubung (E: geitonogamy F: gitonogamie, f.): Bestäubung zwischen Blüten einer Pflanze. Es handelt sich nicht um → Autogamie im engeren Sinn, genetisch ist der Effekt aber derselbe.
G: A. KERNER (1876, S. 192), abgeleitet von gr. geiton, Nachbar, und gamein, heiraten.
gekoppelte Gene → Kopplung
gelatinöse Fasern → Faser
Geleitzellen, f.pl. (E: companion cells F: cellules compagne, cellules annexes): Parenchymzellen, die die Siebröhrenelemente der Angiospermen begleiten. Sie entstehen mit dem Siebröhrenelement aus einer gemeinsamen Mutterzelle. Ihre Zahl pro Siebröhrenelement ist variabel (meist 1-4). Da sie im Gegensatz zu den Siebröhren die Kerne behalten, können sie wichtige Regulationsfunktionen übernehmen. – Innerhalb der Angiospermen fehlen sie nur einigen primitiven holzigen Dikotylen und häufig auch im zuerst gebildeten Phloem (Protophloem). Vergleichbare Funktionen haben bei den Gymnospermen offenbar die → Strasburger-Zellen.
G: Das charakteristische Muster aus Siebröhren und Geleitzellen wurde schon von MOLDENHAWER (1812, Taf. 1, Fig. 1) abgebildet. Erst WILHELM (1880, S. 4) erkannte die Geleitzellen als einen charakteristischen Bestandteil des Phloems und gab ihnen den heutigen Namen.
Gelenk → Pulvinus
Gelenkzellen, f.pl., Entfaltungszellen, f.pl., Bulliformzellen, f.pl. (E: bulliform cells, motor

cells F: cellules bulliformes): Große dünnwandige Zellen der Epidermis bei den Poaceae (Gramineae) und anderen Monokotylen, die in den Furchen oder im Bereich der Mittelrippe liegen und das Einfalten bzw. Einrollen erleichtern.
G: Die charakeristischen Zellen wurde nach früheren gelegentlichen Beobachtungen zuerst von DUVAL-JOUVE (1870, S. 320) gut abgebildet und „cellules bulliformes" (wörtlich Blasenzellen) genannt, TSCHIRCH (1882, S. 550) bezeichnete sie als „Gelenkzellen", bzw. Gelenkpolster, wenn sie zu einem vielzelligen Gewebe verbunden sind. LÖV (1926) nannte diese Zellen Entfaltungszellen und stellte die weite Verbreitung bei den Monokotylen fest.
Gemini, Geminus → Bivalent
Gemma → Knospe
Gemme, f. (L: gemma, f., pl. gemmae E: gemma F: gemme, f.): **1.** Brutkörper, Brutknospe: Mehrzellige vegetative Fortpflanzungsorgane vor allem der Moose. Sie entwickeln sich an den Blättern, aber auch an Rhizoiden.
G: Lat. gemma bedeutet Knospe, und der Terminus wurde von LINNAEUS (1751) noch so verwendet.
2. Dauerzelle bei Pilzen (→ Arthrospore, → Chlamydospore).
Gen, n., Erbfaktor, m., Erbanlage, f., Cistron, n. (E: gene F: gène, m.): Postulierte Anlage, die die Vererbung eines Merkmals bedingt. Nach heutiger Erkenntnis ein Abschnitt der DNA, der die Information zur Synthese eines bestimmten Genproduktes (meist eines Enzyms) enthält.
G: MENDEL (1866) war der Erste, der klar erkannte, dass es Anlagen für einzelne Merkmale gibt, die er mit Buchstaben bezeichnete und „Elemente" nannte (p. 105, vgl. WEILING 1969). BATESON & SAUNDERS (1902) bezeichneten die Anlagen direkt als „characters". JOHANNSEN (1909, S. 124) schuf dann dafür das (vom Darwinschen „Pangen" abgeleitete) Wort Gen, das keinerlei Hypothese über die Struktur einschloss.
Lit.: DAWSON & WHITEHOUSE (1952, verschiedene Definitionen), CARLSON (1966, Geschichte des Begriffes).
Genaktivierung, differentielle, f. (E: differential gene activation): Die von Entwicklungszustand und Lage einer Zelle abhängige Aktivierung unterschiedlicher Gene, die zur weiteren Differenzierung der Zelle führt.
Genduplikation, f. (E: gene duplication F: duplication de gènes): Verdopplung eines Gens im Laufe der Evolution. Genduplikation spielt eine wichtige Rolle bei der Bildung neuer Gene, da öfter nur eine der beiden Kopien die ursprüngliche Funktion beibehält, während die andere stärker mutiert und nach einiger Zeit eine neue übernimmt.
Gene, gekoppelte → Koppelung
Genera → Genus
Generatio aequivoca → Urzeugung
Generation, f. (E: generation F: génération, f.): **1.** Entwicklungsabschnitt eines Organismus mit einer eigenen Fortpflanzungsweise (und oft auch einer eigenen → Kernphase). Generationen können morphologisch gleichartig oder verschieden sein (→ Generationswechsel). **2.** Die Nachkommen, die von einem Elternpaar (bzw. bei Hermaphroditismus von einem Individuum) abstammen. In der Genetik wird die Ausgangsgeneration als **Parentalgeneration** (P-Generation), die nächste als **Filialgeneration** (F_1-Generation), folgende als F_2-Generation etc. bezeichnet.
G: Die Bezeichnungen P- und F-Generation führten BATESON & SAUNDERS (1902) ein.
Generationswechsel, m. (E: alternation of generations F: alternance de générations): Regelmäßiger Wechsel zwischen zwei (oder mehr) Generationen mit verschiedener Fortpflanzungsweise. Bei den Pflanzen handelt es sich meist um einen heterophasischen Generationswechsel (→ Generationswechsel, heterophasischer).
G: Der Begriff Generationswechsel stammt aus der Zoologie, wo diese Erscheinung zuerst 1819 von A. v. CHAMISSO an Salpen erkannt und als „alternatio generationum" bezeichnet wurde (vgl. KLENGEL 1913). In der Botanik verwendete A. BRAUN (1850, S. 54) den Terminus zunächst in Analogie für die Sprossfolge bei Pflanzen. HOFMEISTER (1849 b, 1851) erkannte dann die typische Form des pflanzlichen Generationswechsels mit einer Generation, die Gameten und einer, die (Meio-)Sporen bildet. Den Ausdruck Generationswechsel verwendete er hierfür zuerst in einer Besprechung im Jahre 1850.
Lit. zur Geschichte: GEUS (1972) und BELL (1989).

Generationswechsel, antithetischer → Generationswechsel, heterophasischer

Generationswechsel, diphasischer →
Generationswechsel, heterophasischer
Generationswechsel, heterophasischer, m., diphasischer G., antithetischer G.: Generationswechsel, bei dem die Generationen sich nicht nur in der Art der Fortpflanzung, sondern auch in der Kernphase unterscheiden. Typischerweise gibt es einen haploiden → Gametophyten und einen diploiden → Sporophyten. Sind sie äußerlich gleich, so ist der G. **isomorph** (E: isomorphic F: cycle isomorphe), bei verschiedenem Bau **heteromorph** (E: heteromorphic F: cycle hétéromorphe). Bei den Samenpflanzen ist der Gametophyt so stark reduziert, dass er nicht mehr den Charakter einer eigenen Generation besitzt.
G: Dieser für die Pflanzen typische Generationswechsel wurde zunächst als antithetisch bezeichnet (ČELAKOVSKÝ 1874 b, S. 30; BOWER 1890). Erst längere Zeit nach Erkennen der Kernphasenwechselverhältnisse prägte HÄMMERLING (1940, S. 83) nach einem Vorschlag von MAX HARTMANN den Ausdruck „heterophasischer Generationswechsel." Die Bezeichnungen iso- und heteromorph stammen von F.E. FRITSCH (1935, S. 52).
Generationswechsel, homophasischer: Wechsel zwischen zwei Generationen mit gleicher Kernphase, von denen sich nur eine sexuell fortpflanzt. Ein solcher Generationswechsel tritt bei Pflanzen nur als sekundärer homophasischer Generationswechsel bei → Aposporie von Farnen und Angiospermen auf. Homophasisch ist bei den Rotalgen der Wechsel zwischen dem diploiden → Karposporophyt und dem ebenfalls diploiden → Tetrasporophyt.
G: Die ältere Bezeichnung **homologer G.** (ČELAKOVSKÝ 1874, S. 33; BOWER 1890, S. 366), die für homophasischer G. aber auch für isomorphen heterophasischen verwendet wurde, ist missverständlich. Die Bezeichnung homophasischer G. geht auf MAX HARTMANN zurück (in HÄMMERLING 1940, S. 98; HARTMANN 1943, S. 14).
generative Vermehrung → Gamogonie
generative Zelle, f., Antheridiumzelle, f. (E: generative cell F: cellule générative): Die Zelle des männlichen Gametophyten im Pollenkorn der Samenpflanzen, deren Weiterentwicklung zu den Spermazellen führt.
G: STRASBURGER (1884 b, S. 5 ff.) hat als Erster (auch entgegen eigenen früheren Angaben) gezeigt, dass bei den Angiospermen die kleine, oft spindelförmige Zelle, die sich von der Wand löst, die generative Zelle (BELAJEFF 1891) ist.
Lit.: STERLING (1963).
Genet, m. (E: genet F: genet, m.): Ein genetisches Individuum, d.h. die Pflanze oder der → Klon, der aus einer Zygote hervorgegangen ist (→ Ramet).
G: KAYS & HARPER (1974, S. 97).
Genetik, f., Vererbungslehre, f. (E: genetics F: génétique, f.): Die Wissenschaft von den Vorgängen, die die Übertragung von Merkmalen (bzw. deren Anlagen) von einer Generation auf die andere (die → Vererbung) regeln.
G: Die Vorstellungen von der Vererbung gehen bis in die Antike zurück. Die Arbeit von MENDEL (1866) stellte durch die statistische Behandlung der Vererbung einzelner Merkmale einen Wendepunkt dar. Ihre Bedeutung wurde durch CORRENS (1900 a) und DE VRIES (1900) zuerst erkannt. Die Bezeichnung Genetik (genetics) wurde von BATESON in einem Vortrag von 1906 (vgl. RILEY 1952) benutzt und im selben Jahr durch den Titel seines Berichtes „The progress of genetics since the rediscovery of Mendel's papers" (BATESON 1906) allgemein bekannt.
Lit. zur Geschichte: MULLER (1950), STUBBE (1965: Geschichte vor 1900); CARLSON (1966); STURTEVANT (1965).
genetisch (E: genetic F: génétique):
1. Früher allgemein im Sinne von „die Erzeugung betreffend" oder „entstehungsgemäß" verwendet (vgl. WEILING 1969, S. 394).
2. Nach Einführung des Wortes → Genetik wurde das davon abgeleitete Adjektiv genetisch in Bildungen wie genetische Untersuchungen, Genetisches Institut etc. verwendet.
Genetische Drift, f., Sewall-Wright-Effekt, m. (E: genetic drift, random genetic drift, Sewall Wright effect F: dérive génique, f.): Zufallsgemäße, nicht durch Selektion bedingte Veränderungen in der → Allelfrequenz, die sich in kleinen Populationen ergeben. Sie können zur → Random Fixation führen.
G: Schon HAGEDOORN & HAGEDOORN-VORSTHEUVEL LA BRAND (1921, S. 110) haben auf die Bedeutung des Zufalls für Änderungen der Genhäufigkeit hingewiesen. Das Phänomen

wurde dann vor allem von WRIGHT mathematisch bearbeitet, der (1931, S. 108) von der „random variation of gene frequency" (zufälligen Variation der Genhäufigkeit) in kleinen Populationen sprach.
genetischer Code, m., Code, m. (E: genetic code F: code génétique): Die „Übersetzungstabelle" zwischen der Reihenfolge von Nucleotiden in der DNA (und RNA) und der daraus sich ergebenden Anordnung von → Aminosäuren in den Proteinen. Dreiergruppen von Basen der DNA bestimmen den Einbau einer Aminosäure. Da sich für vier Basen 64 (4 × 4 × 4) Anordnungsmöglichkeiten ergeben, gibt es für die 20 Aminosäuren mehrere Codierungsmöglichkeiten, der Code ist „degeneriert". Das Codon für Methionin ist gleichzeitig **Startcodon**, während es drei verschiedene **Stopcodons** gibt, die die → Translation beenden. Am verbreitetsten ist der so genannte **genetische Standardcode**, daneben gibt es Abweichungen bei einigen Organismen, bei denen z.B. ein Stopcodon für eine Aminosäure codiert.
G: Nachdem deutlich war, dass die Reihenfolge der vier Basen letztlich die von 20 Aminosäuren bestimmt, ergab sich die Notwendigkeit einer Codierung. CRICK et al. (1957) stellten als Erste hierzu Überlegungen an. CRICK (1963) schildert die Entwicklung des Problems.
genetischer Standardcode → genetischer Code
gene tree → Molekulare Systematik
Genexpression, f., Exprimierung (f.) eines Gens (E: gene expression F: expression d'un gène): Die Umsetzung der genetischen Information in die vom Gen codierten Genprodukte. Sie kann im Phänotyp zum Ausdruck kommen.
Genfamilie, f. (E: gene familiy, multigene family F: famille de gènes, famille multigénique): Gruppe von nahe verwandten Genen, von denen man wegen der großen Übereinstimmung der Sequenzen annehmen kann, dass sie sich aus einem Vorfahrengen entwickelt haben.
Genfluss, m. (E: gene flow F: écoulement de gènes, flux de gènes): Ausbreitung von Genen innerhalb einer Population, bzw. zwischen Populationen innerhalb der Art. Dies kann durch den Bestäubungsvorgang mit anschließender Befruchtung geschehen, aber auch durch die Ausbreitung der Samen. Wenn diese zur Etablierung an anderen Standorten führt, gibt es Möglichkeiten für neue Genkombinationen.
Genkarte, f. (E: gene map F: carte des gènes): Graphische Darstellung der Reihenfolge der Gene auf einem Chromosom oder einer Plastiden-DNA. Ältere Genkarten von Chromosomen (auch **Chromosomenkarten** genannt) wurden auf Grund der Rekombinationsdaten aufgestellt nach dem Grundsatz: Je häufiger die Koppelung zweier Gene durch → Crossing over durchbrochen wird, je weiter liegen sie voneinander entfernt. Moderne Genkarten werden mit molekularen Methoden erstellt.
Genmutation → Mutation
Genökologie, f. (E: genecology F: génécologie, f.): Untersuchung von Arten im Hinblick auf die darin enthaltenen ökologischen Rassen (→ Ökotypen).
G: Der Ausdruck wurde von TURESSON (1923, S. 172) geschaffen für eine „species-ecology" im Unterschied zur „autecology" (abgeleitet von gr. genos, Rasse, Art). Er hat also nichts mit dem einzelnen Gen zu tun, wie man nach dem Namen meinen könnte. Die deutsche Entsprechung ist wenig gebräuchlich.
Lit.: Überblick über die Geschichte dieser Forschungsrichtung: HESLOP-HARRISON (1964), LANGLETT (1971).
Genoelement → Florenelement
Genom, n. (E: genom(e) F: génome, m.): Die Gesamtheit der Gene in einem Chromosomensatz, bzw. in einem Gameten, heute meist für das gesamte genetische Material eines Organismus verwendet.
G: Hans WINKLER (1920, S. 165).
Genommutation, f. (E: genome mutation F: mutation de génome): Änderungen in der Zahl der Chromosomen (→ Aneuploidie, → polyploid).
Genophor, m. (E: genophore F: génophore, m.): Die ringförmige, nicht mit Histonen assoziierte DNA der Prokaryoten (Bacteria incl. Cyanobakterien), sowie der Plastiden und Mitochondrien.
G: Da der Name **Bakterienchromosom** eine nicht vorhandene Homologie mit echten Chromosomen vortäuscht, schlug RIS (1961, S. 112) den Ausdruck „genophore" vor für das „physische Äquivalent einer Kopplungsgruppe". Bei den Eukaryoten wäre das ein Chromosom, dafür wird der Begriff aber

kaum verwendet.
Genotyp → Genotypus
Genotypus, m., Genotyp, m., Idiotypus, m. (E: genotype F: génotype, m.): Die Gesamtheit der Erbanlagen (Gene) im Gegensatz zum durch die Gene und die Umwelt bedingten → Phänotypus.
G: Die wichtigen Begriffe Geno- und Phänotypus wurden von JOHANNSEN (1909, S. 130) geschaffen (vgl. CHURCHILL 1974), der klar erkannte, dass ein Genotypus nicht anschaulich in Erscheinung tritt. Gleichbedeutend ist Idiotypus von SIEMENS (1917, S. 31).
Genpool, m. (E: gene pool F: pool de gènes, ensemble de gènes): Die Gesamtheit der Gene in einer → Mendelpopulation.
G: DOBZHANSKY (1950, S. 405) benutzte als Erster den Begriff, wobei er die sexuelle Fortpflanzung als Voraussetzung betonte. Apomikten oder Bakterien haben keinen gemeinsamen Genpool.
Gentechnik, f. (E: genetic engineering, gene technology F: technique génétique): Methode, bei der in vitro ein Stück DNA, das eingebaut werden soll, mit einem DNA-Vektor (z. B. Plasmid oder Phage) verbunden wird und das Ganze dann in einen Wirt eingeschleust und zur Vermehrung gebracht wird.
G: Die Gentechnik begann etwa 1975.
Gentransfer → Transfektion
Genus, n., pl. Genera, Gattung, f. (L: genus, n., pl. genera E: genus F: genre, m.): Eine der grundlegenden Kategorien der Systematik; in einem Genus werden verwandte Arten (→ Species) zusammengefasst.
G: Das Verhältnis von genus zu species gehört zu den Grundbegriffen der Logik, in der der Satz gilt „Definitio fit per genus proximum et differentiam specificam." (Eine Definition entsteht durch Angabe des übergeordneten Begriffs und der spezifischen Unterschiede. In der Botanik gilt TOURNEFORT (1700) als derjenige, der viele Gattungen im heutigen Sinn erfasst hat; er war aber nicht der Erste. LINNAEUS (1751, S. 101) sah Arten und Gattungen als naturgegeben an: „Naturae opus semper est Species & Genus" (Das Werk der Natur sind immer Art und Gattung). – Die heute im Deutschen allgemein für Genus verwendete Bezeichnung Gattung wurde noch von BLUMENBACH (1825) ganz anders gebraucht: bei ihm entspricht Gattung (im Sinne von das Zusammengehörige, vgl. sich begatten) der Art (Species) und Genus wird deutsch als **Geschlecht** bezeichnet.
Genzentrum, n. (E: gene centre F: centre génétique): Gebiet, in dem für eine bestimmte Gattung (oder Art) die genetische Mannigfaltigkeit besonders groß ist. Weitgehend gleichbedeutend ist **Mannigfaltigkeitszentrum**.
G: VAVILOV (1926) sprach zunächst von Entstehungszentren der Kulturpflanzen, die auf Grund des Gebietes größter genetischer Vielfalt bestimmt werden sollten, später (1928) von Gen- und Mannigfaltigkeitszentren.
Lit.: HARRIS (1990), VAVILOV (1992).
Geobotanik → Pflanzengeographie
Geoelement → Florenelement
Geoffroyismus → Lamarckismus
Geofrutex, m. (E: geofrutex, pl. geofrutices): Halbstrauch, dessen kräftig entwickelter holziger Teil (→ Lignotuber, → Xylopodium) sich unter der Erde befindet. Die Wuchsform ist vor allem aus den Trockengebieten Afrikas und Brasiliens bekannt und stellt mindestens teilweise eine Anpassung an periodische Feuer dar.
G: WHITE (1977, S. 57 ff.) nannte diese Pflanzen geoxylic suffrutices; ROBBRECHT (1988, S. 36) verkürzte dies zu geofrutices.
geokarp (E: geocarpic F: géocarpe): Adj. zu → Geokarpie.
Geokarpie, f. (E: geocarpy F: géocarpie, f.): Reifen der Früchte im Boden, in den die Blüte oder junge Frucht von der Mutterpflanze durch Wachstumsvorgänge gebracht worden ist. Bekanntestes Beispiel ist *Arachis hypogaea*, die Erdnuss.
G: Der Terminus Geokarpie stammt von L.C. TREVIRANUS (1863, S. 146), die Erscheinung war aber schon länger bekannt.
Geophyt, m. (E: geophyte F: géophyte, m.): Wuchsform, bei der die Erneuerungsknospen unter der Erde liegen. Man unterscheidet u.a. Rhizom- und Zwiebelgeophyten
G: ARESCHOUG (1896, S. 1) benutzt geophile Pflanzen oder Geophyten. RAUNKIAER (1905, S. 399) übernahm den Begriff in sein System der Lebensformen.
Geotropismus → Gravitropismus
gerichtete Selektion → Selektionstypen
Germen → Ovar
Gerontoplast, m. (E: gerontoplast): Alters-

stadium eines Chloroplasten mit Abbau des Chlorophylls. Gerontoplasten treten vor allem im Herbstlaub auf.
G: Die Chloroplasten des Herbstlaubes wurden früher als → Chromoplasten bezeichnet. SITTE et al. (1980, S. 119) arbeiteten die Unterschiede heraus und schufen die Bezeichnung Gerontoplasten (gr. geron, gerontos, alt).
Geschlecht, n.: **1.** früher = → Genus **2.** = L: sexus, m., pl. sexus (E: sex F: sexe, m.): Die Differenzierung in **männliche** und **weibliche** Gameten, die sich nur nach Kopulation (→ Syngamie) weiterentwickeln, ist das wesentliche am Geschlechtsvorgang. Geschlechtlich differenziert sind aber nicht nur die Gameten, sondern schon die Organe, die sie bilden und – bei Getrenntgeschlechtigkeit – die Gametophyten. Bei den Samenpflanzen werden traditionell auch die Organe des Sporophyten, die männliche bzw. weibliche Gametophyten produzieren, als männlich bzw. weiblich bezeichnet (→ staminat, pistillat) und bei Getrenntgeschlechtigkeit die ganzen Pflanzen. - Die Bezeichnungen der Geschlechter wurden vom Menschen übertragen, wobei das weibliche Geschlecht das ist, das die Nachkommen hervorbringt. Bei den niederen Pflanzen nannte man dann das Geschlecht weiblich, das das Ei oder die größeren, weniger beweglichen Gameten bildet. Bei → Isogamie kann man die Bezeichnungen der Geschlechter nicht anwenden und unterscheidet nur → Kreuzungstypen.
Geschlecht von Gattungsnamen: Nach dem → Code 1. ICBN 2000 (Art. 62) ist für das grammatikalische Geschlecht der Gattungsnamen die botanische Tradition oder - wenn es diese nicht gibt – das vom Autor zugewiesene Geschlecht maßgebend.
Geschlechterverteilung, f. (F: répartition des sexes): Bei den Samenpflanzen gekennzeichnet durch: → zwittrig, monözisch, diözisch und polygam. Bei Moosen unterscheidet man: → synözisch, parözisch und diözisch.
geschlechtliche Fortpflanzung → Gamogonie
geschlechtliche Generation → Gametophyt
Geschlechtsbestimmung, f. (E: sex determination F: détermination (f.) du sexe): Das Geschlecht kann durch den Genotypus festgelegt sein (**genotypische G.**), oder es wird von äußeren Bedingungen (die auch in der Pflanze selbst liegen können) bestimmt (**modifikative** oder **phänotypische G.**). Bei allen Blütenpflanzen mit Zwitterblüten oder monözischer Geschlechterverteilung liegt modifikative G. vor.
G: BURGEFF (1915, S. 430): genotypische oder phänotypische Geschlechtstrennung.
Geschlechtschromosom, n. Idiochromosom, Heterochromosom, Allosom (E: sex chromosome, idiochromosome F: chromosome sexuel): Chromosom bzw. (bei vielen diploiden Organismen) Chromosomenpaar, das für die Realisation des Geschlechts verantwortlich ist. Geschlechtschromosomen fehlen den Organismen mit modifikativer Geschlechtsbestimmung, d.h. besonders allen Samenpflanzen mit zwittrigen oder monözisch verteilten Blüten.
G: HENKING entdeckte 1891 bei Hemiptera (Wanzen) Geschlechtschromosomen, ohne sich über deren Bedeutung klar zu sein. Der Ausdruck sex chromosomes wurde von E.B. WILSON (1906, S. 28) zuerst benutzt. Bei Pflanzen wurden Geschlechtschromosomen zuerst von Ch.E. ALLEN (1917) bei dem Lebermoos *Sphaerocarpus* nachgewiesen.
Geschlechtsdimorphismus, m., Sexualdimorphismus, m. (E: sexual dimorphism F: dimorphisme sexuel, m.): Verschiedene Ausbildung der männlichen und weiblichen Individuen einer Art, die über die primären Geschlechtsmerkmale hinausgeht.
Lit.: GEBER et al. (1999).
Geschlechtsmerkmal, n. (E: sexual character F: caractère sexuel, m.): Merkmal, das das weibliche oder männliche Geschlecht kennzeichnet. Dies betrifft zunächst die Gametophyten, man kann aber bei den Samenpflanzen, wo die Bildung des Gametophyten im Sporophyten erfolgt, von Geschlechtsmerkmalen des Sporophyten sprechen. **Primäre** Geschlechtsmerkmale wären dann die Ausbildung von Staub- bzw. Fruchtblättern, **sekundäre** Unterschiede im vegetativen Bereich, die bei den Pflanzen allerdings meist wenig ausgebildet sind (→ Geschlechtsdimorphismus).
Lit.: LLOYD & WEBB (1977).
Geschwisterarten → Zwillingsarten
Geselligkeit → Soziabilität
Gesellschaftstreue → Treue

getrenntgeschlechtig →diklin
Getrenntgeschlechtigkeit → Diklinie
Gewebe, n. (E: tissue F: tissu, m.): Verband aus gleichgestalteteten Zellen (einfaches Gewebe) oder aus verschiedenen, die in engem funktionellem Zusammenhang stehen (dann auch als **Gewebesystem** oder zusammengesetztes Gewebe bezeichnet).
G: Den frühen Anatomen erschien der Aufbau wie ein „Gewebe" aus Fäden oder Streifen. Dies ist sehr deutlich in Abbildungen von MALPIGHI (1675, Taf. 2, Fig. 7) und GREW (1682, Taf. 36).
Gewebekultur, f. (E: tissue culture F: culture de tissus): Die Kultur von Geweben außerhalb eines Organismus in einem geeigneten Medium unter mehr oder weniger sterilen Bedingungen.
G: KOTTE (1922) gelang die Bildung von Wurzeln aus Wurzelmeristem in Gewebekultur, im selben Jahr kultivierte ROBBINS (1922) Wurzel- und Sprossspitzen in Nährlösung (vgl. HÖXTERMANN 1997).
Gewebelehre → Histologie
Gewebesystem → Gewebe
gewebläufig → Blattaderung
Gibberelline, n.pl. (E: gibberellins F: gibbérelines, f.): Gruppe von Phytohormonen, die vor allem das Internodienwachstum beeinflussen. Es handelt sich um tetrazyklische Diterpene.
G: Der Name stammt von dem Pilz *Gibberella fujikuroi*, der Reispflanzen zu abnormem Wachstum anregt. Der japanische Phytopathologe KUROSAWA wies 1926 nach, dass Extrakte aus dem Nährmedium, in dem der Pilz gezogen war, die gleichen Symptome hervorrufen. Eine erste Isolierung gelang in Japan 1938, ab 1950 wurden die Arbeiten dann auch in anderen Ländern fortgeführt (vgl. STOWE & YAMAKI 1957).
Gigas-Effekt, m. (E: gigas effect): Zunahme der Größe bei → polyploiden Pflanzen gegenüber ihren diploiden Verwandten. Die Vergrößerung der Kerne hat oft eine Erhöhung der Zellgröße zur Folge (→ Kern-Plasma-Relation). Der Effekt tritt besonders bei neu (künstlich) gebildeten Polyploiden auf.
Gipfelblüte → Terminalblüte
Gipfelknospe → Terminalknospe
Glashaar, n. (E: hair-point F: arête, f.): Verlängerte hyaline (durchsichtige) Spitze eines Laubmoosblattes.

Glaucocystophyta → Glaucophyta
Glaucophyta, Glaucocystophyta: Kleine Gruppe einzelliger Algen, die sich besonders durch ihre → Cyanellen auszeichnen. Diese blaugrünen Chloroplasten enthalten Chlorophyll a, c und d, → Phycocyanin in → Phycobilisomen und sind von einer Peptidoglykanwand (→ Murein) umgeben.
G: Als eigene Abteilung von SKUJA (in MELCHIOR & WERDERMANN 1954, S. 56) beschrieben, später nach der Gattung *Glaucocystis* in Glaucocystophyta umbenannt. Die Cyanellen galten lange als Cyanobakterien, die relativ spät als Endosymbionten übernommen worden sind. Nach neuerer Erkenntnis handelt es sich um relativ ursprüngliche Plastiden (BHATTACHARYA & SCHMIDT 1997).
Gleba, f. (E: gleba, glebe F: gléba, f., glèbe, f.): Sporenbildendes Gewebe innerhalb von Pilzfruchtkörpern, die sich nicht öffnen, besonders bei den → Gasteromyceten.
Gleitfallenblume → Kesselfallenblume
Gliederhülse, f., Lomentum, n. (L: lomentum, n. E: loment, lomentum F: gousse lomentacée): Eine → Hülse, die bei der Reife in einsamige Teile zerfällt.
G: Erstnachweis: WILLDENOW (1792, S. 128).
Gliederschote, f. (L: bilomentum, n. E: lomentose siliqua F: silique lomentacée): Eine → Schote, die quer in meist einsamige Teile zerfällt.
G: Das lat. Kunstwort bilomentum (zuerst ?) bei BECK (1891, S. 311).
Globuline, n.pl. (E: globulins F: globulines, f.): Weit verbreitete einfache Proteine, die in reinem Wasser unlöslich sind, aber löslich in verdünnten Salzlösungen.
Glochidium, n., Glochidie, f., Angelborste, f. (E: glochidium, glochid F: glochide, m., glochidie, f.): Mit Widerhaken besetzte Haare oder Emergenzen, z.B. bei *Opuntia*. - Nichtzellige Glochidien finden sich an den → Massulae von *Azolla* und *Salvinia*, wo sie zur Verankerung an den Megasporen dienen.
G: Abgeleitet von gr. glochis, mit Widerhaken versehene Spitze, Pfeilspitze. GAERTNER (1788, S. 163) verwendete glochidiatus als Adj. für die Kelchzipfel von *Acaena*, STRASBURGER (1873, S. 57) Glochidien bei *Azolla*. Die deutsche Bezeichnung Angelborste findet sich bei KERNER von MARILAUN (1890, S. 408).
Gloeocystide, f. (E: gloeocystidium F: gloe-

cystide, f.): Dünnwandige → Cystide mit tröpfchenartigem, stark lichtbrechendem Inhalt.
G: Erstnachweis: v. HÖHNEL & LITSCHAUER (1906, S. 1557), abgeleitet von der Gattung *Gloeocystidium*.
Glomerulus, m., pl. Glomeruli, Knäuel, n. (E: glomerulus, glomerule F: glomérule, m.): Beschreibender Ausdruck für morphologisch nicht näher analysierte Infloreszenzen von dicht gedrängten (aber nicht kopfig angeordneten) Blüten. Verkleinerungsform von lat. glomus, Knäuel.
Glossologie → Terminologie
Glucan, n. (E: glucan): Ein → Polysaccharid aus → Glucose als Grundbaustein.
Gluconeogenese, f. (E: gluconeogenesis F: gluconéogenèse, f.): Die Bildung von Glucose aus anderen Substanzen als Kohlenhydraten, besonders aus Fetten. Bei den Pflanzen spielt sie eine besonders wichtige Rolle bei der Keimung fettspeichernder Samen.
Glucose, f., Dextrose, f., Traubenzucker, m. (E: glucose F: glucose, m.): Wichtigstes in der Natur vorkommendes Monosaccharid (in der D-Form). Es handelt sich um eine Aldohexose. Sie wird bei der → Photosynthese aufgebaut bzw. aus der Mobilisierung von Stärke gewonnen.
Glucosinolate, n.pl., Senfölglycoside, n.pl. (E: glucosinolates, mustard oil glucosides F: glucosinolates, m.): Von Aminosäuren abgeleitete Verbindungen, die bei Spaltung durch das Enzym Myrosinase (in besonderen → Myrosinzellen gebildet) neben Glucose ein instabiles Aglykon liefern, das meist in Isothiocyanate (Senföle) und Nitrile zerfällt. Die Senföle haben einen stechenden Geruch (vgl. Senf, Meerrettich) und wirken fraßhemmend. Glucosinolate sind vor allem für die Capparales charakteristisch.
Gluma, f., Hüllspelze, f. (L: gluma, f. E: glume F: glume, f.): Die trockenhäutigen Blätter (Spelzen) an der Basis eines Ährchens bei den Poaceae (Gramineae); meist sind es zwei, eine äußere und eine innere.
G: Das lat. Wort gluma, Spelze, Hülse wurde schon von LINNAEUS (1751, S. 52) für Hüllspelzen und Deckspelzen benutzt. Er rechnet diese Blättchen zum Kelch (calyx). Später wurden teilweise die Deckspelzen als glumae floriferae den glumae steriles (= Hüllspelzen) gegenübergestellt.
Glumella → Palea
Glumiflorae: Alte Bezeichnung für eine Ordnung der Monokotylen, zu der zunächst sehr verschiedene Familien mit spelzenartigen Perigonblättern gerechnet wurden, die aber später (z.B. ENGLER 1892) auf die Poaceae (Gramineae) und Cyperaceae, bzw. die Poaceae (R. v. WETTSTEIN 1935) beschränkt wurde.
G: C.A. AGARDH (1823, S. 139), von lat. gluma, Spelze.
Glutathion, n. (E: glutathione F: glutathion, m.): Ein Tripeptid aus Glutaminsäure, Cystein und Glycin. Es wirkt reduzierend und kann freie Radikale abfangen. Während der → Seneszenz sinkt der Gehalt an Glutathion.
Gluteline, n.pl. (E: glutelins F: glutélines, f.): Speicherproteine der Getreide. Sie sind in Wasser unlöslich, lösen sich aber in Säure und Alkali.
Glycerolipide, n.pl.: Lipide aus dem dreiwertigen Alkohol Glycerin, der in den Speicherlipiden mit drei Acylresten verestert ist (Triglyceride), in den Membranlipiden mit zwei Acylresten und einer polaren Gruppe.
Glykan → Polysaccharid
Glykocalyx, m. (E: glycocalyx F: glycocalyx, m.): Kohlenhydratreiche Schicht an der Außenseite vieler eukaryotischer Zellen, die von den Seitenketten von → Glykoproteinen gebildet wird.
G: BENNETT (1963, S. 19) schuf „glycocalyx" von gr. glykos, süß, und gr.(lat.) kalyx, Kelch, Hülle.
Glykogen, n. (E: glycogen F: glycogène, m.): Speicherstoff der Pilze und Bakterien. Ein dem Amylopektin verwandtes aber stärker verzweigtes Kohlenhydrat aus D-Glucose.
Glykolipide → Lipide
Glykolyse, f. (E: glycolysis F: glycolyse, f.): Anaerober Abbau von Glucose zu Pyruvat in mehreren Schritten. Anschließend an diesen Vorgang wird das Pyruvat entweder aerob durch die → Zellatmung oder anaerob durch → Gärung weiterverarbeitet.
Glykoprotein, n. (E: glycoprotein F: glycoprotéine, f.): Verbindung eines Proteins mit Mono- oder Oligosacchariden. Glykoproteine sind z.B. in Biomembranen und Sekreten sehr verbreitet.
Glyoxylat-Zyklus, m.: In den → Glyoxysomen ablaufender Stoffwechselweg, bei dem Acetyl-CoA, Glyoxylat und Succinat gebildet wird. Das Glyoxylat bleibt im Zyklus, das Succinat wird in den Mitochondrien dem →

Citrat-Zyklus zugeführt.
Glyoxysom, n. (E: glyoxysome F: glyoxysome, m.): Besonderer Typ von → Peroxisomen, der in ölhaltigen Samen die Mobilisierung der Reservestoffe (Fettabbau und → Gluconeogenese) bewirkt.
G: Auf Grund von Untersuchungen am Endosperm von *Ricinus* von BREIDENBACH & BEEVERS (1967, S. 462) eingeführt.
Lit.: SAUTTER (1992).
Golgi-Apparat, m. (E: Golgi apparatus F: appareil de Golgi, m.): Die Gesamtheit der → Dictyosomen einer Zelle, gelegentlich auch das einzelne Dictyosom.
G: GOLGI (1898) sprach von einem „appareil réticolaire interne", den er zunächst in Nervenzellen mit einer besonderen Färbung nachwies. RAMON Y CAJAL nannte ihn 1904 „red de Golgi" (Golgi-Netz) und später „aparato endocelular de Golgi". Ältere Beobachtungen und die Geschichte der Entdeckung (mit vollständiger Bibliographie) sind bei TRAUTMANN (1988) dargestellt.
Golgi-Vesikel, f.: Vesikel, die von den → Dictyosomen abgeschnürt werden und Sekrete (z.B. Zellwandmaterial) zur Zellmembran transportieren, wo sie durch → Exocytose nach außen abgegeben werden.
Gone, f. (E: gone F: gone, m.): Haploide Fortpflanzungszelle, die aus der Meiose hervorgeht. Es kann ein Gamet oder eine Meiospore sein.
G: LOTSY (1904, S. 69).
Gonidie, f. [veraltet] (L: gonidium, n. E: gonidium F: gonidie, f.): **1.** Algenzelle in den Flechten („Flechtengonidie") → Photobiont. **2.** Fortpflanzungszellen (vor allem Mitosporen). Nach GEITLER (1932) früher alle kleinen kugeligen Fortpflanzungszellen ohne Dauerfunktion; bei Cyanobakterien durch Fragmentation des Thallus entstehende Einzelzellen.
G: WALLROTH (1825, S. 46) benutzte (als Erster ?) den Begriff gonidium (deutsch „Brutzellen") für die Algenzellen der Flechten zu einem Zeitpunkt, als die Doppelnatur der Flechten noch nicht erkannt war. Er hielt sie für Fortpflanzungszellen. Der Name Gonidien wurde dann für verschiedene wirkliche Fortpflanzungszellen von Kryptogamen verwendet. RENNER (1916, S. 347) wollte Gonidien im Sinne von → Mitosporen für „alle fakultativen Fortpflanzungs- bezw. Keimzellen" verwenden. Der Terminus ist heute überflüssig und verwirrend.
Gonimoblast, m. (E: gonimoblast F: gonimoblaste, m., filament sporogène, m.): Bei den Rotalgen aus der Zygote oder einer → Auxiliarzelle auswachsende diploide sporogene (Sporen bildende) Zellfäden, die Karposporen bilden.
G: BORNET & THURET (1876, S. IX) sprechen von filaments sporigènes. SCHMITZ & HAUPTFLEISCH (1896, S. 303) führten Gonimoblast zunächst für „Büschel Sporen bildender Fäden" eine. Diese heißen heute Gonimokarp bzw. → Karposporophyt.
Gonimokarp → Karposporophyt
Gonit, m.: Keimzelle, die durch → Gonitogonie innerhalb der Mutterzelle entstanden ist. Dies kann bei Einzellern → Autospore sein oder aber ein → Gamet oder eine → Meiospore.
G: SCHUSSNIG (1954, S. 50, 59), zunächst bei einzelligen Algen.
Gonitangium, n.: Gameten- und Sporenbehälter der Moos- und Farnpflanzen (und z.T. auch der Samenpflanzen) mit einer sterilen Hülle und einer bis zahlreichen Gonitocysten, d.h. Zellen, die Gameten oder Sporen bilden. Der Begriff Gonitangien umfasst Gametangien und Sporangien.
G: GROLLE (1971, S. 125). In die engl. und franz. Wissenschaftssprache ist der Begriff noch nicht übernommen, das gilt auch für Gonit und Gonitocyste.
Gonitocyste, f.: Zelle, die → Gonite bildet.
G: GROLLE (1971, S. 114).
Gonitogonie, f.: Vielfachteilung in einer Zelle bei Einzellern, vergleichbar ist die Bildung von Gameten und Sporen bei Mehrzellern. Dabei kann die Zahl der Gonite bis auf eine reduziert sein.
G: SCHUSSNIG (1938, S. 155) nannte dies Cytogonie, ein Terminus, der aber seit HARTMANN (1904) in anderem Sinn gebraucht wird, später (1954, S. 42) Schizogonie. GROLLE (1971, S. 114) führte Gonitogonie ein. ETTL (1988 c) nennt den Vorgang **Sporulation**, wenn er zur Bildung von → Autosporen führt.
Gonitothomus → plurilocular
Gonokladium → Blütentheorien
Gonophyll, **Gonophyll-Theorie** → Blütentheorien
Gonospore → Meiospore
Gonotokonte, f.: Diploide Mutterzelle, aus denen durch → Meiose haploide → Gonen

hervorgehen. Zu den Gonotokonten gehören z.B. → Sporenmutterzellen und (bei Tieren) Spermatocyten 1. Ordnung.
G: Geprägt von LOTSY (1904, S. 70), von gr. gonotokos, Nachkommenbildner.
Gonotrophie, f.: Ernährung einer Generation einer Pflanze durch eine andere, z.B. die des Sporophyten der Moose durch den Gametophyten.
G: D. ROTH (1969, S. 45).
Grade → Organisationsstufe
gradual speciation → Artbildung
Gradualismus, m. (E: gradualism F: gradualisme, m.): Evolutionstheorie, die einen Wandel durch viele kleine Schritte (→ Mikromutationen) annimmt (Gegensatz: → Saltationismus).
G: Seit DARWIN (1859) ist der Gradualismus die vorherrschende Theorie, wobei sich die Vorstellungen im Einzelnen sehr gewandelt haben.
Gramfärbung, f. (E: Gram stain F: coloration (f.) de Gram): Für die Bakteriologie wichtige Färbemethode, nach der die Bacteria in zwei Gruppen geteilt werden. Sie besteht in einer Färbung mit einem basischen Farbstoff (Kristallviolett) und anschließender Behandlung mit organischen Löungsmitteln. Bei den **grampositiven** Bakterien bleibt die Färbung erhalten, während **gramnegative** danach ungefärbt sind.
G: Die Färbung wurde 1884 von HANS CHRISTIAN GRAM (1853-1938) entwickelt.
gramnegativ → Gramfärbung
grampositiv → Gramfärbung
Grana, n.pl., sg. Granum (E: grana F: grana, m.pl.): Lichtmikroskopisch sichtbare „Körner" in den Chloroplasten. Es handelt sich um Bereiche, in denen mehrere → Thylakoide etagenartig übereinander geschichtet sind.
G: Nachdem schon verschiedentlich „Körner" in den Chloroplasten gesehen worden waren, untersuchte sie Arthur MEYER (1883 b, S. 24) genauer und nannte sie Grana von lat. granum, Korn.
Granne, f. (L: arista, f. E: awn F: barbe, f., arête, f.): Deutlich abgesetzter borstenartiger Fortsatz an Blättern oder anderen Organen. Ein typisches Beispiel liefern die Grannen der Gräser, die an der Deckspelze sitzen.
G: Arista wurde schon in der Antike für Grannen im heutigen Sinn gebraucht und findet sich im ersten botanischen Wörterbuch von FUCHS (1542).
granulokrin → Exkretion
Graviperzeption, f.: Die Perzeption des Schwerkraftreizes (vgl. → Statolithentheorie).
Gravitropismus, m., Geotropismus, m. (E: geotropism F: géotropisme, m.): Wachstumsbewegung, die durch die Schwerkraft (Gravitation) ausgerichtet wird. Üblicherweise zeigen die Hauptwurzeln eine positive, die Hauptsprosse eine negative Reaktion. Bei Seitenästen und Blättern findet man einen **Transversal-** oder **Plagiotropismus**.
G: KNIGHT (1806) zeigte zuerst experimentell, dass die Schwerkraft der maßgebende Faktor ist, indem er sie durch die Zentrifugalkraft ersetzte. Die Bezeichnung Geotropismus wurde gleichzeitig von SACHS (1868, S. 518) und FRANK (1868, S. 85) geprägt. SIEVERS & VOLKMANN (1979) ersetzten geotropism durch gravitropism, besonders im Hinblick auf Versuche in der Raumfahrt.
Grenzwurzel, f.: Wurzel, die sich frühzeitig an der Grenze zwischen Hypokotyl und Hauptwurzel entwickelt. Es kann sich um sprossbürtige Wurzeln oder um die ersten Seitenwurzeln der Hauptwurzel handeln.
G: H. WEBER (1936, S. 237 ff.).
Grenzzelle → Heterocyste
Grex, m., pl. Greges: Das lat. Wort grex, Schwarm, Herde, wird selten und nicht einheitlich für eine taxonomische Rangstufe verwendet: für Gruppen von Varietäten (bzw. Cultivars, vgl. JIRÁSEK 1961, S. 41), eine Artengruppe oder auch für eine Gattungsgruppe (KOSO-POLJANSKY 1916); bei Orchideen auch für die Gesamtheit aller Hybriden, die aus denselben Elternarten durch künstliche Befruchtung hervorgegangen sind.
Griffel → Stylus
Griffelast → Stylodium
Griffelkanal, m. (E: stylar canal F: canal (m.) stylaire): Kanal im Innern des Griffels eines synkarpen Gynoeceums, zuweilen durch sekundäre Gewebewucherungen gefüllt.
Griffelpolster → Stylopodium
Griffelsäule → Gynostemium
Griffzelle → Manubrium
große Periode des Wachstums, f. (E: grand period of growth): Bei jedem wachsenden Organ gibt es einen allmählichen Anstieg der Wachstumsgeschwindigkeit, einen kurzen Abschnitt der Höchstgeschwindigkeit und dann eine Verringerung bis zum Stillstand.

G: Eingeführt von Sachs (1872, S. 102).
Großmutation → Makromutation
Groundplan-divergence Methode: Kladistische Methode, die unabhängig von der von W. Hennig entwickelt wurde, aber ebenso → Synapomorphien als Grundlage benutzt. Unterschiedlich ist die graphische Darstellung.
G: Die Anfänge der Methode gehen zurück auf die Dissertation von W.H. Wagner (1952). Sie ist dann von Hardin (1957, S. 170), W.H. Wagner (1961) und anderen Autoren ausgebaut worden (vgl. den Überblick von Wagner 1980).
Lit.: Churchill et al. (1984): Vergleich mit anderen kladistischen Methoden.
Grünalgen → Chlorophyta
Gründereffekt, m. (E: founder principle (effect) F: effet (m.) fondateur): Wird eine neue Population (**Gründerpopulation**), z.B. auf einer Insel, von einem Individuum oder einigen wenigen begründet, so ist der Genpool sehr klein und der Zufall der genetischen Konstitution dieser Individuen entscheidet über die weitere Evolution. Dadurch kann die genetische Zusammensetzung der neu gegründeten Population von der der Ausgangspopulation schnell erheblich abweichen (→ Artbildung). Im allgemeineren Sinn spricht man auch von einem **bottleneck effect** (Nei et al. 1975) wenn die Anzahl der Individuen in einer Population zeitweilig stark reduziert wird.
G: Der Erste, der dies Phänomen beschrieb, war wohl M. Wagner (1889, S. 100), wenn er die „persönlichen Eigentümlichkeiten des eingewanderten Stammvaters" als besonders bedeutsam für die Bildung neuer Sippen hervorhob. Die Bezeichnung Gründereffekt stammt erst von Mayr (1942, S. 237).
Gründüngung, f. (E: green manuring F: apport d'engrais vert): Düngung durch Unterpflügen ganzer Pflanzen oder Teile von ihnen. Bevorzugt werden dafür Fabaceae (Leguminosen) benutzt, die mit Hilfe ihrer → Wurzelknöllchen Luftstickstoff binden können.
Grundgewebe, n. (E: fundamental tissue, ground tissue F: tissu fondamental): Nach der Definition von Sachs das überwiegend parenchymatische Gewebe, das nach der Anlage des Hautgewebes und der Leitbündel noch übrig bleibt.
G: Sachs (1868, S. 100).

Grundhaut → Basilarmembran
Grundinternodium, n. (E: basal internode F: entrenoeud de base, m.): Internodium zwischen der → Hauptfloreszenz und der Bereicherungszone. Es ist häufig deutlich verlängert (Abb. 3, S. 157).
G: Troll (1951, S. 379).
Grundorgane, n.pl. (E: basic organs F: organes fondamentaux): Als Grundorgane der → Kormophyten gelten: Sprossachse, Wurzel und Blatt; d.h. alle anderen Organe, besonders die der Blüte, werden als Abwandlungen (→ Metamorphosen) dieser Grundorgane aufgefasst. Dies ist jedoch nicht unumstritten. Zeitweilig wurde das → Trichom als weiteres Grundorgane angesehen oder auch versucht, die Zahl der Grundorgane noch zu verringern.
G: Eine klare Formulierung des oben angeführten Gedankens findet sich zuerst bei A.P. de Candolle (1827, 1, S. 139-140). Dabei dürfte die Vorstellung von J.W. Goethe über die Metamorphose einen wichtigen Einfluss gehabt haben. A. Braun (1850, S. 120) sagt von Stängel (Stengel), Blatt und Wurzel: „Ihre sichere und scharfe Unterscheidung ist die Grundfeste der Morphologie." Nägeli & Schwendener (1867, S. 592) haben als Trichom als viertes Grundorgan hinzugefügt. Auch Sachs (1873, S. 134) erkennt vier morphologische Kategorien an: Caulom, Phyllom, Wurzel und Trichom. Eine quantitative Bewertung, bei der die Grundorgane nur Häufungspunkte in einem Kontinuum sind, versucht Cusset (1994), vgl. → Prozessmorphologie.
Grundplan → Typus, morphologischer
Grundplasma → Protoplasma
Grundspirale → Phyllotaxis (B.)
Grundzahl → Basiszahl
Gruppe, f. (E: group F: groupe, m.): In älteren Ausgaben des → Code 1. ICBN (z.B. 1912) sowohl für die abstrakte → Rangstufe (z. B. Art, Gattung, Familie) wie auch für ein konkretes Taxon (die Gattung *Centaurea*) verwendet. In der systematischen Literatur heute weitgehend durch → Taxon ersetzt.
Gubernaculum → Schleppgeißel
Gürtel, m., Gürtelband, n.: **1.** → Cingulum **2.** Bei den → Dinophyta der Panzer der Querfurche (Schütt 1895, S. 29).
Gürtellamelle, f. (E: girdle lamella): Thylakoide in den Chromatophoren der Heterokontophyta, die unmittelbar unter deren Ober-

fläche und parallel zu ihr verlaufen.
Guttation, f. (E: guttation F: guttation, f.): Abscheidung von Wasser in flüssiger Form durch eine Pflanze. Sie erfolgt normalerweise durch die → Hydathoden.
G: Eingeführt von BURGERSTEIN (1887, S. 692), abgeleitet von lat. gutta, Tropfen.
Guttiferae: Alternativer Familienname für die Clusiaceae, beide Namen sind gültig. Eingeführt von JUSSIEU (1789, S.255), von lat. gutta, Tropfen, und fero, ich trage, wegen der typischen Harz- oder Ölbildungen.
Gymnoblast, m. (E: gymnoblast): Zelle ohne Wand, wie sie vor allem für die Tiere typisch ist.
gymnokarp → Fruchtkörper
Gymnospermae → Gymnospermen
Gymnospermen, f.pl., Gymnospermae, Nacktsamer, m.pl. (E: gymnosperms, nakedseed plants F: gymnospermes, f.pl.): Gruppe der Samenpflanzen, bei der die Samenanlagen noch nicht in einen Fruchtknoten eingeschlossen sind. Alle Gymnospermen sind → heterospor mit stark reduziertem Gametophyten (→ Prothallium). Die Gymnospermen galten lange Zeit als paraphyletisch, nach neuester Erkenntnis könnten sie aber doch monophyletisch sein.
G: In der älteren Literatur werden Angiospermen mit einsamigen Früchten („semina nuda") oder Teilfrüchten als Gymnospermen angesprochen. So bezeichnete HERMANN (1690, S. 202) Angiospermen mit einsamigen Früchten oder Teilfrüchten (z.B. Valerianaceae, Asteraceae, Umbelliferae) als „Plantae Gymnospermae seu Seminibus nudis", bei HEISTER (1748) gehören sie zur „Cohors Gymnospermarum". R. BROWN (1827, S. 554 ff.; 1830, S. 103 ff.) hat als Erster den Unterschied zwischen den Gymnospermen (im heutigen Sinn) und Angiospermen klar herausgestellt. Als Name für eine Gruppe in diesem Sinn findet sich Gymnospermae zuerst bei BRONGNIART (1843, S. XXXII), allerdings hier noch innerhalb der Dikotylen.
gymnostom (E: gymnostomatous, gymnostomous F: gymnostome): Laubmoos, dessen Kapsel kein Peristom besitzt.
Gynaeceum → Gynoeceum
Gynandrae, pl.: Alte Bezeichnung für eine Ordnung der Monokotylen, zu der vor allem die Orchidaceae gehören.
G: Bei C.A. AGARDH (1823, S. 179) zunächst in einem weiteren Sinn. Der Name bezieht sich auf die enge Verbindung von Gynoeceum und Androeceum bei den Orchidaceae.
Gynobasis → gynobasisch
gynobasisch (E: gynobasic F: gynobasique): Gynobasisch ist ein Griffel, der nahe der Anheftungsstelle der Karpelle neben dem Ovar entspringt. Das geschieht, wenn die Karpelle sich durch Aufwölbung nach außen entwickeln (Boraginaceae, Ochnaceae).
G: A.P. de CANDOLLE (1813, S. 369) nannte den Bereich, in dem der Griffel und die Ovarien ansetzen, „gynobase" (**Gynobasis**), davon leitet sich die Bezeichnung gynobasisch ab.
Gynodiözie, f. (E: gynodioecism F: gynodioécie, f.): Geschlechterverteilung, bei der es Individuen mit zwittrigen und solche mit weiblichen Blüten gibt. Häufig ist dies bei den Lamiaceae (Labiatae).
G: DARWIN (1877, S. 12) als Adj. gyno-dioecious
Gynoeceum, n. (Gynoezium, Gynaeceum) (E: gynaecium, gynaeceum, gynecium, gynoecium F: gynécée, m.): Die Gesamtheit der Karpelle einer Blüte unabhängig davon, ob sie frei oder verwachsen sind, d.h. die „weiblichen" Organe der Blüte, bzw. die Organe, die die Samenanlagen enthalten.
G: Gleichzeitig mit Androeceum von ROEPER (1826, S. 438) eingeführt, abgeleitet von gr. gyne, Frau, und oikos, Haus. Es handelt sich um ein Kunstwort, und es sollte nicht wegen der Existenz des griechischen Wortes gynaikos (Frauengemach) in „Gynaeceum" geändert werden, wie dies z.B. KRAUS (1907) vorgeschlagen hat.
Nach Grad und Art der Verwachsung der Karpelle und Ausbildung von Scheidewänden ist das Gynoeceum:
- **apokarp** → chorikarp
- **chorikarp**, apokarp (E: apocarpous F: apocarpe, dialycarpe, dialycarpique): Karpelle untereinander frei.
G: LINDLEY (1830) schuf die Gruppe der „Apocarpae" für Angiospermen mit freien Karpellen. Da die Vorsilbe Apo- in anderen Fällen den Fortfall eines Organs bedeutet, war der Terminus nicht glücklich gewählt. Hubert WINKLER (1936, S. 3) führte daher in die deutschsprachige Literatur chorikarpellisch ein, was seit EHRENDORFER (1971, S. 638) als chorikarp geläufig wurde.

Gynoecium

- **synkarp** (E: syncarpous F: syncarpe): Ursprünglich (LINDLEY 1830, S. XXXVII) als Gegensatz zu apokarp jedes Gynnoeceum, in dem mehrere Karpelle verwachsen sind. Von TROLL (1928 b, S. 256) eingeschränkt auf ein gefächertes Gynoeceum mit zentralwinkelständiger Plazentation. Gleichzeitig führte TROLL für ein synkarpes G. im Sinne von Lindley **coenokarp** (E: coenocarpous, wenig gebräuchlich) ein. Das coenokarpe G. wird damit zum Oberbegriff über das synkarpe und das parakarpe G.
- **pseudocoenokarp** (E: pseudo-syncarpous F: pseudosyncarpe): Karpell, bei dem die Verwachsung nach der Auffassung von TROLL durch Achsengewebe vor sich geht. Da es schwer ist, hierfür eindeutige Kriterien zu finden, ist die Anwendung des Begriffes umstritten.
G: TROLL (1931, S. 4) sprach bei Hydrocharitaceae von einem „falsch coenokarpen Gynoeceum", später (1934 b, S. 280) von einem pseudocoenokarpen.
- **parakarp** (E: paracarpous F: paracarpe): Einfächeriges Gynoeceum, in dem die Karpelle nur am Rand verwachsen sind, d.h. mit parietaler → Plazentation.
G: GRISEBACH (1854, S. 46). Im Englischen wird meist nicht zwischen synkarp und parakarp unterschieden.
- **lysikarp** (E: lysicarpous F: lysicarpe): Einfächeriges Gynoceum, das durch Auflösung der Scheidewände aus einem synkarpen entstanden ist und daher eine freie Zentralplazenta besitzt.
G: Der von TAKHTAJAN 1942 in einer russischen Arbeit (n.v.) geprägte Begriff wurde bekannt durch TAKHTAJAN (1959, S. 100). Seine Problematik besteht darin, dass er sowohl ein Gynoeceum bezeichnen kann, bei dem die Scheidewände in der Ontogenie aufgelöst werden (z.B. *Silene* und verwandte Gattungen) als auch solche, bei denen man ein Verschwinden im Laufe der Phylogenie annimmt (Primulaceae).
- **pseudomonomer** (E: pseudo-monomerous F: pseudomonomère): Gynoeceum, das scheinbar nur aus einem Karpell besteht, bei dem sich aber ein synkarper (coenokarper) Bau nachweisen lässt. Dabei ist nur eines von zwei oder drei (selten mehr) Karpellen gut ausgebildet, trägt aber meist nur eine Samenanlage.
G: Schon PLANCHON (1873, S. 151) bezeichnete das Ovar der Ulmaceae als „falso monomerum". Dieser Typ wurde von ECKARDT (1937, S. 7) pseudomonomer genannt und umfassend bearbeitet.

Gynoecium → Gynoeceum
Gynöcium → Gametöcium
Gynogametocyste, f. (F: gynogamétocyste, m.): Zelle, die einen weiblichen Gamet entwickelt, hierzu gehören die → Oogonien.
G: GROLLE (1971, S. 120).
Gynomonözie, f. (E: gynomonoecism F: gynomonoécie, f.): Geschlechterverteilung, bei der es auf einer Pflanze zwittrige und weibliche Blüten gibt
G: DARWIN (1877, S. 12, als Adj. gynomonoecious).
Gynophor, m. (E: gynophore F: gynophore, m.): Achsenstück in der Blüte zwischen Androeceum und Gynoeceum. Besonders auffällig ist diese Bildung bei einigen Capparidaceae.
G: Erstnachweis: MIRBEL (1815, S. 225).
Gynophyll → Blütentheorien
Gynostegium, n. (E: gynostegium F: gynostège, m., gynotège, m.): Der aus den verbreiterten Narben mit den anliegenden Antheren gebildete Kopf, der bei den Asclepiadaceae das Ovar bedeckt.
G: Ursprünglich Oberbegriff für die Hüllorgane der Blüte (etwa gleichbedeutend mit Perianth, abgeleitet von gr. gyne, Weib, und stege, Dach; vgl. RÖMER 1815). Seit langem (BISCHOFF 1833, S. 351) fast nur noch im oben angegebenen Sinn verwendet.
Gynostemium, n., Griffelsäule, f., Säule, f. (E: gynostemium, column F: gynostème, m., colonne, f.): Durch Verwachsung von Griffel und Stamen (bzw. Stamina) entstandene Säule, besonders bei den Orchidaceae. Vergleichbare Bildungen gibt es auch bei Aristolochiaceae u.a.
G: Der Terminus wurde in einer grundlegenden Arbeit von L. C. RICHARD (1818, S. 26) geprägt. Vorher sprach man von einer **Columna**. Eine vergleichende Darstellung der komplizierten Terminologie der Teile des Gynostemiums bei RASMUSSEN (1982, S. 10-13).

Haar → Trichom
Haar, inneres → Sklereiden
Haarkleid → Indument

Haarschleier → Cortina
Habitat, n., Standort, m. (L: habitatio, f. E: habitat F: habitat, m., station, f.): Die ökologischen Bedingungen am Wuchsort einer Pflanze (im Gegensatz zu dem geographisch festgelegten Fundort), dazu gehören Klima, Boden und biotische Faktoren, z.B. die Begleitpflanzen, Fraßfeinde, Bestäuber. Das gemeinsame Habitat vieler Arten ist ein → Biotop.
G: Lat. habitat heißt: er bewohnt. In diesem Sinne benutzte Linnaeus (1753) das Wort zur Angabe der geographischen Herkunft. Noch bei A.P. de Candolle (1813, S. 423) ist habitatio der Fundort und statio der Standort. Die ursprüngliche Bedeutung hat sich später verschoben. Im Englischen wird habitat oft viel weiter gefasst (im Sinne von Biotop oder Biozönose, vgl. Yapp 1922).
Habitus, m. (L: habitus, m., pl. habitus E: habit F: habitus, m., port, m.): Die Gesamtheit der von außen zu erkennenden Merkmale, die den Exemplaren einer Art ein charakteristisches Aussehen geben, an der man sie erkennen kann.
G: Schon Linnaeus (1751, S. 101) und A.P. de Candolle (1813, S. 93) haben die Bedeutung des Habitus für das Erkennen einer Art, aber auch für die systematische Einordnung von Sippen betont. Das lat. Wort habitus bedeutet Aussehen, Gestalt, Tracht.
Hadrom, n. (E: hadrome F: hadrome, m.): Gefäßteil (Holzteil) eines Leitbündels im engeren Sinne, d.h. Tracheeen, Tracheiden und Holzparenchym, aber ohne die mechanischen Elemente.
G: Von Haberlandt (1879, S. 6) gleichzeitig mit dem Gegenbegriff → Leptom eingeführt, abgeleitet von gr. hadros, derb, grob (wegen der derberen Beschaffenheit der Zellen im Vergleich zum Leptom).
hadrozentrisch → Leitbündel (B.)
Haftwurzel, f. (E: adhesive root, anchoring root F: racine adhésive): Sprossbürtige Wurzeln einiger Lianen und Epiphyten, die der Befestigung auf der Unterlage dienen.
Haken, m. (E: crozier F: crochet (m.) ascogène ou dangeardien): Bei den Ascomyceten hakenförmige Bildung an der Endzelle von ascogenen Hyphen der Dikaryophase. In den Haken wandert ein Kern ein. Dieser bildet nach dem Verschmelzen des Hakens mit der darunterliegenden Zelle ein neues Kernpaar.

G: Zuerst beschrieben von Dangeard (1894).
Halbart → Subspecies
Halbparasit → Hemiparasit
Halbrosettenpflanze → Rosettenpflanze
Halbstrauch, m. (L: suffrutex, m., pl. suffrutices E: half-shrub, sub-shrub F: sousarbrisseau, m.): Pflanze, bei der die unteren Teile verholzen und länger überdauern, und aus ihnen jährlich neue krautige Triebe hervorgehen, die ganz oder größtenteils nach einer Vegetationsperiode absterben (z.B. *Helianthemum*).
G: Suffrutex wurde schon von Ray (1682, S. 24) benutzt, der das Wort auf eine lateinische Theophrastausgabe zurückführt; Halbstrauch findet sich bei Römer (1815).
Halbwaise, m.: Hybride (Bastard), von dem – zumindest im Gebiet – nur noch ein Elternteil existiert.
G: Auf Grund eines Vorschlages von Josef Murr (in einem Zeitungsartikel) eingeführt von Gams (1923, S. 364).
Halm, m. (L: culmus, m., pl. culmi E: culm F: chaume, m.): Ursprünglich der hohle oder markhaltige Stängel (Stengel) des Getreides und der übrigen Poaceae (Gramineae), wird aber auch bei Cyperaceae und Juncaceae angewendet.
G: Das deutsche Wort Halm ist sprachverwandt mit lat. culmus (gr. kalamos). Culmus wurde schon in der Antike im heutigen Sinn verwendet und findet sich in Wörterbuch von Fuchs (1542).
Halophyt, m., Salzpflanze, f. (E: halophyte F: halophyte, m.): Pflanze, die einen hohen Salzgehalt im Boden verträgt. Obligate Halophyten (z.B. der Queller, *Salicornia*, und andere Chenopodiaceae) werden durch Salzaufnahme gefördert, die häufigeren fakultativen Halophyten vertragen nur das Salz im Boden.
G: Schouw (1823, S. 155), gr. hals, halos, Salz.
Lit.: Breckle (2000).
Halskanalzelle, f. (E: neck canal cell F: cellule du canal de col): Eine der Zellen im Innern des Halses der Archegonien von Moos- und Farnpflanzen. Beim empfängnisfähigen Archegon haben sie sich aufgelöst, so dass ein Kanal entsteht
G: Sachs (1873, S. 296) spricht von der „Canalreihe", Strasburger (1877, S. 444) von Halskanalzellen.

Halszellen, f. (E: neck cells F: cellules du col): Zellen, die die Wand des Halses der Archegonien von Moos- und Farnpflanzen bilden.
Hamathecium, n. (E: hamathecium): Sammelbegriff für die Hyphen der Haplophase zwischen den Asci im Innern eines Ascokarps (→ Paraphysen, → Periphysen, → Pseudoparaphysen etc.).
G: O. ERIKSSON (1981, S. 15), abgeleitet von gr. hama, zugleich mit, und theke, Behälter (in diesem Fall die Asci).
handförmig → palmat
hapaxanth → monokarp
Haplobiont, m. (E: haplobiont F: haplobionte, m.): Subst. zu → haplobiontisch.
haplobiontisch (E: haplobiontic F: haplobiontique): Entwicklungszyklus mit nur einer Generation (→ Haplont oder → Diplont).
G: SVEDELIUS (1915, S. 42) führte haplobiontisch im oben angegebenen Sinn bei den Rotalgen ein. Der Terminus ist später zuweilen fälschlich für den haploiden Gametophyten gebraucht worden.
haplocheil → Stomata-Typen (A.)
haplochlamydeisch → monochlamydeisch
haploid (E: haploid F: haploïde): Bezeichnung für den Zustand des Zellkerns, bei dem die Chromosomen nur in einem Satz vorliegen.
G: Von STRASBURGER (1905, S. 62) zuerst für den Gametophyt als „Haploid oder haploidische Generation" geprägt (→ diploid).
haplolepid → Peristomtypen (B.)
Haplonema, n., Nematoblastem, n., Fadenthallus, m. (E: filamentous thallus, haploneme (adj.) F: nématothalle, m.): Thallus aus einfachen oder verzweigten Fäden, aber ohne echte Gewebebildung.
G: Nematoblastem von SCHUSSNIG (1938, S. 236).
Haplont, m. (E: haplont F: haplonte, m.): Organismus, dessen Lebenszyklus - mit Ausnahme der Zygote - im haploiden Zustand abläuft. Die Meiose findet bei der Keimung der Zygote statt.
G: Eingeführt von HARTMANN (1918, S. 3/4) am Beispiel von *Chlamydomonas*.
Haplophase, f. (E: haplophase F: haplophase, f.): Die haploide Phase im Entwicklungsgang eines Organismus, bei Generationswechsel der Gametophyt.
G: Zuerst vorgeschlagen von VUILLEMIN (1907, S. 85), von GOEBEL (1913 a, S. 415) aufgegriffen und durch ihn im deutschen Schrifttum eingeführt.
Haplosomie, f.: Das Vorkommen einzelner Chromosomen in Einzahl in einem diploiden Chromosomensatz. Das entsprechende Chromosom ist dann **monosom** statt **disom** vertreten.
Haplosporie, f. (E: haplospory F: haplosporie, f.): Bildung von haploiden Sporen (Gegensatz → Diplosporie).
G: BATTAGLIA (1947, S. 675, 683 „aplosporia").
Haplostele → Stelentypen (I.)
haplostemon (E: haplostemonous F: haplostémone): Blüte mit nur einem Kreis von Stamina.
Haptere, f. (E: hapteron, pl. haptera F: haptère): Bezeichnung für morphologisch verschiedene Haftorgane: **1.** bei Podostemaceae **2.** bei Algen (z.B. *Laminaria*) **3.** beim Moosprotonema, z.B. bei *Ephemeropsis* **4.** an den Sporen von *Equisetum* (E: elater F: bande spiralée, élatère, m.)
G: Die aus dem Perispor hervorgehenden hygroskopischen Schraubenbänder der *Equisetum*-Sporen wurden lange Zeit als Elateren („Schleuderer") bezeichnet, so von MOHL (1833, S. 45) und noch von GOEBEL (1901). GOEBEL (1918, S. 1163) wies darauf hin, dass der Terminus unpassend sei, später (GOEBEL 1930, S. 1333) ersetzte er ihn durch Hapteren.
Haptonema, n. (E: haptonema F: haptonéma, m.): Geißelähnliches fadenförmiges Anhängsel bestimmter einzelliger Algen (der Haptophyta). Das Haptonema unterscheidet sich von den außerdem vorhandenen Geißeln durch den inneren Bau: es zeigt im Querschnitt 6 oder 7 sichelförmig angeordnete Mikrotubuli und eine Falte des endoplasmatischen Reticulums.
G: Der zunächst als dritte Geißel angesehene Anhang wurde durch PARKE, MANTON & CLARKE (1955, S. 581) in seiner Eigenart erkannt und benannt (von gr. haptein, anheften, und nema, Faden).
Lit.: INOUYE & KAWACHI (1994).
Hardy-Weinberg-Gesetz, n. (E: Hardy-Weinberg law F: loi de Hardy-Weinberg, f.): Grundlegende Aussage der Populationsgenetik, die sich aus den → Mendelschen Regeln ergibt: in einer großen Population mit zufallsgemäßer Paarung bleibt der Anteil eines Genes (Allels) unabhängig vom Ausgangswert konstant, solange es selektions-

neutral ist.
G: Dieses Gesetz wurde im selben Jahr unabhängig von HARDY (1908) und WEINBERG (1908) entdeckt.
Harmomegathie, f. (E: harmomegathy F: harmomégathie, f.): Anpassung der Pollenkörner an verschiedenen Feuchtigkeitsgehalt der Atmosphäre durch Schrumpfung bzw. Einfaltungen.
G: WODEHOUSE (1935, S. 542), von gr. harmozo, ich passe an, und megalos, Größe.
Hartbast → Bast
Hartigsches Netz, n. (E: Hartig net F: réseau de Hartig, m.): Netz von Pilzhyphen zwischen den Zellen der Wurzelrinde bei der Ektomykorrhiza (→ Mykorrhiza).
G: Von SARAUW (1903, S. 160) nach THEODOR HARTIG (1805-1880) benannt, der diese Struktur zuerst abbildete.
hartlaubig → sklerophyll
Harzblume, f.: Blüte bzw. Blume, die für die Bestäuber Harze bereithält, die als Nestbaumaterial dienen. Dazu gehören *Dalechampia* (Euphorbiaceae) und *Clusia* (Hypericaceae).
Harzgang → Harzkanal
Harzkanal, m., Harzgang, m. (E: resin canal, resin duct F: canal résinifère, m.): Sekreträume verschiedener Gestalt und Entstehung, in die Harze oder Balsame abgeschieden werden (zäh- bis halbflüssige Gemische aus ätherischen Ölen, Harzsäuren und Begleitstoffen).
G: Die schizogenen Harzkanäle von *Pinus* hat HILL (1770, S. 29) als „vasa propria interiora" beschrieben und abgebildet. Er sah auch die Epithelzellen, die den Kanal umgeben.
Hastula, f. (E: hastula F: hastule, f.): Ligulaähnliche Bildung am oberen Ende des Blattstiels bei vielen Fächerpalmen, in der älteren Literatur Ligula genannt.
Hatch-Slack-Weg (der Photosynthese) → C_4-Typ der Photosynthese
Haube → Kalyptra
Hauptachse → Hauptspross
Hauptfloreszenz, f. (E: main florescence F: inflorescence principale): Die Teilinfloreszenz, die die Hauptachse einer polytelen Infloreszenz abschließt (Abb. 3, S. 157).
G: Bei TROLL (1953, S. 40) zunächst als „Endfloreszenz des Hauptsprosses" bezeichnet, später (1961, S. 352) als Hauptfloreszenz.
Hauptfruchtform → Teleomorphe

Hauptspross, m., Hauptachse, f. (E: main axis, principal axis F: axe principale, m.): Der Spross, der sich direkt aus dem Keimling (aus der Plumula) oder aus einer Erneuerungsknospe entwickelt. Man kann aber auch von einem relativen Hauptspross im Vergleich zu den Seitensprossen sprechen.
Hauptwirt, m. (E: primary host F: hôte principal): 1. bei wirtswechselnden Pilzen, der Wirt, auf dem die → Teleomorphe lebt, im Gegensatz zum **Zwischenwirt**, der die → Anamorphe beherbergt. 2. allgemein der von einem Parasiten am häufigsten befallene Wirt im Gegensatz zu → **Nebenwirten**, auf denen man ihn nur gelegentlich trifft.
Hauptwurzel, m. (E: primary root F: racine principale): Oft gleichbedeutend mit → Primärwurzel verwendet. Nach TROLL (1949 a, S. 450) und LICHT (1976, S. 9) sollte man auch die Hauptachse eines Systems von sprossbürtigen Wurzeln als Hauptwurzel bezeichnen.
Haustorium, n., pl. Haustorien (E: haustorium F: suçoir, m., haustorie, f.): Haustorien sind Saugorgane verschiedenster Art, mit denen Pflanzen (oder Pflanzenteile) von anderen Pflanzenteilen die eigenen Individuums oder von anderen Pflanzen Stoffe entnehmen. Beispiele: 1. parasitische Kormophyten: Haustorien dringen in die Wirtspflanze ein und finden dort vielfach Kontakt zu dessen Leitbündeln. 2. Pilze und Flechten: Einzelne Hyphen sind als Haustorien ausgebildet. Bei Flechten legen sie sich an die Algenzellen an (→ Appressorium) oder dringen etwas in sie ein (vgl. intracellular and intraparietal haustoria: HONEGGER 1986). 3. Moose (Bryophyta): Der Fuß des Sporogons, mit dem es im Gametophyten sitzt und von dort Stoffe aufnimmt, dient als Haustorium. 4. Embryologie der Farnpflanzen (Pteridophyta): Der Embryo bildet ein auch als **Fuß** bezeichnetes Haustorium aus, mit der er im Prothalliumgewebe steckt. 5. Embryologie der Angiospermen: Haustorienbildungen können von verschiedenen Teilen des Embryosackes, des Embryos oder vom Endosperm ausgehen.
G: GUETTARD (1747, 1, S. 191) war wohl der Erste der Haustorien („suçoirs") von *Cuscuta* beschrieb. Die Bezeichnung H. wurde bei Parasiten zuerst von A.P. de CANDOLLE (1813, S. 344) verwendet, abgeleitet von lat. haurire, schöpfen, einsaugen. - Haustorien des

Embryos sah schon HOFMEISTER (1849 a).
Lit: BHANDARI & MUKERJI (1993).
Hautgewebe → Abschlussgewebe
Hautschicht (des Protoplasmas) → Plasmamembran
Hautsystem → Abschlussgewebe
Heide, f. (E: heath F: lande, f.): Landschaftlich sehr verschieden gebrauchte Bezeichnung für vielfach anthropogen entstandene, aber wenig nutzbare, oft zwergstrauchreiche Pflanzengesellschaften. In der Vegetationskunde ist der Begriff nicht mehr brauchbar. Zu den verschiedenen Vegetationstypen oder Vegetationskomplexen, die oft mit Zusätzen als Heiden bezeichnet wurden, gehören u.a. **1.** in Nordwestdeutschland: Die von *Calluna* beherrschten anthropogenen Zwergstrauchheiden. **2.** in Süd- und Mitteldeutschland: Trockenrasen und steppenartige Gesellschaften ("Steppenheide"). **3.** im nordostdeutsch-polnischen Tiefland: Trockene Wälder auf nährstoffarmen Böden, die meist von der Kiefer beherrscht sind. **4.** im Mittelmeergebiet: Die → Garrigue, z.T. auch die → Macchie.
G: KRAUSCH (1969) hat die unterschiedliche Verwendung des Begriffes zusammengestellt und diskutiert.
Helicase, f. (E: DNA helicase): Enzym, das in Vorbereitung der → Replikation, die → Doppelhelix auftrennt.
helicospor → Sporenformen
Helobiae: Alter Name einer Ordnung der Monokotylen, die den heutigen Alismatales (ohne die erst neuerdings eingeschlossenen Araceae) entspricht. Es handelt sich um Sumpf- und Wasserpflanzen, darauf deutet auch der Name hin (von gr. helos, Sumpf, und bios, Leben).
G: Als Ordnungsname bekannt geworden durch BARTLING (1830), vorher soll schon H.G. REICHENBACH die Bezeichnung benutzt haben.
helobial → Endospermentwicklung
Helophyt, m., Sumpfpflanze, f. (E: helophyte, marsh plant F: hélophyte, m.): Pflanze die unter Wasser im Boden wurzelt, aber die Blätter wenigstens z.T. über Wasser entwickelt.
G: Eingeführt von RAUNKIAER (1905), von gr. helos, Sumpf.
hemerochor (E: hemerochorous): Pflanze, die ein Gebiet nur mit Hilfe des Menschen erreicht hat. Sie ist dort nicht einheimisch (→ indigen).
Hemerochorie, f. (E: hemerochory F: hémérochorie, f.): Ausbreitung, bei der die Kultur durch den Menschen direkt oder indirekt eine Rolle spielt. Dazu gehört das Verwildern von Kulturpflanzen, aber auch die Weiterverbreitung von Unkräutern mit ihnen.
G: JALAS (1955, S. 12, 14).
hemerophil (E: hemerophilous): Adj. zu → Hemerophyt.
Hemerophyt, m. (E: hemerophyte F: hémérophyte, f.): Art, deren Vorkommen in einem Gebiet durch den Menschen gefördert wird.
G: SIMMONS (1910, S. 141).
hemerophob (E: hemerophobous F: hémérophobe): Im Gebiet ursprüngliche Art, die durch Kultivierungsmaßnahmen geschädigt oder vernichtet wird.
G: LINKOLA (1916 S. 239).
hemiangiokarp → Fruchtkörper
Hemiangiospermen, f.pl. (E: hemiangiosperms F: hémiangiospermes, f.pl.): Von ARBER & PARKIN (1907, S. 62) postulierte hypothetische Gruppe aus dem Mesozoikum, die zwischen Gymnospermen und Angiospermen vermitteln soll.
Hemicellulosen, f.pl. (E: hemicelluloses F: hémicelluloses, f.pl.): Hochmolekulare Polysaccharide (meist Glucane und Xyloglucane), die in den Zellwänden eng mit der → Cellulose verbunden sind.
Hemikryptophyt, n. (E: hemicryptophyte F: hémicryptophyte, m.): Lebensform krautiger ausdauernder Pflanzen, bei der die Überdauerungsknospen unmittelbar an der Erdoberfläche liegen. Es handelt sich um eine vielgestaltige Gruppe, die weiter unterteilt werden kann.
G: RAUNKIAER (1905, S. 377).
hemiparacytisch → Stomata-Typen (B.)
Hemiparasit, m., Halbparasit, m. (E: hemiparasite F: hémiparasite, m.): Pflanze, die auf einer anderen parasitiert, aber noch Chlorophyll besitzt und daher Photosynthese durchführen kann, wie z.B. die Mistel (Gegensatz: → Holoparasit).
G: WARMING (1896, S. 98) verwendet halbparasitisch, bzw. hemiparasitic (1909, S. 85).
hemiploid (E: hemiploid): Individuum, das nur die Hälfte der normalen Chromosomenzahl einer Pflanze hat. Es kann lebensfähig sein, wenn es sich bei der Ausgangspflanze um eine Polyploide handelt.
G: Bei Kreuzungsversuchen mit dem Laub-

moos *Physcomitrium* erzielte M. SCHMIDT (1931) Gametophyten, die nur die Hälfte der normalen Chromosomenzahl aufwiesen, er nannte sie hemihaploid. F. v .WETTSTEIN (1932, S. 983) sprach von hemiploid.
hemitrop → Hemitropie
hemitrop → Samenanlage (C.)
Hemitropie, f. (E: hemitropy F: hémitropie, f.): Lockere Bindung von Blumen an eine bestimmte Besuchergruppe ohne dass durch besondere Einrichtungen andere ganz ausgeschlossen würden.
G: LOEW (1886, S. 106) unterschied zunächst eutrope, hemitrope und allotrope Blütenbesucher und benutzte (S. 146) Hemitropie für eine Anpassungsstufe der Insekten. Später (1889, S. 16) führte er die Einteilung auch für Blumen ein.
hemizygot (E: hemizygous): Diploides Individuum (oder Zelle), bei dem ein oder mehrere Gene nur einmal vorhanden sind. Dies ist die Regel bei manchen Geschlechtschromosomen, kann aber auch durch Verlust von Chromosomenabschnitten entstehen.
hemizyklisch → Blütenbau (B.)
Hemmungszone, f. (E: inhibition zone F: zone d'inhibition): In der Infloreszenzmorphologie ein Bereich im unteren Sprossabschnitt zwischen der → Bereicherungszone und der → Innovationszone, in dem normalerweise keine Seitensprosse (Parakladien) zur Entwicklung kommen (Abb. 3, S. 157).
G: TROLL (1951, S. 381; 1961 a, S. 356).
Hennigs Prinzip, n. (E: Hennig's principle F: principe de Hennig, m.): Die Methode der Kladistik, insbesondere die Suche nach der → Schwestergruppe mit Hilfe von Synapomorphien.
G: BRUNDIN (1965, S. 497); SCHLEE (1971).
Hepaticae → Lebermoose
herablaufende Blätter (L: folia decurrentia E: decurrent leaves F: feuilles décurrentes): Blätter, die an der Basis in meist zwei flügelartige am Stängel abwärts verlaufende Leisten übergehen. Entwicklungsgeschichtlich handelt es sich natürlich nicht um ein „Herablaufen".
Herbar → Herbarium
Herbaretikett → Schede
Herbarexemplar → Specimen
Herbarium, n., Herbar, n. (L: herbarium, n., pl. herbaria, hortus siccus E: herbarium F: herbier, m.): Sammlung getrockneter und gepresster Pflanzen für wissenschaftliche Zwecke.
G: Das Wort wurde zuerst gleichbedeutend mit Kräuterbuch verwendet, so in dem Titel des Werkes von BRUNFELS (1530) „Herbarium vivae eicones ...". Die ersten Herbarien im heutigen Sinn entstanden offenbar in Oberitalien zwischen 1530 und 1550 und wurden von Schülern von LUCA GHINI (um 1490-1556) angelegt. Da die Herbarien im 16. Jahrhundert und 17. Jahrhundert Buchform hatten, lag die Übertragung des Wortes herbarium nahe. Das Herbar von C. RATZENBERGER von 1592 heißt auf dem Titelblatt „Lebendiger Herbarius oder Kreüterbuch ..."
Lit. (Geschichte): SAINT-LAGER (1886), CHIOVENDA (1932), NISSEN (1966, 1, S. 244-246), STAFLEU (1987).
Herbartechnik, f. (E: herbarium technique): Die Methoden zur Anlage eines Herbars. Dazu gehören das Pressen und Trocknen, Etikettieren und das Montieren auf einem Herbarbogen. Außerdem die richtige Unterbringung, Ordnung und der Schutz gegen Schädlinge.
G: Die älteste Anweisung hierzu stammt von LAUREMBERG (1626).
Lit.: ULBRICH (1924), FOSBERG & SACHET (1965), HICKS & HICKS (1978, Bibliographie), FORMAN & BRIDSON (1989).
Herbivorabwehr → Herbivore
Herbivore, m.pl., Pflanzenfresser, m.pl. (E: herbivores F: herbivores, m.): Tiere, die lebende Pflanzen bzw. Pflanzenteile verzehren. In der Evolution haben die Pflanzen dagegen verschiedene Abwehrmechanismen entwickelt (z.B. Dornen, Brennhaare, giftige Inhaltsstoffe als → Abwehrstoffe). Diese **Herbivorabwehr** ist aber immer nur gegen einen Teil der Fraßfeinde erfolgreich.
Herkogamie, f. (E: hercogamy F: hercogamie, f.): Räumliche Trennung von Narbe und Staubbeuteln in einer Zwitterblüte, die die Selbstbestäubung innerhalb einer Blüte erschwert oder unmöglich macht. Ein klassisches Beispiel bietet die *Iris*-Blüte.
G: Bei der *Iris*-Blüte wurde die Erscheinung schon von KÖLREUTER (1761, S. 25) beobachtet. AXELL (1869, S. 40) bezeichnete solche Blüten dann als „flores hercogami", abgeleitet von gr. herkos, Zaun, und gamein, heiraten.
Herkunftsort → Source
Hermaphrodit → Zwitter
hermaphroditisch → zwittrig

Herzglykoside → Cardenolide
Hesperidium → Panzerbeere
Heterantherie, f. (E: heteranthery F: hétéranthérie, f.): Das Auftreten von zwei verschiedenen Antherentypen in einer Blüte. Dabei dient in der Regel nur der Pollen des einen Typs der Bestäubung, während der Pollen der anderen, der **Beköstigungsantheren**, von den Besuchern gesammelt wird.
G: Heterantherie wurde bei *Cassia* bereits von BATSCH (1791, S. 29) beschrieben, bei der Melastomataceae *Heeria* von F. MÜLLER (1881). Der Terminus H. scheint erst von LOEW (1895, S. 269) gebildet worden zu sein.
Hetereuform → Entwicklungsgang der Uredinales
Heteroauxin → Auxine
Heterobathmie, f. (E: mosaic evolution F: évolution en mosaïque): Die häufige Erscheinung, dass eine Sippe in manchen Merkmalen einen ursprünglichen Zustand bewahrt, während andere eine abgeleitete Merkmalsausprägung aufweisen.
G: Die seit langem bekannte Tatsache (vgl. z.B. WIELAND 1906) bereitete vor allem Schwierigkeiten, solange man meinte, ein „phylogenetisches System" könne die Sippen nach ihrer Entwicklungshöhe anordnen. Der Terminus Heterobathmie wurde von TAKHTAJAN (1959, S. 13) als Ersatz für verschiedene ältere Bezeichnungen eingeführt, von denen nur **Spezialisationskreuzung** (PLATE 1912, S. 925) und **Mosaikevolution** (mosaic evolution DE BEER 1954, S. 163) noch Bedeutung haben. H. leitet sich her von gr. heteros, verschieden, und bathos, Tiefe, Höhe.
heteroblastisch (E: heteroblastic F: hétéroblastique): Blattfolge, bei der deutliche Unterschiede zwischen Jugend- und Folgeform bestehen.
G: GOEBEL (1913 a, S. 360).
heterocellular → Markstrahl, Aufbau
heterochlamydeisch (E: heterochlamydous F: hétérochlamydé): Blüte mit einer doppelten Blütenhülle, deren beide Kreise (Kelch und Krone) deutlich verschieden sind.
Heterochromatin, n. (E: heterochromatin F: hétérochromatine, f.): Abschnitte der Chromosomen, die während der Interphase kondensiert bleiben (und dadurch → Chromozentren bilden). Sie enthalten keine aktiven Gene und sind im Zellzyklus spät replizierend. Erkannt wurden sie zunächst am Unterschied in der Färbbarkeit.
G: Als → heteropyknotische Abschnitte von GUTHERZ (1907) beschrieben. Den Begriff Heterochromatin führte HEITZ (1928, S. 764) bei seinen Untersuchungen an Moosen ein.
Heterochromosom, n. (E: heterochromosome F: hétérochromosome, m.): Nach heutiger Definition ein morphologisch erkennbares Geschlechtschromosom.
G: MONTGOMERY (1904, S. 145) verstand darunter ganz allgemein abweichende Chromosomen (auch B-Chromosomen ?), erst später wurde der Begriff mit Geschlechtschromosomen gleichgesetzt.
Heterochronie, f. (E: heterochrony F: hétérochronie, f.): Änderungen in der Geschwindigkeit der ontogenetischen Entwicklung verschiedener Organe oder Organkomplexe. So kann eine relative Beschleunigung der generativen Entwicklung zu → Neotenie führen.
G: Zuerst bei HAECKEL (1874, S. 634) für Abweichungen von der Biogenetischen Grundregel. 1930 von DE BEER allgemeiner definiert; vgl. GOULD in KELLER & LLOYD (1992, S. 158-165).
heterocolpat (E: heterocolpate F: hétérocolpé): Pollenkorn, bei dem einige Colpen eine zusätzliche Pore besitzen, andere nicht.
G: IVERSEN & TROELS-SMITH (1950, S. 45).
Heterocyste, f., Heterocyt, m., Grenzzelle, f. (E: heterocyst, heterocyte F: hétérocyste, m.): Auffällige, farblos erscheinende dickwandige Zelle bei fädigen Cyanobakterien, die sich durch → Nitrogenase-Aktivität auszeichnet und ein Ort der Stickstoffassimilation ist.
G: Heterocysten bei einer *Rivularia* bildete schon HEDWIG (1798, Taf. XXXVI) ab. Erstnachweis für die Bezeichnung Heterocyste: RALFS (1850, S. 322), der Terminus soll jedoch von ALLMAN stammen. Da es sich nicht um Cysten (Dauerzellen) handelt, sollte man nach dem Vorschlag von KOMÁREK & ANAGNOSTIDIS (1989, S. 263) besser von Heterocyten sprechen.
Heterocyt → Heterocyste
Heterodiasporie, f. (E: heterodiaspory): Zusammenfassende Bezeichnung für die Ausbildung verschiedener Samen (→ Heterospermie) oder verschiedener Früchte bzw. Teilfrüchte (→ Heterokarpie, → Heteromeri-

karpie) an einer Pflanze.
G: MÜLLER-SCHNEIDER & LHOTSKÁ (1971, S. 408).
Heterözie, f., Wirtswechsel, m. (E: heteroecism, alternation of hosts F: hétéroxénie, f.): Wechseln des Wirtes von einer Generation zur nächsten bei parasitischen Pilzen, wie er vor allem für viele Uredinales typisch ist.
heterözisch (E: heteroecious F: hétéroïque):
1. bei Pilzen: wirtswechselnd (E: heteroxenous F: hétéroxène): Parasitische Pilze, deren Generationswechsel auf verschiedenen → Wirten durchlaufen wird.
G: Geprägt von DE BARY (1865, S. 32) bei seinen Untersuchungen an *Puccinia graminis*. Die Geschichte des Nachweises dieses klassischen Falles von Wirtswechsel ist dargestellt bei KLEBAHN (1904).
2. bei Bryophyta: Moose, bei denen verschiedene Geschlechtsverteilungen nebeneinander vorkommen, z.B. → synözisch und parözisch oder synözisch und autözisch.
G: LINDBERG (1886, S. 93).
heterogam → Köpfchen, heterogam
heterogametisch (E: heterogametic F: hétérogamétique): Beim Vorhandensein von Geschlechtschromosom das Geschlecht (gewöhnlich das männliche), das die genetische Konstitution XY aufweist und damit das Geschlecht bestimmt.
Heterogamie, f. (E: heterogamy F: hétérogamie, f. [= Anisogamie]): **1.** Syngamie verschieden ausgebildeter Gameten, d.h. → Anisogamie oder → Oogamie. **2.** Grundsätzliche genetische Verschiedenheit der männlichen und weiblichen Gameten, z.B. bei *Oenothera* und *Rosa*.
G: DE VRIES (1911, S. 99).
Anm.: Engl. bedeutet heterogamy auch soviel wie Heterogonie (bei Tieren vorkommende Generationswechselform) oder (bei MASTERS 1869, S. 190) Abweichungen von der normalen Verteilung der Geschlechter bei Blütenpflanzen.
Heterogenesis → Mutation
Heteroglykan → Polysaccharide
heterokarp (E: heterocarpous F: hétérocarpe): Adj. zu → Heterokarpie.
Heterokarpie, f. (E: heterocarpy F: hétérocarpie, f.): Das Auftreten von verschiedenen Fruchtformen an einer Pflanze. Die Fruchttypen können unterschiedliche Verbreitungsmittel und verschiedenes Verhalten bei der Keimung aufweisen. Besonders häufig ist Heterokarpie bei den Asteraceae (Compositae), wobei dann gewöhnlich ein Unterschied zwischen den Früchten (Achänen) der Randblüten gegenüber denen der Scheibenblüten besteht (extrem bei *Calendula*).
G: Der Terminus Heterokarpie lässt sich zuerst bei LUBBOCK (1882, „heterocarpism") nachweisen, das Eigenschaftswort heterokarp wurde aber schon vorher verwendet.
Heterokaryose, f. (E: heterokaryosis F: hétérocaryose, f.): Bei Pilzen Vorkommen von verschiedenen Kerntypen in einem Individuum. Dies kann bei Fungi imperfecti dadurch geschehen, dass Kerne über Anastomosen von einer Hyphe auf eine andere übergehen.
G: BURGEFF (1915, S. 270, 438), HANSEN & SMITH (1932, S. 964).
heterokaryotisch (E: heterokaryote, heterokaryotic F: hétérocaryotique): Mit genetisch verschiedenen Kernen in einer Zelle oder verschiedenen Zellen einer Hyphe.
heterokont → Begeißelung (B.)
Heterokontobionta: Große Organismengruppe (Subregnum), die vor allem die Cellulosepilze (→ Oomycota) und die → Heterokontophyta, eine Algengruppe, umfasst. Sie ist durch die heterokonte → Begeißelung ausgezeichnet.
Heterokontophyta: Vielgestaltige Abteilung der Algen, die durch die gelben bis braunen Chromatophoren und die heterokonte Begeißelung (zwei verschieden ausgebildete Geißeln) gekennzeichnet ist.
G: Der Kern dieser Gruppe sind die Heterokontae von LUTHER (1899, S. 17).
heteromer (E: heteromerous F: hétéromère): **1.** → Blütenbau (A.) **2.** bei Flechten: Thallus, bei dem die Photobionten in einer Zone konzentriert sind (Gegensatz → homöomer).
G: Eingeführt von WALLROTH (1825, S. 24).
Heteromerikarpie, f. (E: heteromericarpy F: hétéroméricarpie, f.): Verschiedene Ausbildung der Teilfrüchte einer Frucht. Häufig bei den Gliederschoten der Brassicaceae (Cruciferae), auch bei einigen Apiaceae (Umbelliferae) und Boraginaceae.
G: Zuerst bei DELPINO (1894, S. 27) in der italienischen Form „eteromericarpia".
heteromorph (E: heteromorphic F: hétéromorphe): In verschiedener Gestalt auftretend, wird insbesondere von den Generationen benutzt, die heteromorph (oder isomorph) sein können (→ Generationswech-

sel, heterophasischer).
heterophasisch → Generationswechsel, heterophasischer
heterophyll (E: heterophyllous F: hétérophylle): Adj. zu → Heterophyllie.
Heterophyllie, f. (E: heterophylly F: hétérophyllie, f.): Auffällige Unterschiede in der Ausbildung der Laubblätter in verschiedenen Regionen einer Pflanze.
G: Schon bei LINNAEUS (1753) findet sich das Artepitheton „heterophyllus" (z.B. *Acrostichum heterophyllum, Carduus heterophyllus, Euphorbia heterophylla* etc.). Davon wurde später Heterophyllie abgeleitet.
Heteroplasmie, f. (E: heteroplasmy F: hétéroplasmie, f.): Vorkommen genetisch verschiedener Elemente (Chloroplasten, Mitochondrien) im Plasma einer Zelle. Dies kann z.B. bei nicht rein maternaler (mütterlicher) Übertragung der Chloroplasten entstehen.
Heteroploidie, f. (E: heteroploidy F: hétéroploïdie, f.): Jede Abweichung von der normalen Chromosomenzahl (durch Euploidie oder Aneuploidie).
G: Hans WINKLER (1916, S. 422).
Heteropsisform → Entwicklungsgang der Uredinales
heteropyknotisch (E: heteropycnotic F: hétéropycnotique): Chromosomen oder Teile von Chromosomen, die durch eine zeitliche Verschiebung der Kondensation im Grad der Spiralisierung von den normalen Chromosomen abweichen.
G: Der Begriff stammt von GUTHERZ (1907, S. 495). Bei Pflanzen zuerst bei Geschlechtschromosomen von *Pellia* durch SHOWALTER (1928) nachgewiesen. HEITZ (1928) stellte fest, dass es sich nur um eine teilweise Heteropyknose handelt.
Heterorrhizie, f. (F: hétérorhizie, f.): Auftreten verschieden ausgebildeter Wurzeln an einer Pflanze (vgl. → Anisorrhizie).
G: TSCHIRCH (1905, S. 71) stellte den Begriff im Zusammenhang mit seiner Unterscheidung von Ernährungs- und Befestigungswurzeln bei vielen Pflanzen auf.
Heterosis, f. (E: heterosis, hybrid vigour F: hétérosis, f., vigueur de hybride): Die Erscheinung, dass Hybriden oft in Wuchsmerkmalen und anderen deutlich kräftiger entwickelt sind als ihre Eltern.
G: Die Erscheinung war als „stimulating effect of hybridity" (anregende Wirkung der Hybridisierung) schon länger bekannt, bis

SHULL (1914, S. 127) den Terminus heterosis veröffentlichte.
Heterospermie, f. (E: heterospermy F: hétérospermie, f.): Das Auftreten verschieden gestalteter Samen an einer Pflanze, z.B. bei *Spergularia*.
heterospor (E: heterosporic, heterosporous F: hétérosporé): Adj. zu → Heterosporie.
Heterosporie, f. (E: heterospory F: hétérosporie, f., anisosporie, f.): Die Ausbildung zweier Sorten von Sporen (Mikro- und Megasporen), wobei die Mikrosporen männlich determinierte und die Megasporen weiblich determinierte Prothallien liefern.
G: Bei *Selaginella* vermutete schon SPRING (1849, S. 316), dass die großen und kleinen Sporen etwas mit der Geschlechtsdifferenzierung zu tun haben. Er beobachtete, dass die großen Sporen nur in Kontakt mit den kleinen keimen. Erstnachweis für heterospor: SACHS (1868, S. 311).
heterostyl (E: heterostylous F: hétérostylé): Adj. zu → Heterostylie.
Heterostylie, f. (E: heterostyly F: hétérostylie, f.): Vorkommen von Pflanzen mit zwei (seltener drei) verschiedenen Blütentypen bei einer Art, die sich durch die Griffellänge und die Länge bzw. Ansatzhöhe der Stamina unterscheiden. Bestäubungen zwischen Pflanzen mit verschiedenen Blütentypen führen zum Fruchtansatz, innerhalb der Individuen einer Gruppe herrscht weitgehende → Inkompatibilität. Bei dem häufigsten Fall, der dimorphen Heterostylie (oder **Distylie**), sind die Blüten: - **kurzgriffelig**, brachystyl (E: microstylous, brachystylous, short-styled F: à style court, brévistylé): Mit kurzem Griffel und längeren Staubblättern. - **langgriffelig**, makrostyl, dolichostyl (E: macrostylous, dolichostylous, long-styled F: à style long, longistylé): Mit langem Griffel und kürzeren Staubblättern In seltenen Fällen besteht die Heterostylie nicht in verschiedener Länge der Griffel, sondern in Unterschieden in Griffelstruktur und Pollenbau (Plumbaginaceae).
G: Der Erste, der lang- und kurzgriffelige Formen innerhalb einer *Primula*-Art beschrieb, war RENEAULME (1611, vgl. DIJK 1943). Die ersten genaueren Beobachtungen stammen von CURTIS (1791, Fasc. 6, tab. 30) bei *Primula* und Ch.K. SPRENGEL (1793, Sp. 103) bei *Hottonia*. DARWIN (1862 b) machte als erster Kreuzungsexperimente

mit heterostylen Pflanzen. Die Bezeichnung Heterostylie wurde von HILDEBRAND (1867, S. 33, 46) geprägt.
Lit.: BARRETT (1992), GEBER et al. (1999).
heterotaktisch (E: heterotactic F: hétérotactique): Zusammengesetzter Blütenstand mit teils racemösem, teils cymösem Bau (z.B. → Thyrsus). Gegensatz: → homotaktisch.
G: PAX (1890, S. 148).
heterothallisch (E: heterothallic F: hétérothallique): Pilz, bei dem zur sexuellen Fortpflanzung zwei verschiedene Thalli notwendig sind. Bei den Mucorales wird dann einer der Thalli als + der andere als - bezeichnet. - Bei anderen Pilzen kommen zwar beide Geschlechter an einem Thallus vor, es besteht aber Selbstinkompatibilität. Wird auch bei den Moosen für selbststerile Individuen verwendet.
G: Von BLAKESLEE (1904 a, b; S. 208) auf Grund von Untersuchungen an den Mucorales geprägt.
Heterotopie, f. (E: heterotopy F: hétérotopie, f.): Das Auftreten von Organen an unüblichen Stellen. Hierzu gehören z.B. epiphylle Infloreszenzen.
G: Von HAECKEL (1874, S. 717) eingeführt für räumliche Änderungen, die bei Tieren durch Wanderung der Zellen an andere Stellen entstehen können (vgl. GOULD 1977). Bei Pflanzen wird der Begriff rein beschreibend verwendet.
heterotrich (E: heterotrichous F: hétérotriche): Thallus aus kriechenden und aufrechten Fäden, wie er für bestimmte Algen typisch ist.
heterotrop → Samenanlagen (D.)
heterotroph (E: heterotrophic F: hétérotrophe): Adj. zu → Heterotrophie.
Heterotrophie, f. (E: heterotrophy F: hétérotrophie, f.): Die Ernährungsweise von Organismen, die auf die Aufnahme organischer Substanzen angewiesen sind, da sie diese nicht selbst synthetisieren können. Heterotroph sind die Tiere, die Pilze und viele Bakterien.
G: PFEFFER (1897, S. 349).
heterotypische Teilung → Meiose
heterozygot (E: heterozygote, heterozygous F: hétérozygote): Diploider Organismus, bei dem sich an gleichen Loci homologer Chromosomen verschiedene Allele befinden. Meist wird der Terminus auf ein Gen bezogen (heterozygot für das Gen x).
G: Von BATESON & SAUNDERS (1902) zusammen mit homozygot geschaffen.
heterozyklisch (E: heterocyclic F: hétérocyclique): Blüte mit verschiedener Zahl von Gliedern in den einzelnen Kreisen.
hexacytisch → Stomata-Typen (B.)
Hexenbesen, m. (E: witches' broom F: balai de sorcière, m.): Durch Pilzbefall hervorgerufene, abnorm dichte Verzweigung an einer Stelle eines Baumes.
Hibernakel → Turio
Hierarchie, f. (E: hierarchy F: hiérarchie, f.): Der Aufbau eines Systems aus → Rangstufen, von denen die höhere (meist) mehrere Taxa der niederen umfasst. So werden z.B. Arten zu einer Gattung, Gattungen zu einer Familie, Familien zu einer Ordnung zusammengefasst. Man kann auch von einer **Enkapsis** (Einschachtelung) sprechen.
Hill-Reaktion, f. (E: Hill reaction F: réaction (f.) de Hill): Sauerstoffentwicklung durch isolierte Chloroplasten unter Beleuchtung und bei Anwesenheit eines geeigneten Elektronenakzeptors.
G: Die Bezeichnung geht auf die Versuche von HILL (1939) zurück.
Hilum, n., Nabel, m. (E: hilum F: hile, m.): Die Ansatzstelle des → Funiculus am Samen.
G: Erstnachweis bei LINNAEUS (1751, S. 54). GAERTNER (1788) verwendet umbilicus. Die Abbruchstelle des Samens hieß bei MALPIGHI (1675, S. 76) fenestrum (Fenster).
Hinterhof → Atemhöhle
Histogenese, f. (E: histogenesis, histogeny F: histogenèse, f.): Ausbildung und Differenzierung der Gewebe.
Histogentheorie, f. (E: histogen theory F: théorie des histogènes): Nach der ursprünglichen Fassung dieser Theorie gibt es am Vegetationskegel des Sprosses drei Bereiche des Meristems, das äußere → **Dermatogen**, ein zentrales **Plerom** und dazwischen das **Periblem**. Aus dem Dermatogen sollte sich nur die Epidermis entwickeln, aus dem Plerom der Zentralzylinder und aus dem Periblem die dazwischen liegenden Teile, vor allem die Rinde. - Die Begriffe werden auch bei den Wurzeln der Angiospermen verwendet.
G: Die Histogentheorie wurde von HANSTEIN (1868 a) aufgestellt. Später stellte sich heraus, dass nicht immer eine eindeutige

Zuordnung der Schichten am Vegetationskegel des Sprosses zu denen des fertigen Organs möglich ist. Für den Spross wurde die Histogentheorie durch die Begriffe → Tunica und → Corpus ersetzt. HELM (1931, S. 187) versuchte eine Neufassung, er verwendet die Bezeichnungen Dermatogen, **Phloeogen** (aus dem die Rinde wird), **Meristemring** (liefert vor allem Leitungsgewebe) und **Metrogen** (bildet das Mark).

histoid → Galle

Histologie, f., Gewebelehre, f. (E: histology F: histologie, f.): Die Lehre von den Gewebetypen der Organismen. Der Terminus wird in der Botanik seltener verwendet als in der Zoologie und Medizin.

G: In der Medizin schon bei HEUSINGER (1822). Bei ENDLICHER & UNGER (1843, S. 7) gibt es einen Abschnitt Histologie.

Histone, n.pl. (E: histones, pl. F: histones): Einfach gebaute basische Proteine, die an die DNA binden, und für die Funktion der Chromosomen wichtig sind.

G: KOSSEL (1884) gewann durch salzsaure Extraktion aus roten Blutkörperchen eine Substanz, für die er (ohne Begründung) den Namen Histon vorschlug (S. 512).

Hitzeresistenz, f. (E: heat resistance F: thermorésistance, f.): Die Fähigkeit von Pflanzen hohe Temperaturen zu ertragen. Bei Samenpflanzen liegt sie maximal bei etwa 50-60 °C.

Hitzeschockproteine, n.pl. (E: heat-shock proteins, hsps F: protéines de stress): Eine weit verbreitete Gruppe von Proteinen, die bei Stress (besonders durch überhöhte Temperatur) gebildet werden. Einige können auch als → Chaperone dienen.

G: Den ersten Hinweis auf die Existenz dieser Proteine erhielt RITOSSA (1962) durch Versuche mit *Drosophila*, bei der sich bei Hitzeschocks zusätzliche "Puffs" ausbildeten, die Hinweis auf eine mRNA-Bildung sind.

Hochblatt, n., Hypsophyll, n. (E: hypsophylle, bract F: hypsophylle, f., feuille bractéale): Einfach gestaltetes und oft kleineres Blattorgan in der floralen Region (oberhalb der voll entwickelten Laubblätter). Meist ist das Hochblatt unter Verkümmerung des Oberblattanteils vorwiegend aus dem Unterblatt gebildet (**vaginale H.**), es gibt aber auch überwiegend von der Spreite gelieferte Hochblätter (**laminare H.**) und zuweilen solche, die aus den Stipeln bestehen (**stipulare H.**). Die Tragblätter der Blüten sind meist Hochblätter, ihre Vorblätter fast immer.

G: Die Termini Nieder-, Laub- und Hochblatt verwendete C.F. SCHIMPER 1836 in einem Vortrag, von dem 1837 (S. 113) ein kurzes Referat erschien. Sie wurden durch WYDLER (1844) und A. BRAUN (1850, S. 67) genauer definiert und bekannt. Die Bezeichnung Hypsophyll stammt aus der englischen Übersetzung des Buches von A. BRAUN durch HENFREY (1853, S.63 als „hypsophyllary leaf"). Die Unterscheidung verschiedener Hochblattformen führte TROLL (1939, S. 1344 ff.) durch.

Hochmoor → Moore

Hochstaudenflur, f. (E: tall herbaceous vegetation): Überwiegend von hochwüchsigen Stauden beherrschte Gesellschaft nährstoffreicher, meist feuchter Standorte, vor allem in der montanen und subalpinen Stufe.

Hochwald, m. (E: high forest): Wald aus hohen Stämmen von ähnlichem Alter, der durch Anpflanzen oder Naturverjüngung entstanden ist.

Höhenstufe, f. (der Vegetation) (E: altitudinal zone F: étage altitudinal, m.): Stufe in bestimmter Höhenlage mit einer typischen Flora und Vegetation. Die Höhengrenzen und Vegetationstypen sind nach Gebirge und Großklima sehr verschieden. In den Alpen lassen sich die Höhenstufen so abgrenzen (die Höhengrenzen liegen in den Zentralalpen generell höher als in den Randketten): **1. planar**: Bis etwa 100 m; Ebene mit Laubwald, vielfach Kulturland. **2. collin**: 100 bis etwa 500 m; Hügelland, am Südrand der Alpen mit Flaumeichenwald, Obst- und Weinbau. **3. submontan**: 500 bis 1000m; unterste Bergwaldstufe, Buchen-Tannen-Fichtenwälder, Wiesenwirtschaft. **4. montan**: 1000 bis 1600 (1800) m; Bergwälder als Mischwälder oder Fichtenwälder, Almwirtschaft. **5. subalpin**: 1600 (1800) bis 2000 (2400) m; Krummholz oder lockere Lärchen-Arven-Bestände. **6. alpin**: Oberhalb 2000 (2400) m bis etwa 3000 m; Stufe oberhalb der → Baumgrenze mit Rasen- und Zwergstrauchgesellschaften. **7. nival**: Oberhalb 3000 m; Schneestufe, überwiegend von Moosen und Flechten und wenigen Blütenpflanzen an schneefreien Felsstandorten besiedelt.

G: Als einer der Ersten hat HALLER (1768, S. VIII; deutsche Übersetzung in CHRIST 1882, S. 10-12) die Höhenstufen der Alpen klar charakterisiert.
Hofmeister-Regel, f. (E: Hofmeister's rule): Zwei verschiedene Regeln werden nach WILHELM HOFMEISTER (1824-1877) benannt: **1.** Eine neue Zellteilung erfolgt in der Regel in einer Ebene senkrecht zu der des vorigen intensiven Wachstums , d.h. senkrecht zur Längserstreckung einer Zelle (HOFMEISTER 1867, S.128). **2.** Eine neue Blattanlage bildet sich am Vegetationskegel über der größten Lücke zwischen den benachbarten älteren (HOFMEISTER 1868, S. 508).
Hoftüpfel, m. (E: bordered pit F: ponctuation aréolée): Tüpfel, bei dem die Schließhaut von der Sekundärwand teilweise überwölbt wird, so dass nur ein enger Porus bzw. ein Tüpfelkanal offen bleibt. Die → Schließhaut ist vor allem bei den Coniferen in der Mitte durch verstärkte Primärwandablagerung zu einem linsenförmigem **Torus** verdickt, der dünne Rand heißt **Margo**. Meist liegen sich zwei Hoftüpfel gegenüber und bilden ein Hoftüpfelpaar, zwischen Tracheiden und Holzparenchym gibt es dagegen einseitig behöfte Tüpfel. Eine besondere Form der Hoftüpfel sind die **skulpturierten Tüpfel** (E: vestured pits F: ponctuations ornées) einiger Dikotylen, bei denen die Tüpfelhöhle mehr oder weniger mit warzenartigen Bildungen ausgefüllt ist, deren Bildungsweise umstritten ist (CHALK 1983, S. 6-7).
G: MOHL (1828, S. 21) sprach von „mit einem Hof umgebenen Tüpfeln"; er sah schon, dass die H. nicht offen sind. SANIO (1873, S. 73) führte endgültig Hoftüpfel ein und stellte die Geschichte der Erforschung klar. Die skulpturierten Tüpfel wurden zuerst von I.W. BAILEY (1933) genau untersucht und vestured pits („bekleidete T.") genannt, vorher hielt man die warzenartigen Bildungen für Poren und nannte sie „cribriform" (siebartig).
Holantarktisches Florenreich, n., Antarktis, f.: Florenreich südlich von Paläotropis, Kapensis, Australis und Neotropis. Es umfasst das südlichste Chile, Patagonien und Neuseeland.
Holarktis, f., holarktisches Florenreich, n. (E: holarctic kingdom or realm F: région holarctique): Das größte Florenreich der Erde, das das ganze Gebiet der Nordhalbkugel außerhalb der Tropen umfasst. Charakteristisch sind z.b. die Betulaceae, Salicaceae und die Gattung *Acer.*
holarktisches Florenreich → Holarktis
Holobasidie → Basidientypen (A.)
Holoenzym → Enzym
Hologamie, f. (E: hologamy F: hologamie, f.): Geschlechtliche Vereinigung (Syngamie) von ganzen, nicht von den vegetativen Zellen zu unterscheidenden Organismen. Diese können gleich sein (isomorphe oder isogame H.), aber auch deutlich verschieden (anisomorphe oder anisogame H.).
G: HARTMANN (1909, S. 267) und (unabhängig davon?) GUILLIERMOND (1910, S. 115).
Hologenie, f. (E: hologeny F: hologenèse, f.): Die aus zahlreichen Ontogenien zusammengesetzte Entwicklungskette der Organismen, innerhalb derer der phylogenetische Wandel stattfindet.
G: ZIMMERMANN (1934, S. 159), vgl auch ZIMMERMANN (1966).
Holokarpie, f.; holokarp (E: (Adj.) holocarpic): Entwicklungsgang bei Pilzen, bei dem der ganze Thallus zur Bildung des Fruchtkörpers aufgebraucht wird.
holokrin → Exkretion
Holomorphe, f. (E: holomorph F: holomorphe): Die Gesamtheit der Erscheinungsformen eines Organismus. Der Ausdruck wird vor allem bei pleomorphen Pilzen verwendet.
G: HENNEBERT & WERESUB (1977), vgl. → Code 1. ICBN 1994, Art. 59. Auch bei HENNIG (1965, S. 100, „holomorphological"; 1966, S. 7, 54), evtl. ganz unabhängig davon. Die Holomorphe entspricht dem, was JANET (1914) „holophyte" nannte.
Holoparasit, m., Vollparasit, m., Vollschmarotzer, m. (E: holoparasite F: holoparasite, m., parasite complet): Parasitische Pflanze, die ganz auf die Aufnahme organischer Substanzen aus ihrem Wirt angewiesen ist, da sie kein Chlorophyll besitzt (Gegensatz: → Hemiparasit).
G: WARMING (1909, S. 85) unterschied „holoparasitic" und „hemiparasitic".
Holotypus, m. (E: holotype F: holotype, m.): Das vom Autor als nomenklatorischer Typus bezeichnete Element (in der Regel ein Exemplar oder ein Herbarbogen, unter bestimmten Bedingungen auch eine Abbildung). Lag der Erstbeschreibung nachweislich nur ein Exemplar zu Grunde, so ist

dies automatisch der Holotypus. Seit dem 1.1.1958 gehört die Angabe des Holotypus zu den Bedingungen für die gültige Veröffentlichung von Namen (von der Gattung an abwärts). Ist bei älteren Namen kein Holotypus angegeben oder ist er vernichtet, so muss ein → Lectotypus oder → Neotypus festgelegt werden.
G: Der Begriff Holotypus (holotype) wurde von dem Zoologen SCHUCHERT (1897, S. 637) geprägt, um den nomenklatorischen Typus „im engeren Sinne" zu bezeichnen, da das Wort Typus in einem zu weiten Sinn gebraucht wurde. In die botanischen Nomenklaturregeln wurde der Terminus Holotypus erst beim Botanischen Kongress in Stockholm 1950 eingeführt (→ Code 1. ICBN 1951).

Holozygote, f. (E: holozygote   F: holozygote, m.): Zygote, die aus einer Hologamie, das heißt aus der Vereinigung ganzer Individuen hervorgegangen ist.
G: Erstnachweis: SCHUSSNIG (1960, S. 689).

Holz, n. (L: lignum, n., pl. ligna   E: wood   F: bois, m.): Das sekundäre Xylem der Sträucher und Bäume, d.h. alles Gewebe, das vom → Cambium nach innen gebildet wird.
A. Nach der Zeit der Ausbildung unterscheidet man:
- **Frühholz** (E: early wood, spring wood   F: bois initial): Das zu Beginn der Vegetationszeit (in Mitteleuropa im Frühling) gebildete Holz, in dem die Tracheiden bzw. Tracheen meist einen größeren Durchmesser haben.
- **Spätholz** (E: late wood, summer wood   F: bois final): Das gegen Ende der Vegetationszeit gebildete Holz mit wassserleitenden Zellen von geringerem Durchmesser und oft dickeren Wänden. Die Unterschiede sind nur bei Hölzern mit Jahrringbildung deutlich.
G: SCHACHT (1860, S. 97, 201) verwendet „Frühlingsholz" und „Herbstholz". STRASBURGER (1891) spricht von Früh- und Spätholz.
B. Nach der Anordnung der Gefäße unterscheidet man bei Laubholz:
- **zerstreutporiges Holz** (E: diffuse-porous wood   F: bois à pores diffuses): Holz, bei dem die Tracheen über den ganzen Jahrring verteilt sind, wobei ihr Durchmesser annähernd gleich bleibt.
- **ringporiges Holz** (E: ring-porous wood   F: bois à zone poreuse): Holz, bei dem die Tracheen des Frühholzes auffällig größer und in ringförmigen Zonen konzentriert sind.

C. An älteren Stämmen läßt sich das äußere (jüngere) → Splintholz vom inneren (älteren) → Kernholz unterscheiden.
Holzfaser, f.: Vgl. → Libriformfaser, → Faser. Teilweise auch als übergeordneter Begriff für Libriformfasern und Fasertracheiden verwendet (vgl. ESAU 1969 a, S. 154).
Holzmarkstrahl → Holzstrahl
Holzparenchym, n., Xylemparenchym, n. (E: xylem parenchyma   F: parenchyme ligneux): Im weiteren Sinn alles Parenchym innerhalb des Xylems.
Das H. lässt sich in zwei Systeme gliedern:
I. axiales Holzparenchym, Strangparenchym (E: axial parenchyma   F: parenchyme axial): Parenchym, das in Strängen parallel zur Längsachse des Stammes angeordnet ist. Es stammt von Fusiforminitialen (→ Cambiuminitialen) ab, die Zellen werden dann quer unterteilt.
Das axiale Parenchym kann auftreten als:
- **apotracheales** Parenchym (E: apotracheal parenchyma   F: parenchyme apotrachéal): Parenchym unabhängig von der Lage der Tracheen angeordnet. Es kann am Ende des jährlichen Zuwachses liegen (**terminales P.**), über den ganzen Jahreszuwachs verteilt sein (**diffuses P.**) oder in tangentialen von den Tracheen unabhängigen Schichten vorhanden sein (**metatracheales P.**).
- **paratracheales** Parenchym (E: paratracheal parenchyma   F: parenchyme paratrachéal): Parenchym eng mit den Tracheen verbunden, entweder abaxial von ihnen oder sie umgebend (**vasizentrisch**, E: vasicentric   F: circumvasculaire).
II. radiales Holzparenchym, Markstrahlparenchym: Das Parenchym in den → Markstrahlen, das von kurzen Cambiuminitialen abstammt.
Zuweilen wird in einem engeren Sinne nur das axiale Holzparenchym als Holzparenchym bezeichnet.
G: Erstnachweis des Terminus Holzparenchym: SCHACHT (1856, S. 202). Wegen der meist auffälligen Stärkespeicherung nannte TROSCHEL (1880, S. 81) die Gesamtheit des Holzparenchyms Amylom. Der Terminus Strangparenchym findet sich bei De BARY (1877, S. 500). Para- und metatracheales Holzparenchym wurden zuerst von SANIO (1863 b, S. 407) unterschieden.
Holzstoff → Lignin
Holzstrahl, m. (E: wood ray   F: rayon

ligneux): Abschnitt eines → Markstrahls, soweit er im Xylem verläuft.
Holzteil → Xylem
homoblastisch (E: homoblastic F: homoblastique): Blattfolge, bei der Jugend- und Folgeform allmählich ineinander übergehen und keine auffälligen Unterschiede zwischen ihnen bestehen.
G: GOEBEL (1913 a, S. 360).
homocellular → Markstrahl, Aufbau
homodrom (E: homodromous F: homodrome): Übereinstimmung im Drehsinn der schraubigen Blattanordnung zwischen (relativer) Hauptachse und Seitenachse.
G: A. BRAUN (1835, S. 183) nach einem Vortrag von C.F. SCHIMPER.
homöomer (E: homoiomerous F: homéomère): Flechtenthallus, in dem die → Photobionten relativ gleichmäßig verteilt sind (Gegensatz: → heteromer).
G: WALLROTH (1825, S. 23).
Homoeosis, f. (E: homoeosis F: homéosis, f.): Abweichungen, die dazu führen, dass Glieder eines Kreises oder eines Metamers Merkmale eines anderen annehmen oder – anders ausgedrückt, dass sie an verkehrter Stelle stehen. Bei den Pflanzen betrifft dies z.b. Umwandlung von Gliedern des Kelches in Kronblätter oder von Kronblättern in Staubblätter.
G: MASTERS (1869, S. 241) bezeichnete solche Abweichungen als metamorphies. BATESON (1894, S. 85) führte dafür den Begriff homoeosis ein.
Lit.: SATTLER (1988).
Homöostase, f. (E: homeostasis F: homéostasie, f.): Gleichgewichtszustand in Zelle, Gewebe, Organismus oder Population, der auch gegen den Einfluss verschiedener innerer und äußerer Faktoren durch Regelmechanismen erhalten bleibt (von gr. homoios, gleichartig, und stasis, Stehen, Zustand).
homöotische Gene, n.pl., homoeotische Gene (E: homeotic genes F: gènes homéotiques): Gene, durch deren Mutation (**homöotische Mutation**) Organe an der falschen Stelle bzw. in der falschen Reihenfolge gebildet werden (→ Homoeosis). Die homöotischen Gene sind damit für die **Organidentität** verantwortlich.
G: GOLDSCHMIDT (1940, S. 326) verwendete „homoeotic mutants".
homöotische Mutation → homöotische Gene

homogam 1. → Homogamie 2. → Köpfchen, homogam
homogametisch (E: homogametic F: homogamétique): Beim Vorhandensein von Geschlechtschromosomen das Geschlecht (gewöhnlich das weibliche), welches die genetische Konstitution XX besitzt.
Homogamie, f. (E: homogamy F: homogamie, f.): Bei Homogamie ist die Narbe einer Zwitterblüte zu der Zeit empfängnisfähig, wo der Pollen ausgeschüttet wird (Gegensatz: → Dichogamie). Die Blüte ist **homogam**. Autogamie ist dann zwar prinzipiell möglich, kann aber durch räumliche Trennung (→ Herkogamie) erschwert oder durch Selbstinkompatibilität unmöglich sein.
G: Ch.K. SPRENGEL (1793, Sp. 19).
Homoglykan → Polysaccharide
homoiochlamydeisch (E: homochlamydeous F: homochlamydé): Blüte mit einer doppelten Blütenhülle, bei der beide Kreise gleich gestaltet sind. Typisch für die meisten Monokotylen.
homoiochlorophyll → poikilohydr
Homoiohormon → Pheromon
homoiohydr, homoiohydrisch (E: homoiohydric): Homoiohydre Pflanzen können in Grenzen ihren Wasserzustand regeln, so dass er unabhängig von der relativen Wasserdampfspannung der Atmosphäre weitgehend konstant bleibt. Hierzu gehören als typische Landpflanzen mit wenigen Ausnahmen alle Kormophyten im Gegensatz zu den → poikilohydren Thallophyten.
G: WALTER (1931, S. 9) führte das Begriffspaar homoiohydr - poikilohydr in Anlehnung an die Bezeichnungen homoiotherm - poikilotherm der Zoologie ein, abgeleitet von gr. homoios, gleichartig, bzw. poikilos, verschiedenartig, und hydor, Wasser.
homoiohydrisch → homoiohydr
Homoiologie, f., Paralleleolution, f. (E: parallelism, parallel evolution F: évolution parallèle): Parallele Entwicklung einer Merkmalsausprägung, die nicht von einem gemeinsamen Vorfahren ererbt ist, aber in einem Verwandtschaftskreis auf der gleichen morphologischen Grundlage vor sich geht. Homoiologien stehen zwischen den Homologien und Analogien, bei enger Fassung von Homologie sind sie eher den Analogien zuzurechnen. Sie können nur hypothetisch auf Grund von Indizien erkannt werden.
G: Eingeführt von PLATE (1901, S. 502). In der

Botanik wird der Terminus erst in den letzten Jahrzehnten verwendet. Die Geschichte des gleichbedeutenden Ausdrucks parallelism behandeln HAAS & SIMPSON (1946).
homolog (E: homologous F: homologue): Adj. zu → Homologie.
homologe Mutation → Parallelmutation
homologe Reihen → Parallelvariation
homologer Generationswechsel → Generationswechsel, homophasischer
Homologie, f. (E: homology F: homologie, f.): Homologie besteht zwischen Organen, von denen man annehmen kann, dass sie auf ein und dasselbe Organ eines gemeinsamen Vorfahren zurückgehen. Sie nehmen im „Bauplan" eine gleiche Stellung ein (→ Homologiekriterien).
G: Homologien sind schon früh erkannt worden, allerdings wurden sie lange Zeit nicht deutlich von den Analogien unterschieden. Erst OWEN (1843, zit. nach 1848, S. 7) gab eine klare Abgrenzung des Begriffspaares. Seine Definition ist rein morphologisch, erst später kamen phylogenetische Gesichtspunkte hinzu. Die sehr umfangreiche Literatur stammt überwiegend von Zoologen.
Lit.: SPEMANN (1915), BOYDEN (1947), HAAS & SIMPSON (1946), INGLIS (1966), SATTLER (1984), STEVENS (1984), TOMLINSON (1984), PATTERSON (1988), DONOGHUE in KELLER & LLOYD (1992, S. 170-179), HALL (1994).
Homologie von Chromosomen (E: homology of chromosomes F: homologie des chromosomes): Chromosomen (oder Chromosomenabschnitte), die weitgehend identisch in den Genen und ihrer Anordnung sind und sich deshalb in der Meiose ohne weiteres paaren können. Diploide Organismen haben zwei Sätze homologer Chromosomen (STRASBURGER 1910).
Homologie von Genen und Proteinen: Gene, die sich von einem Vorfahren ableiten lassen, können als homolog bezeichnet werden. Wenn sie durch Genduplikation entstanden sind und sich in einem Organismus und seinen Nachfahren auseinander entwickelt haben, so heißen sie **paralog** (E: paralogous). Handelt es sich dagegen um den Vergleich eines Gens bzw. davon abgeleiteten Proteins bei verwandten Sippen, so spricht man von **ortholog** (E: orthologous). G: Die Unterscheidung paralogous – orthologous stammt von FITCH (1970, S. 113).

Lit.: HILLIS (1994).
Homologiekriterien, f.pl. (E: criteria of homology F: critères d'homologie): Nach REMANE (1956, S. 30) gibt es drei Hauptkriterien: **1.** Kriterium der Lage: Organe sind homolog bei gleicher Lage in einem Gefügesystem („Bauplan"; vgl. Homotopie). **2.** Kriterium der speziellen Qualität der Strukturen. **3.** Kriterium der Verknüpfung durch Zwischenformen.
G: Das Kriterium der Lage ist das älteste, nach REMANE wurde es bereits von J.W. GOETHE herausgestellt. In der Botanik verwendete es A.P. de CANDOLLE (1813, S. 126). Eine Übersicht über die Anwendung von Homologiekriterien in der Botanik gibt ECKARDT (1964).
homonom (E: homonomous): Adj. zu → Homonomie.
Homonomie, f. (E: homonomy F: homonomie, f.): Vergleichbarkeit zwischen Organen, die an einem Organismus hinter- bzw. übereinander liegen, wie die Gliedmaßen von Tieren oder die Blätter bei Pflanzen. Homonomie wird oft fälschlich mit Homologie gleichgesetzt.
G: OWEN (1848, S. 7) sprach von einer „serial homology"; BRONN (1858, S. 84) nannte solche Organe „homonym" (gleichnamig), später setzte sich homonom durch.
Homonym, n. (E: homonym F: homonyme, m.): Gleichlautender Name, der ein anderes Taxon bezeichnet. Von mehreren Homonymen ist - von Sonderfällen (→ nomen conservandum) abgesehen - nur der älteste legitim (regelgemäß) und kann verwendet werden.
homophasisch → Generationswechsel, homophasischer
Homoplasie, f. (E: homoplasy F: homoplasie, f.): Alle Fälle von Übereinstimmung in einzelnen Merkmalen und von Gesamtähnlichkeit, die nicht auf Übernahme von einem gemeinsamen Vorfahren beruhen. Hierzu gehören → Homoiologie, Analogie, Konvergenz und zufällige Übereinstimmungen (SIMPSON 1961, S. 78).
G: Der Begriff geht auf LANKESTER (1870, S. 39) zurück.
homoploid (E: homoploid): Nahe verwandte Taxa mit der gleichen Polyploidiestufe.
homorrhiz (E: homorhizic F: homorhize): Adj. zu → Homorrhizie.
Homorrhizie, f. (E: homorhizy F: homorhi-

zie, f.): Typ der Bewurzelung der → Farnpflanzen, bei dem alle Wurzeln als sprossbürtig angesehen werden können (**primäre Homorrhizie**). Bei den Monokotylen und einzelnen Dikotylen entsteht durch frühes Absterben der Primärwurzel eine **sekundäre Homorrhizie**.
G: GOEBEL (1930, S. 1145).
Homosporie → Isosporie
homostyl (E: homostylic, homostylous F: homostyle): Mit nur einem Blütentyp (mit gleicher Griffellänge oder -struktur) im Gegensatz zu → heterostylen Pflanzen. Der Begriff wird dort angewendet, wo innerhalb einer Gattung oder Familie hetero- und homostyle Sippen vorkommen (z.B. *Armeria*).
G: AXELL (1869, S. 15).
homotaktisch → heterotaktisch
homothallisch (E: homothallic F: homothallique): Pilz, bei dem die sexuelle Fortpflanzung zwischen Teilen eines aus einer Spore hervorgegangenen Thallus möglich ist. Der Begriff wird gelegentlich auch bei Algen und Moosen angewendet.
G: Der Terminus wurde von BLAKESLEE (1904 a; b, S. 208) aufgestellt.
Homotopie, f. (E: homotopy F: homotopie): Übereinstimmung in der relativen Lage (Stellung) bei Organen verschiedener Organismen. Homotopie besteht z.B. zwischen den adaxialen Stamina verschiedener Arten, aber auch zwischen einem adaxialen Stamen von *Verbascum* und dem adaxialen Staminodium von *Scrophularia*.
G: TROLL (1935, S. 20).
homoxyl (E: homoxylous F: homoxylé): Pflanze mit einem Holz, das nur Tracheiden, aber keine Tracheen enthält. Die Bezeichnung wird besonders bei den Angiospermen verwendet, wo dies eine Ausnahme ist.
G: Van TIEGHEM (1900) vereinigte die damals bekannten tracheenlosen Angiospermen in einer Unterklasse „Homoxylées".
homozygot (E: homozygote, homozygous F: homozygote): Diploider Organismus, bei dem sich an gleichen Loci homologer Chromosomen gleiche Allele befinden. Meist wird es nur auf einen Locus bezogen, da es absolut homozygote Organismen in der Natur kaum gibt.
G: Von BATESON & SAUNDERS (1902) zusammen mit heterozygot geschaffen.
Honigblatt → Nektarblatt
Honigtau, m. (E: honey-dew F: rosée mielleuse, f.): **1**. der von Blattläusen ausgeschiedene süße Saft, der auf den Siebröhrensaft zurückgeht (→ Aphidentechnik). **2**. durch Pilze (besonders den Mutterkornpilz, *Claviceps purpurea*) veranlasste süße Ausscheidung der Pflanzen.
hopeful monster → Makromutation
Hormocystangium, n. (E: hormocystangium): Blasenartige Anschwellungen an Thallusästen der Flechtengattung *Lempholemma*, in denen die Cyanobakterien der Gattung *Nostoc* → Hormoycsten ausbilden.
Hormocyste, f. (E: hormocyst F: hormocyste, m.): Dauerorgan der Cyanobakterien, das aus einem kurzen Fadenstück hervorgeht.
G: Erstnachweis: BORZI (1914, S. 349, als „ormociste").
Hormogonium, n. (E: hormogone, hormogonium F: hormogonie, f.): Mehrzelliges Fragment eines Fadens bei Cyanobakterien, das der asexuellen Fortpflanzung dient. Hormogonien können sich oft gleitend fortbewegen.
G: THURET (1844, S. 320) hat die Bildung und Bewegung der H. schon genau beschrieben, den Namen verwendet er 1875 (S. 373). Offenbar abgeleitet von gr. hormos, Schnur, Kette, und gone, Geburt, Nachkomme.
horotelisch → Evolutionsgeschwindigkeit
Horst, m. (E: tuft, tussock F: touffe): Wuchsform, bei der durch basale Verzweigung ohne Ausläuferbildung viele Triebe eng aneinander gedrängt sind. Horstbildung ist besonders typisch bei vielen Poaceae und Cyperaceae.
horstig (L: caespitosus E: tufted, cespitose F: cespiteux) Adj. zu → Horst. Als Übersetzung von caespitosus wurde auch **rasig** verwendet (vgl. *Deschampsia caespitosa*, Rasenschmiele), das widerspricht aber der heutigen Auffassung von einem Rasen, der aus ausläuferbildenden Arten besteht.
hort. (= hortulanorum): Als Zusatz bei einem wissenschaftlichen Pflanzennamen (an Stelle eines Autorzitates) bezeichnet hort. (lat. hortulanorum, [Name] der Gärtner) einen Namen, der in der gärtnerischen Literatur geläufig, aber nomenklatorisch nicht korrekt ist. Manche dieser Namen sind nie gültig veröffentlicht worden. Vor allem durch den Samentausch haben sich solche Namen früher oft schnell verbreitet.
Hortus botanicus → Botanischer Garten

Hüllblatt → Involucralblatt
Hüllchen → Involucellum
Hülle → Involucrum
Hüllfrucht → Cystokarp
Hüllkelch → Involucrum
Hüllspelze → Gluma
Hülse, f., Legumen, n. (L: legumen, n., E: pod F: gousse, f., légume, m., cosse, f.): Trockene Frucht aus einem Karpell, die sich an der Rücken- und Bauchnaht öffnet. Fruchttyp der meisten Fabaceae (Leguminosae).
G: Legumen bezeichnet im Lateinischen vor allem die Früchte von Bohne und Erbse.
humid → Klimadiagramm
Huminstoffe, m.pl., Dauerhumus, m. (E: humic substances): Die im Boden bei der Zersetzung organischer Substanzen entstehenden kaum oder gar nicht abbaubaren Verbindungen. Es handelt sich um dunkel gefärbte, hochpolymere organische Verbindungen mit große Oberfläche, die Wasser und Ionen aufnehmen können. Ein Hauptanteil bilden die Huminsäuren.
Hummelblumen → melittophile Blumen
Humus, m. (E: humus F: humus, m.): Im weitesten Sinne die Gesamtheit der Zersetzungsprodukte abgestorbener Organismen bzw. ihrer Teile im Boden. Der Begriff wird aber zuweilen auch auf die nicht abbaubaren → Huminstoffe begrenzt, die auch Dauerhumus genannt werden. Der Dauerhumus hat eine wesentliche Bedeutung für die physikalische Struktur des Bodens, stellt aber keinen Nährstoff für die Pflanzen dar.
G: Ursprünglich lat. Wort, das Erde bedeutet, und das seine heutige Bedeutung Anfang des 19. Jahrhunderts erhielt. Die besonders von ALBRECHT THAER (1752-1828) vertretene „Humustheorie" sprach dem Humus die wesentliche Rolle bei der Pflanzenernährung zu, sie wurde abgelöst durch die von JUSTUS LIEBIG (1803-1873) aufgestellte „Mineralstofftheorie" (→ Mineralstoffe).
Humustheorie → Humus
Hut, m. (L: pileus, m., pl. pilei E: cap, pileus F: chapeau, m., piléus, m.): Der obere, den Stiel bedeckende Teil bei bestimmten Basidiomyceten („Hutpilzen"), der auf der Unterseite das → Hymenium trägt.
Hyalinzelle, f., Hyalocyt(e), m./f. (E: hyaline cell F: hydrocyte, m., hyalocyte, m.): Große tote, wasserspeichernde Zelle in den Blättern von *Sphagnum* und *Leucobryum*. Jede Hyalinzelle ist bei *Sphagnum* von mehreren Chlorophyllzellen umgeben. Ähnliche Hyalinzellen treten auch in der Rinde der Stämmchen von *Sphagnum* auf. In ihren Wänden befinden sich spangenartige Verdickungen und Poren zur Wasseraufnahme.
G: MOLDENHAWER (1812, S. 205 ff., Taf. 4, Fig. 3-5) war der Erste, der erkannte, dass die Blätter von *Sphagnum* aus zwei Zelltypen (später Hyalin- und Chlorophyllzellen genannt) aufgebaut sind. Er hielt die H. für „Spiralgefäße". Weitere Einzelheiten stellten dann MEYEN (1837) und MOHL (1837) fest. W.P. SCHIMPER (1850) spricht von cellules fibreuses, MORIN (1893, S. 16) von leucocystes.
Hyalocyt(e) → Hyalinzelle
Hyalodermis, f. (E: hyalodermis F: hyaloderme, m.): Aus toten, wasserspeichernden Zellen (→ Hyalinzellen) aufgebaute Rinde der Stämmchen von *Sphagnum*.
Hyaloplasma, n. (E: hyaloplasm(a) F: hyaloplasme, f.): Die durchsichtig erscheinende Grundsubstanz des → Protoplasmas.
G: PFEFFER (1877, S. 123) verstand darunter den äußeren, durchsichtig erscheinenden Teil des Protoplasmas im Unterschied zum Körnerplasma. Der beschreibende Begriff hat heute keine Bedeutung mehr.
Hybernakel → Turio
Hybridart → Nothospecies
Hybridartbildung, f.: Die Bildung neuer Arten durch Hybridisierung. Bei gleicher Polyploidiestufe spricht man von homoploider Hybridartbildung oder auch **Rekombinationsartbildung**. Ein Sonderfall ist die → Introgression (introgressive Hybridisierung). Besonders häufig ist Artbildung durch Hybridisierung verbunden mit Polyploidisierung (→ Allopolyploidie).
Hybridavitalität → Isolationsmechanismen
Hybride, f., Bastard, m., Mischling, m. (Blendling) (E: hybrid F: hybride, m.): Individuum, das aus einer Kreuzung von Eltern hervorgegangen ist, die verschiedenen Arten (oder auch Unterarten etc.) angehören. Von manchen Autoren wird der Begriff noch weiter gefasst. So ist nach DARLINGTON (1937, S. 308) eine Hybride „a zygote produced by the union of dissimilar gametes" (eine Zygote, die aus der Vereinigung ungleicher Gameten hervorgegangen ist). Mindestens bei → allogamen Arten wären dann alle Individuen Hybriden. Hybriden sind gewöhnlich

intermediär zwischen den Eltern, man kennt aber auch solche, die mehr der Mutter ähnlich sind (**matroklin**) oder dem Vater (**patroklin**). Zur Nomenklatur → Nothogenus, → Nothospecies.
G: Vgl. FOCKE (1881, S. 428-445), ROBERTS (1929). DU RIETZ (1958) behandelt die verschiedenen Definitionen.
Hybridformel → Formel (1.)
Hybridhabitat, n. (E: hybridized habitat): Standort, der zwischen den ökologischen Ansprüchen zweier Arten vermittelt, und an dem sich daher deren Hybriden etablieren können. Häufig werden solche Standortsbedingungen durch Eingriffe des Menschen erzeugt.
G: ANDERSON (1948) sprach von „hybridization of the habitat".
Hybridisierung, f., Bastardierung, f. (E: hybridization F: hybridation, f.): Kreuzung zwischen verschiedenen Sippen, Bildung von → Hybriden. Die Bedeutung der Hybridisierung für die Evolution ist umstritten, wichtig ist sie sicher in Zusammenhang mit der Polyploidie (→ Allopolyploidie).
Lit.: ARNOLD (1992).
Hybridisierung, introgressive → Introgression
hybridogen (E: hybridogenous F: hybridogène): Sippe, die aus einer Hybridisierung hervorgegangen ist. Erblich konstante hybridogene Arten können durch (→ Allopolyploidie) entstehen.
Hybridschwarm, m., Bastardschwarm, m. (E: hybrid swarm F: population hybride): Population aus Hybriden und deren Nachkommen (einschließlich von Rückkreuzungen mit den Eltern), in der fast kontinuierliche Reihen von Übergangsformen zwischen zwei Arten vertreten sein können.
Hybridsterilität, f., Bastardsterilität, f. (E: hybrid sterility F: stérilité des hybrides): Sterilität von → Hybriden (Bastarden), wie sie für gut differenzierte Arten typisch ist. Völlige Sterilität der Hybriden ist bei Tieren häufiger als bei Pflanzen. Vgl. → Isolationsmechanismen.
G: Die Tatsache, dass Bastarde zwischen Arten bei den Tieren, wenn sie überhaupt gebildet werden, meist steril sind, ist seit der Antike bekannt. Das klassische Beispiel sind die Kreuzungen zwischen Pferd und Esel. KÖLREUTER stellte bei Pflanzen als Erster bewusst experimentell Kreuzungen

zwischen Arten her und beobachtete ihre Sterilität. Er spricht von einem „botanischen Maulesel" (KÖLREUTER 1761; 1893, S. 31).
Hybridzone, f. (E: hybrid zone F: zone d'hybridation): Bereich an der Grenze des Areals zweier reproduktiv nicht oder nur schwach isolierter Sippen, in der es zur Bildung von Hybriden kommt.
Hydathode, f., Wasserspalte, f., Wasserpore, f. (E: hydathode, water pore F: hydathode, m.): Organ, das Wasser in flüssiger Form abgeben kann. Hydathoden finden sich vor allem am Blattrand vieler Pflanzen. Es kann sich um umgebildete Spaltöffnungen, aber auch um Drüsenhaare etc. handeln.
G: Einen bestimmten Typ von Hydathoden, der aus abgewandelten Stomata besteht, hat DE BARY (1877, S. 54) Wasserspalten oder -poren genannt. HABERLANDT (1894, S. 494) führte den Ausdruck Hydathoden für alle Arten von Wasser abgebenden Organen ein.
Lit.: HABERLANDT (1895), WILKINSON (1979, S. 117-124).
hydraulic lift: Bei manchen Arten geben die Wurzeln in der Nacht Wasser ab an die oberen, trockenen Bodenschichten und saugen es aus tiefen, feuchteren Schichten nach. Am Tage wird es von der Pflanze (eventuell auch von anderen benachbarten Arten) wieder aufgenommen.
G: Der Begriff wurde eingeführt von RICHARDS & CALDWELL (1987).
Lit.: CALDWELL et al. (1998).
Hydrenchym, n., Wassergewebe, n., Wasserspeichergewebe, n. (E: hydrenchym, water-storage tissue F: tissu aquifère, m.): Parenchym aus großen dünnwandigen Zellen mit entsprechend großer Vakuole, die der Wasserspeicherung dient. Hydrenchym ist typisch für die → Sukkulenten, morphologisch handelt es sich oft um eine mehrschichtige → Epidermis oder → Hypodermis.
G: Erstnachweis für Wassergewebe: PFITZER (1871 b, S. 63).
Hydrobiologie, f. (E: hydrobiology F: hydrobiologie, f.): Der Teil der Biologie, der sich mit dem Leben im Wasser befasst. Hierzu gehören die Meeresbiologie und die → Limnologie.
hydrochor (E: hydrochorous, hydrochore): Adj. zu → Hydrochorie.

Hydrochorie, f., Wasserausbreitung, f. (Wasserverbreitung) (E: hydrochory, water dispersal F: hydrochorie, f.): Ausbreitung von → Diasporen mit Hilfe des Wassers. Voraussetzung sind Schwimmfähigkeit und Widerstandsfähigkeit gegen Wasser, z.T. sogar gegen Salzwasser. Neben den typischen Hydrochoren, deren Samen schwimmen, den **Nautohydrochoren**, gibt es die durch Regen verbreiteten **Ombrohydrochoren** (→ Ombrohydrochorie).
G: Obwohl die Ausbreitung durch das Wasser früh bekannt wurde, schuf erst DAMMER (1892, S. 259) das Eigenschaftswort hydrochor für die entsprechenden „Ausrüstungen" der Pflanzen. Davon wurde dann Hydrochorie abgeleitet. P. MÜLLER (1936, S. 189) unterschied die Nauto- und Ombrohydrochorie.
Hydrogamie, f., Wasserblütigkeit, f. (E: hydrogamie, hydrophily F: hydrogamie, f.): Bestäubung unter Mithilfe des Wassers (Vgl. → Ephydrogamie und → Hyphydrogamie).
G: Eine Gruppe der Hydrogamae führte KIRCHNER (in KIRCHNER, LOEW & SCHRÖTER 1904, S. 44) ein als Ersatz für die **Hydrophilae** von F. DELPINO.
Hydrogen-Hypothese, f. (E: hydrogen hypothesis): Die Hypothese betrifft die Entstehung der Eukaryoten-Zelle. Sie entstand danach durch Symbiose aus einem anaerob mit Wasserstoff (engl. hydrogen) als Energielieferanten lebendem Vertreter der → Archaea und einem der → Bacteria als Symbionten, der bei seiner ebenfalls anaeroben Lebensweise molekularen Wasserstoff erzeugte.
G: Die Hypothese wurde von MARTIN & MÜLLER (1998) veröffentlicht.
Hydroiden, f.pl. (E: hydroids F: hydroïdes, m.pl.): Wasserleitende Zellen bei vielen Laubmoosen in der Blattmittelrippe und im Zentralstrang. Hydroiden unterscheiden sich von Tracheiden durch das Fehlen der Verholzung und damit auch entsprechender Verdickungen. Ihre Gesamtheit wird auch als **Hydrom** bezeichnet. Zu den Hydroiden in der Mittelrippe der Laubmoosblättchen gehören die → Begleiter.
G: Die Ausdrücke Hydroiden und Hydrom wurden von POTONIÉ (1883, S. 243) allgemein für die wasserleitenden Zellen geschaffen, werden aber seit TANSLEY & CHICK (1901) speziell bei den Moosen verwendet (vgl. HÉBANT 1977).

Hydrokultur, f., Wasserkultur, f. (E: hydroponics F: culture hydroponique): Kultur von Pflanzen ohne Boden in Wasser (mit Nährlösung). Sie erlaubt die exakte Feststellung des Nährstoffbedarfs der Pflanzen.
G: Als wissenschaftliche Methode eingeführt durch SACHS (1858), dabei war der Chemiker STÖCKHARDT bei der Entwicklung der Nährlösungen beteiligt (vgl. E.G. PRINGSHEIM 1932, S. 46-54).
Hydrolase, f. (E: hydrolase F: hydrolase): Ein Enzym, das polymere Verbindungen durch Hydrolyse spaltet. Dabei geht Wasser, das bei der Kondensation abgespalten wurde, wieder in die Reaktionsprodukte ein. Zu den Hydrolasen gehören u.a. die → Invertase, → Amylasen und → Proteinasen.
Hydrom → Hydroiden
Hydrophilae → Hydrogamie
Hydrophyt, m., Wasserpflanze, f. (E: hydrophyte F: hydrophyte, m.): Pflanze, die ganz oder teilweise unter Wasser lebt.
G: Erstnachweis: LYNGBYE (1819, für Algen).
Hydropterides, pl., Wasserfarne, m.pl., Rhizocarpae (veraltet) (E: water-ferns F: Hydroptéridées): Gruppe von heterosporen Wasserfarnen, die sich durch den Einschluss der Mikro- und Megasporangien in besondere Hüllen auszeichnen. Hierzu gehören u.a. *Marsilea, Salvinia* und *Azolla*.
G: Die Bezeichnung geht auf WILLDENOW (1802 b, S. 8) zurück. Gleich alt ist der Name Rhizocarpae (BATSCH 1802, S. 261, als Familie), der zeitweilig viel verwendet wurde. Lange Zeit galten die Hydropterides als polyphyletisch, bis molekulare Untersuchungen die alte Auffassung von einer Zusammengehörigkeit bestätigten (zuletzt PRYER 1999).
Hydropote, f. (E: hydropote F: hydropote, m.): Drüsenähnliche Bildung an den Blättern von Wasserpflanzen, die Wasser aufnehmen kann.
G: Eingeführt von F. MAYR (1915, S. 278), abgeleitet von gr. hydor, Wasser, und potes, Trinker.
Lit.: WILKINSON (1979, S. 162-165).
Hygroballochorie → Ballochorie
Hygrochasie, f. (E: hygrochasy F: hygrochasie, f.): Öffnung von Früchten oder Fruchtständen bei Befeuchtung. Sie erfolgt durch Quellungsvorgänge und findet sich besonders in Trockengebieten (Gegensatz: → Xerochasie).
G: Eingeführt von ASCHERSON (1892), eine

weitere Untergliederung nahm LHOTSKÁ (1975) vor.
hygrophil (E: hygrophilous F: hygrophile): Adj. zu → Hygrophyt.
Hygrophyt, m. (E: hygrophyte F: hygrophyte, m.): Pflanze, die an feuchte bis nasse Standorte angepasst ist. Sie ist hygrophil.
G: A.F.W. SCHIMPER (1898, S. 4).
Hygrotaxis → Taxie
hymenial: Kennzeichnung der Fruchtkörper der Hymenomyceten im früheren, engeren Sinn. Die Basidien entwickeln sich in einem → Hymenium, das im Laufe der Entwicklung frei exponiert wird und bei dem die → Basidiosporen aktiv abgeschossen werden.
Hymenialalgen, f.pl. (E: hymenial algae F: gonidies (f.pl.) hyméniales): Photobionten von Flechten, die im → Hymenium leben.
G: Von NYLANDER (1858, S. 47) als gonidies hyméniales bezeichnet.
Hymenium, n., (Fruchthaut, f.) (E: hymenium F: hyménium, m.): Schicht aus Asci oder Basidien (oft vermischt mit → Paraphysen oder → Cystiden) an den Fruchtkörpern von höheren Pilzen.
G: PERSOON (1794. S. 65)
Hymenophor, m. (E: hymenophore F: hyménophore, m.): Träger des Hymeniums an den Basidiomyceten-Fruchtkörpern, besonders, wenn dieser nicht flach ist, sondern in Form von Röhren, Lamellen oder Stiften ausgebildet ist.
Hymenopterenblumen → melittophile Blumen
Hypanthium, n., Blütenbecher, m., Achsenbecher, m. (E: hypanthium, flower cup F: hypanthium, m.): Becherförmige oder röhrenförmige Struktur, an deren Basis oder unterhalb derer das Ovar sitzt, während die übrigen Blütenteile am oberen Rand ansetzen.
G: LINK (1824, S. 266). Der Terminus, der „unter der Blüte" bedeutet, ist erklärbar durch die Ansicht, dass die Petalen die „eigentliche Blüte" seien.
Hyphe, f. (E: hypha F: hyphe, f.): Zellfaden der Pilze.
G: Hypha soll nach RÖMER (1815) von WILLDENOW bei Pilzen für fädige Strukturen verwendet worden sein. Th.F.L. NEES & HENRY (1837) benannten eine Gattung *Hypha*.
hyphodrom → Blattaderung
Hyphydrogamie, f. (E: hypohydrophily F: hyphydrogamie, f., hypohydrophilie, f.):

Bestäubung unter Wasser. Hierbei liegen besondere Anpassungen vor, vor allem muss der Pollen wasserverträglich sein, teilweise ist er sogar fadenförmig.
G: Erstnachweis: KNUTH (1898, S. 83).
Hypnoblast → Akinet
Hypnocyste → Akinet
Hypnospore, f., Aplanospore, f., Dauerspore, f. (E: hypnospore F: hypnospore, f., chronospore, f.): Dauerzelle, die eine eigene neue Zellwand ausbildet (im Unterschied zu den → Akineten nimmt die alte Zellwand nicht an der Wandbildung teil). Hypnosporen sind dickwandig und entwickeln sich erst nach einer Ruhepause weiter. Sie sind besonders bei Süßwasserorganismen verbreitet, die in periodisch austrocknenden Gewässern leben. Vgl. auch → Aplanospore, → Chlamydospore.
G: Von A. BRAUN (1855, S. 16) ganz allgemein für Ruhestadien geschaffen (von gr. hypnos, Schlaf). Zur heutigen Definition vgl. ETTL (1988 a, S. 32).
Hypnozygote, f. (E: hypnozygote F: hypnozygote, m.): Eine dickwandige → Zygote, die als Dauerstadium dient, und erst nach einer Ruhezeit keimt.
Hypobasidie → Basidientypen (C.)
Hypochil, n. (L: hypochilium, n. E: hypochil F: hypochile, m.): Basaler Abschnitt des Labellum von Orchideen, wenn dieses durch eine Einschnürung in zwei Abschnitte gegliedert ist. Der apikale Abschnitt, das → Epichil, ist oft gelenkig damit verbunden.
G: L.-C. RICHARD (1818, S. 13), abgeleitet von gr. hypo-, unter, und cheilos, Lippe, Saum.
Hypocingulum → Cingulum
Hypocotyl → Hypokotyl
Hypodermis, f. (E: hypodermis F: hypoderme, m.): Zellschichten unter der Epidermis (bei Blatt, Spross oder Wurzel), die deutlich vom tiefer gelegenen Grundgewebe unterscheiden. Wenn sie durch perikline Teilung aus dem Protoderm hervorgegangen sind, spricht man auch von einer **multiplen Epidermis**, dies lässt sich nur durch entwicklungsgeschichtliche Studien feststellen.
G: Der Ausdruck wurde von KRAUS (1865/66, S. 316) bei seinen Untersuchungen über den Bau der Cycadeenblätter geprägt.
hypogäische Keimung → Keimung
hypogyn (E: hypogynous F: hypogyne): Adj. zu → Hypogynie.
hypogyne Borsten, f.pl. (E: perianth bristles

F: soies hypogynes): Neutraler Ausdruck für Borsten, die bei den Cyperaceae unterhalb des Gynoeceums entspringen. Sie werden von einigen Autoren als Perigon gedeutet.
Hypogynie, f. (E: hypogyny F: hypogynie, f.): Stellung der Blütenorgane (Sepalen, Petalen, Stamina) an der Basis des (oberständigen) Ovars.
G: JUSSIEU (1789, S. XIII).
Hypokotyl, n., **Hypocotyl,** n. (E: hypocotyl F: hypocotyle, m., axe hypocotylé): Der Stängelabschnitt unterhalb der Kotyledonen (oberhalb vom Wurzelhals).
G: Hypokoty! wurde von DARWIN (1880, S. 5) eingeführt. Vorher gab es schon das Adj. hypokotyledonar.
Hypokotylknolle, f.: Verdickung des → Hypokotyls mit Speicherfunktion. Bekannte Beispiele liefern das Alpenveilchen (*Cyclamen*), der Winterling (*Eranthis*) und das Radieschen (*Raphanus sativus*)
Hypokotylknospe, f. (E: hypocotyledonary bud F: bourgeon (m.) hypocotylaire): Knospen am Hypokotyl und damit außerhalb einer Blattachsel. Sie treten z.B. bei verschiedenen *Linaria*-Arten auf. Aus ihnen entwickeln sich **Hypokotylsprosse.**
Lit.: Erste Übersicht bei IRMISCH (1857); RAUH (1937).
Hypokotylspross → Hypokotylknospe
Hypokotylwurzler, m.: Pflanze mit aus dem Hypokotyl entspringenden Wurzeln, bei denen die Primärwurzel frühzeitig zu Grunde geht.
G: H. WEBER (1936, S. 235 ff.)
Hypolimnion, n. (E: hypolimnion F: hypolimnion): In einem See die kältere, kaum bewegte Schicht unterhalb der → Sprungschicht.
G: Eingeführt von BIRGE (1909, S. 1005).
Hyponastie, f. (E: hyponasty F: hyponastie, f.): Auf der Unterseite eines Organs verstärktes Wachstum. Es führt zur Einkrümmung nach oben. Besonders auffällig ist das hyponastische Wachstum bei jungen Farnblättern, die eine starke Einrollung an der Spitze zeigen.
G: Hyponastisch wurde zuerst von C.F. SCHIMPER (1860, S. 87) für ein exzentrisches, auf der Unterseite verstärktes Dickenwachstum geprägt. Gr. nastos, voll, angefüllt, gibt dabei einen Sinn.
Hyponym, n. (E: hyponym F: hyponyme, m.): Ein Name einer Art oder infraspezifischen Sippe, ohne Beschreibung oder mit einer Beschreibung, die keine Identifizierung erlaubt, bei Gattungen ein Name, der keiner Art zugeordnet werden kann. Die Bezeichnung wird heute nicht mehr verwendet.
G: Definiert im „American Code of Botanical Nomenclature" (Bull. Torrey Bot. Club **34**: 167-178. 1907, n.v.).
hypopeltat (E: hypopeltate F: hypopelté): Schildförmige Blätter, bei denen der Blattstiel auf der morphologischen Oberseite ansetzt. Solche Formen treten vor allem bei Kotyledonen und Bracteen auf.
G: Der Begriff des hypopeltaten Blattes geht auf C. de CANDOLLE (1897, S. 61) zurück. Er wird von TROLL (1938-39, S. 1761) abgelehnt, da er eine nicht vorhandene Vergleichbarkeit mit den → peltaten Blättern vortäuscht.
Hypophyse, f., Keimanschluss, m., Anschlusszelle, f. (E: hypophysis F: hypophyse, f.):
1. Embryologie: Zelle zwischen dem Suspensor und dem Embryo der Angiospermen, aus deren Derivaten ein Teil der Primärwurzel und die Wurzelhaube hervorgehen können.
G: Von HANSTEIN (1870, S. 10) in einer grundlegenden Arbeit über die Embryoentwicklung geprägt.
2. Moose → Apophyse
Hypopodium, n. (E: hypopode F: hypopode, m., hypopodium, m.): Das Internodium unter dem untersten Vorblatt.
G: Soll von C.F. SCHIMPER stammen, von TROLL (1935-37, S. 203) erneut eingeführt. - Bei BOWER (1885 b, S. 570) bedeutet es den Blattgrund.
Hypostase, f. (E: hypostase F: hypostase, f.): Auffällige Gruppe von Zellen in der Samenanlage vieler Angiospermen, die auf der Seite der Antipoden an den Embryosack angrenzt und sich durch verdickte, oft verholzte Zellwände auszeichnet.
G: Zuerst von van TIEGHEM (1901, S. 412-413) beachtet und benannt.
Lit.: STUPPY (1996).
hypostomatisch → Blattbau (B.)
Hypostomium, n. (E: hypostomium F: hypostomium, m.): Die Zelle oder die Zellen unmittelbar unter dem → Stomium beim Farnsporangium.
G: Von C. MÜLLER (1893, S. 68) bei entwicklungsgeschichtlichen Studien über das Farnsporangium eingeführt.

Hypotagma → Unterbau
Hypothallus → Prothallus
Hypotheca → Theca (4.)
Hypothecium, n. (E: hypothecium F: hypothécie, f.): Bei den Apothecien der Flechten wird die Zone, in der die ascogenen Hyphen liegen, als Hypothecium (im engeren Sinn) bezeichnet (vgl. E. FREY 1936).
Hypotonie, f. (F: hypotonie, f.): Förderung der Unterseite an einem plagiotropen Organ, z.B. bevorzugtes Austreiben der Knospen an der Unterseite eines Seitenastes.
G: TROLL (1935-37, S. 17, 611).
Hypovalva → Valva
Hypsophyll → Hochblatt
Hysterothecium, n., Lirelle, f. (E: hysterothecium F: lirelle, f.): Langgestrecktes → Ascostroma (Ascokarp) mit schlitzförmiger Öffnung.
G: Lirelle: ACHARIUS (1803, S. XIV).

IAA → Auxine
I.B.C. = International Botanical Congress → Code 1. ICBN
ICBN = International Code of Botanical Nomenclature → Code 1. ICBN
Ichthyochorie, f. (E: ichthyochory F: ichtyochorie, f.): Samenausbreitung mit Hilfe von Fischen, die die Früchte oder Samen verzehren.
G: HEINTZE (1932, S. 47, als Endo-ichthyochorie), von gr. ichthys, Fisch. GOTTSBERGER (1978, S. 180), wies auf die große Bedeutung der Ausbreitung mit Hilfe von Fischen im Amazonasgebiet hin.
ICNCP = International Code of Nomenclature for Cultivated Plants → Code 2. ICNCP
Icon, f., (meist:) pl. Icones, Abbildung, f., Illustration, f. (E: illustration F: illustration, f.): In vielen Monographien findet man unter der Rubrik „Icones" eine Aufzählung von Abbildungen, die bei der Identifikation einer Pflanze helfen können. Für die gültige Veröffentlichung von Namen fossiler Taxa ist eine Abbildung seit dem 1.1.1912 obligatorisch (→ Code 1. ICBN 1994, Art. 38), für die Namen von Algen seit dem 1.1.1958 (ICBN 1994, Art. 39).
G: Die Geschichte botanischer Illustrationen wurde von NISSEN (1966, mit ausführlicher Bibliographie) und BLUNT & STEARN (1994) dargestellt.
Icones → Icon
Iconographie, f., Ikonographie (E: iconography F: iconographie, f.): Abbildungswerk, in der Botanik ein Buch, das die Arten einer Gattung, Familie oder auch eines Gebietes in Abbildungen (ohne oder mit kurzem Text) darstellt. Vgl. → Icon.
G: Seit den Kräuterbüchern des 16. Jahrhunderts ist die Bedeutung von Abbildungen für das Bestimmen von Pflanzen allgemein anerkannt, und es wird häufig schon im Titel auf das Vorhandensein von Abbildungen hingewiesen, so zuerst bei BRUNFELS (1530). Ein frühes Werk mit dem Begriff Iconographie im Titel ist die „Phytanthozoa-Iconographia" von WEINMANN (1737-45).
Lit.: Das wichtigste Verzeichnis von Pflanzenabbildungen ist als „**Index Londinensis**" bekannt (STAPF 1929-31, Suppl. 1941).
Iconotypus, m. (E: iconotype F: iconotype, m.): Ein Iconotypus ist eine Illustration, die als Typus dient. Auch eine Zeichnung oder Photographie eines Typus wurde so genannt.
G: Ursprünglich im Sinne der Illustration eines Typus verwendet. Da eine Abbildung mit Details vor dem 1.1.1908 als Typus verwendet werden kann (→ Code 1. ICBN 1994, Art. 42,3), führte FOTT (1956) den Terminus Iconotypus („ikonotyp") ein. 1993 stellte P.C. SILVA (Taxon **42**: 165) den Antrag, ihn in den Code aufzunehmen, was aber nicht geschah.
Idealistische Morphologie → Morphologie, idealistische
Idioblast, m. (E: idioblast F: idioblaste, m.): Zelle, die sich durch besondere Eigenschaften (z.B. Form, Wandbau, Inhaltsstoffe, Funktion) von den benachbarten unterscheidet und einzeln oder in kleinen Gruppen im Grundgewebe liegt.
G: Schon MEYEN (1837) behandelte in einem eigenen Kapitel die Sekretion beonderer Stoffe durch einzelne Zellen. Der Begriff Idioblast wurde von SACHS (1874, S. 85) eingeführt (abgeleitet von gr. idios, eigen(-artig), und blastos, Gebilde, Keim).
Lit.: FOSTER (1956).
idiochor, Idiochorophyt → Autophyt
Idiochromosom → Geschlechtschromosom
Idiogamie, f., Individualbestäubung, f. (E: idiogamy F: idiogamie, f.): Bestäubung innerhalb einer Blüte (→ Autogamie) oder zwi-

schen Blüten einer Pflanze (→ Geitonogamie).
G: Da Autogamie und Geitonogamie genetisch gesehen gleiche Bedeutung haben, ist es sinnvoll, sie zusammenzufassen. Das erkannte als erster CAMMERLOHER (1923, S. 197)). Er nannte beides zusammen Individualbestäubung, später (1931, S. 12) dann Idiogamie.
Idiogramm → Karyogramm
Idioplasma, n., Keimplasma, n. (E: idioplasm F: idioplasme, m., plasme germinatif): Theoretischer Begriff von NÄGELI (1884, S. 23) für die Gesamtheit des Plasmas, das die Anlagen enthält. Dies entspricht nach heutiger Vorstellung dem → Genotypus. NÄGELI dachte an ein Protein.
Idiotypus → Genotypus
Ikonographie → Iconographie
illegitime Bestäubung, f. (E: illegitimate pollination F: pollinisation illégitime): Bestäubung einer Blüte einer heterostylen Pflanze mit dem Pollen einer gleichartigen Blüte, also z.b. Bestäubung einer langgriffeligen Blüte mit dem Pollen einer anderen langgriffeligen. Meist führt eine solche Bestäubung nicht zum Fruchtansatz, es sind aber Ausnahmen möglich. Gegensatz: **legitime Bestäubung** (E: legitimate pollination F: pollinisation légitime) zwischen verschiedenen Blütentypen.
G: DARWIN (1868 b, S. 393) führte die Bezeichnung „illegitimate and legitimate union" ein.
illegitimer Name → Name
Illustration → Icon
imbricat → Ästivation
Immenblütigkeit → Melittophilie
Immenblumen → melittophile Blumen
imperfekte Pilze → Fungi imperfecti
imperfektes Stadium → Anamorphe
Importine, n.pl. (E: importins F: importines, f.): Eine Gruppe von Proteinen, die den Import bestimmter Proteine in den Zellkern regeln. Ihr Gegenstück sind **Exportine**, die für den Export aus dem Kern zuständig sind.
inaequale Zellteilung → Zellteilung, inaequale
inaperturat (E: inaperturate F: inaperturé): Pollenkorn, das keinerlei → Aperturen (vorgebildete Keimstellen für den Pollenschlauch) besitzt.
G: IVERSEN & TROELS-SMITH (1950, S. 45).
incertae sedis: Bedeutet als Zusatz zum Namen eines Taxons, besonders einer Gattung oder Familie, „von unsicherer systematischer Stellung".
G: JUSSIEU (1789) führte (als Erster ?) am Schluss seines Werkes eine Reihe von „plantae incertae sedis" auf.
Index Kewensis, Kew Index: Auf Anregung von CHARLES DARWIN durch GEORGE BENTHAM begründetes Verzeichnis aller veröffentlichten Namen von Samenpflanzen. In den ersten Bänden (1893 ff.) wurde auf Grund von Standardwerken zwischen akzeptierten Namen und Synonymen unterschieden. Ab Supplement. **4** (1913) ist der Index Kewensis ein reines Verzeichnis ohne Wertung. Zunächst wurden nur die Namen von Gattungen und Arten aufgenommen, seit Supplementband **16** (1981) die neuen Namen aller taxonomischen Rangstufen von der Familie abwärts.
Lit.: WAGENITZ (1983).
Index Londinensis → Iconographie
Index Seminum, m., pl. Indices Seminum, Samenkatalog, m. (E: seed-list, catalogue of seeds F: catalogue des semences): Von einem Botanischen Garten meist jährlich herausgegebenes Verzeichnis von Samen (bzw. Früchten), die im Tausch abgegeben werden. Vor allem im 19. Jahrhundert enthielten diese Kataloge oft auch Beschreibungen von neuen Arten.
indigen → Autophyt
indirekte Kernteilung → Mitose
Individualbestäubung → Idiogamie
Individualentwicklung → Ontogenie
Individuum, n. (E: individual F: individu, m.): Physisch abgrenzbare normalerweise sich selbst reproduzierende Einheit eines Lebewesens.
G: Der Begriff „Individuum", das Unteilbare, wurde zuerst auf Tiere und Menschen angewandt. Bei den Pflanzen ist er nur bei annuellen und biennen Pflanzen wirklich brauchbar. Bei ausdauernden Pflanzen mit ihrer vielfach großen Fähigkeit zur vegetativen Vermehrung besteht die Eigenschaft der Unteilbarkeit nicht. Man kann entweder den ganzen (→ Klon → Genet), der aus einer solchen Pflanze hervorgehen kann, als das Individuum ansehen, oder man sucht das, was nicht mehr teilbar ist, und gelangt dann zu einer Sprossgeneration als dem eigentlichen Individuum. Jede Knospe an einer Pflanze begründet danach ein neues Indivi-

duum (ROEPER 1826, S. 434; A. BRAUN 1850, S. 21; 1854, S. 69; HAECKEL 1866 a). Vgl. → Modul.

Induktion, f. (E: induction F: induction, f.): In der Entwicklungsphysiologie die von den Nachbarzellen ausgehende Bestimmung der Art der Differenzierung. Bereits differenzierte Zellen können in der Nachbarschaft die Ausbildung gleichartiger Zellen oder auch anderer Zelltypen induzieren.

Indument, n., Haarkleid, n., Behaarung, f. (L: indumentum, n., E: indumentum F: indument, indumentum, revêtement, m.): Die gesamte Behaarung einer Pflanze oder eines Pflanzenteils.
G: Das lat. Wort bedeutet Kleidung, Überzug. Erstnachweis: ILLIGER (1800).

Indusium, n., Schleier, m. (E: indusium F: indusie, f.): Häutiges Gebilde, das die Sori vieler → Farne während der Entwicklung und manchmal auch noch zur Reifezeit bedeckt.
G: WILLDENOW (1787, S. XIV), lat. indusium, Übermantel.

Infloreszenz, f., Blütenstand, m. (L: inflorescentia, f. E: inflorescence F: inflorescence, f.): Abgrenzbarer Teil einer Pflanze, der die Blüten trägt, und dessen apikale Meristeme zur Blütenbildung aufgebraucht werden. Die Einteilung kann nach verschiedenen Gesichtspunkten erfolgen:
A. geschlossene Infloreszenz (L: inflorescentia definita E: determinate inflorescence F: inflorescence définie). - **offene Infloreszenz** (L: inflorescentia indefinita

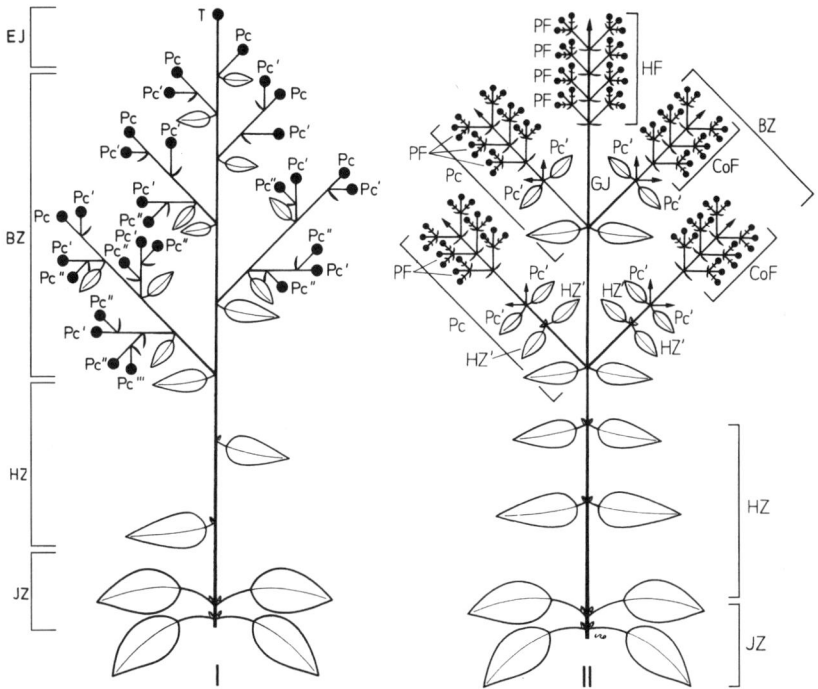

Abb. 3: Infloreszenztypen und Aufbau blühender Pflanzen. I monotele, II polytele Synfloreszenz. – T Terminalblüte, EJ Endinternodium, Pc, Pc', Pc" Parakladien erster bis n-ter Ordnung, BZ Bereicherungszone, HZ Hemmungszone, JZ Innovationszone, HF Hauptfloreszenz, CoF Cofloreszenz, PF Partialfloreszenz, GJ Grundinternodium. – Aus WEBERLING 1981.

E: indeterminate inflorescence F: inflorescence indéfinie): Geschlossene Infloreszenzen haben eine Endblüte, offene ein vegetatives, verkümmerndes Ende.
G: Als Gegensatzpaar definita - indefinita zuerst bei ROEPER (1826, S. 442).
B. racemöse Infloreszenz (E: racemose inflorescence F: inflorescence racémeuse) - **cymöse Infloreszenz** (E: cymose inflorescence F: inflorescence cymeuse): Einfache racemöse I. (z.B. → Traube, → Ähre) haben eine durchgehende Hauptachse meist ohne Endblüte und eine unbestimmte Zahl von Seitenachsen, während bei den cymösen I. die Hauptachse sogleich in einer Blüte endet und nur eine Seitenachse (→ Monochasium) oder zwei (→ Dichasium), selten mehr (→ Pleiochasium) die Verzweigung fortsetzen.
G: EICHLER (1875, S. 33) schlug vor, racemös durch **botrytisch** zu ersetzen.
C. monotele Infloreszenz (E: monotelic inflorescence F: inflorescence monotèle) - **polytele Infloreszenz** (E: polytelic inflorescence F: inflorescence polytèle): Monotele I. haben eine Endblüte, die Seitenachsen ebenfalls, sie werden als → Parakladien bezeichnet. - Polytele I. enden in einer offenen → Hauptfloreszenz, die seitlichen Parakladien in einer → Cofloreszenz (Abb. 3, S. 157).
Lit.: Das Konzept der Unterscheidung monoteler und polyteler I. wurde ausführlich zuerst von TROLL (1961 a, 1962, 1964) vorgestellt. Zur Kritik an dieser Einteilung vgl. STAUFFER (1963) und SCHROEDER (1987).
Lit.: TROLL (1964, 1969), TROLL & WEBERLING (1989), WEBERLING (1981, 1989).
Infloreszenzblume → Pseudanthium
infragenerische Taxa → Taxon, infragenerisches
infraspezifische Taxa → Taxon, infraspezifisches
Infusorien, n.pl., Aufgusstierchen, n.pl. (E: Infusoria, pl. F: infusoires, f.pl.): Historische Bezeichnung für im Wasser lebende mikroskopische Organismen. Dazu wurden neben tierischen und pflanzlichen Einzellern auch einige Mehrzeller (z.B. Rotatoria) gerechnet.
G: Der Name lässt sich zuerst bei LEDERMÜLLER (1760, S. 88, „Infusions-Thierlein") nachweisen, dann in einer Abhandlung von WRISBERG (1765) als „Animalcula Infusoria".
LAMARCK (1809, 1, S. 283) nahm sie formal in sein System auf. EHRENBERG (1830, 1838) sprach den Infusorien ganz allgemein eine innere Organisation „wenigstens mit Mund und innerem Ernährungsapparat" zu. Er rechnete an pflanzlichen Organismen Flagellaten, Desmidiaceae und Diatomeen dazu. - Infusum (von lat. infundere, hineingießen) ist ein Aufguss von Pflanzenteilen mit Wasser. In einem solchen „Heuaufguss" findet man nach einiger Zeit verschiedene „Infusorien".
Initialen → Initialzellen
Initialengruppe → Initialzellen
Initialzellen, f. pl., Initialen, f.pl., Stammzellen, f.pl. (E: initial cells, stem cells F: cellules initiales): Zellen in den Apikalmeristemen des Sprosses und der Wurzel, die durch inäquale Teilungen ständig Zellen abgeben, die sich weiter differenzieren, während sie selbst weiter teilungsfähig bleiben (auch → Cambiuminitiale). Während bei vielen Farnpflanzen eine → Scheitelzelle eine Initialzelle darstellt, gibt es bei anderen und bei den Samenpflanzen eine **apikale Initialengruppe** (E: apical initial group F: zone apicale).
G: Nach der Entdeckung der Scheitelzellen bei Algen, Moos- und Farnpflanzen meinte man zunächst, es müsse eine solche auch bei Samenpflanzen geben. HANSTEIN (1868 a) zeigte, dass es hier eine „Scheitelzellgruppe" gibt. Der Begriff Stammzellen wurde erst in den letzten Jahrzehnten aus der Zoologie übernommen (vgl. BARLOW 1997, FRANCIS 1997).
Inkompatibilität, f. (E: incompatibility F: incompatibilité, f.): Sterilität, die auf einer physiologischen Unverträglichkeit beruht (→ Isolationsmechanismen).
G: Eingeführt von STOUT (1917: self-incompatibility).
innere Haare → Sklereiden
Innovation, f., Erneuerung, f. (E: innovation F: innovation, f.): Die Bildung neuer Sprosse aus → Innovationsknospen nach einer Ruheperiode.
Innovationsknospe, f., Erneuerungsknospe, f. (E: renewal bud F: bourgeon d'innovation, bourgeon de regénérescence): Knospe, die an der Basis blühender Triebe sitzt, und normalerweise erst in der nächsten Vegetationsperiode zum Austreiben kommt. Aus ihr entwickelt sich dann ein **Innovationstrieb**, Erneuerungstrieb (E: innovation

shoot F: pousse d'innovation, pousse de regénérescence).
G: A. BRAUN (1850, S. 40) nannte sie Erneuerungssprosse, TROLL (1951, S. 383) Innovationstriebe.
Innovationszone, f. (E: innovation zone F: zone (f.) d'innovation): Abschnitt an der Sprossbasis perennierender Pflanzen, in dem sich die → Innovationsknospen befinden (Abb. 3, S. 157).
G: TROLL (1951, S. 383).
inoperculat → Ascustypen (B.)
Insectivoren, f.pl., Carnivoren, f.pl., tierfangende Pflanzen (E: insectivorous plants, carnivorous plants F: plantes insectivores): Pflanzen, die durch Gleit- oder Klebfallen, seltener durch schnelle Bewegungen, kleine Tiere fangen und verdauen.
G: Das Wort „insectivore" für Insekten fressend gibt es in der Zoologie schon bei GEORGES BUFFON im 18. Jahrhundert. In der Botanik wurde der Terminus spätestens durch das Buch von DARWIN (1875) „Insectivorous plants" bekannt.
Lit.: JUNIPER, ROBINS & JOEL (1989).
Insektenbestäubung → Entomogamie
Insertion, f. (E: insertion F: insertion, f.):
1. in der Morphologie: Ansatz eines Organs an einem anderen, von besonderer Bedeutung ist die Insertion von Kron- und Staubblättern im Verhältnis zum Ovar.
G: Der von LINNAEUS nicht verwendete Terminus lässt sich zuerst bei JUSSIEU (1789, S. XLVI ff.) nachweisen, abgeleitet von lat. inserire, einfügen.
2. in der Genetik: Einfügung eines Stückes DNA (ein oder mehrere Nucleotide) in eine DNA-Sequenz. Dies kann zu einer → Leserastermutation führen.
Insertionsstelle (am Chromosom) → Kinetochor
intectat (E: intectate F: intecté): Pollenkorn mit einer Skulptur, aber ohne → Tectum.
G: IVERSEN & TROELS-SMITH (1950, S. 46).
Integument, n. (L: integumentum, n. E: integument F: tégument, m.): Hülle oder Hüllen, die bei einer Samenanlage den Nucellus so umschließen, dass nur eine enge Öffnung (die → Mikropyle) an der Spitze übrig bleibt.
G: GAERTNER (1788) verwendet integumentum (lat. Decke, Hülle) noch für die Samenschale und ihre Anhänge. Bei MIRBEL (1829), der als Erster die Entwicklung der Samenanlage verfolgte, heißen das äußere und innere Integument „primine" und „secondine". SCHLEIDEN (1837, S. 305/307) benutzt dann integumentum externum und internum im heutigen Sinn für das äußere und innere Integument.
Integumenttapetum → Endothelium
Intercellulare → Interzellulare
Intercellularsubstanz → Mittellamelle
Intercolpium, n., Mesocolpium, n. (E: intercolpium F: intercolpium, m.): Beim Pollenkorn der Bereich zwischen zwei → Colpi (zum Pol hin begrenzt durch die Verbindungslinie zwischen ihren Enden).
G: IVERSEN & TROELS-SMITH (1950, S. 34).
Intercostalfeld, n. (E: intercostal area F: zone intercostale): Bereich zwischen den Blattadern in einem Blatt.
Interfascicularcambium → Cambium
interfaszikulär → Cambium
interkalares Wachstum → Wachstum (B. 2.)
intern → Leitbündel
International Code of Botanical Nomenclature → Code 1. ICBN
Internodienwurzler, m.: Pflanze, bei der die sprossbürtigen Wurzeln aus den Internodien entspringen. Die Wurzelbildung kann dabei an den Knoten beginnen.
G: H. WEBER (1936, S. 282).
Internodium,n., pl. Internodien (L: internodium, n., pl. internodia, E: internode F: entrenoeud, m.): Das Stück eines Stängels zwischen den → Knoten, das definitionsgemäß keine Blätter trägt. Im übertragenen Sinn auch bei *Chara* und ähnlichen Algen das Stück zwischen den Stellen, an denen wirtelige Äste ansitzen.
G: Nach STRÖMBERG (1937, S. 101) ist internodium (lat. inter, zwischen, und nodus, Knoten) eine Übersetzung des gleichbedeutenden gr. mesogonation bei THEOPHRAST. Internodium kommt schon bei PLINIUS vor (SPRAGUE 1933 a) und in der frühen Neuzeit bei FUCHS (1542).
Interpetiolarknospe → Intrapetiolarknospe
Interpetiolarstipeln, f.pl. (E: interpetiolar stipules F: stipules inter-pétiolaires): Stipeln, die auf jeder Seite zwischen der Basis der Blätter eines Paares gegenständiger Blätter stehen. Typisch für die Rubiaceae.
G: Erstnachweis: A. de CANDOLLE (1835, S. 104).
Interphase, f. (E: interphase F: interphase,

Interzellulare

f.): Phase, in der sich der Kern zwischen zwei Mitosen befindet. Der Interphasekern wurde früher auch als **Ruhekern** bezeichnet. Dieser Ausdruck ist aber irreführend, da der Kern während der Interphase durchaus aktiv ist (es findet z.B. die Replikation, die Verdoppelung der DNA, während dieser Zeit statt), deshalb spricht man heute vom **Arbeitskern**.
G: Lundegårdh (1912, S. 272) führte Interphase ein, benutzte aber auch Ruhekern.
Interzellulare, f. (E: intercellular space F: espace intercellulaire, m.): Meist luftgefüllter Hohlraum zwischen Zellen. Interzellularen entstehen auf verschiedene Weise: **1. schizogen** (E: schizogenous F: schizogène): Durch Spaltung der den angrenzenden Zellen gemeinsamen Wand. **2. lysigen** (E: lysigenous F: lysigène): Durch Auflösung einzelner Zellen. **3. rhexigen** (E: rhexigenous F: rhexigène): Durch mechanisches Zerreißen von Zellen.
G: Die verschiedenen Formen der Interzellularenentstehung wurden von De Bary (1877, S. 209) unterschieden und benannt.
Interzellulargang, m. (E: intercellular canal, intercellular channel F: canal intercellulaire, m.): Axial oder radial verlaufende Röhre mit Inhaltsstoffen, die von einem → Epithel umgeben ist und sekundäre Pflanzenstoffe enthält. Hierzu gehören vor allem die → Harzgänge bei Coniferen und die „Gummigänge" bei Dikotylen.
G: Treviranus (1806, S. 10) diskutierte als Erster ausführlich die Zwischenräume zwischen den Zellen (die schon andere gesehen hatten) und sprach von „Intercellulargängen". Er nahm noch an, dass in ihnen eine Saftbewegung stattfinde und hielt auch die Milchröhren für Interzellulargänge.
Interzellularsubstanz → Mittellamelle
Interzeptionswasser, n. (E: interception (water) F: eau de l'interception): Der Teil des Niederschlagswassers, der als Benetzung der Pflanzenoberflächen festgehalten wird und zum großen Teil bald verdunstet.
Intine, f. (E: intine F: intine, f.): Die innere, überwiegend aus Cellulose bestehende Wandschicht eines Pollenkorns. Aus ihr entwickelt sich der Pollenschlauch. Vgl. → Exine.
G: Fritzsche (1836, S. 676), vgl. → Exine.
Intrapetiolarknospe, f. (E: subpetiolar bud F: bourgeon intrapétiolaire, m.): Knospe von

160

Holzgewächsen, die vom Blattstiel umwachsen wird, wie z.B. bei *Robinia, Platanus*.
G: Zunächst sprach man von **Interpetiolarknospe** (z.B. Pax 1890), da die Knospe aber nicht zwischen Blattstielen sondern in einem liegt, ist Intrapetiolarknospe korrekt. Troll (1939, S. 1246) schlug **Intravaginalknospe** vor, das hat sich aber nicht durchgesetzt.
intravaginaler Trieb, m. (E: intravaginal branch F: pousse intravaginale, f.): Basaler Seitentrieb, der innerhalb der Blattscheide entsteht und diese auch nicht sogleich durchbricht (vor allem bei Monokotylen).
Intravaginalknospe → Intrapetiolarknospe
Intravaginalschuppen, f.pl. (E: intravaginal squamules F: squamules intravaginales): Häutige Schüppchen innerhalb der Blattscheide unmittelbar über dem Blattansatz bei verschiedenen Monokotylen.
G: Von Irmisch (1858, S. 13) bei *Potamogeton* beobachtet und als „squamulae intravaginales" bezeichnet. Schilling (1894) stellte fest, dass sie Schleim abscheiden.
intraxyläres Phloem → Leitbündel
Introgression, f., **introgressive Hybridisation,** f. (E: introgressive hybridization, introgression F: introgression, f.): Bastardierungsvorgänge, bei denen durch häufige Rückkreuzung mit einem Elternteil Gene der einen Elternart in den Genpool der anderen integriert werden.
G: Von Anderson & Hubbricht (1938, S. 396) bei ihren Untersuchungen an *Tradescantia* beobachtet und benannt (lat. introgredior, hineingehen).
Lit.: Anderson (1949), Heiser (1973).
introgressive Hybridisation → Introgression
Intron, n. (E: intron F: intron, m.): Nichtcodierender Abschnitt eines Gens zwischen → Exons.
G: Eingeführt von Gilbert (1978, S. 501) als Kunstwort für "**intr**agenic regi**on**".
intrors (L: introrsus E: introrse F: introrse): Nach innen gewandte Stellung der Antheren, d.h. Öffnung zum Zentrum der Blüte hin (Gegensatz: extrors).
G: Erstnachweis: A.P. de Candolle (1813, S. 442).
Inulin, n. (E: inulin F: inuline, f.): Polyfructan aus → Fructose, das sich als Speicherstoff vor allem bei den Asteraceae (Compositae) und einigen verwandten Familien findet.
G: Rose (1804) zeigte, dass der Speicher-

stoff von *Inula* sich deutlich von Stärke unterscheidet ohne einen Namen zu prägen. Die Bezeichnung Inulin findet sich spätestens bei GMELIN (1819).

Invasion, f. (E: invasion F: invasion, f.): Die Einwanderung einer Art, eines **Invasors**, in ein Florengebiet, in dem sie ursprünglich nicht heimisch war. Invasionen werden meist unbewusst vom Menschen gefördert.

Invasor → Invasion

Inversion, f. (E: inversion F: inversion, f.): Chromosomenmutation, bei der ein Abschnitt eines Chromosoms (bzw. Chromatids) umgedreht eingesetzt ist. Erfasst der umgedrehte Abschnitt das Centromer, so handelt es sich um eine **perizentrische** Inversion, im anderen Fall um eine **parazentrische** Inversion.
G: Zuerst von STURTEVANT (1926) an *Drosophila* beobachtet.

Invertase, f. (E: invertase F: invertase, f.): Enzym aus der Gruppe der Hydrolasen, das Saccharose in Glucose und Fructose spaltet.
G: Der Name kommt von lat. invertere, umdrehen, da die Polarisationsrichtung der rechtsdrehenden Saccharose dabei geändert wird (das Gemisch aus Glucose und Fructose, der Invertzucker, ist linksdrehend). Invertase wurde zuerst von BERTHELOT (1860) isoliert, der sie als „ferment glucosique" bezeichnete.

invertierte Duplikation → Duplikation

in vitro: Untersuchung eines Vorganges außerhalb des Organismus (wörtlich im Glase, von lat. vitrum, Glas).

in vivo: Physiologische oder auch mikroskopische Untersuchung am lebenden Organismus (lat. vivus, lebend).

Involucellum, n., Hüllchen, n. (L: involucellum, n., involucrum partiale, n. E: involucel, involucellum F: involucelle, m.): Die Hülle aus Hochblättern an der Basis der Döldchen (→ Dolde).
G: LINNAEUS (1751, S. 52) benutzte „involucrum partiale".

Involucralblatt, n., Hüllblatt, n. (E: phyllary, involucral bract F: bractée de l'involucre, bractea involucrale): Hochblatt an der Basis eines Köpfchens oder einer Dolde.

Involucrum, n., Hülle, f., Hüllkelch, m. (L: involucrum, n., pl. involucra E: involucre F: involucre, m.): Hülle aus Hochblättern, die einen Blütenstand an der Basis umgibt, z.B. das Köpfchen der Asteraceae (Compositae), die Dolde der Apiaceae (Umbelliferae) oder das Pleiochasium von *Euphorbia*. Auch Gruppen von Borsten, die Ährchen bei Poaceae (Gramineae) umgeben, werden I. genannt. Früher auch für Hüllbildungen um die Archegonien bei den Lebermoosen benutzt.

involut → Vernation

Inzucht, f. (E: inbreeding F: inbreeding, m.): Paarung zwischen nahe verwandten Individuen (im Extrem → Autogamie).

Inzuchtdepression, f. (E: inbreeding depression F: dégénérescence consanguine): Die bei → Inzucht zu beobachtende Minderung der Vitalität vor allem durch Homozygotwerden von Genen, die die Vitalität herabsetzen.

Ionenkanal, m. (E: ion channel F: canal ionique, m.): Durchlass für bestimmte Ionen in einem Membranprotein, der geöffnet und geschlossen werden kann (vgl. → Patchclamp-Technik).

Ionenpumpe, f. (E: ion pump F: pompe ionique, f.): Aktives Ionentransportsystem, das seine Energie meist durch die Hydrolyse von ATP gewinnt.

Isidie, f. (L: isidium, n., E: isidium F: isidie, f., isidium, m.): Kleiner kugeliger, stift- oder schuppenförmiger Auswuchs des Thallus von Flechten, der Photobionten enthält. In der Regel brechen die Isidien leicht ab und dienen dann der vegetativen Vermehrung.
G: *Isidium* war zunächst eine von ACHARIUS begründete Gattung. Die dort vorhandenen Bildungen nannte er „pulvinuli" (ACHARIUS 1803, S. XXII). Später ging die Bezeichnung der Gattung dann auf die Organe über (vgl. DU RIETZ 1924).

Isoallele, n.pl. (E: isoalleles F: isoalléles, m.pl.): Allele, deren phänotypischer Effekt so ähnlich ist, dass sie nur unter ganz bestimmten Voraussetzungen unterscheidbar sind.
G: STERN & SCHAEFFER (1943, S. 361).

Isochromosom, n. (E: isochromosome F: isochromosome, m.): Chromosom mit zwei spiegelbildlich gleichen Armen. Es handelt sich um einen Sonderfall einer → Duplikation.
G: DARLINGTON (1939, S. 355 ff.)

Isoenzymanalyse → Isozyme

Isoenzyme → Isozyme

Isogametangiogamie → Gametangiogamie

Isogameten, m.pl. (E: isogametes F: isogamètes, m.pl.): Gameten, die trotz sexueller Differenzierung, morphologisch nicht unterscheidbar (auch gleich groß) sind. Sie werden willkürlich als + und - Gameten bezeichnet, d.h. einem + und - → Kreuzungstyp zugeordnet.
G: Erstnachweis: FALKENBERG (1882).
Isogametie → Isogamie
Isogamie, f. (E: isogamy F: isogamie, f.): Befruchtungsvorgang, bei dem die Gameten verschiedenen Geschlechts morphologisch nicht unterscheidbar sind (→ Isogameten). Von manchen Autoren wird auch **Isogametie** verwendet (→ Anisogamie, → Oogamie).
G: Von de BARY (1881, Sp. 3/4) geprägt, zunächst als Eigenschaftswort isogam.
isokont → Begeißelung (B.)
isolateral → Blattbau
Isolation, f. (E: isolation F: isolation, f., isolement, m.): Wichtiger Faktor der Evolution, der den Genfluss unterbricht, und damit erst eine genetische Differenzierung unumkehrbar macht. Es gibt sehr verschiedene → Isolationsmechanismen.
G: Die Bedeutung der Isolation für die Bildung neuer Arten wurde schon vor DARWIN von VON BUCH (1825, S. 133) klar beschrieben. Später betonten sie vor allem M. WAGNER (1868) und WALLACE (1889). M. WAGNER (1889, S. 100) spricht von einer „Separationstheorie".
Isolationsmechanismen, m.pl. (E: isolating mechanisms F: mécanismes d'isolation): Die einfachste Form der Isolation ist die geographische Trennung, sie wird auch als **Separation** abgetrennt, da sie ohne jede genetische Änderung stattfinden kann. Bei den übrigen Isolationsmechanismen lassen sich für die Samenpflanzen zwei Gruppen unterscheiden:
A. Der Mechanismus verhindert die Übertragung des Pollens auf die Narbe (**äußere Isolation**).
- **ökologische Isolation** (E: ecological isolation F: isolation écologique): Trennung der Sippen durch unterschiedliche Standortsansprüche.
- **zeitliche Isolation** (E: temporal isolation F: isolation temporelle): Verhinderung der Bestäubung durch verschiedene Blütezeit.
- **blütenökologische Isolation** (E: ethological isolation F: isolation éthologique):

Anpassung an verschiedene Bestäuber verhindert die Pollenübertragung.
B. Physiologische Isolationsmechanismen, die trotz Bestäubung wirksam sind (**innere Isolation**). Hierzu gehören:
- **Inkompatibilität** (E: incompatibility F: incompatibilité, f.): Reaktionen an der Narbenoberfläche oder im Griffel führen dazu, dass es nicht zur Befruchtung kommt.
- **Hybridavitalität** (E: hybrid inviability F: avitalité de l'hybride): Es werden Hybriden gebildet, die aber schwächlich sind und meist nicht zur Fortpflanzung kommen.
- **Hybridsterilität** (E: hybrid sterility F: stérilité de l'hybride): Es werden Hybriden gebildet, die aber steril sind.
G: Eine Übersicht über die Isolationsmechanismen, die dieser ähnlich ist, findet sich schon bei DOBZHAMSKY (1937, S. 231 ff., 1939, S. 164 ff.).
Lit.: LEVIN (1978).
Isolationszelle → Markstrahlen, Aufbau
Isolectotypus → Isotypus
isomer → Blütenbau (A.)
isomorpher Generationswechsel → Generationswechsel, isomorpher
Isoneotypus → Isotypus
Isonym, n. (E: isonym F: isonyme, m.): Isonyme sind gleich lautende Namen, die unabhängig voneinander auf denselben Typus begründet wurden.
G: NICOLSON (1975) schuf den Terminus und behandelt die mit Isonymen verbundenen nomenklatorischen Probleme. Der → Code 1. ICBN hat den Begriff nicht eingeführt.
Isoparatypus → Isotypus
Isophäne, f. (E: isophane F: isophène, f.): Linie, die Orte verbindet, an denen ein bestimmtes phänologisches Ereignis (z.B. der Beginn der Kirschblüte) am selben Tag stattfindet.
Isophyllie, f. (E: isophylly F: isophyllie, f.): Die gleichartige Ausbildung der Blattorgane in einem Sprossabschnitt, wie sie für vor allem für radiäre, aufrecht wachsende Sprosse typisch ist (im Gegensatz zur → Anisophyllie).
Isoplethe, f. (E: isopleth F: isoplèthe, f.): Linie, die ein Gebiet gleicher Artenzahl umschließt (gr. plethos, Menge, Zahl).
Isoprenoide → Terpenoide
isospor (E: isosporous, E: homosporous F: isosporé): Adj. zu → Isosporie.
Isosporie, f., Homosporie, f. (E: homospory

F: isosporie, homosporie, f.): Ausbildung nur einer Sorte von Sporen, aus denen gleichartige Prothallien hervorgehen (die allerdings bei Moosen geschlechtlich differenziert sein können).
G: Erstnachweis für isospor: SACHS (1868, S. 310).
Isosyntypus → Isotypus
Isotypus, m. (E: isotype F: isotype, m.): Exemplar der gleichen Aufsammlung wie der Typus. Hierbei muss auf jeden Fall Ort und Datum übereinstimmen. Die bloße Identität der Nummer genügt nicht, da manche Sammler unter einer Nummer uneinheitliches Material verteilt haben (vgl. hierzu Taxon **1**: 32. 1952; Taxon **18**: 284-285. 1969). Ein entsprechendes Duplikat eines Lectotypus kann als **Isolectotypus**, eines Paratypus als **Isoparatypus**, eines Syntypus als **Isosyntypus** und eines Neotypus als **Isoneotypus** bezeichnet werden.
G: PENNELL (1919).
isozyklisch → Blütenbau (B.)
Isozyme, n.pl., **Isoenzyme**, n.pl. (E: isozymes F: isoenzymes, m.pl., isozymes, m.pl.): Molekular unterschiedene Enzyme eines Organismus, die die gleiche Reaktion katalysieren. Ihre Untersuchung (mit elektrophoretischen Methoden) kann u.a. Aufschluss über die genetische Vielfalt einer Population geben **(Isoenzymanalyse)**. - Ein Spezialfall sind die **Allozyme**, Alloenzyme (E: allozymes F: allozymes, m.pl.), die auf verschiedene Allele eines Genlocus zurückgehen.
G: MARKERT & MØLLER (1959, S. 753) führten Isozyme ein, PRAKASH et al. (1969, S. 843) Allozyme.
Lit.: SOLTIS & SOLTIS (1990).
Isthmus → Semizelle
iteropar → pollakanth
Itinerar, n. (E: itinerary F: itinéraire, m.): Die Reiseroute eines Sammlers mit Orten, Daten und eventuell den Nummern der Sammlungen an einzelnen Fundorten. Itinerare werden zuweilen gesondert veröffentlicht oder in Karten dargestellt. Sie sind wichtig für das Auffinden von Fundorten.

Jaculator → Retinaculum (3.)
Jahresring, m. (E: annual ring, growth ring F: cerne (f.) annuelle): Makroskopisch sichtbare ringförmige Zone im Holz, die einem Jahreszuwachs entspricht. J. entstehen bei jährlichen Klimaschwankungen dadurch, dass in ungünstigen Jahreszeiten (Winter, Trockenzeit) englumige Zellen gebildet werden bzw. das Wachstum eingestellt wird, das dann mit weitlumigen Zellen erneut beginnt.
G: Nach KEHR (1964, S. 42) sprach man zunächst nur von den „Jahren" des Holzes, das Wort Jahresring tritt erst um 1780 auf. Die Möglichkeit der Altersbestimmung von Bäumen durch die „Jahr- oder Saftringe" ist schon sehr lange bekannt (vgl. z.B. Hann. Mag. **22**, Sp. 241 ff. 1784). Siehe auch unter → Dendrochronologie.
Jahrestrieb, m. (E: annual shoot F: pousse annuelle, f.): In einem Jahr (einer Vegetationsperiode) gebildeter Spross, der bei Holzgewächsen meist mit einer Knospe abschließt. Nur bei einem Klima mit ausgeprägten Jahreszeiten lassen sich Jahrestriebe gut abgrenzen.
Jarowisation → Vernalisation
Jasmonat, Jasmonsäure → Oxylipine
Johannistrieb, m. (E: lammas shoot, lammas growth, shoot of second sap F: pousse de la deuxième sève, pousse de la Saint-Jean, l'été de la Saint-Martin): Bei Holzgewächsen vorzeitig ausgetriebener Spross aus einer Knospe, die sich normalerweise erst im nächsten Jahr entwickeln würde. Dies kann z.B. durch Schädigungen (Frost, Fraß) der Blätter des Jahrestriebes hervorgerufen werden. (Vgl. → Prolepsis).
Lit.: SPÄTH (1912).
Jordanon, n., Jordanon F: Jordanon, m.): Morphologisch und genetisch weitgehend einheitliche Gruppe von Individuen, wie sie sich innerhalb von Arten vor allem bei Autogamie herausbilden kann. Der Nachweis der Einheitlichkeit erfolgt durch Anzucht von Nachkommen, die ebenfalls völlig einheitlich sein sollen.
G: Die Bezeichnung stammt von LOTSY (1916, S. 108), der dem Jordanon das → Linneon gegenüberstellte. Ähnlich ist die Elementarart („der Inbegriff aller isoreagierenden Individuen") definiert (RAUNKIAER 1918, S. 240). Das Jordanon heißt nach dem französischen Botaniker ALEXIS JORDAN (1814-1897), der einen sehr engen Artbe-

griff vertrat.
Jugendblatt → Primärblatt
Jugendform, f. (E: juvenile form F: forme juvénile, forme de jeunesse): Ausbildungsform junger nicht geschlechtsreifer (blühfähiger) Pflanzen, wenn sie von der der erwachsenen abweicht.
G: GOEBEL (1897).
Lit.: DIELS (1906).
Jungfernfrüchtigkeit → Parthenokarpie
Jungfernzeugung → Parthenogenese
juvenil (E: juvenile): Noch nicht blühfähig. Juvenile Pflanzen können auch in anderen Merkmalen von den erwachsenen (→ adulten) abweichen. Vgl. → Jugendform.

käferblütig → cantharophil
Käferblütigkeit → Cantharophilie
Käferblumen → Cantharophilie
Kätzchen, n. (L: amentum, n., julus, m., E: catkin, ament F: chaton, m.): Blütenstand, in dem zahlreiche, meist kleine und unscheinbare Blüten einzeln oder in Cymen dicht gedrängt an einer Achse sitzen. Typische hängende Kätzchen mit biegsamer Achse finden sich vor allem bei anemogamen Pflanzen. Der Begriff „amentum, Kätzchen" gibt eine phänomenologische Beschreibung ohne nähere morphologische Analyse.
Kätzchenblütler → Amentiferae
Kairomon, n. (E: kairomone F: kairomone, f.): Substanz, die von einem Organismus nach außen abgegeben wird und die auf andere Arten wirkt und zwar so, dass der Empfänger einen Vorteil hat. So kann z.B. ein Kairomon einer Pflanze Fressfeinde anlocken. Gegenbegriff: → Allomon.
G: BROWN et al. (1970, S. 21) von gr. kairos, günstige Gelegenheit.
Kalkdrüse → Salzdrüse
Kalkmagerrasen → Magerrasen
kalkmeidend → Kieselpflanze
Kalkpflanze, f., calcicole Pflanze, f. (E: calcicolous plant F: plante calcicole): Pflanze, die bevorzugt auf kalkreichen Böden (mit hohem pH-Wert) vorkommt. Neben dem Kalkgehalt sind dabei auch die physikalischen Eigenschaften der Böden wichtig, die schnell austrocknen und sich leicht erwärmen.
G: LINK (1789) war der Erste, der Listen von Pflanzen (besonders Flechten) aufstellte, die an kalkhaltige bzw. saure Gesteine gebunden sind. In den Alpen unterschied UNGER (1836, S. 156 ff.) Pflanzen, die an verschiedene Gesteine gebunden sind, darunter auch Kalkpflanzen.
Kallose → Callose
Kallus, m., Callus, m. (E: callus F: cal, m., callosité, f.): Unregelmäßige Gewebewucherung an Wunden (Wundkallus) oder in Gewebekulturen, auch Schwielen an Pflanzenorganen, z.B. an der Lippe der Orchidaceae.
G: Das Epitheton „callosus" (von lat. callus, Schwiele, verhärtete Haut) tritt schon bei LINNAEUS auf. Die Verwendung im Sinne von Wundkallus wurde wahrscheinlich aus der Medizin übernommen (Kallusbildung bei der Knochenheilung), in die Botanik kam sie aus der Gärtnersprache, möglicherweise eingeführt durch MEYEN (1839, 3, S. 69).
Kalyptra, f., Calyptra, f.: Der von gr. kalyptra, Hülle, Deckel, übernommene Terminus wird für verschiedene deckel- oder haubenartige Bildungen verwendet: **1.** bei Moosen: **Haube**, f., **Mützchen**, n. (E: calyptra F: calyptre, f., coiffe, f.): Hülle, die den oberen Teil der Laubmooskapsel bedeckt. Sie geht überwiegend aus dem Archegonienstiel hervor, der ein Meristem ausbildet, gehört also zum Gametophyten.
G: Der Terminus findet sich bei schon bei TOURNEFORT (1700, S. 556). Für LINNAEUS (1751) ist die calyptra ein Spezialfall des calyx (Kelches).
2. an der Wurzel: **Wurzelhaube**, f. (E: calyptra, root cap F: calyptre, f., pilorhize, f., coiffe de la racine): Die Wurzelspitze bedeckendes Gewebe, das deren Vegetationspunkt schützt. Die Wurzelhaube bildet sich aus dem → Dermokalyptrogen oder dem → Kalyptrogen.
G: TRÉCUL (1846, „spongiole", „piléorhize") und KARSTEN (1847, S. 54, 56, als Wurzelmütze) haben wohl als Erste darauf hingewiesen, dass die Kalyptra ein wesentliches Merkmal aller echten Wurzeln ist.
3. bei Blüten: Der Deckel mancher Blüten (besonders *Eucalyptus*), der aus verwachsenen Petalen (und Sepalen ?) besteht.
Kalyptrogen, n., Calyptrogen (E: calyptrogen F: calyptrogène): Bildungsgewebe der Wurzelspitze, das die Kalyptra liefert. Es findet sich besonders bei den Monokotylen, während die Dikotylen gewöhnlich ein → Dermokalyptrogen besitzen.

G: Erstnachweis: REINKE (1871, S. 16).
Kambium → Cambium
kamptodrom → Blattaderung
kampylodrom → Blattaderung
kampylotrop → Samenanlage (C.)
Kanalraphe → Raphe (2.)
Kantenkollenchym → Kollenchym
Kapensis, f., Kapländisches Florenreich, n.: Das wegen seiner vielen floristischen Besonderheiten abgegrenzte kleinste Florenreich, das nur die Südspitze Afrikas (Kapland) umfasst. Ericaceae, Proteaceae u.a. sind mit vielen endemischen Gattungen und Arten vertreten, die Bruniaceae, Penaeaceae, Achariaceae und Grubbiaceae sind ganz auf das Gebiet beschränkt.
Kapländisches Florenreich → Kapensis
Kappe → Prozessierung
kapsal → tetrasporal
Kapsel, f. (L: capsula, f., pl. capsulae E: capsule F: capsule, f.): **1.** bei Angiospermen: Trockene Frucht aus mehreren verwachsenen Karpellen, die sich durch Längsspalten (**Spaltkapsel**), Deckel (→ Pyxidium), Klappen oder Poren (→ Porenkapsel) öffnet.
G: Capsula im heutigen Sinn wurde spätestens durch LINNAEUS (1751, S. 53) allgemein eingeführt.
2. bei den Moosen (Bryophyta): Mooskapsel: Sporangium der Moose. Urne oder → Theca wird für den mittleren sporenenthaltenden Teil verwendet, außerdem gibt es bei den Laubmoosen meist eine → Apophyse und einen Deckel.
G: Schon von DILLENIUS (1741) wird capsula verwendet. WILLDENOW (1802, S. 158) benutzte Theca.
Karpell, n., Fruchtblatt, n. (L: carpellum, n., pl. carpella E: carpel F: carpelle, m., feuille carpellaire): Eines der einzelnen, Samenanlagen tragenden Teile, aus denen sich das → Gynoeceum zusammensetzt. Nach der klassischen Deutung werden sie mit → Megasporophyllen homologisiert. Bei einem chorikarpen Gynoeceum lassen sich die Karpelle gut unterscheiden, bei einem synkarpen kann dies schwierig sein.
G: Die Bezeichnung carpellum wurde von DUNAL (1817, S. 13) bei seinen Untersuchungen an Anonaceae eingeführt und zwar zunächst für die Teile der Sammelfrucht. Die eingedeutschte Form Karpell findet man schon bei BISCHOFF (1830). Die Deutung als Blatt geht auf GOETHE (1790) zurück, der

Name Fruchtblatt findet sich aber erst bei E. MEYER (1839, S. V) und F.J.E. MEYEN (1839, S. 227). Zur Geschichte vgl. LORCH (1963).
karpellat → pistillat
Karpellodie, f., Pistillodie, f. (E: carpellody, pistillody F: carpellodie, f., pistilloïdie, f.): Umwandlung anderer → Phyllome der Blüte in Karpelle oder karpellartige Gebilde.
Karpellpolymorphismus, m. (E: carpel polymorphism F: polymorphisme carpellaire): Von SAUNDERS entwickelte Vorstellung, dass es drei Typen von Karpellen gibt, neben den normalen die halb-soliden und die soliden.
G: SAUNDERS (1925), weitere Arbeiten zitiert bei R. SCHMID (1977). Kritik u.a. von EAMES (1931).
Karpid, n., Carpid: Der sich aus einem Karpell entwickelnde Teil einer Frucht, besonders bei Früchten aus einem chorikarpen (apokarpen) Gynoeceum.
G: Eingeführt von A.P. de CANDOLLE (1819, S. 410) als carpidium für einen Teil eines Fruchtstandes, z.B. bei *Morus*, d.h. für eine Frucht innerhalb des Fruchtstandes. Im oben angegebenen Sinne benutzen neuerdings TAKHTAJAN (1991, S. 200) und HILGER & HOPPE (1995, S. 505) den Terminus.
Karpobiologie → Diasporologie
Karpogon, n. (E: carpogonium F: carpogone, m.): Weibliches Gametangium (Gametocyste) der Rotalgen. Das Karpogon ist in einen dünnen Fortsatz (die → Trichogyne) ausgezogen.
G: Carpogonium von F. SCHMITZ (1883, S. 223) in Anlehnung an Oogonium gebildet.
Karpologie, f. (E: carpology F: carpologie, f.): Die Untersuchung der Früchte (und Samen) der Samenpflanzen.
G: Erstnachweis: GAERTNER (1788, Praefatio).
Karpophor, m., Fruchtträger, m. (L: carpophorum, n. E: carpophore F: carpophore, m.): Fruchtträger, insbesondere die fädige Struktur, die die beiden Teilfrüchte der Apiaceae (Umbelliferen) trägt.
G: Eingeführt von LINK (1798 oder früher), der carpophorum gleichbedeutend mit Gynophor benutzt. Die heutige Verwendung speziell für den Fruchtträger der Umbelliferae geht auf W.D.J. KOCH (1824) zurück, der Karpophor an Stelle des von HOFFMANN (1814) benutzten, morphologisch nicht korrekten spermapodium einführte.

Karposporangium → Karpospore
Karpospore, f. (E: carpospore F: carpospore, f.): Vom diploiden Gonimoblasten (→ Karposporophyten) der Rotalgen in zahlreichen Sporocysten (**Karposporangien**) gebildete Mitospore.
G: Erstnachweis: JANET (1914, S. 56).
Karposporophyt, m., Gonimokarp, n. (E: carposporophyte F: carposporophyte, m.): Die Gesamtheit der aus einer Zygote bei den Rotalgen sich bildenden → Gonimoblasten.
G: In der älteren beschreibenden Literatur als „Nucleus" bezeichnet (z.B. BORNET & THURET 1876, S. IX). Die Bezeichnung Karposporophyt stammt von JANET (1914, S. 55), ihr liegt die Auffassung zu Grunde, dass wir es hier mit einer eigenen Generation zu tun haben.
Karyogamie, f., Kernverschmelzung, f. (E: karyogamy F: caryogamie, f.): Die Verschmelzung der Kerne im Unterschied zur Plasmogamie (Verschmelzung der Protoplasten). Normalerweise folgt die Karyogamie sehr bald auf die → Plasmogamie. Bei einigen Pilzgruppen können beide aber durch eine → Dikaryophase getrennt sein.
G: Erstnachweis: RUHLAND (1901).
Karyogramm, n., Idiogramm, n. (E: karyogram, idiogram F: karyogramme, m., idiogramme, m.): Die graphische Darstellung des → Karyotyps. Dabei werden die Chromosomen meist nach Größe und Lage des → Centromers angeordnet (entweder als Mikrophotos oder schematische Zeichnungen).
G: CHIARUGI (1933, S. 57 „cariogramma") spricht von einer Formel, die Nummer, Größe und Form der Chromosomen bezeichnet.
Karyokinese, f. (E: karyokinesis F: caryocinèse, f.): Kernteilungsvorgänge im weiteren Sinn, d.h. → Mitose und → Meiose.
G: SCHLEICHER (1878, S. 261/262), von gr. karyon, Kern, und kinesis, Bewegung.
Karyologie, f. (E: karyology, chromosome cytology F: caryologie, f.): Die Untersuchung des Kernes, besonders der Chromosomen.
G: Erster Nachweis: TROW (1895).
Karyoplasma, n., Nucleoplasma, n. (E: karyoplasm, nucleoplasm F: caryoplasme, m., nucléoplasme, m.): Die plasmatische Grundsubstanz des Kerns, die sich im Unterschied zu den Chromosomen nur schwach mit Kernfarbstoffen anfärbt (deshalb auch Achromatin genannt).
G: Karyoplasma: FLEMMING (1882, S. 372), Nucleoplasma: STRASBURGER (1882 a). - Karyoplasma ist die sprachlich korrektere Bezeichnung.
Karyopse, f., Caryopse, f. (E: caryopsis F: caryopse, m.): Die einsamige Frucht der Poaceae (Gramineae), die dadurch gekennzeichnet ist, dass die reduzierte Samenschale eng mit der Fruchtwand verbunden ist. Der Embryo liegt seitlich dem Endosperm an.
G: Die Bezeichnung für die spezielle Fruchtform der Poaceae stammt von L.C. RICHARD (1808/11), von gr. karyon, Nuss, Kern, und -opsis, Aussehen
Karyosom, n.: **1.** (PLATNER 1886, S. 53) → Chromosom (in einem bestimmten Zustand) **2.** (LUNDEGÅRDH 1910) → Chromozentrum
Karyosystematik, f., Karyotaxonomie, Cytotaxonomie, f. (E: cytosystematics, E: cytotaxonomy F: caryosystématique, f., cytotaxonomie, f.): Arbeitsrichtung der Systematik, bei der die Untersuchung der karyologischen Verhältnisse eine besondere Rolle einnimmt.
G: Nach TEPPNER (1980) wurde Karyosystematik zuerst von russischen Autoren verwendet (z.B. DELAUNAY 1929, S. 100, Fußnote; AVDULOV 1931), die häufige (aber weniger treffende) Bezeichnung Cytotaxonomie wurde in engl. Form 1937 eingeführt. Als Vorläufer dieser Richtung ist die Arbeit von ROSENBERG (1903) anzusehen, in der die Chromosomenzahl eines Bastardes zweier *Drosera*-Arten mit verschiedener Chromosomenzahl festgestellt wurde. Im Übrigen beginnt die Geschichte der K. um 1920 (vgl. BÖCHER 1961).
Karyotaxonomie → Karyosystematik
Karyotin → Chromatin
Karyotyp, m. (E: caryotype F: caryotype, m.): Die für ein Taxon typische Ausstattung mit Chromosomen nach Zahl, Größe und Struktur.
G: vgl. BATTAGLIA (1994).
Katabolismus → Metabolismus
katadrom → anadrom
Katalase, f. (E: catalase F: catalase, m.): Enzym, das die Zersetzung des Zellgiftes Wasserstoffperoxid (H_2O_2) katalysiert. Es kommt in hoher Konzentration in den → Peroxisomen vor.
Katalepsis, f. (E: catalepsis F: catalepsis,

f.): Verspätung der Entwicklung der Infloreszenz gegenüber den zu ihrem Spross gehörenden Blättern um ein bis zwei Vegetationsperioden.
G: MÜLLER-DOBLIES (1976, S. 177) als kataleptisch, MÜLLER-DOBLIES & WEBERLING (1984, S. 133).
Kategorie → Rangstufe
Katharobien, f.pl. (E: catharobes, catharobionts): Organismen, die reines Wasser ohne Verschmutzung mit organischen Stoffen besiedeln (Gegenbegriff: → Saprobien).
G: Die Bezeichnung Katharobien stammt von KOLKWITZ & MARSSON (1902, S. 47), abgeleitet von gr. katharos, rein, und bios, Leben.
Kauliflorie → Cauliflorie
Kaulom → Caulom
Kaulonema, n., Caulonema (E: caulonema F: caulonéma, m.): Der später ausgebildete Teil des Protonemas bei manchen Laubmoosen (Musci), an dem sich die Knospen der Moospflanzen entwickeln. Vom zuerst entwickelten → Chloronema unterscheidet sich das Kaulonema durch bräunliche Färbung, Chloroplastenarmut und schräg gestellte Zellwände.
G: Der Terminus caulonéma stammt von SIRONVAL (1947, S. 52). Die Unterschiede zwischen Chloronema und Kaulonema hat aber schon MÜLLER-THURGAU (1874) gesehen.
Kautschuk, m. (E: caoutchouc F: caoutchouc, m.): Gemisch verschieden großer Moleküle von cis-1,4-Polyisopren (→ Terpenoide), das sich im → Latex vieler Pflanzen befindet. Von einigen Arten, vor allem *Hevea brasiliensis*, wird es als Naturkautschuk gewonnen und zu Gummi verarbeitet.
Kavitation, f. [des Xylems] (E: xylem cavitation F: cavitation, f. [du xylème]): Die Bildung von Luftblasen im → Xylem bei starker Transpiration und ungenügender Wassernachlieferung. Es ist umstritten, wie schädlich sie für den Wassertransport der Pflanzen ist.
Keim → Embryo
Keimanschluss → Hypophyse
Keimbahn, f. (E: germ track, germ line F: lignée germinale, f.): Die Folge der Zellen, die von der Zygote zu einer neuen Keimzelle führt. Bei vielen vielzelligen Tieren lässt sich früh eine Urkeimzelle erkennen. Zuweilen unterscheiden sich die Zellen der Keimbahnen auch cytologisch von den Körperzellen. Da bei den Pflanzen potentiell fast jede Zelle Ausgangspunkt für die Entwicklung zu Keimzellen werden kann, macht es wenig Sinn hier von einer „Keimbahn" zu sprechen.
G: Nach einigen Vorläufern war WEISMANN (1885) der Erste, der sich klar für den stofflichen Zusammenhang des Kernplasmas der Keimzellen aussprach. Die Bezeichnung Keimbahn findet sich spätestens bei WEISMANN 1902 (S. 450).
Keimbläschen, n., Keimkörperchen, n.: In der älteren embryologischen Literatur für Eizelle und Synergiden verwendet, die man zunächst nicht unterschied und generell für befruchtungsfähig hielt.
G: MEYEN (1839, S. 308) und HOFMEISTER (1847) benutzen Keimbläschen, SCHACHT (1858) Keimkörperchen.
Keimblatt → Kotyledone
Keimkörperchen → Keimbläschen
Keimling → Embryo
Keimpflanze, f., Sämling, m. (L: plantula, f. E: seedling F: plantule, f.): Die junge Pflanze mit den Keimblättern und den ersten Primärblättern. Der Terminus Sämling vermeidet die Verwechslung von Keimpflanze mit Keimling (= Embryo), wird aber oft für jede Jungpflanze gebraucht, die aus einem Samen gezogen wurde (und nicht aus Stecklingen).
Keimplasma → Idioplasma
Keimscheide → Koleoptile
Keimstelle (an Pollenkörnern) → Apertur
Keimung, f. (E: germination F: germination, f.): Allgemein die erste sichtbare Entwicklung, die ein Ruhestadium (z.B. Spore, Zygote, Pollenkorn, Samen) beendet. - Vor allem wird der Terminus für die Samenkeimung benutzt: Der Vorgang der ersten Entwicklung eines Samens, der mit dem Heraustreten der Keimwurzel beginnt und zur Ausbildung einer Keimpflanze führt. Es handelt sich dabei um das Wachstum des im Samen bereits vorhandenen Embryos. Zwei Typen werden unterschieden:
- **epigäische K.** (E: epigean germination, phanerocotylar germination F: germination épigée): Das Hypokotyl streckt sich, die Kotyledonen entfalten sich schnell oberhalb der Erde.
- **hypogäische K.** (E: hypogean germination, cryptocotylar germination F: germination hypogée): Das Hypokotyl bleibt sehr kurz, die

Kotyledonen bleiben lange Zeit im Samen, der sich nahe der Bodenoberfläche befindet.
G: Epi- und hypogäische Keimung wurden schon von GAERTNER (1788) unterschieden, die Termini phanero- und cryptocotylar prägte DUKE (1965, S. 314). BURTT (1991) gibt eine Liste aller Gattungen der Dikotylen mit hypogäischer Keimung.
Keimwurzel → Radicula
Keimzelle, f. (E: germ cell F: cellule germinale): Zelle, die sich unmittelbar oder nach einer → Syngamie (Befruchtung) zu einem Organismus entwickeln kann. Hierzu gehören Sporen (Mito- und Meiosporen), Gameten und Zygoten. – Von manchen Autoren wird Keimzelle (wie germ cell) auch nur für Gameten verwendet.
G: Der sehr umfassende Begriff hat sich allmählich zur heutigen (nicht immer einheitlichen) Bedeutung entwickelt. Die Grundbedeutung ist „Zellen, die auskeimen können". So verwenden ENDLICHER & UNGER (1843, S. 59, 297) Keimzelle für Sporen der Kryptogamen und für die „vorderste Zelle des Pollenschlauches", aus der sich angeblich der Embryo entwickeln sollte. ENGLER (1887, S. 5) benutzt Keimzellen für die Meiosporen der Moose und Kormophyten. RENNER (1916) verstand darunter „jede keimfähige Fortpflanzungszelle".
Kelch → Calyx
Kelchblatt → Sepalum
Kennart → Charakterart
Kenophyt → Neophyt
Keritomie, f.: Besondere Form der Vakuolisierung bei einigen Cyanobakterien (Oscillatoriaceae), die dazu führt, dass das Chromatoplasma nur noch aus wenigen großen Waben besteht.
G: GEITLER (1925 b, S. 182), von gr. kerion, Wabe.
Kern → Nucleus
Kernäquivalent → Nucleoid
Kernäquivalent → Genophor
Kernapfel → Apfelfrucht
Kerngehäuse → Apfelfrucht
Kerngenom → Nucleom
Kernholz, n. (E: heartwood F: bois parfait, duramen, m., bois de coeur): Der innere Teil des Holzes von Bäumen oder Sträuchern, in dem die Parenchymzellen meist abgestorben sind und keine Wasserleitung mehr stattfindet. Es ist oft makroskopisch an einer dunklen Farbe zu erkennen, die durch Einlagerung von Harzen, Gerbstoffen etc. (Kernholzsubstanzen) entsteht. Kernholz ist dadurch auch härter und widerstandsfähiger gegen Schädlinge. Vgl. → Splintholz.
Lit.: W.E. HILLIS (1987).
Kernhülle, f., Kernmembran, f., Perinuclearzisterne, f. (E: nuclear envelope, nuclear membrane F: enveloppe nucléaire, f., membrane nucléaire, f.): Die Doppelmembran, die bei den Eukaryoten den Kern umschließt. Die äußere Membran steht in kontinuierlichem Zusammenhang mit dem endoplasmatischen Reticulum. Die Kernhülle wird von den **Kernporen** (E: nuclear pores F: pores nucléaires) durchbrochen.
G: Schon R. HERTWIG (1876, S. 76) nahm eine Kernmembran an, die durch Poren eine Kommunikation mit dem Protoplasma ermöglicht.
Kernmatrix, f. (E: nuclear matrix F: matrice nucléaire, nucléosquelette): Gel aus Strukturproteinen, das eine Grundsubstanz bildet, in die das → Chromatin eingelagert ist.
Kernmembran → Kernhülle
Kernphase, f. (E: nuclear phase F: phase nucléaire): Entwicklungsabschnitt eines Organismus mit einer bestimmten Kernphase (→ haploid, → diploid, → dikaryotisch).
Kernphasenwechsel, m. (E: alternation in nuclear phase F: alternance de phases nucléaires): Wechsel von haploider und diploider Phase innerhalb eines Entwicklungsganges. Bei sexueller Fortpflanzung gibt es immer einen Kernphasenwechsel, da zumindest die Gameten haploid sind und die Zygote diploid. Damit muss aber kein → Generationswechsel verbunden sein. Im Zusammenhang mit Lebenskreisläufen wird Kernphasenwechsel häufig auf den Wechsel von der Diplo- in die Haplophase (**gametischer Kernphasenwechsel** bei Diplonten; **zygotischer Kernphasenwechsel** bei Haplonten) eingeschränkt.
G: Zuerst als „alternance de phases" bei MAIRE (1911, S. 112). Die Unterscheidung von Kernphasen- und Generationswechsel wurde dann von RENNER (1916, S. 342) eingeführt, unabhängig davon und von einander benutzten 1916 noch zwei weitere Botaniker (BUDER 1916, S. 571; KYLIN 1916, S. 579) „Phasenwechsel" !
Kern-Plasma-Relation, f., Kern-Plasma-Verhältnis, n. (E: nucleoplasmic ratio): Das

Verhältnis zwischen den Volumina der Zelle und des Kerns. Es ist innerhalb einer Pflanzengruppe relativ konstant, das zeigt sich vor allem in einer Zellvergrößerung bei polyploiden Sippen.
G: R. HERTWIG (1903, S. 56).
Kernporen → Kernhülle
Kernteilung → Meiose, → Mitose
Kernteilung, freie, f. (E: free nuclear division): Mitotische Kernteilung, auf die keine Zellteilung folgt. Freie Kernteilung gibt es u.a. bei → siphonalen Algen, im Anfangsstadium der Embryobildung der Cycadales, bei der nucleären → Endospermentwicklung und in Milchröhren.
G: STRASBURGER (1875, S. 120) spricht von „freier Kernbildung".
Kernverschmelzung → Karyogamie
Kesselfallenblume, f. (E: pitfall trap, kettle trap F: piège floral en urne): Blume (d.h. Blüte oder Blütenstand), die ihre meist durch Geruch angelockten Bestäuber eine Zeit lang festhält. Erst nach erfolgter Bestäubung können sie die Blume verlassen. Beispiele: *Aristolochia, Ceropegia, Arum* und andere Araceae. Soweit die Bestäuber durch besondere Einrichtungen zum Abrutschen gebracht werden, spricht man von **Gleitfallenblumen** (E: sliding-trap blossom, slippery-trap flower).
G: Als erste Kesselfallenblume wurde *Aristolochia clematitis* von Ch.K. SPRENGEL (1793, Sp. 418 ff.) eingehend in ihrer Funktion beschrieben. Den Begriff schuf erst H. MÜLLER (1878, S. 322; 1879, S. 71).
Lit.: TROLL (1928 a): Zusammenstellung der Merkmale.
Kette der Wesen → Scala naturae
Kew Index → Index Kewensis
Kew Rule: Vor allem im angloamerikanischen Bereich im vorigen Jahrhundert befolgte Regel der Nomenklatur, nach der die Priorität eines spezifischen Epithethons nur innerhalb einer Gattung gilt. Danach wurde z.B. bei den ersten Bänden des → Index Kewensis verfahren.
Kiel → Carina
Kieselalgen → Diatomeen
Kieselkörper, m. (E: silica-body F: corpuscule siliceux): Durchsichtige Ablagerung von Kieselsäure - meist in amorpher Form (als Opal) - im Zellinnern. Vor allem K. von Poaceae (Gramineae) erhalten sich in fossilem Zustand in Böden und heißen dann auch **Phytolithe**, bzw. **Opalphytolithe**.
Lit.: PETERS (1968).
Kieselpflanze, f., kalkmeidende Pflanze, f., calcifuge Pfl. (E: silicicolous plant F: plante silicicole): Pflanzen, die überwiegend oder ausschließlich auf Silikatböden mit niedrigem pH-Wert wächst.
G: vgl. → Kalkpflanze
Kieselzelle, f. (E: silica-cell): Zelle, die fast vollständig von einem → Kieselkörper erfüllt ist. Solche Kieselzellen treten als kurze Zellen regelmäßig in der Blattepidermis der Poaceae (Gramineae) und einiger anderer Monokotylen auf.
G: WIESNER (1865) stellte als Erster an den Kolbenhüllblättern von *Zea mays* fest, dass die Kurzzellen der Epidermis Kieselsäure enthalten, 1866/67 (S. 120) nannte er sie Kieselzellen.
Kinese → phobische Reaktion
Kinesin, n. (E: kinesin F: kinesine, f.): Ein → Motorprotein von ähnlicher Form wie das → Myosin.
G: Kinesin wurde von VALE et al. (1985) zunächst aus Axonen von Cephalopoden gewonnen. Der Name kommt von gr. kinesis, Bewegung.
Kinetin → Cytokinine
Kinetochor, m. (E: kinetochore F: cinétochore, m.): Die Ansatzstelle der Spindel-Mikrotubuli am Chromosom. Sie liegt im Bereich des → Centromers.
G: Diese Struktur wurde zuerst von METZNER (1894, S. 326) beachtet und Leitkörperchen genannt, ein anderer Name ist Insertionsstelle (E: spindle fibre attachment). Der Terminus K. wurde von J.A. MOORE (in SHARP 1934, S. 116) vorgeschlagen.
Lit.: GODWARD (1985), BRINKLEY et al. (1989).
Kinetochor, diffuser, m. (E: diffuse kinetochore, holocentric chromosome F: cinétochore diffus): Von einem diffusen Kinetochor spricht man, wenn es keine definierte Stelle für den Ansatz der Spindelfasern gibt. Bei den Pflanzen ist *Luzula* das bekannteste Beispiel. Ein diffuses Kinetochor ist verbunden mit großer Variabilität der Chromosomenzahlen.
G: SCHRADER (1935, S. 425) spricht bei Untersuchungen des Verhalten des X-Chromosoms einer Hemiptere von einem „attachment body that is either diffuse or else is so large as to extend over the entire poleward surface".

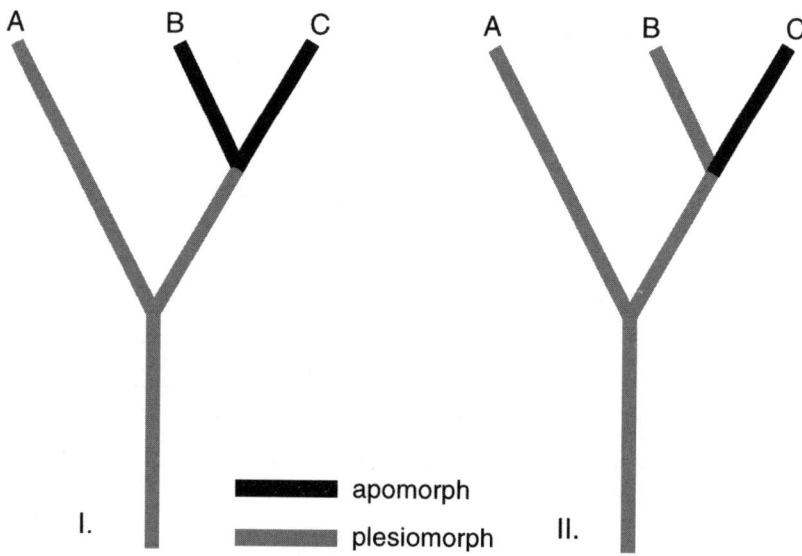

Abb. 4: Grundbegriffe der Kladistik (1). B + C sind Schwestergruppe zu A. Bei **I.** haben B + C ein gemeinsames apomorphes, abgeleitetes Merkmal, eine Synapomorphie, die die enge Verwandtschaft anzeigt. Bei **II.** ist C durch ein abgeleitetes Merkmal ausgezeichnet (Autapomorphie), A + B verbindet der gemeinsame Besitz eines plesiomorphen Merkmals (Symplesiomorphie), dies begründet keine Verwandtschaftsbeziehung.

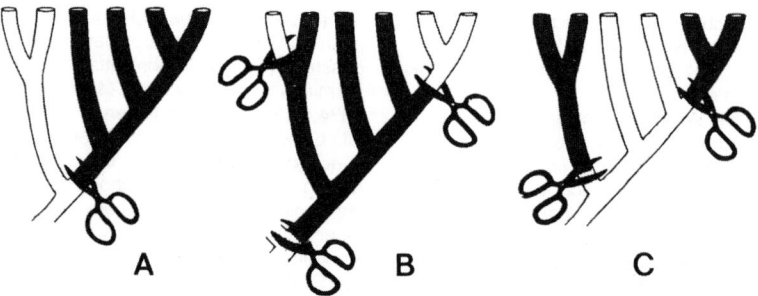

Abb. 5: Grundbegriffe der Kladistik (2). **A** Monophyletisch (ein Stammbaumast), **B** paraphyletisch (ein Stück eines Astes), **C** polyphyletisch (mehr als ein Stück eines Astes). – Aus DAHLGREN & RASMUSSEN (1983).

Kinetosom → Basalkörper
Kladistik, f. (E: cladistics F: cladistique, f.): Methode der Systematik, die darauf abzielt, durch die Feststellung von → Synapomorphien ein System aufzubauen, in dem alle Einheiten im strengen Sinn monophyletisch sind, das heißt Stammbaumästen entsprechen, und zu jeder die → Schwestergruppe festgestellt ist (Abb. 4 u. 5, S. 170).
G: Das Begriffsystem und die Methode der Kladistik wurden von HENNIG (1950, 1953, 1957) entwickelt, aber erst nach den englischen Veröffentlichungen (HENNIG 1965, 1966) allgemeiner bekannt. MAYR (1965, S. 78) sprach zuerst von einem „cladistic approach", da er es ablehnte, den Begriff Phylogenie nur auf die Verzweigungen des Stammbaums zu beziehen. Daraus wurde später cladistics. In der Botanik fand die Methode nur zögernd Eingang. Eine der ersten Arbeiten war die von BREMER (1976). Die noch längere Zeit kontroversen Auffassungen über die Kladistik in der Botanik werden deutlich in der Kritik von CRONQUIST (1987) und den Erwiderungen von DONOGHUE & CANTINO (1988) und HUMPHRIES & CHAPPILL (1988).
Lit.: HENNIG (1950 ff.), BREMER & WANNTORP (1978), WILEY (1981), AX (1984, 1988), DUPUIS (1984), FOREY et al. (1992).
kladistische Biogeographie, f., Vikarianzbiogeographie, f. (E: cladistic biogeography, vicariance biogeography): Richtung der Biogeographie, die Gedanken der → Kladistik einbezieht. Auf Grund des Vergleiches von mehrfach auftretenden Vikarianzen (→ Vikarismus) mit den Kladogrammen der Taxa wird versucht, auf erdgeschichtliche Ereignisse (Entstehen von Barrieren wie z.B. Meeresarmen) zu schließen, durch die ein ursprünglich geschlossenes Areal getrennt wurde.
G: Als einer der Begründer gilt LÉON CROIZAT (1894-1982). In moderner Form wurde die kladistische Biogeographie durch PLATNICK & NELSON (1978) entwickelt. Schon ROSEN (1976) spricht von einem „vicariance model" der Biogeographie.
Lit.: NELSON & PLATNICK (1981), HUMPHRIES & PARENTI (1986).
kladistische Verwandtschaft, f. (E: cladistic affinity F: affinité cladistique, parenté cladistique): Verwandtschaft, die daran gemessen wird, wieweit der gemeinsame Vorfahr zurückliegt.
G: CAIN & HARRISON (1960, S. 3).
Kladodium → Platykladium
Kladogenese, f. (E: cladogenesis F: cladogenèse, f.): Evolutionsvorgänge, die zur „Stammbildung", zur Verzweigung des Stammbaumes führen.
G: Von RENSCH (1947, S. 95) als Gegensatz zur → Anagenese geprägt.
Kladogramm, n. (E: cladogram F: cladogramme, m.): Nach den Methoden der Kladistik aufgestelltes Schema, das eine Hypothese über die Stammesverzweigung darstellt. Es zeigt Monophyla und Schwestergruppenverhältnisse. Dabei wird häufig angegeben, durch welche → Synapomorphien die Äste begründet sind.
G: Der Begriff wurde gleichzeitig von MAYR (1965, S. 81) und CAMIN & SOKAL (1965, S. 312) eingeführt.
Kladomanie, f. (E: cladomania): Abnorm gesteigerte Verzweigung, die zur Bildung von dichten Zweigbüscheln führt. Eine Form der K. bei Holzpflanzen sind die → Hexenbesen.
Klammerautor → Autorzitat
klappig → Ästivation
Klasse, f. (L: classis, f., pl. classes E: class F: classe, f.): **1.** in der Systematik: Eine der grundlegenden Rangstufen des Systems, zwischen Abteilung bzw. Stamm und Ordnung, d.h. eine Klasse wird in Ordnungen gegliedert.
G: Die Einteilung in Klassen findet sich bereits früh, so bei TOURNEFORT (1700). Im Sexualsystem von LINNAEUS (1735 a) wird das ganze Pflanzenreich in 24 Klassen eingeteilt, diese in Ordnungen. Damit waren diese Rangstufen formal festgelegt und werden bis heute verwendet.
2. in der pflanzensoziologischen Systematik die oberste Rangstufe. Einige Klassen entsprechen einer → Formation, andere sind etwas enger gefasst.
Klause, f. (E: nutlet, mericarpic nutlet F: nucule, f.): Einsamige Teilfrucht, die dadurch entsteht, dass aus einem Karpell durch Vorwölbungen zwei Teile gebildet werden, die je einen Samen einschließen. Früchte aus zweimal zwei Klausen sind charakteristisch für die Boraginaceae und Lamiaceae (Labiatae).
G: Die Teilfrüchte der Lamiaceae und Boraginaceae wurden zunächst als „nackte Samen"

angesehen (→ Samen, „nackter"), später bezeichnete man sie als Nüsschen oder Achänen, wobei man annahm, dass jede aus einem Karpell entsteht. Klause stammt von Ch.G. NEES v. ESENBECK (1821, S. 384, 443).
Kleber → Aleuronkörner
Klebscheibe → Viscidium
Klebstoffhaare, n.pl. (F: poils visqueux): Zwei- bis mehrzellige Haare an den Antheren der Cucurbitaceae mit erweiterter Basalzelle und dünnem Fortsatz, bei dessen Abbrechen sie einen Klebstoff entlassen.
G: A. ZIMMERMANN (1922, S. 110).
Kleinbienenblume → Mikromelittophile
Kleinfliegenblume → Mikromyiophilae
Kleinklima → Mikroklima
Kleinmutation → Mikromutation
kleistanther (E: cleistantherous): Kleistogame Blüten, bei denen sich die Antheren nicht öffnen, so dass der Pollenschlauch durch die Wand der Antheren wachsen muss, werden als kleistanther bezeichnet.
G: ASCHERSON (1884, S. 240).
kleistogam (E: cleistogamous F: cléistogame): Adj. zu → Kleistogamie.
Kleistogamie, f. (E: cleistogamy F: cléistogamie, f.): Auftreten von Zwitterblüten, die sich nicht öffnen, und bei denen eine obligate → Autogamie stattfindet. Sie sind meist sehr unscheinbar. Nicht selten kommen neben den **kleistogamen** auch **chasmogame** (offene) Blüten vor, so bei *Lamium amplexicaule* und manchen *Viola*-Arten.
G: Erste Beispiele kleistogamer Blüten beschrieb DILLENIUS (1732, S. 328, 408) von *Viola mirabilis* und einer *Ruellia*-Art. MOHL (1863, S. 325) wies daraufhin, dass hier dauernde Selbstbestäubung und damit eine Widerspruch zum → Knight-Darwinschen Gesetz vorliegt. KUHN (1867, S. 66) schlug die Bezeichnung „Cleistogamismus" und „flores cleistogami" vor und gab eine Liste von 44 Gattungen mit solchen Blüten.
Lit.: BURCK (1890), LORD (1981).
kleistokarp, cleistocarp (E: cleistocarpous F: cléistocarpe): **1.** Laubmoose: Als kleistokarp werden Laubmoose bezeichnet, bei denen sich die Kapsel nicht öffnet. Die Sporen werden schließlich durch Zerfall der Kapselwand frei.
G: HAMPE (1853) hat innerhalb mehrerer Gruppen der Laubmoose Ordnungen der Cleistocarpi und Stegocarpi, daraus sind vermutlich die Eigenschaftswörter gebildet.
2. Pilze → Fruchtkörper
Kleistothecium, n., Cleistothecium (E: cleistothecium, cleistocarp F: cléistothèce, m.): Ein völlig geschlossenes → Ascokarp, das seine Sporen durch Aufbrechen der Wand freisetzt.
G: Von DE BARY (1884, S. 202) als „Kleistocarpium" bezeichnet.
Klemmfallenblume, f. (E: pinch-trap flower F: piège floral par pincement): Blüte, bei denen die Besucher während des Bestäubungsvorganges zeitweilig eingeklemmt sind, wie bei vielen Asclepiadaceae. Sie können sich erst durch Herausreißen des → Klemmkörpers mit den Pollinien befreien.
G: Ch.K. SPRENGEL (1793, Sp. 139 ff.) war der Erste, der erkannte, dass Asclepiadaceae zeitweilig Insekten „fangen", die aber dann frei werden und die Bestäubung ausführen. Der Terminus Klemmfallenblume wurde von H. MÜLLER (1878, S. 330; 1879, S. 72) geprägt.
Klemmkörper, m. (L: corpusculum, n. E: corpusculum, retinaculum F: corpuscule, m.): Teil des → Pollinariums der Asclepiadaceae (nur Asclepiadoideae), an dem mit zwei Stielchen (**Caudiculae**) die Pollinien sitzen. Es handelt sich um ein erhärtetes Sekret des Griffelkopfes. Die Klemmkörper sind mit einer engen Längsrille versehen, in der sich nektarsuchende Insekten mit den Beinen oder dem Rüssel verfangen. Beim Versuch sich zu befreien, ziehen sie das Pollinarium heraus. Vgl. → Translator.
G: Klemmkörper von SCHUMANN (1895, in ENGLER & PRANTL, Natürl. Pflanzenfam. **IV,2**: 198).
Kletterpflanze → Liane
Klimadiagramm, n. (E: climatic diagram): Diagrammatische Darstellung der Klimaverhältnisse an einem Ort. Kurven stellen die Monatsmittel von Temperatur und Niederschlag im Verhältnis 10 °C zu 20 mm Niederschlag dar. Außerdem wird angegeben, welche Monate eine mittleres oder absolutes Minimum unter 0 °C haben, sowie die langjährigen Jahresmittel der Temperatur und der Niederschläge. Wenn in dieser Darstellung die Temperaturkurve unter der Niederschlagskurve liegt, ist das Klima **humid**, im umgekehrten Fall **arid**.
G: Einer Anregung von H. GAUSSEN folgend entwarf WALTER (1955) die ersten Klimadia-

gramme. WALTER & LIETH (1960-67) veröffentlichten K. für alle Teile der Erde.

Klimax, f. (E: climax F: climax, m.): In der Vegetationskunde eine Gesellschaft (**Klimaxgesellschaft**), die sich unter bestimmten klimatischen und edaphischen Bedingungen als Endpunkt einer → Sukzession entwickelt und weitgehend stabil ist.
G: vgl. CLEMENTS 1916.

Klimaxgesellschaft → Klimax

Kline → Merkmalsgradient

Klinostat, m. (E: klinostat, clinostat F: clinostat, m.): Vorrichtung, bei der durch langsame Drehung einer Pflanze um eine horizontale Achse die Wirkung der Schwerkraft und durch Drehung um die Senkrechte die Wirkung des Lichtes auf die Ausrichtung des Wachstums ausgeschaltet wird.
G: In der geschilderten Art konstruiert und benannt von SACHS (1879, S. 217) von gr. klinein, neigen, und statos, stehend, eingestellt. Auch wenn nur die Schwerkraft ausgeschaltet wird, spricht man von einem Klinostat.

Klon, m. (E: clone F: clone, m.): Ursprünglich verwendet für die Gesamtheit aller Pflanzen, die durch vegetative Vermehrung aus einer hervorgegangen sind. Abgesehen von (seltenen) vegetativen Mutationen sind alle Glieder eines Klons genetisch identisch. In ähnlicher Weise können Klone auch durch → Apomixis entstehen. Klone existieren in der Natur, werden aber auch vom Menschen künstlich hergestellt, so bei vielen Zier- und Nutzpflanzen (z.B. der Kartoffel), da dadurch auch bei starker Heterozygotie die Sorteneigenschaften erhalten bleiben. Vergleichbar sind auch Klone, die durch Zellteilung aus einem Organismus (Bakterium, einzellige Organismen) hervorgegangen sind. In der Molekularbiologie wird **Klonieren** für das Vermehren von DNA in Bakterien verwendet.
G: Der Terminus wurde von WEBBER (1903, S. 502) geprägt, zunächst als „clon", abgeleitet von gr. klon, Zweig. Die Schreibung „clone" wurde von POLLARD (1905, Science N.S. **22**: 87-88; 469) eingeführt und hat sich im Englischen durchgesetzt. Vgl. STEARN (1949).

Klonieren → Klon

Knäuel → Glomerulus

Knallgasbakterien, f.pl. (E: oxyhydrogen gas bacteria): Chemolithoautotrophe Bakterien, die Wasserstoff als Energiequelle nutzen können und Kohlendioxid fixieren.

Knight-Darwinsches Gesetz, n. (E: Knight-Darwin law F: loi de Knight-Darwin): „Nature abhors inbreeding", d.h. die Natur scheut die → Inzucht.
G: Dieser Gedanke wurde schon von Ch.K. SPRENGEL (1793, Sp. 43) ähnlich ausgesprochen, wo es heißt: „so scheint die Natur es nicht haben zu wollen, dass irgend eine Blume durch ihren eigenen Staub befruchtet werden solle." KNIGHT (1799) und DARWIN (1876) haben diese Tendenz bestätigt. Die Bezeichnung „Knight-Darwinsches Gesetz" stammt von DARWINS Sohn (F. DARWIN 1898 a). Schon früh wurde aber auch Kritik an der Allgemeingültigkeit laut, so bei MOHL (1863, S. 325) und BURCK (1890).

Knolle, f. (L: tuber, n., pl. tubera E: tuber F: tubercule, m.): Meist unterirdisches Speicherorgan von verschiedener Form (kugelig bis oval oder länglich). Eine Knolle kann morphologisch aus verschiedenen Teile hervorgehen, danach unterscheidet man: → Sprossknolle, → Hypokotylknolle und → Wurzelknolle.

Knospe, f. (L: gemma, f., pl. gemmae E: bud F: bourgeon, m.): Anlage eines Sprosses, in dem die Blätter noch unentwickelt und die Internodien gestaucht sind. Vor allem in Gebieten mit einer kalten Jahreszeit sind die Knospen durch → Knospenschuppen geschützt. Auch die noch nicht geöffnete Blüte wird als Knospe, bzw. **Blütenknospe** (E: flower bud, F: bouton, m.) bezeichnet.

Knospe, ruhende → Ruheknospe

Knospendeckung → Ästivation

Knospenlage → Vernation

Knospenmutation, f., Knospenvariation, f. (E: bud mutation, bud sport F: mutation gemmaire, f.): Somatische Mutation, die in einer Knospe entsteht und dazu führt, dass der daraus hervorgehende Zweig in einem Merkmal von den anderen abweicht.
G: DARWIN (1868 a, 1, S. 373) fasste ältere Beobachtungen zusammen und ersetzte den unspezifischen engl. Ausdruck „sport" durch „bud variation".
Lit.: CRAMER (1907).

Knospenschuppe, f., Tegment, n. (L: tegmen, n., pl. tegmina, perula, f. E: perula, leaf-bud scale F: écaille protectrice du bourgeon, pérule, f.): Knospenschuppen sind Blattorgane, die eine Knospe bedecken. Es

Knospenvariation

handelt sich um Niederblätter oder Stipeln, die meist verhärtet und oft braun gefärbt sind und den Vegetationspunkt und die Blattanlagen schützen.
G: Die Gesamtheit der Knospenschuppen heißt bei MIRBEL (1815, S. 635) perula, bei LINK (1824, S. 211) sind es die tegmenta.
Knospenvariation → Knospenmutation
Knospenwurzler, m.: Pflanze, bei der die sprossbürtigen Wurzeln aus den Seitenknospen entspringen (oft in einem sehr frühen Stadium).
G: H. WEBER (1936, S. 273).
Knospung → Zellsprossung
Knoten, m., Nodus, m. (L: nodus, m., pl. nodi E: node F: noeud, m.): Bereich der Sprossachse, an dem ein oder mehrere Blätter ansetzen.
G: Die lat. Bezeichnung nodus bedeutet Knoten und bezieht sich auf die nicht seltene Verdickung des Sprosses an der Stelle des Blattansatzes. Nodus wurde schon von ALBERTUS MAGNUS (1192-1280) in seinem Werk „De Vegetabilibus" gelegentlich verwendet, aber noch nicht als eindeutig festgelegter Terminus (SPRAGUE 1933 b, S. 450). Vgl. → Internodium.
Knotenanatomie, f. (E: nodal anatomy F: anatomie nodale): Die Ausbildung der Leitbündel, die im Bereich des Knotens von der Stele in den Blattstiel abzweigen und damit die Blattspurstränge bilden. Die gewöhnlich unterschiedenen Typen bei den Dikotylen sind:
- **unilacunär** (E: unilacunar F: unilacunaire): mit einer Blattlücke und einem Blattspurstrang.
- **trilacunär** (E: trilacunar F: trilacunaire): mit drei Blattlücken und drei Blattspursträngen
- **multilacunär** (E: multilacunar F: multilacunaire): mit vielen Blattlücken und Blattspursträngen. Dieser Typ findet sich vor allem bei Blättern mit einer basalen Scheide (Umbelliferae, Polygonaceae).
G: SINNOTT (1914, S. 305 ff.). Einen vierten unbenannten Typ haben MARSDEN & BAILEY (1955) aufgestellt. Über weitere, auch ältere, Terminologien vgl. HOWARD (1979).
Knotenwurzler, m.: Pflanze, bei der die sprossbürtigen Wurzeln im Bereich der Knoten entspringen und zwar entweder unmittelbar oberhalb (Überknotenwurzler) oder unterhalb (Unterknotenwurzler) der

Blattinsertion.
G: H. WEBER (1936, S. 244 ff.)
Kodominanz, f. (E: codominance F: codominance, f.): Die Erscheinung, dass bei einem heterozygoten Organismus im Phänotyp beide Allele erkennbar sind (ohne intermediäre Merkmalsausprägung).
Köpfchen, n. (L: capitulum, cephalium E: capitule, head F: capitule, m., céphalanthe, m.): Infloreszenz, bei der die Blüten ungestielt auf einer halbkugeligen, kegeligen oder scheibenförmigen Achse (dem → Köpfchenboden) sitzen (vgl. auch → Calathidium).
G: Capitulum wurde u.a. schon von PLINIUS für das Köpfchen der Compositen (Asteraceae) benutzt (SPRAGUE 1933 a), in der Neuzeit dann von JUNGIUS (1678) und RAY (1682, S. 71). Diese Autoren hatten schon erkannt, dass es sich dabei nicht um eine einzelne Blüte handelt. RAY (1682, S. 70) spricht von einer „flos compositus" (zusammengesetzten Blüte). Auch später wurden die Blüten des Köpfchens oft noch als **Blütchen** (L: flosculus, E: floret F: fleuron, m.) bezeichnet.
Köpfchen, heterogam (L: capitulum heterogamum E: heterogamous capitule F: capitule hétérogame): Köpfchen mit Blüten verschiedener geschlechtlicher Ausprägung. Häufig sind bei den Asteraceae (Compositae) zwittrige Scheibenblüten und weibliche oder sterile Randblüten.
G: LESSING (1832, S. 422).
Köpfchen, homogam (L: capitulum homogamum E: homogamous capitule F: capitule homogame): Köpfchen, bei dem alle Blüten das gleiche Geschlecht haben (meist alle zwittrig, aber auch − bei monözischen oder diözischen Arten − alle weiblich oder männlich).
G: LESSING (1832, S. 422).
Köpfchenboden, m., Clinanthium, n. (L: clinanthium, n. E: clinanthium F: clinanthe, m.): Die verbreiterte Achse eines Köpfchens, besonders bei den Asteraceae (Compositae), auf der die Blüten sitzen. Sie wird oft auch als **Blütenboden** (Receptaculum E: receptacle F: réceptacle) bezeichnet, dieser Terminus sollte aber für Bildungen der Blütenachse reserviert bleiben.
G: Der Terminus clinanthium (abgeleitet von gr. kline, Bett, und anthos, Blüte) findet sich (zuerst ?) bei MIRBEL (1815, S. 273).
Köpfchenstand, m. (E: capitulescence F:

incapitulescence, f.): Die Anordnung der Köpfchen in einem Sprosssystem. Ein Köpfchenstand entspricht einer Infloreszenz, nur dass an Stelle der Blüten Köpfchen stehen. Er kann dieselben Grundtypen einnehmen. G: Beim Köpfchenstand verwendete schon RAY (1682, S. 79) den Unterschied determiniert - indeterminiert, der erst viel später auch bei → Infloreszenzen eingeführt wurde.
Köpfchenzelle → Capitulumzelle
Körbchen → Calathidium
Koevolution → Coevolution
Koexistenz, f. (E: coexistence F: coexistence, f.): Das Zusammenleben verschiedener Arten in demselben Gebiet, bzw. enger gefasst am selben Ort unter gleichen Bedingungen (→ Gauses Prinzip).
Kohäsionsbewegung, f. (E: cohesion movement): Bewegung, bei der der Zusammenhalt des Wassers in allmählich austrocknenden, meist toten Zellen eine entscheidende Rolle spielt. Die bekannteste K. ist das Aufreißen der Farnsporangien durch Austrocknen der Zellen des → Anulus. Man spricht auch von einem **Kohäsionsmechanismus**. G: LECLERC du SABLON (1885) hat den Vorgang bei den Farnsporangien zuerst zutreffend beschrieben.
Kohäsionsmechanismus → Kohäsionsbewegung
Kohäsionstheorie (der Wasserleitung) (E: cohesion theory F: théorie de cohésion): Nach dieser Theorie ist die maßgebliche Kraft beim Wassertransport in den Leitbündeln die Verdunstungskraft der Atmosphäre. Sie wirkt an der Oberfläche der Mesophyllzellen. Durch den Zusammenhang infolge der Kohäsion der Wassermoleküle wird eine ununterbrochene Wassersäule in den Gefäßen nach oben gezogen. G: Die Theorie wurde unabhängig voneinander durch DIXON & JOLY (1895) und ASKENASY (1895/96) veröffentlicht. DIXON (1914) stellte sie ausführlich dar und spricht von cohesion theory.
Kohlenhydrate, n.pl. (E: carbohydrates F: glucides, früher: hydrates de carbon): Organische Verbindungen aus Zuckermolekülen (Monosacchariden). Man unterscheidet die **Oligosaccharide** aus wenigen Monomeren (nur 2 bei den Disacchariden, z.B. der Saccharose) von den → Polysacchariden. Der Name erklärt sich aus der vorherrschenden Summenformel $C_n(H_2O)_n$, die sie formal als Verbindung von Kohlenstoff und Wasser erscheinen lässt.
Kohlenstoffassimilation → Photosynthese
Kohorte, f. (E: cohort F: cohorte, f.): 1. in der Populationsbiologie eine Gruppe von Exemplaren oder auch Organen des gleichen Entwicklungszustandes, z.B. Keimlinge aus gleichzeitig gekeimten Samen oder gleichzeitig ausgetriebene Blätter. 2. in der Systematik: → Cohors
Kolben, m., Spadix, m./f. (L: spadix, m./f., pl. spadices E: spadix F: spadice, m.): Blütenstand, bei dem die Blüten dicht gedrängt an einer verdickten, meist fleischigen Achse sitzen. Typisch für die Araceae.
Koleoptile, f., Coleoptile, f., Keimscheide, f. (E: coleoptile, plumule sheath F: coléoptile, m.): Scheide, die das erste Blatt des Keimlings der Poaceae (Gramineae) umgibt und schützt. G: Der Terminus wurde von MIRBEL (1815, S. 57) für die Keimscheide der Poaceae geprägt. Diese ist seit DARWIN (1880) ein wichtiges Objekt zur Untersuchung des Phototropismus und dabei der Wuchsstoffe.
Koleorhiza, f., Coleorhiza, f., Wurzelscheide, f. (E: coleorhiza, radicle sheath, root sheath F: coléorhize, f., gaine radiculaire, f.): Scheide, innerhalb derer beim Embryo der Poaceae (Gramineae) die erste Wurzel entsteht. Ihre Deutung ist umstritten, möglicherweise handelt es sich bei der Koleorhiza um die eigentliche Primärwurzel (Radicula), die erste funktionierende Wurzel wäre dann bereits als eine endogene sprossbürtige Wurzel aufzufassen. G: Der Terminus stammt offenbar von MIRBEL (1815, S. 56) von gr. koleos, Scheide, und rhiza, Wurzel.
Lit.: ROTH (1955), PHILIP & HACCIUS (1976), TILLICH (1977).
Kollektivart → Aggregat
Kollenchym, n., Collenchym, n. (E: collenchyma F: collenchyme, m.): Festigungsgewebe aus lebenden prosenchymatischen Zellen, bei denen die Kanten oder Seiten verdickt sind. K. findet sich in noch wachsenden Bereichen krautiger Pflanzen. Die Verdickungen bestehen aus Cellulose und Pektinstoffen (eine Verholzung kann später hinzukommen). - Kollenchymatische Zellen mit Verdickungen an den Ecken gibt es auch bei Moosen.

Ausbildungsformen des K.:
- **Eckenkollenchym** oder **Kantenkollenchym** (E: angular collenchyma F: collenchyme angulaire): Kollenchym, bei dem die Längskanten verdickt sind (im Querschnitt die Zellecken).
- **Lückenkollenchym** (E: lacunar collenchyma F: collenchyme lacunaire): Kollenchym mit Verdickungen an den Zellkanten, die aber Interzellularen umschließen.
- **Plattenkollenchym** (E: tangential or lamellar collenchyma F: collenchyme tangentiel): Kollenchym, bei dem hauptsächlich die → periklinen Wände verdickt sind.
G: Der Ausdruck Kollenchym (von gr. kolla, Leim) stammt von LINK (1837, 2, S. 198-199). Er verwendete ihn für die gallertigen Wände von Pollenmutterzellen. SCHLEIDEN (1841, S. 348) übertrug ihn auf Kollenchym im heutigen Sinne, das er bei Cactaceae beobachtet hatte. C. MÜLLER (1890 a) benannte die verschiedenen Ausbildungsformen des K.; DUCHAIGNE (1955) hält das Lückenkollenchym nicht für einen eigenen Typ, er nennt als dritten Typ ein K. mit allseitigen, im Querschnitt ringförmigen Verdickungen (F: collenchyme annulaire = Ringkollenchym).
Kolletere, f., Colletere, f., Drüsenzotte, f. (E: colleter F: collétère, m.): Harz- oder schleimabsondernde Emergenz mit vielzelligem Stiel und Kopf, die sich besonders an Knospenschuppen oder (bei vielen Gentianales) an Stipeln findet. Durch ihre Ausscheidungen werden junge Knospen umhüllt und – wie man annimmt – geschützt.
G: Eingeführt von HANSTEIN (1868 b, Sp. 723/724) in einer Arbeit über Harz- und Schleimabsonderung an Laubknospen, abgeleitet von gr. kolleter, Bekleber.
Kolonie, f. (L: colonia, f., coenobium, n. E: colony F: colonie, f.): Enger Zusammenschluss gleichartiger einzelliger Organismen, z.B. bei den Volvocaceae.
Kolosom → Telom
Kombination, f.: **1.** → Rekombination **2.** (L: combinatio, f., pl. combinationes E: combination F: combinaison, f.): In der Nomenklatur die Verbindung eines Gattungsnamens mit einem → Artepitheton oder mit dem Namen einer Untergattung oder Sektion. Bei der Schaffung einer **Neukombination** (**combinatio nova**, Abk.: comb. nov.) muss ab 1.1.1953 das → Basionym mit seinem Literaturzitat angeführt werden.

Kommiskuum → Commiscuum
Kommissur → Commissur
kommissural → Stigma
Kompartiment, n. (E: (cell) compartment F: compartiment, m.): Durch eine → Biomembran abgegrenzter Bereich innerhalb der Zelle mit einer besonderen Funktion. Das Prinzip einer weitgehenden **Kompartimentierung** (E: compartmentation F: compartimentation, f.) ist typisch für die Zelle der Eukaryoten.
Kompartimentierung → Kompartiment
Kompartimentierungsregel, f.: Die Regel, dass eine → Biomembran in der Zelle stets eine plasmatische von einer nichtplasmatischen (wässerigen) Phase trennt. Um von einem plasmatischen Bereich (z.B. Cytoplasma) in einen anderen (Karyoplasma, Mitoplasma) zu gelangen müssen immer mindestens zwei Biomembranen überwunden werden.
G: Die Regel wurde von SCHNEPF (1964, S. 126) aufgestellt, sie ist auch als **Schnepfsches Theorem** bekannt.
Kompasspflanze, f. (E: compass plant F: plante boussole): Pflanze, die ihre Blätter senkrecht und annähernd in Süd-Nord-Richtung stellt. Am bekanntesten ist als Kompasspflanze in Mitteleuropa *Lactuca serriola*.
G: In den Prärien Nordamerikas wurde die Nord-Süd-Stellung der Blattfläche bei *Silphium laciniatum* früh von den Einwohnern beobachtet. Bei A. GRAY (1848, zit. nach ALVORD 1850) heißt die Art daher compass plant. STAHL (1881), der vor allem *Lactuca serriola* untersuchte, benutzte dann Kompasspflanzen als Gruppenbegriff.
Kompensationspunkt → Licht-Kompensationspunkt
kompetitive Hemmung, f.: Hemmung eines Enzyms durch die Bindung eines dem normalen Substrat verwandten Moleküls, das jedoch nicht verarbeitet werden kann. Diese Hemmung heißt kompetitiv (engl. competitive), da ein Wettbewerb zwischen dem normalen und dem anderen Substrat besteht, so dass ein Überschuss des normalen die Hemmung aufheben kann.
Komplementärsymmetrie, f., Antisymmetrie, f.: Sonderform von Symmetrie, bei der zwei Strukturen ineinander passen wie Schlüssel und Schloss. Sie spielt besonders im molekularen Bereich eine bedeutende

Rolle.
Komplexheterozygotie, f. (E: complex heterozygosity F: hétérozygotie complexe): Besonderes genetisches System einiger Pflanzen (z.b. Oenothera), bei dem die Chromosomen auf Grund reziproker Translokationen alle oder zum Teil zu Ringen vereinigt sind. Ein „Komplex" gelangt in die Eizellen, ein anderer in die Pollenkörner. Pflanzen, die einen Komplex homozygot enthalten, sterben ab, so dass die Heteroyzgotie für die Komplexe erhalten bleibt.
G: Oenothera hat schon in den Anfängen der Genetik (bei de VRIES) eine wichtige Rolle gespielt. Die Unkenntnis der Besonderheiten dieses Objekts führte zu falschen Schlussfolgerungen. An der Aufklärung der komplizierten Verhältnisse waren vor allem RENNER (1917), der (S. 272) den Begriff K. einführte und RALPH E. CLELAND (1892-1971) beteiligt.
kongenerisch → congenerisch
Konidie, f., Conidie, f., Konidiospore, f. (E: conidium, conidiospore F: conidie, f., conidiospore, f.): (Mito-)Spore, die am Mycel der Pilze (bzw. Flechten) oft von einem besonderen Träger (**Konidiophor**, Conidiophor, Konidienträger (E: conidiophore F: conidiophore, m.) exogen abgeschnürt wird. Bei dieser Definition sind Konidie und **Exokonidie** identisch, zuweilen werden aber auch im Innern gebildete Mitosporen **Endokonidien** genannt. Bei manchen Pilzen können Konidien fakultativ als → Spermatien fungieren.
G: Eingeführt von LINK (1807, S. 21) als „Keimpulver (Conidium)", abgeleitet von gr. konia (kone), Staub. Dabei ist aber fraglich, ob es sich dabei um Konidien im heutigen Sinn handelte.
Lit.: COOKE (1974): Lexikon der Termini.
Konidienträger → Konidie
Konidiogenese, f., Conidiogenese, f. (E: conidiogenesis F: conidiogenèse, f.): Vorgang der Konidienbildung. Man unterscheidet zwei Haupttypen:
- **blastische K.**: Die Konidie entwickelt sich aus einem Teil der konidiogenen Zelle, der sich vergrößert und dann durch eine Wand abgegrenzt wird. Bei den Flechten ist nur dieser Typ bekannt.
- **thallische K.**: Eine bereits abgegrenzte Zelle entwickelt sich als Ganzes zur Konidie. Über weitere Untergliederung der Typen, die z.T. nur bei elektronenmikroskopischer Untersuchungen unterscheidbar sind, vgl. MINTER, KIRK & SUTTON (1982, 1983) und HAWKSWORTH (1988).
Konidioma, n., Conidioma, n., pl. Conidiomata (E: conidioma F: conidioma, m.): Oberbegriff für verschiedene Strukturen, die Konidien hervorbringen, hierzu gehören z.B. → Pycnidien, Sporodochia und Synnemata.
Lit.: HAWKSWORTH (1988).
Konidiophor → Konidie
Koniferen → Coniferen
Konjugation, f. (E: conjugation F: conjugaison, f., cystogamie, f.): **1.** Sexualvorgang der Zygnematophyceae (Conjugatae), bei dem sich ein unbegeißelter Gamet durch einen Verbindungsgang mit einem anderen vereinigt (Jochbildung). Zuweilen auch gleichbedeutend mit Kopulation verwendet.
G: Die Konjugation wurde schon von O.F. MÜLLER 1782 (Abb. Fl. Danica **15**: tab. 883) beobachtet (der von „filamentis saepe conjugatis" spricht) und von HEDWIG (1798, S. 225) als Sexualakt gedeutet. Lat. coniugare bedeutet zu einem Paar verknüpfen.
2. in der Mikrobiologie eine einseitige Übertragung von genetischem Material **3.** in der Zoologie der Sexualakt der Ciliaten (LÜHE 1902, HARTMANN 1909)
Konkauleszenz → Concaulescence
Konnektiv → Connectiv
Konsortium → Consortium
konspezifisch → conspezifisch
Konsument, m. (E: consumer F: consommateur, m.): In einem Ökosystem ein Organismus, der die von den → Produzenten aufgebaute organische Substanz als Nahrung verbraucht. Konsumenten sind vor allem die Tiere, aber auch die Pilze.
Kontaktzelle → Markstrahl, Aufbau
Kontinuumsmorphologie → Prozessmorphologie
kontraktile Vakuole → Vakuole, kontraktile
Konvergenz, f. (E: convergence F: convergence, f.): Das Entstehen funktionell und gestaltlich ähnlicher Bildungen aus nicht homologen Organen (d.h. Ausbildung von Analogien). Beispiele bieten Spross- und Blattdornen oder Spross- und Blattranken.
Vgl. → Divergenz.
G: Das Auftreten von Konvergenzen war schon DARWIN (1859, S. 193) bekannt. Ein Hinweis des Botanikers H.C. WATSON veranlasste ihn in einer späteren Auflage (1866,

Konvivium

S. 150), die Möglichkeit der „convergence of characters" näher zu besprechen.
Konvivium → Convivium
konzentrisch → Leitbündel (B.)
Konzeptakel → Conceptaculum
Konzertierte Evolution (E: concerted evolution): Evolutionsvorgang, bei dem paraloge (→ Homologie von Genen und Proteinen) Sequenzen, die durch Mutation oder Hybridisierung Unterschiede aufweisen, homogenisiert werden.
G: Der Vorgang wurde zuerst von BROWN et al. (1972, S. 71) als „horizontal evolution" bezeichnet, später setzte sich „concerted evolution" (ZIMMER et al. 1980; S. 2160) durch.
Kooperativität → Enzym, allosterisches
Koppelung, f. (E: linkage F: liaison des gènes): In der Genetik die Erscheinung, dass Merkmale nicht generell unabhängig voneinander vererbt werden, sondern in **Koppelungsgruppen** (E: linkage group F: groupe de liaison). Diese entsprechen der Zahl der Chromosomenpaare. Man sagt auch, die Gene sind **gekoppelt**.
G: Schon im Jahr der Wiederentdeckung der Mendelschen Regeln beobachtete CORRENS (1900 b, S. 108) bei Levkojen-Bastarden „conjugirte oder ... gekoppelte Merkmale". MORGAN (1910) stellte einen theoretischen Zusammenhang zwischen der Zahl der frei spaltenden Merkmale und der Chromosomen her, fand ihn aber zunächst nicht bestätigt. Koppelung und Austausch war von großer Bedeutung für die → Chromosomentheorie der Vererbung.
Koppelungsgruppe → Koppelung
Kopulation, f. (E: copulation F: copulation, f.): Der Terminus wird für die Verschmelzung der Gameten benutzt (→ Befruchtung, → Syngamie), aber auch (in der Zoologie) für die geschlechtliche Vereinigung (Besamung). Er ist dadurch nicht mehr eindeutig.
Koremium → Coremium
Kork, m. (E: cork, suber F: liège, m.): Sekundäres Abschlussgewebe aus abgestorbenen Zellen, deren Wände durch Suberin (Korkstoffe) wasserundurchlässig sind.
Korkcambium → Phellogen
Korkgewebe → Phellem
Korkpore → Lenticelle
Korkwarze → Lenticelle
Kormophyten, m.pl., Cormophyta, Rhizophyten (E: cormophytes F: cormophytes, m.

pl.): Die Gruppe der Pflanzen, die als Organisationsstufe durch den → Kormus gekennzeichnet ist. Hierzu gehören die Farnpflanzen und Samenpflanzen. Vgl. → Gefäßpflanzen.
G: ENDLICHER (1836) schuf als Erster eine Gruppe der Cormophyta, die allerdings die Moose mit umfasste. In diesem Sinn benutzte noch R. v. WETTSTEIN (1935) den Begriff, ebenso ROTHMALER (1948, als Cormobionta). Für A. BRAUN (in ASCHERSON 1864, S. 22) waren die Cormophyta mit den Farnpflanzen identisch. Erst später setzte sich die heutige Abgrenzung durch. Rhizophyten („Wurzelpflanzen") wurde von TROLL (1935-37, S. 177) geprägt.
Kormus, m., Cormus, m. (L: cormus, m. E: cormus, corm F: cormus, m.): Nach heutiger Auffassung die Organisationsform der höheren Pflanzen, die durch die drei Grundorgane Wurzel, Sprossachse und Blätter gekennzeichnet ist.
G: Der Begriff Cormus findet sich noch nicht bei LINNAEUS (1751). WILLDENOW (1802, S. 27) benutzte Cormus als Oberbegriff für alle sprossartigen Organe, wobei er sogar die Blattstiele und auch die Moosstängel mit einbezog. Die zeitweilige Verwendung (z.B. H. SCHMIDT 1912) von Cormus in der Zoologie und Botanik für einen „Stock", der durch Sprossung (Knospung) ohne folgende Ablösung aus einem Individuum entsteht, ist heute obsolet. Die heute herrschende Auffassung ist davon geprägt, dass die Kormophyten durch einen Kormus charakterisiert sind. Sie geht in Deutschland offenbar auf STRASBURGER (in STRASBURGER et al. 1894, S. 10) zurück. Im Englischen hat corm meist eine spezielle Bedeutung (gestauchter basaler Sprossteil).
korrekter Name → Name
Korrelation, f. (E: correlation F: corrélation, f.): Jegliche Art der Abhängigkeit der Entwicklung eines Organs oder Organteils von einem anderen. Bei positiver Korrelation zieht die Vergrößerung eines Teiles die Vergrößerung eines anderen nach sich, bei negativer führt eine Vergrößerung des einen zur Verkleinerung des anderen. Entsprechendes gilt auch für physiologische Prozesse.
Kosmopolit, m. (E: cosmopolite F: cosmopolite, m.): Art, die weltweit verbreitet ist und an geeigneten Standorten fast überall vor-

kommt.
G: A. de CANDOLLE (1855, S. 582) benutzte (als Erster?) den Terminus „cosmopolite", betonte aber gleichzeitig, dass es keine Kosmopoliten im absoluten Sinn des Wortes gäbe.

Kotyledone, f. (auch: Cotyledo, m.), Keimblatt, n. (L: cotyledon, f., pl. cotyledones E: cotyledon F: cotylédon, m.): Eines der ersten, oft schon im Embryo deutlich ausgebildeten Blätter der Pflanze. Bei den Gymnospermen sind es zwei bis mehrere, bei den Dikotylen fast immer zwei, bei den Monokotylen eines.
G: Die Kotyledonen wurden schon von HIGHMORE (1651, S. 50/51) als Blätter erkannt, GREW (1682) bezeichnete sie als „lobes of the seed", bei RAY (1682) heißen sie „folia seminalia" (Samenblätter). Erst LINNAEUS (1735 b, S. 16) führte cotyledon (von gr. kotyledon, Näpfchen, Saugwarze) in die Botanik ein auf Grund einer vermuteten Analogie mit den Cotyledonen der Placenta cotyledonaria bei Tieren (speziell den Wiederkäuern).

Kräuterbuch, n. (E: herbal F: herbier, m.): Botanisch-pharmazeutisches Werk des späten Mittelalters und der Renaissance. Beginnend mit BRUNFELS (1530) und FUCHS (1542) enthielten Kräuterbücher die ersten im Druck erschienenen naturgetreuen Abbildungen und genauen Beschreibungen von Pflanzen.
Lit.: ARBER (1938), F.J. ANDERSON (1977), GREENE (1983).

Krankheitserreger → Pathogen

Kranz-Typus, m., Kranzanatomie, f. (E: Kranz anatomy F: anatomie de type kranz): Typus des Blattbaues, bei dem die Leitbündel von einem „Kranz" von großen Mesophyllzellen umgeben sind, an den sich oft kleinere Mesophyllzellen anschließen. Dieser anatomische Typ ist eng verbunden mit dem → C_4-Typ der Photosynthese.
G: Erste gute Abbildungen bei DUVAL-JOUVE (1870, Taf. XVII) und HABERLANDT (1879). Die Bezeichnung Kranz-Typus stammt von HABERLANDT (1896, S. 244).

kraspedodrom → Blattaderung

Kraut, n. (E: herb F: herbe, f.): Pflanze ohne nennenswerte Verholzung. Den krautigen Pflanzen (→ Annuelle, → Bienne und → Stauden im weiteren Sinn) fehlt ein sekundäres Dickenwachstum oder es ist nur an der Basis in Ansätzen ausgebildet.

krautig (E: herbaceous F: herbacé): Pflanze oder Pflanzenteil ohne nennenswerte Verholzung. Als Gegensatz zu trockenhäutig bedeutet krautig: grün und von relativ weicher Konsistenz.

Krebs-Zyklus → Citratzyklus

Kreuzbestäubung → Xenogamie

Kreuzblütler → Cruciferae

kreuzgegenständig → Phyllotaxis

Kreuzung → Hybridisierung

Kreuzungsfeld, n. (E: cross-field F: champ de croisement): Die Radialwandfläche zwischen einer Tracheide und einer Markstrahlzelle (vor allem bei Coniferen verwendet).

Kreuzungsgemeinschaft → Syngameon

Kreuzungstyp, m. (E: mating type): Eine von zwei Individuengruppen, zwischen denen Sexualvorgänge durch Isogamie oder Somatogamie möglich sind, während sie innerhalb eines K. nicht vorkommen. Sie werden willkürlich mit + und - bezeichnet.

Kristallzelle, f. (E: crystalliferous cell): Zelle (→ Idioblast), die einen oder mehrere Kristalle einschließt. Besonders häufig handelt es sich um Calciumoxalat, aber auch die → Kieselzellen gehören hierzu.

Kronblatt → Petalum

Krone → Corolla

krummläufig → Blattaderung

Krustenflechte, f. (E: crustaceous lichen F: lichen crustacé): Wuchsform von Flechten, die dem Substrat (Stein, aber auch Erde, Rinde etc.) fest anliegen. Die Oberfläche der Krustenflechten ist oft in kleine Thallusfelder (Areolen) gegliedert.

Kryoskopie, f. (E: cryoscopy F: cryoscopie, f.): Bestimmung des → osmotischen Potentials von Pflanzenpresssäften durch die Gefrierpunkterniedrigung.
G: Von gr. kryoeis, eisig, und skopein, betrachten.

kryptische Art → Kryptospecies

Kryptogamen → Cryptogamae

Kryptophyt, m. (E: cryptophyte F: cryptophyte, m.): Wuchsform, die dadurch gekennzeichnet ist, dass die Überdauerungsknospen „verborgen" sind, und zwar bei den Geophyten in der Erde, bei den → Helophyten im Schlamm, bei den → Hydrophyten im Wasser.
G: RAUNKIAER (1905, S. 398).

kryptopor (E: cryptopore F: cryptopore, m.): Laubmooskapsel mit eingesenkten Sto-

mata.
Kryptospecies, f., Cryptospecies, f., kryptische Art, f. (E: cryptospecies F: espèce cryptique): Sippen, die - z.b. auf Grund verschiedener Polyploidiestufe oder chromosomaler Umbauten - reproduktiv voneinander getrennt sind, ohne dass sich durchgängige morphologische Unterschiede nachweisen lassen.
G: Verwendet von LARSEN (1957).
Kryptostoma, n., Cryptostoma, n. (E: cryptostoma F: crypte pilifère): Flaschenförmige nach außen offene und mit Haaren ausgekleidete Einsenkung im Thallus von Braunalgen.
Kryptotetrade, f., Cryptotetrade, f., Pseudomonade, f. (E: pseudomonad): Die Pollenkörner der Cyperaceae, die zuerst vier Kerne (Mikrosporen) enthalten, von denen drei degenerieren. Es entwickelt sich also nur ein Pollenkorn aus einer Pollenmutterzelle.
G: Die Erscheinung wurde schon von STRASBURGER (1884 b, S. 13) beschrieben.
K-Selektion → Selektionstypen
K-Strategie → Lebensstrategie
Kürbisfrucht → Panzerbeere
Kulturabhängiger → Epökophyt
Kulturflüchtling → Ergasiophygophyt
Kulturpflanze, f. (E: cultivated plant F: plante cultivée): Pflanze, die der Mensch als Nahrungs-, Heil-, Zier-,Forst- oder andere Nutzpflanze bewusst anzieht und nutzt. Die meisten Kulturpflanzen sind vom Menschen durch die Züchtung seit langem gegenüber ihren wildlebenden Vorfahren genetisch verändert. Viele können ohne die Pflegemaßnahmen des Menschen nicht mehr überleben.
Kulturpflanzencode → Code 2. ICNPC
Kulturrelikt → Ergasiolipophyt
Kulturschwarm → Cultigrex
Kurztagpflanze, f. (E: short-day plant F: plante de journée courte): Pflanze, die nur zum Blühen kommt, wenn eine art- bzw. sortenspezifische Tageslänge nicht überschritten wird. Dazu gehören viele Pflanzen der Tropen. Vgl. → Langtagpflanze, → tagneutrale Pflanze.
kurzgriffelig → Heterostylie
Kurztrieb, m., Brachyblast, m. (E: brachyblast, short shoot F: brachyblaste, m., rameau court): Seitenspross eines Holzgewächses, an dem die Blätter fast ohne Internodien aufeinander folgen. Viele Gehölze haben neben den → Langtrieben, die die Krone aufbauen, Kurztriebe, die die Belaubung verdichten. Typische Beispiele bieten *Ginkgo, Larix, Betula, Fagus*.
G: Der Terminus Brachyblast wurde von Th. HARTIG (1842-51, S. 176) eingeführt, WIGAND (1854, S. 67) nannte den Kurztrieb **Stauchling**.
Kutikula → Cuticula

Labellum, n., Lippe, f. (L: labellum, n. E: labellum, lip F: labelle, m.): Das hintere Perigonblatt bei den Orchideen, das durch Herabhängen der Infloreszenzen oder durch → Resupination nach vorne (unten) gelangt. Es ist meist größer als die übrigen und besonders ausgestaltet. – Ähnliche Bildungen bei Zingiberaceae, Cannaceae u.a. werden auch als Labellum bezeichnet.
Labiatae, Lippenblütler: Alternativer Familienname von JUSSIEU (1789, S. 110) für die Lamiaceae, nach der Lippenblume (lat. labium, Lippe). Beide Namen sind gültig. Weitere typische Merkmale der Familie sind die gegenständigen Blätter, meist vier Staubblätter und die → Klausen.
Lacunae → lophat
LAD → Blattflächendichte
Längsteilung → Schizotomie
Laesura → trilet
Lager → Thallus
Lagerpflanzen → Thallophyten
Lagerrand, m. (E: margin of thallus F: marge, f.): Rand des Thallus oder auch der besondere Rand eines Apotheciums (→ Margo), der bei den Flechten Photobionten enthält.
LAI → Blattflächenindex
Lamarckismus, m., Geoffroyismus, m. (E: Geoffroyism, Lamarckism F: Lamarckisme, m.): Evolutionstheorie, die eine direkte Einwirkung der Umwelt über eine → Vererbung erworbener Eigenschaften annimmt.
G: J. B. de LAMARCK (1809) begründete eine erste voll ausgearbeitete Theorie über die Ursachen der Evolution. Er nahm eine innere Fähigkeit der Organismen zur ständigen Anpassung an die Umwelt und zur Vervollkommnung an (→ Orthogenese). Der bald nach dem Erscheinen des Werkes von DARWIN (1859) als Gegensatz zum → Dar-

winismus eingeführte Begriff Lamarckismus reduzierte dies zur Vorstellung von einer direkten Einwirkung der Umwelt. Dies entspricht aber genauer den Vorstellungen von É. Geoffroy de Saint-Hilaire (1833), Mayr (1980, S. 5) schlug daher vor, richtiger von Geoffroyismus zu sprechen. Das hat sich aber nicht durchgesetzt, und es ist fraglich, ob man den üblichen Gebrauch von Lamarckismus jetzt noch ausrotten kann. Er entspricht im Wesentlichen auch dem gegen Ende des 19. Jahrhunders von vielen Biologen (z.B. R.v. Wettstein 1903, A. Wagner 1909) vertretenen **Neolamarckismus**. Erst die Entwicklung der modernen Genetik verdrängte diese Vorstellungen. Vgl. Bowler in Keller & Lloyd (1992, S. 188-193).
Lamelle, f. (L: lamella, f., pl. lamellae E: lamella, gill F: lame, f., lamelle, f., feuillet, m.):
1. Radial auf der Unterseite des Hutes angeordnete blattartige Strukturen, die bei vielen Basidiomyceten das → Hymenium tragen. G: Schon bei Dillenius gibt es „Fungi lamellosi" (Lamellenpilze), abgeleitet von lat. lamella, Blättchen, Plättchen.
2. Teil von Biomembranen. Im intakten Zustand liegen diese als geschlossene Vesikel vor. **3.** bei Moosen: → Assimilationslamelle.
Lamina, f.: **1.** beim Blatt → Blattspreite **2.** beim Petalum → Platte
laminal → Placentation (A.)
laminar → Hochblatt
langgriffelig → Heterostylie
Langtagpflanze, f. (E: long-day plant F: plante de journée longue): Pflanze, die nur zum Blühen kommt, wenn eine art- bzw. sortenspezifische Tageslänge überschritten wird. Dazu gehören viele Pflanzen der gemäßigten Breiten.
G: Garner & Allard (1923, S. 879) sprachen zuerst von long-day plants.
Langtrieb, m. (E: long-shoot F: dolichoblaste, m., auxiblaste, m., rameau long): Spross, der durch deutliche Internodien getrennte Blätter trägt. Langtrieb wird vor allem bei Holzgewächsen im Gegensatz zu → Kurztrieb verwendet.
lateral, seitlich (E: lateral F: latéral): Organe oder Organteile, die von einer Mittellinie (→ Mediane) senkrecht abstehen.
laterocytisch → Stomata-Typen (B.)
Latex, m., Milchsaft, m. (E: latex F: suc laiteux): Trübe („milchige") Flüssigkeit, die in → Milchsaftzellen oder → Milchröhren enthalten ist. Es handelt sich um ein Gemisch gelöster und emulgierter Stoffe, zu denen bei den Kautschukpflanzen vor allem Polyterpene (→ Terpenoide) gehören.
Lit.: Metcalfe (1966).
Laub, n. (nur sg.) (E: foliage F: feuillage, m.): Die Gesamtheit der Blätter einer Pflanze, besonders eines Baumes.
Laubblatt, f. (E: foliage leaf F: feuille, f.): Laubblätter sind die Blattorgane der Kormophyten, die in der Hauptsache die Photosynthese ausführen. Sie unterscheiden sich dadurch von den Nieder- und Hochblättern und den Blattorganen der Blüte, die keine Photosynthese betreiben oder nur in geringem Maße dazu beitragen. Außerdem sind die Laubblätter oft stärker gegliedert und größer als die übrigen Blattorgane.
Laubflechte → Blattflechte
Laubmoose, n.pl., Bryopsida, Musci (E: mosses F: mousses): Die Klasse Bryopsida der → Moose. Das → Protonema ist fädig und meist gut entwickelt. Der Gametophyt der Laubmoose ist in Stämmchen und Blättchen gegliedert. Der Sporophyt ist → akrokarp oder → pleurokarp inseriert. Das → Sporogon hat eine langliebige Seta. Die Kapsel öffnet sich gewöhnlich mit einem Deckel, meist ist ein → Peristom vorhanden.
laurophyll, lorbeerblätterig (E: laurophyllous): Holzpflanze mit Blättern vom Typ des Lorbeerblattes (*Laurus*): immergrün, ledrig, länglich oval, oft mit → Vorläuferspitze. Laurophyllie wird assoziiert mit dem → Lorbeerwald, in dem es aber auch andere Blatttypen gibt, während sehr ähnliche Formen auch in anderen Vegetationstypen auftreten.
Leben, n. (E: life F: vie, f.): Leben ist gekennzeichnet durch die Fähigkeit zur Reproduktion auf der Grundlage einer Informationsweitergabe und durch einen Stoffwechsel, der mit Wachstum verbunden ist.
Lebensform, f. (E: life form F: forme biologique, f.): Gestalt und Lebensäußerungen der Pflanzen als Ausdruck einer Anpassung an einen Lebensraum. Vgl. → Wuchsform.
G: Humboldt (1806) sprach von „sechzehn Pflanzenformen", die hauptsächlich die Physiognomie der Natur bestimmen. Grisebach (1872, S. 11-14) stellte nach ähnlichen Grundsätzen 54 „Vegetationsformen" auf. Raunkiaer (1905) führte ein System von

Lebensformen ein, das vor allem in Europa weite Verbreitung fand und zuletzt von ELLENBERG & MUELLER-DOMBOIS (1967) ausgebaut wurde. Eine analoge Gliederung für die Algen stammt von FELDMANN (1967).
Lit.: Übersichten mit Hinweisen auf die historische Entwicklung bei du RIETZ (1931) und ADAMSON (1939). - DIERSCHKE (1994).
Lebensraum → Biotop
Lebensgemeinschaft → Biozönose
Lebensstrategie, f. (E: life strategy F: stratégie de la vie): Eine von mehreren Möglichkeiten mit einer Kombination von Lebens- und Fortpflanzungsweise an einem Standort auf Dauer zu bestehen. Wenn die Fortpflanzungsweise allein betrachtet wird, spricht man von **Reproduktionsstrategie** (E: reproductive strategy F: stratégie de reproduction). Üblich ist nach der Art der → Selektion die Unterscheidung in **K-Strategie** und **r-Strategie**. Ein System von Lebensstrategien haben FREY & HENSEN (1995) entworfen.
G: Der Begriff der "Strategie" ist nach 1970 (z.B. GRIME 1974, DURING 1979) in Gebrauch gekommen. Er wurde oft kritisiert, weil er an ein bewusstes Planen denken lässt, wird aber immer noch verwendet. STEARNS (1976, S. 4) benutzt tactic mit folgender Definition: „A set of coadapted traits designed, by natural selection, to solve particular ecological problems."
Lebermoose, n.pl., Hepaticae (E: hepatics, liverworts F: hépatiques): Sammelgruppe der Klassen Marchantiopsida, Jungermanniopsida und Anthocerotopsida. Der Gametophyt entwickelt sich aus einem wenigzelligen → Protonema, er ist thallos oder beblättert (Blättchen oft in Lappen geteilt), meist sind → Ölkörper vorhanden. In den Kapseln, die sich mit Klappen öffnen, werden außer den Sporen noch → Elateren gebildet.
Lectine, n.pl., Phytohämagglutinine, n.pl. (E: lectins F: lectines, f.): Die pflanzlichen Lectine sind Proteine oder Glykoproteine, die durch ihre Fähigkeit mithilfe spezifischer Zuckerreste rote Blutkörper (Erythrocyten) zur Verklumpung (Agglutination) zu bringen ausgezeichnet sind. Sie treten besonders reichlich in den Samen einiger Fabaceae (Leguminosen) auf.
G: Die Bezeichnung stammt von BOYD (1954, S. 789), abgeleitet von lat. legere, wählen, auswählen.
Lectotypus, m. (E: lectotype F: lectotype, m.): Der nomenklatorische Typus, der aus dem Originalmaterial ausgewählt wird, wenn der Autor keinen → Holotypus bestimmt hat oder dieser zerstört ist.
G: Hinweise für das Verfahren gibt es im → Code 1. ICBN 2000 in Art. 9 und 10.
Leghämoglobin, n. (E: leghaemoglobin F: leghémoglobine, f.): Eine dem Hämoglobin (Blutfarbstoff) verwandte Verbindung in den → Wurzelknöllchen der Fabaceae (Leguminosae). Leghämoglobin wird vom Wirt (Proteinanteil) und den Bakteroiden der Knöllchen (Häm) synthetisiert und bindet Sauerstoff.
Legio, f., pl. Legiones: Sehr selten verwendete taxonomische Rangstufe. KOSO-POLJANSKY (1916) schaltete sie bei seinem Umbelliferen-System zwischen Unterfamilie (subfamilia) und Tribus ein. Im Lateinischen eine Heeresabteilung.
legitime Bestäubung → illegitime Bestäubung
legitimer Name → Name
Legumen → Hülse
Leitbündel, n., Gefäßbündel, n., Fibrovasalstrang, m. (veraltet) (L: fasciculum, n., pl. fascicula E: fascicle, vascular bundle, vascular strand F: faisceau conducteur, faisceau cribro-vasculaire): Abgegrenzter Strang aus → Xylem und → Phloem, der von Festigungsgewebe umgeben sein kann. Er enthält die leitenden Elemente (Tracheiden, Tracheen, Siebzellen bzw. Siebröhren) und weitere nicht leitende Zellen (Parenchym, Fasern).
G: Der Terminus Gefäßbündel, den wohl zuerst MOLDENHAWER (1812, S. 3 ff.) verwendete, stammt aus einer Zeit, in der auch die noch wenig bekannten Siebröhren als Gefäße bezeichnet wurden (vgl. ENDLICHER & UNGER 1843, S. 50). CASPARY (1862/63, S. 453) schlug Leitbündel vor, als bekannt geworden war, dass in mehreren Pflanzengruppen keine Gefäße (Tracheen) vorhanden sind und dass auch der Siebteil leitende Elemente enthält. NÄGELI (1858, S. 5) verwendete Fibrovasalstrang, um deutlich zu machen, das neben den leitenden auch stützende Elemente enthalten sind. HABERLANDT (1884) versteht unter Gefäßbündel nur → Leptom und Hadrom, d.h. er schließt die mechanischen Gewebe dabei aus (vgl. → Mestom).
A. Anordnung der Leitbündel (→ auch Stele).

Bei einer im Wesentlichen zylindrischen Anordnung der Leitbündel können außerdem auftreten:
- **medulläre L.**, markständige L. (E: medullary bundles F: faisceaux médullaires): Leitbündel im Bereich des Markes im Innern des Leitbündelzylinders (vgl. de BARY 1877, S. 258 ff.)
- **interne L.** (E: internal bundles F: faisceaux internes): Leitbündel im Innern des Leitbündelzylinders, aber nicht im Mark.
- **corticale L.**, rindenständige L. (E: cortical bundles F: faisceaux corticaux): Leitbündel außerhalb des Leitbündelzylinders (in der Rinde). Es handelt sich um Blattspurbündel, die einige Zeit fast parallel zur Längsachse des Sprosses verlaufen.

B. Nach der Anordnung von Phloem und Xylem ist ein Leitbündel
- **collateral** (E: collateral F: collatéral): Häufigster Typ bei den Samenpflanzen mit einem außen liegendem Phloem und innen angrenzendem Xylem. Befindet sich dazwischen ein Cambium (bei Dikotylen und Gymnospermen), so ist das L. seitlich **offen** (E: open bundle F: faisceau ouvert), während es bei den Monokotylen ohne Cambium **geschlossen** ist (E: closed bundle F: faisceau fermé).
G: SCHLEIDEN (1845, S. 239/240) sprach von geschlossenen und ungeschlossenen Gefäßbündeln, bei NÄGELI (1858, S. 9) heißt es Leitbündel mit umschlossenem bzw. offenem Cambium.
- **bicollateral** (E: bicollateral F: bicollatéral, amphiphloïque): Leitbündel bei dem außen und innen Phloem an das Xylem grenzt. Es ist u.a. für mehrere Familien der Myrtales und Gentianales typisch.
G: DE BARY (1877, S. 331).
- **konzentrisch** (E: concentric bundle F: faisceau concentrique): Leitbündel, bei dem entweder das Phloem das Xylem umgibt (**hadrozentrisch, mit Innenxylem**) oder – seltener – das Xylem Phloem umgibt (**leptozentrisch, mit Außenxylem**).
G: hadro- und leptozentrisch bei HABERLANDT (1896, S. 301).
- **radial** (E: radial bundle F: faisceau radial) „Leitbündel" der Wurzeln, bei dem sich das Phloem in den Buchten zwischen radialen Strängen von Xylem befindet. Es entspricht eher der → Stele, also dem ganzen Leitgewebe der Sprossachse als einem einzelnen

Leitbündel.
G: Die Einteilung in die Bündeltypen geht weitgehend auf de BARY (1877, S. 330 ff.) zurück.
Leitbündelrohr, n., Leitbündelzylinder, m. (E: vascular cylinder F: cylindre vasculaire, m.): Die Anordnung der Leitbündel in der Sprossachse bei den meisten Dikotylen, die in einem Rohr locker netzartig miteinander verbundener Leitbündel besteht (→ Stele).
Leitbündelscheide → Bündelscheide
Leitbündelzylinder → Leitbündelrohr
Leitenzym, n.: Enzym, das für ein bestimmtes Kompartiment charakteristisch ist, wie z.B. die Katalase für die → Peroxisomen (incl. → Glyoxisomen).
leiterförmige Perforationsplatte → Tracheentypen (A.)
Leitgewebe, n. (E: conducting tissue F: tissu conducteur): Das Gewebe der → Leitbündel, die zusammen das **Leitgewebesystem** bilden.
Leitgewebesystem → Leitgewebe
Leitstrang → Replikationsgabel
Leitungsgewebe → Transmissionsgewebe
Lemma, n., pl. Lemmata, Deckspelze, f. (L: palea inferior, f. E: lemma, flowering glume F: lemme, m., glumelle inférieure, f.): Die Spelze des Ährchens der Poaceae (Gramineae), in deren Achsel sich die Blüte befindet. Wenn Grannen vorhanden sind, so sitzen sie fast immer an dieser Spelze.
G: Das gr. Wort, das Hülle oder Hülse bedeutet, wurde als Fachterminus erst von PIPER (1906, S. 8) eingeführt. Im Englischen ist „lemma" aber schon 1753 als Wort für Spelzen der Getreide belegt. Die Vielfalt der Bezeichnungen für die Spelzen in der älteren Literatur ist verwirrend.
Lenticelle, f., Korkpore, f., Korkwarze, f. (E: lenticel F: lenticelle, f.): Besonders ausgebildeter Teil des → Periderms, der von lockerem, interzellularenreichem Gewebe erfüllt ist, und dem Gasaustausch dient. L. erscheinen als makroskopisch sichtbare warzenartige Durchbrechungen der Borke.
G: A.P. de CANDOLLE (1826, S. 8) abgeleitet von lat. lenticula, kleine Linse, nach der Form vieler Lenticellen.
Leptocaulie, f. (E: leptocauly F: leptocaulie, f.): Bei Bäumen Ausbildung eines vergleichsweise schlanken, reich verzweigten Stammes mit festem Holz. Typisch für die Laubbäume der gemäßigten Breiten.

Leptoform

G: Der Terminus wurde von CORNER (1949, S. 409) im Rahmen seiner → Durio-Theorie eingeführt (vgl. → Pachycaulie).
Leptoform → Entwicklungsgang der Uredinales
Leptoide, f. (E: leptoid, moss sieve element F: leptoïde, m.): Stoffleitende Zelle bei Laubmoosen. Diese Zellen haben z.T. Merkmale, die an Siebzellen erinnern, andere haben den Charakter von Parenchymzellen. L. in der Blattmittelrippe werden als → Deuter bezeichnet.
G: Der Terminus L. geht auf TANSLEY & CHICK (1901, S. 18) zurück (vgl. HÉBANT 1977, S. 30 ff.).
Lit.: SCHEIRER in BEHNKE & SJOLUND (1990, S. 19-33).
Leptom, n., Siebteil, n. (E: leptome F: leptome, m.): Siebteil (Phloem) im engeren Sinne, d.h. Siebröhren und Geleitzellen bzw. Siebzellen und Siebparenchym, aber ohne die umgebenden mechanischen Elemente.
G: Von HABERLANDT (1879, S. 5) gleichzeitig mit dem Gegenbegriff → Hadrom eingeführt, abgeleitet von gr. leptos, dünn, zart (nach der Beschaffenheit der Zellen).
leptophyll → Blattgrößenklassen
leptosporangiat (E: leptosporangiate): Mit Sporangien, die sich aus einer Epidermiszelle entwickeln und die außer dem Tapetum nur eine einzellschichtige Wand haben.
Leptosporangiatae (E: leptosporangiate ferns F: Leptosporangiées, f.pl.): Gruppe hoch entwickelter → Farne, bei denen die Sporangien eine einzellschichtige Wand haben (→ leptosporangiat).
G: GOEBEL (1881, Sp. 717).
Leptotän, n. (E: leptotene F: leptotène, m.): Erstes Stadium der Meiose, bei der die Chromosomen als einzelne lange Fäden erscheinen, weil sie weitgehend entspiralisiert sind.
G: v. WINIWARTER (1900, S. 55) spricht von den „noyaux leptotènes".
leptozentrisch → Leitbündel (B.)
Leserastermutation, f. (E: frameshift mutation F: décalage (déphasage) du cadre de lecture, mutation du cadre de lecture): Eine Mutation, bei der durch eine → Insertion oder → Deletion eines Stückes mit mehreren Nucleotiden, deren Zahl nicht durch drei teilbar ist, das Ablesen der → Codons so verschoben wird, dass Nonsense entsteht.
Leukoplast, m. (E: leucoplast(id) F: leucoplaste, m.): Farbloser Plastid in Dauergeweben, der Speicherfunktion haben kann.
G: Im selben Jahr von Arthur MEYER (1883 b, S. 2) als Anaplasten und von A.F.W. SCHIMPER (1883, Sp. 108) als Leukoplastiden bezeichnet, STRASBURGER (1884 c, S. 67) spricht von Leukoplasten.
Liane, f., Kletter- und Schling- oder Windepflanze, f.: Im Deutschen in einem engeren und einem weiteren Sinn verwendet:
1. (i.e.S.) (E: liana (liane) F: liane, f.): Holzige windende Pflanze, wie sie besonders in den Tropen vorkommt (in Mitteleuropa: *Clematis vitalba* und die Wildform von *Vitis sylvestris*).
2. (i.w.S.) **Kletterpflanze** (E: climbing plant F: plante grimpante): Pflanze, die sich an anderen festhalten muss, um in die Höhe zu gelangen.
G: Das franz. Wort liane kam im 18. Jahrhundert nach Deutschland, In der Botanik wurde Liane spätestens durch HUMBOLDT (1806, S. 23) als eine seiner physiognomischen Pflanzenformen bekannt. Die Erweiterung des Begriffes Liane geht auf SCHENCK (1892, S. 5) zurück, der dazu → Windepflanzen, → Rankenpflanzen, → Wurzelkletterer und → Spreizklimmer rechnet.
Libriformfaser, f., Holzfaser, f. (E: libriform fiber F: fibre libriforme, fibre ligneuse simpliciponctuée): Faser im Holz mit mehr oder weniger dicken Wänden und einfachen oder fast einfachen Tüpfeln. Übergänge zu Fasertracheiden kommen vor (I.W. BAILEY 1936).
G: SANIO (1863 a, S. 101).
Lichenes → Flechten
Lichenisation, f. (E: lichenization F: lichénisation, f.): Die Vereinigung eines Pilzes mit einer Grünalge oder einer Cyanobakterie, die zur Bildung einer → Flechte führt.
lichenisierte Pilze → Flechten
Lichenologie, f., Flechtenkunde, f. (E: lichenology F: lichénologie, f.): Der Teil der Botanik (bzw. Mykologie), der sich mit den → Flechten (Lichenes, lichenisierte Pilze) befasst.
Lichenometrie, f. (E: lichenometry): Untersuchung der Größe von Flechtenthalli als Hilfsmittel zur Bestimmung des Zeitpunktes, an dem eine Unterlage besiedelt werden konnte. Damit kann man z.B. verschieden alte Stadien einer Moräne unterscheiden.
G: Die Methode und die Bezeichnung stammen von BESCHEL (1957 a, b).

Lichenotheca, f. (E: lichen herbarium F: lichenothèque, f., herbier de lichens): Flechtensammlung, auch für ein Exsikkatenwerk mit Flechten verwendet.
Lichtatmung → Photorespiration
Lichtkeimer, m. (E: light germinator): Art, deren Samen zur Keimung Licht benötigen (Gegensatz: Dunkelkeimer).
Licht-Kompensationspunkt, m. (E: compensation point): Die Lichtintensität, bei der der CO_2-Verbrauch durch die Photosynthese gleich der CO_2-Produktion der Zellatmung ist, so dass die Netto-Photosynthese Null ist.
Lichtlinie → Malpighische Zellen
Lichtreaktion → Photosynthese
Lichtsättigung, f. (E: light saturation): Der Bereich, in dem eine Verstärkung der photosynthetisch aktiven Strahlung (E: photosynthetically active radiation, PAR) die Netto-Photosynthese nicht mehr erhöht.
Lichtzone → Malpighische Zellen
Licopoli-Drüse → Salzdrüse
Lignin, n., Holzstoff, m. (E: lignin F: lignine, f.): Polymer aus phenolischen Alkoholen, das als Inkruste der Cellulose die Verholzung bedingt. Lignin tritt in verschiedener Zusammensetzung auf, es ist charakteristisch für die Kormophyten.
G: Der Name Lignin geht auf A.P. de CANDOLLE (1813, S. 417) zurück (von lat. lignum, Holz). Der Stoff wurde lange nur durch sein Löslichkeits- und Färbungsverhalten charakterisiert (→ Cellulose). Die wichtigsten Nachweise von Lignin durch Anilinsulfat und Phloroglucin wurden zuerst von WIESNER (1866/67, S. 120; bzw. 1878, S. 62) beschrieben.
Lignotuber, m. (E: lignotuber F: renflement ligneux): Knollige holzige Verdickung an der Basis des Sprosses. Lignotuber finden sich vor allem in Gebieten mit mediterranen Klimatyp (Australien, Südafrika, Kalifornien), in denen periodisch Brände auftreten.
G: Diese Bildungen galten zunächst als krankhafte Wucherungen bis sie KERR (1925) bei *Eucalyptus* genauer untersuchte, benannte und als normale Bildungen erkannt. Vgl. → Xylopodium.
Lit.: JAMES (1984).
Ligula, f. L: ligula, f., pl. ligulae (E: ligule F: ligule, f.): **1.** bei den Poaceae (Gramineae) und anderen Monokotylen: **Blatthäutchen**. Häutige Bildung am Übergang Blattscheide und Spreite, zuweilen durch einen Haarkranz ersetzt.
G: Die Ligula wurde zuerst von SCHEUCHZER (1719) konsequent bei seinen Beschreibungen beachtet und als membranula (Häutchen) bezeichnet. Das lat. Wort ligula, das Zünglein oder Zipfel bedeutet, wurde von SCHREBER (1769, S. 8) für das Blatthäutchen der Poaceae (Gramineae) eingeführt.
2. bei Selaginellales: Zungenförmige Bildung in der Blattachsel, die an das Leitbündelsystem angeschlossen ist und der Wasseraufnahme dient.
G: Die Ligula von *Selaginella* wurde durch K. MÜLLER (1846, Sp. 543) entdeckt und als „Nebenorgan" bezeichnet, HOFMEISTER (1851, S. 114) spricht von einem Nebenblatt. Für die schon früher bekannte Schuppe an den Blätter von *Isoetes* gebrauchte spätestens METTENIUS (1847, S. 272) den Ausdruck Ligula.
3. an Blüten: Zipfel an der Grenze zwischen Nagel und Platte bei vielen Caryophyllaceae der Unterfamilie Silenoideae.
4. bei den Asteraceae (Compositae): Die Zunge bei den zygomorphen Blüten.
Lilium-Typ → Embryosacktypen
Limbus, m. (E: limb F: lobe corollin): Der obere, mehr oder weniger tief geteilte und ausgebreitete Saum einer verwachsenen Krone.
G: Schon bei LINNAEUS (1751, S. 52); lat. limbus, Saum.
Limitdivergenz → Phyllotaxis (B.)
Limnologie, f. (E: limnology F: limnologie, f.): Biologie (und Hydrologie) des Lebens im Süßwasser, vor allem in den stehenden Gewässern.
G: Als Begründer der Limnologie gilt FRANCOIS ALPHONSE FOREL (1841-1912) mit seinen Arbeiten über den Genfer See (vgl. STELEANU 1989). Die Limnologie, in der Zoologen, Botaniker und Chemiker zusammenarbeiten, leistete Pionierarbeit auf den Gebieten der Ökologie und Biosystemforschung.
Linie, reine → Reine Linie
Linin → Achromatin
linkswindend (L: sinistrorsum [externe visus] E: sinistrorse F: sinistrorse): Liane, die beim Winden eine Schraube mit Linksgewinde bildet. Von oben betrachtet ist dies beim Aufsteigen eine Drehbewegung im Uhrzeigersinn, von außen betrachtet steigt die Windung auf der Vorderseite von rechts

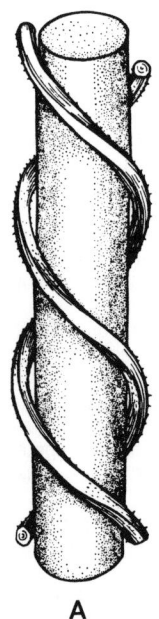
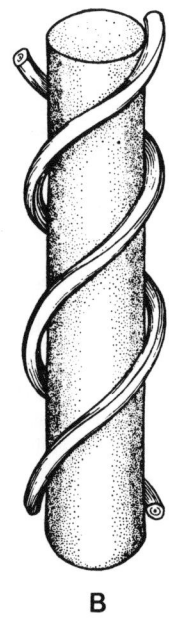

Abb. 6: Drehungssinn bei Lianen. **A** Linkswindend (S-Windung), **B** rechtswindend (Z-Windung), im technischen Sinn, in der Botanik zum Teil gegensätzlich gebraucht. – Aus STEARN 1992.

unten nach links oben („S-Windung", Abb. 6).
G: Die hier gegebene Definition entspricht der in der Technik verwendeten. Viele ältere botanische Autoren benutzen die Termini links- und rechtswindend im entgegengesetztem Sinn.
Lit.: BRAUN (1831, S. 208), A. de CANDOLLE (1880, S. 201-209), SCHMUCKER (1925), JACKSON (1928, S. 477-478), LUDWIG (1932, S. 447 ff.), TEPPNER (1981, Phyton **21**: 296-297, mit Liste links- und rechtswindender Lianen), STEARN (1992, S. 335).
Linneon, n. (E: Linneon   F: Linnéon, m.): Eine genetisch polymorphe Art („Großart", Gegensatz: → Jordanon).
G: Der heute kaum noch gebrauchte Terminus wurde von LOTSY (1916, S. 107) geprägt. Er bezieht sich auf den weiten Artbegriff von CARL VON LINNÉ.
Linnésches System → Sexualsystem
Lipide, n.pl. (E: lipids   F: lipides, m.): Gruppe verschiedener Substanzen, die in Wasser unlöslich (hydrophob) sind, dagegen löslich in organischen Lösungsmitteln wie Ether, Aceton, Chloroform. Man unterscheidet **Speicherlipide**, die Energie und Kohlenstoff speichern und in vielen Samen vorkommen (meist als Triglyceride), **Strukturlipide** (z.B. Wachse, Cutin, Suberin) und **Membranlipide**, die amphipolar gebaut sind, und besonders für den Aufbau der Biomembranen gebraucht werden. Membranlipide können einen Phosphorsäurerest enthalten (**Phospholipide**) oder ein Glykosid bilden (**Glykolipide**, ihre Sulfonoverbindungen sind die **Sulfolipide**).
Lippe → Labellum
Lippe → Lippenblume
Lippenblume, f. (L: flos labiatus, m.   E: gullet flower (auch für Maskenblume)   F: fleur bilabiée): Zygomorphe sympetale Blüte mit einer Röhre und einer ungleichmäßigen Ausbildung der Zipfel. Meist bilden zwei stärker verwachsene Zipfel die der Achse zugewandte **Oberlippe** (L: labium superior, n.   E: upper lip   F: lèvre supérieure), die übrigen eine mehr oder weniger dreilappige **Unterlippe** (L: labium inferior, n.   E: lower lip   F: lèvre inférieure).
G: Der Vergleich einer solchen Blüte mit einem Mund und seinen Lippen ist alt, er

findet sich schon bei TOURNEFORT (1700).
Lirelle → Hysterothecium
Lithocyste → Cystolith
Lithophyt, m., Felspflanze, f. (E: lithophyte F: lithophyte, m.): Pflanze, die auf Felsen (Steinen) wächst. Es handelt sich überwiegend um Algen, Flechten und Moose.
G: Die Lithophyta (wörtlich Steinpflanzen) waren in der Zeit vor LINNAEUS – ehe sie als Tiere erkannt wurden – die Korallen. A.F.W. SCHIMPER (1898, S. 193) führte die heutige Bedeutung ein.
Lockmittel → Blume
Loculament → Loculus
loculicid, fachspaltig (E: loculicidal F: loculicide): Öffnungsweise einer Kapsel, bei der ein Riss etwa in der Mitte der Wand eines Faches entsteht.
G: L.C. RICHARD (1808, S. 109; 1811, S. 205).
Loculus, m., Loculament, n., Fach, n. (E: locule, loculus F: loge, f., locule, f.): Eines der Fächer eines → Gynoeceums (= Fruchtknotenfach) oder einer Anthere (→ Pollensack, → Theca). Auch Kammer eines plurilokulären „Sporangiums" bei den Braunalgen.
G: Loculament gibt es schon bei FUCHS (1542). LINNAEUS (1751, S. 69) verwendet loculamenta für die Fächer der Frucht und als Eigenschaftswort bi-, tri, quinquelocularis. Bei den Antheren ist die Anwendung unklar, da die ursprünglichen beiden Fächer (Pollensäcke) sich zu einem (→ Theca) vereinigen (vgl. GREEN 1980).
Locus, m., pl. Loci (E: locus F: locus, m.):
1. Fundort: Der locus classicus (auch locus typi) ist der Originalfundort, von dem das Typusexemplar stammt, die → Typuslokalität.
2. (Genetik): Der Ort, an dem sich ein Gen auf dem Chromosom befindet.
Lodicula, f., pl. Lodiculae, Schwellkörper, m. (E: lodicule F: lodicule, f. glumellule, f.): Kleine fleischige Gebilde in der Blüte der Poaceae (Gramineae), die meist in Zweizahl nahe der Basis des Ovars sitzen. Sie werden gewöhnlich als Homologa von Perigonblättern gedeutet.
G: Die Lodiculae sind schon von MICHELI (1729, Taf. 31) gesehen und als petala bezeichnet worden, WILLDENOW hielt sie für Nektarien. Ch.K. SPRENGEL (1793) war sehr erstaunt darüber, dass eine windbestäubte Pflanzen Nektarien haben sollte. Die Bezeichnung Lodiculae stammt von PALISOT DE BEAUVOIS (1812, S. LXX), von lat. lodicula, kleine Decke. Die Funktion, die in dem Auseinanderspreizen der Spelzen zur Blütezeit besteht, wurde erst von HILDEBRAND (1872, S. 738) klar erkannt. HACKEL (1880, Sp. 436) nannte sie Schwellkörper.
Lokalendemit → Endemit
Lokomotion, f. (E: locomotion F: locomotion, f.): Die freie Ortsbewegung eines ganzen Organismus oder eines Teiles. Bei den Pflanzen tritt sie vor allem bei begeißelten Einzellern (und ihren Kolonien) auf, aber auch als Gleitbewegung bei vielen Diatomeen und den → Hormogonien der Cyanobakterien. Bei den Landpflanzen sind z.T. (Moose, Farnpflanzen) noch die Gameten frei beweglich.
Lomasom, n. (E: lomasome F: lomasome, m.): Vesikelartige Ausstülpungen des Plasmalemmas in Pilzzellen von unbekannter Funktion.
G: MOORE & MCALEAR (1961) von gr. loma, Saum, und soma, Körper. Ähnliche Strukturen wurden auch bei anderen Gruppen beobachtet. Nach FALK (1969) könnte es sich auch um Fixierungsartefakte handeln.
Lomentum → Gliederhülse
Lophae → lophat
lophat (E: lophate F: lophé, fenestré): Pollenkorn mit einer Exinenoberfläche aus kammartigen Erhebungen (**Lophae**) zwischen denen sich tiefer gelegene Bereiche (**Lacunae**) befinden. Die Kämme können glatt sein (**psilolophat**) oder sie sind mit Spitzen versehen (**echinolophat**).
G: WODEHOUSE (1935, S. 543) von gr. lophos, Haarschopf, Kamm.
lophokont → Begeißelung (B.)
lophotrich → Begeißelung (C.)
lorbeerblätterig → laurophyll
Lorbeerwald, m. (E: laurel forest F: forêt de laurier): Von immergrünen Laubbäumen (darunter vielen Lauraceae) beherrschter Waldtyp in den humiden Bereichen der meridionalen und australen Zonen.
G: BROCKMANN-JEROSCH & RÜBEL (1912, S. 26) bezeichneten den Waldtyp als „Laurilignosae", Lorbeergehölze.
Lorica, f., Gehäuse, n. (E: lorica, envelope F: lorica, f., coque chitinoïde, f.): Lockere Schutzhülle um die nackte Zelle bei Flagellaten, z.B. *Trachelomonas* (lat. lorica,

Panzer).
Lückenkollenchym → Kollenchym
Luftkammer, f., Atemhöhle, f. (E: air chamber F: chambre aérifère, f.): Große → Interzellulare im Thallus der Marchantiales, in der sich Assimilationsparenchym in Form von Zellfäden befindet. Durch eine → Atemöffnung steht sie mit der Atmosphäre in offener Verbindung.
Luftknolle → Pseudobulbe
Luftsack, m. (L: saccus, m. E: air sac, air bag F: ballonnet, m., sac aérifère): Luftgefüllte Auftreibung innerhalb der → Exine an den Pollenkörnern vieler Pinaceae.
Luftwurzel, f. (E: air root F: racine aérienne): Sprossbürtige Wurzel, die oberhalb der Erdoberfläche entspringt und durch die Luft wächst. Wenn sie den Boden erreicht und die Pflanze im Boden verankert, kann sie die Funktion einer **Stützwurzel** (Stelzwurzel E: proproot F: racine-échasse); z.B. Mangrovepflanzen, *Ficus*) übernehmen. Die Luftwurzeln der Orchideen zeichnen sich durch eine besondere Außenschicht, das → Velamen aus, das zur Wasseraufnahme dient.
Lit.: LEITGEB (1865).
Lumen, n., pl. Lumina (E: lumen F: lumen, m., lumière, f.): **1.** Der Innenraum einer Zelle (von lat. lumen, Licht, Fenster); bei Gefäßen oft für die Größe des Querschnittes verwendet. **2.** In der Pollenmorphologie der Innenteil einer Masche eines → Reticulums, der von den Muri begrenzt wird (vgl. R. POTONIÉ 1934 a, S. 11).
Lumper, m. (E: lumper): Systematiker, der eine weite Fassung von Arten und Gattungen bevorzugt und häufig Taxa vereinigt, die andere unterschieden haben (Gegensatz: → Splitter).
G: DARWIN benutzte hair-splitters und lumpers 1857 in einem Brief an J.D. HOOKER (F. DARWIN 1887, p. 105). Da FRANCIS DARWIN die Bedeutung in einer Fußnote erklärt, sind die Begriffe offenbar neu.
Lusus, m., Spielart, f., Abart, f., Aberrration, f. (L: lusus, m., pl.: lusus, aberratio, f. E: sport, aberration F: aberration, f.): Bezeichnung für Abweichungen von der „Normalform" in einem einzigen Merkmal. Es kann sich um genetischen → Polymorphismus, neu aufgetretene → Mutationen oder Bildungsabweichungen (→ Monstrosität), eventuell auch nur um eine → Modifikation handeln. In der Systematik haben solche „Spielarten" heute keinen Platz mehr.
G: LEDEBOUR verwendete die Kategorie lusus in der „Flora Rossica" (z.B. **1**: 348. 1843) für Taxa, denen er keinen Namen gab. NEILREICH (1846) gebrauchte Spielart für Kultursorten. Der Begriff Spielart findet sich im → Code 1. ICBN 1867, Aberration noch bei DIELS (1921, S. 175). Lusus wurde vor allem in der älteren zoologischen Literatur verwendet (vgl. SEMENOV-TIAN-SHANSKY 1910, S. 19; PLATE 1914, S. 134).
Lycophyten, m.pl., Lycopodiopsida, Lycophyta, Bärlappartige (E: lycopods): Klasse Lycopodiopsida der Farnpflanzen. Charakteristisch sind die → Mikrophylle und die zu Sporophyllständen vereinigten Sporophylle mit meist einem Sporangium in der Achsel oder auf dem Blatt. Einige Gruppe sind → heterospor.
Lyginopteropsida → Pteridospermen
lysigen (E: lysigenic, lysigenous F: lysigène, lysogène, lysigénique): Entstehung von Hohl- oder Sekreträumen durch Auflösung von Zellen.
G: De BARY (1877, S. 209).
lysikarp → Gynoeceum
Lysimeter, n. (E: lysimeter F: lysimètre, m.): Anlage, die es erlaubt, das durch eine stärkere Bodenschicht mit Pflanzen durchlaufende Wasser aufzufangen und einer Analyse zugänglich zu machen.
lysogener Zyklus, m. (E: lysogenic cycle F: cycle lysogène): Alternativer Vermehrungszyklus temperenter → Bakteriophagen, bei dem die Phagen-DNA als → Prophage in die des Wirtsbakteriums integriert wird und sich bei Teilungen mit ihr vermehrt.
Lysosom, m. (E: lysosome F: lysosome, m.): Von einer Membran umgebenes Vesikel, das hydrolytische Enzyme enthält.
G: Lysosomen wurden bei der Fraktionierung von Zellbestandteilen und der Untersuchung der Enzymaktivitäten erhalten. DE DUVE et al. (1955, S. 615) prägten die Bezeichnung lysosome nach der Anhäufung lytischer Enzyme.
Lyssenkoismus, m. (E: Lysenkoism F: Lyssenkisme, m.): In der Sowjetunion etwa zwischen 1940 und 1964 offiziell gestützte Lehre, nach der die Umwelt einen entscheidenden Einfluss auf die Entwicklung und Vererbung von Merkmalen hat. Die Bedeutung der Chromosomen für die Vererbung

wurde geleugnet (CREMER 1985; S.231 ff.). Die angebliche → vegetative Hybridisierung galt als Mittel zur Neuzüchtung.
G: Die Lehre von T.D. LYSSENKO (1898-1976) berief sich auf den russischen Pflanzenzüchter I.W. MITSCHURIN (1855-1935). Sie stand in scharfem ideologischen Gegensatz zur klassischen Genetik, die abwertend als „Mendelismus-Morganismus" bezeichnet wurde.
Lit.: ZIRKLE (1949), J. HUXLEY (1949), MEDWEDJEW (1971), REGELMANN (1980), SOYFER (1994), KREMENTSOV (1996).
lytischer Zyklus, m. (E: lytic cycle F: cycle lytique): Vermehrungszyklus von → Bakteriophagen, der durch Umprogrammierung des Proteinstoffwechsels der Wirtszelle zur schnellen Vermehrung der Phagen in der Zelle führt. Schließlich wird die Zellwand angegriffen und die Zelle platzt (wird lysiert von gr. lysis, Auflösung).

Macaedium → Mazaedium
Macchia → Macchie
Macchie, f., Macchia, f. (E: maquis F: maquis, m.): Degradationsform des von *Quercus ilex* beherrschten Hartlaubwaldes im Mittelmeergebiet zu einem dichten immergrünen Gebüsch. Die weitere Übernutzung führt zur → Garrigue.
G: Die im Deutschen seit langem übliche Form Macchie ist der Plural von it. macchia.
männlich → Geschlecht
Magerrasen, m. (E: poor grasland): Ungedüngte Rasengesellschaft, die nur einmal im Jahr gemäht wird (**Magerwiese**) oder höchstens von Schafen oder Ziegen beweidet wird. Es gibt sie sowohl auf Kalk (**Kalkmagerrasen**), als auch auf Sand (**Sandrasen**).
Magerwiese → Magerrasen
Magnetotaxis → Taxie
Magnoliopsida → Angiospermen
Makro- auch → Mega-
Makrocyste, f. (E: macrocyst F: macrocyste, f.): Bei Myxomyceten ein Ruhestadium junger Plasmodien (→ Plasmodium).
G: Von CIENKOWSKI (1863 b) und ROSTAFINSKY (1873) als „derbwandige Cyste" bezeichnet.
Makroevolution, f. (E: macroevolution F: macroévolution, f.): Evolution, die über die Artbildungsvorgänge hinausgeht. Sie wird auch als **transspezifische Evolution** bezeichnet.

G: Der Terminus M. stammt von PHILIPTSCHENKO (1927, S. 93). RENSCH (1947) verwendete transspezifische Evolution. (Vgl. → Makromutation, Saltationismus).
Lit.: STANLEY (1979), LEVINTON (1988).
Makrogametangium, n. (E: macrogametangium F: macrogamétange, m.): Gametangium, das Makrogameten bildet.
Makrogamet, m. (E: macrogamete, megagamete F: macrogamète, m., gynogamète, m.): Bei → Anisogamie der größere, weibliche Gamet.
Makrokonidie, f. (E: macroconidium F: macroconidie, f.): Bei Pilzen mit zwei Typen von → Konidien die größeren.
Makromutation, f., Großmutation, f. (E: macromutation F: macromutation, f.): Mutation, die mehrere Merkmale betrifft und damit die Evolution plötzlich voranbringt. Ihre Definition ist schwierig, und ihr Vorkommen und die Bedeutung für die Evolution sind umstritten.
G: Der Gedanke, dass Großmutationen nötig sind, entstand schon im 19. Jahrhundert, er wurde später u.a. von SCHINDEWOLF (1936) und GOLDSCHMIDT (1933, 1940) verfolgt. GOLDSCHMIDT (1933, S. 547) nahm an, unter solchen Makromutationen könne sich ein „**hopeful monster**" befinden, eine starke Abweichung, die Ausgangspunkt für eine neue Evolutionslinie würde. In der Botanik sprechen STUBBE & F.V. WETTSTEIN (1941) von Makro- bzw. Großmutationen.
Lit.: DIETRICH in KELLER & LLOYD (1992, S. 194-201).
Makronährelemente, n.pl. (E: macroelements): Elemente, die in größeren Mengen für die Pflanzen lebensnotwendig sind. Von ihnen werden Kohlenstoff, Sauerstoff und Wasserstoff aus der Luft und dem Wasser aufgenommen, die übrigen als Ionen aus dem Boden (bzw. aus einer Nährlösung bei Wasserkultur): Stickstoff, Phosphor, Schwefel, Kalium, Magnesium, Calcium. Von diesen Ionen sind mehr als 20 mg/l lebensnotwendig, vom Eisen, das zu den → Mikronährelementen überleitet nur ca. 6 mg/l.
Makrophanerophyt, m. (E: macrophanerophyte F: macrophanérophyte, m.): In der Lebensform-Terminologie von RAUNKIAER hohe Bäume.
G: Eingeführt von RAUNKIAER (1905, S. 368) zunächst als Megaphanerophyten.
Makrophyll → Megaphyll

makrophyll → Blattgrößenklassen
Makrosklereide → Sklereide
Makrosporangium → Megasporangium
Makrospore → Megaspore
makrostyl → Heterostylie
makrozyklisch → Entwicklungsgang der Uredinales
Malakophilie, f. (E: malacophily F: malacophilie, f.): Bestäubung durch Schnecken. – Es ist sehr umstritten, ob es Blüten gibt, die daran angepasst sind. Wahrscheinlich kommt Bestäubung durch Schnecken nur ausnahmsweise vor.
G: DELPINO (1874, S. 152).
male germ unit, MGU (F: unité germinale mâle): Die enge räumliche (und funktionelle ?) Verbindung der → Spermazellen und des → vegetativen Kernes im männlichen Gametophyten der Angiospermen.
G: DUMAS et al. (1985, S, 172).
Lit.: MOGENSEN (1992).
Malpighische Zellen, f.pl., Rhabdosklereiden, f.pl. (E: Malpighian cells F: cellules de Malpighi): Palisadenartig angeordnete, sehr dickwandige → Sklereiden der Epidermis der Samenschale besonders bei den Fabales (Leguminosae), Geraniaceae und Malvales. Sie enthalten etwas außerhalb der Mitte einen besonders dichten, aber lichtdurchlässigen Bereich, dessen Struktur noch unklar ist. Durch ihn ergibt sich die so genannte „**Lichtlinie**" oder **Lichtzone**" (L: linea lucida, f. E: light line).
G: Benannt nach MARCELLO MALPIGHI (1627/28 - 1694), einem der Begründer der Pflanzenanatomie, der diese Zellen an *Vicia faba* beobachtete und abbildete (MALPIGHI 1675, tab. 52, fig. 301/302). Die Bezeichnung stammt von TARGIONI TOZZETTI (1855, S. 402, als „cellule Malpighiane"). **Palisadenschicht** mit Lichtlinie verwendet TSCHIRCH (1888, S. 165, 195).
Mamille, f. (E: mamilla F: mamille, f.): **1.** bei Cactaceae: Warzenförmige Erhebung, die die → Areolen trägt.
G: Bei Cactaceae verwendete schon PLUKENET (1696, S. 148) das Adjektiv mammillaris, diese Art wurde zu *Cactus mammillaris* L., später Typus-Art der Gattung *Mammillaria* Haworth.
2. Bei Moosen: Nach außen vorgewölbte Zellwand.
G: LORENTZ (1868, S. 387) unterschied die hohlen Mamillen von den Papillen, die warzenartige Verdickungen der Zellwand darstellen.
Mangrove, f. (E: mangrove F: mangrove, f.): Vegetation aus halophilen immergrünen Holzpflanzen am Ufer tropisch-subtropischer Meere. Zu den besonderen Anpassungen gehören Stelzwurzeln (→ Luftwurzel), → Pneumatophore, → Viviparie.
G: Der Name Mangrove bezeichnete zunächst Vertreter der Gattung *Rhizophora*. Er wurde dann auf andere Pflanzen dieses Vegetationstyps, den er heute bezeichnet, übertragen (schon bei MEYEN 1836, S. 72).
Mannigfaltigkeitszentrum → Genzentrum
manoxyl (E: manoxylic F: manoxylique): Mit weichem Holz mit großem Mark, breiten Markstrahlen und weiten Tracheiden. Typisch z.B. für die Cycadopsida (Gegensatz → pyknoxyl).
G: Eingeführt von SEWARD (1917, S. 7), abgeleitet von gr. manos, dünn, auch locker, und xylon, Holz.
Mantelblatt, n. (E: nest leaf F: fronde basale aphlebiforme): Rundliches, dem Substrat angeschmiegtes Blatt der epiphytischen Farngattung *Platycerium*.
G: GOEBEL (1887, S. 12).
Manubrium, n., Griffzelle, f. (E: manubrium, handle cell F: manubrium, m.): Zelle im Spermatogonium der Charophyceae, die außen an eine Schildzelle (Scutum), innen an eine primäre Köpfchenzelle angrenzt.
G: A. BRAUN (1853, S. 60), von lat. manubrium, Griff, Stiel.
marginale Placentation → Placentation (A.)
Margo, m. (f.), pl. Margines (lat. Rand):
1. → Hoftüpfel
2. Rand eines Apotheciums. Man unterscheidet:
- **Margo proprius**, Eigenrand, Lagerrand: Rand, der vom → Plektenchym des Fruchtkörpers gebildet wird.
- **Margo thallinus**, Thallusrand: Rand, der vom Thallus gebildet wird, also bei Flechten Photobionten enthält.
G: Den Unterschied kannte schon ACHARIUS (1803, S. XVI). Er benutzt die Termini margo proprius und margo accessorius.
Mark, n. (L: medulla, f. E: pith, marrow, pulp F: moelle, f., médulle, f.): **1.** Gewebe innerhalb eines Ringes von Leitbündeln (im Gegensatz zur → Rinde = Cortex). Bei zerstreuter Stellung der Leitbündel auf dem Sprossquerschnitt ist der Begriff nicht

anwendbar. Wenn bei Dikotylen innerhalb eines Ringes (Zylinders) von Leitbündeln noch einzelne weiter innen verlaufen, spricht man von markständigen Bündeln, was die oben gegebene Definition problematisch macht.
G: Medulla und Mark wurden ursprünglich für das weiche Innere von Knochen verwendet und dann auf Pflanzen übertragen. PLINIUS benutzt medulla für das Mark von Stängeln, aber auch das Kernholz (SPRAGUE 1933 a). Bei den Begründern der Anatomie GREW und MALPIGHI wird der Begriff schon etwa im heutigen Sinn angewandt. Nach einer entwicklungsphysiologischen Theorie von LINNAEUS ist die Medulla das eigentlich formgebende Element der Pflanze, wobei die Form allerdings nur im Zusammenspiel mit der Cortex entstehen kann (STEVENS & CULLEN 1990).
2. bei → heteromeren Flechten die Schicht ohne Photobionten unter der mit solchen. Auch bei anderen komplizierter gebauten Thallophyten (z.B. Laminariales, Fucales) werden innere Schichten als Medulla bzw. Mark bezeichnet.

markständige Leitbündel → Leitbündel (A.)

Markstrahl, m., Strahl, m. (E: medullary ray, pith ray F: rayon médullaire, m.): Radial zwischen den Leitbündeln eines Stängels verlaufende Platte von parenchymatischem Gewebe (ein bis mehrere Zellschichten dick). Markstrahlen finden sich bei sekundärem Dickenwachstum auch im sekundären Holz und Bast. Sie dienen der Speicherung und dem radialen Stofftransport.
G: Markstrahlen sind bereits mit dem bloßen Auge sichtbar. Detailliert bildeten sie MALPIGHI (1675) und GREW (1682) in verschiedener Ansicht ab. Erstnachweis des Terminus: ENDLICHER & UNGER (1843).

Markstrahl, Aufbau (vgl. → Markstrahlsystem): Die Parenchymzellen im Strahl sind liegend (= radial gestreckt) oder stehend (= aufrecht, axial gestreckt). Tritt nur ein Typ auf, so sind sie **homocellular**, sind beide in einem Markstrahl vereinigt, **heterocellular**. Im tangentialen Schnitt sind die M. entweder nur eine Zellschicht breit (einreihig, uniseriat) oder in der Mitte zwei oder mehr Zellen breit (vielreihig, multiseriat).
G: KRIBS (1935) stellte eine Reihe von Typen auf, auf ihn gehen auch die Termini homo- und heterocellular zurück. Eine kompliziertere Gliederung hat H.J. BRAUN (1964 ff., 1970) entwickelt. Dabei wird zusätzlich berücksichtigt, wie der Anteil von **Kontaktzellen** (Zellen, die mit den Tracheiden oder Tracheen durch zahlreiche Tüpfel verbunden sind) und **Isolationszellen** (Markstrahlzellen nicht durch Tüpfel mit Tracheiden bzw. Tracheen verbunden) an den Strahlen ist.
Lit.: BARGHOORN (1940, 1941), CHALK (1983).

Markstrahlinitiale → Cambiuminitiale
Markstrahlparenchym → Holzparenchym
Markstrahlsystem, n.: Nach der Anordnung der Zellen in den Markstrahlen unterscheidet man:
- **homogenes M.** (E: homogeneous type of rays): Alle Markstrahlen homocellular (s. oben), Zellen meist liegend.
- **heterogenes M.** (E: heterogeneous type of rays): Markstrahlen alle oder z.T. heterocellular.
G: Die Verwendung der Begriffe homogen und heterogen wurde von KRIBS (1935, S. 549) neu definiert.

Markstrahltracheide, f. (E: ray tracheid F: trachéide transversale): Tote wasserleitende (tracheidale) Zellen, die in den Markstrahlen mancher Coniferen (Pinaceen) das Parenchym begleiten. Sie zeichnen sich bei *Pinus* durch unregelmäßige Verdickungen der Wände aus.
G: Bei de BARY (1877, S. 506) als Tracheiden.

Marsupium, n., Fruchtsack, m., Perigynium, n. (veraltet) (E: perigynium F: marsupium, m.): Bei manchen plagiotrop wachsenden Lebermoosen (Jungermanniales) an der Spitze eines Astes ausgebildetes sackbis röhrenförmiges Organ, das in die Erde wächst und in dessen Grunde sich das befruchtete → Archegonium zum → Sporogon entwickelt.
G: Der Name wurde aus der Zoologie übernommen, dort wird mit Marsupium der Brutbeutel bezeichnet. DUMORTIER schuf bereits 1822 die Lebermoosgattung *Marsupella*. GOTTSCHE (1845) benutzte Fruchtsack. GOEBEL (1906, S. 124) spricht von „marsupiferen" Jungermanniaceen.

Maserholz, n. (E: curled wood, veined wood F: bois madré): Holz mit stark welligem bis geknäueltem Verlauf der Zellen. Es bildet sich in Maserknollen oder -kröpfen, z.B. bei anomal dichter Bildung von Adventivknos-

pen.
G: Ursprünglich wurde die Maserknolle einfach als Maser bezeichnet (vgl. KEHR 1964, S. 44), diese Bezeichnung gibt es schon im Mittelhochdeutschen.
Maskenblütige → Personatae
Maskenblume, f. (E: personate flower F: fleur personée): Zygomorphe Blume mit zwei Lippen, deren Eingang durch eine Vorwölbung in der unteren geschlossen ist (z.B. *Antirrhinum*).
G: Abgeleitet von der Bezeichnung → Personatae (lat. persona, Maske, Person), wegen der maskenhaften Geschlossenheit der Blüte.
Massenaussterben → Aussterben
Massula, f., pl. Massulae (E: massula F: massule, f.): Größere Gruppe von zusammenhängenden Sporen oder Pollenkörnern. 1. Bei den Angiospermen beim Pollen von *Acacia* und vielen Orchideen. 2. Bei *Azolla* (Hydropterides) Massulae von Mikrosporen mit einer schaumigen Masse aus dem Tapetum.
G: Zuerst von RICHARD (1818, S. 35) für Teile der Pollenmasse bei Orchideen verwendet (Verkleinerungsform von lat. massa, [Teig-]Masse). Bei *Azolla* gebrauchte STRASBURGER (1873, S. 57) Massulae.
Mastigonema, n., pl. Mastigonemata oder Mastigonemen, Flimmer, f. (E: mastigoneme, flagellar hair F: mastigonème, f.): Feines Haar an der Oberfläche von Flimmergeißeln (→ Geißeltypen). Die Mastigonemen sind ein Produkt des → Golgi-Apparates.
G: DEFLANDRE (1934 a, S. 498), von gr. mastix, gen. mastigos, Peitsche, Geißel, und nema, Faden, Gespinst.
Mastigophora → Flagellaten
Mastjahr, n. (E: mast year F: année de glandée): In der Forstwirtschaft ein Jahr, in dem ein Baum (besonders Buche und Eiche) einen ungewöhnlich guten Fruchtansatz zeigt (vgl. → Big-Bang-Strategie).
G: Eicheln und Bucheckern wurden früher zur Mast von Vieh verwendet, daher der Name Mastjahr.
maternal → Plastidengenetik
Matorral → Garrigue
Matrix, f. (E: matrix F: matrice, f.): Ganz allgemein eine nicht erkennbar oder wenig strukturierte Grundsubstanz, in die Strukturen eingelagert sind, die sich – oft erst nach Färbung – deutlich davon abheben.

Lat. matrix bedeutet u.a. Gebärmutter.
1. Im Kern die → Kernmatrix (Kernskelett) aus Proteinen.
2. Bei Chromosomen eine Grundmasse, in die die Chromonemata eingelagert sein sollen; sie hat sich nicht nachweisen lassen.
G: SHARP (1929, S. 354).
3. Bei Mitochondrien das Innere zwischen den → Cristae mitochondriales (PALADE 1952, S. 434).
4. Die Grundsubstanz der Geißeln, in die das → Axonema eingelagert ist.
5. Die Grundsubstanz der → Pyrenoide.
6. In der primären Zellwand die **Zellwandmatrix** aus Pectinstoffen, Hemicellulosen und Wandproteinen.
matroklin → Hybride
Matthews Hypothese, f. (E: Matthew's hypothesis F: hypothèse de Matthew): Nach dieser Hypothese sollen sich innerhalb einer artenreichen Sippe die ursprünglichsten Vertreter am weitesten vom Ursprungszentrum entfernt befinden, während in der Nähe dieses Zentrums die am stärksten abgeleiteten vorkommen.
G: MATTHEW (1915, S. 180). Nach BABCOCK (1947, S. 75, 84-85) stimmt die Hypothese für einige *Crepis*-Sektionen. STEBBINS (1950, S. 533 ff.) zeigt, dass diese Regel oft nicht gilt, während der Zoologe BRIGGS (1966) sie häufig bestätigt fand.
Mazaedium, n. (E: mazaedium, mazedium F: mazaedium, m., mazédium, m.): Pulverige Masse aus Sporen, Asciresten und Paraphysen in den Fruchtkörpern mancher Flechten (Caliciales), bei denen die → Asci sehr früh zerfallen und die Sporen zwischen den Paraphysen heranreifen.
G: Eingeführt von ACHARIUS (1817, S. 224), abgeleitet von gr. maza, Teig. Zeitweilig wurde der Begriff besonders von englischen Autoren entgegen dem ursprünglichen Sinn für den gesamten Fruchtkörper der Caliciales verwendet.
Mazeration, f. (E: maceration F: macération, f.): Methode zur Auflösung von Geweben in einzelne Zellen bzw. zur Trennung parenchymatischer von verholzten Teilen durch Einlegen in Wasser oder durch Chemikalien. Im Wasser wirken Fäulnisbakterien, die zuerst die Mittellamellen angreifen.
G: Die Methode wurde in der Pflanzenanatomie zuerst von MOLDENHAWER (1812) ange-

wendet. Die Bezeichnung kommt von lat. macerare, einweichen, mürbe machen.
mechanisches Gewebe (System) → Festigungsgewebe
mechanische Theorie → Phyllotaxis (B.)
Meckel-Serres law → Biogenetische Grundregel
Mediane, f., Medianebene, f. (E: median plane F: plan médian): Bei Blüten die Ebene durch Abstammungsachse, Tragblatt und Achselspross. Bei zygomorphen Blüten ist sie normalerweise deren Symmetrieebene (→ Symmetrie). Senkrecht zur Medianebene steht die → Transversalebene.
Medianebene → Mediane
medifix (E: medifixus F: médifixe): Anheftung eines Organs in der Mitte, z.B. bei einem Haar (*Erysimum, Astragalus*) oder einer Anthere.
Medulla → Mark
medullär (E: medullary F: médullaire): Zum Mark gehörig bzw. im Mark verlaufend (→ Leitbündel).
Mega-, Megalo- → auch unter Makro- Es gibt seit langem einen Streit, ob Makro- oder Mega- der sprachlich korrekte Gegensatz zu Mikro- ist. Für Makro- haben sich z.B. GOEBEL (1918, S. 904), TROLL (1934 a, S. 97) und WIDDER (1967, S. 282) ausgesprochen. Obwohl im täglichen Sprachgebrauch Makro- vorherrscht (makroskopisch – mikroskopisch, Makrokosmos – Mikrokosmos), wird in der Biologie – unter dem Einfluss der angloamerikanischen Literatur (dort seit CHAMBERLAIN 1906) – neuerdings Mega- vorgezogen.
Megalo- → Mega-
Megaphyll, n., Makrophyll, n. (E: macrophyll, megaphyll F: mégaphylle, f.): Blatt, das im Unterschied zum → Mikrophyll gegliedert ist oder wenigstens eine verzweigte Nervatur besitzt, meist ist es auch größer als die Mikrophylle. Megaphylle besitzen unter den Farnpflanzen die Pteridopsida (Filicatae), unter den Gymnospermen die Cycadophytina.
G: LIGNIER (1909, S. 539) unterschied die Gruppen der „Macrophyllineés" (mit Farnen und Cycadophytina) und „Microphyllineés". Darauf geht der Begriff der Makro- und Mikrophylle zurück.
megaphyll → Blattgrößenklassen
Megaprothallium, n., Makroprothallium, n. (E: megaprothallus F: mégaprothalle, m.): Prothallium → heterosporer Pflanzen, das aus einer Megaspore hervorgegangen ist und Archegonien oder zumindest eine Eizelle bildet.
Megasporangium, n., Makrosporangium, n. (E: megasporangium, macrosporangium F: mégasporange, macrosporange, m.): Sporangium, in dem → Megasporen gebildet werden.
Megaspore, f., Makrospore, f. (E: macrospore, megaspore F: mégaspore, f., macrospore, f., gynospore, f.): Bei Heterosporie die größeren Sporen, von denen oft nur vier in einem Megasporangium gebildet werden (davon degenerieren bei den Samenpflanzen meist drei). Aus ihnen entwickelt sich ein Prothallium mit Archegonien (→ Megaprothallium), die allerdings sehr reduziert sein können.
G: Makrospore (zuerst ?) bei A. BRAUN (1850, S. 153). Bereits SCHACHT (1859, S. 275/276) benutzte Megaspore.
Megasporenmutterzelle, f., Makrosporenmutterzelle, f. (E: megaspore mother cell F: cellule mère de la mégaspore): Zelle, aus der durch Meiose vier → Megasporen hervorgehen. Bei den Samenpflanzen bleibt davon fast immer nur eine funktionsfähig (→ Embryosackmutterzelle).
Megasporogenese, f., Makrosporogenese, f. (E: megasporogenesis, macrosporogenesis F: macrosporogenèse, f., mégasporogenèse, f.): Die Bildung der → Megasporen.
Megasporophyll, n., Makrosporophyll, n. (E: megasporophyll, macrosporophyll F: mégasporophylle, f., macrosporophylle, f.): Bei heterosporen Pflanzen ein Sporophyll, das → Megasporangien trägt (vgl. → Karpell).
G: Erstnachweis: ARBER & PARKIN (1907, S. 62).
Meiogamet, m. (F: méiogamète, m.): Gamet, der durch Meiose entsteht. Dies ist typisch für → Diplonten.
G: Von LUCKHAUS (1965, S. 17) verwendet.
Meiophyllie, f. (E: meiophylly F: méiophyllie, f.): Abweichung von der Norm durch Reduktion der Zahl der Blätter in einem Quirl.
G: MASTERS (1869, S. 396; 1886, S. 453).
Meiose, f., Reduktionsteilungen, f.pl., Reifungsteilungen, f.pl. (E: meiosis, reduction divisions F: méiose, f., réduction chromatique, f.): Zwei aufeinander folgende Teilungen, bei denen die Zahl der Chromosomen

halbiert wird und Rekombination und Austausch stattfinden. - Da in der Prophase ein Austausch von Stücken zwischen zwei Chromatiden je eines Chromosoms stattfindet, kann die Reduktion im Sinne der Trennung der „Nichtschwesterchromatiden" für manche Teile in der ersten, für andere in der zweiten Teilung stattfinden. Die für ganze Chromosomen geprägten Termini **Praereduktion** und **Postreduktion** (KORSCHELT & HEIDER 1903) sind daher nicht mehr aktuell.
G: Die Notwendigkeit einer Reduktionsteilung, durch die die Chromosomenzahl, die sich bei jeder Syngamie verdoppelt, reguliert wird, hat zuerst WEISMANN (1887, S. 42) erkannt, der auch diese Bezeichnung prägte. Bei Pflanzen wurde zuerst von OVERTON (1893) eine Reduktion der Chromosomenzahl tatsächlich nachgewiesen. Den Ausdruck Meiose führten FARMER & MOORE (1905, S. 489) zunächst als „maiosis" ein, KOERNICKE (1905, Sp. 293) korrigierte dies zu Meiosis (von gr. meio, verkleinern).
Lit.: STRASBURGER (1894), JOHN (1990), BATTAGLIA (1985, Terminologie).
Meiosporangium, n. (E: meiosporangium F: méiosporange, m.): Sporangium, in dem unter Reduktionsteilung → Meiosporen gebildet werden.
Meiospore, f. (E: meiospore F: méiospore, f., méiotospore, f.): Haploide, durch Meiose gebildete Keimzelle, die kein Gamet ist.
G: SAUVAGEAU (1896, S. 113) benutzte „méiospore" für einen Typ von plurilokulären Sporangien mit kleinen Zoosporen bei *Ectocarpus*, d.h. ohne Bezug zur Meiose. Im heutigen Sinn verwendete zuerst JANET (1914, S. 12) den Begriff (als „méospore") für Sporen der Moose, Farne und Tetrasporen der Rotalgen. Unabhängig davon nannte RENNER (1916, S. 343) die Meiosporen **Gonosporen**. Dabei nahm er einen älteren Namen auf, der von KLEBS (1913, S. 281) stammt, und definierte ihn schärfer. Meiospore wurde dann nochmals von WAHL (1945, S. 4) eingeführt. In der mitteleuropäische Literatur wurde die Unterscheidung Meio- und Mitosporen erst durch v. DENFFER (1967) bekannt.
Melanospermeae → Braunalgen
melittophile Blumen, f.pl., Immenblumen, f.pl., Hymenopterenblumen, f.pl. (E: melittophilous flowers): Blumen, die von blütenbesuchenden Hymenopteren (vor allem Apiden)

und sich ähnlich verhaltenden Fliegen (Syrphiden, Bombyliiden) bestäubt werden. Sie sind gekennzeichnet durch: lebhafte, aber nicht rein rote Farben, häufiges Auftreten von Saftmalen, angenehmen Duft, Bergung des Nektars in mäßiger Tiefe.
G: Die „piante melittofile" wurden von DELPINO (1874, S. 152) herausgearbeitet und benannt, abgeleitet von gr. melitta, Biene. Im Deutschen werden sie heute lieber Immenblumen (KIRCHNER 1911, S. 228) als Bienenblumen (H. MÜLLER 1881, S. 499) genannt, wobei unter „Immen" Bienen und andere sich blütenökologisch ähnlich verhaltende Insekten verstanden werden. Eine Abtrennung von **Hummelblumen** ist kaum möglich.
Melittophilie, f., Immenblütigkeit, f. (E: melittophily F: mélittophilie, f.): Bestäubung durch „Immen" (→ melittophile Blumen).
Membran 1. → Biomembran, **2.** (veraltet) → Zellwand
Membranfluss, m. (E: membrane traffic): Die Dynamik der Membransysteme der Zelle, vor allem durch Bildung, Transport und Auflösung von → Vesikeln.
Membranlipide → Lipide
Membranochrom, n.: Farbstoff, der in der Zellwand abgelagert ist. Durch Membranochrome wird die Rot- und Braunfärbung bei *Sphagnum* hervorgerufen.
G: SEYBOLD (1943, S. (67)). Der Terminus wird heute kaum noch verwendet. Er ist missverständlich, da hier noch unter „Membran" die Zellwand verstanden wird.
Membranproteine → Biomembran
Mendelpopulation, f. (E: Mendelian population F: population mendélienne): Räumlich benachbarte Gruppe von Individuen einer Art, die in einem Fortpflanzungszusammenhang stehen und deshalb einen gemeinsamen → Genpool haben. Für große Mendelpopulationen gilt das → Hardy-Weinberg-Gesetz.
G: Erstnachweis: WRIGHT (1929).
Mendelsche Regeln, f.pl. (E: Mendel's laws F: lois de Mendel): Regeln der Vererbung einzelner Merkmale: 1. Regel von der Uniformität der Bastarde, 2. Regel von der Reinheit der Gameten (Spaltungsregel), 3. Regel der freien Kombination der Merkmale.
G: Die Grundlagen der Vererbung diskreter Merkmale beschrieb MENDEL (1866) in einer zunächst wenig beachteten Arbeit. Sie

wurden 1900 von de VRIES (1900) und CORRENS (1900 a) unabhängig voneinander wiederentdeckt (ERICH VON TSCHERMAK-SEYSENEGG, der ebenfalls 1900 eine Arbeit zur Genetik veröffentlichte, gilt heute nicht als davon unabhängiger Wiederentdecker, vgl. MONAGHAN & CORCOS 1986, CORCOS & MONAGHAN 1990). CORRENS (1900 a, S. 167) sprach bereits von Mendelscher Regel.
Meranthium, n., Teilblume, f. (E: partial flower): Teil einer Blüte, der blütenökologisch wie eine Blume wirkt. Das bekannteste Beispiel ist die *Iris*-Blüte, die aus drei Meranthien besteht, die jede wie eine Rachenblume besucht werden.
G: TROLL (1957, S. 140, 147) verwendete Teilblüte oder Partialblüte. Meranthium zuerst (?) bei EHRENDORFER (1971, S. 594).
meridionale Zone → Vegetationszonen
Merikarp(ium), n., Teilfrucht, f. (L: mericarpium, n. E: mericarp F: méricarpe, m., hémicarpe, m.): Einem Karpell entsprechende Teilfrucht einer Spaltfrucht, z.B. bei den Umbelliferae (Apiaceae), Rubiaceae und Malvaceae. Auch die → Klausen gehören hierzu.
G: Von A.P. de CANDOLLE (1829, S. 9) zunächst nur für die Teile eines unterständigen Fruchtknotens benutzt. Diese Einschränkung wurde aber später fallen gelassen.
Meristele → Stele
Meristem, n., Bildungsgewebe, n., Teilungsgewebe, n. (E: meristem F: méristème, m.): Gewebe, das dauernd in Bereitschaft zu mitotischen Teilungen bleibt (Gegensatz: → Dauergewebe). Man unterscheidet die am Scheitel von Sproß und Wurzel vorhandenen **Urmeristeme** von den **Folgemeristemen** (sekundäre Meristeme (E: secondary meristems), zu denen z.B. das → Cambium und das → Phellogen gehören.
G: Meristem wurde von NÄGELI (1858, S. 2) eingeführt, der auch Bildungs- und Teilungsgewebe benutzte und Ur- und Folgemeristeme unterschied.
Lit.: LINSBAUER (1916), SCHÜEPP (1926, 1966), PRIESTLEY (1928).
Meristemoid, n. (E: meristemoid F: méristémoïde, m.): Kleiner Bereich von Zellen oder einzelne Zellen, die die Teilungstätigkeit wieder aufnehmen. Aus solchen Meristemoiden gehen z.B. in der Epidermis Spaltöffnungen und Trichome hervor.

G: BÜNNING (1953, S. 208).
Meristemring → Histogentheorie
meristisch → Variation, meristische
Meristoderm, n. (E: meristoderm F: méristoderme, m.): Äußere Schichten bei Algen (z.B. Laminariales), die lange teilungsfähig bleiben.
G: SAUVAGEAU (1918, S. 99).
Merkmal, n. (E: character, feature, trait F: caractère, m.): Eine beobachtbare Eigenschaft eines Organismus oder einer Gruppe von Organismen. Unterschiede in der Definition beziehen sich darauf, ob man das Merkmal als eine Klasse von Eigenschaften auffaßt, die in verschiedenen Ausprägungen (**Merkmalszuständen** E: character states) auftreten (z.B. Merkmal: Blütenfarbe, Merkmalszustände: weiß, rot, gelb, blau etc.) oder als eine nicht weiter analysierte Eigenschaft.
Lit.: FRISTRUP in KELLER & LLOYD (1994, S. 45-51).
Merkmalsgeographie, f.: Analyse der geographischen Verbreitung von Merkmalen bei einer Sippe.
Merkmalsgradient, m., Cline, Kline, (f.?) (E: cline F: cline, f.): Gerichtete Abwandlung eines Merkmals zwischen verschiedenen Populationen. Merkmalsgradienten können vor allem geographisch oder ökologisch (zwischen zwei verschiedenen Biotopen) ausgerichtet sein (E: geocline oder ecocline).
G: Der Begriff „cline" wurde von J.S. HUXLEY (1938) eingeführt (abgeleitet von gr. klinein, liegen, neigen).
Merkmalskonflikt, m.: Die häufige Erscheinung, dass sich je nach Auswahl der Merkmale verschiedene → Phänogramme ergeben.
Merkmalsphyletik, f., Semophyletik, f.: Untersuchung der Abwandlung einzelner Merkmale im Verlauf der Phylogenie, der „Merkmalsphylogenie". Diese ist oft leichter aufzuklären als die Zusammenhänge der Sippen.
G: Von ZIMMERMANN (1930, S. 427: „Merkmalsphylogenetik oder Semophyletik") als Gegenbegriff zur eigentlichen Phyletik gebildet (die er 1931 „Sippenphyletik" nennt). Vorher sprach schon NEUMAYER (1924, S. 3) von **organophyletisch**. Die Merkmalsphylogenie ist besser mit POTONIÉ (1912) als **Morphogenie** zu bezeichnen oder als Merk-

malsgeschichte, da Phylogenie Sippenentstehung bedeutet.
Merkmalsphylogenie → Merkmalsphyletik
Merkmalsumkehr, f. (E: reversion [of a character]): In der Evolution die Rückentwicklung zu einem früheren Merkmalszustand, durch die ein scheinbar → plesiomorpher Zustand entsteht. Vgl. → Dollosches Gesetz.
Merkmalszustand → Merkmal
Merogamie, f. (E: merogamy F: mérogamie, f.): Sexualvorgänge, bei denen nicht ganze Organismen verschmelzen, sondern besonders differenzierte Gameten (Gegensatz: → Hologamie).
G: HARTMANN (1909, S. 268) und (unabhängig davon?) GUILLIERMOND (1910. S. 123). Engl. merogamy stimmt nur teilweise mit dieser Definition überein.
Merophyt, m. (E: merophyte F: mérophyte, f.): Der Teil eines Mooses, der aus einem von der Scheitelzelle abgegebenen Segment entsteht. Er besteht aus einem Blatt und einem Teil des Stämmchens. Wegen der dreiseitigen Scheitelzelle entstehen die Merophyten in drei Reihen, die aber durch spätere Drehungen versetzt sein können. Der Terminus wird vor allem bei den Jungermanniales verwendet.
G: DOUIN (1923, S. 489; 1925).
mesarch → Xylementwicklung (B.)
Mesocolpium → Intercolpium
mesogen → Stomata-Typen (A.)
Mesokarp, n. (E: mesocarp F: mésocarpe, m.): Mittlere Schicht der Fruchtwand, wenn diese eine Dreigliederung (Exo-, Meso- und Endokarp) erkennen lässt.
Mesokaryon → Dinokaryon
Mesokotyl, n. (E: mesocotyl F: mésocotyle, m.): **1.** Internodium zwischen den beiden Keimblättern von Dikotylen. Da die Keimblätter gewöhnlich gegenständig stehen, ist ein Mesokotyl nur selten entwickelt.
G: Von K. FRITSCH (1895, S. (102)) am Beispiel von *Streptocarpus* eingeführt.
2. Abschnitt zwischen der Koleoptile und Scutellum am Embryo der Poaceae (Gramineae).
G: Von ČELAKOVSKÝ (1897, S. 145) unabhängig von (1) in Zusammenhang mit seinen Vorstellungen über den Bau des Grasembryos geschaffen.
Mesom → Telom
mesophil (E: mesophilous, mesophilic F: mésophile): Pflanze, die weder ausgesprochen feuchte noch trockene Standorte bevor-
zugt. Hierzu gehören z.B. die meisten Pflanzen unserer Laubwälder.
Mesophyll, n. (E: mesophyll F: mésophylle, m.): Das parenchymatische Gewebe des Blattes zwischen der oberen und unteren Epidermis. Es besteht vor allem aus assimilierendem → Palisadenparenchym und → Schwammparenchym.
G: A.P. de CANDOLLE (1827, S. 271) schuf den Begriff in Anlehnung an Mesokarp. Er bezog die Nervatur des Blattes mit ein, während man heute unter Mesophyll meist nur das parenchymatische Gewebe versteht.
mesophyll → Blattgrößenklassen
Mesophyt, m. (E: mesophyte F: mésophyte, f.): Pflanze, die an Standorte mittlerer Feuchte angepasst ist. Der schwer genauer definierbare Begriff umfasst alle Pflanzen, die nicht als → Xerophyten oder → Hygrophyten bezeichnet werden können.
G: WARMING (1895, S. 99; 1896, S. 117).
Mesopodium, n. (F: mésopode, f.): Sprossstück zwischen zwei Vorblättern. Es fehlt, wenn die Vorblätter gegenständig stehen.
G: Erstnachweis in diesem Sinn: TROLL (1937, S. 203). Vorher von BOWER (1885 b, S. 570) als Bezeichnung für Blattstiel verwendet.
Mesosaprobien → Saprobien
Mesotesta-Samen → Samentypen
mesoton (E: mesotonous F: mésotone): Adj. zu → Mesotonie
Mesotonie, f. (E: mesotony F: mésotonie): Förderung im mittleren Bereich eines Organs oder einer Pflanze, wie sie z.B. durch die starke Entwicklung von Seitenzweigen in der Mitte deutlich wird.
Messenger-RNA → RNA
Mestom, n. (E: mestom(e) F: méstome, m.): Das Leitbündel ohne die mechanischen Elemente, d.h. Hadrom und Leptom. – Heute vor allem noch in der Verbindung → Mestomscheide verwendet.
G: SCHWENDENER (1874, S. V) „ein bastfreier Fibrovasalstrang", abgeleitet von gr. mestos, voll, angefüllt.
Mestomscheide, f. (E: mestom(e) sheath F: gaine méstomique, f.): Bei den Blättern der Poaceae (Gramineae) die innere, stark verdickte → Bündelscheide, wie sie für die festucoiden Gräser typisch ist.
Metabolismus, m., Stoffwechsel, m. (E: metabolism F: métabolisme, m.): Die gesamten biochemischen Synthese- und Abbau-

vorgänge im Organismus. Man unterscheidet verschiedene Wege: **1. Anabolismus**: Aufbau komplexerer Verbindungen aus einfachen. **2. Katabolismus**: Abbau der organischen Verbindungen, der schließlich zu Kohlendioxid und Wasser führen kann. **3. Amphibolismus**: Reaktionsweg (wie der → Citrat-Zyklus), bei dem gleichzeitig ein Aufbau und Abbau stattfindet. Die einzelnen Produkte des Stoffwechsels sind die **Metabolite**.
Metabolit → Metabolismus
metacentrisch → Chromosomentypen
Metakinese, f. (E: metakinesis F: métacinèse, f.): **1.** Das Auseinanderweichen der Chromatiden und ihre Bewegung zu den Zentren der Bildung neuer Kerne (den Spindelpolen). **2.** Die Bewegungen der Chromosomen, die zu ihrer Anordnung in der Äquatorialplatte während der Metaphase führen.
G: Wassermann (1926, S. 400).
Metalimnion → Sprungschicht
Metallophyt, m., Chalkophyt, m., Schwermetallpflanze, f., Erzpflanze, f. (E: metallophyte): Pflanze (Art, Ökotyp) mit hoher Schwermetallresistenz. Metallophyten können als → Bioindikatoren für Schwermetalle eingesetzt werden. Zu ihnen gehören die **Galmeipflanzen** (E: calamine plants) auf zinkreichen Böden (z.B. *Viola calaminaria*) und die **Serpentinpflanzen** (E: serpentine plants), die erhebliche Mengen Nickel akkumulieren können, wie z.B. viele *Alyssum*-Arten, *Centaurea ptosimopappa*.
Metamer → Modul
Metamerie → Symmetrie
Metamorphose, f., Abwandlung, f. (E: metamorphosis F: métamorphose, f.): In der Botanik das Auftreten eines → Grundorganes (z.B. Blatt) in verschiedenen Gestalten bei einem Individuum oder bei verschiedenen Arten.
G: Der aus der antiken Mythologie übernommene Begriff wurde in die Botanik durch eine Dissertation von Linnaeus (1755) und vor allem durch das Werk von Goethe (1790) „Versuch die Metamorphose der Pflanzen zu erklären" (→ Blatt-Theorie der Blüte) eingeführt. Anders als bei den Tieren geht es dabei nicht um beobachtbare Umwandlungen von einer Gestalt in die andere (wie z.B. Raupe zu Puppe und Schmetterling), sondern um das Entstehen verschiedener Gestalten aus einheitlichen Anlagen (z.B. einem Blatthöcker). - Auch die Abwandlungen eines homologen Organs bei verschiedenen verwandten Sippen können als Metamorphosen bezeichnet werden. Diese verschiedenen Bedeutungen hat schon J.G. Agardh (1858, S. XXV) klar auseinander gehalten.
Lit.: Zu Goethes Metamorphosenlehre: A. Hansen (1907), G. Schmid (1930), Schonewille (1941), Mann et al. (1992).
Metaphase, f. (E: metaphase F: métaphase, f.): Mittlere Phase einer Mitose, in der die maximal verkürzten Chromosomenpaare in der Äquatorialebene liegen.
G: Strasburger (1884 a, S. 260).
Metaphloem → Phloementwicklung
Metaphyll → Folgeblatt
Metaphyten, m.pl. (E: metaphytes F: métaphytes, m.pl.): Als Gegensatz zu → Protophyten ähnlich vieldeutiger Begriff.
G: Bei Haeckel (1889, S. 421) sind es die mehrzelligen Pflanzen (Gewebepflanzen), bei Celakovský (1897, S. 147) die Gefäßpflanzen und bei Rosen (1901, S. 148) Pflanzen, die nicht einzellig und beweglich sind.
Metapopulation → Population
Metatopie, f. (E: metatopy F: métatopie, f.): Ungewöhnliche Stellung von Blättern oder Sprossen, die durch congenitale Verwachsung (→ Verwachsung, congenitale) erklärt werden kann. (Vgl. → Recaulescenz, → Concaulescenz, Abb. 7, S. 198).
G: Vor 1858. Wieder eingeführt durch Troll (1957, S. 257 mit Abb.).
metatracheales Parenchym → Holzparenchym
Metaxylem → Xylementwicklung
Metaxyphyll → Zwischenblatt
Metonym → Synonym
Metrogen → Histogentheorie
Mettenius-Drüse → Salzdrüse
Metula → Phialiden
MGU → male germ unit
Micell → Micellartheorie
Micellartheorie, f. (E: micellar theory F: théorie micellaire): Von Carl Wilhelm Nägeli (1817-1891) entwickelte Theorie vom submikroskopischen Aufbau verschiedener „organisierter Substanzen" (Stärkekörner, Zellwände etc.) aus ausgerichteten kristallinen Teilchen. Die Quellung wird durch das Eindringen von Wassermolekülen zwischen diese Teilchen (**Micellen**) erklärt.
G: Die Theorie wurde von Nägeli in meh-

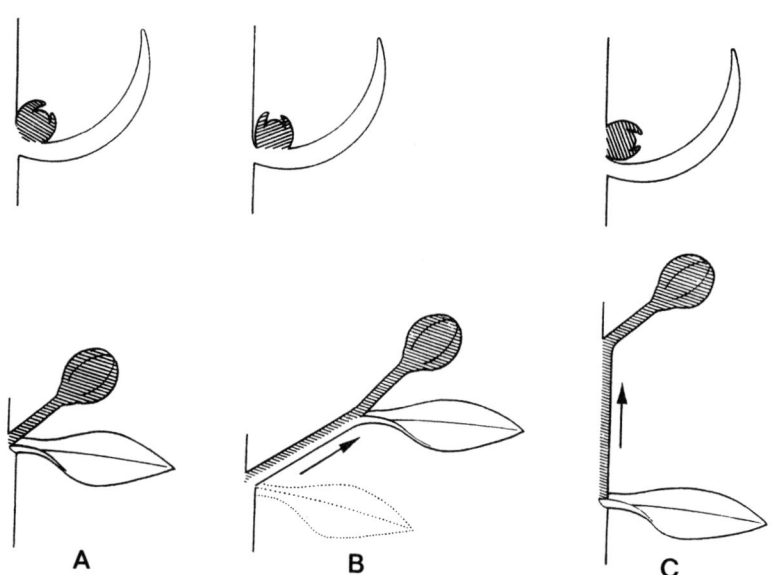

Abb. 7: Metatopien. Obere Reihe: Ausgangszustand, Lage der Achselknospe in Bezug zum Tragblatt, untere Reihe fertiger Zustand. **A** Normalfall, **B** Recauleszenz, **C** Concauleszenz. -Aus TROLL 1964.

reren Arbeiten dargestellt. Das Wort das Micell (Verkleinerungsform micella von lat. mica, Krume) wurde eingeführt von NÄGELI & SCHWENDENER (1877, S. 424). Die Geschichte der Theorie, die sehr anregend wirkte, heute jedoch überholt ist, ist dargestellt von A. FREY (1928) und WILKIE (1962/63).
Micro- → Mikro-
Microbodies → Glyoxysom, → Peroxisom
Microspermae: Alter Name für die Orchidales, die Ordnung, zu der vor allem die Orchidaceae gehören. Er bezieht sich auf die extrem kleinen Samen.
G: BENTHAM & HOOKER (1883, S. VIII).
Migration, f., Wanderung, f. (E: migration F: migration, f.): Unter Migration versteht man jegliche Ortsveränderung. Wandern können ganze Pflanzen (bewegliche Einzeller, andere Planktonorganismen) oder Teile, die → Diasporen. Große Wanderungen fanden in Europa nach den Eiszeiten statt, als vegetationslose Flächen besiedelt wurden. Vielfach werden die Migrationen heute vom Menschen befördert (→ Invasion).
Lit.: SAUER (1988).
Mikroben → Mikrobiologie
Mikrobiologie, f. (E: microbiology F: microbiologie, f.): Die wissenschaftliche Bearbeitung des Baues, der Funktionen und der Systematik der **Mikroorganismen (Mikroben)**, einschließlich der Anwendungen. Traditionell gehören in das Gebiet der Mikrobiologie die Bakterien (s.l.), die Viren und die mikroskopischen Pilze, aber auch → Flagellaten – besonders Krankheitserreger (wie die Trypanosomen) – werden von ihr erforscht.
G: Der Terminus Mikroben wurde 1878 von SÉDILLOT (Compt. Rend. Hebd. Acad. Sci. 86: 634) geprägt, von gr. mikros, klein, und bios, Leben. Davon leitete sich Mikrobiologie ab.
Mikrocyste, f. (E: microcyst F: microcyste, m.): Bei Myxomyceten encystiertes begeißeltes oder amöboides Dauerstadium (→ Myxoflagellat bzw. → Myxamoebe).
G: CIENKOWSKI (1863 b, S. 422).
Mikroevolution, f. (E: microevolution F:

microévolution, f.): Evolutionsvorgänge, die der Beobachtung durch den Menschen zugänglich sind. Dazu gehören das Auftreten von Mutationen, Rekombinationen und Veränderungen der Genhäufigkeit unter dem Einfluss der Selektion. Im weiteren Sinn die Evolutionsvorgänge, die zur Artbildung führen.
G: PHILIPTSCHENKO (1927, S. 93).
Mikrofibrillen → Cellulose
Mikrofilament, n. (E: microfilament F: microfilament): Faden aus Actinmolekülen (→ Actin). Mikrofilamente sind an bestimmten Stellen der Zellmembran befestigt und verlängern sich an diesem befestigten Ende. Sie sind neben den → Mikrotubuli wichtigster Bestandteil des → Cytoskeletts.
Mikroform → Entwicklungsgang der Uredinales
Mikrofossilien, f.pl. (E: microfossils F: microfossiles, m.pl.): Nur mikroskopisch unterscheidbare Fossilien. Hierzu gehören im pflanzlichen Bereich vor allem → Sporen und → Pollenkörner, aber z.b. auch die Schalen der Diatomeen (→ Palynologie, → Mikropaläontologie).
Mikrogamet, f., Mikroplanogamet, m. (E: microgamete F: microgamète, m.): Der kleinere (männliche) der Gameten bei Anisogamie oder auch Oogamie (vgl. → Spermatozoid).
Mikrogametangium, n. (E: microgametangium F: microgamétange, m.): Gametangium, in dem → Mikrogameten gebildet werden.
Mikroklima, n., Kleinklima, n. (E: microclimate F: microclimat, m.): Das Klima an einem begrenzten Standort (→ Habitat), das je nach Hanglage, Beschattung durch höhere Pflanzen, Bodenbeschaffenheit vom durchschnittlichen Klima der Landschaft erheblich abweichen kann.
G: Auf die Bedeutung des Mikroklimas in der Ökologie hat als einer der ersten G. KRAUS (1911) mit seinem Buch "Boden und Klima auf kleinstem Raum" aufmerksam gemacht.
Mikrokonidie, f. (E: microconidium F: microconidie, f.): Bei Pilzen mit zwei Typen von Konidien die kleineren.
G: Spätestens bei TULASNE (1860).
Mikromelittophile, f., Kleinbienenblume, f. (F: micromélittophile, f.): Blume, die durch Kleinbienen bestäubt wird.
G: DELPINO (1874, S. 152), von VOGEL (1954,

S. 45) wieder aufgenommen.
Mikromutation, f., Kleinmutation, f. (E: micromutation F: micromutation, f.): Der normale Typ einer Mutation, die ein Merkmal oder einige wenige von meist geringer Auffälligkeit betrifft, im Gegensatz zur → Makromutation.
Mikromyiophilae, f.pl., Kleinfliegenblumen, f.pl. (F: micromyophiles, f.pl.): Blumen, die von kleinen Fliegen besucht werden und diese z.T. einige Zeit festhalten (z.B. *Arum, Ceropegia*).
G: DELPINO (1874, S. 152)
Mikronährelemente, n.pl., Spurenelemente, n.pl. (E: trace elements F: oligo-éléments): Elemente, die für die Pflanzen nur in sehr kleinen Mengen (weniger als 0,5 mg/l) lebenswichtig sind. Beim Fehlen dieser Elemente, zu denen bei den Höheren Pflanzen in erster Linie Bor, Kupfer, Zink, Molybdän und Mangan gehören, treten Mangelerscheinungen auf. Viele Mikroelemente sind Cofaktoren von Enzymen.
G: Bei Versuchen mit Kulturen des Pilzes *Aspergillus* stellte RAULIN (1869) fest, das gewisse Elemente in sehr kleinen Mengen einen großen Einfluss auf das Wachstum haben können.
Mikroorganismen → Mikrobiologie
Mikropaläontologie, f. (E: micropaleontology F: micropaléontologie, f.): Untersuchung fossiler mikroskopischer Pflanzen- und Tierreste, der → Mikrofossilien. Dazu gehören z.B. Sporen und Pollenkörner, Diatomeen und Foraminiferen.
G: Als Begründer der Mikropaläontologie gilt Ch. G. EHRENBERG (1795-1876), vgl. SIESSER (1981).
Mikrophyll, n. (E: microphyll F: microphylle, f.): Blatt, das im Unterschied zum → Megaphyll ungegliedert ist und nur einen Mittelnerv besitzt. Meist ist es kleiner als die Megaphylle, aber es gibt auch mehrere Dezimeter lange „Mikrophylle". Mikrophylle besitzen unter den Farnpflanzen die Equisetopsida und Lycopophyten und unter den Gymnospermen die Coniferen.
G: → unter Megaphyll
mikrophyll → Blattgrößenklassen
Mikroprothallium, n. (E: microprothallium F: microprothalle, m.): Prothallium heterosporer Farn- und Samenpflanzen, das aus einer → Mikrospore enstanden ist und → Antheridien bildet.

mikropylar → Endospermhaustorien
Mikropyle, f. (E: micropyle F: micropyle, m.): Öffnung im → Integument (bzw. den Integumenten) der Samenanlage, die den Zugang zum → Nucellus erlaubt. Bei den Gymnospermen gelangt das Pollenkorn durch die Mikropyle bis zum Nucellus, bei den Angiospermen nur der Pollenschlauch. Es handelt sich bei der Mikropyle nicht um eine nachträglich entstandene Öffnung, sondern um den Bereich, der beim Umwachsen des Nucellus frei bleibt.
G: Die Mikropyle an den Samenanlagen wurde von TURPIN (1806, S. 203) entdeckt, von dem auch der Ausdruck Mikropyle stammt (von gr. mikros, klein, und pyle, Tor, Öffnung).
Lit.: BOUMAN (1974).
mikroreticulat → Reticulum
Mikroskop, n. (E: microscope F: microscope, m.): Optisches Instrument zur Vergrößerung, im engeren Sinn (zusammengesetztes Lichtmikroskop) mit zwei Linsen(systemen): Okular und Objektiv.
G: Trotz vieler historischer Forschungen bleibt unklar, wer der Erfinder des Mikroskops Anfang des 17. Jahrhunderts war. Das Wort Mikroskop entstand offenbar innerhalb der Accademia dei Lincei (der Luchsäugigen) und lässt sich in einem Brief vom April 1625 zuerst nachweisen (GABRIELI 1940). In der Frühzeit der Mikroskopie wurde die Bezeichnung auch für Systeme mit nur einer Linse (starke Lupen) verwendet. Mit solchen „einfachen" Mikroskopen machte ANTONI VAN LEEUWENHOEK (1632-1723) seine wichtigen Entdeckungen (vgl. FORD 1991). Die Entwicklung leistungsfähiger M. im 19. Jahrhundert war eine wesentliche Grundlage für den Fortschritt der Biologie, vor allem der Cytologie.
Lit. zur Geschichte: CLAY & COURT (1932), ROOSEBOOM (1967), BRADBURY (1967), Anonymus (1980), GREINER & SANDER (1987: Stereomikroskop), E.-H. SCHMITZ (1989/90).
Mikrosom, n. (E: microsome F: microsome, m.): **1.** Historischer Ausdruck für lichtmikroskopisch gerade noch sichtbare „Körnchen" im Protoplasma. Es dürften dazu vor allem → Mitochondrien, Gruppen von → Ribosomen und andere Einschlüsse gehört haben.
G: Eingeführt durch v. HANSTEIN (1880, S. 4). Für die größeren Teilchen setzte sich um 1940 Mitochondrien durch, für die kleineren wurde 1958 Ribosomen eingeführt. **2.** Heute eine Fraktion von Vesikeln bestimmter Größe, die bei der Homogenisierung von Zellen und anschließendem Zentrifugieren entsteht und vor allem von Bruchstücken des ER gebildet wird.
G: Die Umdeutung des Begriffes Mikrosomen erfolgte durch CLAUDE (1943, S. 453).
Mikrosporangium, n. (E: microsporangium F: microsporange, m.): Sporangium, das → Mikrosporen bildet.
G: Erstnachweis: PRINGSHEIM (1863).
Mikrospore, f. (E: microspore F: microspore, f. F: androspore, f.): Bei Heterosporie die kleineren und in größerer Zahl erzeugten Meiosporen, aus denen sich männliche Prothallien entwickeln.
G: Von *Selaginella* und den Hydropterides war es schon lange bekannt, dass es zwei Sorten von Sporen gibt. A. BRAUN (1850, S. 153) sprach (als Erster ?) von Makro- und Mikrosporen.
Lit.: BLACKMORE & KNOX (1990).
Mikrosporophyll, n. (E: microsporophyll F: microsporophylle, f.): Sporophyll, das ein oder mehrere Mikrosporangien trägt.
Mikrothallus-Phase → Chantransia-Stadium
Mikrotom, n. (E: microtome F: microtome, m.): Mechanisches Hilfsmittel für die Mikroskopie zur Herstellung von Schnitten gleichmäßiger Dicke durch Untersuchungsobjekte. Moderne Mikrotome (Schlitten- oder Rotationsmikrotome) erlauben die Herstellung von Schnittserien, mit deren Hilfe Organe detailliert analysiert und räumlich rekonstruiert werden können.
G: Ein einfaches Mikrotom für Holzquerschnitte hat schon HILL (1770) verwendet und abgebildet. Erst der Aufschwung der Mikroskopie und der Beginn der Färbetechnik in der zweiten Hälfte des 19. Jahrhunderts führten zwischen 1860 und 1880 auch zur Entwicklung und zum allgemeinen Einsatz leistungsfähiger Mikrotome, der viele anatomische, embryologische und cytologische Untersuchungen erst möglich machte.
Lit.: BRACEGIRDLE (1978).
Mikrotubuli, m.pl., sg. Mikrotubulus (E: microtubules F: microtubules, m.pl.): Aus dem Protein → Tubulin bestehende röhrenförmige Gebilde (Quartärstrukturen), die bei Bewegungen in der Zelle (Kernteilungsspindel), bei der Geißelbewegung und beim Zell-

wandaufbau eine wichtige Rolle spielen.
G: Strukturen aus Mikrotubuli, wie den → Spindelapparat, kennt man schon seit langem. Mikrotubuli wurden im Detail zuerst durch SLAUTTERBACK (1963, S. 367) bei Untersuchungen an der Gattung *Hydra* beschrieben.
Lit.: DUSTIN (1984).
mikrozyklisch → Entwicklungsgang der Uredinales
Milchröhre, f. (E: laticifer F: laticifère, m., vaisseau à latex): Stark verlängerte und verzweigte, vielkernige Zelle oder eine Reihe von Zellen, die Milchsaft (→ Latex) enthalten. Im Milchsaft sind Latex-Partikel dispergiert, die aus Terpenen oder Polyterpenen bestehen. Man unterscheidet:
- **gegliederte Milchröhre** (E: articulated laticifer F: laticifère articulé): Milchröhren aus in Reihen angeordneten Zellen. Die Querwände können erhalten bleiben oder mehr oder weniger aufgelöst werden. Beispiele: Papaveraceae, Campanulaceae, Asteraceae-Lactuceae (Compositae-Liguliflorae).
- **ungegliederte Milchröhre** (E: non-articulated laticifer F: laticifère non articulé): Milchröhren, die sich aus Einzelzellen entwickeln, die sich durch andauerndes Spitzenwachstum und meist auch Verzweigung in der Pflanze ausbreiten. Beispiele: *Euphorbia*, Apocynaceae, Asclepiadaceae.
G: Milchröhren sind früh beachtet worden, man verglich sie gerne mit den Lymphgefäßen und bezeichnete sie auch als „Vasa propria" (wesentliche Gefäße). Die grundlegende Einteilung in gegliederte und ungegliederte M. geht auf HARTIG (1862) und DE BARY (1877, S. 195) zurück.
Lit.: MAHLBERG (1993).
Milchsäuregärung → Gärung
Milchsaft → Latex
Milchsaftzelle, f.: Idioblast mit Milchsaft (→ Latex).
Mimese, f. (E: mimesis, crypsis F: mimèse, f.): Ähnlichkeit eines Organismus mit seiner Umwelt, die ihn unauffällig macht („tarnt") und so dazu helfen kann, dass er Fressfeinden entgeht. Bekanntestes pflanzliches Beispiel sind die „lebenden Steine" der Gattung *Lithops*. Auffallend ist auch die Ähnlichkeit vieler Schmarotzerpflanzen (Loranthaceae) mit ihren Wirten. - Abgeleitet von gr. mimesis, Nachahmung.

Lit.: WIENS (1978).
Mimikry, f. (E: mimicry F: mimetisme, m.): „Nachahmung" eines Modells durch eine andere Art. Bei Pflanzen gibt es z.B. Blüten ohne Nektar, die äußerlich solchen mit Nektar ähneln und deshalb auch besucht werden. Zur Mimikry bei Pflanzen gehören auch die → Sexualtäuschblumen.
G: BATES (1862, S. 502) beschrieb als Erster detailliert das Phänomen und deutete es als Anpassung (am Beispiel der Schmetterlingsgruppe der Heliconidae im Amazonasgebiet). Er sprach von einer „mimetic analogy".
Lit.: WIENS (1978), PASTEUR (1982, mit Diskussion der verschiedenen Typen), DAFNI (1984), VOGEL (1993).
Mineralisierer → Destruenten
Mineralisierung, f., Mineralisation, f. (E: mineralization F: minéralisation, f.): Der Abbau toter organischer Substanz durch → Destruenten. Neben Kohlendioxid und Wasser werden im Boden anorganische Verbindungen gebildet (u.a. Nitrate, Phosphate). Von besonderer Bedeutung ist die Mineralisierung für den → Stickstoffkreislauf.
Mineralstoffe, m.pl. (E: minerals): Diejenigen für die Pflanze notwendigen Elemente (→ Makronährelmnte, → Mikronährelemente), die aus Mineralien stammen und aus dem Boden als Ionen aufgenommen werden.
Minimalareal, n. (E: minimal area): Die kleinste Fläche innerhalb eines Pflanzenbestandes, bei deren Vergrößerung kaum noch neue Arten erfasst werden. Man kann sie mit einer Artenzahl-Arealkurve empirisch bestimmen. Diese Kurve verläuft oberhalb des Minimalareals fast waagerecht.
Mischling → Hybride
Missbildung → Monstrosität
Missing link, n. (E: missing link F: chaînon manquant): Fossiler Organismus, der bisherige Lücken zwischen großen Gruppen schließt.
G: Der Ausdruck ist schon verwendet worden, ehe sich der Gedanke einer Evolution durchsetzte. Man versuchte damals die existierenden Organismen in einer „Treppe" oder „Kette" anzuordnen, und neu entdeckte „Zwischenformen" wurden als „Missing link" (fehlendes Glied) bezeichnet (→ Scala naturae). Nach DARWIN enthielt der Begriff einen anderen Sinn, und der Fund eines „Missing

link" galt als eine wichtige Bestätigung für die Evolutionstheorie. Ein Beispiel aus der Botanik sind die Samenfarne (→ Pteridospermen, Lyginopteridopsida), die die Farn- und Samenpflanzen verbinden.
Mitochondrion → Mitochondrien
Mitochondrien, n.pl., sg. Mitochondrion, Chondriosomen, n.pl. (E: mitochondria F: mitochondries, f.pl., chondriosomes, m.pl.): Organell (fast) aller Eukaryoten, in denen vor allem die Enzyme der → Zellatmung lokalisiert sind. Sie sind von einer Doppelmembran begrenzt, wobei die innere eingefaltet ist (→ Cristae mitochondriales), und haben eigene DNA. Daher nimmt man wie bei den Plastiden eine Entstehung durch Endosymbiose (→ Endosymbionten-Theorie) an.
G: Eine erste ausführliche Darstellung lieferte 1890 ALTMANN, der die Mitochondrien Bioblasten nannte und mit Bakterien verglich. Der Name Mitochondrien stammt von BENDA (1898, S. 397), Chondriosomen von MEWES (1908, S. 831). Der erste Nachweis in Pflanzen erfolgte durch MEWES (1904); LEWITSKY (1911) und E.W. SCHMIDT (1912) geben eine Übersicht über die frühen Arbeiten.
Lit.: Geschichtl. Überblick: COWDRY (1953).
Mitogamet, m. (F: mitogaméte, m.): Gamet, der durch → Mitose gebildet wurde. Dies ist bei den meisten Pflanzen der Fall, da diese → Diplohaplonten sind.
G: LUCKHAUS (1965, S. 16).
Mitoribosom → Ribosom
Mitose, f. (E: mitosis, nuclear division F: mitose, f.): Kernteilung, bei der jedes Chromosom längs geteilt und damit die Information in ihm auf beide Tochterkerne gleichmäßig verteilt wird. Die Zahl der Chromosomen bleibt dabei erhalten, es sei denn, es träten besondere Störungen auf.
G: Nach der Entdeckung des Kerns (→ Nucleus) durch R. BROWN erschien es lange Zeit selbstverständlich, dass sich dieser aus dem Protoplasma neu bilden kann (z.B. HOFMEISTER 1867, S. 79). Eine Teilung des Nucleus beobachtete aber bereits MOHL (1845, S. 258). Eine komplizierte, **indirekte Kernteilung** wurde fast gleichzeitig bei einem Tier (A. SCHNEIDER 1873) und bei Pflanzen (STRASBURGER 1875) entdeckt und zuerst sehr verschieden benannt: Karyokinese (SCHLEICHER 1878, S. 261), Mitose (FLEMMING 1882, S. 376), Aequationsteilung (WEISMANN 1887, S. 42). Mitose (von gr. mitos, Faden) setzte sich durch.
Lit. zur Terminologie: BATTAGLIA (1985).
Mitosespindel → Spindelapparat
Mitosetypen, m.pl.: Nach dem Verhalten der Kernhülle:
- **offene Mitose** (F: mitose ouverte): Der übliche Typ der Mitose, bei der die Kernhülle aufgelöst wird.
- **geschlossene Mitose**, intranukleäre M. (E: cryptomitosis F: cryptomitose, f., mitose fermée): Mitose, die innerhalb der Kernhülle stattfindet. Hierzu gehört die Mitose der Dinophyta (→ Dinokaryon, → Dinomitose).
Mitospore, f. (E: mitospore F: mitospore, f.): Keimzelle, die durch Mitose gebildet wird (und nicht wie ein Gamet zur → Syngamie befähigt ist). Hierzu gehören u.a. die → Konidien.
G: RENNER (1916, S. 346/347) wollte den mehrdeutigen Begriff „Gonidien" auf die Mitosporen beschränken. Die eindeutige Bezeichnung Mitospore schuf EMERSON (1950, S. 189); v. DENFFER (1967) führte sie in die mitteleuropäische Literatur ein.
Mittagsdepression, f.: Durch den Schluss der Spaltöffnungen bedingte Rückgang der Transpiration (und damit oft der → Nettophotosynthese) um die Mittagszeit an Tagen mit hoher Sonneneinstrahlung.
Mittelband → Connectiv
Mittellamelle, f. (E: middle lamella F: lamelle moyenne, f.): Der innere Bereich der Zellwand, der direkt aus der → Zellplatte hervorgeht. Die M. enthält keine Cellulosefibrillen und kann leicht aufgelöst werden (durch → Mazeration). Außenwände haben naturgemäß keine Mittellamelle.
G: HOFMEISTER (1867, S. 196). Die M. entspricht etwa der Intercellularsubstanz von MOHL (1835 a, S. 15), die man sich zunächst als eine Art Kitt vorstellte, der die Zellen verbindet. Zuweilen wurden auch Teile der Primärwand zur M. gerechnet (vgl. GREGER 1928).
Lit.: KERR & BAILEY (1934).
mittelständig → Ovar
Mittelwald, m.: Wald mit dichter niederwaldartiger unterer Schicht und einzelnen hohen Stämmen.
Mixoploidie, f. (E: mixoploidy F: mixoploïdie, f.): Auftreten verschiedener (euplo-

ider oder aneuploider) Chromosomenzahlen innerhalb eines Individuums, z.B. bei Cytochimaeren (→ Chimäre), aber auch bei → Endopolyploidie.
G: Die Erscheinung wurde zuerst von NEMEC (1910) eingehend untersucht, der aber offenbar erst 1931 die Bezeichnung Mixoploidie veröffentlichte.
MLO → Mycoplasmen
MLS → Multilayered Structure
mobiles genetisches Element, n. (E: mobile element F: élément mobile): Zusammenfassender Begriff für die → Transposone und → Retrotransposone.
Modifikabilität, f. (E: modifiability F: modificabilité): Die Fähigkeit einer Art auf Umweltänderungen mit der Ausbildung von → Modifikationen zu antworten. Ein Beispiel für starke M. zeigt Polygonum amphibium mit seiner Wasser- und Landform.
Modifikation, f. (E: modification F: modification, f.) Änderung des Phänotypus (Struktur und/oder Funktion) gegenüber der „Normalform", die durch Umwelteinflüsse zustande kommt und daher nicht erblich ist, aber häufig adaptiven Charakter besitzt.
G: Die Definition, die LINNAEUS (1751, S. 100) von seinen Varietäten gab, entspricht zwar dem Begriff der Modifikation, tatsächlich handelte es sich aber dabei oft sogar um Arten! NÄGELI (1865, S. 231) erkannte, dass viele Varietäten nicht durch Außenfaktoren bedingt sind, da verschiedene auf einem Standort zusammen vorkommen können und andererseits eine Varietät auf verschiedenen Standorten leben kann. Er unterschied deshalb von den Varietäten Modifikationen durch äußere Verhältnisse. 1884 (S. 263) definierte er Modifikation in heutigem Sinn. Die scharfe Trennung zwischen erblichen Änderungen, wie sie durch Mutationen hervorgerufen werden, und den Modifikationen erfolgte erst gegen Ende des vorigen Jahrhunderts besonders unter dem Einfluss von AUGUST WEISMANN. PLATE (1905, S. 206) schlug vor, die nicht erblichen Abänderungen **Somationen** zu nennen, da sie nur das Soma (nicht die Keimzellen) betreffen. Dieser Terminus hat sich aber nicht eingebürgert (für die Pflanzen ist er auch weniger passend, da die Trennung zwischen Soma und Keimbahn hier nicht existiert).
Modul, n., **Phytomer**, n. (E: module F: article, m., module, m.): Sich mehrmals wiederholendes Bauelement einer Pflanze, im engeren Sinn Sprossstück mit Blättern und einer endständigen Blüte (bei sympodialem Aufbau). Als Phytomer wird ein Knoten mit Blatt plus Internodium bezeichnet.
G: Der Gedanke vom modularen Aufbau der Pflanzen ist alt und hat zu verschiedenen Theorien geführt (→ Phytontheorie). SACHS (1882, S. 586) verwendete für sich wiederholende Elemente den aus der Zoologie stammenden Ausdruck **Metamere**. Für ein Modul in der oben genannten engeren Bedeutung benutzte PRÉVOST (1968, S. 23) „article", HALLÉ et al. (1978, S. 5) führten dafür „module" ein. In der Populationsökologie wird Modul sehr allgemein und weit gefasst verwendet (vgl. HARPER 1977).
Lit.: HARPER et al. (1986).
Molekularer Marker, m. (E: molecular marker F: marqueur moléculaire): In der → Molekularen Systematik DNA- oder RNA-Sequenzen, die beim Vergleich zwischen verschiedenen Organismen genügend Übereinstimmungen zeigen, um ein → Alignment zu ermöglichen, andererseits aber so viel Variabilität, dass Unterschiede zur phylogenetischen Analyse ausgewertet werden können. Viel verwendete molekulare Marker sind das Chloroplastengen *rbc*L (codiert die große Untereinheit der RubisCO), verschiedene → Spacer und die ribosomale RNA (18s rRNA).
Molekulare Systematik, f. (E: molecular systematics F: systématique moléculaire): Arbeitsrichtung der Systematik, die auf der Untersuchung des genetischen Materials (RNA, DNA) selbst oder der davon direkt abgeleiteten Proteine beruht.
G: Eine wichtige programmatische Arbeit war von ZUCKERKANDL & PAULING (1965 b). Die Molekulare Systematik begann mit der Untersuchung der Aminosäuresequenzen von Proteinen um 1960 (vgl. FITCH & MARGOLIASH 1967). Erst später wurde es möglich, die DNA zu sequenzieren. In einem Bericht über eine Tagung in Michigan 1967 (Anonymus 1969, S. 366) wird bereits „Molecular Systematics" verwendet. DOYLE (1992) machte deutlich, dass die Analyse nicht unbedingt zu einer Phylogenie der Arten (species tree), sondern primär zu der eines Genes (**gene tree**) führt.
Lit.: JENSEN & FAIRBROTHERS (1983), HILLIS & MORITZ (1990), SOLTIS et al. (1992), SOLTIS &

Soltis (1995), Hillis et al. (1996).
Molekulare Uhr, f. (E: molecular clock, evolutionary clock F: horloge moléculaire, f.): Die Vorstellung, dass die Zahl der Substitutionen (→ Transitionen oder → Transversionen) in der DNA-Sequenz eines Gens bei verschiedenen Organismen direkt proportional der Zeit ist, die seit der Trennung der Abstammungslinien vergangen ist. Sie steht im Zusammenhang mit der → Neutralitäts-Theorie.
G: Der Gedanke wurde zuerst ausgesprochen von Zuckerkandl & Pauling (1962, S. 200) aufgrund der Untersuchungen am Hämoglobin. Die Bezeichnung „molecular evolutionary clock" findet sich bei Zuckerkandl & Pauling (1965 a, S. 148). Die Frage, wieweit eine solche „Uhr" verlässlich ist, ist umstritten (vgl. Jukes & Holmquist 1972, Thorpe 1982, Scherer 1990).
Molekulargenetik, f. (E: molecular genetics F: génétique moléculaire): Der Teil der → Genetik, der sich mit den molekularen Vorgängen der Übertragung der Gene, ihrer Evolution, Regulation und physiologischen Wirksamkeit befasst.
Monade, f. (E: monad F: monade, f.): Eine Spore oder ein Pollenkorn, die einzeln verbreitet werden, im Unterschied zu → Tetraden und → Polyaden. Vgl. auch → monadal.
G: Reichenbach (1852, S. 21) spricht bereits bei Orchideen von einem „pollen monadicum" im Unterschied zum „pollen tetradicum".
monadal, monadoid (E: monadiform F: monadoïde): Organisationsstufe eines einzelligen begeißelten Organismus, einer „Monade".
G: O.F. Müller beschrieb 1773 einen sehr kleinen einfachen Organismus als *Monas* („animalculum omnium, que microscopium simplex offert, minimum, simplicissimum" „das kleinste und einfachste aller Tierchen, die das einfache Mikroskop zeigt"). Vermutlich lehnte er sich dabei an den philosophischen Begriff der „Monade" bei Leibniz an.
– Th.F.L. Nees (1822) benutzte den Begriff für die von ihm entdeckten Spermatozoiden von *Sphagnum*.
monadoid → monadal
Monochasium, n. (E: monochasium F: monochasium, m., cyme unipare, f.): Verzweigungsmodus im Blütenbereich, bei dem nur aus einem von zwei Vorblättern eine Verzweigung erfolgt (bzw. bei Monokotylen aus dem einzigen vorhandenen).
G: Eichler (1875, S. 34) in Anlehnung an Dichasium, als Ersatz für „cime unipare" (Bravais & Bravais 1837 b, S. 196).
Monochlamydeae: Name einer Unterklasse der Dicotyledoneae (Dikotylen) im System von A.P. de Candolle (1818, S. 124) gekennzeichnet durch eine einfache Blütenhülle.
monochlamydeisch (haplochlamydeisch) (E: monochlamydeous, haplochlamydeous F: monochlamydé): Blüte mit einer einfachen Blütenhülle (→ Perigon).
Monocotyledoneae → Monokotylen
Monözie → monözisch
monözisch, einhäusig (E: monoecious F: monoïque): Mit männlichen und weiblichen Blüten auf einer Pflanze, bzw. mit männlichen und weiblichen Sexualorganen an einem Gametophyt; bei Algen und Pilzen auch auf einem Klon. Die Erscheinung heißt **Monözie**.
G: Die Bezeichnung geht auf die Klasse der **Monoecia** bei Linnaeus (1735 a) zurück.
monogen (E: monogenic F: monogénique): Durch ein Gen (bzw. bei Diploidie die beiden Allele eines Gens) gesteuertes Merkmal.
Monogonie, f. (E: monogony F: monogonie, f.): Jede Form der Fortpflanzung, bei der es nicht zur → Syngamie kommt. Dies gilt für die → Agamogonie und die → vegetative Vermehrung.
G: Haeckel (1866 b, S. 35).
Monographie, f. (L: monographia, f. E: monography F: monographie, f.): In der botanischen (und zoologischen) Systematik die erschöpfende Behandlung eines Taxons (meist Gattung oder Familie). Eine monographische Bearbeitung soll alle bisherigen Erkenntnisse über diese Gruppe kritisch auswerten und zusammen mit den eigenen umfassenden Untersuchungen darstellen. Wesentlicher Inhalt ist neben einem Allgemeinen Teil die Bearbeitung der Arten mit Bestimmungsschlüssel, Synonymie, Beschreibungen, Verbreitungsangaben etc.
G: Die erste Monographie einer Familie (der Umbelliferae = Apiaceae) verfasste Morison (1672). Linnaeus (1735 c, S. 34) nannte die Botaniker, die über eine Gattung arbeiten „Monographi". Als Titel findet sich Monographie zuerst bei Willemet (1791).
Lit.: Anleitungen zur Abfassung von Monographien: A. P. de Candolle (1880), Schu-

MANN (1904, S. 575 ff.), DIELS (1921), HITCHCOCK (1925), H. EICHLER (1977).
monokarp, hapaxanth, semelpar (E: hapaxanthic, hapaxanthous F: hapaxanthe, monocarpique): Pflanzen, die nur einmal blühen und fruchten und dann absterben. Nach ihrer Lebensdauer unterscheidet man: → Annuelle, → Bienne und → Plurienne (vgl. → pollakanth).
G: A.P. de CANDOLLE (1805, 1, S. 222) führte monokarpisch ein. A. BRAUN (1854, S. 58) nannte solche Pflanzen haplobiotisch, auch hapaxanth soll von ihm stammen. Semelpar, von lat. semel, nur einmal, und parere, erscheinen, wird vor allem in der Zoologie verwendet.
Monokarpium → Fruchttypen (C.)
Monokaryon, n. (E: monokaryon F: monocaryon, m.): Im Gegensatz zum → Dikaryon Zelle des haploiden Mycels mit einem einzigen Kern.
monoklin (E: monoclinous F: monocline): Pflanze, bei der es nur Zwitterblüten gibt.
G: LINNAEUS (1735 a) fasste die ersten 20 Klassen seines Systems, die durch Zwitterblüten ausgezeichnet sind, als Monoclinia zusammen, abgeleitet von gr. monos, allein, einzeln, und kline, Bett.
Monokorm, n. (F: monocorme, m.): Verzweigungstyp von Holzpflanzen mit nur einer durchgehenden Hauptachse. In typischer Form vor allem bei Coniferen.
G: VÖCHTING (1884, S. 3, monocormisch):
monokotyl, einkeimblättrig (E: monocotyledonous, monocotylous F: monocotylé): Mit nur einem Keimblatt. Dies ist typisch für die Monokotylen, tritt aber auch bei einzelnen Dikotylen auf.
Monokotylen, f.pl., Monocotyledoneae, Einkeimblättrige, f.pl., Liliidae (E: monocotyledons, monocots F: Monocotylédones): Eine Unterklasse der Angiospermen (Liliidae), die nach dem Auftreten nur eines Keimblattes benannt ist. Weitere charakteristische Merkmale sind die parallelnervigen Blätter und das Vorherrschen der Dreizahl in den Blüten. Die Primärwurzel ist kaum entwickelt (sekundäre → Homorrhizie). Die Leitbündel liegen meist zerstreut in der Sprossachse und haben kein Cambium, so dass kein normales sekundäres Dickenwachstum möglich ist. Die meisten Monokotylen sind daher krautige Pflanzen.
G: RAY (1682, S. 9) stellte als Erster fest, dass eine grundlegende Einteilung nach der Zahl der Keimblätter möglich ist. Er verwendete später (RAY 1703, S. 16) Monocotyledones. Vgl. → Dikotylen.
Monokotylie, f. (E: monocotyly): Subst. zu → monokotyl.
monolet (E: monolete F: monolète): Spore mit einer einzigen Keimöffnung.
G: ERDTMAN (1943, S. 47, 51).
monomer, einzählig (E: monomerous F: monomère): Mit nur einem Glied (Phyllom) in einer Blütenformation. Beispiele liefern das monomere → Androeceum (1 Stamen) von Centranthus oder das monomere → Gynoeceum (1 Karpell) von Consolida oder den meisten Fabaceae (Leguminosae).
monopetal → sympetal
Monopetalae → Sympetalae
monophil (E: monophilic): Blume, die nur von einer Art (oder einigen ganz nahe verwandten) bestäubt wird.
G: FAEGRI & van der PIJL (1966, S. 42).
monophyletisch → Monophylie
Monophylie, f. (E: monophyly F: monophylie, f.): Im strengen Sinn besteht Monophylie bei einer Gruppe, die alle Taxa umfasst, die Nachkommen einer Art sind. Sie ist dann **monophyletisch**, ein **Monophylum** oder Stammbaumast (Abb. 5, S. 170).
G: Diese Definition geht auf HENNIG (1950, S. 307-308) zurück und ist ein Eckpfeiler der → Kladistik. Für die Stämme des Tier- und Pflanzenreiches forderte schon HAECKEL (1866 a, S. 205) eine Monophylie in diesem Sinn. Eine andere Auffassung vertritt die evolutionäre Systematik (vgl. SOBER in KELLER & LLOYD 1992, S. 202-207).
Monophylum → Clade
Monophylum → Monophylie
Monoplastidie, f. (E: monoplastidy F: monoplastidie, f.): Das Vorkommen nur einer Plastide je Zelle. Dies ist typisch für viele Algen. Bei den Landpflanzen zeigen die Moose und einige Farnpflanzen die Erscheinung noch bei der Sporen- und Gametenbildung. Man spricht von einer „monoplastidic cell division", bei der die Teilung der Plastiden der Kernteilung vorausgeht (vgl. BROWN & LEMMON 1990). Dies wurde bei Anthoceros schon von H. MOHL (1839, S. 273 ff.) beobachtet und abgebildet.
Lit.: RENZAGLIA et al. (1994).
monoploid (E: monoploid F: monoploïde): Die Chromosomengrundzahl, die meist mit

monopodial 206

x bezeichnet wird, im Unterschied zur haploiden Zahl n.
G: LANGLET (1927, S. 1).
monopodial (E: monopodial F: monopodique): Adj. zu → Monopodium.
Monopodium, n. (E: monopodium F: monopode, m.): Einheitliche Achse einer Pflanze oder eines Blütenstandes, die durch das Wachstum eines Vegetationskegels enstanden ist.
G: Erstnachweis: NÄGELI & SCHWENDENER (1867, S. 603/604).
monoporat (E: monoporate F: monoporé): Pollenkorn mit einem → Porus. Monoporat sind z.B. die Pollenkörner der Poaceae (Gräser).
Monosom, n. (E: monosome F: monosome, m.): Chromosom, das in einer sonst diploiden Zelle nur einmal vorhanden ist (vgl. → Haplosomie).
Monospore, f. (E: monospore F: monospore, f.): Mitospore des Gametophyten bei den Rotalgen, die einzeln in einer Zelle (Sporocyste, **Monosporangium**) gebildet wird.
G: NÄGELI (1861, S. 309) spricht bei der Gattung *Monospora* von einer Haplospore.
monosporisch → Embryosacktypen
Monostelie → Stele
monosulcat (E: monosulcate F: monosulqué): Pollenkorn mit einem → Sulcus. Viele Monokotylen haben monosulcate Pollenkörner.
G: ERDTMAN (1946, S. 73).
monosymmetrisch → Symmetrie
monotel → Infloreszenz (C.)
monothecisch → Antherenbau (A.)
monotop (E: monotopic F: monotopique): An einem Ort stattfindend, wird z.B. für die Sippenbildung verwendet. Bei Arten dürfte eine monotope Entstehung die Regel sein, Unterarten und vor allem → Ökotypen können aber auch **polytop** (E: polytopic, F: polytopique), d.h. an mehreren Orten entstehen. Dies gilt auch für allopolyploide Arten (→ Allopolyploidie).
monotrich → Begeißelung (C.)
monotypisch (E: monotypic F: monotypique): Als monotypisch wird eine Gattung mit nur einer Art bezeichnet, entsprechend auch eine Familie mit nur einer Gattung etc.
Monstrosität, f., Missbildung, f., Terata, n.pl. [nur in der Mehrzahl üblich] (E: monstrosity F: monstruosité, f.): Entwicklungsstörung, die zu einer starken Abweichung von der Norm führt. Sie kann durch Umwelteinflüße oder durch genetische Veränderungen bedingt sein (→ Teratologie). - Vor Erscheinen des → Code 1. ICBN 1978 waren Namen, die auf eine Monstrosität begründet waren, zu verwerfen.
Monsunwald, m., Regengrüner Wald, m. (E: monsoon forest F: forêt de moussons): Wald in Gebieten mit hoher Temperatur und ausgeprägtem Wechsel zwischen Regen- und Trockenzeit, der nur während der Regenzeit belaubt ist.
G: A.F.W. SCHIMPER (1898).
Moore, n.pl. (E: mires F: tourbières): Torfbildende Pflanzengesellschaften auf dauernd feuchten bis nassen Wuchsorten. Unter **Torf** versteht man unvollständig zersetztes Pflanzenmaterial. Die wichtigsten Typen sind: **1. Hochmoor**, ombrogenes Moor (E: raised bog, ombrogenous bog F: tourbière ombrotrophe): Nährstoffarmes Moor in niederschlagsreichen Gebieten, bei denen Wasser und Nährstoffe gänzlich aus den Niederschlägen (ombrogen) bzw. der Atmosphäre stammen. Es kann sich deutlich über die Bodenoberfläche erheben, und wird zu einem großen Teil von Torfmoosen (*Sphagnum*) aufgebaut. **2. Niedermoor**, Flachmoor, topogenes (oder soligenes) Moor (E: fen F: tourbière minérotrophe): Nährstoffversorung aus dem Grundwasser (topogen) oder durch überrieselndes Wasser (soligen). Moor, das auf Mineralboden oder durch Verlandung eines eutrophen Gewässers entstanden ist und überwiegend von Poaceae, Cyperaceae und Juncaceae aufgebaut wird. **3. Übergangsmoor**, Zwischenmoor: Moor, das in der Artenzusammensetzung und Ökologie zwischen Hochmoor und Flachmoor steht. Es handelt sich häufig um soligene Moore in Hanglagen.
G: Die Bezeichnungen ombrogen, topogen und soligen gehen auf von POST (1925) zurück.
Moose, n.pl., Bryophytina, Bryophyta (E: mosses, bryophytes F: mousses): Unterabteilung (Bryophytina) oder Abteilung (Bryophyta) der grünen Landpflanzen. Es handelt sich um → poikilohydre Pflanzen mit anisomorphem Generationswechsel, bei denen der → Gametophyt (die Moospflanze) überwiegt. Der → Sporophyt (das → Sporogon) sitzt auf dem Gametophyten auf und ist immer unverzweigt mit nur einem Sporan-

gium. Anstelle der klassischen Einteilung in die → Lebermoose und → Laubmoose ist eine Gliederung in vier Klassen getreten.
Mooskunde → Bryologie
Morganismus, m. (E: Morganism F: morganisme, m.): Historische Bezeichnung für die Fortentwicklung der Mendelschen Genetik durch THOMAS HUNT MORGAN (1866-1945) und seine Schule. Dazu gehören die Entdeckung der Gesetze der Koppelung und des Crossing over und die darauf aufbauende Kartierung der Gene auf den Chromosomen.
G: PHILIPTSCHENKO (1927, S. 58) bezeichnete das Gesetz der Koppelung und des Crossing over als Morgansches Gesetz.
Morphe, f. (E: morph F: morphe): Eine von zwei oder mehr genetischen Varianten, in denen eine Sippe in Bezug auf ein Merkmal auftritt. Morphen sind z.b. die verschiedenen Blütenfarben einer Art oder Pflanzen mit lang- und kurzgriffeligen Blüten. Man verwendet den Terminus bei im Phänotypus erkennbaren Unterschieden, die aber eine genotypische Grundlage haben, und regelmäßig zusammen auftreten.
G: Der Terminus morph wurde schon von J.S. HUXLEY (1955, S. 2) eingeführt, Morphe hat sich in der deutschen Literatur aber erst in den letzten Jahren eingebürgert.
Morphogenese, f. (E: morphogenesis F: morphogenèse, f.): Die ontogenetische Entwicklung eines Organs oder Organkomplexes.
Morphogenie, f. (E: morphogeny F: morphogénie, f.): Die Evolution eines Merkmals bzw. die Erforschung der „morphologischen Herkunft" der Organe, ihrer Umgestaltung im Verlaufe der Generationen (vgl. → Merkmalsphylogenie).
G: POTONIÉ (1912, S. 5).
Morphologie, f., Organographie, f. (E: morphology F: morphologie, f.): Die Untersuchung der Gestalt im weitesten Sinne, meist aber beschränkt auf die äußere Beschaffenheit im Gegensatz zur → Anatomie. Morphologie ist immer Vergleichende Morphologie, da sie mit Begriffen arbeitet, die Organe verschiedener Organismen vergleicht. – Vgl. → Prozessmorphologie.
G: Der Ausdruck Morphologie wurde 1817 durch J.W. v. GOETHE bekannt und wird oft ihm zugeschrieben. Nach G. SCHMID (1935) hat der Anatom BURDACH (1800, S. 62 und später) Morphologie schon vorher mehrfach gebraucht, ohne dass dies von anderen aufgenommen wurde. - Die durch A.P. de CANDOLLE (1813, S. 19) eingeführte Bezeichnung **Organographie** wurde von A. de CANDOLLE (1880) und GOEBEL (1898 ff.) bevorzugt.
Lit. zur Geschichte: ARBER (1950).
Morphologie, idealistische (E: idealistic morphologie F: morphologie idéaliste): Richtung der Morphologie, die die ideellen Zusammenhänge der konkreten Objekte mit einem daraus erschauten („erschauten") Typus (→ Typus, morphologischer) in den Vordergrund stellt. Phylogenetische Zusammenhänge sind dabei entweder noch gar nicht als Möglichkeit erkannt oder werden als nicht erkennbar dargestellt.
G: Die idealistische Morphologie steht in engem Zusammenhang mit der Philosophie des deutschen Idealismus. GOETHES Werk über die Metamorphose der Pflanzen (1790) kann als Beginn angesehen werden, ein weiterer prominenter Vertreter in der Botanik war Alexander BRAUN (1805-1877). Wilhelm TROLL (1897-1978) stand in vieler Hinsicht noch in dieser Tradition.
Lit.: A. BRAUN (1862), BARON (1931), TROLL (1942), HOPPE (1969).
Morphologie, Neue (E: new morphology F: nouvelle morphologie): Morphologische Richtung, die in bewusstem Gegensatz zur klassischen Morphologie phylogenetisch orientiert ist und die → Grundorgane Sprossachse, Blatt und Wurzel nicht als gegeben hinnimmt, sondern in ihrer Entstehung zu verstehen sucht. Der Erste, der diesen Gedanken konsequent verfolgte, war POTONIÉ (1897, 1898, 1912), gefolgt von LIGNIER (1903) und ZIMMERMANN (1930). CHURCH (1902, S. 52) spricht bei den „new morphologists" die Ontogenie und den Evolutionsgedanken einbeziehen. „New morphology" wurde aber erst durch H.H. THOMAS (1933) bekannt.
morphologischer Wert, m., Dignität, f.: Mit dem morphologischen Wert eines Organs ist vor allem seine Homologisierung mit einem der drei klassischen → Grundorgane gemeint. Der Begriff ist typisch für die klassische und die idealistische Morphologie (→ Morphologie, idealistische).
Morphose, f. (E: morphosis F: morphose, f.): Durch die Umwelt abgeänderte Gestaltung einer Pflanze. Bestimmte Faktoren können

charakteristische Veränderungen hervorrufen, z.B. wird an feuchten Standorten die Behaarung schwächer. Nach den Faktoren kann man u.a. Bio-, Thermo-, Hygro- und Photomorphosen unterscheiden.
Morphospecies, f. (E: morphospecies F: espèce morphologique): Art, die nur nach morphologischen Kriterien aufgestellt wurde, oder auch Art, die deutlich morphologisch differenziert ist, bei geringer oder fehlender genetischer Isolation.
G: Erstnachweis: GEORGE (1956, S. 134).
Morphotaxon, n. (E: morphotaxon): Ein Taxon fossiler Pflanzen, das zum Zwecke der Taxonomie nur die Teile, bzw. Entwicklungsstadien oder Erhaltungszustände der Pflanze umfasst, die der nomenklatorische Typus repräsentiert.
G: Eingeführt im → Code 1. ICBN 2000, Art. 1.
Morphotypen (bei Flechten) → Photosymbiodem
Morphotypus → Wuchsform
Mortalität, f., Sterblichkeit, f. (E: mortality F: mortalité, f.): Das Absterben von Individuen innerhalb einer Population. Die **Mortalitätsrate** ist der Anteil von Individuen einer Population, der in einem bestimmten Zeitabschnitt abstirbt.
Mortalitätsrate → Mortalität
Mosaikevolution → Heterobathmie
Mosaikgen, n. (E: split gene F: gène mosaique, m.): Gen, bei dem codierende Abschnitte (→ Exons) mit nicht-codierenden (→ Introns) abwechseln.
Motorgewebe, n.: Gewebe, das vor allem bei Seismonastie (→ Nastie) durch Turgoränderungen für schnelle Bewegungen verantwortlich ist.
Motorproteine, n.pl. (E: motor proteins): Proteine, die eine Gleitbewegung längs eines Substrates durchführen und dabei eine „Last" (z.B. eine Vesikel) mitnehmen können. Das Substrat sind beim → Myosin → Mikrofilamente aus → Actin, bei → Dynein und → Kinesin → Mikrotubuli.
Mucocyste, f. (E: mucocyst F: mucocyste, m.): Extrusives Organell mancher Flagellaten, dessen Sekret sich räumlich entfaltet. Auch bei den Rotalgen kommen ähnliche Bildungen vor.
Lit.: HAUSMANN (1978), KUGRENS et al. (1994).
Mucro, m. (L: mucro, m., pl. mucrones E: mucro F: mucron, m.): Eine kurze, steife Spitze, die einem Organ (z.B. Blatt) aufsitzt.

Müllersche Körperchen, n.pl. (E: Müllerian bodies F: corpuscules (m.pl.) de Müller): Futterkörper an *Cecropia* (Moraceae), die von Ameisen verzehrt werden.
G: Von A.F.W. SCHIMPER (1888, S. 41) nach FRITZ MÜLLER (1822-1897) benannt, der in Blumenau (Brasilien) erste Versuche über die Bedeutung der Müllerschen Körperchen anstellte.
Lit.: RICKSON (1976).
Münchsche Druckstromtheorie → Druckstromtheorie
Mützchen → Kalyptra
multiaxialer Typ, m., Springbrunnentyp, m. (E: multiaxial type, fountain type F: type multiaxial, type pluriaxial): Verzweigungstyp der Rotalgen mit mehreren fast parallelen gleichberechtigten Fäden.
G: Die Bezeichnung Springbrunnentyp geht auf OLTMANNS (1904, S. 538) zurück.
multilacunär → Knotenanatomie
multilayered structure (MLS), Vierergruppe, f. (E: multi-layered structure F: structure pluristratifiée): Flache geschichtete Struktur an der Geißelbasis aus Schichten von Mikrotubuli und Plättchen bei Chlorophyta, Moosen und Farnpflanzen.
G: Die Struktur wurde zuerst von HEITZ (1959, S. 399) als **Dreiergruppe**, von CAROTHERS & KREITNER (1967, S. 43) als **Vierergruppe** bezeichnet. PAOLILLO et al. (1968, S. 227) führten dann multi-layered structure ein.
multiple Epidermis → Hypodermis
Multivalent, n. (E: multivalent F: multivalent, m.): Gruppe von mehr als zwei Chromosomen, die sich in der Meiose paaren. Vor allem bei → Autopolyplodie ist Multivalentbildung häufig, da z.B. bei Tetraploidie jeweils vier homologe Chromosomen vorhanden sind. Da die Verteilung auf die Tochterzellen dann oft nicht gleichmäßig ist, können Fertilitätsstörungen auftreten.
G: KOSTOFF (1934, S. 432) beobachtete bei *Helianthus tuberosus* einzelne Multivalente. Er spricht von polyvalenten Chromosomen.
Murein, n. (E: murein F: muréine, f.): Grundsubstanz der Zellwand von Bakterien (auch Cyanobakterien). Es handelt sich um ein Peptidoglykan. Die vom Murein gebildete Wand wird **Mureinsacculus** genannt.
G: WEIDEL & PELZER (1964, S. 195), abgeleitet von lat. murus, Mauer, Wand.
Mureinsacculus → Murein

Muri → Reticulum
muriform → Sporenformen
Musci → Laubmoose
Musterbildung, f. (E: pattern formation): Ausbildung einer nicht zufallsgemäßen Anordnung von Zellen, Zellgruppen oder Organanlagen, besonders deutlich bei der Verteilung von Stomata oder Trichomen in der Epidermis, aber auch bei der → Phyllotaxis.
Mutagen, n. (E: mutagen F: mutagène): Ein chemisches oder physikalisches Agens, das die → Mutationsrate deutlich erhöht.
Mutante, f. (E: mutant F: mutant, m., mutante, f.): Durch eine (oder mehrere) Mutationen genetisch gegenüber den Eltern abgeänderte Pflanze.
Mutation, f. (E: mutation F: mutation, f.): Sprunghafte Änderung im Genom, die zum plötzlichen Auftreten von neuen Eigenschaften bei den Nachkommen führen kann. Die Grundform der Mutation ist die **Genmutation**, bei der sich ein einzelnes Gen spontan oder durch äußere Einflüsse ändert. Der minimale Vorgang ist die Änderung einer Base in der DNA (**Punktmutation**). Siehe auch → Chromosomen- und → Genommutation.
G: Die erste bekannte Beobachtung einer Mutation betraf eine schlitzblättrige Form des Schöllkrautes, die in Heidelberg gefunden worden war, und die SPRENGER 1590 als „Chelidonium major foliis et floribus incisis" beschrieb. MARCHANT (1723) sah eine M. als Hinweis auf die Entstehung neuer Arten. Eine detaillierte Darstellung von älteren Berichten über das Auftreten von M. gibt KORSHINSKY (1901), wobei er von **Heterogenesis** spricht. Neben dem alten Begriff Mutation (lat. mutatio, Veränderung) verwendete man **Sprungvariationen**. WAAGEN (1869, S. 186) führte Mutation für eine auffällige sprunghafte Abänderung innerhalb einer zeitlichen Formenreihe in die Paläontologie ein. Diese Verwendung wurde aber seit de VRIES (1901, S. 4) durch die genetische Bedeutung des Begriffes verdrängt.
Mutationsrate, f. (E: mutation rate F: taux de mutation): Die Zahl der Mutationen eines Gens bezogen auf eine bestimmte Gametenzahl.
Mutualismus, m. (E: mutualism F: mutualisme, m.): Symbiose, bei der nachweislich beide Partner einen Vorteil vom Zusammenleben haben.

G: Van BENEDEN (1876, S. 11).
Mycel, n., Myzel, Pilzgeflecht, n. (L: mycelium, n., pl. mycelia E: mycelium F: mycélium, m.): Aus verzweigten und oft vernetzten Zellfäden (Hyphen) gebildeter Thallus der Pilze.
G: TRATTINICK (1804).
Mycetozoa → Myxomyceten
Myco- → Myko-
Mycobionta, Chitinpilze: Pilze (→ Fungi), die in ihren Zellwänden meist Chitin enthalten, während eventuell Cellulose ganz fehlt. Geißeln fehlen meist. Die Organisationsformen sind sehr vielfältig. Als größte Gruppen gehören hierzu die → Ascomyceten und → Basidiomyceten.
Mycoplasmen, Mykoplasmen (E: mycoplasms F: mycoplasms, m.pl.): Bakterien, die sich durch sehr geringe Größe und das Fehlen einer Zellwand auszeichnen. Hierzu gehören die kleinsten Organismen, die sich selbstständig vermehren können. Besondere Gruppen sind die durch Spiralform ausgezeichneten **Spiroplasmen** und die viele Pflanzenkrankheiten verursachenden **Phytoplasmen**.
G: Die ersten Mycoplasmen wurden 1910 beschrieben. Die Phytoplasmen wurden lange als „mycoplasma-like organisms" (MLO) bezeichnet, erst molekulare Untersuchungen zeigten ihre Zugehörigkeit zu den Mycoplasmen.
myiophile Blume, f., Fliegenblume (E: fly blossom F: myophile, f.): Überwiegend von Fliegen bestäubte Blumen (dabei sind die Schwebfliegen auszuschließen). Man unterscheidet als besondere Gruppen: → Sapromyiophilae (Aasfliegenblumen) und → Mikromyiophilae (Kleinfliegenblumen). Die Anlockung erfolgt vor allem durch den Geruch und optische Effekte. Viele Fliegenblumen sind → Täuschblumen, die keinen Nektar anbieten.
G: Von DELPINO (1874, S. 152) eingeführte Bezeichnungen, abgeleitet von gr. myia, Fliege. H. MÜLLER (1881, S. 497) spricht von Dipterenblumen.
Myiophilie, f., Fliegenbestäubung: Anpassung an Bestäubung durch Fliegen (→ myiophile Blume).
Mykobiont, f. (E: mycobiont F: mycobionte, m.): Pilzpartner → Flechte.
G: G.D. SCOTT (1957, S. 486).
Mykocecidie, f. (E: mycocecidium F: myco-

Mykologie

cécidie, f.): Galle, die durch einen Pilz verursacht wird.
Mykologie, f., Pilzkunde, f. (L: mycologia, f. E: mycology F: mycologie, f., mycétologie, f.): Das Studium der Pilze in jeder Beziehung. Da die Sonderstellung der Pilze immer deutlicher wird, löst sich die Mykologie zunehmend von der Botanik. G: PERSOON (1794, S. 63) verwendete als Erster „Mycologie". Zur Geschichte der Mykologie vgl. RAMSBOTTOM (1939), AINSWORTH (1976), DÖRFELT & HEKLAU (1998).
Mykoplasmen → Mycoplasmen
Mykorrhiza, f., Pilzwurzel, f. (E: mycorrhiza F: mycorhize, f.): Die enge symbiotische Verbindung von Pilzen mit den Wurzeln höherer Pflanzen. Es gibt zwei Hauptformen.
- **Ektomykorrhiza**, ektotrophe M. (E: ectomycorrhiza, ectotrophic mycorrhiza F: ectomycorhize, mycorhize ectotrophe): M., bei der die Pilze (meist Basidiomyceten) in den Interzellularbereich der Wirtspflanze eindringen, während der größte Teil der Hyphen die Wurzeln wie ein Mantel umgibt und bei der Stoffaufnahme beteiligt ist. Ektomykorrhiza ist typisch für viele Waldbäume der gemäßigten Zone.
- **Endomykorrhiza**, endotrophe M.(E: endomycorrhiza, endotrophic mycorrhiza F: endomycorhize, mycorhize endotrophe): M., bei der ein Teil der Zellen endotroph in den Zellen der Wurzelrinde des Wirtes lebt. Innerhalb der Endomykorrhiza werden unterschieden:
- **Arbusculäre Mykorrhiza** (AM), Vesiculärarbusculäre M. (VAM) (E: arbuscular mycorrhiza, vesicular-arbuscular mycorrhiza F: mycorhize à arbuscules): Verbreiteter Typ der Endomykorrhiza, bei der die Pilze (Zygomyceten der Ordnung Glomales) in der Rinde der Wurzeln feinverzweigte Hyphen (**Arbusceln**) und meist auch dickwandige blasige Zellen (**Vesikeln**) ausbilden.
- **Ericaceen-M.** (E: ericaceous m. F: mycorhize des Éricacées): Besonderer Typ der Endomykorrhiza bei den Ericaceae. Er kann noch weiter unterteilt werden in ericoide, arbutoide und monotropoide M.
- **Orchideen-M.** (E: orchidaceous m. F: mycorhize des Orchidées): Ausbildungsform der Endomykorrhiza bei den Orchidaceae. G: Einzelne Beobachtungen vom Zusammenleben von Pilzen mit Wurzeln gibt es etwa seit Mitte des 19. Jahrhunderts (vgl.

KELLEY 1963). Erst durch FRANK (1885, S. 129) wurde der Begriff Mykorrhiza geschaffen und ihre große Bedeutung erkannt. FRANK (1887, S. 398) unterschied ekto- und endotrophe M., diese Ausdrücke ersetzten PEYRONEL et al. (1969) durch Ekto- und Endomykorrhiza. D.H. LEWIS (1973, S. 273) lehnt diese Zweigliederung ganz ab. Die Ektomykorrhiza nennt er „sheathing mycorrhiza". Die VA-Mycorrhiza wurde von PEYRONEL (1923) als besonderer Typ erkannt. Auf einer Tagung im Jahre 1993 einigten sich die Teilnehmer darauf, die Bezeichnung VA-Mykorrhiza durch A-Mykorrhiza zu ersetzen (WALKER in VARMA & HOCK 1995, S. 25), da Vesikeln nicht immer ausgebildet werden.
Lit.: HARLEY (1959), VARMA & HOCK (1995), SMITH & READ (1997).
Mykothek, f. (E: mycotheca F: mycothèque, f.): Pilzsammlung, insbesondere Sammlung getrockneter, herbarmäßig aufbereiteter Pilze (Pilzherbar).
mykotroph (E: mycotrophic F: mycotrophe): Adj. zu → Mykotrophie.
Mykotrophie, f. (E: mycotrophy F: mycotrophie, f.): Ernährungsweise, die auf dem engen Zusammenleben mit Pilzen beruht. Im Extremfall ist der Pilz die einzige Quelle für organische Stoffe.
Myosin, n. (E: myosin F: myosine, f.): Komplexes Protein mit einer Kopfregion mit ATPase-Aktivität und einer Schwanzregion. Zusammen mit den → Actin ist es für Transportvorgänge in der Zelle zuständig.
Myrmekochorie, f., Ameisenausbreitung, f., Ameisenverbreitung, f. (E: myrmecochory, ant-dispersal F: myrmécochorie, f.): Ausbreitung von → Diasporen (Samen, Teilfrüchten, z.B. Klausen, oder Früchten) durch Ameisen, die häufig durch ein → Elaiosom angelockt werden. Myrmekochorie wirkt nur auf engem Raum. Es wurden verschiedene Hypothesen über einen möglichen Nutzen für die Pflanze über die Ausbreitung hinaus aufgestellt (vgl. BEATTIE 1985, S. 73 ff.). G: BÉGUINOT & TRAVERSO (1905, S. 517, 555) führten den Begriff mit als „piante mirmecore"), bekannt wurde er durch die Monographie von SERNANDER (1906, S. 5). Er leitet sich ab von gr. myrmex, gen. myrmekos, Ameise.
Myrmekodomatium →Domatium
Myrmekophilie, f. (E: myrmecophily F: myrmécophilie, f.): Enges Zusammenleben von Pflanzen (auch von Tieren) mit Ameisen.

Vor allem in den Tropen bieten einige Pflanzen den Ameisen Unterschlupf und/oder Futter, diese vertreiben nachweislich Schädlinge. Die seltene Bestäubung durch Ameisen kann auch als M. bezeichnet werden.
G: DELPINO (1886) spricht von der „funzione mirmecofila" bei bestimmten Pflanzen, daraus wurde Myrmekophilie.
Lit.: BENTLEY (1977), BEATTIE (1985).
Myrmekophylaxis, f. (E: myrmecophylaxis): Der bei vielen → Myrmekophyten zu beobachtende Schutz der Pflanze durch die Ameisen, die vor allem Fraßfeinde vertreiben.
G: Van der PIJL (1955, S. 194). Abgeleitet von gr. myrmex, Ameise, und phylax, Wächter.
Myrmekophyt, m., Ameisenpflanze, f. (E: myrmecophyte F: myrmécophyte, m.): Pflanze, die in enger Gemeinschaft mit Ameisen lebt. G: DELPINO (1886) sprach von „piante formicarie" (Ameisenpflanzen). WARBURG (1892) schlug Myrmekophyt als neutraleren Ausdruck anstelle von myrmekophile Pflanze vor.
Myrmekotrophie, f. (E: myrmecotrophy F: myrmécotrophie, f.): Das Wort bezeichnet zwei verschiedene Verhältnisse.
1. Die Bereitstellung von spezieller Nahrung für Ameisen durch eine Pflanze (→ Futtergewebe, → Nektarium, extraflorales).
G: WARBURG (1892, S. 130) sprach von myrmekotrophen Pflanzen.
2. Die (Zusatz-)Ernährung von Pflanzen durch Ameisen. Pflanzen können Nährstoffe aus den unverdaulichen Nahrungsrückständen der Ameisen aufnehmen, die in Hohlräumen in ihnen leben. Bekannte Beispiele sind die Rubiaceen-Gattungen *Hydnophytum* und *Myrmecodia*.
G: JANZEN (1974) beobachtete als erster Absorptionsgewebe in älteren Nestern von Ameisen in Pflanzen und vermutete die Aufnahme. BEATTIE (1985, S. 66) verwendete Myrmekotrophie in diesem Sinne.
Myrosinzelle, f. (E: myrosin-cell F: cellule à myrosine): Schlauchförmiger Idioblast, der das Enzym Myrosinase enthält, das bei Verletzung die in anderen Zellen vorhandenen → Glucosinolate (Senföl-Glykoside) spaltet. Myrosinzellen treten bei den Brassicaceae (Cruciferae), den anderen Familien der Capparidales und einigen weiteren Familien auf.
G: Den Vorgang der Bildung der Senföle erkannte zuerst BUSSY (1839), er nannte den eiweißartigen Stoff, der dafür verantwortlich ist, „myrosyne" (von gr. myron, wohlriechendes Öl). HEINRICHER (1885 a) beobachtete als Erster besondere Zellen, die er „Eiweißstoffe führende Idioblasten" (später Eiweißschläuche) nannte. Ihre Funktion wurde von GUIGNARD (1890) aufgeklärt, der von „cellules à myrosine" spricht. SPATZIER (1893), der auch die Entdeckungsgeschichte darstellt, bezeichnet sie als Myrosinschläuche.
Myxamöbe, f., Myxamoebe (E: myxamoeba F: myxamibe, f.): Freibewegliches amöboides einkerniges Stadium der Schleimpilze (→ Myxomyceten), das sich durch Phagocytose ernährt. Myxamöben können haploid oder diploid sein. Durch Kernteilung und Verschmelzung entstehen aus diploiden Myxamöben → Plasmodien.
G: CIENKOWSKI (1863 a, S. 333).
Myxoflagellat, m. (E: myxoflagellate F: myxoflagellé, m.): Haploides begeißeltes Stadium von Myxomyceten. Myxoflagellaten entwickeln sich aus den Sporen, sie können sich zu Zygoten vereinigen.
myxochor → Epizoochorie
Myxomyceten, Myxomycetes, m.pl., Schleimpilze, m.pl. (E: slime moulds F: myxomycètes, m.pl.): Pilze, deren vegetatives Stadium ein → Plasmodium darstellt. Zum Entwicklungszyklus gehören → Myxamöben und → Myxoflagellaten.
G: Die Bezeichnung Myxomyceten (wörtlich „Schleimpilze") soll schon 1833 von LINK geprägt worden sein. Der Name **Mycetozoa** de BARY (1884, S. 453) für die Myxomyceten und die Acrasiales sollte andeuten, dass enge Beziehungen zu tierischen Organismen vorhanden seien.
Myxophyta → Cyanobakterien
Myxospermie, f. (E: myxospermy F: myxospermie, f.): Klebrigwerden von Samen bei Befeuchtung durch das Verschleimen von Epidermiszellen oder Haaren. Myxospermie kann die Epizoochorie fördern, in Trockengebieten dient sie eher der Anheftung der Samen am Boden.
G: Das Phänomen wurde von MURBECK (1919) zuerst behandelt, der Name stammt von ZOHARY (1937, S. 102).
Myzel → Mycel

Nabel, m. 1. → Hilum 2. bei Flechten: (E:

umbilicus F: ombilic, m.): Die zentrale Anheftungsstelle einiger Blattflechten (z.B. *Umbilicaria*).
Nabelstrang → Funiculus
Nachbarbestäubung → Geitonogamie
Nachbarzelle, f. (E: neighboring cell F: cellule voisine): Zelle, die an die → Schließzellen angrenzt, sich aber nicht von den anderen Epidermiszellen unterscheidet (vgl. → Nebenzelle).
G: SOLEREDER (1899, S. 911). - Eine abweichende Definition bei FLORIN (1931, S. 57).
nackte Blüte → achlamydeisch
Nacktsamer → Gymnospermen
Nacré-Wand, f. (E: nacreous wall F: paroi nacré): Verdickte Wand vor allem junger → Siebröhren, die durch einen Perlmutterglanz auffällt. Ein ähnliches Aussehen haben auch die Wände des Kollenchyms und der gelatinösen Fasern.
G: Das Phänomen, dass sich Siebröhren vor dem Xylem differenzieren und durch ihre dicken Wände hervorheben, fiel zuerst LESAGE (1891, S. 445) auf, und er beschrieb das Aussehen der Wände als „nacré" (perlmutterartig).
Lit.: ESAU (1969 b, S. 59-65).
Nadel, f. (E: needle F: aiguille, f.): Blatt von linealischer Form, meist von derber Konsistenz und immergrün. Nadeln sind typisch für die meisten → Coniferen, treten aber auch bei vielen Angiospermen (besonders in Trockengebieten) auf.
Nährgewebe, n., Albumen, n. (E: nutritive tissue, albumen F: albumen, m. [bei Angiospermen]): Speichergewebe des Samens, das den Embryo umgibt oder ihm einseitig anliegt. Es enthält in unterschiedlichen Anteilen Stärke, Cellulose, Proteine und Fette, die bei der Keimung aufgebraucht werden. Je nach der Entstehung unterscheidet man → Endosperm und → Perisperm. Die Speicherung kann auch in den Keimblättern stattfinden (→ Speicherkotyledonen).
G: Der Begriff albumen (lat. das Weiße, besonders das Eiweiß) wurde spätestens durch GREW (1682, S. 202) eingeführt, wobei die Analogie zum Ei entscheidend war und vor allem das noch weiche Endosperm gemeint war. Erst nach Präzisierung von Endosperm und Perisperm trat die Bezeichnung albumen zurück, sie findet sich im Englischen noch als Oberbegriff (E: albuminous seeds) für Samen mit irgendeinem Nährgewebe, im Französischen dagegen für das sekundäre Endosperm der Angiospermen.
Nagel, m. (L: unguis, m., pl. ungues E: claw F: onglet, m.): Der verschmälerte untere Teil eines → Petalums, der vom oberen Teil (der → Platte) deutlich abgesetzt ist.
Nahausbreitung → Ausbreitung
Nahrungskette, f. (E: food chain, trophic chain F: chaîne alimentaire): Der Übergang der Nahrung (und damit der Energie) von den → Primärproduzenten (Pflanzen) über die → Konsumenten (Pflanzenfresser und Fleischfresser) zu den → Destruenten. Da es meist keine einfache Kette ist, sondern komplizierte Vernetzungen unter den Konsumenten die Regel sind, spricht man auch von einem **Nahrungsnetz** (E: food web, trophic web).
Nahrungsnetz → Nahrungskette
Name, m. (L: nomen, n., pl. nomina E: name F: nom, m.): In der Botanik die Bezeichnung eines → Taxons des Systems. Namen können ganz verschiedene Rangstufen der Hierarchie betreffen, z.B. Spermatophyta, Dicotyledoneae, Ranunculaceae, *Ranunculus*, *Ranunculus arvensis*. Im Code werden nur die wissenschaftlichen Namen behandelt, soweit sie gültig veröffentlicht sind. - Ein solcher Name ist **legitim** (regelgemäß), wenn er den Regeln des → Code 1. ICBN entspricht, **illegitim** (regelwidrig, nomen illegitimum, nom. illeg.), wenn er ihnen widerspricht (z. B. ein jüngeres → Homonym ist). **Korrekt** ist der legitime Name eines Taxons, der unter einer bestimmten systematischen Auffassung über dessen Umgrenzung, Stellung und Rangstufe angenommen werden muss. – Vgl. → nomen.
Name, gültig veröffentlichter (E: validly published name F: nom publié validement, nom valide): Um als gültig veröffentlicht zu gelten, muss ein Name wirksam veröffentlicht sein (→ Name, wirksam veröffentlichter), gewissen Regeln der Bildung entsprechen und von einer Beschreibung (oder einem Hinweis auf eine wirksam veröffentlichte Beschreibung) begleitet sein. Diese Bestimmungen werden durch weitere präzisiert: ab 1.1.1935 ist eine lateinische Diagnose erforderlich, ab 1.1.1958 die Angabe des Typus (bei Namen auf der Rangstufe der Gattung oder darunter). Wirksam veröffentlichte Namen, die eine dieser Bedingun-

Name, sanktionierter (E: sanctioned name F: nom sanctionné): Name eines Pilzes, der von PERSOON (1801, für Uredinales, Ustilaginales, Gasteromycetes) bzw. FRIES (1821-32 oder 1828) angenommen wurde. Diese Namen werden ähnlich behandelt wie geschützte Namen (→ nomen conservandum), vgl. → Code 1. ICBN 2000 (Art. 15).
G: Der Begriff wurde erst vom Kongress in Yokohama (1993) eingeführt.
Name, wirksam veröffentlichter (E: effectively published name F: nom publié effectivement): Name, der in einer Druckschrift (ausgeschlossen sind ab 1.1.1953 Handelskataloge und nichtwissenschaftliche Zeitungen) erschienen ist. Diese muss zumindest an botanische Bibliotheken verteilt worden sein.
Names in current use, NCU: Namen, die zu einem bestimmten Zeitpunkt in der taxonomischen Literatur in Gebrauch sind. Es gibt Bestrebungen, solche Namen (zunächst für Gattungen) zu konservieren, um damit die Stabilität zu fördern. Dies wurde 1991 auf einem Symposium diskutiert (HAWKSWORTH 1991), und 1993 erschien eine Liste solcher Namen für die Gattungen rezenter Pflanzen (GREUTER, BRUMMITT et al. 1993). In den → Code 1. ICBN 2000 wurde das Prinzip jedoch nicht aufgenommen.
Nanismus, m., Verzwergung, f. (E: nanism F: nanisme, m.): Auftreten von Zwergformen unter extrem ungünstigen Bedingungen.
Nannandrium, n., Zwergmännchen, n. (E: dwarf male F: nanandre, nannandre, mâle nain): Wenigzellige männliche Pflanze mancher *Oedogonium*-Arten, die sich am Oogon oder in dessen Nähe anheftet. Sie entwickelt sich aus einer → Androspore und bildet nur ein oder wenige Antheridien mit je zwei Spermatozoiden.
G: Zuerst von PRINGSHEIM (1858) als Zwergmännchen beschrieben. HIRN (1900, S. 17) nennt diese dann „nannandres".
Nannocyte, f. (E: nannocyte F: nannocyte, m., nannocyte, m.): Auffällig kleine Zelle bei Cyanobakterien, die durch rasch aufeinander folgende Teilungen in allen drei Richtungen des Raumes entsteht.
G: GEITLER (1925 a, S. 359).
Nanophanerophyt, m. (E: nanophanero-phyte F: nanophanérophyte, m.): Strauchige Pflanze, die höchstens 2m hoch wird.
G: RAUNKIAER (1905, S. 368).
nanophyll → Blattgrößenklassen
Narbe, f.: 1. → Stigma (1.) 2. Narbe, Ule, f. (L: cicatrix, f., pl. cicatrices E: scar F: cicatrice, f.): Abbruchstelle eines Organs, z.B. eines Blattes (**Blattnarbe**) oder von Kelchblatt, Krone oder Griffel an einer Frucht.
G: Der noch wenig gebräuchliche Terminus Ule (von gr. oule) kommt aus der Medizin, wo er Wundnarbe bedeutet. HECKER (in FITSCHEN 1987, S. B 57) führte den Terminus in die Botanik ein.
Nastie, f., nastische Bewegung, f. (E: nastic movement F: nastie, f.): Bewegung der Pflanze, die durch einen äußeren Reiz ausgelöst wird, der jedoch nicht die Richtung bestimmt. Es kann sich um Turgor- oder Wachstumsbewegungen handeln. Nach der Art des Reizes kann man unterscheiden: 1. **Thermonastie**: Auslösung durch Temperaturänderungen. 2. **Photonastie**: Auslösung durch Änderung der Lichtintensität. 3. **Chemonastie**: Auslösung durch chemische Reize. 4. **Seismonastie**: Auslösung durch Erschütterung (z.B. *Mimosa*). 5. **Thigmonastie**: Auslösung durch Berührung. 6. **Traumatonastie**: Auslösung durch Verwundung.
G: Die Bezeichnung „nastisch" in Zusammensetzungen wie epi-, hyponastisch bezeichnete ursprünglich nur ein einseitig verstärktes Wachstum (vgl. → Epinastie, → Hyponastie). Die Erweiterung des Begriffes im heutigen Sinn geht auf PFEFFER (1904, S. 83) zurück.
nastische Bewegung → Nastie
natürliches System → System, natürliches
Naturalisation, f., Einbürgerung, f. (E: naturalization F: naturalisation, f.): Der Übergang vom gelegentlichen Auftreten einer fremden Art in der Vegetation zu ihrem regelmäßigen Vorkommen, bei dem sie sich selbstständig fortpflanzt (vgl. → Agriophyten).
Naturselbstdruck, m., Physiotypie, f. (E: nature printing F: impression spontanée): Methode der Abbildung von Pflanzen, bei denen diese selbst direkt oder auf dem Umweg über ein Galvanisierungsverfahren als Druckvorlage dienen.
G: Nach einigen früheren Versuchen (in Europa schon aus Handschriften des 15. Jahrhunderts bekannt, vgl. HERMANN FISCHER

1929, S. 125, Taf. 19) hat zuerst KNIPHOF (1758-67) ein umfangreiches Werk mit Naturselbstdrucken veröffentlicht. Weitere bekannte Werke stammen von HOPPE (1787-93) und HECKER (1757/58). Nach Erfindung der Galvanoplastik entwickelte AUER eine Methode, mit der letztlich eine Tiefdruckplatte hergestellt werden konnte. Von ihm stammt die Bezeichnung Naturselbstdruck. Einen ersten Überblick über die Geschichte des Verfahrens gibt E.W. MARTIUS (1784), spätere Darstellungen von SCHELENZ (1908), E. FISCHER (1933), NISSEN (1966, 1, S. 246-250) und GEUS (1995).

Nautohydrochore → Hydrochorie
NCU → Names in current use
Nebenblatt → Stipel
Nebenfruchtform → Anamorphe
Nebenkrone → Paracorolla
Nebenwirt → Hauptwirt
Nebenzellen, f. pl. (E: subsidiary cells, accessory cells F: cellules annexes): Zellen, die in charakteristischer Weise die Spaltöffnungszellen begleiten und sich in der Form oder Lage von den übrigen Epidermiszellen unterscheiden (→ Stomata, → Nachbarzelle).
G: KROCKER (1833, S. 13) nannte sie „cellulae laterales" (seitliche Zellen). Die Bezeichnung Nebenzellen wurde von PFITZER (1870, S. 532) eingeführt und von BENECKE (1892, Sp. 522) genauer definiert (vgl. auch FLORIN 1931, S. 57).
Nectarium → Nektarium
Nekromasse, f. (E: necromass): Masse der abgestorbenen organischen Substanz.
Nektar, m. (E: nectar F: nectar, m.) Stark zuckerhaltiger Saft, der von den → Nektarien abgeschieden wird.
Nektarblatt, n., Honigblatt, n. (veraltet) (E: honey leaf, nectariferous leaf F: pétale nectarifère): Blattorgan in der Blüte vieler Vertreter der Ranunculales (Ranunculaceae, Berberidaceae), das Nektar absondert. Nektarblätter stehen zwischen Blütenhülle und Androeceum und werden vielfach mit Petalen homologisiert. Ihre Gestalt variiert von tüten- oder urnenförmig bis zu kronblattartig.
G: Von LINNAEUS (1751) werden Nektarblätter einfach als Nektarien bezeichnet. PRANTL (1887, S. 227) führte die Bezeichnung Honigblatt ein. Sie wurde später in Nektarblatt abgeändert, da der Honig erst ein Produkt der Bienen ist.
Nektariole, f. (E: nectariole): Gruppe von wenigen nektarbildenden Zellen.
G: VOGEL (1997, S. 306).
Nektarium, n., Saftdrüse, f. (E: nectary F: nectaire, m.): Drüsengewebe innerhalb oder außerhalb der Blüte, das einen stark zuckerhaltigen Saft, den Nektar, abscheidet.
G: Der Terminus stammt von LINNAEUS (1735 b, S. 10, 13). Er stellte das Nektarium anderen Blütenorganen gleich. Dies wurde später scharf kritisiert, z.B. von CLOS (1854). Erst durch die blütenökologische Betrachtung wurde erkannt, dass das Nektarium ein notwendiger Begriff ist, der aber nur von der Funktion und dem damit zusammenhängenden Bau des → Nektariumsgewebes her definiert werden kann.
Lit.: VOGEL (1977), LORCH (1978, Geschichte), BENTLEY & ELIAS (1983), R. SCHMID (1988, mit Index der Termini).
Nektarium, extraflorales (E: extrafloral nectary F: nectaire extrafloral): Nektarium, das außerhalb der Blüte liegt, z.B. an Blättern oder Früchten. Es spielt damit normalerweise keine Rolle bei der Anlockung von Bestäubern. Einen Sonderfall stellen die Nektarien am Rand des Cyathiums von *Euphorbia* dar. Sie befinden sich zwar außerhalb der stark reduzierten Blüten, aber im Bereich des → Pseudanthiums (→ Nektarium, extranuptiales).
G: Bei *Vicia* sah bereits Ch.K. SPRENGEL (1793, Sp. 356) die extrafloralen Nektarien auf der Unterseite der Stipeln. CASPARY (1848, S. 40) hat einen besonderen Abschnitt „De nectariis extra florem sitis" (außerhalb der Blüte gelegene Nektarien). Daraus wurde dann „extraflorale Nektarien".
Lit.: J.G. ZIMMERMANN (1932), BENTLEY (1977), WILKINSON (1979, S. 124-131), R. SCHMID (1988).
Nektarium, extranuptiales (E: extranuptial nectary F: nectaire extranuptial): Nektarium, das nach seiner Lage nicht in Zusammenhang mit der Anlockung von Bestäubern steht. Hierzu gehören die meisten extrafloralen Nektarien, aber auch einige florale Nektarien wie die an der Rückseite der Krone bei einigen Bignoniaceae.
G: DELPINO (1874, S. 234) unterschied nuptiale und extranuptiale Nektarien („nettari nuziali & estranuziali"), von lat. nuptiae, Hochzeit.

Nektarium, florales (E: floral nectary F: nectaire floral): Nektarium innerhalb einer Blüte. Man kann sie nach topographischen Gesichtspunkten (z.B. Nektarien an Sepalen, Petalen, Stamina, am Gynoeceum oder einem → Diskus) oder nach ihrem Aufbau einteilen.
Lit.: BONNIER (1878), BEHRENS (1879), VOGEL (1977).
Nektarium, nuptiales (E: nuptial nectary F: nectaire nuptial): Nektarium, das Bestäuber anlockt, so dass eine Pollenübertragung stattfinden kann. Hierzu gehören die meisten floralen Nektarien. Nuptiale Nektarien außerhalb der Blüte (aber innerhalb einer → Blume !) sind die Nektardrüsen am Rand des → Cyathiums von *Euphorbia*.
G: DELPINO (1874, S. 234, ital.). Abgeleitet von lat. nuptiae, Hochzeit
Nektariumsgewebe, n. (E: nectariferous tissue F: tissu nectarifère): Das den Nektar erzeugende Drüsengewebe aus kleinen parenchymatischen plasmareichen Zellen mit relativ großem Kern.
G: BEHRENS (1879, S. 371).
Nematoblastem → Haplonema
Nematocyste, f., Cnidocyste, f. (E: nematocyste F: nématocyste, m. F: cnidocyste, m.): Zellorganell der → Dinophyta, das bei Reizung einen vorher aufgerollten röhrigen Faden ausstülpt und damit ausstößt.
G: Der Begriff stammt aus der Zoologie. Bei den Nesseltieren (Cnidaria) werden analoge Bildungen in einer Nesselzelle (Nematocyte) gebildet.
Lit.: FAURÉ-FREMIET (1913), GREUET (1987).
nematodont → Peristomtypen (A.)
nemorale Zone → Vegetationszonen
Neodarwinismus, m. (E: neo-Darwinism F: néo-darwinisme, m.): Fortentwicklung des Darwinismus zunächst besonders unter dem Einfluss von AUGUST WEISMANN, dabei wird die Vererbung erworbener Eigenschaften strikt ausgeschlossen (vgl. → Weismannismus).
G: ROMANES (1893 n.v., 1899, S. 213) spricht von den „Neo-Darwinians", die an die Selektion als einzigen Wirkungsfaktor der Evolution glauben. Aus dem Neodarwinismus entwickelte sich unter Aufnahme der Gedanken der modernen Genetik die Synthetische Theorie der Evolution (→ Evolutionstheorie).
Neoendemit → Endemit
Neolamarckismus → Lamarckismus

Neophyt, m., Kenophyt, m. (E: neophyte F: néophyte, m.): Pflanze, die unter Mithilfe des Menschen in historischer Zeit in ein Gebiet eingewandert ist. In Europa gehören hierher z.B. alle Einwanderer aus Amerika (vgl. → Archaeophyt).
G: Der Begriff Neophyt wurde von RIKLI (1903, S. 75) zunächst im Sinne von → Agriophyt für Arten verwendet, die in die natürliche Vegetation eingedrungen sind. Seit MEUSEL (1943, S. 105) setzte sich durch, Neophyt im oben angegebenen Sinn als Gegensatz von Archaeophyt zu gebrauchen (allerdings meist besonders für die voll eingebürgerten Arten). KORNAS (1968/69, S. 35) hat vorgeschlagen, Neophyten im heutigen Sinn **Kenophyten** zu nennen, das wurde aber nicht allgemein eingeführt. - Im Englischen hat neophyte außerdem noch die ursprüngliche Bedeutung eines neu in eine Glaubensgemeinschaft aufgenommenen.
Lit.: SUKOPP (1995, 2001).
neopolyploid (E: neopolyploid F: néopolyploïde): Polyploide Arten, von denen noch nahe verwandte diploide existieren, so dass mit einer relativ jungen Entstehung zu rechnen ist.
G: Zuerst bei MONNIER (1960), von FAVARGER (1961) deutlich den → paläopolyploiden Arten gegenübergestellt.
Neosynangialtheorie, f. (E: neosynangial hypothesis): Theorie über die Entstehung des Integuments der Samenanlage aus einer Gruppe von Sporangien durch Sterilisierung der äußeren und zunehmende Verwachsung. Nur ein inneres Megasporangium bleibt fertil.
G: Die von BENSON (1904) aufgrund eines Fossilfundes aufgestellte Theorie wurde von KENRICK & CRANE (1997, S. 292) modifiziert.
Neotenie, f. (E: neoteny F: néoténie, f.): Das Eintreten der Geschlechtsreife in einem Jugendstadium. **Paedogenese** und → Paedomorphose sind weitgehend gleichbedeutend.
G: KOLLMANN (1884, S. 391) nannte ganz allgemein das Festhalten an einer Jugendform Neotenie (von gr. neos, jung und teino, festhalten). Die Bedeutung für die Evolution der Pflanzen haben TAKHTAJAN (1959, 1976) und IHLENFELDT (1975) hervorgehoben.
Neotropis, f., neotropisches Florenreich, n.: Florenreich, das den amerikanischen Teil der Tropen von Mexiko bis in nördliche

Chile umfasst. Weitgehend auf die Neotropis beschränkt sind die Familien der Cactaceae, Bromeliaceae, Cyclanthaceae und Vochysiaceae.
Neotypus, m. (E: neotype F: néotype, m.): Ein nach dem Verlust des gesamten ursprünglichen Typusmaterials ausgewählter Typus (→ Code 1. ICBN 2000, Art. 9.6; 9.11, 9.15)
G: Der aus der Zoologie (zuerst bei Cossmann 1896, S. 2) übernommene Terminus findet sich in der Botanik im → Code 1. ICBN 1952 ff.
Nervatur → Blattaderung
Nettophotosynthese, f. (E: net photosynthesis F: photosynthèse net): Die apparente Photosynthese, die sich aus der Bruttophotosynthese nach Abzug der respirarorischen Vorgänge (→ Photorespiration und → Zellatmung) ergibt. Die N. beschreibt den tatsächlichen Gewinn an organischer Substanz. Nur wenn der → Licht-Kompensationspunkt überschritten ist, ist eine Nettophotosynthese möglich.
Nettoprimärproduktion → Primärproduktion
Netzgefäße → Tracheentypen (B.)
netzförmige Perforationsplatte → Tracheentypen (A.)
Neubürger → Agriophyten
Neuheimische → Agriophyten
Neukombination → Kombination
Neuston, n. (E: neuston F: neuston, m.): Die Gesamtheit der Lebewesen (vorwiegend Bakterien und mikroskopische Algen), die an der Grenzfläche Wasser/Luft im Bereich des Oberflächenhäutchens stehender Gewässer leben.
G: Eingeführt von Naumann (1917, S. 99) nach einem Vorschlag von Holmberg in Anlehnung an Bildungen wie Plankton, Pleuston, abgeleitet von gr. nein, schwimmen.
Neutralitäts-Theorie, f. (E: neutral theory [of molecular evolution] F: théorie de neutralité de l'évolution moleculaire): Theorie, die annimmt, dass auf der molekularen Ebene die größte Zahl der Mutationen selektionsneutral ist. Die Vielfalt erklärt sich dadurch durch den Mutationsdruck und die zufällige Fixierung von Genen. Damit ist jedoch nicht gesagt, dass es keine Mutationen mit negativem oder positivem Selektionswert gibt (vgl. Lewontin 1974, S. 197 ff. und die „nearly neutral theory" von Ohta 1992).

G: Kimura (1968). King & Jukes (1969) sprachen von einer „Non-Darwinian Evolution".
Lit.: Kimura (1983/87), Kimura in Keller & Lloyd (1992, S. 225-230), Dietrich (1994).
New Systematics → Taxonomie, experimentelle
Nexine → Exine
nichtproteinogen → Aminosäure
Niederblatt, n., Cataphyll, n. (E: cataphyll, scale leaf F: cataphylle, f.): Blatt unterhalb der Laubblattregion desselben Jahrestriebes, das mehr oder weniger ausgeprägt Schuppencharakter hat. Der Oberblattanteil fehlt oder ist sehr gering entwickelt. Niederblätter stehen häufig am Grunde von Erneuerungsprossen, bei Holzpflanzen auch an der Basis von Seitenästen (meist als Knospenschuppen), selten folgen sie am Primärspross auf die Keimblätter. Bei Zwiebelpflanzen haben Niederblätter Speicherfunktion.
G: C.F. Schimper nannte diese Blätter zunächst (1829/30) die „untere Scheidenformation", später (1837) führte er die Bezeichnung Niederblätter ein. Bekannt wurde der Terminus durch Wydler (1844) und A. Braun (1850, S. 66). In der englischen Übersetzung des Werkes von Braun durch Henfrey (1853, S. 62) steht „cataphyllary formation" (von gr. kata, von ... herab, und phyllon, Blatt).
Niedere Pflanzen → Thallophyten
Niedermoor → Moore
Niederwald, m. (E: coppice F: taillis, m.): Nutzungsform von Laubwäldern, bei der man die Bäume nur wenige Meter hoch werden lässt und dann (als Brennholz, Stangenholz) schlägt. Die Verjüngung erfolgt durch → Stockausschlag.
Nische, f., ökologische Nische, f. (E: ecological niche F: niche écologique, f.): Ein vielfältig gedeuteter Begriff, der den Teil eines Lebensraumes bezeichnet, in dem eine Art lebt und den sie durch ihre Beziehungen zu anderen mitgestaltet.
G: Der aus der zoologischen Ökologie stammende Begriff wurde vor allem durch das Buch von Elton (1927, S. 64) allgemeiner bekannt. Elton definierte die Nische des Tieres als „its place in the biotic environment, its relation to food and enemies". Schmitt (1991) schildert die Geschichte des Begriffes in der Biologie.
Nischenblatt, f. (E: nest leaf F: fronde nidiforme, f.): Besonders gestaltete Blätter bei

epiphytischen Arten der Farngattung *Drynaria*, die sich dem Substrat anschmiegen, bald Chlorophyll verlieren und Humus sammeln.
G: GOEBEL (1887, S. 2).
Nitratassimilation, f. (E: assimilation of nitrate F: assimilation de nitrate): Überführung des meist als Nitration aufgenommenen Stickstoffs in organische Bindung. Dazu gehört die Reduktion über Nitrit- und Ammoniumion und der Einbau in das Glutamat.
Nitratatmung → Denitrifikation
Nitrifikation, f. (E: nitrification F: nitrification, f.) Die durch Bakterien im Boden erfolgende Oxidation von Ammonium-Ionen über Nitrit zu Nitrat. Sie ist von großer Bedeutung für den → Stickstoffkreislauf. Wichtige Gattungen sind *Nitrosomonas* (Ammonium zu Nitrit) und *Nitrobacter* (Nitrit zu Nitrat).
G: SCHLOESING & MÜNTZ (1877), zwei Mitarbeiter von LOUIS PASTEUR, wiesen nach, dass an der Nitrifikation Bakterien beteiligt sind.
Nitrobacter → Nitrifikation
Nitrogenase, f. (E: nitrogenase F: nitrogénase, f.): Enzymkomplex, der die Fixierung und Reduktion des Stickstoffs bewirkt. Er kommt bei den Mikroorganismen vor, die Luftstickstoff binden können (→ Stickstoff-Fixierung). Dies sind vor allem einige anaerob oder fakultativ anaerobe Bakterien und Cyanobakterien mit → Heterocysten.
Nitrophyt, m. (E: nitrophyte F: nitrophyte, m.): Pflanze mit hohem Stickstoffbedarf. Solche Arten bevorzugen nitratreiche Böden (oder Gewässer), sie können als **Stickstoffzeiger** dienen. Viele → Ruderalpflanzen sind Nitrophyten.
Nitrosomonas → Nitrifikation
Nixus → Ordnung
nm. → Nothomorph
n.n. → nomen nudum
Nodus → Knoten
nom. amb. → nomen ambiguum
nom. cons. → nomen conservandum
nomen, n., pl. nomina → Name
nomen abortivum → nomen superfluum
nomen alternativum, Alternativname, m. (E: alternative name F: nom alternatif): Einer von zwei oder mehr Namen, die von einem Autor gleichzeitig für eine Sippe vorgeschlagen wurden. Nach dem 1. 1. 1953 gilt keiner von diesen als gültig veröffentlicht. - Alternativnamen in einem anderen Sinn (von verschiedenen Autoren geschaffen) sind

nur für einige Familien (z.b. Compositae/Asteraceae, Gramineae/Poaceae) zugelassen.
nomen ambiguum, nom. amb. (E: ambiguous name F: nom ambigu): Name, der in verschiedenem Sinn verwendet wurde und deshalb „seit langem immer wieder zu Irrtum Anlass gegeben hat" (vgl. → Code 1. ICBN 1972, Art. 69) und darum zu verwerfen ist. Die Bezeichnung gibt es in den jetzigen Regeln nicht, aber der → Code 1. ICBN 2000 (Art. 57) schreibt vor, wie in solchen Fällen zu verfahren ist.
nomen anamorphosis (E: name of the imperfect state F: nom anamorphe): Name, der sich auf das imperfekte Stadium, die → Anamorphe, eines Pilzes bezieht.
nomen confusum (E: confused name F: nom confus): In älteren Auflagen des Code (zuletzt im → Code 1. ICBN 1972, Art. 70) ein Name, dessen Typus aus nicht zusammengehörigen Elementen besteht. Seit dem → Code 1. ICBN 1978 ist dieser Artikel gestrichen.
nomen conservandum, nom. cons., geschützter Name (E: conserved name F: nom conservé): Eine Name einer Familie, Gattung oder Art, der durch ein bestimmtes Verfahren festgelegt (geschützt) ist und verwendet werden muss, auch wenn er sonst nach den Regeln illegitim ist (z.B. als jüngeres → Homonym).
G: Der Gedanke, Namen zu konservieren, wurde durch das Werk von O. KUNTZE (1891) ausgelöst, der die Regeln der Nomenklatur von 1867 konsequent anwendete und zeigte, dass danach über 1000 Gattungsnamen zu ändern seien. In einem ersten Antrag Berliner Botaniker (Ber. Deutsch. Bot. Ges. **10**: 1892) wurden 81 bekannte Gattungsnamen zur Konservierung vorgeschlagen. Der Botanische Kongress in Wien 1905 akzeptierte das Prinzip des Schutzes von Gattungsnamen und der Code von 1912 enthielt eine Liste von 405 Namen. Später wurde das Vorgehen zur Konservierung formalisiert durch den Einschalten von Nomenklatorischen Kommitees. Außerdem wurde die Konservierung auf Artnamen ausgedehnt (seit → Code 1. ICBN 1983).
Lit.: STAFLEU (1956), SILVA (1996).
nomen dubium (E: dubious name F: nom douteux): Name, dessen Anwendung zweifelhaft ist, weil er nicht eindeutig typisiert

werden kann.
nomen genericum, pl. nomina generica, Gattungsname, m. (E: generic name F: nom générique): Der Name einer Gattung (→ Genus).
nomen illegitimum → Name
nomen monstrositatis (E: name based on a monstrosity F: nom de monstruosité): Name, der sich auf eine teratologische Ausbildung einer Pflanze bezieht. Nach den Bestimmungen in älteren Auflagen des Code (bis zum → Code 1. IBCN 1972, Art. 71) waren solche Namen zu verwerfen.
nomen novum, nom. nov., neuer Name (E: new name F: nom nouveau): Name, der einen anderen ersetzt, der aus nomenklatorischen Gründen nicht verwendbar ist (z.B. als jüngeres Homonym). Das nomen novum hat denselben Typus wie der zu ersetzende Name, das **nomen substituendum**.
nomen nudum, n.n., nom.nud. (E: bare name, name only F: nom nu): Name eines neuen Taxons, der ohne Beschreibung und ohne Angabe diagnostischer Merkmale veröffentlicht wurde, und damit in der Nomenklatur keinen Status hat. Solche Namen sind früher nicht selten veröffentlicht worden (besonders in Samenkatalogen oder Florenlisten) und wurden von den ersten Bänden des „Index Kewensis" auch teilweise registriert (meist – aber nicht immer – mit dem Zusatz „nomen"). Vielfach sind sie allerdings zu einem späteren Zeitpunkt gültig veröffentlicht (validiert) worden.
nomen provisorium, provisorischer Name (E: provisional name F: nom provisoire): Ein Name, der vom Autor bei der Veröffentlichung nicht angenommen, sondern nur für die Zukunft (z.B. bei Anerkennung des Artranges) vorgeschlagen wird. Er gilt als nicht gültig veröffentlicht (vgl. → Code 1. ICBN 2000, Art. 34).
nomen rejiciendum, nom. rejic., verworfener Name (E: rejected name F: nom rejeté): Ein Name einer Gattung (oder anderen Sippe), der im Verfahren der Konservierung eines Namen ausdrücklich verworfen wird. Handelt es sich dabei um ein taxonomisches → Synonym, so ist dieser Name nur so lange verworfen, wie er nicht als eigene, vom nomen conservandum getrennte Gattung angesehen wird.
nomen specificum (E: specific name F: nom spécifique): Bei LINNAEUS (1751) die Angabe der Merkmale, die eine Art von den anderen der Gattung unterscheidet, also eine → Diagnose. Das entspricht zusammen mit dem Gattungsnamen der so genannten → Phrase.
nomen subnudum: Name, der mit einer sehr knappen, zur Identifizierung nicht geeigneten Beschreibung veröffentlicht wurde. Der Begriff kommt im Nomenklatur-Code (→ Code 1. ICBN) nicht vor, und in der Praxis muss man sich entscheiden, ob man einen Namen als (nicht gültig veröffentlichtes) → nomen nudum oder als gültigen Namen anzusehen hat.
nomen substituendum → nomen novum
nomen superfluum, pl. nomina superflua, nomen abortivum, überflüssiger Name, totgeborener Name (veraltet) (E: superfluous name F: nom superflu): Ein Name, der bei seiner Bildung nomenklatorisch überflüssig war, weil es bereits einen gültigen Namen für das Taxon in dieser Umschreibung gab. Solche Namen sind illegitim. Zu den nomina superflua gehören alle willkürlichen Umbenennungen, die früher zuweilen vorgenommen wurden, wenn das Artepitheton nicht zutreffend erschien.
G: Unter der Bezeichnung „totgeborene Namen" haben SCHINZ & THELLUNG (1907, S. 101) dies wichtige nomenklatorische Prinzip zuerst diskutiert und angewendet.
nomen triviale → Artepitheton
nomen utique rejiciendum (E: rejected name F: nom à rejeter absolument): In einer besonderen Liste aufgeführter Name, der nicht verwendet werden darf. Dies gilt auch für alle auf ihm beruhenden Kombinationen (Vgl. → Code 1. ICBN 2000, Art. 56).
G: Der Kongress in Yokohama (1993) beschloss eine Bestimmung, durch die es möglich wird, Namen, die die Stabilität von akzeptierten Namen gefährden, auf diese Weise zu eliminieren. Der → Code 1. ICBN 1994 enthält im Appendix IV eine erste Liste solcher Namen (wörtlich: ein unbedingt zu verwerfender Name).
Nomenklatur, f. (E: nomenclature F: nomenclature, f.): Die Benennung von Organismen (auf verschiedener Rangstufe) und die dazugehörigen Regeln (**Nomenklaturregeln**, → Code 1. ICBN). Die botanische Nomenklatur ist von der der Zoologie unabhängig. Das führt dazu, dass derselbe Gattungsname für Pflanzen und Tiere vergeben werden kann.

Die Nomenklatur, die sich mit Eigennamen (nomina propria) beschäftigt, muss von der → Terminologie unterschieden werden, die die auf verschiedene Objekte anwendbaren Begriffe behandelt.
G: Zur Geschichte vgl. HITCHCOCK (1925), MANSFELD (1949) und NICOLSON (1991). Zu neuen Überlegungen für einen BioCode, der für das Pflanzen- und Tierreich gelten soll, vgl. Taxon 45: 349-372. 1996.
Lit.: McVAUGH et al. (1968: Wörterbuch), JEFFREY (1977), SILVA (1996).

Nomenklatur, binäre (E: binomial nomenclature F: nomenclature binaire): Das Prinzip der Benennung von Arten durch die Kombination eines Gattungsnamens mit einem die Art bezeichnenden Zusatz, dem → Artepitheton. Ein solcher Name einer Art, z.B. *Bellis perennis* L., wird als ein **Binom** bezeichnet.
G: Einzelne Binome hat es schon früh gegeben, z.B. bei GASPARD BAUHIN (1560-1624). In kleinen Gattungen genügte es, die Arten einer Gattung durch den einfachen Zusatz eines Adjektivs zu definieren. In größeren Gattungen wurden aber die wissenschaftlichen Namen bald zu Kurzdiagnosen aus mehreren Wörtern, den so genannten → Phrasen, die schwer zu handhaben waren. LINNAEUS benutzte Binome zuerst 1745 im Register zur „Öländska och Gothländska Resa", bald darauf in einigen Dissertationen. Für das ganze Pflanzenreich verwendete er die binäre Nomenklatur in den „Species Plantarum" (LINNAEUS 1753), die daher auch für die meisten Pflanzengruppen den → Ausgangspunkt der heutigen Nomenklatur darstellen.
Lit.: STEARN (1957), HELLER (1964).

Nomenklatur, pflanzensoziologische (E: phytosociological nomenclature F: nomenclature phytosociologique): In Analogie zur Nomenklatur der Organismen gibt es auch Regeln für die Benennung von Pflanzengesellschaften (→ Syntaxa). Sie legen die Rangstufen fest, verlangen eine gültige Veröffentlichung und die Beachtung der Priorität.
G: Der erste Code der pflanzensoziologischen Nomenklatur wurde von BARKMAN et al. (1976) herausgegeben. Zur Zeit ist die 3. Aufl. verbindlich: WEBER, H.E. et al. (2000).

Nomenklatur, phylogenetische (E: phylogenetic nomenclature): Versuch zur Schaffung einer neuen Nomenklatur, die sich an der → Kladistik orientiert. Es sollen nur → Clades benannt werden, auf eine Hierarchie von Taxa wird verzichtet. Auch die → binäre Nomenklatur für Arten soll zugunsten uninominaler Bezeichnungen aufgegeben werden. Der Entwurf eines **PhyloCode** wurde im Internet veröffentlicht.
G: Die Diskussion begann mit einer Arbeit von DE QUEIROZ & GAUTHIER (1990). Kritische Stimmen finden sich u.a. im „Linnean Hierarchy Symposium" (Taxon **51**: 5-54. 2002).

nom. illeg. → Namen

Nominat-Taxon, n.: Ein untergeordnetes Taxon (z.B. eine Subspecies), das den Typus des höheren Taxons (im Beispiel einer Species) einschließt, wird als Nominat-Subspecies bezeichnet. Ihr Name ist ein → Autonym mit demselben Epitheton, aber ohne Autorzitat, z.B. *Centaurea nigra* L. subsp. *nigra*.
G: Der Terminus stammt aus der zoologischen Nomenklatur. Obgleich er im Code der botanischen Nomenklatur nicht vorkommt, wird er von einigen Botanikern verwendet.

nom. nov. → nomen novum
nom. nud. → nomen nudum
nom. rejic. →nomen rejiciendum
Non-Darwinian Evolution → Neutralitäts-Theorie

Non-Disjunktion, f. (E: nondisjunction F: non-disjonction, f.): Ausbleiben der Trennung von Schwester-Chromatiden oder (bei der Meiose) homologen Chromosomen. Sie führt zu → Aneuploidie.
G: GATES (1908) beobachtete das Phänomen bei *Oenothera*. BRIDGES (1913, S. 588) schloss auf Non-Disjunktion der Geschlechtschromosomen allein aus dem genetischen Verhalten.

NOR → Nucleolus-Organisator-Region
Normaltyp → Embryosacktypen
Nothogenus, n., pl. Nothogenera (E: nothogenus F: nothogenre, m.): Gattung, die Bastarde zwischen Arten zweier Gattungen umfasst. Ihr nothogenerischer Name ist eine zusammengezogene Formel aus Teilen der Gattungsnamen (einer der beiden Namen kann auch als Ganzes verwendet werden), z.B. ×*Gymnanacamptis* für den Bastard zwischen *Anacamptis* und *Gymnadenia*. Vgl. → Code 1. ICBN 2000, Art. H. 6.

Nothomorph, Nothomorphe, Abk.: nm. (E: nothomorph F: nothomorphe, m.):

Jede Bastardform: der primäre Bastard, seine Nachkommen oder Rückkreuzungen.
G: Der von MELVILLE (1939, S. 158) zuerst vorgeschlagene Terminus wurde in den → Code 1. ICBN 1952 übernommen.
Nothospecies, f., Hybridart, f. (E: nothospecies F: notho-espèce, f.): Die Bastarde zwischen zwei Species gehören zu einer Nothospecies. Sie wird durch ein Binom oder eine Formel bezeichnet. Beim Binom wird dem Epitheton ein Malzeichen (×) vorgesetzt, also entweder *Medicago* ×*varia* oder *M. falcata* × *M. sativa*.
notophyll → Blattgrößenklassen
notorrhiz → Embryobau
nototrib (E: nototribic F: nototribique): Die Abladung des Pollens auf der Rückenseite des bestäubenden Insektes (vgl. → sternotrib).
G: DELPINO (1875, S. 311), von gr. noton, Rücken, und tribos, Aufenthalt, Weg.
NPC-System, n. (E: NPC-classification): Einteilung der Pollentypen nach der Zahl (N = number), Stellung (P = position) und der Ausbildung (C = character) der → Aperturen.
G: Eingeführt von ERDTMAN & STRAKA (1961).
Nucellarembryonie, f., Adventivembryonie, f. (E: adventive (adventitious) embryony F: embryonie nucellaire, embryonie adventive): Entwicklung von Embryonen aus vegetativen Zellen des Nucellus. Sie kann autonom erfolgen oder angeregt durch die Bestäubung (aber ohne Befruchtung: → Pseudogamie).
G: Nucellarembryonie wurde schon früh bei *Alchornea* (SMITH 1839) beobachtet, aber lange für Parthenogenese gehalten. Die Entstehung aus dem Nucellus erkannte STRASBURGER (1877, S. 496), der von Adentivembryonen spricht.
Lit.: ERNST (1901), NAUMOVA (1993).
Nucellus, m. (E: nucellus F: nucelle, m.): Das Innere der → Samenanlage der Gymnospermen und Angiospermen, das von ein oder zwei → Integumenten umhüllt ist. Der Nucellus lässt sich mit einem Megasporangium homologisieren, da in ihm die Meiose und die Bildung der Megasporen vor sich geht.
G: Der Terminus stammt von MIRBEL (1829, S. 308), vorher nannte BRONGNIART (1827, S. 231) diesen Teil „amande" (Mandel); R. BROWN (1827, S. 540) „nucleus" (noch bei SCHLEIDEN 1839). Im Deutschen sprach man zeitweilig von einem Knospenkern, da die Samenanlage mit einer Knospe verglichen wurde.
nucleär → Endospermentwicklung
Nucleinsäure → DNA, → RNA
Nucleoid, n., Kernäquivalent, n. (E: nucleoid F: nucléoïde): Ribosomenfreie Region bei den Prokaryoten (auch in den Plastiden und Mitochondrien von Eukaryoten), in denen die DNA als → Genophor vorliegt.
Nucleolus, m. (E: nucleolus F: nucléole, m.): Im Interphasekern durch stärkere Färbbarkeit auffallende rundliche Gebilde, in denen Vorstufen der → Ribosomen gebildet werden. Im Kern sind ein bis mehrere Nucleolen vorhanden.
G: Der Nucleolus wurde zuerst von R. WAGNER (1835, S. 375) im Eikern von Säugetieren beobachtet und als Keimfleck bezeichnet. VALENTIN (1836, S. 143) sprach von einem Nucleus im Nucleus. Unabhängig davon beobachtete SCHLEIDEN (1838, S. 141/142) im Kern von Pflanzenzellen „Körperchen", von denen er annahm, dass sie eine Art Entstehungszentrum des Kerns seien. Nucleolus, die Verkleinerungsform von Nucleus, wurde offenbar zuerst von BOWMAN (1840, S. 498) verwendet.
Nucleolus-Organisator-Region (NOR), f. (E: nucleolar organizer region F: région de l'organisateur nucléolaire): DNA-Abschnitt, der einen Nucleolus durchzieht. Er enthält repetitive Gene für die rRNA und ist in der Metaphase als dünne Stelle (**Sekundäreinschnürung** E: secondary constriction) eines → SAT-Chromosoms zu erkennen.
G: Den Zusammenhang zwischen der Zahl der Nucleolen und den SAT-Chromosomen beobachtete de MOL (1927). MCCLINTOCK (1934) konnte die Bedeutung der Region experimentell bestätigen und sprach von einem „nucleolar-organizing body" (S. 296 ff.).
Nucleom, n., Kerngenom, n. (E: nucleome F: nucléome, m.): Der Teil der genetischen Information, der im Kern gespeichert ist.
Nucleomorph, n. (E: nucleomorph F: nucléomorphe, m.): Kernartiges stark reduziertes Gebilde bei den Cryptophyta und Chlorarachniophyta. Es handelt sich dabei um den Rest einer durch sekundäre Endosymbiose aufgenommenen Alge (Rotalge ?).
G: Erste Beobachtungen von „crypto-nuclei"

oder „nucleoids" wurden von GREENWOOD (1975) veröffentlicht, GREENWOOD et al. (1977) führten die Bezeichnung nucleomorph ein. Lit.: MCFADDEN (1993).
Nucleoplasma → Karyoplasma
Nucleoporine, n.pl. (E: nucleoporins F: nucléoporines, f.): Proteine, die den Kernporenkomplex bilden, der für den Transport von Proteinen und Nucleinsäuren zwischen Kern und Plasma zuständig ist.
Nucleosom, n. (E: nucleosome F: nucléosome, m., caryosome, m.): Von DNA umwundener Komplex aus acht Histonmolekülen innerhalb eines Chromosoms.
G: OUDET et al. (1975, S. 289). Vgl. BATTAGLIA (1994).
Nucleus, m., pl. Nuclei: **1.** Zellkern, m., Kern, m. (E: nucleus F: nucléus, m., noyau, m.): Für die Funktion der Zelle der Eukaryoten entscheidendes Organell, das die Chromosomen und damit den wichtigsten Informationsträger enthält. Nur in Ausnahmefällen (Siebröhren) lebt eine Zelle längere Zeit ohne Kern.
G: Zellkerne sind zwar schon früher gelegentlich abgebildet worden, aber es war ROBERT BROWN, der zunächst an den Epidermiszellen von Orchideen das regelmäßige Auftreten einer „areola" (kleine Fläche) beobachtete und diese nucleus nannte. Er berichetete darüber 1831 in einem Vortrag vor der Linnean Society (BROWN 1833, S. 710). In der deutschen Übersetzung von NEES VON ESENBECK (BROWN 1834, S. 156) wurde nucleus als Kern übersetzt. Auf Grund seiner eigenartigen (irrtümlichen) Vorstellung, dass sich die Zelle aus dem Kern bilden sollte, nannte SCHLEIDEN (1838, S. 139) den Kern **Cytoblast** (Zellbildner).
2. bei Fungi → Centrum **3.** bei Rotalgen → Karposporophyt **4.** In der älteren Literatur (z.B. von SCHLEIDEN) für → Nucellus verwendet.
Nüsschen, n. (L: nuculus, m. E: nucule, nutlet F: nucule, f.): **1.** Einblatt-Nuss: Einsamige trockene Frucht aus einem Karpell, die fast immer zu mehreren in einer Blüte mit chorikarpem Gynoeceum gebildet wird. **2.** Teil einer Sammel-Nussfrucht, z.B. bei *Fragaria*.
nullisom (E: nullisomic F: nullisomique): Individuen oder Zellen, denen beide Chromosomen eines homologen Paares fehlen. Dies ist vor allem bei Polyploiden ohne völligen Fertilitätsverlust möglich.
G: In Anlehnung an die Terminologie von BLAKESLEE (1921) anscheinend erst von SEARS (1941, S. 167) geschaffen.
Numerische Taxonomie → Phänetik
Nunatak-Hypothese (E: nunatak hypothesis): Die Annahme, dass es einzelnen Arten möglich war, die Eiszeiten (oder eine von ihnen) auf aus dem Eis herausragenden Gipfeln zu überdauern. Das Wort Nunatak für Berge, die aus dem Eis aufragen, stammt aus der Sprache der Eskimo in Grönland.
Nuss, f. (L: nux, f., pl. nuces E: nut F: noix, f.): Einsamige Schließfrucht mit trockenem, hartem Perikarp.
G: Die Bezeichnungen der verschiedenen Sprachen hängen alle zusammen. Sie galten zunächst für die Haselnuss, wurden aber im Altertum und auch heute nicht nur auf andere Nüsse, sondern (umgangssprachlich) auf verschiedene Früchte (z.B. Walnuss, Erdnuss) oder sogar Samen (Paranuss) übertragen, die nicht der botanischen Definition der Nuss entsprechen.
Nutationsbewegung, f. (E: nutational movement): Meist autonome Bewegung, die durch ungleichseitiges Wachstum hervorgerufen wird. Häufig sind kreisende Bewegungen (**Circumnutationen**) z.B. bei Windepflanzen.
G: Der Begriff Nutation ist alt, er wurde von DUHAMEL DU MONCEAU (1758, 2, S. 149, 408) für den Phototropismus der Sonnenblume verwendet, präzise gefasst wurde er durch PFEFFER (1881, **2**, S. 177).
Nyktinastie, f. (E: nyctinasty F: nyctinastie, f.): Periodische Öffnungs- und Schließbewegungen von Blüten im Tag- und Nachtrhythmus. Sie können teilweise autonom sein, werden aber auch thermo- und photonastisch beeinflusst.

obdiplostemon (E: obdiplostemonous F: obdiplostémone): Blüte mit Störung der → Alternanz, durch die Stamina des äußeren Kreises über den Petalen, die des inneren über den Sepalen stehen.
G: CHATIN (1855 S. 615 ff.), aus → diplostemon und der lat. Vorsilbe ob- im Sinne von entgegengestzt.
Lit.: ECKERT (1966).
Oberblatt → Blatt

Oberhaut → Epidermis
Oberlappen → Flankenblatt
Oberlippe → Lippenblume
oberschlächtig (L: incubus E: incubous F: incube): Anordnung der Blättchen bei plagiotrop wachsenden Lebermoosen, bei der der vordere Blattrand eines Blättchens den hinteren des zur Spitze hin folgenden deckt. (Gegensatz: → unterschlächtig).
G: Erstnachweis: Ch.G. NEES V. ESENBECK (1833, S. 23).
oberständig → Ovar
Obturator, m. (E: obturator F: obturateur, m.): Gewebepfropfen, der von der → Placenta oberhalb des → Funiculus ausgeht und die → Mikropyle bedeckt. Er dient als Leitgewebe für den Pollenschlauch. Ein Obturator ist z.B. charakteristisch für die Euphorbiaceae. Die dort außerdem vorhandene → Caruncula ist anderer Herkunft.
G: Zuerst von MIRBEL (1829, S. 315, Taf. 13, Fig. 10) beobachtet und als „chapeau" (Hut) bezeichnet. Obturator (von lat. obturare, verstopfen) stammt von BAILLON (1858, S. 167 „obturateur").
Ocelloid, n. (E: ocellus F: ocelle, m.): Augenfleck (→ Stigma 2.) der mit einer linsenartigen Struktur verstärkt ist. Ocelloide sind von einigen → Dinophyta bekannt.
G: POUCHET (1884) beschrieb diese Bildung zuerst und bezeichnete sie als „un véritable oeil" (ein echtes Auge).
Ocellus, m. (E: ocellus F: ocelle, m.): Lat. ocellus, Verkleinerungsform von oculus, Auge.
1. bei Dinophyta → Ocelloid
2. bei Lebermoosen: → Idioblasten in den Blättern, die sich durch dünnere Wand und abweichende Inhaltsstoffe auszeichnen, oft sind sie auch größer als die Nachbarzellen. Chloroplasten fehlen.
G: SPRUCE (1885, S. 63) benutzte den Begriff für Gruppen solcher Zellen, spätere Autoren für die Einzelzellen.
Lit.: ZWICKEL (1932).
Ochrea, f., Tute, f. (E: ocrea, ochrea F: ocréa, f., ochréa, f.): Röhrenartig die Achse umgreifende, meist häutige Bildung des Blattgrundes bei einem Teil der Polygonaceae.
G: Der Terminus stammt von WILLDENOW (1798, S. 54), seine Herleitung ist unklar.
Öffnungsfrucht → Fruchttypen (A.)
Öhrchen → Blattöhrchen
Ökade → Ecas
Ökogenese → Adaptation

Ökogramm, n. (E: ecogram F: écogramme, m.): Graphische Darstellung des Vorkommens von Arten oder Pflanzengesellschaften in Abhängigkeit von (meist zwei) Faktoren. So können z.b. auf der Abszisse der pH-Wert, auf der Ordinate der Feuchtegrad des Bodens aufgetragen werden. Es lassen sich dann für einzelne Arten die Bereiche umgrenzen, in denen ihr Optimum liegt und die in denen sie überhaupt vorkommen können.
Ökokline (E: ecocline F: écocline): Merkmalsgradient, der in Zusammenhang steht mit einer kontinuierlichen Änderung eines Umweltfaktors in einer Richtung.
Ökologie, f. (E: ecology F: écologie, f.): Die Wissenschaft von den Beziehungen der Organismen zu ihrer Umwelt und zu anderen Organismen. Man unterscheidet die **Autökologie**, deren Objekt ein Organismus und seine Beziehungen sind, die **Demökologie** (→ Populationsökologie), die die Verhältnisse innerhalb von Populationen untersucht, und die **Synökologie**, die Pflanzengesellschaften oder Ökosysteme analysiert.
G: Ökologische Zusammenhänge (etwa zwischen Räuber und Beute) wurden schon im 18. Jahrhundert diskutiert. Der Begriff der Ökologie (von gr. oikos, Haus) wurde erst von HAECKEL (1866 b, 286, als „Oecologie"; vgl. auch 1866 a, S. 238) geprägt (vgl. STAUFFER 1957). Die immer noch gelegentlich wiederholte Angabe, der Amerikaner THOREAU habe bereits 1858 in einem Brief „ecology" verwendet, beruht auf einem Lesefehler des Herausgebers, den dieser selbst korrigiert hat (HARDING 1965). H. REITER (1885, S. 5) verwendete als Erster in der Botanik Ökologie, wobei er den Terminus als von ihm neu geprägt vorstellte! Im Allgemeinen benutzte man aber im vorigen Jahrhundert dafür → Biologie. Zum Bedeutungswandel des Wortes im allgemeinen Sprachgebrauch vgl. STRAUSS et al. (1989, S. 483 ff.). - Die Bezeichnungen Aut- und Synökologie gehen zurück auf die Einteilung in aut- und synökologische Pflanzengeographie, die SCHRÖTER (1902, S. 64/65) vornahm. SCHWERDTFEGER (1963, S. 14) prägte Demökologie.
ökologische Nische → Nische
ökologische Rasse → Ökotyp
ökologisches Optimum, n. (E: ecological optimum F: optimum écologique): Die Bedingungen in der Natur, bei denen eine Art opti-

mal entwickelt und häufig ist. Das ökologische Optimum stimmt meist nicht mit dem physiologischen Optimum überein, wie es in der Kultur ohne Konkurrenz anderer Arten erreicht wird.
Ökologismus → Adaptation
Ökophysiologie, f. (E: ecophysiology, physiological ecology F: écophysiologie, f.): Die Untersuchung ökologischer Fragestellungen mit den Methoden der Physiologie. Dabei werden nach Möglichkeit die Organismen in ihrer natürlichen Umwelt untersucht und nicht im Labor. Es geht um die Eigenschaften (Anpassungen), die es der Pflanze ermöglichen, einen bestimmten Standort zu besiedeln.
G: Die Ökophysiologie begann Anfang des 20. Jahrhunderts. Dabei sprach man in Europa von experimenteller Ökologie, in den USA wurde schon 1909 physiological ecology benutzt (erste Zusammenfassung durch BILLINGS 1957), um 1960 kam ecophysiology in Gebrauch (vgl. KAPPEN 1995, LÖSCH & LARCHER 1998).
Ökospecies, f. (E: ecospecies F: écoespèce, f.): Gruppe von Populationen bzw. von → Ökotypen, die sich untereinander fruchtbar fortpflanzen können. Weitgehend identisch mit dem biologischen Artbegriff.
G: Der Begriff ecospecies wurde von TURESSON (1922 a, S. 101) eingeführt, eine formale Definition findet sich aber erst bei TURESSON (1929, S. 332). CLAUSEN, KECK & HIESEY (1939, S. 104) bezeichnen den Begriff als „the experimental homologue of the taxonomic species" (die experimentelle Entsprechung der taxonomischen Art).
Ökosystem, n. (E: ecosystem F: écosystème, m.): „Eine Lebensgemeinschaft einschließlich ihres Lebensraumes" (ELLENBERG in ELLENBERG et al. 1986, S. 19). Der Begriff des Ökosystems schließt die vielfältigen Beziehungen (Energieflüsse) zwischen Umwelt und den Organismen und zwischen ihnen ein.
G: TANSLEY (1935, S. 299). Die zuerst von CLEMENTS (1916) vertretene Theorie, ein solches System sei einem Organismus vergleichbar, es sei ein **Superorganismus,** wird heute fast einhellig abgelehnt.
Lit.: GOLLEY (1993): Geschichte des Ökosystemkonzepts.
Ökoton, (m. ?) (E: ecotone F: écotone): Grenzstreifen zwischen verschiedenen → Formationen oder → Phytozönosen, innerhalb dessen sich die Standortsfaktoren auf engem Raum ändern. Dazu gehören z.b. Waldränder, Ränder von Gewässern oder die alpine Waldgrenze.
G: Eingeführt von CLEMENTS (1904, n.v., nach Oxford English Dictionary) als "stress line or ecotone", abgeleitet von gr. oikos, Haus, und tonos, Spannung. In der deutschen botanischen Literatur aufgenommen von WALTER (1976, S. 19 ff.), der verschiedene Typen von Ökotonen unterscheidet.
Ökotypus, m., ökologische Rasse, f. (E: ecotype F: écotype, m.): In Anpassung an einen bestimmten Standort entstandene Sippe innerhalb einer Art (Ökospecies). Die Unterschiede zu anderen Ö. der Art sind oft nur quantitativ. Ö. werden gewöhnlich nicht benannt, sie sind umso deutlicher, je spezifischer ihre Standorte sind (z.B. Salzwiesen, Dünen, Schwermetallböden), es gibt aber immer Übergänge zwischen ihnen.
G: Ökotypen wurden zuerst bei Bäumen beobachtet und durch Anbauversuche untersucht (vgl. LANGLET 1971). Bei krautigen Pflanzen wurden sie von TURESSON durch Kulturversuche von Exemplaren verschiedener Standorte festgestellt. Er schuf (1922 a, S. 112) den Begriff ecotype.
Lit.: TURRILL (1946).
Ölblume, f. (E: oil flower F: fleur oléifère): Blüte, die statt Nektar ihren Besuchern (verschiedene solitäre Bienen) fettes Öl spezifischer Zusammensetzung anbietet. Die Bienen verwenden das Blumenöl mit Pollen vermischt als Larvennahrung. Ölblumen finden sich vor allem bei den Malpighiaceae, Scrophulariaceae, Cucurbitaceae und bei der Gattung *Lysimachia*.
G: VOGEL (1971) war der Erste, der die Bedeutung von Öl als Anlockungsmittel erkannte. Von ihm stammt auch die Bezeichnung Ölblumen (VOGEL 1974).
Ölkörper, m.:
1. an Samen und Früchten: → Elaiosom
2. in den Zellen der Lebermoose (Hepaticae) (E: oil-body F: oléocorps, m. F: corps oléiforme): Von Membran umgebene stark lichtbrechende Körper in bestimmten Zellen der Lebermoose, die ätherische Öle enthalten und damit auch für die charakteristischen Gerüche mancher Arten verantwortlich sind. Sie sind nur an lebendem Material zu beobachten.

G: Die schon vorher gelegentlich beobachteten Zellbestandteile wurden zuerst von PFEFFER (1874, S. 2) näher untersucht und Ölkörper genannt. Dabei hielt er aber noch fettes Öl für den Hauptbestandteil.
Lit: Karl MÜLLER (1939), SCHUSTER (1966, S. 202-215; 1992), LEHMANN & JASTER (1981), MÜLLER-STOLL & AHRENS (1990).
Ölstrieme, f. (L: vitta, pl. vittae E: vitta F: canal oléifère, m.): Längsverlaufender Kanal in der Fruchtwand der Umbelliferae, der ätherische Öle und andere Inhaltsstoffe enthält. Die Ölstriemen liegen vor allem zwischen den Rippen (L: vittae valleculares) oder in den Hauptrippen (L: vittae intrajugales).
G: Vitta (von lat. vitta, Binde, Band) wurde von G. F. HOFFMANN (1814) eingeführt.
Ölzelle, f. (E: oil cell F: cellule à essence): Einzelzelle (→ Idioblast), in dem sich - von einer besonderen Hülle umgeben, die an der Zellwand ansitzt - ätherisches Öl befindet. Typisch für die Magnoliales und Piperales.
G: Der besondere Bau der Ölzellen wurde zuerst von BERTHOLD (1886, S. 25/26) richtig beschrieben.
Lit.: LEHMANN (1926).
Oenothera-Typ → Embryosacktypen
offene Organisation, f. (E: open form of growth F: croissance de type ouvert): Die typische Organisationsform der meisten (ausdauernden) Pflanzen im Unterschied zu den Tieren, die darin zum Ausdruck kommt, dass das Wachstum (überwiegend durch → Apikalmeristeme) nicht mit Erreichen eines bestimmten Zustandes abgeschlossen ist, sondern sich durch Verzweigung, Erneuerungsknospen etc. immer weiter fortsetzen kann (→ Modul). Damit verbunden ist eine starke Entwicklung der äußeren Oberfläche (wichtig für → Transpiration und → Photosynthese) bei geringer innerer. Es gibt keinen geschlossenen Kreislauf, die Pflanze wird von der Wurzel zu den Blättern von Wasser durchströmt.
G: Dieses Bauprinzip der Pflanzen wurde schon früh erkannt. Deutlich ausgesprochen ist es z.B. bei SCHULTZ [-SCHULTZENSTEIN] (1843, S. 29). HEUSINGER (1822, S. 7) schreibt: „Die Uridee der Pflanze stellt sich uns dar als zwei neben einander liegende Kugeln, die des Thiers als zwei ineinander liegende Blasen".

offener Leserahmen, m. (E: open reading frame, ORF F: cadre ouvert de lecture):Ein Abschnitt der DNA mit einem Anfangs- und einem Stopcodon und einer längeren Kette von Codons, die ein Protein bestimmen können.
offenes Leitbündel → Leitbündel
Oidie → Arthrospore
oktoploid → polyploid
Oleosom, n. (E: liposome, oleosome, spherosome, elaiosphere F: oléosome, m.): Öltröpfchen (Speicherlipide) im Plasma. G: Früher Sphärosomen genannt (DANGEARD 1919). Von lat. oleum, Öl, und gr. soma, Körper.
oligarch → Zentralzylinder
oligolektisch (E: oligolectic F: oligolectique): Bestäuber (meist Solitärbienen), die Pollen nur an einer begrenzten Pflanzengruppe (z.B. Gattung oder Familie) sammeln. Der Gegensatz ist → polylektisch.
G: Eingeführt von ROBERTSON (1925, S. 413).
oligomer (E: oligomerous F: oligomère): Aus wenigen Teilen bestehend. Ein Kreis von Blütenorganen ist oligomer, wenn er weniger Glieder als die anderen enthält. Bei Dikotylen ist das → Gynoeceum häufig oligomer gegenüber Kelch und Krone.
G: Erstnachweis: EICHLER (1875, S. 9).
Oligopeptide → Peptide
oligophil (E: oligophilic): Blume, die nur von einigen verwandten Tiergruppen bestäubt wird.
G: FAEGRI & VAN DER PIJL (1966, S. 42).
Oligosaccharide → Kohlenhydrate
Oligosaprobien → Saprobien
oligotroph (E: oligotrophic F: oligotrophique): Gewässer (oder Böden) mit geringem Nährstoffgehalt.
G: Erster Nachweis (für oligotrophic): WARMING (1909, S. 193). Als Gewässertyp bei THIENEMANN (1921).
Ombrogamie, f., Regenbestäubung, f. (E: ombrogamy, rain-pollination F: ombrogamie, f.): Übertragung des Pollens (Bestäubung) durch das Regenwasser, das sich in einer Blüte sammelt.
G: Beobachtungen über Regenbestäubung hat zuerst HAGERUP (1950) angestellt. DAUMANN (1970) hat zwar die Wirksamkeit der Übertragung des Pollens durch Regenwasser bestritten, aber dennoch die Bezeichnung Ombrogamie geprägt.
ombrogenes Moor → Moore

Ombrohydrochorie, f. (F: ombrohydrochorie, f.): Ausbreitung durch Regen. Bei den **Regenschwemmlingen** werden die Diasporen vom Regen aus den offen liegenden Behältern ausgeschwemmt, bei den **Regenballisten** drücken Regentropfen einen elastischen Stiel etc. herab, bei dessen Zurückschnellen die Diasporen fortgeschleudert werden. Es handelt sich in jedem Fall nur um eine Ausbreitung auf engstem Raum.
G: P. MÜLLER (1936, S. 181, 188).
Ontogenese → Ontogenie
Ontogenie, f., Ontogenese, f., Individualentwicklung, f., Entwicklungsgeschichte, f. (E: ontogeny F: ontogenèse, f.): Entwicklung eines Individuums von der Zygote zum ausgewachsenen Organismus (bis zum Tode).
G: HAECKEL (1866 a, S. 30) schuf den Begriff Ontogenie (von gr. on, ontis, das Seiende) und stellte ihn der Phylogenie (Stammesentwicklung) gegenüber (→ Hologenie).
oogam (E: oogamous F: oogame): Adj. zu → Oogamie.
Oogamie, f., Eibefruchtung, f. (E: oogamy F: oogamie, f.): Befruchtung eines unbeweglichen, relativ großen Eies mit viel kleineren, oft begeißelten männlichen Fortpflanzungszellen (→ Spermatozoiden).
G: Von de BARY (1881, Sp. 3/4) zunächst in der Form oogame Fortpflanzung verwendet.
Oogon, n., Oogonium, n. (L: oogonium, n., pl. oogonia E: oogone, oogonium F: oogone, m.): Weibliche → Gametocyste („Gametangium") bei Algen und Pilzen, die ein Ei oder mehrere Eier ausbildet. Im Unterschied zum Archegonium der Moos- und Farnpflanzen hat das Oogon keine Wand aus sterilen Zellen.
G: Eingeführt von N. PRINGSHEIM (1858, S. 9), abgeleitet von gr. oon, Ei, und gone, Erzeugung.
Oomycota, Cellulosepilze, m.pl.: Eine Abteilung der → Heterokontobionta, die zur Organisationsstufe der → Fungi (Pilze) gehört. Sie haben meist einen siphonalen Thallus (→ siphonal) mit Cellulose-Wänden. Die Fortpflanzung erfolgt durch → Gametangiogamie. Es handelt sich um überwiegend saprophytische Wasserbewohner oder Parasiten Höherer Pflanzen.
G: Die Oomycota wurden früher zu den → Phycomyceten gestellt.
Oosphäre → Eizelle

Oospore, f. (E: oospore, oocarp F: oospore, f.): Zygote, die aus einer Oogamie (oder → Gametangiogamie) hervorgegangen ist und als Überdauerungsstadium fungiert. Der Begriff wird besonders bei den Oomycota verwendet (und zwar auch für parthenogenetisch gebildete Dauerzellen).
Opalphytolith → Kieselkörper
operational taxonomic unit, OTU (F: unité taxonomique opérationelle): In der Phänetik oder Kladistik die kleinste Einheit, die der Untersuchung zugrundegelegt wird. Es kann z.B. ein Individuum, eine Art oder Gattung sein.
G: SNEATH & SOKAL (1962, S. 859).
Operator, f. (E: operator F: opérateur, m.): Bei den Prokaryoten ein DNA-Abschnitt zwischen → Promotor und → Strukturgenen (zuweilen auch innerhalb des Promotors), der für den Zugang der RNA-Polymerase zu den Strukturgenen verantwortlich ist.
G: JACOB & MONOD (1959, S. 1284).
operculat → Ascustypen (B.)
Operculum, n., Deckel, m. (E: operculum, opercle F: opercule, m.): Das lat. Wort für Deckel wird für sehr verschiedene Strukturen ähnlicher Funktion verwendet: **1.** Mykologie: Deckel einiger → Asci. **2.** Bryologie: Deckel der Mooskapsel (MICHELI 1729, S. 109). **3.** bei *Eucalyptus* Deckel aus verwachsener Krone oder Kelch und Krone. **4.** Deckel der Schläuche bei *Nepenthes* u.a. (A.P. de CANDOLLE 1813, S. 336) **5.** bei Pollenkörnern: Struktur, die einen Teil eines Porus oder Colpus bedeckt. **6.** beim Samen: Samendeckel, Embryo(s)tega (E: embryotega, seed lid F: embryotège, m.): Vorgebildete Öffnungsstelle einiger Samen (besonders verbreitet bei Wasserpflanzen, z.B. *Lemna*: KUNTH 1841, S. 3).
Operon, n. (E: operon F: opéron, m.): Bei den Prokaryoten eine Gruppe von Strukturgenen zusammen mit den DNA-Abschnitten (→ Promotor und → Operator), die deren Transkription regulieren.
G: JACOB et al. (1960).
opisthokont → Begeißelung (A.)
opponiert, gegenüberstehend (E: opposite F: opposé): **1.** Blattstellung → Phyllotaxis (gegenständige Bl.). **2.** Blüte: Stellung von Organen der Blüte auf dem gleichen Radius (im Gegensatz zu alternierend). Vgl. → Superposition.
Opsigonie, f. (E: opsigony F: opsigonie,

f.): Das verspätete Austreiben von Knospen, das ebenso wie die → Prolepsis zu einem anomalen Herbstblühen führen kann.
G: WITTROCK (1878, S. 126).
Opsisform → Entwicklungsgang der Uredinales
Orchideen-Mykorrhiza → Mykorrhiza
Ordnung, f., Reihe, f. (veraltet) (L: ordo, m., pl. ordines E: order F: ordre, m.): **1.** Rangstufe des Systems, in der mehrere Familien zusammengefasst sind.
G: Der Begriff hat sich gewandelt. Bei JUSSIEU (1789) und anderen entsprach er heutigen Familien. Nachdem der Terminus Familie fest etabliert war, wurde ordo als nächst höhere Rangstufe akzeptiert. Die Schule von A. ENGLER benutzte als deutschen Namen hierfür noch lange Reihe (in den Natürl. Pflanzenfam. bis 1959). Da aber auch Series deutsch mit Reihe übersetzt wird, ist dieser Terminus zweideutig. - Die heute festgelegte Endung -ales wurde von LINDLEY (1833) für seine „Nixus", die heutigen Ordnungen entsprechen, eingeführt und durch BENTHAM & HOOKER (1862), die sie für ihre etwa gleichbedeutenden Cohortes (→ Cohors) benutzten, bekannt.
Lit.: Liste von Ordnungsnamen, die von Gattungen abgeleitet sind: REVEAL (1993).
2. In der pflanzensoziologischen Systematik die Rangstufe zwischen → Klasse und → Verband.
Oreophyt, m. (E: oreophyte F: orophyte): Pflanze, die nur oder überwiegend in der alpinen oder nivalen Stufe der Hochgebirge vorkommt.
G: Eingeführt von DIELS (1910), der damit der Doppelbedeutung von Alpenpflanzen im geographischen und ökologischen Sinn entgegenwirken wollte. Abgeleitet von gr. oros, Berg, Gebirge, und phyton, Pflanze.
Organ, n. (E: organ F: organe, m.): Teil einer Pflanze, der morphologisch und/oder funktionell abgrenzbar ist (→ Grundorgane).
G: Aus der Zoologie übernommener Begriff (von gr. organon, Werkzeug, Instrument).
Organ sui generis: Organ der Kormophyten, das sich mit keinem anderen vergleichen lässt, bzw. das keinem der → Grundorgane zugeordnet werden kann. Hierzu zählt GOEBEL (1898-1901, S. 433; 1905) z.B. die → Rhizophoren von *Selaginella*.
Organell, n., Organelle, f. (E: organelle, organoid F: organite, m.): Abgegrenzter Bereich innerhalb einer Zelle mit besonderer Funktion, der im Allgemeinen nicht de novo entstehen kann. Wichtige Organellen sind: Nucleus (Kern), Plastiden, Mitochondrien, Dictyosomen, Peroxisomen, Lysosomen, Vakuolen. Von diesen sind Plastiden und Mitochondrien mit eigener DNA versehen, hängen aber auch vom genetischen Material des Zellkerns ab. Sie sind daher **semiautonom**.
G: K. MÖBIUS (1884, S. 392) sprach von den „Organula" der Einzeller. Erstnachweis für Organell: DOFLEIN (1901, S. 2).
Organell, extrusives → Extrusom
Organelle → Organell
Organgattung, f. (E: organ genus F: genre d'organe): Gattung fossiler Pflanzen, die einer Familie zugeordnet werden kann, deren Umgrenzung aber weitgehend auf den Merkmalen eines Organs beruht. Vgl. → Morphotaxon.
G: Tritt (zuerst) im → Code 1. ICBN 1952 (Art. PB 1) auf, später wurde der Unterschied zwischen Organgattung und → Formgattung aufgegeben, und der Begriff Organgattung entfiel.
Organidentität → homöotische Gene
Organisationsmerkmal → Anpassungsmerkmal
Organisationsstufe, f., Entwicklungsstufe, f. (E: grade [of organization], organizational level F: niveau d'organisation, niveau de développement): Eine durch gemeinsame morphologische Merkmale und vielfach eine bestimmte Lebensweise gekennzeichnete Gruppe unabhängig davon, ob sie monophyletisch ist. Ein Beispiel sind die → Flagellaten.
G: Der Begriff „grade" stammt von J.S. HUXLEY (1957, S. 454), aber schon sein Großvater T.H. HUXLEY benutzte mit „stages of evolution" einen vergleichbaren Begriff (nach WINSOR 1985, S. 80).
Organismensystem, n. (E: classification of organisms F: système de classification [des organismes]): System, das sämtliche Organismen umfasst und diese in → Reiche einteilt. Die ursprüngliche Einteilung in die zwei Reiche der Tiere und Pflanzen wurde zunächst abgelöst durch die in Procaryota (→ Prokaryoten) und Eucaryota (→ Eukaryoten), später durch Systeme mit fünf und mehr Reichen (z.B. CAVALIER-SMITH 1981, 1998, MARGULIS & SCHWARTZ 1988).

G: Vgl. Überblick bei COPELAND (1956), BUTZIN (1974).
Lit.: ROTHMALER (1948), LEEDALE (1974), BARR (1992).
Organographie → Morphologie
organoid → Galle
organophyletisch → Merkmalsphyletik
Organopoiëse, f.: Untersuchung der Morphogenese von Organen unter Berücksichtigung der Form- und Größenverhältnisse der Teile und ihrer allometrischen Änderungen.
G: Eingeführt von RITTERBUSCH (1976), von gr. organon, Werkzeug, Organ, und poieo, hervorbringen, bilden.
Ornithochorie, f., Vogelausbreitung, f., Vogelverbreitung, f. (E: ornithochory, bird-dispersal F: ornithochorie, f.): Ausbreitung von → Diasporen mithilfe von Vögeln. Dabei kann es sich um → Endozoochorie oder → Epizoochorie handeln.
G: Erstnachweis: SPINNER (1923, S. 139).
Ornithogamie → Ornithophilie
ornithophile Blume, f., Vogelblume, f. (E: bird flower, ornithophilous flower F: fleur ornithophile): Blume, die regelmäßig von Vögeln besucht wird und eine dafür charakteristische Merkmalskombination zeigt. Dazu gehören vor allem: leuchtende Farben mit Vorherrschen von Rot (oft zusammen mit Gelb), Geruchlosigkeit, viel relativ dünnflüssiger Nektar, oft derbe Konsistenz der Blütenorgane.
G: DELPINO (1874, S. 152) sprach zuerst von „piante ornitofile".
Ornithophilie, f., Ornithogamie, f., Vogelblütigkeit, f., Vogelbestäubung, f. (E: ornithophily, bird pollination F: ornithogamie, f., ornithophilie, f.): Bestäubung durch Vögel (→ ornithophile Blume).
Orobiom → Biom
Orthogenese, f., Orthogenesis, f. (E: orthogenesis F: orthogénèse, f.): Phylogenetische Entwicklung von Merkmalen in einer Richtung, z.B. dauernde Größenzunahme eines Organs.
G: Die Vorstellung, dass die phylogenetische Entwicklung bestimmte Richtungen zielstrebig verfolgt, ist alt. Nach der Auffassung von HAACKE (1893, S. 32), der den Begriff Orthogenese einführte, beruht die geradlinige Entwicklung auf inneren Kräften der Organismen. Andere Autoren sehen darin die Wirkung einer gerichteten fortdauernden Selektion.

Orthogenesis → Orthogenese
ortholog → Homologie von Genen und Proteinen
orthoploid (E: orthoploid F: orthoploïde): Pflanze oder Zelle mit einer geraden Chromosomenzahl.
G: HANS WINKLER (1916, S. 422). Oft mit euploid gleichgesetzt, aber auch eine aneuploide Pflanze mit zwei fehlenden Chromosomen ist nach Winkler orthoploid.
orthoplok → Embryobau
Orthostiche → Phyllotaxis (B.)
orthotrop → Samenanlage (C.)
Osmometer, n., Peffersche Zelle, f. (E: osmometer F: osmomètre, m.): Modell zur Demonstration der Entstehung des → Turgors. Es besteht in der von WILHELM PFEFFER beschriebenen Form aus einem Tonzylinder, an dessen Innenseite eine semipermeable Niederschlagsmembran aus Ferrocyankupfer befindet. Wenn die Zelle innen mit einer Salzlösung gefüllt und in Wasser getaucht wird, strömt Wasser durch die Wand nach innen, und man kann den entstehenden Druck mit einem Manometer messen.
G: Der Apparat wurde von PFEFFER (1875) zuerst vorgestellt, ausführlich beschrieb er ihn 1877 (S. 4 ff.).
Osmophor, m. (E: osmophore F: osmophore, m.): Teil einer Blüte oder einer Blume, der konzentriert Duftstoffe abgibt.
G: ARCANGELI (1883, S. 74/75) bezeichnete den oberen Teil des → Spadix bei *Dracunculus* als „osmoforo". Der Begriff wurde dann von VOGEL (1963 a, S. 738) aufgenommen, der die Osmophoren ausführlich untersuchte.
Osmoregulation, f. (E: osmoregulation F: osmorégulation, f.): Regulationsmechanismus, der den osmotischen Wert eines Einzellers unabhängig von der Konzentration im umgebenden Medium annähernd konstant hält. Maßgeblich daran beteiligt sind kontraktile Vakuolen (Vakuole, kontraktile) und wohl auch → Pusulen.
Osmose, f. (E: osmosis F: osmose, f.): Diffusion durch eine semipermeable Membran, die das Lösungsmittel (in der Pflanze Wasser) durchlässt, die gelösten Stoffe aber nicht oder wesentlich langsamer. Das Wasser bewegt sich von der geringeren zur höheren Konzentration.
G: DUTROCHET (1826, S. 126), der als Erster

die Zusammenhänge zwischen Wasserbewegung und Konzentration klar erkannte, bezeichnete den Einstrom als Endosmose, das Ausströmen als Exosmose. NÄGELI (1855, S. 21) fasste beide Erscheinungen als „Diosmose" zusammen. Das wurde später zu Osmose verkürzt (von gr. osmos, Stoß).
osmotisches Potential, n., osmotischer Wert, m. (E: osmotic value F: valeur osmotique): Das in erster Linie von der Konzentration der gelösten Teilchen im Zellsaft abhängige osmotische Potential entscheidet, mit welchem Druck Wasser aus der Umgebung angesaugt wird (→ Wasserpotential).
osmotische Zustandsgleichung, f.: Die Gleichung beschreibt einen Gleichgewichtszustand: Der Unterschied zwischen der Konzentration im Zellsaft und der Umgebung führt zu einem Wassereinstrom in die Vakuole. Dadurch entsteht ein Turgordruck, der die Wand dehnt, bis ihr Gegendruck (Wanddruck) den Turgordruck kompensiert. Anstelle dieser anschaulichen Beschreibung wird heute mit dem Begriff des → Wasserpotentials gearbeitet.
Osteosklereide → Sklereide
Ostiolum, n. (E: ostiole F: ostiole, m.): Enge Öffnung an der Spitze von → Perithecien und → Pyknidien bei Pilzen und Flechten, dem → Cystokarp von Rotalgen, den Conceptacula bei *Fucus*, sowie den Syconien der Gattung *Ficus*.
G: O. wurde schon von PERSOON (1800, S. 39) benutzt; als Verkleinerungsform von lat. ostium, Tür, Eingang. Zur Definition des Ostiolum bei den Pyrenomyceten vgl. J.H. MILLER (1928, S. 196 ff.).
OTU → operational taxonomic unit
Ovar, n., Fruchtknoten, m. (L: ovarium, n., pl. ovaria E: ovary F: ovaire, m.): Der die Samenanlagen tragende und einhüllende, meist verdickte untere Teil des → Pistills oder eines → Karpells.
G: Das mittellat. Wort ovarium (abgeleitet von ovum, Ei) bedeutet Eierstock und wurde zunächst in der Medizin und Zoologie verwendet. VAILLANT (1718, S. 14/15), einer der Ersten, der die Sexualität der Pflanzen akzeptierte, bezeichnete aufgrund der vermuteten Homologie das Pistill als weibliches Organ mit dem Terminus ovarium. LINNAEUS (1735 a, b, 1751) verwendet wieder Pistill, den heute Ovar genannten fertilen Teil nennt er **germen** (so noch bei WILLDENOW 1802 a).

Ein früher Beleg für Ovar im heutigen Sinne findet sich bei A.P. de CANDOLLE (1805, S. 124). Während der Terminus ovulum aus der deutschen morphologischen Literatur fast ganz verschwunden ist, weil er eine nicht bestehende Homologie mit einer Eizelle vortäuscht, hat sich Ovar neben Fruchtknoten (schon bei GISEKE 1781) gehalten. Nach der Stellung zu den anderen Blütenorganen unterscheidet man:
- **oberständig** (L: ovarium superum E: superior F: supère): Das Ovar steht am Ende der Blütenachse, unter ihm setzen Kelch- und Kronblätter und meist auch Staubblätter an. Die Blüte ist damit → hypogyn. Dies gilt als die ursprüngliche Ausbildungsform innerhalb der Angiospermen.
- **mittelständig**: Das Ovar steht frei in einem Blütenbecher, an dessen oberen Rand die Kelch-, Kron- und Staubblätter entspringen. Die Blüte kann dann als → perigyn bezeichnet werden.
- **unterständig** (L: ovarium inferum E: inferior F: infère): Das Ovar ist von Gewebe umgeben und mit ihm verwachsen, an dessen Spitze die übrigen Blütenformationen ansitzen, diese sind damit → epigyn. Vor allem zwei Deutungen werden von der klassischen Morphologie hierfür gegeben: Einsenkung in die Blütenachse oder Verwachsung des Ovars mit den basalen Teilen von Kelch-, Kron- und Staubblättern.
G: LINNAEUS (1759, S. 823).
Lit.: DOUGLAS (1944, 1957).
Ovulum → Samenanlage
Oxylipine, n.pl. (E: oxylipins F: oxylipines): Signalstoffe, deren Biosynthese sich von oxidierten Fettsäuren herleitet. Bei den Pflanzen gehört hierzu die **Jasmonsäure** und ihre Derivate, die **Jasmonate**. Sie sind an der Auslösung pflanzlicher Abwehrreaktionen beteiligt. Der Name erklärt sich aus dem Vorkommen im Blütenduft von *Jasminum*.
Ozeanisches Florenreich, n.: Das Gebiet der Ozeane mit den pazifischen Inseln. Kennzeichnend sind als Pflanzen der Küsten Mangrove-Arten, besonders der Gattung *Rhizophora*. Nach dem Klima kann man mehrere marine Florenzonen unterscheiden (SCHROEDER 1998, S. 386).

paarkernig → dikaryotisch

Paarkernphase → Dikaryophase
pachycaul → Pachycaulie
Pachycaulie, f. (E: pachycauly F: pachycaulie, f.): Ausbildung eines dicken, unverzweigten oder wenig verzweigten Stamm mit weichem Holz. Typisch **pachycaul** sind die Cycadeen (Cycadopsida, Palmfarne). G: Der Terminus wurde von CORNER (1949, S. 407) im Rahmen seiner → Durio-Theorie eingeführt (→ Leptocaulie).
Pachynema → Pachytän
Pachytän, n., Pachynema, n. (E: pachytene F: pachytène, m.): Das dritte Stadium der → Prophase bei der Meiose. Die homologen Chromosomen sind vollständig gepaart und gegenüber den vorigen Stadien etwas kondensiert.
G: v. WINIWARTER (1900), gleichbedeutend ist Pachynema (GREGOIRE 1907).
Paedogamie, f. (E: paedogamy F: pédogamie, f.): Sexuelle Vereinigung von Schwesterzellen (aus einer Mutterzelle gebildeten Gameten).
G: Erstnachweis: LÜHE (1902, S. 5). Bekannt geworden durch die Übersichtsartikel von HARTMANN (1909) und GUILLIERMOND (1910).
Paedogenese → Neotenie
Paedomorphose, f. (E: paedomorphosis F: pédomorphose, f.): Übernahme von Merkmalen, die bei Vorfahren oder Verwandten in Jugendstadien auftreten, in das adulte Stadium.
G: ALLEN (1891, S. 208, „pedomorphism"). In der Botanik z.B. von CARLQUIST (1962) verwendet.
Paläobiologie → Paläoökologie
Paläobotanik, f., Paläophytologie, f. (E: paleobotany, paleobotany F: paléontologie végétale, f., paléobotanique, f., paléophytologie, f.): Die Lehre von der Pflanzenwelt vergangener Zeiten. Innerhalb der Paläobotanik können ähnliche Disziplinen wie in der rezenten Botanik unterschieden werden, wobei allerdings der Untersuchung fossiler Reste Grenzen gesetzt sind.
G: Paleobotany wurde von NICHOLSON (1872, S. 473) eingeführt. Im Deutschen benutzte man zunächst Paläophytologie (SOLMS-LAUBACH 1887).
Paläoendemit → Endemit
Paläoökologie, f., Paläobiologie, f. (E: palaeoecology, paleoecology F: paléoécologie, f.): Teil der Paläontologie, bei dem die Lebensweise der Organismen und ihre Anpassungen an die jeweilige Umwelt im Vordergrund steht. Die Ökologie von Organismen und Biozönosen vergangener Epochen werden auf indirektem Wege (durch sogenannte **Proxydaten**, E: proxy dates) untersucht.
G: ABEL (1912, S. 15) prägte die Bezeichnung Paläobiologie, die MÄGDEFRAU (1942, 4. Aufl. 1968) in der Botanik bekannt machte. Palaeoecology findet sich (zuerst?) bei CLEMENTS (1916, S. 319). Proxydaten leitet sich her von engl. proxy, Stellvertreter.
Paläophyt → Archaeophyt
Paläophytologie → Paläobotanik
paläopolyploid (E: palaeopolyploid F: paléopolyploïde): Polyploide Arten, von denen keine nahen diploiden verwandten bekannt sind, und von denen deshalb eine weit zurückliegende Entstehung angenommen wird. Reich an paläopolyploiden Arten sind vor allem die Farnpflanzen (vgl. → neopolyploid).
G: FAVARGER (1961, S. 123).
Paläospecies, f. (E: paleospecies F: espèce fossile): Nur fossil bekannte Art, die einen zeitlich begrenzten Abschnitt einer evolutionären Linie darstellt.
G: Erstnachweis: A.J. CAIN (1954, n.v., 1959, S. 141 ff.). Wird z.T. mit → Chronospecies gleichgesetzt.
Lit.: SYLVESTER-BRADLEY (1956).
Paläotropis, f., paläotropisches Florenreich, n.: Florenreich, das die tropischen Gebiete von Afrika und Asien umfasst. Auf die Paläotropis beschränkt sind u.a. die Familien der Dipterocarpaceae, Pandanaceae und Nepenthaceae.
Palatum, n., Gaumen, m. (E: palate F: palais, m.): Hohle Vorwölbung der Unterlippe von Blüten, die den Schlund mehr oder weniger verschließt. Typisch für manche Scrophulariaceae wie *Linaria, Antirrhinum*.
G: Der Terminus wurde aus der Zoologie übernommen. In der Botanik verwendet ihn bereits LINNAEUS (1751, S. 223).
Palea, f., pl. Paleae: Das lat. Wort für Spreu wird für sehr verschiedene trockenhäutige „Blättchen" verwendet:
1. bei den Asteraceae (Compositae) → Spreublatt
2. bei den Poaceae (Gramineae) für die Vorspelze, Glumella (L: palea superior E: pale, upper pale F: paléa f., glumelle supérieure, paléole, f.): Die adaxial vom Ovar sitzende,

oft zweikielige Spelze der Grasblüte. Sie gilt als Verwachsungsprodukt zweier Glieder des äußeren Perigonkreises.
G: Zeitweilig wurde palea wie glumella für Deckspelze (palea inferior) und Vorspelze (palea superior) verwendet. Spätestens durch die Einführung von → Lemma wurde der Terminus auf die Vorspelze beschränkt.
3. bei → Farnen für die → Spreuschuppen.
Paleoherbs, pl.: Informelle Gruppe ursprünglicher krautiger Angiospermen, die noch nicht scharf in Mono- und Dikotylen getrennt ist. In neuester Zeit werden sie den Magnoliiden angeschlossen.
G: Die Grundlage für den Begriff legten Untersuchungen von DOYLE & HICKEY (1976, S. 198) über Fossilfunde ursprünglicher Angiospermen aus dem mittleren Tertiär. Die Bezeichnung schufen DONOGHUE & DOYLE (1989, S. 28, 37).
Palindrom, n. (E: palindrome, inverted repeat F: palindrome): Wiederholung einer DNA-Sequenz in umgekehrter Reihenfolge.
Palingenie, f. (E: palingenesis F: palingenèse, f.): In der Ontogenie auftretende Merkmale, die (entsprechend der → Biogenetischen Grundregel) von den Vorfahren übernommen sind. Gegensatz: → Caenogenie.
G: HAECKEL (1875, S. 404, 409).
Palisadenparenchym, n. (E: palisade parenchyma F: parenchyme palissadique): Zellen des Assimilationsparenchyms in den Blättern, die senkrecht zur Blattoberfläche langgestreckt sind. Je nach dem Typ des Blattbaues liegt das Palisadenparenchym nur auf der Oberseite oder auf allen Seiten.
G: Erster Nachweis: SCHACHT (1859, S. 119).
Palisadenschicht, f. (E: palisade layer): Zellschicht, in der langgestreckte Zellen dicht gedrängt parallel angeordnet sind (im Schnitt einem Palisadenzaun ähnlich.)
1. → Palisadenparenchym 2. → Malpighische Zellen
palmat, handförmig (E: palmate F: palmé): Anordnung der Blättchen eines zusammengesetzten Blattes oder der Nerven eines Blattes, bei der diese von einem Punkt ausgehen, wie die Finger von einer Hand (lat. palma, flache Hand).
palmelloid → tetrasporal
Palynologie, f. (E: palynology F: palynologie, f.): Die Erforschung von Pollenkörnern und Sporen mit allen Anwendungsmöglichkeiten, z.B. in der Systematik, der Pflanzengeographie (→ Pollenanalyse), der Medizin (Allergologie) etc.
G: HYDE & WILLIAMS bei ERDTMAN (1945, S. 191), von gr. palynein, (aus-)streuen.
Lit.: NILSSON & PRAGLOWSKI (1992).
Panaschierung → Panaschüre
Panaschüre, f., Panaschierung, f. (E: variegation F: panachure, f.): Von der normalen Ausbildung abweichender streifen- oder fleckenförmiger Wechsel der Farbe bei Blüten oder Blättern, bei Blättern vor allem durch stellenweise fehlende oder geringe Chlorophyllbildung. Ursachen können in Virusbefall oder im Auftreten einer Chimäre liegen.
G: Panaschierte Formen wurden im Lateinischen mit dem Eigenschaftswort „variegatus" bezeichnet. Panaschüre leitet sich ab von franz. panaché (gefleckt), das DUHAMEL du MONCEAU (1758, 2, S. 410) benutzte.
Pangenesis-Theorie, f. (E: pangenesis theory F: théorie de la pangenèse): Von CHARLES DARWIN entwickelte Vererbungshypothese, nach der alle Zellen des Körpers kleine Partikel („gemmules") abgeben, die in die Fortpflanzungszellen eingehen. Diese Vorstellung sollte die Vererbung, Regeneration und auch die Weitergabe erworbener Merkmale erklären, fand aber wenig Anhänger. Sie ist nur noch von historischem Interesse.
G: DARWIN (1868 a, 2, S. 357 ff.).
Panicula → Rispe
Panmixie, f., Panmixis, f. (E: panmixis F: panmixie, f.): Fortpflanzungssystem mit zufallsgemäßer Paarung der Partner.
G: WEISMANN (1883, S. 35; 1892, S. 102) führte den Gedanken der Panmixie in einem besonderen Zusammenhang ein: Wenn die Selektion für ein Merkmal nachlässt (z.B. weil das Organ nicht gebraucht wird), so kommen alle Organismen, gleich welche Ausprägung dieses Merkmal hat, gleichmäßig zur Fortpflanzung. Diese Panmixie führt dann zur Degeneration des Organs. Heute wird der Terminus in einem ganz allgemeinen Sinn gebraucht.
Panmixis → Panmixie
Panselektionismus → Weismannismus
pantocolpat, pericolpat (E: pantocolpate F: péricolpé): Pollenkorn, das auf der ganzen Oberfläche mit → Colpi in regelmäßiger

Anordnung versehen ist.
G: IVERSEN & TROELS-SMITH (1950, S. 21) benutzten pericolpat, ERDTMAN & VISHNU-MITTRE (1956, S. 110) führten „pancolpate" ein, das später zum heute bevorzugten Terminus pantocolpate verändert wurde.
pantonematisch → Geißeltypen
pantoporat, periporat (E: pantoporate F: périporé): Pollenkorn, das auf der ganzen Oberfläche mit gleichmäßig verteilten Poren (→ Porus) versehen ist.
G: IVERSEN & TROELS-SMITH (1950, S. 21) benutzten pericolpat, ERDTMAN & VISHNU-MITTRE (1956, S. 110) führten „panporate" ein, das später zum heute bevorzugten Terminus pantoporate verändert wurde.
pantropisch (E: pantropic, pantropical F: pantropicale): Pantropisch sind Taxa, die sowohl in der → Paläotropis als auch in der → Neotropis vorkommen. Dazu gehören die Familien der Acanthaceae, Melastomataceae, Arecaceae (Palmae), Gesneriaceae und viele andere.
Panzerbeere, f. (F: baie cortiquée): Besondere Form der Beere mit ledrigem äußerem Perikarp. Man kann unterscheiden:
- **Kürbisfrucht** (L: pepo, m., pl. pepones, E: pepo F: péponide, f.): Frucht vieler Cucurbitaceae aus einem unterständigen Gynoeceum mit parietaler Placentation
G: Pepo bei GAERTNER (1788, S. XCVI).
- **Citrusfrucht**, Hesperidium (L: hesperidium, n., pl. hesperidia E: hesperidium F: hespéridie, f.): Frucht von *Citrus* und Verwandten aus einem oberständigen Gynoeceum mit zentralwinkelständiger Placentation. Das Perikarp entwickelt auf der Innenseite „Saftschläuche", die das Fruchtfleisch bilden.
G: Hesperidium (nach den sagenhaften goldenen Äpfeln der Hesperiden) wurde von DESVAUX (1813, S. 175) eingeführt.
Papille, f. (E: papilla F: papille, f.): Kleine abgerundete Erhebung durch Vorwölbung einer einzelnen Zelle (z.B. bei den Narbenpapillen) oder einer Gruppe von Zellen. Bei Moosen werden die Papillen als kompakte warzige Verdickungen der Zellwand von den hohlen Vorwölbungen der (→) Mamillen unterschieden.
G: Das lat. Wort papilla, f., Brustwarze, wurde früh rein beschreibend für warzenartige Bildungen verwendet. LORENTZ (1868, S. 387) führte bei den Moosen die schärfere Definition ein.

Pappus, m. (E: pappus F: aigrette, f., pappus, m.): Haar-, schuppen- oder grannenartige Bildung an Früchten, die anstelle des Kelches steht. Ein P. ist besonders charakteristisch für die Asteraceae (Compositae), tritt aber auch z.b. bei Valerianaceae auf.
G: Der Terminus pappus tritt schon bei FUCHS (1542) auf.
PAR → Lichtsättigung
Parabiose, f. (E: parabiosis F: parabiose, f.): In der Pflanzenökologie das enge Zusammenleben von Partnern in einer Nahrungskette, in der einer auf den anderen angewiesen ist, wie z.B. *Nitrosomonas* und *Nitrobacter* bei der → Nitrifikation. (Der Terminus wird in der Medizin für das Zusammenleben verwachsener Individuen verwendet.)
Paracorolla, f., Nebenkrone, f. (L: corona, f., pl. coronae E: corona F: paracorolle, f.): Aus Auswüchsen der Petalen gebildete kronenartige Bildung innerhalb der eigentliche Krone (z.B. bei *Narcissus*).
G: Nebenkrone bei GOETHE (1790, S. 36), Paracorolla LINK (1807, S. 213).
paracytisch → Stomata-Typen (B.)
parakarp → Gynoeceum
Parakladium, n., Wiederholungstrieb, m. (E: paraclade F: paraclade, f., pousse de renfort ou de répétition): Bei einer monotelen Synfloreszenz alle blütentragenden Seitenachsen unter der Endblüte, bei einer polytelen die Seitenachsen unterhalb der Hauptfloreszenz (Abb. 3, S. 157).
G: Die deutsche Bezeichnung Wiederholungstrieb geht zurück auf A. BRAUN (1850, S. 41). Parakladium wurde zuerst von SCHULTZ-SCHULTZENSTEIN (1847, S. 4) benutzt, aber von TROLL (1961 a, S. 351, 1964) schärfer definiert.
Paralectotypus → Paratypus
Parallelevolution → Homoiologie
Parallelismus, m. (E: parallelism F: parallelisme, m.): Allgemeine Bezeichnung für parallele Entwicklung, vgl. → Homoiologie, Parallelmutation, → Parallelvariation. Beim Parallelismus werden homologe Strukturen phyletisch unabhängig voneinander umgestaltet. Klassisches Beispiel sind in der Botanik die Stammsukkulenten, die bei Cactaceae und den Gattungen *Euphorbia* und *Stapelia* (Asclepiadaceae) sich sehr ähnlich sehen können (früher auch oft als → konvergente Evolution bezeichnet).

parallelläufig

G: Es ist unklar, wer den Begriff zuerst im phylogenetischen Sinn verwendete (vgl. HAAS & SIMPSON 1946, S. 330). PHILIPTSCHENKO (1927, S. 66/67) unterschied genotypischen und ökotypischen Parallelismus, was aus heutiger Sicht kein begründeter Gegensatz ist, da Ökotypen genetisch bedingt sind.
Lit.: KUBITZKI et al. (1991).
parallelläufig → Blattaderung
Parallelmutation, f., homologe Mutation, f. (E: parallel mutation F: mutation parallèle): Bei verschiedenen Arten auftretende Mutation mit gleichem morphologischem (oder physiologischem) Effekt. Vor allem bei nahe verwandten Arten kann hierbei eine gemeinsame genetische Grundlage angenommen werde.
G: BAUR (1919, S. 293/294) „homologe Mutationen", PHILIPTSCHENKO (1927, S. 66) spricht von genotypischem Parallelismus, BAUR (1930, S. 325) von Parallelmutationen.
parallelodrom → Blattaderung
Parallelvariation, f. (E: parallel variation F: variation parallèle): Das Auftreten ähnlicher abweichender Formen bei verschiedenen Arten einer Gattung oder verwandten Gattungen, das vermutlich durch → Parallelmutationen zu erklären ist.
G: Schon DUVAL-JOUVE (1865) beobachtete Parallelvariationen innerhalb verschiedener Gattungen, DARWIN (1868 a, 2, S. 348) widmete ihnen einen eigenen Abschnitt in seinem Buch über das Variieren der Tiere und Pflanzen in der Kultur. VAVILOV sprach (1922) von einem Gesetz **homologer Reihen** bei der Variation („Law of homologous series in variation").
paralog → Homologie von Genen und Proteinen
Paramo, m. (E: paramo F: páramo): Formation der alpinen Stufe (besonders der Anden, aber auch in afrikanischen Gebirgen) in den Tropen, die durch Büschelgräser und Schopfrosettenpflanzen gekennzeichnet ist.
Paramorphe, f. (E: paramorph F: paramorphe): Allgemeine Bezeichnung für Abweichungen von der Normalform einer Art.
G: J.S. HUXLEY (in HUXLEY 1940, S. 37).
parapatrisch (E: parapatric F: parapatrique): Verbreitung zweier Sippen, deren Areale aneinander grenzen, sich aber nicht überschneiden.
G: MAYR (1969, S. 408).

paraphyletisch (E: paraphyletic F: paraphylétique): Paraphyletisch ist eine Gruppe, die zwar ihren gemeinsamen Vorfahren, aber nicht alle dessen Nachkommen einschließt. Es handelt sich also nur um einen Teil eines Stammbaumastes (Abb. 5, S. 170). Solche Gruppen sind nur durch den gemeinsamen Besitz ursprünglicher Merkmale (→ Symplesiomorphien) gekennzeichnet (z.B. → Flagellaten).
G: HENNIG (1965, S. 104). Die Unterscheidung von paraphyletisch und polyphyletisch ist problematisch (vgl. NELSON 1971, FARRIS 1974, OOSTERBROEK 1987, DONOGHUE & CANTINO 1987). Am einleuchtendsten ist die Darstellung bei DAHLGREN & RASMUSSEN (1983, S. 258).
Paraphylie, f. (E: paraphyly F: paraphylie, f.): = Subst. zu → paraphyletisch.
Paraphyllien, n.pl., sg. Paraphyllium (E: paraphylls F: paraphylles, f.pl.): Kleine pfriemliche oder zerschlitzte Anhangsorgane zwischen den Blättchen bei den Moosen.
G: LINK (1824, S. 203) benutzte den Begriff in einem weiteren Sinn (unter Einschluss der Stipeln), heute wird er nur noch bei den Moosen verwendet.
Paraphyse, f. (E: paraphysis F: paraphyse, f.): Steriler Zellfaden, der zwischen sporen- oder gametenbildenden Organen steht. P. finden sich besonders bei den Laubmoosen zwischen den Antheridien, bei → Farnen am Stiel des Sporangiums, in den Konzeptakeln der Fucales zwischen den Antheridien und Oogonien und in den Hymenien von Ascomyceten zwischen den Asci.
G: Die Paraphysen der Laubmoose sind schon von MICHELI (1729, tab. 59) gesehen und abgebildet worden. Die Bezeichnung P. benutzte zuerst EHRHART (1779 b, Sp. 1003).
Lit.: Die Verwendung des Begriffs Paraphysen bei den Farnen wird diskutiert in Taxon **13**: 56-64. 1964; **14**: 213-218, 1965.
Parasexualität, f. (E: parasexuality F: parasexualité, f.): Sexualvorgänge bei Prokaryoten und Pilzen, bei denen genetisches Material übertragen wird, ohne dass es zur → Karyogamie kommt, bzw. ohne dass ein voller Sexualzyklus erfolgt. Hierzu gehören → Transformation, → Transduktion und → Konjugation der Prokaryoten.
G: Von PONTECORVO (1954, S. 192) von Pilzen beschrieben, später auf Prokaryoten übertragen. Heute wird der Begriff vor allem bei

den Prokaryoten verwendet.
Lit.: PONTECORVO (1956).
Parasit, m., Schmarotzer, m. (E: parasite F: parasite, m.): Organismus, der auf oder in einem anderen und auf dessen Kosten lebt. Ein pflanzlicher Parasit, der keinerlei Photosynthese betreibt, wird auch als Vollparasit oder → Holoparasit bezeichnet. Bei Parasiten auf Kormophyten unterscheidet man nach den von ihnen befallenen Organen **Sprossparasiten** von **Wurzelparasiten**.
G: Von einer parasitischen Pflanze sprach zuerst MICHELI (1729, S. 17) anlässlich der Beschreibung von *Cynomorium*.
Paraspore, f. (E: paraspore): Mitosporen verschiedener Form bei Rotalgen. Der Terminus wird heute selten verwendet.
G: Erstnachweis: SCHMITZ (1893).
Lit.: SCHILLER (1913).
Parastichen → Phyllotaxis (B.)
Parasymbiose, f. (E: parasymbiosis F: parasymbiose, f.): Das symbiotische Zusammenleben eines zweiten Pilzes mit einer Flechte.
G: ZOPF (1897, S. 90).
Parathecium → Excipulum
paratracheales Parenchym → Holzparenchym
Paratypus, m (E: paratype F: paratype, m.): Material, das neben einem vom Autor bestimmten Typus (→ Holotypus) und dessen Dubletten (→ Isotypus) bei der Originalbeschreibung genannt wird. Wenn aus mehreren Syntypen eine Lectotypus ausgewählt wurde, kann man die übrigen Syntypen auch als Paratypen oder genauer als **Paralectotypen** bezeichnen.
G: Eingeführt von dem Zoologen O. THOMAS (1893, S. 242), in der botanischen Nomenklatur seit dem → Code 1. ICBN 1952. Der Terminus paralectotype wurde von HANSEN & SEBERG (1984, S. 708) eingeführt.
parazentrisch → Inversion
Parenchym, n. (E: parenchyma F: parenchyme, m.): Gewebe aus lebenden, annähernd isodiametrischen Zellen, die relativ wenig differenziert sind, vor allem ohne besondere Wandverdickung. Parenchymzellen verholzen nur selten. Parenchymatisch sind alle → Bildungsgewebe, das → Chlorenchym, → Speichergewebe und das → Holzparenchym.
G: Das Wort Parenchym (von gr. para-, neben, und enchyma, das Eingegossene) stammt aus der Medizin. Ihm liegt die Vorstellung zugrunde, dass das Grund- oder Füllgewebe eine Art erstarrender Flüssigkeit sei, die sich zwischen die anderen Gewebe ergießt. In die Botanik wurde der Terminus durch GREW (1682, S. 4) eingeführt. Er erkannte aber, dass es sich nicht um eine erstarrte Flüssigkeit handelt, sondern aus vielen Zellen besteht („an infinite number of extreme small Bladders").
Parentalgeneration → Generation (2)
Parenthosom, n. (E: parenthesome F: parenthésome, m.): Plasmamembran, die den → Doliporus in den Septen vieler Basidiomyceten nach Art einer Haube auf beiden Seiten überdeckt. Das Parenthosom kann von Poren durchbrochen sein.
G: MOORE & MC ALEAR (1962, S. 91, als „parenthesome"), von gr. parenthesis, das Eingeschobene, und soma, Körper.
Lit.: R.T. MOORE (1985).
Parfümblume, f. (E: perfume flower F: fleur à parfum): Blume, den Bestäubern Duftstoffe anbietet, die von diesen gesammelt werden.
G: VOGEL (1963 b) erkannte, dass es sich bei dem so genannten Futtergewebe einiger Orchidaceae (z.B. *Catasetum, Stanhopea*) um Duft absondernde Organe handelt. Die Duftöle werden von den Männchen bestimmter Bienen mit besonderen Organen an den Beinen gesammelt und spielen eine Rolle in deren Sexualverhalten. Er nannte diese Blumen später Parfümblumen (VOGEL 1966, S. 329).
Parichnos, n. (E: parichnos F: parichnos, m.): Stränge von parenchymatischem Gewebe, die bei den fossilen Lepidodendrales neben dem Leitbündel verlaufen und an der Blattabbruchstelle als Narben daneben zu sehen sind. Man nimmt an, dass es sich um ein Durchlüftungsgewebe handelt.
G: Von C.E. BERTRAND (1891, S. 84) an *Lepidodendron* zunächst anatomisch nachgewiesen. In einer Fußnote der Originalarbeit weist er aber bereits darauf hin, dass die Stränge mit den vorher als „Drüsen" angesehenen Gebilden neben der Narbe der Blattspur in Verbindung stehen. Der Name kommt von gr. para, neben, und ichnos, Fährte, Spur.
parietal → Placentation (B.)
Parietales: Ordnung, die im Kern die Violales (Cistales) moderner Systeme enthält. Die

Bezeichnung geht zurück auf die „Cohors" Parietales von LINDLEY (1833, S. 12) und bezieht sich auf die vorherrschende parietale → Placentation.
parözisch (E: paroecious F: paroïque): Geschlechterverteilung bei den Moosen, bei der Antheridien und Archegonien am gleichen Stämmchen, aber in getrennten Gametangienständen stehen.
G: Eingeführt von LINDBERG (1886, S. 93).
Parsimonie-Prinzip, n., Sparsamkeitsprinzip, n. (E: principle of parsimony F: principe de la parcimonie): In der Evolutionsforschung (speziell bei kladistischen Methoden und in der molekularen Taxonomie) der Grundsatz, zur Erklärung der heutigen Merkmalsverteilung nur ein Minimum an Parallel- oder Rückentwicklungen anzunehmen und damit den „sparsamsten" Weg der Evolution.
G: Als allgemeines Prinzip für die Theorienbildung ist der Gedanke der Parsimonie sehr alt und lässt sich bis auf W. OCKHAM (ca. 1285-1347, auch OCCAM, daher auch engl. „Occam's razor") zurückführen. - Das Parsimonieprinzip wurde auch für die Embryogenie benutzt (JOHANSEN 1945, S. 94).
Lit.: SOBER (1983); SOBER in KELLER & LLOYD (1992, S. 249-254), STEWART (1993).
Parthenogamie, f. (E: parthenogamy): Paarung weiblicher Kerne im → Ascogon.
Parthenogenese, f., Parthenogenesis, f., Jungfernzeugung, f. (E: parthenogenesis F: parthénogenèse, f.): Entwicklung eines Sporophyten aus einer unbefruchteten Eizelle. Habituelle Parthenogenese bei Pflanzen, bei der ein diploider Gametophyt gebildet wird, setzt ein Unterbleiben der Meiose (→ Apomeiose) voraus.
G: Der aus der Mythologie und Religion stammende Begriff wurde von CHARLES BONNET (1720-1793) in die Biologie eingeführt, der um 1770 Parthenogenese bei Aphiden (Blattläusen) entdeckte. J. SMITH (1839) stellte als Erster eine Entwicklung von Samen ohne Befruchtung bei der Euphorbiacee *Alchornea ilicifolia* (= *Coelobogyne ilicifolia*) fest. Später stellte sich allerdings heraus, dass es sich hierbei um → Nucellarembryonie handelt. Echte Parthenogenese wurde erst durch JUEL (1898 b, 1900) bei *Antennaria alpina* nachgewiesen, der dabei auch den Ausfall der Meiose beobachtete.
Parthenogenesis → Parthenogenese
Parthenokarpie, f., Jungfernfrüchtigkeit, f. (E: parthenocarpy F: parthénocarpie, f.): Fruchtbildung ohne vorherige Bestäubung, bei der im Gegensatz zur → Agamospermie keine Samen ausgebildet werden. Ein bekanntes Beispiel sind die Bananen.
G: Die Bezeichnung stammt von NOLL (1903, S. 160), der Parthenokarpie bei Gurken beobachtete.
Parthenospore, f. (E: parthenospore F: parthénospore, f.): Zygotenähnliche Bildung bei Algen (z.B. Conjugaten), die ohne Befruchtung entsteht.
G: WILLE (1887, S. 498), das Phänomen war aber schon vorher bekannt.
Partialinfloreszenz, f. (E: partial inflorescence F: inflorescence partielle): Abgegrenzter Teil einer Infloreszenz, z.B. eine seitliche Traube bei einer Doppeltraube oder eine seitliche Zyme bei einem Thyrsus (Abb. 3, S. 157).
Passant → Ephemerophyt
Patch-clamp-Technik, f. (E: patch-clamp technique): Methode zur Messung des Öffnens und Schließens einzelner Ionenkanäle. Mit einer Glasmikroelektrode wird dabei ein Stück (engl. patch, Fleck) der Oberfläche eines Protoplasten angesaugt und schließlich abgerissen, so dass es an der Pipette haftet (engl. clamp, Klemme). Gemessen werden die Ströme unter kontrollierten Bedingungen.
paternal → Plastidengenetik
Pathogen, n., Krankheitserreger, m. (E: pathogen F: agent pathogène): Organismus, der an anderen Krankheitssymptome hervorruft. Bei den Pflanzen sind das Pilze, Bakterien, Viren und parasitisch lebende Pflanzen und Tiere (vor allem Nematoden).
patroklin → Hybride
Paukenhaut → Epiphragma
PCR → Polymerase-Kettenreaktion
Pedicellus, m., pl. Pedicelli, Blütenstiel, m. (E: pedicel F: pédicelle, m.): Blattlose oder mit 1-2 Vorblättern versehene Seitenachse, die in einer Blüte endet. Auch die Stiele der Ährchen von Gräsern oder von Köpfchen der Asteraceae (Compositae) werden als Pedicelli bezeichnet.
G: Als „pedunculus partialis" bereits bei LINNAEUS (1751, S. 40).
Pedobiom → Biom
Pedosphäre, f. (E: pedosphere): Der Boden, soweit er Lebensraum für Organismen ist.
Pedunculus, m., pl. Pedunculi (E: peduncle

F: pédoncule, m.): Blattlose oder mit Hochblättern versehene Achse, die einen Blütenstand trägt.
G: Die Unterscheidung von Pedunculus und Petiolus findet sich bei LINNAEUS (1751, S. 40/41).
Peitschengeißel → Geißeltypen
Pektin, n. (E: pectin F: pectine, f.): Sammelbezeichnung für saure Polysaccharide aus Galacturonsäure und verwandten Substanzen mit großer Wasserlöslichkeit und starkem Quellungsvermögen, die Schleime oder Gummen bilden können. In der Zellwand, besonders der Mittellamelle, ist vor allem **Protopektin** vorhanden. Pektine finden sich besonders reichlich in Samenschalen und sind für die Gelierfähigkeit des Obstes maßgebend. Wenn man betonen will, dass es sich um verschiedene Substanzen handelt, spricht man von **Pektinstoffen** (E: pectic substances).
G: BRACONNOT (1825, S. 178) beschrieb diese Substanzen als „acide pectique" von gr. pectis, Gerinnen.
Pektinstoffe → Pektin
Pellicula, f., Periplast, m. (E: pellicle, periplast F: pellicule, f., périplaste, m.): Verfestigte Randbereiche des Protoplasmas bei einzelligen Algen, die keine feste Zellwand bilden, aber Einschlüsse enthalten können. Der Terminus bezeichnet bei verschiedenen Protistengruppen unterschiedliche Strukturen (PREISIG et al. 1994, S. 16).
G: Die äußere Schicht wurde bei Protisten vielfach als „Cuticula" bezeichnet. MOHL (1855, Sp. 94) schlug für eine "erhärtete Oberfläche", die keine Zellwand ist, Pellicula (lat. = Häutchen) vor. CARTER (1856, S. 356) verwendete den Terminus bei Infusorien (vgl. BÜTSCHLI 1887, S. 1260).
Pelorie, f. (E: peloria, pelory F: pélorie, f.): Bildungsabweichung oder Mutation, bei der eine oft monströse aktinomorphe Blüte an Pflanzen ausgebildet wird, die sonst zygomorphe Blüten tragen. Wenn eine Endblüte bei Pflanzen auftritt, die normalerweise keine haben (z.B. Scrophulariaceae, Lamiaceae), so ist sie gewöhnlich pelorisch.
G: LINNAEUS erhielt 1741/42 von einem Schüler eine Pflanze von *Linaria vulgaris* mit radiären Blüten (mit 5 Spornen und 5 Stamina), die er als Gattung *Peloria* (LINNAEUS 1744; von gr. pelor, Ungeheuer) beschrieb (vgl. G. ERIKSSON 1983, S. 94). Sie erschütterte seine

Vorstellung von der Konstanz der Arten.
peltat, schildförmig (E: peltate F: pelté): Blatt mit einem in sich geschlossenen Rand: **Schildblatt** (E: peltate leaf). Dabei setzt der Stiel auf der Fläche an und ist unifacial. Die Bezeichnung kommt von lat. pelta, Schild.
Lit.: TROLL (1932 b; 1933).
Penaea-Typ → Embryosacktypen
Pendelsymmetrie, f. (E: pendulum symmetry): Regelmäßig abwechselnde Förderung rechts und links von einer Achse, wie z.B. bei einem Zellfaden, der abwechselnd rechts und links Seitenäste ausbildet.
G: GOEBEL (1928, S. 252). Nach TEPPNER (in litt.) wäre „oscillation symmetry" eine korrektere Übersetzung.
Penduliflorie → Flagelliflorie
pentamer, fünfzählig (E: pentamerous F: pentamère): Aus fünf Teilen bestehend, meist bezogen auf einen Kreis einer Blüte, z.B. pentameres Gynoeceum.
pentaploid → Polyploidie
pentarch → Zentralzylinder
pentazyklisch (E: pentacyclic F: pentacyclique): Blüte, die aus fünf Kreisen besteht, üblicherweise Kelch-, Kronblätter, zwei Kreise Staubblätter, Fruchtblätter.
Pentosephosphatweg, m.: Im Cytoplasma und in Chloroplasten ablaufender zyklischer Stoffwechselprozess, bei dem Zucker zu CO_2 abgebaut wird und $NADPH+H^+$ sowie Zuckerphosphate für andere Reaktionen bereitgestellt werden. Dies ist der oxidative Pentosephosphatweg; ihm gegenüber wird der Calvin-Zyklus auch als reduktiver Pentosephosphatweg bezeichnet.
Peperomia-Typ → Embryosacktypen
Peptide, n.pl. (E: peptids F: peptides): Verbindungen aus einer begrenzten Zahl von → Aminosäuren in Peptidbindung. **Oligopeptide** enthalten bis zu 30 Aminosäurereste, Polypeptide (= → Proteine) über 30.
perenn, perennierend, ausdauernd (E: perennial F: pérenne, pérennant, vivace): Pflanze, die mehrere Jahre lebt und - meist erst nach einer Jugendphase - jährlich blüht und fruchtet. Hierzu gehören die Holzpflanzen und die → Stauden (im weitesten Sinn).
perennierend → perenn
perfektes Stadium → Teleomorphe
Perforationsplatte, f. (E: perforation plate F: cloison perforée): Durchbrochene Querwand zwischen den Tracheengliedern. Vgl.

Perianth

→ Tracheentypen (A.).
Perianth, n., Blütenhülle, f. (L: perianthium, n., pl. perianthia E: perianth F: périanthe, m.):
1. bei Angiospermen: Die gesamte Blütenhülle unabhängig davon, ob sie in Kelch und Krone gegliedert ist.
G: Das Wort perianthium (von gr. peri-, um, und anthos, Blüte) tritt zuerst bei JUNGIUS (1678) auf und bezeichnet hier und auch bei RAY (1682) und LINNAEUS (1751) den Kelch. Das erklärt sich daraus, dass die Krone als die eigentliche Blüte angesehen wurde. Seit MIRBEL (1815, S. 250) wird Perianth für Blütenhülle im weiteren Sinn verwendet.
2. bei Lebermoosen (vgl. Ch. G. NEES VON ESENBECK 1833): Hülle aus drei verwachsenen Blättchen um die Archegonien und später das Sporogon (vgl. LEITGEB 1877).
3. bei Laubmoosen in der älteren Literatur: Die Hülle um die Gametangienstände (→ Perichaetium).
peribakteroide Membran → Bakteroide
Periblem → Histogentheorie
Pericambium → Perizykel
Pericarpium → Perikarp
Pericaulomtheorie, f. (F: théorie du péricaulome): Nach dieser Theorie ist die Sprossachse der Kormophyten aus einem „Ur-Caulom" entstanden, das mit den Blattbasen verschmolzen ist, die das „Peri-Caulom" bilden.
G: POTONIÉ (1898, S. 21; 1902). Die Vorstellungen von POTONIÉ haben Beziehungen sowohl zu der → Phytontheorie, als auch zur → Telomtheorie.
Perichaetialblätter → Perichaetium
Perichaetium, n. (E: perichaetium F: périchète, m., périchaetium, m.): Gesamtheit der einen weiblichen Gametangienstand bei den Moosen umgebenden Blättchen, der **Perichaetialblätter**.
G: Der Name wurde zunächst (schon DILLENIUS 1741) für die Blättchen verwendet, die → Seta (gr. chaite, Haar, Borste) am Grunde umgeben (diese stehen vorher um die damals noch nicht bekannten Archegonien!). Später wurde die Bedeutung von manchen deutschen Autoren erweitert für alle Blättchen um Gametangienstände. Weitere Namen sind Peripodium, Involucrum und Perianthium.
pericolpat → pantocolpat
pericytisch → Stomata-Typen (B.)
Periderm, n. (E: periderm F: périderme, m.): Das → Phellogen (Korkcambium) und die von ihm gebildeten Schichten → Phelloderm und → Phellem.
G: Der Begriff Periderma wurde von MOHL (1836, S. 17) in etwas engerem Sinn für die neu gebildete „Rindenhaut" von Betula geschaffen. Die jetzt übliche weite Fassung geht auf de BARY (1877, S. 121, 560) zurück.
Peridie, f. (L: peridium, n. E: peridium F: péridium, m.): Die äußere Hülle von Fruchtkörpern der Gasteromyceten, auch für andere Fruchtkörper verwendet. Bei den Gasteromyceten ist sie häufig in eine **Exoperidie** (E: exoperidium F: exopéridium) und eine **Endoperidie** (E: endoperidium F: endopéridium) gegliedert.
G: Eingeführt von PERSOON (1796, S. 2).
Peridiole, f. (L: peridiolum, n. E: peridiole F: péridiole, m.): Bereiche der Sporen bildenden Masse (der → Gleba) der Fruchtkörper bestimmter Gasteromyceten, die von einer sekundären Hülle umschlossen sind, und als Ganzes verbreitet werden. Typisch für die Nidulariaceae.
G: E. FRIES (1823, S. 297) spricht von einem peridium partiale.
perigen → Stomata-Typen (A.)
Perigon, f. (L: perigonium, n. E: perigone F: périgone, m.): Blütenhülle, die nicht in Kelch und Krone gegliedert ist. Dies ist bei den Monokotylen die Regel. Die Glieder des Perigons sind die → Tepalen.
G: Von EHRHART (1784 a, S. 115; b, S. 123; 1788) wurde Perigonium im Sinne von Perianth (Kelch und Krone) eingeführt, seit LINK (1798, S. 88) wird es für die nicht in Kelch und Krone gegliederte Hülle verwendet.
Perigonblatt → Tepalum
Perigonialblätter → Perigonium
Perigonium, n. (E: perigonium F: périgone, m.): Bei Moosen die Gesamtheit der einen Antheridienstand umgebenden Blättchen, der **Perigonialblätter**. Im Deutschen oft auch als → Perichaetium bezeichnet.
G: HEDWIG (1798, S. 126).
perigyn (E: perigynous F: périgyne): Stellung der Blütenorgane (Sepalen, Petalen, Stamina) am Rand eines Blütenbechers, in dem sich das → Ovar befindet.
G: JUSSIEU (1789, S. XIII).
Perigynium → Marsupium
Perikambium → Perizykel
Perikarp, n., Fruchtwand, f. (L: pericarpium,

n. E: pericarp F: péricarpe, m.): Die aus der Wand des Ovars hervorgehende Wand der Frucht. - Der Terminus wird auch für die Hülle des → Cystokarps bei Rotalgen verwendet.
G: Das griechische Wort kommt schon bei ARISTOTELES und THEOPHRASTUS vor. CAESALPINUS (1583, S. 16) verwendet es nur für eine fleischige Fruchtwand.
Perikaulom → Pericaulomtheorie
Perikladium, n. (E: pericladium F: périclade, m.): Oberer Teil eines so genannten „gegliederten" Blütenstieles (z.B. bei den Anthericaceae und Asparagaceae), der als Verwachsungsprodukt von Stiel und Perigon gedeutet wird.
G: VELENOVSKÝ (1904, S. 291). – Vgl. SCHLITTLER (1943).
periklin (E: periclinal F: péricline): Zellwandrichtung parallel zur Oberfläche des Organs, insbesondere eines Vegetationskegels (Gegensatz: → antiklin).
G: SACHS (1877, S. 227; 1878, S. 58).
Periklinalchimäre, f. (E: periclinal chimera F: chimère périclinale, f.): Eine → Chimäre, bei der die Gewebe verschiedener Herkunft am Vegetationskegel schalenförmig übereinander liegen, durch → perikline Wände voneinander abgegrenzt.
G: BAUR (1909, S. 344).
Perine → Perispor
Perinuclearzisterne → Kernhülle
peripatrisch → Artbildung
Periphyse, f. (E: periphyse F: périphyse, f.): Haarartige unverzweigte Hyphe, die zu vielen die Ausgangskanäle (das → Ostiolum etc.) von Perithecien und Pyknidien auskleiden.
G: Erstnachweis: FÜISTING (1867, S. 179).
Periplasma, n. (E: periplasm F: périplasme, m.): Restplasma, das bei der Sporen- oder Gametenbildung in Asci oder Oogonien (z.B. der Peronosporales) übrig bleibt und zur Bildung der Perispors beitragen kann. In den Asci auch als → Epiplasma bezeichnet.
G: De BARY (1866, S. 159) als „peripherisches Protoplasma", später als Periplasma (de BARY 1884, S. 143).
Periplasmodium, n. (E: periplasmodium F: périplasmode, m.): Masse aus Protoplasten in Sporangien und Antheren, die sich aus den Tapetumzellen vom Typ eines amöboiden Tapetums gebildet hat. Das Periplasmodium ist an der Bildung der Sporen- bzw. Pollenkornwand beteiligt.

G: HANNIG (1911, S. 210).
Periplast → Pellicula
periporat → pantoporat
Perisperm, n. (E: perisperm F: périsperme, m.): Nährgewebe der Samen mancher Angiospermen (z.B. Piperaceae, Caryophyllales), das sich aus dem → Nucellus (also außerhalb des Embryosackes) entwikkelt. Es ist diploid.
G: Die Bezeichnung Perisperm (von gr. peri, um, herum, und sperma, Samen) bedeutete zunächst (JUSSIEU 1789, S. VI, XVII) ganz allgemein das Nährgewebe der Samen, bei RICHARD (1808) dagegen die Testa! Erst BRONGNIART (1827, S. 265) unterschied im heutigen Sinne Endosperm und Perisperm.
Perispor, f., Epispor, n., Perine, f. (E: perispore, perisporium, perine F: périspore, f., périne, f.): Nach der Bildung des → Exospors zusätzlich außen aufgelagerte Schicht bei Moos- und Farnsporen, die sich auch chemisch vom Exospor unterscheidet.
G: Episporium wurde von de BARY (1864/65, S. 79) eingeführt, RUSSOW (1872, S. 70) benutzte Perisporium oder Episporium. STRASBURGER (1882 b, S. 135) schuf Perine in Anlehnung an Intine und Exine. Neuerdings wird zunehmend dieses Begriffsystem auch bei Sporen angewendet (z.B. SCHNEIDER & PRYER 2002).
Peristom, n. (E: peristome, peristomium F: péristome, m.): Die Zähne, die die Öffnung der Laubmooskapsel umgeben (vgl. → Peristomtypen).
G: DILLENIUS (1741) sprach von einer „capsula ora pilosa" (Kapsel mit behaartem Mund), HEDWIG (1782, S. 83-84) vom Peristom.
Peristomtypen:
A. Nach dem grundsätzlichen Bau der Peristomzähne:
- **nematodont** (E: nematodontous F: nématodonte): Mit kurzen Zähne aus ganzen dickwandigen Zellen (Polytrichales).
- **arthrodont** (E: arthrodontous F: arthrodonte): Mit Zähnen aus den lokal verdickten periklinen Zellwänden zwischen zwei bis drei Zellreihen.
G: MITTEN (1859, S. 7, 149) schuf die Gruppen der Arthrodonti und Nematodonti, davon wurden die Adjektive abgeleitet.
B. Innerhalb des arthrodonten Peristoms:
- **haplolepid**, einfaches Peristom (E: haplolepidous F: haplolépidé): Mit nur einer Reihe aus 16 Zähnen, die auf der Außenseite an

eine, auf der Innenseite an zwei Zellreihen grenzen.
- **diplolepid**, doppeltes Peristom (E: diplolepidous F: diplolépidé): Mit einer äußeren Reihe (**Exostom**) aus 16 kräftigen Zähnen, die außen an zwei, innen an eine Zellreihe grenzen und einer inneren zarten Membran (**Endostom**) mit 16 Zähnen und zusätzlichen Wimpern.
G: Ein einfaches und doppeltes P. hat schon HEDWIG (1782, S. 83-84) unterschieden. Die Einteilung in Haplo- und Diplolepidae geht auf PHILIBERT (1884, S. 67) zurück, sie bezog sich auf die Struktur der Außenseite der Zähne. Später wurden die Termini umgedeutet in die weitgehend damit übereinstimmenden Gruppen mit einfachem und doppeltem Peristom.
Lit.: EDWARDS (1984).
Perithecium, n. (E: perithecium F: périthèce, m.): Birnen-, flaschen- oder kugelförmiges kleines Ascokarp mit einer kleinen Öffnung (→ Ostiolum) an der Spitze bei einem Teil der Ascomyceten und Ascolichenen.
G: PERSOON (1794, S. 64). Vgl. zur Definition HOLM (1958).
peritrich → Begeißelung (C.)
perizentrisch → Inversion
Perizonium, n. (E: perizonium F: périzonium, m.): Innerhalb der Zelle gebildete zweischichtige Wand der → Auxosporen bei pennaten Diatomeen.
G: Ursprünglich war P. ein Gattungsname, bis sich herausstellte, dass es sich nur um ein Entwicklungsstadium handelt. PFITZER (1871 a, S. 67) verwendete P. zuerst als Bezeichnung für die Auxosporenwand; v. STOSCH (1962) wies nach, dass ein P. nur bei den pennaten Diatomeen vorkommt.
Perizykel, n., Pericambium, n. (E: pericycle F: péricycle, m.): Die an die → Endodermis der Wurzel innen angrenzende Zellschicht oder Zellschichten. In ihr entstehen die Anlagen für Seitenwurzeln.
G: Diese Zellschicht wurde wegen ihrer lang andauernden Teilungsfähigkeit zuerst von NÄGELI & LEITGEB (1868) Pericambium genannt. Van TIEGHEM, der zunächst von „assise rhizogène" (wurzelbildende Schicht) gesprochen hatte, da sich hier die Seitenwurzeln bilden, führte 1882 (S. 280) den heute am häufigsten verwendeten Terminus Perizykel ein.
Perldrüsen, f.pl. (E: pearl bodies F: corps de perle): Drüsenhaarartige Gebilde (rundlich, glänzend) an Blättern, die meist viel Lipide enhalten und Ameisen als Nahrung dienen können.
G: Zuerst beschrieben und benannt von MEYEN (1837, S. 47). Da es sich nicht um sezernierende Drüsen handelt, führte O'DOWD (1982, S. 40) „pearl bodies" ein.
Peroxisom, n. (E: peroxisome F: peroxysome, m.): Zellorganell (Vesikel), das durch hohe Katalase-Konzentration charakterisiert ist. In den Blättern läuft in den Peroxisomen (ein Teil der ?) die Lichtatmung ab. Die → Glyoxysomen gelten als besondere Form von Peroxisomen oder beide werden als **Microbodies** zusammengefasst.
G: Die Peroxisomen gehörten zu den Microbodies. Sie wurden zuerst von DE DUVE (1965, S. 25 A) aus tierischen Geweben beschrieben und benannt.
Lit.: SAUTTER (1992).
Personatae, Maskenblütige: Ordnung sympetaler Familien, die sich um die Scrophulariaceae gruppieren.
G: TOURNEFORT (1700, S. 73) bezeichnete die Blüte einiger Scrophulariaceae als „flos personatus". In seinem Fragment eines natürlichen Systems hat LINNAEUS (1751, S. 34) die Personatae nur durch die Aufzählung von Gattungen (der Scrophulariaceae, Acanthaceae, Bignoniaceae und anderer) charakterisiert. Der Name leitet sich von der → Maskenblume (Maske = persona) vieler ihrer Vertreter her. Eine Gruppe der Personatae haben später z.B. DRUDE (1885-87, S. 372) und WARMING & MÖBIUS (1929, S. 449).
Perula → Knospenschuppe
Petalodie, f., Petaloidie, f. (E: petalody F: pétalodie, f.): Bildung von Petalen oder petalenähnlichen Bildungen anstelle anderer Phyllome der Blüte. Am häufigsten ist Petalodie der Stamina, die zu gefüllten Blüten führt.
Petaloidie → Petalodie
Petalum, n., pl. Petala, Kronblatt, n., Blütenblatt, n. (E: petal F: pétale, m.): Eines der Blätter der Blütenkrone, wenn Kelch und Krone vorhanden sind. Die Petalen sind meist lebhaft gefärbt oder weiß und sitzen mit verschmälerter Basis an der Achse an. Dies ergibt oft eine deutliche Gliederung in den stielartigen → Nagel und die erweiterte → Platte.
G: Petalon für „floris folium" (Blütenblatt)

wurde in der Neuzeit zuerst von COLUMNA (1592) verwendet (vgl. PRÉVOST 1965). Er übernahm das Wort von DIOSKURIDES. RAY (1682) und LINNAEUS (1735 b) führten es in die moderne Terminologie ein.
Petiolus, m., Blattstiel, m. (E: petiole, leaf stalk F: pétiole, m.): Stark verschmälerter, oft fast stielrunder Teil unterhalb der Blattspreite. Er tritt bei vielen Dikotylen auf, bei Monokotylen sind gestielte Blätter selten.
G: Das Wort wurde schon von FUCHS (1542) verwendet.
Pfahlwurzel, f. (L: radix palaris E: taproot F: racine pivotante): Kräftig entwickelte, verdickte → Primärwurzel, wie sie für viele Gymnospermen und Dikotylen typisch ist. Die Primärwurzel übertrifft dabei die Seitenwurzeln an Länge und Durchmesser.
Pfeffersche Zelle → Osmometer
Pflanze → Pflanzenreich
Pflanzenfresser → Herbivore
Pflanzengeographie, f., Phytogeographie, f., Geobotanik, f. (L: geographia plantarum, historia vegetabilium geographica, f. E: plant geography, phytogeography, ecology F: géographie botanique, phytogéographie, f., biogéographie végétale, géobotanique, f.): Im weiteren Sinne die Untersuchung der Pflanze in ihren Beziehungen zur Umwelt: Verbreitung der Pflanzen auf der Erde (→ Floristik, → Chorologie, → Pflanzensoziologie), Geschichte der Entstehung der heutigen Verbreitung (Floren- und Vegetationsgeschichte) und → Ökologie. - Im englischen Sprachraum wird unter phytogeography in erster Linie die Chorologie (Arealkunde) und die Floren- und Vegetationsgeschichte verstanden. Auch im Deutschen wird Pflanzengeographie z.T. so eingeschränkt gebraucht.
G: Die Bezeichnung Pflanzengeographie findet sich in lateinischer Form bei STROMEYER (1800), im Deutschen wurde sie bekannt durch A.v. HUMBOLDT (1807). Schon wesentlich früher verwendet LESSER (1751, S. 321) botanische Geographie unter Bezugnahme auf ein Manuskript von CH. MENTZEL (1622-1701). Geobotanik als Bezeichnung, die betont, dass es sich um einen Teil der Botanik handelt, geht auf GRISEBACH (1866) zurück. Geobotanik wurde vor allem durch das von E. RÜBEL 1918 begründete Geobotanische Forschungsinstitut in Zürich und dessen Veröffentlichungen bekannt, hat sich aber außerhalb Mitteleuropas nicht durchgesetzt.
Pflanzengesellschaft → Biozönose
Pflanzenkunde → Botanik
Pflanzenphysiologie → Physiologie
Pflanzenreich, n. (L: regnum vegetale, E: plant kingdom F: règne végétal): Die Gesamtheit der Pflanzen als oberste taxonomische Einheit.
G: Die Auffassung von den Grenzen des Pflanzenreiches hat sich gewandelt. Bis in das neunzehnte Jahrhundert schienen Tier-, Pflanzen- und Mineralreich im Ganzen gut getrennt. LINNAEUS (1735 a) brachte es auf die Formel: „Lapides crescunt. Vegetabilia crescunt & vivunt. Animalia crescunt, vivunt, & sentiunt" (Die Steine wachsen, die Pflanzen wachsen und leben, die Tiere wachsen, leben und fühlen). Die bessere Kenntnis der einzelligen Organismen zeigte, dass die Abgrenzung zwischen tierischen und pflanzlichen Organismen dort schwierig ist. Sie führte zur Aufstellung des Begriffs der → Protoctista bzw. → Protisten. Erst in diesem Jahrhundert wurde klar, dass die → Prokaryoten ein Reich für sich bilden. Heute werden allgemeine auch die → Fungi (Pilze) aus den Pflanzen ausgeschlossen, so dass diese – von einigen Parasiten abgesehen – durch den Besitz von Chloroplasten ausgezeichnet sind. Im engsten Sinn (z.B. MARGULIS & SCHWARTZ 1988) werden die Pflanzen mit den → Embryobionta gleichgesetzt.
Pflanzensoziologie, f. (E: plant sociology F: phytosociologie, f.): Zweig der Vegetationskunde, dessen Ziel die Beschreibung der Vegetation durch den Aufbau eines Systems von Vegetationseinheiten (→ Syntaxa) ist. Dabei wird in erster Linie die Artenzusammensetzung berücksichtigt (→ diagnostische Arten). Die Pflanzensoziologie im engeren Sinn lehnt sich an die Sippensystematik an und wird auch als → Syntaxonomie bezeichnet (vgl. auch → Nomenklatur, pflanzensoziologische).
G: In ihrer strengen Form wurde die Pflanzensoziologie zunächst vor allem von JOSIAS BRAUN-BLANQUET (1884-1980) geprägt, der 1928 das erste Lehrbuch dieser Disziplin schrieb. Im angloamerikanischen Bereich werden seine Methoden bis heute kaum verwendet.
Pflanzenwelt → Vegetation
Pflanzenzelle, f. (E: plant cell F: cellule

Pfropfchimäre

végétale): Es handelt sich um einen → Eucyt, der Plastiden besitzt und fast immer von einer Zellwand umgeben ist. Zur Diskussion darüber, ob die Zellwand zur Pflanzenzelle gehört vgl. ROBINSON (1991).
Pfropfchimäre, f. (E: graft chimaera F: chimère de greffe, f.): Durch Pfropfung entstandene → Chimäre, früher auch Pfropfbastard oder Pfropfmischling genannt (FOCKE 1881).
Pfropfen → Pfropfung
Pfropfung, f., Pfropfen, n. (E: grafting F: greffage, m.): Künstlich herbeigeführte mechanische Verbindung von Teilen zweier Pflanzen, die zur Verwachsung führt.
P-Generation → Generation (2)
Phän, n. (E: phene F: phène, m.): Das Erscheinungsbild eines Merkmals im Gegensatz zu seiner genetischen Grundlage.
Phänetik, f., numerische Taxonomie, f. (E: phenetics, numerical taxonomy F: taxonomie phénétique, taxonomie numérique): Richtung der Systematik, die die Merkmale (Phäne) bewusst nicht verschieden bewertet, sondern alle gleich behandelt und aus ihnen mit verschiedenen mathematischen Methoden eine Gesamtähnlichkeit zwischen den Sippen errechnet, die als → Phänogramm dargestellt werden kann. Phylogenetische Überlegungen werden nicht angestellt.
G: Abgesehen von einzelnen älteren Arbeiten, die mathematische Methoden einsetzten, begann die Entwicklung der numerischen Taxonomie um 1957. CAIN & HARRISON (1958) hielten „overall similarity" (Gesamtähnlichkeit) für den Grundgedanken der Verwandtschaft und nannten eine Anordnung danach (1960, S. 3) "phenetic". SNEATH & SOKAL (1962) verwendeten zuerst (?) „Numerical Taxonomy". - Die Entwicklung der Kladistik drängte die Numerische Taxonomie zurück.
Lit.: SNEATH & SOKAL (1973), VERNON (1988): Begründung der Phänetik.
Phänogramm, n. (E: phenogram F: phénogramme, m.): Graphische Darstellung von Ähnlichkeitsbeziehungen, wie sie die → Phänetik errechnet. Äußerlich kann ein Phänogramm einem → Kladogramm ähnlich sein, es erhebt aber nicht den Anspruch, Abstammungsverhältnisse zu zeigen. Die einzelnen Äste werden daher nicht als ein → Clade bezeichnet sondern als **Cluster**.

240

G: Der Begriff wurde gleichzeitig von MAYR (1965) und CAMIN & SOKAL (1965, S. 312) eingeführt.
Phänokopie, f. (E: phenocopy F: phénocopie, f.): Eine durch Umwelteinflüsse hervorgerufene Abänderung (→ Modifikation), die einer genetisch veränderten Form (→ Mutante) gleichsieht. So sind Zwergformen häufig durch extreme Umweltfaktoren hervorgerufen, können aber auch genetisch bedingt sein.
G: GOLDSCHMIDT (1920, S. 134 ff.) untersuchte das schon früher beobachtete Phänomen zunächst an Schmetterlingen genauer, erst viel später (1935, S. 46) schuf er die Bezeichnung Phänokopien.
Phänologie, f. (E: phenology F: phénologie, f.): Die Beobachtung periodisch wiederkehrender Erscheinungen der Pflanzen in ihrer Beziehung zur geographischen Lage, dem Standort und den Klimadaten. Bei Blütenpflanzen werden u.a. Laubaustrieb, erste Blüte, erste Frucht besonders beobachtet.
G: Die ersten phänologischen Notizen stammen aus Ostasien. In Europa machte R. MARSHAM in Statton ab 1736 regelmäßige Aufzeichnungen (LAUSCHER 1978), bald darauf LINNAEUS (1751, S. 271). Die Bezeichnung Phänologie wurde zuerst in der französischen Form von MORREN (1853, S. 160) benutzt, im Deutschen dann von C. FRITSCH (1856) eingeführt. Geschichtlicher Überblick bei IHNE (1884) und SCHNELLE (1955).
Phänotyp → Phänotypus
Phänotypus, m., Phänotyp, m. (E: phenotype F: phénotype, m.): Die konkrete Ausprägung eines Individuums in Gestalt, Bau und Funktion, wie sie sich als Ergebnis des → Genotypus und der jeweiligen Umwelt darstellt.
G: JOHANNSEN (1909, S. 130) verstand darunter zunächst den „statistisch hervortretenden Typus" einer Population (vgl. CHURCHILL 1974), erst später wurde der Phänotypus dann (auch von ihm) auf das Individuum bezogen.
Phaeophyceae, Phaeophyta → Braunalgen
Phaeoplast, m. (E: phaeoplast F: phéoplaste, phaeoplaste, m.): Die durch Fucoxanthin und Xanthophylle braun gefärbten Plastiden der Braunalgen (Phaeophyceae).
G: A.F.W. SCHIMPER (1885, S. 31, 34).
Phagocytose → Endocytose

Phagotrophie, f. (E: phagotrophy, phagotrophie, f.): Ernährung durch Aufnahme fester Nahrungspartikel mithilfe der Phagocytose (→ Endocytose). Sie tritt vor allem bei manchen im Wasser lebenden Algen auf, aber auch z.B. bei Myxomyceten.

Phanerogamen, f. pl. (E: phanerogams F: Phanérogames): Pflanzen mit Blüten und Samen (→ Gymnospermen + → Angiospermae = → Samenpflanzen).
G: Bei LINNAEUS (1735 a) werden die ersten 20 Klassen, bei denen die Sexualvorgänge deutlich erkennbar sein sollen, als „Publicae" zusammengefasst. Phanerogamen wurde nach SACCARDO (1906, S. 27) als Gegenstück zu den Cryptogamae zuerst 1791 von SAINT-AMANS benutzt. Bekannt wurde die Bezeichnung erst durch VENTENAT (1799, S. 439), der in seinem Wörterbuch „Plantes Phanérogames" verwendet.

Phanerophyt, m. (E: phanerophyte F: phanérophyte, m.): Pflanze, deren Überdauerungsknospen deutlich über der Bodenoberfläche liegen und zwar noch über der üblichen Schneehöhe. Hierzu gehören die Bäume und Sträucher.
G: RAUNKIAER (1905, S. 355).

Phaneroplasmodium → Plasmodiumtypen

phaneropor (E: phaneropor F: phanéropore): Laubmooskapsel mit nicht in die Oberfläche eingesenkten Stomata.

Pharmakophagie, f. (E: pharmocophagy F: pharmacophagie, f.): Aufnahme von Pflanzengiften durch Tiere (meist Insekten), die sich dadurch vor Fraßfeinden schützen können.

Phasenwechsel → Kernphasenwechsel

Phellem, n., Korkgewebe, n. (E: phellem(a) F: phellème, m., liège, m.): Vom → Phellogen nach außen abgeschiedenes verkorktes Gewebe.
G: v. HÖHNEL (1878, S. 600).

Phelloderm, n. (E: phelloderm F: phelloderme, m.): Vom → Phellogen nach innen abgegebene Zellen.
G: SANIO (1860, S. 47), deutsch: Korkrindenschicht.

Phellogen, n., Korkcambium, n. (E: phellogen, cork cambium F: phellogène, m., assise subéro-phellodermique): Meristem, das meist aus der subepidermalen Schicht (seltener aus der Epidermis oder tieferen Rindenschichten) entsteht. Es liefert nach außen das → Phellem (Korkgewebe), nach innen das → Phelloderm.
G: NÄGELI (1858, S. 3) nannte das Gewebe Phellogen, SANIO (1860) Korkcambium.

Phelloid, n. (E: phelloid F: phelloïde, m.): Suberinfreie (nicht verkorkte) Zellen im Korkgewebe.
G: v. HÖHNEL (1878, S. 600).

Pheromon, n. (E: pheromone F: phéromone, f.): Wirkstoff, der von einem Organismus nach außen abgegeben wird, und andere derselben Art beeinflusst. Bei den Pflanzen gehört dazu das → Ethylen.
G: Pheromone sind aus dem Tierreich seit langem bekannt (z.B. als Sexuallockstoffe bei Schmetterlingen). Sie wurden von BETHE (1932, S. 178) **Homoiohormone** genannt. Der heute übliche Terminus Pheromone wurde erst durch KARLSON & LÜSCHER (1959) geprägt.

Pherophyll → Tragblatt

Phialide, f. (E: phialide F: phialide, f.): Konidienbildende Zelle von etwa flaschenförmiger Gestalt. Mehrere Phialiden können an einer Zelle (**Metula**) ansitzen, z.B. bei *Penicillium*. Definitionen späterer Autoren berücksichtigen stärker die Entwicklung.
G: Durch VUILLEMIN (1910 a, S. 883) von einer bestimmten Gruppe der → Fungi imperfecti beschrieben; abgeleitet von gr. phiale, Schale, Urne.
Lit.: MINTER, KIRK & SUTTON (1982, 1983), MINTER, SUTTON & BRADY (1983)

Phialokonidie, f., Phyalospore, f. (E: phialospore F: phialospore, f.): In einer → Phialide gebildete Konidie.

Phi-Scheide, Φ-Scheide, f. (E: phi-sheath): Scheide aus Zellen, die an den Radialwänden verdickt sind. Eine solche Scheide, die meist außen an die Endodermis angrenzt, ist vor allem aus den Wurzeln von Coniferen, Rosaceen und Brassicaceen bekannt.
G: Van TIEGHEM (1870/71, Taf. 3, Fig. 3) beobachtete sie zuerst bei Coniferen. RUSSOW (1875, S. 73) nannte sie Φ-Scheide „weil der Querschnitt der verdickten Wand dem griechischen Buchstaben Φ gleicht."

Phloem, n., Siebteil, m. (E: phloem F: phloème, m., liber, m.): Der Teil eines Leitbündels, der die assimilatleitenden Elemente (→ Siebröhren mit → Geleitzellen bzw. Siebzellen) und die sie begleitenden Parenchymzellen und mechanischen Zellen (Bastfasern) umfasst. Beim sekundären Dicken-

wachstum gehört zum Phloem alles, was das Cambium nach außen abscheidet. Vgl. → Leptom.
G: In der Frühzeit der Anatomie hielt man das Phloem für ein einzelnes Gefäß mit milchigem Saft und zählte es zusammen mit den Milchröhren zu den „vasa propria". MOLDENHAWER (1812, S. 126 ff., Taf. 1, Fig. 1) wies den Aufbau aus zwei Typen von Zellen (Siebröhren und Geleitzellen) nach. Die Einführung des Begriffes Phloem geht (wie bei seinem Gegenstück Xylem) auf NÄGELI (1858, S. 9) zurück. Das gr. Wort phloios, Rinde, Bast, Borke, wird schon von THEOPHRAST gebraucht. Die deutsche Bezeichnung Siebteil stammt von de BARY (1877, S. 330). HABERLANDT (1879) hat den Siebteil im engeren Sinn (ohne mechanische Elemente) Leptom genannt.
Lit.: ESAU (1969 b).
Phloembeladung, f. (E: phloem loading F: chargement de phloème): Die Übergabe der Assimilate von den Mesophyllzellen in die Siebzellen bzw. Siebröhren. Sie kann apoplasmatisch erfolgen (bei Saccharose als Haupttransportzucker) oder symplasmatisch (bei Transport von Oligosacchariden).
Phloementladung, f. (E: phloem unloading F: déchargement de phloème): Sie erfolgt in nichtspeichernden Geweben (wachsende Wurzeln, Sprosse) symplasmatisch, bei der Aufnahme in Speichergewebe apoplasmatisch.
Phloementwicklung, f.: Man unterscheidet:
- **Protophloem**, n. (E: protophloem F: protophloème, m.): Das zuerst ausdifferenzierte Phloem.
G: RUSSOW (1872, S. 4).
- **Metaphloem**, n. (E: metaphloem F: métaphloème, m.): Innerhalb eines Leitbündels das später ausdifferenzierte Phloem.
- **sekundäres Phloem** (E: secondary phloem F: deutérophloème, m., deutophloème): Vom Kambium gebildetes Phloem.
Phloemfaser → Faser
Phloemparenchym, n., Siebparenchym, n. (E: phloem parenchyma F: parenchyme librien): Parenchymzellen im Siebteil.
G: HANSTEIN (1864, S. 24) spricht zuerst von Siebparenchym.
Phloem(mark)strahl, m. (E: phloem ray F: rayon librien): Radial angeordnetes Parenchym innerhalb des sekundären Phloems (in Fortsetzung der Markstrahlen im Holz).

Phloeogen → Histogentheorie
Phloeoterma, n. (E: phloeoterma): Als → Stärkescheide oder seltener als Endodermis ausgebildete Schicht am inneren Rand der Rinde im Spross.
G: STRASBURGER (1891, S. 310).
phobische Reaktion, f., Kinese, f., Schreckreaktion, f., Phobotaxis, f. (E: phobotaxis F: phobotaxie, f.): Bewegungsreaktion, die durch plötzliche Änderungen der Reizstärke ausgelöst wird.
G: ENGELMANN (1883, S. 110) beschrieb das Verhalten von Bakterien bei plötzlicher Verdunklung als „Schreckbewegung", PFEFFER (1904, S. 755) führte Phobotaxis ein (gr. phobos, Furcht). Da es sich jedoch nicht um eine gerichtete Reaktion handelt, bevorzugt man jetzt phobische Reaktion oder Kinese.
Phobotaxis → phobische Reaktion
Phorophyt, m., Trägerpflanze, f. (E: phorophyte F: arbre support, m.): Die Pflanze, auf der ein → Epiphyt aufsitzt.
G: Der Terminus wurde von OCHSNER (1928, S. 3) eingeführt und zunächst vor allem für Kryptogamen benutzt. In den letzten Jahrzehnten hat er sich allgemein eingebürgert.
Phospholipide → Lipide
Photoautotrophie → Autotrophie
Photobiont, m. (E: photobiont F: photobionte, m.): Der Photosynthese treibende Partner in einer Flechte. Es kann sich dabei um eine Grünalge (→ Phycobiont) oder eine Cyanobakterie (→ Cyanobiont) handeln. Früher sprach man von → Gonidien.
G: AHMADJIAN (1982, S. 19).
Photodinese → Dinese
Photoheterotrophie → Photoorganotrophie
Photohydrotrophie → Autotrophie
Photoinhibition, f. (E: photoinhibition F: photoinhibition, f.): Hemmung des Photosyntheseapparates durch zu hohe Lichteinstrahlung.
Photolithotrophie → Autotrophie
Photolyse, f. (E: photolysis F: photolyse, f.): Die Spaltung des Wassers mit Hilfe der Lichtenergie. Der bei der → Photosynthese frei werdende Sauerstoff stammt aus dieser Reaktion.
Photomorphogenese, f. (E: photomorphogenesis F: photomorphogénèse, f.): Die Gesamtentwicklung einer Pflanze unter dem Einfluss des Lichtes. Die abweichende Entwicklung im Dunkeln ist die **Skotomorpho-**

genese (gr. skotos, Dunkelheit).
Photomorphose, f. (E: photomorphosis F: photomorphose, f.): Ein einzelner vom Licht beeinflusster Vorgang in der Entwicklung einer Pflanze.
Photonastie → Nastie
Photoorganotrophie, f., **Photoheterotrophie,** f.: Ernährungsweise, bei der die Energie aus dem Licht gewonnen wird, aber organische Stoffe als Elektronendonator und z.T. auch als Kohlenstoffquelle benötigt werden. Photoorganotroph sind die Purpurbakterien und die schwefelfreien grünen Bakterien.
Photoperiodismus, m. (E: photoperiodism F: photopériodisme, m.): Die Beeinflussung von Entwicklungsvorgängen, besonders der Blütenbildung, durch die Photoperiode (die zeitliche Abfolge und Dauer von Hell- und Dunkelperioden).
G: Die Bezeichnung „photoperiodism" wird schon in der Arbeit von GARNER & ALLARD (1920, S. 603) eingeführt, die das Gebiet begründete.
Photophosphorylierung, f. (E: photophosphorylation F: photophosphorylation): Bildung von ATP während der Photosynthese mit Hilfe von Lichtenergie.
Photorespiration, f., Lichtatmung, f. (E: photorespiration F: photorespiration, f.): Wesentlich für die Photorespiration ist eine Nebenreaktion der → RubisCO, bei der nicht CO_2 fixiert wird, sondern O_2 (Oxygenase-Reaktion). Formal entspricht der Prozess wegen des Sauerstoffverbrauches und der Bildung von Kohlendioxid der → Zellatmung, von der er sich aber im Ablauf stark unterscheidet. Dazu gehören auch weitere Reaktionen wie die Rückführung des gebildeten Phosphoglykolats in den Stoffwechsel.
Photorezeptor, m. (E: photoreceptor F: photorécepteur, m.): Empfangssystem für Lichtreize. Dazu gehören: 1. das → Phytochromsystem 2. die → Cryptochrome 3. die → Phototropine
Photosymbiodem, n. (E: photosymbiodeme, photomorph F: photosymbiodème, m., photomorphe, m.): Thallus einer Flechte, der zwei Symbionten enthält (Grünalge und Cyanobakterie) und dadurch aus morphologisch und physiologisch verschiedenen Teilen besteht.
G: JAMES & HENSSEN (1976) nannten die verschiedenen Ausprägungen **Morphotypen,** JØRGENSEN (1996) benutzt phototypes.

RENNER & GALLOWAY (1982, S. 197, 200) sprachen von einem **Phycosymbiodeme,** dies wurde nach Einführung des Begriffes Photobiont von OTT (1988, S. 361) in Photosymbiodeme umgeändert. Der neueste Vorschlag „photomorph" (LAUNDON 1995, 1996) hat den Nachteil, dass er wie eine Kurzform von photomorphosis wirkt.
Photosynthese, f. (E: photosynthesis F: photosynthèse, f.): Der für die Pflanzen (und einige Bakterien) grundlegende Vorgang der Synthese organischer Substanz (Glucose bzw. Stärke) in den → Chloroplasten durch die Reduktion von CO_2 mit Wasser als Reduktionsmittel und Licht als Energielieferant. Es handelt sich damit um die **Kohlenstoffassimilation.** Zwei Teile lassen sich unterscheiden: 1. **Lichtreaktion** (E: light reaction F: phase lumineuse): Absorption von Lichtquanten führt zur Freisetzung von Elektronen, die über Elektronentransportketten weitergeleitet werden. Gleichzeitig wird → ATP und NADPH geliefert, die in die Dunkelreaktion eingehen. 2. **Dunkelreaktion** (E: dark reaction F: phase obscure): In ihr läuft der → Calvin-Zyklus ab.
G: Den Grundvorgang der Photosynthese und die Bedeutung des Chlorophylls erkannte als erster INGEN-HOUSZ (1779), Einzelheiten des Chemismus wurden erst im 20. Jahrhundert aufgeklärt. Im 19. Jahrhundert bezeichnete man den Vorgang als Assimilation. Photosynthesis wurde 1893 von MACMILLAN vorgeschlagen (vgl. BARNES 1898) und durch PFEFFER (1897) allgemein bekannt.
Photosynthesepigmente, n.pl.: Pigmente, die Licht absorbieren und die an der Photosynthese beteiligt sind. Man unterscheidet: 1. **Hauptphotosynthesepigmente** (Photosynthesepigmente i.e.S.): Für die Photosynthese unentbehrliche Pigmente, die absorbierte Lichtenergie in chemische Energie umsetzen können. Hierzu gehören → Chlorophyll a, Bakteriochlorophyll und Bakteriorhodopsin. 2. **akzessorische Photosynthesepigmente**: Sie übertragen absorbierte Energie auf die Hauptpigmente oder wandeln sie in Wärme um. Beispiele sind Chlorophylle b, c, d, e, → Carotinoide und die → Phycobiliproteide.
Photosystem I und II, n. (E: photosystem F: photosystème, m.): Die beiden lichtabsorbierenden Systeme in der Thylakoidmembran, die sich durch die Absorptionseigen-

schaften ihrer Chlorophylle im Reaktionszentrum unterscheiden.
G: Untersuchungen der Wirkung einzelner Wellenlängen und ihrer Kombination (→ Emerson-Effekt) führten zu der Erkenntnis, dass es zwei Lichtreaktionen geben müsse. Duysens & Amesz (1962) sprachen dann von den Pigmentsystemen 1 und 2, später wurde Photosystem I und II üblich.
Phototaxis → Taxie
Phototrophie, f. (E: phototrophy F: phototrophie, f.): Ernährungsform, bei der die Lichtenergie zur Reduktion des Kohlendioxids genutzt wird (→ Autotrophie).
Phototropine, n.pl. (E: phototropines F: phototropines, f.): Chromoproteine, die als Blaulichtrezeptoren den Phototropismus steuern.
G: Erst 1999 wurde eindeutig nachgewiesen, dass ein bestimmtes Gen bzw. von ihm codiertes Protein als Photorezeptor für Blaulicht beim Phototropismus maßgebend ist. Es wurde Phototropin genannt (Christie et al.1999).
Phototropismus, m. (E: phototropism F: phototropisme, m.): Wachstumsbewegung, die durch den Lichteinfall reguliert wird. In der Regel wendet sich die Sprossspitze zum Licht (positiv phototropische Reaktion), die Spitze mancher Wurzeln (besonders Haft- und Luftwurzeln) vom Licht ab (negativ phototropisch).
G: Die Hinwendung von Pflanzen zum Licht ist ein altbekanntes Phänomen. Schon 1731 nannte De Mairan *Mimosa* deswegen „heliotrope" (von gr. helios, Sonne, und tropos, Richtung). A.P. de Candolle (1832, S. 844) sprach von Heliotropismus („heliotropisme"), später setzte sich Phototropismus durch.
Phragmobasidie → Basidientypen (A.)
Phragmoplast, m. (E: phragmoplast F: phragmoplaste, m.): Aus Fäden (Mikrotubuli) bestehendes Gebilde von etwa tonnenförmiger Gestalt, das sich bei der Mitose im Verlaufe der → Anaphase und → Telophase zwischen den beiden Gruppen von Chromosomen der künftigen Tochterkerne ausbildet. In seinem Äquator beginnt dann die Bildung der Zellwand. Einen Phragmoplast gibt es bei den Höheren Pflanzen und einem Teil der Grünalgen (vgl. → Phycoplast).
G: Von Errera (1888, S. 729) geprägt aus gr. phragma, Wand, Zaun, und plastos, gebildet, geformt, also wörtlich „Wandbildner".

Phragmosom, n. (E: phragmosome F: phragmosome, m.): Ansammlung von Plasma in der Ebene der späteren Zellwand bei der Teilung vakuolisierter Zellen.
G: Sinnott & Bloch (1940, S. 226).
phragmospor → Sporenformen
Phrase, f. (E: descriptive phrase F: phrase descriptive): Bezeichnung von Pflanzenarten durch eine aus wenigen Wörtern bestehende Kurzdiagnose in der Zeit vor Einführung der binären Nomenklatur durch Linnaeus (vgl. → nomen specificum).
Phreatophyt, m. (E: phreatophyte): Pflanze, die mit ihren Wurzeln das Grundwasser erreicht und damit vom Niederschlag an ihrem Wuchsort unabhängig ist.
G: Meinzer (1923, S. 55) von gr. phrear, phreatos, Quelle.
Phrygana → Garrigue
Phyalospore → Phialokonidie
Phycobiline, n.pl. (E: phycobilins F: phycobilines): Die Pigmente der → Phycobiliproteide. Am wichtigsten sind das rote **Phycoerythrobilin** und das blaue **Phycocyanobilin**. Es handelt sich um offenkettige Tetrapyrrole, die chemisch mit den Gallenfarbstoffen verwandt sind.
G: Lemberg (1928) erkannte als Erster, dass das Phycoerythrin einen Bestandteil enthält, der den Gallenfarbstoffen ähnlich ist, und nannte ihn Phycobilin, von gr. phykos, Alge, und lat. bilis, Galle.
Phycobiliproteide, n.pl., Phycobiliproteine, n.pl. (E: phycobiliproteins F: phycobiliprotéines): An der Photosynthese als akzessorische Pigmente beteiligte Farbstoffe der Cyanobakterien und Rotalgen. Am wichtigsten sind → Phycoerythrin und → Phycocyanin, daneben kommt **Allophycocyanin** vor. Sie bestehen aus einem Protein und einem die Farbe bedingenden → Phycobilin.
Phycobiliproteine → Phycobiliproteide
Phycobilisom, n. (E: phycobilisome F: phycobilisome, m.): Kugel- bis scheibenförmige Körperchen an den Thylakoiden der Rotalgen und der Cyanobakterien, die die → Phycobiliproteide enthalten.
G: Gantt & Conti (1967, S. 404).
Phycobiont, m. (E: phycobiont F: phycobionte, m.): Als Teil einer Flechte lebende Alge (Grünalge).
G: Phycobiont wurde zunächst generell für den photosynthetisch aktiven Partner der Flechte verwendet (Scott 1957, S. 486).

Nachdem die „Blaualgen" als Prokaryoten erkannt waren, schlug AHMADJIAN (1982, S. 19) vor, Phycobiont nur noch für die Grünalgen in Flechten zu benutzen (→ Photobiont, → Cyanobiont).
Phycocyanin, n. (E: phycocyanin F: phycocyanine, f.): Der blaue Farbstoff, der bei den Cyanobakterien und (in geringerer Menge) bei den Rotalgen vorkommt. Es handelt sich um ein → Phycobiliproteid, das in den → Phycobilisomen lokalisiert ist.
G: KÜTZING (1843, S. 20).
Phycocyanobilin → Phycobiline
Phycoerythrin, n. (E: phycoerythrin F: phycoérythrine, f.): Der rote Farbstoff der Rotalgen und Cyanobakterien. Es handelt sich um ein → Phycobiliproteid, das in den → Phycobilisomen vorkommt.
G: KÜTZING (1843, S. 21).
Phycoerythrobilin → Phycobiline
Phycologie, f. (E: phycology F: algologie, f., phycologie, f.): Der Teil der Botanik, der sich mit den Algen befasst. Traditionsgemäß werden dabei die Cyanobakterien („Blaualgen") mit einbezogen.
G: Spätestens seit KÜTZING (1843). Der noch heute gelegentlich verwendete Ausdruck **Algologie** (z.B. ETTL 1980) sollte vermieden werden, da er sich aus einem lateinischen und einem griechischen Wortbestandteil zusammmensetzt. In diesem Fall ist dies umso gravierender, als gr. algos Schmerz bedeutet.
Lit. zur Geschichte: PRESCOTT (1951), PAPENFUSS (1955).
Phycomyceten, Algenpilze: Heterogene Klasse älterer Pilzsysteme, zu der die jetzigen Oomycota und Zygomycetes gehörten.
G: Die Gruppe wurde von de BARY (1866, S. VI) geschaffen.
Phycoplast, m., Phykoplast (E: phycoplast F: phycoplaste, m.): Bei der Zellteilung vieler Algen zu beobachtende Struktur, die dadurch ausgezeichnet ist, dass sich Mikrotubuli in der Ebene der künftigen Zellwand anordnen. Der Phycoplast steht damit in deutlichem Gegensatz zu dem bei den Moosen und Kormophyten (und einigen offenbar mit diesen verwandten Algen) vorkommenden → Phragmoplast.
G: PICKETT-HEAPS (1972, S. 63).
Phycosymbiodem → Photosymbiodem
Phycothek, f. (F: phycothèque, f.): Algensammlung. Viele größere Algen können wie höhere Pflanzen in einem Herbar aufbewahrt werden, für andere ist eine nasse Konservierung nötig.
Phykoplast → Phycoplast
Phyletik → Phylogenetik
Phyllidium → Blättchen
Phyllodie, f. (E: phyllody F: phyllodie, f.): Laubblatt- oder hochblattartige Ausbildung von Blütenorganen.
Phyllodientheorie (der Monokotylenblätter), f. (E: phyllode theory F: théorie du phyllode): Nach dieser Theorie entspricht das Blatt vieler Monokotylen einem phyllodienartig ausgebildeten Blattstiel der Dikotylen (→ Phyllodium).
G: Der Gedanke wurde zuerst von A.P. de CANDOLLE (1827, S. 287) geäußert und vor allem von ARBER (1918) vertreten. Kritische Stellungnahmen u.a. von GAISBERG (1922) und KAPLAN (1975).
Phyllodium, n., Blattstielblatt, n. (E: phyllode F: phyllode, m.): Blatt, bei dem der Blattstiel flächig verbreitert ist, während die Blattspreite verkümmert. Am bekanntesten sind die Phyllodien mancher australischer *Acacia*-Arten.
G: Der Terminus wurde von A.P. de CANDOLLE geprägt (1813, S. 333), abgeleitet von gr. phyllon, Blatt, und -odium, das Ähnlichkeit ausdrückt.
Phylloid, n. (E: phyllid F: phyllidie, f.): Blattartige Bildung bei Algen und Moosen.
Phyllokladium, n., pl. Phyllokladien, Flachspross, m. (E: phyllocladium, phyllocade F: phyllocade, m.): Abgeflachte, blattartige Kurzsprossachse. Der Sprosscharakter ist daran zu erkennen, dass Ph. in einer Blattachsel entspringen. Bekannte Beispiele finden sich in den Gattungen *Ruscus* und *Asparagus* (man vergleiche die abweichende Deutung von SCHLITTLER [1960] als Pseudoterminalblätter, → Terminalblatt). — Auch blättchenartige Gebilde von Strauchflechten werden Ph. genannt.
G: Der Terminus stammt von BISCHOFF (1833, 1, S. 177).
Phyllom, n. (E: phyllome F: phyllome, m.): Allgemeine Bezeichnung für alle Blattorgane der Kormophyten einschließlich der Blüte.
G: SACHS (1868, S. 116).
Phyllomorph, n. (E: phyllomorph): Blattartiges Organ mancher Angiospermen (Lemnaceae, *Streptocarpus* spec.), das Eigen-

schaften von Blatt und Sprossachse vereint und aus dem durch eine Art Sprossung neue Phyllomorphe entstehen können. G: Jong & Burtt (1975, S. 297).
phylloskop → Vorderblüte
Phyllosphäre, f. (E: phyllosphere F: phyllosphère, f.): Der Lebensraum auf und in unmittelbarer Nähe eines Blattes. Außer Mikroorganismen siedeln darin vor allem epiphylle Moose und Flechten und deren Konsumenten.
phyllospor (E: phyllosporous): Adj. zu → Phyllosporie.
Phyllosporie, f. (E: phyllospory F: phyllosporie, f.): Stellung der Sporangien an Blättern im Gegensatz zur Stellung an Achsen (→ Stachyosporie). Eindeutig phyllospor sind die Farne, Cycadopsida und nach den meisten Autoren auch die Angiospermae.
G: Die Unterscheidung von Phyllo- und Stachyosporie geht auf Lam (1948, S. 129) zurück, der sich auf die Trennung von „Phyllosperms" und „Stachyosperms" bei den Gymnospermen durch Sahni (1920) stützte.
Phyllotaxis, f., Blattstellung(slehre), f. (E: phyllotaxis F: phyllotaxie, f.): Die Anordnung der Blätter am Spross und ihre Deutung.
A. Typen der Blattstellung. Nach der Zahl der Blätter an einem Knoten und nach der Stellung aufeinander folgender Blätter zueinander lassen sich folgende Haupttypen unterscheiden:
- **Wirtelstellung**, f. : Zwei oder mehr Blätter an einem Knoten. Die Blätter stehen dann:
  – **wirtelig** i.e.S., quirlig, quirlständig (L: verticillatus E: verticillate, whorled F: verticillé): Mehr als zwei Blätter je Knoten.
  – **gegenständig** (L: oppositus E: oppositeleaved F: opposé): Je zwei Blätter an einem Knoten. Fast immer sind die des nächst höheren Knoten um 90° gedreht, das nennt man **decussiert**, dekussiert, kreuzgegenständig (L: decussatus E: decussate F: décussé), bzw. **Decussation**.
- **Distichie**, f. (E: distichy F: distichie, f.): Je ein Blatt an einem Knoten. Die Blätter stehen in zwei geraden Längszeilen (Divergenz 1/2), **distich**, zweizeilig (L: distichus E: distichous F: distique). Hiervon leitet sich die **Spirodistichie** ab, bei der die Längszeilen in Schraubenlinien verlaufen.
- **Dispersion**, f., Alternanz, f.: Je ein Blatt an einem Knoten, das nächsthöhere um einen bestimmten Winkel (→ Divergenz) verschoben. Die Blätter stehen **alternierend, wechselständig** (L: alternus E: alternate F: alterne). Häufig beträgt der Winkel 2/5 des Kreisumfanges, dann steht das sechste Blatt wieder über dem ersten, oder 3/8.
G: Eine decussis (von lat. decem, zehn, wegen der Kreuzform der lat. Zehn) gibt es schon bei Fuchs. Bonnet (1754) erkannte als Erster die schraubige Anordnung, speziell die 2/5-Stellung („en quinconces", → Quincunx).
B. Theorien der Blattstellung
- **Spiraltheorie**, f. (E: spiral theory F: théore de la spirale): Nach ersten Anfängen (Bonnet 1754) wurde diese beschreibende Theorie von C.F. Schimper (1829/30), A. Braun (1831), C.F. Schimper in A. Braun (1835) und Bravais & Bravais (1837 a) entwickelt. Danach liegt die Basis aller Blätter bei Dispersion auf einer **genetischen** oder **Grundspirale**, die Winkelabstände zwischen einem Blatt und dem nächsten (→ Divergenz) lassen sich durch eine Reihe von Brüchen (am häufigsten 1/2, 2/5, 3/8) beschreiben. Dabei gibt der Zähler an, wie viele Blätter zu einem Zyklus gehören (bei 2/5 sind es 5, d.h. das sechste steht über dem ersten), und der Nenner, wie viele Umläufe zu einem Zyklus gehören. Die gerade übereinander stehenden Blätter bilden eine **Orthostiche**. Bei höheren Werten der Reihe, z.B. 13/34, lassen sich neben der Grundspirale noch steilere Spiralen, die Nebenzeilen oder **Parastichen**, erkennen. - Nach Bravais & Bravais (1837 a) und Hirmer (1931) tendieren alle höheren Schraubenstellungen zu einem Grenzwert, der **Limitdivergenz** (c. 137°30′), einem Wert, der den Kreisumfang irrational teilt, so dass theoretisch kein Blatt genau über einem anderen steht. Empirisch lässt sich das aber wegen der großen Messfehler nicht nachweisen. - Eine andere Spiraltheorie hat Plantefol (1946-47) entwickelt. Danach gibt es nicht eine genetische Spirale, sondern mehrere (vgl. Loiseau 1969).
- **mechanische Theorie**, f.: Schwendener (1878) versuchte – aufbauend auf Gedanken von Hofmeister (1868, → Hofmeister-Regel 2.) – zu zeigen, dass mechanische Verhältnisse am Vegetationskegel für die Blattstellung maßgebend sind. Abwandlungen dieser Theorie gehen von Hemmfeldern der älteren Anlagen aus. Auf dieser Grundlage lassen sich die typischen Zah-

lenverhältnisse auch aus mathematischen Modellen ableiten (zuletzt DOUADY & COUDER 1993).
G: Geschichte der Anfänge: MONTGOMERY (1970), SANDERS (1973). Einen Überblick über die Theorien der Phyllotaxis und ein Wörterbuch der dabei verwendeten Begriffe bei RUTISHAUSER (1981).
PhyloCode → Nomenklatur, phylogenetische
Phylogenese → Phylogenie
Phylogenetic Constraints → Evolutionary Constraints
Phylogenetik, f., **Phyletik**, f. (E: phylogenetics F: phylogénétique, f.): Die Untersuchung der → Phylogenie der Organismen. Lit.: ZIMMERMANN (1931).
Phylogenie, f., Phylogenese, f., Abstammungsgeschichte, f., Stammesgeschichte, f. (E: phylogeny F: phylogénie, f., phylogenèse, f.): Der historische Ablauf der Entstehung von Organismengruppen.
G: Von HAECKEL (1866 a, S. 30) gleichzeitig mit Ontogenie eingeführt.
Phylogeographie, f. (E: phylogeography F: phylogéographie, f.): Die Untersuchung von Verbreitungsmustern auf der Grundlage der Phylogenie, wie sie durch molekulare Methoden erschlossen wurde.
G: Der engl. Begriff wurde von AVISE et al. (1987, S. 516) zunächst für intraspezifische Untersuchungen bei Tieren mit Hilfe der mitochondrialen DNA geprägt, seine Bedeutung hat sich aber seitdem stark erweitert. Lit.: AVISE (1998).
Phylogramm → Stammbaum
Phylum → Abteilung
Physiologie, f. (E: physiology F: physiologie, f.): Die Lehre vom Ablauf der Lebensvorgänge in den Organismen, untersucht mit physikalischen, chemischen und molekularbiologischen Methoden. Mit den Pflanzen befasst sich die **Pflanzenphysiologie**, ein Teilgebiet der Botanik.
G: Das Wort leitet sich her von gr. physiologia, Naturlehre. Zu Anfang des 19. Jahrhunderts wurde unter Physiologie die gesamte Lehre vom inneren Bau und den Funktionen der Pflanzen (also einschließlich Anatomie) verstanden (z.B. MEYEN 1837-39). Bei ENDLICHER & UNGER (1843, S. 365) wird Physiologie bereits als „Lehre von den Lebensverrichtungen der Pflanzen" definiert.
Physiotypie → Naturselbstdruck

Physiotypus, m.: Gruppe von Pflanzen mit einer besonderer Physiologie, z.B. → CAM-Pflanzen, → Kalkpflanzen.
Phytoalexin, n. (E: phytoalexin F: phytoalexine, f.): Ein Stoff, den eine Pflanze nach Verwundung oder Infektion durch Bakterien oder Pilze bildet und der hilft, die Infektion zu begrenzen.
G: Aufgrund von Untersuchungen der *Phytophthora*-Infektion bei der Kartoffel schufen K.O. MÜLLER & BÖRGER (1941, S. 223) die Bezeichnung Phytoalexine in Anlehnung an den medizinischen Begriff der Alexine (von gr. alexein, abwehren).
Phytocecidien → Galle
Phytochelatin, n. (E: phytochelatin F: phytochelatine, f.): Peptid, das bei Anwesenheit von Schwermetallionen gebildet wird, und diese durch Komplexbildung unschädlich macht.
Phytochorologie → Chorologie
Phytochrom → Phytochromsystem
Phytochromobilin, n. (E: phytochromobilin F: phytochromobiline): Chromophor (lichtabsorbierender Teil) der Phytochrome. Das Phytochromobilin hat dieselbe Grundstruktur, wie das Phycocyanobilin, von dem es sich nur durch einen Substituenden unterscheidet.
Phytochromsystem, n. (E: phytochrome system F: système phytochrome): System aus zwei reversibel ineinander überführbaren Pigmenten, einer Hellrot absorbierenden und einer Dunkelrot absorbierenden Form. Nur die Dunkelrot absorbierende Form ist physiologisch aktiv und wirksam bei der Lichtkeimung und vielen → Photomorphosen.
G: Die antagonistische Wirkung verschiedener Wellenlängen bei der Keimung der Samen von *Lactuca* wurde schon von FLINT (1934) festgestellt, ohne dass ihnen allerdings eine genaue Feststellung der Wellenlängen möglich war. 1959 gelang einer Arbeitsgruppe in Beltsville die Isolierung einer Substanz, die sie Phytochrom nannten (vgl. HENDRICKS 1960).
Phytocoenose → Phytozönose
Phytoflagellata → Flagellaten
Phytogeographie → Pflanzengeographie
Phytographie, f. (E: phytography F: phytographie, f.): Die Beschreibung von Pflanzen unter Zuhilfenahme einer wissenschaftlichen Terminologie.

G: A.P. de CANDOLLE (1813, S. 19) hat den Begriff eingeführt oder zumindest bekannt gemacht. DIELS (1921) stellte Phytographie und Systematik scharf gegenüber. Tatsächlich sind sie untrennbar verbunden, da die wissenschaftliche Beschreibung schon eine gewisse Einordnung in das System voraussetzt.
Phytohämagglutinine → Lectine
Phytohormon, n. (E: phytohormone F: phytohormone, f.): Ein Stoff, der entfernt von seinem Produktionsort (selten auch innerhalb einer Zelle) Wachstum und Differenzierung reguliert. Man spricht auch von Botenstoff oder Wirkstoff. Phytohormone können im Parenchym von Zelle zu Zelle wandern, aber auch schneller im Phloem oder Xylem. Phytohormone, die auf das Wachstum wirken, werden auch **Wuchsstoffe** genannt. (Vgl. → Abscisinsäure, → Auxine, → Cytokinine, → Ethylen, → Gibberelline).
G: Die Zusammensetzung aus gr. phyto-, pflanzlich, und dem medizinischen Begriff Hormon wurde von KÖGL & HAAGEN-SMIT (1931, S. 1416) „in Einvernehmen mit Prof. WENT" vorgeschlagen. Schon FITTING (1910, S. 265) wandte den 1905 von STARLING geprägten Begriff Hormon auf einen Stoff an, der in einem Pollenauszug enthalten war, und HABERLANDT (1921) sprach von Zellteilungs- und Wundhormonen (vgl. HÖXTERMANN 1994).
Phytolith → Kieselkörper
Phytologie → Botanik
Phytomasse → Biomasse
Phytomastigophora → Flagellaten
Phytomer → Modul
Phytontheorie, f. (E: phytonic theory, phyton hypothesis F: théorie du phyton): Theorie, nach der sich der → Kormus aus Teilstükken zusammensetzt, die ein Blatt und ein Sprossstück umfassen. Vgl. auch → Modul.
G: Diese Vorstellung wurde zuerst von GAUDICHAUD (1841) entwickelt. Ähnlich sind die Gedanken von SCHULTZ-SCHULTZENSTEIN (1843), ČELAKOVSKÝ (1901) u.a.
Lit.: Kurze Übersichten über die Phyton-Theorie und mit ihr verwandte Theorien bei POTONIÉ (1902) und BERTRAND (1947).
Phytopathologie, f. (E: phytopathology F: phytopathologie, f.): Die Untersuchung von krankhaften Veränderungen der Pflanzen und der Reaktion der Pflanzen auf diese. Wichtiges Thema ist die Interaktion zwischen dem Krankheitserreger (→ Pathogen) und der Pflanze.
Phytoplankton → Plankton
Phytoplasmen → Mycoplasmen
Phytosiderophore → Siderophore
Phytotelma, n., pl. Phytotelmata (E: phytotelma): Wasseransammlung in einer lebenden Pflanze, die ein Biotop für Protisten, Algen und Kleintiere ist. Besonders bekannt sind die Phytotelmata (Zisternen) vieler Bromeliaceae.
G: Die Bezeichnung wurde von VARGA (1928, S. 161) geschaffen, der das Phänomen an *Dipsacus* untersuchte. Erst durch eine Zusammenfassung von MAGUIRE (1971) wurde der Terminus aber allgemein bekannt.
Lit.: KRÜGEL 1993 (Bibliographie).
Phytotomie → Anatomie
Phytotoxine, n.pl., phytopathogene Toxine, n.pl. (E: phytotoxins F: phytotoxines, f.): Giftstoffe, die von parasitischen Bakterien oder Pilzen produziert werden und Pflanzenkrankheiten verursachen.
G: Phytotoxine bedeutet wörtlich Pflanzengifte, es werden darunter aber nicht von Pflanzen produzierte Gifte verstanden!
Phytozönose, f., Pflanzengesellschaft, f. (E: phytocoenosis, plant community F: phytocénose, f., communauté végétale): An einem Standort gemeinsam vorkommende Pflanzen. Als abstrakter Begriff gekennzeichnet durch eine charakteristische Kombination von Arten mit ähnlichen ökologischen Ansprüchen. Eine nach bestimmten Regeln der → Pflanzensoziologie abgegrenzte und beschriebene Phytozönose ist eine → Assoziation.

Pikoplankton, n. (E: picoplankton): Plankton aus sehr kleinen Organismen von etwa 0,2-2,0 µm Durchmesser.
G: Mit dieser Definition eingeführt durch SIEBURTH et al. (1978, S. 1259).
Pileus → Hut
Pilzblume, f.: Pilz, dessen Fruchtkörper durch eigenartige Form, intensive Farben und meist aasartigen Geruch ausgezeichnet ist, und Insekten anlockt, die seine Sporen verbreiten. Die Pilzblumen gehören zu den Phallales.
G: Die Bezeichnung wurde von F. LUDWIG 1892 (S. 502) eingeführt.
Pilze → Fungi

Pilzgeflecht → Mycel
Pilzkunde → Mykologie
Pilzmimeten → Pilzmückenblume
Pilzmückenblume, f. (E: fungus-gnat flower): Blume, die überwiegend von kleinen Dipteren besucht wird, die sonst an Pilzen zu finden sind. Sie werden durch Geruch und optische Reize angelockt, in manchen Gattungen (z.b. *Asarum, Aristolochia, Arisarum*) haben sich dabei Strukturen ausgebildet, die an solche der Pilze erinnern (z.B. lamellenartige Bildungen). Man spricht dann von **Pilzmimeten** (E: fungus mimetes).
G: VOGEL (1978).
Pilzwurzel → Mykorrhiza
Pinna → Fieder
pinnat → Fiederblatt
Pinocytose → Endocytose
Pinselblume → Bürstenblume
Pioniervegetation, f. (E: pioneer vegetation F: végétation pionnier): Vegetation auf primär oder sekundär offenen, mehr oder weniger vegetationsfreien Standorten (z.B. Dünen, Schotterbänke, Steilufer, Brandflächen). Soweit nicht Arten aus der → Samenbank sich entwickeln können, herrschen zunächst Pflanzen vor, die durch den Wind verbreitet werden.
Pistill, n., Stempel, m. (L: pistillum, n., pl. pistilla E: pistil F: pistil, m.): Das aus → Ovar (Fruchtknoten), → Stylus (Griffel) und → Stigma (Narbe) bestehende synkarpe Gynoeceum.
G: Schon von CLUSIUS (1583, z.B. S. 339) verwendet, auch bei TOURNEFORT (1700). Ursprünglich bedeutet lat. pistillum eine Mörserkeule, damit besteht zuweilen eine Ähnlichkeit.
pistillat, karpellat (E: pistillate, carpellate F: pistillé): Blüte mit Fruchtknoten, ohne Staubblätter („weibliche" Blüte). Wird gebraucht, wenn man den Ausdruck weiblich vermeiden will, da dieser sich primär auf den Gametophyten bezieht (→ staminat).
G: MAC MILLAN (1891, S. 179).
Pistilloidie → Karpellodie
Pistillrudiment, n. (E: pistillode F: pistillode, m.): Rudimentäres Pistill ohne Funktion, wie es nicht selten in männlichen Blüten auftritt.
Placenta, f. (E: placenta F: placenta, m.): Der die Samenanlagen tragende Teil des Karpells, besonders wenn es sich nicht um die bloßen Karpellränder, sondern eine davon ausgehende Gewebewucherung handelt.
G: Schon GREW (1682, S. 188) verwendete „Placentula", bei BULLIARD (1783) findet sich placenta. Weitere Namen sind receptaculum seminis GAERTNER (1788), trophospermium RICHARD (vor 1800, 1808, S. 111). Der eine Analogie zu den Säugetieren bezeichnende Name Placenta hat sich durchgesetzt.
Placentarrahmen → Replum
Placentation, f. (L: placentatio, f. E: placentation F: placentation, f.): Die Art und Weise, wie die Samenanlagen im Ovar angeordnet sind. Die Placentation kann unter zwei Gesichtspunkten beschrieben werden (Abb. 8, S. 250).
A. Die Anheftung an einem Karpell: Sie ist ganz überwiegend **marginal** (bzw. **submarginal**), d.h. an den Rändern des Karpells, bzw. unmittelbar neben diesen. Eine **laminale** Placentation (E: laminary F: laminale) auf der Fläche, ist selten (z.B. *Butomus*), dabei ist die Dorsalnaht immer frei von Samenanlagen.
B. Die Anordnung im Gynoeceum: Am häufigsten ist die **zentralwinkelständige P.** (E: axile placentation F: placentation axile) bei Synkarpie und die **parietale P.** (wandständige Pl. E: parietal placentation F: placentation pariétale) bei Parakarpie, außerdem gibt es die **basale P.** (E: basal placentation F: placentation basale), bzw. **apikale** (E: apical placentation F: placentation apicale) einer einzelnen Samenanlage und die Anheftung vieler Samenanlagen an einer freien **Zentralplacenta** in einem ungefächerten Ovar (**zentrale P.** E: free central placenta F: placenta central libre).
G: Im heutigen Sinne wurde Placentation zuerst von A.P. de CANDOLLE (1813, S. 379) gebraucht, die meisten Termini für die verschiedenen Typen schuf MIRBEL (1815, S. 789). Parietal findet sich schon bei GAERTNER (1788).
Lit.: PURI (1952).
Placentoid, n. (E: placentoid F: placentoïde, m.): Längsgerichteter Gewebewulst, der in den Pollensack hineinragt. Ein Placentoid ist vor allem von einigen Familien der Asterideae bekannt.
G: CHATIN (1870, S. 45); von HARTL (1963/64) wieder aufgenommen.
plagiotrop (E: plagiotropous F: plagiotrope): Ausrichtung von Organen in der Horizontalen oder etwas schräg dazu.

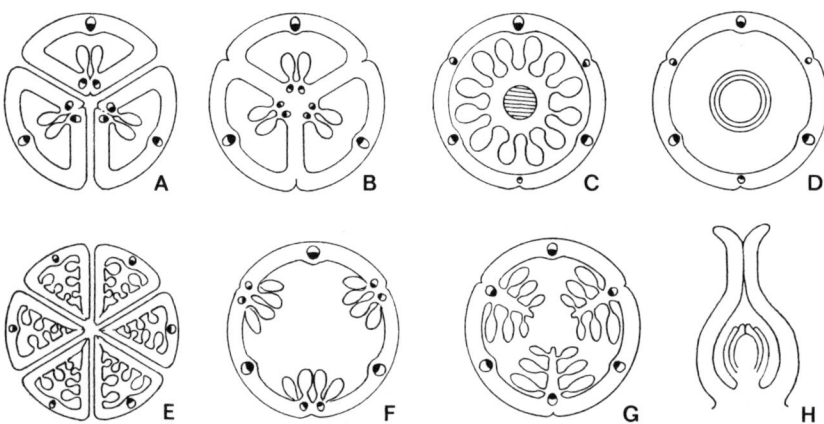

Abb. 8: Placentation. Nach der Beziehung zum Karpell: **A, B, F** marginal, **E** laminal (bei den übrigen ist die Zuordnung zu den Karpellen nicht eindeutig); nach der Lage im Ovar: **B** zentralwinkelständig, **C** zentral (freie Zentralplazenta), **D, H** basal (H im Längsschnitt), **F, G** parietal. Das Gynoeceum ist chorikarp (apokarp) bei **A** und **E**, sonst coenokarp. - Nach ECKARDT in MELCHIOR 1964, verändert.

Plagiotropismus → Gravitropismus
plan → Vernation
Planation, f. (E: planation F: aplatissement, m.): Phylogenetischer Prozess der Abflachung eines zunächst räumlich verzweigten Systems. Es ist einer der → Elementarprozesse. Planation spielt eine wichtige Rolle bei der Deutung der Entstehung von Blättern (→ Megaphyllen).
G: ZIMMERMANN (1949, S. 60).
Plankton, n. (E: plankton F: plancton, m.): Alle Lebewesen, die im Wasser schweben. Soweit sie eine aktive Bewegung aufweisen, ist diese unerheblich gegenüber den Meeresströmungen. Das pflanzliche Plankton wird auch **Phytoplankton** genannt.
G: Nach HENSEN (1887, S. 1) „Alles, was im Wasser t r e i b t, einerlei ob hoch oder tief, ob todt oder lebendig." Vorher sprach man vom „Auftrieb". Heute wird P. nur noch für Organismen verwendet.
Planogamet, m. (E: planogamete F: planogamète, m., zoogamète, m.): Mit einer Geißel oder mehreren beweglicher Gamet.
G: De BARY & STRASBURGER (1877, Sp. 756).
Planospore → Sporentypen (C.)
Planozygote, f. (E: planozygote F: planozygote, m.): Zygote, die die Geißeln der Gameten noch behalten hat und damit schwimmen kann.
Plasma → Protoplasma
Plasmageißel → Geißel
Plasmalemma → Plasmamembran
Plasmamembran, f., Zellmembran, f., Plasmalemma, n. (E: plasma membrane, plasmalemma F: plasmalemme, m.): Die Biomembran, die das Protoplasma einer Zelle nach außen (bei den meisten Pflanzen zur Zellwand hin) abgrenzt.
G: Schon um die Mitte des 19. Jahrhunderts wurde deutlich, dass die äußere Schicht des Protoplasmas besondere Eigenschaften besitzt. PRINGSHEIM (1854), HOFMEISTER (1867, S. 3) u.a. nannten sie Hautschicht des Protoplasmas; PFEFFER (1877, S. 123) spricht von einer Plasmahaut oder Plasmamembran. Der Terminus Plasmalemma findet sich in einem Vortragsreferat von MAST (1924, S. 88) über eine Amöbe, ausführlicher dann bei MAST (1926, S. 362). In die Botanik wurde er von PLOWE (1931, S. 202) übertragen.
Lit.: MARMÉ et al. (1982).
Plasmaströmung, f. (E: plasmatic streaming F: cyclose, f., courant cytoplasmique): Autonome oder durch äußere Reize (→ Dinese)

angeregte Bewegung des Endoplasmas. Sie ist besonders deutlich bei großen Zellen mit großer Vakuole.
G: Die Plasmaströmung wurde zuerst von CORTI (1774, S. 125 ff.) an *Chara* beobachtet, später an *Nitella (Chara) flexilis* von L.C. TREVIRANUS (1810) wiederentdeckt.
plasmatische Vererbung → extrachromosomale Vererbung
Plasmawachstum → Wachstum
Plasmid, n. (E: plasmid F: plasmide, m.): Circuläre zweisträngige DNA-Moleküle, die sich neben dem Nucleoid (bzw. Nucleus) vor allem bei Prokaryoten aber auch bei manchen Eukaryoten finden. Sie zeigen normale Replikation und enthalten verschiedene Gene, z.B. für Resistenz.
G: LEDERBERG (1952, S. 403) schlug Plasmid zunächst ganz allgemein für genetische Elemente außerhalb des Kernes vor, später wurde der Begriff eingeschränkt.
Plasmochrom, n.: Farbstoff, der im Plasma (meist in den Plastiden) lokalisiert ist. Hierzu gehören die Carotinoide.
G: SEYBOLD (1943, S. (67)).
Plasmodesmen (pl.) → Plasmodesmos
Plasmodesmos, m., pl. Plasmodesmen (E: plasmodesm(a) F: plasmodesme, m.): Cytoplasmatischer Strang, der benachbarte Zellen verbindet.
G: Plasmodesmen wurden in ihrer Bedeutung zuerst durch TANGL (1879) erkannt, obwohl sie schon früher gesehen worden waren. STRASBURGER (1901, S. 503) prägte den Namen P. und gab einen ersten Überblick.
Lit.: MEEUSE (1957), ROBARDS & LUCAS (1990).
Plasmodialtapetum → Tapetumtypen
Plasmodium, n., Fusionsplasmodium, n. (E: plasmodium F: plasmode, m.): Ein amöboid bewegliches, vielkerniges aber nicht zellulär gegliedertes Entwicklungsstadium der meisten Schleimpilze (→ Plasmodiumtypen). Es entsteht durch Verschmelzung der Protoplasten von → Myxamöben oder → Myxoflagellaten.
G: CIENKOVSKI (1863 a, S. 326).
Plasmodiumtypen: Bei den Schleimpilzen (→ Myxomyceten) kann man unterscheiden:
- **Protoplasmodium**, n. (E: protoplasmodium): Mikroskopisch kleines Plasmodium ohne erkennbare Struktur, das bei ursprünglichen Myxomycoten auftritt.
- **Aphanoplasmodium**, n. (E: aphanoplasmodium): Plasmodium aus feinen, durchsichtigen Strängen, das schwer zu sehen ist (gr. aphanes, unscheinbar, verborgen).
- **Phaneroplasmodium**, n. (E: phaneroplasmodium): Plasmodium aus dickeren, körnigen Strängen, das auffällig ist (gr. phaneros, sichtbar).
G: Die drei Typen wurden von ALEXOPOULOS (1960, S. 4, 8, 12) aufgestellt.
Plasmogamie, f. (E: plasmogamy F: plasmogamie, f., cytogamie, f.): Die beim Sexualvorgang stattfindende Verschmelzung des Protoplasmas zweier Zellen. Sie geht der → Karyogamie voraus, in besonderen Fällen findet nur eine Plasmogamie statt.
Plasmolyse, f. (E: plasmolysis F: plasmolyse, f.): Die Loslösung des Protoplasten von der Zellwand unter dem Einfluss einer hypertonischen Lösung, die der Vakuole Wasser entzieht. Plasmolyse ist nur an lebenden Zellen möglich. Ihre Umkehrung durch eine hypotonische Lösung heißt **Deplasmolyse**.
G: Der Terminus Plasmolyse geht auf de VRIES (1877, S. 10) zurück, die Erscheinung war aber schon vorher beobachtet worden.
Plasmon, n. (E: plasmon F: plasmon(e), m.): Das genetische Material einer Zelle außerhalb des Kerns. Nach heutiger Kenntnis handelt es sich um die → DNA der Mitochondrien und Plastiden.
G: Der Begriff Plasmon wurde von F.v. WETTSTEIN (1926, S. 259) aufgrund seiner Kreuzungsexperimente an Laubmoosen geprägt, ohne dass damals konkrete Vorstellungen über die Lokalisation des genetischen Materials im Plasma existierten.
Plasten, m.pl., sg. Plast (E: plasts F: plastes, m.pl.): Sich selbst reduplizierende Organellen des Cytoplasmas. Dazu gehören → Plastiden, → Centriolen, → Basalkörper und → Mitochondrien.
G: Von BELAR (1928, S. 2, 21) geprägt als zusammenfassende Bezeichnung für „alle cytoplasmatischen Gebilde ... die nur aus ihresgleichen durch Zweiteilung entstehen".
Plastiden, f.pl., sg. Plastide (E: plastids F: plastes, m.pl.): Von einer Doppelmembran umgebene Organellen der Zelle, die meist Farbstoffe enthalten (→ Chloroplasten, → Chromoplasten) oder Stärke speichern (→ Amyloplasten). Zur phylogenetischen Entstehung → Endosymbionten-Theorie.

Plastidengenetik

E: Das Wort Plastiden tritt zuerst bei HAECKEL (1866 a, S. 44) im Sinne von Zellen auf, diese Bezeichnung wurde aber nicht angenommen. Unabhängig davon benutzte A.F.W. SCHIMPER (1882, S. 175; 1883, S. 108) Plastiden als Sammelbegriff für Chloro-, Leuko- und Chromoplastiden (heute -plasten).
Lit.: KIRK & TILNEY-BASSETT (1978).
Plastidengenetik, f.: Die Untersuchung der Vererbung von Merkmalen durch die Plastiden. Es handelt sich um einen Vererbungsmodus, der nicht den → Mendelschen Regeln gehorcht. Die Übertragung der Plastiden erfolgt meist nur **maternal** (über die Eizelle), seltener **biparental** (durch Eizellen und Spermazellen), ausnahmsweise auch **paternal** (nur über die Spermazellen).
G: Die Plastidengenetik wurde begründet durch die Arbeit von BAUR (1909).
Plastidengenom → Plastom
Plastidom, n. (E: plastidome F: plastidome, m.): Die Gesamtheit der Plastiden einer Zelle.
G: Geprägt von DANGEARD (1919, S. 1007), der allerdings auch die Mitochondrien dazu rechnete.
Plastochron, n. (E: plastochron(e) F: plastochrone, m.): Der Zeitraum vom Auftreten eines Primordiums am Vegetationskegel bis zum Erscheinen des nächsten, bzw. zwischen anderen sich periodisch wiederholenden Ereignissen in der Entwicklung.
G: ASKENASY (1878, S. 76).
Plastocyanin, n. (E: plastocyanin F: plastocyanine, f.): Ein kupferhaltiges, wasserlösliches blaues Protein, das in den Thylakoiden der Chloroplasten vorkommt und beim Elektronentransport beteiligt ist.
G: Das Protein wurde zuerst von KATOH (1960) entdeckt und charakterisiert, KATOH & TAKAMIYA (1961) gaben ihm den Namen Plastocyanin nach dem Vorkommen in Plastiden und der blauen Farbe. KATOH (1995) hat die Geschichte der Entdeckung beschrieben.
Plastoglobuli, m.pl. (sg. Plastoglobulus, selten gebraucht) (E: plastoglobuli): Überwiegend aus Lipiden bestehende kugelige Strukturen im → Stroma von Plastiden.
G: Diese Gebilde erhielten zunächst verschiedene beschreibende Namen, wie z.B. spherical granules oder osmiophilic globuli. LICHTENTHALER & SPREY (1966, S. 697) führten Plastoglobuli ein, abgeleitet von dem Vorkommen in Plastiden und lat. globulus, Kügelchen.
Plastom, n., Plastidengenom, n. (E: plastom F: plastome, m.): Gesamtheit der Erbanlagen in den Plastiden.
G: Von RENNER (1929, S. 32) in Analogie zu Genom gebildet.
Plastoribosom → Ribosom
Platte, f. (E: lamina, blade F: limbe, m.): Der erweiterte äußere Teil eines → Petalums, im Gegensatz zum → Nagel.
Plattenkollenchym → Kollenchym
Platykladium, n., Cladodium, n., Flachspross, m. (E: cladode F: cladode, m.): Langspross, der durch Abflachung und Ausbildung von → Chlorenchym blattartig ausgebildet ist.
G: Der Begriff Cladodium wurde nach TROLL (1937, S. 337) von MARTIUS eingeführt. Die Unterscheidung der Phyllocladien und Cladodien geht auf GOEBEL (1900, S. 631) zurück. In der englischen und französischen Literatur werden diese Begriffe im Allgemeinen nicht getrennt. Auch VELENOVSKÝ (1907, 2: 632) benutzt beides als synonym. TROLL (1937, S. 337) hat die Bezeichnung Cladodium kritisiert und die eindeutigere Platycladium vorgeschlagen.
Pleiochasium, n. (E: pleiochasium F: pléiochasium, m., cyme ombelliforme, cyme multipare): Verzweigungsmodus mit verkürzter Hauptachse, die von drei oder mehr Seitenästen übergipfelt wird. Bekanntestes Beispiel: *Euphorbia*.
G: EICHLER (1875, S. 34) ersetzte „cime multipare" (BRAVAIS & BRAVAIS 1837 b, S. 196) durch den in Analogie zu Dichasium geschaffenen Terminus Pleiochasium.
Pleiokormstaude, f.: Ausdauernde Pflanze, bei der die Hauptwurzel erhalten bleibt und die Erneuerungsknospen im Umkreis des Wurzelhalses liegen. Auch wenn sprossbürtige Wurzeln gebildet werden, kommt es nicht zur Aufteilung in einzelne → Ramete.
G: MEUSEL (1968, S. 800), vgl. MEUSEL & MÜHLBERG (1971/78: 951, 1049). Vorher als vielköpfige Rhizomstaude bezeichnet (z.B. SCHNEIDER 1917). Entspricht dem Pseudorhizom bei NILSSON (1885/86, S. 92) und der Caulorhiza russischer Autoren.
Pleiomerie, f. (E: pleiomery F: pléiomérie, f., polymérie, f.): Erhöhte Zahl der Glieder eines Kreises gegenüber den anderen.
G: Erstnachweis: EICHLER (1875, S. 10).

Pleiotropie, f., Polyphänie, f. (E: pleiotropy, polypheny F: pléiotropie, f., polyphénie, f.): Wirkung eines Gens auf verschiedene Merkmale (Phäne).
G: PLATE (1910, S. 597, pleiotrop).
Plektenchym, n., Flechtgewebe, n. (E: plectenchyma F: plectenchyme, m.): Durch enge Verflechtung und Verkleben von Zellfäden entstandener Thallus vor allem bei den Rotalgen und Fungi (Pilzen). Es kann im Querschnitt einem Parenchym ähnlich sein. Dann spricht man auch von **Pseudoparenchym** (E: pseudoparenchyma F: pseudoparenchyme, m).
G: Pseudoparenchym verwendete zuerst de BARY (1866, S. 2), LINDAU (1899, S. 28) führte Plektenchym ein.
Plektostele → Stelentypen (I.)
Pleomorphie, f., Pleomorphismus, m. (E: pleomorphism F: pléomorphisme, m.): Auftreten morphologisch verschiedener Stadien mit verschiedenen Sporenformen im Entwicklungsgang eines Pilzes oder einer Alge.
G: Nachdem TULASNE (1851) und de BARY erste Beobachtungen über Pleomorphie gemacht hatten, wurden teilweise leichtfertig Umwandlungen zwischen sehr verschiedenen Organismen angenommen. Erst das Studium der Entwicklung in Reinkultur konnte dann Klarheit bringen.
Lit.: SUGIYAMA (1987, bei Pilzen).
Pleomorphismus → Pleomorphie
Plerom → Histogentheorie
plesiomorph (E: plesiomorph(ous) F: plésiomorphe): Plesiomorph ist die ursprüngliche Ausprägungsstufe eines Merkmals bei einem bestimmten Taxon im Vergleich zu dessen Vorfahren. Der Begriff ist relativ, denn auch ein solches Merkmal entstand zunächst als → apomorphes Merkmal (Abb. 4, S. 170).
G: HENNIG (1950, S. 142, 144), von gr. plesios, nahe, d.h. nahe bei dem Merkmalszustand der Vorfahren. Die ältere Bezeichnung palaeomorphic (GARSTANG 1922, S. 99) hat sich nicht durchgesetzt.
Plesiomorphie, f. (E: plesiomorphy F: plésiomorphie, f.): Subst. zu → plesiomorph.
Plesion, n. (E: plesion): Bezeichnung für ein Taxon, das nur durch Fossilien bekannt ist, und als → plesiomorphe Schwestergruppe der im System folgenden gilt. Ein Plesion wird keiner Rangstufe zugeordnet.

G: Eingeführt von PATTERSON & ROSEN (1977, S. 85, 160) und von WILEY (1981, S. 205) etwas modifiziert. Die Bezeichnung wird vor allem in der zoologischen Paläontologie verwendet.
Pleurae → Cingulum
pleurokarp (E: pleurocarpic, pleurocarpous F: pleurocarpe): Bei den Laubmoosen Stellung der Sporogone an kurzen Seitenäste. Der Stängel (Stengel) ist meist niederliegend und fiederig verzweigt (Gegensatz: → akrokarp).
G: Bei BRIDEL-BRIDERI (1826/27) gibt es unter den Laubmoosen Gruppen der Acrocarpi und Pleurocarpi.
pleurokont → Begeißelung (A.)
pleuronematisch → Geißeltypen
pleurorrhiz → Embryobau
Pleuston, f. (E: pleuston F: pleuston, m.): Pflanzen, die passiv auf der Wasseroberfläche treiben.
G: SCHRÖTER (in SCHRÖTER & KIRCHNER 1896, S. 14), abgeleitet von gr. pleein, schiffen, schwimmen.
plicat, plikat: 1. → Vernation 2. Beim → Karpell (Fruchtblatt) die Zone oberhalb der ascidiaten, die durch Faltung längs der Mittelachse des Karpells entstanden gedacht werden kann. (lat. plicatus, gefaltet).
Ploidiegrad, m., Ploidiestufe, f. (E: ploidy level): Zahl (n) gleichartiger Chromosomensätze in einem Zellkern, von n = 1 (→ haploid), über n =2 (diploid), n = 4 (tetraploid) bis zu höheren Zahlen. Bei Werten von n größer 2 spricht man von → polyploid.
Plumbagella-Typ → Embryosacktypen
Plumbago-Typ → Embryosacktypen
Plumula, f. (E: plumule F: plumule, f.): Die erste Anlage der Blätter am Embryo oberhalb der Kotyledonen.
G: Der Name plumula (lat. kleine Feder) wurde von GREW (1671, n.v., 1682, S. 3 als „plume") gewählt, weil die Blattanlagen oft federartig aussehen.
pluriloculär (E: plurilocular, multilocular F: pluriloculaire): Vielzellige („vielkammerige") Sporangien oder Gametangien. In jeder Zelle bildet sich ein Zoid (Zoospore oder Gamet). Typisch für die Braunalgen.
G: Von THURET (1850, S. 236) als „Trichosporangia" beschrieben. Erstnachweis für pluriloculär: SAUVAGEAU (1896). Für die pluriloculären Sporangien führte GROLLE (1971,

S. 122) den noch wenig verwendeten Terminus **Gonitothomus** ein.
Pneumathode, f. (E: pneumathode F: pneumathode, m.): Stellen in den oberflächlichen Schichten der Pflanze, die einen Luftzutritt erlauben, besonders Öffnungen von Luftwurzeln, aber auch Lenticellen und Spaltöffnungen.
G: Von JOST (1887, S. 604) eingeführt, abgeleitet von gr. pneuma, Wind, Atem, und hodos, Eingang. Man findet auch die Schreibung Pneumatode. NEGER (1913, S. 347) hat den Terminus für Atemwurzeln (→ Pneumatophoren) verwendet.
Pneumatophor, m., Atemwurzel, f. (E: pneumatophore, aerating root F: pneumatophore, m.): Nach oben wachsende Wurzeln von holzigen Sumpf- und Wasserpflanzen (besonders der Mangrove), die der Luftversorgung dienen.
G: Offenbar von A.F.W. SCHIMPER (1898, S. 82) eingeführt. Dieser führt JOST als Autor an, bei dem aber nur → Pneumathode zu finden ist.
Podarium, n. (E: podarium F: podaire, m.): Schildförmige Bildung bei manchen sukkulenten *Euphorbia*-Arten, die Dornen trägt.
– Auch die mit dem Spross verschmolzene Blattbasis bei Cactaceae.
G: LEMAIRE (1858, n.v.), vgl. CARTER (1977).
Podetium, n., pl. Podetien (E: podetium F: podétion): Säulen- bis strauchförmige Bildung des Flechtenthallus, die entwicklungsgeschichtlich ein Teil des Fruchtkörpers ist, wie z.B. bei *Cladonia*. Zur Definition vgl. AHTI 1982). Vgl. → Pseudopodetium.
G: ACHARIUS (1803, S. XXII).
Podostemon-Typ → Embryosacktypen
pogonochor → anemochor
poikilochlorophyll → poikilohydr
poikilohydr, poikilohydrisch (E: poikilohydric): Bei poikilohydren Organismen ändert sich der Wasserzustand mit dem der umgebenden Atmosphäre, viele können für eine gewisse Zeit völlig austrocknen. Hierzu gehören die Algen, Pilze, Flechten und Moose und einige wenige Farne und Blütenpflanzen (z. B. *Myrothamnus, Chamaegigas intrepidus*, einige Gesneriacee). Bei manchen dieser Pflanzen wird in der Trockenzeit das Chlorophyll abgebaut, sie sind **poikilochlorophyll** (E: poikilochlorophyllous), während andere auch in dieser Phase grün bleiben, man nennt sie dann **homoiochlorophyll** (E: homoiochlorophyllous). Gegenbegriff: → homoiohydr.
G: WALTER (1931, S. 9). Die Untergruppen nach dem Verhalten des Chlorophylls wurden von HAMBLER (1961) aufgestellt.
poikilohydrisch → poikilohydr
Polarität, f. (E: polarity F: polarité, f.): Unterschiede in Morphologie, Physiologie und Entwicklungspotenz an den beiden Enden (Polen) einer Achse. Polarität gibt es schon bei manchen fädigen Cyanobakterien und Algen. Bei den Kormophyten zeigt sie sich in dem schon von der Mutterpflanze determinierten Gegensatz von Sprosspol und Wurzelpol, aber auch in Teilstücken eines Sprosses.
G: VÖCHTING (1878) führte als Erster systematisch Untersuchungen zur Polarität durch.
Polemochore → Anthropochore
Polkerne, m.pl. (E: polar nuclei F: noyaux polaires ou centraux): Die beiden Kerne, die beim *Polygonum*-Typ (Normaltyp) des Embryosackes zwischen dem Eiapparat und den Antipoden liegen. Sie vereinigen sich oft schon vor der Befruchtung zum sekundären Embryosackkern, nach der Befruchtung gehen sie in den → Endospermkern ein.
G: Der von GUIGNARD (1882, S. 146) als „noyaux polaires" eingeführte Terminus hat sich eingebürgert, obgleich er eher verwirrt, da die Polkerne keineswegs an den „Polen" des Embryosackes liegen, sondern mehr oder weniger zentral. Vermutlich soll er die Herkunft der Kerne angeben.
Lit.: BATTAGLIA (1988 b).
Polkörperchen → Centrosom
pollakanth → polykarp
Pollen, m., Blütenstaub, m. (E: pollen, farina F: pollen, m.): Die mehlartige Masse, die in den Antheren der Samenpflanzen gebildet wird. Sie besteht aus den Pollenkörnern, d.h. aus Mikrosporen. - Sprachlich ist Pollen ein Sammelname wie Laub, Mehl oder Sand, und die einzelne Mikrospore kann nicht als „ein Pollen" bezeichnet werden, es ist ein → Pollenkorn (vgl. KNOLL 1936, Österr. Bot. Z. 85: 163).
G: Die Pollenkörner wurden von GREW (1682, Taf. 58), der bereits mit der Sexualität der Pflanzen rechnete, als sperms oder spermatick globulets bezeichnet, d.h. mit dem männlichen Sperma verglichen. VAILLANT (1718, S. 11) spricht von pulvis (Pulver). Das lat. Wort pollen (feines Mehl, Staub) ist seit

LINNAEUS (1751) durchgängig in Gebrauch, wurde aber schon vorher, z.B. von V. CORDUS (1561, Blatt 152) verwendet.
Pollenanalyse, f. (E: pollen analysis F: analyse pollinique): Methode der historischen Pflanzengeographie, bei der aus dem Vorkommen von Pollenkörnern in aufeinander folgenden, zeitlich nacheinander abgelagerten Schichten (insbesondere aus Seen und Mooren) auf die Floren- und Vegetationsentwicklung geschlossen wird.
G: Fossile Pollenkörner bildete schon GOEPPERT (1837) ab. Eine erste überwiegend qualitative Pollenanalyse führte C.A. WEBER (1893) durch; als Methode eingeführt wurde sie durch v. POST (1916, n.v., 1918).
Lit.: S.A. CAIN (1939), FIRBAS (1949), FAEGRI & IVERSEN (1989), LANG (1994).
Pollenbildung, f. (F: formation du pollen): Die Entstehung der Pollenkörner aus der → Pollenmutterzelle durch Meiose. Man unterscheidet zwei Haupttypen:
- **simultan** (E: simultaneous cytokinesis F: cloisonnement simultané): Die Wandbildung erfolgt erst nach den beiden schnell aufeinander folgenden Reduktionsteilungen. Dies gilt für die meisten Dikotylen und führt zu einer tetraedrischen Anordnung der Pollenkörner.
- **succedan** (E: successive cytokinesis F: cloisonnement successif): Eine Wandbildung erfolgt bereits nach der ersten Reduktionsteilung (bei fast allen Monokotylen und einigen Dikotylen). Die Pollenkörner liegen in einer Reihe oder je zwei nebeneinander in einer Ebene.
G: Als Erster beobachtete MOHL (1833) genauer die Pollenbildung und beschrieb die „tetraedrische" Anordnung der Pollenkörner. Die Unterscheidung von zwei Typen geht auf HOFMEISTER (1861, S. 637, als simultan und successiv) zurück. Bei SCHNARF (1929) heißt es dann succedan.
Pollenblume, f. (E: pollen flower F: fleur à pollen, fleur pollinifère): Blume mit Pollen als einzigem Beköstigungsmittel, d.h. vor allem ohne Nektar. Bekannte Pollenblumen sind *Rosa, Helianthemum, Papaver*.
G: Erstnachweis H. MÜLLER (1882, n.v., vgl. Bot. Centralbl. **12**: 190-192. 1882).
Pollendimorphismus, m. (E: pollen dimorphism F: dimorphisme pollinique, m.): Auftreten von zwei verschiedenen Pollentypen bei einer Art, besonders bei → Heterostylie und verwandten Erscheinungen (z.B. Plumbaginaceae).
Pollenformel, f. (E: pollen formula F: formule pollinique, f.): Darstellung der wesentlichen Merkmale eines Pollentyps als Formel.
G: R. POTONIÉ (1934 b, S. 32 ff.), ERDTMAN (1946).
Pollenkammer, f. (E: pollen chamber F: chambre pollinique, f., loge pollinique, f.): Eine Grube an der Spitze des → Nucellus in der Samenanlage vieler Gymnospermen, in die die Pollenkörner gelangen und in der sie keimen.
G: RENAULT (1879) beschrieb eine „chambre pollinique" bei *Cordaianthus* (Cordaiten). SOLMS-LAUBACH (1887) verwendet dann die deutsche Übersetzung Pollenkammer.
Pollenkitt, m., **Pollenklebstoff**, m. (E: pollenkitt, pollen coat substance F: enduit pollinique, m.): Vom → Tapetum gebildete Substanzen von öligem Charakter, die bei Angiospermen an der Oberfläche der Pollenkörner oder in Exinehohlräumen abgelagert werden. Bei Ablagerung an der Außenseite, werden die Pollenkörner klebrig, dies führt bei → Zoophilie zu einem besseren Haften am Insekt.
G: Die Klebrigkeit des frischen Pollens hat schon KÖLREUTER (1761, S. 28) bei *Iris* beobachtet. MEYEN (1839, S. 174) beschäftigte sich eingehender mit „ölartigen Substanzen" auf der Oberfläche der Pollenkörner. Die Bezeichnung Pollenkitt geht auf KNOLL (1930) zurück, POHL (1930) verwendet Kittstoff.
Pollenklebstoff → Pollenkitt
Pollenkorn, n. (L: granum pollinis, pl. grana p. E: pollen grain F: grain de pollen): Eine in der Anthere von Samenpflanzen gebildete → Mikrospore, die zur Zeit der Ausschüttung bereits den männlichen Gametophyten weitgehend ausgebildet hat. Der Inhalt ist dann bei den Angiospermen zwei- oder dreikernig, bei Gymnospermen kann die Zahl der Zellen und Kerne noch höher sein.
G: Der Inhalt eines Pollenkorns, der im Wasser heraustritt, wurde früher **Fovilla** genannt; er galt als befruchtend, ohne dass man damals wusste, dass er Kerne enthält. Lange Zeit wurden Pollenkörner mancher Arten aufgrund ihrer Oberflächenstruktur als mehrzellig angesehen, dies musste noch von LUERSSEN (1869) zurückgewiesen werden. Als Erster wies TH. HARTIG (1865, Taf. XVIII,

2x-y) im Pollenkorn von *Tradescantia* zwei verschieden gestaltete Kerne nach.

Pollenmorphologie, f. (E: pollen morphology F: morphologie du pollen): Die Untersuchung des Baues der Pollenwand, vor allem der → Exine. Man unterscheidet die innere **Struktur** (E: structure F: structure) von der **Skulptur** (E: sculpturing F: sculpture), dem Oberflächenrelief.
G: Die Terminologie dieses Gebietes ist kompliziert, und es gibt konkurrierende Systeme (IVERSEN & TROELS-SMITH 1950 und ERDTMAN 1943 ff., ERDTMAN & STRAKA 1961). Zusammenstellung der Terminologie bei BEUG (1961), PUNT et al. (1994). Die Unterscheidung Struktur - Skulptur geht auf R. POTONIÉ (1934 a, S. 9-11) zurück (vgl. STRAKA 1980).

Pollenmutterzelle, f. (E: pollen mother cell F: microsporocyte, m., cellule-mère des grains de pollen): Zelle, aus der durch Meiose vier Pollenkörner entstehen.
G: Erstnachweis: HOFMEISTER (1848, Sp. 426, „Mutterzelle der Pollen"; 1867, S. 110).

Pollenpräsentation, f. (E: pollen presentation F: présentation du pollen): Die Darbietung des Pollens, die so erfolgt, dass die Bestäuber den Pollen aktiv sammeln oder passiv mitnehmen können. Man unterscheidet:
- **primäre P.** (E: primary pollen presentation F: présentation primaire du pollen): Die Darbietung durch die sich öffnende Anthere.
- **sekundäre P.** (E: secondary pollen presentation F: présentation secondaire du pollen): Eine Darbietung des Pollen durch verschiedene Strukturen (besonders den Griffel) außerhalb der Antheren.
Lit.: YEO (1993).

Pollensack, m. (L: loculus, m., pl. loculi E: microsporangium, pollen sac F: sac pollinique, m.): Eines der Fächer einer Anthere, in der Pollen gebildet wird. Bei den Angiospermen gibt es typischerweise zwei Theken mit je zwei Pollensäcken. Ein Pollensack wird mit einem Mikrosporangium homologisiert.
G: In der englischen Literatur wurde pollen sac auch für eine → Theke verwendet (vgl. GREEN 1980).

Pollen-Samenanlagen-Verhältnis, n. (E: pollen-ovule ratio): Das Verhältnis der Zahl der Pollenkörner zur Zahl der Samenanlagen in einer Blüte. Es ist ein gutes Maß für das Fortpflanzungssystem und die Art der Bestäubung. Der Wert ist am niedrigsten bei → Autogamie, größer bei → Allogamie (am höchsten bei → Anemogamie).
G: CRUDEN (1977).

Pollenschlauch, m. (E: pollen tube F: tube pollinique, m.): Schlauchartiges Gebilde, das bei der Keimung des Pollenkornes auf der Narbe gebildet wird. Es entsteht durch Auswachsen der → vegetativen Zelle (Pollenschlauchzelle), dabei erfolgt das Austreten fast immer durch eine der → Aperturen. Durch den Pollenschlauch gelangen die Spermazellen (bzw. bei *Ginkgo* und den Cycadales die Spermatozoiden) zur Samenanlage und schließlich zum Embryosack.
G: Pollenschläuche hat bereits GLEICHEN (1781 ?, Taf. 37) abgebildet, ohne ihre Bedeutung zu erkennen. Die Keimung des Pollens auf der Narbe von *Portulaca* wurde von AMICI 1822 zuerst beobachtet (AMICI 1823, S. 254; 1824, S. 65 ff.), 1830 stellte er fest, dass die Pollenschläuche durch den Griffel wachsen und in Kontakt mit dem Nucellus der Samenanlagen gelangen. Er vermutete bereits richtig, dass das Durchwachsen langer Griffel nur möglich sei, wenn der Pollenschlauch dabei Nährstoffe aus dem Griffel aufnimmt. - Die Geschichte der Entdeckung des Pollenschlauches wurde dargestellt von HORKEL (1836).

Pollenschlauchbefruchtung → Siphonogamie
Pollenschlauchleitgewebe → Transmissionsgewebe
Pollenschlauchzelle → vegetative Zelle
Pollentetrade, f. (E: tetrad F: tétrade, f.): Gruppe von vier durch → Meiose aus einer → Pollenmutterzelle hervorgegangenen Pollenkörnern, die sich nicht voneinander trennen. Man spricht dann auch von **Tetradenpollen**.

Pollinarium, n. (E: pollinarium F: pollinarie, f., pollinaire, f.): Pollinien mit ihren Anhangsorganen, bei den Orchideen Stielchen (→ Caudicula bzw. → Stipes) und Klebscheibe (→ Viscidium).
G: LINK (1824, S. 297, 299) versteht darunter eine Pollenmasse, d.h. ein Pollinium. Erst später bürgerte es sich ein, unter Pollinarium Pollinien mit den für die Übertragung wichtigen Anhangsorganen zu verstehen.

Pollination → Bestäubung
Pollinium, n. (E: pollinium F: pollinie, f.): Die zusammenhängende und zusammen verbreitete Masse der Pollenkörner einer

Theke.
G: Erstnachweis: NUTTALL (1818, S. 188).
polocytisch → Stomata-Typen (B.)
Polsterpflanze, f. (E: cushion plant · F: plante pulvinée, plante en coussinet): Ausdauernde, oft immergrüne Pflanze mit starker Verzweigung und kurzen Ästen, die ein flaches bis fast kugeliges dichtes Polster bilden.
Lit.: RAUH (1940), mit Unterscheidung verschiedener Polsterformen.
Polwurzel → Primärwurzel
Polyade, f. (E: polyad F: polyade, f.): Verband von mehr als vier Pollenkörnern, die zusammen verbreitet werden.
G: IVERSEN & TROELS-SMITH (1950, S. 45, als Pollentyp „Polyadeae").
Polyandrie, f. (E: polyandry F: polyandrie, f.): Das Auftreten zahlreicher Stamina (mehr als doppelt so viel wie Petalen) in einer Blüte. In einer phylogenetischen Betrachtung unterscheidet man **primäre Polyandrie** (z. B. Magnoliales) von **sekundärer Polyandrie**, die auf (oft ontogenetisch nachweisbare) Vermehrung von ursprünglich wenigen Stamina (→ Dédoublement) zurückgeht.
G: Der Begriff kann auf LINNAEUS (1735a) zurückgeführt werden, in dessen System es eine Klasse der Polyandria gibt.
polyarch (E: polyarch F: polyarche): Zentralzylinder einer Wurzel mit zahlreichen Xylemsträngen.
G: NÄGELI (1858, S. 10).
polyA-Schwanz → Prozessierung
Polycarpicae: Älterer Name für eine als ursprünglich geltende Ordnung der Dikotylen, gekennzeichnet durch meist zahlreiche freie Karpelle.
G: Als Ordnung aufgestellt von BARTLING (1830, S. 247). Die P. enthalten dort Vertreter der Magnoliales (s.l.), Ranunculales und Dilleniales heutiger Systeme.
Polychorie, f. (E: polychory F: polychorie, f.): Auftreten verschiedener Ausbreitungsweisen bei einer Pflanze, z.B. Anemo- und Hydatochorie oder Anemo- und Zoochorie.
G: ULBRICH (1928, S. 200).
Polyderm, n. (E: polyderm F: polyderme, m.): Periderm besonderer Bauart, das aus abwechselnden Schichten verkorkter, endodermisartiger und nicht verkorkter, parenchymatischer Zellen besteht. P. ist nur von wenigen Familien bekannt (Rosaceae, Hypericaceae, einige Myrtales).

G: MYLIUS (1912, 1913).
Polyembryonie, f. (E: polyembryony F: polyembryonie, f.): Bildung von mehreren Embryonen aus einer Zygote. Bei vielen Gymnospermen geschieht dies regelmäßig, wobei sich aber fast immer nur ein Embryo weiter entwickelt. Eine Polyembryonie in etwas anderem Sinn entsteht durch → Nucellarembryonie.
G: Erstnachweis des Terminus: MEYEN (1840). Übersicht bei A. BRAUN (1860).
polyenergid → Energide
polygam (E: polygamous F: polygame): Eine Sippe ist polygam, wenn neben den zwittrigen weibliche und/oder männliche Blüten auftreten.
G: Bei LINNAEUS (1735 a) gibt es eine durch diese Geschlechtsverhältnisse definierte Klasse der Polygamia.
Polygenie, f. (E: polygeny F: polygénie, f.): Die Ausprägung eines einfach erscheinenden Merkmals wird durch die gleichzeitige Wirkung mehrerer Gene bedingt.
G: PLATE (1913, S. 128-129: polygen).
Polygonum-Typ → Embryosacktypen
polyhaploid (E: polyhaploid): Haploides Individuum, das aus einer polyploiden Pflanze hervorgegangen ist.
G: KATAYAMA (1935, S. 374).
polykarp, pollakanth, iteropar (E: polycarpic F: polycarpique): Ausdauernde Pflanze, die mehrere Male zur Blüten - und Fruchtentwicklung kommt.
G: A.P. de CANDOLLE (1805, 1, S. 222) führte polykarp ein. Erstnachweis für pollakanth: KJELLMAN (1901, S. 252). Iteropar (von lat. iterum, abermals, und parere, erscheinen) wird vor allem in der Zoologie gebraucht.
Polykorm → polykormisch
polykormisch: Verzweigungstyp bei Holzpflanzen, bei dem auch Seitenachsen sich aufrichten und den Charakter einer Hauptachse annehmen können. Neuerdings auch für Holzpflanzen und Stauden verwendet, die aus unterirdischen Sprossabschnitten mehrere aufrechte blühende Sprosse treiben. Zusammen bilden diese Sprosse dann ein **Polykorm** (Polykormon).
G: VÖCHTING (1884, S. 3) führte den Begriff bei Bäumen ein.
Polykormon → polykormisch
polykotyl (E: polycotyledonous): Mit mehr als zwei → Kotyledonen, wie die → Coniferen.

polylektisch (E: polylectic F: polylectique): Bestäuber, die Pollen an Blumen von nicht miteinander verwandten Pflanzen sammeln. Typisch polylektisch ist die Hongbiene. Gegenbegriff: → oligolektisch.
G: Ch. Robertson (1925, S. 413).
polymer (E: polymerous F: polymère): Hohe Zahl der Glieder in einem Kreis von Blütenorganen, besonders wenn diese höher ist als in den anderen.
Polymer, n. (E: polymer F: polymère): Hochmolekulare Verbindung aus zahlreichen gleichen oder ähnlichen Molekülen (den Monomeren). Bei den organischen Polymeren (→ Polysaccharide, → Proteine, Nukleinsäuren: → DNA, → RNA) erfolgt die Verbindung unter Wasserabspaltung. Durch Hydrolyse (Wasseranlagerung) können sie zerlegt werden.
Polymerase-Kettenreaktion, f., PCR (E: polymerase chain reaction F: amplification en chaîne par réaction): Wichtige Methode zur Vervielfachung einer beliebigen DNA-Sequenz. Der Gesamt-DNA-Strang oder durch → Restriktionsendonucleasen geschnittene Fragmente werden durch Hitze getrennt. Dann erfolgt die Vervielfachung (in vitro-Replikation) zwischen zwei → Primern durch eine zugefügte Polymerase.
G: Die Methode wurde von Mullis et al. (1986) entwickelt und ausführlich dargestellt. Eine erste Untersuchung damit erschien schon 1985 (Science **230**: 1350-1354).
polymorph (E: polymorphous F: polymorphe): Vielgestaltig. Als polymorphe Arten werden solche bezeichnet, die sich in verschiedene Subspecies und Varietäten gliedern lassen.
Polymorphismus, m. (E: polymorphism F: polymorphisme, m.): **1.** Vielgestaltigkeit eines Taxons, insbesondere einer Art. Vgl. hierzu → Superspecies und → Aggregat. **2.** genetischer Polymorphismus: Regelmäßiges Auftreten von zwei oder mehr Allelen eines Gens in einer Population oder Art. **3.** Auftreten einer Art in verschiedenen Gestalten im Verlaufe des Lebenszyklus (besonders bei Pilzen) → Pleomorphie.
Polypetalae → Dialypetalae
polyphil (E: polyphilic): Blume, die von Vertretern verschiedener Tiergruppen bestäubt wird.
G: Faegri & van der Pijl (1966, S. 42).
polyphyletisch (E: polyphyletic F: polyphylétique): Eine polyphyletische Gruppe besteht aus zwei oder mehr phylogenetisch nicht zusammenhängenden Teilen eines Stammbaumastes (Abb. 5, S. 170). Konvergenzen können zur Aufstellung polyphyletischer Gruppen führen.
Lit.: → paraphyletisch.
Polyphylie, f. (E: polyphyly F: polyphyletisme, m.): Subst. zu → polyphyletisch.
polyploid (E: polyploid F: polyploïde): Organismus oder Zelle mit einer Vervielfachung des normalen Chromosomensatzes (mehr als zwei). Nach der Zahl der haploiden Sätze mit der Chromosomenzahl n unterscheidet man den Grad der Polyploidie: **triploid** (3n), **tetraploid** (4n), **pentaploid** (5n), **hexaploid** (6n), **oktoploid** (8n).
G: Strasburger (1910, S. 415).
Lit.: W.H. Lewis (1980).
Polyploidie, f. (E: polyploidy F: polyploïdie, f.): Subst. zu → polyploid.
Polyploidkomplex, m. (E: polyploid complex): Gruppe verwandter Sippen die vor allem durch → Allopolyploidie und Hybridisierung entstanden ist und die verschiedene Polyploidiestufen umfasst. Hierzu gehört z.B. die Artengruppe von *Achillea millefolium*.
Polyribosom → Polysom
Polysaprobien → Saprobien
Polysaccharid, n. Glykan, n. (E: polysaccharide F: polyoside, m., polysaccharide, m.): Ein hochpolymeres Kohlenhydrat aus Zuckermolekülen (Monosacchariden). Die wichtigsten Speicher- und Gerüstsubstanzen der Pflanzen und Pilze sind Polysaccharide: Stärke, Glykogen, Cellulose, Chitin. Man unterscheidet die **Homoglykane** (E: homoglycans) aus nur einem Typ von Monosacchariden (z.B. Stärke, Glykogen, Cellulose, Inulin) von den **Heteroglykanen** (E: heteroglycans) aus zwei oder mehr verschiedenen Monosacchariden (z.B. Pektine, Pflanzenschleime).
Polysom, n., Polyribosom, n. (E: polyribosome, polysome F: polyribosome, m., polysome, m.): Gruppe von → Ribosomen, die gemeinsam an der Translation einer mRNA beteiligt sind.
G: Warner, Rich & Hall (1962, S. 1399).
Polysomie, f. (E: polysomy F: polysomie, f.): Auftreten von einzelnen überzähligen Chromosomen.
Polyspermie, f. (E: polyspermy F: polyspermie, f.): Befruchtung eines Eies durch meh-

rere Spermatozoiden. Kommt z.B. bei Fucales vor und führt zum Absterben des Eies. Bei den Angiospermen wurde auch das Vorkommen von mehr als zwei Spermakernen im Embryosack als Polyspermie bezeichnet (z.B. A. RUTISHAUSER 1969).
Polyspore, f. (E: polyspore F: polyspore, f.): In größerer Zahl in einem (Poly-)Sporangium gebildete Spore mancher Rotalgen (besonders Ceramiaceae). Polysporen können offenbar anstelle von Tetrasporen auftreten.
G: NÄGELI (1861, S. 310).
Polystelie → Stele
polystemon (E: polystemonous F: polystémone): Blüte mit vielen Stamina. Vgl. → Polyandrie.
G: HALLER (1742, S. 32-33) hat in seinem System verschiedene Gruppen als „Polystemones" bezeichnet.
polysymmetrisch → Symmetrie
polytän → Riesenchromosomen
polytel → Infloreszenz (C.)
polythecisch → Antherenbau (A.)
polytop → monotop
Population, f. (E: population F: population, f.): Eine lokale oder regionale Gruppe einer Art, die in einem Fortpflanzungszusammenhang steht. Mehrere benachbarte aber räumlich getrennte Populationen einer Art werden auch als **Metapopulation** zusammengefasst.
G: Die Verwendung des Begriffes in der Biologie wurde vorbereitet durch mathematisch ausgerichtete englische Genetiker wie F. GALTON und K. PEARSON. Eingeführt wurde er durch die Arbeit von JOHANNSEN (1903, S. 2); das von lat. Volk, Gemeinde, abgeleitete Fremdwort bedeutete vorher ganz allgemein Bevölkerung.
Populationsbiologie → Populationsökologie
Populationsökologie, f., Populationsbiologie, f., Demökologie, f. (E: population biology, population ecology F: biologie des populations): Meist quantitative Untersuchung aller Vorgänge, die mit der Entwicklung von Populationen in Zusammenhang stehen (Keimung, vegetative Vermehrung, Blühen, Fruchten, Altern etc.).
Lit.: HARPER (1977), I. JAHN (1992).
Populationsgenetik, f. (E: population genetics F: génétique des populations): Teil der Genetik, der sich mit den quantitativen Änderungen von Genhäufigkeiten in Populationen durch → Mutation, → Selektion, → Genetische Drift etc. beschäftigt.
G: Historischer Überblick in SPIESS (1977, S. 5-15) und JAHN (1992).
porat (E: porate F: poré): Pollenkorn mit Poren (→ Porus). Meist in Zusammensetzungen wie monoporat, triporat, polyporat verwendet.
Pore → Porus
Porenkapsel, f. (E: poricidal capsule F: capsule poricide): Kapsel, die sich mit einer oder mehreren Poren öffnet.
Porenzellen → Schließzellen
poricid, porizid (E: poricidal F: poricide): Öffnungsweise einer Kapsel (oder eines ähnlichen Organs) mit einer oder mehreren Poren (→ Antherenbau [B.]).
Porine, n.pl. (E: porins, pl.): Proteine, die Diffusionskanäle für Ionen und kleine Moleküle bilden. Sie treten bei bestimmten Bakterien auf und in der äußeren Membran der Mitochondrien und Chloroplasten.
G: Die Bezeichnung stammt von NAKAE (1976, S. 883).
porizid → poricid
Porogamie, f. (E: porogamy F: porogamie, f.): Die normale Befruchtung bei Angiospermen, bei der der Pollenschlauch durch die Mikropyle zum Nucellus vordringt.
G: TREUB (1891, S. 219) bezeichnete Angiospermen mit der normalen Befruchtung als „Porogames"; GOEBEL (1901, S. 785) führte porogam (und den Gegensatz aporogam) ein. Vgl. → Aporogamie.
Porospore, f. (E: porospore): Konidie, die sich durch die Vorstülpung der inneren Wand durch einen Porus der äußeren bildet.
G: S.J. HUGHES (1953, S. 650).
Porus, m., Pore, f. (E: pore F: pore, m.): Kleine rundliche Öffnung ganz verschiedener Pflanzenteile. **1.** Pollenkörner: rundliche dünne Stellen der Exine (vgl. auch → Ulcus). **2.** Kapsel: Öffnung einer Porenkapsel. **3.** → Tüpfel **4.** → Stomata: Der Spalt zwischen den Schließzellen.
Positionseffekt, m. (E: position effect F: effet de position): Die Änderung der Ausprägung eines Gens im Phänotyp in Abhängigkeit von anderen Genen in der Umgebung.
G: STURTEVANT (1925) wies bei *Drosophila* nach, dass es einen Unterschied macht, ob zwei Gene in einem oder in zwei verschiedenen Chromosomen liegen.
Positionsinformation, f.: Die Information,

die eine Zelle über ihre räumliche Stellung in einem Organismus besitzt und die für ihre weitere Differenzierung wichtig ist.
Postament, n.: Zapfen von Chalazagewebe, das in den Embryosack hineinragt.
G: WESTERMAIER (1890, S. 10).
postgenital → Verwachsung, postgenitale
Postreduktion → Meiose
Potetometer, n., Potometer, n. (E: potometer F: potomètre, m.): Einfaches Gerät zu Messung des Wasserverbrauches von Pflanzen oder Pflanzenteilen und damit der → Transpiration. In der einfachsten Form besteht es aus einem U-förmigen Glasrohr mit Wasser, in dessen einem Ende ein Zweig luftdicht angebracht ist. Am Fallen des Wasserspiegels im anderen Teil des Rohres kann man den Wasserverbrauch messen.
G: Ein sehr einfacher Typ des P. wurde schon von HALES (1727) benutzt.
Potometer → Potetometer
P-Protein, n. (E: P-protein F: P-protéine, f.): Im Licht- und Elektronenmikroskop auffälliges schleimartiges Protein in den Siebröhren der Angiospermen in Form von einem oder mehreren diskreten **Proteinkörpern** (E: slime bodies, slime plugs, P-protein bodies F: corps mucilagineux).
G: Die Bezeichnung P-Proteine stammt von CRONSHAW & ESAU (1967, S. 801).
Lit.: CRONSHAW & SABNIS (1990).
Präadaptation, f. (E: preadaptation F: préadaptation, f.): Das Auftreten von Merkmalen, die sich erst zu einem späteren Zeitpunkt (in einer veränderten Umwelt) als Anpassungen erweisen.
G: Der Gedanke, dass Präadaptationen eine wesentliche Rolle in der Evolution spielen, ist alt. Er wurde besonders vertreten von CUÉNOT (1901, 1909, 1914) und DAVENPORT.
Präfloration → Ästivation
Präformationstheorie, f. (E: preformation theory F: théorie de la préformation): Die Vorstellung, dass in der Ontogenie nur vorhandene (präformierte) Strukturen entwickelt (insbesondere vergrößert) werden. Dies führte in logischer Konsequenz zum Gedanken einer „Einschachtelung" zahlreicher Generationen ineinander.
G: Die Präformationstheorie herrschte im 18. Jahrhundert vor, sie wurde z.B. von ALBRECHT VON HALLER (1708-1777) und CHARLES BONNET (1720-1793) vertreten. Die Gegenposition (→ Epigenese) setzte sich erst allmählich durch.
Präkursor, m. (Vorläufer) (E: precursor F: précurseur, m.): **1.** allgemein: Jede Substanz, die in einem Biosyntheseweg einer anderen vorangeht. **2.** speziell in der Molekularbiologie: Ein Protein, das noch umgebaut wird, ehe es seine endgültige Funktion übernimmt. Das gilt z.B. für die Proteine, die in Mitochondrien und Chloroplasten importiert werden.
Praephanerogamen, f.pl. (F: Préphanérogames): Gruppe ursprünglicher Samenpflanzen, bei der sich der Embryo noch nicht auf der Mutterpflanze entwickelt.
G: EMBERGER (1942) rechnet hierzu die Pteridospermen und Cordaitales.
Praereduktion → Meiose
Prärie → Steppe
präsentiertellerförmig → stieltellerförmig
Präsenz → Stetigkeit
Präsequenz, f. (E: presequence): Peptid, das am N-Terminus von Proteinen sitzt, die für den Import in Mitochondrien bestimmt sind.
Presence-Absence-Hypothese, f.: In der Frühzeit der Genetik vertretene Hypothese, nach der nur für das dominante Merkmal ein Gen vorhanden sein sollte, dessen Fehlen dann das Auftreten des rezessiven Merkmals bewirkte.
G: Klar formuliert von BATESON (1906, S. 377). Die Hypothese wurde im Zuge der Entwicklung der Chromosomentheorie der Vererbung widerlegt (vgl. SWINBURNE 1964; CARLSON 1966, S. 58-65).
Primärblatt, n., Jugendblatt, n., Protophyll, n., Eophyll, n. (E: eophyll, primary foliage leaf F: feuille primordiale): Als Primärblätter bezeichnet man die ersten Laubblätter einer Pflanze (nach den Kotyledonen oder Niederblättern), wenn sie einfacher gestaltet sind als die Laubblätter (z.B. mit weniger Fiedern). Sie können sogar stark abweichen (→ heteroblastische Entwicklung).
G: A.P. de CANDOLLE (1813, S. 399) nannte die Primärblätter, die schon beim Embryo angelegt sind, „feuilles primordiales". GOEBEL (1883/84, S. 252) ersetzte Primordialblätter durch Primärblätter. Der Terminus eophyll wurde von TOMLINSON (1960, S. 415) eingeführt.
Primärproduktion, f. (E: primary production F: production primaire): Die Produktion pflanzlicher Biomasse. Der im Laufe einer

Vegetationsperiode oder eines Jahres erzielte Zuwachs an pflanzlicher Biomasse in kg pro m² Grundfläche ist die **Nettoprimärproduktion.**
Primärproduzenten, m. (E: primary producents F: producteurs primaires, m.): Organismen, die in der Lage sind, mit Hilfe der → Photosynthese oder → Chemosynthese anorganische Grundstoffe in eine organische Bindung zu überführen. Primärproduzenten sind vor allem die Pflanzen, die damit Ausgangspunkt der → Nahrungskette sind.
Primärspross → Spross
Primärstoffwechsel, m.: Der Teil des Stoffwechsels, der die absolut lebensnotwendigen Stoffe, wie Nucleinsäuren, Proteine, Kohlenhydrate und Lipide liefert (Gegenbegriff: → Sekundärstoffwechsel).
Primärwand → Zellwand
Primärwurzel, f., Polwurzel, f. (E: primary root F: racine primaire): Die aus der → Radicula des Embryos hervorgehende Wurzel. Sie wird als einzige Wurzel der Samenpflanzen exogen angelegt. Während die Primärwurzel sich bei den Dikotylen oft kräftig entwickelt und in die Dicke wachsen kann, verkümmert sie bei den Monokotylen bald oder wird überhaupt nicht mehr angelegt (z.B. bei den Poaceae, Lemnaceae, Zosteraceae). Lit.: TROLL (1949 a), TILLICH (1998).
Primärwurzelsystem → Wurzelsystem
Primanblüte, f. (E: primary flower F: fleur primipare): Endblüte cymöser Teilblütenstände (→ Cyme).
Primer, m. (E: primer F: amorce, f.): Ein Oligonucleotid, das mit einer einzelsträngigen DNA hybridisiert. Das entstandene doppelsträngige Stück kann dann als Ansatzpunkt für eine → Replikation dienen. Das englische Wort primer bedeutet Zünder.
Primordialhöcker → Primordium
Primordialschlauch, m.: Historische Bezeichnung für den Plasmabelag ausgewachsener Zellen mit großer Vakuole. Soll auch für die Plasmamembran verwendet worden sein.
G: MOHL (1844, Sp. 275).
Primordium, n., Anlage, f. (E: primordium F: primordium, m., ébauche, f.): Frühes, noch kaum differenziertes Entwicklungsstadium eines Organs, z.B. eines Blattes, eines Staubblattes, eines Fruchtkörpers eines Pilzes. Vor allem in der Blüte sind die Primordien oft als **Primordialhöcker** ausgebildet. Lat. primordium, Anfang, Ursprung.
Principes: Alter Name für die Ordnung der Arecales, zu der die Arecaceae (Palmae) gehören.
G: ENDLICHER (1837, S. 244) führte die Bezeichnung ein, die auf das stattliche Aussehen hinweist (lat. princeps, pl. principes, Herrscher, Fürst). Palmengattungen wurden gerne gewählt, um bedeutende Persönlichkeiten zu ehren, vgl. *Bismarckia, Gaussia, Washingtonia.*
Prinzip der variablen Proportionen → Allometrie
Prioritätsprinzip, n. (E: rule of priority F: principe de priorité): Grundprinzip der botanischen Nomenklaturregeln, nach dem von mehreren für ein Taxon gültig veröffentlichten Namen der älteste anzunehmen ist. Von zwei gleich lautenden Namen (Homonymen) ist nur der ältere legitim. Für die Priorität gibt es bestimmte → Ausgangsdaten.
Probasidie, f. (E: probasidium F: probaside, f.): Zelle, die sich in eine → Basidie umwandelt, bzw. deren erstes Stadium. Als Probasidien sind auch die Teleutosporen der Uredinales und die Brandsporen der Ustilaginales anzusehen.
G: Van TIEGHEM (1893, S. 80).
Procambium, n. (E: procambium, provascular tissue F: procambium, m.): Anlage der Leitbündel in geringer Entfernung vom Apikalmeristem des Sprosses und der Wurzel. Es handelt sich um Stränge von Zellen, die sich durch starke Färbbarkeit und geringe Vakuolisierung auszeichnen.
G: HANSTEIN (1868a, S. 125) führte den von J. SACHS mündlich vorgeschlagenen Terminus ein. – RUSSOW (1872, S. 178) wollte Procambium durch **Desmogen** ersetzen, da es sich um eine Vorstufe der ganzen Leitbündel (gr. desmos, Bündel) handelt, das hat sich aber nicht durchgesetzt.
Procaryota → Prokaryoten
Prochromosom → Chromozentrum
Procyte → Protocyt
Prodromus, m. (E: prodromus F: prodrome, m.): Bezeichnung älterer botanischer Werke, die als Vorläufer (gr. prodromos, Vorläufer) einer ausführlicheren Darstellung gedacht waren. Am bekanntesten ist der von A.P. de CANDOLLE (und A. de CANDOLLE) herausgegebene „Prodromus systematis naturalis regni vegetabilis" (1823-73), eine systematische Bearbeitung der Dikotylen der Welt.

Produkthemmung, f., Endprodukthemmung, f.: Regelung der Enzymaktivität, bei der das Produkt der Enzymreaktion das Enzym hemmt. Erst bei dessen Weiterverarbeitung wird das Enzym wieder aktiv. So kann sich kein Stoffwechselprodukt anhäufen.
Produzent, m. (E: producer F: producteur, m.): Organismus, der organische Substanz aufbaut. Produzenten im engeren Sinn sind die → Primärproduzenten.
Proembryo, m., Vorkeim, m. (E: proembryo F: proembryon, m.): Aus der Zygote hervorgehendes Gebilde, von dem nur ein Teil zum Embryo wird. Bei den Angiospermen besteht der Proembryo aus dem → Suspensor und dem eigentlichen Embryo.
G: Zuerst bei den Kryptogamen für das → Prothallium verwendet (z.B. BISCHOFF 1828). Erstnachweis für Samenpflanzen: HOFMEISTER (1851).
Progression, f. (E: progression F: progression, f.): Fortentwicklung, insbesondere wenn sie zu einer stärkeren Differenzierung führt ("Höherentwicklung"). Die phylogenetische Abwandlung eines Merkmals wird auch als **Progressionsreihe** bezeichnet.
Progressionsreihe → Progression
progressiver Endemit → Endemit
Progymnospermen: Pflanzengruppe des mittleren und oberen Devon mit gymnospermenartigem Holz, aber ohne Samenbildung.
G: Schon SAPORTA & MARION 1885 (S. 9, 14 ff., 62, 68) benutzten "Progymnospermes" und „stade progymnosperme". Sie rechneten dazu einige Gruppen der Farnpflanzen und die Cordaiten. Unabhängig davon wurde die Klasse Progymnospermopsida von BECK (1960, S. 364) aufgestellt, der die Zusammengehörigkeit von *Archaeopteris* und *Callixylon* nachwies.
Prokarp, n. (E: procarp F: procarpe, m.): Komplex aus Karpogonästen und → Auxiliarzellen bei den Rotalgen.
G: BORNET & THURET (1876, S. VIII).
Prokaryoten, m. pl., Procaryota (E: prokaryotes F: procaryotes): Organisationsstufe der Organismen, die keinen echten Kern, sondern nur ein Kernäquivalent (→ Nucleoid, → Genophor) besitzen. Ihnen fehlen Mitose und Meiose, es gibt keine Mitochondrien und Chloroplasten. Die Procaryota wurden zunächst den Eucaryota gegenübergestellt, heute werden sie auf zwei Reiche (Domänen) verteilt: → Archaea und → Bacteria (incl. Cyanobakterien = Blaualgen).
G: Schon im 19. Jahrhundert wurden von einzelnen Autoren Bakterien und Blaualgen zusammengefasst. COHN (1875, S. 201) nannte diese Gruppe **Schizophytae** (Spaltpflanzen). CHATTON (1925, S. 76/77) unterschied als Erster „Procaryotes" und Eucaryotes" im heute angenommenen Umfang, aber ohne Begründung. Erst durch STANIER & VAN NIEL (1941, 1962) wurde diese Gliederung des Organismenreiches bekannt und allmählich (in Strasburgers „Lehrbuch der Botanik" ab 1971) setzte sich die Erkenntnis durch, dass die Trennung der Procaryota von den Eucaryota einen tieferen Einschnitte bedeutet, als die zwischen Tieren und Pflanzen. - Zur Schreibung vgl. G. WAGNER & BÖRNER (1977).
Prokaryotengeißel → Geißel
Prolamellarkörper, m. (E: prolamellar body): Typischer Einschlusskörper der → Etioplasten, der aus dichtgepackten Vesikeln oder regelmäßig verzeigten Tubuli besteht.
Prolamine, n.pl. (E: prolamines F: prolamines, f.pl.): Speicherproteine der Getreidearten, die durch ihre Löslichkeit in 60-80%igem Alkohol ausgezeichnet sind.
Prolepsis, f. (E: prolepsis F: prolepsie, f.): Das gegenüber dem Normalverhalten der Art oder verwandter Arten um eine Vegetationsperiode vorgezogene Austreiben von Sprossen.
G: Der Begriff (gr. prolepsis, Vorwegnahme) wurde von LINNAEUS im Rahmen seiner eigenartigen morphologisch-physiologischen Vorstellungen in zwei Dissertationen eingeführt. Da es keine klare Definition gab, wurde er sehr verschieden verwendet, vgl. ENDLICHER & UNGER (1843, S. 149), PAX (1890, S. 36), SPÄTH (1912), HALLÉ et al. (1978, S. 42).
Lit.: MÜLLER-DOBLIES & WEBERLING (1984).
Proliferation, f. (E: proliferation): **1.** bei Pilzen: Aufeinander folgende Bildung neuer Sporangien innerhalb der ursprünglichen Zellwand (bei → Oomycota). **2.** → Prolifikation
Prolifikation, f., (Proliferation, f.), Durchwachsung, f. (E: proliferation F: prolifération, f., prolification, f.): Die Rückkehr der Blütenachse oder der Spitze einer Infloreszenz zu vegetativem Wachstum. Dies kann gelegentlich unter besonderen Bedingungen

geschehen oder auch regelmäßig (habituelle P.). Die axiale Durchwachsung einer Blüte wird auch als → Diaphyse bezeichnet. Zur Prolifikation gehören auch ungewöhnliche Bildungen von Achselsprossen in der Blüte oder Infloreszenz.
G: Durchwachsene Blüten sind sehr lange bekannt und wurden schon vor LINNAEUS als „flores proliferi" (von lat. proles, Sprössling, Nachkomme und ferre, tragen) bezeichnet, die Erscheinung nannte LINNAEUS (1751, S. 82) prolificatio.
Promotor, m. (E: promoter F: promoteur, m.): Ein DNA-Abschnitt, der einem Gen vorangestellt ist und der Transkriptionskontrolle dieses Gens dient. Im Bereich des Promotors binden allgemeine und regulatorische Transkriptionsfaktoren (→ Enhanceosom) sowie die DNA-abhängige RNA-Polymerasen (→ Transkriptosom). Der dem Gen nahe liegende Abschnitt, der die → TATA-Box umfasst, ist der **Basispromotor** (E: core promoter).
G: JACOB et al. (1964), franz. promoteur, Förderer.
Propago, f., pl. Propagines, Propagulum, n., pl. Propagula (E: propagulum F: propagule, f.): In der älteren Literatur Bezeichnung für verschiedene (nicht sexuelle) Fortpflanzungsorgane, z.B. die → Brutkörper von *Marchantia*, → Bulbillen, → Soredien bei Flechten. Gelegentlich noch heute verwendet.
G: Propago wurde schon von LINNAEUS (1751, S. 54) verwendet, die Verkleinerungsform Propagulum benutzte z.B. ACHARIUS (1803, S. XXI) bei Flechten für Soredien im heutigen Sinn. Lat. propagare, fortpflanzen.
Propagulum → Propago
Prophage, m. (E: prophage F: prophage, m.): Ein temperenter → Bakteriophage, der in das Genom eines Wirtsbakteriums integriert ist und sich mit ihm bei der Zellteilung vermehrt.
G: LWOFF & GUTMANN (1950) führten den Terminus „probactériophage" ein.
Prophase, f. (E: prophase F: prophase, f.): Erste, vorbereitende Phase der → Mitose, in der sich die Chromosomen langsam kontrahieren, einzeln sichtbar werden und sich der → Spindelapparat bildet. Die Kernhülle zerfällt am Ende der Prophase.
G: STRASBURGER (1884 a, S. 250).
Prophyll → Vorblatt

Proplastide, f. (E: proplastid F: proplaste, m.): Unentwickelte und ungefärbte Plastide ohne Thylakoide in embryonalen Zellen. Sie kann sich zu → Chloroplasten, → Chromoplasten, → Leukoplasten etc. entwickeln.
G: Seit A.F.W. SCHIMPER (1883) und Arthur MEYER (1883 a) ist bekannt, dass Plastiden nicht neu entstehen, sondern sich nur durch Teilung vermehren. Man sprach bei den nicht voll entwickelten von einer embryonalen Phase. Der Terminus Proplastide wurde von STRUGGER (1950) geprägt.
Proscolla → Viscidium
Prosenchym, n. (E: prosenchyma F: prosenchyme, m.): Gewebe aus schmalen, langgestreckten Zellen mit spitzen Enden (prosenchymtische Zellen, z.B. Fasern, Siebzellen, Zellen in den Blättern mancher Laubmoose).
G: Der Begriff stammt von LINK (1824, S. 77), der ihn als Gegensatz zu → Parenchym schuf (von gr. pros-, neben, zwischen, und enchyma, das Eingegossene).
prosenchymatisch (E: prosenchymatous F: prosenchymateux): Adj. zu → Prosenchym.
prosthetische Gruppe → Enzym
Protandrie → Proterandrie
Proteasom, n. (E: proteasome F: protéasome, m.): Kompliziert aufgebauter Komplex aus → Proteinasen und ATPasen in Cytoplasma und Zellkern, der körpereigene Proteine zu kleinen → Peptiden abbaut. Voraussetzung ist die vorherige Markierung durch → Ubiquitin.
G: Diese Teilchen wurden zunächst u.a. als „prosomes" bezeichnet bis ARRIGO et al. (1988) den Terminus „proteasome" einführten.
Proteide, n.pl. (E: proteids F: protéides, m.): Proteine, die mit Nichteiweißgruppen verbunden sind. Heute vielfach terminologisch nicht von den Proteinen unterschieden.
Proteinase, f., Protease, f. (E: protease F: protéase, f.): Enzym aus der Gruppe der → Hydrolasen, das die Aufspaltung (Hydrolyse) von Proteinen oder Peptiden katalysiert. Nach dem Angriffspunkt unterscheidet man: **1. Endopeptidasen** greifen die Peptidbindungen im Innern der Moleküle an. **2. Exopeptidasen** greifen von den Enden her an: die **Aminopeptidasen** vom Ende mit der Aminogruppe (Aminoterminus), die **Carboxypeptidasen** vom Ende mit der Carboxylgruppe (Carboxyterminus).

Proteine, n.pl., Eiweiße, n.pl., Eiweißstoffe, n.pl. (E: proteins F: protéines, f.): Klasse von hochpolymeren Verbindungen aus Aminosäuren, die durch die Peptidbindung miteinander verknüpft sind. Proteine sind die Hauptbestandteile des Protoplasmas, sie fungieren als → Enzyme, aber auch als Speicherstoffe (→ Speicherproteine).
G: Die Bezeichnung wurde zuerst von MULDER (1838, S. 111) veröffentlicht, offenbar angeregt durch einen brieflichen Vorschlag des schwedischen Chemikers BERZELIUS (vgl. VICKERY 1950, HARTLEY 1951), abgeleitet von gr. proteios, das Erste. Die Bedeutung von Protein schwankte zunächst, bis eine Gruppe von Chemikern und Physiologen ihn im heutigen Sinn festlegte (Anonymus 1907, S. XVIII).
Proteinfaltung, f. (E: protein folding): Die Faltung einer neu gebildeten Polypeptidkette zu einem dreidimensionalen Gebilde. Dabei sind andere Proteine als „Faltungshelfer" beteiligt, die so genannten → Chaperone bzw. Chaperonine. Erst nach der Faltung können die Proteine ihre Funktionen ausüben.
Proteinkörner → Aleuronkörner
Proteinkörper → P-Protein
proteinogen → Aminosäure
Proteinsortierung, f. (E: protein sorting): Die Verteilung der vom Kern codierten → Proteine auf verschiedene Kompartimente, an der bestimmte Peptide als Erkennungssignale beteiligt sind (vgl. → Transitpeptide, → Präsequenzen).
Proteom, n. (E: proteome F: protéome, m.): Nach der ursprünglichen Definition das gesamte Proteinäquivalent zu einem → Genom. Heute auch für die Proteine eines Kompartiments, einer Zelle oder eines Gewebes verwendet. Die Untersuchung von Struktur und Funktion dieser Proteine und der Vergleich der Proteome verschiedener Organismen wird als **Proteomik** (E: proteomics) bezeichnet.
G: Die Begriffe entstanden um 1994 nachdem die Genomanalyse im Hinblick auf die DNA-Sequenzen für einige Organismen abgeschlossen war. Bekannt wurden sie durch einen programmatischen Artikel von ABBOTT (1999) in Nature. Seit 2001 gibt es eine Zeitschrift „Proteomics".
Proteomik → Proteom
Proterandrie, f., Protandrie, f. (E: proterandry F: protérandrie, f., protandrie, f.): Die häufige Erscheinung, dass innerhalb einer Blüte die Staubblätter den Pollen zu einem Zeitpunkt entlassen, zu dem die Narben der Blüte nicht belegungsfähig sind (→ Dichogamie).
G: Bei *Epilobium* wurde diese Erscheinung schon von KÖLREUTER (1761, S. 35) beobachtet. CH.K. SPRENGEL (1793) sah sie bei vielen Pflanzen, er sprach von einer männlich-weiblichen Dichogamie. HILDEBRAND (1867, S. 16) führte protandrisch ein, was DELPINO (1867 c, S. 280) durch proterandrisch ersetzte.
Lit.: BERTIN & NEWMAN (1993).
proterandrisch, vormännlich (E: proterandrous, protandrous F: protandre): Adj. zu → Proterandrie
Proterogynie, f., Protogynie, f. (E: proterogyny F: protérogynie, f., protogynie, f.): Das Gegenstück zur → Proterandrie: Die Narben in einer Blüte werden belegungsfähig, ehe sich die Staubbeutel öffnen. Dieser Typ der → Dichogamie ist seltener als die Proterandrie.
G: Ch.K. SPRENGEL (1793) beobachtete P. an der Blume von *Euphorbia* (die er noch für eine Blüte hielt) und nannte sie weiblichmännliche Dichogamie. HILDEBRAND (1867, S. 16) sprach von protogynischen Dichogamen, DELPINO (1867 c, S. 280) änderte dies aus sprachlichen Gründen zu proterogyn.
Lit.: BERTIN & NEWMAN (1993).
proterogyn, vorweiblich (E: proterogynous F: protogyne): Adj. zu → Proterogynie.
Prothallium, n., Vorkeim, m. (E: prothallus, prothallium F: prothalle, m.): Gametophyt der Farnpflanzen und Samenpflanzen. Bei den meisten Farnpflanzen ist er selbstständig und gut ausgebildet, bei den Samenpflanzen dagegen stark reduziert und in die Spore oder sogar das Sporangium eingeschlossen.
G: LINK (1837, S. 382/383) bezeichnete mit Prothallium oder Trieberanlage das Prothallium der Farne und das Protonema der Moose.
Prothalliumzellen, f.pl. (E: prothallial cells F: cellules prothalliennes): Die zuerst abgegrenzten kleinen Zellen bei der Entwicklung des Prothalliums der Gymnospermen. Ihre Zahl ist bei einzelnen Gattungen verschieden.
G: Erstnachweis: GOEBEL (1882, S. 377).
Lit.: STERLING (1963).

Prothallus, m., Protothallus, m., Hypothallus, m., Vorlager, n. (E: prothallus F: protothalle, m., hypothalle, m.): Der allein vom Pilz (→ Mykobionten) gebildete Rand des Thallus bei vielen Krustenflechten. Im Laufe des Vorrückens des Prothallus wandern die → Photobionten ein, und der Prothallus wird zum Flechtenthallus.
Protisten, m.pl. (sg. Protist), Protista, Einzeller, m.pl. (E: protists F: protistes, m.pl.): Sammelbezeichnung für einzellige Organismen, nach der ursprünglichen Definition solche, „welche weder dem Thier- noch dem Pflanzenreiche mit voller Sicherheit und ohne Widerspruch zugerechnet werden können".
G: Eingeführt von HAECKEL (1866 a, S. 203).
Protoalkaloide, n.pl. (E: protoalkaloids): Den → Alkaloiden verwandte stickstoffhaltige Verbindungen, bei denen jedoch der Stickstoff nicht heterozyklisch gebunden ist.
Protoctista: Sammelbezeichnung für alle eukaryotischen Organismen, die nicht echte Tiere, Pilze und höher entwickelte Pflanzen (→ Embryobionta) sind. Hierzu gehören die Protista, aber auch viele damit verwandte Mehrzeller.
G: Der Name stammt von HOGG (1860, S. 223), dessen Protoctista Protophyta und Protozoa umfassten. Er ist erst in neuerer Zeit (COPELAND 1956, BLACKWELDER 1964, MARGULIS et al. 1990) in abgewandeltem Sinn wieder aufgenommen worden.
Protocyt, m. (oft sprachlich unrichtig Protocyte, f., auch Procyte, f.): Die Zelle der Prokaryoten ohne echten Zellkern und mit geringer Kompartimentierung (Gegensatz: → Eucyt).
Protoderm, n. (E: protoderm F: protoderme, m.): Die äußerste Zellschicht am Spross- und Wurzelscheitel, aus der sich Epidermis bzw. Rhizodermis entwickeln.
G: HABERLANDT (1882 b, S. 570).
Protogynie → Proterogynie
Protokorm, f. (E: protocorm F: protocorme, m.): **1.** an den Jungpflanzen von *Lycopodium* auftretende knollenartige Bildung, aus der sich der beblätterte Spross entwickelt. **2.** knollenartige Bildung, die bei der Keimung der Orchideen entsteht.
G: P. wurde zuerst bei *Lycopodium* von TREUB (1889 a, S. 30) eingeführt, andere Beispiele nennt GOEBEL (1898-1901, S. 440).
Protolog, m. (E: protologue F: protologue, m.): Alles, was mit der Veröffentlichung eines Namen verbunden ist und zur Typifizierung und Identifizierung dienen kann, insbesondere Beschreibung, Illustration, Synonyme, Zitate von Exemplaren und die Diskussion.
G: Der Begriff stammt von WILMOTT (1939, S. 206, Fußnote). Er tritt zuerst im → Code 1. ICBN 1961 in der „Anleitung für die Bestimmung der Typen" auf.
Protonema, n., Vorkeim, m. (E: protonema F: protonéma, m.): Erstes Entwicklungsstadium des Gametophyten der Moose. Besonders gut ausgebildet ist es bei den meisten Laubmoosen, bei denen es an eine fädige Alge erinnert (→ Protonemamoose). Oft ist es gegliedert in ein → Chloronema und das → Kaulonema, an dem sich aus knospenartigen Bildungen die Moosstämmchen bilden.
G: C.A. AGARDH (1824, S. XXII, 43) beschrieb *Protonema* als eine Algengattung, vermutete aber schon, dass es sich vielleicht nur um Keimstadien von Moosen handeln könnte.
Protonemamoose, n.pl.: Moose (nur → Laubmoose) bei denen das gut entwickelte, langlebige Protonema gegenüber der reduzierten Moospflanze eine wichtigere Rolle spielt, wie z.B. bei *Buxbaumia*.
Protonym, n. (E: protonym F: protonyme, m.): Ein wirksam, aber nicht gültig veröffentlicher Name, der später validiert wurde.
G: Verwendet im „Index nominum genericorum" (FARR et al. 1979), im → Code 1. ICBN nicht enthalten.
Protopektin → Pektin
Protophloem → Phloementwicklung
Protophyll → Primärblatt
Protophyta → Protophyten
Protophyten, m.pl., Protophyta (E: protophytes F: Protophytes, m.pl.): Organisationsstufe nicht-thallöser (einzellig, Zellverbände) Algen und Pilze.
G: In der älteren Literatur wechselt die Bedeutung der Protophyta sehr. So gibt es bei ENDLICHER (1836, S. 1) Protophyta unter den Thallophyta (Algen und Flechten) und unter den Cormophyta (Farnpflanzen). Bei HAECKEL (1889, S. 420) stehen die einzelligen Protophyta den → Metaphyta oder Gewebepflanzen gegenüber. ČELAKOVSKÝ (1897, S. 147) benutzte Protophyten im Sinne von Thallophyten. ROSEN (1901, S. 149) versteht unter Protophyten nur die beweglichen Protisten (Flagellaten) und ihre nächsten Ver-

wandten, alle übrigen, auch Protococcales, höhere Algen und Pilze sind Metaphyten.
Protoplasma, n. (E: protoplasm F: protoplasme, m.): Der Zellinhalt, in dem die Lebensprozesse ablaufen. Dazu gehört das **Grundplasma** und die → Organellen. Das Protoplasma zeichnet sich durch einen hohen Gehalt an Proteinen aus.
G: Das Wort Protoplasma findet sich – im Wesentlichen im heutigen Sinn – zuerst im Referat eines Vortrags von PURKINJE (1840, S. 82). Bekannt wurde der Begriff durch MOHL (1846, Sp. 75), der ihn vielleicht sogar unabhängig aufgestellt hat. STRASBURGER (1882 a, S. 479) unterschied → Cytoplasma und Nucleoplasma (→ Karyoplasma).
Lit.: MÖBIUS (1934), F. WEBER (1936), STUDNICKA (1937).
Protoplasmodium → Plasmodiumtypen
Protoplast, m. (E: protoplast F: protoplaste, m.): Die als aktive Einheit aufgefasste Gesamtheit des Protoplasmas einer Zelle. Neuerdings ist es möglich, durch enzymatische Auflösung der Zellwände pflanzliche Protoplasten zu gewinnen.
G: Von v. HANSTEIN (1880, S. 9) eingeführter Ausdruck. – Bei den „Infusorien" hatte DUJARDIN (1835, S. 368) bereits den ähnlich definierten Begriff **Sarkode** (F: sarcode) aufgestellt, der in der Zoologie noch lange in Gebrauch blieb.
Protostele → Stelentypen (I.)
Protothallus → Prothallus
prototunicat → Ascustypen (A.)
Protoxylem → Xylementwicklung
Provar, f. (E: provar): Bezeichnung für eine der Varietät entsprechende Kategorie bei Kulturpflanzen. In den Kulturpflanzen-Code wurde der Terminus nicht übernommen.
G: MANSFELD (1953, S. 155). Von C. JEFFREY (1968, S. 112), der MANSFELD nicht zitiert, möglicherweise unabhängig nochmals geschaffen.
provisorischer Name → nomen provisorium
proximal (E: proximal F: proximale): Nahe dem Punkt der Anheftung oder einem anderen Ausgangspunkt. Bei Pollenkörnern an der Seite, die zum Zentrum der Tetrade hin liegt (WODEHOUSE 1935, S. 159). – Gegensatz: → distal.
Proxydaten → Paläoökologie
Prozessierung, f. (E: processing F: maturation moléculaire): Veränderungen der mRNA während oder nach der Transkription. Dabei wird am 5'-Ende eine **Kappe** (E: cap) gebildet und am 3'-Ende ein **polyA-Schwanz** (E: polyA tail) aus zahlreichen Adenosin-Resten angehängt. Außerdem werden die → Introns entfernt. Das anschließende Zusammenfügen der → Exons heißt **Spleißen** (E: splicing F: épissage).
Prozessmorphologie, f., Kontinuumsmorphologie, f. (E: process morphology): Morphologische Betrachtungsweise, die betont, dass Formen nichts Statisches sind, sondern als Kombinationen von Prozessen zu verstehen sind. Diese können dazu führen, dass Übergangsformen zwischen → Grundorganen auftreten.
G: SATTLER (1990, S. 310) benutzte process morphology, die Grundgedanken schon bei SATTLER (1974).
Psammophyt, m., Sandpflanze, f. (E: psammophyte F: psammophyte, m.): Pflanze, die lockere Sandböden bevorzugt.
G: Erstnachweis: WARMING (1909, S. 136).
Pseudanthientheorie → Blütentheorien
Pseudanthium, n., Scheinblüte, f. (E: pseudanthium F: pseudanthe, m., pseudanthium, n.): **1.** blütenähnliche Infloreszenz, d.h. Blütenstand, der als → Blume wirkt. **2.** Blüte, die phylogenetisch auf einen Blütenstand zurückzuführen ist.
G: DELPINO (1890 a) führte den Begriff im Sinne der 2. Definition ein, wobei er polyandrische Blüten und obdiplostemone Blüten als Pseudanthien ansah, worin man ihm heute nicht mehr folgt. Das Cyathium von *Euphorbia* war für ihn ein Übergang von Euanthien zu Pseudanthien. Auch bei der Pseudanthientheorie (→ Blütentheorien) handelt es sich um eine phylogenetische Herleitung einer Blüte aus einem Blütenstand. Im Sinne der 1., heute vorwiegenden Bedeutung, wird Pseudanthium seit TROLL (1928 a) benutzt. Dabei sind die Köpfchen der Asteraceae (Compositae) das klassische Beispiel. Um keine Verwechslungen aufkommen zu lassen, hat CLASSEN-BOCKHOFF (1991) für ein Pseudanthium in diesem Sinn **Infloreszenzblume** (E: inflorescence blossom) vorgeschlagen.
Lit.: TROLL (1928 a), CLASSEN-BOCKHOFF (1991).
Pseudoalkaloide, n.pl. (E: pseudoalkaloids): Den → Alkaloiden i.e.S. verwandte Substanzen, bei denen der Stickstoff nicht aus

einer Aminosäure stammt.
pseudoangiokarp → Fruchtkörper
Pseudobulbe, f., Luftknolle, f. (E: pseudobulb F: pseudobulbe, m., tubercule aérien): Sprossknolle der Orchideen.
G: Die verdickten Sprosse vieler epiphytischer Orchideen wurden lange Zeit fälschlich als „Bulben" (Zwiebeln) bezeichnet. Der Ausdruck P. wird schon von PFITZER (1882) genannt.
Pseudocapillitium, n. (E: pseudocapillitium F: pseudocapillitium, m.): Strukturen im Innern eines → Aethaliums, die als Reste der bei den Vorfahren getrennten Fruchtkörper (speziell deren Peridie) angesehen werden.
G: Bei LISTER (1894, S. 156) als „spurious capillitium" (falsches Capillitium).
Pseudocephalium, n.: **1.** → Syncephalium **2.** bei Kakteen: Blühregion, die nachträglich an vollkommen ausgebildeten Rippen durch reichliche Wollbildung und Verlängerung der Stacheln entsteht (WERDERMANN 1933, S. 114).
G: BRITTON & ROSE (1920, S. 25)
Pseudochantransia-Stadium → Chantransia-Stadium
Pseudocilien, f.pl. (E: pseudocilia, pl. F: pseudoflagelles, m.pl.): Geißelähnliche, aber unbewegliche Fortsätze mancher einzelliger Algen (Tetrasporales). Im Bau sind die Pseudocilien den Geißeln verwandt, es fehlen aber die zentralen Mikrotubuli und die peripheren sind nur im unteren Teil alle vorhanden.
G: CORRENS (1893, S. 245) führte die Bezeichnung Pseudocilien ein.
Lit.: LEMBI & WALNE (1971).
pseudocoenokarp → Gynoeceum
Pseudocorolla, f., Scheinkrone, f. (E: pseudocorolla): Funktionell einer Blütenkrone ähnliche Strukturen eines → Pseudanthiums (1.). Bei den Gliedern der Pseudocorolla, den **Pseudopetalen**, handelt es sich meist um Hochblätter, es können aber auch umgewandelte Blütenkronen sein (wie bei vielen Asteraceae).
G: TROLL (1928 a, S. 104 bzw. 207) führte Scheinkrone oder Pseudocorolla und Pseudopetalen ein.
pseudocrassinucellat → Samenanlage (B.)
Pseudocyphelle, f. (E: pseudocyphella F: pseudocyphelle, f.): Durchlüftungsorgan („Atempore") im Flechtenthallus, das in einigen Merkmalen (vor allem der fehlenden Berindung) von typischen → Cyphellen abweicht.
G: NYLANDER (1860, S. 65). Nach dem Vorkommen von Pseudocyphellen heißt eine Flechtengattung *Pseudocyphellaria* Wainio.
Pseudofilament → Autospore
Pseudogamie, f. (E: pseudogamy F: pseudogamie, f.): **1.** Anregung der apomiktischen Entwicklung eines Samens durch die Bestäubung. Dabei wird die Eizelle nicht befruchtet, wohl aber die Polkerne, so dass die Bildung des Endosperms induziert wird. Pseudogamie ist u.a. von *Poa alpina* und *Ranunculus auricomus* bekannt. - Zuweilen wird auch die induzierte Nucellarembryonie als Pseudogamie bezeichnet.
G: Pseudogamie wurde von FOCKE (1881, S. 525) vermutet, konnte aber erst später bewiesen werden.
2. → Somatogamie
Pseudogen, n. (E: pseudogene F: pseudogène, m.): DNA-Sequenz, die einem bekannten Gen sehr ähnlich ist, aber durch einige Änderungen nicht als Gen funktionieren kann.
G: Zuerst beschrieben von JACQ et al. (1977).
Pseudokopulation → Sexualtäuschblume
Pseudomixis → Somatogamie
Pseudomonade → Kryptotetrade
pseudomonokotyl (E: pseudomonocotyledonous F: pseudomonocotylédoné): Embryo von Dikotylen, der durch Unterdrückung des zweiten nur ein Keimblatt ausbildet (z.B. manche Ranunculaceae und Apiaceae).
G: Pseudomonokotyledone Keimpflanzen wurden zuerst von IRMISCH (1854) genau untersucht, die Bezeichnung verwendete HEGELMAIER (1878).
pseudomonomer → Gynoeceum
Pseudonucleolus → Chromozentrum
Pseudoparaphyse, f. (E: pseudoparaphyse F: pseudoparaphyse, f.): Mycelfäden zwischen den → Asci, die von oben nach unten wachsen.
Pseudoparenchym → Plektenchym
Pseudoperidie, f. (E: pseudoperidium F: pseudopéridium, m.): Hülle der → Aecidien, die aus sterilen, miteinander verklebten Aecidiosporen entsteht.
G: Erstnachweis: E. FRIES (1832, S. 511).

Pseudopetalum → Pseudocorolla
Pseudoplasmodium → Aggregationsplasmodium
Pseudopodetium, n. (E: pseudopodetium F: pseudopodétion, m., pseudopodétium, m.): Säulen- bis strauchförmige Bildung des Flechtenthallus, die entwicklungsgeschichtlich zum Thallus (nicht zum Fruchtkörper) gehört. Beispiele: *Cladia, Stereocaulon*.
G: Die Unterschiede in der Entwicklung der vorher allgemein Podetien genannten Gebilde hat WAINIO (1880) zuerst erkannt. Die Bezeichnung Pseudopodetium verwendet er (spätestens) 1890 (I, S. 66/67).
Pseudopodium, n. (E: pseudopodium F: pseudopode, m.): **1.** vom Gametophyten gebildeter Stiel des Sporangiums bei den Moosen *Sphagnum* und *Andreaea*, der die sehr kurz bleibende Seta ersetzt.
G: BRIDEL-BRIDERI (1826, 1, S. 3).
2. bei amöbenartigen Stadien nackter Zellen eine Ausstülpung des Plasmas, die zur Fortbewegung und zur Aufnahme fester Nahrung dienen kann.
Pseudopollen, m. (E: pseudopollen F: pseudopollen, m.): Pollenähnliche Masse aus stärkereichen Haaren auf der Lippe einiger Orchidaceae (z.B. *Maxillaria, Polystachya*), die mindestens teilweise von Blütenbesuchern gesammelt wird.
G: Zuerst als „imitierte Pollenkörner" bei *Maxillaria* durch JANSE (1886) beschrieben.
Pseudoraphe, f. (E: pseudoraphe F: pseudoraphé): Bei Diatomeen eine Längslinie, die einer → Raphe ähnlich sieht, bei der es sich aber nicht um eine Durchbrechung der → Valva handelt. Es fehlen nur in diesem Bereich sichtbare Strukturen.
G: Erstnachweis: DE TONI (1891, S. 2).
Pseudosaisonpolymorphismus → Saisondimorphismus
Pseudostipeln, f.pl. (E: pseudostipules F: pseudostipules, f.pl.): Basale Zipfel oder Blättchen eines Blattes, die Stipeln vortäuschen. Ein gutes Beispiel bietet die Gattung *Lotus*.
G: NORMAN (1857, S. 16).
Pseudosympetalie, f. (E: false sympetaly F: pseudosympétalie, f.): Auftreten einer scheinbar sympetalen Krone durch postgenitale Verwachsung. Bekannte Beispiele in den Gattungen *Correa* und *Oxalis* (*O. tubiflora*).
G: TROLL (1937, S. 29).

pseudoterminale Blätter → Terminalblatt
Pseudothecium, n. (E: pseudothecium F: pseudothécie, f., pseudothécium, m.): Fruchtkörper (Ascostroma), der sich → ascolocular entwickelt, und einen Loculus oder einige ausbildet. Das Pseudothecium ähnelt einem → Perithecium.
Pseudovelamen, n. (E: pseudovelamen F: pseudovelamen, m.): Ausbildung der Rinde der Luftwurzeln bestimmter Orchideen (besonders Catasetinae), die durch auffällige Wandverdickungen und Poren an ein Velamen erinnert.
G: POREMBSKI & BARTHLOTT (1988, S. 119).
Pseudoviviparie → Viviparie
psilolophat → lophat
psychophile Blume, f., Tagfalterblume, f. (E: butterfly blossom F: fleur psychophile): Blume, die durch ihre Merkmalskombination in besonderem Maße Tagfalter anlockt. Diese Blumen sind häufig kräftig rot gefärbt, duftend, mit Nektar und mit dünner mäßig langer Röhre.
G: Die Bezeichnung psychophil stammt von DELPINO (1874, S. 152). Sie leitet sich her vom gr. Wort psyche, Leben, Seele, aber auch Schmetterling. H. MÜLLER (1878, S. 417) führte die Bezeichnung Tagfalterblumen ein.
Psychophilie, f. (E: psychophily F: psychophilie, f.): Anpassung an Bestäubung durch Tagfalter (→ psychophile Blume).
psychrophil (E: psychrophytic F: psychrophil): Pflanze, die kalte Lebensräume bevorzugt.
G: Erstnachweis: WARMING (1909), von gr. psychros, kalt.
Pteridologie, f. (E: pteridology F: ptéridologie, f.): Die wissenschaftliche Bearbeitung der → Farnpflanzen (Pteridophyta).
Pteridophyll, n. (E: pteridophyll F: ptéridophylle, f.): Farnartiges fossiles Blatt, dabei kann es sich um echte Farne, Progymnospermen, Pteridospermen oder Cycadopsida handeln.
Pteridophyta, Pteridophytina → Farnpflanzen
Pteridopsida → Farne
Pteridospermae → Pteridospermen
Pteridospermen, Pteridospermae, Farnsamer, m.pl., Cycadofilices, Lyginopteropsida (E: pteridosperms F: ptéridospermées): Gruppe fossiler Pflanzen, die zwischen Farnen und Gymnospermen vermittelt. Die

oft farnartigen Blätter tragen keine Sporangien sondern Samen, die Sprosse haben sekundäres Dickenwachstum.
G: Die Assoziation von farnartigen Blättern mit Holz mit Dickenwachstum wurde im Laufe des 19. Jahrhunderts bekannt. H. POTONIÉ (1897 in 1897-99, S. 160) nannte die Gruppe Cycadofilices. OLIVER & SCOTT (1903) bewiesen die Zugehörigkeit von Samen und schufen die Bezeichnung „Pteridospermeae" (OLIVER & SCOTT 1904, S. 239). Die Geschichte der Entdeckung ist von ZEILLER (1905) und von ANDREWS (1980, S. 158-166) dargestellt worden.
pterochor → anemochor
Publikation. f., Veröffentlichung, f. (E: publication F: publication, f.): In der Taxonomie die Veröffentlichung eines Namens, die bestimmten Regeln entspricht, vgl. → Name, gültig veröffentlichter und → Name, wirksam veröffentlichter.
Publikationsdatum, n., Erscheinungsdatum, n. (E: date of publication F: date de la publication): Das Datum der wirksamen oder gültigen Veröffentlichung, das für die Frage der Priorität entscheidend ist (→ Name, gültig veröffentlichter und → Name, wirksam veröffentlichter). Es ist oft nicht mit dem auf der Titelseite eines Werkes oder Zeitschriftenbandes identisch. Wichtige Hilfsmittel zur Feststellung sind neben Exemplaren mit den ursprünglichen Heftumschlägen vor allem Anzeigen und Besprechungen in anderen, gut datierten Zeitschriften. Publikationsdaten aller wichtigen Werke der taxonomischen Botanik sind zusammengestellt bei STAFLEU & COWAN (1976-88) und dem Supplement hierzu von STAFLEU & MENNEGA (1992-2000).
Pulpa, f., Fruchtfleisch, n. (E: pulp F: pulpe, f.): Saftige oder fleischige Teile einer Frucht, ursprünglich vor allem solche Teile innerhalb der Fruchtwand.
G: Erstnachweis: BULLIARD (1783, S. 157). Das lat. Wort pulpa bedeutet: weiche, breiartige Masse, Fleisch.
pulsierende Vakuole → Vakuole, kontraktile
Pulvinus, m., pl. Pulvini, Gelenk, Blattgelenk, n., Blattpolster, n., Blattkissen, n. (E: pulvinus F: pulvinus, m., coussinet foliaire, m.): Verdickte Stellen im Bereich des Knotens oder im unteren Teil des Blattstiels, die Bewegungen bewirken können. Beim Grashalm erlauben Meristeme in den Pulvini das Aufrichten niederliegender Halme. Pulvini an den Blattstielen ermöglichen Blattbewegungen durch Turgoränderungen (besonders auffällig bei *Mimosa pudica*). Sie können sich auch an der Basis der Stiele von Blättchen oder den Stielen der Blütenstände bei Poaceae (Gramineae) befinden.
G: Erstnachweis: ILLIGER (1800, S. 332), der das Wort LINK zuschreibt (lat. pulvinus, Kissen).
Puna, f. (E: puna F: puna): Formation der alpinen Stufe der Anden von Peru und Bolivien, die durch Polsterpflanzen und kleine, oft erikoide oder dornige Sträucher gekennzeichnet ist. Ein vergleichbarer Vegetationstyp kommt auch am Kilimandscharo vor.
Punctuated Equilibrium (E: punctuationism F: équilibre ponctué): Evolutionstheorie, die annimmt, dass der Artbildungsprozess nicht allmählich und mit gleichmäßiger Geschwindigkeit erfolgt, sondern dass längere Abschnitte eines Gleichgewichtes (equilibrium) durch kurze Phasen intensiver Artbildung unterbrochen (punctuated) werden. Neue Arten entstehen danach in kleinen Populationen am Rande des Areals durch Makromutationen.
G: ELDREDGE & GOULD (1972), GOULD & ELDREDGE (1977).
Punktkarte → Arealkarte
Punktmutation → Genmutation
Pusule, f. (E: pusule F: pusule, f.): Als Einstülpung des Plasmalemmas entstandenes System von Hohlräumen und Röhren in den Zellen von Dinophyta, das an der Geißelbasis mündet. Es dient offenbar der → Osmoregulation.
G: SCHÜTT (1895, S. 40).
Lit.: DODGE (1972).
Putamen → Steinkern
Pycnidium → Pyknidie
Pyknidie, f., Pycnidium (L: pycnidium E: pycnidium, pycnium F: pycnide, f.): Kugeliger oder krug- bis flaschenförmiger Behälter mit deutlicher Wandung, in dem Konidien gebildet werden. P. treten bei Ascomyceten und Ascolichenen auf.
G: Zuerst von TULASNE (1852, S. 108) bei Flechten beschrieben und benannt (nach gr. pyknos, dicht, gedrängt).
Pyknospore, f. (E: pycnidiospore, pycnoconidium F: pycnidiospore, f., pycnoconidie, f.): Konidie, die in → Pyknidien gebildet

wird.
pyknoxyl (E: pycnoxylic F: pycnoxylique): Mit einem festen Holz mit schmalen Markstrahlen, engen Tracheiden und kleinem Mark, wie es die Coniferen und Ginkgoales haben (Gegensatz → manoxyl).
G: Eingeführt von SEWARD (1917, S. 7), abgeleitet von gr. pyknos, dicht, gedrängt, und xylon, Holz.
Pyrenoid, n. (E: pyrenoid F: pyrénoïde, m.): Abgegrenzter proteinreicher Bezirk in den → Chloroplasten vieler Algen und der Hornmoose (Anthocerotopsida) aus der Stromamatrix ohne Thylakoide. An seinem Rand bilden sich Stärkekörner.
G: Der Name wurde von SCHMITZ (1882, 1883, S. 37) geprägt (abgeleitet von gr. pyren, Kern).
Lit.: GRIFFITHS (1970), DODGE (1973, S. 105 ff.)
pyrenokarp (E: pyrenocarp(ous) F: pyrénocarpe): Flechte, die → Perithecien ausbildet.
Pyrophyt, m. (E: pyrophyte F: pyrophyte): Pflanze, die an häufig wiederkehrende Brände angepasst ist und durch sie gefördert wird. Bei manchen Arten ist Feuer für die Samenausbreitung oder -keimung notwendig (z.B. bei den so genannten „closed cone pines", *Pinus*-Arten, deren Zapfen die Samen nur nach Brand entlassen).
G: Pyrophyt wurde von KUHNHOLTZ-LORDAT (1938, n.v., vgl. 1958, S. 36 ff.) geprägt.
Pyxidium, n., Deckelkapsel, f., Büchse, f., Büchsenfrucht, f. (E: pyxidium, lid capsule F: pyxide, f.): Eine Kapsel, die mit einem ringförmigem Riss einen Deckel absprengt, wie z.B. bei *Anagallis, Plantago* und *Hyoscyamus.*
G: Eingeführt von EHRHART (1790, S. 75) für Deckelkapseln der Angiospermen und die Mooskapseln.

q. sp. → eingebürgert
Quantum Speciation → Artbildung
quasi spontanea → eingebürgert
Quellflur, f.: Von kühlem Wasser durchrieselte Pflanzengesellschaft aus Moosen und einigen krautigen Arten (z.B. dem Quellkraut, *Montia*) im unmittelbaren Bereich einer Quelle.
Quellung, f. (E: swelling, imbibition F: gonflement, m.): Reversible Zunahme von Volumen und Gewicht durch Wasseranlagerung (Hydratation) oder Einlagerung in kapillare Räume (z.B. der Zellwand). Biologisch besonders wichtig ist die Quellung von Samen als Vorbedingung der → Keimung.
Querfieder, f.: An der → Querzone eines → peltaten Blattes sitzende Fieder.
Querzone, f. (E: cross zone F: zone transverse): Quer zur Längsachse eines Blattes verlaufende Wachstumszone am Ende des Blattstiels (an der Oberseite). Wenn sie sich kräftig entwickelt, kommt es zur Bildung eines peltaten (schildförmigen) Blattes. Der peltate Bau vieler Karpelle ist ebenfalls mit der Bildung einer Querzone verbunden.
G: EICHLER (1861) sprach von einem Transversalwulst, GOEBEL (1883/84, S. 237) verwendete Querwulst und TROLL (1932 b, S. 181) Querzone.
quincuncial → Ästivation
Quincunx, m. (E: quincunx F: quinconce): Schraubige Blattstellung mit einer Divergenz von 2/5, d.h. jedes Blatt bildet mit dem vorhergehenden einen Winkel von 144° (2/5 des Kreisumfanges). Das sechste Blatt steht dann über dem ersten. Als Quincunx wird besonders der vor allem bei Kelchen häufige Scheinwirtel in 2/5-Stellung bezeichnet, bei dem zwei Blätter ganz außen liegen, eines halb außen, halb innen (einseitig gedeckt), zwei innen.
G: Die „quincunx" ist eigentlich die Anordnung der fünf Augen auf dem Würfel und eine dem entsprechende Pflanzung von Bäumen. Die 2/5-Stellung hat als erster BONNET (1754, S. 164) genau beschrieben und nennt sie „en Quinconces." Die mit dieser Stellung zusammenhängende Ausbildung der Kelchblätter der Rose (besonders *Rosa canina*) wurde schon im Mittelalter beachtet und war Anlass zu einem bekannten lateinischen Rätselvers (TROLL 1957, S. 13; STEARN 1965).
Quirl → Wirtel
quirlig → Phyllotaxis
quirlständig → Phyllotaxis

Racemisation, f. (E: racemisation F: racémisation, f.): Tendenz des Überganges von der basipetalen Aufblühfolge komplexer Infloreszenzen zur akropetalen, wie sie für eine →

Traube typisch ist.
Lit.: SELL (1976).
racemös → Infloreszenz (B.)
Racemus → Traube
Rachenblume, f.: Blütenökologischer Typ einer zygomorphen, offenen, meist etwas gebogenen Blüte, in die die Besucher (meist Apiden) hineinkriechen können.
G: Schon verwendet von BATSCH (1791, S. 2).
radiär → Symmetrie (polysymmetrisch)
Radiärsymmetrie → Symmetrie
radiales Leitbündel → Leitbündel (B.)
Radiation, adaptive → adaptive Radiation
Radicellen, f., pl. (E: radicels F: radicelles, f.pl.): **1.** → Rhizoiden **2.** Neben- oder Seitenwurzeln (z.B. bei TROLL & HÖHN 1973).
Radicula, f., Wurzelanlage, f., Keimwurzel, f. (E: radicle F: radicule, f.): Die erste, noch unverzweigte Anlage der Wurzel am Embryo.
G: Von GREW (1671, n.v.; 1682, S. 3) als Verkleinerungsform von lat. radix, Wurzel, eingeführt. Wurde früher auch für kleine Seitenwurzeln und sprossbürtige Wurzeln verwendet (z.B. LINK 1798).
Radikation, f., Bewurzelung, f. (E: radication F: radication, f.): Die Art und Weise der Bewurzelung einer Pflanze, wie sie durch das Verhältnis der Hauptwurzel zu den Seitenwurzeln und zu sprossbürtigen Wurzeln gegeben ist (→ allorrhiz, → homorrhiz).
G: LINNAEUS (1751, S. 102), aufgenommen von TROLL (1949 a).
Radix → Wurzel
Rahmen → Replum
Rahmenhülse → Craspedium
Ramet, m. (E: ramet F: unité végétative): Eine vegetative Einheit eines → Genet, z.B. ein Spross, der aus einem Rhizom emporwächst oder sich aus einem Wurzelspross entwickelt und der durch Abtrennung von der Mutterpflanze selbstständig werden kann.
G: KAYS & HARPER (1974, S. 97).
Ramifikation → Verzweigung
Randblüte, f. (E: marginal flower F: fleur marginale): Blüte, die an der Peripherie eines Köpfchens (oder einer Dolde) steht, insbesondere, wenn sie von den inneren (den Scheibenblüten) abweicht.
randläufig → Blattaderung
Random Fixation (F: fixation randomisée): Zufallsgemäßer Fortfall einzelner Allele in kleinen Populationen, durch den andere fixiert werden können. Vgl. → Genetische Drift.
G: WRIGHT (1929).
Rangstufe, f. (E: rank, category F: rang, m.): In der Taxonomie eine der festgelegten formalen Stufen der → Hierarchie. Hauptrangstufen sind (in aufsteigender Reihenfolge): → Species, → Genus, → Familie, → Ordnung, → Klasse und Abteilung (Stamm). Außerdem gibt es zusätzliche, nur fallweise verwendete Rangstufen: unterhalb der Art → Form und Varietät, unterhalb der Gattung → Series und Sektion, unterhalb der Familie → Tribus. Durch Vorsetzen der Silben Unter- (sub-) kann jede dieser Rangstufen unterteilt werden.
G: Im Code früher als **Kategorie** bezeichnet. Seit dem → Code 1. ICBN 1956 durch Rangstufe ersetzt. LINNAEUS (1735 a; 1751, S. 98) kannte nur: varietas, species, genus, ordo (Ordnung) und classis (Klasse).
Ranke, f. (L: cirrhus E: tendril, cirrus F: vrille, f.): Meist fadenförmiges, einfaches oder verzweigtes Organ (bzw. Organteil), das dem Festhalten der Pflanze an einer Stütze dient. Der Begriff ist funktionell definiert, morphologisch kann eine Ranke verschiedenen Organen entsprechen; am häufigsten sind → Blattranken und → Sprossranken.
G: Der Terminus cirrhus findet sich schon bei LINNAEUS (1735 b).
Ranunculaceen-Typ → Stomata-Typen (B.)
Raphe, f. (E: raphe F: raphé, m.): **1.** bei Angiospermen: Der äußerlich hervortretende Bereich, in dem unter der Oberfläche das Leitbündel vom Ansatz des Funiculus bis in den Chalazabereich verläuft. Die Raphe ist deutlich nur bei Samen, die aus einer anatropen Samenanlage hervorgehen, ist diese kampylotrop, so ist oder wird die Raphe sehr kurz, bei Samen aus einer atropen Samenanlage fehlt sie ganz.
G: GAERTNER (1788, S. CXV-CXVI).
2. bei vielen Diatomeen der Ordnung Pennales: Eine längs verlaufende schlitzartige Durchbrechung der → Valva (Schalenwand), die durch einen im Einzelnen nicht geklärten Mechanismus die Kriechbewegung dieser Kieselalgen ermöglicht. Eine besondere Form ist die **Kanalraphe** (E: canal raphe), bei unter der Raphe ein abgegrenzter Kanal verläuft. Er ist gegen das Innere durch einzelne spangenartige **Fibulae** nur unvollstän-

dig abgegrenzt.
G: TURPIN (1828, S. 362) hat „rachis".
Raphiden, f.pl. (E: raphids F: raphides, f.pl.): Bündel von nadelförmigen Kristallen aus Calciumoxalat. Ihr Vorkommen ist auf bestimmte systematische Gruppen beschränkt.
G: Raphiden wurden von K. SPRENGEL (1812, S. 229, Taf. 1, Fig. 4) bei *Piper* beobachtet und abgebildet. Er sprach von „feinen nadelförmigen Spießchen" und meinte, sie bestünden aus „Zuckerstoff". A.P. de CANDOLLE (1827, S. 126) nannte sie „raphides" (nach gr. rhaphis, Nadel).
rasig → horstig
Rasse, f. (E: race F: race, f.): In der botanischen Systematik umgangssprachlicher Ausdruck für Sippen innerhalb der Art, die z.B. → Ökotypen oder auch → Subspecies („geographischen Rassen") entsprechen können. Auch für Kultursorten verwendet.
G: Die Herkunft des Wortes ist umstritten. Es kam über ital. razza und franz. raçe nach Deutschland. Im anthropologischen Sinne verwendete es im Deutschen zuerst 1755 IMMANUEL KANT (vgl. OBERHUMMER 1929, BARKHAUS 1994).
Rassenkreis → Superspecies
Rasterelektronenmikroskop → Elektronenmikroskop
Rasterkarte → Arealkarte
***rbc*L** → Molekulare Marker
Reaktionsholz, n. (E: reaction wood F: bois de réaction): Anatomisch abweichendes Holz, das sich als Reaktion auf besondere mechanische Beanspruchung an Ästen bildet. Es treten zwei Typen auf:
- **Druckholz** (E: compression wood F: bois de compression): Bei Coniferen auf der Unterseite der Äste, bzw. auf der dem Wind abgewandten Seite, Zellwände stark lignifiziert. Da es häufig eine rötliche Färbung aufweist, wird es auch als **Rotholz** (E: red wood F: bois rouge) bezeichnet.
- **Zugholz** (E: tension wood F: bois de tension): Bei Dikotylen auf der Oberseite der Äste, Wände besonders reich an Cellulose.
G: R. HARTIG (1901, S. 50, 59) bezeichnete bei Gymnospermen das unter Zug entstandene Holz als Zugholz (nach heutiger Auffassung ist aber nur das Zugholz bei Dikotylen ein besonderer Holztyp). Die zusammenfassende Bezeichnung Reaktionsholz stammt von JACCARD (1938, S. 493).

Lit.: WESTING (1965, 1968).
Reaktionsnorm, f., Reaktionsbreite, f. (E: reaction norm): Die Möglichkeit einer Pflanze mit einem bestimmten → Genotypus unter dem Einfluss verschiedener Umweltbedingungen unterschiedliche → Phänotypen auszubilden.
Recauleszenz, f. (E: recaulescence F: recaulescence, f.): Verwachsung (→ Verwachsung, congenitale) eines Tragblattes mit seinem Achselspross, durch die es von der Hauptachse entfernt und auf den Achselspross verlagert wird (Abb. 7).
G: Soll nach SCHNEIDER (1917) von C.F. SCHIMPER eingeführt worden sein.
Receptaculum, n., Rezeptakel, n. (E: receptacle F: réceptacle, m.): **1.** bei Angiospermen: Blütenboden, m.: Blütenachse, die die Phyllome der Blüte (Kelch-, Kron-, Staub- und Fruchtblätter) trägt. Ihre Form kann von kegelförmig über flach scheiben- bis zu schüsselförmig variieren. Der → Köpfchenboden, auf dem mehrere Blüten sitzen, wird auch als **Receptaculum commune** bezeichnet.
G: Das lat. Wort receptaculum (Behälter) wurde für den Blütenboden zuerst von PONTEDERA (1720, S. 26) gebraucht und von LINNAEUS (1735 b) übernommen. In der älteren Literatur findet man auch **Torus** (SALISBURY 1800, S. 141) und **Thalamus**, das TOURNEFORT (1700, S. 74, 467) für den → Köpfchenboden benutzte.
2. bei der Braunalge *Fucus*: Die angeschwollenen Thallusenden, in denen die Konzeptakel (→ Conceptaculum) eingesenkt sind.
3. bei Pilzen (Phallales): Die die → Gleba tragende Struktur.
rechtswindend (L: dextrorsum [externe visus] F: dextrorse): Liane, die beim Winden eine Schraube mit Rechtsgewinde bildet. Von oben betrachtet ist dies beim Aufsteigen eine Drehbewegung gegen den Uhrzeigersinn, von außen betrachtet steigt die Windung von links unten nach rechts oben („Z-Windung", Abb. 6, S. 186).
G: und Lit.: → linkswindend.
Reduktionsteilungen → Meiose
Refugium, n., pl. Refugien (E: refugium, pl. refugia F: refuge, m.): Gebiet, in dem sich Arten erhalten konnten, die in Teilen ihres Areals keine Lebensbedingungen mehr fanden. Während der Glazialzeiten fanden sich Refugien z.B. südlich der Alpen, sowie

in Südfrankreich oder auf der Balkanhalbinsel. Von den Refugien aus kann später eine Wiederbesiedlung erfolgen. Vgl. → Nunatak-Hypothese.
Regenballisten → Ombrohydrochorie
Regenbestäubung → Ombrogamie
Regeneration, f. (E: regeneration F: régéneration, f.): **1.** Die Wiederherstellung bzw. der Ersatz eines verloren gegangenen Organs. Ein zerstörter Spross- oder Wurzelvegetationspunkt wird nicht am Ort regeneriert, sondern durch das Austreiben benachbarter Knospen oder durch die Bildung von Adventivwurzeln ersetzt. Beim Verlust von Blättern werden diese nicht als solche regeneriert, sondern es treiben vorzeitig Achselknospen aus, deren Blätter dann als Ersatz dienen. Auch die Entwicklung eines Organismus aus einer Zellkultur oder Gewebekultur wird als Regeneration bezeichnet. **2.** in der Vegetation: Die Wiedergewinnung des Ausgangszustandes nach einer Katastrophe (z.B. Insektenkalamität, Windwurf) oder einem menschlichen Eingriff.
Regengrüner Wald → Monsunwald
Regenschwemmlinge → Ombrohydrochorie
Regenwald, tropischer, m. (E: tropical rainforest F: forêt (tropical) pluviale): Sammelbegriff für Wälder in den ganzjährig feuchten Gebieten der tropischen Zone. Zu unterscheiden sind die feucht-tropischen Tieflandwälder von den feucht-tropischen Bergwäldern.
Regnum → Reich
Reich, n., Regnum, n., Organismenreich, n. (L: regnum E: kingdom F: règne, m.): Nach dem → Code 1. ICBN höchste Rangstufe des Systems der Organismen. Nach klassischer Anschauung gehören alle in der Botanik behandelten Objekte zum → Pflanzenreich. Neuerdings wird dem Reich noch die → Domäne übergeordnet oder beides wird gleichgesetzt.
G: Regnum wurde spätestens durch LINNAEUS (1735a) eingeführt.
Reifungsteilungen → Meiose
Reihe → Series
Reihe → Ordnung
Reine Linie, f. (E: pure line F: lignée pure, f.): Individuen, die von einem einzelnen, sich selbst befruchtenden Individuum abstammen.
G: Eingeführt von JOHANNSEN (1903, S. 9).

Reïteration, f. (E: reiteration F: reiteration, f.): Die Wiederholung eines bestimmten → Baum-Modells innerhalb eines Baumes. Sie kann spontan im Laufe der Entwicklung stattfinden oder nach Störungen.
G: Eingeführt von OLDEMAN (1974, S. 33).
Reiz, m. (E: stimulus F: stimulus, m., excitation, f.): In der Physiologie ein auf den Organismus wirkendes chemisches oder physikalisches Signal, das eine spezifische Reaktionsfolge auslöst, deren Energie vom Organismus selbst geliefert wird.
Reizmengengesetz, n. (E: product rule): Nach diesem Gesetz ist die Reaktion auf einen Reiz proportional der Reizmenge, die als Produkt aus der Intensität und der Dauer des Reizes definiert wird. Das Gesetz gilt nur begrenzt, z.B. beim → Phototropismus.
Reizmittel → Blume
Rekapitulation → Biogenetische Grundregel
Rekombination, f. (E: recombination F: recombinaison, f.): Vorgänge, durch den die → Gene in anderer Weise als bei den Eltern verteilt werden. Dies geschieht bei diploiden Organismen durch die zufallsgemäße Verteilung der Chromosomen in der Anaphase der Meiose I und die daraus resultierende Verteilung auf die Keimzellen und durch die ebenfalls zufallsgemäße Vereinigung der Gameten. Zusätzlich treten meist noch Austauschvorgänge auf.
G: Der Terminus wurde von BRIDGES & MORGAN (1923, S. 9) zunächst im engeren Sinn für die Rekombination gekoppelter Merkmale durch → Crossing over eingeführt. Vorher hatte SCHINZ (1910, S. 26) in einer Buchbesprechung die **Kombinationen** neben den Modifikationen und Mutationen als Ursache für die Variabilität herausgestellt.
Rekombinationsartbildung → Hybridartbildung
Rekombinationssystem, n. (E: recombination system): Die Gesamtheit der Faktoren, die bei einer Art die Bildung neuer genetischer Rekombinanten bestimmen. Dazu gehören der Grad der Heterozygotie, die Zahl der Chromosomen, die Häufigkeit von Crossing over, das Befruchtungs- und Bestäubungssystem, die Lebensform und Faktoren, die den Genfluss bestimmen.
G: CARSON (1957, S. 33).
Reliktart, f. (E: relict species F: espèce-

relique, f.): Art, die insgesamt oder in einem Gebiet den einzigen Vertreter eines vermutlich früher reicheren Verwandtschaftskreises darstellt. Solche Arten sind oft wenig variabel und haben spezielle Standortsansprüche.
Lit.: Fryxell (1962)
Reliktvorkommen, n. (F: présence relictuelle): In der Pflanzengeographie das isolierte Vorkommen einer Sippe, von dem angenommen wird, dass es unter den Bedingungen einer früheren Klimaperiode entstanden ist. So gelten z.B. Vorkommen von *Betula nana* in den Mittelgebirgen als Relikte einer geschlossenen spätglazialen Verbreitung.
REM → Elektronenmikroskop
repetitive Sequenz, f. (E: repetitive DNA F: ADN répétitif): Abschnitt des Genoms, in dem eine bestimmte Abfolge von Basen zahlreiche Male aufeinander folgt. Es handelt sich um nicht codierende Bereiche, d.h. sie werden nicht abgelesen.
G: Britten & Kohne (1968) beschrieben „repetitious DNA".
Replikation, f. (E: replication F: réplication, f.): In der Molekularbiologie die Herstellung eines Duplikats eines DNA- oder RNA-Moleküls. Bei der DNA-Doppelhelix wird dabei zu jedem Strang unter Einwirkung von Enzymen ein antisymmetrischer Strang hergestellt, in dem die Basen A durch T, T durch A, G durch C und C durch G ersetzt sind. Jedes Duplikat enthält einen „alten" Strang und einen neu gebildeten, man spricht von einer **semikonservativen** Replikation (E: semiconservative replication).
Replikationsgabel, f. (E: replication fork F: fourche de réplication): Die Stelle, an der bei der → Replikation der Doppelstrang der DNA aufgetrennt („gegabelt") ist. Er teilt sich hier in den kontinuierlich ergänzten **Leitstrang** (E: leading strand) und den diskontinuierlich bearbeiteten **Folgestrang** (E: lagging strand).
Replikon, n. (E: replicon F: réplicon): Eine Einheit der Replikation mit einer Startstelle. Bei Procaryoten ist das ein ganzes Genom, bei Eucaryoten ein Abschnitt eines Chromosoms.
G: Jacob & Brenner (1963, S. 298: réplicon).
Replum, n., pl. Repla, Rahmen, m., Placentarrahmen, m. (E: replum F: replum, m.): Rahmen aus Gewebe mit Leitbündeln, der stehen bleibt, wenn sich bei der Schote oder der Rahmenhülse die Seitenteile abgelöst haben. Bei der → Schote spannt sich dazwischen die falsche Scheidewand, die z.T. mit dazugerechnet wird.
G: Erstnachweis: Endlicher & Unger (1843, S. 316). Lat. replum, Türrahmen.
Reportergen, n., Indikatorgen, n. (E: reporter gene F: gène reporteur): Ein Gen, dessen Produkt in → transgenen Pflanzen leicht nachzuweisen ist. Es wird zur Transkriptionskontrolle pflanzlicher Gene (Promotor des zu untersuchenden Gens wird mit Reportergen verbunden) oder zur Analyse der Lokalisation eines Genproduktes innerhalb der Zelle (chimäre Gene aus zu untersuchendem Gen und Reportergen führen zur Expression von Fusionsproteinen) eingesetzt.
Repressor, m. (E: repressor F: répresseur, m.): Protein, das Produkt eines Regulatorgens ist und durch die Bindung an einen → Operator die Transkription eines Gens verhindern kann.
G: Eine „Repressor-Hypothese" wurde zuerst von Parder et al. (1959) aufgestellt.
Reproduktion → Fortpflanzung
Reproduktionsbiologie → Fortpflanzungsbiologie
Reproduktionsstrategie → Lebensstrategie
Reservecellulose → Cellulose
Reserveproteine → Speicherproteine
Resistenz, f. (E: resistance F: résistance, f.): Die Widerstandsfähigkeit gegenüber ungünstigen Faktoren (vgl. → Frostresistenz, → Hitzeresistenz) und gegenüber Pathogenen.
Respiration → Zellatmung
Respirationsklimakterium, n.: Phase mit stark erhöhter Atmung während des Reifeprozesses einiger Früchte (z.B. Äpfel, Bananen, Tomaten). Etwa gleichzeitig gibt es ein Maximum der Produktion von → Ethylen.
respiratorischer Quotient, m., RQ (E: respiratory quotient F: quotient respiratoire, m.): Das molare Verhältnis des bei der Zellatmung erzeugten CO_2 zum verbrauchten O_2. Der respiratorische Quotient ist von der molekularen Zusammensetzung des Atmungssubstrates abhängig.
Ressourcen, f.pl. (E: resources F: ressources, f.pl.): Alle Bedingungen, die einem Organismus das Leben an einem Standort ermöglichen. Dazu gehören vor allem der

Raum, die Nährstoffe, Licht und Wasser.
Restitutionskern, m. (E: restitution nucleus F: noyau de restitution): Diploider Kern, der bei → Apomixis durch ungeregelte Meiose entsteht.
G: ROSENBERG (1926/27, S. 321).
Restriktionsendonucleasen, f.pl. (E: restriction endonucleases F: endonucléases de restriction): Von Prokaryoten produzierte Enzyme, die bestimmte Sequenzen in der DNA erkennen und dort die DNA durch Hydrolyse zerschneiden. Die so erhaltenen Polynukleotide heißen **Restriktionsfragmente** (E: restriction fragments F: fragments de restriction).
G: Das erste Restriktionsenzym wurde von MESELSON & YUAN (1966) isoliert.
Restriktionsfragmente → Restriktionsendonucleasen
resupinat (E: resupinate F: résupiné): Fruchtkörper eines Basidiomyceten, der mit der Rückseite flach dem Substrat angewachsen ist, und das Hymenium oberseits trägt.
G: PERSOON (1794, S. 66), lat. resupinus, auf dem Rücken liegend.
Resupination, f. (L: resupinatio, f. E: resupination F: résupination, f.): Drehung einer Blüte, durch die ursprünglich adaxiale Teile (wie die Lippe der Orchidaceae) in eine abaxiale Lage kommen. Die Blüte wird dann als **resupiniert** bezeichnet.
G: Schon bei LINNAEUS (1751, S. 104).
resupiniert → Resupination
reticulat → Reticulum
reticulate Evolution, f. (E: reticulate evolution F: évolution réticulée): Evolution, bei der wegen des Vorkommens von Bastardierungen und → Allopolyploidie die Beziehungen zwischen den Arten nur durch ein vernetztes Schema korrekt dargestellt werden können. Reticulate Evolution spielt bei den Tieren kaum eine Rolle, ist aber bei Pflanzen – vor allem in → Polyploidkomplexen – nicht selten. Ein klassisches Beispiel sind die *Asplenium*-Arten der Appalachen (W.H. WAGNER 1954).
G: Von netzförmigen (morphologischen) Beziehungen zwischen den Taxa sprach man schon früh, diese entstehen aber auch bei Parallelentwicklungen. TURRILL (1936) erkannte wohl als Erster die Bedeutung der Allopolyploidie für diesen Typ der Evolution.
Reticulum, n. (E: reticulum F: réticulum, m., réticule, m.): In der Pollenmorphologie Skulptur der Oberfläche aus einem Netzwerk von erhabenen Muri (sg. Murus) zwischen denen sich die Lumina (sg. Lumen) befinden. Dabei ist der Durchmesser der Muri kleiner als der der Lumina. - Solche Pollenkörner sind **reticulat**, bzw. wenn die Lumina kleiner als 1 µm sind, **mikroreticulat**.
G: IVERSEN & TROELS-SMITH (1950, S. 36). Eine genaue Definition der Termini bei PRAGLOWSKI & PUNT (1974).
Retinaculum, n. (E: retinaculum F: rétinacle, m.): Das lat. Wort retinaculum bedeutet Halter, Band. Es wird für morphologisch ganz verschiedene Dinge verwendet: **1.** bei den Orchideen: → Viscidium. RICHARD (1818, S. 27)
2. bei den Asclepiadaceae: → Klemmkörper.
3. bei den Acanthaceae = **Jaculator** (E: jaculator F: crochet, m., jaculateur, m., éjecteur, m.): Hakenförmiger Auswuchs am → Funiculus, von dem man annahm, dass er dem Abschleudern der Samen dient.
G: Eingeführt von GAERTNER (1788, S. 253-255). Bezeichnungen wie Jaculator (von lat. iaculor, ich schleudere) oder éjecteur (Auswerfer) sind abzulehnen, da das Retinaculum den Samen nicht abschleudert (vgl. SELL 1969).
4. bei *Zostera*: Anhängsel am → Connectiv, das ein Perigon vortäuscht.
Retinospora-Form, f.: Durch Stecklinge fixierte Jugendform von Cupressaceen (z.B. *Thuja, Chamaecyparis*), die durch nadelförmige Blätter ausgezeichnet ist und sich damit von der schuppenblättrigen ausgewachsenen Form unterscheidet.
G: Die Bezeichnung geht zurück auf den Gattungsnamen *Retinispora* Sieb. & Zucc. (1844).
Retortenzelle, f., Ampullenzelle, f. (E: retort cell F: cellule lagéniforme): Flaschenförmige, nach außen offene wasserspeichernde Zellen in der Rinde der Stämmchem bei manchen *Sphagnum*-Arten.
Retrotransposon, n. (E: retrotransposon F: rétrotransposon, m.): Im Genom bewegliche Elemente (ähnlich wie die → Transposons), die für die → Transposition eine reverse Transkriptase benötigen.
G: BOEKE et al. (1985).
Retrovirus, n. (E: retrovirus F: rétrovirus, m.): Virus, das aus einzelsträngiger RNA

und einem → Capsid aufgebaut ist. Retroviren sind vor allem gekennzeichnet durch den Besitz eines Enzyms (**reverse Transkriptase**), das RNA in DNA umschreiben kann, die als Provirus in die DNA des Wirtes integriert wird.
G: Der Name Retroviridae stammt von FENNER (1976, Virology 71: 375).-
reverse Transkriptase → Retrovirus
Revision, f. (L: revisio, f., pl. revisiones E: revision F: révision, f.): In der Botanik systematische Bearbeitung einer Pflanzengruppe, die nicht alle Ansprüche einer → Monographie erfüllt. Von einer Revision spricht man z.B., wenn es sich nur um Teile einer Gattung handelt, besonders um geographisch begrenzte, oder wenn die Bearbeitung nur Schlüssel und keine Beschreibungen enthält.
revolut → Vernation
Revolverblüte, f.: Blüte mit mehreren kreisförmig angeordneten Zugängen zum Nektar, die voneinander getrennt sind, wie bei *Gentiana acaulis* und *Calystegia*.
G: KERNER von MARILAUN (1891, S. 250).
rezent (E: recent, extant F: récent): In der Biologie Bezeichnung für die heute lebenden Organismen im Unterschied zu den → Fossilien. Von lat. recens, recentis, neu, jung.
Rezeptakulum → Receptaculum
Rezeptor, m. (E: receptor F: récepteur, m.): Auf zellulärer Ebene Strukturen (Moleküle, meist Proteine), die spezifisch einen Reiz aufnehmen und weitere Reaktionen auslösen. Dabei kann es sich bei dem Reiz um eine Einwirkung von außen handeln (→ Photorezeptor) oder um → Phytohormone und → Pheromone (z.B. Cytokininrezeptor, Ethylenrezeptor).
rezessiv (E: recessive F: récessif): Eine Merkmalsausprägung, die bei der Kreuzung mit dem Träger einer anderen (→ dominanten) in der F_1-Generation nicht erkennbar ist.
G: Nach ersten Beobachtungen von SAGERET (1826, → unter dominant) haben erst die Versuche von MENDEL (1866) an *Pisum* die Verhältnisse vor allem durch quantitative Auswertung klargestellt. Von ihm stammt auch der Begriff rezessiv (S. 11) im Gegensatz zu dominant.
Rhabdosklereiden → Malpighische Zellen
Rhachilla → Ährchen

Rhachis, f., Spindel, f. (E: rachis F: rachis, m.): 1. Hauptachse eines racemösen Blütenstandes, z.B. einer Ähre oder Traube. 2. Zentrale Achse eines gefiederten oder fiederteiligen Blattes.
G: Das gr. Wort rhachis, das Rücken, Rückgrat oder Gebirgskamm bedeuten kann, wurde zuerst in der Zoologie für die Achse einer Feder verwendet. Erstnachweise in der Botanik: ILLIGER (1800) für die Achse von Blütenständen, WILLDENOW (1802 b) bei Farnwedeln.
Rhachisblatt, n. (E: rachis-leaf): Ein Blatt, das sich von einem Fiederblatt herleitet, dessen Fiedern unterdrückt sind. Besonders typisch bei einigen Apiaceae (Umbelliferen).
G: TROLL (1934 c, S. 18).
Rhachisdorn, m.: Dorn, der aus der Blattrhachis hervorgeht, die verholzt und eine stechende Spitze hat. Rhachisdornen sind für eine große Untergattung von *Astragalus* typisch.
Rheogameon, n. (E: rheogameon): Polymorphe Art, zu der morphologisch unterscheidbare Sippen (z.B. → Subspecies) gehören, die untereinander fertil und daher durch Übergänge verbunden sind.
G: CAMP & GILLY (1943, S. 348), abgeleitet von gr. rheein, fließen. Entspricht etwa dem → Syngameon, einer → Superspecies, dem → Aggregat oder → Commiscuum.
Rheophyt, m. (E: rheophyte F: rhéophyte, f.): Pflanze rasch fließender Flüsse.
G: van STEENIS (1932, S. 197), von gr. rheein, fließen.
Lit.: STEENIS (1981).
rhexigen (E: rhexigenous F: rhexigène): Entstehung von Hohlräumen durch Zerreißung von Zellen.
G: Die schon lange vorher erkannte Möglichkeit der Entstehung von Hohlräumen durch Zerreißen wurde von de BARY (1877, S. 209) rhexigen genannt.
Rhipidium → Fächel
Rhizikom, n.: Allgemeine Bezeichnung für das Grundorgan Wurzel (→ auch Caulom, Phyllom).
G: Eingeführt von DRUDE (1880, S. 583), abgeleitet von gr. rhizikos, die Wurzel betreffend. Der Terminus wurde von FRITSCH (1909, S. 86, 384) übernommen und hat sich seither in Österreich erhalten, während er in Deutschland und der Schweiz nicht benutzt

wird.
Rhizine (E: rhizina, pl. rhizinae F: rhizine, f.): Befestigungsorgan der Strauch- und Laubflechten, das aus einem Hyphenstrang besteht.
Rhizocarpae → Hydropterides
Rhizodermis, f., Epiblem, n. (E: rhizodermis, epiblema F: rhizoderme, m., épiblème): Primäres Abschlussgewebe an jüngeren Wurzeln. Es unterscheidet sich von der Epidermis besonders durch die Ausbildung von → Wurzelhaaren und das Fehlen einer Cuticula, sowie durch die Entstehung innerhalb des Gewebes (unterhalb der → Kalyptra). Eine besondere Ausbildung ist das → Velamen.
G: In der älteren deutschen Literatur (z.B. SCHLEIDEN 1845, S. 257) wird die Epidermis der Wurzel **Epiblema** genannt. MEYER (in KROEMER 1903, S. 12) führte Rhizodermis ein.
Rhizoid, n., Würzelchen (E: rhizoid, rootlet F: rhizoïde, m.): Wurzelähnliches Gebilde der Thallophyten und der Prothallien von Farnpflanzen, das aus einzelnen verlängerten Zellen, Zellfäden oder Hyphen besteht. Rhizoide dienen vor allem der Verankerung, aber mindestens z.T. auch der Stoffaufnahme.
Rhizom, n., Wurzelstock, m. (L: rhizoma E: rhizome, rootstock F: rhizome, m.): Unterirdischer waagerechter oder aufsteigender Sprossteil mit gestauchten Internodien, der Speicherfunktion hat und nichtgrüne schuppenförmige Niederblätter trägt. Ausnahmsweise (z.B. *Iris germanica*) liegt das Rhizom an der Oberfläche und trägt grüne Blätter. Weit kriechende und verzweigte Rhizome können der vegetativen Vermehrung dienen, indem die älteren Teile absterben. – Analoge Bildungen bei Laubmoosen (Polytrichales) werden auch als „Rhizom" bezeichnet.
G: Rhizome wurden zunächst nicht von den Wurzeln unterschieden. EHRHART (1789, S. 44) schuf den Begriff Rhizom, der sich zwar von gr. rhiza, Wurzel, herleitet, aber von ihm klar als Spross erkannt wurde. Erst durch LINK (1807) wurde Rhizom allgemein eingeführt.
Rhizomgeophyt, m. (E: rhizome geophyte F: géophyte à rhizome): Pflanze, deren Überdauerungsknospen an unterirdischen Teilen eines Rhizoms liegen.
Rhizomorphe, f. (E: rhizomorph F: rhizomorphe, m.): Bei Pilzen und Flechten wurzelartige Bildung aus verflochtenen Strängen von Hyphen, bei der die äußeren eine Art Rinde bilden.
Rhizophor, m., Wurzelträger, m. (E: rhizophore F: rhizophore, m.): Organ der Selaginellales und der (fossilen) Lepidodendrales, das Wurzeln trägt. Die Rhizophore von *Selaginella* sind blattlos, entstehen exogen und haben keine Wurzelhaube. Sie lassen sich experimentell in Sprosse umwandeln. Sie werden als modifizierte Sprosse, oberirdische Wurzeln oder als Organe „sui generis" (d.h. mit keinem der Grundorgane vergleichbar) gedeutet.
G: Die Organe wurden von NÄGELI (1866, S. 531) als Wurzelträger bezeichnet. Rhizophor benutzte z.B. CAMPBELL (1895, S. 495).
Rhizophyten → Kormophyten
Rhizoplast, m. (E: rhizoplast F: rhizoplaste, m.): Struktur, die den Basalkörper einer Geißel mit der Kernmembran verbindet.
G: Der Rhizoplast wurde schon im 19. Jahrhundert gesehen. DANGEARD (1901, S. 860) schlug die Bezeichnung Rhizoplast vor.
Rhizopodium, n. (E: rhizopodium F: rhizopode, m.): Besondere Form eines → Pseudopodiums, das fadenförmig ist.
Rhizosphäre, f. (E: rhizosphere F: rhizosphère, f.): Der unmittelbar an eine Wurzel angrenzende Raum, der von ihr beeinflusst wird und sich durch eine besondere Flora und Fauna auszeichnet.
G: JAHN (1934, S. 463).
Rhizostiche, f.: Längszeile von Seitenwurzeln.
Rhizothamnien, n.pl.: Wurzelbüschel, die durch gabelige Verzweigung von Wurzeln entstehen. Sie sind fast ausschließlich von Holzpflanzen mit Mykorrhiza (z.B. *Pinus, Casuarina, Alnus*) oder mit Blaualgensymbiose (*Cycas*) bekannt.
G. Schon SCHACHT (1853) kannte diese Bildungen von *Alnus* und Cycadeen. Die Bezeichnung Rhizothamnien (von gr. rhiza, Wurzel, und thamnos, Strauch) schuf MIEHE (1918, S. 433).
Rhodologie, f. (E: rhodology): Die wissenschaftliche (und züchterische) Bearbeitung der Rosen (Gattung *Rosa*, gr. rhodon).
Rhodophyta → Rotalgen
Rhodoplast, m. (E: rhodoplast F: rhodoplaste, m., érythroplaste, m.): Durch → Phycoerythrin (und → Phycocyan) rot gefärbter

Plastid der → Rotalgen ohne Grana.
G: A.F.W. SCHIMPER (1885, S. 31, 40).
Rhytidom → Borke
Ribonucleinsäure → RNA
Ribosom, n. (E: ribosome F: ribosome, m.): Nur elektronenoptisch sichtbare Partikel aus Protein und (ribosomalen) Ribonucleinsäuren (rRNAs), die die Proteinsynthese durchführen. Nach ihrem Vorkommen im Cytoplasma, in Plastiden und Mitochondrien unterscheidet man bei Eukaryoten **Cytoribosomen, Plastoribosomen** und **Mitoribosomen**.
G: Die Ribosomen wurden lange Zeit zu der Fraktion der → Mikrosomen gerechnet. Da dieser Terminus zu unpräzise war, wurde er auf einem Symposium durch den schärfer definierten Begriff Ribosomen ersetzt (ROBERTS 1958, S. VIII).
Ribozyme, n.pl. (E: ribozymes F: ribozymes, m.): Katalytisch wirksame → RNAs. Ribozyme sind die einzigen Biokatalysatoren, die nicht Proteine sind.
Ribulose-1,5-biphosphat-Carboxylase/ Oxygenase → RubisCO
Riesenchromosom, n. (E: giant chromosome, polytene chromosome F: chromosome géant, chromosome polytène): Interphasechromosom spezieller Zellen, bei dem durch mehrfache Replikation zahlreiche → Chromonemata nebeneinander liegen, sodass sie **polytän** sind. Im typischen Fall bildet sich eine Querscheibenstruktur aus, dies ist aber bei Pflanzen selten. Bei den Pflanzen treten ähnliche Chromosomen z.B. in → Antipoden und → Haustorien auf (vgl. TSCHERMAK-WOESS 1956).
G: Riesenchromosomen wurden 1881 von BALBIANI in den Speicheldrüsen von Chironomiden gefunden, aber lange Zeit als ein einziger „Kernfaden" angesehen. Die Chromosomennatur wurde durch HEITZ & BAUER (1933) und PAINTER (1933) nachgewiesen.
Lit.: BEERMANN (1962).
Rinde, f., Cortex, m. (L: cortex, m., pl. cortices E: cortex F: écorce, f.): Im weiteren Sinn Bezeichnung für die äußeren Gewebeschichten verschiedener Organe und Organisationsformen, soweit sie sich deutlich von den inneren absetzen. In der Sprossachse befindet sich die **primäre Rinde** zwischen Epidermis und dem Leitgewebe, sie wird zuweilen durch eine → Phloeoterma (Stärkeschicht, seltener Endodermis) nach innen abgegrenzt. Die Wurzelrinde liegt zwischen Rhizodermis und Zentralzylinder, dabei ist die innerste Schicht als Endodermis ausgebildet. Die vom Cambium nach außen abgegebenen Zellen werden als **sekundäre Rinde** (Bast) bezeichnet. Im allgemeinen Sprachgebrauch wird in die Rinde auch die Borke mit einbezogen (auch bei der Bezeichnung Cortex der Pharmakognosten).
– Der Begriff wird auch bei komplex aufgebauten Kryptogamen angewandt, z.B. bei den Characeae, Braunalgen, Flechten oder bei *Sphagnum*.
G: Schon in der Antike hieß die äußere Schicht der Bäume cortex. Dieser Terminus findet sich auch bei FUCHS (1542) und den folgenden Autoren. Eine besondere Theorie des Zusammenspiels von cortex und medulla (Mark) entwickelte LINNAEUS (vgl. STEVENS & CULLEN 1990). Der Begriff der Rinde wurde später bei den Kormophyten präzisiert, aber auch auf andere Gruppen übertragen. – Die Problematik der Abgrenzung von Rinde und Zentralzylinder in der Sprossachse behandelt NAPP-ZINN (1955).
Ring → Anulus
Ringgefäß → Tracheentypen (B.)
ringporig → Holz (B.)
Rippe, f. (L: costa, f., pl. costae E: costa, ridge F: côte, f.): Langgestreckte vorspringende Leiste verschiedener Art, z.B. an den Früchten vieler Umbelliferae (Apiaceae). Auch der Mittelnerv eines Blattes, der oft besonders verstärkt ist, wird als (**Mittel-**) **Rippe** (E: midrib F: nervure médiane ou centrale) bezeichnet.
Rispe, f., Panicula, f. (L: panicula, f., pl. paniculae E: panicle F: panicule, f.): Infloreszenz, bei der die Hauptachse und die Seitenäste in Blüten (Terminalblüten) enden und der Verzweigungsgrad nach unten zu mehr oder weniger regelmäßig zunimmt. In der typischen Form hat die Rispe dadurch einen kegelförmigen Umriss. Sonderformen der Rispe sind die Schirmrispe (→ Corymbus) und die → Spirre.
G: Panicula und Rispe sind alte Begriffe der Infloreszenzmorphologie, wurden aber keineswegs immer einheitlich angewendet.
Lit.: EICHLER (1875, S. 42), HAMANN (1960, S. 423-425).
RNA, RNS, Ribonucleinsäure (E: RNA, ribonucleic acid F: ARN, acide ribonucléique, f.): Polynucleotid von ähnlichem Aufbau wie

die → DNA, anstelle der 2'-Desoxyribose findet sich in der RNA Ribose und die Base Thymin ist durch Uracil (U) ersetzt. Die RNA bildet nur bei Viren auch Doppelstränge. Es gibt drei in Struktur und Funktion verschiedene Haupttypen der RNA:
1. **mRNA**, Messenger-RNA (E: mRNA, messenger RNA   F: ARN messager, ARN-m): Langkettige RNA, die die Information von den proteincodierenden Genen des Kerns in das Plasma überführt. Sie bildet sich durch → Transkription eines Gens mit anschließender → Prozessierung.
G: Der Terminus wurde von Jacob & Monod (1961, S. 350) zunächst auf sehr hypothetischer Basis eingeführt.
2. **rRNA**, ribosomale RNA (E: rRNA, ribosomal RNA   F: ARN ribosomique, ARN-r): Die RNA in den → Ribosomen. Sie wird von besonderen **rRNA-Genen** codiert.
3. **tRNA**, Transfer-RNA (E: tRNA, transfer RNA   F: ARN de transfert, ARN-t): Kurzkettige RNA im Cytoplasma. Es gibt spezifische tRNAs für jede Aminosäure. Sie binden an diese und transportieren sie zu den Ribosomen, wo die Proteine synthetisiert werden.
RNA-Editierung, f. (E: RNA editing): Nachträgliche (posttranskriptionelle) Veränderung der Basensequenz einer RNA. Sie ist vor allem typisch für die mitochondriale RNA der Kormophyten und besteht am häufigsten in der Umwandlung von Cytosin in Uracil.
RNS → RNA
Robertsonsche Translokation → Translokation
Röhrenblüte, f. (E: tubular flower   F: fleur en tube, fleur tubiforme): Bei den Asteraceae (Compositae) radiäre Blüten mit einer (gewöhnlich) fünfzipfeligen Krone im Gegensatz zu den → Zungenblüten. Der Begriff wird aber auch allgemein für Blüten mit langer Röhre verwendet.
Rohrzucker → Saccharose
Rosette, f. (L: rosula, f., pl. rosulae   E: rosette   F: rosette, f.): **1.** → Blattrosette **2.** bei den Coniferen: Die oberste erhalten bleibende Schicht aus vier Zellen am → Proembryo.
Rosettenpflanze, f. (E: rosette plant   F: plante à rosette): Krautige Pflanze, bei der alle oder die meisten Laubblätter am Grunde des Stängels zu einer Rosette vereinigt sind. Man unterscheidet die **Ganzrosettenpflanzen** (E: holorosette herbs), bei der alle Laubblätter in einer Rosette stehen (z.b. *Primula*, *Taraxacum*), von den **Halbrosettenpflanzen** (E: hemirosette herbs), die neben der Rosette einzelne Blätter am Stängel tragen (z.b. *Hieracium sylvaticum*). Pflanze, die keine Rosette ausbilden, werden als **erosulat** bezeichnet.
Rostellum, n., Schnäbelchen, n. (E: rostellum   F: rostellum, m.): Steril gewordener medianer Teil der Narbe bei den Orchideen, der diese von den Pollinarien trennt.
G: Richard (1818, S. 27), Verkleinerungsform von lat. rostrum, Schnabel.
Rostrum → Schnabel
Rosula → Rosette
Rotalgen, f.pl., Rhodophyta, Florideen (E: red algae   F: Rhodophycées, f.pl., algues rouges): Abteilung der Algen, gekennzeichnet durch eine auf → Phycoerythrin beruhende meist rote bis violette Färbung, das Vorkommen von Chlorophyll a und → Florideenstärke, meist fädigen bis plektenchymatischen Thallus und das Fehlen von begeißelten Stadien. Plastiden (→ Rhodoplast) ohne Grana.
G: Die Einteilung der Algen nach Sekundärfarbstoffen geht zurück auf W.H. Harvey (1836); bei ihm heißen die Rotalgen Rhodospermeae.
Rote Liste, f. (E: red data book   F: livre rouge): Liste der in einem Gebiet bedrohten Arten. Es werden verschiedene Kategorien unterschieden, z.B.: verschollen (ausgestorben?), vom Aussterben bedroht, stark gefährdet, mit allgemeiner Rückgangstendenz, durch Seltenheit potentiell gefährdet. Die ständig aktualisierten Roten Listen sind eine wichtige Grundlage für die Bewertung von Gebieten z.B. für den Naturschutz.
G: Der Begriff geht auf das „Red Data Book" der IUCN zurück. Er tritt als „Rote Liste" spätestens bei Lohmeyer et al. 1972 (Göttinger Florist. Rundbr. **6:** 92) auf.
Rotholz → Reaktionsholz
Rotte → Sektion
RQ → respiratorischer Quotient
rRNA-Gen → RNA
r-Selektion → Selektionstypen
r-Strategie → Lebensstrategie
Rubiaceen-Typ → Stomata-Typen (B.)
RubisCO, Ribulose-1,5-biphosphat-Carboxylase/Oxygenase, f. (E: Rubisco, RuBPc/o, ribulosebiphosphate carboxylase/oxygenase): Wichtiges Enzym der → Photosynthese,

das als Carboxylase den Einbau von CO_2 in das Ribulose-1,5-biphospat katalysiert, aber auch bei der → Photorespiration die Fixierung von O_2 in dasselbe Molekül („Oxygenase-Funktion").
Ruderalpflanze, f. (E: ruderal plant F: plante rudérale): Pflanzen an stark vom Menschen gestörten (aber nicht in Kultur genommenen) Standorten, wie z.B. Schuttplätzen. G: Ruderata (von lat. rudus, ruderis, Schutt, Ruinen) führte schon LINNAEUS (1751, S. 269) als Standort auf, bei SCHOUW (1823, S. 160) gibt es die Gruppe der „plantae ruderales". Lit.: HEKLAU & DÖRFELT (1987): Geschichte des Begriffes.
Rudiment, n. (E: rudiment F: rudiment, m.): Nicht voll ausgebildetes Organ, heute meist im Sinne einer phylogenetischen Rückbildung verstanden, aber früher (und besonders im Englischen und Französischen noch heute) auch als erste Anlage.
G: Das lat. Wort bedeutet soviel wie erster Anfang, Probestück. Bei LINNAEUS (1751, S. 54) ist der Same ein Rudimentum (Anlage) der neuen Pflanze. SACHS (1876) fasste rudimentär noch so auf, trat aber damals schon im Gegensatz zu anderen Autoren, die rudimentär und reduziert gleichsetzten.
Rudimentärstipeln → Stipel
Rübe, f. (L: radix napiformis E: fleshy taproot F: navet, m., tubercule napiforme): Verdikkung von Primärwurzel und Hypokotyl, die ein Speicherorgan bilden.
Rückennaht, f. (E: dorsal suture F: suture dorsale): Bei Karpellen oder Früchten eine oft hervortretende Linie auf der abaxialen Seite, unter der der Mittelnerv (→ Dorsalmedianus) des Karpells verläuft.
rückenwurzelig → Embryobau
Rückkreuzung, f. (E: backcrossing F: rétrocroisement, m.): Kreuzung eines Bastardes mit einem der Eltern. Durch mehrfache Rückkreuzung in einer Richtung entstehen Pflanzen, die dem einen Elter sehr ähnlich sind, aber einzelne Merkmale des anderen übernommen haben (→ Introgression).
Rückmutation, f. (E: reverse mutation F: mutation réverse): Mutation, die einen früheren Zustand (insbesondere den des sogenannten → Wildtyps) wiederherstellt.
Rückschlag → Atavismus
Ruhekern → Interphase
Ruheknospe, f., schlafendes Auge, n., Ersatzknospe, f. (E: resting bud, latent bud, dormant bud F: bourgeon dormant, bourgeon latent): Achselknospe von Bäumen, die zunächst nicht zur Entwicklung kommt. Sie wird von der Rinde überwachsen, kann aber unter besonderen Bedingungen (z.B. Abschneiden der Sprossspitze, Kahlfraß) noch austreiben.
ruminiertes Endosperm, n. (E: ruminate endosperm F: albumen ruminé): Endosperm, das durch von der Samenschale ausgehende Gewebefalten zerklüftet ist.
G: Zunächst als marmoriertes E. bezeichnet (z.B. SACHS 1873, S. 503), später ruminiert, abgeleitet von lat. ruminare, wiederkäuen, z.B. ruminé bei van TIEGHEM (1884, S. 1457).
Rumpfsynfloreszenz, f. (E: truncate synflorescence F: inflorescence tronquée): Synfloreszenz, bei der im Vergleich zum morphologischen Typus die Endblüte (bei monotelen Synfloreszenzen) oder die Hauptfloreszenz (bei polytelen Synfloreszenzen) fehlt. Der Vorgang dieses Verlustes wird als **Truncation** (E: truncation F: troncature, f.) bezeichnet.
G: Von TROLL (1961 b, S. 116) eingeführter Begriff, ein erstes genauer analysiertes Beispiel veröffentlichte SELL (1968), auf den auch troncature zurückgeht.
Rumposom, n. (E: rumposome): Komplexe Struktur aus verbundenen röhrenartigen Gebilden am Hinterende der Zoosporen von Chytridiales. Die Funktion ist unbekannt.
G: Die Bezeichnung stammt von FULLER (1966, S. 81), abgeleitet von engl. rump, Hinterteil, und gr. soma, Körper.
Rundblatt, n. (E: terete leaf, cylindrical leaf F: feuille fistuleuse): Meist unifaciales Blatt (→ Blattbau) von drehrundem Querschnitt (z.B. bei *Allium*- und *Juncus*-Arten).

saccharophyll → Zuckerblätter
Saccharose, f., Rohrzucker, m. (E: sucrose, cane sugar F: saccharose, m.): Ein Disaccharid aus → Glucose und → Fructose. Es kommt bei vielen Pflanzen als Speicherstoff vor (z.B. Zuckerrohr, Zuckerrübe, Zwiebel), dient jedoch vor allem als die wichtigste Transportform der Kohlenhydrate in den Siebröhren. Saccharose wird durch die → Invertase oder durch verdünnte Säuren leicht in Glucose und Fructose zerlegt.

saccochor → anemochor
Sämling, m. (E: seedling F: plantule, f.): Junge, aus einem Samen entstandene Pflanze, auch für → Keimpflanze verwendet.
Säulchen → Columella
Säule 1. → Columella **2.** → Gynostemium
Säure-Wachstums-Hypothese, f.: Die Zufuhr von → Auxin führt nachweislich zu einer starken Ansäuerung des → Apoplasten in dem betroffenen Bereich. Nach der Säure-Wachstums-Hypothese werden dadurch Wasserstoffbrücken und (durch Enzymaktivierung) kovalente Bindungen im Zellwandbereich gelöst. Dies ermöglicht eine Streckungswachstum (→ Wachstum).
Saftdruckstreuer → Ballochorie
Saftdrüse → Nektarium
Saftfrucht → Fruchttypen (B.)
Safthalter, m. (E: secondary nectar receptacle F: nectarothèque, f.): Der Bereich der Blüte, in dem sich der Nektar ansammelt. Er ist nur manchmal mit dem Ort der Nektarproduktion identisch. So wird z.b. bei vielen Scrophulariaceae Nektar von einem Diskus abgeschieden, Safthalter ist aber ein Sporn.
G: Zusammen mit Saftdrüse (→ Nektarium) und → Saftmal von Ch. K. Sprengel (1793, Sp. 10) geprägt.
Saftmal, n. (L: macula indicans E: nectar guide, sap sign, sap mark F: signal à nectar, guide à nectar, enseigne à nectar): Farb- oder UV-Zeichnungen, die den Zugang zum Nektar markieren. Sie finden sich vor allem bei → melittophilen Blumen.
G: Der Begriff des Saftmals wurde von Ch.K. Sprengel (1793, Sp. 15/16) aufgestellt. Seine Vorstellung, dass Insekten auf solche Kennzeichen reagieren, erschien lange Zeit ganz unglaubhaft. Experimentell wurde die Reaktion von Bestäubern auf Saftmale und damit ihre ökologische Bedeutung erst durch Knoll (1922, S. 318 ff.) nachgewiesen.
Saisonalität, f. (E: seasonality): Von den Jahreszeiten abhängige Änderungen im Klima oder in der Entwicklung von Lebewesen und ganzen Lebensgemeinschaften.
Saisondimorphismus, m. (E: seasonal dimorphism F: dimorphisme saisonnier): **1.** auf Pflanzenarten bezogen: Das Vorkommen von in charakteristischer Weise verschiedenen Sippen einer annuellen Art zu verschiedenen Jahreszeiten.

G: Der Terminus stammt aus der Zoologie, wo es sich um jahreszeitlich verschiedene Generationen handelt. R. v. Wettstein (1895, 1896) führte den Begriff in der Botanik ein, wobei nach seiner Vorstellung die Heumahd zur Evolution von früh- und spätblühenden Arten geführt haben soll (z.B. bei *Gentianella, Euphrasia, Rhinanthus* und *Melampyrum*). Die Hypothese von Wettstein wurde von verschiedener Seite kritisiert, da sein Schema zu einfach sei. R. v. Soó (1926, S. 397) spricht von **Pseudosaisonpolymorphismus**, bei dem durch Anpassung an verschiedene Standortsfaktoren → Ökotypen gebildet worden sind.
2. bei einer Pflanze: Die jahreszeitlich verschiedene Ausbildung von Kurz- und Langtrieben mit unterschiedlichen Blattformen, wie sie vor allem von → Chamaephyten in Trockengebieten bekannt ist.
Lit.: Orshan (1963).
Saltationismus, m. (E: saltationism F: saltationisme, m.): Evolutionstheorien, die davon ausgehen, dass neue Arten und Gattungen nicht durch die Addition vieler sehr kleiner Änderungen entstehen, sondern durch plötzliche große Sprünge (→ Makromutation). Vgl. → Punctuated Equilibrium, → Typostrophenlehre. Gegensatz: → Gradualismus.
G: Vertreter solcher Vorstellungen waren z.B. Schindewolf (1936, 1950) und Goldschmidt (1940).
Salzdrüse, f. (E: salt gland, chalk gland F: glande à sel, glande de Mettenius, glande de Licopoli): In die Epidermis eingesenkte mehrzellige Drüse, die Salz abscheidet. Besonders gut bekannt sind die aus 20 Zellen bestehenden Salzdrüsen der Plumbaginaceae.
G: Die Drüsen der Plumbaginaceae wurden zuerst von Mettenius (1856) und Licopoli (1866) untersucht. In der älteren Literatur heißen sie deshalb auch **Mettenius-** oder **Licopoli-Drüsen**, seit Volkens (1884) **Kalkdrüsen**. Ruhland (1915) gab die erste genaue Beschreibung. Ziegler & Lüttge (1966) beschreiben die Feinstruktur, sie sprechen von Salzdrüsen. Durch Volkens (1887, S. 153) wurden Salzdrüsen von Tamaricaceae und Frankeniaceae beschrieben.
Lit.: Wiehe & Breckle (1990).
Salzpflanze → Halophyt
Samara, f., Flügelnuss, f. (E: samara F: samare, f., ptéridie, f.): Trockene einsamige

Same

Schließfrucht mit Flügel.
G: GAERTNER (1788, S. XC) führte den Terminus, der bei PLINIUS die Frucht der Ulme bezeichnet, in die Botanik der Neuzeit ein.
Same, m., Samen, m. (L: semen, n., pl. semina E: seed F: semence, f., graine, f.): Das Organ der Samenpflanzen (Gymnospermen und Angiospermen), das den Embryo und meist Nährgewebe enthält, von einer festen Hülle (→ Testa) umgeben ist und der Ausbreitung dient. Der Samen geht aus einem → Megasporangium hervor, das durch besondere Hüllen (→ Integumente) geschützt ist. Vgl. → Samentypen.
G: Samen und lat. semen sind beide sprachlich mit säen verwandt. In der alten Literatur wurden die Sporen der Farne und anderer Kryptogamen auch als Samen bezeichnet.
Lit.: NETOLITZKY (1926): Anatomie; WERKER (1997): funktionelle Anatomie.
Same, nackter (L: semen nudum E: naked seed F: graine nue): In der alten Literatur galten die einsamigen Früchte, bzw. Teilfrüchte von Lamiaceae (Labiatae), Boraginaceae etc. als „nackte Samen".
G: RICHARD (1808, n.v., 1811, S. 16) und R. BROWN (1818) waren die Ersten, die deutlich aussprachen, dass es bei den Angiospermen keine nackten Samen gibt.
Lit.: LORCH (1959).
Samen → Same
Samenanlage, f., Ovulum, n. (L: ovulum, n., pl. ovula E: ovule F: ovule, m.): Organ der Samenpflanzen, aus dem sich nach der Befruchtung der Same entwickelt. Es entspricht einem von 1-2 Hüllen (den → Integumenten) umgebenen → Megasporangium (dem → Nucellus).
G: Die Samenanlage wurde lange als Ei der Pflanze angesehen und daher als **Ovum** oder **Ovulum** (kleines Ei, **Eichen**) bezeichnet. Um die Mitte des 19. Jahrhunderts wurde deutlich, das es sich hierbei nicht um eine Homologie handelt. Im Deutschen wurde daher Eichen zunächst durch **Samenknospe** (gemmula, z.B. SCHLEIDEN 1843, S. 333; noch bei GOEBEL 1882) ersetzt. ČELAKOVSKÝ (1874, S. 237) schlug den theoriefreien Terminus Samenanlage vor. Obwohl er ihn selbst nicht annahm, weil er diese Bezeichnung für "zu lang und schleppend" hielt, setzte sie sich etwa ab 1890 allgemein durch (z.B. PAX 1890). WORSDELL (1904) gibt einen historischen Überblick über die verschiedenen Deutungsversuche. Die Typen der Samenanlagen werden durch vier Begriffssysteme gekennzeichnet.

A. nach der Zahl der Integumente:
- **bitegmisch** (E: bitegmic F: bitégumenté, bitegminé): Mit zwei Integumenten.
- **unitegmisch** (E: unitegmic F: unitégumenté, uniteguminé): Mit einem Integument.
G: Van TIEGHEM (1897 a, b).

B. nach der Ausbildung des Nucellus:
- **crassinucellat** (E: crassinucellate, crassinucellar F: crassinucellé): Mit einem kräftig entwickelten Nucellus. – Nach neuerer Definition die Samenanlagen, bei denen die Archesporzelle eine primäre Wandzelle (parietale Zelle) abgibt, so dass die Megasporenmutterzelle nicht subepidermal liegt.
- **tenuinucellat** (E: tenuinucellate, tenuinucellar F: tenuinucellé): Mit sehr schmalem, zur Zeit der Befruchtung weitgehend geschwundenem Nucellus. - Nach neuerer Definition die Samenanlagen, bei denen sich die Archesporzelle direkt zur → Megasporenmutterzelle entwickelt, die subepidermal liegt.
- **pseudocrassinucellat** (E: pseudocrassinucellate, pseudocrassinucellar): Die Archesporzelle gibt keine parietale Zelle ab, aber die apikale Zelle der Epidermis teilt sich periklin und bildet eine Nucellarkappe.
G: Crassinucellat und tenuincellat gehen auf van TIEGHEM (1898) zurück. Die neuen Definitionen und den Begriff pseudocrassinucellat findet man bei DAVIS (1966, S. 17).

C. nach der Form (Abb. 9):
- **atrop**, orthotrop, gerade. (E: orthotropous F: orthotrope): Nucellusachse gerade, Funiculus und Mikropyle stehen sich gegenüber.
G: Atrop (ungerichtet) wurde von SCHLEIDEN (1837, S. 305) eingeführt und hat sich gehalten, obwohl **orthotrop** (RICHARD 1808, S. 110), das gerade gerichtet bedeutet, sinnvoller ist.
- **anatrop**, umgewendet (E: anatropous F: anatrope): Nucellusachse gerade, Mikropyle neben dem Funiculus.
G: MIRBEL (1829, S. 304).
- **hemitrop**, halbumgewendet (E: hemitropous F: hémitrope): Nucellusachse gerade, gegen den Funiculus um 90° gedreht.
- **kampylotrop**, campylotrop, gekrümmt (E: campylotropous F: campylotrope): Nucellusachse gekrümmt, Mikropyle neben dem

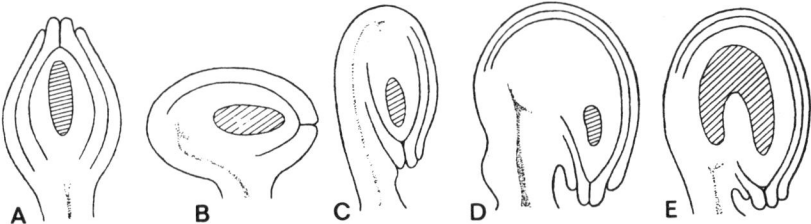

Abb. 9: Samenanlagentypen. **A** Atrop (orthotrop), **B** hemitrop, **C** anatrop, **D** kampylotrop, **E** amphitrop. - Nach ECKARDT in MELCHIOR 1964.

Funiculus. Bei starker Krümmung, die auch den Embryosack umfasst, spricht man auch von **amphitrop** (vgl. BOUMAN & BOESEWINKEL 1991).
G: MIRBEL (1829, S. 304) nannte diesen Typ „campulitrop", woraus kampylotrop wurde, bei SCHLEIDEN (1839, S. 36) heißt es „camptotrop"; amphitrop stammt von RICHARD (1808, S. 106).
D. nach der Stellung im Gynoeceum sind anatrope Samenanlagen:
- **apotrop** (E: apotropous F: apotrope): Hängend mit dorsaler Raphe, bzw. aufrecht mit ventraler Raphe.
- **epitrop** (E: epitropous F: épitrope): Hängend mit ventraler Raphe bzw. aufrecht mit dorsaler Raphe.
- **heterotrop** (E: heterotropous F: hétérotrope): Samenanlagen innerhalb eines Ovars teils epitrop, teils apotrop.
G: Alle drei Begriffe von J. G. AGARDH (1858, S. LXXIV). Apo- und epitrop werden heute vor allem angewendet, wenn sich nur eine Samenanlage im Fruchtfach befindet.
Samenbank, f., Diasporenbank, f. (E: seed bank, diaspore bank, seed pool F: banque de semences): Der Bestand an prinzipiell keimfähigen Samen (oder Früchten) im Boden. Er ist wichtig für die Regeneration der Vegetation nach deren Vernichtung (z.B. durch Feuer). Die übliche Bezeichnung Samenbank verwendet Samen im gärtnerischen Sinn für alles Saatgut (also auch Teilfrüchte und Früchte), Diasporenbank ist botanisch korrekter.
Samendeckel → Operculum (6.)
Samenfaden → Spermatozoid
Samengehäuse → Seminar
Samenkatalog → Index Seminum

Samenknospe → Samenanlage
Samenmantel → Arillus
Samenpflanzen → Spermatophyten
Samenruhe, f. (E: dormancy of seeds F: dormance des semences): Ruhezustand (→ Dormanz) reifer Samen, der mit starkem Wasserentzug und Einschränkung aller Stoffwechselvorgänge einhergeht. Zur Brechung der Samenruhe ist immer Wasser notwendig, in vielen Fällen sind aber noch weitere Bedingungen erforderlich, z.B. Licht (→ Lichtkeimer), Frost (→ Frostkeimer, → Stratifikation) oder Hitze (→ Pyrophyten).
Samenschale → Testa
Samenschuppe, f. (E: ovuliferous scale, seed scale F: écaille ovulifère, f.): Das schuppenartige Organ des Coniferenzapfens, das die Samenanlagen und später die Samen trägt.
G: Das Organ wurde lange als **Fruchtschuppe** bezeichnet (z.B. SCHACHT 1853, S. 284). Erstnachweis für Samenschuppe: SCHACHT (1860, S. 261). Die früher übliche Gleichsetzung mit einem Karpell wird heute nicht mehr vorgenommen.
Samenschwiele → Caruncula
Samentypen:
A. nach dem Fehlen oder Vorhandensein von Nährgewebe kann man bei den Samen der Angiospermen unterscheiden:
- mit Nährgewebe (E: albuminous F: graine albuminée) Samen mit → Endosperm oder → Perisperm.
- ohne Nährgewebe (E: exalbuminous F: graine exalbuminée) Völlig ohne Nährgewebe sind nur die Samen der meisten Orchidaceae. Als Samen ohne Nährgewebe gelten aber auch die Samen, bei denen das Endosperm früh aufgebraucht und die Nähr-

stoffe in den Embryo, meist in die Kotyledonen (→ Speicherkotyledonen) verlagert werden.
B. nach der Ausbildung der Samenschale, insbesondere danach, in welcher Schicht sich mechanische Zellen befinden.
- **Testa-Samen** (E: testal seed): Mechanische Zellen in Schichten, die aus dem äußeren Integument hervorgehen. Je nach dem Auftreten in der äußeren Epidermis, im Mesophyll bzw. der inneren Epidermis: **Exotesta-Samen, Mesotesta-Samen, Endotesta-Samen**.
- **Tegmen-Samen** (E: tegmic seed): Mechanische Zellen im inneren Integument. Hierbei lassen sich entsprechend **Exotegmen-Samen** und **Endotegmen-Samen** unterscheiden.
G: Die Unterscheidung dieser Samentypen (B.) geht auf CORNER (1976, S. 8 ff.) zurück.
Samenverbreitung → Ausbreitung
Samenwarze → Caruncula
Samenzelle → Spermazelle
Sammelart → Aggregat
Sammelfrucht, f., Apokarpium, n. (E: multiple fruit, aggregate fruit F: fruit multiple): Frucht, die aus einem chorikarpen (apokarpen) → Gynoeceum mit mehreren Fruchtblättern hervorgeht.
G: A.P. de CANDOLLE (1813, S. 376) nennt die S. „fruit multiple". SACHS (1873, S. 527) Synkarpium. Dieser offensichtlich missverständliche Terminus wurde von PAX (1890, S. 331) durch Apokarpium für Früchte mit einem Karpell oder mit mehreren freien ersetzt. SPJUT & THIERET (1989) führen die Vielzahl vor allem der im Englischen verwendeten Bezeichnungen auf, wobei z.T. multiple und aggregate fruit von einem Autor für eine Sammelfrucht, von anderen für einen Fruchtstand benutzt wurden.
Sammelnummer, f. (E: collectors' number F: numéro d'échantillon, numéro de spécimen): Nummer, durch die eine Aufsammlung einer Sippe an einem Ort und zu einem Zeitpunkt charakterisiert wird. Mehrere Pflanzen einer Sammelnummer sind Dubletten.
G: Nach A. de CANDOLLE (1880, S. 349) war BURCHELL der Erste, der 1820 seine Sammlung nummerierte. Erst um die Mitte des 19. Jahrhunderts setzte sich das allgemeiner durch. Das Nummerieren war vorher nur bei den so genannten → Exsikkaten bekannt, die im Tausch oder Kauf abgegeben wurden.

Die Nummern der Exsikkate sind aber (auch später) oft keine echten Sammelnummern: einerseits wurde häufig mit jeder Reise eine neue Zählung begonnen, andererseits kam es vor, das die Nummern eher Arten als Aufsammlungen bezeichnen, d.h. es konnte unter einer Nummer Material von verschiedenen Orten und Sammeldaten ausgegeben werden (z.B. bei REVERCHON und HELDREICH oder bei den von GRISEBACH vergebenen Nummern der Sammlung WRIGHT). Vielfach wird im Gelände erst eine provisorische **Feldnummer** (E: field number F: numéro de terrain) vergeben und diese dann durch eine Sammelnummer ersetzt. Wenn dabei vorher die Sammlung bestimmt und sortiert wurde, geht ein Vorteil der echten Sammelnummern verloren, nämlich die Möglichkeit das → Itinerar zu rekonstruieren. Trotz der Ermahnungen von CLARKE (1893) für eine „echte" fortlaufende Nummerierung der Aufsammlungen eines Autors gibt es viele verschiedene und oft unklare Systeme der Nummerierung. Zuweilen kann man auch Herbarnummern für Sammelnummern halten.
Sandpflanze → Psammophyt
Sandrasen → Magerrasen
Sanios Gesetze, n.pl. (E: Sanio's laws F: lois de Sanio): Beziehungen zwischen der Länge der Tracheiden und deren Lage innerhalb der Pflanze.
G: Von CARL GUSTAV SANIO (1832-1891) aufgestellt. BAILEY & SHEPARD (1915) konnten diese Beziehungen z.T. bestätigen.
Sanioscher Balken → Trabekel (4.)
Saponine, n.pl. (E: saponins F: saponines): Steroidglykoside, die in Wasser seifenartige Lösungen bilden. Als Detergentien schädigen sie Membranen und sind dadurch toxisch. Abgeleitet von lat. sapo, Seife.
Saprobien, f.pl. (E: saprobes, saprobionts): Organismen, die in verschmutztem Wasser mit faulenden Stoffen leben. Für die verschiedenen Grade des Gehalts an faulender Substanz gibt es Indikatororganismen, die im **Saprobiensystem** zusammengestellt sind. Man unterscheidet **Polysaprobien**, **Mesosaprobien** und **Oligosaprobien**, entsprechend einem großen, mittleren oder geringen Gehalt an solchen Substanzen (Gegenbegriff: → Katharobien).
G: Die Bezeichnung Saprobien und deren Unterteilung stammen von KOLKWITZ & MARSSON (1902, S. 46), abgeleitet von gr. sapros,

faulig, und bios, Leben.
Saprobiensystem → Saprobien
Sapromyiophilae, f.pl., Aasfliegenblumen, f.pl. (E: dung-fly flowers, sapromyophiles F: sapromyophiles, f.pl.): Blumen, die durch aasliebende Fliegen bestäubt werden. Diese werden z.T. durch den Aasgeruch so getäuscht, dass sie die Eier in der Blume ablegen.
G: Schon bei RÖSEL VON ROSENHOF (1705-59) ist eine *Stapelia* mit sie umschwärmenden Fliegen abgebildet. DELPINO (1874, S. 152) schuf die ökologische Gruppe der „sapromiofile".
Saprophyt, m. (E: saprophyte F: saprophyte, m.): Pilz, der auf totem organischem Substrat lebt. Die höheren Pflanzen, die man früher als Saprophyten bezeichnete, sind in Wirklichkeit → mykotroph.
G: De BARY (1866, S. 205).
sarcinoid (E: sarciniform F: sarcinoïde): Organisationsform von Algen, deren Zellen in Form eines regelmäßigen dreidimensionalen Zellpaketes angeordnet sind.
G: Abgeleitet von der Bakteriengattung *Sarcina* (oder direkt von lat. sarcina, Bündel, Gepäck).
Sarkode → Protoplast
Sarkokarp, n. (E: sarcocarp F: sarcocarpe, m.): Fleischig oder saftig ausgebildetes → Mesokarp.
G: RICHARD (1808 n.v.; 1811, S. 2).
Sarkotesta, f. (E: sarcotesta F: sarcotesta, f.): Fleischige äußere Schicht der Samenschale. Sie findet sich z.B. bei *Ginkgo*, *Paeonia*, Magnoliaceae und ist möglicherweise für die Angiospermen ein ursprüngliches Merkmal.
G: Eingeführt durch BRONGNIART (1874, S. 246, 248) bei der Untersuchung fossiler Samen.
SAT-Chromosom, n. (E: SAT-chromosome F: chromosome à satellite): Chromosom mit sekundärer Einschnürung und → Satellit.
G: Von HEITZ (1931, S. 812) geschaffen, dabei erinnert der Name einerseits an das Wort Satellit, andererseits sollte SAT „sine acido thymonucleinico" bedeuten, und darauf hinweisen, dass diese Chromosomen DNA-freie Stücke hätten. Tatsächlich trifft dies nicht zu, man konnte nur die DNA in der → Nucleolus-Organisatorregion mit der seinerzeit üblichen Farbreaktion nicht nachweisen.
Satellit, m. (E: satellite F: satellite, m.): Ein Chromosomenabschnitt, der durch eine dünne Stelle, die **Sekundäreinschnürung** (E: secondary constriction F: constriction secondaire) mit dem Hauptteil des Chromosoms verbunden ist.
G: Von S. NAWASCHIN (1912, S. 378-379) zuerst bei *Galtonia* beobachtet und als „sputnik" (russ. für Satellit) bezeichnet. TSCHERNOYAROW (1914, S. 441) führte die von NAWASCHIN geprägten Termini **Trabant** oder Satellit ein. Vgl. → Nucleolusorganisator-Region.
Lit.: BATTAGLIA (1999).
Saugorgan → Haustorium
Saugschuppe, f. (E: water-absorbing peltate scale, absorbing trichome F: poil absorbant, écaille avec cellules absorbantes): Spezialisiertes Schuppenhaar der Bromeliaceae, das der Wasseraufnahme dient. Ähnliche Bildungen kommen auch bei Eriocaulaceae vor (STÜTZEL & BRIECHLE 1990).
G: HABERLANDT (1896 oder früher).
Savanne, f. (E: savanna, savannah F: savane, f.): Grasland mit zerstreut stehenden Holzgewächsen. Im engeren Sinn sind Savannen Ersatzgesellschaften in einem Gebiet, dessen Klima Wald zulässt. Edaphische Faktoren, Brand oder Weide können die Ursache für die Ausbildung von Savannen sein.
Scala naturae, f., Kette der Wesen, f. (E: scale of nature, chain of beings F: échelle des êtres naturels, échelle de la nature): Naturphilosophische Vorstellung, die von der Antike bis gegen Ende des 18. Jahrhunderts weithin gültig war. Danach lassen sich alle Objekte der Natur auf der Erde in einer aufsteigenden Reihe anordnen, die Mineralien, Pflanzen und Tiere umfasst und im Menschen ihren Höhepunkt erreicht. Die Übergänge sind fließend („natura non fecit saltus": Die Natur macht keine Sprünge), und ein Aussterben von Arten ist nicht möglich, da sonst eine Lücke in der Leiter oder Kette entstehen würde. – Gegen Ende des 19. Jahrhunderts nahmen die kritischen Stimmen zu, aber gleichzeitig spielte die Scala naturae auch eine Rolle bei der Entwicklung des Evolutionsgedankens.
Lit.: THIENEMANN (1910), LOVEJOY (1936, n.v.; deutsch: 1985), FORMIGARI (1968), BARSANTI (1988), WAGENITZ (1997).
Scapus → Schaft
Schaft, m., Blütenschaft, m. (L: scapus, m. E: scape, shaft F: hampe florale, f.): Blatt-

loses oder nur mit Schuppenblättern versehenes Achsenstück zwischen einer Blattrosette und einer Blüte oder Infloreszenz.
G: Die sprachlich verwandten Wörter lat. scapus und Schaft bezeichnen zunächst allgemein Stängel, Stiel, dann Speerschaft. Scapus wurde schon in der Antike verwendet.
Schachtelhalmartige → Equisetopsida
Schale (Diatomeen) → Valva
Schalenzwiebel → Zwiebel
Schattenblatt, n. (E: shade leaf, sciophyll F: feuille d'ombre): Blatt, das anatomisch-physiologisch an geringe Lichtstärke angepasst ist. Sch. haben im Vergleich zu den dem vollen Licht ausgesetzten → Sonnenblättern eine dünnere Schicht von Palisadenparenchym, einen höheren Chlorophyllgehalt bezogen auf die Blattfläche und besonders große Grana in den Chloroplasten.
G: STAHL (1882, S. 166 ff.).
Schauapparat, m. (E: showy structure F: appareil vexillaire): Die Gesamtheit der Organe, die eine Blüte für Bestäuber ansehnlich (und damit zur → Blume) machen. Man kann einen **floralen** (Petalen, auch Sepalen und Stamina) von einem **extrafloralen** (Hochblätter) Schauapparat unterscheiden. Vgl. → Semaphyll.
G: Die Bezeichnung stammt von JOHOW (1884).
Schede, f., Herbaretikett, n. (L: scheda, f., pl. schedae E: label F: étiquette d'herbier): Das Etikett eines Herbarbeleges, das neben dem Namen vor allem Angaben über → Fundort, → Standort, Sammeldatum, Sammler und → Sammelnummer enthält. Eine wirksame Veröffentlichung von Namen auf gedruckten Scheden war nur bis Ende 1952 möglich (→ Code 1. ICBN 2000, Art. 30.4).
G: Bei den alten Herbarien wurden oft nur Name und Herkunft (meist nur das Land oder eine Region) direkt auf den Bogen geschrieben. Die ausführliche Beschriftung auf besonderen Etiketten entwickelte sich erst gegen Ende des 18. Jahrhunderts.
Scheibenblüte, f. (E: disk flower F: fleur du disque): Bei den Köpfchen der Asteraceae (Compositae) mit abweichenden Randblüten die Blüten im Innern, meist sind es zwittrige Röhrenblüten.
Scheidchen → Vaginula
Scheide, f. (E: sheath F: gaine, f.): 1. → Blattscheide 2. → Spatha (Blütenscheide) 3. bei Cyanobakterien: Die Gallertscheide (Vagina) aus Polysacchariden, die eine Zelle oder den Zellfaden umhüllt. 4. in der Anatomie: Eine meist zylindrische Schicht von Zellen, die sich von den angrenzenden durch besondere Inhaltsstoffe oder typische Zellverdickungen abhebt. Vgl. hierzu → Bündelscheide, → Endodermis (Schutzscheide), → Phi-Scheide, → Phloeoterma, → Stärkescheide.
Scheidewand → Septum
scheidewandbrüchig → septifrag
scheidewandspaltig → septicid
Scheinblüte → Pseudanthium
Scheinfrucht, f. (E: false fruit, pseudocarp F: pseudocarpe, m., faux-fruit, m.): Geprägt von SACHS (1868, S. 471) für fruchtartige Bildungen, die nicht nur aus dem Fruchtknoten entstanden sind und solche, die aus mehreren Gynoeceen gebildet sind, d.h. für → Fruchtstände. Durch eine veränderte Definition der → Frucht und die Einführung des Begriffs Fruchtstand ist die Bezeichnung „Scheinfrucht" überflüssig geworden.
G: WILLDENOW (1802, S. 163) spricht von einer „falschen Frucht" (fructus spurius), wenn andere Teile als der Fruchtknoten an der Bildung beteiligt sind; DESVAUX (1813, S. 163) nannte eine solche Frucht „fruit pseudocarpien".
Scheinkrone → Pseudocorolla
Scheinnektarium, n. (E: pseudo-nectary F: faux-nectaire, m., pseudo-nectaire, m.): Struktur in Blüten, die Nektarien ähnlich sieht und von Bestäubern deswegen aufgesucht wird, ohne dass sie Nektar produziert. Bekannte Beispiele zeigen die Blüten von *Parnassia* und *Solanum dulcamara*.
G: Erstnachweis: LOEW (1895, S. 261, 292).
Scheinquirl, m. (L: verticillaster, m., verticillus spurius, false whorl, verticillaster F: fauxverticille, m., pseudoverticille, m.): Blütenstand, bei dem zwei gegenüberliegende → Cymen durch Internodienverkürzung scheinbar einen Wirtel (Quirl) bilden. Dies ist besonders typisch für viele Lamiaceae (Labiatae).
G: BISCHOFF (1833, S. 264) führte Scheinquirl und verticilli spurii ein; Verticillaster geht auf BENTHAM (1836, S. XVI) zurück (vgl. RICKETT 1944 und BARANOV 1969).
Scheinsaftblume → Täuschblume
Scheinstamm, m. (E: pseudo-stem, false stem F: pseudotronc, m., stipe, m.): Stamm-

artige Bildung aus den basalen Teilen (Scheiden) von Blättern, die dicht aufeinander liegen, wie z.B. bei der Banane.
Scheitelebene → Scheitelgrube
Scheitelgrube, f. (E: sunken apex, apical furrow): Sprossspitze, bei der durch starkes primäres Dickenwachstum das Apikalmeristem in eine Grube verlagert wird. Beispiele liefern vor allem die Palmen. Bei weniger extremem Wachstum kann auch eine **Scheitelebene** gebildet werden.
Scheitelkante, f.: Reihe von nebeneinander liegenden Initialzellen, mit der viele thallose Lebermoose, aber auch einige Farnprothallien wachsen.
G: Erstnachweis: PIETSCH (1911, S. 357).
Scheitelmeristem → Apikalmeristem
Scheitelzelle, f. (E: apical cell F: cellule apicale): Zelle an der Spitze des Thallus, eines Sprosses oder einer Wurzel, die in regelmäßiger Folge Zellen (so genannte Segmente) abgibt, ohne sich in ihrer Form zu ändern. Es gibt **einschneidige** (bei Zellfäden), **zweischneidige** (thallose Lebermoose, Laubmoosblättchen), **dreischneidige** (Sprossspitze vieler Moos- und Farnpflanzen) und **vierschneidige** (Wurzelspitze von → Farnen) Scheitelzellen.
G: NÄGELI (1845) beobachtete zunächst eine einschneidige Scheitelzelle bei einer Rotalge und bezeichnete sie als Spitzenzelle. Aufgrund weiterer Untersuchungen an Algen und Moose führte er 1846 (S. 157) den Begriff Scheitelzelle ein.
Schichtung, f. (E: stratification F: stratification, f.): Aufbau einer Pflanzengesellschaft aus verschiedenen Schichten, deren Biomasse sich in verschiedener Höhe befindet. So haben viele Wälder eine Moosschicht, Krautschicht, Strauchschicht und eine oder auch mehrere Baumschichten.
Schiffchen → Carina
Schiffchenblume → Schmetterlingsblüte
Schild, n., **Schildzelle**, f., **Scutum**, n. (L: scutum, n. E: shield cell F: écusson, m.): Eine der acht flachen, unvollständig gefächerten, äußeren Zellen des Spermatogoniums („Antheridiums") der Charales.
G: Erstnachweis: A. BRAUN (1853, S. 56).
Schildblatt → peltat
Schildchen → Scutellum
schildförmig → peltat
Schildzelle → Schild
Schirmrispe → Corymbus (2.)

Schizidium, n. (E: schizidium F: schizidie, f.): Organ der vegetativen Vermehrung (Diaspore) bei Flechten, das durch eine Abspaltung von oberen Teilen des Thallus parallel zur Oberfläche entsteht (z.b. bei *Fulgensia*, Umbilicariaceae).
G: POELT (1966, S. 581).
schizogen (E: schizogenous F: schizogène): Bildung von Hohl- oder Seketräumen durch Auseinanderweichen von Zellen. Hierzu muss die Mittellamelle aufgelöst werden.
G: De BARY (1877, S. 209).
Schizogonie, f., Zerfallsteilung, f. (E: schizogony F: schizogonie, f.): Ungeschlechtliche Vermehrung durch schnell aufeinander folgende Zellteilungen.
G: Der von Zoologen geprägte Begriff wird bei pflanzlichen Einzellern selten verwendet. SCHUSSNIG (1938, S. 155) benutzte ihn für → Schizotomie, später (1954, S. 42) dann im oben angegebenen Sinn.
Schizokarp, n., Spaltfrucht, f. (E: schizocarp F: schizocarpe, m.): Frucht, die längs der Karpellgrenzen in einsamige Teilfrüchte zerfällt. Bekannte Beispiele: *Acer*, Umbelliferae (Apiaceae).
G: Erstnachweis: SCHLEIDEN (1846, S. 414), wobei auch die Klausen mit eingeschlossen sind.
Schizophyta → Prokaryoten
Schizotomie, f., Längsteilung, f. (E: longitudinal division F: schizotomie, f.): Zellteilung der Flagellaten, die von einem oder beiden Zellpolen zentripetal verläuft.
G: SCHUSSNIG (1960, S. 397).
schlafendes Auge → Ruheknospe
Schlauch 1. → Ascus **2.** bei *Carex*: → Utriculus
Schlauchalgen → siphonal
Schlauchblatt → Ascidium
schlauchförmig → ascidiat
Schlauchpilze → Ascomyceten
Schleier 1. bei Pilzen: → Cortina **2.** bei Farnen: → Indusium
Schleim, m. (E: mucilage F: mucilage, m.): **1.** allgemein: Inhaltsstoffe oder Sekrete von zähflüssiger Konsistenz und verschiedener Zusammensetzung (Proteine, → Hemicellulosen etc.). **2.** in Siebröhren: → P-Protein
Schleimepidermis, f. (E: mucilaginous or gelatinous epidermis F: épiderme mucigène): Epidermis von Samen oder Früchten mit Zellwänden, die bei Befeuchtung ver-

schleimen. Sie machen die Diaspore klebrig und befähigen sie zur → epizoochoren Ausbreitung. Vgl. → Schleimmembran.
G: Tschirch (1888, S. 204).
Schleimhöhle, f. (E: mucilage cavity F: cavité mucigène): Mit Schleim gefüllter Hohlraum im Thallus, der oft die Cyanobakterie *Nostoc* beherbergt (z.B. bei *Anthoceros*).
Schleimkörper, m.: **1.** bei Samenpflanzen: → P-Protein **2.** bei verschiedenen Flagellaten: Schleimsack (E: muciferous body) Schleimvesikel unter der Zelloberfläche, die teilweise als → Extrusom ausgestoßen werden können.
Schleimmembran, f.: Zellwand, bei der die sekundären Wandschichten aus leicht verschleimenden Polysacchariden bestehen.
Lit.: Tschirch (1888).
Schleimpilze → Myxomyceten
Schleimsack → Schleimkörper
Schleimzelle, f. (E: mucilage cell, mucilaginous cell F: cellule à mucilage): Idioblast, dessen Wände verschleimen. Bei Samen und Früchten können Schleimzellen, deren Inhalt bei Berührung mit Wasser heraustritt, die → Diaspore klebrig machen und zur epizoochoren Ausbreitung (→ Epizoochorie) befähigen.
Schleppgeißel, f. (L: gubernaculum, n. E: trailing flagellum F: flagelle tracteur): Geißel, die am Vorderende entspringt und nach hinten gerichtet ist. Sie dient mehr der Steuerung als der Fortbewegung
Schleuderer → Elatere
Schleuderfrucht, f. (E: ballistic fruit F: fruit à ballistique active): Frucht, bei der während der Reife meist durch den Turgor Spannungen erzeugt werden, die sich plötzlich unter Ausschleudern der Samen lösen. Beispiele: *Impatiens, Ecbalium*.
G: Erstnachweis: Hildebrand (1873).
Schließfrucht → Fruchttypen (A.)
Schließhaut, f., Tüpfelschließhaut, f. (E: pit membrane F: membrane de la ponctuation): Die dünne Wand, die einen Tüpfel verschließt. Sie besteht nur aus der Mittellamelle und dünnen Primärwandschichten.
G: Der Terminus Schließhaut wurde von Th. Hartig (1863) benutzt (eingeführt ?), der allerdings annahm, dass sie aus der Plasmamembran entstünde!
Schließzellen, f.pl. (E: guard cells F: cellules stomatiques, cellules de garde): Die beiden besonders gestalteten Epidermiszellen, die den Porus umschließen und damit eine Spaltöffnung (→ Stoma) bilden.
G: Pfitzer (1870, S. 532), vorher hießen sie **Porenzellen** (z.B. Strasburger 1866/67).
schlingläufig → Blattaderung
Schlüssel → Bestimmungsschlüssel
Schlund, m.: **1.** bei Flagellaten: (E: gullet F: fosse vestibulaire) Vertiefung am Vorderende, in deren Grund die Geißeln inserieren. **2.** bei Blüten (L: faux (corollae), f. E: throat F: gorge, f.): Der Bereich an der Grenze von Kronröhre und Saum, der zuweilen verengt ist.
Schlundschuppe, f. (E: coronal scale F: écaille corolline, fornice, m.): In die Kronröhre hineinragende Schuppen. Bei den Boraginaceae handelt es sich um lokale handschuhfingerförmige Einstülpungen, in anderen Fällen um massive Auswüchse der Krone.
Schmarotzer → Parasit
Schmetterlingsblüte, f. (E: flag blossom, papilionaceous flower F: fleur papilionacée): Zygomorphe Blüte mit einer nach oben weisenden auffallenden „Fahne" und in einem „Schiffchen" verborgenen Griffel und Stamina, der erst bei Insektenbesuch hervortreten. Dieser Blütentyp kommt nicht nur bei den Schmetterlingsblütlern (Papilionaceae = Fabaceae) vor, sondern tritt ähnlich auch bei *Polygala, Schizanthus* u.a. auf. Westerkamp (1997, S. 125) hat hervorgehoben, das das Wesentliche an diesem Blumentyp der Einschluss von Androeceum und Gynoeceum in ein Schiffchen (→ Carina) ist. Er schlägt vor, von **Schiffchenblumen** (E: keel blossoms) zu sprechen.
G: Der Vergleich der Blüte der mitteleuropäischen Papilionaceae (Fabaceae) mit einem Schmetterling findet sich bei einigen Botanikern des frühen 16. Jahrhunderts. Der Terminus „papilionaceus" wurde zuerst von V. Cordus (1561, z.B. Blatt 187) verwendet, von ihm leitet sich der Familienname Papilionaceae ab.
Schmetterlingsblume 1. → psychophile Blume **2.** → sphingophile Blume
Schnabel, m., Rostrum, n. (L: rostrum, E: beak F: bec, m.): Mehr oder weniger abgesetzter langgestreckter spitzer Fortsatz eines Organs, der an einen Vogelschnabel erinnert. Vor allem bei Früchten oder Teilfrüchten sind Schnäbel nicht selten, sie enthalten meist keinen Samen, z. B. *Lactuca*,

Taraxacum, Brassica, Scandix.
Schnäbelchen → Rostellum
Schnalle, f. (E: clamp F: boucle, f.): Struktur an der Grenze zweier Zellen des → dikaryotischen Mycels von Basidiomyceten. Die Schnalle entsteht aus einer kleinen Ausstülpung der apikalen Zelle, in die ein Tochterkern der beiden Kerne eintritt. Er wird dann in die dahinter liegenden Zelle, mit der die Schnalle verschmilzt, hineingebracht.
G: H. HOFFMANN (1856, Sp. 156, Taf. V, Fig. 15, i-l) beschrieb als Erster die „Schnallenzellen". Die cytologischen Vorgänge wurden von KNIEP (1915) geklärt.
Schnallenmycel, f. (E: mycelium with clamp connections F: mycélium bouclé): Mycel von Basidiomyceten mit der Bildung von → Schnallen an der Grenze zweier Zellen.
Schneetälchen, n.: Muldenförmige Senken in der alpinen Stufe, die lange vom Schnee bedeckt und später von Schneewasser getränkt sind. Die typischen niedrigen Rasengesellschaften werden auf saurem Gestein durch Arten wie *Salix herbacea, Gnaphalium supinum, Soldanella pusilla* charakterisiert, auf Kalkuntergrund durch *Arabis coerulea* und *Gnaphalium hoppeanum*.
G: Die Bezeichnung Schneetälchen wurde von HEER (1835, S. 65, 113) in die Vegetationskunde eingeführt.
Schnepfsches Theorem → Kompartimentierungsregel
Schötchen → Schote
Schopfbaum, m. (E: rosette-tree, megaphyte F: arbre monocaule): Holzpflanze mit einfachem oder wenig verzweigten Stamm und großen rosettenartig angeordneten Blättern.
G: DRUDE (1890, S. 64). WARMING (1909, S. 10) nannte die Schopfbäume tuft-trees. MILDBRAED (1922, S. 112) spricht von Schopfbäumen.
Schote, f. (L: siliqua, f., pl. siliquae E: siliqua F: silique, f.): Frucht, bei der sich zwei Klappen von einem Rahmen (→ Replum) ablösen, der die beiden Plazenten mit den Samen trägt. Zwischen den Teilen des Rahmens spannt sich meist eine (falsche) Scheidewand (Septum). Die morphologische Deutung der Schote, die vor allem für die Brassicaceae (Cruciferae) typisch ist, ist umstritten: meist werden zwei Karpelle angenommen, von manchen Autoren aber auch vier.
– In der phytographischen Literatur werden nach dem Längen-Breiten-Verhältnis Schote und **Schötchen**, n. (L: silicula (E: silicle F: silicule, f.) unterschieden, wobei die Schote mehr als dreimal so lang wie breit ist.
G: Das lat. Wort siliqua bedeutet ursprünglich, z.b. bei PLINIUS (SPRAGUE 1933 a), vor allem die Frucht der Fabaceae (Leguminosae, Hülsenfrüchtler), dies gilt außerhalb der botanischen Fachsprache auch für Schote, eine Bezeichnung, die besonders für die Frucht der Erbse verwendet wird. FUCHS (1542) schreibt in seinem botanischen Wörterbuch, dass auch andere Pflanzen als die Leguminosen eine siliqua hätten. CLUSIUS (1583) verwendet siliqua für verschiedene Kapselfrüchte (z.B. bei *Fritillaria* und *Gentiana*), Hülsen und Schoten. LINNAEUS (1751, S. 53) definiert siliqua im heutigen Sinn, er beruft sich dabei auf TOURNEFORT.
Schraubel, f. (L: bostryx, m., pl. bostryces E: helicoid cyme, bostryx F: cyme hélicoïde, bostryx, m.): Ein → Monochasium, bei dem die Verzweigung immer gleichsinnig (entweder aus dem linken oder rechten) Vorblatt erfolgt.
G: Sowohl bostryx, als auch Schraubel gehen auf einen Vortrag von C.F. SCHIMPER zurück, den A. BRAUN (1835, S. 188/189) veröffentlichte.
Schraubengefäß → Tracheentypen (B.)
Schreckreaktion → phobische Reaktion
Schubgeißel, f. (E: pushing flagellum F: flagelle propulseur): Nach hinten gerichtete Geißel, die das Zoid voranschiebt.
Schüttelklette, f. (E: shake-burr, rattle-burr): Mit Widerhaken versehene Frucht oder Fruchtstand, die sich nicht von der Mutterpflanze ablösen, sondern aus der beim Losreißen nach dem Festhaken die Diasporen ausgeschüttelt werden (Beispiel: *Arctium*, Klette).
G: HUTH (1887, S. 3).
Schuppe, f. (L: squama, f., pl. squamae E: scale F: écaille, f.): **1.** bei Gefäßpflanzen: → Schuppenblatt **2.** bei Algen: Kleine flache Gebilde an der Oberfläche der Zelle, die vom → Golgi-Apparat gebildet werden. Sie finden sich an vegetativen Zellen (z.B. Haptophyceae, Prasinophyceae) oder an Zoogameten (Klebsormidiophyceae, Charophyceae).
Schuppenblatt, n. (E: scale leaf F: feuille écailleuse): Kurzes, mit breiter Basis ansitzendes Blatt, das meist dem Spross anliegt.

Hierzu gehören viele Niederblätter, es können aber auch Laubblätter als Schuppenblätter ausgebildet sein (z.B. Cupressaceae).
Schuppenhaar → Trichomtypen
Schuppenzwiebel → Zwiebel
Schutzscheide → Endodermis
Schwärmer → Zoospore
Schwärmerblume → sphingophile Blume
Schwärmspore → Zoospore
Schwammparenchym, n. (E: spongy mesophyll F: parenchyme lacuneux): Assimilationsparenchym (→ Chlorenchym) des Blattes mit irregulär gestalteten Zellen, die große Interzellularen zwischen sich lassen. Bei den bifacialen Blättern, dem häufigsten Typ, liegt es im unteren Teil (unterhalb des → Palisadenparenchyms).
G: Erstnachweis: SCHLEIDEN (1845, S. 232: schwammförmiges Parenchym).
Schwebfliegenblume, f.: Kleine → melittophile Blume, die bevorzugt von Schwebfliegen besucht wird.
G: Erstnachweis: LOEW (1895, S. 261).
Schweinfurth-Methode, f. (E: Schweinfurth technique F: méthode de Schweinfurth): Methode zur Herstellung von Herbar-Exemplaren in tropischem Klima. Dabei werden die leicht gepressten Pflanzen in Blechkisten oder Plastikbeuteln mit Alkohol oder Formalin durchtränkt.
G: Die Methode wurde zuerst von GEORG SCHWEINFURTH auf seinen Reisen in Zentralafrika angewendet und von ihm 1875 (S. 385 ff.) veröffentlicht. Später ist sie in verschiedener Weise modifiziert worden. (Vgl. FOSBERG & SACHET 1965, S. 48 ff.).
Schwellgewebe, n. (F: tissu de turgescence): Gewebe, das durch starke Wasseraufnahme anschwillt und dann bei entsprechender Auslösung z.B. eine Samenausbreitung bewirken kann (*Impatiens, Cyclanthera*). Es handelt sich um einen → Turgorschleudermechanismus.
Schwellkörper → Lodicula
Schwermetallpflanze → Metallophyt
Schwertblatt, n. (E: equitant leaf F: feuille en glaive, feuille ensiforme): Blatt mit einer Scheide, an der eine in der Mediane abgeflachte Spreite sitzt. Es handelt sich um einen Sonderfall eines unifacialen Blattes (→ Blattbau). Schwertblätter kommen nur bei Monokotylen vor, bekanntestes Beispiel ist die Schwertlilie, *Iris*.

Lit.: TROLL (1938-39, S. 1182 ff.).
Schwesterchromatiden → Chromatid
Schwestergruppe, f., Adelphotaxon, n. (E: sister group F: groupe-frère, m.): Zwei Taxa werden als Schwestergruppen bezeichnet, wenn sich wahrscheinlich machen lässt, dass sie sich auf eine Stammart zurückführen lassen und jeweils alle Nachkommen aus deren Aufspaltung in zwei Arten umfassen.
G: HENNIG (1953, S. 9); AX (1984, S. 47) führte (nach Diskussion mit W. HENNIG) Adelphotaxon ein.
Schwesterzellen, f.pl. (E: sister cells F: cellules-filles): Zwei Zellen, die durch Teilung aus einer Mutterzelle hervorgegangen sind. Der Begriff wird vor allem dann verwendet, wenn diese Schwesterzellen sich in typischer Weise verschieden entwickeln. Schwesterzellen sind z.B. bei den Lebermoosen die Mutterzellen von Sporen und Elateren, im Archegonium Eizelle und Bauchkanalzelle, bei den Angiospermen Siebröhre und Mutterzelle der Geleitzellen.
G: Erstnachweis: NÄGELI (1844 b, S. 111 etc.).
Schwimmblatt, n. (E: floating leaf F: feuille flottante): Blatt von Wasserpflanzen, das mit der Unterseite auf der Wasseroberfläche liegt, während die Oberseite der Luft ausgesetzt ist. Nur dort befinden sich Spaltöffnungen.
Schwimmgewebe, n. (E: floating tissue F: tissu de flottaison): Lufthaltiges Gewebe, das die Schwimmfähigkeit vor allem von Samen und Früchten herstellt. Man findet es besonders bei Wasser- und Strandpflanzen. Die Luft kann sich in Interzellularen, aber auch in toten Zellen befinden.
G: Schwimmgewebe behandelte (als Erster ?) A.F.W. SCHIMPER (1891, S. 166 ff.) im Zusammenhang mit vom Meer verfrachteten Samen und Früchten.
scientia amabilis → Botanik
Scilla-Typ → Embryosacktypen
Scintillonen, n.pl. (E: scintillons F: scintillons): Bei Organismen, die zur → Biolumineszenz fähig sind, in den Zellen vorkommende Plasmakondensationen, die Luciferin, ein Luciferinbindendes Protein und die Luciferase enthalten. Von ihnen geht die Lichtabgabe aus („flashing units").
G: Scintillonen wurden von DE SA et al. (1963) beschrieben und isoliert.

Sclereide → Sklereide
Sclerenchym → Sklerenchym
Sclerotium, n. (E: sclerotium F: sclérote, m.): Überdauerungskörper von Pilzen aus dichtem → Plektenchym, das von einer derben, oft dunkel gefärbten Hüllschicht umgeben ist. Form und Größe sind sehr variabel. Das bekannteste Sclerotium ist das „Mutterkorn" (von *Claviceps purpurea*).
G: *Sclerotium* Tode ex E.M.Fries wurde zunächst als Gattung beschrieben.
scolecospor → Sporenformen
Scutellum, n., Schildchen, n. (E: scutellum F: scutellum, m., écusson, m.): Dem → Endosperm seitlich anliegender Teil des Graskeimlings, der gewöhnlich als Keimblatt gedeutet wird. Durch das Scutellum werden die Nährstoffe des Endosperms aufgenommen.
G: Gaertner (1788, S. CXLIX).
Scutum → Schild
Sectio → Sektion
Segetalpflanze, f., Ackerunkraut, n. (E: weed [Unkraut], agrestal F: mauvaise herbe [Unkraut]): Pflanze, die vom Menschen ungewollt auf einer landwirtschaftlich genutzten Fläche wächst. Segetalpflanzen sind überwiegend → Therophyten, deren Heimat im Mediterrangebiet liegt. Die meisten können sich außerhalb der Ackerflächen nicht auf die Dauer halten. Deshalb vermittelt der heute oft bevorzugte Ausdruck **Ackerwildpflanzen** ein falsches Bild.
G: Von lat. seges, segetis, Saat, Saatfeld.
Segmentallopolyploidie → Allopolyploidie
Segmentaneuploidie → Aneuploidie
Seirospore, f. (E: seirospore F: seirospore, f.): Mitospore bei → Rotalgen, die aus einer einzelnen Zelle eines Fadens hervorgeht. Seirosporen sind deshalb in einer Reihe angeordnet.
G: Der Name stammt offenbar von der Gattung *Seirospora*. Nägeli (1861, S. 316) sprach von Seirogonidien (gr. seira, Kette).
Seismonastie → Nastie
Seitensproß → Sproß
Seitenwurzel, f. (E: lateral root F: racine latérale): Aus der Verzweigung einer → Primärwurzel, aber auch einer → Adventivwurzel hervorgegangene → Wurzel.
seitenwurzelig → Embryobau
seitlich → lateral
Sekret, n. (E: secretion F: sécrétion, f.): Von den Pflanzen abgegebener Stoff, der eine ökologische Funktion besitzt (vgl. Schnepf 1969). Dies gilt eindeutig für den → Nektar oder die Proteasen bei → Insectivoren, aber auch für viele Stoffe, die Schädlinge abhalten können.
Sekretionsgewebe, n. (E: secretory tissue F: tissu sécréteur): Gewebe oder Zellen, die → Sekrete ausscheiden. Dazu gehören z.B. → Harzkanäle, → Drüsenhaare, → Nektarien etc.
Lit.: Sperlich (1939), Fahn (1979).
Sekretionstapetum → Tapetumtypen
Sekretzelle, f. (E: secretory cell F: cellule sécrétice): Zelle, die sich durch ihre Inhaltsstoffe deutlich von den benachbarten Parenchymzellen unterscheidet. Dazu gehören u.a. Ölzellen, Kristallzellen, Schleimzellen. Es handelt sich um → Idioblasten.
Sektion, f., (Rotte, f.) (L: sectio, f., pl. sectiones, Abk. sect. E: section F: section, f.): Systematische Rangstufe zwischen Gattung und Art unterhalb der Untergattung (→ Subgenus). Eine Einteilung in Sektionen wird häufig vorgenommen, ohne das Untergattungen unterschieden werden.
G: Der Begriff Sektion wurde zuerst für systematische Einheiten oberhalb der Gattung angewendet. Im heutigen Sinn benutzte ihn Froelich (1796). A.P. de Candolle (1813) schlägt vor, unbenannte „divisiones" mit dem Paragraphenzeichen zu versehen. Später wurde dies Zeichen oft für Sektion verwendet. Die deutsche Bezeichnung Rotte gebrauchte z.B. W.D.J. Koch (1838).
Lit.: Brizicky (1969).
Sektorialchimäre, f. (E: sectorial chimaera F: chimère sectorielle): Eine → Chimäre, bei der die unterschiedlichen Gewebe vom Vegetationskegel ausgehend in Sektoren angeordnet sind (vgl. Periklinalchimäre).
G: Baur (1909, S. 342).
Sekundäreinschnürung → Nucleolus-Organisator-Region
Sekundäreinschnürung → Satellit
sekundäre Pflanzenstoffe, m.pl. (E: secondary plant substances F: métabolites secondaires [des plantes]): Stoffe, die nicht zur Grundausstattung der Organismen gehören und deshalb nur in einzelnen Pflanzengruppen auftreten. Es kann sich um bloße Abfallprodukte handeln, vielfach haben sie aber eine Funktion als Farbstoffe, Lockstoffe, als Abwehr gegen Fraßfeinde etc. Ihr Auftreten ist oft an taxonomisch umgrenzte

Sippen gebunden, ihre Untersuchung ist daher für die → Chemotaxonomie wichtig. Zu den sekundären Pflanzenstoffen gehören u.a. Alkaloide, Flavonoide, ätherische Öle, Glykoside. Zuweilen werden auch die Fette hierzu gerechnet.
G: Die Bezeichnung „sekundäre Pflanzenstoffe" tritt zuerst bei KOSTYTSCHEW (1926, S. 390) auf.
sekundäres Dickenwachstum → Dickenwachstum
Sekundärstoffwechsel, m.: Teil des Stoffwechsels, der die nicht unmittelbar lebensnotwendigen Stoffwechselprodukte bildet sondern die → sekundären Pflanzenstoffe.
Sekundärwand → Zellwand
Sekundanblüte, f. (E: secondary flower F: fleur secondaire): Bei einer → Cyme eine der beiden aus der Achsel der Vorblätter einer → Primanblüte entspringenden Blüten.
Selbstableger → Blastautochore
Selbstausbreitung → Autochorie
Selbstausdünnung, f., Selbstverlichtung (E: self-thinning F: éclaircie naturelle): Das bestimmten Regeln folgende Absterben der schwächeren Pflanzen in einem dichten Bestand etwa gleichalter Individuen.
Lit.: WESTOBY (1984).
Selbstbefruchtung, **Selbstbestäubung** → Autogamie
Selbstfertilität, f. (E: self-fertility F: autofertilité, f.): Die Möglichkeit einer Pflanze, bei einer Befruchtung zwischen ihren eigenen Geschlechtsorganen eine keimfähige Zygote (bzw. bei Samenpflanzen keimfähige Samen) hervorzubringen.
Selbstinkompatibilität, f., Selbststerilität, f., Selbstunverträglichkeit, f. (E: self-incompatibility, self-sterility F: auto-incompatibilité, f., autostérilité, f.): Die Unfähigkeit einer Pflanze, bei einer Syngamie der Gameten ihrer eigenen Geschlechtsorgane eine keimfähige Zygote (bzw. bei Samenpflanzen keimfähige Samen) hervorzubringen.
G: Selbststerilität wurde schon von JOSEPH GOTTLIEB KOELREUTER (1738-1806) beobachtet. Eine erste Zusammenstellung älterer Befunde gab DARWIN (1868 a, 2, S. 131 ff.), der die Bezeichnung einführte und später (DARWIN 1876) umfangreiche Untersuchungen durchführte. Self-incompatibility (zuerst ?) bei STOUT (1917, S. 387), auto-incompatibilité bei SIRKS (1917).
Lit.: NETTANCOURT (1977).

Selbststerilität, **Selbstunverträglichkeit** → Selbstinkompatibilität
Selbstverlichtung → Selbstausdünnung
Selektion, f., Auslese, f. (E: (natural) selection F: sélection, f.): Vorgang der Evolution, bei dem durch innere und äußere Faktoren Lebensdauer und Fortpflanzungsrate beeinflusst werden. Selektion führt zu einer Änderung von Genhäufigkeiten in der nächsten Generation.
G: Die „natürliche Selektion" als wesentliche richtende Kraft der Evolution wurde zuerst von DARWIN (1859) ausführlich dargestellt und belegt. Der grundsätzliche Gedanke war aber nicht neu. Er findet sich zuerst 1813 bei W. Ch. WELLS (vgl. K.D. WELLS 1973), dann 1831 bei MATTHEW (nach EISELEY 1959, S. 125) und schließlich wurde er gleichzeitig von DARWIN und WALLACE veröffentlicht (DARWIN & WALLACE 1858/59). Zunächst dachte man vor allem an das vorzeitige Absterben von Organismen, die in irgendeiner Hinsicht unterlegen sind, und die bevorzugte Fortpflanzung der besser an die jeweilige Situation angepassten. Heute gilt die daraus resultierende Änderung des Anteils von Allelen in einer Population als wichtigste Folge der Selektion.
Lit.: HODGE und ENDLER in KELLER & LLYOD (1992, S. 212-224).
Selektionstypen (E: modes of selection): Die Wirkung der Selektion ist abhängig von zahlreichen Parametern. Innerhalb einer kontinuierlichen Reihe unterscheidet man als markante Typen:
- **K-Selektion** (E: K selection): Selektion bei hoher Populationsdichte. Sie fördert eine effiziente Ausnutzung der Ressourcen und damit Arten mit hoher Konkurrenzfähigkeit.
- **r-Selektion** (E: r selection): Selektion bei geringer Dichte in der Population (z.B. bei Neubesiedlung). Sie fördert eine hohe Reproduktionsrate mit schneller Zunahme der Populationsgröße.
In der Wirkung auf ein oder einige Merkmale kann man unterscheiden:
- **gerichtete Selektion** (E: directional selection): Genotypen im Randbereich der genetischen Variation haben eine höhere → Fitness als die im Populationsmittel. Es kommt zu einer Verschiebung der Variation in dieser Richtung.
- **stabilisierende Selektion** (E: stabilizing selection): Die Genotypen im Populations-

mittel haben eine höhere Fitness als die der Randbereiche. Die Variation bleibt erhalten bzw. Genotypen der Randbereiche gehen durch Selektion zurück.
- **disruptive Selektion** (E: disruptive selection): In beiden Randbereichen der Variation treten Genotypen mit einer höheren Fitness auf, als sie die im Populationsmittel besitzen. Dies kann zu einer Zweiteilung der Population führen.
G: Die Begriffe K- und r-Selektion wurden eingeführt von MacArthur & Wilson (1967, S. 149, 189/190). K und r sind Kenngrößen der theoretischen Populationsbiologie: K bezeichnet die Zahl der Individuen einer Art, die ein Standort maximal unterhalten kann, r die theoretisch mögliche Zuwachsrate einer Art in einer bestimmten Umgebung.

Semachorie, f. (E: semachory): Ausstreuen von Samen durch äußere Kräfte, die z.B. eine Kapsel erschüttern. Auslöser sind der Wind oder vorbeistreifende Tiere.
G: Dansereau & Lems (1957, S. 32) nannten Diasporen, die auf diese Weise ausgeschüttelt werden, Semachoren ("semachores"). Die Etymologie des Wortes ist unklar, es kann nicht von gr. Wort sema, Zeichen, Merkmal, abgeleitet werden.

Semaphoront, m. (E: semaphoront): Das Individuum als Merkmalsträger in einer kleinen Zeitspanne des Lebens.
G: Der Terminus wurde von Hennig (1950, S. 9) geprägt, um vor allem das völlig verschiedene Aussehen von Larvenstadien bei Tieren zu erfassen. Er kann aber genauso auf Samen, Keimpflanze und blühende Pflanzen angewendet werden. Abgeleitet von gr. sema, Merkmal, und phorein, tragen.

Semaphyll, n. (E: semaphyll F: sémaphylle, f.): Alle gefärbten Blattorgane im Blütenbereich, die Bestäuber anlocken können und damit zur Gestaltung einer Blume beitragen (→ Schauapparat).
G: Leppik (1956, S. 452).

semelpar → monokarp
semen → Samen
semen nudum → Samen, nackter
semiautonom → Organell
semikonservativ → Replikation
Seminar, n., Samengehäuse, n.: Das reife Ovar, das die Samen umschließt.
G: Verwendet von Troll (1957, S. 7). Das lat. seminarium wird auch für eine Pflanzenanzucht verwendet.

Semipermeabilität, f. (E: semipermeability F: semiperméabilité, f.): In der Biologie die Eigenschaft von Biomembranen das Lösungsmittel Wasser durchzulassen, während darin gelöste Substanzen langsamer oder gar nicht durch die Membran eintreten können. Die S. ist die Voraussetzung für die → Osmose und die Möglichkeit der → Plasmolyse.

Semispecies, f. (E: semispecies F: semi-espèce, f.): Semispecies sind Taxa, die nicht den Artkriterien (vor allem an die Nichtkreuzbarkeit mit verwandten Arten) genügen, aber wegen ihrer morphologischen Distinktheit meist als Arten angesehen wurden. Man kann sie auch als Grenzfälle zwischen → Species und → Subspecies ansehen.
G: Der von Mayr (1940, S. 256, 260) zuerst (?) verwendete Terminus bezeichnete zunächst die Glieder einer Superspecies, wurde aber später allgemein auf Fälle ausgedehnt, in denen noch ein gewisser Genaustausch möglich ist (Lorkovic 1958, S. 166). Die Rangstufe hat in der botanischen Nomenklatur keinen Status, wird aber gelegentlich auch bei Pflanzen verwendet, z.B. bei Grant (1971, S. 47).

Semizelle, f. (E: semicell F: hémisomate, m.): Eine der beiden Zellhälften bei den Desmidiales. Die schmale Verbindungsstelle wird als Isthmus (m.) bezeichnet. – Bei den Hoek et al. (1993, S. 395) ist die Einschnürung der Isthmus, was aber dem Wortsinn Landenge widerspricht.

Semophyletik → Merkmalsphyletik
Seneszenz, f. (E: senescence F: sénescence, f.): Der Vorgang des Alterns einer Pflanze oder eines ihrer Organe. Kennzeichen sind verringerte Stoffwechselintensität und Abbauvorgänge, z.B. von Chlorophyll und Proteinen.

Senfölglykoside → Glucosinolate
Sensorrhodopsin, n.: Dem tierischen Rhodopsin verwandtes Protein, das bei den Grünalgen als Photorezeptor dient.

Sepalodie, f. (E: sepalody F: sépalodie, f.): Umwandlung anderer Blütenorgane (vor allem von Petalen) in Sepalen. Es handelt sich um eine relativ seltene Art der Missbildung.

Sepalum, n., pl. Sepala, Kelchblatt, n. (E: sepal F: sépale, m.): Glied des äußeren Kreises einer heterochlamydeischen (in Kelch

und Krone gegliederten) Blütenhülle. Die Sepalen sind meist grün gefärbt, derber und anders geformt als die → Petalen.
G: Bei NECKER (1790, S. 18) bedeutet sepalum ganz allgemein ein Perianthblatt. Nach seiner Angabe ist es als Kunstwort abgeleitet von gr. skepe, Decke, Hülle. Der Terminus ist aber kaum je in dieser Bedeutung verwendet worden, sondern - spätestens seit A.P. de CANDOLLE (1813, S. 361) - für Kelchblätter.
Separation → Isolationsmechanismen
Septalnektarium, n. (E: septal nectary F: glande septale, f.): Taschenförmiges Nektarium in den Septen (Wandungen der Fächer) des Ovars. Septalnektarien sind bisher nur bei Monokotylen nachgewiesen (vgl. DAUMANN 1974).
G: BRONGNIART (1854, S. 7: „glandes septales de l' ovaire").
septicid, (scheide-)wandspaltig (E: septicidal F: septicide): Öffnungsweise einer Kapsel, bei der sich die Scheidewand längs aufspaltet, so dass sich Karpelle von einander lösen.
G: RICHARD (1808).
septifrag, (scheide-)wandbrüchig (E: septifragal F: septifrage): Öffnungsweise einer Kapsel, bei der die Scheidewand bricht und mit ihrem äußeren Teil an der Klappe hängen bleibt.
G: RICHARD (1808).
Septum, n., **Dissepiment**, n., **Scheidewand**, f. (E: dissepiment F: septum, m., cloison, f.): Scheidewand, besonders zwischen den Fächern eines Ovars bzw. einer Frucht. Echte Septen werden von den Karpellen gebildet, deren seitliche Teile sich vereinigen; ein „**falsches Septum**" (falsche Scheidewand F: false septum F: fausse cloison) von anderen Stellen, z.B. als Wucherung der Placenta (Schote der Brassicaceae = Cruciferae) oder aus dem Bereich des Dorsalmedianus eines Karpells (*Linum*).
G: Bei LINNAEUS (1751, S. 53) wird dissepimentum für die Trennwände in Kapseln benutzt. LINK (1824, S. 325) wollte längs und quer verlaufende Scheidewände als Dissepimenta und Septa unterscheiden, das hat sich aber nicht durchgesetzt.
Sequenzanalyse → Sequenzierung
Sequenzierung, f. (E: sequencing F: séquençage): Feststellung der Reihenfolge der Basen in den Nucleotiden der DNA oder RNA. Der Vergleich der Sequenzen (**Sequenzanalyse**) ist ein wichtiges Mittel für phylogenetische Untersuchungen aber auch zur Identifikation von Genen etc.
seriale Beiknospe → Beiknospe
Series, f., Serie, f., (Reihe, f.) (L: series, f., pl. series E: series F: série, f.): Taxonomische Rangstufe unterhalb der Sektion, die nahe verwandte Arten zusammenfasst.
G: Als Rangstufe zuerst von TRATTINICK (1823, S. 28) in seiner „Rosacearum Monographia" verwendet (vgl. HEATH 1990, Taxon **39**: 657-658). Bei A.P. de CANDOLLE (1838, S. 565 ff.) umfasst eine Serie mehrere Sektionen. Später benutzten vor allem russische Systematiker den Begriff der Series für eine Artengruppe. In der von KOMAROV begründeten „Flora URSS" entspricht eine Series vielfach einer polymorphen Art im Sinne mittel- und westeuropäischer Autoren.
Serodiagnostik, f., Serotaxonomie, f. (E: systematic serology F: sérotaxonomie, f.): Ausnutzung der spezifischen Reaktionen von Antiseren (Anti-Determinanten), die bei Tieren durch Pflanzeneiweiße hervorgerufen werden, zur Verwandtschaftsforschung.
G: Der erste Versuch, bei Pflanzen die Serologie für die Feststellung der Verwandtschaft zu nutzen, stammt von MAGNUS & FRIEDENTHAL (1907). MEZ & GOHLKE (1914) benutzen den Terminus sero-diagnostisch. Mit seinen Mitarbeitern stellte MEZ den „Königsberger serodiagnostischen Stammbaum" des Pflanzenreichs auf (MEZ & ZIEGENSPECK 1926). Die zunächst recht unzuverlässigen Methoden wurden später von anderen stark weiterentwickelt.
Lit.: CHESTER (1937), FAIRBROTHERS (1968), JENSEN & FAIRBROTHERS (1983).
Serotaxonomie → Serodiagnostik
Serpentinpflanze → Metallophyt
Seta, f. (E: seta F: séta, soie [bei Moosen], poil raide, m.): **1.** Borste oder haarartiger Fortsatz **2.** Der Stiel, der die Kapsel trägt, am → Sporogon der Moose (Bryophyta). Die Seta ist stets unverzweigt und ohne seitliche Anhänge. Bei den Lebermoosen streckt sie sich erst kurz vor der Reife und ist sehr kurzlebig, bei den Laubmoosen entwickelt sie sich lange vor der Sporenreife.
G: Seta (lat. seta oder saeta, Borste) wurde anstelle des älteren Pediculus bei den Moosen schon von DILLENIUS (1741) verwendet.

Sewall-Wright-Effekt → Genetische Drift
Sexine → Exine
Sexualdimorphismus → Geschlechtsdimorphismus
Sexualität, f. (E: sexuality F: sexualité, f.): Das Vorkommen von Vorgängen, die zu einer Verschmelzung von Kernen (→ Syngamie) führen. Für die echte Sexualität der Eukaryoten ist das Auftreten einer → Meiose typisch. Bei höher entwickelten Pflanzen kann man männliche und weibliche Geschlechtsorgane und Gameten unterscheiden.
G: Erste Beobachtungen über Sexualität bei Pflanzen gab es schon im alten Ägypten und in der Antike, sie betrafen besonders Palmen und die Feige. Das Überwiegen von Zwitterblüten bei den Angiospermen erschwerte das Erkennen der Sexualität, und mehrfach wurde weiblich und männlich für verschiedene Arten verwendet (SAINT-LAGER 1884). In der Neuzeit wurde die Sexualität der höheren Pflanzen vor allem durch Versuche von CAMERARIUS (1694), GLEDITSCH (in den Jahren 1749/50, → Experimentum Berolinense) und KÖLREUTER (1761-66) belegt. Wichtig war auch die theoretische Arbeit von VAILLANT (1718). Sie beeinflusste LINNAEUS, dessen → Sexualsystem den Gedanken allgemein bekannt machte. Vgl. → Befruchtung.
Lit.: LORCH (1966), SCHMITZ & GRAEPEL (1980), FARLEY (1982).
Sexualsystem, n., Linnésches System, n. (L: systema sexuale E: sexual system F: système sexuel): Künstliches System, das die Blütenpflanzen nach der Geschlechterverteilung und der Zahl und Verwachsung der Stamina in 23 Klassen einteilte (die Kryptogamen bildeten die 24. Klasse). Die weitere Untergliederung in Ordnungen erfolgte nach der Zahl der Griffel. Typische Namen der Klassen sind Triandria, Polyandria etc.
G: Das Sexualsystem wurde von LINNAEUS (1735 a) im „Systema Naturae" zuerst veröffentlicht. Nach Erscheinen der „Genera plantarum" von JUSSIEU (1789) wurde es nach und nach von den „natürlichen Systemen" verdrängt, blieb aber noch lange in Floren als praktisches Hilfsmittel für die Bestimmung von Gattungen erhalten, z.B. in der dänischen Flora von ROSTRUP & JØRGENSEN (1973).

Lit.: STEARN (1957, S. 24-35), LARSON (1971, S. 50-72), STAFLEU (1971).
Sexualtäuschblume, f. (E: pseudocopulatory flower F: leurre sexuel): Blume, die durch optische, olfaktorische und taktile Reize Männchen von Hymenopteren dazu veranlasst, sie für Weibchen zu halten. Bei dem Versuch zur Kopulation mit der Blüte, der **Pseudokopulation**, f. (E: pseudocopulation F: pseudocopulation, f.), kommt es dann zur Bestäubung.
G: Erste Beobachtungen an *Ophrys* in Algerien durch POUYANNE (1917); ausführliche Bearbeitung durch KULLENBERG (1961).
Lit.: DAFNI (1984).
Sexus → Geschlecht
Shikimat-Weg, m., Shikimisäureweg, m.: Biosyntheseweg, der von Phosphoenolpyruvat und Erythrose-4-phosphat ausgehend zu verschiedenen aromatischen Verbindungen führt und bei dem die Shikimisäure eine zentrale Stellung einnimmt.
Shikimisäureweg → Shikimat-Weg
Sichel, f. Drepanium, n. (L: drepanium, m. E: drepanium F: drépanium, m., faucille, f.): Monochasiale Verzweigung im Blütenstandsbereich, die aus der Achsel eines abaxialen Blattes (oberhalb des Vorblattes) erfolgt. Dabei liegen alle Äste in einer Ebene, so dass eine sichelartige Krümmung entsteht. Die Sichel ist von einigen *Juncus*-Arten bekannt.
G: Sichel und Drepanium wurden von BUCHENAU (1866, S. 393) eingeführt. Auf die Sonderstellung des Drepaniums innerhalb der Monochasien machten MÜLLER-DOBLIES et al. (1992) aufmerksam.
Siderophore, m.pl. (E: siderophores F: sidérophores): Vor allem von Bodenbakterien und -pilzen ausgeschiedene organische Substanzen, die mit Fe(III) Chelate bilden und damit die Menge des für die Pflanzen aufnehmbaren löslichen Eisens erhöhen. Auch einige Höhere Pflanzen, besonders die Poaceae, scheiden solche Substanzen aus, die **Phytosiderophore** genannt werden.
G: Abgeleitet von gr. sideros, Eisen, und pherein, tragen.
Siebelement, n. (E: sieve element F: élément criblé): Spezialisierte assimilatleitende Zellen verschiedener Pflanzengruppen. Dazu gehören → Siebröhren und → Siebzellen, aber auch die → Leptoiden der Moose und entsprechende Zellen mancher

Braunalgen. - Im Deutschen auch für Siebröhrenglied verwendet.
G: Die weite Fassung des Begriffes geht zurück auf BEHNKE (1986, S. 118).
Lit.: BEHNKE & SJOLUND (1990).
Siebelement-Plastiden, Siebröhren-Plastiden (E: sieve-element plastids F: plastes des éléments criblés): Plastiden in den Siebröhren. Es handelt sich um Leukoplasten, die fast immer charakteristische Inhaltskörper enthalten (Stärke oder Proteine).
G: ARTHUR MEYER (1882; 1883 b, S. 65) zeigte als Erster, dass Plastiden in den Siebröhren vorhanden sind (Stärke war schon vorher nachgewiesen). STRASBURGER (1891, S. 69, 249, 349) beobachtete bei Monokotylen auch stärkefreie S. Spätestens seit BEHNKE (1967) ist der Terminus Siebelement-Plastiden gebräuchlich.
Lit.: Überblick über die Typen und ihre systematische Bedeutung bei BEHNKE (1991).
Siebfeld, n. (E: sieve area, sieve field F: crible, m., plage criblée): Ansammlung von → Siebporen in einem Wandbezirk (vgl. → Siebplatte).
G: Als sieve area definiert von CHEADLE & WHITFORD (1941, S. 623).
Siebparenchym → Phloemparenchym
Siebplatte, f. (E: sieve plate F: cloison criblée): Die von → Siebporen durchbrochene Querwand zwischen zwei Siebröhrengliedern, die ein einzelnes → Siebfeld enthalten kann (**einfache Siebplatte**) oder aber mehrere (**zusammengesetzte S.**).
G: Die Bezeichnung stammt von HANSTEIN (1864, S. 25). Vgl. WILHELM (1880).
Siebpore, f. (E: pore F: pore de plage criblée): Vergrößerter → Plasmodesmos zwischen Siebzellen oder Siebelementen. Siebporen sind zu mehreren in einem → Siebfeld vereinigt.
Siebröhre, f. (E: sieve tube F: tube criblé): Stoffleitende Zellreihe im Phloem der Angiospermen, die aus einer Reihe von **Siebröhrengliedern** (E: sieve tube members F: éléments du tube criblé) besteht, die durch Siebporen miteinander verbunden sind. In den ausgewachsenen Siebröhren ist der Kern degeneriert, und man findet in ihnen schleimartiges → P-Protein.
G: Siebröhren gehörten in der älteren Anatomie zu den „vasa propria" (eigenen Gefäßen), wobei vielfach der ganze Siebteil als ein Gefäß angesehen wurde. MOLDENHAWER (1812) berichtete dies, er sah Siebröhren und Geleitzellen ohne sie zu benennen. TH. HARTIG (1837) beobachtete die Siebplatten und schuf den Namen Siebröhren (S. 158).
Lit.: BEHNKE & SJOLUND (1990).
Siebröhrenglied → Siebröhre
Siebröhren-Plastiden → Siebelement-Plastiden
Siebteil → Leptom, → Phloem
Siebzelle, f. (E: sieve cell F: cellule criblée): Eines der assimilatleitenden Elemente im Phloem der Gymnospermen (ähnlich auch bei Farnpflanzen). Im Unterschied zu den Siebröhrengliedern haben Siebzellen spitze Enden und zerstreute Siebfelder, sie sind nicht mit Geleitzellen verbunden. Die Kerne sind im fertigen Zustand der Siebzellen degeneriert.
G: Th. HARTIG (1837) nannte die Siebzellen Siebfasern. Siebzelle wurde erst durch CHEADLE & WHITFORD (1941, S. 623: sieve cell) eingeführt.
Silencer, m. (E: silencer F: silenceur, m.): Ein regulatorischer DNA-Abschnitt, der unabhängig von Position und Orientierung die Abschwächung (bzw. Inaktivierung) eines oder mehrerer nicht notwendigerweise unmittelbar benachbarter Gene bewirkt.
Silicula → Schote
Siliqua → Schote
simultan → Pollenbildung
Sink,(m. ?), Verbrauchsort, m. (E: sink): Ort, an dem ein Stoff (z.B. Nährstoff, Hormon) verbraucht (umgewandelt) wird und zu dem er hin transportiert wird. Gegenbegriff: → Source.
G: Aus dem Englischen übernommen (sink = Abflussloch).
siphonal (E: siphoneous F: siphoné): Organisationsform eines mehrkernigen Organismus ohne Zellwände.
G: PASCHER (1914 a, S. 140) spricht von einer Siphonalenorganisation. In älteren Systemen hieß eine Ordnung der Grünalgen **Siphonales** (Schlauchalgen, Siphoneen).
Siphonales, Siphoneen → siphonal
Siphonocladales → siphonokladal
Siphonogamie, f., Pollenschlauchbefruchtung, f. (E: siphonogamy F: siphonogamie, f.): Befruchtung unter Zuhilfenahme eines → Pollenschlauches, durch den die Spermazellen zur Eizelle gelangen.
G: ENGLER (1887) bezeichnete die heute meist Samenpflanzen (Spermatophyta)

genannten Pflanzen als Embryophyta siphonogama.

siphonokladal (E: siphonocladial F: hémisiphoné): Organisationsform der Grünalgen, bei der der Thallus in mehrere vielkernige Zellen gegliedert ist (z.B. bei *Cladophora*). Früher war **Siphonocladales** der Name einer Ordnung der Grünalgen.
Siphonostele → Stelentypen (II.)
Sippe, f., Taxon, n. (E: taxon, group F: groupe taxinomique): Nach der ersten formellen Definition von NÄGELI (1884, S. 10) sollte Sippe im Sinn des heutigen → Taxon verwendet werden. Später gebrauchten es viele Autoren (z.B. R.v. WETTSTEIN 1898, S. 3) nur für taxonomische Einheiten unteren Ranges (meist unterhalb der Art).
Sippenphyletik, f.: Aufklärung phylogenetischer Zusammenhänge zwischen Sippen. Dies ist Phyletik im engeren Sinn (→ Phylogenetik).
G: ZIMMERMANN (1931, S. 981, 984) unterschied Sippenphyletik und Merkmalsphyletik (Semophyletik). Die Bezeichnungen sind unglücklich gewählt, da Phyletik Aufklärung der Sippenzusammenhänge bedeutet.
Sklereide, f., Sklerenchymzelle, (E: sclereid, idioblastic sclereid F: sclérite): Meist tote Zelle mit stark verdickten Wänden, die nicht faserartig ausgebildet ist, und der Festigung und Verstärkung dienen kann. Folgende Haupttypen lassen sich unterscheiden:
- **Brachysklereide**, Steinzelle (E: brachysclereid, stone cell F: cellule pierreuse): Mehr oder weniger isodiametrische Zelle. Br. treten als Nester von Zellen in fleischigen Früchten auf oder bilden die harten Schichten der Nuss- und Steinfrüchte.
- **Makrosklereide**, Stabzelle (F: macrosclérite, m.): Stabförmig verlängerte Zelle, vor allem in Frucht- und Samenschalen. Hierzu gehören auch die → Malpighischen Zellen.
- **Osteosklereide** (E: osteoclereid, prop cell F: ostéosclérite, m.): Verlängerte Zelle, die an den Enden erweitert oder gelappt ist, vor allem in Blättern.
- **Astrosklereide** (E: astrosclereid F: astrosclérite, m.): Verzweigte, mehr oder weniger sternförmige Zelle, vor allem aus den Blättern von Nymphaeaceae und einigen monokotylen Wasserpflanzen bekannt.
- **Trichosklereide** (E: trichosclereid F: trichosclérite, m.): Lange zugespitzte, oft etwas

Somatogamie

verzweigte Zelle. Beschrieben von BLOCH (1946, S. 544) aus Araceae.

G: Die Bezeichnung Sklereide wurde von TSCHIRCH (1885) geschaffen, von dem auch viele spezielle Begriffe stammen. Die auffälligen Astrosklereiden der Blätter von Nymphaeaceae, die in die Räume des Aerenchyms hineinragen, wurden schon früh beachtet (GUÉTTARD 1747, 2, S. 184; RUDOLPHI 1807 mit Abb.) und zeitweilig – wenig glücklich – als **innere Haare** bezeichnet. Weitere Termini für bestimmte Sklereidenformen verwendete DE ROON (1967).
Lit.: RAO & DAS (1979).
Sklerenchym, n. (E: sclerenchyma F: sclérenchyme, m.): Festigungsgewebe ausgewachsener Pflanzenteile aus toten Zellen mit stark verdickten Wänden, die deshalb englumig sind. Man unterscheidet die langgestreckten **Sklerenchymfasern** von den isodiametrischen → Sklereiden.
G: Der Begriff wurde von METTENIUS (1864, S. 418 ff.) zunächst für das Gewebe aus Sklerenchymfasern eingeführt und erst später erweitert.
Sklerenchymfaser → Sklerenchym
Sklerenchymzelle → Sklereide
Sklerobasidie → Basidientypen (C.)
sklerophyll, hartlaubig (E: sclerophyllous F: sclérophylle): Als sklerophyll bezeichnet man Pflanzen mit lederig-harten, meist relativ kleinen Blättern, wie sie vor allem für Gebiete eines mediterranen Klimatyps typisch sind.
G: A.F.W. SCHIMPER (1898, S. 11). Ausführliche Diskussion des Begriffes bei SEDDON (1974, S. 78 ff.).
Sklerotesta, f. (E: sclerotesta F: sclérotesta, f.): Harte Teile der Samenschale.
Skotomophogenese → Photomorphogenese
Skulptur beim Pollenkorn → Pollenmorphologie
skulpturierter Tüpfel → Hoftüpfel
Solenostele → Stelentypen (III.)
soligen → Moore
Somation → Modifikation
Somatogamie, f. (E: somatogamy, pseudomixis F: somatogamie, f.): Sexualvorgang, bei dem vegetative, somatische Zellen verschmelzen. Somatogamie ist typisch für die Basidiomyceten. Eine Karyogamie findet zunächst nicht statt.
G: S. wurde zuerst von Hans WINKLER (1908 a, S. 6) als **Pseudomixis** bezeichnet. HART-

MANN (1909, S. 270) und GUILLIERMOND (1910, S. 163) sprachen von → Pseudogamie, ein Terminus, der aber schon von FOCKE in ganz anderem Sinn verwendet worden war. RENNER (1916, S. 349) führte dann Somatogamie ein.
sommerannuell → annuell
Sommerspore → Uredospore
Sommersteher → Ästatiphorie
Sonnenblatt, n. (E: sun leaf, heliophilous leaf F: feuille de lumière): Blatt, das dem Sonnenlicht stark ausgesetzt ist. Im Vergleich zu den → Schattenblätter sind Sonnenblätter dicker, haben eine höhere Palisadenschicht und weisen weitere physiologische Anpassungen an das Starklicht auf. Auch Blätter von krautigen Pflanzen, die im vollen Licht stehen, haben solche Merkmale.
Soral, n. (E: soralium F: soralie, f.): Bei Flechten ein abgegrenzter Bereich des Thallus, der → Soredien entwickelt.
G: Der Terminus wurde von REINKE (1895, S. 380) geprägt, er entspricht dem, was ACHARIUS (1803) als → Soredium bezeichnet hatte.
Soredie → Soredium
Soredium, n., Soredie, f. (L: soredium, n., pl. soredia E: soredium F: sorédie, f.): Vegetatives Fortpflanzungsorgan der Flechten: kleine Gruppen von → Photobionten (Grünalgen- oder Cyanobakterienzellen), die von Pilzhyphen umsponnen sind.
G: ACHARIUS (1803, S. XX-XXI) bezeichnete die heutigen Soredien als „Propagula", die in einem Soredium vereint sind. Erst REINKE (1895, S. 380) hat das Soredium von ACHARIUS in Soral umbenannt, während er – wie vorher schon SCHWENDENER (1860, S. 289) – die einzelnen Fortpflanzungskörper Soredien nannte. DU RIETZ (1924) hat versucht, die alte Bezeichnungsweise wieder einzuführen, das ist aber nicht gelungen.
Sorokarp, n. (E: sorocarp F: sorocarpe, m.): Fruchtkörper der Acrasiomycota, die in einem oder mehreren köpfchenartigen Bildungen Sporen enthalten.
Sorophor, m. (E: sorophore F: sorophore, m.): Struktur bei *Marsilea*, die Sori (Gruppen von Sporangien) trägt. Es handelt sich um einen Teil der inneren Wand des → Sporokarps, der beim Öffnen verschleimt und sich verlängert.
Sorte → Cultivar
Sorus, m., Sporangienhäufchen, n. (E: sorus F: sore, m.): Gruppe von → Sporangien auf der Blattunterseite oder am Blattrand von → Farnen. – Sorus wurde auch für Gruppen von Gametangien verwendet.
G: Erstnachweis: WILLDENOW (1802 a, S. 59).
Source, (f. ?), Bildungsort, m., Herkunftsort, m. (E: source): Ort der Bildung (Synthese) oder Anreicherung eines Stoffes, von dem aus er zu den Orten des Verbrauches (→ Sink) transportiert wird.
G: Aus dem Englischen übernommen (source = Quelle).
Soziabilität, f., Gesellligkeit, f. (E: sociability F: sociabilité, f.): Die Verteilung der Individuen (oder Sprosse) in einer Fläche, die zwischen einzeln wachsend und in großen Herden schwanken kann. Sie ist weitgehend artspezifisch, wird aber auch von Standortsfaktoren und Konkurrenzverhältnissen beeinflusst.
Spacer, m. (E: spacer F: espaceur, m.): DNA-Sequenzen in den Abständen zwischen zwischen Genen. Bei Eukaryoten handelt es sich oft um → repetitive Sequenzen. Als → molekularer Marker werden besonders die "Internal transcribed spacers" (ITS1 und ITS2) zwischen den Genen, die die ribosomale RNA codieren, verwendet.
Spadiciflorae: Alter Name für eine Ordnung der Monokotylen, zu der Familien gezählt wurden, deren unscheinbare Blüten in → Kolben (Spadix) angeordnet sind. Die Zusammensetzung wechselte.
G: Eingeführt von ENDLICHER (1832, S. 232), bei dem Araceae, Typhaceae und Pandanaceae dazugehören. Der Name wird noch von R.v. WETTSTEIN (1935) verwendet.
Spadix → Kolben
Spätholz → Holz (A.)
Spaliersträucher → Spalierwuchs
Spalierwuchs, m. (E: espalier-shape F: forme de croissance en espalier): Eine Wuchsform von Holzpflanzen, bei der sich die zahlreichen Zweige eng an den Boden oder den Felsen anschmiegen, wie z.B. *Dryas octopetala* oder alpine Kriechweiden der Gattung *Salix*. Man bezeichnet sie auch als **Spaliersträucher** oder **Teppichsträucher**.
G: Die Spalierbaumzucht, bei der eine dichte Verzweigung in einer Ebene (parallel zu einer Wand) künstlich erzielt wird, ist seit dem 17. Jahrhundert bekannt (vgl. VÖCHTING 1884). WARMING (1896, S. 26) übertrug den

Begriff Spalierform auf die vor allem bei Alpenpflanzen verbreitete Wuchsform.
Spaltfrucht → Schizokarp
Spaltkapsel → Kapsel
Spaltöffnung → Stoma
Spaltöffnungsapparat, m. (E: stomatal apparatus F: appareil stomatique): Die Spaltöffnung (→ Stoma) und ihre → Nebenzellen.
G: STRASBURGER (1866/67, S. 334).
Spaltöffnungsmutterzelle, f. (E: mother cell of the guard cells F: cellule mère du stomate): Die Zelle, aus der direkt oder nach wenigen Teilungen die → Schließzellen hervorgehen.
G: STRASBURGER (1866/67, S. 307) spricht von der Urmutterzelle der Spaltöffnung, die entweder direkt zur Mutterzelle der Schließzellen wird oder sich einige Male teilt, bis die Spezialmutterzelle der Schließzellen gebildet wird.
Sparsamkeitsprinzip → Parsimonie
Spatha, f., (Blüten-)Scheide, f. (E: spathe F: spathe, f.): Großes Hochblatt, das einen Blütenstand (meist Kolben oder Rispe) umgibt (typisch für die Araceae und Arecaceae [Palmae]). Die Spatha ist oft bleich oder nicht grün gefärbt und dient zur Anlockung. Bei den Araceae bildet sie in vielen Fällen eine Kesselfalle (→ Kesselfallenblumen).
G: Bei den Palmen schon im Altertum von PLINIUS verwendet, von LINNAEUS (1751, S. 52) übernommen.
Spathiflorae: Ältere Bezeichnung für die Ordnung (Reihe) der Arales (Araceae, Lemnaceae) nach dem Auftreten einer → Spatha.
G: ENGLER (1892, S. 29).
Speciation → Artbildung
Species, f., Art, f. (L: species, f., pl. species, Abk.: spec. E: species F: espèce, f.): Die Grundeinheit des Systems der Organismen, die sich im Idealfall von den verwandten durch deutliche morphologische Unterschiede und eine reproduktive Isolation unterscheidet (→ Species-Definition). Im System wird jeder Organismus einer Art zugeordnet, die binär benannt wird (→ Nomenklatur, binäre).
G: Im Deutschen wurden in der älteren Literatur (vgl. Luther-Bibel, aber noch BLUMENBACH 1825, S. 17) für Species (Art) häufig „Gattung" verwendet (→ Genus).
Species, biologische (E: biological species F: espèce biologique): Biologisch (durch Wirtswahl) gekennzeichnete Art ohne oder mit minimalen morphologischen Unterschieden zu den nächstverwandten. Wenn solche Sippen nicht als Arten, sondern als infraspezifische Sippen aufgefasst wurden, benutzte man den Terminus → forma specialis. – Die Bezeichnung „biologische Species" wird heute kaum noch verwendet, sie darf nicht mit der biologischen → Species-Definition verwechselt werden.
G: KLEBAHN (1892, S. 274) beschrieb naheverwandte Arten der Uredinales und sprach von „mehr biologischen als morphologischen Species."
Species collectiva → Aggregat
Species-Definition, f., Artbegriff, m., Artkonzept, n. (E: species concept F: définition de l'espèce, notion d'espèce): Die meisten Definitionen des Artbegriffes betonen die konstanten morphologischen Unterschiede zu anderen Arten und den Fortpflanzungszusammenhang der Glieder einer Art. Daneben gibt es aber auch rein morphologische Definitionen (wie sie nötig sind, wenn man in der Systematik nur auf Herbarbelege angewiesen ist) und den so genannten biologischen Artbegriff (E: biological species concept), der vor allem in der Zoologie vorherrscht. Beispiele für Definitionen:
1. morphologisch: „Arten sind die kleinsten Gruppen, die durchgängig und andauernd von einander verschieden und mit den üblichen Mitteln unterscheidbar sind" (übersetzt aus CRONQUIST 1978, S. 15).
2. biologisch (**Biospecies**): „Arten sind Gruppen von tatsächlich (oder potentiell) sich untereinander fortpflanzenden natürlichen Populationen, die von anderen solchen Gruppen reproduktiv isoliert sind." (übersetzt aus MAYR, LINSLEY, USINGER 1953, S. 25).
G: Die Definition der Art als **Fortpflanzungsgemeinschaft** (NAEF 1919, S. 44) geht zurück bis zu RAY, BUFFON (1749, S. 10) und ILLIGER (1800, S. XXVI; vgl. MAYR 1968). Ihre Bedeutung auch für die Botanik hat zuletzt MAYR (1992) betont, dem WHITTEMORE (1993) entgegentrat.
3. kombiniert: Allgemeines Artkriterium: „Genetische Differenzierung, die ein Minimum von irreversiblem evolutionärem Wandel oder Divergenz hervorruft, durch die konstante erkennbare morphologische

Unterschiede entstanden sind." (übersetzt aus HEYWOOD 1961, S. 190; ähnlich schon 1864 DARWIN, zit. in POULTON 1904, S. XCI). Schwierigkeiten ergeben sich dabei sowohl bei der Bewertung morphologischer Unterschiede als auch der des Grades der reproduktiven Isolation. Problematisch ist außerdem der Artbegriff bei Gruppen mit → Apomixis. Ein besonderes Problem stellt die zeitliche Abgrenzung von Arten dar.
Lit.: Die Literatur über den Artbegriff ist sehr umfangreich. Wichtige Zusammenfassungen: DU RIETZ (1930), MAYR (1963), GHISELIN (1974), WILLMANN (1985), RAVEN (1986), ATRAN et al. (1987), ERESHEFSKY (1992).
Species excludendae, f., pl.: Arten, die aus einer Gattung auszuschließen sind. Eine Liste solcher Arten findet sich gewöhnlich am Ende einer Monographie oder Revision.
Species nova (spec. nov.): Lat.: neue Art, mit spec. nov. wird eine neu beschriebene Art gekennzeichnet.
Specioid, n.: Von MANSFELD (1953, S. 155) für eine Kulturpflanzenart vorgeschlagen. Die Rangstufe wurde im → Code 1. ICBN nicht akzeptiert.
Specimen, n., Herbarexemplar, n. (E: specimen F: spécimen, m.): Für die Zwecke der Nomenklatur (→ Code 1. IBCN 2000, Art. 8) definiert als eine Aufsammlung (oder ein Teil davon) von einem Taxon, die an einem Ort zu einem Zeitpunkt gemacht worden sind.
spec. nov. → species nova
Speichergewebe, n. (E: storage tissue F: tissu de réserve): Gewebe, dessen Hauptfunktion darin besteht, Stoffe einzulagern (Stärke, Fette, seltener Eiweiße), die zu einem späteren Zeitpunkt mobilisiert und verbraucht werden. Es handelt sich überwiegend um parenchymatisches Gewebe, also **Speicherparenchym**, n. (E: storage parenchyma).
G: HABERLANDT (1884, S. 268). HABERLANDT (1882 b) spricht vom Speichersystem.
Speicherkotyledonen, m.pl.: Keimblätter, die stark verdickt sind und die Speicherfunktion des Endosperms übernommen haben. Bei ihrer Entwicklung wird das zunächst vorhandene Endosperm ganz oder fast ganz aufgebraucht. Speicherkotyledonen sind u.a. typisch für Rosaceae und Fabaceae (Leguminosae).
Speicherlipide → Lipide
Speicherparenchym → Speichergewebe

Speicherproteine, n.pl., Reserveproteine, n.pl.: Proteine, die vor allem in Samen, aber auch in Früchten und anderen Organen, der Speicherung dienen. Dazu gehören u.a. die → Globuline und → Gluteline. Bei Bedarf (in den Samen bei der Keimung) werden die Speicherproteine abgebaut und die Aminosäuren zur Neusynthese verwendet.
Speichertracheide, f. (E: storage tracheid F: trachéide de réserve): Große erweiterte oder verzweigte Tracheide mit netzartigen Wandverstärkungen, die sich bei manchen Gattungen an den Enden der Leitbündel in den Blättern befinden. Sie gelten als Wasserspeicher und werden auch als **Wasserzellen** bezeichnet.
G: HEINRICHER (1885 b, S. 25).
Speicherwurzel, f. (E: storage root F: racine de réserve): Sprossbürtige Wurzel oder selten Seitenwurzel, die in bestimmten Bereichen verdickt ist und Stoffe speichert, während andere Teile Wurzelfunktion haben (Stoffspeichernde Primärwurzeln werden als → Rüben bezeichnet).
G: Speicherwurzeln wurden von TROLL (1940-43, S. 2635) von den → Wurzelknollen unterschieden.
Speirochorie, f.: Ausbreitung mit Hilfe des Menschen, der die Diasporen mit Saatgut ausbringt.
G: LEVINA (1957, S. 224), von gr. speirein, aussäen.
Spermakern → Spermazelle
Spermatangium, n. (E: spermatangium F: spermatogone, m.): Zelle, deren Inhalt sich zu einem → Spermatium entwickelt (Rotalgen).
Spermatide, f. (E: spermatid F: spermatide, f.): Zelle des männlichen Gametophyten bei Farnpflanzen und Moosen, die nach Öffnung des Antheridiums frei wird und sich in ein → Spermatozoid verwandelt.
G: STRASBURGER (1869/70, S. 394) nannte diese Zellen „Spezialmutterzellen", dies ist aber missverständlich, da sie sich nicht mehr teilen. SHAW (1898, S. 177) führte den aus der Zoologie stammenden Begriff Spermatide in der Botanik ein.
Spermatium, n., pl. Spermatien (E: spermatium F: spermatie): Unbegeißelter männlicher Gamet bei Rotalgen, manchen Pilzen. Bei den Samenpflanzen traditionell als → Spermazelle bezeichnet.
G: Von TULASNE (1851, S. 429 bzw. 373)

nach Untersuchungen an Flechten eingeführt, ohne dass der genaue Charakter dieser Zellen bekannt war.
spermatogene Zelle, f. (E: spermatogenous cell F: cellule spermatogène): Zelle, aus der sich durch Teilung Spermatiden und dann Spermatozoide bilden. Bei den Gymnospermen ist es die Schwesterzelle der Stielzelle. G: Vgl. STERLING (1963).
spermatogener Faden, m. (E: antheridial filament F: filament spermatogène): Zellfaden im Innern des Spermatogoniums („Antheridiums") von Charales. Aus jeder Zelle entwickelt sich ein → Spermatozoid.
Spermatogenese, f. (E: spermatogenesis F: spermatogenèse, f.): Bildung der → Spermatiden bzw. → Spermatozoide aus den spermatogenen Zellen.
G: Wahrscheinlich aus der Zoologie übernommen.
Lit.: DUCKETT & RACEY (1975).
Spermatogonium, n. (E: spermatangium F: spermatogone, m.): Männliches Fortpflanzungsorgan der Thallophyten, das meist einen einzelnen männlichen Gameten (→ Spermatium oder → Spermatozoid) entwickelt. Der Begriff wird für verschiedenartige Organe verwendet: **1.** bei den Rotalgen (→ auch Spermatangium). **2.** bei centrischen Diatomeen. **3.** bei den Charales („Chara-Spermatogonium", auch als → Antheridium bezeichnet). Hier werden nach mehreren Teilungsschritten schließlich zahlreiche Zellen gebildet, die je ein Spermatozoid entlassen.
Spermatophyta → Spermatophyten
Spermatophyten, Spermatophytina, Spermatophyta, Anthophyta, Samenpflanzen, f. pl. (E: seed plants F: Spermaphytes, Spermatophytes, m.pl.): Heterospore → Kormophyten mit starker Reduktion der Gametophyten, die in den Sporen eingeschlossen bleiben. Das Megasporangium wird von ein bis zwei zusätzlichen Hüllen (→ Integument) umhüllt. Diese → Samenanlage wird auf der Mutterpflanze bestäubt und meist auch schon befruchtet; aus ihr entwickelt sich als Dauerorgan ein → Samen, der den jungen Embryo enthält. Heute als Unterabt. Spermatophytina eingeordnet. Hierzu gehören die → Gymnospermen und → Angiospermen.
G: Die Gymnospermae und Angiospermae wurden zunächst als → Phanerogamen den Kryptogamen gegenübergestellt. A. BRAUN (1855, S. 3) bezeichnete sie als **Anthophyta** (Blütenpflanzen). GOEBEL (1882, S. 1) führte „Spermaphyta" ein, was später zu Spermatophyta verbessert wurde.
Spermatophytina → Spermatophyten
Spermatozoid, n., Spermium, n., Spermatozoon, n., Antherozoid, n., Samenfaden, m. (E: spermatozoid, sperm, antherozoid F: anthérozoïde, m., spermatozoïde, m.): Begeißelter männlicher Gamet bei → Oogamie.
G: Spermatozoide wurden zuerst beim Menschen und bei Tieren beobachtet. LEEUWENHOEK und viele andere hielten sie zunächst für kleine Tierchen („animalcula", vgl. FARLEY 1982). Bei Pflanzen sah als erster Th.F.L. NEES (1822) bei dem Moos *Sphagnum* „kleine Monaden", UNGER (1834) beschrieb sie als „*Spirillum*", sprach aber auch von Spermatozoiden. MEYEN (1839) beobachtete Sp. bei *Chara*, NÄGELI (1844 a) bei Farnpflanzen. HOFMEISTER (1851) benutzte den Ausdruck **Samenfäden**. PRINGSHEIM (1855/56) trat für die Bezeichnung Spermatozoid ein, nannte sie aber auch „Androsporen".
Lit.: SCHACHT (1864), DUCKETT & RACEY (1975).
Spermatozoon → Spermatozoid
Spermazelle, f., Samenzelle, f. (E: sperm cell F: cellule spermatique): Unbegeißelter männlicher Gamet der Spermatophyta. Da dieser sehr plasmaarm ist, sprach man früher auch oft von einem **Spermakern**.
Lit.: MAHESHWARI (1949).
Spermium, n., pl. Spermien, → Spermatozoid
Spermogonium, n. (E: spermogonium, pycnium F: spermogonie, f.): Kugeliges, krug- oder flaschenförmiges Gebilde, in dem bei Pilzen und Flechten männliche Fortpflanzungszellen (→ Spermatien) gebildet werden.
G: UNGER (1833, S. 300) beobachtete Spermogonien in räumlicher Nähe zu den Aecidien der Uredinales. Die Bezeichnung wurde von TULASNE (1851, S. 429 bzw. 372) eingeführt. Bei den Uredinales wurde auch → Pycnidium verwendet, dabei handelt es sich jedoch sonst um Konidien bildende Organe. ARTHUR (1905, S. 221) benutzte bei den Uredinales pycnium.
Spezialisationskreuzung → Heterobathmie
Spezies → Species

Sphärosom → Oleosom
Sphenophyta → Equisetopsida
sphingophile Blume, f., Schwärmerblume, f. (E: sphingophilous flower F: fleur à sphingidées): Blume, die durch ihre Merkmalskombination in besonderem Maße langrüsselige Falter, besonders Sphingidae, anlockt. Diese Blumen sind blass (oft weiß oder gelblich gefärbt), haben eine lange dünne Röhre, an deren Grund der Nektar geborgen ist; sie blühen gegen Abend auf und duften dann intensiv.
G: Die Bezeichnung sphingophil stammt von DELPINO (1874, S. 152), MÜLLER (1878, S. 424; 1879) nennt sie Schwärmerblumen.
Sphingophilie, f. (E: sphingophily F: sphingophilie, f.): Anpassung an Bestäubung durch Nachtfalter (Schwärmer, → sphingophile Blume).
Spica → Ähre
Spicula → Ährchen
Spielart → Lusus
Spina → Dorn
Spindel → Rhachis
Spindelapparat, m., Mitosespindel, f. (E: spindle F: fuseau mitotique, m.): Bei der mitotischen Kernteilung auftretende Struktur des → Cytoskeletts aus **Spindelfasern**, die aus parallel orientierten → Mikrotubuli bestehen. Sie gehen von je einem Pol aus, an dem sich Centriolen befinden können (die aber bei höheren Pflanzen fehlen).
G: BÜTSCHLI (1875, S. 208) beobachtete einen „spindelförmigen Körper".
Spindelfasern → Spindelapparat
Spindeltrichocysten → Trichocysten
Spiralfäden → Spermatozoiden
Spiraltheorie → Phyllotaxis (B.)
Spirodecussation, f. (F: spirodécussation, f.): Übergang von der Wirtelstellung zur → Dispersion durch Einschiebung von Internodien (Wirtelauflösung) und Änderung der → Divergenz (→ Phyllotaxis).
G: Beobachtet von GOEBEL (1913 b), benannt von HACCIUS (1950, S. 295).
Spirodistichie, f. (F: spirodistichie, f.): Übergang von einer distichen (zweizeiligen) Blattstellung zu einer zerstreuten durch Drehung am Vegetationskegel.
G: HIRMER (1922, S. 16).
spirolob → Embryobau
Spiroplasmen → Mycoplasmen
Spirotonie, f., spiralige Anisokladie, f. (F: spirotonie, f.): Förderung der Seitenachsen längs einer Schraube bei Decussation. Sie kommt zustande, wenn an jedem Blattpaar der Seitentrieb eines Blattes gefördert ist und sich dies bei senkrecht übereinander stehenden Blattpaaren abwechselt. Dies ist bei vielen Caryophyllaceae der Fall.
Lit.: RUTISHAUSER (1981).
Spirre, f., Trichterrispe, f. (L: anthela, f., E: anthela F: anthèle, f.): Rispenartiger Blütenstand, bei dem die Seitenachsen die Hauptachse übergipfeln, so dass eine Trichterform entsteht. Verbreitet bei den Juncaceae, ein gutes Beispiel bietet auch *Filipendula*.
G: Der Name anthela stammt von E. MEYER (1819 a, S. 11, 1819 b, S. 152), er findet sich schon bei THEOPHRASTOS und DIOSKURIDES als Bezeichnung für die Infloreszenzen gewisser Sumpfpflanzen, MEYER betont aber, das dort kaum dieser spezielle Blütenstandstyp damit gemeint ist. Die durch Anagramm (Buchstabenumstellung) aus Rispe gebildete Bezeichnung Spirre hat MERTENS vorgeschlagen, wie schon MEYER (1819 a) angibt, anscheinend aber selbst erst 1823 (in MERTENS & KOCH 1823, S. 80) veröffentlicht.
Spitzenmeristem → Apikalmeristem
Spitzenwachstum, n. (E: apical growth F: croissance apicale): **1.** Wachstum einer Zelle im Bereich der Spitze (z.B. bei Pollenschläuchen, Wurzelhaaren). **2.** Wachstum einer Pflanze mit einer Scheitelzelle oder einem apikalen Meristem.
spitzläufig → Blattaderung
Spleißen → Prozessierung
Splintholz, n. (E: sapwood F: aubier, m.): Der äußere Teil des Holzes, in dem die Wasserleitung stattfindet und die Parenchymzellen noch lebend sind, im Gegensatz zum → Kernholz.
Splitter, m.: In der Systematik ein Taxonom, der dazu neigt, Arten und Gattungen sehr eng zu fassen (bzw. die anderer Autoren aufzuteilen), von engl. split, spalten.
G: → Lumper.
Sporangienhäufchen → Sorus
Sporangiophor, m. (E: sporangiophore F: sporangiophore, m.): Organ, das Sporangien trägt und dessen Blattcharakter nicht erkennbar ist. Dies gilt besonders für die Equisetopsida.
G: Sporangiophor wurde schon von GRISEBACH (1854, S. 171) verwendet, dann z.B. von CAMPBELL (1895, S. 437) aufgenommen (bei

Equisetum alternativ neben Sporophyll).
Sporangium, n., pl. Sporangien (E: sporangium, sporange F: sporange, m.): Behälter, in dem Sporen gebildet werden. Im engeren Sinne nur die Gebilde mit einer sterilen Wand, in denen bei den Landpflanzen → Meiosporen entstehen.
G: Zuerst bei den Moosen von EHRHART (1779 a, Sp. 257) verwendet, der aber nur einen Teil der Wand so nannte. Der heutige Gebrauch wurde von HEDWIG (1798, S. 119) eingeführt.
Spore, f. (L: spora, f., gen. sporae E: spore F: spore, f.): Allgemeine Bezeichnung für Fortpflanzungszellen, wobei nach heutiger Auffassung Gameten und Zygoten auszuschließen sind. (Vgl. → Sporenformen, → Sporentypen).
G: Die frühesten Zeugnisse über das Vorkommen von Sporen („Samen") bei den Pilzen hat UBRIZSY (1980) zusammengestellt. EHRHART (1778, Sp. 1602) führte das Wort Spore bei den Moosen ein, bekannt wurde es durch PERSOON (1796) und HEDWIG (1798). Zunächst wurden aber Spore (von gr. sporos bzw. spora, Samen, Saat!) und Samen nebeneinander gebraucht. Erst RICHARD (1808, n.v., 1811, S. 57) unterschied die Sporen („Sporulae") klar von den Samen durch das Fehlen des Embryos.
Sporenformen (bei Pilzen): Zur Bezeichnung von Formen (und Farben) der Sporen (vor allem der Ascosporen) und Konidien von Pilzen führten SACCARDO & SYDOW (1899, S. 5) ein System von Termini ein. Sie sprachen von sporologischen Sektionen, die sie mit Substantiven bezeichneten, z.B. Amerosporae. Da es sich aber nicht um Taxa, sondern um Formenbezeichnungen handelt, werden heute meist die Adjektive verwendet. Die wichtigsten sind:
- **amerospor** (E: amerospore F: amérosporé): Einzellige, kugelige bis längliche Sporen.
- **didymospor** (E: didymospore F: didymosporé): Zweizellige Sporen (mit einer Querwand).
- **phragmospor** (E: phragmospore F: phragmosporé): Mehrzellige, längliche Sporen (mit mehr als einer Querwand).
- **diktyospor**, muriform (E: dictyospore F: dictyosporé): Mehrzellige Sporen mit Quer- und Längswänden.
- **scolecospor** (E: scolecospore F: scolécosporé): Ein- oder mehrzellige fadenförmige Sporen.
- **helicospor** (E: helicospore F: hélicosporé): Ein- oder mehrzellige schneckenförmige Konidien.
- **staurospor** (E: staurospore F: staurosporé): Ein- oder mehrzellige Konidien mit Auswüchsen, oft sternförmig.
Sporenfrucht → Sporokarp
Sporenmutterzelle, f. (E: spore mother cell, sporocyte F: cellule-mère des spores): Die diploide Zelle, aus der sich unter Meiose die → Meiosporen bilden.
G: Von einer Mutterzelle der Sporen sprach zuerst MOHL (1833, S. 36), HOFMEISTER (1851, S. 7) benutzte Sporenmutterzelle.
Sporenornament, n. (E: ornamentation of spores F: ornementation des spores): Der Sporenwand außen aufgelagerte Skulpturen. Sie können in Anlehnung an die Termini für Pollenkörner unterschieden werden (vgl. DÖRFELT 1989, S. 279; 2000, S. 224).
Sporentypen, m., pl. (E: types of spores F: types de spores): Die Zahl der Termini für verschiedene Sporentypen ist riesig, nur die häufiger gebrauchten sind hier aufgenommen worden. Sie lassen sich nach verschiedenen Gesichtspunkten in große Gruppen ordnen:
A. nach der Art der Entstehung:
- **Endospore**, f. (E: endospore F: endospore, f., spore endogène): Sporen, die in einer Zelle oder in einem Sporangium gebildet werden, das sich dann öffnet.
- **Exospore**, f. (E: ectospore F: exospore, f., spore exogène): Spore, die durch Abschnürung von Zellen entsteht.
B. nach der cytologischen Herkunft: → **Mitosporen**, → **Meiosporen**
C. nach dem Vorkommen von Geißeln:
- **Aplanospore**, f. (E: aplanospore F: aplanospore, f.): Spore ohne Geißeln, die deshalb unbeweglich ist. Ursprünglich in einem engeren Sinn verwendet (→ Aplanospore).
- **Planospore**, f., Zoospore, f. (E: planospore, zoospore F: planospore, f.): Mit Geißeln bewegliche Spore (→ Zoospore).
Sporidie, f. (E: sporidium F: sporidie, f.) Veralteter Terminus für verschiedene Sporenformen.
G: Von E. FRIES (1821, S. XXV) und WALLROTH (1833, S. 765) für die Sporen der Pilze, von LINK (1824, S. 359) für bestimmte → Konidien verwendet. KLEBAHN (1904, S. 12)

Sporn

bezeichnete die Basidiosporen der Uredinales als Sporidien.
Sporn, m. (L: calcar, n., pl. calcares E: spur F: éperon, m.): Hohle Aussackung, die von der Krone, seltener dem Kelch oder der Achse ausgeht, und sich vom Inneren der Blüte fort erstreckt. Sporne finden sich vorwiegend bei zygomorphen Blüten, seltener bei radiären (*Aquilegia, Halenia*). Mit wenigen Ausnahmen sind sie → Safthalter oder Saftdrüsen (→ Nektarien).
Sporocyste, f. (E: sporocyst F: sporocyste, m.): Die aus einer Zelle entstehenden Sporenbehälter („Sporangien") der Thallophyten ohne Wand aus sterilen Zellen. Die Unterscheidung von Sporangium und Sporocyste wird bisher vor allem in der französischen Literatur durchgeführt. Gegen die Bezeichnung spricht, das sonst Dauerstadien als Cysten bezeichnet werden.
G: In die Botanik eingeführt von VUILLEMIN (1902, S. 17). In neuerer Zeit befürwortet von GROLLE (1971).
Sporoderm, n. (L: sporodermis E: sporoderm F: sporoderme, m.): Die gesamte Wand einer Spore oder eines Pollenkorns.
G: BISCHOFF (1838, S. 595).
Sporodochium, m. (E: sporodochium F: sporodochie, f.): Besondere Ausbildung eines Konidienlagers (→ Konidioma) bei Fungi imperfecti: Viele Konidiophoren stehen palisadenartig dicht nebeneinander (vgl. MASON 1937, S. 80).
sporogene Fäden → Gonimoblast
sporogenes Gewebe → Archespor
Sporogenese, f. (E: sporogenesis F: sporogenèse, f.): Der Vorgang der Sporenbildung.
Sporogon(ium), n. (E: sporogonium F: sporogone, m.): Der Sporophyt der Moose (Bryophyta), der aus der → Seta und der → Kapsel (= Sporangium) besteht.
G: Anstelle früherer Bezeichnungen wie Sporenfrucht oder Sporangium von SACHS (1868, S. 270) eingeführt.
Sporokarp, n., Sporenfrucht, f. (E: sporocarp F: sporocarpe, m.): Organ der → Hydropterides, bei dem ein oder mehrere Sporangien von einer Hülle aus einem Teil des Farnwedels umgeben sind. - Der Terminus wird auch bei Pilzen verwendet, vor allem für die Fruchtkörper der Myxomyceten.
G: Soll auf LINK oder G.F.W. MEYER zurückgehen. SCHLEIDEN (1843) wollte den Terminus für die Sporangien der Kormophyten einführen.
Sporomorphe, f. (L: sporomorpha E: sporomorph): Im ursprünglichen Sinn eine morphologisch definierte Gruppe von Sporen oder Pollenkörnern gleicher Gestalt. Dabei kann eine Gattung verschiedene Sporomorphen haben, aber eine Sporomorphe kann auch mehreren Gattungen entsprechen. Auch andere sporenartige Mikrofossilien werden als Sporomorphen bezeichnet.
G: ERDTMAN (1947, S. 107).
Sporophyll, n. (E: sporophyll F: sporophylle, f.): Blatt, das → Sporangien trägt. Es weist bei den Farnpflanzen häufig gegenüber den nicht sporangientragenden → Trophophyllen Unterschiede auf.
G: Im heutigen Sinn bei SCHLEIDEN (1843, S. 86) für die → Farne, bei denen die Blattnatur der sporangientragenden Organe nicht zu bezweifeln ist. Bei anderen Farnpflanzen und den Samenpflanzen gibt es dagegen vielfach Diskussionen über die Anwendbarkeit des Begriffes (→ Sporangiophor).
Sporophyt, m. (E: sporophyte F: sporophyte, m.): Bei Pflanzen mit Generationswechsel die diploide Generation, die → Meiosporen ausbildet. Der Sporophyt geht aus einer → Zygote hervor. Bei den Moosen stellt das (unselbstständige) → Sporogon den Sporophyten dar, bei Farnpflanzen und Samenpflanzen ist er die vorherrschende Generation (vgl. → Gametophyt).
G: Die Homologien des Generationswechsels der höheren Pflanzen wurden von HOFMEISTER (1851) erkannt. Die Bezeichnung Sporophyt stammt von de BARY (1884, S. 131); ins Englische wurde sie durch BOWER (1890, S. 367) eingeführt. Es wird auch **ungeschlechtliche Generation** verwendet. Das sollte aber vermieden werden, da auch die Meiosporenbildung zur geschlechtlichen Fortpflanzung gehört.
Sporopollenin, n. (E: sporopollenin F: sporopollénine, f.): Baustoff des Exospors von Sporen bzw. der Exine von Pollenkörnern Die chemisch sehr widerstandsfähige, hochpolymere Substanz besteht aus Terpenen.
G: ZETZSCHE & VICARI (1931, S. 64).
Sporulation, f. (E: sporulation F: sporulation, f.): **1.** Die Freisetzung jeglicher Art von Sporen. **2.** Sporenbildung unter Vielfachteilung bei Algen (→ Gonitogonie).
Spreite → Blattspreite

Spreizklimmer, m.: Pflanze, die trotz eines schwachen Sprosses hoch werden kann, weil sich ihre spreizenden Äste auf andere Pflanzen auflegen.
G: SCHENCK (1892, S. 5, 69 ff.), der die Bezeichnung schuf, rechnet die Spreizklimmer zu den Lianen im weitesten Sinn.
Sprengel-Darwinsche-Blumentheorie, f.: Die Theorie, dass die Evolution der → Blume der Angiospermen nur verständlich ist in ihrem engen funktionellen Zusammenhang mit den Bestäubern. Während die Funktionszusammenhänge zuerst von Ch. K. SPRENGEL (1793) klar erkannt wurden, kam durch DARWIN (1862 a) der Gedanke der Anpassung durch Selektion hinzu.
G: H. MÜLLER (1881, S. 3).
Lit.: VOGEL in LLOYD & BARRETT (1996).
Spreublatt, n., Spreuschuppe, f. (L: palea, f., pl. paleae E: receptacular scale F: écaille, f.): Eines der meist schuppenartigen Tragblätter der Blüten bei den Köpfchen der Asteraceae (Compositae). Sie sitzen auf dem Köpfchenboden zwischen den Blüten und sind nur für einen Teil der Familie typisch, bei anderen fehlen sie oder sind durch → Spreuborsten ersetzt.
Spreuborsten, f.pl. (E: receptacular bristles F: paillettes, f.pl., soies, f.pl.): Bei manchen Asteraceae (insbesondere den Cardueae) auf dem Köpfchenboden anstelle der → Spreublätter auftretende Borsten.
Spreuschuppe, f. 1. → Spreublatt 2. (L: palea, f., pl. paleae E: ramentum, scale F: ramentum, pl. ramenta, écaille, f.): Meist braun gefärbte häutige blättchenartige Haarbildungen an den Blättern von → Farnen, besonders an Blattstiel und → Rhachis.
Springbrunnentyp → multiaxialer Typ
Springfrucht, f. (F: fruit à déhiscence explosive): Besondere Ausbildung einer → Streufrucht, bei der die Samen durch ein plötzliches Aufspringen herausgeschleudert werden.
Spross, m. (E: shoot F: pousse, f.): Ein beblätterter **Trieb** einer Pflanze, d.h. eine → Sprossachse mit ihren Blättern (seltener für die Sprossachse allein verwendet). Aus dem Sprosspol des Embryos entwickelt sich der **Primärspross**, durch Verzweigung entstehen **Seitensprosse**; es entsteht ein **Sprosssystem**.
Sprossachse, f., Achse, f. (L: caulis, m., pl. caules E: stem F: tige, f.): Eines der Grundorgane der Kormophyten, gekennzeichnet durch die Fähigkeit zur Blattbildung und die → exogene Verzweigung. - Die Formen und Namen der Sprossachse sind vielfältig. Betont man den Unterschied der Hauptachse gegenüber ihren Verzweigungen, so benutzt man **Stängel** (Stengel, L: caulis) und **Ast** oder **Zweig** (L: ramus, m. (E: branch, twig F: rameau, m.). Die stark in die Dicke wachsende Hauptachse eines Baumes heißt **Stamm** (L: truncus, m. E: trunk F: tronc, m.), eine unverzweigte hohle Sprossachse, wie die der Gräser, → Halm.
G: Das lat. Wort caulis wird schon in der Antike verwendet, vor allem von (hohlen) krautigen Stängeln. Es findet sich auch im ersten botanischen Wörterbuch der Neuzeit bei FUCHS (1542).
Sprossdorn, m. (E: shoot thorn F: épine caulinaire): Sprossachse, die durch Verholzung und nachlassendes Dickenwachstum ihren Vegetationspunkt einbüßt und eine stechende Spitze ausbildet.
Sprossfolge, f. (E: succession of shoots F: suite des pousses): Die Aufeinanderfolge von Sprossen einer Pflanze. Man bezeichnet den aus der Keimpflanze entspringenden Hauptspross als Spross erster Ordnung, dessen Seitentriebe als Sprosse zweiter Ordnung usw. Nur bei wenigen Pflanzen endet die Achse erster Ordnung mit einer Blüte, öfter geschieht dies erst bei den Achsen 2.-4. (oder sogar 5.) Ordnung.
G: A. BRAUN (1850, S.35 ff., 1854) hat sich besonders mit diesem Problem beschäftigt. Er spricht von verschiedenen „Generationen" von Sprossen.
Sprossknolle, f. (E: tuber F: tubercule, m.): Als Speicherorgan ausgebildeter, auffällig verdickter Sprossteil. Meist handelt es sich um unterirdische Sprossknollen. Klassisches Beispiel ist die Kartoffel.
G: TURPIN (1830) arbeitete die Unterschiede zwischen Spross- und Wurzelknollen deutlich heraus.
Sprossparasit → Parasit
Sprosspol, m.: Am Embryo der Bereich, aus dem sich die Sprossspitze entwickelt. Er liegt bei den Samenpflanzen dem → Wurzelpol gegenüber.
Sprossranke, f.: Eine → Ranke einer Kletterpflanze, die morphologisch umgebildeten Sprossen entspricht. Häufig handelt es sich um abgewandelte Inflorescenzen, wie bei

der Weinrebe, *Vitis vinifera*.
Sprossscheitel → Vegetationskegel
Sprosssystem → Spross
Sprossung → Zellsprossung
Sprossungsmycel, n. (E: sprout mycelium, pseudomycelium F: pseudomycélium, m.): Mycel, das durch Sprossung ohne darauf folgende Trennung der Zellen entstanden ist.
Sprungschicht, f., Metalimnion, n. (E: thermocline, metalimnion): In einem See eine schmale horizontale Zone zwischen → Epilimnion und → Hypolimnion, innnerhalb derer die Temperatur sprungartig abnimmt.
Sprungvariation → Mutation
Spurenelemente → Mikronährelemente
Squamulae intravaginales → Intravaginalschuppen
stabilisierende Selektion → Selektionstypen
Stabzelle → Sklereide
Stachel, m. (L: aculeus, m., pl. aculei E: prickle F: aiguillon, m., piquant, m., épine, f.): Stechende → Emergenz, d.h. Bildung, an der außer der Epidermis auch tiefere Schichten beteiligt sind. Im Unterschied zu den → Dornen entsprechen sie nicht Sprossen oder Blättern; ihre Verteilung am Spross ist daher auch nicht gesetzmäßig. Klassische Beispiele sind die Stacheln bei *Rosa* und *Rubus*.
G: Aculeus kommt schon bei Plinius und Fuchs (1542) vor. Bei Linnaeus (1751, S. 50) ist schon im Wesentlichen der Unterschied von Stachel (aculeus) und Dorn (spina) erfasst.
Lit.: Delbrouck (1875), Mittmann (1888).
Stachyoid → Ähre
stachyospor (E: stachyosporous F: stachyosporé): Adj. zu → Stachyosporie.
Stachyosporie, f. (E stachyospory F: stachyosporie, f.): Stellung der Sporangien an der Achse (im Gegensatz zur Stellung an Blättern, → Phyllosporie). Stachyospor sind die ursprünglichsten Farnpflanzen (z.B. *Rhynia*), wahrscheinlich auch die Coniferen.
G: Die Unterscheidung von Stachyosporae und Phyllosporae und die Verwendung der Begriffe stachyospory, stachyosporous geht auf Lam (1948, S. 129) zurück. Es handelt sich dabei um eine Erweiterung der von Sahni (1920, S. 299) innerhalb der Gymnospermen geschaffenen Gruppen der „Phyllosperms" und „Stachyosperms" (abgeleitet von stachys, Ähre). Der Vorstellung von Lam, man könne auch innerhalb der Angiospermen phyllo- und stachyospore Gruppen unterscheiden, sind nur wenige gefolgt. Lange vorher sprach Celakovský 1874 a, S. 215) von achsenbürtigen Samenanlagen.
Stäbchen (Pollenmorphologie) → Baculum, → Columella
Stämmchen → Cauloid
Stängel → Sprossachse
Stärke, f., Amylum, m. (E: starch F: amidon, m.): Kohlenhydrat, das in der Pflanze immer in Plastiden (Chloro- oder Leukoplasten) aus α-D-Glucose gebildet wird. Stärke ist das wichtigste Speicherpolysaccharid der grünen Pflanzen. Sie liegt in Form von **Stärkekörnern** (E: starch granules F: grains d'amidon) vor. Stärke besteht aus der wasserlöslichen, unverzweigten **Amylose** und dem nicht wasserlöslichen, verzweigten **Amylopektin**.
G: Antoni van Leeuwenhoek war der Erste, der im Mikroskop Stärkekörner beobachtete. Er berichtete darüber in Briefen aus den Jahren 1675/76 (Seidemann 1968). Schon Link (1807, S. 32) erkannte in den Körnern Stärke. Der Stärkenachweis mit Jod wurde durch Stromeyer (1815) entdeckt, der allerdings Stärke als Nachweis für Jod empfahl.
Stärkeblätter, n.pl.: Der weit verbreitete Typ von Blättern, die Stärke speichern, im Gegensatz zu den → Zuckerblättern. Die Pflanzen mit Stärkeblättern sind **amylophyll**.
G: Die Unterscheidung geht auf Stahl (1900, S. 558) zurück.
Stärkekörner → Stärke
Stärkescheide, f. (E: starch sheath): An Stärkekörnern reiche Zellschicht, die ein einzelnes Leitbündel oder die gesamte Stele umgibt (vgl. → Phloeoterma).
G: Sachs (1863, S. 194-195) spricht z.T. von Stärkeschicht, z.T. von Stärkescheide.
Stamen, n., pl. Stamina, Staubblatt, n., Staubgefäß, n. (veraltet) (L: stamen, n., pl. stamina E: stamen F: étamine, f.): Das Pollen erzeugende Organ der Blüten der Samenpflanzen, besonders der Angiospermen. Nach der üblichen Homologisierung entspricht es einem → Mikrosporophyll eines heterosporen Farns. Es besteht aus → Filament und → Anthere.
G: Das Wort (von lat. stamen, Faden) wurde

schon von PLINIUS gelegentlich für Staubblätter verwendet (vgl. ROZE 1895, S. 217; SPRAGUE 1933 a). Es findet sich dann in dieser Bedeutung im ersten Wörterbuch botanischer Termini der Neuzeit in dem Kräuterbuch von FUCHS (1542). In der Folgezeit bedeutete es teils Staubfaden (Filament), teils Staubblatt (z.B. bei JUNGIUS 1678), bis LINNAEUS (1735 b, S. 10) den Gebrauch im Sinne von Staubblatt mit den Teilen Filament und Anthere festlegte. Den deutschen Namen Staubblatt schuf E. MEYER (1839, S. V) auf dem Hintergrund der von GOETHE geschaffenen Lehre von der → Metamorphose der Pflanze, bei der auch die Blütenorgane als Blätter aufgefasst wurden.
Lit.: PLANTEFOL & PRÉVOST (1962), D'ARCY & KEATING (1996).

staminat (E: staminate F: staminé, staminal, staminaire): Mit Staubblättern versehen. Wird für Blüten benutzt, wenn man den Ausdruck männlich vermeiden will, weil er sich primär auf den Gametophyten bezieht (→ pistillat).
G: Mac MILLAN (1891, S. 179).

Staminodie, f. (E: staminody F: staminodie, f.): Staubblattartige Ausbildung anderer Blütenorgane. Sie ist seltener als die → Petalodie und → Karpellodie.

Staminodium, n., pl. Staminodien (E: staminode, staminodium F: staminode, m.): Organ, das sich von einem → Stamen (Staubblatt) herleitet, aber keine Anthere ausbildet. Die Homologie mit Staubbblätter ist häufig durch die Stellung im Vergleich zu verwandten Gattungen erkennbar, so bei vielen Lamiaceae (Labiatae) und Scrophulariaceae.
G: RICHARD (1818, S. 38).

Stamm 1. (Morphologie) → Sprossachse
2. (Taxonomie) → Abteilung

Stammbaum, m., Phylogramm, n. (E: phylogenetic tree F: arbre généalogique): Darstellung der Abstammungsverhältnisse von Arten und höheren Taxa. Da diese nur erschlossen werden können, handelt es sich immer um eine Hypothese (vgl. → Dendrogramm). In manchen Darstellungen wird versucht, absolute Daten für die Verzweigungen anzugeben. Nach den Methoden der Kladistik aufgestellte Stammbäume heißen auch → Kladogramme.
G: Der Begriff des Stammbaums wurde von der Genealogie beim Menschen übernommen. In der Botanik verwendete ihn zuerst DUCHESNE (1766: „arbre génealogique") in seiner Arbeit über die Gattung *Fragaria*. Das Grundprinzip des Zusammenhanges von Stammbaum und System stellte DARWIN (1859, S. 117) in der einzigen Abbildung dar, die seinem Hauptwerk „On the Origin of Species" beigegeben ist. Frühe Stammbaumdarstellungen für Pflanzen stammen von HAECKEL (1866 b), KERNER (1869), Ch.E. BESSEY (ab 1880, vgl. CUERRIER et al. 1996) und dem Zoologen (!) Th.H. HUXLEY (1887).
Lit.: LAM (1936), VOSS (1952), USCHMANN (1967), BARSANTI (1988), CRAW (1992), MANITZ (1999).

Stammblütigkeit → Cauliflorie
Stammesgeschichte → Phylogenie
Stammform, f. (E: basic form, parent form F: ancêtre commun, forme parentale): Gemeinsamer Vorfahr aller Arten eines Taxons, z.B. einer Gattung. Bei Kulturpflanzen die Wildart, von der die Sorten abstammen.
Stammreinigung, f. (E: natural pruning, self pruning): Der Vorgang des Absterbens bzw. Abstoßens basaler Seitenäste bei Bäumen, der zur Bildung eines Stammes führt.
Stammsukkulenz → Sukkulenz
Stammzellen → Initialzellen
Standort → Habitat
Standortfaktor, m.: Die chemischen und physikalischen Faktoren, die an einem Standort (→ Habitat) auf einen Organismus wirken. Von besonderer Bedeutung sind Licht, Wasserversorgung und Bodenverhältnisse.
Startcodon → genetischer Code
Startpunkt (Nomenklatur) → Ausgangspunkt
Stasigenese, f. (E: stasigenesis F: stasigenèse, f.): Vorgänge der Evolution, die eine Gruppe stabilisieren, ohne dass eine erkennbare Höherentwicklung oder Aufspaltung in neue Phyla stattfindet.
G: Von J.S. HUXLEY (1957, S. 454) zur Ergänzung der Begriffe → Anagenese und → Kladogenese geschaffen, von gr. stasis, Stillstand.
Statenchym → Statolithentheorie
stat. nov. → Status
Statocyt, Statolith → Statolithentheorie
Statolithentheorie, f. (E: statolith theory F: théorie des statolithes): Theorie zur Erklärung der Perzeption des Schwerkraftreizes beim → Gravitropismus. Danach erfolgt die

Auslösung einer Reaktionsfolge durch die Verlagerung schwerer Teilchen, der **Statolithen** (meist → Amyloplasten). Sie befinden sich in besonderen Zellen, den **Statocyten**, in der Wurzelhaube (→ Kalyptra) oder in geotropisch reagierenden Stängelteilen. Eine Gruppe von Statocyten wird auch **Statenchym** genannt.
G: Die Theorie wurde gleichzeitig durch NEMEC (1900) und HABERLANDT (1900) begründet. Die Termini Statolithen und Statocysten (später in Statocyten geändert) wurden aus der Zoologie übernommen.
Status, m. (L: status, m., pl. status E: state F: statut, m.): **1.** in der Nomenklatur: Der Zustand eines Namens (gültig veröffentlicht oder nicht, legitim oder illegitim etc.), aber auch die Stellung eines Taxons in der Hierarchie der Rangstufen (z.B. Species oder Subspecies). Ändert sich in diesem Sinne der Status ohne Änderung des Epithetons, so wird häufig hinter den neuen Namen die Abkürzung **stat. nov.** (für status novus, neuer Status) gesetzt. **2.** in der Floristik: Der floristische Status des Vorkommens einer Sippe sagt etwas darüber aus, wie sie an einen Standort gelangt ist und wie sie sich dort verhält. Die wichtigsten Kategorien sind: Einheimische (→ Autophyt), → Archaeophyten (Alteingebürgerte) und Synanthrope (→ synanthrop). Zu den Synanthropen zählen die → Neophyten, → Adventivpflanzen (Unbeständige), sowie angesalbte (→ Ansalbung) und kultivierte Arten (vgl. SCHROEDER 2000).
Staubbeutel → Anthere
Staubblatt → Stamen
Staubfaden → Filament
Staubgefäß (veraltet) → Stamen
Stauchling → Kurztrieb
Staude, f. (E: perennial herbaceous plant F: plante herbacée vivace): Krautige ausdauernde Pflanze, die mehrmals blüht. Im gärtnerischen Sprachgebrauch werden die Zwiebelpflanzen meist nicht eingeschlossen.
G: In der älteren forstlichen Literatur wird Staude als Synonym für Strauch verwendet (KEHR 1964, S. 71).
staurocytisch → Stomata-Typen (B.)
staurospor → Sporenformen
Stegma, n., pl. Stegmata, (Deckzelle) (E: stegma): Kieselzellen, die in Längsreihen Fasern begleiten. Sie finden sich besonders bei Orchideen und Palmen.
G: Die Bezeichnung stammt von METTENIUS (1864, S. 419), der sie bei der Farngattung *Trichomanes* untersuchte.
Lit.: KOHL (1889, S. 267-299).
stegokarp (E: stegocarpic, stegocarpous F: stégocarpe): Mooskapsel, die sich mit einem Deckel öffnet.
G: Erstnachweis: Stegocarpi HAMPE (1853).
Steinapfel → Apfelfrucht
Steinfrucht, f. (L: drupa, f., pl. drupae E: drupe, pyrenocarp, stone fruit F: drupe, m.): Ein- oder seltener mehrsamige Frucht mit einem fleischigen → Mesokarp und holzigem → Endokarp.
G: Die Drupa gehört zu den schon von LINNAEUS (1751, S. 53) unterschiedenen Fruchttypen. Er beschreibt sie als „Perikarp, das eine Nuss enthält."
Steinkern, m. (L: putamen, n., pyrena, f. E: pyrene F: noyau, m.): Das harte Innere einer → Steinfrucht, das aus dem Samen umgeben vom Endokarp besteht. Ein typisches Beispiel ist der „Kirschkern".
G: Putamen gibt es schon bei PLINIUS, wo es teils Perikarp, teils Steinkern bedeutet (SPRAGUE 1933 a). GAERTNER (1788, S. XCIIII) legte den heutigen Gebrauch fest.
Steinzelle → Sklereide
Stelärtheorie, f. (E: stelar theory F: théorie de la stèle): Theorie, die die verschiedenen → Stelentypen in einen phylogenetischen Zusammenhang bringt.
G: SCHOUTE (1903), ZIMMERMANN (1959, S. 110-124).
Stele, f. (E: stele F: stèle, f.): Gesamtheit der Leitbündel in einer Sprossachse oder Wurzel mit dem dazwischenliegenden Grundgewebe. In seltenen Fällen treten in einem Spross mehrere je von einer → Endodermis umgebene Leitbündel auf, dann spricht man von **Polystelie**, f. (E: polystely F: polystélie, f.), der Normalfall ist die **Monostelie**, f. (E: monostely F: monostélie).
G: Der Begriff der Stele geht zurück auf van TIEGHEM & DOULIOT (1886, S. 276), die auch schon Polystelie kannten. Spätere Autoren unterschieden zahlreiche → Stelentypen.
Stelentypen, m., pl. (E: stelar types F: types de stèle): Die Anordnung der Leitbündel im Spross und die Lage von Phloem und Xylem haben zur Unterscheidung zahlreicher Stelentypen vor allem bei den Farnpflanzen geführt. Die Geschichte der Ent-

wicklung dieses terminologischen Systems hat R. SCHMID (1982) ausführlich dargestellt, der auch ein eigenes System der Stelentypen schuf. Stark vereinfacht kann man unterscheiden:
I. **Protostele**, f., Urstele (E: protostele F: protostèle, f.): Stele aus einem kompakten zentralen Strang von Leitgewebe ohne Mark.
G: E.C. JEFFREY (1898, S. 869). Die wichtigsten Typen haben das Phloem außen:
– **Haplostele**, f., Protostele i.e.S. (E: haplostele F: haplostèle, f.): Zentrales Xylem der Stele mehr oder weniger rundlich im Querschnitt, nur aus Tracheiden, dabei liegt das Protoxylem im Zentrum. Bekanntestes Beispiel ist die Gattung *Rhynia*, rezent bei Jugendformen von Farnen.
G: BREBNER (1902, S. 523).
– **Aktinostele**, f. (E: actinostele F: actinostèle, f.): Stele mit im Querschnitt gelapptem bis sternförmigem Xylem, in dessen Einschnitten das Phloem liegt. Das Protoxylem befindet sich an den äußeren Enden der Strahlen. In der Sprossachse von *Asteroxylon* und wenigen anderen Farnpflanzen, verbreitet in den Wurzeln der Spermatophyta.
G: BREBNER (1902, S. 522).
– **Plektostele**, f. (E: plectostele F: plectostèle, f.): Stele mit Platten oder Bändern von Xylem und Phloem, die im Querschnitt nebeneinander liegen, aber in der räumlichen Ansicht vernetzt sind. Das Protoxylem befindet sich außen.
G: F.J. MEYER (1924, S. 106) beschrieb das *Lycopodium*-Leitbündel als „durchwobenes" oder „diaplektisches" Leitbündel. Die Bezeichnung Plektostele stammt von ZIMMERMANN (1930, S. 78).
II. **Siphonostele**, f. (E: siphonostele F: siphonostèle, f.): Leitgewebe in Form eines mehr oder weniger durchbrochenen Hohlzylinders mit einem Mark. Nach der Anordnung ist die S. **ektophloisch** (E: ectophloic F: ectophloïque), mit Außenphloem oder **amphiphloisch** (E: amphiphloic F: amphiphloïque) mit Außen- und Innenphloem.
G: E.C. JEFFREY (1898, S. 869).
– **Solenostele**, f. (E: solenostele F: solénostèle): Eine amphiphloische Siphonostele ohne oder mit sich nicht überlappenden Blattlücken.
G: Van TIEGHEM (1891), präzisiert von GWYNNE-VAUGHAN (1901, S. 73) und BREBNER (1902).
– **Diktyostele**, f. (E: dictyostele F: dictyo-

stèle, f.): Eine amphiphloische Siphonostele, bei der die Blattlücken überlappen, so dass ein Netz (gr. diktyon) entsteht.
G: Van TIEGHEM (1891), das Konzept wurde präzisiert von BREBNER (1902, S. 523).
III. **Eustele**, f. (E: eustele F: eustèle): Die Stele der Samenpflanzen aus Leitbündeln mit innen liegendem Protoxylem.
G: BREBNER (1902, S. 519, 522) verwendete Eustele nur für die Stele der Dikotylen, die der Monokotylen bezeichnete er als **Ataktostele** (E: atactostele F: atactostèle). Diese Unterscheidung wird aber heute nicht mehr vorgenommen.
stellvertrende Arten → vikariierende Arten
Stempel → Pistill
Stengel → Sprossachse
stenök, stenözisch (E: stenoecious): Art mit eng begrenzten Standortsansprüchen, die daher nur an einem ganz spezifischem Habitat (z.B. Kalkfelsspalten, oligotrophe Seen) vorkommt. Von gr. stenos, eng, schmal, und oikos, Haus.
stephanocolpat → zonocolpat
stephanocytisch → Stomata-Typen (B.)
stephanokont → Begeißelung (B.)
stephanoporat → zonoporat
Steppe, f. (E: steppe, prairie F: steppe, f.): Trockenheitsbedingtes Grasland der nemoralen Zone. Im allgemeinen Sprachgebrauch wird auch Grasland in trockenen Gebieten, das durch die Nutzung entstanden ist, als Steppe bezeichnet. In Amerika ist dafür **Prärie** gebräuchlich.
G: Abgeleitet vom gleichbedeutenden russischen Wort stepp.
Steppenroller, m., Bodenläufer, m. (E: tumbleweed): Pflanze, die zur Reifezeit durch starke Verzweigung mit eingebogenen Ästen einen fast kugeligen Busch bildet, der sich ablöst und vom Wind auf dem Boden gerollt wird. Dabei werden die Diasporen verbreitet.
G: Die Steppenroller wurden im Volksmund als „Steppenhexen" bezeichnet (vgl. KERNER v. MARILAUN 1891, S. 787).
Stereide, f. (E: stereid F: stéréide, f.): Mechanische, d.h. dickwandige der Versteifung dienende Zelle (besonders bei Moosen).
G: Von HABERLANDT (1884, S. 102) ganz allgemein für mechanische Zellen (Sklerenchym, Kollenchym, Sklereiden) eingeführt. Im Deutschen fast nur noch für die mechani-

Sterigma

schen Zellen der Laubmoose in Gebrauch, im Englischen für Steinzellen.
Sterigma, n., pl. Sterigmata oder Sterigmen (E: sterigma, pl. sterigmata F: stérigmate, m.): Apikaler faden- bis kegelförmiger Fortsatz an einer → Basidie, an dem sich eine Basidiospore entwickelt.
G: Zunächst meinte man, auch die Sporen der Basidiomyceten seien in Asci eingeschlossen. SCHÄFFER (1759, S. 13) war wohl der Erste, der sah, dass die Sporen „auf einem eigenen fadenähnlichen Fuße oder Stiel" sitzen. F.M. ASCHERSON (1836) verhalf der Ansicht zum Durchbruch, dass die Basidiosporen an kleinen Stielen sitzen. - Erstnachweis für Sterigma: DE BARY (1853, S. 42), von gr. sterigma, Stütze.
steril (E: sterile F: stérile): **1.** Pflanze, die keine oder noch keine Fortpflanzungsorgane hat. **2.** Blüte, die trotz Bestäubung keinen Fruchtansatz zeigt. Ursache kann → Selbstinkompatibilität (bei → Autogamie) sein, aber auch genetisch bedingte Störungen. **3.** Keimfrei, d.h. ohne lebende Mikroorganismen (mit Ausnahme des oder der gewünschten).
Sterilität, f. (E: sterility F: stérilité, f.): **1.** Keimfreiheit: Die Abwesenheit von lebenden Mikroorganismen. Sie ist Voraussetzung für Reinkulturen von Mikroorganismen und für → Zellkulturen. **2.** Die Unfähigkeit der Zeugung von Nachkommen trotz des Zusammentreffens der Gameten. Ein besonderer Fall ist die **cytoplasmatisch vererbte männliche Sterilität** (CMS) bei Angiospermen (darunter mehrere Kulturpflanzen). Sie beruht auf Defekten im Genom der Mitochondrien und wird nur maternal vererbt.
Sternhaar → Trichomtypen
sternotrib (E: sternotribic F: sternotribique): Die Abladung des Pollens auf der Bauchseite des bestäubenden Insektes. Diese ist z.B. charakteristisch für den blütenökologischen Typus der → Schmetterlingsblüte. Gegenbegriff: → nototrib.
G: DELPINO (1875, S. 311), von gr. sternon, Brust, und tribos, Aufenthalt, Weg.
Stetigkeit, f., Präsenz, f. (E: presence F: présence): In der Pflanzensoziologie die Angabe in wie vielen Beständen einer Gesellschaft eine Art vorkommt.
Stichidium, n., pl. Stichidien (E: stichidium, pl. stichidia F: stichidie, f.): Spezialisierter Seitenast bei Rotalgen, der Tetrasporangien trägt.
G: Erstnachweis: J.G. AGARDH (1836).
Stichobasidie → Basidientypen (B.)
stichonematisch → Geißeltypen
Stickstoff-Fixierung, f. (E: nitrogen fixation F: fixation de l'azote): Der direkte Einbau von molekularem Stickstoff in einen Organismus mithilfe der → Nitrogenase. Dazu sind nur Prokaryoten fähig, teils freilebende wie *Azotobacter* und *Clostridium* und Cyanobakterien mit → Heterocysten, teils symbiotische Organismen, wie vor allem die *Rhizobium*-Arten in den → Wurzelknöllchen der Fabaceae.
Stickstoffkreislauf, m. (E: nitrogen cycle F: cycle d'azote, m.): Zum Stickstoffkreislauf gehören die Fixierung von molekularem Stickstoff (→ Stickstoff-Fixierung), die → Nitrifikation, die Aufnahme von Nitrat-Ionen (seltener Ammonium-Ionen) durch die Pflanze, die → Nitratassimilation, die Zersetzung organischer Verbindungen im Boden und die → Denitrifikation.
Stickstoffzeiger → Nitrophyt
Stiel 1. Blattstiel: → Petiolus **2.** Blütenstiel: → Pedicellus **3.** bei Pilzen: → Stipes
stieltellerförmig, präsentiertellerförmig (L: hypocrateriformis E: salver-shaped, hypocrateriform F: hypocratériforme): Krone mit einer langen, engen, stielartigen Röhre und einem flachen, abstehenden Saum, wie z.B. beim *Phlox*.
G: Hypocrateriformis wurde schon von TOURNEFORT (1700, Taf. 9) verwendet, abgeleitet von gr. hypocraterion, der Bezeichnung für einen gestielten Untersatz für ein Mischgefäß.
Stielzelle, f., Dislokatorzelle, f. (E: sterile cell, stalk cell F: cellule du pied): Eine der Zellen des männlichen Gametophyten bei den Gymnospermen. Sie entsteht als Schwesterzelle der → spermatogenen Zelle aus der → generativen Zelle.
G: Erstnachweis: STRASBURGER (1892, S. 9). Auch sterile Schwesterzelle wurde von Strasburger verwendet.
Lit.: STERLING (1963).
Stigma, n., pl. Stigmata (oder Stigmen): **1.** Narbe (E: stigma F: stigmate, m.): Der empfängnisfähige Teil des Pistills, meist am Ende des → Stylus (Griffels) gelegen. Nach der Stellung zu den Karpellen unterscheidet man **carinale N.** (über dem Karpell) und **commissurale N.** (zwischen zwei Karpel-

len).
G: Erstnachweis: LINNAEUS (1735 b, S. 10). EICHLER (1875, S. 8) unterschied dorsale (später carinale genannt) und commissurale N.
2. Augenfleck, m. (E: eyespot, stigma F: stigma, ocelle, m.): Orangeroter Fleck am Vorderende vieler beweglicher einzelliger Algen. Er besteht aus in Lipiden gelösten Carotinoiden. Durch Beschattung eines Photorezeptors ist er wichtig für die → Phototaxis.
G: EHRENBERG (1830, S. 102), der auch bei einzelligen Tieren eine vollkommene Organisation nachzuweisen suchte, bezeichnete den roten Fleck bei *Euglena* und anderen Flagellaten als „Aug". DODGE (1969) unterschied vier Typen A-D nach der Verbindung zu Chloroplast und/oder Geißelbasis (zusätzlich Typ E = → Ocellus).
Lit.: DODGE (1973, S. 125-137).
Stipel, f., Nebenblatt, n. (L: stipula, f., pl. stipulae E: stipule F: stipule, f.): Frühzeitig gebildete seitliche Auswüchse des Unterblattes (→ Blatt), die für manche Angiospermenfamilien typisch sind, bei anderen ganz fehlen können. Bei starker Rückbildung zu oft drüsigen Gebilden spricht man von **Rudimentärstipeln**. Besondere Ausbildungsformen sind die → Interpetiolarstipeln und → Axillarstipeln.
G: Der Terminus kommt schon bei FUCHS (1542) vor; er wurde von LINNAEUS (1737, S. 197; 1751, S. 50) definitiv in die botanische Terminologie, eingeführt. Er leitet sich her von lat. stipula, Halm, Stoppel. Die deutsche Bezeichnung Nebenblatt findet sich schon bei GISEKE (1781, S. 51). Sie ist missverständlich, da es sich nicht um selbstständige Blätter neben einem anderen handelt. LINK und GOETHE (1790) benutzen „Afterblätter".
Stipelle, f. (L: stipella, f., pl. stipellae E: stipel F: stipelle, f.): Stipelartige Bildung an der Basis von Blättchen eines gefiederten Blattes. Ein bekanntes Beispiel ist *Phaseolus*.
G: A.P. de CANDOLLE (1813, S. 334).
Stipes, m., pl. Stipites: **1.** Stiel (E: stalk, stipe F: pied, m., stipe, m.): Bei Basidiomyceten der den Hut tragende Stiel.
G: Das lat. Wort stipes (Pfahl, Stamm, Zweig) wurde von LINNAEUS (1751, S. 42) und WILLDENOW (1802, S. 40) für die Stiele der Palm- und Farnblättern und den Hutstiel bei Pilzen verwendet. Nur die letzte Bedeutung hat sich erhalten, allerdings wird Stipes im Deutschen kaum verwendet (nur im Rahmen lateinischer Diagnosen).
2. bei bestimmten Orchideen: Ein bandartiges Gewebestück, das sich von der Außenseite des → Rostellums ablöst und Klebkörper und Pollinien verbindet.
G: Zuerst wurde dieser Teil auch als Caudicula bezeichnet bis Ch. DARWIN den Unterschied zur Caudicula feststellte. Stipes wurde von BENTHAM (1881, S. 286) eingeführt.
Stipula → Stipel
stipular → Hochblatt
Stipulardorn, m. (E: stipular spine F: épine stipulaire): Dornig ausgebildete → Stipeln, sie sind an der paarweisen Stellung an der Basis der Blätter erkennbar, z.B. bei *Robinia*.
Stirps, f.: In der älteren taxonomischen Literatur ähnlich wie → Taxon oder wie → Rasse, Varietät verwendet (lat. u.a. Familie, Herkunft).
Stockausschlag, m.: Triebe, die sich nach Abschlagen des Stammes eines Baumes aus → Ruheknospen oder → Adventivknospen an der Schnittfläche bilden. Der Stockausschlag ist maßgeblich für die Bildung von → Niederwald.
Stockwerk-Cambium → Cambiumbau
Stolo, m., pl. Stolonen, Ausläufer, m. (E: stolon F: stolon, m.): Seitenspross mit verlängerten Internodien und sprossbürtiger Bewurzelung, der der vegetativen Vermehrung dient. Man unterscheidet oberirdische (E: runner F: coulant, m.) und unterirdische Stolonen. In einzelnen Fällen (z.B. bei *Adoxa*) kann auch der Hauptspross ein ausläuferartiges Rhizom bilden. Analoge Bildungen gibt es bei Moosen und Algen, sowie aus Hyphen bei Pilzen.
G: Der Terminus wird schon bei RAY (1686) verwendet, allerdings vor allem für → Wurzelsprosse.
Stoma, n., pl. Stomata, Spaltöffnung, f. (E: stoma, stomate F: stomate, m.): Von zwei Schließzellen umgebene Öffnung in der Epidermis von Blättern oder Sprossachsen. Üblicherweise werden die Öffnung (Porus) und die beiden → Schließzellen zusammen als Stoma bzw. Spaltöffnung bezeichnet. Stomata sind nur von einem Teil der Moose (Bryophyta) und von Kormophyten bekannt.

G: Schon beobachtet und abgebildet bei GREW (1682, S. 153, Tab. 48), der von „orifices or pass-ports" spricht. Zeitweilig wurden sie von einigen Autoren als Drüsen angesehen, noch lange meinte man nur eine ringförmige Zelle zu sehen (z.B. RUDOLPHI 1807). Eine erste genaue Abbildung gibt es bei MOLDENHAWER (1812, Taf. V, Fig. 5). K. SPRENGEL (1802, S. 125) verwendet Spaltöffnungen, LINK (1807, S. 105) spricht von Spaltöffnungen oder Stomatia.

stomatäre Transpiration → Transpiration
Stomata-Typen, m., pl. (E: stomatotypes, stomatal types F: types (m.pl.) de stomate):
A. Nach der Stomata-Entwicklung:
- **haplocheil** (E: haplocheilic F: haplochéile): Die Schließzellen entstehen direkt aus der Spaltöffnungsmutterzelle.
- **syndetocheil** (E: syndetocheilic F: syndétochéile): Die Spaltöffnungsmutterzelle teilt sich in drei Zellen, aus der mittleren werden die Schließzellen.
G: FLORIN (1951, S. 293-294) bei Gymnospermen, abgeleitet von gr. haplos, einfach, bzw. syndetos, verbunden, und gr. cheilos, Lippe, Rand.
Bei Angiospermen wird ein anderes Begriffssystem verwendet:
- **perigen** (E: perigenous F: périgène): Keine der die Schließzellen umgebenden Zellen entsteht aus derselben Mutterzelle wie die Schließzellen.
- **mesoperigen** (E: mesoperigenous F: mésopérigène): Nur eine der umgebenden Zellen entsteht aus derselben Mutterzelle wie die Schließzellen.
- **mesogen** (E: mesogenous F: mésogène): Alle umgebenden Zellen (Nebenzellen) entstehen aus derselben Mutterzelle wie die Schließzellen.
G: PANT & MEHRA (1964 a, S. 186/187), PANT (1965). – Neue Einteilung bei TIMONIN (1995).
B. Nach dem Bau des fertigen Spaltöffnungsapparates (Auswahl der am häufigsten verwendeten Bezeichnungen in Anlehnung an INAMDAR et al. (1986), vgl. Abb. 10):
- **aktinocytisch** (E: actinocytic F: actinocytique): Stoma von radial angeordneten Epidermiszellen umgeben.
- **anisocytisch**, Cruciferen-Typ (E: anisocytic F: anisocytique): Stoma von 3-6 ungleich großen Nebenzellen umgeben.
- **anomocytisch**, Ranunculaceen-Typ (E:

anomocytic F: anomocytique): Stoma von Epidermiszellen umgeben, die sich nicht von den benachbarten unterscheiden.
- **cyclocytisch**, encyclocytisch (E: cyclocytic F: cyclocytique): Stoma umgeben von einem oder zwei bis drei schmalen Ringen von Nebenzellen.
- **desmocytisch** (E: desmocytic F: desmocytique): Stoma vollständig von einer Nebenzelle umgeben, die an einem Ende des Stomas durch eine antikline Wand mit den Schließzellen verbunden ist. Nur bei Farnen.
- **diacytisch**, Caryophyllaceen-Typ (E: diacytic F: diacytique): Mit meist zwei C-förmigen Nebenzellen, deren gemeinsame Wand quer zur Längsachse der Schließzellen liegt.
- **hemiparacytisch** (E: hemiparacytic F: hémiparacytique): Mit einer seitlichen Nebenzelle.
- **hexacytisch** (E: hexacytic F: hexacytique): Mit beiderseits zwei einander und den Schließzellen parallelen Nebenzellen und einem Paar an den Polen.
- **laterocytisch** (E: laterocytic F: latérocytique): Drei oder mehr Nebenzellen grenzen an die Schließzellen; die Wände, die sie trennen, stehen senkrecht auf der Wand der Schließzellen (mit Übergängen vor allem zum cyclocytischen Typ).
- **paracytisch**, Rubiaceeen-Typ (E: paracytic F: paracytique): Mit meist zwei Nebenzellen, die parallel zu den Schließzellen liegen. - Hierzu gehört auch der **Gramineen-Typus**, der sich durch die hantelförmigen Schließzellen auszeichnet.
- **pericytisch** (E: pericytic F: péricytique): Stoma vollständig in eine Zelle eingebettet, die mit ihr nicht durch antikline Wände verbunden ist. Nur bei Farnen.
- **polocytisch** (E: polocytic F: polocytique): Stoma zum größten Teil von einer Nebenzelle umgeben, nur an einem Pol an eine Epidermiszelle grenzend. Fast nur bei Farnen.
- **staurocytisch** (E: staurocytic F: staurocytique): Stoma von vier gleichen Nebenzellen umgeben, deren Zellgrenzen an den Polen und in den Mitten der Schließzellen liegen. Bei Farnen.
- **stephanocytisch** (E: stephanocytic F: stéphanocytique): Stoma umgeben von (4)5-7 schwach differenzierten Nebenzellen, die eine Art Rosette bilden. Bei Chloranthaceae, Saururaceae, Piperaceae.

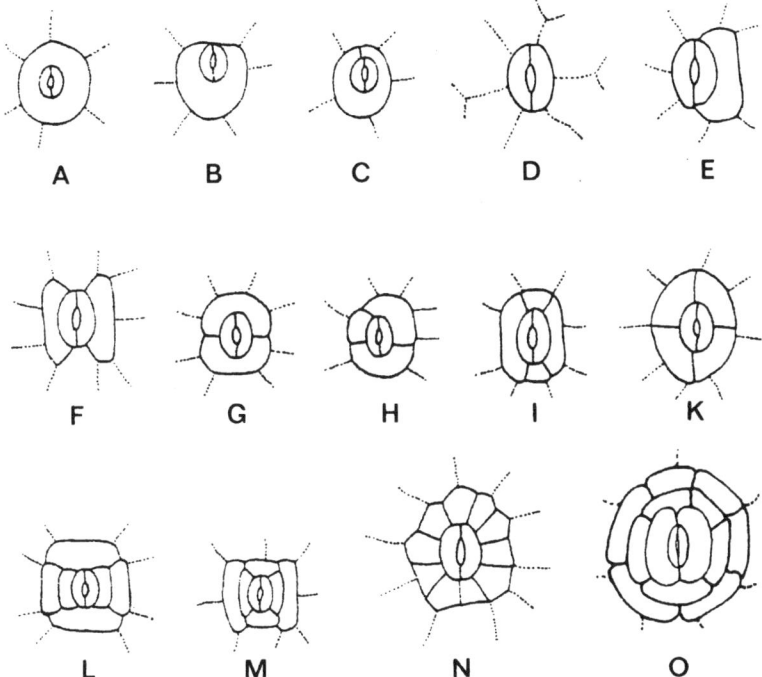

Abb. 10: Stomata-Typen. **A** Pericytisch, **B** polocytisch, **C** desmocytisch (**A-C** nur bei Farnen), **D** anomocytisch, **E** hemiparacytisch, **F** paracytisch, **G** diacytisch, **H** anisocytisch, **I** tetracytisch, **K** staurocytisch, **L, M** hexacytisch, **N** aktinocytisch, **O** cyclocytisch. – Nach van COTTHEM, unveröff.; O aus WILKINSON 1979.

- **tetracytisch** (E: tetracytic F: tétracytique): Stoma von vier Nebenzellen umgeben, zwei parallel zu den Schließzellen, zwei quer dazu an den Polen.
G: An der Schaffung der Termini waren beteiligt: VESQUE (1890): Caryophyllaceen-, Cruciferen-, Ranunculaceen- und Rubiaceentyp; METCALFE & CHALK (1950, S. XV): actino-, aniso-, anomo-, dia- und paracytic (meist als Ersatz für die Termini von VESQUE); METCALFE (1961, S. 147): tetracytic; STACE (1965, S. 48): cyclocytic; van COTTHEM (1968, n.v., 1970): desmocytic, hemiparacytic, hexacytic, pericytic, polocytic, staurocytic; HARTOG & BAAS (1978): laterocytic; BARANOVA (1987 a): stephanocytic.
C. Einteilungen in Stomata-Typen, die die Entwicklung und den fertigen Bau berücksichtigen, stammen von FRYNS-CLAESSEN & van COTTHEM (1973), STEVENS & MARTIN (1978) und PAYNE (1979). Lit.: van COTTHEM (1970), PAYNE (1970), WILKINSON (1979, S. 97-117), RASMUSSEN (1981), INAMDAR et al. (1986), BARANOVA (1987 b, 1992), SEN & DE (1992).
Stomium, n. (E: stomium F: stomium, m.): 1. beim Farnsporangium: Die vorbestimmte Stelle des Ringes (→ Anulus), an der das Sporangium aufreißt. 2. bei → Antheren: Der präformierte Bereich zwischen den Pollensäcken, an dem die Öffnung stattfindet.
Stopcodon → genetischer Code
Strahl → Markstrahl
Strahlblüte, f. (E: ray floret F: fleur

rayonnante): Randblüte eines Asteraceen-(Compositen)-Köpfchens, die zungenförmig ausgebildet ist. Auch die vergrößerten Röhrenblüten am Rande (z.B. bei *Centaurea*) können als Strahlblüten bezeichnet werden.
strahlenläufig → Blattaderung
strahlig → Symmetrie
Strahlinitiale → Cambiuminitiale
Strahlungsbilanz, f.: Die Differenz zwischen Einstrahlung und Ausstrahlung. Beim Blatt bezeichnet man die Energiemenge als Strahlungsbilanz, die nicht reflektiert sondern absorbiert wird.
Stramenopiles, pl.: Phylogenetisch einheitliche Gruppe von Algen und ihren farblosen Verwandten. Den Kern dieser Gruppe bilden die → Heterokontophyta. Begeißelte Zellen besitzen eine Zuggeißel mit Flimmerhaaren und eine Schleppgeißel ohne solche. Die pflanzlichen Vertreter haben Chlorophyll a und c und verschiedene Xanthophylle und sind dadurch meist gelb bis braun gefärbt.
G: Die Gruppe wurde von D.J. PATTERSON (1989, S. 358) aufgestellt und benannt. Der Name bezieht sich auf die röhrenförmigen Haare der Geißel und ist abgeleitet von lat. stramen, Stroh, und pilus, Haar.
Strangparenchym → Holzparenchym
Strasburger-Zellen, f., pl. (E: albuminous cells F: cellules de Strasburger): Proteinreiche Parenchymzellen, die bei Gymnospermen eng mit den Siebzellen verbunden sind. Sie sind damit den Geleitzellen der Siebröhren vergleichbar, gehen aber nicht wie diese beide aus einer Mutterzelle hervor. Sie zeichnen sich durch eine Vergrößerung der Zellwand- und Plasmaoberfläche durch Faltung aus und gehören zu den → Transferzellen.
G: Die Zellen wurden zuerst von STRASBURGER (1891, S. 55) an Coniferen beobachtet und „eiweißhaltige Zellen" genannt. Später nannte man sie **Eiweißzellen** oder Strasburger-Zellen (Erstnachweis: HUBER 1948).
Lit.: SAUTER (1980).
Stratifikation, f. (E: stratification F: stratification, f.): Brechen der Keimruhe von Samen durch die Einwirkung niedriger Temperaturen (meist etwas über dem Gefrierpunkt) und Feuchtigkeit.
G: Die Samen (vor allem von Gehölzen) werden schichtweise in feuchten Sand oder Torf eingelagert, daher die Bezeichnung (von lat. stratum, Schicht, und der Endung -ficare, machen).
Strauch, m. (L: frutex, m., pl. frutices E: shrub F: arbuste, m., arbrisseau, m., buisson, m.): Holzgewächs mit überwiegend basitoner Verzweigung, bei dem es dadurch nicht zur Stammbildung kommt.
G: Der Terminus frutex wurde aus dem klassischen Latein in die Fachsprache übernommen. Er findet sich bereits im Lexikon von FUCHS (1542).
Strauchflechte, f. (E: fruticose lichen F: lichen fruticuleux): Wuchsform der Flechten mit strauchförmigem, aufrechtem (z.B. *Cladonia*) oder hängendem (*Usnea*, Bartflechte) Thallus.
Streckungswachstum → Wachstum
Streptophyta (E: streptophytes F: Streptophytes): Abteilung der grünen Pflanzen, zu der die → Kormophyten und die mit ihnen nahe verwandten Grünalgen (insbesondere die Zygnematophyceae, Jochalgen, und die Charophyceae, Armleuchteralgen) gehören. Die Algenformen bilden im Gegensatz zu anderen Grünalgen → Phragmoplasten aus.
G: Die Gruppe wurde durch C. JEFFREY (1971, 1977 b, S. 345) benannt, von gr. streptos, gewunden, gedreht, da die Spermatozoiden – soweit solche ausgebildet werden – schraubig gedreht sind. Die Streptophyta haben sich als Gruppe erst in neueren streng phylogenetisch (kladistisch) orientierten Systemen durchgesetzt (vgl. BREMER et al. 1987).
Stress, m. (E: stress F: stress, m.): Nach LARCHER (1987) bezeichnet man als Stress eine „Belastungssituation, die in einem Organismus Abweichungen vom Normalverhalten auslöst". Der belastende Faktor, der **Stressor**, kann z.B. Dürre, tiefe Temperatur, hoher Salzgehalt, Befall durch Herbivore etc. sein. Nach einer Destabilisierung durch den Stressor erfolgt eine Normalisierung und dann eine Resistenzsteigerung, sehr starker Stress kann aber auch zum Tod führen.
G: Das englische Wort für Anspannung, Druck wurde 1936 von dem Biochemiker und Mediziner HANS SELYE als Terminus eingeführt. Die erste ausführliche Behandlung des Phänomens bei Pflanzen stammt von LEVITT (1972).
Lit.: BRUNOLD et al. (1996).
Stressor → Stress

Streu, f. (E: litter F: litière, f.): Lose auf dem Boden liegende tote Pflanzenteile (Bodenstreu) und abgestorbene Wurzeln.

Streufrucht, f., Öffnungsfrucht, f. (E: dehiscent fruit F: fruit déhiscent): Frucht, die sich öffnet und ihre Samen entlässt. Grundtypen der Streufrüchte sind → Balg, → Kapsel, → Hülse und →Schote.

Streukegel, m. (E: scatter cone): Anordnung der Staubbeutel zu einem Kegel in einer hängenden Blüte. Dabei wird der pulverige Pollen nach innen abgegeben und dann bei Insektenbesuch aus der Spitze des Kegels gestreut. Beispiele: *Symphytum* und andere Boraginaceae, *Solanum, Cyclamen*.
G: KERNER von MARILAUN (1891, S. 274). Dieser Bestäubungsmechanismus entspricht dem „Tipo boragineo" bei Delpino.

Strobilus → Zapfen

Strobilus-Theorie → Blütentheorien

Stroma, n., pl. Stromata (E: stroma F: stroma, m.): **1.** bei Pilzen (Ascomyceten): Ein festes plektenchymatisches Gebilde auf dem oder in dem mehrere bis viele → Fruchtkörper stehen. Auch bei Fungi imperfecti gibt es vergleichbare Bildungen, in denen Konidiomata stehen.
G: PERSOON (1794, S. 69). Zu den Differenzierungen innerhalb der Stromata und verschiedenen Typen vgl. MILLER (1928, S. 188 ff.)
2. bei Chloroplasten: Das Protoplasma, in dem die Thylakoide eingebettet sind. Man spricht auch von **Stromamatrix**.
G: PRINGSHEIM (1882, S. 466) nannte die Masse Stroma, die zurückbleibt, wenn das Chlorophyll herausgelöst ist.

Stromamatrix → Stroma

Stromatolith, m. (E: stromatolite F: stromatolithe, m.): Fossile knollenartige geschichtete Kalkgebilde, die seit dem Praecambrium bekannt sind und (auch noch rezent) von → Cyanobakterien gebildet werden.
G: Zuerst beschrieben und benannt von KALKOWSKY (1908, S. 68/69) aus dem norddeutschen Buntsandstein, abgeleitet von gr. stroma, Lager, Bett, und lithos, Stein.
Lit.: RIDING (1991).

Stromulus, m. (E: stromule): Röhriger Auswuchs oder Verbindung von Plastiden, die → Stroma enthalten.
G: Verbindungen zwischen Plastiden wurden schon von HABERLANDT (1888) gesehen. Sie wurden mehrfach beobachtet, aber erst durch KÖHLER & HANSON (2000) mit einem eigenen Namen "stromules" belegt, abgeleitet von gr. stroma, Lager, Bett, und lat. tubulus, Röhrchen.
Lit.: GRAY et al. (2001).

Strophiolum, n., Strophiole, f. (E: strophiole F: strophiole, f.): Auswüchse des Samens am → Funiculus (oder der Raphe?)
G: GAERTNER (1788, S. CXXIX). Verkleinerungsform von lat. strophium, einem Fremdwort aus dem Griechischen, das Kranz, Kopfband bedeutet. Später zuweilen auch fälschlich Strophiola (im Sing.). Vgl. PFEIFFER (1891).

Struktur (beim Pollenkorn) → Pollenmorphologie

Strukturlipide → Lipide

Stützgewebe → Festigungsgewebe

Stützwurzel → Luftwurzel

Stylodium, n., Griffelast, m. (E: stylodium F: stylode, m.): Bei coenokarpem (synkarpem) Gynoeceum die freien Äste, die Enden von Karpellen entsprechen.
G: Von GRISEBACH (1854, S. 44) definiert als griffelähnliche Narbe. Die etwas abgewandelte heutige Definition geht auf HANF (1936, S. 101) zurück.

Stylopodium, n., Griffelpolster, n. (E: stylopodium F: stylopode, m.): Verdickte Basis des → Stylus (Griffels), besonders bei den Apiaceae (Umbelliferae), die als Nektarium dient.
G: G.F. HOFFMANN (1814, S. XIX).

Stylulus, m.: Der griffelartige Teil eines einzelnen Karpells.
G: Eingeführt von BAUMANN-BODENHEIM (1954 a, S. 95).

Stylus, m., Griffel, m. (E: style F: style, m.): Der verschmälerte Teil eines → Ovars, der die Narbe trägt.
G: Das gr. Wort stylos, ursprünglich Säule, Pfeiler, dann auch Schreibstift, Griffel, wurde in seiner latinisierten Form stylus von CLUSIUS (1583, S. 125 u.a.) für den Griffel verwendet. Seit MALPIGHI (1675) und JUNGIUS (1678) setzte es sich allgemein durch.

Suberin, n. (E: suberin F: subérine, f.): Makromolekulare wachsartige Substanzen, die bei Anlagerung an die Zellwände diese für Wasser weitgehend impermeabel machen. Den Vorgang der Anlagerung (Akkrustation) nennt man **Verkorkung,** f. (E: suberification F: subérisation, f.).

subantarktische Zone → Vegetationszonen
Subfamilie, f., Unterfamilie, f. (L: subfamilia, f., pl. subfamiliae E: subfamily F: sous-famille, f.): Rangstufe unmittelbar unterhalb der Familie, die oft mehrere → Tribus umfasst.
subfossil → Fossil
Subgenus, n., pl. Subgenera, Untergattung, f. (E: subgenus F: sous-genre, m.): Rangstufe unterhalb des Genus, die meist mehrere Sektionen zusammenfasst.
G: MÜNCHHAUSEN (1770) benutzte als Erster den Begriff **Untergeschlecht** für Sippen unterhalb der Gattung, DU ROI (1772) übernahm viele dieser Taxa und bezeichnete sie als **Untergattungen**. Wahrscheinlich unabhängig davon führte PERSOON (1805, S. IX) den Begriff des Subgenus ein.
Lit.: BRIZICKY (1969).
Subhymenium, n. (E: subhymenium F: subhyménium, m.): Plektenchymatisches Gewebe unmittelbar unterhalb des → Hymeniums (vgl. E. FREY 1936, S. 200).
submarginal → Placentation (A.)
submetacentrisch → Chromosomentypen
Subordo, f., pl. Subordines, Unterordnung, f., Unterreihe, f. (früher) (E: suborder F: sous-ordre, m.): Rangstufe unterhalb der Ordnung, die mehrere nahe verwandte Familien umfasst.
G: Die im → Code 1. ICBN festgelegte Endung -ineae für Unterordnungen geht zurück auf die 2. Auflage des „Syllabus der Pflanzenfamilien" (ENGLER 1898).
Lit.: Taxon **3**: 100-101. 1954
Subsektion (L: subsectio, f., pl. subsectiones E: subsection F: sous-section, f.): Rangstufe unterhalb der Sektion, die nahe verwandte Arten umfasst.
subsp. → Subspecies
Subspecies, f., (subsp.), Unterart, f. (E: subspecies F: sous-espèce, f.): Infraspezifische Rangstufe, die der Varietät übergeordnet ist. Nach heutiger Auffassung wird Subspecies vor allem für geographisch (oder ökologisch) gekennzeichnete Teile einer Art verwendet. Zwischen ihnen gibt es in den Kontaktzonen meist Übergangsformen.
G: Eingeführt von EHRHART (1780, Sp. 213) als „Scheinarten, Halbarten oder Subspecies"; mit Definition erst bei EHRHART (1784 b, Sp. 169; 1788, S. 89) und - wohl unabhängig davon - durch ESPER (1781, S. 19). Für die nomenklatorische Bewertung hat es Schwierigkeiten gemacht, dass viele Autoren des 19. Jahrhunderts Unterarten binär benannt haben. Gekennzeichnet wurden sie zuweilen nur durch einen * vor dem Namen (z.B. NYMAN 1878-82, S. [VIII]). Die Entwicklung zur heutigen Verwendung von Subspecies vor allem für geographische Rassen hat sich parallel in Zoologie und Botanik vollzogen. Dabei gab es daneben immer die Tendenz die geographischen Rassen als die eigentlichen Arten anzusehen und sie in einer → Superspecies oder → Series zusammenzufassen.
Lit.: SEMENOV-TIAN-SHANSKY (1910). - Taxon **6**: 102-105. 1957; Taxon **7**: 44-52. 1958.
Subspecioid, n.: Der subspecies entsprechende infraspezifische Rangstufe für Kulturpflanzen. Vom → Code 1. ICBN nicht akzeptiert
G: MANSFELD (1953, S. 155).
Substratkettenphosphorylierung, f. (E: substrate-level phosphorylation): Die Bildung von ATP beim Abbau von Glucose zu Pyruvat, z.B. während der → Glykolyse.
Substratspezifität → Enzym
subvar. → Subvarietät
Subvarietät, f. (L: subvarietas, subvar. E: subvariety F: sous-variété, f.): Rangstufe zwischen Varietät und Form, die heute kaum noch verwendet wird.
succedan → Pollenbildung
sukkulent (E: succulent F: succulent): Pflanze, die reich an Geweben mit ausgeprägter Wasserspeicherung ist (meist gekoppelt mit einem → Crassulaceen-Säurestoffwechsel). Die Erscheinung heißt **Sukkulenz** (E: succulence, F: succulence, f.); nach den betroffenen Organen unterscheidet man **Blattsukkulenz, Stammsukkulenz** und die weit seltenere **Wurzelsukkulenz**. Die Pflanzen heißen Sukkulente oder Fettpflanzen (E: succulent (plants) F: plantes grasses).
G: Schon RAY (1682, S. 92) bezeichnet *Sedum* und verwandte Gattungen als „plantae foliis crassis succulentis" (von lat. sucus, Saft; suculentus, saftreich).
Sukkulente, Sukkulenz → sukkulent
Sukzession, f. (E: succession F: succession, f.): In der Vegetationskunde die Aufeinanderfolge verschiedener Pflanzengesellschaften an einem Standort. Sie kann durch Änderungen des Klimas oder des Bodens bedingt sein, wichtiger sind aber meist Faktoren, die in den Pflanzen selbst liegen. So

werden z.B. die Arten der → Pioniervegetation bald durch konkurrenzkräftigere abgelöst und Lichtholzarten können durch schattenertragende verdrängt werden.
sulcat → Sulcus
Sulcus, m. (L: sulcus, m., pl. sulci E: sulcus F: sulcus, m.): Beim Pollenkorn eine distal gelegene langgestreckte → Apertur.
G: Ursprünglich (R. POTONIÉ 1934 a, S. 20) eine kurze Falte (Colpus), die heutige Bedeutung führte ERDTMAN (1946, S. 70) ein; von lat. sulcus, Furche.
Sulfatassimilation, f.: Reduktion des von der Pflanze aufgenommenen Sulfations zur Stufe des Sulfids und Einbau des Schwefels in organische Verbindungen (vor allem die Aminosäuren Cystein und Methionin). Die Sulfatassimilation findet überwiegend in den Chloroplasten statt.
Sulfolipide → Lipide
Sumpfpflanze → Helophyt
Superorganismus → Ökosystem
superponiert, opponiert (E: superposed F: superposé, opposé): Adj. zu → Superposition.
Superposition, f. (E: superposition F: superposition, f.): Bezeichnung der Stellung der Blattorgane der Blüte, wenn diese nicht alternieren, sondern übereinander stehen.
Superspecies, f., Artenkreis, m. (E: superspecies F: super-espèce, f.): Gruppe naher verwandter, sich meist geographisch ausschließender Arten. Wird in der Botanik selten verwendet, dort spricht man eher von einer „polymorphen Art" oder aber einer Artengruppe, bzw. einem → Aggregat.
G: KLEINSCHMIDT (1900, 1926) sprach bei Vögeln von **Formenkreisen**, RENSCH (1929) von **Rassenkreisen**. Diese Ausdrücke ersetzten unabhängig voneinander MAYR (1931, S. 2) und SCHILDER (1952, S. 2) durch Superspecies. G.L. DAVIS (1948, S. 145) verwendete in der Botanik superspecies ohne formellen Status. Der von ROTHMALER (1950, S. 97) für einen gegliederten Rassenkreis vorgeschlagene Terminus **Diachore** hat sich nicht durchgesetzt.
Lit.: SIMPSON (1961, S. 180), AMADON (1966).
Suspensor, m., Embryoträger, m. (E: suspensor F: suspenseur, m., filament proembryonnaire, porte-embryon, m.): Aus den mikropylaren Zellen des Proembryo gebildete Zellreihe, die den eigentlichen Embryo trägt.

G: Zuerst beobachtet und „suspenseur" benannt durch MIRBEL (1829, S. 311). MEYEN (1840) spricht von einem „Träger des Embryos". Lat. suspensorium, Tragevorrichtung.
Suspensorhaustorium, n. (E: suspensor haustorium F: haustorie du suspenseur): Vom → Suspensor ausgehendes Saugorgan (→ Haustorium).
G: Die schon vorher gelegentlich beobachtete Bildung wurde zuerst von TREUB (1879) bei verschiedenen Orchideen ausführlich beschrieben und als Ernährungsorgan für den Embryo gedeutet.
Syconium, n. (E: syconium, synconium F: sycone, m.): Fruchtstand der Feige (*Ficus*) mit zahlreichen Nüsschen im Innern eines flaschenförmigen, fleischig werdenden Achsengebildes.
G: MIRBEL (1813, S. 319, als Syconus), von gr. sykon, Feige.
Syllepsis, f. (E: syllepsis F: syllepsie, f.): Regelmäßiges Austreiben von Blattachselknospen eines Jahrestriebes im Jahr seiner Bildung.
G: SPÄTH (1912, S. 4/5) bezeichnete solche Triebe als **sylleptisch** (abgeleitet von gr. sylleptos, zusammengefasst), da sie zusammen mit dem diesjährigen Spross austreiben.
Lit.: MÜLLER-DOBLIES & WEBERLING (1984).
Symbiont, m. (E: symbiont F: symbionte, m.): Einer der Partner in einer → Symbiose.
Symbiose, f. (E: symbiosis F: symbiose, f.): **1.** (s.l.) Enges, meist obligates Zusammenleben verschiedenartiger Organismen. **2.** (s.str.) Zusammenleben verschiedenartiger Organismen, von dem alle Partner einen Vorteil haben (→ Mutualismus). Symbiosen mit zwei Partnern sind die Regel, es können aber auch drei oder mehr sein.
G: Von de BARY (1878 b, S. 121) eingeführt und zwar in einem sehr weiten Sinn des Zusammenlebens unter Einschluss des Parasitismus. Nach 1900 oft im engeren Sinn (2.) verstanden, vgl. HERTIG et al. (1937).
Lit.: STARR (1975), WERNER (1992).
Symbiosom, n. (E: symbiosome): Von einer Membran umgebenes Kompartiment im Cytoplasma eines Eukaryoten, das einen → Symbionten einschließt.
G: Der Begriff wurde von ROTH et al. (1988) eingeführt.
Symmetrie, f. (E: symmetry F: symétrie, f.): Nach den so genannten Deckoperatio-

nen, die zur Abbildung eines Elementes auf einem anderen führen, unterscheidet man allgemein:
- **Metamerie**, Verschiebungssymmetrie: Ähnliche Elemente sind in regelmäßigen Abständen an einer Achse angeordnet. Durch Verschiebung entlang der Achse erfolgt eine Deckung. Bekanntestes Beispiel sind die Blätter an einer Sprossachse.
- **Radiärsymmetrie**, Drehungssymmetrie: Ähnliche Elemente sind in gleichen Winkeln um eine Achse angeordnet. Deckung erfolgt nur durch Drehung (z.B. bei contorter Knospenlage) oder auch durch Spiegelung an mehr als zwei Achsen.
- **Bilateralsymmetrie**, Spiegelsymmetrie: Es gibt zwei symmetrische rechte und linke Hälften längs einer Achse, die sich wie Bild und Spiegelbild verhalten.
Nicht selten sind verschiedene dieser Grundformen miteinander kombiniert. Sonderfälle sind die → Pendelsymmetrie und die → Komplementärsymmetrie.
Die Symmetrieverhältnisse sind vor allem bei Blüten auffällig verschieden und von großer Bedeutung für deren Aussehen. Es gibt verschiedene Systeme von Termini. Am einheitlichsten ist die Bezeichnung nach der Zahl der Symmetrieebenen:
- **asymmetrisch** (E: asymmetrical F: asymétrique): Ohne Symmetriebene, z.B. *Canna*.
- **monosymmetrisch**, zygomorph, dorsiventral (E: zygomorphic, monosymmetrical F: zygomorphe, dorsiventral): Mit einer Symmetrieebene, die das Organ in zwei spiegelgleiche Hälften teilt (mit Rücken- und Bauchseite). Monosymmetrisch sind die meisten → eutropen Blumen (vor allem bei → Melittophilie und → Ornithophilie).
- **disymmetrisch**, (E: disymmetric): Mit zwei rechtwinklig stehenden Symmetrieebenen, z.B. *Dicentra*, Brassicaceae (Cruciferae).
- **polysymmetrisch**, aktinomorph, strahlig, radiär (E: actinomorphic, actinomorphous, regular F: actinomorphe, radiaire): Mit mehr als zwei Symmetriebenen bzw. mit Radiärsymmetrie.
Es gibt häufig Abweichungen von der in einer Blüte herrschenden Symmetrie, vor allem ist das Gynoeceum auch bei sonst polysymmetrischen Blüten häufig disymmetrisch.
G: In der älteren Literatur wurden polysymmetrische Blüten meist als regelmäßig bezeichnet, monosymmetrische als unregelmäßig. Dies ist unlogisch, da jede Symmetrie eine Regelmäßigkeit darstellt. Ebensowenig dürfen disymmetrische Blüten als „bilateral" (= zweiseitig) bezeichnet werden, da die monosymmetrischen Blüten und die meisten Tiere („Bilateria") zweiseitig gebaut sind. - A. BRAUN (vor 1858) führte aktinomorph und zygomorph ein. Die Bezeichnung nach der Zahl der Symmetrieebenen geht auf SACHS (1873, S. 523, oder früher?) zurück.
Lit.: FREY (1926), SITTE (1984), ENDRESS (1999).

sympatrisch (E: sympatric F: sympatrique): Verwandte Sippen, die in einem Gebiet zusammen auftreten. Sie zeigen **Sympatrie**. Wenn dabei keine Übergänge auftreten, ist dies ein Hinweis auf den Artcharakter.
G: POULTON (1904, S. XC).

sympetal, gamopetal, verwachsenkronblättrig (L: gamopetalus E: gamopetalous, sympetalous F: gamopétale, sympétale): Krone, die aus einem unteren röhrigen Abschnitt und freien Zipfeln besteht. Im Vergleich zu postulierten Vorfahren mit freien Petalen spricht man von einer (→ congenital) verwachsenen Krone.
G: Die Krone sympetaler Pflanzen wurde zunächst als **monopetal** (z.B. RAY 1682) bezeichnet. A.P. de CANDOLLE (1813, S. 477) sah, das die Krone nicht einem Petalum sondern mehreren verwachsenen entspricht, und sprach von einer corolla „gamopetala", später setzte sich die Bezeichnung sympetal durch.

Sympetalae, Gamopetalae, Monopetalae (veraltet): Zusammenfassende Bezeichnung für die Angiospermen mit verwachsener Blütenkrone. Diese Gruppe ist heute aufgelöst. Ihr Kern, die tetrazyklischen Sympetalae mit nur einem Staubblattkreis, bildete die (Unterklasse) Asteridae einiger neuerer Systeme.
G: Monopetalae JUSSIEU (1778, 1789).

Sympetalie, f. (E: sympetaly): Subst. zu → sympetal.

Symplast, m. (E: symplast F: symplaste, m.): Die Gesamtheit der durch Plasmodesmen verbundenen lebenden Protoplasten einer Pflanze. Auch eine Plasmamasse mit mehreren Kernen. Gegenbegriff: → Apoplast.
G: Von v. HANSTEIN (1880, S. 9) für Verschmelzungen mehrerer Protoplasten eingeführt.

Symplesiomorphie, m. (E: symplesiomorphy F: symplésiomorphie, f.): Gemeinsamer Besitz eines ursprüngliches Merkmals bei einer Gruppe. Eine Symplesiomorphie ist für die Schaffung einer Gruppe in einem phylogenetischen System nicht geeignet. (Abb. 4, S. 170).
G: Die Erkenntnis, das eine Sippe nicht auf ein usprüngliches Merkmal begründet werden darf, ist schon früh von PASCHER (1914 a) am Beispiel der „Flagellaten" demonstriert worden. Eine genauere theoretische Begründung gab erst HENNIG (1950 ff.), der auch den Begriff → plesiomorph (und Symplesiomorphie, HENNIG 1953, S. 14) schuf.
symplicat (E: symplicate): Abschnitt eines synkarpen → Gynoeceums, das aus den plicaten Abschnitten der Karpelle besteht. G: LEINFELLNER (1950, S. 407).
Sympodialglieder → Sympodium
Sympodium, n. (E: sympodium F: sympode): Sprossverband, der als durchgehende Achse erscheint, dessen Teile (**Sympodialglieder**) aber aus den obersten Achselsprossen der jeweils vorhergehenden bestehen. Er wird dann **sympodial** genannt. Gegensatz: → Monopodium.
G: A. BRAUN (1850, S. 44).
Symport, m. (E: symport F: symport, m.): Transport mithilfe von → Translokatoren, bei dem gleichzeitig zwei Substanzen in derselben Richtung durch eine Membran in ein anderes Kompartiment gelangen.
Synandrae: Ordnung, die die Campanulales und Asterales heutiger Systeme umfasst (teilweise auch auf die Asterales = Compositae beschränkt).
G: Als Ordnung bei A. BRAUN in ASCHERSON (1860-64, S. 44), nach der engen Verbindung der Antheren untereinander. Bei LINNAEUS (1735 a, 1751) gibt es die Klasse der **Syngenesia**, die die Asteraceae (Compositae) und *Lobelia*, aber auch *Viola* und *Impatiens* enthält.
Synandrium, n. (E: synandrium F: synandrie, f.): Blütenorgan, das durch Verwachsung aller Staubblätter entsteht. Dabei können die Filamente und/oder die Antheren verwachsen sein. Bei den → Synandrae mit den Asteraceae (Compositae) als wichtigste Familie sind meist nur die Antheren locker bis fest postgenital miteiander verbunden.

Synangium, n. (E: synangium F: synange, m.): Bei Farnpflanzen eine Gruppe von miteinander verwachsenen Sporangien, wie sie z.B. für die Marattiaceae typisch ist.
G: Zuerst nachweisbar in der Beschreibung von *Marattia* durch SCHOTT (1834).
Synanthae: Älterer Name für die Ordnung (Reihe) der Cyclanthales der einzigen Familie Cyclanthaceae (nach der Tendenz zur engen Verwachsung der Blüten, besonders der Gynoeceen).
G: ENGLER (1892, S. 28).
synanthrop (E: synanthropic F: synanthropique): Vorkommen einer Sippe, das an den Menschen und seine Tätigkeit gebunden ist. Man kann auch von synanthropen Pflanzen sprechen (→ Anthropochore).
G: Eingeführt von KLINGE (1887) als „synanthropes Florenelement" (Balt. Wochenschr. Landwirtsch. Gewerbefleiß Handel **1887** (24-26): 251, n.v., Zitat nach THELLUNG 1912, app.)
Synapomorphie, f. (E: synapomorphy F: synapomorphie, f.): Gemeinsamer Besitz apomorpher (abgeleiteter) Merkmale. Das Auftreten von Synapomorphien ist das entscheidende Kriterium für eine monophyletische Gruppe (Abb. 4, S. 170).
G: HENNIG (1953, S. 14).
Synapsis, f., Syndese, f. (E: synapsis, syndesis F: synapsis, f., syndèse, f.): Die Paarung homologer Chromosomen im Zygotän der Meiose.
G: Von MOORE (1895, S. 296) ohne klare Definition für ein Stadium der Reifeteilung von Spermatozoiden bei Tieren eingeführt. Im heutigen Sinn und mit klarer Erkenntnis der Bedeutung bei Th.M. MONTGOMERY (1901, S. 223), der von einer „conjugation of the chromosomes" sprach.
Synaptospermie, f. (E: synaptospermy F: synaptospermie, f.): Die enge Verbindung (Kopplung) von → Diasporen, die dazu führt, dass diese gemeinsam ausgebreitet werden und zusammen keimen. Diese Erscheinung ist vor allem in Wüstengebieten verbreitet.
G: MURBECK (1916, S. 20) am Beispiel der Wüstenpflanze *Neurada*; ausführlicher bei MURBECK (1920).
Synaptosporie, f. (E: synaptospory F: synaptosporie, f.): Das Zusammenhaften von Sporen während der Ausbreitung durch Oberflächenstrukturen.
G: KRAMER (1977, S. 79/81).

synascidiat (E: synascidiate): Abschnitt eins synkarpen (coenokarpen) Gynoceums, in dem die → ascidiaten Bereiche mehrerer Karpelle verbunden sind.
G: LEINFELLNER (1950, S. 406).
Syncephalium, n., Pseudocephalium, n. (E: syncephalium F: syncéphalium, m.): Als Blume wirkendes Köpfchen zweiter (oder dritter) Ordnung, d.h. Köpfchen, die wiederum zu Köpfchen zusammentreten. Beispiele bei den Asteraceae (Compositae): *Dyssodia decipiens, Myriocephalus.*
G: TROLL (1928 a, S. 105, 142 ff.) führte in Anlehnung an Pseudanthium „Pseudozephalium" ein.
Syncyanose, f. (E: syncyanosis F: syncyanose, f.): Symbiose verschiedener Organismen mit → Cyanobakterien, die sich meist in den Zellen befinden (**Endosyncyanose**).
G: PASCHER (1914 b, S. 340).
Lit.: GEITLER (1959).
Syncytium, n. (E: syncytium F: syncytium, m.): Aus zahlreichen Protoplasten mit ihren Kernen ohne Bildung von Zellwänden bestehendes Gebilde. In deutschen Wörterbüchern für durch Vereinigung entstandene Bildungen, sonst auch bei Entstehung durch Kernteilung (vgl. → coenocytisch).
G: HAECKEL (1872, S. 160) benutzte den Begriff zuerst bei Kalkschwämmen.
syndetocheil → Stomata-Typen (A.)
Syndese → Synapsis
Synergide, f., Gehilfin, f. (E: synergid, help cell F: synergide, f.): Eine der beiden haploiden Zellen, die die Eizelle am mikropylaren Pol des → Embryosackes begleiten. Durch eine dieser beiden Zellen dringt der Pollenschlauch in den Embryosack ein.
G: Von STRASBURGER (1877, S. 464; 1878, S. 32) als Synergide oder Gehilfin bezeichnet, abgeleitet von gr. synergos, helfend, mitwirkend.
Synfloreszenz, f. (E: synflorescence F: synflorescence, f., complexe inflorescentiel): Komplexer Blütenstand, der sich (bei → Polytelie) aus Floreszenzen oder (bei → Monotelie) aus einer Endblüte und Parakladien zusammensetzt.
G: Der von GOEBEL (1931, S. 2) zuerst geprägte Terminus wurde von TROLL (1951, S. 383; 1964, S. 148) schärfer gefasst.
Syngameon, n., Kreuzungsgemeinschaft, f. (E: syngameon F: syngaméon, m.): Gesamtheit aller miteinander kreuzbaren Individuen. Entspricht dem → Comparium.
G: LOTSY (1931, S. 7).
Syngamie, f. (E: syngamy F: gamie, f., syngamie, f.): Der Sexualvorgang in Form der Verschmelzung von Gameten oder seltener von Gametangien oder somatischen Zellen; zur S. gehören → Plasmogamie und → Karyogamie.
G: Von POULTON (1904, S. XC) zunächst etwa gleichbedeutend mit → Amphimixis im Gegensatz zur „asyngamy" (= Apomixis) geprägt. Die heutige, damit verwandte Bedeutung entwickelte sich erst später.
Syngenesia → Synandrae
synkarp → Gynoeceum
Synkarpium → Fruchttypen (C.)
Synkaryon → Dikaryon
Synnema, n., pl. Synnemata oder Synnemien (E: synnema F: synnémie, m.): Dichtes Büschel aufrecht stehender und verklebter Konidiophore (→ Konidie) bei der Formfamilie der Stilbellaceae (Fungi imperfecti).
Synökologie → Ökologie
synözisch (E: synoecious F: synoïque, synoécique): Verteilung der Geschlechter bei den Moosen, bei der sich Archegonien und Antheridien in demselben Stand (→ Gametangienstand) befinden.
G: LINDBERG (1886, S. 93).
Synonym, n., pl. Synonyme, Synonyma (E: synonym F: synonyme, m.): Einer von mehreren Namen für ein Taxon (eine Sippe), besonders die Namen, die bei einer bestimmten systematischen Auffassung nicht korrekt sind bzw. die nicht legitim sind. Man unterscheidet zwischen **nomenklatorischen Synonymen**, die auf demselben Typus beruhen (z.B. bei Umstellung einer Art in eine andere Gattung) und **taxonomischen Synonymen**, die auf verschiedenen Typen beruhen. Bei diesen ist es von der systematischen Auffassung abhängig, ob sie als synonym angesehen werden.
G: Die bei MANSFELD (1949, S. 85/86) aufgeführten Ausdrücke **Typonyme** (für nomenklatorische S.) und **Metonyme** (für taxonomische S.) werden heute nicht mehr verwendet.
Synorganisation, f. (E: synorganisation F: synorganisation, f.): Aufeinander abgestimmte Entwicklung getrennter Organe, die zusammen funktionieren. Bei den Pflanzen tritt dies besonders bei Blütenorganen auf, die gemeinsam eine Funktion bei der

Bestäubung ausüben (vgl. VOGEL 1969).
G: REMANE (1952, S. 253 ff.).
Synsepalie, f. (E: synsepaly F: synsépalie, f., gamosépalie, f.): Mehr oder weniger weitgehende congenitale Verwachsung der → Sepalen (Kelchblätter) einer Blüte.
Syntaxon, n. (E: syntaxon F: syntaxon, m.): In der Pflanzensoziologie eine Vegetationseinheit beliebigen Ranges.
G: Der Begriff wurde von BARKMAN et al. (1958, n.v.) in Analogie zu Taxon eingeführt.
Syntaxonomie, f. (E: syntaxonomy F: syntaxonomie, f.): Die systematische Beschreibung der Pflanzengesellschaften durch eine Hierarchie von Rangstufen (→ Assoziation, → Verband, → Ordnung, → Klasse) in weitgehender Analogie zur Sippensystematik.
Syntepalie, f. (E: syntepaly F: syntépalie, f., gamotépalie, f.): Mehr oder weniger weitgehende congenitale Verwachsung der → Tepalen (Perigonblätter) einer Blüte.
synthecisch → Antherenbau
Synthetische Theorie der Evolution → Evolutionstheorie
syntop (E: syntopic F: syntopique): Zusammen an einem Standort vorkommend. Dies setzt → sympatrisches Vorkommen voraus, ist aber noch enger gefasst.
G: Eingeführt von RIVAS (1964, S. 42).
Syntypus, m. (E: syntype F: syntype, m.): Eines von mehreren Exemplaren, die der Beschreibung zugrundeliegen, wenn kein Typus festgelegt ist.
G: Im gleichen Sinn wurde **Cotypus** verwendet, ein Begriff den der amerikanische Zoologe O. THOMAS (1893, S. 242) veröffentlichte. Cotypus wurde auch für Paratypen verwendet. Im → Code 1. ICBN wird Cotypus nicht aufgeführt, hier findet sich (1952) Syntypus, zuerst eingeführt von einem anonymen Herausgeber in Natural Science **4**: 57. 1894 (BLAKE 1943).
Synusie, f. (E: synusia F: synusie, f.): In der Pflanzensoziologie eine Gemeinschaft aus Arten einer Wuchsform, die häufig nicht selbstständig ist, wie z.B. die epiphytischen Moosgesellschaften oder die Zwergsträucher in einem Nadelwald.
G: GAMS (1918, S. 140: Synusie 1. Grades) von gr. synousia, Zusammenleben.
Synzoochorie, f. (E: synzoochory F: synzoochorie, f.): Verschleppung von Diasporen durch Tiere, die fleischige Anhängsel oder einen Teil der Diasporen verzehren. Sonderfälle sind die → Dyszoochorie und die → Myrmekochorie.
G: SERNANDER (1901, S. 449) spricht von synzoischer Verbreitungsweise.
Synzoospore, f. (E: synzoospore F: synzoospore, f.): Große vielkernige und vielgeißelige Zoospore, wie sie z.b. bei der Alge *Vaucheria* auftritt.
System, n. (L: systema, n., pl. systemata E: system F: système, m.): In der Biologie in zwei verschiedenen Hauptbedeutungen:
1. Jede nach bestimmten Prinzipien vorgenommene Anordnung von Naturobjekten zu Gruppen verschiedenen Umfangs.
G: LINNAEUS (1751, S. 98) schrieb: „Filum ariadneum Botanices est Systema, sine quo Chaos est Res herbaria" (Das System ist der Ariadne-Faden der Botanik, ohne den die Erforschung der Pflanzen ein Chaos ist). Übersichten über ältere Systeme der Pflanzen bei ZUNCK (1840), BISCHOFF (1844), ABERLE (1877), LAWRENCE (1951, S. 114 ff.), NELSON & PLATNICK (1981).
2. Ein abgrenzbarer Bereich (z.B. Individuum oder Biozönose), dessen Komponenten miteinander in Wechselwirkung stehen. Hierzu gehört der Begriff → Ökosystem.
System, künstliches (L: systema artificiale E: artificial system F: classification artificielle): System, das schematisch nach a priori ausgewählten Merkmalen einteilt, z.B. nach der Blütenfarbe, dem Fruchttyp oder – wie das → Sexualsystem von LINNAEUS (1735 a) – der Verteilung und Zahl der Geschlechtsorgane.
System, natürliches (L: systema naturale, methodus naturalis E: natural system F: classification naturelle): System, das Gruppen mit möglichst weitgehender Merkmalsübereinstimmung schafft. Durch eine posteriori-Bewertung werden in jeder Gruppe die Merkmale benutzt, die mit anderen die beste Korrelation zeigen.
G: Ansätze zu einem natürlichen System gibt es schon bei CAESALPINUS (1588). Auch LINNAEUS, der durch sein künstliches Sexualsystem bekannt wurde, war auf der Suche nach einem „methodus naturalis", von dem er schreibt (1751, S. 27) „primum & ultimum hoc in Botanicis desideratum est." („es ist die erste und letzte Notwendigkeit in der Botanik"). Erste ausführliche theoretische Diskussionen der Prinzipien gibt es bei JUSSIEU

System, phänetisches

(1789) und A.P. de CANDOLLE (1813). JUSSIEU (1789) war der Erste, der ein gut durchgearbeitetes System nach diesen Grundsätzen veröffentlichte.
Lit.: STEVENS (1994), MÜLLER-WILLE (1999).
System, phänetisches (E: phenetic system F: classification phénétique): System, das mit den Mitteln der → Phänetik aufgestellt wurde, die aufgrund gleichmäßiger Berücksichtigung möglichst vieler Merkmale eine Gesamtähnlichkeit errechnet.
System, phylogenetisches (E: phylogenetic system F: classification phylogénétique): System, das die → Phylogenie widerspiegeln soll. Der Begriff wurde in sehr vielfältiger Weise aufgefasst (vgl. TURRILL 1942). Autoren des vorigen Jahrhunderts und bis etwa 1950 verstanden darunter meist ein System, in dem die Anordnung der Gruppen nach der Organisationshöhe wesentlich ist. Dies wurde zwar gelegentlich kritisiert, aber erst ZIMMERMANN (1931) und HENNIG (1950) machten eindeutig klar, was phylogenetische Verwandtschaft bedeutet, und was ein phylogenetisches System leisten soll, nämlich die Feststellung von Abstammungsgemeinschaften (→ Monophyla) und von Schwesterverhältnissen (→ Kladistik).
Systematik, f. (E: systematics F: systématique, f.): Die Wissenschaft, die die Erfassung der Mannigfaltigkeit der Lebewesen zum Ziel hat. Sie ermöglicht es, das gesamte Wissen über die Organismen unter einheitlichen Gesichtspunkten zu erfassen und verfügbar zu machen, in dem sie – wie es REMANE (1952, S. 3) ausgedrückt hat – Verallgemeinerungseinheiten schafft, d.h. Gruppen, über deren Glieder man gemeinsame Aussagen machen kann. Vgl. auch → Taxonomie.
Systemin, n. (E: systemin F: systemine, f.): Polypeptid aus 18 Aminosäuren, das in der Tomate bei Verwundung gebildet wird und als Wundsignal → systemisch verbreitet wird und die Bildung von Inhibitoren (Hemmstoffen) gegen einen Zweitbefall induziert.
G: PEARCE et al. (1991, S. 897) entdeckten, analysierten und benannten das Systemin.
systemisch (E: systemic F: systémique): Wirkung eines Stoffes im Innern der Pflanze durch einen Transport vor allem über das Phloem. Sie zeigt sich in der gesamten Pflanze oder großen Teilen davon.

322

T

Tachysporie, f. (E: tachyspory F: tachysporie, f.): Schnelle Freisetzung der → Diasporen (aus einer Kapsel oder anderen Frucht oder Fruchtstand). Gegensatz: → Bradysporie.
G: SERNANDER (1906, S. 335), von gr. tachys, schnell.
tachytelisch → Evolutionsgeschwindigkeit
Tälchen → Vallecula
Taeniocyste, f. (E: taeniocyst F: taeniocyste, m.): Complexes Organell mancher Dinophyta, das zusammen mit einer → Nematocyste auftritt.
G: Die Struktur wurde zuerst Cnidoplastid genannt und für ein Entwicklungsstadium der Nematocyste gehalten. GREUET (1972) stellte fest, dass das nicht zutrifft, und führte Taeniocyste ein.
Lit.: GREUET (1987).
Täuschblume, f. (E: deceptive flower F: leurre floral): Blume, die durch ihre Merkmale (z.B. → Saftmale, → Sporn) den Besitz von Nektar vortäuscht, ohne ihn zu enthalten (auch → Sexualtäuschblumen, → Mimikry).
G: Der früheste Hinweis auf solche Blüten stammt von Ch.K. SPRENGEL (1793, Sp. 403), der bei einheimischen Orchideen bemerkte, dass sie einen Sporn, aber keinen Nektar haben, und sie **Scheinsaftblumen** nannte. H. MÜLLER (1878, S. 335; 1879, S. 70) spricht von Täuschblumen, bei KNUTH (1898, S. 159) werden sie als Unterklasse der Fliegenblumen aufgeführt.
Lit.: DAUMANN (1971), DAFNI (1984), VOGEL (1993).
Tagesrhythmik, f., circadiane Rhythmik, f. (E: circadian rhythm F: rythme circadien, m.): Endogene Rhythmik mit einer Periode von etwa 24 Stunden. Sie ist bei den Organismen weit verbreitet. Dabei wirken die Lichtverhältnisse als regulierende **Zeitgeber** (E: synchronizer). Die Rhythmik kann Stoffwechseländerungen, Bewegungen und anderes betreffen.
G: Die wohl erste Beobachtung stammt von DE MAIRAN (1731), der feststellte, dass sich die Schlafbewegungen von *Mimosa pudica* auch im Dauerdunkel fortsetzen. Die Rhythmik wurde vielfach als **diurnal** bezeichnet; da aber die 24 Stunden meist nicht genau eingehalten werden, führten HALBERG et al.

(1959, S. 804) **circadian** ein, von lat. circa, ungefähr, und dies, Tag.
Tagfalterblume → psychophile Blume
tagneutrale Pflanze, f. (E: day-neutral plant F: plante photoapériodique): Pflanze, die (besonders im Hinblick auf das Blühen) nicht von der Tageslänge beeinflusst wird.
Taiga, f., borealer Nadelwald, m. (E: taiga F: taïga, f.): In der Baumschicht von Coniferen beherrschter Wald der borealen Zone in Eurasien und Nordamerika. Man unterscheidet die weiter verbreitete Dunkle Taiga mit den vorherrschenden Bäumen der Gattungen *Picea, Abies* und *Pinus* von der Hellen Taiga (in Ostsibirien) mit den laubwerfenden Lärchen (*Larix*) als Hauptbaum.
Tandemduplikation → Duplikation
Tange → Braunalgen
Tapetenschicht → Endothelium
Tapetum, n. (E: tapetum F: tapetum, tapis, m., assise nourricière, f.): Die Zellschicht, die den Innenraum der Pollensäcke (**Antherentapetum**) und der Sporangien der Farnpflanzen auskleidet. Sie ist an der Bildung der Wände der Sporen bzw. Pollenkörner beteiligt.
G: WARMING (1873 a, S. 35) spricht als Erster von einer „Tapete" (lat. tapetum, Wandbekleidung, davon auch das deutsche Fremdwort), die das Antherenfach auskleidet. GOEBEL (1880, Sp. 547) verwendet die Bezeichnung dann auch für die vorher „Mantelzellen" genannten vergleichbaren Zellen der Farnsporangien.
Lit.: HESSE et al. (1993)
Tapetumtypen, m., pl.: Als Haupttypen, die aber durch Übergänge (vgl. schon JUEL 1915) verbunden sind, gelten:
- **Sekretionstapetum** (E: secretory tapetum, glandular tapetum, parietal tapetum F: tapis sécréteur): Ein Tapetum, bei dem die Zellen erhalten bleiben. Die Stoffe, die an der Bildung der Sporen- bzw. Pollenwand beteiligt sind, werden durch die Zellwand abgegeben.
G: GOEBEL (1901, S. 769, als „Sekretionstapete") nahm noch an, dass das Sekretionstapetum auf die Lycophyten beschränkt sei.
- **amöboides Tapetum**, Plasmodialtapetum (E: amoeboid tapetum F: tapis coenocytique, tapis amoeboïde): Tapetum, dessen Zellen sich auflösen und ein → Periplasmodium bilden, das zwischen die Pollenkörner eindringt.

G: SCHNARF (1923, S.242). Die Vielzahl der beschriebenen, durch Übergänge verbundenen Typen kann hier nicht aufgeführt werden.
Lit.: WUNDERLICH (1954), IIJIMA (1962), CARNIEL (1963), PACINI et al. (1985).
TATA-Box, f. (E: TATA box): Nucleotidsequenz mit der Abfolge TATA (Thymin, Adenin, Thymin, Adenin) im Bereich des → Promotors.
Tauschverein, botanischer, m. (E: botanical exchange club F: société d'échange des plantes): Vereinigung, deren Ziel es ist, den Austausch von Herbarexemplaren zu fördern. Vor allem im 19. Jahrhundert haben T. eine wichtige Rolle beim Aufbau von großen Privatsammlungen und auch Institutsherbarien gespielt.
G: Der erste Tauschverein wurde 1817 von Ph. M. OPIZ (1787-1858) als „Pflanzen-Tauschanstalt" in Prag begründet. Er gab als Begleitung die Zeitschrift „Naturalientausch" heraus (vgl. auch Flora **40**: 94-96. 1857). Weitere wichtige Tauschvereine in Mitteleuropa waren der Wiener Botanische Tauschverein (gegr. 1846 von A. SKOFITZ), bei dem sein Nachfolger I. DÖRFLER 1894 den Tausch nach Wert einführte, und der Berliner Botanische Tauschverein (gegr. 1869 von P. SYDOW).
Lit.: ILG (1984, S. 114-118).
Tautonym, n. (E: tautonym F: tautonyme, m.): Name, bei dem → Gattungsname und → Artepitheton gleichlauten. Sie sind in der botanischen Nomenklatur nicht zulässig, d.h. sie gelten als illegitim (→ Code 1. ICBN 2000, Art. 23.4).
G: Die botanische und zoologische Nomenklatur haben sich in diesem Punkt getrennt entwickelt: die zoologische lässt Tautonyme zu.
Taxie, f., pl. Taxien, Taxis, f. (E: taxis F: taxie, f.): Die Ausrichtung einer freien Ortsbewegung meist einzelliger, begeißelter Organismen durch äußere Reize. Nach der Art des Reizes unterscheidet man:
1. Phototaxis (STRASBURGER 1878, S. 587): Ausrichtung nach einer Lichtquelle **2. Chemotaxis** (PFEFFER 1884, S. 474: „Chymitaxis"): Ausrichtung nach einem Stoffgradienten. **3. Magnetotaxis**: Ausrichtung nach dem Magnetfeld. Sie ist bekannt von einigen Bakterien, die im Innern Magnetitkristalle enthalten. **4. Thermotaxis**: Ausrichtung nach

einem Wärmegradient. **5. Hygrotaxis**: Ausrichtung nach einem Feuchtegradient.
G: Die ältere Geschichte der Phototaxis wurde dargestellt von BENDIX (1960).
Taxon, n., pl. Taxa, Sippe, f., Gruppe, f. (E: taxon, group F: taxon, m., groupe [taxonomique]): Systematische Einheit beliebigen Ranges.
G: Schon seit langem brauchte man in der Systematik einen Terminus, der systematische Einheiten verschiedener Wertigkeit zusammenfasste. Für infraspezifische Einheiten wurde vielfach „Form" in einem solchen weiten Sinn verwendet. NÄGELI (1884; vgl. NÄGELI & PETER 1885, S. 5) schlug vor, → Sippe in diesem Sinne zu benutzen. In älteren Ausgaben des → Code 1. ICBN wurde dafür „taxonomic group" verwendet (→ Gruppe). Der Terminus „Taxon" geht zurück auf ADOLF MEYER (1926, S. 127); er wurde von LAM (1936, S. 180) aufgenommen und dann schließlich von dem Botanischen Kongress in Stockholm 1950 angenommen (Chron. Bot. **12**: 12. 1950). Zur Geschichte und Bedeutung vgl.: Taxon **6**: 155; 213-215. 1957; Taxon **7**: 37-38. 1958.
Taxon, infragenerisches (E: infrageneric taxon F: taxon infragénérique): Taxon innerhalb einer Gattung, z.B. Subgenus, Sektion, Subsektion und Series. Die Namen infragenerischer Taxa bestehen aus dem Gattungsnamen, der Abkürzung der Rangstufe und einem Unterabteilungsepitheton, z.B. *Anemone* subgen. *Pulsatilla*. Dasjenige infragenerische Taxon, das den Typus der Gattung enthält, wiederholt den Gattungsnamen als Unterabteilungsepitheton, z.B. *Carex* subgen. *Carex* (→ Autonym).
Taxon, infraspezifisches (E: infraspecific taxon F: taxon infraspécifique): Taxon innerhalb einer Art, verwendet werden vor allem die Rangstufen → Subspecies und → Varietät, Forma ist heute selten (HAMILTON & REICHARD 1992). Die Namen infraspezifischer Taxa bestehen aus dem Artnamen, der Abkürzung der Rangstufe und einem infraspezifischen Epitheton. Dasjenige Taxon, das den Typus der Art enthält, wiederholt das Artepitheton, z.B. *Centaurea nigra* L. subsp. *nigra* (→ Autonym). Für infraspezifische Taxa von Kulturpflanzen gelten besondere Regeln (→ Cultigen, → Cultivar).
Lit.: JIRÁSEK (1961), J. LEWIS (1986), STYLES (1986).

Taxonomie, f. (E: taxonomy F: taxonomie, f.): Nach der ursprünglichen Definition die Theorie der Klassifikation, heute vielfach ganz oder weitgehend gleichbedeutend mit Systematik benutzt.
G: Das Kunstwort Taxonomie (von gr. taxis, Ordnung, und nomos, Gesetz, Regel) wurde von A.P. de CANDOLLE in seiner grundlegenden „Théorie élémentaire de la botanique" (1813, S. 19) geschaffen. Besonders in der zoologischen Literatur ist Taxonomie vielfach aus philologischen Gründen in Taxionomie geändert worden (vgl. Taxon **4**: 177-178. 1955; **5**: 55-56. 1956; PASTEUR 1975). Dabei war zunächst nicht bekannt, wer den Terminus geschaffen hat. In der Botanik wurde Taxonomie vor allem im deutschen Sprachraum erst nach 1945 gebräuchlich.
Taxonomie, experimentelle (E: experimental taxonomy, New Systematics F: taxonomie expérimentale): Arbeitsweise der Systematik, die Experimente zur Beeinflussbarkeit der Merkmale durch die Umwelt und zur Kreuzbarkeit von Sippen einschließt. Die experimentelle T. gründet sich auf moderne genetisch bestimmte Vorstellungen von der Art und ihrer Entstehung und ist ein Teil der Evolutionsforschung (→ Biosystematik).
G: Die Bezeichnung „Experimental Taxonomy" wurde zuerst von CLEMENTS & HALL (1920) in einem Bericht über ihre Transplantationsversuche verwendet, die der Frage der Beeinflussbarkeit systematisch relevanter Merkmale durch die Umwelt galten. Wegbereiter der weiteren Entwicklung waren u.a. die Arbeiten von TURESSON (1922 ff.), DU RIETZ (1930), TURRILL (1936), CLAUSEN, KECK & HIESEY (zusammengefasst bei CLAUSEN 1951). 1939 verwendete TANSLEY auf einem Symposium über die Beziehung zwischen Ökologie und Taxonomie die Bezeichnung „New Systematics" (cf. J. Ecol. **27**: 401-435. 1939. Chron. Bot. **5**: 352. 1939). Bekannt wurde sie als Titel des von J.S. HUXLEY (1940) herausgegebenen Bandes „The New Systematics".
Lit. zur Geschichte: HAGEN (1984).
Taxonym, n.: Ein von einem Autor mit einer bestimmten Begrenzung umschriebenes Taxon. Es wird durch den Namen des Beschreibers und den des die Umgrenzung festlegenden Referenzautors (verbunden durch sec. = secundum, nach, im Sinne von) bezeichnet, z.B. *Amblystegium* Schimp.

sec. Mönkemeyer (1927).
G: Ein Name eines → Taxons wird durch den Typus festgelegt, das Taxon kann aber einen sehr verschiedenen Umfang haben. Dies Problem wurde besonders deutlich im Zusammenhang mit der Datenverarbeitung. BERENDSON (1995) schlug für ein Taxon mit einer von einem Autor bestimmten Umgrenzung „potential taxon" vor. KOPERSKI et al. (2000, S. 12) ersetzten dies durch Taxonym.
T-DNA → Wurzelhalstumor
tectat (L: tectatum E: tectate F: tecté): Pollenkorn mit einem → Tectum.
Tectum, n., Tegillum, n. (L: tectum E: tectum, m.): Bei Pollenkörnern Schicht der → Exine (Sexine), die eine Lage von → Columellae oder ähnlichen Elementen bedeckt. Es kann geschlossen sein (Tectum imperforatum), oder es ist mit kleinen Perforationen versehen (Tectum perforatum).
G: IVERSEN & TROELS-SMITH (1950, S. 35), lat. tectum, Dach. Die von ERDTMAN (1952, S. 19) vorgeschlagene Unterscheidung zwischen einem dünnen „Tegillum" und einem kräftigeren „Tectum" hat sich nicht durchgesetzt.
Tegillum → Tectum
Tegmen, n. (E: tegmen F: tegmen, m., tégument, m.): Der Teil der Samenschale, der aus dem inneren Integument hervorgeht.
G: MIRBEL (1815, S. 49, 614) führte Tegmen für die innerste Schicht der Samenschale ein (lat. tegmen, Decke, Hülle). CORNER (1976, S. 8) präzisierte den Begriff durch die Angabe der Herkunft.
Tegmen-Samen → Samentypen (B.)
Tegment → Knospenschuppe
Teichoden → Ektodesmen
Teilblume → Meranthium
Teilfrucht → Merikarpium
Teilungsgewebe → Meristem
Teilungswachstum → Wachstum
Teleomorphe, f., Hauptfruchtform, f., perfektes Stadium, n. (E: teleomorph F: téléomorphe, f.): Bei pleomorphen Pilzen das Stadium, das Asci oder Basidien bildet, bzw. allgemein, in dem die Meiose stattfindet. Ein auf eine Teleomorphe begründeter Name gilt für die ganze → Holomorphe, d.h. auch für zugehörige → Anamorphen.
G: Zunächst sprach de BARY (1866, S. 202) von „Fructification" (im Gegensatz zur Propagation durch Konidien etc.), dann wurde im Deutschen Hauptfruchtform verwendet.

Teleomorphe führten HENNEBERT & WERESUB (1977, S. 208) ein. Es wurde übernommen in den → Code 1. ICBN 1983, Art. 59 (Antrag in Taxon **28**: 424-425. 1979).
Teleutospore, f., Teliospore, f. (E: teleutospore, teliospore F: téleutospore, f., téliospore, f.): Zunächst dikaryotische, ein- bis vielzellige Spore der Uredinales, in der später die → Karyogamie stattfindet. Teleutosporen werden meist im Herbst gebildet, sind dickwandig und überwintern. Sie keimen mit Basidien aus. Es gibt aber auch Teleutosporen, die sofort nach der Bildung auskeimen.
G: De BARY (1865, S. 16) führte den Begriff ein, abgeleitet von gr. telos, Ende, Ziel, weil die Sporen „am Ende der Entwicklung der Species auftreten." ARTHUR (1905, S. 222) prägte die heute im Englischen bevorzugte Bezeichnung teliospore.
Teleutosporenlager → Telium
Teliospore → Teleutospore
Telium, n., Teleutosporenlager, n. (E: teleutosorus, telium F: téleutosore, m.): Sporenlager, in dem → Teleutosporen gebildet werden.
G: ARTHUR (1905, S. 222).
telocentrisch → Chromosomentypen
Telom, n. (E: telome F: télome, m.): Endstück urtümlicher dichotom verzweigter Landpflanzen, bei denen noch keine Blätter ausgebildet sind. Telome sind die letzten (fertilen oder sterilen) Auszweigungen der „Triebe" (**Telomstände**) z.B. von *Rhynia*. Die Abschnitte zwischen zwei Verzweigungen heißen **Mesome**.
G: Telom wurde von W. ZIMMERMANN (1930, S. 58, 65) eingeführt. Ähnlich definiert sind die „cauloïdes" von LIGNIER (1908) und die **Kolosome** (Thallusglieder) von POTONIÉ (1912). Die Mesome wurde von W. ZIMMERMANN (1938 a, S. 569/570) benannt, die Bezeichnung wird aber selten verwendet.
Telomer, n. (E: telomere F: télomère, m.): Besonders ausgebildetes Chromomer am Ende eines Chromosoms, das u.a. das Verbinden mit anderen Chromosomen verhindert.
G: Die Bezeichnung wurde von MULLER (1938, S. 192) zuerst veröffentlicht.
Telomobionta, **Telomophyta** → Embryobionta
Telomstand → Telom
Telomtheorie, f. (E: telome theory F: théo-

rie du télome): Theorie über die Entstehung der Landpflanzen, insbesondere ihrer Blätter durch Abwandlung eines achsenartigen Grundorgans, des → Teloms, mithilfe von einigen phylogenetischen → Elementarprozessen.
G: Die Grundgedanken stammen von H. POTONIÉ (1897, 1898, 1912) und LIGNIER (1903, S. 97, 1908, vgl. P. BERTRAND 1947). Zu einer Theorie wurde dies ausgebaut von ZIMMERMANN (1930). BOWER (1935, S. 630) sprach von einer Telomtheorie.
Lit.: C.L. WILSON (1953), ZIMMERMANN (1965).
Telophase, f. (E: telophase F: télophase, f.): Die letzte Phase der → Mitose, durch die der Interphasekern wiederhergestellt wird. Die Chromosomen dekondensieren und verlängern sich stark und sind schließlich nicht mehr mikroskopisch nachweisbar. Kernhülle und Nucleolus werden wieder aufgebaut.
G: HEIDENHAIN (1894, S. 525), abgeleitet von gr. telos, Ziel, Ende.
TEM → Elektronenmikroskop
temperat → Bakteriophage
temperate Zone → Vegetationszonen
Tentakel, n. (E: tentacle F: tentacule, m.): Drüsenzotten an den Blättern von *Drosera*, die dem Insektenfang dienen. Sie sind klebrig, tragen am Ende eine → Digestionsdrüse und reagieren auf taktile und chemische Reize.
tenuinucellat → amenanlage (B.)
Tepalum, n. pl. Tepalen oder Tepala, Perigonblatt, n. (E: tepal F: tépale, m.): Glied einer nicht in Kelch und Krone gegliederten Blütenhülle, z.B. bei der Tulpe oder bei *Juncus*.
G: Das Wort wurde von A.P. de CANDOLLE (1827, S. 503, als tépales) in Analogie zu Petalen und Sepalen als ein Kunstwort durch Buchstabenumstellung (Anagramm) aus Petalen gebildet.
Teppichsträucher → Spalierwuchs
Terata → Monstrosität
Teratologie, f. (E: teratology F: tératologie, f.): Die Untersuchung und Deutung von Abweichungen von der Normalentwicklung, den **Terata** (→ Monstrosität).
G: Nach G. SCHMID (1935, S. 597) stammt die Bezeichnung Teratologie von dem Zoologen I. GEOFFROY SAINT-HILAIRE (1832). In der Botanik war GOETHE einer der Ersten, der sich für das Gebiet interessiert hat. Gr. teras, gen. teratos bedeutet Ungeheuer, auch Zeichen.
Lit.: MOQUIN-TANDON (1841), MASTERS (1869, 1886), PENZIG (1921-22), V.G. MEYER (1966: Blütenabnormitäten).
Terminalblatt, n.: Blatt, das am Ende des Vegetationskegels entsteht und diesen aufbraucht. Dies ist eine große Ausnahme, und die Existenz solcher Blätter wird von manchen Autoren bezweifelt, die nur von **pseudoterminalen** Blättern sprechen.
Lit.: VELENOVSKÝ (1907, S. 579), TROLL (1935-37, S. 251).
Terminalblüte, f., Endblüte, f., Gipfelblüte, f. (E: terminal flower F: fleur terminale): Eine die Hauptachse (oder relative Hauptachse) abschließende Blüte, wie sie für geschlossene (monotele) Blütenstände typisch ist. Terminalblüten sind meist radiär gebaut, sie öffnen sich oft als erste.
terminales Parenchym → Holzparenchym
Terminalknospe, f., Endknospe, f., Gipfelknospe, f. (E: terminal bud F: bourgeon terminal): Blatt- oder Blütenknospe, die eine Hauptachse oder relative Hauptachse abschließt (Gegensatz: → Achselknospe).
Terminologie, f. (E: terminology F: terminologie, f.): Die Festlegung der Fachtermini, die morphologische, anatomische, physiologische etc. Begriffe bezeichnen. Sie ist nicht zu verwechseln mit der → Nomenklatur, die sich mit den Namen von Taxa beschäftigt.
G: Der Erste, der systematisch die Terminologie der beschreibenden Botanik darstellte, war LINNAEUS, zuerst in kurzer Form (1735 b), dann ausführlich in seiner „Philosophia Botanica" (1751). Bedeutende Beiträge zur Terminologie der Morphologie leisteten A.P. de CANDOLLE (1813, unter der Bezeichnung **Glossologie**) und LINK (1798-1837). Die ausführlichste Darstellung der beschreibenden Termini der frühen Zeit stammmt von BISCHOFF (1833-44). Hinweise zur Geschichte von Termini u.a. bei RICKETT (1944-55), TROLL & WEBERLING (1989) und WEBERLING (1989).
Terpenoide, n.pl., Isoprenoide, n.pl. (E: terpenoids, isoprenoids F: terpénoides): Große Gruppe organischer Verbindungen, die formal aus Isopreneinheiten (C_5H_8) aufgebaut sind. Die Zahl der Kohlenstoffatome beträgt daher meist ein Vielfaches von 5. Am wichtigsten sind Monoterpene (2 x 5-C), Diterpene (2 x 5-C), Oligoterpene und Polyterpene.
Testa, f., Samenschale, f. (E: testa, seed

thallos

coat F: test, m., tégument seminal, m.): Die aus den Integumenten (und angrenzenden Teilen) hervorgehende Samenschale. Von CORNER (1976, S. 8) auf die aus dem äußeren Integument hervorgegangenen Schichten beschränkt.
G: GAERTNER (1788, S. CXXXII) wollte Testa (lat. Schale) nur für den äußeren Teil der Samenschale verwenden (wenn sich zwei Schichten unterscheiden lassen). Rein beschreibend wurden in der Samenschale im 19. Jahrhundert entweder zwei oder drei Schichten unterschieden (vgl. BOUMAN 1974), z.B. bei MIRBEL (1815, S. 613/614) Lorica und Tegmen, bzw. Testa und Tegmen. Diese Zweiteilung hat CORNER (1976) übernommen, wobei diese beiden Schichten nicht mehr nur äußerlich, sondern nach ihrer Herkunft aus dem äußeren bzw. inneren Integument unterschieden werden (→ Samentypen).
Lit.: NETOLITZKY (1926).
Testa-Samen → Samentypen (B.)
tetracytisch → Stomata-Typen (B.)
Tetrade, f. (E: tetrad F: tétrade, f.): **1.** in der Cytologie: Die vier → Chromatiden eines Bivalents in der ersten meiotischen Teilung.
G: MCCLUNG 1905 (S. 339).
2. Jede bei einer → Meiose gebildete Gruppe von vier Sporen, besonders die aus einer Pollenmutterzelle hervorgegangene Gruppe aus vier Pollenkörnern. - In der Pollenmorphologie spricht man vom Pollen in Tetraden, wenn die vier Pollenkörner zusammenbleiben.
G: MOHL (1833, S. 35) sah die typische Anordnung von vier Sporen bei Moosen und vielen Farnpflanzen und sprach von einer „tetraëdrischen Vereinigung". REICHENBACH (1852, S. 10) verwendete bei Orchideen die Bezeichnung „tetrades pollinicae".
Tetradenpollen → Pollentetrade
tetramer, vierzählig (E: tetramerous F: tétramère): Aus vier Teilen bestehend (z.B. ein Kreis einer Blüte, ein Blattquirl).
tetraploid → Polyploidie
Tetraploidie → Polyploidie
Tetrapyrrole, n.pl.: Verbindungen aus vier Pyrrolen (heterozyklische Verbindungen mit einem Stickstoffatom) in einer Kette (z.B. → Phycobiline, → Phytochromobilin) oder einem Ring (z.B. → Cytochrome, → Chlorophyll, → Katalase, → Leghämoglobin).
tetrarch (E: tetrarch F: tétrarche): Zentralzylinder einer Wurzel mit vier Xylemsträngen.
G: NÄGELI (1858, S. 10).
tetrasporal, kapsal, palmelloid (E: palmelloid F: palmelloïde): Organisationsform von Algen, bei der nach mehrfacher Teilung einzelne Zellen durch eine gemeinsame Gallerthülle verbunden bleiben.
G: Benannt nach den Gattungen *Tetraspora*, bzw. *Palmella* (PASCHER 1914 a, S. 139).
tetrasporangiat (E: tetrasporangiate F: tétrasporangié): Anthere mit vier Mikrosporangien (Pollensäcken). Dies ist die häufigste Form.
Tetrasporangium, n. (E: tetrasporangium F: tétrasporocyste, m.): Meiosporangium bei Rotalgen und Braunalgen mit vier → Tetrasporen.
Tetraspore, f. (E: tetraspore F: tétraspore, f.): In Vierergruppen gebildete unbewegliche → Meiospore bei Algen (Rotalgen und Braunalgen).
G: Erstnachweis: CROUAN & CROUAN (1844).
tetrasporisch → Embryosacktypen
Tetrasporophyt, m. (E: tetrasporophyte F: tétrasporophyte, m.): Die diploide Tetrasporen-bildende Generation bei den Rotalgen.
G: JANET (1914, S. 56).
tetrazyklisch (E: tetracyclic F: tétracyclique): Blüte, die aus vier Kreisen besteht. Dies ist typisch für die Asteridae („tetrazyklischen Sympetalae"), deren Blüten Kelch, Krone, einen Staubblattkreis und das Gynoeceum aufweisen.
Thalamiflorae: Name für eine Unterklasse der Dicotyledoneae (Dikotylen) im System von A.P. de CANDOLLE (1818, S. 124), gekennzeichnet durch freie Petalen und oberständigen Fruchtknoten.
Thalamus → Receptaculum
thallisch → Konidiogenese
Thallophyta → Thallophyten
Thallophyten, m. pl., Thallophyta, Lagerpflanzen, f. pl., Niedere Pflanzen (E: thallophytes F: Thallophytes, f.pl.): Organisationsstufe der Pflanzen, die vielzellig sind, aber noch keinen → Kormus ausgebildet haben. Hierzu gehören die meisten Algen und Pilze, sowie die Moose, die aber z.T. durch die Ausbildung von Blättchen und Stämmchen eine Sonderstellung einnehmen.
G: Die Bezeichnung Thallophyta wurde von ENDLICHER (1836, S. I) eingeführt.
thallos (E: thallose, thalloid F: thalloïde):

Allgemein Pflanze, die einen → Thallus ausbildet. – Bei den Lebermoosen Wuchsform, bei der im Gegensatz zu den foliosen Gruppen keine Blättchen gebildet werden.
G: GOEBEL (1882, S. 159) schlägt für die Lebermoose (Hepaticae) vor, → frondos durch thallos zu ersetzen, dies ist wegen des verschiedenen Gebrauches von frondos sehr zu empfehlen.
Thallus, m., Lager, n. (E: thallus F: thalle, m.): Mehrzelliger Pflanzenkörper, der nicht in Sprossachse, Wurzel und Blatt gegliedert ist (→ Thallophyten).
G: Von ACHARIUS (1803, S. VII) zunächst für die Flechten eingeführt, abgeleitet von gr. thallos, sprossender Zweig. Der Begriff wurde bald für andere Gruppen niederer Pflanzen übernommen.
Thallusrand → Margo
Theca, f. (E: theca F: thèque, f. [3, 4]):
1. Theke, f. (E: loculus, theca, pollen sac F: thèque, f., demi-anthère, f.): bei den → Antheren der Angiospermen: Die meist aus zwei Pollensäcken gebildete Hälfte einer Anthere, die aus einer Öffnung Pollen entlässt.
G: Theca wurde schon von GREW (1682, S. 172) verwendet, damals jedoch für die ganze Anthere. Die Problematik der Terminologie im Englischen hat J.W. GREEN (1980) dargestellt. Er schlägt im Englischen loculus für Theca vor.
2. Der sporenerzeugende Teil der Mooskapsel, die Urne, z.B. bei WILLDENOW (1802).
3. Der aus Platten bestehende Cellulosepanzer der Dinophyta. Von einer normalen Zellwand unterscheidet er sich durch die intrazelluläre Bildung in einzelnen Vesikeln. Nach PREISIG et al. (1994, S. 27) besser durch → Amphiesma zu ersetzen.
4. bei den Bacillariophyceae (Diatomeen): Eine der beiden Schalenhälften, und zwar ist die übergreifende die **Epitheca** (E: epitheca, F: épithèque, f.), die umschlossene die **Hypotheca** (E: hypotheca F: hypothèque, f.). Jede Theca besteht aus → Valva und → Cingulum.
G: O. MÜLLER (1895, S. 223) führte für die Diatomeen diese Bezeichnungen nach einem Vorschlag des Zoologen E. SCHULZE ein.
5. → Ascus
Thecengürtel → Cingulum
Theka → Theca
Thermalzeit, f. (E: thermal time): Das nach bestimmten Verfahren aufsummierte Produkt von Temperatur und Zeitdauer, das Vorhersagen über die phänologische Entwicklung (z.B. den Blühbeginn) erlaubt.
Thermodinese → Dinese
Thermomorphose, f.: Entwicklungsprozess, der durch bestimmte Temperaturen ausgelöst wird.
Thermonastie → Nastie
Thermoperiodismus, m. (E: thermoperiodisme F: thermopériodisme, m.): Abhängigkeit einer optimalen Entwicklung von einem regelmäßigen Temperaturwechsel zwischen Tag und Nacht.
thermophil (E: thermophilous F: thermophile): **1.** bei Bakterien: Hitzebeständige Gattungen der → Archaea und der → Cyanobakterien, die noch bei Temperaturen über 75 °C gedeihen können. **2.** bei Blütenpflanzen der gemäßigten Breiten: Arten, die innerhalb eines Gebietes klimatisch oder lokalklimatisch wärmere Standorte bevorzugen.
Thermotaxis → Taxie
Therophyt, m. (E: therophyte F: thérophyte, f.): Einjährige Pflanze, die ungünstige Jahreszeiten, insbesondere Trockenzeiten, im Samenstadium überdauert.
G: RAUNKIAER (1905, S. 422), abgeleitet von gr. theros, Wärme, Sommer.
Thigmomorphose, f.: Morphogenese, die durch den Druck der Berührung ausgelöst wird. Dazu gehört die Ausbildung von Haftorganen bei manchen Algen oder die Bildung der Haftscheiben an den Ranken von *Parthenocissus*.
Thigmonastie → Nastie
Thigmotropismus → Tropismus
Thioredoxine, n.pl. (E: thioredoxins): Metallfreie, hitzestabile Polypeptide mit einem aktiven Zentrum aus Cystein-Glycin-Prolin-Cystein, die an zahlreichen Redoxprozessen beteiligt sind.
Thylakoid, n. (E: thylakoid F: thylacoïde, m., thylakoïde, m.): Innere Membransysteme der → Chloroplasten, die u.a. Chlorophylle und Carotinoide enthalten. Sie finden sich auch im → Chromatoplasma der Cyanobakterien.
G: MENKE (1961, S. 335), abgeleitet von gr. thylakoeides, sackartig.
Thylle, f. (E: tylosis, thyllosis F: tyle, thylle, f.): Auswuchs, der sich von Parenchymzellen des Holzes aus durch Tüpfel in die Tracheen des älteren Holzes vorwölbt und diese ver-

schließt.
G: Thyllen wurden schon von MALPIGHI (1675, tab. 6, fig. 21) gesehen. Die Bezeichnung Thylle wurde in einer anonymen Arbeit (Anonymus 1845, Sp. 241) geprägt (nach SCHNEIDER 1917 war die Verfasserin eine Baronin v. REICHENBACH), abgeleitet von gr. thyllis, Sack, Beutel.
Thyrsoid → Thyrsus
Thyrsus, m. (E: thyrse F: thyrse, m.): Infloreszenz mit monopodialer Hauptachse und cymösen Partialinfloreszenzen. Je nach dem Vorhandensein oder Fehlen einer Endblüte spricht man von geschlossenen und offenen Thyrsen. Ein geschlossener Thyrsus wird auch als **Thyrsoid** bezeichnet.
G: Das Wort Thyrsus (gr. thyrsos, mit Pflanzen umwundener Stab) kommt schon bei LINNAEUS (1751, S. 41) vor, allerdings mit sehr vager Definition. Erst A.P. de CANDOLLE (1827, S. 417) hat die heutige Definition gegeben, wobei er die Lamiaceae (Labiatae) als Hauptbeispiel herausstellte. GUILLARD (1857, S. 375) sprach von Cymo-Botryen. TROLL (1964, S. 63) hat den längere Zeit wenig gebrauchten Begriff wieder belebt.
Tierausbreitung → Zoochorie
Tierblütigkeit → Zoidiogamie
tierfangende Pflanzen → Insectivoren
Ti-Plasmid → Wurzelhalstumor
Tmema, n., Trennzelle, f. (E: tmema F: cellule d'abscission): Zelle, durch deren Zerreißen ein Brutkörper abgelöst wird (wird vor allem bei Moosen verwendet).
G: CORRENS (1897, S. 377), von gr. tmema, Schnitt.
Tochterchromatiden → Chromatid
Tochterzellen, f.pl. (E: daughter cells F: cellules-filles, f.): Durch Teilung entstandene Abkömmlinge einer Mutterzelle. Die beiden Tochterzellen sind → Schwesterzellen.
Tomillares → Garrigue
Tonoplast, m. (E: tonoplast F: tonoplaste, m.): Die Biomembran, die eine Vakuole gegen das Cytoplasma abgrenzt.
G: Der Name Tonoplast oder „Turgorbildner" stammt von de VRIES (1885, S. 469), der damit ausdrücken wollte, dass diese semipermeable Membran für die Entstehung des Turgors wesentlich ist (gr. tonos, Strick, Saite, Spannung).
Lit.: MARMÉ et al. (1982).
Topochorie → Atelechorie
Topodem → Dem

topogen → Moor
Topotypus, m. (E: topotype F: topotype, m.): Exemplar einer Sippe von dem Fundort und Standort, von dem der Typus stammt. Es handelt sich nicht um einen Typus im Sinne des → Code 1. ICBN. Wenn aber ein → Neotypus ausgewählt werden muss, wird solches Material vom Originalstandort bevorzugt.
G: Eingeführt von dem Zoologen O. THOMAS (1893, S. 242).
Torus, m. (E: torus F: torus, m., tore, m.):
1. → Receptaculum 2. → Hoftüpfel
totgeborener Name → nomen superfluum
Totipotenz, f., Omnipotenz, f. (E: totipotence F: totipotence, f.): Die Fähigkeit einer Zelle, sich unter geeigneten Bedingungen zu einem vollständigen Organismus zu entwickeln. Viele pflanzliche Zellen sind totipent, Ausnahmen bilden u.a. die → Siebröhren, die ihren Kern verloren haben.
Toxicyste, f. (E: toxicyst F: toxicyste, m.): Extrusives Organell (→ Extrusom) vieler Ciliaten, das auch bei dem Flagellaten *Colponema* beobachtet wurde. Es stülpt nach Reizung einen Schlauch aus, der giftige Stoffe entlässt.
Trabant → Satellit
Trabekel, f.(L: trabecula E: trabecula F: trabécule, f.): Das lat. Wort, das kleiner Balken (Verkleinerungsform von trabs) bedeutet, wird für verschiedene Gebilde verwendet.
1. bei *Selaginella*: Radial verlängerte Endodermiszellen, an denen das Leitbündel von *Selaginella* in einem Hohlraum wie aufgehängt erscheint. 2. bei *Isoetes*: Mehr oder weniger unvollständige Querwände in den Sporangien. 3. bei der Grünalge *Caulerpa*: Balken aus Zellwandmaterial, die den schlauchartigen nicht in Zellen gegliederten Thallus durchziehen und damit versteifen, indem sie gegenüberliegende Wände zusammenhalten. 4. beim Holz: Saniosche Balken, m., pl. (E: trabeculae, Sanio's bars F: barres de Sanio): Vor allem bei Coniferen in den Tracheiden auftretende sprossenartige Bildungen, die von einer Cambiuminitiale ausgehend eine radiale Reihe von Zellen durchziehen.
G: Von C. SANIO (1832-1891) zuerst beobachtet und von Carl MÜLLER (1890 b, S. (23)) nach ihm benannt.
Trachee, f., Gefäß, n. (L: trachea E: trachea, vessel F: vaisseau du bois, vaisseau

Tracheenglied

ligneux, trachée, f.): Durch Fusion relativ weitlumiger Zellen, der → Tracheenglieder, entstandene Röhre, die der Leitung von Wasser und Mineralsalzen dient. Tracheen sind im ausgewachsenen Zustand tot und haben typische Wandverstärkungen (→ Tracheentypen). Die Querwände sind vollständig oder bis auf einen Saum aufgelöst, oder es bleiben leiterartige Sprossen stehen. Tracheen finden sich mit wenigen Ausnahmen bei den Angiospermen, den Gnetatae und wenigen Farnpflanzen (*Pteridium, Selaginella, Equisetum* u.a.).
G: Die Gefäße sind schon den ersten Pflanzenanatomen aufgefallen, die sie für luftleitende Röhren hielten. Das erklärt den Namen Tracheen (von gr. tracheia, Luftröhre), der auf MALPIGHI (1675) zurückgeht. MALPIGHI verglich dabei die von ihm beobachteten Spiralgefäße (z.T. Tracheiden?) besonders mit den äußerlich ähnlichen Tracheen der Insekten. Auch GREW (z.B. 1682, tab. 52) sah Spiralgefäße. Den Aufbau der T. aus Tracheengliedern (Zellen) zeigte zuerst MOLDENHAWER (1812, Taf. 2, 3). MOHL (1832) unterschied netzförmige und poröse Gefäße und sah die leiterförmigen Durchbrechungen.
Tracheenglied, n., **Gefäßglied**, n., **Gefäßelement**, n. (E: vessel member, vessel element F: élément de vaisseau): Eine der Zellen, aus denen durch Fusion (mehr oder weniger weitgehende Auflösung der Querwände) eine → Trachee entsteht.
G: MOLDENHAWER (1812) und MOHL (1832) stellten klar, dass die Gefäße (Tracheen) aus Reihen von Zellen bestehen.
Tracheentypen (und Tracheidentypen):
A. nach der Art der Durchbrechung zwischen den Tracheengliedern.
Dabei kann es sich handeln um:
- **einfache Durchbrechung**, f. (E: simple perforation F: perforation unique, perforation simple): Die Zwischenwand ist ganz oder bis auf einen randlichen Wulst aufgelöst.
- **leiterförmige Perforationsplatte**, f. (E: scalariform perforation plate F: perforation en grille, perforation scalariforme): Zwischenwand mit großer Öffnung, durch die mehrere parallele Sprossen verlaufen (z.B. *Betula*).
- **netzförmige Perforationsplatte**, f. (E: reticulate perforation plate F: perforation en réseau ou réticulée): Öffnung mit einem Netz von verbindenden Stegen.

G: Die auffälligen leiterförmigen Durchbrechungen sind schon früh beobachtet worden (z.B. MOHL 1832).
B. nach der Ausbildung sekundärer Wandverdickungen unterscheidet man bei Tracheiden und Tracheen:
- **Ringgefäße**, n., pl. (E: tracheary elements with annular thickenings F: vaisseaux annelés): Nur ringförmige Verdickungen, die ein Auseinanderweichen beim Längenwachstum erlauben. Nur im Protoxylem, dabei handelt es sich (fast?) immer um Tracheiden.
- **Schraubengefäße**, n., pl. (E: tracheary elements with helical (or spiral) thickenings F: vaisseaux spiralés): Schraubenförmig miteinander verbundene Verdickungen. Im Proto- und Metaxylem.
- **Treppengefäße**, n., pl. (E: tracheary elements with scalariform thickenings F: vaisseaux scalariformes): Tüpfel langgestreckt, parallel angeordnet. Im Metaxylem.
- **Netzgefäße**, n., pl. (E: tracheary elements with reticulate thickenings F: vaisseaux réticulés): Tüpfel unregelmäßig, durch ein Netz von Verdickungen erzeugt, ebenfalls im Metaxylem, mit dem vorigen Typ, aber auch mit den Schraubengefäßen durch Übergänge verbunden.
- **Tüpfelgefäße**, n., pl. (E: tracheary elements with bordered pits F: vaisseaux ponctués): Mit mehr oder weniger regelmäßigen kleinen Hoftüpfeln. Im Metaxylem.
G: CASPARY (1862/63, S. 454) unterschied Ring-, Schrauben-, Leiter-, Netz- und Porengefäße; RUSSOW (1872, S. 163) Treppen-, Fenster- oder Gitter- und Netztracheiden.
Lit.: Detaillierte Gliederung der Typen mit Liste älterer Bezeichnungen bei BIERHORST (1960).
Tracheide, f. (E: tracheid(e) F: trachéide, f.): Langgestreckte tote Zelle mit verschiedenartiger Wandverdickung (→ Tracheentypen B.) und meist reicher Tüpfelung, die der Leitung von Wasser und Mineralsalzen dient. Tracheiden sind die einzigen wasserleitenden Elemente der meisten Farnpflanzen und Gymnospermen, bei den Angiospermen treten sie neben den Tracheen auf. Besondere Typen von Tracheiden bei den Angiospermen sind:
- **Gefäßtracheide**, f. (E: vascular tracheid F: trachéide vasculaire): Zellen, die den benachbarten Tracheen (Gefäßen) in der Tüpfelung ähnlich sind, ohne durch Perfora-

tionen unter einander verbunden zu sein. Sie werden als sekundär von Tracheen abgeleitete Tracheiden aufgefasst. Vorkommen z.B. bei Cactaceae, Asteraceae (Compositae).
- **vasizentrische Tracheide**, f. (E: vasicentric tracheid F: trachéide juxtavasculaire): Kurze Tracheide zwischen Tracheen, die nicht Teil eines axialen Stranges von Tracheiden ist.
G: METTENIUS (1861) erkannte, dass die meisten Farnpflanzen und die Gymnospermen keine echten Gefäße (Tracheen) besitzen, sondern Gefäßzellen. SANIO (1863 a, S. 113) nannte diese Tracheiden, er hatte sie vorher (1860) als Tracheoidzellen bezeichnet. – Zur Definition der Gefäßtracheiden und vasizentrischen T. vergleiche CARLQUIST (1985).
Tracheophyta → Gefäßpflanzen
Trade-off, m. (E: trade-off F: trade-off): Der Kompromiss zwischen zwei Zielen, die nicht gleichzeitig maximal erreichbar sind, z.B. kräftiges vegetatives Wachstum und großer Fortpflanzungserfolg.
G: Der aus der Technik und Wirtschaft kommende Begriff wird in der Ökologie spätestens seit STEARNS (1976, S. 15) verwendet.
Trägerpflanze → Phorophyt
Träufelspitze, f. (E: drip tip): Ausgezogene Blattspitze bei Bäumen des tropischen Regenwaldes, durch die Wasser ablaufen kann.
G: Der Begriff stammt von STAHL (1893, S. 100). Es ist umstritten, ob diese Blattform tatsächlich das Ablaufen des Wassers beschleunigt und ob damit ein Vorteil verbunden ist (vgl. SEYBOLD 1957). ELLENBERG (1985) schlägt vor solche Spitzen neutral als **Blattvorspitzen** zu bezeichnen.
Tragblatt, n., Bractee, f., Braktee, f. (E: bract, pherophyll F: bractée, f.): Das Blatt, aus dessen Achsel ein Seitenspross entspringt, ist dessen Tragblatt.
G: Tragblätter im Blütenstandsbereich wurden zunächst allgemein → Bracteen oder Deckblätter genannt. Die Bezeichnung Tragblatt, die deutlich die Beziehung Blatt-Achselspross zum Ausdruck bringt (wobei das Blatt auch ein Laubblatt sein kann), ist jünger (noch nicht bei BISCHOFF 1833). Der noch wenig gebräuchliche Terminus **Pherophyll** (n.) wurde von BRIGGS & JOHNSON (1979) eingeführt. Engl. bract und franz. bractée werden nur für hochblattartige Tragblätter verwendet.
Trama, f. (E: trama F: trame, f.): Das Hyphengewebe (→ Plektenchym), das die → Fruchtkörper ausfüllt. Bei einem Hutpilz kann man Lamellen-, Hut- und Stieltrama unterscheiden. Das lat. Wort trama bedeutet die Kette des Gewebes.
Trampelklette, f. (E: trample bur): Frucht mit Haken oder Dornen, die sich größere Tiere in die Füße (Hufe) eintreten. Trampelkletten sind u.a. von Pedaliaceae (*Harpagophytum*) und Martyniaceae bekannt.
G: Der anschauliche Terminus stammt von ASCHERSON (1889, S. IV).
Transduktion, f. (E: transduction F: transduction, f.): Übertragung von DNA mittels Phagen.
G: ZINDER & LEDERBERG (1953, S. 679).
Transekt, m. (auch n.) (E: transect F: transect, m.): In der Vegetationskunde eine Linie (meist längs ökologischen Gradienten), an den kontinuierlich oder in regelmäßigen Abständen die Artenzusammensetzung oder die Populationsgröße untersucht werden.
Transfektion, f., Gentransfer, m. (E: transfection F: transfection, f.): Übertragung von nackter DNA in eine Zelle mit anschließendem Einbau in das Genom. Durch Transfektion kann eine → transgene Pflanze hergestellt werden.
G: Zunächst bezog sich der Begriff auf die Übertragung der DNA von Viren oder Bakteriophagen (FÖLDES & TRAUTNER 1964, S. 61). Jetzt bezieht er sich auf DNA verschiedener Herkunft.
Transfer-RNA → RNA
Transferzelle, f., Übergangszelle, f. (E: transfer cell F: cellule de transfert): Zelle, die der Stoffaufnahme oder -abgabe dient, und deren Zellwandoberfläche an den Übergangsstellen durch Wandprotuberanzen stark vergrößert ist. Sie finden sich u.a. am Übergang Mesophyll - Siebröhren, bei Drüsenzellen oder am Fuß des Sporophyten der Moose und Farnpflanzen. Auch die → Strasburger-Zellen gehören hierzu.
G: Unter dem Namen Übergangszellen wurde dieser Zelltyp von A. FISCHER (1884, S. 66) beschrieben. Die Bezeichnung transfer cells stammt von GUNNING et al. (1968, S. C 7), die sie zuerst nur für Zellen anwendeten, die Siebröhren beladen. Später haben PATE & GUNNING (1972) den Begriff erweitert.
Transformation, f. (E: transformation F: transformation, f.): Die einseitig gerichtete

Übertragung von genetischem Material in eine Zelle mit anschließendem Einbau in deren Genom. Bei höheren Pflanzen wird dabei vielfach das Bakterium *Agrobacterium tumefaciens* verwendet, es sind aber auch mechanische und chemische Verfahren bekannt.
Transformationsserie, f. (E: transformation series): Eine Reihe von Abwandlungen (Merkmalszuständen) eines → Merkmals.
G: HENNIG (1966, S. 89 ff.)
Transfusionsgewebe, n. (E: transfusion tissue F: tissu de transfusion): Gewebe, das in den Blättern der meisten Gymnospermen das Leitgewebe begleitet und den Stoffaustausch zum Mesophyll vermittelt. Man kann dabei die lebenden Zellen des **Transfusionsparenchyms** von den toten, stark getüpfelten Zellen, den **Transfusionstracheiden** unterscheiden.
G: Das Gewebe wurde schon abgebildet von Th. HARTIG (1842/43, Taf. 18) und zuerst von FRANK (1864, S. 167, Fig. 13) beschrieben. H.v. MOHL (1871, Sp. 12) führte die Bezeichnung Transfusionsgewebe ein, die Unterscheidung der beiden Zelltypen erfolgte erst durch HUBER (1948, S. 336).
Lit.: HU & YAO (1981).
Transfusionsparenchym, **Transfusionstracheiden** → Transfusionsgewebe
transgene Pflanze, f. (E: transgenic plant F: plante transgénique): Pflanze, in die mit den Methoden der → Gentechnik ein fremdes Gen übertragen worden ist, das in das Genom integriert ist.
Transition, f. (E: transition F: transition, f.): Mutation, bei der in der DNA ein Pyrimidin durch ein anderes ersetzt wird (z.B. Cytosin durch Thymin) oder aber ein Purin durch ein anderes (z.B. Adenin durch Guanin). Vgl. → Transversion.
G: FREESE (1959).
Transitpeptid, n. (E: transit sequence, transit peptide): Peptid, das am N-Terminus von Proteinen sitzt, die für den Import in Chloroplasten bestimmt sind. Nach dem Eindringen in die Organellen wird es abgespalten.
G: Transitpeptide wurde von CHUA & SCHMIDT (1979, S. 476) eingeführt.
Transkription, f. (E: transcription F: transcription, f.): Die Überführung einer DNA-Sequenz in eine colineare RNA-Sequenz durch DNA-abhängige RNA-Polymerasen. Am wichtigsten ist die Übertragung der Information von einem Strang der → DNA auf die → mRNA, die dann den Kern verlässt und (nach → Prozessierung) die Grundlage für die Proteinsynthese bildet.
Transkriptosom, f. (E: transcriptosome): Partikel, an denen die → Transkription und → Prozessierung stattfindet.
G: Die Bezeichnung stammt von GALL et al. (1999, S. 4385, 4399). Die Autoren sehen eine Analogie zu den Ribosomen, die die → Translation bewirken.
Translation, f. (E: translation F: translation, f.): Die Übersetzung der Reihenfolge der Basen einer mRNA in eine Reihenfolge von Aminosäuren. Mithilfe der → Ribosomen und der tRNA entsteht so ein spezifisches Protein.
Translator, m. (E: translator F: translateur, m.): Vom Griffelkopf gebildete Strukturen der Asclepiadaceae, die der Übertragung des Pollens bzw. der Pollinien dienen. Bei den Periplocoideae sind sie löffelförmig, bei den Asclepiadoideae bestehen sie aus einem → Klemmkörper und Armen (→ Caudiculae). Es handelt sich um nichtzellige Gebilde, ein erhärtetes Sekret des Griffelkopfes.
G: SCHUMANN (1904 in ENGLER, A. & PRANTL, K. (Edit.), Natürl. Pflanzenfam. **IV,2**: 190, 197). In der neueren Literatur wird Translator zum Teil entgegen der ursprünglichen Definition nur für die Arme verwendet.
Translokation, f. (E: translocation F: translocation, f.): Chromosomenmutation, durch die Abschnitte eines Chromosoms innerhalb desselben oder zwischen Chromosomen verlagert werden. Bei der reziproken Translokation werden Teile zwischen nicht homologen Chromosomen ausgetauscht. Die Verschmelzung zweier akrozentrischer Chromosomen wird als **Robertsonsche Translokation** (E: Robertsonian fusion) bezeichnet, sie führt zur Reduktion der Chromosomenzahl.
G: PAINTER & MULLER (1929, S. 287). - Eine Robertsonsche Translokation wurde zuerst von ROBERTSON (1916) beschrieben.
Translokator, m., Carrier, m. (E: carrier): Spezifisches Membranprotein, das unter Konformationsänderung Substanzen durch die Membran in ein anderes → Kompartiment der Zelle verlagert.
Translokon, n. (E: translocon F: translocon, m.): Translokationskomplex, der für den Import von Proteinen durch die beiden Mem-

branen von Chloroplasten und Mitochondrien zuständig ist.
Transmissionselektronenmikroskop → Elektronenmikroskop
Transmissionsgewebe, n., (Pollenschlauch-)Leitungsgewebe, n. (E: transmitting tissue, conducting tract F: tissu conducteur, tissu de transmission): Gewebe im Griffel, an dem entlang der Pollenschlauch von der Narbe zur Samenanlage geleitet wird. Es kann als **ektotrophes T.** einen Griffelkanal auskleiden oder als **endotrophes T.** das Innere eines kompakten Griffelastes bilden.
G: HEDWIG (1797, S. 123) war der Erste, der im Griffel des Kürbis das Transmissionsgewebe sah. Er sprach von einem „Körper, den ich fast Befruchtungsleiter (conductor fructificationis) nennen möchte". BRONGNIART (1827) nannte es „tissu conducteur". Lit.: SASSEN (1974).
Transpiration, f. (E: transpiration F: transpiration, f.): In der Botanik die Abgabe von Wasserdampf durch die Pflanze. Bei den Kormophyten erfolgt sie im Wesentlichen durch die → Stomata (**stomatäre** Transpiration), die Verdunstung findet an der Grenzfläche der Zellwände des → Mesophylls zu den Interzellularen des Blattes statt. Die Transpiration durch die → Cuticula (**cuticuläre** Transpiration) macht nur einen Bruchteil der stomatären aus.
G: Eine erste quantitative Untersuchung stammt von HALES (1727). Er benutzte noch „perspiration". Transpiration findet sich spätestens in der von BUFFON übersetzten französischen Ausgabe (HALES 1735).
Transpirationskoeffizient, m. (E: transpiration coefficient or ratio): Das Verhältnis des Gewichtes von transpiriertem Wasser zu fixiertem CO_2. Der reziproke Wert (Gramm fixiertes Kohlendioxid pro Gramm transpiriertes Wasser) ist die **Wassernutzungseffizienz** (E: water use efficiency).
Transpirationswasser → Wasserhaushalt
Transposition, f. (E: transposition F: transposition, f.): Die Bewegung eines genetischen Elements (→ Transposon, → Retrotransposon) von einem Ort zu einem anderen im Genom.
Transposon, n. (E: transposon, transposable element F: transposon, gène sauteur): Eine DNA-Sequenz, die die Fähigkeit besitzt, ihren Ort im Genom zu wechseln. Sie enthält die Information für das Enzym Transposase, das für dem Einbau an anderer Stelle notwendig ist.
G: Das Phänomen wurde zuerst 1951 durch BARBARA MCCLINTOCK (1902-1992) am Mais beobachtet. Unabhängig davon wurden mobile Elemente von Bakterien beschrieben und von HEDGES & JACOB (1974, S. 38) Transposons genannt.
transversal → Vorblatt
Transversalebene, f. (der Blüte) (E: transverse plane F: plan transversal): Die im rechten Winkel zur → Mediane verlaufende Ebene, die eine vordere (abaxiale) von der hinteren (adaxialen) Hälfte trennt.
G: Erstnachweis: EICHLER (1875).
Transversaltropismus → Geotropismus
Transversion, f. (E: transversion F: transversion, f.): Mutation, bei der in der DNA ein Pyrimidin durch ein Purin oder ein Purin durch ein Pyrimidin ersetzt wird. Vgl. → Transition.
G: FREESE (1959, S. 631).
Traube, f., Racemus, m. (L: racemus E: raceme F: grappe, f.): Einfache racemöse Infloreszenz mit einer durchgehenden Hauptachse und gestielten Seitenblüten. Neuerdings unterscheidet man die Traube i.e.S. (ohne Terminalblüte) von dem **Botryoid** (TROLL 1964, S. 52) mit Terminalblüte, das man als reduzierte Rispe auffassen kann.
G: Das lat. Wort racemus wurde in der Antike (ähnlich wie Traube im Deutschen) in erster Linie für den Blütenstand des Weines verwendet, der nach jetzigem botanischen Sprachgebrauch eine Rispe ist. Noch LINNAEUS (1751) nennt *Vitis* (und *Ribes*) als ein Beispiel für racemus, bildet aber eine Traube im heutigen Sinn ab.
Traumatonastie → Nastie
Trema → Apertur
Trennart → Differentialart
Trenngewebe, n., Trennungsgewebe, n. (E: separation layer, abscission layer F: zone d'abscission): Gewebe, das durch Fehlen von sklerenchymatischen Elementen, sekundäre Teilungen u.a. vorgebildete Abbruchzonen (**Trennschichten**) ausbildet. Es findet sich vor allem in Blattstielen laubabwerfender Gehölze sowie an den Stielen vieler Früchte. Es führt zur → Abscission, dazu gehören auch die → Absprünge.
G: MOHL (1860) untersuchte das Phänomen als Erster genau, er sprach (S. 6) von einer „Trennungsschicht".

Lit.: PFEIFFER (1928).
Trennschicht, Trennungsgewebe → Trenngewebe
Trennzelle → Tmema
Treppengefäß → Tracheentypen (B.)
Treue, f., Gesellschaftstreue, f. (E: fidelity F: fidélité, f.): In der Pflanzensoziologie ein Maß für die Bindung einer Art an eine Gesellschaft (→ Assoziation). Die → Charakterarten zeichnen sich durch eine große Treue aus
triarch → Zentralzylinder
Tribus, f., pl. Tribus, pl. auch Triben (L: tribus, f. E: tribe F: tribu, f.): Systematische Rangstufe, die Gattungen innerhalb einer Familie zusammenfasst. Sie steht unterhalb der Subfamilie.
G: Zuerst nachweisbar bei A.P. de CANDOLLE (1813, S. 194), lat. tribus, Stamm, Abteilung.
trichal (E: filamentous): Organisationsstufe aus einfachen oder verzweigten Fäden (→ Haplonema), wie sie bei Algen und Pilzen verbreitet ist.
Trichoblast, m., Trichocyt(e), m./f. (E: trichoblast F: trichoblaste, m.): **1.** in der Rhizodermis: Zelle, die zu einem Wurzelhaar auswächst.
G: Gesehen wurde das Phänomen, dass nur bestimmte Zellen Wurzelhaare bilden, schon von NÄGELI & LEITGEB (1868). Der Terminus stammt von LEAVITT (1904, S. 280). Er betrifft die Ausbildungsform der Rhizodermis, die vor allem bei Monokotylen (und bei Nymphaeaceae) verbreitet ist, und bei dem es ein regelmäßiges Muster aus Trichoblasten und **Atrichoblasten**, die keine Haare bilden, gibt.
2. bei den Rotalgen: Kurztrieb, der haarartige Zellfäden trägt.
Trichocyste, f., Spindeltrichocyste, f. (E: trichocyst F: trichocyste, m., éjectosome, m.): Senkrecht unter der Zelloberfläche liegendes → Extrusom, das bei Reizung einen Proteinfaden ausstößt.
G: Dieses Organell wurde zuerst bei Ciliaten gefunden. Die ersten Beobachter verwechselten sie mit Geißeln. ALLMAN (1855, S. 178), der den Namen „trichocyst" prägte, beobachtete das Ausstoßen des Fadens und verglich sie mit den Nesselkapseln der Cnidaria, bei denen es sich jedoch um ganze Zellen handelt. Im Pflanzenreich wurden Trichocysten zuerst von FAURÉ-FREMIET (1913) bei Dinophyta festgestellt. Ähnliche Bildungen der Cryptophyta werden neuerdings meist als → Ejectosomen unterschieden.
Lit.: HOVASSE (1965), HAUSMANN (1978).
Trichocyt → Trichoblast
Trichogyne, f. (E: trichogyne F: trichogyne, m.): Halsartiger oder fadenförmiger Fortsatz des → Oogons bei den Rotalgen und einigen Ascomyceten (und Flechten), der als Empfängnisorgan für die Spermazellen dient. Auch eine ähnliche Bildung am Oogon der Grünalge *Coleochaete* wird als Trichogyne bezeichnet.
G: BORNET & THURET (1867, S. 141), von gr. trichos, Haar, und gyne, Weib.
Trichom, n.: **1.** bei Kormophyten: Haar (E: hair F: trichome, m., poil, m.): Haarbildungen im weiten Sinn, wobei allerdings die → Emergenzen meist ausgeschlossen werden (→ Trichomtypen).
2. bei Cyanobakterien: Zellfaden (E: trichome F: trichome, m.): Die Zellreihe ohne die Gallertscheide (GEITLER 1932).
G: Seit BORNET & FLAHAULT (1886, S. 327).
Trichom-Elaiophor → Elaiophor
Trichomtypen: Die Vielfalt der Haarbildungen ist so groß, dass die Zahl der speziellen Termini und der Gliederungsversuche unüberschaubar ist. Vielfach werden Haartypen nur für einzelne Familien oder Gattungen definiert. Eine einfache Einteilung von THEOBALD et al. (1979, S. 45) unterscheidet als große Gruppen:
- **einfache Haare** (E: simple (unbranched) trichomes F: poils simples): Unverzweigte Haare, die einzellig, einzellreihig oder mehrzellreihig sein können.
- **zwei- bis fünfarmige Haare** (E: two- to five-armed F: poils bi- à pentafides): Auch diese Haare können ein- oder mehrzellig sein.
- **Sternhaare** (E: stellate trichomes F: poils étoilés): Sitzende oder gestielte Haare mit zahlreichen langen Strahlen, die in einer Ebene oder räumlich sternförmig abstehen.
- **Schuppenhaare** (E: scales F: poils en écaille): Fast scheibenförmige mehrzellige Haare, sitzend oder gestielt, am Rande glatt oder durch freie Spitzen der Zellen gezähnt.
G: Schon abgebildet bei GREW (1682, Taf. 48).
- **Baumhaare** (E: dendritic trichomes F: poils dendroïdes): Haare mit einer Hauptachse

und Verzweigungen in mehreren Etagen. Auch diese Haare können ein- oder mehrzellig sein.
Als weitere Gliederungsprinzipien sind wichtig: Haare drüsig oder nicht-drüsig, ein- oder mehrzellig, einzellreihig oder mehrzellreihig.
Lit.: NETOLITZKY (1932), UPHOF (1962), HUMMEL & STAESCHE (1962), PAYNE (1978), BEHNKE (1984), HEWSON (1988).
Trichophor, m. (E: trichoblast F: trichophore, m.): Zellkomplex bei Rotalgen, dessen Endzelle Haare trägt, während aus den unteren Keimzellen entstehen.
G: NÄGELI (1861, S. 312).
Trichosklereide → Sklereide
Trichterrispe → Spirre
Trichterzelle, f. (E: funnel-cell F: cellule infundibuliforme): Zelle des → Palisadenparenchyms von trichterförmiger Gestalt, die mit dem breiteren Ende der Epidermis ansitzt, während das schmalere Verbindung zum Schwammparenchym hat.
G: HABERLANDT (1882 a, S. 85).
Tricoccae: Alter Name für die Ordnung der Euphorbiales, zu der vor allem (oder nur) die Euphorbiaceae gehören.
G: Bei LINNAEUS (1751, S. 32) gibt es eine Gruppe der „Tricocca". Der Name bezieht sich auf die drei einsamigen Teilfrüchte, er wurde z.B. von R.v. WETTSTEIN (1935) benutzt.
tricolpat (E: tricolpate F: tricolpé): Pollenkörner mit drei → Colpi (Falten), meist verlaufen sie längs (in der Richtung zwischen den Polen).
G: IVERSEN & TROELS-SMITH (1950, S. 44, als Typ „Tricolpatae").
tricolporat (E: tricolporate F: tricolporé): Pollenkorn mit drei → Colpi (meist in der Längsrichtung), in deren Mitte sich ein → Porus befindet.
G: IVERSEN & TROELS-SMITH (1950, S. 44, als Typ „Tricolporatae").
Trieb → Spross
trilacunär → Knotenanatomie
trilet (E: trilete F: trilète): Spore mit einer dreistrahligen Zeichnung an den Kontaktstellen zu den übrigen Sporen der Tetrade. Diese Struktur ist auch die Aufriss- und Keimstelle. Entweder wird sie als Ganzes als **Laesura** bezeichnet oder dieser Ausdruck wird für einen der Strahlen verwendet.
G: ERDTMAN (1943, S. 47, 52).

trimer, dreizählig (E: trimerous F: trimère): Aus drei Teilen bestehend, z.B. die Kreise in einer typischen Monokotylenblüte.
triözisch, dreihäusig (E: trioecious F: trioïque): Geschlechterverteilung, bei der es Individuen mit zwittrigen, männlichen und weiblichen Blüten gibt.
triploid (E: triploid F: triploïde): Organismus, Gewebe, Zelle oder Kern mit dem Dreifachen des haploiden Chromosomensatzes. - Triploid ist das → Endosperm der Angiospermen. Organismen mit triploidem Chromosomensatz weisen Störungen in der Meiose auf. Konstante Triploidie ist aber bei apomiktischer Fortpflanzung (z.B. viele *Taraxacum*-Arten) möglich.
G: STRASBURGER (1910, S. 414 etc.)
Trisomie, f. (E: trisomy F: trisomie, f.): Vorkommen von drei homologen Chromosomen im normalen diploiden Chromosomensatz einer Pflanze.
G: BLAKESLEE (1921, S. 256, „trisome").
Trivialname → Artepitheton
tRNA → RNA (3.)
Trockenfrucht → Fruchttypen (B.)
Tropen, pl. (E: tropics, pl. F: tropiques, m.p.): Der Bereich beiderseits des Äquators mit ständig hohen Temperaturen und geringen Schwankungen des Jahresklimas. Die Vegetation des Tieflandes ist gekennzeichnet durch den tropischen → Regenwald.
Trophophyll, n. (E: trophophyll F: trophophylle, f.): Blatt, das nur der Ernährung dient, im Gegensatz zu den Sporen tragenden → Sporophyllen der Farnpflanzen.
G: POTONIÉ (1902, S: 506; 1912, S. 97).
Trophopod, m. (E: trophopod F: trophopode, m.): Als Speicherorgan ausgebildete Basis des Stiels bei Farnwedeln.
G: W.H. WAGNER & JOHNSON (1983), abgeleitet von gr. trophe, Ernährung, und pous, gen. podos, Fuß.
Trophosporophyll, n. (E: trophosporophyll F: trophosporophylle, f.): Blatt, das Sporangien trägt, aber gleichzeitig photosynthetisch aktiv ist; dies ist vor allem bei → Farnen häufig.
G: POTONIÉ (1902, S. 506; 1912, S. 97).
tropische Zone → Vegetationszonen
Tropismus, m., pl. Tropismen (E: tropism F: tropisme, m.): Bewegung von Organen einer festsitzenden Pflanze, die in Beziehung zur Richtung eines Reizes steht. Eine Bewegung zur Richtung des Reizes wird als

positiver, vom Reiz weg als negativer Tropismus bezeichnet. Am wichtigsten sind der → Phototropismus und der → Gravitropismus. Ausrichtung nach einem chemischen Reiz wird als **Chemotropismus** bezeichnet, nach einer Berührung als **Thigmotropismus**.
G: Tropismus wurde zuerst im Wort Heliotropismus (→ Phototropismus) verwendet. Als allgemeiner Begriff für einen bestimmten Typ von Bewegungen verwendete PFEFFER (1904, S. 83) Tropismus.
Tropophyt, m. (E: tropophyte [auch für Pflanzen der Tropen!] F: tropophyte, m.): Pflanze, die – z.B. durch Blattabwurf in ungünstigen Jahreszeiten – an einen periodischen Wechsel des Klimas angepasst ist und damit ihr Aussehen im Laufe des Jahres ändert.
G: A.F.W. SCHIMPER (1898, S. 5, 24) von gr. trope, Wendung, Wechsel.
Trugdolde → Corymbus (2.)
Truncation → Rumpfsynfloreszenz
Trypanokarpie, f. (E: trypanocarpy F: trypanocarpie, f.): Ausbildung von Bohr- oder Keilfrüchten, die sich durch besondere Einrichtungen (Haare, gedrehte Grannen etc.) im Boden verankern.
G: ZOHARY (1937, S. 88), von gr. trypanon, Bohrer.
Tubiflorae: Alte Bezeichnung für eine Ordnung der Dikotylen, zu der Familien mit sympetaler Krone, meist 4-5 Stamina und oberständigem Ovar gehören.
G: Bei C.A. AGARDH (1825, S. 11) in sehr weitem Sinn, später durch Ausschluss der → Contortae und z.T. auch der → Personatae eingeschränkt.
Tubulin, n. (E: tubulin F: tubuline, f.): Globuläres Protein, das den wichtigsten Bestandteil der → Mikrotubuli darstellt.
G: Tubulin wurde von MOHRI (1968) isoliert und charakterisiert.
Tubus, m., Röhre, f. (E: tube F: tube, m.): Die Blütenröhre im Unterschied zu den Zipfeln oder einem erweiterten Teil, dem → Limbus.
Tüpfel, m. (E: pit F: ponctuation, f.): Dünne Stellen oder Löcher (Aussparungen) in der Sekundärwand. Sie liegen sich meist in den angrenzenden Sekundärwänden gegenüber, so dass ein **Tüpfelpaar** (E: pit pair F: couple de ponctuation) entsteht, das die Zell-Lumina verbindet. Ein besonderer Typ ist der → Hoftüpfel. Bei lebenden Zellen verlaufen mehrere Plasmodesmen durch die Tüpfelschließhaut (→ Schließhaut).
G: Erste Abbildungen bei MALPIGHI (1675, tab. 6, fig. 25/26) und LEEUWENHOEK (1722, Taf. gegenüber S. 289, Fig. 5). In der älteren Literatur zunächst als Warzen oder Löcher in der Wand angesehen und lange als „Poren" bezeichnet. Erste genauere Angaben machte MIRBEL (1802, S. 57). TREVIRANUS (1806, S. 55) spricht von „getüpfelten oder punktierten" Gefäßen; MOHL (1828, S. 15, 32), der klar erkannte, dass es sich nicht um Poren, sondern nur um dünne Stellen handelt, von Tüpfeln.
Tüpfelfeld, primäres, n. (E: primary pit-field F: champ de ponctuation): Dünne Stelle der Primärwand, die an lebenden Zellen dicht von Plasmodesmen durchzogen ist. Darüber entwickeln sich ein oder mehrere Tüpfelpaare.
Tüpfelgefäß → Tracheentypen (B.)
Tüpfelpaar → Tüpfel
Tüpfelschließhaut → Schließhaut
Tüpfelung, f. (E: pitting F: ponctuation, f.): Gesamtheit der Tüpfel und ihre Anordnung.
Tumor, m. (E: tumour F: tumeur, f.): Ungeregelte Zellwucherung ohne definierte Form. Bei Pflanzen handelt es sich vor allem um den → Wurzelhalstumor.
Tundra, f. (E: tundra F: toundra, f.): Vegetation nördlich der arktischen Waldgrenze, die vor allem durch zu geringe Wärme während der Vegetationsperiode waldfrei ist. Es kann sich um Grasland, Heide oder Moos- und Flechtenbestände handeln. Ähnlich Vegetationstypen in der Antarktis und oberhalb der Baumgrenze in Gebirgen werden z.T. auch als Tundra bezeichnet.
G: Tundra ist ein ursprünglich lappisches Wort für diesen Vegetationstyp, das über das Russische in die Vegetationskunde eingeführt wurde.
Tunica, f. (E: tunica F: tunica, f.): Die ein bis drei (selten mehr) äußeren Zellschichten des Sprossscheitels, in denen nur antikline Zellteilungen stattfinden.
G: A. SCHMIDT (1924, S. 352), von lat. tunica, Hemd, Hülle.
Turgor, m. (E: turgor F: turgescence, f.): Der hydrostatische Innendruck einer lebenden Zelle, durch den die Wand gespannt wird. Er entsteht durch die Wasseraufnahme solange das osmotische Potential in der Vakuole höher ist als in der Umgebung der

Zelle.
G: Im heutigen Sinn in der Botanik seit SACHS (1868, S. 510).
Turgorbewegung, f. (E: turgor movement): Bewegung, bei der einseitige Änderungen des Turgors die entscheidende Rolle spielen. Oft sind dabei verdickte Gelenke (→ Pulvinus) vorhanden. Turgorbewegungen können schnell ablaufen. Sie sind autonom oder durch äußere Reize veranlasst wie die → Nastien. Bekanntestes Beispiel dafür ist die Sinnpflanze, *Mimosa pudica*.
G: Dieser Typ von Bewegungen wurde zuerst von PFEFFER (1875, S. 1) als Variationsbewegung bezeichnet.
Turgorschleudermechanismus, m. (E: turgor mechanism): Bewegungsmechanismus, bei dem eine Gewebespannung zwischen einem → Schwellgewebe und einem Widerstandsgewebe aufgebaut wird, die sich dann – z.B. bei Berührung – plötzlich entlädt, wie bei den Früchten der *Impatiens*-Arten.
Turgorspritzmechanismus, m. (E: turgor mechanism): Bewegung, bei der durch sich plötzlich entladenden Turgordruck Samen oder Sporen fortgeschleudert werden. Das bekannteste Beispiel bietet die Spritzgurke, *Ecballium elaterium*.
Turio, m., Turione, f., pl. Turionen, Hibernakel, n., Winterknospe, f. (L: hibernaculum, turio, m., pl. turiones E: hibernaculum, turio(n) F: hibernacle, m., turion, m.): Überwinterungsorgan von Wasserpflanzen. Es handelt sich um eine knospenartige Bildung aus einer kurzen Achse mit Blättern oder Blattteilen (Blattscheiden, Stipeln). Turionen lösen sich von der Mutterpflanze und entwickeln sich im Frühjahr zu neuen Pflanzen. – Auch verdickte, mit Schuppenblättern versehene Sprossstücke unterirdischer Ausläufer (z.B. bei *Epilobium*) werden als Turionen bezeichnet.
G: LINNAEUS (1751, S. 50) verwendete „hybernaculum" (von dem lat. Wort für Winterwohnung) ganz allgemein für Überwinterungsorgane. Der Begriff Turio wurde zunächst auch sehr unspezifisch für basale oder unterirdische Erneuerungsknospen bzw. die Sprosse, an denen sie sitzen, verwendet. Eine Unterscheidung verschiedener Formen von Turionen bei Wasserpflanzen findet man bei GLÜCK (1906, S. 83-179, 211-216).
Turione → Turio

Tute → Ochrea
Typisierung, f. (E: typification F: typification, f.): In der Taxonomie das Festlegen eines nomenklatorischen Typus, wenn kein Holotypus angegeben ist oder dieser zerstört ist. Es muss dann ein → Lectotypus oder → Neotypus bestimmt werden.
G: Seit dem → Code 1. ICBN 1952 gibt es im Code Richtlinien zur Typisierung.
Typonym → Synonym
Typostrophenlehre, f., Typostrophismus, m. (E: typostrophism, m.): Von dem Paläontologen OTTO HEINRICH SCHINDEWOLF (1896-1971) entwickelte Lehre, nach der neue Entwicklungslinien durch früh in der Ontogenese eingreifende Mutationen sprunghaft entstehen (Typogenese) und sich dann allmählich in einem geeigneten Habitat fortentwickeln.
G: Erste ausführliche Darstellung durch SCHINDEWOLF (1936), die Bezeichnung Typostrophismus verwendete er nach REIF (1983, S. 174) erst 1945 (vgl. auch SCHINDEWOLF 1950, S. 265 ff.).
Typotypus, m. (E: typotype F: typotype, m.): Ein Herbarbeleg, der die Grundlage für eine Abbildung bildet, die ihrerseits Typus eines Taxons ist. Für manche Arten von LINNAEUS, die er nur nach einer Abbildung beschrieben hat, existieren solche Typotypen.
G: Nach einem Vorschlag von DANDY eingeführt durch STEARN (1957, S. 129).
Typus, m, (E: type F: type, m.): Vieldeutiger Begriff, bei dem vor allem zwischen dem morphologischen und dem nomenklatorischen Typus scharf unterschieden werden muss (→ Typus, morphologischer, → Typus, nomenklatorischer).
Typus, morphologischer, Grundplan, m. (E: type, archetype, ground-plan F: archétype, m.): Gedachte Form, die ursprüngliche (oder durchschnittliche) Merkmale einer Gruppe vereinigt und von der sich andere „ableiten" lassen. Es handelt sich um einen Begriff der idealistischen → Morphologie, obwohl eine phylogenetische Umdeutung möglich ist.
G: Die Aufstellung von „Typen" verschiedener Art gehört zum Denken des Menschen. Sie erlaubt das Herstellen von (zunächst gedanklichen) Verbindungen zwischen Formen, aber auch die Abgrenzung. In der Zoologie spielte sie eine große Rolle bei GEORGES CUVIER (→ Bauplan) und RICHARD OWEN (vgl. RUPKE 1993). Der durch GOETHE

bekannt gewordene Begriff der „**Urpflanze**" gehört auch hierher. GOETHE hat diesen Ausdruck in seinem botanischen Hauptwerk (1790) nicht mehr benutzt, spätere Autoren haben aber Schemata einer (meist dikotylen) Angiosperme entworfen und teilweise selbst als Urpflanze bezeichnet, z.B. SCHLEIDEN 1852 (vgl. G. SCHMID 1930).
Lit.: BRONN (1858), NAEF (1919), Adolf MEYER (1926), REMANE (1956, S. 132-148).

Typus, nomenklatorischer (E: nomenclatural type F: type nomenclatural): Das Element, mit dem der Name eines → Taxons dauernd verknüpft bleibt. Der Typus des Namens einer Art oder eines infraspezifischen Taxons ist in der Regel ein einzelnes Herbar-Exemplar oder eine Abbildung (→ Holotypus). Seit dem 1. Januar 1958 ist der Name eines neues Taxons auf der Rangstufe der Gattung oder darunter nur gültig veröffentlicht, wenn der Typus des Namens angegeben wird.
G: Die strikte Anwendung des Prinzips nomenklatorischer Typen ging aus vom American Code of Nomenclature (1907) und wurde in den → Code 1. ICBN 1935 übernommen. - Die Zahl der in der botanischen und zoologischen Nomenklatur für verschiedene Kategorien von Typen verwendeten Termini ist sehr groß (vgl. FRIZZELL 1933, BLAKE 1943), aber nur wenige davon werden heute vom → Code 1. ICBN 2000 anerkannt.

typus conservandus (typ. cons.): Ein nomenklatorischer Typus, der durch Konservierung festgelegt wurde, um einen Namen in seinem gebräuchlichen Sinne beibehalten zu können.

Typuslokalität, f. (E: type locality F: localitétype): Der Ort, an dem der Typus einer Sippe gesammelt wurde. Material von diesem Ort, dem **locus classicus**, ist dann besonders wichtig, wenn der Typus selbst verloren gegangen oder nicht zugänglich ist (→ Topotypus). Es kann auch die Untersuchung des konservierten Typus in wichtigen Punkten (z.B. Chromosomenzahl) ergänzen.

Ubichinone, n.pl. (E: ubiquinons F: ubiquinones): Benzochinone mit einer isoprenoiden Seitenkette und verschiedenen Substitutionen. Sie sind vor allem als Redoxsystem in der Atmungskette bedeutsam, sind aber weit verbreitet (ubi von lat. ubique, überall).

Ubiquist, m. (E: ubiquist F: ubiquiste, m.): Art, die innerhalb eines Gebietes auf sehr vielen verschiedenen Standorten und damit (fast) überall vorkommt.
G: Das franz. Wort ubiquiste (von lat. ubique, überall) für einen „in allen Dingen bewanderten Menschen" wurde von THURMANN (1849, S. 129, 121) in die Botanik eingeführt.

Ubiquitin, n. (E: ubiquitin): Ein weit verbreitetes Protein, das an andere Proteine bindet, die dann von → Proteinasen abgebaut werden können (vgl. → Proteasom).

Ubisch-Körper, m. (E: Ubisch bodies, orbicules F: orbicules, m.pl.): Aus → Sporopollenin bestehende Körperchen am Rande eines Sekretionstapetums (→ Tapetumtypen).
G: Diese Gebilde wurden schon im 19. Jahrhundert vereinzelt beobachtet. Genauer beschrieben und charakterisiert wurden sie unabhängig voneinander durch v. UBISCH (1927) und KOSMATH (1927). ROWLEY (1963) nannte sie „Ubisch bodies" nach GERTA VON UBISCH (1882-1965), während sie vorher oft „spheroids" und in neuerer Zeit von vielen Autoren orbicules genannt werden.

überflüssiger Name → nomen superfluum

Übergangsblatt, n.: Übergangsblätter stehen oberhalb der → Primärblätter und vermitteln in ihrer Ausgestaltung zu den → Folgeblättern.
G: TROLL (1954, S. 45).

Übergangsform → Zwischenform

Übergangsmoor → Moore

Übergangszellen → Transferzelle

Übergipfelung, f. (E: overtopping F: sympodisation, f.): Einer der so genannten phylogenetischen → Elementarprozesse im Rahmen der → Telomtheorie, durch den eine von zwei gleichberechtigten Achsen eines dichotom verzweigten Systems zur Hauptachse wird, die andere zur Seitenachse.
G: Als Übergipfelung wurde von POTONIÉ (1912, oder früher?) herausgestellt.

Ulcus, m., pl. ulci (E: ulcus): Am Pollenkorn eine rundliche → Apertur an einem der Pole (meist am distalen Pol).
G: Eingeführt von ERDTMAN (1952, S. 12), das lat. Wort bedeutet Geschwür oder Wunde.

Ule → Narbe (2.)

Ultrarotabsorptionsschreiber, m., URAS (E: infra-red gas analyzer, IRGA): Gerät zur

kontinuierlichen Gaswechselmessung, insbesondere zur Messung der durch Photosynthese und Atmung. bedingten Schwankungen des CO_2-Gehaltes.
G: Das von der Industrie für technische Zwecke entwickelte Gerät wurde zuerst von EGLE & ERNST (1949) in der Physiologie verwendet. Eine Klappküvette (LANGE 1962) erlaubte den Einsatz für ökophysiologische Untersuchungen am Standort.
Ultrastruktur, f., Feinstruktur, f. (E: ultrastructure, fine structure F: ultrastructure, f.): Strukturen, die unterhalb der Grenze der Lichtmikroskopie liegen und für deren Untersuchung ein → Elektronenmikroskop notwendig ist.
Umbella → Dolde
Umbelliferae: Alternativer Name für die Familie Apiaceae (beide Namen sind gültig) nach dem typischen Blütenstand, der Dolde (Umbella). Das unterständige Ovar entwickelt sich zu einem → Schizokarp.
G: Die Bezeichnung Umbelliferae (wörtlich: Doldenträger) lässt sich bis ins 16. Jahrhundert zurückverfolgen. Nach CONSTANCE (1971) hat 1586 DALECHAMPS die Familie zuerst klar erkannt. Es war auch die erste Pflanzenfamilie, der eine monographische Bearbeitung gewidmet wurde (MORISON 1672).
Umbelliflorae: Älterer Name für die Ordnung der Araliales, zu der vor allem die Araliaceae und Umbelliferae (Apiaceae) gehören, die neuerdings in einer Familie Apiaceae vereinigt werden.
G: BARTLING (1830, S. 232). Der Name, der wörtlich „Doldenblütige" bedeutet, bezieht sich auf den für diese Familien typischen Blütenstand, die Dolde oder Umbella.
Umrisskarte → Arealkarte
Undulipodium, n. (E: undulipodium): Zusammenfassende Bezeichnung für → Geißeln (Flagellen) und Cilien der Eukaryoten.
G: Von MARGULIS (1980, 1981, S. 28) vorgeschlagen, dabei sollte Flagellum für die anders gebaute Prokaryotengeißel (Bakteriengeißel, → Geißel 2.) reserviert werden. Das hat sich aber nicht durchgesetzt (CORLISS 1980, 1981 a).
ungeschlechtliche Fortpflanzung → Agamogonie, → vegetative Vermehrung
ungeschlechtliche Generation → Sporophyt
Ungleichblättrigkeit → Anisophyllie
Unguis → Nagel

uniaxialer Typ, m., Zentralfadentyp, m. (E: monoaxial filament type, central-filament type F: type uniaxial): Thallus-Typ eines Teiles der Rotalgen mit einem Zentralfaden und seitlichen Kurztrieben (vgl. → multiaxialer Typ).
G: Die Bezeichnung Zentralfadentypus stammt von OLTMANNS (1904, S. 538).
unifacial → Blattbau (A.)
unilacunär → Knotenanatomie
Uniport, m. (E: uniport): Transport mit Hilfe von → Translokatoren, bei dem nur eine Substanz durch eine Membran gelangt.
unitegmisch → Samenanlage (A.)
unitunicat → Ascustypen (A.)
Univalent, n, (E: univalent F: univalent, m.): Ein einzelnes, bei der Meiose ungepaart bleibendes Chromosom.
G: Erstnachweis: KOSTOFF (1939).
Unkraut, n. (E: weed F: mauvaise herbe): Pflanze, die in wirtschaftlich genutzten Flächen ohne Zutun des Menschen wächst und unerwünscht ist (vor allem wegen einer Ertragsminderung, aber auch aus ästhetischen und naturschützerischen Aspekten). Der anthropozentrische Begriff wird vor allem im Deutschen von vielen abgelehnt, ist aber oft zur Beschreibung sinnvoll. Neben den → Segetalpflanzen in Äckern gibt es auch Waldunkräuter, auch die → Ruderalpflanzen werden zu den Unkräutern gezählt.
Unterabteilung, f. (L: subdivisio, subphylum E: subdivision F: sous-embranchement, m.): Rangstufe des Systems zwischen → Abteilung und → Klasse. Als Endungen werden empfohlen -phytina, bzw. bei den Pilzen -mycotina.
Unterart → Subspecies
Unterbau, m., Hypotagma, n. (E: hypotagma F: base végétative): Die vegetativ geprägte Zone unterhalb der Hauptfloreszenz (bzw. der Endblüte), zu ihr gehören die → Innovationszone (nur bei perennen Pflanzen), die → Hemmungszone und die → Bereicherungszone.
G: Der Terminus wurde von GOEBEL (1931, S. 3) eingeführt und von TROLL (1951, S. 383) präzisiert.
Unterblätter (bei Lebermoosen) → Amphigastrien
Unterblatt → Blatt
Unterfamilie → Subfamilie
Untergattung, Untergeschlecht → Subgenus

Unterlappen → Flankenblatt
Unterlippe → Lippenblume
Unterordnung, Unterreihe → Subordo
unterschlächtig (L: (folia) succuba E: succubous F: succube): Anordnung der Blättchen bei plagiotrop wachsenden Lebermoosen, bei der der hintere Blattrand eines Blättchens den vorderen des zur Basis hin folgenden deckt. (Gegensatz: → oberschlächtig).
G: Erstnachweis: Ch.G. NEES V. ESENBECK (1833, S. 23).
unterständig → Ovar
URAS → Ultrarotabsorptionsschreiber
Uredinium, n., Uredolager, n. (E: uredinium, uredosorus F: urédie, f.): Lager, in dem die → Uredosporen gebildet werden. Es besteht aus → dikaryotischen Hyphen.
G: Uredinium ARTHUR (1905, S. 221) oder auch Uredium (ARTHUR 1932), vgl. SAVILE (1968), HOLM (1987).
Uredolager → Uredinium
Uredospore, f., Sommerspore, f. (E: uredospore F: urédospore, f., spore d'été): Dikaryotische, immer einzellige Sporen der Uredinales, die bei wirtswechselnden Arten auf dem Hauptwirt gebildet werden. Sie breiten sich schnell aus und können zu epidemischem Befall führen.
G: Erstnachweis: De BARY (1865, S. 16).
Urmeristem → Meristem
Urne → Theca (2.)
Urpflanze → Typus, morphologischer
Urstele → Stelentypen (I.)
Urzeugung, f. (L: generatio aequivoca, generatio spontanea E: spontaneous generation F: génération spontanée): Entstehung von Lebewesen aus anorganischem Material. Heute nur noch für den Beginn des Lebens auf der Erde angenommen.
G: Die Vorstellung, es könnten sich unter geeigneten Bedingungen jederzeit niedere Organismen, aber auch alles mögliche „Ungeziefer" aus anorganischem Material bilden, war früher weit verbreitet. Frühzeitig trat ihr z.B. SPALLANZANI (1729-1799) entgegen. EHRENBERG (1838) lehnte sie für die „Infusorien" ab. Für die Mikroorganismen kann sie erst seit LOUIS PASTEUR (1822-1895) als widerlegt gelten. HAECKEL (1866 a, S. 33, 205) nahm getrennte Urzeugung (**Autogonie**) für jeden Stamm der Organismen an. Die Geschichte des Problems ist dargestellt von LIPPMANN (1933) und FARLEY (1977).

Utriculus, m.: Kleiner Schlauch, Verkleinerungsform von lat. uter, Schlauch.
1. Fruchttyp: Früher (z.B. GAERTNER 1788, S. LXXXIX) für einsamige Früchte mit häutiger Wand (z.B. *Chenopodium*) oder auch Nüsschen (z.B. *Thalictrum*) verwendet.
2. bei *Carex*: Schlauch (L: utriculus, perigynium E: perigynium F: utricule, f.): Schlauchartige Hülle um die Frucht bei *Carex*. Morphologisch wird sie als verwachsenes adaxiales Vorblatt angesehen.
G: Der Utriculus wurde zunächst sehr verschieden gedeutet und bezeichnet, so als corolla, capsula oder sogar nectarium. A.P. de CANDOLLE (1813, S. 375) verwendete urceolus (lat. Krüglein), LINK perigynium.

Vacuole → Vakuole
Vagina, f.: 1. bei Kormophyten → Blattscheide 2. bei Cyanobakterien → Scheide (3.)
vaginal → Hochblatt
Vaginula, f., Scheidchen, n. (E: vaginula F: vaginule, f., gainule, f.): Röhrige Hülle an der Basis der Seta bei Moosen, die aus Resten des noch etwas gewachsenen und dann zerrissenen Archegoniums bzw. der → Embryotheca besteht.
G: Schon bei LINK (1798, S. 93).
Vakuole, f. (E: vacuole F: vacuole, f.): Flüssigkeitsgefüllter Raum im → Cytoplasma, der von einer Biomembran, dem → Tonplasten, umgeben ist. In der Vakuole befindet sich der so genannte Zellsaft, der Farbstoffe, Speicherstoffe, Exkrete etc. enthalten kann, auch pharmazeutisch wichtige Stoffe und Gifte (Glycoside, Alkaloide). Ausgewachsene Pflanzenzellen haben eine große **Zentralvakuole**.
G: Zuerst von DUJARDIN (1835, S. 368) bei einzelligen Organismen beobachtet und benannt (von lat. vacuus, leer).
Vakuole, kontraktile, pulsierende Vakuole (E: contractile vacuole, pulsating vacuole F: vacuole contractile, vésicule pulsatile): Bei vielen Einzellern und Fortpflanzungszellen von Organismen des Süßwassers vorkommender Typ einer Vakuole, die durch periodisches Zusammenziehen Wasser aus der Zelle ausstoßen kann und damit der → Osmoregulation dient.
G: Bei *Polytoma*, *Gonium* u.a. wurden kon-

traktile Vakuolen („Blasen") schon von EHREN-BERG (1838, S. 24, 55) gesehen, der sie für Samenblasen hielt. SIEBOLD (1848, S. 19) sprach von „rhythmisch kontraktilen, gleichsam pulsirenden Räumen". Eine genauere Analyse bei einem pflanzlichen Organismus lieferte COHN (1854, S. 163 ff.).
Lit.: DODGE (1973, S. 182-185).
Vakuom, n. (E: vacuome F: vacuome, m.): Gesamtheit der Vakuolen einer Zelle.
G: DANGEARD (1919, S. 1006), gleichzeitig mit Plastidom.
Vallecula, f., pl. Valleculae, Tälchen, n. (E: vallecula F: vallécule, f.): Längsgerichtete Vertiefung zwischen den Rippen der Frucht bei den Umbelliferen.
G: G.F. HOFFMANN (1814), Verkleinerungsform von lat. vallis, Tal.
Vallecularkanal, m. (E: vallecular canal F: canal valléculaire, m.): Luftgefüllter Interzellularkanal in der Rinde von *Equisetum*. Er liegt unter den Längsfurchen (lat. vallecula, Tälchen) des Sprosses.
G: Bei DUVAL-JOUVE (1864, S. 1) „lacunes valléculaires"; bei MILDE (1865, S. 141) „Vallecularhöhle".
Valva, f., pl. Valven, Schale, f. (L: valva, f. E: valve F: valve, f.): Bei den Diatomeen die beiden Deckel („Deckel und Boden") der beiden Schalenhälften, d.h. eine → Theca ohne das → Cingulum. Zur Epitheca gehört die **Epivalva**, zur Hypotheca die **Hypovalva**.
G: Valves wurde schon von TURPIN (1828, S. 362) benutzt, dabei wurde noch nicht zwischen Theca und Valva unterschieden. Eine klare Definition und die Unterscheidung von Epi- und Hypovalva gehen auf O. MÜLLER (1895, S. 223) zurück.
valvat (E: valvate): **1.** → Ästivation **2.** valvate Dehiszenz: Die Öffnung einer Frucht oder einer Anthere durch die Ablösung langgestreckter Teile.
Valve, f., (Frucht-)Klappe, f. (L: valva, f., pl. valvae E: valve F: valve, f.): **1.** Fruchtklappe: Teil der Fruchtwand, der sich bei Trockenfrüchten (Kapseln) ablöst. Die Valven erlauben das Ausstreuen der Samen. **2.** Klappe bei *Rumex*: Eines der inneren Blütenhüllblätter, die die Frucht einhüllen.
G: Schon LINNAEUS (1753) benutzt bei *Rumex* valvula.
Valvocopula → Cingulum
VAM → Mykorrhiza

var. → Varietät
Variabilität, f. (E: variability F: variabilité, f.): Unterschiede zwischen Individuen innerhalb einer Art, die phänotypisch oder genotypisch bedingt sein können.
G: De VRIES (1901, S. 32) schreibt: „Nichts ist variabler als die Bedeutung des Wortes Variabilität. Manche Verfasser benutzen dieses Wort in einem so vielumfassenden Sinne, dass man gar nicht versteht, was sie meinen."
Lit.: Eine detaillierte Übersicht über verschiedene Formen der Variabilität bei van STEENIS (1957, S. CLXXVII ff.).
Variation, f. (E: variation F: variation, f.): Vorgang der Veränderung (unter Umwelteinfluss, durch Rekombination oder durch Mutationen) und Vorhandensein verschiedener Gestalten innerhalb einer Art (d.h. = Variabilität, vgl. NÄGELI 1884, S. 277). Nur das erste soll nach PHILIPTSCHENKO (1927, S. 6) heißen.
Variation, meristische (E: meristic variation F: variation méristique): Auftreten von Abänderungen in den Zahlenverhältnissen, z.B. der Blütenteile.
G: Eingeführt von BATESON (1894, S. 22), der davon Änderungen in der Ausbildung von Organen als „substantive variation" unterschied. – RONSE DECRAENE & SMETS (1994) sprechen von „merosity".
Variationsbewegung → Turgorbewegung
Variationsbreite, f. (E: range of variation F: amplitude des variations): Der Bereich der Abweichungen (vor allem in quantitativen Merkmalen), der bei einer Pflanze oder einer Sippe unter den verschiedensten Bedingungen auftreten kann.
Varietät, f. (L: varietas, f., pl. varietates, Abk.: var. E: variety F: variété, f.): In der Systematik infraspezifische Rangstufe, die nach heutiger Auffassung Populationen zusammenfasst, die in einzelnen Merkmalen vom Typus abweichen, aber nicht wie die Subspecies ein eigenes Areal einnehmen. Wenn Subspecies unterschieden werden, wird die Varietät ihnen untergeordnet-
G: Das lat. Wort varietas mit der Bedeutung Vielfalt, Abwandlung, Veränderung und das Verb variare, variieren werden seit langem in der Systematik verwendet. LINNAEUS (1751, S. 100) meinte, die Varietäten entstünden durch die Wirkung von Klima und Boden. Allerdings finden sich unter seinen Varietä-

ten (LINNAEUS 1753 und später) viele Sippen, die heute als Arten angesehen werden, und manche hat er selbst zu Arten aufgewertet. Meist wurden die Varietätsnamen durch griech. Buchstaben bezeichnet (β, γ, etc.) und an die Art angehängt (vgl. STEARN 1957, S. 90). Die Varietät war lange Zeit die wichtigste infraspezifische Kategorie. Sie wurde in Europa erst im 19. Jahrhundert in ihrer Bedeutung von der → Subspecies abgelöst und nur noch für geringer bewertete Unterschiede verwendet oder für noch nicht in ihrem taxonomischen Wert geklärte Fälle (British Ecological Society 1943, S. 94). Von den nordamerikanischen Taxonomen wird Varietät etwa im gleichen Sinne verwendet wie Subspecies in Europa (vgl. Taxon **41**: 485-498. 1992).
Vasa propria, n.pl.: Begriff der älteren Anatomie, der → Milchröhren, → Harzkanäle und Ähnliches umfasste, auch der → Siebteil wurde als ein solches Gefäß angesehen, solange man ihn optisch noch nicht auflösen konnte.
G: Die „vasa propria" (eigentümliche Gefäße) spielten in der älteren Anatomie (mindestens seit MARCELLO MALPIGHI, 1628-1694) eine wichtige Rolle.
vasizentrische Tracheide → Tracheide
vasizentrisches Parenchym → Holzparenchym
Vegetation, f., Pflanzenwelt, f. (E: vegetation F: végétation, f.): Die Pflanzen eines Gebietes, soweit sie nicht als einzelne Arten (→ Flora) sondern als Gesamtheit in ihrem Zusammenleben betrachtet werden. Man unterscheidet: **1. zonale** Vegetation: Entspricht einer bestimmten Vegetationszone (→ Klimax). **2. extrazonale** Vegetation: Tritt unter besonderen edaphischen Bedingungen in einer anderen Klimazone auf als in der, in der sie zuhause ist. **3. azonale** Vegetation: Ist in erster Linie von lokalen Bedingungen abhängig und kann in verschiedenen Zonen auftreten. Hierzu gehört vor allem die Vegetation der Gewässer.
G: Lat. vegetatio, f. von vegetare, beleben, wurde zunächst für das Wachstum (Leben) der Pflanzen verwendet. Im heutigen Sinn benutzte A.v. HUMBOLDT (1806) das Wort; diese Bedeutung setzte sich durch.
Vegetationsaufnahme, f., Bestandsaufnahme, f. (E: relevé F: relevé): In der → Pflanzensoziologie die Untersuchung einer abgegrenzten Fläche nach Art, Häufigkeit und Geselligkeit der Pflanzen. Außerdem werden meist einfache Bodenuntersuchungen durchgeführt.
G: Die erste exakte Bestandsaufnahme geschah am 1. Juni 1844 als SCHNIZLEIN & FRICKHINGER (1848, S. 277) auf einer Wiese bei Nördlingen einen „bayr'schen Quadratschuh Rasen" ausstachen und die Pflanzen und Triebe zählten.
Vegetationskegel, m. (E: shoot apex F: apex, m.): Die meristematische Spitze des Sprosses mit den jungen Blatt- und Seitensprossanlagen. - Die Sprossspitze heißt auch **Sprossscheitel**, m. (E: shoot apex F: apex caulinaire).
Vegetationskunde, f. (E: vegetation ecology F: étude de la végétation): Die Beschreibung und Gliederung der Vegetation und ihrer Abhängigkeit von der Umwelt. Die → Pflanzensoziologie ist eine besonders formalisierte Methode innerhalb der Vegetationskunde.
Vegetationsökologie, f. (E: vegetation ecology): Untersuchung der Vegetation unter dem Gesichtspunkt der → Ökologie.
Vegetationsperiode, f. (E: vegetation period F: période de végétation): Der Zeitabschnitt des Jahres, in dem die Mehrzahl der Pflanzen sich entwickeln, blühen und fruchten. Eine Vegetationsperiode gibt es nur in einem Klima mit Jahreszeiten, die durch Unterschiede in der Temperatur oder Feuchtigkeit bedingt sind.
Vegetationspunkt, m. (E: growing point F: point végétatif): Das → Apikalmeristem von Spross und Wurzel. Zur inneren Ausgestaltung vgl. → Histogentheorie und → Tunica, → Corpus.
G: Zuerst von C. F. WOLFF (1759) beobachtet und als „punctum vegetationis" (Vegetationspunkt) bezeichnet. Die Bezeichnung wurde beibehalten, obwohl es sich natürlich nicht um einen „Punkt" handelt.
Lit.: FOSTER (1939), GIFFORD & CORSON (1971).
Vegetationszonen, f.pl., Zonen, f.pl. (E: vegetation zones F: zones de végétation): Vom thermischen Großklima bestimmte Zonen der Vegetation. Von Nord nach Süden folgen aufeinander die arktische, boreale, nemorale, meridionale, tropische, australe und antarktische Zone. Die Asymmetrie (nördlich der tropischen Zone vier weitere

Zonen, südlich nur zwei) hängt mit der unterschiedlichen Größenausdehnung der Kontinente in Nord und Süd zusammen. Klimatisch stimmen arktische und antarktische Zone weitgehend überein, ebenso die meridionale und australe Zone. Die Zonen lassen sich durch die (bei guter Wasserversorgung) vorherrschenden Formationen charakterisieren.
- **arktische und subantarktische Zone:** → Tundra.
- **boreale Zone:** → Taiga.
- **nemorale (temperate) Zone:** sommergrüner Laubwald, seltener Nadelwald.
- **meridionale** und **australe Zone:** → Lorbeerwald.
- **tropische Zone:** → tropischer Regenwald oder regengrüner Wald (→ Monsunwald).
G: Die Grundzüge dieser Gliederung gehen auf DRUDE (1890) zurück, in der vorliegenden Form vertritt sie SCHROEDER (1998, S. 112).

vegetativ (E: vegetative F: végétatif): Als vegetativ werden die Organe bezeichnet, die dem Fortbestand des Individuums, aber nicht seiner (sexuellen) Fortpflanzung dienen.

vegetative Hybridisierung, f. (E: vegetative hybridization F: hybridation végétative): Angebliche Verbindung der Eigenschaften zweier vegetativ (durch Pfropfung) miteinander verbundener Arten. Die Eigenschaften der Unterlage sollen dann z.T. auch auf die aus Samen des Pfropfreises entstandenen Pflanzen übertragen werden.
G: Zur Zeit des → Lyssenkoismus war die Anerkennung der vegetativen Hybridisierung in der Sowjetunion eine Doktrin, und sie galt als Möglichkeit zur Züchtung. Einer kritischen Überprüfung hielt sie nicht stand (STUBBE 1954).
Lit.: GLUSTSCHENKO (1950).

vegetative Vermehrung, f. (E: vegetative propagation F: multiplication végétative): Ungeschlechtliche Vermehrung durch Abtrennung von mehrzelligen Pflanzenteilen. Dies können z.B. Brutkörper, Ableger u.a. sein.

vegetative Zelle, f., Pollenschlauchzelle, f. (E: vegetative cell, tube cell F: cellule végétative): Die Zelle des männlichen Gametophyten im Pollenkorn, die zum → Pollenschlauch auswächst.
G: GOEBEL (1882, S. 377) bezeichnete die → Prothalliumzellen alternativ als vegetative Zellen. STRASBURGER (1884 b, S. 5) nahm für die Angiospermen an, dass die kleinere Zelle, die wir heute als die generative Zelle bezeichnen, die vegetative sei. Auch bei den Gymnospermen waren die Verhältnisse unklar, bis sie BELAJEFF (1891) richtig deutete.
Lit.: MAHESHWARI (1949), STERLING (1963).

Velamen (radicum), n. (E: velamen radicum F: velamen, m.): Vielschichtige → Rhizodermis aus toten Zellen, die innen von einer → Exodermis begrenzt wird. Man findet sie an den Luftwurzeln vor allem bei Orchidaceae. Das Velamen entsteht durch perikline Teilungen aus der Rhizodermis.
G: SCHLEIDEN (1842, S. 233). POREMBSKI & BARTHLOTT (1988) haben eine Reihe von Typen unterschieden.

Velum, n. (E: veil F: voile, m.): **1.** bei Pilzen: Haut, die vor der Sporenreife entweder den ganzen Fruchtkörper (Velum universale) oder nur das Hymenophor (Velum partiale) bedeckt. **2.** bei *Isoetes*: Haut, die das Sporangium bedeckt (auch als Indusium bezeichnet).

Vena → Blattader
ventral → adaxial
Ventralnaht, f., Bauchnaht, f. (E: ventral suture F: suture ventrale, f.): Die der Achse zugewandte Verwachsungsnaht eines Karpells. Sie geht aus dem **Ventralspalt** durch postgenitale Verwachsung hervor.
Ventralschuppe, f., Bauchschuppe, f. (E: ventral scale F: écaille ventrale, f.): Schuppiger Auswuchs an der Ventralseite des Thallus bei Marchantiales.
Ventralspalt → Ventralnaht
Verband, m. (E: alliance F: groupe d'associations): In der Pflanzensoziologie eine Gruppe floristisch verwandter → Assoziationen, die sich von anderen deutlich absetzt. Sie wird durch die Endung -ion gekennzeichnet, z.B. Nardion.
G: Eingeführt von BRAUN-BLANQUET 1921 (S. 309).
Verbänderung → Fasciation
Verbrauchsort → Sink
Verbreitung (1.) → Areal
Verbreitung (2.) → Ausbreitung
Verbreitungsbiologie → Diasporologie
Verbreitungseinheit → Diaspore
Verbreitungsgebiet → Areal
Verbreitungskarte → Arealkarte
Verdauungsdrüse → Digestionsdrüse

Vererbung, f. (E: inheritance, heredity F: hérédité, f., transmission héréditaire): Weitergabe der Anlagen für Merkmale an eine neue Generation. Sie geschieht in Form verschlüsselter Informationen, die in der DNA gespeichert sind.
Vererbung erworbener Eigenschaften (E: soft inheritance, inheritance of acquired characters F: transmission des caractères acquis): Übernahme von Merkmalen, die ein Organismus durch individuelle Anpassung im Laufe des Lebens erworben hat, in das Erbgut. Nach heutiger Kenntnis ist dies nicht möglich (→ Dauermodifikation).
G: Es galt lange Zeit als fast selbstverständlich, dass Eigenschaften, die ein Individuum in seinem Leben erworben hat, auch auf Nachkommen übertragen werden können. Dies wurde z.B. von J.B. de LAMARCK vertreten, und auch Ch. DARWIN meinte, nicht ohne diese Möglichkeit auskommen zu können (→ Pangenesis). AUGUST WEISMANN (1834-1914) war derjenige, der dieser Auffassung entschieden entgegentrat. Aber noch um 1900 waren viele Biologen von der Möglichkeit einer solchen Vererbung überzeugt (vgl. R.v. WETTSTEIN 1903). Wiederbelebt wurde der Gedanke unter ideologischem Einfluss vom → Lyssenkoismus.
G: ZIMMERMANN (1938 b).
Vererbungslehre → Genetik
Vergeilung → Etiolement
Vergrünung → Verlaubung
Verholzung, f. (E: lignification F: lignification, f.): Vorgang der Einlagerung von → Lignin vor allem in die sekundäre Zellwand. Auch primäre Wandschichten und sogar die Mittellamelle können Lignin einlagern.
Verkorkung → Suberin
Verlaubung, f., Vergrünung, f., Vireszenz, f. (L: virescentia E: virescence F: virescence, f.): Anormale Ausbildung von grünen Blattorganen anstelle von Blütenorganen wie Petalen, Stamina oder Karpellen. Wenn alle diese Organe betroffen sind, spricht man auch von **Chloranthie**, f. (vgl. auch → Frondeszenz).
Vermehrung, f. (E: propagation F: multiplication, f.): Fortpflanzungsvorgang, der zu einer (potentiellen) Erhöhung der Individuenzahl in der nächsten Generation führt. Vermehrung und Fortpflanzung sind meist miteinander verbunden. Es gibt aber Fortpflanzungsarten (z.B. die → Paedogamie mancher Diatomeen), bei denen keine Vermehrung stattfindet.
Vernacularname, m., Volksname, m. (L: nomen vernaculum E: vernacular name, common name F: nom vernaculaire): Pflanzenname, der nicht nach den Regeln der wissenschaftlichen → Nomenklatur gebildet ist. Neben den echten Volksnamen, die in einer Region von den Einwohner verwendet werden, gibt es die „Büchernamen", die - vielfach durch Übersetzung aus den wissenschaftlichen Namen - für Floren einzelner Länder geschaffen werden. (Lat. vernaculus, einheimisch).
Lit.: van WIJK (1909-1916), MARZELL (1937-1979).
Vernalisation, f., Jarowisation, f. (E: vernalization F: vernalisation, f.): Umstimmung des Entwicklungsrhythmus durch Kältebehandlung. Durch eine solche Behandlung kann z.B. Wintergetreide dazu gebracht werden, auch bei Aussaat im Frühjahr zur Blüte zu kommen.
G: Erste Beobachtungen des Phänomens gab es in den USA schon im 19. Jahrhundert. In seiner Arbeit von 1918 schrieb GASSNER: „Winterannuelle Gräser bedürfen zur Auslösung des Schossens das Durchlaufen einer Kälteperiode". In der Sowjetunion publizierte Nikolaj A. MAXIMOV (1880-1952) ähnliche Ergebnisse. TROFIM D. LYSSENKO veröffentlichte 1928 eine Untersuchung über dieses Verfahren, das er Jarowisation (jarovizacija, wörtlich etwa „Versommerung") nannte, abgeleitet von russ. jarovoj chleb, Sommergetreide. Die Bezeichnung Vernalisation leitet sich ab von lat. vernalis, frühlingshaft.
Vernation, f., Knospenlage, f. (L: vernatio, f., foliatio, f. E: vernation, foliation, ptyxis F: préfoliation, f., préfoliaison, f., vernation, f.): Die Lage der Blätter in der Knospe.
G: Während LINNAEUS (1751) foliatio benutzte, setzte sich später (LINNAEUS 1762, GISEKE 1781) vernatio durch, ein Terminus, der aber auch für die Entfaltung der Blätter benutzt wurde (WILLDENOW 1802).
Folgende Typen werden unterschieden:
- **circinat**, spiralig (L: vernatio circinata E: circinate F: circiné, tournoyante): Blätter von der Spitze zur Basis eingerollt (Farnblätter).
- **conduplicat**, zusammengelegt (L: vernatio conduplicata E: conduplicate F: condupliqué): Blätter längs der Mittelrippe

zusammengefaltet.
- **convolut**, gerollt (L: vernatio convoluta E: convolute F: convoluté, supervoluté): Als Ganzes der Länge nach eingerollt.
- **involut**, eingerollt (L: vernatio involuta E: involute F: involuté): Seitenteile der Blätter nach oben eingerollt.
- **plan**, flach (L: vernatio plana F: courbé): Blätter flach, weder gerollt noch gefaltet.
- **plicat**, (mehrfach) gefaltet (L: vernatio plicata E: plicate F: plié): Blätter längs der Seitennerven ziehharmonikaartig gefaltet.
- **revolut**, zurückgerollt (L: vernatio revoluta E: revolute F: révoluté): Seitenteile der Blätter nach unten eingerollt.
Lit.: WYDLER (1851 a).
Veröffentlichung → Publikation
versatil → Antherenbau (C.)
Verticillaster → Scheinquirl
verticillat → Phyllotaxis
Verticillatae: Der von lat. verticillum, Wirtel, abgeleitete Name, wurde verschieden verwendet: **1.** In der älteren Literatur als Bezeichnung für die Lamiaceae (Labiatae), u.a. bei LINNAEUS (1751, S. 34). Tatsächlich handelt es sich hier nicht um echte Wirtel, sondern um → Scheinquirle. **2.** Name für eine Reihe (Ordnung), zu der nur die Casuarinaceae gehören, bei R.v. WETTSTEIN (1908, 2, S. 213).
verwachsenkronblättrig → sympetal
Verwachsung, f. (E: fusion, concrescence F: concrescence, f.): Vorgang, durch den getrennte Pflanzenteile im Laufe der Ontogenie bzw. Phylogenie mit einander verbunden werden. Auch einer der phylogenetischen → Elementarprozesse.
Lit.: VERBEKE (1992).
Verwachsung, congenitale (E: congenital fusion F: soudure congénitale, concrescence congénitale, f.): Eine congenitale Verwachsung liegt dann vor, wenn Organe, die bei verwandten Sippen bzw. bei den Vorfahren getrennt sind, von Anfang der Entwicklung an zusammenbleiben, wie z.B. die Petalen bei den sympetalen Blütenpflanzen. Es handelt sich also nicht um einen ontogenetisch beobachtbaren Vorgang, sondern um einen erschlossenen, „ideellen". Aus diesem Grund wird der Terminus von manchen Autoren ganz verworfen, erweist sich aber als schwer entbehrlich.
G: In die botanische Literatur eingeführt durch PAYER (1857, S. 709). Das franz.
Wort congénital, angeboren, leitet sich vom gleichbedeutenden lat. congenitus her.
Verwachsung, postgenitale (E: postgenital fusion F: soudure postgénitale, concrescence postgénitale): Vorgänge, durch die zwei in der Ontogenie zunächst getrennte Organe fest miteinander verbunden werden. Bei den Pflanzen kommt es dabei nicht zur Plasmaverschmelzung, oft ist aber eine Naht nicht mehr erkennbar (z.B. beim Narbenkopf der Asclepiadaceae).
Verwandtschaft, f. (L: affinitas, f., pl. affinitates E: relationship F: affinité, f., parenté, f.): Verwandtschaft ist ein relatives Maß für größere oder geringere Übereinstimmung zwischen verschiedenen Taxa, die verschieden definiert werden kann (vgl. → Phänetik, → Kladistik).
G: Der Begriff der Verwandtschaft wurde zunächst in übertragenem Sinn für das Maß der Merkmalsübereinstimmung gebraucht. Erst nachdem sich der Evolutionsgedanke durchgesetzt hatte, bekam das Wort einen konkreten Sinn (DARWIN 1859, HAECKEL 1866 a, S. 195).
Verwilderte → Ergasiophygophyten
verworfener Name → nomen rejiciendum
Verzweigung, f., Ramifikation, f. (E: ramification, branching F: ramification, f.): Die Art und Weise der Ausbildung von Seitenzweigen. Entscheidend ist auch, wie lange eine (relative) Hauptachse fortwächst. Bei der **monopodialen** Verzweigung (→ Monopodium) wächst die Hauptachse ständig fort, bei der **sympodialen** (→ Sympodium) stellt sie bald ihr Wachstum ein und wird von einer Seitenachse oder von zweien übergipfelt.
Verzwergung → Nanismus
vesiculär-arbuscular → Mykorrhiza
Vesikel, f. (E: vesicle F: vésicule, f.): In sich geschlossene subzelluläre Struktur, umschlossen von einer Biomembran. Inhalt und Funktionen sind sehr unterschiedlich, häufig dienen sie dem Transport innerhalb der Zelle (von lat.: vesicula, f., Bläschen). Vgl. → Golgi-Vesikel, → Coated Vesicles.
Vexillum, n., Fahne, f. (E: banner, standard F: étendard, m.): Das hintere (adaxiale) größte Petalum der Schmetterlingsblüte bei den Papilionaceae (Fabaceae), auch für analoge Blütenorgane ähnlicher Blüten verwendet.
G: Schon bei LINNAEUS (1751). Das lat. Wort vexillum (n.) bedeutet Fahne, Standarte.

Vibrationsbestäubung, f. (E: buzz pollination, vibrational pollination F: pollinisation par vibration): Besondere Bestäubungsart durch Hymenopteren (Apiden). Dabei wird der Pollen durch die mit dem Flügelschlag erzeugten Vibrationen herausgeschüttelt. Es handelt sich meist um hängende Blüten mit → Streukegel oder → poriciden Antheren und mit kaum klebrigem Pollen.
G: Dieser Typ der Bestäubung wurde zuerst von LINDMAN (1902, S. 23) an *Cassia* genau beschrieben, der von einer „gewaltsamen Vibration des Insektenkörpers und zugleich der ganzen Blüte" spricht.
Lit.: BUCHMANN (1983).
Vielfalt → Biodiversität
Vielzeller, m. (E: multicellular organism F: organisme pluricellulaire): Organismus, der aus zahlreichen Zellen aufgebaut ist (Gegenbegriff: Einzeller, → Protisten).
Vierergruppe → Multilayered Structure
vierschneidig → Scheitelzelle
vierzählig → tetramer
Vikarianz → vikariierende Arten
Vikarianzbiogeographie → Kladistische Biogeographie
vikariierende Arten, stellvertretende Arten (E: vicarious species F: espèces vicariantes): Arten, die im Verhältnis des → Vikarismus zueinander stehen
Vikarismus, m., Vikarianz, f. (E: vicarism, vicariation, vicariance F: vicarisme, m.): **1.** Auftreten nahe verwandter Arten in vergleichbaren Gesellschaften, deren Standortsbedingungen sich in bestimmter Hinsicht (z.B. pH-Wert, Höhenlage) unterscheiden. **2.** Das Verhältnis zwischen zwei Sippen, die sich aus einer weit verbreiteten Art in verschiedenen Gebieten (→ allopatrisch) entwickelt haben, und jetzt voneinander isoliert sind.
G: Der Begriff der vikariierenden Arten wurde zuerst auf sich nahe stehende Arten angewendet, die auf verschiedener geologischer Unterlage (verschiedenen Böden) auftreten, besonders auf Kalk- und kristallinen Gesteinen (schon UNGER 1836, S. 192). VIERHAPPER (1906, S. 550; 1919, S. 20) und ähnlich LÖVE (1954, S. 212) haben die Bedingungen der Arten im Gebiet aus einer gemeinsamen Stammart. Neuerdings wird Vikarianz auch auf Schwestersippen angewandt, die weit entfernte Areale besiedeln.
Vireszenz → Verlaubung

Viridiplantae → Chlorobionta
Viroide, n.pl. (E: viroids F: viroïdes): Nur von Pflanzen bekannte infektiöse Teilchen aus Einzelsträngen von → RNA ohne Proteinhülle. Sie sind viel kleiner als Viren. Viroide verursachen einige Pflanzenkrankheiten.
virulent → Bakteriophagen
Virus, n., pl. Viren (E: virus, pl. viruses F: virus, m.): Infektiöse ultramikroskopische Teilchen, die sich nur in Organismen vermehren können.
G: Virus (mittelalterl. Latein: Gift) wurde zunächst sehr allgemein für Gifte und ansteckende Krankheiten verwendet. LOEFFLER & FROSCH (1898) zeigten an der Maul- und Klauenseuche, dass es infektiöse und sich vermehrende Teilchen gibt, die durch feine Filter gehen. Sie wurden daraufhin als ein „filtrierbarer Virus" bezeichnet. Darauf wurde dann der Begriff Virus eingeschränkt.
Viscidium, n., Klebscheibe, f. (E: viscidium F: rétinacle, m.): Klebdrüse an der Säule der Orchidaceae, die mit den Pollinien in Zusammenhang steht und dazu dient, das → Pollinarium an einem Insekt anzuheften. Es handelt sich um eine Bildung des → Rostellums.
G: RICHARD (1818, S. 27) unterschied bei den Klebkörpern Retinaculum und **Proscolla**, später nannte man beides Glandula oder Viscidium (abgeleitet von lat. viscum, Mistel, aber auch Vogelleim).
Viscinfäden, m.pl. (E: viscin threads or strands F: filaments de viscine): Dünne Fäden von → Sporopollenin, die Pollenkörner miteinander verbinden. Sie können als Teil der Exine angesehen werden. V. kommen bei Onagraceae, Ericaceae und Caesalpiniaceae vor. Sie erleichtern den Transport durch Insekten.
G: Erstnachweis: KERNER VON MARILAUN (1891, S. 101).
Lit.: HESSE (1984).
Vitta, f., pl. **Vittae**: **1.** → Ölstrieme **2.** bei einigen Lebermoosen: Der aus verdickten Zellen bestehende hellere Mittelstreifen der Blättchen, der eine Mittelrippe vortäuschen kann.
Viviparie, f. (E: vivipary [2 + 3: pseudoviviparie] F: viviparie, f.): Verschiedene Erscheinungen, bei denen an der Mutterpflanze Jungpflanzen auftreten, werden meist hierunter zusammengefasst: **1.** Keimen der Samen an der Mutterpflanze („Lebendgebä-

ren"), wie es besonders von Mangrovepflanzen bekannt ist.
G: KIRCHNER (in KIRCHNER, LOEW & SCHROETER 1904) bezeichnet dies als „echte Viviparie". Von MATTFELD (1920, S. 5) wurde hierfür **Bioteknose**, f. (von gr. teknosis, Gebären) vorgeschlagen, hat sich aber nicht durchgesetzt. (vgl. ROBYNS 1971).
2. Ausbildung von Brutsprossen anstelle von Blüten. Beispiele: *Poa vivipara, Allium* spec.
G: Das Eigenschaftswort „viviparus" wurde hierfür schon von LINNAEUS (1753) verwendet, z.B. bei *Polygonum viviparum*. Nach KIRCHNER (in KIRCHNER, LOEW & SCHROETER 1904) „unechte Viviparie".
3. Ausbildung von Brutsprossen in der Blütenregion, aber neben den Blüten (z.B. bei *Juncus bufonius*): **Pseudoviviparie**.
G: POTONIÉ (1894, S. 19) nennt dies „Pseudo-Viviparie".
Lit.: ELMQVIST & COX (1996).
Vivotoxin, n. (E: vivotoxin): Ein Giftstoff, den ein Pathogen in dem befallenen Wirt produziert.
G: DIMOND & WAGGONER (1953)
Vogelausbreitung → Ornithochorie
Vogelbestäubung, Vogelblütigkeit → Ornithophilie
Vogelblume → ornithophile Blume
Vogelverbreitung → Ornithochorie
Volksname → Vernacularname
Vollschmarotzer → Holoparasit
Volva, f. (E: volva F: volve, f.): Scheidenartige derbe oder häutige Hülle am Grunde von → Basidiokarpien, z.B. bei den Phallales oder *Amanita*. Sie geht aus einem → Velum oder einer → Peridie hervor.
G: Der beschreibende Ausdruck (lat. volva, Gebärmutter, Hülle) wurde bei verschiedenen Pilzen schon von MICHELI (1729) verwendet.
Vorblatt, n. Bracteole, f., Prophyll, n. (L: prophyllum, n., bracteola, f. E: prophyll(um), bracteole F: bractéole, f., préfeuille, f.): Die beiden ersten Blätter (bei Dikotylen) oder das erste Blatt (bei Monokotylen) an einer Seitenachse, die sich durch eine festgelegte Stellung auszeichnen. Bei den Dikotylen stehen sie **transversal**, bei den Monokotylen steht das eine Vorblatt meist mit dem Rücken zur Abstammungsachse (→ adossiert).
G: Die lateinische Bezeichnung bracteola findet sich mit einer Eingrenzung auf die Vorblätter im Blütenbereich bei A.P. de CANDOLLE (1813, S. 353). Vorblatt stammt von C.F. SCHIMPER (in A. BRAUN 1835, S. 180). Prophyllum scheint erst später (Erstnachweis: WYDLER 1851 b, S. 292) eingeführt worden zu sein. EICHLER (1875, S. 21) schreibt, die Vorblätter seien auch als „Cotyledonen des Zweiges" bezeichnet worden. – Im Englischen wird häufig nicht deutlich zwischen Trag- und Vorblatt unterschieden. Das Verständnis für die Begriffe wird dadurch erschwert, dass ein Vorblatt gleichzeitig Tragblatt eines Seitensprosses sein kann.
Vorblattdorn, m.: Dorn aus einem Vorblatt. Vorblattdornen treten zu zweit nahe dem Grunde einer Seitenachse auf und können für → Stipulardornen gehalten werden. Beispiel: *Barnadesia* (Asteraceae).
Vorderblüte, f. (E: accessory flower F: fleur accessoire, fleur surnuméraire): Blüte aus einer zwischen Achseltrieb und Tragblatt (*phylloskop*) stehenden (absteigenden) Beiknospe.
G: GOEBEL (1931, S. 120).
Vorhof → Atemhöhle
Vorkeim → Proembryo, → Prothallium, → Protonema
Vorläufer → Präkursor
Vorläuferspitze, f. (E: precursor tip F: acumen précurseur, m.): In der Entwicklung vorauseilende, oft unifaziale Spitze von Laubblättern.
G: RACIBORSKI (1900). Sie ist nach ihm nicht identisch mit der → Träufelspitze.
Vorlager → Prothallus
vorlinnéisch (E: pre-linnean F: prélinnéen): In der Nomenklatur Namen bzw. Werke, die vor der Einführung der binären Nomenklatur, bzw. vor dem → Ausgangspunkt der Nomenklatur, für die meisten Pflanzengruppen dem 1. Mai 1753, veröffentlicht sind. Diese Namen sind zwar nicht gültig, können aber für die Typisierung gültiger Namen von großer Bedeutung sein.
vormännlich → proterandrisch
Vorspelze → Palea
vorweiblich → proterogyn

Wachstum, n. (E: growth F: croissance, f.): Irreversible Größenzunahme eines Organismus oder seiner Teile. Bei den Pflanzen unterscheidet man:

Wachstumswasser

A. nach den Ursachen der Vergrößerung:
- **Plasmawachstum.** Wachstum, bei dem durch Neusynthese von Stoffen (vor allem Proteinen) das Plasma vermehrt wird.
- **Streckungswachstum**, postembryonales Wachstum. Wachstum, das auf Wasseraufnahme und Vakuolenbildung beruht, während das Plasma kaum vermehrt wird.
- **Teilungswachstum** (bei mehrzelligen Organismen): Wachstum durch Zellteilungen. Diese folgen gewöhnlich auf das Plasmawachstum. Plasmawachstum und Teilungswachstum können zusammen als embryonales Wachstum bezeichnet werden.
B. Nach der Lage der Wachstumszonen (bei mehrzelligen Organismen):
- **Spitzenwachstum** (vgl. auch das Stichwort → Spitzenwachstum): Wachstum durch die → Apikalmeristeme.
- **interkalares Wachstum**: Wachstum in Zonen, die nicht an den Spitzen liegen. Interkalares Wachstum zeigen die Sporophyten von *Anthoceros*, Sprosse von *Equisetum* und von Gräsern (Poaceae). Lat. intercalaris, eingeschaltet.
Wachstumswasser → Wasserhaushalt
Wachse, n.pl. (E: waxes F: cires): Mischungen von Fettsäureestern höherer Alkohole. Wachse sind ausgeprochen wasserabstoßend (hydrophob), aber leicht schmelzend. Sie werden von Tieren (Bienenwachs!) und Pflanzen (→ Epicuticularwachs) gebildet.
Wachsüberzug → Epicuticularwachs
Wagner tree (F: arbre de Wagner): Graphische Darstellung der Phylogenie, die auf der Grundlage der → Groundplan-divergence Methode entwickelt wurde.
Wald, m. (E: forest, woodland F: forêt, f.): Natürliche oder halbnatürliche Pflanzengesellschaft, die von einem mehr oder wenigen dichten Bestand an Bäumen beherrscht wird. Ein angepflanzter Baumbestand wird als **Forst** (m.) bzw. **Forstgesellschaft** (f.) bezeichnet. Diese Unterscheidung ist so im Englischen und Französischen nicht möglich.
Waldgrenze, f. (E: forest line F: limite forestière, f.): Die Grenze zwischen einem einigermaßen geschlossenen Baumbestand und einem Gebiet, in dem aus klimatischen Gründen kein Baumwuchs möglich ist. Waldgrenzen gibt es im Gebirge und an der Grenze zur Arktis, aber auch zu Trockengebieten.

Wallace-Effekt, m. (E: Wallace effect F: effet Wallace): Entstehen von Mechanismen zur reproduktiven Isolation durch Selektion im Grenzbereich des Areals zweier → parapatrischer Sippen, die noch nicht vollen Artstatus erlangt haben.
G: Von V. GRANT (1966, S. 99) nach A.R. WALLACE (1823-1913) benannt, der das Phänomen 1889 beschrieben hat.
wandbrüchig → septifrag
Wanderung → Migration
wandspaltig → septicid
wandständig → Placentation
Wardsche Kiste, f. (E: Wardian case F: serre portative de Ward): Tragbares Glashaus zum Transport von Pflanzen, insbesondere auf Schiffsreisen.
G: Benannt nach NATHANIEL BAGSHAW WARD (1791-1868), der dies Gerät 1829 entwikkelte. Die Wardsche Kiste spielte im 19. Jahrhundert eine wichtige Rolle bei der Einfuhr lebender Pflanzen von Übersee nach Europa und umgekehrt.
Wasserausbreitung → Hydrochorie
Wasserbilanz, f. (E: water balance F: bilan d'eau): Die Differenz zwischen dem aufgenommenen und dem durch die → Transpiration abgegebenen Wasser. Sie kann in Trockenperioden für einige Zeit negativ sein, merklich wachsen kann aber eine Pflanze nur bei einer positiven Wasserbilanz.
Wasserblatt, n. (E: water leaf F: feuille submergée): Blatt, das submers wächst und meist fein zerteilt ist. Dadurch unterscheidet es sich oft auffällig von den schwimmenden Blättern (z.B. bei *Ranunculus* sect. *Batrachium*). Einen Sonderfall stellen die nicht grünen Wasserblätter beim Wasserfarn *Salvinia* dar, die Wurzelfunktion haben.
Wasserblütigkeit, Wasserblütler → Hydrogamie
Wasserfarne → Hydropterides
Wassergewebe → Hydrenchym
Wasserhaushalt (der Pflanzen), m. (E: water budget, water regime): Das bei den Kormophyten überwiegend durch die Wurzel aufgenommene Wasser ist universelles Lösungsmittel und an vielen Stoffwechselvorgängen beteiligt. Ein erheblicher Teil, das so genannte **Wachstumswasser**, dient der Volumenvergrößerung (vgl. → Wachstum), ein weiterer Teil geht der Pflanze durch → Transpiration verloren (**Transpirationswasser**). In allen Trockengebieten ist der sparsame Umgang

mit Wasser für die Pflanzen lebensnotwendig. Die Pflanzen können sich jedoch nicht völlig vor Verdunstung (Transpiration) schützen, da sie auf die Aufnahme von CO_2 angewiesen sind.
Wasserkelch, m.: Kelch, der im Knospenstadium mit einer wässrigen Flüssigkeit angefüllt ist, in dem sich die übrigen Blütenteile entwickeln.
G: Wasserkelche wurden zuerst von TREUB (1889 b) bei *Spathodea campanulata* (Bignoniaceae) beobachtet.
Wasserkultur → Hydrokultur
Wassernutzungseffizienz → Transpirationskoeffizient-
Wasserpflanze → Hydrophyt
Wasserpore → Hydathode
Wasserpotential (E: water potential F: potential d'eau): Das Wasserpotential ist eine themodynamisch abgeleitete Größe, die den „Zustand" des Wassers in einem System, z.B. einer Pflanzenzelle, charakterisiert. Es gibt den Betrag an, um den ein Mol Wasser enthalpieärmer oder − reicher ist als reines Wasser unter Normaldruck, für das das Potential 0 definiert wird. Das Wasserpotential wird bestimmt durch den hydrostatischen Druck und durch die Konzentration an osmotisch wirksamen Substanzen. Die Wasserbewegung folgt Gradienten im Wasserpotential. Eine voll turgeszente Zelle hat das Gesamtwasserpotential 0, eine welke Zelle mit negativem Gesamtwasserpotential nimmt Wasser aus ihrer Umgebung mit höherem Potential auf.
Wasserreis, n. (E: water shoot, water sprout F: branche gourmande): Bei Holzpflanzen ein kräftig wachsender, meist senkrecht aufsteigender Spross aus schlafenden Knospen. Wasserreiser haben oft größere und abweichend geformte Blätter.
Wassersack, m. (E: water sac F: saccule aquifère, cornet, poche à eau): Sackartige Bildung aus dem Unterlappen der Flankenblätter bei manchen Jungermanniales (z.B. *Frullania*), die Wasser speichern kann.
G: Vgl. GOEBEL (1887, S. 22).
Wassersättigungsdefizit, n., WSD (E: water saturation deficit): Der Prozentsatz an Wasser, der einem Pflanzengewebe zur vollen Sättigung fehlt.
Wasserspalte → Hydathode
Wasserspeichergewebe → Hydrenchym
Wasserverbreitung → Hydrochorie

Wasserzelle → Speichertracheide
wechselständig → Phyllotaxis (A.)
Wedel, m., Farnwedel (E: frond F: fronde, f.): Die → Megaphylle der → Farne.
G: HOFMEISTER (1855 a, S. 132) hielt sie für „Zweige begrenzten Wachsthums und blattähnlicher Bildung." Heute gelten sie als echte Blätter, bei fossilen Formen kann es aber auch jetzt noch strittig sein, ob ein „Wedel" einem Blatt oder einem Spross entspricht. − Zur Beschreibung von Farnblättern gibt es eine besondere Terminologie: TRYON (1960).
weiblich → Geschlecht
Weichbast → Bast
Weismannismus, m., Panselektionismus, m. (E: Weismannism F: Weismannisme, m.): Zuerst mit Nachdruck von AUGUST WEISMANN (1834-1914) vertretene Form der Evolutionslehre, die die Vererbung erworbener Eigenschaft und die Wirkung innerer richtender Faktoren ablehnt und die Selektion als entscheidende Kraft ansieht. - Auch die (nur bei vielzelligen Tieren anwendbare) Keimbahntheorie von WEISMANN kann als W. bezeichnet werden.
G: ROMANES (1893).
Weißfäule, f. (E: white rot F: pourriture blanche, f.): Form der Holzzersetzung, bei der zunächst vor allem Lignin, später auch Cellulose abgebaut wird. Sie wird durch Basidiomyceten verursacht.
Wespenblume, f. (E: wasp-flower F: fleur à guêpes): Blume, die bevorzugt von Wespen aufgesucht werden. Wespenblumen werden heute im Allgemeinen nicht als eine besonderer Blumentyp anerkannt (→ Melittophilie).
G: H. MÜLLER (1879, S. 65).
Wickel, m., Cicinnus, m., cincinnus, m. (L: cincinnus, m., cicinnus, m. E: scorpioid cyme, cincinnus F: cyme unipare scorpioïde): Monochasiale Verzweigung im Infloreszenzbereich bei Dikotylen, die abwechselnd aus dem rechten und linken Vorblatt erfolgt. Häufig geht eine anfänglich dichasiale Verzweigung in eine monochasial wickelige über.
G: C.F. SCHIMPER, der selten etwas veröffentlichte, verteilte 1834 auf der Naturforscherversammlung eine Tafel mit dem Titel „Dichasium, bostryx et cicinnus". Veröffentlicht wurde dies mit anderen Ergebnissen in einem ausführlichen Referat von A. BRAUN

(1835, S. 188/189). Die Schreibung Cicinnus findet sich noch bei SACHS (1873), später setzte sich die lateinische Form „cincinnus" (lat. Haarlocke, gekräuseltes Haar, aus gr. kikinnos) durch. Die deutsche Bezeichnung „Wickel" für die Verzweigung bei Boraginaceen gibt es schon bei C.F. SCHIMPER (1829/30).
Wiederholungsspross, Wiederholungstrieb → Parakladium
Wildtyp, m. (E: wild type F: type sauvage): In der Genetik Bezeichnung für die Phänotypen, die in der freien Natur am häufigsten anzutreffen sind (im Gegensatz zu in Versuchen aufgetretenen Mutanten bzw. durch Züchtung entstandenen Sippen). Nach unserer Kenntnis der genetischen Vielfalt fast aller Sippen handelt es sich selbst dann nicht um einen einheitlichen Genotypus, wenn der Wildtyp kaum variabel zu sein scheint. Auch das in der Natur häufigste Allel eines Gens kann als der Wildtyp bezeichnet werden.
Wimper → Cilie
Windausbreitung → Anemochorie
windbestäubt → anemogam
Windbestäubung → Anemogamie
windblütig, Windblütler → anemogam
Windepflanze → Liane
Windstreuer → Boleochore
Windverbreitung → Anemochorie
winterannuell → annuell
Winterknospe (bei Wasserpflanzen) → Turio
Wintersteher, m. (E: winter stander): Pflanze des gemäßigten Klimas, bei der die Diasporen erst im Frühjahr verbreitet werden.
G: SERNANDER (1901, S. 323, 453).
Wirkungsspektrum, n., Aktionsspektrum, n. (E: action spectrum, F: spectre d'action): Quantitative Darstellung der Abhängigkeit eines Vorganges von der Wellenlänge des eingestrahlten Lichtes. Das Wirkungsspektrum erlaubt Rückschlüsse auf die Natur des Akzeptors.
Wirkungsspezifität → Enzym
Wirt, m. (E: host plant F: hôte, m.): Die Pflanze (**Wirtspflanze**, f. E: host plant F: plante hôte) oder das Tier, auf der oder in der ein Parasit lebt. Bei Wirtswechsel (→ heterözisch) unterscheidet man einen → Hauptwirt und einen Zwischenwirt.
Wirtel, m., Quirl, m. (L: verticillus, m., pl. verticilli E: whorl F: verticille, m.): Zwei oder mehrere Blätter, die an einem Knoten ansitzen. Die aus deren Achseln entspringenden Äste bilden ebenfalls einen Wirtel. Wenn mehrere Äste Blüten tragen, spricht man auch von einem Blütenquirl (vgl. → Scheinquirl).
G: In der älteren Literatur (und auch im Englischen und Französischen) hat ein Wirtel immer mindestens drei Glieder. TROLL (1937, S. 97) nennt auch die gegenständige Stellung mit zwei Blättern am Knoten wirtelig.
wirtelig → Phyllotaxis (A.)
Wirtelstellung → Phyllotaxis (A.)
Wirtspflanze → Wirt
Wirtsspezifität, f. (E: host specificity F: spécificité de l'hôte): Strenge Bindung eines Parasiten an ein Taxon, meist eine Art oder Gattung. Sie besteht z.B. für viele Brand- und Rostpilze, aber auch für manche *Orobanche*-Arten.
Wirtswechsel, wirtswechselnd → heterözisch (1.)
Wolladventivpflanzen → Ephemerophyt
WSD → Wassersättigungsdefizit
Wuchsform, f. (E: growth form F: forme de croissance): Die morphologische Ausgestaltung einer Pflanze im Hinblick auf Lebensdauer, Dauer der einzelnen Teile, Verzweigung etc. Es gibt eine Überschneidung mit dem Begriff → Lebensform und manche Autoren unterscheiden nicht zwischen diesen Bezeichnungen. Man kann sagen, dass die Bezeichnung Wuchsform morphologisch ausgerichtet ist, Lebensform dagegen mehr ökologisch (vgl. BARKMAN 1988). Der Begriff **Morphotypus** für Wuchsformen ist wegen der Vieldeutigkeit des Begriffs Typus nicht zu empfehlen.
G: WARMING (1909, S. 3).
LIT.: KÄSTNER & KARRER (1995).
Wuchsstoffe → Phytohormone
Würzelchen → Rhizoid
Wüste, f. (E: desert F: désert, m.): Landschaftstyp, der wegen der extrem geringen Niederschläge verbunden mit hohen Temperaturen sehr spärlich bewachsen ist. Im Extremfall fehlen höhere Pflanzen ganz.
Wundparenchym, n. (E: traumatic parenchyma F: parenchyme cicatriciel): Parenchym, das nach Verwundung gebildet wird.
Wurzel, f., Radix, f. (L: radix, f., pl. radices E: root F: racine, f.): Eines der Grundorgane der Kormophyten, gekennzeichnet durch Blattlosigkeit, → endogene Verzweigung und den Besitz einer → Kalyptra.

Wurzeln wachsen in der Regel im Boden und haben die Funktion der Wasseraufnahme und der Verankerung. Bei einigen epiphytischen Orchideen haben Wurzeln die Funktion der Photosynthese übernommen. Man unterscheidet bei den Wurzeln:
- **Primärwurzel** (Hauptwurzel) (E: main root F: racine principale): Die aus der Radicula des Embryos entstandene Wurzel (siehe auch → Primärwurzel).
- **Seitenwurzel** (E: lateral root F: racine latérale): Endogen aus einer Primärwurzel (oder einer sprossbürtigen Wurzel) entspringende Wurzel (siehe auch → Seitenwurzel).
- **sprossbürtige Wurzel** (E: adventitious root F: racine adventive): Wurzel, die endogen aus einem Spross entspringt (vgl. → Adventivwurzel).
Lit.: TROLL (1949 a); SPETA (1997): Geschichte der Wurzelforschung.
Wurzelanlage → Radicula
Wurzelatmung → Atmung
Wurzelbrut → Wurzelknospe
Wurzeldorn, m. (E: root thorn F: épine radiculaire): Sprossbürtige Wurzel, die dornartig ausgebildet ist. Der seltene Fall ist von einigen Epiphyten, besonders *Myrmecodia* (Rubiaceae), und von Palmen bekannt.
G: CARUEL (1872, S. 171) war der Erste, der die Wurzelnatur der Dornen an der Knolle von *Myrmecodia* erkannte.
Wurzeldruck, m. (E: root pressure F: pression racine): Druck mit dem Wasser von der Wurzel in das Xylem gedrückt wird. Er ist verantwortlich für die → Blutung vieler Holzpflanzen bei Verletzung.
Wurzelhaar, n. (E: root hair F: poil radical, poil absorbant): Einzelliges Haar der Wurzel, das der Aufnahme von Wasser mit gelösten Mineralsalzen dient. Es handelt sich um einen Auswuchs einer einzelnen Zelle, eines → Trichoblasten, in der → Rhizodermis.
Lit.: PETERSON & FARQUHAR (1996).
Wurzelhals, m. (E: collar, root crown F: collet, m. [de la racine]): Das untere, zuweilen deutlich angeschwollene Ende des Hypokotyls. Es ist noch mit der Sprossepidermis bedeckt, deren Zellen häufig zu → Wurzelhalsrhizoiden auswachsen. Im Bereich des Wurzelhalses vollzieht sich der Übergang von der zentralen Stele zur Anordnung der Leitbündel in der Sprossachse.
Wurzelhalsrhizoid, n.: Einzelliges Trichom, welches als Auswuchs einer Epidermszelle des → Wurzelhalses entsteht. Wurzelhalsrhizoide verankern den jungen Keimling im Substrat. Sie sind meist länger und etwas langlebiger als die Wurzelhaare.
Wurzelhalstumor, m. (E: crown gall F: tumeur du collet): Durch Infektion mit *Agrobacterium tumefaciens* verursachte Wucherung am → Wurzelhals oder Spross bei Gymnospermen und Dikotylen. Das Bakterium überträgt aus dem **Ti-Plasmid** die **T-DNA** in die Kern-DNA des Wirtes. Unter anderem enthält die T-DNA Gene zur Wuchsstoffbildung, die die Tumorbildung auslösen. Der Tumor kann sich dann auch ohne Anwesenheit von Bakterien weiterentwickeln.
G: Der seit dem Altertum bekannte Tumor bekam große Bedeutung nach der Feststellung, dass bei seiner Bildung Genmaterial übertragen wird. Die so genannte **Agroinfektion** ist heute die Standardmethode in der Gentechnik.
Wurzelhaube → Kalyptra
Wurzelkletterer, m.: Pflanze, die mit Hilfe von sprossbürtigen → Wurzeln an einer senkrechten Unterlage (Baum, Felswand) emporklettern kann. Die Wurzeln fungieren dabei nur als Haftwurzeln oder auch als Nährwurzeln. Wurzelkletterer sind besonders häufig bei den Araceae, in der einheimischen Flora ist *Hedera helix* die bekannteste Art dieser Wuchsform.
Wurzelknöllchen, n. (E: root nodule F: nodosité, f.): Knotige Verdickungen an den Feinwurzeln, in denen sich Bakterien (z.T. Actinomyceten) befinden, die als Symbionten Luftstickstoff fixieren (→ Stickstoff-Fixierung). Am bekanntesten sind die Wurzelknöllchen bei den Fabaceae (Leguminosae), die Bakterien der Gattung *Rhizobium* enthalten, und von großer wirtschaftlicher Bedeutung sind. In den Wurzelknöllchen verändern sich die Bakterien zu → Bakteroiden und es wird → Leghämoglobin gebildet.
Lit.: BERGERSEN (1982), WERNER (1992).
Wurzelknolle, f. (E: root tuber F: tubercule radiculaire): (Sprossbürtige) Wurzel, die Stoffspeicherung als Hauptfunktion hat (vgl. auch → Speicherwurzel).
Wurzelknospe, f. (E: root bud F: bourgeon radiculaire): Sprossknospe, die an einer Wurzel entsteht. Aus ihr kann sich ein **Wurzelspross** (E: root sucker F: pousse radiculaire) entwickeln. Vermehrung durch Wurzelsprosse ist z.B. für *Cirsium arvense*

typisch. Wurzelsprosse werden auch als **Wurzelbrut** bezeichnet.
Lit.: RAUH (1937).
Wurzelmütze → Kalyptra
Wurzelparasit → Parasit
Wurzelpol, m.: Am Embryo der Samenpflanzen der Bereich, aus dem sich die Primärwurzel entwickelt. Er liegt dem → Sprosspol gegenüber.
Wurzelscheide → Koleorrhiza
Wurzelspross → Wurzelknospe
Wurzelstock → Rhizom
Wurzelsukkulenz → Sukkulenz
Wurzelsystem, n. (E: root system F: système racinaire): Alle Wurzeln, die aus der Verzweigung einer Wurzel hervorgehen. Aus der Primärwurzel geht das **Primärwurzelsystem** hervor. Vgl. → Radikation.
Wurzeltasche, f. (E: root pocket F: poche [digestive]): Hülle um eine endogen gebildete Wurzel (sprossbürtige Wurzeln, Seitenwurzeln), die aus der Endodermis der Ursprungswuzel entsteht, die durch tangentiale Teilungen mehrschichtig wird. Meist vergeht die Wurzeltasche bald, bei manchen Wasserpflanzen (z.B. *Lemna, Pistia*) ersetzt sie die → Kalyptra.
Wurzelträger → Rhizophor

Xanthophylle → Carotinoide (2.)
X-Chromosom, n. (E: X-chromosome F: chromosome X): Bei Pflanzen mit Geschlechtschromosomen das Chromosom, das bei Haplonten das weibliche Geschlecht bestimmt, bzw. bei Diplonten homozygot (XX) vorhanden ist.
G: E.B. WILSON (1909, S. 57) sprach von einem „X-element".
Xenie, f. (E: xenia F: xénie, f.): Veränderung an den Samen (z.T. auch Früchten) einer Blütenpflanze unter dem Einfluss der Befruchtung durch eine genetisch abweichende Pflanze. Erklärbar durch die doppelte Befruchtung (→ Befruchtung der Angiospermen): das Endosperm hat bereits Hybridcharakter und kann z.B. für die Färbung der Samen verantwortlich sein. Am auffälligsten sind Xenien beim Mais.
G: Der Ausdruck Xenien (von gr. xenion, Gastgeschenk) wurde von FOCKE (1881, S. 510) geprägt.
Xenogamie, f., Kreuzbestäubung, f. (E: xenogamy F: xénogamie, f.): Bestäubung zwischen verschiedenen Individuen, Fremdbestäubung (→ Allogamie) im engeren Sinn (unter Ausschluss der Geitonogamie).
G: KERNER (1876, S. 192), von gr. xenos, fremd.
Xenophyt, m. (E: xenophyte F: xénophyte): Pflanze, die unbeabsichtigt vom Menschen in ein Gebiet eingeschleppt wurde (z.b. als Saatgutbeimengung, mit Wolle, Südfrüchten etc.).
G: HOLUB & JIRÁSEK (1967, S. 107), von gr. xenos, fremd.
Xeroballochorie → Ballochorie
Xerochasie, f. (E: xerochasy F: xérochasie, f.): Öffnen von Kapseln und Ausstreuen der Samen bei Trockenheit, entsprechend Öffnen von Sporangien und Ausstreuen von Sporen.
G: ASCHERSON (1892, S. 94) von gr. xeros, trocken, und chainein, klaffen, sich öffnen. Aufgliederung in verschiedene Typen bei LHOTSKÁ (1975).
xeromorph (E: xeromorphic F: xéromorphe): Adj. zu → Xeromorphie.
Xeromorphie, m. (E: xeromorphy F: xéromorphie, f.): Auftreten eines Merkmalskomplexes, den man vor allem bei Pflanzen trockener Standorte findet: Kleine, hartlaubige Blätter mit dicker Cuticula, eingesenkten Stomata, oft starke Behaarung.
G: WARMING (1909, S. 193). - Vgl. ausführliche Diskussion des Begriffes bei SEDDON (1974).
Xeromorphose, f. (E: xeromorphosis): Modifikative Formänderung durch Trockenheit (→ Xeromorphie).
xerophil (E: xerophilous, xerophilic F: xérophile): Pflanze, die trockene Standorte bevorzugt.
Xerophyt, m. (E: xerophyte F: xérophyte, f.): Pflanze, die typischerweise an einem trokkenen Standort wächst.
G: Nach WARMING (1909, S. 101) von SCHOUW (1822/23) geprägt. Vgl. SEDDON (1974).
Lit.: FAHN & CUTLER (1992).
Xylem, n., Holzteil, m., Gefäßteil, m. (E: xylem F: xylème, m.): Das wasserleitende Gewebe der Samenpflanzen. Bei einem Leitbündel werden oft auch mechanische Elemente (Sklerenchymfasern), die es begleiten, zum Xylem gezählt. Das **primäre Xylem** entwickelt sich aus dem → Procambium, das **sekundäre X.** aus einem → Cambium,

das in der Regel nach innen Holz bildet.
G: Eingeführt von NÄGELI (1858, S. 9), von gr. xylon, Holz. Die deutsche Bezeichnung Gefäßteil wurde zuerst von DE BARY (1877, S. 330) benutzt. Der Begriff → Hadrom ist im Wesentlichen gleichbedeutend, schließt aber mechanische Elemente ausdrücklich aus.
Xylementwicklung, f. (des primären Xylems):
A. Nach der Zeit der Differenzierung wird unterschieden
- **Protoxylem** (E: protoxylem F: protoxylème, m.): Das zuerst fertig ausgebildete Xylem innerhalb eines Leitbündels. Es zeichnet sich durch Ring- und Schraubentracheiden aus, die eine passive Längsdehnung zulassen, außerdem durch einen geringen Durchmesser der Zellen.
G: RUSSOW (1872, S. 3).
- **Metaxylem** (E: metaxylem F: métaxylème, m.): Das später fertige primäre Xylem, das verschiedenartig getüpfelte Tracheen mit größerem Durchmesser enthält.
B. Nach dem Ausgangspunkt der Xylementwicklung (der Lage des Protoxylems) unterscheidet man:
- **endarch** (E: endarch F: endarche): Das Protoxylem liegt innen, die Entwicklung erfolgt zentrifugal (bei Leitbündeln in der Sprossachse der Spermatophyten).
- **exarch** (E: exarch F: exarche): Das Protoxylem liegt außen, die Entwicklung erfolgt zentripetal. Beispiele: *Lycopodium*, Wurzeln der Samenpflanzen.
- **mesarch** (E: mesarch F: mésarche): Das Protoxylem liegt zentral, die Entwicklung erfolgt sowohl zentrifugal als auch zentripetal.
G: METTENIUS (1861, S. 581) unterschied zentrifugale und zentripetale Entwicklung, exarch und mesarch finden sich bei SOLMS-LAUBACH (1887, S. 263).
Xylemfaser → Faser
Xylemparenchym → Holzparenchym
Xylopodium, n. (E: xylopodium F: xylopode, m.): Verholzte Basis krautiger Pflanzen in Trockengebieten, die als Wasserspeicher dient, aber auch das Überleben bei Bränden erleichtert. - Der Begriff wird auch für die verdickte, holzige Basis von Sträuchern verwendet (RAUH 1950, S. 53).
G: Von LINDMAN (1900, S. 109) aus den Campos Brasiliens beschrieben. Vgl. → Lignotuber.
Xylotomie, f. (E: xylotomy F: xylotomie, f.): Holzanatomie.

Y-Chromosom, n. (E: Y-chromosome F: chromosome Y): Bei Pflanzen mit Geschlechtschromosomen das Chromosom, das bei Haplonten das männliche Geschlecht bestimmt, bzw. bei Diplonten mit männlicher Heterogametie, das Chromosom, das nur im männlichen Geschlecht auftritt (XY).
G: E.B. WILSON (1909, S. 57) sprach von einem „Y-element".

Zäpfchenrhizoid, n. (E: tuberculate rhizoid, pegged rhizoide F: rhizoïde tuberculé, rhizoïde à paroi tuberculée): Spezielle Rhizoiden der Marchantiales (Lebermoose), die mehr oder weniger zäpfchenartige nach innen vorspringende Wandverdickungen aufweisen.
G: Die schon früher beobachteten Rhizoiden nannte LEITGEB (1881, S. 19) Zäpfchenrhizoiden.
Zapfen, m., Strobilus, m. (L: strobilus, conus E: strobile, cone F: strobile, m., cône, m.): Blüte oder Blütenstand mit verlängerter, verholzender Achse und (beim Blütenstand) verholzenden Tragblättern. Außer bei den Coniferen, die den Zapfen ihren Namen verdanken, treten Zapfen auch z.B. bei *Alnus* oder Proteaceen auf.
G: Für die zunächst als Blüten angesprochenen Zapfen der Coniferae wurde die **Blütenstandstheorie** schon von A. BRAUN (1831, S. 199/200) vertreten. Bestätigt wurde sie durch die Untersuchungen an fossilen Coniferen von FLORIN (1951).
Zapfenschuppe, f. (E: cone scale F: écaille tectrice): Eine der holzigen Schuppen des reifen Zapfens der Coniferen, die meist aus der → Samenschuppe hervorgegangen ist (bei *Araucaria* aus der → Deckschuppe).
Zeitgeber → Tagesrhythmik
Zellatmung, f. (E: cellular respiration F: respiration cellulaire, f.): Im engeren Sinn der oxidative Abbau des Pyruvats (aus der Glykolyse) in den → Mitochondrien. Es wird zunächst Acetyl-CoA gebildet, das in den → Citrat-Zyklus eingeht. Daran schließt die →

Atmungskette an, die schließlich Sauerstoff und ATP liefert.
Zellautonomie, f.: Die rein genetisch gesteuerte Entwicklung einer Zelle. Meist besteht aber keine Zellautonomie, sondern die geregelte Entwicklung wird von der Einwirkung benachbarter Zellen beeinflusst.
Zellbiologie, f. (E: cell biology F: biologie cellulaire): Erforschung von Bau und Funktion der Zelle mit den Mitteln der Feinstrukturforschung, Physiologie, Biochemie und Molekularbiologie.
G: Die Bezeichnung Zellbiologie löste etwa ab 1950 den Begriff → Cytologie ab.
Zelle, f. L: cellula, f., pl.cellulae (E: cell F: cellule, f.): Grundeinheit der (eucaryotischen) Organismen, deren wesentliche Bestandteile Kern bzw. Kernäquivalent und Protoplasma mit verschiedenen Organellen sind. Die pflanzliche Zelle unterscheidet sich von der tierischen meist durch das Vorhandensein einer → Zellwand, einer → Zentralvakuole und von → Plastiden.
G: HOOKE (1665, S. 100, 112-113) sah an Kork und Holzkohle zunächst die Zellwände, und die Bezeichnung cells (lat. cellula, kleine Kammer, Mönchszelle) bezeichnet die leeren Räume. Schon HOOKE und GREW war aber klar, dass die Zellen einen Inhalt haben, der wichtig ist (vgl. MATZKE 1943). Siehe auch → Zelltheorie.
Zellbildung, freie: Bildung einer Zellwand um einen aus einer freien Kernteilung hervorgegangenen Kern. Es muss dabei nicht das ganze Plasma der Mutterzelle aufgebraucht werden.
G: Die Bezeichnung wird schon von A. BRAUN (1850, S. 244) verwendet.
Zellenlehre 1. → Cytologie **2.** → Zelltheorie
Zellfaden (bei Cyanobakterien) → Trichom (2.)
Zellfamilie, f.: Eine Zellgruppe, die von einer Mutterzelle abstammt.
G: HANSTEIN (1870, S. 4).
Zellgürtel → Cingulum
Zellhaut → Zellwand
Zellhybride, f., Cybride, f. (E: cybrid F: cybride, m.): Pflanze, die aus einer Zellfusion wandloser → Protoplasten mit anschließender Zellkultur hervorgegangen ist. Dabei stammt der Zellkern aus einem der Elter, die übrigen Organellen von einem oder beiden Eltern.

Zellkern → Nucleus
Zellkultur, f. (E: cell culture F: culture cellulaire): Die Kultur von Einzelzellen außerhalb eines Organismus in einem geeigneten Medium unter mehr oder weniger sterilen Bedingungen.
G: Die ersten Versuche der Kultur einzelner Zellen führte HABERLANDT (1902) durch, der Zellen des Assimilationsparenchyms zum Wachstum, aber nicht zur Teilung bringen konnte (vgl. HÖXTERMANN 1997).
Zellmembran, f. (E: cell membrane F: membrane cellulaire): Der Terminus Zellmembran ist für zwei ganz verschiedene Strukturen verwendet worden: **1.** → Zellwand **2.** → Plasmamembran (Plasmalemma) Nur im Sinne von Plasmamembran wird das Wort heute noch verwendet.
Zellplatte, f. (E: cell plate F: plaque cellulaire, f.): Im Bereich des → Phragmoplasten gebildete erste Wandschicht zwischen zwei Zellen, die zur Mittellamelle wird.
Zellsaft, m. (E: cell sap F: suc cellulaire, m.): Die wässrige Lösung in den → Vakuolen.
Zellsprossung, f., Knospung, f. (E: sprouting, budding F: bourgeonnement, m.): Modus der Zellvermehrung, bei der nach der Mitose ein Tochterkern in eine Ausstülpung der Mutterzelle wandert, die anschließend zu deren Größe heranwächst und sich schließlich ablöst. Typisch für die Hefepilze.
Zellteilung, f., Cytokinese, f. (E: cell division, cytokinesis F: division cellulaire, cytokinèse, f.): Vorgang der Zellvermehrung, bei dem bei den Pflanzen im Allgemeinen unmittelbar nach einer Kernteilung das Plasma der Zelle durch das Einziehen einer Wand geteilt wird. Die geschieht in verschiedener Weise; bei vielen Algen unter Bildung eines → Phycoplast, bei wenigen Grünalgen und den Landpflanzen mit einem → Phragmoplast.
G: Schon 1766 beobachtete ABRAHAM TREMBLEY (1710-1784) die Teilung einer Diatomee (vgl. J.R. BAKER 1951). Bekannnter wurde der Vorgang der Zellteilung zunächst durch Beobachtungen bei einzelligen und fädigen Algen (TURPIN 1826, MORREN 1830, MOHL 1835 b) und Sporen, erst später bei pflanzlichen Geweben (z.B. UNGER 1841). NÄGELI (1844/46) entwickelte die (irrtümliche) Vorstellung, dass sich die neue Wand als vollständiger geschlossener Schlauch um das geteilte Plasma bildet.

Zellteilung, inaequale (E: unequal cell division F: division cellulaire inégale): Teilungsvorgang, bei dem sich die Tochterzellen in der Größe und häufig auch in anderen Merkmalen (z.B. Plasmareichtum) von Anfang an unterscheiden. Solche Zellteilungen findet man z.B. bei der Blattbildung der *Sphagnum*-Arten und bei der Entwicklung von Stomata.

Zelltheorie, f. (E: cell theory F: théorie cellulaire): Die Erkenntnis, dass Pflanzen und Tiere aus prinzipiell vergleichbaren Einzelelementen, den Zellen, aufgebaut sind, die alle wesentlichen Lebensfunktionen ausführen können. Damit verbunden ist das Wissen, dass es einzellige Organismen gibt und dass auch mehrzellige Organismen einzellige Stadien haben. Die Zelltheorie darf aber nicht so verstanden werden, dass die Pflanzen nur Aggregate von Zellen seien (vgl. KAPLAN & HAGEMANN 1991).
G: Die Zelltheorie wird im Allgemeinen der Zusammenarbeit zwischen dem Botaniker M.J. SCHLEIDEN (1838) und dem Zoologen TH. SCHWANN (1810-1882) zugeschrieben, die ihr zum Durchbruch verholfen haben. SCHWANN (1839, S. 197, vgl. Repr.: JAHN 1987) sprach bereits von einer "Zellentheorie". Es gibt aber Vorläufer wie z.B. in der Zoologie JAN EVANGELISTA PURKINJE (1787-1869) und seine Schule (vgl. STUDNICKA 1927, FRANKENBERGER 1961), in der Botanik C.F.B. de MIRBEL, F.J.F. MEYEN und H. MOHL (KRAUSSE 1990).
Lit.: DARAPSKY (1880), STUDNICKA (1927, 1933), KARLING (1939), CONKLIN (1939), J.R. BAKER (1949-55), K.-P. MÜLLER (1984), CREMER (1985), JAHN (1987),

Zelltod, hypersensitiver: Von einem → Elicitor hervorgerufene Reaktion, die zum Absterben der von einem → Pathogen betroffenen Zelle führt, wobei das angreifende Pathogen mit abstirbt.

Zelltod, programmierter (E: programmed cell death): Die Erscheinung des gesetzmäßigen Absterbens einzelner Zellen im Laufe der Ontogenie z.B. bei der Xylembildung. Ein Spezialfall ist die **Apoptosis**, die bei Pflanzen aber eine geringe Rolle spielt.
G: Apoptosis stammt von J.F.R. KERR et al. (1972), abgeleitet von apo, von ... weg, durch, und ptosis, Leichnam.

zellulär → Endospermentwicklung

Zellwand, f. (E: cell wall F: paroi cellulaire, f.): Nicht lebende, vom Protoplasten ausgeschiedene Substanzen, die eine Pflanzenzelle nach außen abgrenzen. Neben der zuerst gebildeten → Mittellamelle unterscheidet man:
- **Primärwand** (E: primary wall F: paroi primaire): Die Wand der meristematischen Zellen. Sie besteht überwiegend aus → Pektinen und → Hemicellulosen, daneben sind Cellulosefibrillen in Streutextur eingelagert.
- **Sekundärwand** (E: secondary wall F: paroi secondaire): Innerhalb der Primärwand abgelagerte Schichten aus Cellulosefibrillen in Paralleltextur. Die Bildung setzt kurz vor oder nach Beendigung des Wachstums der Zelle ein. Sie werden häufig mit Lignin inkrustiert. Auch durch Verkorkung (→ Suberin) entstehen Sekundärwände.
G: Die für die pflanzliche Zelle typische Wand ist verschieden bezeichnet worden: **Zellmembran** (z.B. MOHL 1846, HOFMEISTER 1867, van WISSELINGH 1925, TROLL & HÖHN 1973); **Zellhaut** (HOFMEISTER 1867, SACHS 1873), schließlich Zellwand. − Die Unterscheidung von Primär- und Sekundärwand wurde von KERR & BAILEY (1934, S. 343) präzisiert. − In den letzten Jahren wurde diskutiert, ob die Zellwand als Teil der Pflanzenzelle angesehen werden soll. ROBINSON (1991) stellte die Argumente dafür zusammen.

Zellwandmatrix → Matrix

Zellzyklus, m. (E: cell cycle F: cycle cellulaire ou mitotique): Der gesamte Ablauf der Vorgänge in der Zelle, die mit der Kern- und Zellteilung in Zusammenhang stehen. Ein Zellzyklus reicht von der Entstehung einer neuen Zelle durch Teilung bis zu dem Zeitpunkt, wo diese sich wieder teilt.

zentral → Placentation (B.)

zentrales Dogma der Molekularbiologie (E: central dogma of molecular biology): Die Behauptung, dass im molekularen Bereich die Information immer von der DNA über die RNA zum Protein weitergegeben wird, und eine Umkehr nicht möglich ist.
G: Das „Central Dogma" wurde zuerst von CRICK (1958, S. 153) zu einer Zeit formuliert, wo die Rolle der RNA noch nicht bekannt war und später erweitert. Die neuesten Forschungen über Prionen, bei denen offenbar Information von Protein zu Protein weitergegeben wird, zeigen, dass Ausnahmen möglich sind (vgl. KEYES 1999).

Zentralfadentypus → uniaxialer Typ

Zentralhöhle → Zentralkanal
Zentralkanal, m., Zentralhöhle, f. (E: central canal F: canal central): Durch Aufreißen entstandener luftgefüllter Interzellularkanal im Mark des Stängels (z.T. auch des Rhizoms) von *Equisetum*.
G: MILDE (1852, S. 579) als „Centralhöhle".
Zentralmutterzellen, f.pl. (E: central mother cells F: cellules-mères centrales): Gruppe von Zellen im → Vegetationspunkt (vor allem bei Gymnospermen), die unter der apikalen Initialengruppe liegt. Diese Zellen teilen sich nur langsam und werden auch als „ruhendes Zentrum" bezeichnet.
G: Von FOSTER (1938, S. 535) an *Ginkgo* zuerst beobachtet.
Zentralplacenta → Placentation (B.)
Zentralstrang, m. (E: central strand F: faisceau central): Zentral gelegene Leitelemente in den Stämmchen einiger anatomisch weit entwickelter Laubmoose und weniger Lebermoose. - Auch der zentrale Strang dickwandiger verklebter Hyphen bei Bartflechten (z.B. *Usnea*) wird als Z. bezeichnet.
G: Für die Moose wurde der Terminus von LORENTZ (1868, S. 388) vorgeschlagen.
Zentralvakuole → Vakuole
zentralwinkelständig → Placentation (B.)
Zentralzylinder, m. (E: central cylinder, stele F: cylindre central): Das zentrale Gewebe einer Wurzel innerhalb der → Endodermis. Es besteht vor allem aus dem Leitgewebe. Nach der Zahl der Xylemstränge ist der Z. **diarch** (2), **triarch** (3), **tetrarch** (4), **pentarch** (5), **oligarch** oder **polyarch**. - Der Begriff Z. wird von manchen Autoren auch bei der Sprossachse verwendet, die Abgrenzung zur Rinde ist hier aber schwierig (vgl. NAPP-ZINN 1955).
G: Die Bezeichnung nach der Zahl der Xylempole stammt von NÄGELI (1858).
zentrifugal (E: centrifugal F: centrifuge): Entwicklung vom Mittelpunkt fort, von innen nach außen.
Zentriol → Centriol
zentripetal (E: centripetal F: centripète): Entwicklung in Richtung auf den Mittelpunkt zu, von außen nach innen.
Zentromer → Centromer
Zentrosom → Centrosom
Zerfallsteilung → Schizogonie
zerstreutporig → Holz (B.)
Zilie → Cilie
Zisterne, f. (E: cisterna: **1.** → Phytotelma

2. in der Zellbiologie: Der flache Raum zwischen zwei parallel verlaufenden Membranen des Endoplasmatischen Reticulums.
Zoid, n., Zoide, f. (E: zoïd F: zoïde, m.): Einzelliges begeißeltes Stadium (veget. Zelle, Gamet oder Zoospore).
Zoide → Zoid
Zoidiogamie, f.: **1.** Zooidiogamie: Befruchtung durch Spermatozoiden.
G: ENGLER (1887, S. 1) bezeichnete die Archegoniaten (Moos- und Farnpflanzen) als Embryophyta zoidiogama. Unglücklicherweise wurde Zoidiogamie auch für eine Bestäubung mithilfe von Tieren (→ Zoophilie) verwendet.
2. → Zoophilie
Zoidiophilie → Zoophilie
zonal → Vegetation
Zone → Vegetationszone
Zonobiom → Biom
zonocolpat, stephanocolpat (E: zonocolpate F: stéphanocolpé): Anordnung der → Colpi mit dem Mittelpunkt auf dem Äquator des Pollenkorns (den sie im rechten Winkel schneiden).
G: Die äquatoriale Stellung wurde zuerst von FAEGRI & IVERSEN (1950) mit der Vorsilbe **stephano-** bezeichnet. Jetzt wird aber die Bezeichnung mit **zono-** bevorzugt, die ERDTMAN (1952) und ERDTMAN & STRAKA (1961) einführten.
zonoporat, stephanoporat (E: zonoporate F: stéphanoporé): Anordnung der → Poren auf dem Äquator des Pollenkorns.
G: Vgl. unter → zonocolpat.
Zoocecidien → Galle
Zoochlorellen, f.pl. (E: zoochlorellae, pl. F: zoochlorelles, f.pl.): Von Grünalgen abzuleitende symbiotisch in verschiedenen Tieren lebende einzellige Organismen.
G: Schon 1876 (ungar. veröffentlicht) hat ENTZ darauf hingewiesen, dass die „Chlorophyllkörperchen" niederer Tiere Grünalgen darstellen (vgl. ENTZ 1882). Unabhängig davon kam BRANDT (1881, 525) zu demselben Schluss, er nannte diese Symbionten „Zoochlorella".
Zoochorie, f., Tierausbreitung, f. (E: zoochory, animal-dispersal F: zoochorie, f.): Ausbreitung von Pflanzen mithilfe von Tieren.
G: DAMMER (1892, S. 259).
Zoogamie → Zoophilie
Zoophilie, f., Zoidiophilie, f., Zoidiogamie, f.,

Tierbestäubung, f. (E: zoidiophily, zoophily F: zoïdogamy, f., zoïdophilie, f.): Jegliche Form der Pollenübertragung (Bestäubung) durch Tiere.
G: Zoidiogamae stammt von KIRCHNER (in KIRCHNER et al. 1904, S. 56).
Lit.: VOGEL (1983)
Zoosporangium, n. (E: zoosporangium F: zoosporange, m.): Sporangium (Sporocyste), in dem → Zoosporen gebildet werden.
Zoospore, f., Planospore, f., Schwärmspore (veraltet) (E: zoospore, planospore F: zoospore, f., planospore, f., spore flagellée [bei Pilzen auch: F: mastigospore, f.]): Begeißelte Fortpflanzungszelle von Thallophyten, die nicht zur Syngamie befähigt ist (d.h. kein Gamet ist).
G: Zoosporen, früher auch Schwärmsporen genannt, wurden nach WIESNER (1905, S. 141) zuerst um 1784 von INGEN-HOUSZ beobachtet. Der Terminus Z. soll von AGARDH fils stammen. Bei DECAISNE (1841, S. 110) gibt es eine Gruppe der Algae "Zoosporeae". Die ersten detaillierten Untersuchungen stammen von THURET (1850).
Zooxanthellen, f.pl. (E: zooxanthellae F: zooxanthelles, f.pl.): Gelbe oder braune, von Chrysophyten abzuleitende symbiotisch in verschiedenen Tieren lebende einzellige Organismen.
G: BRANDT (1881, S. 525) erkannte die Natur der braun und gelb gefärbten Körperchen und nannte sie „Zooxanthella".
Zuckerblatt, f. (E: sugar leaf): Blatt, in dessen Plastiden unter normalen Bedingungen keine Stärke sondern Zucker gespeichert wird. Zuckerblätter sind charakteristisch für viele Liliales, treten aber auch z.B. bei *Gentiana* auf. Sie stehen im Gegensatz zu den üblichen → Stärkeblättern, bei denen Stärke gespeichert wird. Man nennt die Pflanzen mit Stärkeblättern auch **saccharophyll**.
G: Die Termini Zucker- und Stärkeblätter wurden von STAHL (1900, S. 558) eingeführt.
Zugholz → Reaktionsholz
Zugwurzel, f. (E: contractile root F: racine tractrice): Wurzeln, die sich zusammenziehen können und damit unterirdische Organe (Rhizome, Zwiebeln) in eine bestimmte Tiefe verlagern.
G: De VRIES (1880) untersuchte als Erster die Kontraktion von Wurzeln.
Zunge → Zungenblüte

Zungenblüte, f. (E: ligulate floret F: fleur ligulée, fleuron ligulé): Bei den Asteraceae (Compositae) Blüte mit kurzer Röhre und einseitig ausgebildeter Zunge (E: ligule F: ligule) aus drei oder fünf weit hinauf verwachsenen Zipfeln.
Zusatzfiedern → Aphlebien
Zweig → Sprossachse
zweigeschlechtig (E: bisexual, hermaphrodite F: bisexué, hermaphrodite): Blüte mit Androeceum und Gynoeceum (Zwitterblüte), aber auch ein Prothallium mit Antheridien und Archegonien oder ein Thallus mit männlichen und weiblichen Organen.
zweihäusig → diözisch
Zweihäusigkeit → Diözie
zweijährig → Bienne
zweikeimblättrig → dikotyl
Zweikeimblättrige → Dikotylen
Zweikeimblättrigkeit → Dikotylie
zweimächtig → didynamisch
zweischneidig → Scheitelzelle
zweizählig → dimer
zweizeilig → Phyllotaxis
Zwergmännchen, n.: 1. bei *Oedogonium*: → Nannandrium 2. bei Laubmoosen (E: dwarf male F: gamétophyte mâle nain): Winzige männliche Pflanzen, die sich aus Sporen (z.B. bei *Macromitrium*) oder aus sekundärem Protonema (z.B. *Dicranum*-Arten) entwickeln und auf den Blättchen der weiblichen Pflanzen sitzen. Sie können geno- oder phänotypisch bestimmt sein.
G: Die Z. sind schon abgebildet bei DOZY & MOLKENBOER (1855-70, z.B. tab. LXXXIX, fig. 15).
Lit.: SCHELLENBERG (1920), RAMSAY (1979, S. 305-311).
Zwergstrauch, m. (E: dwarf shrub F: sousarbrisseau, m., buisson nain): Strauch von wenigen Dezimetern Höhe, der in den gemäßigten Breiten im Winter üblicherweise von Schnee bedeckt ist, z.B. *Vaccinium myrtillus* (Heidelbeere).
Zwiebel, f., Bulbus, m. (L: bulbus E: bulb F: bulbe, m., oignon, m.): Meist unterirdisches Speicher- und Überdauerungsorgan aus einem gestauchten Achsenabschnitt (dem **Zwiebelkuchen**), der schuppen- oder schalenförmige Blätter trägt. Man unterscheidet danach **Schuppen-** und **Schalenzwiebeln**.
G: Der lat. Terminus bulbus steht schon im ersten botanischen Wörterbuch bei FUCHS (1542).

Lit.: SPETA (1984).
Zwiebelkuchen → Zwiebel
Zwillingsarten, f.pl., Geschwisterarten (E: sibling species F: espèces jumelles): Sippen, die genetisch voneinander isoliert sind, sich aber morphologisch nicht oder kaum unterscheiden lassen, werden in der zoologischen Systematik als „sibling species" bezeichnet. In der Botanik werden sie im Allgemeinen nicht als Arten angesehen, da man dort zur Artbildung - zumindest bei Höheren Pflanzen – auch das Erreichen einer deutlichen morphologischen Differenzierung rechnet. Beispiele für „sibling species" sind besonders in der Gattung *Gilia* gut untersucht (vgl. GRANT 1971, S. 29 ff.).
G: Geschwisterarten wurde von RAMME (1930, S. 800) für sehr nahe verwandte, schwer zu unterscheidende Artenpaare benutzt. Der Begriff „sibling species" kommt schon bei MAYR (1940) vor.
Zwillingshaar, n. (E: twin hair F: poil entregreffé, poil de Nobbe): Haar, das aus zwei mit ihrer Längsachse verbundenen Zellen besteht. Z. sind für die → Achänen der meisten Asteraceae (Compositae) typisch, finden sich ähnlich aber auch an den Filamenten mancher Vertreter der Familie.
G: Zuerst von CASSINI (1818, S. 125) beobachtet. KRAUS (1866, S. 123) spricht von diesen Haaren als „eigenthümliche Zwillinge". Ausführliche Behandlung durch HESS (1938).
Zwischenband → Cingulum
Zwischenblatt, n., Metaxyphyll, n. (E: metaxyphyll F: métaxyphylle, f.): Steril bleibendes Hochblatt unterhalb einer Blüte (zwischen ihr und ihren Vorblättern, bzw. bei Terminalblüten zwischen dem obersten Tragblatt und der Blüte).
G: Von NORDHAGEN (1937, S. 12) in einer Arbeit über *Calluna* eingeführt, Metaxyphyll durch BRIGGS & JOHNSON (1979).
Zwischenbündelcambium → Cambium
Zwischenfieder, f. (F: foliole intercalaire): Kleine Fiedern, die mehr oder weniger regelmäßig zwischen größeren stehen. Das Auftreten von Zwischenfiedern ist typisch für viele fiederschnittige oder fiederteilige Blätter, man bezeichnet sie dann auch als unterbrochen gefiedert (z.B. bei Rosaceae und Solanaceae).
Zwischenform, f., Übergangsform, f. (L: transitus E: intermediary form, transitory form F: forme intermédiaire): Neutrale Bezeichnung für Pflanzen, die in ihren Merkmalen zwischen zwei Taxa stehen. Es kann sich um erhalten gebliebene Ausgangsformen, aber auch um durch Bastardierung bzw. Introgression neu entstandene Pflanzen handeln.
Zwischenmoor → Moore
Zwischenwirt → Hauptwirt
Zwitter, m., Hermaphrodit, m. (E: hermaphrodite F: hermaphrodite, m.): Ein Organismus, der weibliche und männliche Fortpflanzungsorgane besitzt. Hermaphroditisch sind viele Gametophyten bei Moosen und Farnen. Der Begriff wird auch auf die Sporophyten der Samenpflanzen ausgedehnt, und auf Blüten (→ Zwitterblüte).
G: Bei VAILLANT (1718, S. 26/27) gibt es „Flores hermaphroditi". Bei Tieren wurden Zwitter erst relativ spät (zuerst bei Schnecken) entdeckt.
Zwitterblüte, f. (E: hermaphrodite flower, bisexual flower F: fleur hermaphrodite): Blüte mit Stamina und Karpellen.
zwittrig, hermaphroditisch (L: hermaphroditus E: hermaphrodite, bisexual F: hermaphrodite, bisexué.): Adj. zu → Zwitter.
zygomorph → Symmetrie
Zygomycetes: Klasse der Pilze (Eumycota) mit einem → coenocytischen Mycel und → Gametangiogamie, die zur Ausbildung einer → Coenozygote (Zygospore) führt. Hierzu gehören bekannte terrestrische Schimmelpilze, wie die Gattung *Mucor*.
Zygophor, m. (E: zygophore): Spezialisierte (sexuell differenzierte) Hyphe der Zygomycetes, die bei Vereinigung mit einer anderen eine → Coenozygote (Zygospore) bildet.
G: BURGEFF (1924, S. 11)
Zygospore → Coenozygote, → Zygote
Zygotän, n. (E: zygotene F: zygotène, m.): Stadium der Meiose, bei dem sich homologe Chromosomen paarweise aneinander legen (Syndese oder Synapse).
G: In Anlehnung an Begriffe wie Leptotän von GRÉGOIRE (1907, S. 371: „noyau zygotène") eingeführt.
Zygote, f. (E: zygote F: zygote, m., oeuf, m.): Die aus der Syngamie (Vereinigung zweier Gameten) hervorgegangene Zelle.
G: STRASBURGER (1877, S. 438 und in de BARY & STRASBURGER 1877, Sp. 756). Vorher wurden die Zygoten als Oosporen oder Zygosporen (de BARY 1858, S. 58) bezeich-

net.
zygotischer Kernphasenwechsel →
Kernphasenwechsel
zyklisch → Blütenbau (B.)

Zyme → Cyme
zymös → Infloreszenz
Zyste → Cyste
Zyto- → Cyto-

Übersicht über das System der Bakterien, Pilze und Pflanzen
(vereinfacht nach BRESINSKY und KADEREIT in Strasburgers Lehrbuch der Botanik, 35. Aufl. 2002)

Die als Stichwort aufgeführten und im Text des Wörterbuches verwendeten Namen sind fett gedruckt.

I. Regnum: Bacteria (**Bakterien**)
  1. Abt.: Posibacteriota (grampositive Bakterien)
  2. Abt.: Negibacteriota (gramnegative Bakterien)
  3. Abt.: Cyanobacteriota (Cyanoprokaryota, Cyanophyta, Blaualgen,**Cyanobakterien**)
  4. Abt.: Prochlorobacteriota (Prochlorophyta)
II. Regnum: **Archaea**
III. Regnum: Eucarya (**Eukaryoten**)
  Erstes Subregnum: Acrasiobionta
    Abt.: Acrasiomycota
  Zweites Subregnum: Myxobionta
    1. Abt.: Myxomycota
      1. Klasse: Myxomycetes (**Myxomyceten**, Schleimpilze)
      2. Klasse: Protosteliomycetes
    2. Abt.: Plasmodiophoromycota
  Drittes Subregnum: **Heterokontobionta**
    1. Abt.: Labyrinthulomycota
    2. Abt.: **Oomycota** (Cellulosepilze)
    [3. Abt.: Heterokontophyta siehe Sechstes Subregnum: Rhodobionta]
  Viertes Subregnum: **Mycobionta** (Chitinpilze)
    Abt.: Eumycota
      1. Klasse: Chytridiomycetes
      2. Klasse: **Zygomycetes**
      3. Klasse: Ascomycetes (**Ascomyceten**)
      4. Klasse: Basidiomycetes (**Basidiomyceten**)
  Anhang zu den Mycobionta: **Fungi imperfecti** (Deuteromycetes)
  Anhang zu den Mycobionta: Lichenes (**Flechten**)
  Fünftes Subregnum: Glaucobionta
    Abt.: **Glaucophyta**
  Sechstes Subregnum: Rhodobionta
    Abt.: Rhodophyta (**Rotalgen**)
  Anhang, mit den Rhodophyta durch die ähnlichen Plastiden verwandt:
    Abt.: **Cryptophyta**
    Abt.: **Dinophyta** (Pyrrhophyta, Dinoflagellata)
    Abt.: Haptophyta
    Abt.: **Heterokontophyta** (Chrysophyta, Chromophyta)
      1. Klasse: Chloromonadophyceae
      2. Klasse: Xanthophyceae
      3. Klasse: Chrysophyceae
      4. Klasse: Bacillariophyceae (**Diatomeen**, Kieselalgen)
      5. Klasse: Phaeophyceae (**Braunalgen**)
  Siebentes Subregnum: **Chlorobionta** (Viridiplantae)
    1. Abt.: **Chlorophyta** s.str. (Grünalgen I)
  Anhang, mit den Chlorophyta durch die ähnlichen Plastiden verwandt:
    Abt.: Chlorarachniophyta
    Abt.: Euglenophyta

2. Abt.: **Streptophyta**
Unterabt.: Streptophytina (Grünalgen II)
 1. Klasse: Mesostigmatophyceae
 2. Klasse: Zygnematophyceae (Conjugatae, Jochalgen)
 3. Klasse: Klebsormidiophyceae (Coleochaetophyceae)
 4. Klasse: Charophyceae (Charales, Armleuchteralgen)
Unterabt.: Bryophytina (**Moose**)
 1. Klasse: Marchantiopsida (Hepaticae z.T., thallose Lebermoose)
 2. Klasse: Jungermanniopsida (Hepaticae z.T., überwiegend foliose Lebermoose) (1., 2. + 4. Kl. = **Lebermoose**)
 3. Klasse: Bryopsida (Musci, **Laubmoose**)
 4. Klasse: Anthocerotopsida (Hornmoose)
Unterabt.: Pteridophytina (**Farnpflanzen**)
 1. Klasse: Psilophytopsida (Urfarngewächse)
 2. Klasse: Lycopodiopsida (**Lycophyten**, Bärlappgewächse)
 3. Klasse: **Equisetopsida** (Sphenopsida, Schachtelhalmgewächse)
 4. Klasse: Psilotopsida (Gabelblattgewächse)
 5. Klasse: Pteridopsida (Filicopsida, **Farne**)
Unterabt.: Spermatophytina (**Spermatophyten**, Samenpflanzen)
 1. Klasse: Cycadopsida (Palmfarne)
 2. Klasse: Ginkgopsida
 3. Klasse: Coniferopsida (Nadelbäume, **Coniferen**)
 4. Klasse: Gnetopsida
 (1.-4. Klasse = **Gymnospermen**)
 5. Klasse: Magnoliopsida (**Angiospermen**, Blütenpflanzen, Bedecktsamer)
  1. Unterklasse: Magnoliidae
  2. Unterklasse: Liliidae (Monokotyledonen, **Monokotylen**)
  3. Unterklasse: Rosidae (Eudikotyledonen)
  (1. + 3. Kl. = **Dikotylen**)

Hierarchie der Rangstufen des Systems

Reich (Regnum, Domäne)
 Unterreich (Subregnum)
  Abteilung (Abt., Divisio, Phylum, Stamm)
   Unterabteilung
    Klasse
     Unterklasse
      Ordnung (Ordo)
       Familie
        Unterfamilie
         Tribus
          Gattung (Genus)
           Untergattung (Subgenus)
            Sektion (Sectio)
             Art (Species)
              Unterart (Subspecies)
               Varietät (Varietas)
                Form (Forma)

Erläuterungen zum Literaturverzeichnis:

Abkürzungen der Zeitschriften nach B-P-H (Botanico-Periodicum-Huntianum. Pittsburgh 1968 und Supplementum. 1991). Heftnummern sind nur angegeben, wenn die Hefte eine eigene Seitenzählung haben wie z.B. bei manchen skandinavischen Zeitschriften. Die Verlage sind nur bei Büchern, die nach 1945 erschienen sind, angegeben; Verlagsorte mit ihrem deutschen Namen. Die Daten sind nach Möglichkeit die Erscheinungsdaten (nach STAFLEU & COWAN 1976-88), dadurch können sich Abweichungen zu den Angaben in anderen Werken ergeben.

Besondere Abkürzungen:

Encycl. Pl. Phys.	Encyclopedia of plant physiology. New Series. Edit. PIRSON, A. & ZIMMERMANN, M.H. 20 Bände (in 25). – Berlin etc.: Springer 1975-1986 (Registerband 1993).
Handb. Biol. Arbeitsmeth.	Handbuch der biologischen Arbeitsmethoden. Edit. ABDERHALDEN, E. – Berlin & Wien. 1920-39.
Handb. Pflanzenanat.	Handbuch der Pflanzenanatomie 1. Aufl. Edit. LINSBAUER,K., fortgesetzt von TISCHLER, G. & PASCHER, A. – Berlin 1922-43. 2. Aufl. Wechselnde Herausgeber.– Berlin (& Stuttgart): Borntraeger. (1944) 1951 ff.
Handb. Pflanzenphys.	Handbuch der Pflanzenphysiologie. Edit. RUHLAND, W. 18 Bände (in 22). – Berlin etc.: Springer. 1955-67.
Handb. Vererb.	Handbuch der Vererbungswissenschaften. Edit. BAUR, K. & HARTMANN, M. – Berlin 1927-39.
Handw. Naturwiss.	Handwörterbuch der Naturwissenschaften...[1. Aufl.] Edit. KORSCHELT, E. et al. 10 Bände. – Jena 1912-15. [2. Aufl. Jena 1931-35].

Abb.	Abbildungen
Aufl.	Auflage
Diss.	Dissertation
Edit.	Herausgeber
ill.	illustriert (nicht gezählte Abb.)
n.v.	non vidi (nicht gesehen)
Repr.	Reprint
Resp.	Respondens, der Verteidiger einer Diss., deren Verfasser der Praeses (Doktorvater) ist.
S.	Seiten
Sp.	Spalten
Tab.	Tabellen
Taf.	Tafeln
Vol.	Band, Bände

Zitierte Literatur

ABBOTT, A. 1999: A post-genomic challenge: learning to read patterns of protein synthesis. – Nature **402**: 715-720, ill.
ABEL, O. 1912: Grundzüge der Palaeobiologie der Wirbeltiere. XV + 708 S., 70 Abb. – Stuttgart.
ABERLE, C. 1876: Vergleichende Zusammenstellung der gebräuchlicheren Pflanzensysteme. 133 S. – Wien.
ACHARIUS, E. 1803: Methodus qua omnes detectos Lichenes secundum organa carpomorpha ad genera, specie et varietates redigere atque observationibus illustrare tentavit. Sect. I. LV + 152 S.– Stockholm.
ACHARIUS, E. 1817: Afhandling om de cryptogamiske vexter, som komma under namn af Calicioidea. III. – Kongl. Vetensk. Acad. Handl. **1817**: 220-244.
ADAMS, M.B. 1979: From „gene fund" to „gene pool": On the evolution of evolutionary language.– Stud. Hist. Biol. **3**: 241-285.
ADAMSON, R.S. 1939: The classification of life-forms of plants.– Bot. Rev. **5**: 546-561.
ADANSON, M. 1764 („1763"): Familles des plantes. Vol. **1**. CCCXXV + 189 S. Paris.
AGARDH, C.A. 1817-26: Aphorismi botanici. 246 S. – Lund.
AGARDH, C.A. 1824: Systema Algarum. XXXVIII + 312 S.– Lund.
AGARDH, C.A. 1825: Classes plantarum. 22 S. – Lund.
AGARDH, J.G. 1836: Ueber das Keimen der Meer-Algen (Aus dem Schwedischen übersetzt). – Linnaea **10**: 449-459, 1 Taf.
AGARDH, J.G. 1858: Theoria systematis plantarum. XCVI + 404 S., 28 Taf.– Lund etc.
AHMAD, M. & CASHMORE, A.R. 1993: HY4 gene of *A. thaliana* encodes a protein with characteristics of a blue-light photoreceptor. – Nature **366**: 162-166, 4 Abb.
AHMAD, M. & CASHMORE, A.R. 1996: Seeing blue: the discovery of cryptochrome.– Plant Molec. Biol. **30**: 851-861.
AHMADJIAN, V. 1982: Holobionts have more parts. – Int. Lichenol. Newsletter **15**(2): 19.
AHTI, T. 1982: The morphological interpretation of cladoniiform thalli in lichens. – Lichenologist **14**: 105-113.
AINSWORTH, G.C. 1976: Introduction to the history of mycology. XI + 359 S., 106 Abb., 1 Taf. – Cambridge etc.: Cambridge Univ. Press.
ALEXOPOULOS, C.J. 1960: Gross morphology of the plasmodium and its possible significance in the relationships among the Myxomycetes. – Mycologia **52**: 1-20, 19 Abb.
ALLEN, Ch.E. 1917: A chromosome difference correlated with sex differences in *Sphaerocarpos*. – Science N.S. **46**: 466-467.
ALLEN, D.E. 1959: The history of the vasculum. – Bot. Soc. Brit. Isles Proc. **3**: 135-150.
ALLEN, G.E. 1978: Thomas Hunt Morgan. The man and his science. XVII + 447 S., 21 Abb. – Princeton, N.J: Princeton Univ.
ALLEN, H. 1891: Pedomorphism. – Proc. Acad. Nat. Sci. Philadelphia **1891**(2): 208-209.
ALLMAN, G.J. 1855: On the occurrence among the Infusoria of peculiar organs resembling thread-cells. – Quart. J. Microsc. Soc. **3**: 177-179, 1 Taf.
ALPERS, F. 1905: Friedrich Ehrhart. Mitteilungen aus seinem Leben und seinen Schriften. = Separate Schriften des Vereins für Naturkunde an der Unterweser. Band 2. XVI + 452 S., 3 Portr. – Leipzig.
ALVORD, B. 1850: The Polar Plant, or *Silphium laciniatum*. – Proc. Amer. Assoc. Advancem. Sci. **2**: 12-16.
AMADON, D. 1966: The superspecies concept. – Syst. Zool. **15**: 245-249.
AMICI, G.B. 1823: Osservazioni microscopiche sopra varie piante. – Mem. Mat. Fis. Soc. Ital. Sci. Modena, Pt. Mem. Fis. **19**: 234-286, 1 t. [franz. in Ann. Sci. Nat. [sér.1.] **2**: 41-70, 211-248, 1824].

AMICI, G.B. 1830: Note sur le mode d'action du pollen sur le stigmate; extrait d'une lettre de M. Amici à M. Mirbel.– Ann. Sci. Nat. [sér. I.] **21**: 329-332.
AMICI, G.B. 1847: Sulla fecondazione delle orchidee. – Atti Riunione Sci. Ital. **8**: 544-552, 1 Taf.
ANDERSEN, R.A., BARR, D.J.S., LYNN,D.H., MELKONIAN, M., MOESTRUP,O. & SLEIGH, M.A. 1991: Terminology and nomenclature of the cytoskeletal elements associated with the flagellar/ ciliary apparatus in protists. – Protoplasma **164**: 1-8.
ANDERSON, Edgar 1948: Hybridization of the habitat. – Evolution **2**: 1-9, 1 Abb.
ANDERSON, Edgar 1949: Introgressive hybridization. IX + 109 S., ill. – New York: Wiley & London: Chapman & Hall. [Repr.: New York: Hafner. 1968].
ANDERSON, Edgar & HUBBRICHT, L. 1938: Hybridization in *Tradescantia*. III. The evidence for introgressive hybridization. – Amer. J. Bot. **25**: 396-402.
ANDERSON, Everett 1962: A cytological study of *Chilomonas paramaecium* with particular reference to the so-called trichocysts. – J. Protozool. **9**: 380-395.
ANDERSON, F.J. 1977: An illustrated history of the herbals. XIV + 270 S., 110 Abb. – New York: Columbia Univ. Press.
ANDERSON, J.M. & CORMIER, M.J. 1978: Calcium-dependent regulator of NAD kinase. – Biochem. Biophys. Res. Commun. **84**: 595-602, 2 Abb., 2 Tab.
ANDREWS, H.N. 1980: The fossil hunters. In search of ancient plants. 421 S., ill. – Ithaca & London: Cornell Univ. Press.
Anonymus 1751: Von Datteln, welche auf eine merkwürdige Art reif geworden. – Phys. Belust. (Bd. 1?) **2**. Stück: 81-96.
Anonymus 1845: Untersuchungen über die zellenartigen Ausfüllungen der Gefäße. – Bot. Zeitung **3**: Sp. 225-231, 241-253, 1 Taf.
Anonymus 1907: Proteid nomenclature. – J. Physiol. **35**: XVII-XX.
Anonymus 1961: Le bionique, une nouvelle science. – Rev. Gén. Sci. Pures Appl. **68**: 193-195.
Anonymus 1969: Systematic biology. Proceedings of an international conference. Univ. of Michigan 1967 (= Publ. **1692** Natl. Acad. Sci. Washington). XIII + 632 S., ill. – Washington, D.C.: National Academy.
Anonymus 1975: Proposals for a standardization of Diatom terminology and diagnoses. – Beih. Nova Hedwigia **53**: 323-354, 48 Abb.
Anonymus 1980: Mikroskope und Zellbiologie in drei Jahrhunderten. Three centuries of microscopes and cell biology. [Ausstellungs-Katalog]. 168 S., ill. – [Berlin, ohne Verlag].
ANTEVS, E. 1917: Die Jahresringe der Holzgewächse und die Bedeutung derselben als klimatischer Indikator. Eine Literaturzusammenstellung. – Progressus Rei Bot. **5**: 285-386.
ARBER, A. 1918: The phyllode theory of the monocotyledonous leaf, with special reference to anatomical evidence. – Ann. Bot. (London) **32**: 465-501, 32 Abb.
ARBER, A. 1919 a: On the law of age and area, in relation to the extinction of species. – Ann. Bot. (London) **33**: 211-213.
ARBER, A. 1919 b: The „Law of Loss" in evolution. – Proc. Linn. Soc. London **131**: 70-78.
ARBER, A. 1938: Herbals. Their origin and evolution. A chapter in the history of botany. 1470 - 1670. 2. Aufl. XXIV + 325 S., 131 Abb., 27 Taf.– Cambridge [Reprint: Darien, Conn.: Hafner. 1970].
ARBER, A. 1950: The natural philosophy of plant form. XIV + 247 S., 47 Abb. – Cambridge: Univ. Press. [Reprint: Darien, Conn.: Hafner 1970].
ARBER, A. 1960: Sehen und Denken in der biologischen Forschung. 151 S. – Reinbek bei Hamburg: Rowohlt.
ARBER, E.A.N. & PARKIN, J. 1907: On the origin of the Angiosperms. – J. Linn. Soc., Bot. **38**: 29-80. [Deutsche Übersetzung von O. PORSCH: Oester. Bot. Z. **58**: 89-99, 133-161, 184-204, 233]
ARCANGELI, G. 1883: Osservazioni sull'impollinazione in alcune Aracee. – Nuovo Giorn. Bot. Ital. **15**: 72-97.

ARESCHOUG, F.W.C. 1896: Beiträge zur Biologie der geophilen Pflanzen. – Acta Univ. Lund. **31**, No. IV: 1-60, 28 Abb. (= Acta Regiae Soc.Physiogr.)
ARNOLD, M.L. 1992: Natural hybridization as an evolutionary process. – Annual Rev. Ecol. Syst. **23**: 237-261, 4 Abb.
ARRIGO, A.-P., TANAKA, K., GOLDBERG, A.L. & WELCH, W.J. 1988: Identity of the 19S ‚prosome' particle with the large multifunctional protease complex of mammalian cells (the proteasomes). – Nature **331**: 192-194, 4 Abb., 1 Tab.
ARTHUR, J.C. 1905: Terminology of the spore structures in the Uredinales. – Bot. Gaz. **39**: 219-222.
ARTHUR, J.C. 1925: Terminology of the Uredinales. – Bot. Gaz. **80**: 219-223.
ARTHUR, J.C. 1932: Terminologie der Uredinales. – Ber. Deutsch. Bot. Ges. **50 a**: 24-27.
ASCHERSON, [F.M.] 1836: Ueber die Fructificationsorgane der höheren Pilze. Schreiben an den Herausgeber. – Arch. Naturgesch. **2**, I: 372.
ASCHERSON, P. 1860-64: Flora der Provinz Brandenburg, ... Erste Abtheilung. Aufzählung und Beschreibung der in der Provinz Brandenburg ... bisher wildwachsend beobachteten und der wichtigeren kultivirten Phanerogamen und Gefäßkryptogamen. XXII + 146 + 1034 S. – Berlin.
ASCHERSON, P. 1884: Amphikarpie bei der einheimischen *Vicia angustifolia*. – Ber. Deutsch. Bot. Ges. **2**: 235-245.
ASCHERSON, P. 1889: Einige biologische Eigentümlichkeiten der Pedaliaceen. – Verh. Bot. Vereins Prov. Brandenburg **30**: II-IV.
ASCHERSON, P. 1892: Hygrochasie und zwei neue Fälle dieser Erscheinung. – Ber. Deutsch. Bot. Ges. **10**: 94-114.
ASCHERSON, P. & GRAEBNER, P. 1896-98: Synopsis der mitteleuropäischen Flora. **1**. Band. XI + 415 S. – Leipzig.
ASKENASY, E. 1878: Ueber eine neue Methode, um die Vertheilung der Wachstumsintensität in wachsenden Teilen zu bestimmen.– Verh. Naturhist.-Med. Vereins Heidelberg N.F. **2**(2): 70-153.
ASKENASY, E. 1895/96: Ueber das Saftsteigen. – Verh. Naturhist.-Med. Vereins Heidelberg N.F. **5**: 326-345.
ATRAN, S. et al. 1987: Histoire du concept d'espèce dans les sciences de la vie. – Colloque int. Fondation Singer-Polignac. IX + 324 S. - Paris: Fondation Singer-Polignac.
AVDULOV, N.P. 1931: Karyo-systematische Untersuchung der Familie Gramineen [Russ., deutsche Zusammenfassung). 428 S. (= Bull. Appl. Bot., Suppl. **43**]. – Leningrad.
AVISE, J.C. 1998: The history and purview of phylogeography: a personal reflection. – Molec. Evol. **7**: 371-379.
AVISE, J.C., ARNOLD, J., BALL, R.M., BERMINGHAM, E., LAMB, T., NEIGEL, J.E., REEB, C.A. & SAUNDERS, N.C. 1987: Intraspecific phylogeography: the mitochondrial DNA bridge between population genetics and systematics. – Annual Rev. Ecol. Syst. **18**: 489-522, 8 Abb.
AX, P. 1984: Das Phylogenetische System. Systematisierung der lebenden Natur aufgrund ihrer Phylogenese. 349 S., 90 Abb. – Stuttgart & New York: Fischer.
AX, P. 1988: Systematik in der Biologie. Darstellung der stammesgeschichtlichen Ordnung in der lebenden Natur. IX + 181 S., 45 Abb. – Stuttgart: Fischer (UTB 1502).
AXELL, S. 1869: On anordningarna för de fanerogama växternas befruktning. Diss. phil. Upsala. 116 S. – Stockholm.
BABCOCK, E.B. 1931: Cyto-genetics and the species concept. – Amer. Naturalist **65**: 5-18.
BABCOCK, E.B. 1947: The genus *Crepis*. Part 1. The taxonomy, phylogeny, distribution, and evolution of *Crepis* . – Univ. Calif. Publ. Bot. **21**: 1-197, 11 Abb., 2 Taf.
BACCARINI, P. 1908: Cinesi vegetative del *Cynomorium coccineum* L. – Nuovo Giorn. Bot. Ital. N.S. **15**: 189-203.
BAILEY, I.W. 1920: The cambium and its derivative tissues. II. Size variations of cambial initials in Gymnosperms and Angiosperms. – Amer. J. Bot. **7**: 355-367.

BAILEY, I.W. 1933: The cambium and its derivative tissues. VIII. Structure, distribution, and diagnostic significance of vestured pits in Dicotyledons. – J. Arnold Arbor. **14**: 259-273, 4 Abb., 3 Taf.
BAILEY, I.W. 1936: The problem of differentiating and classifying tracheids, fiber-tracheids, and libriform wood fibers. – Trop. Woods **45**: 18-23.
BAILEY, I.W. & SHEPARD, H.B. 1915: Sanio's laws for the variation in size of Coniferous tracheids. – Bot. Gaz. **60**: 66-71, 1 Abb., 6 Tab.
BAILEY, L.H. 1918: The indigen and the cultigen. – Science N.S. **47**: 306-308.
BAILEY, L.H. 1923: Various cultigens, and transfers in nomenclature. – Gentes Herb. **1**: 113-136, 11 Abb.
BAILLON, H. 1858: Etude générale du groupe des Euphorbiacées. 684 S. + Atlas. – Paris: Masson.
BAILLON, H. 1876-92: Dictionnaire de botanique. 4 Vol., ill.– Paris.
BAKER, H.G. 1948: Dimorphism and monomorphism in the Plumbaginaceae. I. A survey of the family. – Ann. Bot. (London) N.S. **12**: 207-219, 13 Abb.
BAKER, H.G. 1953: Dimorphism and monomorphism in the Plumbaginaceae. III. Correlation of geographical distribution patterns with dimorphism and monomorphism in *Limonium*. – Ann. Bot. (London) N.S. **17**: 615-627, 2 Abb.
BAKER, H.G. 1979: Anthecology: Old testament, new testament, apocrypha. – New Zealand J. Bot. **17**: 431-430.
BAKER, J.R. 1948-53: The cell-theory: a restatement, history, and critique. – Quart. J. Microsc. Soc. **89**: 103-125; **90**: 87-108; **93**: 157-190; **94**: 407-440.
BAKER, J.R. 1951: Remarks on the discovery of cell-division. – Isis **42**: 285-287, 1 Abb.
BALDWIN, J.M. 1896: A new factor in evolution. – Amer. Naturalist **30**: 441-451, 536-553.
BAMBACIANO, V. 1928 a: Ricerche sulla ecologia e sulla embriologia di *Fritillaria persica* L.– Ann. Bot. (Roma) **18**: 7-37, 3 Taf.
BAMBACIANO, V. 1928 b: Contributo alla embriologia di *Lilium candidum* L. – Atti Reale Accad. Naz. Lincei, Rendiconti Cl. Sci. Fis., Ser. 6, **8**: 612-618.
BARANOV, A.I. 1969: A propos of the word „verticillaster". – Taxon **18**: 429-430.
BARANOVA, M. 1987 a: On the stephanocytic type of the stomatal apparatus in Angiospermae (Russ.). – Bot. Žurn. **72**: 59-62.
BARANOVA, M. 1987 b: Historical development of the present classification of morphological types of stomates. – Bot. Rev. **53**: 53-79.
BARANOVA, M. 1992: Principles of comparative stomatographic studies of flowering plants. – Bot. Rev. **58**: 49-99.
BARGHOORN, E.S., Jr. 1940: The ontogenetic development and phylogenetic specialization of rays in the xylem of dicotyledons. I. The primitive ray structure. – Amer. J. Bot. **27**: 918-928, 17 Abb.
BARGHOORN, E.S., Jr. 1941: The ontogenetic development and phylogenetic specialization of rays in the xylem of dicotyledons. II. Modification of the multiseriate and uniseriate rays. – Amer. J. Bot. **28**: 273-282, 17 Abb.
BARKHAUS, A. 1994: Kants Konstruktion des Begriffs der Rasse und seine Hierarchisierung der Rassen. – Biol. Zentralbl. **113**: 197-203.
BARKMAN, J.J. 1988: New systems of plant growth and phenological plant types. In: WERGER, M.J.A. et al. (Edit.): Plant form and vegetation structure, S. 9-44. – The Hague: Academic Publ.
BARKMAN, J.J., MORAVEC, J. & RAUSCHERT, S. 1976: Code der pflanzensoziologischen Nomenklatur. – Vegetatio **32**, 3: 146-160 [gleichzeitig auch in Englisch und Französisch veröffentlicht].
BARLOW, P.W. 1997: Stem cells and founder zones in plants, particularly their roots. In: POTTEN, C.S. (Edit.): Stem cells. London etc.: Academic Press. S. 30-57, 8 Abb.
BARNES, CH.R. 1898: So-called „Assimilation". – Bot. Centralbl. **76**: 257-279.
BARON, W. 1931: Die idealistische Morphologie Al. Brauns und A.P. de Candolles und ihr Verhältnis zur Deszendenzlehre. – Beih. Bot. Centralbl. **48**, I: 314-334.

BARON, W. 1966: Gedanken über den ursprünglichen Sinn der Ausdrücke Botanik, Zoologie und Biologie. – Sudhoffs Arch., Beih. **7**: 1-10.
BARR, D.J.S. 1992: Evolution and kingdoms of organisms from the perspective of a mycologist. – Mycologia **84**: 1-11, 7 Abb.
BARRETT, S.C.H. (Edit.) 1992: Evolution and function of heterostyly. XI + 279 S., 63 Abb. = Monogr. Theoret. Applied Genetics **15**. – Berlin etc.: Springer.
BARSANTI, G. 1988: Le immagini della natura. Scale, mappe, alberi. 1700-1800. – Nuncius **3**, I: 55-125, 25 Abb.
BARTHLOTT, W., BIEDINGER, N., BRAUN, G., FEIG, F., KIER, G. & MUTKE, J. 1999: Terminological and methodological aspects of the mapping and analysis of the global biodiversity. – Acta Bot. Fenn. **162**: 103-110, 3 Abb.
BARTHLOTT, W., MUTKE, J., BRAUN, G. & KIER,G. 2000: Die ungleiche globale Verteilung pflanzlicher Artenvielfalt – Ursachen und Konsequenzen. – Ber. Reinh. Tüxen-Ges. **12**: 67-84, 5 Abb.
BARTHLOTT, W. & WOLLENWEBER, E. 1981: Zur Feinstruktur, Chemie und taxonomischen Signifikanz epicuticularer Wachse und ähnlicher Sekrete. – Trop. Subtrop. Pflanzenwelt **32**. 67 S., 39 Abb. - Mainz: Akademie & Wiesbaden: Steiner.
BARTLING, F.Th. 1830: Ordines naturales plantarum eorumque characteres et affinitates ... V + 498 S. – Göttingen.
BARY, A. de 1853: Untersuchungen über die Brandpilze und die durch sie verursachten Krankheiten der Pflanzen mit Rücksicht auf das Getreide und andere Nutzpflanzen. VIII + 144 S., 8 Taf. – Berlin.
BARY, A. de 1858: Untersuchungen über die Familie der Conjugaten (Zygnemeen und Desmidieen). VI + 91 S., 8 Taf. – Leipzig.
BARY, A. de 1859: Zur Kenntnis einiger Agaricinen. – Bot. Zeitung **17**: 385-388, 393-398, 401-404, 1 Taf.
BARY, A. de 1864/65: Beiträge zur Morphologie und Physiologie der Pilze. Erste Reihe. – Abh. Senckenberg. Naturf. Ges. **5**: 137-232, 6 Taf.
BARY, A. de 1865: Neue Untersuchungen über die Uredineen, insbesondere die Entwicklung der *Puccinia graminis* und den Zusammenhang derselben mit *Aecidium Berberidis*.– Monatsber. Königl. Preuss. Akad. Wiss. Berlin **1865**: 15-49.
BARY, A. de 1866: Morphologie und Physiologie der Pilze, Flechten und Myxomyceten. = Handbuch der physiologischen Botanik **2**, 1. XII + 316 S., 101 Abb., 1 Taf. – Leipzig.
BARY, A. de 1868: *Prosopanche Burmeisteri*, eine neue Hydroree aus Süd-Amerika. – Abh. Naturf. Ges. Halle **10**: 241-269, 2 Taf.
BARY, A. de 1870: *Eurotium, Erysiphe, Cicinnobolus*, nebst Bemerkungen über die Geschlechtsorgane der Ascomyceten. – Abh. Senckenberg. Naturf. Ges. **7**: 361-453, 6 Taf. [= Beiträge zur Morphologie und Physiologie der Pilze 3].
BARY, A. de 1871: Ueber die Wachsüberzüge der Epidermis. – Bot. Zeitung **29**: Sp. 129-139, 145-154, 161-176, 566-571, 573-585, 589-600, 605-619.
BARY, A. de 1877: Vergleichende Anatomie der Vegetationsorgane der Phanerogamen und Farne. = Handbuch der physiologischen Botanik **3**. - XVI + 663 S., 241 Abb. – Leipzig.
BARY, A. de 1878 a: Ueber apogame Farne und die Erscheinung der Apogamie im Allgemeinen. – Bot. Zeitung **36**: Sp. 449-487.
BARY, A. de 1878 b: Ueber Symbiose. – Tagebl. 15. Versamml. Deutsch. Naturf. Aerzte, Cassel 1878: 121-126.
BARY, A. de 1881: Zur Systematik der Thallophyten. – Bot. Zeitung **29**: 1-17, 33-36.
BARY, A. de 1884: Vergleichende Morphologie und Biologie der Pilze, Mycetozoen und Bacterien. XVI + 558 S., 198 Abb. – Leipzig.
BARY, A. de & STRASBURGER, E. 1877: *Acetabularia mediterranea*. – Bot. Zeitung **35**: Sp. 713-728, 729-743, 745-758.
BATES, H.W. 1862: Contributions to an insect fauna of the Amazon valley. Lepidoptera: Heliconidae. – Trans. Linn. Soc. London **23**: 495-566, 2 Taf.

BATESON, B. (Edit.) 1928: William Bateson, F.R.S., naturalist. His essays & addresses together with a short account of his life. IX + 473 S., 4 Taf. – Cambridge.
BATESON, W. 1894: Materials for the study of variation treated with special regard to discontinuity in the origin of species. XVI + 698 S. – London.
BATESON, W. 1906: The progress of genetics since the rediscovery of Mendel's papers. – Progr. Rei Bot. **1**: 368-418 ("1907").
BATESON, W. 1928: Scientific papers. Edit. R.C. PUNNETT. 2 Vols. VIII + 452 S.; VIII + 503 S., ill. – Cambridge.
BATESON, W. & SAUNDERS, E.R. 1902: The facts of heredity in the light of Mendel's discovery. – Rep. Evol. Comm. Roy. Soc. **1**: 125-160 [n.v., Reprint in B. BATESON 1928, **2**: 29-68].
BATSCH, A.J.G.C. 1791: Botanische Bemerkungen. Erstes Stück. 104 S., 6 Taf. – Halle.
BATSCH, A.J.G.C. 1802: Tabula affinitatum regni vegetabilis, ... XVI + 286 S. + index, 1 Tab. – Weimar.
BATTAGLIA, E. 1947: Sulla terminologia dei processi apomittici. – Nuovo Giorn. Bot. Ital. N.S. **54**: 674-696.
BATTAGLIA, E. 1982: Embryological questions: 4. Gynogonium versus Archegonium and the generalization of the prefixes andro- and gyno- in plant reproduction. Appendix: BISCHOFF, T.G. (1835) „De Hepaticis ..." – Ann. Bot. (Roma) **40**: 1-48.
BATTAGLIA, E. 1985: Meiosis and Mitosis: a terminological criticism. – Ann. Bot. (Roma) **43**: 101-140, 1 Abb.
BATTAGLIA, E. 1988 a: Embryological questions: 9. Who discovered the mono- and polysiphonous pollen grains ? A documentation of the role played (1760-1830) by C. Linnaeus, D. Cirillo and G.B. Amici. – Atti Soc. Tosc. Sci. Nat. Pisa Mem., Ser. B. **94**: 53-125 („1987").
BATTAGLIA, E. 1988 b: Embryological questions: 10. Have the expressions 'polar nuclei' and 'secondary nucleus' been rightly established ? Appendix: HOFMEISTER W. (1847), 'Untersuchungen ... bei ... Oenothereen". – Atti Soc. Tosc. Sci. Nat. Pisa Mem., Ser. B. **94**: 127-150 ("1987").
BATTAGLIA, E. 1994: Nucleosome and nucleotype: a terminological criticism. – Caryologia **47**: 193-197.
BATTAGLIA, E. 1999: The chromosome satellite (Navashin's „sputnik" or satelles): A terminological comment. – Acta Biol. Cracov., Ser. Bot. **41**: 15-48.
BAUM, H. & LEINFELLNER, W. 1953: Die ontogenetischen Abänderungen des diplophyllen Grundbaues der Staubblätter. – Oesterr. Bot. Z. **100**: 91-135, 15 Abb.
BAUMANN-BODENHEIM, M.G. 1954 a: Prinzipien eines Fruchtsystems der Angiospermen. – Ber. Schweiz Bot. Ges. **64**: 94-112.
BAUMANN-BODENHEIM, M.G. 1954 b: Analyse phylogenetischer Entwicklungsvorgänge bei Angiospermen. – Ber. Schweiz Bot. Ges. **64**: 199-206, 2 Abb.
BAUMGÄRTEL, O. 1920: Das Problem der Cyanophyzeenzelle. – Arch. Protistenk. **41**: 50-148, 1 Taf.
BAUR, E. 1909: Das Wesen und die Erblichkeitsverhältnisse der „Varietates albomarginatae hort." von *Pelargonium zonale*. – Z. Indukt. Abstammungs- Vererbungsl. **1**: 330-351.
BAUR, E. 1919: Einführung in die experimentelle Vererbungslehre. 3. u. 4. Aufl. XII + 410 S., 142 Abb., 10 Taf. – Berlin.
BAUR, E. 1930: Einführung in die Vererbungslehre. 7.-11. Aufl. VII + 478 S., 192 Abb., 7 Taf. – Berlin.
BAZETT-JONES, D.P., LEBLANC, B., HERFORT, M. & MOSS, T. 1994: Short-range DNA looping by the *Xenopus* HMG-box transcription factor, xUBF. – Science **264**: 1134-1137, 4 Abb.
BEATTIE, A.J. 1985: The evolutionary ecology of ant-plant mutualisms. X + 182 S., 12 Abb., 20 Tab. – Cambridge etc.: Univ. Press.
BECK, Ch.B. 1960: The identity of *Archaeopteris* and *Callixylon*. - Brittonia **12**: 351-368, 6 Taf.
BECK, G. v. 1891: Versuch einer neuen Classification der Früchte. – Verh. K.K. Zool.-Bot. Ges. Wien **41**, Abh.: 307-312.
BECK V. MANNAGETTA, G. 1913: Frucht und Same. In: Handw. Naturwiss. [1. Aufl.] **4**: 378-411.
BEER, Sir G. de 1954: *Archaeopteryx* and evolution. – Advancem. Sci. **11**: 160-170.

BEERMANN, W. 1962: Riesenchromosomen. – Protoplasmatologia **VI. D**: 1-161.
BÉGUINOT, A. & TRAVERSO, G.B. 1905: Ricerche intorno alle „arboricole" della flora Italiana. Studio biogeografico. – Nuovo Giorn.Bot.Ital. N.S. **12**: 495-589.
BEHNKE, H.-D. 1967: Über den Aufbau der Siebelement-Plastiden einiger Dioscoreaceen. – Z. Pflanzenphysiol. **57**: 243-254.
BEHNKE, H.-D. 1984: Plant trichomes - structure and ultrastructure, general terminology, taxonomic applications, ... In: RODRIGUEZ, E., HEALEY, P. et al. (Edit.): Biology and chemistry of plant trichomes, S. 1-21. – New York etc.: Plenum Press.
BEHNKE, H.-D. 1986: Sieve element characters and the systematic position of *Austrobaileya*, Austrobaileyaceae. – With comments to the distinction and definition of sieve cells ... - Pl. Syst. Evol. **152**: 101-121, 23 Abb.
BEHNKE, H.-D. 1991: Distribution and evolution of forms and types of sieve-element plastids in the dicotyledons. – Aliso **13**: 167-182.
BEHNKE, H.-D. & SJOLUND, R.D. (Edit.) 1990: Sieve elements. Comparative structure, induction and development. XIII + 305 S., ill. – Berlin etc.: Springer.
BEHRENS, W.J. 1879: Die Nectarien der Blüthen. Anatomisch-physiologische Untersuchung. – Flora **62**: 1-11, 17-27, 49-54, 81-90, 113-123, 145-153, 233-240, 241-247, 305-314, 369-375, 433-448, 449-457, 5 Taf.
BELAJEFF, W.C. 1891: Zur Lehre von dem Pollenschlauche der Gymnospermen. – Ber. Deutsch. Bot. Ges. **9**: 280-286, 1 Taf.
BELAR, K. 1928: Die cytologischen Grundlagen der Vererbung. In: Handb. Vererb. **1 B**. 412 S.
BELL, A.D. 1991: Plant form: An illustrated guide to flowering plant morphology. XIII + 341 S., 315 Abb. – Oxford etc.: Oxford Univ. Press. [Deutsch: Stuttgart: Ulmer 1994, als UTB Große Reihe 8089].
BELL, P.R. 1989: The alternation of generations. - Advances Bot. Research **16**: 55-93.
BELLEMERE, A. & LETROUIT-GALINOU, M.A 1988: Asci, ascospores, and ascomata. In: GALUN, M. (Edit.), CRC Handbook of Lichenology **1**: 161-179.
BELT, Th. 1874: The Naturalist in Nicaragua, ... XVI + 403 S., ill. – London.
BENDA, C. 1898: Ueber die Spermatogenese der Vertebraten und höherer Evertebraten. II. Theil: Die Histiogenese der Spermien. - Arch. Anat. Physiol., Physiol. Abt. **1898**: 393-398.
BENDIX, S.W. 1960: Phototaxis. – Bot. Rev. **26**: 145-208.
BENECKE, W. 1892: Die Nebenzellen der Spaltöffnungen. – Bot. Zeitung **50**: 521-529, 537-546, 553-562, 569-578, 585-593, 601-607.
BENEDEN, E. van & NEYT, A. 1887: Nouvelles recherches sur la fécondation et la division mitosique chez l'Ascaride mégalocéphale. – Bull. Acad. Roy. Sci. Lettres. Sér. 3. **14**: 215-295, 6 Taf.
BENEDEN, P.J. VAN 1876: Die Schmarotzer des Thierreichs. 274 S., 83 Abb. – Leipzig.
BENNETT, H.S. 1963: Morphological aspects of extracellular polysaccharides. – J. Histochem. Cytochem. **11**: 14-23, 3 Abb.
BENSON, M. 1904: *Telangium Scottii*, a new species of *Telangium* (*Calymmatotheca*) showing structure. – Ann. Bot. **18**: 161-177, 1 Abb., 1 Taf.
BENTHAM, G. 1832-36: Labiatarum genera et species or, a description of the genera and species of plants of the order Labiatae. LXVIII + 783 S., 1 Tab. – London.
BENTHAM, G. 1874: On the recent progress and present state of systematic botany. – Rep. Brit. Assoc. Advancem. Sci. **1874**: 27-54.
BENTHAM, G. 1881: Notes on Orchideae. – J. Linn. Soc., Bot. **18**: 281-360.
BENTHAM, G. & HOOKER, J.D. 1862-67: Genera plantarum ... Vol. **1**. XV + 1040 S. – London.
BENTHAM, G. & HOOKER, J.D. 1880-83: Genera plantarum ... Vol. **3**. XI + 1215 S. – London.
BENTLEY, B. 1977: Extrafloral nectaries and protection by pugnacious bodyguards. – Annual Rev. Ecol. Syst. **8**: 407-428, 2 Abb., 2 Tab.
BENTLEY, B. & ELIAS, Th. (Edit.) 1983: The biology of nectaries. 259 S., ill. – New York: Columbia Univ. Press.
BENZER, S. 1957: The elementary units of heredity. In: MCELROY, W. & GLASS, B.: A symposium on the chemical basis of heredity. Baltimore: Hopkins Press. S. 70-93, 12 Abb., 3 Tab.

BENZING, D.H. 1990: Vascular epiphytes. General biology and related biota. XVII + 354 S., ill. – Cambridge etc.: Cambridge Univ. Press.
BERENDSOHN, W.G. 1995: The concept of „potential taxa" in databases. – Taxon **44**: 207-212.
BERGER, K. (Edit.) 1980: Mykologisches Wörterbuch. 3200 Begriffe in 8 Sprachen. 2. Aufl. 432 S., 138 Abb. – Jena: VEB Fischer.
BERGERSEN, F.J. 1982: Root nodules of legumes: structure and functions. X + 164 S., 25 Abb., 16 Tab. – Chichester etc.: Research Studies Press.
BERTHELOT, [P.E.M.] 1860: Sur la fermentation glucosique du sucre de canne. – Compt. Rend. Hebd. Séances Acad. Sci. **50**: 980-984.
BERTHOLD, G. 1886: Studien über Protoplasmamechanik. 332 + IV S., 7 Taf. – Leipzig.
BERTIN, R.I. & NEWMAN, Ch.M. 1993: Dichogamy in angiosperms. – Bot. Rev. **59**: 112-152.
BERTRAND, C.E. 1891: Remarques sur le *Lepidodendron Hartcourtii* de Witham. – Trav. & Mém. Fac. Lille **2**, Mém. 6: 1-159, 10 Taf.
BERTRAND, C.E. & RENAULT, B. 1886: Remarques sur les faisceaux foliaires des Cycadées actuelles et sur la signification morphologique des tissus des faisceaux unipolaires diploxylées. – Compt. Rend. Hebd. Séances Acad. Sci. **102**: 1184-1186.
BERTRAND, G. 1897: Sur l'intervention du manganèse dans les oxydations provoquées par la laccase. – Compt. Rend. Hebd. Séances Acad. Sci. **124**: 1032-1035.
BERTRAND, P. 1947: Les végétaux vasculaires. Introduction à l'étude de l'anatomie comparée suivie de notes originales. 184 S., ill. – Paris: Masson.
BERZELIUS, J.J. 1837: Ueber die gelbe Farbe der Blätter. – Mag. Pharm. (Lemgo & Heidelberg) **21**: 257-262.
BESCHEL, R.(F.) 1957 a: Lichenometrie im Gletschervorfeld. – Jahrb. Vereins Schutze Alpenpfl. u. –tiere **22**: 164-185, ill.
BESCHEL, R.(F.) 1957 b: A project to use lichens as indicators of climate and time. – Arctic **10**: 60.
BETHE, A. 1932: Vernachlässigte Hormone. – Naturwissenschaften **20**: 177-181.
BEUG, H.-J. 1961: Leitfaden der Pollenbestimmung für Mitteleuropa und angrenzende Gebiete. Lief. 1. XIV + 63 S., 17 Abb., 8 Taf. – Stuttgart: Fischer.
BHANDARI, N.N. & MUKERJI, K.G. 1993: The haustorium. XII + 308 S., ill. – Taunton: Research Studies & New York etc.: Wiley.
BHATTACHARYA, D. & SCHMIDT, H.A. 1997: Division Glaucocystophyta. In: BHATTACHARYA, D. (Edit.): Origins of Algae and their plastids. Wien & New York: Springer (= Pl. Syst. Evol., Suppl. **11**: 139-148, 3 Abb.).
BIERHORST, D.W. 1960: Observations on tracheary elements. – Phytomorphology **10**: 249-305, 289 Abb., 1 Tab.
BILLINGS, W.D. 1957: Physiological ecology. – Annual Rev. Pl. Physiol. **8**: 375-392.
BILLY, C. 1991: Glossaire de botanique. VIII + 272 S., 15 Abb. – Paris: Lechevalier.
BIRGE, E.A. 1909/10: On the evidence for temperature seiches. – Trans. Wisconsin Acad. Sci. **16**, II: 1005-1016, 1 Taf.
BISCHOFF, G.W. 1828: Die kryptogamischen Gewächse mit besonderer Berücksichtigung der Flora Deutschlands und der Schweiz ... X + 131 S., 13 Taf.– Nürnberg.
BISCHOFF, G.W. 1830-33: Handbuch der botanischen Terminologie und Systemkunde. **1**. Band. S. I-XVIII, 1-581, 1-45, 47 Taf. – Nürnberg.
BISCHOFF, G.W. 1835 a: De Hepaticis imprimis tribuum Marchantiearum et Ricciearum. ... 40 S. – Heidelberg. (Abdruck in BATTAGLIA 1982).
BISCHOFF, G.W. 1835 b: Bemerkungen über die Lebermoose, vorzüglich aus den Gruppen der Marchantieen und Riccieen, ... – Nova Acta Phys.-Med. Acad. Caes. Leopold. Carol. Nat. Cur. **17**(2): 909-1088
BISCHOFF, G.W. 1838-42: Handbuch der botanischen Terminologie und Systemkunde. **2**. Band. S. 583-1047, 30 Taf. – Nürnberg.
BISCHOFF, G.W. 1839: Wörterbuch der beschreibenden Botanik, ... Lateinisch-deutsch und deutsch-lateinisch bearbeitet, ... 284 S. –Stuttgart.

BISCHOFF, G.W. 1844: Handbuch der botanischen Terminologie und Systemkunde. **3**. Band. S. 1049-1610. – Nürnberg.
BLACKMAN, F.F. & TANSLEY, A.G. 1902: A revision of the classification of the Green Algae. – New Phytol. **1**: 17-24, 47-48, 67-72, 89-96, 114-120, 133-144, 163-168, 189-192, 213-220, 238-244.
BLACKMORE, S. & KNOX, R.B. 1990: Microspores. Evolution and ontogeny. X + 347 S., ill. – London etc.: Academic Press.
BLACKWELDER, R.E. 1964: The kingdoms of living things. – Syst. Zool. **13**: 74-75.
BLAKE, S.F. 1943: Cotype, syntype, and other terms referring to type material. – Rhodora **45**: 481-485.
BLAKESLEE, A.F. 1904 a: Zygospore formation a sexual process. – Science N.S. **19**: 864-866.
BLAKESLEE, A.F. 1904 b: Sexual reproduction in the Mucorineae. – Proc. Amer. Acad. Arts **40**: 203-319, 4 Taf.
BLAKESLEE, A.F. 1921: Types of mutations and their possible significance in evolution. – Amer. Naturalist **55**: 254-267.
BLOCH, R. 1946: Differentiation and pattern in *Monstera deliciosa*. The idioblastic development of the trichoscleids in the air root. – Amer. J. Bot. **33**: 544-551, 17 Abb.
BLUMENBACH, J.F. 1825: Handbuch der Naturgeschichte. 11. Aufl. XII + 668 S., 2 Taf. – Göttingen.
BLUNT, W. & STEARN, W.T. 1994: The art of botanical illustration. New Edition. 368 S., ill. – London: Antique Collectors's Club.
BÖCHER, T.W. 1961: The development of cytotaxonomy since Darwin's time. In: WANSTALL, P.J. (Edit.), A Darwin Centenary. S. 26-43. – London: Botanical Society of the British Isles.
BÖHNER, K. 1933/35: Geschichte der Cecidologie. Ein Beitrag zur Entwicklungsgeschichte naturwissenschaftlicher Forschung und ein Führer durch die Cecidologie der Alten. Band **1**: XXVI + 466 S.; Band **2**: VI + 712 S., ill. – Mittenwald.
BOEKE, J.D., GARFINKEL, D.J., STYLES, C.A. & FINK, G.R. 1985: Ty elements transpose through an RNA intermediate. – Cell **40**: 491-500, 9 Abb., 4 Tab.
BOHLIN, K. 1901: Utkast till de gröna algernas och arkegoniaternas fylogeni. Diss. phil. Univ. Upsala. 43 + IV S. – Upsala.
BONN, S. & POSCHLOD, P. 1998: Ausbreitungsbiologie der Pflanzen Mitteleuropas. Grundlagen und kulturhistorische Aspekte. X + 404 S., 45 Abb., 66 Tab. – Wiesbaden: Quelle & Meyer.
BONNET, Ch. 1754: Recherches sur l'usage des feuilles dans les plantes et sur quelques autres sujets relatifs à l'histoire de la végétation. VIII + 344 S., 31 Taf. – Göttingen & Leiden.
BONNET, J. 1912: Le sens du mot synkaryon. – Arch. Protistenk. **27**: 16-18.
BONNIER, G. 1879: Les nectaires. Étude critique, anatomique et physiologique. – Ann. Sci. Nat. Bot. sér. 6. **8**: 5-212, 8 Taf.
BORNET, E. 1873: Recherches sur les gonidies des lichens. – Ann. Sci. Nat. Bot. sér. 5. **17**: 45-110, 11 Taf.
BORNET, E. & FLAHAULT, Ch. 1886-88: Révision des Nostocacées hétérocystées. – Ann. Sci. Nat. Bot. sér. 7. **3**: 323-381; **4**: 343-373; **5**: 51-129; **7**: 177-262. [Reprint: Weinheim: Cramer. 1959].
BORNET, E. & THURET, G. 1867: Recherches sur la fécondation des Floridées. – Ann. Sci. Nat. Bot. sér. 5. **7**: 137-166, 3 Taf.
BORNET, E. & THURET, G. 1876: Notes algologique. Recueil d'observations sur les algues. Fascicule premier. XX + 72 S., 25 Taf. – Paris.
BORRISS, H. & LIBBERT, E. (Edit.) 1985: Wörterbücher der Biologie. Pflanzenphysiologie. 591 S., 198 Abb., 11 Tab. – Stuttgart: Fischer (UTB 1344).
BORZI, A. 1886/87: Le communicazioni intracellulari delle Nostochinee. - Malpighia **1**: 74-83, 97-108, 145-160, 197-203, 1 Taf.
BORZI, A. 1914: Studi sulle Mixoficee. I. Cenni generali. - Systema Myxophycearum. – Nuovo Giorn. Bot. Ital. N.S. **21**: 307-360.

BOUDIER, E. 1879: On the importance that should be attached to the dehiscence of asci in the classification of the Discomycetes. – Grevillea **8**: 45-49.
BOUIN, M. & BOUIN, P. 1898: Sur la présence de filaments particuliers dans le protoplasme de la cellule-mère du sac embryonnaire des Liliacées. Note préliminaire. – Bibliogr. Anat. **6**: 1-10.
BOUMAN, F. 1974: Developmental studies of the ovule, integuments and seed in some angiosperms. 180 S., 107 Abb. – Diss. rer. nat. Univ. Amsterdam.
BOUMAN, F. & BOESEWINKEL, F.D. 1991: The campylotropous ovules and seeds, their structure and functions. – Bot. Jahrb. Syst. **113**: 255-270.
BOVEE, E.C. 1981: On the use of the term „basal body" for the proximal part of the „flagellum" – BioSystems **13**: 322-323. 1981.
BOVERI, TH. 1888: Zellen-Studien. – Jenaische Z. Naturwiss. **22**: 685-882, 5 Taf.
BOVERI, TH. 1895: Uber das Verhalten der Centrosomen bei der Befruchtung des Seeigel-Eies nebst allgemeinen Bemerkungen über Centrososomen und Verwandtes. – Verh. Phys.-Med. Ges. Würzburg N.F. **29**: 1-75.
BOVERI, TH. 1904: Ergebnisse über die Konstitution der chromatischen Substanz des Zellkerns. V + 130 S., 75 Abb. – Jena.
BOWER, F.O. 1885 a: On apospory in ferns ... – J. Linn. Soc., Bot. **21**: 360-368.
BOWER, F.O. 1885 b: On the comparative morphology of the leaf in the vascular cryptogams. - Philos. Trans. **175**: 565-615, 4 Taf.
BOWER, F.O. 1887: On the limits of the use of the terms 'phyllome' and 'caulome'. – Ann. Bot. (London) **1**: 133-146.
BOWER, F.O. 1890: On antithetic as distinct from homologous alternation of generations in plants. – Ann. Bot. (London) **4**: 347-370.
BOWER, F.O. 1908: The origin of a land flora. A theory based upon the facts of alternation. XII + 727 S., 361 Abb. – London [Reprint: New York: Hafner. 1967].
BOWER, F.O. 1935: Primitive land plants also known as the Archegoniatae. XIV + 658 S., 449 Abb. – London.
BOWLER, P.J. 1975: The changing meaning of „evolution". – J. Hist. Ideas **36**: 95-114.
BOWMAN, W. 1840: On the minute structure and movements of voluntary muscle. – Philos. Trans. Roy. Soc. London (130) **1840**: 457-501.
BOYD, W.C. 1954: The proteins of immune reactions. In: NEURATH, H. & BAILEY, K. (Edit.): The proteins. Chemistry, biological activity, and methods. **2, II**: 755-844, 13 Abb., 12 Tab. – New York: Academic Press.
BOYDEN, A. 1947: Homology and analogy. A critical review of the meanings and implications of these concepts in biology. – Amer. Midl. Naturalist **37**: 648-669.
BRACEGIRDLE, B. 1978: A history of microtechnique. The evolution of the microtome and the development of tissue preparation. XV + 359 S., 150 Abb., 49 Taf. – London: Heinemann.
BRACONNOT, H. 1818: Observations sur la préparation et la purification de l'acide gallique, et sur l'existence d'un acide nouveau dans la noix de galle. – Ann. Chim. Phys. **9**: 181-189.
BRACONNOT, H. 1825: Recherches sur un nouvel acide universellement répandu dans tous les végétaux. – Ann. Chim. Phys. **28**: 173-178.
BRADBURY, S. 1967: The evolution of the microscope. X + 357 S., ill. – Oxford etc.: Pergamon.
BRAND, F. 1897: Über „*Chantransia*" und die einschlägigen Formen der bayrischen Hochebene. – Hedwigia **36**: 300-319.
BRANDT, K. 1881: Über das Zusammenleben von Algen und Tieren. – Biol. Centralbl. **1**: 524-527.
BRAUN, A. 1831: Vergleichende Untersuchung über die Ordnung der Schuppen an den Tannenzapfen als Einleitung zur Untersuchung der Blattstellung überhaupt ... Nova Acta Phys.-Med. Acad. Caes. Leop.-Carol. Nat. Cur. **15**, I: 195-402, 34 Taf.
BRAUN, A. 1835: Dr. Carl Schimper's Vorträge über die Möglichkeit eines wissenschaftlichen Verständnisses der Blattstellung, ... – Flora **18**, I: 145-191.
BRAUN, A. 1847: Vortrag über das Vorkommen beweglicher Samen bei den Algen (Referat). – Verh. Schweiz. Naturf. Ges. **32**: 37-39.

BRAUN, A. 1850: Betrachtungen über die Erscheinung der Verjüngung in der Natur. XVI + 364 S., 3 Taf. – Freiburg i. Br. [Auch: Leipzig 1851; engl. Übersetzung siehe HENFREY 1853].
BRAUN, A. 1853: Über die Richtungsverhältnisse der Saftströme in den Zellen der Characeen. – Ber. Bekanntm. Verh. Königl. Preuss. Akad. Wiss. Berlin **1853**: 45-76.
BRAUN, A. 1854: Das Individuum der Pflanze in seinem Verhältniss zur Species. Generationsfolge, Generationswechsel und Generationstheilung der Pflanze. – Abh. Königl. Akad. Wiss. Berlin **1853**, Phys. Abh.: 19-122, 6 Taf.
BRAUN, A. 1855: Algarum unicellularium genera nova et minus cognita, praemissis observationibus de algis unicellularibus in genere. VI + 111 S., 6 tab. – Leipzig.
BRAUN, A. 1858: Ueber den Blüthenbau der Gattung *Delphinium*. – Jahrb. Wiss. Bot. **1**: 307-370, 2 Taf.
BRAUN, A. 1860: Über Polyembryonie und Keimung von *Caelebogyne*. Ein Nachtrag zu der Abhandlung über Parthenogenesis bei Pflanzen. – Abh. Königl. Akad. Wiss. Berlin **1859**: 109-263, 6 Taf.
BRAUN, A. 1862: Ueber die Bedeutung der Morphologie. Rede zur Feier des 68. Stiftungsfestes des medicinisch-chirurgischen Friedrich-Wilhelms-Instituts. 34 S. – Berlin.
BRAUN, H.J. 1964: Zelldifferenzierung im Holzstrahl. – Ber. Deutsch. Bot. Ges. **77**: 355-367, 17 Abb., 1 Taf..
BRAUN, H.J. 1970: Funktionelle Histologie der sekundären Sproßachse. I. Das Holz. XI + 190 S., 212 Abb., 3 Taf. = Handb. Pflanzenanat. 2. Aufl. Spez. Teil **IX, 1**.
BRAUN-BLANQUET, J. 1921: Prinzipien einer Systematik der Pflanzengesellschaften auf floristischer Grundlage. – Jahrb. St.Gallisches Naturwiss. Ges. **57**, II: 305-351.
BRAUN-BLANQUET, J. 1923: L'origine et le développement des flores dans le massif central de France avex aperçu sur les migrations des flores dans l'Europe sud-occidentale. 282 S., 13 Abb., 6 Taf. – Paris & Zürich.
BRAUN-BLANQUET, J. 1928: Pflanzensoziologie. Grundzüge der Vegetationskunde. (= Biologische Studienbücher **7**). X + 330 S., 168 Abb. – Berlin.
BRAVAIS, L. & BRAVAIS, A. 1837 a: Essai sur la disposition des feuilles curvisériées. – Ann. Sci. Nat. Bot. sér. 2. **7**: 42-110, 2 Taf.
BRAVAIS, L. & BRAVAIS, A. 1837 b: Essai sur la disposition symétrique des inflorescences.– Ann. Sci. Nat. Bot. sér. 2. **7**: 193-221, 291-348; **8**: 11-42.
BREBNER, G. 1902: On the anatomy of *Danaea* and other Marattiaceae. - Ann. Bot. (London) **16**: 517-522.
BRECKLE, S.-W. 2000: Wann ist eine Pflanze ein Halophyt ? Untersuchungen an Salzpflanzen in Zentralasien und anderen Salzwüsten. In: BRECKLE, S.-W. et al. (Edit.): Ergebnisse weltweiter ökologischer Forschungen. Beiträge des 1. Symposiums der A.F.W. Schimper-Stiftung. S. 91-106.
BREFELD, O. 1888: Untersuchungen aus dem Gesammtgebiete der Mykologie. VII. Heft: Basidiomyceten II. Protobasidiomyceten. X + 178 S., 11 Taf. – Leipzig.
BREIDENBACH, R.W. & BEEVERS, H. 1967: Association of the glyoxylate cycle enzymes in a novel subcellular particle from castor bean endosperm. – Biochem. Biophys. Res. Comm. **27**: 462-469.
BREMER, K. 1976: The genus *Relhania* (Compositae). = Opera Bot. **40**: 1-85, 40 Abb., 26 Karten.
BREMER, K., HUMPHRIES, C.J., MISHLER, B.D. & CHURCHILL, S.P. 1987: On cladistic relationships in green plants. – Taxon **36**: 339-349, 4 Abb., 2 Tab.
BREMER, K. & WANNTORP, H.-E. 1978: Phylogenetic systematics in botany. –Taxon **27**: 317-329, 5 Abb.
BRESINSKY, A. 1963: Bau, Entwicklungsgeschichte und Inhaltsstoffe der Elaiosomen. Studien zur myrmekochoren Verbreitung von Samen und Früchten. – Biblioth. Bot. **126**: 1-54. 8 Tab., 85 Abb.
BRICKELL, C.D. 1986: The International Code of Nomenclature for Cultivated Plants - its role in stabilizing the nomenclature of cultivated plants. In: STYLES, B.T. (Edit.): Infraspecific classification of wild and cultivated plants. – Syst. Ass. Spec. Vol. **29**: 345-356.

BRIDEL-BRIDERI, S.-E. de 1826/27: Bryologia universa seu systematica ad novum methodum dispositio, historia et descriptio omnium muscorum frondosorum. Vol. 1. XLVI + 848 S. – Leipzig.
BRIDGES, C.B. 1913: Non-disjunction of the sex chromosomes of *Drosophila*. – J. Exp. Zool. **15**: 587-606.
BRIDGES, C.B. 1917: Deficiency. – Genetics **2**: 445-465, 14 Tab.
BRIDGES, C.B. 1919: Duplication. – Anat. Record **15**: 357-358.
BRIDGES, C.B. & MORGAN, T.H. 1923: The third-chromosome group of mutant characters of *Drosophila melanogaster*. – Publ. Carnegie Inst. Wash. **327**. X + 251 S.
BRIEGEL, M. 1963: Evolution. Geschichte eines Fremdworts im Deutschen. 332 S. – Diss. phil. Univ. Freiburg i.Br.
BRIGGS, B. & JOHNSON, L. 1979: Evolution in the Myrtaceae - evidence from inflorescence structure. – Proc. Linn. Soc. New South Wales **102**: 157-272. [n.v., zit. nach WEBERLING 1989].
BRIGGS, D. & BLOCK, M. 1981: An investigation into the use of the '-deme' terminology. – New Phytol. **89**: 729-735.
BRIGGS, J.C. 1966: Zoogeography and evolution. – Evolution **20**: 282-289.
BRINKLEY, B.R., VALDIVIA, M.M., TOUSSON, A. & BALCZON, R.D. 1989: The kinetochore: structure and molecular organization. In: HYAMS, J.S. & BRINKLEY, B.R. (Edit.), Mitosis, molecules and mechanisms. S. 77-118, 16 Abb. – London etc.: Academic Press.
British Ecological Society 1943: Memorandum on nomenclature and taxonomy in the Biological Flora. – J. Ecol. **31**: 93-96.
BRITTEN, R.J. & KOHNE, D.E. 1968: Repeated sequences in DNA. – Science **161**: 529-540, 13 Abb.
BRITTON, N.L. & ROSE, J.N. 1920: The Cactaceae. Descriptions and illustrations of plants of the Cactus family. Second Part. – Carnegie Inst. Washington, Publ. **248,** 2. VII + 239 S., 304 Abb., 40 Taf.
BRIZICKY, G.K. + 1969: Subgeneric and sectional names: their starting points and early sources. – Taxon **18**: 643-660.
BROCK, TH.D. 1990: The emergence of bacterial genetics. XIX + 346 S., ill. – Cold Spring Harbor: Cold Spring Harbor Laboratory Press.
BROCKMANN-JEROSCH, H. & RÜBEL, E. 1912: Die Einteilung der Pflanzengesellschaften nach ökologisch-physiognomischen Gesichtspunkten. 72 S., 1 Abb. – Leipzig.
BRONGNIART, A. 1827: Mémoire sur la génération et le développement de l'embryon dans les végétaux phanérogames. – Ann. Sci. Nat. [sér.1.] **12**: 14-53, 145-172.
BRONGNIART, A. 1828: Histoire des végétaux fossiles, ou recherches botaniques et géologiques sur les végétaux renfermées dans les diverses couches du globe. Tome I. XII + 488 S., 166 Taf. – Paris & Amsterdam.
BRONGNIART, A. 1834: Nouvelles recherches sur la structure de l'épiderme des végétaux. – Ann. Sci. Nat. Bot. sér. 2. **1**: 65-71, 2 Taf.
BRONGNIART, A. 1843: Enumération des genres de plantes cultivés au muséum d'histoire naturelle de Paris suivant l'ordre établi dans l'école de botanique en 1843. XXXII + 136 S. – Paris.
BRONGNIART, A. 1854: Mémoire sur les glandes nectarifères de l'ovaire dans diverses familles de plantes monocotylédones. – Ann. Sci. Nat. Bot. sér. 4. **2**: 5-23, 4 Taf.
BRONGNIART, A. 1874: Études sur les graines fossiles trouvées à l'état silicifié dans le terrain houiller de Saint-Étienne. – Ann. Sci. Nat. Bot. sér. 5. **20**: 234-265, 3 Taf.
BRONN, H.G. 1858: Morphologische Studien über die Gestaltungs-Gesetze der Naturkörper überhaupt und der organischen insbesondere. IX + 481 S., 449 Abb. – Leipzig & Heidelberg.
BROWN, D.D., WENSINK, P.C. & JORDAN, E. 1972: A comparison of the ribosomal DNA's of *Xenopus laevis* and *Xenopus mulleri*: the evolution of tandem genes. – J. Molec. Biol. **63**: 57-73, 8 Abb., 3 Taf., 5 Tab.

BROWN, R. 1814: General remarks, geographical and systematical, on the botany of Terra australis. In: FLINDERS, M.: A voyage to Terra australis **2**: 533-613.
BROWN, R. 1818: On some remarkable deviations from the usual structure of seeds and fruits. – Trans. Linn. Soc. London **12**: 143-151, 1 Taf. [deutsch in: Vermischte botanische Schriften **2**: 745-760. 1826].
BROWN, R. 1827: On the structure of the unimpregnated ovulum in phaenogamous plants. – In: KING, Ph.P.: Narrative of a Survey of ... Australia **2**: 539-565. London [deutsch in: Vermischte botanische Schriften **4**: 83-121. 1830].
BROWN, R. 1833: On the organs and mode of fecundation in Orchideae and Asclepiadaceae. – Trans. Linn. Soc. London **16**: 685-745. [als Separatdruck schon 1831, n.v.].
BROWN, R. 1834: Vermischte botanische Schriften. Übersetzt von C.G. NEES VON ESENBECK. Band **5**. X + 477 S., 4 Taf. – Nürnberg.
BROWN, R.C. & LEMMON, B.E. 1990: Monoplastidic cell division in lower land plants. – Amer. J. Bot. **77**: 559-571.
BROWN, R.W. 1956: Composition of scientific words. Revid. Aufl. 882 S. – Washington, D.C.: Smithsonian Institution Press.
BROWN, W.L., Jr. 1968: An hypothesis concerning the function of the metapleural glands in ants. – Amer. Nat. **102**: 188-191.
BROWN, W.L., JR., EISNER, TH. & WHITTAKER, R.H. 1970: Allomones and kairomones: transspecific chemical messengers. – Bioscience **20**: 21-22.
BRUMMITT, R.K. & POWELL, C.E. (Edit.) 1992: Authors of plant names. 732 S. – Kew: Royal Botanic Gardens.
BRUNDIN, L. 1965: On the real nature of transantarctic relationships. – Evolution **19**: 496-505.
BRUNFELS, O. 1530: Herbarium vivae eicones ad naturae imitationem, ... 266 + (64) S., ill. - Straßburg.
BRUNOLD, CH., RÜEGSEGGER, A. & BRÄNDLE, R. (Edit.) 1996: Stress bei Pflanzen.Ökologie, Physiologie, Biochemie, Molekularbiologie. 407 S., ill. – Bern etc.: Haupt (UTB für Wissenschaft, Große Reihe).
BUCH, L.v. 1825: Physicalische Beschreibung der Canarischen Inseln. VII + 408 S. – Berlin
BUCH, L.v. 1852: Über Blattnerven und die Gesetze ihrer Verteilung. – Ber. Bekanntm. Verh. Königl. Preuss. Akad. Wiss. Berlin **1852**: 42-49, 1 Taf.
BUCHENAU, F. 1866: Der Blüthenstand der Juncaceen. – Jahrb. Wiss. Bot. **4**: 385-440, 3 Taf.
BUCHENAU, F. 1893: Ueber Einheitlichkeit der botanischen Kunstausdrücke und Abkürzungen. – Abh. Naturwiss. Vereins Bremen **13**. Extra-Beilage. 36 S.
BUCHHEIM, G. 1963: Conspectus nominum familiarum Angiospermarum novarum vel veterum auctoribus recentioribus adoptarum. [seit 1936]. – Willdenowia **3**: 371-397.
BUCHMANN, S.L. 1983: Buzz pollination in angiosperms. In: JONES, C.E. & LITTLE, R.S. (Edit.), Handbook of experimental pollination biology. S. 73-113. New York etc.: Nostrand Reinhold.
BUDER, J. 1916: Zur Frage des Generationswechsels im Pflanzenreiche. – Ber. Deutsch. Bot. Ges. **34**: 559-576.
BÜNNING, E. 1953: Entwicklungs- und Bewegungsphysiologie der Pflanzen. X + 539 S., 479 Abb. 3. Aufl. = Lehrbuch der Pflanzenphysiologie **2**. und **3**. – Berlin etc.: Springer.
BÜNNING, E. 1958: Die physiologische Uhr. 105 S., 107 Abb. – Berlin etc.: Springer.
BÜTSCHLI, O. 1875: Vorläufige Mittheilung über Untersuchungen betreffend die ersten Entwickelungsvorgänge im befruchteten Ei von Nematoden und Schnecken. – Z. Wiss. Zool. **25**: 201-213.
BÜTSCHLI, O. 1880-89: Protozoa. In: H.G. BRONN's Klassen und Ordnungen des Thier-Reiches **1**. Band. 2035 S. –Leipzig.
BÜTSCHLI, O. 1890: Ueber den Bau der Bacterien und verwandter Organismen. 39 S., 1 Taf. – Leipzig.
BUFFON, G.L.L. 1749: Histoire naturelle, générale et particulière, avec la description du Cabinet du Roi. Vol. **2**. 603 S., 8 Taf. – Paris.
BULLIARD, 1783: Dictionnaire élémentaire de botanique. 242 S., 10 Taf.– Paris.

BULLOCK, A.A. 1958: Indicis nominum familiarum Angiospermarum prodromus. (und: Additamenta et corrigenda I.). – Taxon **7**: 1-35, 158-163.
BURCK, W. 1890: Ueber Kleistogamie im weiteren Sinne und das Knigh-Darwin'sche Gesetz. – Ann. Jard. Bot. Buitenzorg **8**(2): 122-164, 4 Taf.
BURDACH, C.F. 1800: Propädeutik zum Studium der gesammten Heilkunst. Ein Leitfaden akademischer Vorlesungen. XII + 260 S. – Leipzig.
BURGEFF, H. 1915: Untersuchungen über Variabilität, Sexualität und Erblichkeit bei *Phycomyces nitens* Kuntze. I, II. – Flora **107**: 259-316, 20 Abb., 4 Taf.; **108**: 353-448, 13 Abb., 11 Tab.
BURGERSTEIN, A. 1887: Materialien zu einer Monographie betreffend die Erscheinungen der Transpiration der Pflanzen. – Verh. Zool.-Bot. Ges. Wien **37**: 691-782.
BURTT, B.L. 1991: On cryptocotylar germination in dicotyledons. – Bot. Jahrb. Syst. **113**: 429-442.
BUSSY 1839: Note sur la formation de l'huile essentielle de moutarde. – Compt. Rend. Hebd. Séances Acad. Sci. **9**: 815-817.
BUTZIN, F. 1974: Organismensysteme - ein Vergleich unter besonderer Berücksichtigung der Pflanzen. – Willdenowia **7**: 213-243.
BUXBAUM, F. 1961: Vorläufige Mitteilung über die Morphologie der cephaloiden Bildungen der Cactaceae. – I.O.S. Bull. **1**(1): 4-13.
ÇAESALPINUS, A. 1583: De plantis libri XII. 621 + 50 S. – Florenz.
ČAILACHJAN, M.CH. 1937: Concerning the hormonal nature of plant development processes. – Comp. Rend. (Dokl.) Akad. Nauk URSS N.S. **5**: 227-230.
CAIN, A.J. 1959: Die Tierarten und ihre Entwicklung. VIII + 280 S., 6 Abb. – Jena: Fischer [Engl. Original: Animal species and their evolution. London 1954, n.v.].
CAIN, A.J. & HARRISON, G.A. 1958: An analysis of the taxonomist's judgment of affinity. – Proc. Zool. Soc. London **131**: 85-98.
CAIN, A.J. & HARRISON, G.A. 1960: Phyletic weighting. – Proc. Zool. Soc. London **135**: 1-31.
CAIN, S.A. 1939: Pollen analysis as a paleo-ecological research method. – Bot. Rev. **5**: 627-634.
CALDWELL, M.M., DAWSON, T.E. & RICHARDS, J.H. 1998: Hydraulic lift: consequences of water efflux from the roots of plants. – Oecologia **113**: 151-161, 2 Abb., 2 Tab.
CAMERARIUS, R.J. 1694: De sexu plantarum epistola. [Original n.v., Übersetzung von M. MÖBIUS in Ostwald's Klassiker der exakten Wissenschaften **105**. XIII + 78 S. 1899].
CAMIN, J.H. & SOKAL, R.R. 1965: A method for deducing branching sequences in phylogeny. – Evolution **19**: 311-326, 4 Abb., 6 Tab.
CAMMERLOHER, H. 1923: Zur Biologie der Blüte von *Aristolochia grandiflora* Swartz. – Oesterr. Bot. Z. **72**: 180-198, 3 Taf.
CAMMERLOHER, H. 1931: Blütenbiologie I. Wechselbeziehungen zwischen Blumen und Insekten. Samml. Borntraeger **15**. 199 S., 64 Abb., 2 Taf. – Berlin.
CAMP, W.H. & GILLY, C.L. 1943: The structure and origin of species with a discussion of intraspecific variability and related nomenclatural problems. – Brittonia **4**: 323-385.
CAMPBELL, D.H. 1895: The structure & development of the mosses & ferns (Archegoniatae). VIII + 544 S., 266 Abb. – London: Macmillan.
CAMPBELL, D.H. 1899: A peculiar embryo-sac in *Peperomia pellucida*. – Ann. Bot. (London) **13**: 626.
CAMPBELL, D.H. 1900: Die Entwicklung des Embryosackes von *Peperomia pellucida* Kunth. – Ber. Deutsch. Bot. Ges. **17**: 452-456, 1 Taf.
CANDOLLE, A. de 1835: Introduction à l'étude de la botanique, ou traité élémentaire de cette science; ... 2 Vol. XXI + 534 S.; VIII + 460 S., 8 Taf. – Paris.
CANDOLLE, A. de 1855: Géographie botanique raisonnée ... 2 Vol. XXXII + 1366 S., 2 Karten. – Paris & Genf.
CANDOLLE, A. de 1880: La phytographie ou l'art de décrire les végétaux considérés sous différentes points de vue. XXIV + 484 S. – Paris.

CANDOLLE, A.P. de 1805: Principes élémentaires de botanique. - In: LAMARCK, J.-B. DE & CANDOLLE, A.P. de, Flore Française. 3. Aufl. **1**: 61-224. – Paris.
CANDOLLE, A.P. de 1813: Théorie élémentaire de la botanique, ou exposition de la classification naturelle et de l'art de décrire et d'étudier les végétaux. VIII + 500 S., ind. – Paris.
CANDOLLE, A.P. de 1817: Considérations générales sur les fleurs doubles et en particulier sur celles de la famille des Renonculacées.– Mém. Phys. Chim. Soc. Arcueil **3**: 385-404.
CANDOLLE, A.P. de 1818: Regni vegetabilis systema naturale. Vol. **1**. 564 S. – Paris.
CANDOLLE, A.P. de 1819: Théorie élémentaire de la botanique, ... Edit. 2. VIII + 566 S. – Paris.
CANDOLLE, A.P. de 1821 a: Géographie botanique. – Dict. Sci. Naturelles, edit. Cuvier **18**: 359-436, 1 Taf.
CANDOLLE, A.P. de 1821 b: Mémoire sur la famille des Crucifères. – Mém. Mus. Hist. Nat. **7**: 169-252, 1 Taf.
CANDOLLE, A.P. de 1826: Premier mémoire sur les lenticelles des arbres et le développement des racines qui en sortent. – Ann. Sci. Nat. [sér.1.] **7**: 1-26.
CANDOLLE, A.P. de 1827: Organographie végétale. Vol. **1**: XX + 558 S.; Vol. **2**: 304 S., 60 Taf. – Paris.
CANDOLLE, A.P. de 1829: Mémoire su la famille des Ombellifères. 84 S., 29 Taf. (= Collections des mémoires **5**. – Paris & Straßburg). [Reprint: Lehre: Cramer. = Hist. Nat. Class. **88**. 1971].
CANDOLLE, A.P. de 1832: Physiologie végétale, ou exposition des forces et des fonctions vitales des végétaux, ... (= Cours de botanique. II. Physiologie). XXXII + 1580 S. (in 3 Bänden). – Paris.
CANDOLLE, A.P. de 1838: Prodromus systematis naturalis regni vegetabilis ... Band **6**. 687 S. – Paris & Straßburg.
CANDOLLE, C. de 1897: Sur les phyllomes hypopeltés. – Bull. Trav. Soc. Bot. Genève **8**: 61-69.
CARANO, E. 1925: Sul particolare sviluppo del gametofito femin. di *Euphorbia dulcis* L. – Atti Reale Accad. Naz. Lincei, Rendiconti Cl. Sci. Fis., Ser. 6, **1**: 633-635.
CARANO, E. 1926: Ulteriori osservazioni su *Euphorbia dulcis* L., in rapporto col sur compartamento apomittico. – Ann. Bot. (Roma) **17**: 50-79, 2 Taf.
CARLQUIST, S. 1962: A theory of paedomorphosis in dicotyledonous woods. – Phytomorphology **12**: 30-45.
CARLQUIST, S. 1985: Vasicentric tracheids as a drought survival mechanism in the woody flora of southern California and similar regions: review of vasicentric tracheids. – Aliso **11**: 37-68.
CARLQUIST, S. 1988: Comparative wood anatomy. Systematic, ecological, and evolutionary aspects of dicotyledonous wood. X + 436 S., 101 Abb. – Berlin etc.: Springer.
CARLSON, E.A. 1966: The gene: A critical history. XI + 301 S. – Philadelphia & London: Saunders.
CARNIEL, K. 1963: Das Antherentapetum. Ein kritischer Überblick. – Oesterr. Bot. Z. **110**: 145-176, 5 Abb.
CARON, J.A. 1988: ‚Biology' in the life sciences: a historiographical contribution. – Hist. Sci. **26**: 223-282.
CAROTHERS, Z.B. & KREITNER, G.L. 1967: Studies of spermatogenesis in the Hepaticae. I. Ultrastructure of the Vierergruppe in *Marchantia*. – J. Cell Biol. **33**: 43-51, 15 Abb.
CARR, S.G.M. & CARR, D.J. 1961: The functional significance of syncarpy. – Phytomorphology **11**: 249-256.
CARSON, H.L. 1957: The species as a field for gene recombination. In: MAYR, E. (Edit.), The species problem. – Publ. Amer. Ass. Advancement Sci. **50**: 23-38.
CARTER, H.J. 1856: Notes on the Infusoria of the island of Bombay. – Ann. Mag. Nat. Hist. ser. 2. **17**: 356-360.
CARTER, S. 1977: Terminology of the spine-shield of succulent *Euphorbia* species. – Kew Bull. **32**: 68.
CARUEL, T. 1872: Illustrazione di una Rubiacea del genere *Myrmecodia*. – Nuovo Giorn. Bot. Ital. **4**: 170-176, 1 Taf.

CASPARY, R. 1848: De nectariis. 56 S., 3 Taf. Diss. phil Univ. Bonn. – Elberfeld.
CASPARY, R. 1858 a: Die Hydrilleen (Anacharideen Endl.). – Jahrb. Wiss. Bot. **1**: 377-513, 5 Taf.
CASPARY, R. 1858 b: [ohne Titel]. – Verh. Naturhist. Vereins Preuss. Rheinl. Westfalens **15**: LXXIV-LXXV [Abdruck in Flora **42**: 120. 1859].
CASPARY, R. 1862/63: Untersuchungen über die Gefäßbündel der Pflanzen. – Monatsber. Königl. Preuss. Akad. Wiss. Berlin **1862**: 448-483.
CASPARY, R. 1865/66: Bemerkungen über die Schutzscheide und die Bildung des Stammes und der Wurzel. – Jahrb. Wiss. Bot. **4**: 101-124, 2 Taf.
CASSEL, F.P. 1820: Morphonomia botanica, sive observationes circa proportionem et evolutionem partium plantarum. X + 172 S., 8 tab. – Köln.
CASSINI, H. 1812: Extrait d'un premier mémoire de M. HENRI CASSINI, sur les Synanthérées. – Nouv. Bull. Sci. Soc. Philom. Paris **3**, 5e année: 189-191.
CASSINI, H. 1818: Cinquième mémoire sur la famille des Synanthérées, contenant les fondement de la Synanthérographie. – J. Phys. Chim. Hist. Nat. **86**: 120-129, 173-189.
CAVALIER-SMITH, T. 1981: Eukaryote kingdoms: seven or nine? – BioSystems **14**: 461-481.
CAVALIER-SMITH, T. 1982: The evolutionary origin and phylogeny of eukaryote flagella. In: Prokaryotic and Eukaryotic Flagella. Symposia Soc. Exp. Biol. **35**: 465-493. – Cambridge: Univ. Press.
CAVALIER-SMITH, T. 1998: A revised six-kingdom system of life. – Biol. Rev. **73**: 203-266.
ČELAKOVSKÝ, L. 1874: Ueber die morphologische Bedeutung der Samenknospen.– Flora **57**. 113-119, 129-137, 144-150, 161-173, 178-185, 201-208, 215-221, 225-238, 240-252, 1 Taf.
ČELAKOVSKÝ, L. 1874: Ueber die verschiedenen Formen und die Bedeutung des Generationswechsels der Pflanzen. – Sitzungsber. Königl. Böhm. Ges. Wiss. Prag **1874** (2): 21-61.
ČELAKOVSKÝ, L. 1876: Vergleichende Darstellung der Placenten in den Fruchtknoten der Phanerogamen. – Abh. Königl. Böhm. Ges. Wiss., Math.-Naturwiss. Cl. 6. Folge, **8** [2. Abh.]: 1-74, 1 Taf.
ČELAKOVSKÝ, L. 1897: Ueber die Homologien des Grasembryos. – Bot. Zeitung **55**, I: 141-174, 1 Taf.
ČELAKOVSKÝ, L. 1901: Die Gliederung der Kaulome. – Bot. Zeitung **59**, I: 79-114, 1 Taf.
CHADEFAUD, M. 1940: Le réseau ornemental des spores et l'appareil apical des asques chez *Peziza aurantia* Persoon. – Compt. Rend. Hebd. Séances Acad. Sci. **211**: 659-660.
CHADEFAUD, M. 1960: Les végétaux non vasculaires (Cryptogamie). – CHADEFAUD, M. & EMBERGER, L., Traité de botanique systématique I. XV + 1018 S., ill. – Paris: Masson.
CHALK, L. 1983: Wood structure. In: METCALFE, C.R. & CHALK, L., Anatomy of the Dicotyledons. 2. Aufl. Vol. **2**. Wood structure and conclusion of the general introduction. S. 2-51, 10 Abb., 6 Tab. – Oxford: Clarendon.
CHAMBERLAIN, CH.J. 1906: Megaspore or macrospore. – Science, N.S. **23**: 819.
CHAMISSO, A.v. 1819: De animalibus quibusdam e classe vermium Linnaeana. Fascic. 1. De Salpe. IV + 24 S., 1 Taf. – Berlin.
CHARGAFF, E., ZAMENHOF, S., BRAWERMAN, G. & KERIN, L. 1950: Bacterial desoxypentose nucleic acids of unusual composition. – J. Amer. Chem. Soc. **72**: 3825.
CHATIN, A. 1855: Sur les types obdiplostémone et diplostémone direct, ou de l'existence et des caractères de deux types symétriques distincts chez les fleurs diplostémones. – Bull. Soc. Bot. France **2**: 615-622.
CHATIN, A. 1870: De l'anthère. Recherches sur le développement, la structure et les fonctions de ses tissus. 136 S., 36 Taf. – Paris etc.
CHATTON, É. 1920: Les Péridiniens parasites. Morphologie, reproduction, éthologie. – Arch. Zool. Exp. Gén. **59**: 1-475, 18 Taf.
CHATTON, É. 1925: *Pansporella perplexa*, amoebien à spores protégées parasite des Daphnies. Réflexions sur la biologie et la phylogénie des protozoaires. – Ann. Sci. Nat. Zool. sér. 10. **8**: 5-85, 1 Taf.

CHEADLE, V.I. & WHITFORD, N.B. 1941: Observations on the phloem in the Monocotyledonea I. ... – Amer. J. Bot. **28**: 623-627.
CHENG, W.Y., LYNCH, TH.J. & WALLACE, R.W. 1978: An endogenous Ca^{2+}-dependent activator protein of brain adenylate cyclase and cyclic nucleotide phosphodiesterase. – Adv. Cyclic Nucleot. Res. **9**: 233-251, 7 Abb., 3 Tab.
CHESTER, K.S. 1937: A critique of plant serology. – Quart. Rev. Biol. **12**: 19-46, 165-190, 294-321.
CHIARUGI, A. 1933: La cariologia nelle sue applicazioni a problemi di botanica. – Atti Soc. Ital. Progr. Sci. **21**,III: 55-92.
CHIOVENDA, E. 1932: [Artikel] Erbario. In: Enciclopedia Italiana di scienze, lettere ed arti **14**: 186-187.
CHOATE, H.A. 1917: The earliest glossary of botanical terms: Fuchs 1542. – Torreya **17**: 186-201.
CHODAT, R. 1902: Algues vertes de la Suisse. Pleurococcoïdes - Chroolépoïdes. XIII + 373 S., 264 Abb. = Matériaux pour la flore cryptogamique Suisse **1**, fasc.3. – Berne.
CHRIST, H. 1882: Das Pflanzenleben der Schweiz. XV + 488 S., ill. – Zürich.
CHRISTIANSEN, W. 1954: Verbreitung - Ausbreitung. - Ber. Deutsch. Bot. Ges. **67**: 344-345.
CHRISTIE, J.M., SALOMON, M., NOZUE, K., WADA, M. & BRIGGS, W.R. 1999: LOV (light, oxygen, or voltage) domains of the blue-light photoreceptor (nph1): Binding sites for the chromophore flavin mononucleotide. – Proc. Natl. Acad. Sci. **96**: 8779-8783, 2 Abb., 1 Tab.
CHUA, N.-H. & SCHMIDT, G.W. 1979: Transport of proteins into mitochondria and chloroplasts. – J. Cell Biol. **81**: 461-484, 1 Abb.
CHURCH, A.H. 1902: Descriptive morphology. Phyllotaxis. – New Phytol. **1**: 49-55.
CHURCHILL, F.B. 1974: Wilhelm Johannsen and the genotype concept. – J. Hist. Biol. **7**: 5-30.
CHURCHILL, S.P., WILEY, E.O. & HAUSER, L.A. 1984: A critique of Wagner groundplan-divergence studies and a comparison with other methods of phylogenetic analysis. – Taxon **33**: 212-232, 8 Abb.
CIENKOWSKI, L. 1863 a: Zur Entwicklungsgeschichte der Myxomyceten. – Jahrb. Wiss. Bot. **3**: 325-337.
CIENKOWSKI, L. 1863 b: Das Plasmodium. – Jahrb. Wiss. Bot. **3**: 400-441.
CLAPHAM, A.R., TUTIN, T.G. & WARBURG, E.F. 1952: Flora of the British Isles. LI + 1591 S., 79 Abb. – Cambridge: Univ. Press.
CLARKE, C.B. 1893: Collectors' numbers. – J. Bot. **31**: 135-139.
CLASSEN-BOCKHOFF, R. 1991: Anthodien, Pseudanthien und Infloreszenzblumen. – Beitr. Biol. Pflanzen **66**: 221-240, 8 Abb.
CLAUDE, A. 1943: The constitution of protoplasm. – Science N.S. **97**: 451-456.
CLAUSEN, J. 1931: Cyto-genetic and taxonomic investigations on *Melanium* violets. – Hereditas **15**: 219.308, 150 Abb., 17 Tab.
CLAUSEN, J. 1951: Stages in the evolution of plant species. VIII + 206 S., 75 Abb. – Ithaca, N.Y.: Cornell Univ. Press. [Repr.: New York: Hafner. 1962].
CLAUSEN, J., KECK, D.D. & HIESEY, W.M. 1939: The concept of species based on experiment. – Amer. J. Bot. **26**: 103-106.
CLAUSEN, J., KECK, D.D. & HIESEY, W.M. 1945: Experimental studies on the nature of species. II. Plant evolution through amphiploidy and autoploidy, with examples from the Madiinae. = Carnegie Inst. Washington Publ. **564**. VII + 174 S., 86 Abb.
CLAY, R.S. & COURT, Th.H. 1932: The history of the microscope. XIV + 266 S., 164 Abb. – London [Reprint: London: Holland Press. 1975].
CLEMENTS, F.E. 1905: Research Methods in Ecology. XVII + 334 S. – Lincoln, Nebraska.
CLEMENTS, F.E. 1916: Plant succession. An analysis of the development of vegetation. – Publ. Carnegie Inst. Wash. **242**. XIII + 512 S., 51 Abb., 61 Taf., Tab.
CLEMENTS, F.E. & HALL, H.M. 1920: Experimental Taxonomy. – Carnegie Inst. Wash. Year Book **18** (for 1919): 334-335.
CLODD, E. 1897: Pioneers of evolution from Thales to Huxley. 2. Aufl. XII + 250 S., 4 Portr. – London.

CLOS, D. 1854: De la necessité de faire disparaître de la nomenclature botanique les mots torus et nectaire. – Ann. Sci. Nat. Bot. sér. 4. **2**: 23-28.
CLOS, D. 1855/56: Remarques sur la préfloraison. – Bull. Soc. Bot. France **2**: 724-726.
CLUSIUS, C. 1583: Rariorum aliquot stirpium per Pannoniam, Austriam, & vicinas quasdam Prouincias obseruatarum. - 766 S. + appendix & index, ill. – Antwerpen. [Reprint: Graz: Akadem. Druck- und Verlagsanstalt. 1965].
COHN, F. 1853: Beiträge zur Entwickelungsgeschichte der Infusorien. II. Ueber den Encystierungsprocess der Infusorien. – Z. Wiss. Zool. **4**: 253-281, 1 Taf.
COHN, F. 1854: Untersuchungen über die Entwicklungsgeschichte der mikroskopischen Algen und Pilze. – Nov. Actorum Acad. Caes. Leop.-Carol. Nat. Cur. **24**, I: 101-256, 6 Taf.
COHN, F. 1872: Untersuchungen über Bacterien. – Beitr. Biol. Pfl. **1**(2): 127-224, 1 Taf.
COHN, F. 1875: Untersuchungen über Bacterien II. – Beitr. Biol. Pfl. **1**(3): 141-207.
COLE, G.T. & KENDRICK, B. (Edit.) 1981: Biology of conidial Fungi. Vol. **1**. XVIII + 486 S., ill. – New York etc.: Academic Press.
COLUMNA, F. [COLONNA] 1592: Phytobasanos, sive plantarum aliquot historia. 120 + 32 S., 36 Taf. – Neapel.
CONKLIN, E.G. 1939: Predecessors of Schleiden and Schwann. – Amer. Nat. **73**: 538-546.
CONSTANCE, L. 1971: History of the classification of Umbelliferae (Apiaceae). In: HEYWOOD, V.H. (Edit.): The biology and chemistry of Umbelliferae. = Bot. J. Linn. Soc., Suppl. 1. 1-11, 2 Taf.
COOKE, W.B. 1974: Terminology of the Fungi imperfecti. – Mycopathol. Mycol. Appl. **53**: 45-67.
COPELAND, H.F. 1956: The classification of lower organisms. IX + 302 S., 45 Abb., 1 Portr. – Palo Alto, Calif.: Pacific Books.
CORCOS, A.F. & MONAGHAN, F.V. 1990: Mendel's work and its rediscovery: a new perspective. – CRC Crit. Rev. Pl. Science **9**: 197-212.
CORDUS, V. 1561: Annotationes in Pedacii Dioscorodis Anazarbei de Medica materia libros V. Cum ejusdem Historia stirpium ... Edit. C. GESNER. ill. – Straßburg.
CORLISS, J.O. 1980: Objections to „undulipodium" as an inappropriate and unnecessary term. – BioSystems **12**: 109-110.
CORLISS, J.O. 1981 a: „Cilium" and „flagellum" still seem sufficient! – BioSystems **13**: 322.
CORLISS, J.O. 1981 b: „Basal body" is better left as eukaryotic term. – BioSystems **13**: 323.
CORNER, E.J.H. 1949: The Durian theory or the origin of the modern tree. – Ann. Bot. (London) N.S. **13**: 367-414.
CORNER, E.J.H. 1954: The Durian theory extended. – Phytomorphology **4**: 152-165, 263-274.
CORNER, E.J.H. 1958: Transference of function. – J. Linn. Soc., Bot. **56**: 33-40.
CORNER, E.J.H. 1976: The seeds of Dicotyledons. Vol. **1**. 311 S. – Cambridge etc.: Univ. Press.
CORRENS, C. 1893: Ueber *Apiocystis Brauniana* Naeg. In: ZIMMERMANN, A. (Edit.), Beiträge zur Morphologie und Physiologie der Pflanzenzelle **1**(3): 241-259, 2 Abb.
CORRENS, C. 1897: Vorläufige Übersicht über die Vermehrungsweisen der Laubmoose durch Brutorgane. – Ber. Deutsch. Bot. Ges. **15**: 374-384.
CORRENS, C. 1899: Untersuchungen über die Vermehrung der Laubmoose durch Brutorgane und Stecklinge. XXIV + 472 S., 187 Abb. – Jena.
CORRENS, C. 1900 a: G. Mendel's Regeln über das Verhalten der Nachkommenschaft der Rassenbastarde. – Ber. Deutsch. Bot. Ges. **18**: 158-168 [Abdruck in KŘÍŽENECKÝ 1965, S. 103-112].
CORRENS, C. 1900 b: Ueber Levkojenbastarde. Zur Kenntnis der Grenzen der Mendel'schen Regeln. – Bot. Centralbl. 84: 97-113 [Abdruck in KŘÍŽENECKÝ 1965, S. 384-400].
CORTI, B. 1774: Osservazioni microscopiche sulla *Tremella* e sulla circulazione del fluido in una planta acquajuola. 208 S., 3 Taf. – Lucca.
COSSMANN, M. 1896: Essais de paléoconchologie comparées. **2**. 179 S., 8 Taf. – Paris.
COTTHEM, W.R.J. VAN 1970: A classification of stomatal types. – Bot. J. Linn. Soc. **63**: 235-246, 5 Abb., 1 Tab.

COWDRY, E.V. 1953: Historical background of research on mitochondria. – J. Histochem. Cytochem. **1**: 183-187.
CRAMER, P.J.S. 1907: Kritische Übersicht der bekannten Fälle von Knospenvariation. – Natuurk. Verh. Holl. Maatsch. Wetenschap. Haarlem ser.3. **6**, no.3. 474 S.
CREMER, Th. 1985: Von der Zellenlehre zur Chromosomentheorie. Naturwissenschaftliche Erkenntnis und Theorienwechsel in der frühen Zell- und Vererbungsforschung. XVI + 384 S., 87 Abb. – Berlin etc.: Springer.
CRICK, F.H.C. 1958: On protein synthesis. – Symp. Soc. Exper. Biol. **12**: 138-163, 1 Abb.
CRICK, F.H.C. 1963: The recent excitement in the coding problem. – Progr. Nucleic Acid Res. **1**: 163-217, 4 Abb., 7 Tab.
CRICK, F.H.C., GRIFFITH, J.S. & ORGEL, L.E. 1957: Codes without commas. – Proc. Natl. Acad. Sci. **43**: 416-421, 3 Abb.
CRONQUIST, A. 1978: Once again, what is a species ? In: Beltsville Symposia in Agricultural Research. **2**. Biosystematics in Agriculture. S. 3-20. – Montclair: Allanheld, Osmun & Co.
CRONQUIST, A. 1987: A botanical critique of cladism. – Bot. Rev. **53**: 1-52, 1 Abb.
CRONQUIST, A., TAKHTAJAN, A. & ZIMMERMANN, W. 1966: On the higher taxa of Embryobionta. – Taxon **15**: 129-134.
CRONSHAW, J. & ESAU, K. 1967: Tubular and fibrillar components of mature and differentiating sieve elements. – J. Cell Biol. **34**: 801-812, 10 Abb.
CRONSHAW, J. & SABNIS, D.D. 1990: Phloem proteins. – In: BEHNKE, H.-D. & SJOLUND, R.D. (Edit.), Sieve elements. S. 266-283, 9 Abb. – Berlin etc.: Springer.
CROUAN & CROUAN 1844: Observations sur les tétraspores des Algues. – Ann. Sci. Nat. Bot. sér. 3. **2**: 365-367.
CROUAN & CROUAN 1857: Note sur quelques Ascobolus nouveaux et sur une espèce de Vibrissea. – Ann. Sci. Nat. Bot. sér. 4. **7**: 173-178, 1 Taf.
CRUDEN, R.W. 1977: Pollen-ovule ratios: a conservative indicator of breeding systems in flowering plants. – Evolution **31**: 32-46, 9 Tab.
CUÉNOT, L. 1901: L'évolution des théories transformistes. – Rev. Gén. Sci. Pures Appl. **12**: 264-269.
CUÉNOT, L. 1909: Le peuplement des places vides dans la nature et l'origine des adaptations. – Rev. Gén. Sci. Pures Appl. **20**: 8-14.
CUÉNOT, L. 1914: Théorie de la préadaptation. – Scientia (Bologna) **16**: 60-73.
CUÉNOT, L. 1925: L'adaptation. – IX + 420 S. - Paris.
CUERRIER, A., KIGER, R.W. & STEVENS, P.F. 1996: Charles Bessey, evolution, classification and the New Botany. – Huntia **9**: 179-213, 9 Abb.
CURTIS, W. 1781-98: Flora Londinensis. Vol. **2**. – London.
CUSSET, G. 1994: A simple classification of the complex parts of vascular plants. – Bot. J. Linn. Soc. **114**: 229-242, 6 Abb.
DAFNI, A. 1984: Mimicry and deception in pollination. – Annual Rev. Ecol. Syst. **15**: 259-278.
DAHL, F. 1908: Grundsätze und Grundbegriffe der biocönotischen Forschung. – Zool. Anzeiger **33**: 349-353.
DAHLGREN, K.V.O. 1915: Der Embryosack von Plumbagella, ein neuer Typus unter den Angiospermen. – Ark. Bot. **14**, no. 8: 1-10.
DAHLGREN, R. & RASMUSSEN, F.N. 1983: Monocotyledon evolution. Characters and phylogenetic estimation. – Evol. Biol. **16**: 255-395, 13 Abb., 10 Tab.
DAMMER, U. 1892: Die Verbreitungsausrüstungen der Polygonaceen. – Biol. Centralbl. **12**: 257-267.
DANGEARD, P.-A. 1894: La reproduction sexuelle chez les Ascomycètes. – Compt. Rend. Hebd. Séances Acad. Sci. **118**: 1065-1066.
DANGEARD, P.-A. 1901: Étude comparative de la zoospore et du spermatozoïde. – Compt. Rend. Hebd. Séances Acad. Sci. **132**: 859-861.
DANGEARD, P.-A. 1919: Sur la distinction du chondriome des auteurs en vacuome, plastidome et sphérome. – Compt. Rend. Hebd. Séances Acad. Sci. **169**: 1005-1010.

DANSER, B.H. 1929: Über die Begriffe Komparium, Kommiskuum und Konvivium und über die Entstehungsweise der Konvivien. – Genetica **11**: 399-450.
DANSEREAU, P. 1957: Biogeography. An ecological perspective. XIII + 394 S., ill. – New York: Ronald Press [mit Glossary].
DANSEREAU, P. & LEMS, K. 1957: The grading of dispersal types in plant communities and their ecological significance. 52 S., 14 Abb. = Contr. Inst. Bot. Univ. Montréal **71**. Montréal: Institut Botanique.
DARAPSKY, L. 1880: Zur Geschichte der Zellentheorie. 89 S. Diss. phil. Univ. Würzburg. – Würzburg.
DARBISHIRE, O.V. 1898: Weiteres über die Flechtentribus der Roccellei. – Ber. Deutsch. Bot. Ges. **16**: 6-16, 1 Taf.
D'ARCY, W.G. & KEATING, R.C. (Edit.) 1996: The anther: form, function, and phylogeny. 351 S., ill. – Cambridge: Cambridge Univ. Press.
DARLINGTON, C.D. 1928: Studies in *Prunus*, I. and II. – J. Genet. **19**: 213-256, 25 Abb., 8 Taf.
DARLINGTON, C.D. 1936: The external mechanics of the chromosomes. I. The scope of enquiry. – Proc. Roy. Soc. London, Ser. B. Biol. Sci. **121**: 264-273, 1 Tab., 1 Taf.
DARLINGTON, C.D. 1937: Recent advances in cytology. 2. Aufl. XVI + 671 S., 16 Taf. – London.
DARLINGTON, C.D. 1939: Misdivision and the genetics of the centromere. – J. Genet. **37**: 341-364, 12 Abb., 1 Taf.
DARWIN, CH. 1859: On the origin of species by means of natural selection, or the preservation of favoured races in the struggle for life. IX + 502 S. 1 Taf. – London: Murray. [Facsimile: Cambridge, Mass.: Harvard Univ. 1964].
DARWIN, CH. 1860: Über die Entstehung der Arten im Thier- und Pflanzen-Reich durch natürliche Züchtung, oder Erhaltung der vervollkommneten Rassen im Kampfe um's Daseyn. Übersetzt von H.G. BRONN. VIII + 520 S. – Stuttgart.
DARWIN, CH. 1862 a: On the various contrivances by which British and foreign orchids are fertilised by insects, and on the good effects of intercrossing. VI + 365 S., 33 Abb. – London [n.v.; deutsche Übersetzung der 2. Aufl. Stuttgart 1899].
DARWIN, CH. 1862 b: On the two forms, or dimorphic condition, in the species of *Primula,* and on their remarkable sexual relations. – J. Proc. Linn. Soc., Bot. **6**: 77-96, 2 Abb.
DARWIN, CH. 1866: On the origin of species by means of natural selection, or the preservation of favoured races in the struggle for life. 4. Aufl. XXI + 593 S. – London.
DARWIN, CH. 1868 a: The variation of animals and plants under domestication. 2 Vols.: VIII + 411; VIII + 486. – London.
DARWIN, CH. 1868 b: On the character and hybrid-like nature of the offspring from the illegitimate union of dimorphic and trimorphic plants. – J. Linn. Soc. Bot. **10**: 393-437.
DARWIN, CH. 1875: Insectivorous plants. X + 462 S., 30 Abb.– London.
DARWIN, CH. 1876: The effects of cross and self fertilisation in the vegetable kingdom. VIII + 482 S. – London.
DARWIN, CH. 1877: The different forms of flowers on plants of the same species. VIII + 352 S. – London.
DARWIN, CH. 1880: The power of movement in plants. Assisted by F. DARWIN. X + 592 S. – London.
DARWIN, CH. & WALLACE, A. 1858-59: On the tendency of species to form varieties; and on the perpetuation of varieties and species by natural means of selection. – J. Proc. Linn. Soc., Zool. **3**: 45-62 [deutsch in HEBERER 1959].
DARWIN, F. 1887: The life and letters of Charles Darwin. Vol. 2. 393 S., 1 Portr. – London.
DARWIN, F. 1898 a: The Knight-Darwin law. – Nature **58**: 630-632.
DARWIN, F. 1898 b: Observations on stomata. – Philos. Trans. Roy. Soc. London, Ser. B. **190**: 531-621.
DAUMANN, E. 1970: Zur Frage der Bestäubung durch Regen (Ombrogamie). – Preslia **42**: 220-224.
DAUMANN, E. 1971: Zum Problem der Täuschblumen. – Preslia **43**: 304-371.

DAUMANN, E. 1974: Zur Frage nach dem Vorkommen eines Septalnektariums bei Dicotyledonen. – Preslia **46**: 97-109.
DAVIS, B.D. & MINGIOLI, E.S. 1950: Mutants of *Escherichia coli* requiring methionine or vitamine B_{12}. – J. Bacter. **60**: 17-28, 4 Tab.
DAVIS, G.L. 1948: Revision of the genus *Brachycome* Cass. Part I. Australian species. – Proc. Linn. Soc. New South Wales **73**: 142-241.
DAVIS, G.L. 1966: Systematic embryology of the angiosperms. VIII + 528 S. – New York etc.: Wiley & Sons.
DAVIS, P.H. & HEYWOOD, V.H. 1963: Principles of angiosperm taxonomy. XX + 556 S., 42 Abb. – Edinburgh & London: Oliver & Boyd.
DAWSON, G.W.P. & WHITEHOUSE, H.L.K. 1952: The use of the term ‚gene'. – J. Genet. **50**: 396-398.
DECAISNE, J. 1841: Plantes de l'Arabie heureuse, recueillies par M. P.-E. Botta. – Arch. Mus. Hist. Nat. **2**: 89-199, 3 Taf.
DECAISNE, J. 1842: Essais sur une classification des Algues et des Polypiers calcifères de Lamouroux. – Ann. Sci. Nat. Bot. sér. 2. **17**: 297-380, 4 Taf.
DE DUVE, C. 1963: [in Fußnote S. 126] In: REUCK, A.V.S. DE & CAMERON, M.P. (Edit.), Lysosomes (Ciba Foundation Symposium). London: Churchill.
DE DUVE, C. 1965: Functions of microbodies (peroxisomes). – J. Cell Biol. **27**: 25 A - 26 A.
DE DUVE, C., PRESSMAN, B.C., GIANETTO, R., WATTIAUX, R. & APPELMANS, F. 1955: Tissue fractionation studies. 6. Intracellular distribution patterns of enzymes in rat-liver tissue. – Biochem. J. **60**: 604-618.
DEFLANDRE, G. 1934 a: Existence, sur les flagelles, de filaments latéraux ou terminaux (mastigonèmes). – Compt. Rend. Hebd. Séances Acad. Sci. **198**: 497-499, 1 Abb.
DEFLANDRE, G. 1934 b: Sur la structure des flagelles. – Ann. Protistol. **4**: 31-54, 14 Abb., 5 Taf.
DEGELIUS, G. 1954: The lichen genus *Collema* in Europe. Morphology, taxonomy, ecology. 499 S., 73 Abb., 27 Taf. = Symb. Bot. Upsal. **13(2)**. – Uppsala.
DE JONG, K. 1974: The fitness of fitness concepts and the description of natural selection. – Quart. Rev. Biol. **69**: 3-29.
DELAUNAY, L.N. 1929: Kern und Art. Typische Chromosomenformen. – Planta **7**: 100-112.
DELBROUCK, C. 1875: Die Pflanzen-Stacheln. = Bot. Abh. Morphol. Physiol. **2**, 4. Heft: VII, 1-119, 6 Taf.
DELPINO, F. 1867a: Sugli apparecchi della fecondazione nelle piante antocarpee (fanerogame). Sommario di osservazioni fatte negli anni 1865-66. 39 S. – Firenze.
DELPINO, F. 1867b: Pensieri sulla biologia vegetale, sulla tassonomia, sul valore tassonomico dei caratteri biologici, e proposta di un genere nuova ... – Il Nuovo Cimento, Giorn. Fis. Chim. Stor. Nat. **25**: 284-304, 321-398.
DELPINO, F. 1867c: Sull'opera la distribuzione dei sessi nelle piante e la legge che osta alle perennità delle fecondazione consanguinea di F. HILDEBRAND. – Atti Soc. Ital. Sci. Nat. **10**: 272-303.
DELPINO, F. 1874/75: Ulteriori osservazioni e considerazioni sulla dicogamia nel regno vegetale. Articolo IV. Delle piante zoidiofile. – Atti Soc. Ital. Sci. Nat. **16**: 151-349; **17**: 266-407. 1875.
DELPINO, F. 1875: Rapporti tra insetti e tra nettarii estranuziali in alcune piante. – Atti Soc. Ital. Sci. Nat. **18**: 63-65.
DELPINO, F. 1886: Funzione mirmecofila nel regno vegetale. Prodromo d'una monografia delle piante formicarie. – Mem. Reale Accad. Sci. Ist. Bologna ser. 4. **7**: 215-323.
DELPINO, F. 1890 a: Applicazioni di nuovi criteri per la classificazione delle piante. Terza memoria.– Mem. Reale Accad. Sci. Ist. Bologna ser. 4. **10**: 565-599, 1 Taf. („1889").
DELPINO, F. 1890 b: Contribuzione alla teoria della pseudanzia. – Malpighia **4**: 302-312.
DELPINO, F. 1894: Eterocarpia ed eteromericarpia nelle angiosperme. – Mem. Reale Accad. Sci. Ist. Bologna ser. V. **4**: 27-68.
DELPRETE, P.G. 1996: Notes on calycophyllous Rubiaceae. Part I. – Brittonia **48**: 35-44, 1 Abb.

DENFFER, D.v. 1967: Ein Vorschlag zur Vereinheitlichung der Sporennomenklatur. – Ber. Deutsch. Bot. Ges. **80**: 371-375.
DENFFER, D.v. 1971: Morphologie. In: Lehrbuch der Botanik für Hochschulen, begründet von E. STRASBURGER et al. 30 Aufl. S. 9-202, 222 Abb. – Stuttgart: Fischer.
DE QUEIROZ, K. & GAUTHIER, J. 1990: Phylogeny as a central principle in taxonomy: phylogenetic definitions of taxon names. –Syst. Zool. **39**: 307-322, 6 Abb.
DERMEN, H. 1947: Periclinal cytochimeras and histogenesis in cranberry. – Amer. J. Bot. **34**: 32-43.
DERX, H.G. 1948: *Itersonilia*, nouveau genre des Sporobolomycetes à mycelium bouclé. – Bull. Bot. Gard. Buitenzorg ser. III. **17**: 465-472.
DE SA, R., HASTINGS, J.W. & VATTER, A.E. 1963: Luminescent "crystalline" particles. An organised subcellular bioluminescent system. – Science **141**: 1269-1270, 3 Abb.
DESVAUX, N.A. 1813: Essai sur les différens genres de fruits des plantes phanérogames. – J. Bot. Agric. **2**: 161-181.
DE TONI, J.P. 1891: Sylloge Algarum ... Vol. **2,1**. Bacillariae. CXXXII + 490 S. – Padua.
DETTO, C. 1904: Die Theorie der direkten Anpassung und ihre Bedeutung für das Anpassungs- und Deszendenzproblem. 224 S. – Jena.
DICKINSON, T.A. 1978: Epiphylly in angiosperms. – Bot. Rev. **44**: 181-232, 1 Abb., 1 Tab.
DIELS, L. 1906: Jugendformen und Blütenreife im Pflanzenreich. 130 S., 30 Abb. – Berlin: Borntraeger.
DIELS, L. 1910: Genetische Elemente in der Flora der Alpen. – Bot. Jahrb. Syst. **44**, Beibl. **102**: 7-46.
DIELS, L. 1921: Die Methoden der Phytographie und der Systematik der Pflanzen. In: Handb. Biolog. Arbeitsmeth. Abt. **XI, 1**: 67-190.
DIERSCHKE, H. 1994: Pflanzensoziologie. Grundlagen und Methoden. 683 S., 343 Abb., 55 Tab. – Stuttgart: Ulmer.
DIETRICH, M.R. 1994: The origins of the neutral theory of molecular evolution. – J. Hist. Biol. **27**: 21-59.
DIJK, W. VAN 1943: La découverte de l'hétérostylie chez *Primula* par Ch. de l'Écluse et P. Reneaulme. – Ned. Kruidk. Arch. **53**: 81-85.
DILLENIUS, J.J. 1732: Hortus elthamensis seu plantarum rariorum quas in horto suo Elthami in Cantio coluit ... J. Sherard .. delineationes et descriptiones. 2 Vols. 438 S.,324 tab. – London.
DILLENIUS, J.J. 1741: Historia Muscorum. XVI + 576 S., 85 tab. – Oxford. [Reprint: Edinburgh 1811].
DIMOND, A.E. & WAGGONER, P.E. 1953: On the nature and role of vivotoxins in plants. – Phytopathology **43**: 229-235.
DIXON, H.H. 1914: Transpiration and the ascent of sap in plants. VIII + 216 S., 30 Abb. – London: Macmillan.
DIXON, H.H. & JOLY, J. 1895: On the ascent of sap. – Philos. Trans. Roy. Soc. London **186** B: 563-576, 1 Abb.
DOBAT, K. & PEIKERT-HOLLE, TH. 1985: Blüten und Fledermäuse. Bestäubung durch Fledermäuse und Flughunde (Chiropterophilie). 370 S., 108 Abb., 25 Tab. = Senckenberg-Buch **60**. – Frankfurt a.M.: Kramer.
DOBZHANSKY, TH. 1937: Genetics and the origin of species. XVI + 364 S., 22 Tab. – New York.
DOBZHANSKY, TH. 1939: Die genetischen Grundlagen der Artbildung. Übersetzt von W. LERCHE. VIII + 252 S., 22 Abb. – Jena.
DOBZHANSKY, TH. 1950: Mendelian populations and their evolution. – Amer. Naturalist **84**: 401-418.
DODGE, J.D. 1969: A review of the fine structure of algal eyespots. – Brit. Phycol. J. **4**: 199-210, 8 Abb.
DODGE, J.D. 1972: The ultrastructure of the dinoflagellate pusule: A unique osmo-regulatory organelle. – Protoplasma **75**: 285-302, 15 Abb.

DODGE, J.D. 1973: The fine structure of algal cells. XII + 261 S., ill. – London & New York: Academic Press.
DODGE, J.D. 1985: The chromosomes of Dinoflagellates. – Int. Rev. Cytol. **94**: 5-19, 10 Abb.
DÖLL, J.CH. 1843: Rheinische Flora. Beschreibung der wildwachsenden und cultivirten Pflanzen des Rheingebietes vom Bodensee bis zur Mosel und Lahn, ... XL + 832 S. – Frankfurt a.M.
DÖLL, J.CH. 1848: Zur Erklärung der Laubknospen der Amentaceen. Eine Beigabe zur rheinischen Flora. 28 S., 23 Abb. – Frankfurt a.M.
DÖRFELT, H. (Edit.) 1989: Lexikon der Mykologie. 432 S., 217 Abb., 30 Tab., 48 Taf. – Stuttgart & New York: Fischer.
DÖRFELT, H. & HEKLAU, H. 1998: Die Geschichte der Mykologie. 573 S., ill. – Schwäbisch Gmünd: Einhorn-Verlag.
DÖRFELT, H. & JETSCHKE, G. (Edit.): Wörterbuch der Mycologie. 2. Aufl. 367 S., ill. – Heidelberg & Berlin: Spektrum.
DOFLEIN, F. 1901: Die Protozoen als Parasiten und Krankheitserreger nach biologischen Gesichtspunkten dargestellt. XIII + 274 S., 220 Abb. – Jena.
DOLLO, L. 1893: Les lois de l'évolution. – Bull. Soc. Belge Géol. Pal. Hydr. **7**: 164-166 [n.v.; übersetzt in GOULD 1970, S. 210-212].
DONK, M.A. 1960: On nomina anamorphosium. I. – Taxon **9**: 171-174.
DONOGHUE, M.J. & CANTINO, P.D. 1988: Paraphyly, ancestors, and the goals of taxonomy: A botanical defense of cladism. – Bot. Rev. **54**: 107-128.
DONOGHUE, M.J. & DOYLE, J.A. 1989: Phylogenetic analysis of angiosperms and the relationships of Hamamelidae. In: CRANE, P.P. & BLACKMORE, S. (Edit.): Evolution, Systematics and Fossil History of the Hamamelidae. Vol. **1**: 17-45.
DOUADY, S. & COUDER, Y. 1993: Phyllotaxis as a self-organized growth process. In: GARCIA-RUIZ, J.M. et al. (Edit.): Growth patterns in physical sciences and biology. – NATO ASI Series B **304**: 341-352, 9 Abb.
DOUGLAS, G.E. 1944: The inferior ovary. – Bot. Rev. **10**: 125-186, 16 Abb.
DOUGLAS, G.E. 1957: The inferior ovary. II. – Bot. Rev. **23**: 1-46, 4 Taf.
DOUGLASS, A.E. 1919: Climatic cycles and tree-growth. A study of the annual rings of trees in relation to climate and soil. 127 S., 12 Taf., 40 Abb., Tabellen. = Publ. Carnegie Inst. Wash. **289, 1**.
DOUIN, CH. 1923: Recherches sur le gamétophyte des Marchantiées. III. Le thalle stérile des Marchantiées. Développement basilaire des feuilles et autre organes latéraux chez les Muscinées. – Rev. Gén. Bot. **35**: 487-508, 503-565, 602-619, 31 Abb.
DOUIN, CH. 1925: La théorie des initales chez les Hépatiques à feuilles. – Bull. Soc. Bot. France **72**: 565-591, 3 Taf.
DOYLE, J.A. & HICKEY, I.J. 1976: Pollen and leaves from the mid-cretaceous Potomac group and their bearing on early angiosperm evolution. - In: BECK, Ch.B. (Edit.): Origin and early evolution of angiosperms. S. 139-206, 30 Abb. – New York & London: Columbia Univ. Press.
DOYLE, J.J. 1992: Gene trees and species trees: molecular systematics as one-character taxonomy. – Syst. Bot. **17**: 144-169, 15 Abb.
DOZY, F. & MOLKENBOER, J.H. 1854-1861: Bryologia javanica seu descriptio muscorum frondosorum Archipelagi indici iconibus illustrata. Vol. **1**. 161 S., 130 Taf. – Leiden.
DRESSLER, R.L. 1981: The orchids. Natural history and classification. 332 S., 16 Taf., ill. – Cambridge, Mass. & London: Harvard Univ. Press.
DRUDE, O. 1880: Die Morphologie der Phanerogamen. In: SCHENK, A. (Edit.), Handbuch der Botanik **1**: 511-750, 40 Abb. – Breslau.
DRUDE, O. 1885-87: Die systematische und geographische Anordnung der Phanerogamen. In: SCHENK, A. (Edit.), Handbuch der Botanik **3**, 2: 175-496, 38 Abb. – Breslau.
DRUDE, O. 1890: Handbuch der Pflanzengeographie. XVI + 582 S., 3 Abb., 4 Karten. – Stuttgart.

DUCHAIGNE, A. 1955: Les divers types de collenchymes chez les Dicotylédones: leur ontogénie et leur lignification. – Ann. Sci. Nat. Bot. sér. 11. **16**: 455-479, ill.
DUCHESNE, A.N. 1766: Histoire naturelle des fraisiers, ... XII + 324 + 118 S. – Paris.
DUCKETT, J.G. & RACEY, P.A. (Edit.) 1975: The biology of the male gamete. = Biol. J. Linn. Soc. **7**, Suppl. 1. XVII + 460 S., ill. – London: Academic Press.
DUHAMEL DU MONCEAU, H.L. 1758: La physique des arbres; où il est traité de l'anatomie de plantes et de l'économie végétale; 2 Vols.– Paris.
DUJARDIN, P. 1835: Recherches sur les organismes inférieurs. – Ann. Sci. Nat. Zool. sér. 2. **4**: 343-377, 3 tab.
DUKE, J.A. 1965: Keys for the identification of seedlings of some prominent woody species in eight forest types in Puerto Rico. – Ann. Missouri Bot. Gard. **52**: 314-350, 21 Taf.
DUMAS, C., KNOX, R.B. & GAUDE, T. 1985: The spatial association of the sperm cells and vegetative nucleus in the pollen grain of Brassica. – Protoplasma **124**: 168-174, 6 Abb.
DUMORTIER, B.C. 1835: Essai carpographique présentant une nouvelle classification des fruits. – Nouv. Mém. Acad. Roy. Sci. Belles-Lettres Bruxelles **9**: 1-136, 3 tab.
DUNAL, F. 1817: Monographie de la famille des Anonacées. 145 S., 35 Taf. – Paris etc.
DU PETIT-THOUARS, A.A. 1809: Essais sur la végétation considerée dans le développement des bourgeons. XII + 304 S. – Paris.
DUPUIS, C. 1984: Willi Hennig's impact on taxonomic thought. – Annual Rev. Ecol. Syst. **15**: 1-24.
DU RIETZ, G.E. 1924: Die Soredien und Isidien der Flechten. – Svensk Bot. Tidskr. **18**: 371-396.
DU RIETZ, G.E. 1930: The fundamental units of biological taxonomy. – Svensk Bot. Tidskr. **24**: 333-428.
DU RIETZ, G.E. 1931: Life-forms of terrestrial flowering plants. I. – Acta Phytogeogr. Suec. **3**: 1-95.
DU RIETZ, G.E. 1958: The hybrid concept. In: Systematics of to-day. – Uppsala Univ. Årsskr. **1958** (6): 216-223.
DU ROI, J.P. 1772: Die Harbkesche wilde Baumzucht theils Nordamerikanischer und anderer fremder, theils einheimischer Bäume, Sträucher ... **1**. Band. LXXX + 447 S., 3 Taf. – Braunschweig
DUSTIN, P. 1984: Microtubules. 2. Aufl. XVIII + 482 S., 175 Abb. Berlin etc.: Springer.
DUTROCHET, H. 1826: L'agent immédiat du mouvement vital dévoilé dans sa nature et dans son mode d'action, chez les végétaux et chez les animaux. 228 S. – Paris.
DUVAL-JOUVE, J. 1864: Histoire naturelle des Equisetum de France. VIII + 296 S., 10 Taf. – Paris.
DUVAL-JOUVE, J. 1865: Variations parallèles des types congénères. – Bull. Soc. Bot. France **12**: 196-211.
DUVAL-JOUVE, J. 1870: Étude anatomique de quelques Graminées et en particulière des Agropyrum de l'Hérault. – Mém. Sect. Sci. Acad. Sci. Montpellier **7**: 309-406, 4 Taf.
DUVAL-JOUVE, J. 1875: Histotaxie des feuilles de Graminées. – Ann. Sci. Nat. Bot. sér. 6. **1**: 294-371, 4 Taf.
DUVE, C. de, PRESSMAN, B.C., GIANETTO, R., WATTIAUX, R. & APPELMANS, F. 1955: Tissue fractionation studies. 6. Intracellular distribution patterns of enzymes in rat-liver tissue. – Biochem. J. **60**: 604-618.
DUYSENS, L.N.M: & AMESZ, J. 1962: Function and identification of two photochemical systems in photosynthesis. – Biochim. Biophys. Acta **64**: 243-260, 5 Abb., 1 Tab.
DYER, A.F., JONG, K. & RATTER, J.A. 1970: Aneuploidy: a redefinition. – Notes Roy. Bot. Gard. Edinburgh **30**: 177-182.
EAMES, A.J. 1931: The vascular anatomy of the flower with refutation of the theory of carpel polymorphism. – Amer. J. Bot. **18**: 147-188.
EAMES, A.J. 1961: Morphology of the angiosperms. - XIII + 518 S., 148 Abb. – New York etc.: McGraw-Hill.

EAMES, A.J. & MACDANIELS, L.H. 1947: An introduction to plant anatomy. 2. Aufl. XVII + 427 S., ill. – New York etc.: McGraw-Hill.

ECKARDT, TH. 1937: Untersuchungen über Morphologie, Entwicklungsgeschichte und systematische Bedeutung des pseudomonomeren Gynoeceums. – Nova Acta Leop. N.F. **5**, Nr. 26: 1-112, 30 Abb., 25 Taf.

ECKARDT, TH. 1941: Kritische Untersuchungen über das primäre Dickenwachstum bei Monokotylen, mit Ausblick auf dessen Verhältnis zur sekundären Verdickung. – Bot. Arch. **42**: 289-334, 16 Abb., 10 Taf.

ECKARDT, TH. 1964: Das Homologieproblem und Fälle strittiger Homologien. – Phytomorphology **14**: 79-92.

ECKERT, G. 1966: Entwicklungsgeschichtliche und blütenanatomische Untersuchungen zum Problem der Obdiplostemonie. – Bot. Jahrb. Syst. **85**: 523-604, 146 Abb.

EDMAN, G. 1931: Apomeiosis und Apomixis bei *Atraphaxis frutescens* C.Koch. – Acta Horti Berg. **11**, no.2.: 1-66, 45 Abb.

EDWARDS, S.R. 1984: Homologies and inter-relationships of moss peristomes. In: SCHUSTER, R.M. (Edit.), New Manual of Bryology **2**: 658-695, 14 Abb. – Nichinan, Miyazaki: Hattori Bot. Laboratory.

EGLE, K. & ERNST, A. 1949: Die Verwendung des Ultrarotabsorptionsschreibers für die vollautomatische und fortlaufende CO_2-Analyse bei Assimilations- und Atmungsmessungen an Pflanzen. – Z. Naturf. **4b**: 351-360, 5 Abb.

EHRENBERG, C.G. 1829: *Syzygites*, eine neue Schimmelgattung, nebst Beobachtungen über sichtbare Bewegung in Schimmeln. – Verh. Ges. Naturf. Freunde Berlin **1**: 98-109, 2 Taf. ("1820").

EHRENBERG, C.G. 1830: Organisation, Systematik und geographisches Verhältniß der Infusionsthierchen. Zwei Vorträge ... 108 S. – Berlin.

EHRENBERG, C.G. 1836: Bemerkung über feste mikroskopische anorganische Formen in den erdigen und derben Mineralien. – Ber. Bekanntm. Verh. Königl. Preuss. Akad. Wiss.Berlin **1**: 84-85.

EHRENBERG, C.G. 1838: Die Infusionsthierchen als vollkommene Organismen. Ein Blick in das tiefere organische Leben der Natur. XVIII + (4) + 548 S., Atlas: 64 Taf. – Leipzig.

EHRENDORFER, F. (Edit.) 1967: Liste der Gefäßpflanzen Mitteleuropas. 253 S. – Graz: Notring Wiss. Verbände Österreichs.

EHRENDORFER, F. 1971: Spermatophyta, Samenpflanzen. - In: Lehrbuch der Botanik für Hochschulen begründet von E. STRASBURGER et al. 30. Aufl., S. 584-745, ill. – Stuttgart: Fischer.

EHRHART, F. 1778: *Andreaea*, eine neue Pflanzengattung. – Hannov. Mag. **16**: Sp. 1601-1603.

EHRHART, F. 1779 a: *Webera*, eine Pflanzengattung. – Hannov. Mag. **17**: Sp. 257-258.

EHRHART, F. - 1779 b: *Weißia*, eine Pflanzengattung. – Hannov. Mag. **17**: Sp. 1003-1006; Beitr. Naturk. **1**: 33-34. 1787.

EHRHART, F. 1780: Versuch eines Verzeichnisses der um Hannover wildwachsenden Pflanzen. – Hannov. Mag. **18**: Sp. 209-239.

EHRHART, F. 1784 a: Botanische Zurechtweisungen. – Neues Mag. Aerzte **6**: 100-115.

EHRHART, F. 1784 b: Botanische Bemerkungen. – Hann. Mag. **22**: Sp. 113-128, 129-144, 161-176.

EHRHART, F. 1788: Botanische Bemerkungen. – Beitr. Naturk. **3**: 58-95.

EHRHART, F. 1789: Kennzeichen seltener und unbestimmter Pflanzen. – Beitr. Naturk. **4**: 42-47.

EHRHART, F. 1790: Botanische Zurechtweisungen. – Beitr. Naturk. **5**: 42-77.

EHRLICH, P.R. & RAVEN, P.H. 1965: Butterflies and plants: a study in coevolution. – Evolution **18**: 586-608.

EICHHORN, M. (Edit.) 1999: Langenscheidt + Routledge. German dictionary of biology. 2 Vols. 903, 771 S. – London: Routledge.

EICHLER, A.W. 1861: Zur Entwicklungsgeschichte des Blattes mit besonderer Berücksichtigung der Nebenblatt-Bildungen. IV + 60 S., 2 Taf. – Marburg.

EICHLER, A.W. 1875: Blüthendiagramme construirt und erläutert. **1**. Theil, enthaltend Einleitung, Monocotylen und sympetale Dicotylen. VIII + 348 S., 176 Abb. – Leipzig [Repr.: Eppenheim: Koeltz 1954].

EICHLER, A.W. 1876: Syllabus der Vorlesungen über Phanerogamenkunde. 36 S. – Kiel.

EICHLER, A.W. 1878: Blüthendiagramme construirt und erläutert. **2**. Theil, enthaltend die apetalen und choripetalen Dicotylen. XX + 575 S., 237 Abb. – Leipzig. [Repr.: Eppenheim: Koeltz 1954].

EICHLER, H. 1977: Guidelines for the preparation of botanical taxonomic papers. 28 S. – Melbourne: CSIRO.

EISELEY, L. 1959: Darwin's century. Evolution and the men who discovered it. XI + 372 S. – London: Scientific Book Guild.

ELDREDGE, N. & GOULD, S.J. 1972: Punctuated equilibria: an alternative to phyletic gradualism. In: SCHOPF, Th.J.M. (Edit.), Models in paleobiology. – San Francisco: Freeman et al. S. 82-115.

ELLENBERG, H. 1985: Unter welchen Bedingungen haben Blätter sogenannte „Träufelspitzen". – Flora **176**: 169-188.

ELLENBERG, H., MAYER, R. & SCHAUERMANN, J. (Edit.) 1986: Ökosystemforschung. Ergebnisse des Sollingprojekts 1966-1986. 507 S., 233 Abb., 145 Tab. – Stuttgart: Ulmer.

ELLENBERG, H. & MUELLER-DOMBOIS, D. 1967: A key to Raunkiaer plant life forms with revised subdivisions. – Ber. Geobot. Inst. ETH Stift. Rübel **37**: 56-73.

ELLIS, R.J. 1990: Molecular chaperones: the plant connection. – Science **250**: 954-959, 1 Abb., 3 Tab.

ELMQVIST, T. & COX, P.A. 1996: The evolution of vivipary in flowering plants. – Oikos **77**: 3-9, 1 Abb., 2 Tab.

ELTON, C. 1927: Animal ecology. XXI + 207 S., 13 Abb., 8 Taf. – London.

EMBERGER, L. 1942: Sur les Ptéridospermées et les Cordaitales. – Bull. Soc. Bot. France **89**: 202-203.

EMERSON, R. 1950: Current trends of experimental research on the aquatic Phycomycetes. – Annual Rev. Microbiol. **4**: 169-200, 2 Tab.

ENCKE, F., BUCHHEIM, G. & SEYBOLD, S. 1993: ZANDER: Handwörterbuch der Pflanzennamen. 14. Aufl. 810 S. – Stuttgart: Ulmer.

ENDLICHER, S. 1836-41: Genera plantarum secundum ordines naturales disposita. LX + 1483 S. – Wien.

ENDLICHER, S. & UNGER, F. 1843: Grundzüge der Botanik. xxxx + 494 S., 450 Abb., 1 Karte.– Wien.

ENDRESS, P.K. 1999: Symmetry in flowers: diversity and evolution. – Int. J. Plant Sci. **160** (6, Suppl.): S 3 – S 23, 12 Abb., 1 Tab.

ENGELMANN, G. 1832: De antholysi prodromus. Diss. IX + 68 + VI S., 5 Taf. – Frankfurt a. M.

ENGELMANN, TH.W. 1883: *Bacterium photometricum*. Ein Beitrag zur vergleichenden Physiologie des Licht- und Farbensinnes. – Arch. Gesammte Physiol. **30**: 95-124, 1 Taf.

ENGLER, A. 1877: Vergleichende Untersuchungen über die morphologischen Verhältnisse der Araceae. II.Theil. Ueber Blattstellung und Sprossverhältnisse der Araceae. – Nova Acta Acad. Caes. Leop.– Carol. German. Nat. Cur. **39**: 157-232, 6 Taf. [Engl. Übersetzung: Englera **12**. Berlin 1990].

ENGLER, A. 1879/82: Versuch einer Entwicklungsgeschichte der Pflanzenwelt, insbesondere der Florengebiete seit der Tertiärperiode. 2 Bände. XVIII + 202 S., 1 Karte; XIV + 386 S., 1 Karte. – Leipzig.

ENGLER, A. 1887: Embryophyta siphonogama. In: ENGLER, A. & PRANTL, K. (Edit.), Die natürlichen Pflanzenfamilien [1. Aufl.]. **II**, **1**: 1-5. – Leipzig.

ENGLER, A. 1892: Die systematische Anordnung der monokotyledonen Angiospermen. – Abh. Königl. Akad. Wiss. Berlin **1892** (Phys. Abh. II): 1-55.

ENGLER, A. 1898: Syllabus der Pflanzenfamilien. Eine Uebersicht über das gesammte Pflanzensystem ... 2. Aufl. XII + 214 S. – Berlin [1. Aufl. 1892 n.v.].

ENGLER, A. 1926: Angiospermae. Kurze Erläuterung der Blüten- und Fortpflanzungsverhältnisse nebst Anhang: Prinzipien der systematischen Anordnung. = ENGLER, A. & PRANTL, K. (Edit.), Die natürlichen Pflanzenfamilien. 2. Aufl. Band **14 a**. IV + 167 S., 125 Abb. – Leipzig.
ENGLER, A. & DIELS, L. 1936: Syllabus der Pflanzenfamilien. 11. Aufl. XLII + 419 S., 476 Abb.
ENTZ, G. 1882: Ueber die Natur der „Chlorophyllkörperchen" niederer Tiere. – Biol. Centralbl. **1**: 646-650.
ERDTMAN, G. 1934: Über die Verwendung von Essigsäureanhydrid bei Pollenuntersuchungen. – Svensk Bot. Tidskr. **28**: 354-358.
ERDTMAN, G. 1943: An introduction to pollen analysis. XVI + 239 S., ill. – Waltham, Mass.
ERDTMAN, G. 1945: Pollen morphology and plant taxonomy. III. *Morina* L. with an addition on pollenmorphological terminology. – Svensk Bot. Tidskr. **39**: 187-191, 9 Abb.
ERDTMAN, G. 1946: Pollen morphology and plant taxonomy. VI. On pollen and spore formulae. – Svensk Bot. Tidskr. **40**: 70-76, 1 Abb.
ERDTMAN, G. 1947: Suggestions for the classification of fossil and recent pollen grains and spores. – Svensk Bot. Tidskr. **41**: 104-114.
ERDTMAN, G. 1952: Pollen morphology and plant taxonomy. Angiosperms. 539 S., 261 Abb. – Stockholm: Almqvist & Wiksell & Waltham, Mass.
ERDTMAN, G. & STRAKA, H. 1961: Cormophyte spore classification. An outline based on the apertures (tremata). – Geol. Fören. Förh. **83**: 65-78.
ERDTMAN, G. & VISHNU-MITTRE 1956: On terminology in pollen and spore morphology. – Palaeobotanist **5**: 109-111.
ERESHEFSKY, M. (Edit.) 1992: The units of evolution. Essays on the nature of species. XVI + 405 S., ill. – Cambridge, Mass. & London: MIT Press.
ERIKSSON, G. 1983: Linnaeus the botanist. In: FRÄNGSMYR, T. (Edit.): Linnaeus. The man and his work. S. 63-109. – Berkeley etc.: Univ. California Press.
ERIKSSON, J. 1876: Ueber den Vegetationspunkt der Dikotylen-Wurzeln. Eine vorläufige Mittheilung. – Bot. Zeitung **34**: 641-644.
ERIKSSON, J. 1878: Ueber das Urmeristem der Dikotylen-Wurzeln. – Jahrb. Wiss. Bot. **11**: 380-436, 10 Taf.
ERIKSSON, J. 1894: Ueber die Specialisirung des Parasitismus bei den Getreiderostpilzen. – Ber. Deutsch. Bot. Ges. **12**: 292-331.
ERIKSSON, O. 1981: The families of bitunicate ascomycetes. – Opera Bot. **60**: 1-220, 240 Abb.
ERNST, A. 1901: Beiträge zur Kenntniss der Entwickelung des Embryosackes und des Embryo (Polyembryonie) von *Tulipa Gesneriana* L. – Flora **88**: 37-77, 5 Taf.
ERNST-SCHWARZENBACH, M. 1939: Zur Kenntnis des sexuellen Dimorphismus der Laubmoose. – Arch. Julius Klaus-Stiftung Vererbungsf. **14**: 361-474.
ERRERA, L. 1882: L'épiplasme des Ascomycetes et la glycogène des végétaux. Thèse Fac. Sci. Bruxelles (Abdruck in Recueil Inst. Bot. Univ. Bruxelles **1**: 1-70. 1906).
ERRERA, L. 1888: Ueber Zellenformen und Seifenblasen. [Referat eines Vortrages, gehalten 21.9.1887, 60. Versamml. deutscher Naturforscher und Ärzte zu Wiesbaden.] – Biol. Centralbl. **7**: 728-730.
ESAU, K. 1953: Plant anatomy. XII + 735 S., ill., 85 Taf. – New York: Wiley & London: Chapman & Hall.
ESAU, K. 1969 a: Pflanzenanatomie. Übersetzt von B. & W. ESCHRICH. XVI + 594 S. 186 Abb., 96 Taf. – Stuttgart: Fischer.
ESAU, K. 1969 b: The phloem. IX + 505 S., 100 Abb., 19 Tab., 48 Taf. = Handb. Pflanzenanat. 2. Aufl. Histologie. **V, 2**.
ESCHRICH, W. 1995: Funktionelle Pflanzenanatomie. IX + 393 S., 425 Abb. – Berlin etc.: Springer.
ESPER, E.J.Ch. 1781: De varietatibus specierum in naturae productis. Sectio I. Diss. phil. Univ. Erlangen. 28 S. – Erlangen.

ETTINGSHAUSEN, C.v. 1854: Über die Nervation der Blätter und blattartigen Organe bei den Euphorbiaceen, mit besonderer Rücksicht auf die vorweltlichen Formen. – Sitzungsber. Kaiserl. Akad. Wiss. Math.-Nat. Cl. **12**: 138-154, 8 Taf.
ETTINGSHAUSEN, C.v. 1861: Die Blatt-Skelette der Dikotyledonen mit besonderer Rücksicht auf die Untersuchung und Bestimmung der fossilen Pflanzenreste. XLVI + 308 S., 95 Taf. – Wien.
ETTL, H. 1980: Grundriß der allgemeinen Algologie. 549 S., 260 Abb. – Stuttgart: Fischer.
ETTL, H. 1988 a: Über Definitionen und Terminologie der asexuellen Fortpflanzungszellen bei Grünalgen (Chlorophyta). – Arch. Protistenk. **135**: 17-34, 8 Abb.
ETTL, H. 1988 b: Der Zönoblast als besondere Organisationsstufe der coccalen Grünalgen (Chlorophyta). – Arch. Protistenk. **135**: 159-165, 2 Abb.
ETTL, H. 1988 c: Zellteilung und Sporulation als wichtige Unterscheidungsmerkmale bei Grünalgen (Chlorophyta). – Arch. Protistenk. **135**: 103-118, 7 Abb.
ETTL, H. & KOMÁREK, J. 1982: Was versteht man unter dem Begriff „coccale Grünalge"? – Arch. Hydrobiol. Suppl. **60**,4 (= Algol. Studies **29**): 345-374.
EYDE, R.H. 1975: The foliar theory of the flower. – Amer. Sci. **63**: 430-437, 7 Abb.
FAEGRI, K. 1956: Recent trends in palynology. – Bot. Rev. **22**: 639-664.
FAEGRI, K. 1981: The social functions of botanical gardens in the society of the future. – Bot. Jahrb. Syst. **102**: 147-152.
FAEGRI, K. & IVERSEN, J. 1950: Text-book of modern pollen-analysis. 168 S., 17 Abb., 9 Taf. – Copenhagen: Munksgaard.
FAEGRI, K. & IVERSEN, J. 1989: Textbook of pollen analysis. 4. Aufl. von FAEGRI, K., KALAND, P.E. & KRZYWINSKI, K. X + 328 S., ill. – Chichester et al.: Wiley.
FAEGRI, K. & PIJL, L. van der 1966: The principles of pollination ecology. [1. Aufl.]. IX + 248 S., 51 Abb., 8 Tab. – Toronto etc.: Pergamon.
FAEGRI, K. & PIJL, L. van der 1979: The principles of pollination ecology. 3. Aufl. XI + 244 S., 53 Abb. – Oxford etc.: Pergamon.
FAHN, A. 1979: Secretory tissues in plants. X + 302 S., ill. – London etc.: Academic Press.
FAHN, A. & CUTLER, D.F. 1992: Xerophytes. IX + 176 S., 90 Abb. = Handb. Pflanzenanat. 2. Aufl. Spezieller Teil. **XII,3**.
FAIRBROTHERS, D.E. 1968: Chemosystematics with emphasis on systematic serology. In: HEYWOOD, V.H. (Edit.): Modern methods in plant taxonomy. – Bot. Soc. British Isles Conference Report **10**: 141-174.
FALK, H. 1969: Lomasomen? – Ber. Deutsch. Bot. Ges. **82**: 427-429, 3 Abb.
FALKENBERG, P. 1882: Die Algen im weitesten Sinne. In: SCHENK, A. (Edit.), Handb. Bot. **2**: 159-314.
FARLEY, J. 1977: The spontaneous generation controversy from Descartes to Oparin. XI + 223 S., ill. – Baltimore & London: John Hopkins Univ. Press.
FARLEY, J. 1982: Gametes & spores. Ideas about sexual reproduction 1750-1914. X + 299 S., ill. – Baltimore & London: Hopkins.
FARLOW, W.G. 1874: Ueber ungeschlechtliche Erzeugung von Keimpflänzchen an Farn-Prothallien. – Bot. Zeitung **32**: Sp. 180-183.
FARMER, J.B. & MOORE, J.E.S. 1905: On the maiotic phase (reduction divisions) in animals and plants. – Quart. J. Microscop. Sci. N.S. **48**: 489-557.
FARR, E.R., LEUSSINK, J.A. & STAFLEU, F.A. 1979: Index nominum genericorum (plantarum). Vol. 1-3. = Regnum Veget. **100-102**. – Utrecht: Bohn et al. & The Hague: Junk.
FARRIS, J.S. 1974: Formal definitions of paraphyly and polyphyly. – Syst. Zool. **23**: 548-554.
FAURÉ-FREMIET, E. 1913: Sur les „nématocystes" de *Polykrikos* et de *Campanella*. – Compt. Rend. Hebd. Séances Mém. Soc. Biol. Ann. 1913, 2 = **75**: 366-368.
FAURÉ-FREMIET, E. 1951: Cils vibratiles et flagelles. – Biol. Rev. **36**: 464-536.
FAVARGER, C. 1961: Sur l'emploi des nombres de chromosomes en géographie botanique historique. – Veröff. Geobot. Inst. ETH Stiftung Rübel Zürich **32**: 119-146.
FAVARGER, C. 1978: Philosophie des comptages de chromosomes. – Taxon **27**: 441-448.

FAVARGER, C. & CONTANDRIOPOULOS, J. 1961: Essai sur l'endémisme. – Ber. Schweiz. Bot. Ges. **71**: 384-408.
FAWCETT, D. 1961: Cilia and flagella. In: BRACHET, J. & MIRSKY, A.E. (Edit.), The cell. Biochemistry, physiology, morphology **2**: 217-295, 42 Abb., 1 Tab. – New York & London: Academic Press.
FELDMANN, J. 1967: Les types biologiques d'Algues marines benthiques. – Mém. Soc. Bot. France **1966** (Coll. de Morphologie): 45-60.
FELDMANN, J. & FELDMANN, G. 1958: Recherches sur quelques Floridées parasites. – Rev. Gén. Bot. **65**: 49-124, 30 Abb., 2 Tab., 2 Taf.
FIGDOR, W. 1901: Die Erscheinung der Anisophyllie. Eine morphologisch-physiologische Studie. VIII + 175 S., 23 Abb., 7 Taf. – Leipzig & Wien.
FIRBAS, F. 1949: Spät- und nacheiszeitliche Waldgeschichte Mitteleuropas nördlich der Alpen. 1. Band: Allgemeine Waldgeschichte. VIII + 480 S., 163 Abb. – Jena: Fischer.
FISCHER, A. 1884: Untersuchungen über das Siebröhren-System der Cucurbitaceen. Ein Beitrag zur vergleichenden Anatomie der Pflanzen. X + 109 S., 6 Taf. – Berlin.
FISCHER, A. 1894: Ueber die Geisseln einiger Flagellaten. – Jahrb. Wiss. Bot. **26**: 187-235, 2 Taf.
FISCHER, E. 1933: Zweihundert Jahre Naturselbstdruck. – Gutenberg-Jahrb. **8**: 186-213, 2 Taf.
FISCHER, Hermann 1929: Mittelalterliche Pflanzenkunde. 326 S., 70 Abb. – München.
FISCHER, Hugo 1890: Beiträge zur vergleichenden Morphologie der Pollenkörner. Diss. phil. Univ. Breslau. 72 S., 3 Taf. – Breslau.
FISHER, R.A. 1930: The genetical theory of natural selection. XIV + 272 S., 11 Abb., 2 Taf. – Oxford.
FITCH, W.M. 1970: Distinguishing homologous from analogous proteins. – Syst. Zool. **19**: 99-113.
FITCH, W.M. & MARGOLIASH, E. 1967: Construction of phylogenetic trees. A method based on mutation distance estimated from cytochrome c sequences is of general applicability. – Science **155**: 279-284, 4 Abb., 4 Tab.
FITSCHEN, J. 1987: Gehölzflora. 8 Aufl. von F.H. MEYER, U. HECKER, H.R. HÖSTER und F.-G. SCHROEDER. Ohne durchgehende Seitenzählung, ill.. – Wiesbaden: Quelle & Meyer.
FITTING, H. 1910: Weitere entwicklungsphysiologische Untersuchungen an Orchideenblüten. – Z. Bot. **2**: 225-267.
FITTING, H. 1925: Untersuchungen über die Auslösung von Protoplasmaströmung. – Jahrb. Wiss. Bot. **64**: 281-388, 3 Abb.
FLAHAULT,CH. & SCHRÖTER. C. 1911: Rapport sur la nomenclature phytogéographique. In: Actes troisième congrès international de botanique. Bruxelles 1910, S. 131-142.
FLEISCHER, M. 1904: Die Musci der Flora von Buitenzorg (zugleich Laubmoosflora von Java). **2**. Band. S. I-XVIII + 381-643, 50 Abb. – Leiden.
FLEISCHER, M. 1920: Über die Entwicklung der Zwergmännchen aus sexuell differenzierten Sporen bei den Laubmoosen. – Ber. Deutsch. Bot. Ges. **38**: 84-92, 1 Taf.
FLEMMING, W. 1878: Beiträge zur Kenntniss der Zelle und ihrer Lebenserscheinungen. I. – Arch. Mikroskop. Anat. **16**: 302-436.
FLEMMING, W. 1880: Beiträge zur Kenntniss der Zelle und ihrer Lebenserscheinungen. Theil II. – Arch. Mikroskop. Anat. **18**: 151-259.
FLEMMING, W. 1882: Zellsubstanz, Kern- und Zelltheilung. VIII + 424 S., 24 Abb., 8 Taf. – Leipzig.
FLINT, L.H. 1934: Light in relation to dormancy and germination in lettuce seed. – Science **80**: 38-40.
FLORIN, R. 1931: Untersuchungen zur Stammesgeschichte der Coniferales und Cordaitales. 1. Teil. Morphologie und Epidermisstruktur der Assimilationsorgane ... – Kungl. Svenska Vetenskapsakad. Handl. Ser. 3. **10**, No. 1: 1-588, ill.
FLORIN, R. 1951: Evolution in Cordaites and Conifers. – Acta Horti Berg. **15**: 285-388, 70 Abb., 1 Taf.

FOCKE, W.O. 1881: Die Pflanzen-Mischlinge. IV + 570 S. – Berlin.
FÖLDES, J. & TRAUTNER, T.A. 1964: Infectious DNA from a newly isolated *B. subtilis* phage. – Z. Vererbungsl. **95**: 57-65.
FOL, H. 1877: Sur le commencement de l'hénogénie chez divers animaux. – Biblioth. Universelle Genève, Sci. Phys. Nat. N. Pér. **58**: 439-472.
FORD, B.J. 1991: The Leeuwenhoek legacy. 185 S., ill. – Bristol & London: Biopress & Farrand Press
FOREY, P.L., HUMPHRIES, Ch.J., KITCHING, I.J., SCOTLAND, R.W., SIEBERT, D.J. & WILLIAMS, D.M. 1992: Cladistics. A practical course in systematics. X + 191 S., ill. – Oxford: Clarendon.
FORMAN, L. & BRIDSON, D. (Edit.) 1989: The herbarium handbook. IV + 214 S., 52 Abb. – Kew: Royal Botanic Gardens.
FORMIGARI, L. 1968: Chain of Being. In: WIEDER, P.P. (Edit.), Dictionary of the History of Ideas **1**: 325-335.
FOSBERG, F.R. & SACHET, M.-H. 1965: Manual for tropical herbaria. 132 S., 16 Abb. = Regnum Veget. **39**.– Utrecht.
FOSTER, A.S. 1938: Structure and growth of the shoot apex in *Ginkgo biloba*. – Bull. Torrey Bot. Club **65**: 531-556, 12 Abb., 3 Taf.
FOSTER, A.S. 1939: Problems of structure, growth and evolution in the shoot apex of seed plants. – Bot. Rev. **5**: 454-470.
FOSTER, A.S. 1956: Plant idioblasts: remarkable examples of cell specializations. – Protoplasma **46**: 184-193, 6 Abb.
FOTT, B. 1956: *Euglena physeter* species nov. – Preslia **28**: 415-416, 1 Abb.
FOTT, B. 1974: The phylogeny of eucaryotic algae. – Taxon **23**: 446-461.
FRANCÉ, R. 1911: Das Edaphon – eine neue Lebensgemeinschaft. – Die Kleinwelt **3**: 147-153.
FRANCIS, D. 1997: The stem cell concept applied to shoot meristems of higher plants. In: POTTEN, C.S. (Edit.): Stem cells. London etc.: Academic Press. S. 59-73, 1 Abb., 2 Tab.
FRANK, A.B. 1864: Ein Beitrag zur Kenntniss der Gefäßbündel. – Bot. Zeitung **22**: 149-154, 157-162, 165-172, 177-182, 185-188, 2 Taf.
FRANK, A.B. 1868: Beiträge zur Pflanzenphysiologie. VIII + 167 S., 5 Taf., zahlr. Tab. – Leipzig.
FRANK, A.B. 1883: Ueber einige neue und weniger bekannte Pflanzenkrankheiten. – Ber. Deutsch. Bot. Ges. **1**: 29-34, 58-63.
FRANK, A.B. 1885: Ueber die auf Wurzelsymbiose beruhende Ernährung gewisser Bäume durch unterirdische Pilze. – Ber. Deutsch. Bot. Ges. **3**: 128-145, 1 Taf.
FRANK, A.B. 1887: Ueber neue Mycorhiza-Formen. – Ber. Deutsch. Bot. Ges. **5**: 395-409, 1 Taf.
FRANKE, W. 1972: Über die Natur der Ektodesmen und einen Vorschlag zur Terminologie. – Ber. Deutsch. Bot. Ges. **84**: 533-537.
FRANKENBERGER, Z. 1961: J. E. Purkyne und die Zellenlehre. – Nova Acta Leop. N.F. **24**(151): 47-55.
FRANZ, V. 1927: Ontogenie und Phylogenie. Das sogenannte biogenetische Grundgesetz und die biometabolischen Modi. In: Abhandlungen zur Theorie der organischen Entwicklung. Heft III. 51 S. – Berlin.
FREESE, E. 1959: The difference between spontaneous and base-analogue induced mutations of phage T4. – Proc. Natl. Acad. Sci. **45**: 622-633, 2 Abb., 3 Tab.
FREMY, E. 1859: Recherches chimiques sur la cuticule. – Compt. Rend. Hebd. Séances Acad. Sci. **48**: 667-673.
FREY, A. 1926: Geometrische Symmetriebetrachtung. – Flora **120**: 87-98.
FREY, A. 1928: Zusammenfassung und kurze Geschichte der Micellartheorie. In: NÄGELI,C.: Die Micellartheorie. Auszüge aus den grundlegenden Originalarbeiten ... Ostwald's Klassiker exakt. Wiss. **227**: 135-143.
FREY, E. 1936: Vorarbeiten zu einer Monographie der Umbilicariaceen. – Ber. Schweiz. Bot. Ges. **45**: 198-230, 2 Abb., 4 Taf.

FREY, W. & HENSEN, I. 1995: Lebensstrategien bei Pflanzen: ein Klassifizierungsvorschlag. – Bot. Jahrb. Syst. **117**: 187-209, 26 Abb., 1 Tab.
FREY-WYSSLING, A. 1935: Ein physiologisches System der pflanzlichen Ausscheidungsstoffe. – Protoplasma **23**: 393-409.
FRIES, E. 1821, 1823, 1829/32: Systema mycologicum sistens fungorum ordines, genera et species, huc usque cognitas ... Vol. I. LXVII + 520 S.; Vol. II. 621 S.; Vol. III. VIII + 524 S. + 202 S. – Greifswald.
FRIES, E. 1828: Elenchus fungorum, sistens commentarium in systema mycologicum. - 2 Bände: 238 + 154 S. – Greifswald.
FRIES, Th.C.E. 1920: Der Samenbau bei *Cyanastrum* Oliv. – Svensk Bot. Tidskr. **13**: 295-304.
FRITSCH, C. 1856: Instruction für phaenologische Beobachtungen aus dem Pflanzenreiche an den Gestaden der Donau. – Verh. Zool.-Bot. Vereins Wien **6**, Abh.: 709-716.
FRITSCH, F.E. 1935: The structure and reproduction of the Algae. Vol. **1**. XVII + 791 S., 245 Abb., 1 Taf. – Cambridge [Repr. 1948, 1956].
FRITSCH, F.E. 1945: The structure and reproduction of the Algae. Vol. **2**. XIV + 939 S., 336 Abb., 1 Taf., 2 Karten. – Cambridge [Repr. 1952].
FRITSCH, K. 1895: Ueber die Entwickelung der Gesneriaceen (Vorläufige Mittheilung). – Ber. Deutsch. Bot. Ges. **12**: (96)-(102).
FRITSCH, K. 1904: Die Keimpflanzen der Gesneriaceen. 188 S., 38 Abb. – Jena.
FRITSCH, K. 1909: Organographie und Systematik der Pflanzen. 3. Aufl. (= Elemente der wissenschaftlichen Botanik, edit. J. WIESNER, Band 2). XX + 448 S., 365 Abb. – Wien.
FRITZSCHE, J. 1832: Beiträge zur Kenntnis des Pollens. Erstes Heft. 48 S., 2 tab. – Berlin etc.
FRITZSCHE, J. 1836: Ueber den Pollen. – Mém. Acad. Imp. Sci. St.-Pétersbourg Divers Savans **3**: 649-770.
FRIZZELL, D.L. 1933: Terminology of types. – Amer. Midl. Naturalist **14**: 637-668.
FROELICH, J.A. 1796: De *Gentiana* libellus sistens specierum cognitarum descriptiones cum observationibus. 142 S., 1 tab. – Erlangen.
FRYNS-CLAESSEN, E. & COTTHEM, W. van 1973: A new classification of the ontogenetic types of stomata. – Bot. Rev. **39**: 71-138, 28 Abb., 2 Tab.
FRYXELL, P.A. 1957: Mode of reproduction of higher plants. – Bot. Rev. **23**: 135-223, 2 Abb., 1 Tab.
FRYXELL, P.A. 1962: The „relic species" concept. – Acta Biotheor. **15**: 105-118.
FUCHS, L. 1542: De historia stirpium commentarii ... 896 S., ill. - Basel [n.v., gesehen: Ausgabe Paris 1543, ohne Abb.; vgl. auch CHOATE 1917]. Reprint: The great herbal of Leonhart FUCHS. De historia stirpium commentarii insignes. Vol. 1. Commentary by MEYER, F.G., TRUEBLOOD, E.E. & HELLER, J.L. XI + 895 S., 51 Abb., 106 farbige Taf. Vol. 2. Facsimile. – Stanford: Univ. Press. 1999.
FUCKEL, L. 1870: Symbolae Mycologicae. Beiträge zur Kenntniss der rheinischen Pilze. – Jahrb. Nassauischen Vereins Naturk. **23/24**: 1-459, 6 Taf.
FÜISTING, W. 1867: Zur Entwickelungsgeschichte der Pyrenomyceten. – Bot. Zeitung **25**: 177-181, 185-189, 193-198.
FULLER, M.S. 1966: Structure of the uniflagellate zoospores of aquatic Phycomycetes. In: MADELIN, M.F. (Edit.): The fungus spore. - Proceed. 8th Sympos. Colston Research Soc. S. 67-84, 7 Taf. – London: Butterworths.
FULLING, E.H. 1976: *Metasequoia* - fossil and living. – Bot. Rev. **42**: 215-315.
FUTUYMA, D. 1998: Evolutionary biology. 3. Aufl. XVIII + 763 S. (+ 64 S.), ill. Sunderland, Mass.: Sinauer.
GABRIELI, G. 1940: Voci lincee nella lingua scientifica italiana. – Lingua Nostra **4**: 89-91.
GABRITSCHEWSKY, G. 1894: Du rôle des leucocytes dans l'infection diphthérique. – Ann. Inst. Pasteur **8**: 673-695, 1 Taf.
GAERTNER, J. 1788: De fructibus et seminibus plantarum. Vol. 1. CLXXXII + 384 S., 79 tab. – Stuttgart [Reprint: Amsterdam: Asher. 1974].
GÄUMANN, E. 1926: Vergleichende Morphologie der Pilze. X + 626 S., 398 Abb. – Jena.

GAISBERG, E.V. 1922: Zur Deutung der Monokotylenblätter als Phyllodien, unter besonderer Berücksichtigung der Arbeit von A. Arber; ... – Flora **115**: 177-190, 3 Taf.
GALL, J.G., BELLINI, M., WU, Z. & MURPHY, CH. 1999: Assembly of the nuclear transcription and processing machinery: Cajal bodies (coiled bodies) and transcriptosomes. – Molec. Biol. Cell **10**: 4385-4402, 10 Abb.
GALLESIO, Graf G. 1816: Teoria della riproduzione vegetale. Pisa. (n.v.)
GAMS, H. 1918: Prinzipienfragen der Vegetationsforschung. Ein Beitrag zur Begriffsklärung und Methodik der Biocoenologie. – Vierteljahrsschr. Naturf. Ges. Zürich **63**: 5-205.
GAMS, H. 1923: Noch einmal die Herkunft von *Cardamine bulbifera* (L.)Crantz und Bemerkungen über sonstige Halb- und Ganzwaise.– Ber. Deutsch. Bot. Ges. **40**: 362-367.
GANTT, E. & CONTI, S.F. 1967: Phycobiliprotein localization in algae. – Brookhaven Symp. Biol. **19**: 393-405.
GARNER, W.W. & ALLARD, H.A. 1920: Effect of the relative length of day and night and other factors of the environment on growth and reproduction in plants. – J. Agricult. Res. **18**: 553-600, 16 Taf., 14 Tab.
GARNER, W.W. & ALLARD, H.A. 1923: Further studies in photoperiodism, the response of the plant to relative length of day and night. – J. Agricult. Res. **23**: 871-920, 19 Taf., 8 Tab.
GARNIER, Ch. 1897: Les filaments basaux des cellules glandulaires. – Bibliogr. Anat. **5**: 278-289.
GARSTANG, W. 1922: The theory of recapitulation: A critical re-statement of the biogenetic law. – J. Linn. Soc., Zool. **35**: 81-101.
GASSNER, G. 1918: Beiträge zur physiologischen Charakteristik sommer- und winterannueller Gewächse insbesondere der Getreidepflanzen. – Z. Bot. **10**: 417-480, 7 Abb., 8 Tab., 2 Taf.
GATES, R.R. 1908: A study of reduction in *Oenothera rubrinervis*. – Bot. Gaz. **46**: 1-34, 3 Taf.
GATIN, C.-L. 1924: Dictionnaire aide-mémoire de botanique. Edit. ALLORGE-GATIN. XIX + 347 S., ill. – Paris [Reprint: Vaduz: Kraus. 1965].
GAUDICHAUD, Ch.G. 1841: Recherches générales sur l'organographie, la physiologie et l'organogénie des végétaux. 130 S., 18 Taf. – Paris.
GAYON, J. 1990: Critics and criticisms of the modern synthesis. The viewpoint of a philosopher. – Evol. Biol. **24**: 1-49.
GAYON, U. & DUPETIT, G. 1882: Sur la fermentation des nitrates. – Compt. Rend. Hebd. Séances Acad. Sci. Paris **95**: 644-646.
GEBER, M.A., DAWSON, T.E. & DELPH, L.F. (Edit.) 1999: Gender and sexual dimorphism in flowering plants. XX + 305 S., 27 Abb., 29 Tab. – Berlin etc.: Springer.
GEERTS, J.M. 1908: Beiträge zur Kenntnis der cytologischen Entwicklung von *Oenothera Lamarckiana*. – Ber. Deutsch. Bot. Ges. **26 a**: 608-614.
GEERTS, J.M. 1909: Beiträge zur Kenntnis der Cytologie und der partiellen Sterilität von *Oenothera lamarckiana*. – Recueil Trav. Bot. Néerl. **5**: 93-208, 18 Taf.
GEITLER, L. 1925 a: Über neue oder wenig bekannte interessante Cyanophyceen aus der Gruppe der Chamaesiphoneae. – Arch. Protistenk. **51**: 321-360, 2 Taf.
GEITLER, L. 1925 b: Synoptische Darstellung der Cyanophyceen in morphologischer und systematischer Hinsicht. – Beih. Bot. Centralbl. **41**, II: 163-294, 4 Taf.
GEITLER, L. 1932: Cyanophyceae. In: RABENHORST's Kryptogamenflora von Deutschland, Österreich und der Schweiz. 2. Aufl. Band **14**. VI + 1196 S., 780 Abb. – Leipzig.
GEITLER, L. 1939: Die Entstehung der polyploiden Somakerne der Heteropteren durch Chromosomenteilung ohne Kernteilung. – Chromosoma (Berlin) **1**: 1-22.
GEITLER, L. 1940: Die Polyploidie der Dauergewebe höherer Pflanzen. – Ber. Deutsch. Bot. Ges. **58**: 131-142, 3 Abb.
GEITLER, L. 1948: Notizen zur endomitotischen Polyploidisierung in Trichocyten und Elaiosomen sowie über Kernstrukturen bei *Gagea lutea*. – Chromosoma **3**: 271-281.
GEITLER, L. 1959: Syncyanosen. In: RUHLAND, E. (Edit.), Handbuch der Pflanzenphysiologie **11**: 530-545, 16 Abb. – Berlin etc.: Springer.

GEOFFROY SAINT-HILAIRE, É. 1833: Mémoire sur le degré d'influence du monde ambiant pour modifier les formes animales, ... – Mém. Acad. Roy. Sci. Inst. France **12**: 63-92.
GEORGE, T.N. 1956: Biospecies, chronospecies and morphospecies. In: SYLVESTER-BRADLEY, P.C. (Edit.): The Species Concept in Paleontology. = Syst. Ass. Publ. **2**: 123-137.
GEORGESCU, C.C. 1927: Beiträge zur Kenntnis der Verbänderung und einiger verwandter teratologischer Erscheinungen. 129 S., 76 Abb. = Bot. Abh. **11**. – Jena.
GEUS, A. 1972: Der Generationswechsel. Die Geschichte eines biologischen Problems. – Medizinhist. J. **7**: 159-173.
GEUS, A. (Edit.) 1995: Natur im Druck. Eine Ausstellung zur Geschichte und Technik des Naturselbstdrucks. 71 S., ill. – Marburg a.d. Lahn: Basilisken-Presse.
GHISELIN, M.T. 1974: A radical solution to the species problem. – Syst. Zool. **23**: 536-544.
GIBBONS, I.R. & ROWE, A.J. 1965: Dynein: a protein with adenosine triphosphate activity from cilia. – Science **149**: 424-425, 3 Abb.
GIBBS, R.D. 1974: Chemotaxonomy of flowering plants. Vol. **1**. 680 S. – Montreal & London: McGill-Queen's Univ. Press.
GIESSLER, A. [Gießler] 1939: Biotechnik. Eine Einführung. 165 S., 126 Abb. – Leipzig.
GIFFORD, E.M. & CORSON, G.E., Jr. 1971: The shoot apex in seed plants. – Bot. Rev. **37**: 143-229, 11 Abb.
GILBERT, W. 1978: Why genes in pieces ? – Nature **271**: 501.
GILMOUR, J.S.L. & GREGOR, J.W. 1939: Demes: a suggested new terminology. – Nature **144**: 333.
GILMOUR, J.S.L. & HESLOP-HARRISON, J. 1954: The deme terminology and the units of microevolutionary change. – Genetica **27**: 147-161.
GISEKE, P.D. 1781: Caroli a Linné Termini Botanici; classium methodi sexualis generumque plantarum characteres compendiosi. [XIV] + 221 S. – Hamburg.
GISEKE, P.D. 1792: Caroli a Linné Praelectiones in ordines naturales plantarum. 50 + 662 S. 8 Taf. – Hamburg.
GLEDITSCH, J.G. 1765: Kurze Nachricht von einer künstlichen wohlgelungenen Befruchtung eines Palmbaumes, im königlichen Kräutergarten zu Berlin. – Vermischte Physikalisch-Botanisch-Oeconomische Abh. **1**: 94-104.
GLEICHEN, W.F. Freiherr v., gen. RUSSWORM 1777-81: Auserlesene mikroskopische Entdeckungen bey den Pflanzen, Blumen und Blüthen, Insekten und andern Merkwürdigkeiten. 160 S., 77 + 6 Taf. – Nürnberg.
GLEN, W. (Edit.) 1994: Mass-extinction debates: how science works in a crisis. XIV + 370 S., ill. – Stanford: Stanford Univ. Press.
GLICK, Th. F. (Edit.) 1988: The comparative reception of Darwinism. With a new preface. XXVIII + 505 S. – Chicago & London: Univ. Chicago Press.
GLÜCK, H. 1906: Biologische und morphologische Untersuchungen über Wasser- und Sumpfgewächse. 2. Teil. 256 S., 28 Abb., 6 Taf. – Jena.
GLUSTSCHENKO, I.J. 1950: Die vegetative Hybridisation von Pflanzen. Übersetzt von W. HÖPPNER. = Sowjetwissenschaft, 5. Beiheft. 242 S., 77 Abb., 5 Taf. – Berlin: Kultur & Fortschritt.
GMELIN, L. 1819: Handbuch der theoretischen Chemie. Dritter Band. S. 935-1535. – Frankfurt a.M.
GODWARD, M.B.E. 1985: The kinetochore. – Int. Rev. Cytol. **94**: 77-105, 19 Abb.
GOEBEL, K. 1880: Beiträge zur vergleichenden Entwickelungsgeschichte der Sporangien. – Bot. Zeitung **38**: Sp. 545-551, 561-571, 1 Taf.
GOEBEL, K. 1881: Beiträge zur vergleichenden Entwickelungsgeschichte der Sporangien. II. – Bot. Zeitung **39**: Sp. 681-694, 697-706, 713-720, 1 Taf.
GOEBEL, K. 1882: Grundzüge der Systematik und speciellen Pflanzenmorphologie. Nach der vierten Aufl. des Lehrbuchs der Botanik von J. SACHS. VIII + 550 S., 407 Abb. – Leipzig.
GOEBEL, K. 1883/84: Vergleichende Entwicklungsgeschichte der Pflanzenorgane. In: SCHENK, A. (Edit.) Handb. Botanik **3**, **1**: 99-432 (ab S. 369: 1884). – Breslau.
GOEBEL, K. 1886: Beiträge zur Kenntniss gefüllter Blüthen. – Jahrb. Wiss. Bot. **17**: 207-296, 5 Taf.

GOEBEL, K. 1887: Morphologische und biologische Studien. I. Ueber epiphytische Farne und Muscineen. – Ann. Jard. Bot. Buitenzorg **7**(1): 1-73.
GOEBEL, K. 1897: Ueber Jugendformen von Pflanzen und deren künstliche Wiederhervorrufung. – Sitzungsber. Math.-Phys. Cl. Königl. Bayer. Akad. Wiss. München **26**: 447-497.
GOEBEL, K. 1898-1901: Organographie der Pflanzen insbesondere der Archegoniaten und Samenpflanzen. 2: Spezieller Teil. XVIII + 233-839 S., 409 Abb. – Jena.
GOEBEL, K. 1905: Morphologische und biologische Bemerkungen. 16. Die Knollen der Dioscoreen und die Wurzelträger der Selaginellen, Organe, welche zwischen Wurzeln und Sprossen stehen. – Flora **95**: 167-212, 31 Abb.
GOEBEL, K. 1906: Archegoniatenstudien. – Flora **96**: 1-202, 141 Abb.
GOEBEL, K. 1913 a: Organographie der Pflanzen. 2. Aufl. **1**. Teil. Allgemeine Organographie. 513 S. – Jena.
GOEBEL, K. 1913 b: Morphologische und biologische Bemerkungen. 21. Scheinwirtel. – Flora **105**: 71-87, 8 Abb.
GOEBEL, K. 1918: Organographie der Pflanzen. 2. Aufl. **2**. Teil: Spezielle Organographie. 2. Heft. Pteridophyten. S. 903-1208, 293 Abb. – Jena.
GOEBEL, K. 1928: Organographie der Pflanzen insbesondere der Archegoniaten und Samenpflanzen. 3. Aufl. **1**. Teil: Allgemeine Organographie. IX + 642 S., 621 Abb. – Jena.
GOEBEL, K. 1930: Organographie der Pflanzen insbesondere der Archegoniaten und Samenpflanzen. 3. Aufl. **2**. Teil. S. 643-1378 S., 850 Abb. – Jena.
GOEBEL, K. 1931: Blütenbildung und Sprossgestaltung (Anthokladien und Infloreszenzen). VII + 242 S., 219 Abb. – Jena.
GOEBEL, K. 1933: Organographie der Pflanzen insbesondere der Archegoniaten und Samenpflanzen. 3. Aufl. **3**. Teil. S. 1379-2078, 640 Abb. – Jena.
GOEPPERT, H.R. 1837: De floribus in statu fossili. Commentatio botanica ... 28 S., 2 Taf. – Breslau.
GOETHE, J.W. von 1790: Versuch die Metamorphose der Pflanzen zu erklären. 86 S. – Gotha. [Reprint: Weinheim: Acta Humaniora. 1984; engl. Übersetzung von A. ARBER in Chron. Bot. **10**: 65-115. 1946].
GOLDSCHMIDT, R. 1920: Die quantitative Grundlage von Vererbung und Artbildung. = Vorträge und Aufsätze über Entwicklungsmechanik der Organismen **24**. 163 S., 28 Abb. – Berlin.
GOLDSCHMIDT, R. 1933: Some aspects of evolution. – Science N.S. **78**: 539-547.
GOLDSCHMIDT, R. 1935: Gen und Außeneigenschaft (Untersuchungen an *Drosophila*) I. – Z. Indukt. Abstammungs- Vererbungsl. **59**: 38-69, 2 Abb., 7 Tab.
GOLDSCHMIDT, R. 1940: The material basis of evolution. 436 S., 83 Abb. – New Haven.
GOLGI, C. 1898: Sur la structure des cellules nerveuses. – Arch. Ital. Biol. **30**: 60-71, 2 Abb.
GOLLEY, F.B. 1993: A history of the ecosystem concept in ecology: more than the sum of the parts. XVI + 254 S., ill. – New Haven etc.: Yale Univ. Press.
GOTTSBERGER, G. 1978: Seed dispersal by fish in the inundated regions of Humait, Amazonia. – Biotropica **10**: 170-183, 5 Abb., 4 Tab.
GOULD, S.J. 1970: Dollo on Dollo's law: irreversibility and the status of evolutionary laws. – J. Hist. Biol. **3**: 189-212.
GOULD, S.J. 1977: Ontogeny and phylogeny. 501 S. – Cambridge, Mass. & London: Belknap.
GOULD, S.J. 1980: The evolutionary biology of constraint. – Daedalus **109** (2): 39-52, 3 Abb.
GOULD, S.J. 1983: The hardening of the modern synthesis. In: GRENE, M. (Edit.): Dimensions of Darwinism. S. 71-93. – Cambridge: Univ. Press & Paris: Maison des Sciences de l'Homme.
GOULD, S.J. & ELDREDGE, N. 1977: Punctuated equilibria: the tempo and mode of evolution reconsidered. – Paleobiology **3**: 115-151.
GRANT, V. 1949: Arthur Dobbs (1750) and the discovery of the pollination of flowers by insects. – Bull. Torrey Bot. Club **76**: 217-220.
GRANT, V. 1963: The origin of adaptations. X + 606 S., 103 Abb. – New York & London: Columbia Univ.Press.

GRANT, V. 1966: The selective origin of incompatibility barriers in the plant genus *Gilia*. – Amer. Nat. **100**: 99-118, Abb., 6 Tab.
GRANT, V. 1971: Plant speciation. X + 435 S., 56 Abb. – New York & London: Columbia Univ. Press [deutsch: Artbildung bei Pflanzen. Berlin & Hamburg: Parey. 1976].
GRAY, J.C., SULLIVAN, J.A., HIBBERD, J.M. & HANSEN, M.R. 2001: Stromules: mobile protrusions and interconnections between plastids. – Plant Biol. **3**: 223-233, 4 Abb.
GRAY, M.W. 1992: The endosymbiont hypothesis revisited. – Int. Rev. Cytol. **141**: 233-357.
GREBENSCIKOV, I. 1949: Zur morphologisch-systematischen Einteilung von *Zea mays* L. unter besonderer Berücksichtigung der südbalkanischen Formen. – Züchter **19**: 302-311, 12 Abb.
GREEN, J.R. 1909: A history of botany 1860-1900, being a continuation of Sachs 'History of Botany, 1530-1860'. 543 S. – Oxford. [Repr. New York 1967].
GREEN, J.W. 1980: A revised terminology for the spore-containing parts of anthers. – New Phytol. **84**: 401-406, 17 Abb.
GREENE, E.L. 1983: Landmarks of botanical history. Edit. F.N. EGERTON. 2 Parts. VIII + 1138 S., 281 Abb. – Stanford: University Press.
GREENWOOD, A.D. 1975: The Cryptophyta in relation to phylogeny and photosynthesis. In: Electron Microscopy 1974, Abstracts Papers Eighth Int. Congress **2**: 566-567.
GREENWOOD, A.D., GRIFFITHS, H.B. & SANTORE, U.J. 1977: Chloroplasts and cell compartments in Cryptophyceae. – Brit. Phycol. J. **12**: 119.
GREGER, J. 1928: Was ist die Mittellamelle der Pflanzenzellhaut ? – Biol. Gen. **4**: 377-386, 4 Abb.
GRÉGOIRE, V. 1907: La formation des gemini hétérotypiques dans les végétaux. - Cellule **24**: 367-420, ill.
GREGUSS, P. 1925: Die Sporenverschiedenheit der Musci. – Bot. Arch. **12**: 473-480, 1 Abb.
GREINER, K. & SANDER, K. 1987: Das Stereomikroskop – Ursprünge und geschichtliche Entwicklung. – Biol. in unserer Zeit **17**: 161-168, 11 Abb.
GRELL, K.G. 1973: Protozoology. 554 S., 439 Abb., 15 Tab. - Berlin etc.: Springer.
GRESSEL, J. 1979: Blue light photoreception. – Photochem. Photobiol. **30**: 749-754.
GREUET, C. 1972: La nature trichocystaire du cnidoplaste dans le complexe cnidoplaste nématocyste de *Polykrikos schwartzii* Bütschli. – Compt. Rend. Hebd. Séances Acad. Sci. **275 D**: 1239-1242, 1 Abb., 2 Taf.
GREUET, C. 1987: Complex organelles. In: TAYLOR, F.J.R. (Edit.): The biology of Dinoflagellates. - Bot. Monogr. **21**: 119-142. – Oxford etc.: Blackwell.
GREUTER, W., BRUMMITT, R.K., FARR, E., KILIAN, N., KIRK, P.M. & SILVA, P.C. 1993: NCU - 3. Names in current use for extant plant genera. 1464 S. = Regnum Veget. **129**. – Königstein: Koeltz.
GREW, N. 1682: The anatomy of plants, with an idea of a philosophical history of plants, ... [XX] + 304 + [19] S., 83 Taf. – London [Reprint: New York & London: Johnson, Sources of Science **11**; z.T. in 1. Aufl. schon 1672-75 erschienen, n.v.].
GRIFFITHS, D.A. 1974: The origin, structure and function of chlamydospores in fungi. – Nova Hedwigia **25**: 503-547.
GRIFFITHS, D.J. 1970: The pyrenoid. – Bot. Rev. **36**: 29-58, 7 Abb.
GRIGORAKI, L. 1936: L'aleurie: ses formes et sa définition. – Rev. Mycol. (Paris) N.S. **1**: 37-39.
GRIS, A. 1857: Recherches microscopiques sur la chlorophylle. – Ann. Sci. Nat. Bot. sér. 4. **7**: 179-219, 6 Taf.
GRISEBACH, A. 1838: Ueber den Einfluss des Klimas auf die Begränzung der natürlichen Floren. – Linnaea **12**: 159-200 (auch in Gesammelte Abhandlungen S. 1-29. 1880).
GRISEBACH, A. 1854: Grundriss der systematischen Botanik für akademische Vorlesungen. 180 S. – Göttingen.
GRISEBACH, A. 1866: Der gegenwärtige Standpunkt der Geographie der Pflanzen. – Geogr. Jahrb. **1**: 373-402.
GRISEBACH, A. 1872: Die Vegetation der Erde nach ihrer klimatischen Anordnung. **1**. Band. XII + 603 S. – Leipzig.

GROLLE, R. 1971: Die pflanzlichen Hüllorgane, in denen Sporen und Gameten entstehen. Zur Homologie und Terminologie. – Flora **160**: 105-136.
GROOM, P. 1900: On the fusion of nuclei among plants: a hypothesis. – Trans. & Proc. Bot. Soc. Edinb. **21**: 132-144.
GROVE, M.D., SPENCER, G.F., ROHWEDDER, W.K., MANDAVA, N., WORLEY, J.F., WARTHEN, J.D.JR., STEFFENS, G.L., FLIPPEN-ANDERSON, J.L. & COOK, J.C.JR. 1979: Brasssinolide, a plant growth-promoting steroid isolated from *Brassica napus* pollen. – Nature **281**: 216-217, 4 Abb., 1 Tab.
GÜNTHER, K. 1967: Zur Geschichte der Abstammungslehre. Mit einer Erörterung von Vor- und Nebenfragen. – In: HEBERER, G. (Edit.): Die Evolution der Organismen. 3. Aufl. **1**: 3-60. – Stuttgart: Fischer.
GUETTARD, J.É. 1747: Observations sur les plantes. Vol. **1**: XLIII + 27 + 302 + 16 S., 2 Taf. Vol. **2**: 464 + 24 S. – Paris.
GUIGNARD, L. 1882: Recherches sur le sac embryonnaire des phanérogames angiospermes. – Ann. Sci. Nat. Bot. sér. 6. **13**: 136-199, 5 Taf.
GUIGNARD, L. 1883: Sur la division du noyau cellulaires chez les végétaux. – Compt. Rend. Hebd. Séances Acad. Sci. **97**: 646-648.
GUIGNARD, L. 1890: Sur la localisation des principes qui fournissent les essences sulfurées des Crucifères. – Compt. Rend. Hebd. Séances Acad. Sci. **111**: 249-251.
GUIGNARD, L. 1899: Sur les anthérozoides et la double copulation sexuelle chez les végétaux angiospermes. – Compt. Rend. Hebd. Séances Acad. Sci. **128**: 864-871; auch in: Rev. Gén. Bot. 11: 129-135, 1 Taf.
GUILLARD, A. 1857: De l'inflorescence composée. – Bull. Soc. Bot. France **4**: 374-381.
GUILLIERMOND, A. 1910: La sexualité chez les Champignons. – Bull. Sci. France Belgique **44**: 109-196, 41 Abb.
GUNNING, B.E.S., PATE, J.S. & BRIARTY, L.G. 1968: Specialized „transfer cells" in minor veins of leaves and their possible significance in phloem translocation. – J. Cell Biol. **37**: C 7 - C 12.
GUTHERZ, S. 1907: Zur Kenntnis der Heterochromosomen. – Arch. Mikroskop. Anat. **69**: 491-514, 12 Abb.
GUTTENBERG, H.v. 1926: Die Bewegungsgewebe. V + 289 S., 171 Abb. = Handb. Pflanzenanat. I. Abt. 2. Teil. **5**.
GUTTENBERG, H.v. 1943: Die physiologischen Scheiden. VIII + 217 S., 182 Abb. = Handb. Pflanzenanat. I. Abt., 2. Teil. **5**.
GUTTENBERG, H.v. 1956: Lehrbuch der Allgemeinen Botanik. 5. Aufl. XVII + 708 S., 637 Abb., 7 Taf. – Berlin: Akademie-Verlag.
GWYNNE-VAUGHAN, D.T. 1901: Observations on the anatomy of solenostelic ferns. I. *Loxsoma*. – Ann. Bot. (London) **15**: 71-98, 1 Taf.
HAACKE, W. 1893: Gestaltung und Vererbung. Eine Entwicklungsmechanik der Organismen. VIII + 337 S., 26 Abb. – Leipzig.
HAAS, O. & SIMPSON, G.G. 1946: Analysis of some phylogenetic terms with attempts at redefinition. – Proc. Amer. Philos. Soc. **90**: 319-347.
HABERLANDT, G. 1879: Entwickelungsgeschichte des mechanischen Gewebesystems der Pflanzen. IV + 84 S., 9 Taf. – Leipzig.
HABERLANDT, G. 1882 a: Vergleichende Anatomie des assimilatorischen Gewebesystems der Pflanzen. – Jahrb. Wiss. Bot. **13**: 74-188, 6 Taf.
HABERLANDT, G. 1882 b: Die physiologischen Leistungen der Pflanzengewebe. In: SCHENK, A. (Edit.): Handbuch der Botanik **2**: 557-693.
HABERLANDT, G. 1884: Physiologische Pflanzenanatomie. [1. Aufl.]. XII + 398 S., 140 Abb. – Leipzig.
HABERLANDT, G. 1888: Die Chlorophyllkörper der Selaginellen. – Flora **71**: 291-308, 1 Taf.
HABERLANDT, G. 1894: Anatomisch-physiologische Untersuchungen über das tropische Laubblatt. II. Über wassersecernirende und absorbirende Organe. – Sitzungsber. Kais. Akad. Wiss., Math.-Nat. Cl. **103**, Abth.I: 480-538.

HABERLANDT, G. 1895: Ueber Bau und Function der Hydathoden. – Ber. Deutsch. Bot. Ges. **12**: 367-370, 1 Taf.
HABERLANDT, G. 1896: Physiologische Pflanzenanatomie. 2. Aufl. XVI + 550 S., 235 Abb. – Leipzig.
HABERLANDT, G. 1900: Ueber die Perception des geotropischen Reizes. – Ber. Deutsch. Bot. Ges. **18**: 261-272, 1 Abb.
HABERLANDT, G. 1901: Sinnesorgane im Pflanzenreich. VIII + 164 S., 1 Abb., 6 Taf. - Leipzig.
HABERLANDT, G. 1902: Culturversuche mit isolierten Pflanzenzellen. – Sitzungsber. Kaiserl. Akad. Wiss., Math.-Naturwiss. Cl. **111**, Abt.1: 69-91, 1 Taf.
HABERLANDT, G. 1918: Physiologische Pflanzenanatomie. 5. Aufl. XVI + 670 S., 295 Abb. – Leipzig.
HABERLANDT, G. 1921: Physiologie der Zellteilung. Sechste Mitteilung. Über die Auslösung von Zellteilungen durch Wundhormone. – Sitzungsber. Preuss. Akad. Wiss. **1921**: 221-234.
HABERMANN, A. 1906: Der Fadenapparat in den Synergiden der Angiospermen. – Beih. Bot. Centralbl. **20**, I: 300-315.
.HACCIUS, B. 1950: Weitere Untersuchungen zum Verständnis der zerstreuten Blattstellungen bei den Dikotylen. – Sitzungsber. Heidelb. Akad. Wiss., Math.-Nat. Kl. **1950**(6): 287-337, 65 Abb.
HACKEL, E. 1880: Ueber das Aufblühen der Gräser. – Bot. Zeitung **38**: Sp. 432-437, 3 Abb.
HAECKEL, E. 1866 a: Generelle Morphologie der Organismen. 1. Band. Allgemeine Anatomie der Organismen. XXXII + 574 S., 2 Taf. – Berlin [Reprint beider Bände: Berlin etc.: De Gruyter 1988].
HAECKEL, E. 1866 b: Generelle Morphologie der Organismen. 2. Band. Allgemeine Entwickelungsgeschichte der Organismen. CLX + 462 S., 8 Taf. – Berlin.
HAECKEL, E. 1872: Die Kalkschwämme. Eine Monographie. **1**. Band: Biologie der Kalkschwämme. 484 S. – Berlin.
HAECKEL, E. 1874: Anthropogenie oder Entwickelungsgeschichte des Menschen. XVI + 732 S., 210 Abb., 12 Taf., 36 Tab. – Leipzig.
HAECKEL, E. 1875: Die Gastrula und die Eifurchung der Thiere. – Jenaische Z. Naturwiss. **9**: 402-508.
HAECKEL, E. 1889: Natürliche Schöpfungs-Geschichte. 8. Aufl. XXX + 832 S., Portr., 20 Taf., Tabellen. – Berlin.
HAECKEL, E. 1890: Plankton-Studien. Vergleichende Untersuchungen über die Bedeutung und Zusammensetzung der pelagischen Fauna und Flora. 105 S. – Jena.
HÄCKER, V. 1892: Die heterotypische Kerntheilung im Cyklus der generativen Zellen. – Ber. Naturf. Ges. Freiburg **6**: 160-193, 3 Taf.
HÄCKER, V. 1897: Ueber weitere Uebereinstimmungen zwischen den Fortpflanzungsvorgängen der Tiere und Pflanzen. Die Keim-Mutterzellen. – Biol. Centralbl. **17**: 689-705, 721-745.
HÄMMERLING, J. 1929: Dauermodifikationen. In: Handb. Vererb. **1 E**: 1-69, 31 Abb.
HÄMMERLING, J. 1940: Fortpflanzung in Tier- und Pflanzenreich. 127 S., 101 Abb. – Sammlung Göschen **1138**. – Berlin.
HAENSCH, G. & HABERKAMP DE ANTÓN, G. 1976: Wörterbuch der Biologie. Englisch - Deutsch - Französisch - Spanisch. XII + 483 S. – München etc.: BLV.
HAGEDOORN, A.L. & HAGEDOORN-VORSTHEUVEL LA BRAND, A.C. 1921: The relative value of the processes causing evolution. 294 S., 20 Abb. – Den Haag.
HAGEN, J.B. 1984: Experimentalists and naturalists in twentieth-century botany: Experimental taxonomy, 1920-1950. – J. Hist. Biol. **17**: 249-270.
HAGERUP, O. 1950: Rain-pollination. – Biol. Meddel. Kongel. Danske Videnskab. Selsk. **18**, Nr. 5: 1-19, III.
HAGUENAU, E. 1958: The ergastoplasm: its history, ultrastructure and biochemistry. – Int. Rev. Cytol. **7**: 425-483, 19 Abb.
HAIDER, K. 1954: Zur Morphologie und Physiologie der Sporangien leptosporangiater Farne. – Planta **44**: 370-411, 11 Abb.

HÅKANSSON, A. 1923: Studien über die Entwicklungsgeschichte der Umbelliferen. – Acta Univ. Lund. N.S., Avd. 2. **18**, No. 7: 1-120, 18 Abb., 1 Taf.
HALBERG, F., HALBERG, E., BARNUM, C.P. & BITTNER, J.N. 1959: Physiologic 24-hour periodicity in human beings and mice, the lighting regimen and daily routine. In: WITHROW, R.W. (Edit.): Photoperiodism and related phenomena in plants and animals. = Publ. Amer. Ass. Advancement Sci. **55**: 803-878, 33 Abb.
HALES, S. 1727: Vegetable staticks, or, an account of some statical experiments on the sap in vegetables. IX + 376 S., 19 Taf. – London.
HALES, S. 1735: La statique des végétaux, et l'analyse de l'air. Traduit par M. DE BUFFON. – XVIII + 408 S., 20 Taf. – Paris.
HALL, B.K. (Edit.) 1994: Homology. The hierarchical basis of comparative biology. 483 S., ill. – San Diego etc.: Academic Press.
HALLÉ, F. & OLDEMAN, R.A.A. 1970: Essai sur l'architecture et la dynamique des arbres tropicaux. (Collection de monographies de botanique et de biologie végétale, Monogr. **6**). XIII + 142 S., 75 Abb., 1 Taf.
HALLÉ, F., OLDEMAN, R.A.A., TOMLINSON, P.B. 1978: Tropical trees and forests. An architectural analysis. XI + 441 S., ill. – Berlin etc.: Springer.
HALLER, A. 1742: Enumeratio methodica stirpium Helvetiae indigenarum. 2 Vols. 794 S., 24 Taf. – Göttingen.
HALLER, A. 1758: Sur la formation du coeur dans le poulet, ... Second mémoire. Précis des observations. 368 S. – Lausanne.
HALLER, A.v. 1768: Historia stirpium indigenarum Helvetiae inchoata... Vol. 1. LXIV + 444 S., 20 Taf. – Bern.
HAMANN, U. 1960: Morphologische Beobachtungen an *Hebe diosmifolia* (Scrophulariaceae), besonders ihren Infloreszenzen. – Bot. Jahrb. Syst. **79**: 405-427, 8 Abb.
HAMBLER, D.J. 1961: A poikilohydrous, poikilochlorophyllous angiosperm from Africa. – Nature **191**: 1415-1416.
HAMILTON, C.W. & REICHARD, S.H. 1992: Current practice in the use of subspecies, variety, and forma in the classification of wild plants. – Taxon **41**: 485-498.
HAMPE, E. 1853: Classification der Moose. – Bot. Zeitung **11**: Sp. 273-309, 321-332.
HANF, M. 1936: Vergleichende und entwicklungsgeschichtliche Untersuchungen über Morphologie und Anatomie der Griffel und Griffeläste. – Beih. Bot. Centralbl. **54** A: 99-141, 13 Abb.
HANNIG, E. 1911: Über die Bedeutung der Periplasmodien. – Flora **102**: 209-278, 24 Abb., 2 Taf.
HANSEN, A. 1907: Goethes Metamorphose der Pflanzen. Geschichte einer botanischen Hypothese. 1. Teil. Text. XI + 380, 2. Teil. Tafeln. 28 Taf. – Giessen.
HANSEN, H.N. & SMITH, R.E. 1932: The mechanism of variation in imperfect fungi: *Botrytis cinerea*. – Phytopathology **22**: 953-964.
HANSEN, H.V. & SEBERG, O. 1984: Paralectotype, a new type term in botany. – Taxon **33**: 707-710.
HANSON, H. 1962: Dictionary of ecology. 382 S. – London: Owen.
HANSTEIN, J. 1858: Über den Zusammenhang der Blattstellung mit dem Bau des dikotylen Holzringes. – Monatsber. Königl. Preuss. Akad. Wiss. Berlin **1857**: 105-115.
HANSTEIN, J. 1864: Die Milchsaftgefäße und die verwandten Organe der Rinde. 92 S., 10 Taf. – Berlin.
HANSTEIN, J. 1868 a: Die Scheitelzellgruppe im Vegetationspunkt der Phanerogamen. In: Abh. Geb. Naturwiss. Math. u. Medicin. Gratulationschr. Niederrhein. Ges. Natur- und Heilkunde zur Feier des 50-jährigen Bestehens... S. 109-134.
HANSTEIN, J. 1868 b: Ueber die Organe der Harz- und Schleimabsonderung. – Bot. Zeitung **26**: Sp. 697-713, 721-736, 745-761, 769-787, 2 Taf.
HANSTEIN, J. 1870: Die Entwicklung des Keimes der Monokotylen und Dikotylen. – Bot. Abh. Morphol. Physiol. **1**, 1. Heft: 1-112, 18 Taf.

HANSTEIN, J. 1880: Einige Züge aus der Biologie des Protoplasmas. = Bot. Abh. Morphol. Physiol. **4**, 2. Heft: 1-56, 10 Taf.
HANSTEIN, J. 1882: Beiträge zur allgemeinen Morphologie der Pflanzen. = Bot. Abh. Morphol. Physiol. **4**, 3. Heft: XI + 244 S.
HARDIN, J.H. 1957: A revision of the American Hippocastanaceae. – Brittonia **9**: 145-171, 173-195.
HARDING, W. 1965: Thoreau and „Ecology": Correction. – Science **149**: 707.
HARDY, G.H. 1908: Mendelian proportions in a mixed population. – Science N.S. **28**: 49-50.
HARLEY, J.L. 1959: The biology of mycorrhiza. Plant Science Monographs. XIV + 233 S., ill. – London: Hill.
HARPER, J.L. 1977: Population biology of plants. XXIV + 892 S., ill. – London etc.: Academic Press.
HARPER, J.L., ROSEN, B.R. & WHITE, J. (Edit.) 1986: The growth and form of modular organisms. – Philos. Trans. Roy. Soc. Ser. B. **313**: 1-250, ill.
HARPER, J.L. & WHITE, J. 1974: The demography of plants. – Annual Rev. Ecol. Syst. **5**: 419-463, 1 Tab.
HARRIS, D.R. 1990: Vavilov's concept of centres of origin of cultivated plants: its genesis and its influence on the study of agricultural origins. – Biol. J. Linn. Soc. **39**: 7-16.
HARSHBERGER, J.W. 1896: The purposes of ethno-botany. – Bot. Gaz. **21**: 146-154.
HARTIG, R. 1901: Holzuntersuchungen. Altes und Neues. VI + 99 S. – Berlin.
HARTIG, TH. 1837: Vergleichende Untersuchungen über die Organisation des Stammes der einheimischen Waldbäume. – Jahresber. Fortschr. Forstwiss. Forstl. Naturk. **1**: 125-168.
HARTIG, TH. 1842/51: Vollständige Naturgeschichte der forstlichen Culturpflanzen Deutschlands. = Lehrbuch der Pflanzenkunde in ihrer Anwendung auf Forstwirthschaft. 1. Abtheilung. 584 S., 120 Taf. – Berlin.
HARTIG, TH. 1855: Ueber das Klebermehl. – Bot. Zeitung **13**: Sp. 881-882.
HARTIG, TH. 1856: Weitere Mitteilungen, das Klebermehl (Aleuron) betreffend. – Bot. Zeitung **14**: Sp. 257-268, 273-281, 297-305, 313-319, 329-335.
HARTIG, TH. 1862: Ueber die Bewegung des Saftes in den Holzpflanzen. 12. Ueber die Bewegung des Saftes in den Milchsaft-Gefäßen. – Bot. Zeitung **20**: 97-100.
HARTIG, TH. 1863: Ueber die Schließhaut des Nadelholztüpfels. – Bot. Zeitung **21**: Sp. 293-296, 1 Taf.
HARTIG, TH. 1865: Der Füllkern, der diaphragmatische und der interzellulare Zellkern. – Bot. Unters. Physiol. Labor. Landw. Lehranstalt Berlin **1**: 278-318, 2 Taf.
HARTL, D. 1962: Die morphologische Natur und die Verbreitung des Apicalseptums. Analyse einer bisher unbekannten Gestaltungsmöglichkeit des Gynoeceums – Beitr. Biol. Pflanzen **37**: 241-330, 37 Abb.
HARTL, D. 1963/64: Das Placentoid der Pollensäcke, ein Merkmal der Tubifloren. – Ber. Deutsch. Bot. Ges. **76**: (70)-(72), 3 Abb.
HARTLEY, H. 1951: Origin of the word ‚protein'. – Nature **168**: 244.
HARTMANN, M. 1904: Die Fortpflanzungsweisen der Organismen, Neubenennung und Einteilung derselben erläutert an Protozoen und Volvocineen. – Biol. Centralbl. **24**: 1-61, 8 Abb.
HARTMANN, M. 1909: Autogamie bei Protisten und ihre Bedeutung für das Befruchtungsproblem. – Arch. Protistenk. **14**: 264-334, 27 Abb.
HARTMANN, M. 1918: Theoretische Bedeutung und Terminologie der Vererbungserscheinungen bei haploiden Organismen (*Chlamydomonas, Phycomyces*, Honigbiene). – Z. Indukt. Abstammungs- Vererbungsl. **20**: 1-26, ill.
HARTMANN, M. 1943: Die Sexualität. Das Wesen und die Grundgesetzlichkeiten des Geschlechts und der Geschlechtsbestimmung im Tier- und Pflanzenreich. XII + 427 S., 245 Abb. – Jena.
HARTMANN, M. & SCHARTAU, O. 1939: Untersuchungen über die Befruchtungsstoffe der Seeigel. I. – Biol. Zentralbl. **59**: 571-587, 2 Abb., 10 Tab.
HARTOG, R.M. den & BAAS, P. 1978: Epidermal characters of the Celastraceae sensu lato. – Acta Bot. Neerl. **27**: 355-388, 38 Abb., 6 Tab.

HARVEY, W. 1651: Exercitationes de generatione animalium. 302 S. London; 573 S. Amsterdam. [Engl. Übersetzung von R. WILLIS. London 1847].
HARVEY, W.H. 1836: Algae. In: MACKAY, J.T., Flora Hibernica comprising the flowering plants, ferns, Characeae, Musci, Hepaticae, Lichenes and Algae. S. 157-260. – Dublin.
HARWOOD, J.L. & WALTON,T.J. (Edit.) 1988: Plant membranes – Structure, assembly and function. 251 S., ill. – London: Biochemical Society.
HATCH, M.D. & SLACK, C.R. 1966: Photosynthesis by sugar-cane leaves. A new carboxylation reaction and the pathway of sugar formation. – Biochem. J. **101**: 103-111, 5 Abb., 5 Tab.
HAUPT, A.W. 1934: Ovule and embryo sac of *Plumbago capensis* – Bot. Gaz. **95**: 649-659, 28 Abb.
HAUSMANN, K. 1978: Extrusive organelles in protists. – Int. Rev. Cytol. **52**: 197-276.
HAWKSWORTH, D.L. 1988: Conidiomata, conidiogenesis, and conidia. In: GALUN, M. (Edit.), CRC Handbook of Lichenology **1**: 181-193, ill.
HAWKSWORTH, D.L. (Edit.) 1991: Improving the stability of names: Needs and options. Proceedings of an international symposium, Kew, 20-23 February 1991. – Regnum Veget. **123**. 358 S.
HAWKSWORTH, D.L. ,KIRK, P.M., SUTTON, B.C. & PEGLER, P.N. 1995: Ainsworth & Bisby's Dictionary of the Fungi. 8. Aufl. XII + 616 S., 42 Abb. – Oxon: CAB Internationl.
HAY, A. & MABBERLEY 1991: 'Transference of Function' and the origin of aroids: their significance in early angiosperm evolution. – Bot. Jahrb. Syst. **113**: 339-428, 1 Abb., 1 Tab.
HÉBANT, Ch. 1977: The conducting tissues of Bryophytes. 157 S., 80 Taf. = Bryophyt. Bibl. **10**. – Vaduz: Cramer.
HEBERER, G. 1933: Fünfzig Jahre Chromosomentheorie der Vererbung. 67 S., 31 Abb. – Tübingen (bzw. Leipzig).
HEBERER, G. (Edit.) 1959: Darwin - Wallace. Dokumente zur Begründung der Abstammungslehre vor 100 Jahren. 1858/59 - 1958/59. 71 S., 3 Portr., 1 Schriftprobe. – Stuttgart: Fischer.
HEDGES, R.W. & JACOB, A.E. 1974: Transposition of ampicillin resistance from RP4 to other replicons. – Molec. Gen. Genet. **132**: 31-40, 1 Abb., 2 Tab.
HEDWIG, J. 1782: Fundamentum historiae naturalis muscorum frondosorum, ...Vol. **2**. XI + 107 S., 10 tab. – Leipzig.
HEDWIG, J. 1784: Theoria generationis et fructificationis plantarum cryptogamicarum Linnaei ... 164 S., 37 tab. – St. Petersburg.
HEDWIG, J. 1788/89: Descriptio et adumbratio microscopico-analytica muscorum frondosorum nec non aliorum vegetantium e classe cryptogamica Linnaei. Vol. **1**. 112 S., 40 Taf. – Leipzig.
HEDWIG, J. 1797: Von den Geschlechtstheilen der Blume. In: Sammlungen seiner Abhandlungen und Beobachtungen über botanisch-ökonomische Gegenstände **2**: 102-124.
HEDWIG, J. 1798: Theoria generationis et fructificationis plantarum cryptogamicarum Linnaei retracta et aucta. [2. Aufl.]. XII + 268 S., 42 tab. – Leipzig.
HEDWIG, J. (Edit. SCHWAEGRICHEN, F.) 1801: Species muscorum frondosorum. VI + 353 S., 77 tab. – Leipzig & Paris.
HEER, O. 1835: Beiträge zur Pflanzengeographie. Die Vegetationsverhältnisse des südöstlichen Theils des Cantons Glarus; ein Versuch, die pflanzengeographische Erscheinung der Alpen aus climatologischen und Bodenverhältnissen abzuleiten. 190 S., 2 Taf. – Zürich (= Mitth. Gebiete Theoret. Erdkunde I.3).
HEGELMAIER, F. 1878: Vergleichende Untersuchungen über die Entwicklung dikotyledoner Keime mit Berücksichtigung der pseudo-monokotyledonen. 211 S. – Stuttgart.
HEGELMAIER, F. 1889: Ueber den Keimsack einiger Compositen und dessen Umhüllung. – Bot. Zeitung **47**: Sp. 805-812, 820-826, 837-842, 1 Taf.
HEIDENHAIN, M. 1894: Neue Untersuchungen über die Centralkörper und ihre Beziehungen zum Kern- und Zellenprotoplasma. – Arch. Mikroskop. Anat. **43**: 423-758.

HEINRICHER, E. 1884: Ueber isolateralen Blattbau mit besonderer Berücksichtigung der europäischen, speciell der deutschen Flora. Ein Beitrag zur Anatomie und Physiologie der Laubblätter. – Jahrb. Wiss. Bot. **15**: 502-567, 5 Taf.
HEINRICHER, E. 1885 a: Ueber Eiweißstoffe führende Idioblasten bei einigen Cruciferen. – Ber. Deutsch. Bot. Ges. **2**: 463-466, 1 Taf.
HEINRICHER, E. 1885 b: Ueber einige im Laube dikotyler Pflanzen trockenen Standortes auftretende Einrichtungen, welche muthmasslich eine ausreichende Wasserversorgung des Blattmesophylls bezwecken. – Bot. Centralbl. **23**: 25-31, 56-61, 1 Taf.
HEINTZE, A. 1932: Handbuch der Verbreitungsökologie der Pflanzen. Lief. 1. 134 S. – Stockholm.
HEISER, Ch.B., Jr. 1973: Introgression revisited. – Bot. Rev. **39**: 347-366.
HEISTER, L. 1748: Systema plantarum generale ex fructificatione ... 48 S. – Helmstedt.
HEITZ, E. 1928: Das Heterochromatin der Moose. I. – Jahrb. Wiss. Bot. **69**: 762-818, 26 Abb., 1 Taf.
HEITZ, E. 1931: Die Ursache der gesetzmäßigen Zahl, Lage, Form und Größe pflanzlicher Nukleolen. – Planta **12**: 775-844, 2 Taf.
HEITZ, E. 1959: Elektronenmikroskopische Untersuchungen über zwei auffallende Strukturen an der Geißelbasis der Spermatiden von *Marchantia*... – Z. Naturf. **14 b**: 399-401.
HEITZ, E. & BAUER, H. 1933: Beweise für die Chromosomennatur der Kernschleifen in den Knäuelkernen von *Bibio hortulanus* L. – Z. Zellf. Mikrosk. Anat. **17**: 67-82.
HEKLAU, H. & DÖRFELT, H. 1987: Zum Ursprung und Gebrauch des Ruderalbegriffes in der Botanik. – Wiss. Z. Martin-Luther-Univ. Halle, Math.-Nat. R. **36(4)**: 49-58.
HELLER, J.I. 1964: The early history of binomial nomenclature. – Huntia **1**: 33-70.
HELLER, K.B. 1869: Darwin und der Darwinismus. 39 S. – Wien.
HELM, J. 1931: Untersuchungen über die Differenzierung der Sproßscheitelmeristeme von Dikotylen unter besonderer Berücksichtigung des Procambiums. – Planta **15**: 105-191, 32 Abb.
HELM, J. 1937: Das Erstarkungswachstum der Palmen und einiger anderer Monokotylen, zugleich ein Beitrag zur Frage des Erstarkungswachstums der Monokotylen überhaupt. – Planta **26**: 319-364, 14 Abb.
HEMMINGSEN, S.M., WOOLFORD, C. VAN DER VIES, S.M., TILLY, K., DENNIS, D.T., GEORGOPOULOS, C.P., HENDRIX, R.W. & ELLIS, R.J. 1988: Homologous plant and bacterial proteins chaperone oligomeric protein assembly. – Nature **333**: 330-334, 4 Abb.
HEMPEL, W. 1990: Untersuchungen zur Einbürgerung anthropochorer Arten im sächsischen Raum - Introduktionsverhalten und Klassifizierung. – Gleditschia **18**: 135-141.
HENDRICKS, S.B. 1960: Rates of change of phytochrome as an essential factor determining photoperiodism in plants. – Cold Spring Harbor Symp. Quant. Biol. **25**: 245-248, 4 Abb., 1 Tab.
HENFREY, A. (Transl.) 1853: A. BRAUN, Reflections on the phenomenon of rejuvenescence in nature, especially in the life and development of plants. - In: HENFREY, A. (Edit.), Botanical and physiological memoirs. S. 1-341, 5 Taf. London (Ray Society Vol. **24** for 1853).
HENNEBERT, G.L. & WERESUB, L.K. 1977: Terms for states and forms of fungi, their names and types. - Mycotaxon **6**: 207-211.
HENNIG, W. 1950: Grundzüge einer Theorie der phylogenetischen Systematik. 370 S., 58 Abb. – Berlin: Deutscher Zentralverlag.
HENNIG, W. 1953: Kritische Bemerkungen zum phylogenetischen System der Insekten. – Beitr. Entom. **3**, Sonderheft: 1-85, 12 Abb.
HENNIG, W. 1957: Systematik und Phylogenese. In: Bericht über die Hundertjahrfeier der Deutschen Entomologischen Gesellschaft Berlin. S. 50-71. – Berlin: Akademie-Verlag.
HENNIG, W. 1965: Phylogenetic systematics. – Annual Rev. Entom. **10**: 97-116. 4 Abb.
HENNIG, W. 1966: Phylogenetic systematics. Translated by D.D. DAVIS & R. ZANGERL. 263 S., 69 Abb. – Urbana etc.: Univ. Illinois.

HENSEN, V. 1887: Ueber die Bestimmung des Plankton's oder des im Meere treibenden Materials an Pflanzen und Tieren. – Ber. Kommiss. Wiss. Untersuch. Deutsch. Meere Kiel **5**: 1-108, I-XVIII, 6 Taf., 13 Tab.
HERELLE, F. D' 1917: Sur une invisible antagoniste des bacilles dysentèriques. – Compt. Rend. Hebd. Séances Acad. Sci. **165**: 373-377.
HERMANN, P. 1690: Florae Lugduno-Batavae flores sive enumeratio stirpium horti Lugduno-Batavi methodo naturae vestigiis insistente dispositarum. 267 S. – Leiden.
HERTIG, M., TALIAFERRO, W.H. & SCHWARTZ, B. 1937: The terms symbiosis, symbiont and symbiote. – J. Parasit. **23**: 326-329.
HERTWIG, O. 1892/93: Die Zelle und die Gewebe. Grundzüge der Allgemeinen Anatomie und Physiologie. (Band 1). XI + 296 S., 168 Abb. – Jena.
HERTWIG, R. 1876: Beiträge zu einer einheitlichen Auffassung der verschiedenen Kernformen. – Morphol. Jahrb. **2**: 63-82, 1 Taf.
HERTWIG, R. 1903: Ueber Korrelation von Zell- und Kerngrösse und ihre Bedeutung für die geschlechtliche Differenzierung und die Teilung der Zelle. – Biol. Centralbl. **23**: 49-62, 108-119.
HESLOP-HARRISON, J. 1961: Forty years of genecology. – Advances Ecol. Res. **2**: 159-247.
HESS, R. 1938: Vergleichende Untersuchungen über die Zwillingshaare der Compositen. – Bot. Jahrb. Syst. **68**: 435-496, 3 Abb., 14 Taf.
HESSE, M. 1984: An exine architecture model for viscin threads. – Grana **23**: 69-75, 7 Abb.
HESSE, M., PACINI, E. & WILLEMSE, M. (Edit.) 1993: The tapetum. Cytology, function, biochemistry and evolution. (= Pl. Syst. Evol. Suppl. **7**). 152 S., ill. – Wien & New York: Springer.
HETTERSCHEID, W.L.A. 1994: The culton concept: Recent developments in the systematics of cultivated plants. – Acta Bot. Neerl. **43**: 78.
HETTERSCHEID, W.L.A., BERG, R. G. VAN DEN & BRANDENBURG, W. A. 1996: An annotated history of the principles of cultivated plant classification. – Acta Bot. Neerl. **45**: 123-134.
HETTERSCHEID, W.L.A. & BRANDENBURG, W.A. 1995: Culton versus taxon: conceptual issues in cultivated plant systematics. – Taxon **44**: 161-175.
HEUSINGER, C.F. 1822: System der Histologie. Erster Theil: Histographie. Erstes Heft. Einleitung oder Allgemeine Histologie. VIII + 118 S. – Eisenach.
HEWSON, H.J. 1988: Plant indumentum. A handbook of terminology. – Austral. Fl. Fauna Ser. **9**. 27 S., 3 Abb. - Canberra.
HEYNE, B. 1815: On the deoxydation of the leaves of *Cotyledon calycinum*. – Trans. Linn. Soc. London **11**, II: 213-215.
HEYWOOD, V.H. 1961: The taxonomy of polyploids in Flora Europaea. – Feddes Repert. **63**: 179-192.
HICKEY, L.J. 1973: Classification of the architecture of dicotyledonous leaves. – Amer. J. Bot. **60**: 17-33, 107 Abb.
HICKEY, L.J. 1979: A revised classification of the architecture of dicotyledonous leaves. In: METCALFE, C.R. & CHALK, L.: Anatomy of the Dicotyledons, 2. Aufl. **1**: 25-39, 6 Abb. – Oxford: Clarendon.
HICKS, A.J. & HICKS, P.M. 1978: A selected bibliography of plant collection and herbarium curation. – Taxon **27**: 63-99.
HIERONYMUS, G. 1892: Beiträge zur Morphologie und Biologie der Algen. II. Die Organisation der Phycocromaceenzellen. – Beitr. Biol. Pflanzen **5**: 461-495, 2 Taf.
HIGHMORE, N. 1651: The history of generation. Examining the several opinions of diverse authors, ... X + 141 S., 2 Taf. – London.
HILDEBRAND, F. 1867: Die Geschlechter-Vertheilung bei den Pflanzen und das Gesetz der vermiedenen und unvortheilhaften stetigen Selbstbefruchtung. IV + 92 S., 62 Abb. – Leipzig.
HILDEBRAND, F. 1869: Ueber die Geschlechtsverhältnisse bei den Compositen. 104 S. 6 Taf. Dresden. = Nova Acta Acad. Leopoldina **35**(4).
HILDEBRAND, F. 1872: Beobachtungen über die Bestäubungsverhältnisse bei den Gramineen. – Monatsber. Königl. Preuss. Akad. Wiss. Berlin **1872**: 737-764.

HILDEBRAND, F. 1873: Die Schleuderfrüchte und ihr im anatomischen Bau begründeter Mechanismus. – Jahrb. Wiss. Bot. **9**: 235-276, 3 Taf.
HILGER, H.H. & HOPPE, J.R. 1995: Die morphologische Vielfalt der generativen Diasporen. - Präsentation eines Lehr- und Lernschemas. – Feddes Repert. **106**: 503-513.
HILL, J. 1770: The construction of timbers, from its early growth, explained by the microscope, ... 62 S., ind., 43 tab. – London.
HILL, R. 1939: Oxygen produced by isolated chloroplasts. – Proc. Roy. Soc. London **127** B: 192-210, 4 Abb., 2 Tab.
HILLIS, D.M. 1994: Homology in molecular biology. In: HALL, B.K. (Edit.): The hierarchical basis of comparative biology. S. 339-368, 6 Abb. – San Diego etc.: Academic Press.
HILLIS, D.M. & MORITZ, C. (Edit.) 1990: Molecular systematics. XVI + 588 S., ill. – Sunderland, Mass.: Sinauer.
HILLIS, D.M., MORITZ, C. & MABLE, B.K. (Edit.) 1996: Molecular systematics. 655 S., ill. Ed. 2.– Sunderland, Mass.: Sinauer.
HILLIS, W.E. 1987: Heartwood and tree exudates. 268 S., 47 Abb. (Springer Series Wood Science). – Berlin etc.: Springer.
HIRATSUKA, Y. 1973: The nuclear cycle and the terminology of spore states in Uredinales. – Mycologia **65**: 432-443, 6 Abb.
HIRMER, M. 1922: Zur Lösung des Problems der Blattstellungen. 109 S., 126 Abb. – Jena.
HIRMER, M. 1931: Zur Kenntnis der Schraubenstellungen im Pflanzenreich. – Planta **14**: 132-206, 132 Abb.
HIRN, K.E. 1900: Monographie und Iconographie der Oedogoniaceen. – Acta Soc. Sci. Fenn. **27**(1): 1-394, 27 Abb., 64 Taf. [Repr. Hist. Nat. Class. **17**. Weinheim 1960].
HITCHCOCK, A.S. 1925: Methods of descriptive systematic botany. VII + 216 S. – New York & London.
HOARE, G.V. 1934: Gametogenesis and fertilisation in *Scilla nonscripta*. – Cellule **42**: 267-292, 2 Taf.
HÖHNEL, F.v. 1878: Über den Kork und verkorkte Gewebe überhaupt. – Sitzungsber. Kaiserl. Akad. Wiss., Math.-Nat. Kl. **76**, I.Abt.: 507-662, 2 Taf.
HÖHNEL, F.v. & LITSCHAUER, V. 1906: Beiträge zur Kenntnis der Corticieen. – Sitzungsber. Kaiserl. Akad. Wiss., Math.-Nat. Kl. **115**, Abt.I: 1549-1620.
HOEK, Ch. VAN DEN, JAHNS, H.M. & MANN, D.G. 1993: Algen. 3. Aufl. XII + 411 S., 235 Abb., 5 Tab. – Stuttgart & New York: Thieme.
HÖXTERMANN, E. 1980: Geschichte der Chlorophyllisolation. – MTN-Schriftenr. Gesch. Naturwiss. Technik Med. **17**: 80-107.
HÖXTERMANN, E. 1994: Zur Geschichte des Hormonbegriffes in der Botanik und zur Entdeckungsgeschichte der „Wuchsstoffe". – Hist. Phil. Life Sci. **16**: 311-337.
HÖXTERMANN, E. 1997: Cellular ‚elementary organisms' in vitro. The early vision of Gottlieb Haberlandt and its realization. – Physiol. Pl. **100**: 716-728, 6 Abb., 1 Tab.
HOFFMANN, G.F. 1814: Genera plantarum Umbelliferarum ... XXIX + 182 S., 3 Taf. – Moskau.
HOFFMANN, H. 1856: Die Pollinarien und Spermatien von *Agaricus*. – Bot. Zeitung **14**: Sp. 137-148, 153-163.
HOFFMANN, H. 1879: Nachträge zur Flora des Mittelrhein-Gebietes. [I.]. – Ber. Oberhess. Ges. Natur- Heilk. **18**: 1-48, 1 Taf.
HOFMEISTER, W. 1847: Untersuchungen des Vorganges bei der Befruchtung der Oenothereen. – Bot. Zeitung **5**: Sp. 785-792, 1 Taf. [Abdruck in BATTAGLIA 1988 b].
HOFMEISTER, W. 1848: Ueber die Entwicklung des Pollens. – Bot. Zeitung **6**: Sp. 425-434, 649-658, 670-674, 2 Taf.
HOFMEISTER, W. 1849 a: Die Entstehung des Embryos der Phanerogamen. 89 S., 14 Taf. – Leipzig.
HOFMEISTER, W. 1849 b: Ueber die Fruchtbildung und Keimung der höheren Cryptogamen. – Bot. Zeitung **7**: Sp. 793-800.
HOFMEISTER, W. 1850: Besprechung von: MERCKLIN, Dr.C.E. v., Beobachtungen an den Prothallien der Farnkräuter ... – Flora **33**: 696-701.

HOFMEISTER, W. 1851: Vergleichende Untersuchungen der Keimung, Entfaltung und Fruchtbildung höherer Kryptogamen ... 179 S., 33 Taf. – Leipzig. [Reprint: Hist. Nat. Classica **105**. Vaduz: Cramer. 1979].
HOFMEISTER, W. 1855 a: Beiträge zur Kenntniss der Gefässkryptogamen. I. – Abh. Königl. Sächs. Ges. Wiss., Math.-Nat. Cl. **4**: 123-179, 19 Taf.
HOFMEISTER, W. 1855 b: Embryologisches. – Flora **38**, I: 257-266.
HOFMEISTER, W. 1858: Neuere Beobachtungen über Embryobildung der Phanerogamen. – Jahrb. Wiss. Bot. **1**: 82-188.
HOFMEISTER, W. 1861: Neue Beiträge zur Kenntniss der Embryobildung der Phanerogamen. II. Monokotyledonen. – Abh. Königl. Sächs. Ges. Wiss. **7** (= Abh. Math. Phys. Cl... **5**): 629-760, 25 Taf.
HOFMEISTER, W. 1867: Die Lehre von der Pflanzenzelle. = HOFMEISTER, W. (Edit.): Handbuch der physiologischen Botanik **1** (1.Abt.) XII + 404 S., 58 Abb. – Leipzig.
HOFMEISTER, W. 1868: Allgemeine Morphologie der Gewächse. = HOFMEISTER, W. (Edit.): Handbuch der physiologischen Botanik **1** (2.Abt.) I-VI + 405-664, 134 Abb. – Leipzig.
HOGG, J. 1860: On the distinctions of a plant and an animal, and on a fourth kingdom of nature. – Edinburgh New Philos. J. N.S. **12**: 216-225, 1 Taf.
HOLLANDE, A. 1942: Etude cytologique et biologique de quelques flagellés libres. Volvocales, Cryptomonadines, Eugléniéns, Protomastigines. - Arch. Zool. Exp. Gén. **83**: 1-268, 17 Taf.
HOLM, L. 1958: Some comments on the ascocarps of the Pyrenomycetes. – Mycologia **50**: 777-788.
HOLM, L. 1987: The terminology of rusts. Suggestions for a compromise. – Notes Roy. Bot. Gard. Edinburgh **44**: 433-435.
HOLMES, S. 1979: Henderson's dictionary of biological terms. 9. Aufl. XI + 510 S. – London & New York: Longman.
HOLUB, J. & JIRÁSEK, V. 1967: Zur Vereinheitlichung der Terminologie in der Phytogeographie. – Folia Geobot. Phytotax. **2**: 69-113, 13 Abb.
HONEGGER, R. 1986: Ultrastructural studies in lichens. I. Haustorial types and their frequencies in a range of lichens with trebouxioid photobionts. – New Phytol. **103**: 788-795, 1 Tab., 1 Abb., 6 Taf.
HOOKE, R. 1665 [1667]: Micrographia, or some physiological descriptions of minute bodies made by magnifiying glasses ... 245 S., 38 Taf. – London.
HOPPE, B. 1969: Deutscher Idealismus und Naturforschung. Werdegang und Werk von Alexander Braun (1805 bis 1877). – Technikgeschichte **36**: 111-132.
HORKEL 1836: Historische Einleitung in die Lehre von den Pollenschläuchen. – Ber. Bekanntm. Verh. Königl. Preuss. Akad. Wiss. Berlin **1**: 71-82.
HOVASSE, R. 1948: Le discobolocyste, organite lanceur de projectile, chez la Chrysomonadine *Cyclonexis annularis* Stokes 1886. – Compt. Rend. Hebd. Séances Acad. Sci. **226**: 1038-1039.
HOVASSE, R. 1965: Trichocystes, corps trichocystoïdes, cnidocystes et colloblastes. – Protoplasmatologia **III. F**: 1-57, 41 Abb.
HOWARD, R.A. 1979: The stem-node-leaf continuum of the Dicotyledoneae. In: METCALFE, C.R. & CHALK, L. (Edit.): Anatomy of the Dicotyledons. 2. Aufl. Vol. **1**: 76-87, 4 Abb. – Oxford: Clarendon Press.
HU, Y.-S. & YAO, B.-J. 1981: Transfusion tissue in gymnosperm leaves. – Bot. J. Linn. Soc. **83**: 263-272, 1 Abb.
HUBER, B. 1948: Zur Mikrotopographie der Saftströme im Transfusionsgewebe der Koniferennadel. I. Mitteilung. Anatomischer Teil. – Planta **35**: 331-351, 11 Abb.
HUGHES, A. 1959: A history of cytology. X + 158 S., 12 Taf. – London & New York: Abelard-Schuman.
HUGHES, S.J. 1953: Conidiophores, conidia, and classification. – Canad. J. Bot. **31**: 577-659, ill.
HUMBOLDT, A.v. 1806: Ideen zu einer Physiognomik der Gewächse. 28 S. – Tübingen [Abdruck: Ostwalds Klassiker der exakten Wissenschaften **247**. Leipzig: Geest & Portig. 1959].

HUMBOLDT, A.v. 1807: Ideen zu einer Geographie der Pflanzen nebst einem Naturgemälde der Tropenländer. XII + 120 S. – Tübingen. [Auch in Ostwalds Klassiker exakter Wiss. 248. 1960].
HUMMEL, K. & STAESCHE, K. 1962: Die Verbreitung der Haartypen in den natürlichen Verwandtschaftsgruppen. – In: Handb. Pflanzenanat. 2. Aufl. **IV, 2**: 207-271, 14 Abb.
HUMPHRIES, CH.J. & CHAPPILL, J.A. 1988: Systematics as science: a response to Cronquist. – Bot. Rev. **54**: 129-144.
HUMPHRIES, CH.J. & PARENTI, L.R. 1986: Cladistic biogeography. XII + 98 S., ill. Oxford Monographs on Biogeography 2. – Oxford: Clarendon.
HUTCHINSON, J. 1969: Evolution and phylogeny of Flowering Plants. Dicotyledons: Facts and theory. XXV + 717 S., ill. – London & New York: Academic Press.
HUTH, E. 1887: Die Klett-Pflanzen mit besonderer Berücksichtigung ihrer Verbreitung durch Thiere. – Biblioth. Bot. **2**, 9. Heft: 1-36, 78 Abb.
HUTH, E. 1888: Ueber stammfrüchtige Pflanzen. – Verh. Bot. Vereins Prov. Brandenburg **30**, Abh.: 218-228.
HUXLEY, J.S. 1938: Clines: an auxiliary taxonomic principle. – Nature **142**: 219-220.
HUXLEY, J.S. (Edit.) 1940: The new systematics. 583 S., ill. – London.
HUXLEY, J.S. 1942: Evolution. The modern synthesis. 645 S. – London.
HUXLEY, J.S. 1949: Soviet genetics and world science. Lysenko and the meaning of heredity. X + 245 S., Frontispiz. – London: Chatto & Windus.
HUXLEY, J.S. 1955: Morphism and evolution. – Heredity **9**: 1-52.
HUXLEY, J.S. 1957: The three types of evolutionary process. – Nature **180**: 454-455.
HUXLEY, J.S. & TEISSIER, G. 1936: Terminology of relative growth. – Nature **137**: 780-781.
HUXLEY, TH.H. 1868: On some organisms living at great depths in the North Atlantic Ocean. – Quart. J. Microscop. Soc. N.S. **8**: 203-212, 1 Taf.
HUXLEY, TH.H. 1887: The Gentians: Notes and queries. – J. Linn. Soc., Bot. **24**: 101-124, 1 Taf.
IHLENFELDT, H.-D. 1975: Some trends in the evolution of the Mesembryanthemaceae. – Boissiera **24**: 249-254, 4 Abb., 1 Taf.
IHNE, E. 1884: Geschichte der pflanzenphänologischen Beobachtungen in Europa nebst Verzeichniss der Schriften, in welchen dieselben niedergelegt sind. (= Beiträge zur Phytologie 1). 138 S. – Gießen.
IIJIMA, M. 1962: A comparative study on tapetum. – Cytologia **27**: 375-385.
ILG, W. 1984: Die Regensburgische Botanische Gesellschaft. – Hoppea **42**: V-XIV, 1-391, 53 Abb.
ILLIGER, J.K.W. 1800: Versuch einer systematischen vollständigen Terminologie für das Thierreich und Pflanzenreich. XLVI + 470 S. – Helmstedt.
INAMDAR, J.A., MOHAN, J.S.S. & SUBRAMANIAN, R.B. 1986: Stomatal classification – a review. – Feddes Repert. **97**: 147-160, 1 Abb.
INGLIS, W.G. 1966: The observational basis of homology. – Syst. Zool. **15**: 219-228.
INOUYE, I. & KAWACHI, M. 1994: The haptonema. In: GREEN, J.C. & LEADBEATER, B.S.C. (Edit.): The Haptophyte Algae. – Syst. Assoc. Special Vol. **51**: 73-89.
IQBAL, M.I. (Edit.) 1995: The cambial derivatives. XI + 363 S., ill. = Handb. Pflanzenanat. 2. Aufl. Spez. Teil **IX, 4**.
IRMISCH, TH. 1854: Beiträge zur vergleichenden Morphologie der Pflanzen. I., II. – Abh. Naturf. Ges. Halle **2**: 31-62, 3 Taf.
IRMISCH, TH. 1857: Ueber die Keimung und die Erneuerungsweise von *Convolvulus sepium* und *C. arvensis*, so wie über hypokotylische Adventivknospen ... – Bot. Zeitung **15**: Sp. 433-443, 449-462, 465-474, 489-497, 1 Taf.
IRMISCH, TH. 1858: Ueber einige Arten aus der natürlichen Pflanzenfamilie der Potameen. – Abh. Naturw. Vereines Sachsen Halle **2**: 1-56, 3 Taf.
IVERSEN, J. & TROELS-SMITH, J. 1950: Pollenmorfologiske definitioner og typer. - Pollenmorphologische Definitionen und Typen. – Danm. Geol. Undersok. R. IV, **3**, no. 8: 1-54, 16 Taf.

JACCARD, P. 1938: Excentrisches Dickenwachstum und anatomisch-histologische Differenzierung des Holzes. – Ber. Schweiz. Bot. Ges. **48**: 491-537, 36 Abb.
JACKSON, B.D. 1928: A glossary of botanic terms with their derivation and accent. 4. Aufl. XII + 481 S. – London.
JACOB, F. & BRENNER, S. 1963: Sur la régulation de la synthèse du DNA chez les bactéries: l'hypothèse du réplicon. – Compt. Rend. Hebd. Séances Acad. Sci. **236**: 298-300.
JACOB, F. & MONOD, J. 1959: Gènes de structure et gènes de régulation dans la biosynthèse des protéines. – Compt. Rend. Hebd. Séances Acad. Sci. **249**: 1272-1284.
JACOB, F. & MONOD, J. 1961: Genetic regulatory mechanisms in the synthesis of proteins. – J. Molec. Biol. **3**: 318-356, 8 Abb., 3 Tab.
JACOB, F., PERRIN, D., SANCHEZ, C. & MONOD, J. 1960: L'opéron: groupe de gènes à expression coordonnée par un opérateur. – Compt. Rend. Hebd. Séances Acad. Sci. **250**: 1727-1729.
JACOB, F., ULLMAN, A. & MONOD, J. 1964: Le promoteur, élément génétique nécessaire à l'expression d'un opéron. – Compt. Rend. Hebd. Séances Acad. Sci. **258**: 3125-3128.
JACOBSSON-STIASNY, E. 1914: Versuch einer phylogenetischen Verwertung der Endosperm- und Haustorialbildung bei den Angiospermen. – Sitzungsber. Kaiserl. Akad. Wiss., Math.-Naturwiss. Cl. **123**, Abt. I: 467-603, 1 Tab.
JACQ, C., MILLER, J.R. & BROWNLEE, G.G. 1977: A pseudogene structure in 5S DNA of *Xenopus laevis*. – Cell **12**: 109-120, 12 Abb., 4 Tab.
JÄGER-ZÜRN, I. 1970: Morphologie der Podostemaceae. I. *Tristicha trifaria* (Bory ex Willd.)Spreng. – Beitr. Biol. Pfl. **47**: 11-52, 20 Abb.
JAHN, E. 1934: Die peritrophe Mykorrhiza. - Ber. Deutsch. Bot. Ges. **52**: 463-474, 3 Abb.
JAHN, I. (Edit.) 1987: Klassische Schriften zur Zellenlehre von Matthias Jacob Schleiden, Theodor Schwann, Max Schultze. 166 S., 1 Taf. = Ostwalds Klassiker der exakten Wissenschaften **275**. – Leipzig: Geest & Portig.
JAHN, I. 1992: Geschichte der Populationsbiologie. In: Lexikon der Biologie **10**: 339-343, 5 Portr.
JAHN, I. (Edit.) 1998: Geschichte der Biologie. Theorien, Methoden, Institutionen, Kurzbiographien. 3. Aufl. 1088 S., 227 Abb., 238 Portr. – Jena etc.: Fischer.
JALAS, J. 1955: Hemerobe und hemerochore Pflanzenarten. Ein terminologischer Reformversuch. – Acta Soc. Fauna Fl. Fenn. **72**, no.1: 1-15.
JAMES, P.W. & HENSSEN, A. 1976: The morphological and taxonomic significance of cephalodia. In: BROWN,D.H., HAWKSWORTH, D.L. & BAILEY, R.H. (Edit.): Lichenology: Progress and Problems, S. 27-77. – London & New York: Academic Press.
JAMES, S. 1984: Lignotubers and burls – their structure, function and ecological significance in Mediterranean ecosystems. – Bot. Rev. **50**: 225-266, 6 Tab.
JANCHEN, E. 1923: Die Stellung der Uredineen und Ustilagineen im System der Pilze. – Oesterr. Bot. Z. **72**: 164-180.
JANCHEN, E. 1949: Versuch einer zwanglosen Kennzeichnung und Einteilung der Früchte – Oesterr. Bot. Z. **96**: 480-485.
JANET, Ch. 1914: L'alternance sporophyto-gamétophytique de générations chez les algues. 108 S. – Limoges.
JANSE, J.M. 1886: Imitierte Pollenkörner bei *Maxillaria* spec. – Ber. Deutsch. Bot. Ges. **4**: 277-283, 1 Taf.
JANSSENS, F.A. 1909: La théorie de la chiasmatypie. Nouvelle interprétation des cinèses de maturation. – Cellule **25**: 387-411, 2 Taf.
JANZEN, D.H. 1974: Epiphytic myrmecophytes in Sarawak: mutualism through feeding of plants by ants. – Biotropica **6**: 237-259.
JARETZKY, R. 1928: Die Bedeutung der „Phytochemie" für die Systematik. – Arch. Pharm. & Ber. Deutsch. Pharm. Ges. **1928**: 602-613.
JEFFREY, C. 1968: Systematic categories for cultivated plants. – Taxon **17**: 109-117.
JEFFREY, C. 1971: Thallophytes and kingdoms – a critique. – Kew Bull. **25**: 290-299.
JEFFREY, C. 1977 a: Biological nomenclature. 2. Aufl. VIII + 72 S. – London: Arnold.

JEFFREY, C. 1977 b: The origin and differentiation of the Archegoniate Land Plants: a second contribution. – Kew Bull. **31**: 335-349.
JEFFREY, E.C. 1898: The morphology of the central cylinder in vascular plants. – Rep. 67th Meeting Brit. Ass. Advancem.Sci., Toronto 1897: 869-870.
JEFFREY, E.C. 1925: Polyploidy and the origin of polyploidy. – Amer. Naturalist **59**: 209-217.
JEFFREYS, A.J., WILSON, V. & THEIN, S.L. 1985: Hypervariable ‚minisatellite' regions in human DNA. – Nature **314**: 67-73, 5 Abb., 1 Tab.
JENKINS, W.A. 1942: Angular leaf spot of Muscadines, caused by *Mycosphaerella angulata* n.sp. – Phytopathology **32**: 71-80.
JENNY, M. 1995: Diasporenausbreitung in Pflanzengemeinschaften. – Beitr. Biol. Pfl. **68**: 81-104, 6 Tab.
JENSEN, U. & FAIRBROTHERS, D.E. (Edit.) 1983: Proteins and nucleic acids in plant systematics. XI + 408 S., 148 Abb. – Berlin etc.: Springer.
JEROSCH, M.CH. 1903: Geschichte und Herkunft der Schweizerischen Alpenflora. Eine Übersicht über den gegenwärtigen Stand der Frage. VI + 253 S., 3 Tab. – Leipzig.
JIRÁSEK, V. 1961: Evolution of the proposals of taxonomic categories for the classification of cultivated plants. – Taxon **10**: 34-45.
JÖNSSON, B. 1880: Om embryosäckens utveckling hos Angiospermerna. – Acta Univ. Lund. **16**, Afd. Math.Naturvet. V: 1-86, 8 Taf.
JOHANNSEN, W. 1903: Ueber Erblichkeit in Populationen und in reinen Linien. Ein Beitrag zur Beleuchtung schwebender Selektionsfragen. 68 S. – Jena.
JOHANNSEN, W. 1909: Elemente der exakten Erblichkeitslehre. Deutsche wesentlich erweiterte Ausgabe in fünfundzwanzig Vorlesungen. 515 S., 31 Abb. – Jena.
JOHANSEN, D.A. 1945: A critical survey of the present status of plant embryology. – Bot. Rev. **11**: 87-107.
JOHANSEN, D.A. 1950: Plant embryology. Embryogeny of the Spermatophyta. XVIII + 305 S., 80 Abb., 2 Taf. – Waltham, Mass.: Chronica Botanica.
JOHN, B. 1990: Meiosis. XII + 396 S., ill. – Cambridge etc.: University Press.
JOHOW, F. 1880: Untersuchungen über die Zellkerne in den Secretbehältern und Parenchymzellen der höheren Monocotylen. Diss. phil. Bonn. 47 S.
JOHOW, F. 1884: Zur Biologie der floralen und extrafloralen Schau-Apparate. – Jahrb. Königl. Bot. Gart. Berlin **3**: 47-68 [Abdruck: Biol. Centralbl. **4**: 641-644. 1885].
JOHRI, B.H. (Edit.) 1984: Embryology of angiosperms. XXVI + 830 S., 278 Abb. – Berlin etc.: Springer.
JOLLOS, V. 1913: Experimentelle Untersuchungen an Infusorien (Vorläufige Mitteilung). – Biol. Centralbl. **33**: 222-236, 1 Abb.
JOLLOS, V. 1939: Grundbegriffe der Vererbungslehre, insbesondere Mutation, Dauermodifikation, Modifikation. In: Handb. Vererb. **1 D**: 1-106, 29 Abb., 9 Tab.
JONES, R.N. & REES, H. 1982: B chromosomes. VIII + 266 S., ill. – London etc.: Academic Press.
JONG, K. & BURTT, B.L. 1975: The evolution of morphological novelty exemplified in the growth patterns of some Gesneriaceae. – New Phytol. **75**: 207-311, 7 Abb., 5 Taf.
JØRGENSEN, M. 1996: On the nomenclature of lichen phototypes. – Taxon **45**: 663-664.
JOST, L. 1887: Ein Beitrag zur Kenntniss der Athmungsorgane der Pflanzen. – Bot. Zeitung **45**: Sp. 601-606, 617-627, 633-642, 1 Taf.
JOURDAN, A.-J.-L. 1837: Dictionnaire raisonné, étymologique, synonymique et polyglotte, des termes usités dans les sciences naturelles. 2. Aufl. 655 S. – Bruxelles.
JOVET, P. 1961: Qu'est-ce que les „éphémérophytes"? Une question de vocabulaire. – Rev. Gén. Sci. Pures Appl. **68**: 231-234.
JOVET, P. 1984: Trois classifications des plantes synanthropiques. – Compt. Rend. Soc. Biogéogr. **60**: 107-118.
JUEL, H.O. 1898 a: Die Kerntheilungen in den Basidien und die Phylogenie der Basidiomyceten. – Jahrb. Wiss. Bot. **32**: 361-388, 1 Taf.

JUEL, H.O. 1898 b: Parthenogenesis bei *Antennaria alpina* (L.)R.Br. Vorläufige Mittheilung. – Bot. Centralbl. **74**: 369-372.
JUEL, H.O. 1900: Vergleichende Untersuchungen über typische und parthenogenetische Fortpflanzung bei der Gattung *Antennaria*. – Kongl. Svenska Vetenskapsakad. Handl. **33**, Nr. 5: 1-59, 6 Taf.
JUEL, H.O. 1915: Untersuchungen über die Auflösung der Tapetenzellen in den Pollensäcken der Angiospermen. – Jahrb. Wiss. Bot. **56**: 337-364, 2 Taf. (PFEFFER-Festschrift).
JÜRGING, P. 1972: Flechten – Bioindikatoren der Luftverunreinigung ? In: Belastung und Belastbarkeit von Ökosystemen. – Tagungsber. Ges. Ökologie Gießen: 141-145.
JUKES, TH.H. & HOLMQUIST, R. 1972: Evolutionary clock: nonconstancy of rate in different species. – Science **177**: 530-533.
JUNGIUS, J. 1678: Isagoge Phytoscopica, ut ab ipso privatis in Collegiis auditoribus solita fuit tradi recensente J. VAGETIO. 39 Bl. – Hamburg.
JUNIPER, B.E., ROBINS, R.J. & JOEL, D.M. 1989: The carnivorous plants. XII + 353 S., ill. – London etc.: Academic Press.
JUNKER, Th. 1989: Darwinismus und Botanik. Rezeption, Kritik und theoretische Alternativen im Deutschland des 19. Jahrhunderts. = Quellen und Studien zur Geschichte der Pharmazie **54**. X + 367 S. – Stuttgart: Deutscher Apothekerverlag.
JUNKER, TH. & ENGELS, E.-M. (Edit.) 1999: Die Entstehung der Synthetischen Theorie. Beiträge zur Geschichte der Evolutionsbiologie in Deutschland 1930-1950. = Verh. Geschichte Theorie Biol. 2. 380 S., ill. – Berlin: VWB.
JUSSIEU, A.L. 1778: Exposition d'un nouvel ordre de plantes adopté dans les démonstrations du Jardin Royal. – Hist. Acad. Roy. Sci. Mém. Math. Phys. (Paris, 4°) **1774**, Mém.: 175-197 [Engl. in STEVENS 1994, S. 295-312].
JUSSIEU, A.L. 1789: Genera plantarum. (24) + LXXII + 499 S. – Paris. [Reprint: Hist. Nat. Cl. **35**, Weinheim: Cramer. 1964].
JUSSIEU, Adrien de 1824: De Euphorbiacearum generibus medicisque earundem viribus tentamen. 118 S., 18 tab. – Paris.
JUST, Th. 1945: The proper designation of the vascular plants. - Bot. Rev. **11**: 299-309.
KAENNEL, M. & SCHWEINGRUBER, F.H. 1995: Multilingual glossary of dendrochronology. Terms and definitions in English, German, French, Spanish, Italian, Portuguese and Russian. 467 S., 141 Abb. – Bern: Haupt.
KÄSTNER, A. & KARRER, G. 1995: Übersicht der Wuchsformtypen als Grundlage für deren Erfassung in der „Flora von Österreich". – Fl. Austr. Novit. **3**: 1-51, 29 Abb.
KALKOVSKY, E. 1908: Oolith und Stromatolith im norddeutschen Buntsandstein. – Z. Deutsch. Geol. Ges. **60**: 68-125, ill.
KAMYŠEV, N.S. 1959: K klassifikacii antropochorov. [Zur Klassifikation der Anthropochoren]. – Bot. Žurn. (Moscow & Leningrad) **44**: 1613-1616.
KANZ, K.T. 2002: Von der BIOLOGIA zur Biologie. Zur Begriffsentwicklung und Disziplingenese vom 17. bis zum 20. Jahrhundert. – Verh. Gesch. Theorie Biol. **9**: 9-30, 6 Abb.
KAPIL, R.N., BOR, J. & BOUMAN, F. 1980: Seed appendages in angiosperms. – Bot. Jahrb. Syst. **101**: 555-573, 8 Abb., 1 Tab.
KAPLAN, D.R. 1975: Comparative developmental evaluation of the morphology of unifacial leaves in the monocotyledons. – Bot. Jahrb. Syst. **95**: 1-105, 14 Abb., 23 Taf.
KAPLAN, D.R. & HAGEMANN, W. 1991: The relationship of cell and organism in Vascular Plants. Are the cells the building blocks of plant form ? – BioScience **41**: 693-703, ill.
KAPPEN, L. 1995: Plant ecophysiology. In: Encyclopedia of Environmental Biology **3**: 111-128, 10 Abb.
KARELSTSCHICOFF, S. 1868: Über die faltenförmigen Verdickungen in den Zellen einiger Gramineen. – Bull. Soc. Imp. Naturalistes Moscou **1868**, I: 180-190, 1 Taf.
KARLING, J.G. 1939: Schleiden's contribution to the cell theory. – Amer. Nat. **73**: 517-537.
KARLSON, P. & LÜSCHER, M. 1959: ‚Pheromones': a new term for a class of biologically active substances.– Nature **183**: 55-56.

KARSTEN, H. 1847/48: Die Vegetationsorgane der Palmen. Ein Beitrag zur vergleichenden Anatomie und Physiologie. VIII + 163 S., 9 Taf. – Berlin [auch in: Abh. Königl. Akad. Wiss., Berlin **1847**: 73-236].
KATAYAMA, Y. 1935: Karyological comparisons of haploid plants from octoploid *Aegilotriticum* and diploid wheat. – Jap. J. Bot. **7**: 349-377, 88 Abb., 11 Tab.
KATOH, S. 1960: A new copper protein from *Chlorella ellipsoidea*. – Nature **186**: 533-534, 2 Abb.
KATOH, S. 1995: The discovery and function of plastocyanin: A personal account. – Photosynth. Res. **43**: 178-189, 3 Abb.
KATOH, S. & TAKAMIYA, A. 1961: A new leaf copper protein ‚Plastocyanin', a natural Hill oxidant. – Nature **189**: 665-666.
KAUSSMANN, B. & SCHIEWER, U. 1989: Funktionelle Morphologie und Anatomie der Pflanzen. 465 S., 349 Abb., 26 Tab. – Stuttgart & New York: Fischer.
KAYS, S. & HARPER, J.L. 1974: The regulation of plant and tiller density in a grass sward. – J. Ecol. **62**: 97-105.
KEEN, N.T. 1975: Specific elicitors of plant phytoalexin production: determinants of race specificity in pathogen ? – Science **187**: 74-75, 1 Abb.
KEFERSTEIN, W. 1861: [Besprechung von] Contributions to the Natural History of the United States of America. By Louis Agassiz ...– Gött. Gel. Anz. **1861**, III: 1866-1878.
KEHR, K. 1964: Die Fachsprache des Forstwesens im 18. Jahrhundert. Eine wort- und sachgeschichtliche Untersuchung zur Terminologie der deutschen Forstwirtschaft. 286 S. Diss. phil. Univ. Marburg/Lahn. = Beitr. Deutsch. Philologie **32**. Gießen.
KEILIN, D. 1925: On cytochrome, a respiratory pigment, common to animals, yeast, and higher plants. – Proc. Roy. Soc. London, Ser. B. Biol. Sci. **98**: 312-339, 6 Abb.
KEILIN, D. 1966: The history of cell respiration and cytochrome. XX + 416 S., 48 Abb., 17 Tab., Frontispiz (Portr.). – Cambridge: Univ. Press.
KELLER, E.F. & LLOYD, E.A. (Edit.) 1992: Keywords in evolutionary biology. 414 S. – Cambridge, Mass. & London: Harvard Univ. Press.
KELLEY, A.P. 1963: Die Kenntnis der Mykorrhiza vor 1885. In: Mykorrhiza. Internationales Mykorrhizasymposium Weimar 1960. S. 1-13. – Jena: VEB Fischer.
KENNEDY, J.S. & MITTLER, T.E. 1953: A method for obtaining phloem sap via the mouth-parts of aphids. – Nature **171**: 528.
KENRICK, P. & CRANE, P.R. 1997: The origin and early diversification of land plants. A cladistic study. XIV + 441 pp., ill. – Washington & London: Smithsonian Institution Press.
KERNER, A. 1869: Die Abhängigkeit der Pflanzengestalt von Klima und Boden. Ein Beitrag zur Lehre von der Entstehung und Verbreitung der Arten, gestützt auf die Verwandschaftsverhältnisse, geographische Verbreitung und Geschichte der Cytisusarten aus dem Stamme *Tubocytisus* D.C. – In: Festschrift 43. Vers. Deutsch. Naturf. Ärzte Innsbruck S. 1-48, 2 Taf.
KERNER, A. 1876: Die Schutzmittel der Blüthen gegen unberufene Gäste.– In: Festschrift Feier 25jähr. Bestandes Zool.-Bot. Ges. Wien: 189-262, 3 Taf.
KERNER VON MARILAUN, A. 1890: Pflanzenleben. **1**. Band. Gestalt und Leben der Pflanze. X + 734 S., 553 Abb., 20 Taf. – Leipzig & Wien.
KERNER VON MARILAUN, A. 1891: Pflanzenleben. **2**. Band. Geschichte der Pflanzen. VIII + 898 S., 1547 Abb., 20 Taf. – Leipzig & Wien.
KERR, J.F.R., WYLLIE, A.H. & CURRIE, A.R. 1972: Apoptosis: a basic biological phenomenon with wide-ranging implications in tissue kinetics. – Brit. J. Cancer **26**: 239-257, ill.
KERR, L.R. 1925: The lignotubers of Eucalypt seedlings. – Proc. Roy. Soc. Victoria **37**: 79-97, 2 Taf.
KERR, TH. & BAILEY, I.W. 1934: Structure, optical properties and chemical composition of the so-called middle lamella. – J. Arnold Arbor. **15**: 327-349, 2 Abb., 4 Taf.
KERSTIENS, G. (Edit.) 1996: Plant cuticles: an integrated functional approach. XIV + 337 S., ill. – Oxford: Bios.
KEYES, M.E. 1999: The prion challenge to the ‚Central Dogma' of molecular biology, 1965-1991. – Stud. Hist. Philos. Biol. Biomed. Sci. **30**: 181-218.

KHOURY, G. & GRUSS, P. 1983: Enhancer elements. – Cell **33**: 313-314, 1 Abb.
KIELMEYER, C.F. 1793: Ueber die Verhältniße der organischen Kräfte unter einander in der Reihe der verschiedenen Organisationen, die Geseze und Folgen dieser Verhältniße. 46 S. – [Stuttgart].
KIENITZ-GERLOFF, F. 1878: Untersuchungen über die Entwickelungsgeschichte der Laubmoos-Kapsel und die Embryo-Entwickelung einiger Polypodiaceen. – Bot. Zeitung **36**: Sp. 33-64, 3 Taf.
KIHARA, H. 1924: Cytologische und genetische Studien bei wichtigen Getreidearten mit besonderer Rücksicht auf das Verhalten der Chromosomen und die Sterilität in den Bastarden. – Mem. Coll. Sci. Kyoto Imp. Univ. Ser.B. **1**: 1-200, ill.
KIHARA, H. & ONO, T. 1926: Chromosomenzahlen und systematische Gliederung der *Rumex*-Arten. – Z. Zellf. Mikroskop. Anat. **4**: 475-481.
KIMURA, M. 1968: Evolutionary rate at the molecular level. – Nature **217**: 624-626.
KIMURA, M. 1983: The neutral theory of molecular evolution. XV + 367 S., ill. – Cambridge etc.: Univ. Press [Deutsch: Die Neutralitätstheorie der molekularen Evolution. 303 S., 58 Abb., 17 Tab. – Berlin & Hamburg: Parey. 1987].
KING, J.L. & JUKES, Th.H. 1969: Non-Darwinian evolution. Most evolutionary change in proteins may be due to neutral mutations and genetic drift. - Science **164**: 788-798.
KING, R.C. & STANSFIELD, W.D. 1997: A dictionary of genetics. VII + 439 S., ill. – New York & Oxford: Oxford Univ. Press.
KIRCHNER, O. 1888: Flora von Stuttgart und Umgebung ... mit besonderer Berücksichtigung der pflanzenbiologischen Verhältnisse. XIV + 767 S. – Stuttgart.
KIRCHNER, O. 1911: Blumen und Insekten. Ihre Anpassungen aneinander und ihre gegenseitige Abhängigkeit. 436 S., 159 Abb., 2 Taf. – Leipzig & Berlin.
KIRCHNER, O., LOEW, E., SCHROETER, C. 1904-08: Lebensgeschichte der Blütenpflanzen Mitteleuropas. Spezielle Ökologie der Blütenpflanzen Deutschlands, Österreichs und der Schweiz. **I, 1**: 1-736. – Stuttgart.
KIRK, J.T.O. & TILNEY-BASSETT, R.A.E. 1978: The plastids. Their chemistry, structure, growth, and inheritance. 2. Aufl. XX + 960 S. – Amsterdam etc.: Elsevier.
KING, R.C. & STANSFIELD, W.D. 1997: A dictionary of genetics. – VII + 439 S., ill. – New York & Oxford: Oxford Univ. Press.
KIRK, P.M., CANNON, P.F., DAVID, J.C. & STALPERS, J.A. 2001: Ainsworth & Bisby's Dictionary of the Fungi. 9. Aufl. XI + 655 S., 41 Abb. – Wallingford, Oxon: CAB International.
KJELLMAN, F.R. 1901: Om arten och omfattningen af det uppbygarde arbete, som under groningsåret utföres af svenska värgroende, pollakantiska växter särskildt örter. – Bot. Notis. **1901**: 251-260.
KLEBAHN, H. 1892: Kulturversuche mit heteröcischen Uredineen. – Z. Pflanzenkrankh. **2**: 258-275, 332-343, 1 Taf.
KLEBAHN, H. 1895: Gasvacuolen, ein Bestandteil der Zellen der wasserblüthebildenden Phycochromaceen. – Flora **80**: 241-282.
KLEBAHN, H. 1904: Die wirtswechselnden Rostpilze. Versuch einer Gesamtdarstellung ihrer biologischen Verhältnisse. XXXVII + 447 S. – Berlin.
KLEBS, G. 1885: Beiträge zur Morphologie und Biologie der Keimung. In: PFEFFER, E. (Edit.): Unters. Bot. Inst. Tübingen **1**: 536-635, 24 Abb.
KLEBS, G. 1913: Fortpflanzung der Gewächse. 7. Physiologie. – Handw. Naturwiss. [1. Aufl.] **4**: 276-296.
KLEINSCHMIDT, O. 1900: Arten oder Formenkreise ? – J. Ornith. **48**: 134-139.
KLEINSCHMIDT, O. 1926: Die Formenkreislehre und das Weltwerden des Lebens. X + 188 S., 50 Abb., 16 Taf. – Halle a.S.
KLENGEL, F. [1913]: Die Entdeckung des Generationswechsels in der Tierwelt. 116 S. Voigtländers Quellenbücher **45**. – Leipzig.
KNIEP, H. 1915: Beiträge zur Kenntnis der Hymenomyceten. III. Über die konjugierte Teilung und die phylogenetische Bedeutung der Schnallenbildung. – Z. Bot. **7**: 369-398.

KNIEP, H. 1928: Die Sexualität der niederen Pflanzen. Differenzierung, Verteilung, Bestimmung und Vererbung des Geschlechts bei den Thallophyten. VI + 544 S., 221 Abb. − Jena.

KNIGHT, A. 1799: An account of some experiments on the fecundation of vegetables. − Philos. Trans. Roy. Soc. London **1799**, Part I: 195-204.

KNIGHT, Th. A. 1806: On the direction of the radicle and germen during the vegetation of seeds. − Philos. Trans. Roy. Soc. London **1806**, Part I: 99-108 [deutsch in: Ostwald's Klassiker der exakten Wissenschaft **62**. 1895].

KNIPHOF, J.H. 1758-1767: Botanica in originali seu herbarium vivum. [2. Aufl.] Cent. I - XII., 1213 Taf. − Halle a.S.

KNOLL, F. 1922: Insekten und Blumen. Heft 2: Lichtsinn und Blumenbesuch des Falters von *Macroglossum stellatarum*. − Abh. Zool.-Bot. Ges. Wien **12**(2): 121-377, 38 Abb., 3 Taf.

KNOLL, F. 1930: Über Pollenkitt und Bestäubungsart. Ein Beitrag zur experimentellen Blütenökologie. − Z. Bot. **23**: 610-675, 32 Abb.

KNUTH, P. 1898: Handbuch der Blütenbiologie ... I. Band. Einleitung und Literatur. XIX + 400 S., 81 Abb., Frontispiz. − Leipzig.

KOCH, W. 1926: Die Vegetationseinheiten der Linthebene unter Berücksichtigung der Verhältnisse in der Nordostschweiz. − Jahrb. St. Gallischen Naturwiss. Ges. **61**, II: 1-144.

KOCH, W.D.J. („G.D.I.") 1824: Generum tribuumque plantarum Umbelliferarum nova dispositio. − Nova Acta Phys.-Med. Acad. Caes. Leopold.-Carol. **12**: 55-156.

KOCH, W.D.J. 1838: Synopsis der deutschen und Schweizer Flora, ... LXVI + 840 S.− Frankfurt a.M.

KÖGL, F. & HAAGEN SMIT, A.J. 1931: Über die Chemie des Wuchsstoffs.− Kon. Akad. Wetensch. Amsterdam, Proc. Sect. Sci. **34**: 1411-1416.

KÖGL, F., HAAGEN SMIT, A.J. & ERXLEBEN, H. 1934: Über ein neues Auxin („Hetero-auxin") aus Harn. − Hoppe-Seylers Z. Physiol Chem. **228**: 90-103.

KÖHLER, R.H. & HANSON, M.R. 2000: Plastid tubules of higher plants are tissue-specific and developmental regulated. − J. Cell Sci. **113**: 81-89, 7 Abb.

KOEHNE, E. 1893: Deutsche Dendrologie. Kurze Beschreibung der in Deutschland im Freien aushaltenden Nadel- und Laubholzgewächse ... XVI + 602 S. − Stuttgart.

KÖLLIKER, A. 1863: Handbuch der Gewebelehre des Menschen. 4. Aufl. XXII + 730 S., 398 Abb. − Leipzig.

KÖLREUTER, J.G. 1761-66: Vorläufige Nachricht von einigen das Geschlecht der Pflanzen betreffenden Versuchen und Beobachtungen, ... [auch in Klassiker der exakten Wissenschafte **41**. Edit. W. PFEFFER. - Leipzig 1893].

KOERNICKE, M. 1905: Die neueren Arbeiten über die Chromosomenreduktion im Pflanzenreich und daran anschliessende karyokinetische Probleme. Zweiter Bericht. − Bot. Zeitung **63**, II: 289-307.

KOHL, F.G. 1889: Anatomisch-physiologische Untersuchungen der Kalksalze und Kieselsäure in der Pflanze. XII + 315 S., 8 Taf. − Marburg.

KOHLBRUGGE, J.H.F. 1911: Das biogenetische Grundgesetz. Eine historische Studie. − Zool. Anz. **38**: 447-453.

KOLKWITZ, R. & MARSSON, TH. 1902: Grundsätze für die biologische Beurtheilung des Wassers nach seiner Flora und Fauna. − Mitt. Königl. Prüfungsanst. Wasserversorgung Abwässerbeseitigung **1**: 33-72.

KOLLMANN, J. 1884: Das Überwintern von europäischen Frosch- und Tritonlarven und die Umwandlung des mexikanischen Axolotl. − Verh. Naturf. Ges. Basel **7**: 387-398.

KOMÁREK, J. & ANAGNOSTIDIS, K. 1989: Modern approach to the classification system of Cyanophytes. 4. Nostocales. − Algol. Studies **56** = Arch. Hydrobiol. Suppl. **82**: 247-345, 27 Abb., 8 Taf.

KOPERSKI, M., SAUER, M., BRAUN, W. & GRADSTEIN, R. 2000: Referenzliste der Moose Deutschlands. Dokumentation unterschiedlicher taxonomischer Auffassungen. = Schriftenreihe für Vegetationskunde **34**. 519 S., 4 Abb. − Bonn-Bad Godesberg: Bundesamt für Naturschutz.

KORNAŚ, J. 1968/69: (A geographical-historical classification of synanthropic plants). Poln., engl. Summ. – Mater. Zakladu Fitosocjol. Stosowanej U.W. **25**: 33-41.
KORSCHELT, E. & HEIDER, K. 1903: Lehrbuch der vergleichenden Entwicklungsgeschichte der wirbellosen Thiere. Allgemeiner Theil. 2. Lief. S. 539-750. – Jena.
KORSHINSKY, S. 1901: Heterogenesis und Evolution. Ein Beitrag zur Theorie der Enstehung der Art. – Flora **89**, Ergänzungsband: 240-363.
KORTSCHAK, H.P., HARTT, C.E. & BURR, G.O. 1965: Carbon dioxide fixation in sugarcane leaves. – Pl. Physiol. **40**: 209-213, 2 Abb., 5 Tab.
KOSMATH, L. 1927: Studien über das Antherentapetum. – Oesterr. Bot. Z. **76**: 235-241, 1 Abb.
KOSO-POLJANSKY, B. 1916: Sciadophytarum systematis lineamenta. – Bull. Soc. Nat. Moscou N.S. **29**: 93-222.
KOSSEL, A. 1884: Ueber einen peptonartigen Bestandteil des Zellkerns. – Z. Physiol. Chemie **8**: 510-515.
KOSTOFF, D. 1934: A contribution to the meiosis of *Helianthus tuberosus* L. – Z. Zücht., Reihe A. Pflanzenzücht. **19**: 429-438.
KOSTOFF, D. 1939: Autosyndesis and structural hybridity in F1-hybrid *Helianthus tuberosus* L. x *Helianthus annuus* L. and their sequences. – Genetica **21**: 285-300
KOSTYTSCHEW, S. 1926: Lehrbuch der Pflanzenphysiologie. 1. Band. Chemische Physiologie. VII + 567 S., 44 Abb. – Berlin.
KOTTE, W. 1922: Wurzelmeristeme in Gewebekultur. – Ber. Deutsch. Bot. Ges. **40**: 269-272, 3 Abb.
KRAMER, K.U. 1977: Synaptospory: a hypothesis. A possible function of spore sculpture in pteridophytes. – Gard. Bull. Singapore **30**: 79-83.
KRAUS, G. 1865/66: Ueber den Bau der Cycadeenfiedern. – Jahrb. Wiss. Bot. **4**: 305-348, 23 Taf.
KRAUS, G. 1866: Ueber den Bau trockner Pericarpien. – Jahrb. Wiss. Bot. **5**: 83-126, 4 Taf. [auch als Diss. Univ. Würzburg. 64 S. - Leipzig].
KRAUS, G. 1907: Gynaeceum oder Gynoeceum ? und anderes Sprachliches. – Verh. Phys.-Med. Ges. Würzburg N.F. **39**: 9-14.
KRAUS, G. 1911: Boden und Klima auf kleinstem Raum. Versuch einer exakten Behandlung des Standorts auf dem Wellenkalk. VI + 184 S., 5 Abb., 1 Karte, 7 Taf. – Jena.
KRAUSCH, H.-D. 1969: Über die Bezeichnung „Heide" und ihre Verwendung in der Vegetationskunde. – Mitt. Florist.-Soziol. Arbeitsgem. N.F. **14**: 435-457.
KRAUSSE, E. 1990: The contribution of the phytotomists, especially Hugo von Mohl's (1805-1872) to the cell theory. – Folia Mendel. **24/25**: 39-43.
KREH, W. 1935: Pflanzensoziologische Untersuchungen auf Stuttgarter Auffüllplätzen. – Jahresh. Vereins Vaterl. Naturk. Württemberg **91**: 59-120.
KREH, W. 1957: Zur Begriffsbildung und Namengebung in der Adventivfloristik. – Mitt. Florist.-Soziol. Arbeitsgem. N.F. **6/7**: 90-95.
KREMENTSOV, N. 1996: A „second front" in Soviet Genetics.: The international dimension of the Lysenko controversy, 1944-1947. – J. Hist. Biol. **29**: 229-250.
KRIBS, D.A. 1935: Salient lines of structural specialization in the wood rays of dicotyledons. – Bot. Gaz. **96**: 541-557, 1 Abb., 1 Taf.
KŘÍŽENECKÝ, J. (Edit.) 1965: Fundamenta Genetica. The revised edition of Mendel's classic paper ... 400 S. – Oosterhout, Brünn & Prag.
KROCKER, H. 1833: De plantarum epidermide observationes. [IV] + 27 S., 3 tab. Diss. med. Vratislaviae. – Breslau.
KROEMER, K. 1903: Wurzelhaut, Hypodermis und Endodermis der Angiospermenwurzel. – Biblioth. Bot. **12** (59): 1-151, 6 Taf.
KRUEGEL, P. 1993: Biologie und Ökologie der Bromelienfauna von *Guzmania weberbaueri* im amazonischen Peru: ergänzt durch eine umfassende Bibliographie der Bromelien-Phytotelmata. 93 S., ill. – Wien: Oesterr. Akad. Wiss. (= Biosystematics and Ecology Series **2**).
KUBITZKI, K., SENGBUSCH, P.V. & POPPENDIECK, H.-H. 1991: Parallelism, its evolutionary origin and systematic significance. – Aliso **13**: 191-206.

KÜHNE, W. 1876: Ueber das Verhalten verschiedener organisirter und sog. ungeformter Fermente. – Verh. Naturhist.-Med. Vereins Heidelberg N.F. **1**: 190-193.
KÜSTER, E. 1910: Über organoide Gallen. – Biol. Zentralbl. **30**: 116-128.
KÜSTER, E. 1911: Die Gallen der Pflanzen. Ein Lehrbuch für Botaniker und Entomologen. X + 437 S., 158 Abb. – Leipzig.
KÜSTER, E. 1915: Zelle und Zellteilung. Botanisch. In: Handw. Naturwiss. [1. Aufl.] **10**: 748-807, 52 Abb.
KÜTZING, F.T. 1843: Phycologia generalis oder Anatomie, Physiologie und Systemkunde der Tange. XXXII + 458 S., 80 Taf. – Leipzig.
KUGLER, H. 1970: Blütenökologie. 2. Aufl. XI + 345 S., 347 Abb. – Stuttgart: Fischer.
KUGRENS, P., LEE, R.E. & CORLISS, J. 1994: Ultrastructure, biogenesis, and functions of extrusive organelles in selected non-ciliate protists. – Protoplasma **181**: 164-190, 42 Abb.
KUHN, M. 1867: Einige Bemerkungen über *Vandellia* und den Blütenpolymorphismus. – Bot. Zeitung **25**: 65-67.
KUHNHOLTZ-LORDAT, G. 1958: L'ecran vert. – Mém. Mus. Natl. Hist. Bot. Sér. B. Bot. **9**. 276 S., 16 Taf., 11 Tab.
KULLENBERG, B. 1961: Studies in *Ophrys* pollination. – Zool. Bidr. Uppsala **34**: 1-340, ill.
KUNTH, C.S. 1841: Enumeratio plantarum omnium hucusque cognitarum, secundum familias naturales disposita, ... Vol. **3**. 644 S. – Stuttgart & Tübingen.
KUNTZE, O. 1891: Revisio generum plantarum vascularium omnium, ... CLVI + 1011 S. – Leipzig etc.
KUPFFER, K.R. 1907: Apogameten, neueinzuführende Einheiten des Pflanzensystems. – Oesterr. Bot. Z. **57**: 369-382.
KURTH, A. (Edit.) 1964: Multilingual glossary of terms used in wood anatomy. Committee on nomenclature. Intern. Ass. Wood Anatomists. – Schweiz. Anst. Forstl. Versuchswesen Mitt. **40**(1): 1-186.
KYLIN, H. 1916: Die Entwicklungsgeschichte und die systematische Stellung von *Bonnemaisonia asparagoides* (Woodw.)Ag. nebst einigen Worten über den Generationswechsel der Algen. – Z. Bot. **8**: 545-586, 11 Abb.
LACKIE, J.M. & DOW, J.A.T. 1999: The dictionary of cell and molecular biology. 3. Aufl. 502 S. – San Diego etc.: Academic Press.
LAM, H.J. 1936: Phylogenetic symbols, past and present (being an apology for genealogical trees). – Acta Biotheor. **2**: 153-194.
LAM, H.J. 1938: Studies in phylogeny. I. On the relation of taxonomy, phylogeny and biogeography. – Blumea **3**: 114-125.
LAM, H.J. 1948: Classification and the new morphology. – Acta Biotheor. **8**: 107-154.
LAMARCK, J.-B. de 1778: Flore françoise. Vol. **1**. CXIX + 223 + 132 + XXIX S., 8 Taf. – Paris [S. 1-223: Principes élémentaires de botanique].
LAMARCK, J.-B. de 1786: Encyclopédie méthodique. Botanique. Vol. **2**. 774 S. – Paris & Liège.
LAMARCK, J.-B. de 1802: Recherches sur l'organisation des corps vivans, ... VIII + 216 S., 1 Tab. – Paris.
LAMARCK, J.-B. de 1809: Philosophie zoologique. 2 Vol. XXV + 428 + 475 S. – Paris. [Reprint: Historiae Naturalis Class. **10**. Weinheim: Engelmann & Codicote: Wheldon & Wesley. 1960].
LANG, G. 1994: Quartäre Vegetationsgeschichte Europas. Methoden und Ergebnisse. 462 S., 177 Abb., 54 Tabellen. – Jena etc.: Fischer.
LANG, W.H. 1926: A cellulose-film transfer method in the study of fossil plants. – Ann. Bot., London **40**: 710-711.
LANGE, O.L. 1962: Eine „Klapp-Küvette" zur CO_2-Gaswechselregistrierung an Blättern von Freilandpflanzen mit dem URAS. – Ber. Deutsch. Bot. Ges. **75**: 41-50, 6 Abb.
LANGLET, O. 1971: Two hundred years genecology. – Taxon **20**: 653-722.
LANGLET, O.F.I. 1927: Beiträge zur Zytologie der Ranunculazeen. – Svensk Bot. Tidskr. **21**: 1-17, 4 Abb.

LANKESTER, E.R. 1870: On the use of the term homology in modern zoology, and the distinction betweeen homogenetic and homoplastic agreement. – Ann. Mag. Nat. Hist. ser. 4. **6**: 34-43.
LARCHER, W. 1987: Streß bei Pflanzen. – Naturwissenschaften **74**: 158-176, 10 Abb.
LARDY, H.A. 1965: On the direction of pyridine nucleotide oxidation-reduction reactions in gluconeogenesis and lipogenesis. In: CHANCE, B., ESTABROOK, R.W. & WILLIAMSON, J.R. (Edit.): Control of energy metabolism. S. 245-248. – New York & London: Academic Press.
LARSEN, K. 1957: Cryptospecies in *Lathyrus pratensis*. – Bot. Tidsskr. **53**: 291-294, 1 Karte.
LARSON, J.L. 1971: Reason and experience. The representation of natural order in the work of Carl von Linné. VIII + 171 S., 7 Taf. – Berkeley etc.: University of California.
LARSON, PH.L. 1994: The vascular cambium: development and structure. XV + 725 S., 340 Abb. – Berlin etc.: Springer.
LASKEY, R.A., HONDA, B.M., MILLS, A.D. & FINCH, J.T. 1978: Nucleosomes are assembled by an acidic protein which binds histones and tranfers them to DNA. – Nature **275**: 416-420, 5 Abb., 1 Tab.
LAUNDON, G.F. 1967: Terminology in the rust fungi. – Trans. Brit. Mycol. Soc. **50**: 189-194.
LAUNDON, G.F. 1972: Delimitation of aecial from uredinal states. – Trans. Brit. Mycol. Soc. **58**: 344-346.
LAUNDON, J.R. 1995: On the classification of lichen photomorphs. – Taxon **44**: 387-389.
LAUNDON, J.R. 1996: Lichen photomorphs: the good, the bad, and the ugly. – Taxon **45**: 665.
LAUNERT, E. 1998: Biologisches Wörterbuch. Deutsch-Englisch; Englisch-Deutsch. 739 S. – Stuttgart: Ulmer.
LAUREMBERG, W. 1626: Botanotheca hoc est modus conficiendi herbarium vivum, in gratiam & usum studiosorum medicinae conscripta. (91 S.) – Rostock.
LAUSCHER, F. 1978: Neue Analysen ältester und neuerer phänologischer Reihen. – Arch. Meteorol. Geophys. Bioklimat., Ser. B. **26**: 373-385.
LAUX, T. & JÜRGENS, G. 1994: Establishing the body plan of the *Arabidopsis* embryo. – Acta Bot. Neerl. **43**: 247-260.
LAWRENCE, E. 1995: Henderson's dictionary of biological terms. 11. Aufl. IX + 693 S. – Harlow: Longman.
LAWRENCE, G.H.M. 1951: Taxonomy of vascular plants. XIII + 823 S., 322 Abb. New York: Macmillan.
LAWRENCE, G.H.M. 1955: The term and category of cultivar. – Baileya **3**: 177-181.
LAWRENCE, G.H.M. 1957: The designation of cultivar-names. – Baileya **5**: 162-165.
LEAVITT, R.G. 1904: Trichomes of the root in vascular Cryptogams and Angiosperms. – Proc. Boston Soc. Nat. Hist. **31**: 273-313, 4 Taf.
LECLERC du SABLON 1885: Recherches sur la dissémination des spores chez les Cryptogames vasculaires. – Ann. Sci. Nat. Bot. sér. **7**, 2: 5-27, 1 Taf.
LECOQ, H. 1854: Études sur la géographie botanique de l'Europe et en particulière sur la végétation du plateau central de la France. Tome **1**. XV + 521 S., 2 Taf. – Paris.
LECOQ, H. & JUILLET, J. 1831: Dictionnaire raisonné des termes de botanique et des familles naturelles, ... XIX + 719 S. – Paris.
LEDERBERG, J. 1952: Cell genetics and hereditary symbiosis. – Physiol. Rev. **32**: 403-430.
LEDERMÜLLER, M.F. 1760: Mikroskopischer Gemüths- und Augen-Ergötzung erstes Fünfzig ... VIII + 96 + 2 S., 50 Taf. – [Nürnberg].
LEEDALE, G.F. 1974: How many are the kingdoms of organisms ? - Taxon **23**: 261-270, 6 Abb.
LEENHOUTS, P.W. 1966: Keys in biology: a survey and a proposal of a new kind. – Proc. Konink. Nederl. Akad. Wetensch. ser. C. **69**: 571-596.
LEEUWENHOEK, A. VAN 1684: An abstract of a letter ... dated Sep. 17. 1683 containing some microscopical observations, about animals in the scurf of the teeth, ... – Philos. Trans. **14** (159): 568-574, ill.
LEEUWENHOEK, A. VAN 1722: Arcana naturae detecta. Editio novissima. 515 S. + indices. – Leiden.

LEHMANN, C. 1926: Studien über den Bau und die Entwicklungsgeschichte der Ölzellen. – Planta **1**: 343-373, 25 Abb.
LEHMANN, H. & JASTER, B. 1981: Feinstrukturelle Untersuchungen zur Entwicklung der Ölzellen bei dem Lebermoos *Riella*. – Protoplasma **106**: 109-119, 11 Abb.
LEINFELLNER, W. 1937: Beiträge zur Kenntnis der Cactaceen-Areolen. – Oesterr. Bot. Z. **86**: 1-60, 17 Abb.
LEINFELLNER, W. 1950: Der Bauplan des synkarpen Gynözeums. – Oesterr. Bot. Z. **97**: 403-436, 12 Abb.
LEITGEB, H. 1865: Die Luftwurzeln der Orchideen. – Denkschr. Kais. Akad. Wiss., Math.-Nat. Cl. **24**: 179-222, 3 Taf.
LEITGEB, H. 1877: Untersuchungen über die Lebermoose. 3. Heft. Die frondosen Jungermannieen. 144 S., 9 Taf. – Jena [Repr. Hist. Nat. Class. **69**. Lehre 1968].
LEITGEB, H. 1880: Die Athemöffnungen der Marchantiaceen. – Sitzungsber. Kaiserl. Akad. Wiss., Math.-Nat. Cl. **81**, 1. Abth.: 40-54.
LEITGEB, H. 1881: Untersuchungen über die Lebermoose. 6. Heft. Die Marchantieen und allgemeine Bemerkungen über Lebermoose. 158 S., 11 Taf. – Graz. [Repr. Hist. Nat. Class. **69**. Lehre 1968].
LEMAIRE, C. 1839: Cactacearum genera nova speciesque novae ... XVI + 116 S. – Paris.
LEMBI, C.A. & WALNE, P.L. 1971: Ultrastructure of pseudocilia in *Tetraspora lubrica* (Roth)Ag. – J. Cell Sci. **9**: 569-579, 2 Taf.
LENDER, TH., DELAVAULT, R. & LE MOIGNE, A. 1979: Dictionnaire de biologie. IX + 437 S. – Paris: Presses Univ.
LEPPER, R. 1956: The plant centrosome and the centrosome-blepharoplast homology. – Bot. Rev. **22**: 375-417.
LEPPIK, E.E. 1956: The form and function of numeral patterns in flowers. – Amer. J. Bot. **43**: 445-455.
LESAGE, P. 1891: Sur la differenciation du liber dans la racine. – Compt. Rend. Hebd. Séances Acad. Sci. **112**: 444-446.
LESSER, F.Ch. 1751: Nachricht von einer von D. Menzeln angegebenen botanischen Geographie. – Phys. Belust. **5**: 321-327.
LESSING, C.F. 1832: Synopsis generum Compositarum earumque dispositionis novae tentamen. XI + 473 S., 1 Taf. – Berlin.
LESZCZYC-SUMINSKI, J. Graf 1848: Zur Entwickelungs-Geschichte der Farrnkräuter. 26 S., 6 Taf. – Berlin. [vgl. MÜNTER in Bot. Zeitung **6**: Sp. 41-45. 1848].
LEVAN, A., FREDGA, K., SANDBERG, A.A. 1964: Nomenclature for centromeric position on chromosomes. – Hereditas **52**: 201-220.
LÉVEILLÉ, J.H. 1837: Recherches sur l'hymenium des champignons. – Ann. Sci. Nat. Bot. sér. 2. **8**: 321-338.
LEVIN, D.A. 1978: The origin of isolating mechanisms in flowering plants. – Evol. Biol. **11**: 185-317, 12 Abb., 19 Tab.
LEVINA, R.E. 1957: Cposoby rasproctranenija plodov i semjan. = Materialy k poznaniju fauny i flory SSSR N. S. **9**. – Moskau.
LEVINTON, J. 1988: Genetics, paleontology, and macroevolution. XIV + 637 S., ill. – Cambridge: Univ. Press.
LEVIS, D.H. 1973: Concepts in fungal nutrition and the origin of biotrophy. – Biol. Rev. **48**: 261-278.
LEVIS, W.H. (Edit.) 1980: Polyploidy. Biological relevance. XII + 583 S. = Basic Life Sciences **13**.– New York & London: Plenum Press.
LEVITT, J. 1972: Responses of plants to environmental stresses. XII + 697 S., ill. – New York & London: Academic Press.
LEWIS, J. 1986: The classification of cultivars in relation to wild plants. In: STYLES, B.T. (Edit.): Infraspecific classification of wild and cultivated plants. – Syst. Ass. Spec. Vol. **29**: 115-137.

LEWITSKY, G. 1911: Über die Chondriosomen in pflanzlichen Zellen. – Ber. Deutsch. Bot. Ges. **28**: 538-546, 1 Taf.
LEWONTIN, R.C. 1974: The genetic base of evolutionary change. 346 S., 29 Abb., 62 Tab. = Columbia Biol. Ser. **25**. – New York & London: Columbia Univ.
Lexikon der Biologie. Allgemeine Biologie, Pflanzen, Tiere. 10 Bände, ill. - Freiburg & Basel: Herder. 1983-1992. - 2. Aufl. 1999 ff. – Heidelberg: Spektrum.
LHOTSKÁ, M. 1973: Zu den Termini Dissemination und Verbreitung. – Folia Geobot. Phytotax. **8**: 143-148.
LHOTSKÁ, M. 1975: Beitrag zur Terminologie der Diasporologie. – Folia Geobot. Phytotax. **10**: 105-108.
LI, H.-L. 1960: Adaptive radiation in the flowering plants. – J. Wash. Acad. Sci. **50**: 1-7.
LICHT, W. 1976: Zur Morphogenese der Radikation bei den Veroniceae. I. *Pseudolysimachion spicatum* (L.)Opiz. – Beitr. Biol. Pfl. **52**: 7-29, 20 Abb.
LICHTENTHALER, H.K. & SPREY, B. 1966: Über die osmiophilen globulären Lipideinschlüsse der Chloroplasten. – Z. Naturforsch. **21 b**: 690-697, 3 Abb., 6 Taf., 3 Tab.
LICOPOLI, G. 1866: Sulla formazione di alcuni organi nella *Statice monopetala* destinati all'escrezione di sostanza minerale. – Ann. Accad. Aspiranti Naturalisti Napoli ser. 3. **6**: 11-22, 1 Taf.
LIGNIER, O. 1903: Equisétales et Sphénophyllales. Leur origine filicinéenne commune. – Bull. Soc. Linn. Normandie sér. 5. **7**: 93-137.
LIGNIER, O. 1908: Sur l'origine des Sphénophyllées. – Bull. Soc. Bot. France **55**: 278-288, 1 Abb.
LIGNIER, O. 1909: Essai sur l'évolution morphologique du règne végétal. – Assoc. Franç. Avancem. Sci., Compt. Rend. **37**: 530-542, 1 Abb.
LINCOLN, R.J., BOXSHALL, G.A. & CLARK, P.F. 1998: A dictionary of ecology, evolution, and systematics. 2. Aufl. IX + 361 S. – Cambridge: Univ. Press.
LINDAU, G. 1899: Beiträge zur Kenntnis der Gattung *Gyrophora*. In: Botan. Untersuchungen S. SCHWENDENER zum 10. Februar 1899. S. 19-36, 1 Taf.– Berlin.
LINDBERG, S.O. 1886: Sur la morphologie des mousses. – Rev. Bryol. **13**: 49-60, 87-94, 100-109.
LINDLEY, J. 1830: An introduction to the natural system of botany. XLVIII + 375 S. – London.
LINDLEY, J. 1832: An introduction to botany. XVI + 557 S., 6 Taf. – London.
LINDLEY, J. 1833: Nixus plantarum. V + 28 S. – London.
LINDLEY, J. 1848: An introduction to botany. 4. Aufl. Vol. I. XII + 406 S., Vol. II. 427 S., ill., 6 Taf. – London.
LINDMAN, C.A.M. 1900: Vegetationen i Rio Grande do Sul (Sydbrasilien). X + 239 S., 69 Abb., 2 Karten. – Stockholm.
LINDMAN, C.A.M. 1902: Die Blüteneinrichtungen einiger südamerikanischer Pflanzen. I. Leguminosae. – Bih. Kongl. Svenska Vetensk.-Akad. Handl. **27**, Afd. III, No. 14: 1-63, 19 Abb.
LINK, H.F. 1789: Florae Goettingensis specimen sistens vegetabilia saxo calcareo propria. Diss. med. Göttingen. 43 S. – Göttingen.
LINK, H.F. 1798: Philosophiae botanicae novae seu institutionum phytographicarum prodromus. 192 S. – Göttingen.
LINK, H.F. 1807: Grundlehren der Anatomie und Physiologie der Pflanzen. 316 S. – Göttingen.
LINK, H.F. 1824: Elementa philosophiae botanicae ... [1. Aufl.]. 486 S., 4 Taf. – Berlin.
LINK, H.F. 1837: Elementa philosophiae botanicae. 2. Aufl. = Grundlehren der Kräuterkunde. 2 Bände. XII + 502; XV + 377 S. – Berlin.
LINK, H.F. & OTTO, F. 1827: Ueber die Gattungen *Melocactus* und *Echinocactus*, nebst Beschreibung u. Abbildung der im Kgl. botanischen Garten bei Berlin befindlichen Arten. – Verh. Vereins Beförderung Gartenbaues Preuß. Staate **3**: 412-432
LINKOLA, K. 1916: Studien über den Einfluss der Kultur auf die Flora in den Gegenden nördlich vom Ladogasee. I. Allgemeiner Teil. – Acta Soc. Fauna Fl. Fenn. **46**, No.1: 1-429, 6 Abb., 20 Karten.

LINNAEUS, C. 1735 a: Systema naturae sive regna tria naturae systematice proposita per classes, ordines, genera, & species. 7 Blatt folio. – Leiden. [Reprint: Suecica Rediviva **70**. Stockholm 1977; Reprint mit deutscher Übersetzung von J. J. LANGE. Halle 1740].
LINNAEUS, C. 1735 b: Fundamenta botanica, quae majorem operum prodromus instar theoriam scientiae botanicae. 36 S. Amsterdam („1736"). [Reprint München: Fritsch. 1968].
LINNAEUS, C. 1735 c: Bibliotheca botanica, recensens libres plus mille de plantis hus usque editos, ... XVI + 166 S. – Amsterdam („1736"). [Reprint München: Fritsch. 1968].
LINNAEUS, C. 1737: Critica botanica in qua nomina plantarum generica, specifica, & variantia examini subjiciuntur ... XVI + 270 + 44 (Index) S. – Leiden. [engl. Übersetzung von A. HORT, Ray Soc. **124**. London 1938].
LINNAEUS, C. 1744: Dissertatio botanica de *Peloria*. Resp. D. RUDBERG. [n.v., gesehen: Nachdruck in: Amoenitates academicae **1**: 55-73. 1749. - Uppsala.
LINNAEUS, C. 1746: Sponsalia plantarum. Diss. med. Resp. J. G. WAHLBOM. 60 S., 1 Taf. Stockholm [n.v., gesehen Nachdruck in: Amoenitates academicae **1**: 61-109. Leiden 1749; deutsch in: Allg. Mag. Natur Kunst **4**: 172-236. 1754].
LINNAEUS, C. 1751: Philosophia botanica in qua explicantur fundamenta botanica ... 362 S., 10 tab. – Stockholm & Amsterdam. [Reprint: Lehre: Cramer. 1966]
LINNAEUS, C. 1753: Species plantarum, exhibentes plantas rite cognitas, ad generas relatas, ... 2 Vol. [X] + 1200 + [32] S. – Stockholm. [Reprint: London: Ray Society **140/142**. 1957/59].
LINNAEUS, C. 1754: Genera plantarum eorumque characteres naturales ... 4. Aufl. XXXII + 500 S. + index. – Stockholm [Reprint: Hist. Nat. Class. **3**. Weinheim: Engelmann & Codicote: Wheldon & Wesley].
LINNAEUS, C. 1759: Systema naturae per regna tria naturae, secundum classes, ordines, genera, species, ... Ed. 10. Vol. **2** (S. 823-1384). – Stockholm.
LINNAEUS, C. 1762: Termini botanici. Diss. med. Resp. J. ELMGREN [gesehen: Nachdruck in: Amoenitates academicae 2. Aufl. **6**: 217-246. 1789]
LINNAEUS, C. 1764: Generum plantarum eorumque characteres naturales, ...6.Aufl. XX + 580 + [44] S. – Stockholm.
LINNAEUS, C. 1767: Termini botanici explicati. 2. Aufl. 39 S. – Leipzig.
LINNÉ → LINNAEUS
LINNÉ, C.v. 1767: Systema naturae per regna tria naturae, ... 12. Aufl. Vol. **2**. 736 S. + index. – Stockholm.
LINSBAUER, K. 1916: Die physiologischen Arten der Meristeme. – Biol. Centralbl. **36**: 117-128.
LINSBAUER, K. 1930: Die Epidermis. VIII + 284 S., 112 Abb. = Handb. Pflanzenanat. 1. Abt., 2. Teil, **4**.
LIPPMANN, E.O. v. 1933: Urzeugung und Lebenskraft. Zur Geschichte dieser Probleme von den ältesten Zeiten an bis zu den Anfängen des 20. Jahrhunderts. VIII + 136 S. – Berlin.
LISTER, A. 1894: A monograph of the Mycetozoa being a descriptive catalogue of the species in the herbarium of the British Museum. 224 S., ill. – London.
LIU, W.-CH. & CARNS, H.R. 1961: Isolation of abscisin, an abscission accelerating substance. – Science **134**: 384-385, 1 Abb.
LJUNGDAHL, H. 1924: Über die Herkunft der in der Meiosis konjugierenden Chromosomen bei *Papaver*-Hybriden. – Svensk Bot. Tidskr. **18**: 279-291.
LLOYD, D.G. & BARRETT, S.C.H. 1996: Floral biology. Studies on floral evolution in animal-pollinated plants. 320 S., 80 Abb. New York etc.: Chapman & Hall.
LLOYD, D.G. & WEBB, C.J. 1977: Secondary sex characters in plants. – Bot. Rev. **43**: 177-216.
LOEFFLER & FROSCH 1898: Berichte der Kommission zur Erforschung der Maul- und Klauenseuche bei dem Institut für Infektionskrankheiten in Berlin. – Centralbl. Bakteriol., 1. Abth. **23**: 371-391.
LÖSCH, R. & LARCHER, W. 1998: Entwicklung und Trends der Ökophysiologie im 20. Jahrhundert. – Wetter und Leben **50**: 291-336, 5 Abb.
LOESKE, L. 1903: Moosflora des Harzes. XX + 350 S. – Leipzig.

LÖTHER, R. 2000: „Evolution" als biologischer Fachausdruck. In: WESSEL, K.-F. et al. (Edit.): Ein Leben für die Biologie(geschichte). Festschrift zum 75. Geburtstag von ILSE JAHN. (= Berliner Studien zur Wissenschaftsphilosophie und Humanontogenetik **17**), S. 46-50.
LÖV, L. 1926: Zur Kenntnis der Entfaltungszellen monokotyler Blätter. – Flora **120**: 283-343, 89 Abb.
LÖVE, A. 1954: Cytotaxonomic evaluation of corresponding taxa. – Vegetatio **5/6**: 212-224.
LOEW, E. 1886: Weitere Beobachtungen über den Blumenbesuch von Insekten an Freilandpflanzen des Botanischen Gartens zu Berlin. – Jahrb. Königl. Bot. Gart. Berlin **4**: 93-178.
LOEW, E. 1889: Beiträge zur blütenbiologischen Statistik. – Verh. Bot. Vereins Prov. Brandenburg **31**, Abh.: 1-63.
LOEW, E. 1895: Einführung in die Blütenbiologie auf historischer Grundlage. XII + 432 S., 50 Abb. – Berlin.
LOHMANN, H. 1902: Die Coccolithophoridae, eine Monographie der Coccolithen bildenden Flagellaten, zugleich ein Beitrag zur Kenntnis des Mittelmeerauftriebs. – Arch. Protistenk. **1**: 89-165, 3 Taf.
LOHMEYER, W. & SUKOPP, H. 1992: Agriophyten in der Vegetation Mitteleuropas. – Schriftenr. Vegetationsk. **25**: 1-185, 23 Tab., 32 Abb.
LORCH, J. 1959: Gleanings on the naked seed controversy. – Centaurus **6**: 122-128.
LORCH, J. 1963: The carpel - a case-history of an idea and a term. – Centaurus **8**: 269-291.
LORCH, J. 1966: The discovery of sexuality and fertilization in higher plants. – Janus **16**: 212-235.
LORCH, J. 1968: The elusive cambium. – Arch. Int. Hist. Sci. **20**: 253-283.
LORCH, J. 1978: The discovery of nectar and nectaries and its relation to views on flowers and insects. – Isis **69**: 514-533, 3 Abb.
LORCH, J. 1988: The true nature of lichens – a historical survey. In: GALUN, M. (Edit.), CRC Handbook of Lichenology **1**: 3-32.
LORD, E.M. 1981: Cleistogamy: a tool for the study of floral morphogenesis, function and evolution. – Bot. Rev. **47**: 421-449.
LORENTZ, P.G. 1867: Studien zur vergleichenden Anatomie der Laubmoose. – Flora **50**: 241-248. 256-264, 288-297, 305-313, 526-540, 545-558, 5 Taf.
LORENTZ, P.G. 1868: Grundlinien zu einer vergleichenden Anatomie der Laubmoose. – Jahrb. Wiss. Bot. **6**: 363-466.
LORENZ, J.R. 1858: Allgemeine Resultate aus der pflanzengeographischen und genetischen Untersuchung der Moore im präalpinen Hügellande Salzburg's. – Flora **41**: 209-221, 225-237.
LORKOVIC, Z. 1958: Die Merkmale der unvollständigen Speciationsstufe und die Frage der Einführung der Semispezies in die Systematik. In: HEDBERG, O. (Edit.): Systematics of to-day. – Uppsala Univ. Årsskr. **1958**, No. 6: 159-167.
LOTSY, J.P. 1904: Die Wendung der Dyaden beim Reifen der Tiereier als Stütze für die Bivalenz der Chromosomen nach der numerischen Reduction. – Flora **93**: 65-86.
LOTSY, J.P. 1916: Qu'est-ce qu'une éspece ? – Arch. Néerl. Sci. Exact. Nat. sér. 3. B, **3**: 57-110.
LOTSY, J.P. 1931: On the species of the taxonomist in its relation to evolution. – Genetica **13**: 1-16.
LOVEJOY, A.O. 1985: Die große Kette der Wesen. Geschichte eines Gedankens. Übersetzt von D. TURCK. 463 S. – Frankfurt a.M.: Suhrkamp.
LUBBOCK, J. 1881/82: Fruits and seeds. – Proc. Roy. Inst. Gr. Britain **9**: 595-628.
LUCKHAUS, G. 1965: Fortpflanzung und Nomenklatur im Pflanzen- und Tierreich. 83 S. – Berlin & Hamburg: Parey.
LUDWIG, F. 1892: Lehrbuch der niederen Kryptogamen ... XVI + 672 S., 13 Abb. – Stuttgart.
LUDWIG, F. 1895: Lehrbuch der Biologie der Pflanzen. XII + 604 S., 28 Abb. – Stuttgart.
LUDWIG, W. 1932: Das Rechts-Links-Problem im Tierreich und beim Menschen mit einem Anhang Rechts-Links-Merkmale der Pflanzen. XI + 496 S., 143 Abb. = Monographien aus dem Gesamtgebiet der Physiologie der Pflanzen und der Tiere **27**.– Berlin.

LÜHE, M. 1902: Ueber Befruchtungsvorgänge bei Protozoen. – Schriften Königl. Phys.-Ökon. Ges. Königsberg **43**, Sitzungsber.: 3-6.
LUERSSEN, Ch. 1869: Zur Kontroverse über die Einzelligkeit oder Mehrzelligkeit des Pollens der Onagrarieen, Cucurbitaceeen und Corylaceen. – Jahrb. Wiss. Bot. **7**: 34-60, 3 Taf.
LÜTTGE, U. (Edit.) 1989: Vascular plants as epiphytes. Evolution and ecophysiology. = Ecol. Studies **76**. X + 270 S., 69 Abb. – Berlin etc.: Springer.
LUFTENSTEINER, H. W. 1982: Untersuchungen zur Verbreitungsbiologie von Pflanzengemeinschaften an vier Standorten in Niederösterreich. – Bibl. Bot. **135**: 1-68, 31 Abb., 31 Tab.
LUNDEGÅRDH, H. 1910: Über Kernteilung in den Wurzelspitzen von *Allium cepa* und *Vicia faba*. – Svensk Bot. Tidskr. **4**: 174-196.
LUNDEGÅRDH, H. 1912: Fixierung, Färbung und Nomenklatur der Kernstrukturen. Ein Beitrag zur Theorie der zytologischen Methodik. – Arch. Mikroskop. Anat. I. Abt. **80**: 223-273.
LUNDEGÅRDH, H. 1922: Übersicht über die Geschichte der Pflanzenanatomie und der Zellenlehre. In: Handb. Pflanzenanat. I. Abt., 1. Teil, **1**: 3-62, 13 Abb.
LUNDSTRÖM, A.N. 1887: Pflanzenbiologische Studien. II. Die Anpassungen der Pflanzen an Thiere. – Nova Acta Regiae Soc. Sci. Upsal. ser. 3. **13**, no. 10: 1-88.
LUTHER, A. 1899: Ueber *Chlorosaccus*, eine neue Gattung der Süsswasseralgen, nebst einigen Bemerkungen zur Systematik verwandter Algen. – Bihang Kungl. Svenska Vetensk. Akad. Handl. 24, Afd.III, no. 13: 1-22, 1 Taf.
LUTTRELL, E.S. 1951: Taxonomy of the Pyrenomycetes. – Univ. Missouri Stud. **24**(3): 1-120.
LWOFF, A., ANDERSON, T.F. & JACOB, F. 1959: Remarques sur les caractéristiques de la particule virale infectieuse. – Ann. Inst. Pasteur **97**: 281-289.
LWOFF, A. & GUTMANN, A. 1950: Recherches sur un *Bacillus megatherium* lysogène. – Ann. Inst. Pasteur **78**: 711-739, 2 Abb.
LYNGBYE, H.Ch. 1819: Tentamen hydrophytologiae danicae continens omnia hydrophyta cryptogama Daniae, Holsatiae, Faeroae, Islandiae, Groenlandiae hucusque cognita... XXXII + 284 S., 70 Taf. – Kopenhagen.
MAAS GEESTERANUS, R.A. 1947/48: Revision of the lichens of the Netherlands. I. Parmeliaceae. – Blumea **6**: 1-199, 18 Abb.
MABRY, T.J. & DREIDING, A.S. 1968: The betalains. In: Recent Advances Phytochem. **1**: 145-160.
MAC ARTHUR, R.H. & WILSON, E.O. 1967: The theory of island biogeography. – XI + 203 S., 60 Abb. – Princeton, N.J.: Princeton Univ. Press.
MACDONALD, J.D. 1869: On the structure of the diatomaceous frustule and its genetic cycle. – Ann. Mag. Nat. Hist. ser. 4. **3**: 1-8, 1 Taf.
MAC MILLAN, C. 1891: A suggestion on the proper terminology of the spermaphytic flower. – Bot. Gaz. **16**: 178-179.
MACURA, P. 1982: Elsevier's dictionary of botany. II. General terms in English, French, German and Russian. 743 S. – Amsterdam etc.: Elsevier.
MÄGDEFRAU, K. 1968: Paläobiologie der Pflanzen. 4. Aufl. 549 S., 395 Abb. – Stuttgart: Fischer.
MÄGDEFRAU, K. 1992: Geschichte der Botanik. Leben und Leistung großer Forscher. 2. Aufl. 359 S., 160 Abb. – Stuttgart etc.: Fischer.
MAGILL, R.E. (Edit.) 1990: Glossarium polyglottum bryologicae. A multilingual glossary for bryology. 297 S. = Monogr. Syst. Bot. **33**. – St. Louis: Missouri Bot. Garden.
MAGNOL, P. 1689: Prodromus historiae generalis plantarum in quo familiae plantarum per tabulas disponuntur. 79 S. – Montpellier (n.v.).
MAGNUS, W. & FRIEDENTHAL, H. 1907: Ein experimenteller Nachweis natürlicher Verwandtschaft bei Pflanzen. – Ber. Deutsch. Bot. Ges. **24**: 601-607.
MAGNUS, W. & WERNER, E. 1913: Die atypische Embryonalentwicklung der Podostemaceen. – Flora **105**: 275-336, 41 Abb., 4 Taf.
MAGUIRE, B., Jr. 1971: Phytotelmata: biota and community structure determined in plant-held waters. – Annual Rev. Ecol. Syst. **2**: 439-464.

MAHESHWARI, P. 1937: A critical revision of the types of embryo sacs in angiosperms. – New Phytol. **36**: 359-417, 17 Abb.
MAHESHWARI, P. 1941: Recent work on the types of embryo-sacs in angiosperms - a critical review. – J. Ind. Bot. Soc. **20**: 229-261.
MAHESHWARI, P. 1946: The *Adoxa* type of embryo sac: a critical review. – Lloydia **9**: 73-113.
MAHESHWARI, P. 1949: The male gametophyte of angiosperms. – Bot. Rev. **15**: 1-75.
MAHESHWARI, P. 1950: An introduction to the embryology of angiosperms. X + 453 S., 216 Abb. – New York etc.: McGraw-Hill.
MAHLBERG, P.G. 1993: Laticifers: an historical perspective. – Bot. Rev. **59**: 1-23.
MAIRAN, de 1731: Observation botanique. – Hist. Acad. Roy. Sci. (Paris) **1729**: 35.
MAIRE, R. 1900: Sur la cytologie des Hyménomycètes. – Compt. Rend. Hebd. Séances Acad. Sci. **131**: 121-124.
MAIRE, R. 1911: La biologie des Urédinales (État actuel de la question). – Progr. Rei Bot. **4**: 109-162.
MAIRE, R. 1912: [in Besprechung einer Arbeit von PAVILLARD]. – Mycol. Centralbl. **1**: 214.
MAJOR, J.D. 1665: Dissertatio botanica de planta monstrosa Gottorpiensi. 32 S., 2 Taf. – Schleswig.
MALHEIROS-GARDÉ, N. & GARDÉ, A. 1950: Fragmentation as a possible evolutionary process in the genus *Luzula* DC. – Genét. Ibér. **2**: 257-262.
MALPIGHI, M. 1675: Anatome plantarum. 15, 82, 20 S. 54 + 7 Taf. [zitiert nach: Opera omnia. Vol. **1**. 1686. – London. Reprint: Tokyo: Saikon. 1979].
MANARDUS, I. 1535: Epistolarum medicinalium libri duodeuiginti. 467 S. – Basel.
MANITZ, H. 1999: Frühe Stammbaumdarstellungen in der Botanik. – Verh. Gesch. Theorie Biol. **4**: 89-104, 11 Abb.
MANN, G., MOLLENHAUER, D. & PETERS, S. (Edit.) 1992: In der Mitte zwischen Natur und Subjekt. Johann Wolfgang von Goethes Versuch, die Metamorphose der Pflanze zu erklären. 1790 – 1990. Sachverhalte, Gedanken und Wirkungen. 164 S., ill. (= Senckenberg-Buch **66**). - Frankfurt a.M.: Kramer.
MANNERKORPI, P. 1945: (Zur Adventivflora an der Uhtua-Front, finn., deutsche Zusammenf.). – Ann. Bot. Soc. Zool.-Bot. Vanamo **20**, Notulae: 39-51.
MANSFELD, R. 1949: Die Technik der wissenschaftlichen Pflanzenbenennung. Einführung in die Internationalen Regeln der botanischen Nomenklatur. 116 S., 8 Taf. – Berlin: Akademie-Verlag.
MANSFELD, R. 1953: Zur allgemeinen Systematik der Kulturpflanzen. I. – Kulturpflanze **1**: 138-155.
MANSFELD, R. 1954: Über die Verteilung der Merkmale innerhalb der Orchidaceae-Monandrae. – Flora **142**: 65-80.
MANTON, I. 1958: The concept of the aggregate species. – Uppsala Univ. Årsskr. **1958** (6): 104-111.
MANTON, I. & CLARKE, B. 1951: Demonstration of compound cilia in a fern spermatozoid with the electron microscope. – J. Exp. Bot. **2**: 125-128, 5 Taf.
MANTON, I. & CLARKE, B. 1952: An electron microscope study of the spermatozoid of *Sphagnum*. – J. Exp. Bot. **3**: 265-275, 2 Abb., 10 Taf.
MARCHANT, [J.] 1723: Sur la production de nouvelles espèces de plantes. – Hist. Acad. Roy. Sci. **1719**: 71-73.
MARGULIS, L. 1970: Origin of eukaryotic cells. Evidence and research implications for a theory of the origin and evolution of microbial, plant, and animal cells on the precambrian earth. XXII + 349 S. – New Haven: Yale Univ.
MARGULIS, L. 1980: Undulipodia, flagella and cilia. – BioSystems **12**: 105-108.
MARGULIS, L. 1993: Symbiosis in cell evolution. Microbial communities in the Archean and Proterozoic Eons. 2. Aufl. XXVII + 448 S., ill. – New York: Freeman.
MARGULIS, L., CORLISS, J.O., MELKONIAN, M. & CHAPMAN, D.J. 1990: Handbook of Protoctista ... XLI + 914 S., ill. – Boston: Jones & Bartlett.

MARGULIS, L. & SCHWARTZ, K.V. 1988: Five kingdoms. An illustrated guide to the phyla of life on earth. 2. Aufl. 376 S., ill. - New York: Freeman.– 3. Aufl. 1992 (n.v.).
MARKERT,C.L. & MØLLER,F. 1959: Multiple forms of enzymes: tissue, ontogenetic, and species specific patterns.– Proc. Natl. Acad. U.S.A. **45**: 753-763.
MARMÉ, E., MARRÈ, E. & HERTEL, R. (Edit.) 1982: Plasmalemma and tonoplast: their function in the plant cell. Developments in plant biology **7**. X + 446 S., ill. – Amsterdam etc.: Elsevier.
MARQUART, L.C. 1835: Die Farben der Blüten. 92 S. – Bonn.
MARSDEN, M.P.F. & BAILEY, I.W. 1955: A fourth type of nodal anatomy in dicotyledons, illustrated by *Clerodendron trichotomum* Thunb. – J. Arnold Arbor. **36**: 1-51.
MARTIN, G.W. 1955: Are fungi plants ? - Mycologia **47**: 779-792.
MARTIN, G.W. 1957: The Tulasnelloid fungi and their bearing on basidial terminology. – Brittonia **9**: 25-30.
MARTIN, J.T. & JUNIPER, B.E. 1970: The cuticles of plants. XX + 347 S., ill. – Edinburgh: Arnold.
MARTIN, W. & MÜLLER, M. 1998: The hydrogen hypothesis for the first eukaryote. – Nature **392**: 37-41, 2 Abb.
MARTINOLI, G. 1939: Contributo all'embriologia delle Asteraceae: I-III. – Nuovo Giorn. Bot. Ital. N.S. **46**: 259-298, 1 Abb., 6 Taf.
MARTIUS, C.F. v. 1828: Über die Architectonik der Blüthen. – Isis (Oken) **21**: Sp. 522-529.
MARTIUS, C.F. v. 1835: Die Eriocaulaceae, als selbständige Pflanzen-Familie aufgestellt und erläutert. – Nova Acta Phys.-Med. Acad. Caes. Leop.-Carol. Nat. Cur. **17**, I: 1-72, 5 Taf.
MARTIUS, E.W. 1784: Neueste Anweisung, Pflanzen nach dem Leben abzudruken. Nebst einigen abgedrukten Pflanzen. [XVI] + 80 S. - Wetzlar: Winkler. [Reprint: Basiliskendruck **2**. Marburg a.L. 1977]
MARZELL, H. (& PAUL, H.) 1943-1979: Wörterbuch der deutschen Pflanzennamen. 5 Bände, ill. – Leipzig: Hirzel (später Wiesbaden: Steiner).
MASON, E.W. 1937: Annotated account of Fungi received at the Imperial Mycological Institute. List II, Fasc. 3. General part: 69-99, 11 Abb. – London.
MAST, S.O. 1924: Structure and locomotion in *Amoeba proteus*. – Anat. Record **29**: 88.
MAST, S.O. 1926: Structure, movement, locomotion, and stimulation in *Amoeba*. – J. Morphol. Physiol. **41**: 347-425.
MASTERS, M.T. 1869: Vegetable teratology, an account of the principal deviations from the usual construction of plants. VIII + 534 S., 218 Abb. – London [Deutsche Übersetzung von U. DAMMER. Leipzig 1886].
MATTFELD, J. 1920: Über einen Fall endocarper Keimung bei *Papaver somniferum* L. – Verh. Bot. Vereins Prov. Brandenburg **62**: 1-8.
MATTHEW, W.D. 1915: Climate and evolution. – Ann. New York Acad. Sci. **24**: 171-318.
MATTHIES, D. & POSCHLOD, P. 2000: The biological flora of Central Europe – aims and concepts. – Flora **195**: 116-122.
MATZKE, E.B. 1943: The concept of cells held by Hooke and Grew. – Science, N.S. **98**: 13-14.
MAYR, E. 1931: Notes on *Halcyon chloris* and some of its subspecies. – Amer. Mus. Novit. 1931, no. **469**: 1-10.
MAYR, E. 1940: Speciation phenomena in birds. – Amer. Naturalist **74**: 249-278.
MAYR, E. 1942: Systematics and the origin of species from the viewpoint of a zoologist. XIV + 334 S., 29 Abb. – New York.
MAYR, E. 1963: Animal species and evolution. XIV + 797 S., ill. - Cambridge, Mass.: Belknap [übersetzt von G. HEBERER 1967: Artbegriff und Evolution. 617 S., 65 Abb., 42 Tab. – Hamburg & Berlin: Parey].
MAYR, E. 1965: Numerical phenetics and taxonomic theory. – Syst. Zool. **14**: 73-97.
MAYR, E. 1968: Illiger and the Biological Species Concept. – J. Hist. Biol. **1**: 163-178.
MAYR, E. 1969: Principles of systematic zoology. XI + 428 S., ill. – New York etc.: MacGraw-Hill.
MAYR, E. 1980: Prologue: Some thoughts on the history of the evolutionary synthesis. In: MAYR, E. & PROVINE, W.B. 1980: The evolutionary synthesis. S. 1-48. – Cambridge, Mass. & London: Harvard University Press.

MAYR, E. 1982: The growth of biological thought. Diversity, evolution, and inheritance. XII + 974 S. – Cambridge, Mass. & London: Belknap. [Deutsche Übersetzung von K. de SOUSA FERREIRA. Berlin etc.: Springer. 1984].
MAYR, E. 1992: A local flora and the biological species concept. – Amer. J. Bot. **79**: 222-238.
MAYR, E., LINSLEY, E.G., USINGER, R.L. 1953: Methods and principles of systematic zoology. 336 S. – New York etc.: McGraw-Hill.
MAYR, E. & PROVINE, W.B. 1980: The evolutionary synthesis. Perspectives on the unification of biology. XI + 487 S. – Cambridge, Mass. & London: Harvard Univ. Press.
MAYR, F. 1915: Hydropoten an Wasserpflanzen. – Beih. Bot. Centralbl. **32**, I: 278-371.
MCCLINTOCK, B. 1934: The relation of a particular chromosomal element to the development of the nucleoli in *Zea mays*. – Z. Zellf. Mikroskop. Anat. **21**: 294-328.
MCCLINTOCK, B. 1951: Chromosome organization and genic expression. – Cold Spring Harbor Symp. Quant. Biol. **16**: 13-47, 23 Abb.
MCCLUNG, C.E.M. 1900: The spermatocyte divisions of the Acrididae. (Bull. Univ. Kansas) Kansas Univ. Quarterly Ser. A. **9**: 73-100.
MCCLUNG, C.E.M. 1905: The chromosome complex of Orthopteran spermatocytes. – Biol. Bull. Mar. Lab. Woods Hole **9**: 304-340, 21 Abb
MCFADDEN, G.I. 1993: Second-hand chloroplasts: evolution of cryptomonads. – Advances Bot. Res. **19**: 189-230, 14 Abb.
MCKITRICK, M.C. 1993: Phylogenetic constraint in evolutionary theory: Has it any explanatory power ? – Annual Rev. Ecol. Syst. **24**: 307-330.
MCVAUGH, R., ROSS, R. & STAFLEU, F.A. 1968: An annotated glossary of botanical nomenclature. (= Regnum Veget. **56**). 31 S. – Utrecht: I.A.P.T.
MEDWEDJEW, S.A. 1971: Der Fall Lyssenko. Eine Wissenschaft kapituliert. 303 S., 16 Taf. – Hamburg: Hoffmann & Campe. [engl. Original 1969, n.v.].
MEEUSE, A.D.J. 1957: Plasmodesmata (Vegetable Kingdom). – Protoplasmatologia II. A 1 c: 1-43.14 Abb.
MEEUSE, A.D.J. 1966: Fundamentals of phytomorphology. XI + 231 S., 19 Abb., 5 Taf. – New York: Ronald Press.
MEINZER, O.E. 1923: Outline of ground-water hydrology with definitions. – US Geol. Survey, Water-Supply Paper **494**. 71 S., 35 Abb.
MEISSNER, W. 1819: Ueber Pflanzenalkalien. II. Ueber ein neues Pflanzenkali (Alkaloid). – J. Chem. Phys. ed. SCHWEIGGER **25**: 377-381.
MELCHIOR, H. (Edit.) 1964: A. Engler's Syllabus der Pflanzenfamilien. 12. Aufl. 2. Band. Angiospermen, Übersicht über die Florengebiete der Erde. 666 S., 249 Abb., 5 Stammbäume, 1 Karte. – Berlin-Nikolassee: Gebr. Borntraeger.
MELCHIOR, H. & WERDERMANN, E. (Edit.) 1954: A. Engler's Syllabus der Pflanzenfamilien. 12. Aufl. 1. Band. Allgemeiner Teil. Bakterien bis Gymnospermen. 367 S., 141 Abb. – Berlin-Nikolassee: Gebr. Borntraeger.
MELVILLE, R. 1939: The application of biometrical methods to the study of elms. – Proc. Linn. Soc. London **151**: 152-159.
MELVILLE, R. 1962: A new theory of the Angiosperm flower. I. – Kew Bull. **16**: 1-50.
MENDEL, G. 1866: Versuche über Pflanzenhybriden. – Verh. Naturf. Vereins Brünn **4** (Abh.) 3-47. [Reprint: Göttingen 1984, auch Hist. Nat. Class. **4**. Weinheim etc. 1960 und in KŘÍŽENECKÝ 1965].
MENKE, W. 1961: Über die Chloroplasten von *Anthoceros punctatus*. – Z. Naturforsch. **16 b**: 334-336.
MERESCHKOVSKY, C. 1905: Über Natur und Ursprung der Chromatophoren im Pflanzenreiche. – Biol. Zentralbl. **25**: 593-604.
MERTENS, F.C. & KOCH, W.D.J. 1923: J. C. Röhlings Deutschlands Flora. **1**. Band. XXIV + 892 S. – Frankfurt a.M.
MESELSON, M. & YUAN, R. 1966: DNA restriction enzyme from *E. coli*. – Nature **217**: 1110-1114, 7 Abb., 2 Tab.

METCALFE, C.R. 1960: Anatomy of the Monocotyledons. I. Gramineae. LVI + 731 S., 29 Taf. – Oxford: Clarendon Press.
METCALFE, C.R. 1961: General introduction with special reference to recent work on monocotyledons. In: Recent advances in botany from ... IX. Int. Bot. Congress Montreal 1959. **1**: 146-150. – Toronto: Univ. Press.
METCALFE, C.R. 1966: Distribution of latex in the plant kingdom. – Notes Jodrell Labor. **3**: 1-18 (n.v.).
METCALFE, C.R. & CHALK, L. 1950: Anatomy of the Dicotyledons. Leaves, stem, and wood in relation to taxonomy with notes on economic uses. Vol. I. LXIV + 724 S., 167 Abb. – Oxford: Clarendon.
METCALFE, C.R. & CHALK, L. 1979/1983: Anatomy of the Dicotyledons. 2. Aufl. 2 Bände. 276 S.; 297 S., ill. – Oxford: Clarendon.
METSCHNIKOFF, E. 1883: Untersuchungen über die intracelluläre Verdauung bei wirbellosen Tieren. – Arb. Zool. Inst. Univ. Wien **5**(2): 141-168, 2 Taf.
METTENIUS, C. 1882: Alexander Braun's Leben, nach seinem handschriflichen Nachlaß. VIII + 706 S., 1 Portr. – Berlin.
METTENIUS, G. 1847: Ueber *Azolla*. – Linnaea **20**: 259-282, 2 Taf.
METTENIUS, G. 1856: Filices horti botanici Lipsiensis. Die Farne des botanischen Gartens zu Leipzig. 135 S., 30 Taf. – Leipzig.
METTENIUS, G. 1858: Über einige Farngattungen. – Abh. Senckenb. Naturf. Ges. **2**: 285-412, 2 Taf.
METTENIUS, G. 1861: Beiträge zur Anatomie der Cycadeen. – Abh. Königl. Sächs. Ges. Wiss. **7** (= Abh. Math.-Phys. Cl.... **5**): 565-608.
METTENIUS, G. 1864: Über die Hymenophyllaceae. – Abh. Königl. Sächs. Ges. Wiss. **11** (= Abh. Math.-Phys. Cl. ... **7**): 401-504.
METZNER, R. 1894: Beiträge zur Granulalehre. I. Kern und Kerntheilung. – Arch. Anat. Physiol., Physiol. Abt. **1894**: 309-348, 4 Taf.
MEUSEL, H. 1943: Vergleichende Arealkunde. Einführung in die Lehre von der Verbreitung der Gewächse mit besonderer Berücksichtigung der mitteleuropäischen Flora. **1**. Band: Textteil. XII + 466 S., 70 Abb. – Berlin-Zehlendorf.
MEUSEL, H. 1968: Über Wuchsform und Verbreitung von *Atractylis humilis* L. und verwandten Arten. – Collect. Bot. **7**: 799-816, 5 Abb.
MEUSEL, H., JÄGER, E. & WEINERT, E. 1965: Vergleichende Chorologie der zentraleuropäischen Flora. [1. Band] Text. 583 S. – Jena: VEB Fischer.
MEUSEL, H. & MÜHLBERG, H. 1971-78: Caryophyllaceae Unterfamilie Silenoideae (Lindl.)A.Br. In: HEGI, Illustrierte Flora von Mitteleuropa 2. Aufl. **III, 2**: 947-1182. – Berlin & Hamburg: Parey.
MEVES, F. 1904: Über das Vorkommen von Mitochondrien bezw. Chondromiten in Pflanzenzellen. – Ber. Deutsch. Bot. Ges. **22**: 284-286.
MEVES, F. 1907: Ueber Mitochondrien bezw. Chondriokonten in den Zellen junger Embryonen. – Anat. Anz. **31**: 399-407.
MEVES, F. 1908: Die Chondriosomen als Träger erblicher Anlagen. Cytologische Studien am Hühnerembryo. – Arch. Mikroskop. Anat. Entwicklungsgesch. **72**: 816-867, 4 Taf.
MEYEN, F.J.F. 1836: Grundriss der Pflanzengeographie ... X + 478 S., 1 Taf. – Berlin: Haude & Spener.
MEYEN, F.J.F. 1837: Ueber die Secretionsorgane der Pflanzen. IV + 99 S., 9 Taf. – Berlin.
MEYEN, F.J.F. 1837-39: Neues System der Pflanzen-Physiologie. 3 Bände, ill. – Berlin.
MEYEN, F.J.F. 1840: Noch einige Worte über den Befruchtungsakt und die Polyembryonie bei den höheren Pflanzen. 50 S., 2 Taf. – Berlin.
MEYER, Adolf [= MEYER-ABICH] 1926: Logik der Morphologie im Rahmen der gesamten Biologie. VII + 290 S. – Berlin.
MEYER, Arthur 1882: Ueber Chlorophyllkörner, Stärkebildner und Farbkörper. – Bot. Centralbl. **12**: 314-317.

MEYER, Arthur 1883 a: Ueber Krystalloide der Trophoplasten und über die Chromoplasten der Angiospermen. – Bot. Zeitung **41**: Sp. 489-498, 505-514, 525-531, 1 Abb.

MEYER, Arthur 1883 b: Das Chlorophyllkorn in chemischer, morphologischer und biologischer Beziehung. Ein Beitrag zur Kenntniss des Chlorophyllkornes der Angiospermen und seiner Metamorphosen 91 S., 3 Taf. – Leipzig.

MEYER, Arthur 1896: Die Plasmaverbindungen und die Membranen von *Volvox globator, aureus* und *tertius*, mit Rücksicht auf die thierischen Zellen. – Bot. Zeitung **54**, I: 187-217.

MEYER, E. 1819 a: Junci generis monographiae specimen. 50 S. – Diss. med. Göttingen.

MEYER, E. 1819 b: Grundzüge zur Diagnostik der Arten in der Gattung *Juncus*. – Flora **2**, I: 145-156, 161-171.

MEYER, E. 1832: Die Metamorphose der Pflanze und ihre Widersacher. – Linnaea **7**: 401-460.

MEYER, E. 1839: Preussens Pflanzengattungen nach Familien geordnet. X + 278 S. – Königsberg.

MEYER, F.J. 1924: Die *Lycopodium*-Leitbündel als Leitbündeltypus eigener Art. – Ber. Deutsch. Bot. Ges. **42**: 100-108, 2 Abb.

MEYER, V.G. 1966: Flower abnormalities. – Bot. Rev. **32**: 165-218, 1 Tab.

MEYERS, R.A. (Edit.) 1995: Molecular biology and biotechnology: a comprehensive desk reference. XXXVIII + 1034 S., ill. – New York: VCH.

MEZ, C. & GOHLKE, K. 1914: Physiologisch-systematische Untersuchungen über die Verwandtschaft der Angiospermen. – Beitr. Biol. Pflanzen **12**: 155-180.

MEZ, C. & ZIEGENSPECK, H. 1926: Der Königsberger serodiagnostische Stammbaum. – Bot. Arch. **13**: 483-486.

MICHAELIS, L. & MENTEN, M.L. 1913: Die Kinetik der Invertinwirkung. – Biochem. Z. **49**: 333-369, 15 Abb., 16 Tab.

MICHELI, P.A. 1729: Nova plantarum genera iuxta Tournefortii methodum disposita. 234 S., 108 Taf. – Florenz.

MIEHE, H. 1918: Anatomische Untersuchung der Pilzsymbiose bei *Casuarina equisetifolia* nebst einigen Bemerkungen über das Mykorhizenproblem. – Flora **111/112**: 431-449, 2 Abb., 1 Taf. (Festschrift E. STAHL).

MIESCHER, F. 1874: Die Spermatozoen einiger Wirbelthiere. Ein Beitrag zur Histochemie. – Verh. Naturf. Ges. Basel **6**(1): 138-208, 1 Taf.

MILDBRAED, J. 1922: Wissenschaftliche Ergebnisse der zweiten deutschen Zentral-Afrika-Expedition 1910-1911. Band **II**. Botanik. IV + 202 S., 90 Taf. – Leipzig.

MILDE, J. 1852: Beiträge zur Kenntniss der Equiseten. – Nova Actorum Acad. Caes. Leop.-Carol. Nat. Cur. **23**, II: 557-612, 3 Taf.

MILDE, J. 1865: Monographia Equisetorum. Dresden. 605 + [38] S., 35 Taf. = Nova Actorum Acad. Caes. Leop.-Carol. German. Nat. Cur. **32**, II.

MILLER, C.O., SKOOG, F., VON SALTA, M.H. & STRONG, F.M. 1955: Kinetin, a cell division factor from deoxyribonucleic acid. – J. Amer. Chem. Soc. **77**: 1392. 1955.

MILLER, I.M. 1990: Bacterial leaf nodule symbiosis. – Advances Bot. Res. **17**: 163-234, 32 Abb.

MILLER, J.H. 1928: Biological studies in the Sphaeriales. I. – Mycologia **20**: 187-212, 3 Abb., 2 Taf.

MINTER, D.W., KIRK, P.M. & SUTTON, B.C. 1982: Holoblastic phialides. – Trans. Brit. Mycol. Soc. **79**: 75-93, 25 Abb.

MINTER, D.W., KIRK, P.M. & SUTTON, B.C. 1983: Thallic phialides. – Trans. Brit. Mycol. Soc. **80**: 39-66, 40 Abb.

MINTER, D.W., SUTTON, B.C., BRADY, B.L. 1983: What are phialides anyway ? – Trans. Brit. Mycol. Soc. **81**: 109-120, 11 Abb.

MIQUEL, F.A.W. 1843: Systema Piperacearum. Fasc. I. IV + 304 S. – Rotterdam.

MIRBEL, C.F.B. de 1802 [an X]: Histoire naturelle, générale et particulière des plantes. Vol. **1**. Traité d'anatomie et de physiologie végétales. 578 S., 1 Taf. – Paris.

MIRBEL, C.F.B. de 1813: Nouvelle classification des fruits. – Nouv. Bull. Sci. Soc. Philom. **3**: 313-319.
MIRBEL, C.F.B. de 1815: Élemens de physiologie végétale et de botanique. 2 Teile. X + 924 + [102] + LII S., 71 Taf. – Paris.
MIRBEL, C.F.B. de 1816: Notes sur le cambium et le liber. – Bull. Sci. Soc. Philom. Paris **1816**: 107-108.
MIRBEL, C.F.B. de 1829: Nouvelles recherches sur la structure et les développemens de l'ovule végétal. – Ann. Sci. Nat. [sér.1.] **17**: 302-318 [auch in: Mém. Acad. Roy. Sci. Inst. France 9].
MITCHELL, P. 1961: Coupling of phosphorylation to electron and hydrogen transfer by a chemiosmotic type of mechanism. – Nature **191**: 144-148, 3 Abb.
MITTEN, W. 1859: Musci Indiae orientalis; an enumeration of the mosses of the East Indies. – J. Proc. Linn. Soc. Bot., Suppl. **1**: 1-171.
MITTMANN, R. 1888: Beiträge zur Kenntnis der Anatomie der Pflanzenstacheln. – Verh. Bot. Vereins Prov. Brandenburg **30**: 32-71, 1 Taf.
MODE, C.J. 1958: A mathematical model for the co-evolution of obligate parasites and their hosts. – Evolution **12**: 158-165.
MOEBIUS, K. 1877: Die Austern und die Austernwirtschaft. VII + 126 S., 9 Abb., 1 Karte. – Berlin: Wiegandt, Hempel & Parey.
MOEBIUS, K. 1884: Das Sterben der einzelligen und der vielzelligen Tiere, vergleichend betrachtet. – Biol. Centralbl. **4**: 389-392.
MÖBIUS, M. 1934: Über die Herkunft der Wörter Cambium und Protoplasma. – Ber. Deutsch. Bot. Ges. **52**: 154-161.
MÖBIUS, M. 1937: Geschichte der Botanik von den ersten Anfängen bis zur Gegenwart. VI + 458 S. – Jena.
MÖBIUS, M. 1938: Entstehung und Entwicklung der Floristik. – Bot. Jahrb. Syst. **69**: 295-317.
MÖBIUS, M. 1944: Wie sind die Bezeichnungen Zoologie, Botanik und Mineralogie entstanden. Ein Beitrag zur Geschichte der Naturwissenschaft. – Jenaische Z. Med. Naturwiss. **77**: 216-229.
MOGENSEN, H.L. 1992: The male germ unit: concept, composition, and significance. – Int. Rev. Cytol. **140**: 129-147, 8 Abb.
MOHL, H. 1828: Ueber die Poren des Pflanzen-Zellgewebes. 36 S., 4 Taf. – Tübingen.
MOHL, H. 1832: Ueber den Bau der porösen Gefäße der Dicotyledonen. – Abh. Math.-Phys. Cl. Königl. Bayer. Akad. Wiss. **1**: 443-462, 1 Taf.
MOHL, H. 1833: Einige Bemerkungen über die Entwicklung und den Bau der Sporen der cryptogamischen Gewächse. – Flora **16**, I: 33-46, 49-63, 65-78, 2 Taf. [Abdruck in MOHL 1845, S. 67-83].
MOHL, H. 1835 a: Ueber die Verbindung der Pflanzen-Zellen unter einander. 24 S., 2 Taf. Diss. med. Univ. Tübingen. Resp. E. FRISONI. – Tübingen.
MOHL, H. 1835 b: Ueber die Vermehrung der Pflanzen-Zellen durch Theilung. 20 S., 1 Taf. Diss. med. Univ. Tübingen. Resp. A.W. WINTER. – Tübingen.
MOHL, H. 1836: Untersuchungen über die Entwicklung des Korkes und der Borke auf der Rinde der baumartigen Dicotyledonen. 26 S. Diss. med. Resp. C.R. HÜTTENSCHMIDT. – Tübingen.
MOHL, H. 1837: Anatomische Untersuchungen über die porösen Zellen von *Sphagnum*. Diss. med. Tübingen. Resp. Ph. SCHLAYER. 45 S. – Tübingen. [Abdruck in: MOHL 1845, S. 294-313].
MOHL, H. 1839: Ueber die Entwicklung der Sporen von *Anthoceros laevis*. - Linnaea **13**: 273-290, 1 Taf. [Abdruck in: MOHL 1845, S. 84-93].
MOHL, H. 1844: Einige Bemerkungen über den Bau der vegetabilischen Zelle. – Bot. Zeitung **2**: Sp. 273-277, 298-294, 305-310, 321-326, 337-342, 1 Taf.
MOHL, H.v. 1845: Vermischte Schriften botanischen Inhalts. VIII + 442 S., 15 Taf. – Tübingen.
MOHL, H.v. 1846: Ueber die Saftbewegung im Innern der Zellen. – Bot. Zeitung **4**: Sp. 73-78, 89-94.

MOHL, H.v. 1847 a: Ueber die Entwicklung des Embryos von *Orchis Morio.* – Bot. Zeitung **5**: Sp. 465-473.
MOHL, H.v. 1847 b: Untersuchung der Frage: Bildet die Cellulose die Grundlage sämmtlicher vegetabilischer Membranen ? – Bot. Zeitung **5**: Sp. 497-505, 521-529, 545-553.
MOHL, H.v. 1855: Ueber den Bau des Chlorophylls. – Bot. Zeitung **13**: Sp. 89-99, 105-115.
MOHL, H.v. 1856: Welche Ursachen bewirken die Erweiterung und Verengung der Spaltöffnungen ? – Bot. Zeitung **14**: Sp. 697-704, 713-721, 1 Taf.
MOHL, H.v. 1860: Ueber die anatomischen Veränderungen des Blattgelenkes, welche das Abfallen der Blätter herbeiführen. – Bot. Zeitung **18**: 1-7, 9-17 [Nachtrag S. 132-133].
MOHL, H.v. 1863: Einige Beobachtungen über dimorphe Blüten. – Bot. Zeitung **21**: 309-315, 321-328.
MOHL, H.v. 1871: Morphologische Betrachtung der Blätter von *Sciadopitys.* – Bot. Zeitung **29**: Sp. 1-14, 18-23, 1 Abb.
MOHRI, H. 1968: Amino-acid composition of „Tubulin" constituting microtubules of sperm flagella. – Nature **217**: 1053-1054, 1 Abb.
MOL, W.E. de 1927: On chromosomal constrictions, satellites and nucleoli in *Hyacinthus orientalis.* – Beitr. Biol. Pfl. **15**: 93-116, 1 Abb., 2 Taf.
MOLDENHAWER, J.J.P. 1812: Beyträge zur Anatomie der Pflanzen. XII + 355 S., 6 Taf. – Kiel.
MOLINIER, R. & MÜLLER, P. 1938: La dissémination des espèces végétales. – Rev. Gén. Bot. **50**: 53-72, 152-169, 202-221, 177-293, 341-358, 397-414, 472-488, 533-546, 598-614, 641-670. 45 Abb. – Auch als: Stat. Int. Géobot. Médit. Alp., Commun. **64**. 178 S. – Paris.
MOLISCH, H. 1937: Der Einfluß einer Pflanze auf die andere. Allelopathie. VIII + 106 S., 15 Abb. – Jena.
MOMMAERTS, W.F. 1992: Who discovered actin ? – BioEssays **14**: 57-59.
MONAGHAN, F. & CORCOS, A. 1986: Tschermak: a non-discoverer of Mendelism. – J. Hered. **77**: 468-469.
MONNIER, P. 1960: Biosystématique de quelques *Spergularia* méditerranéens. – Compt. Rend. Hebd. Séances Acad. Sci. **251**: 117-119.
MONTGOMERY, Th.H. 1901: A study of the chromosomes of the germ cells of Metazoa. – Trans. Amer. Phil. Soc. N.S. **20**: 154-236, 5 Taf.
MONTGOMERY, Th.H. 1904: Some observations and considerations upon the maturation phenomena of the germ cells. – Biol. Bull. Mar. Biol. Lab. Woods Hole **6**: 137-157.
MONTGOMERY, W.M. 1970: The origin of the spiral theory of phyllotaxis. – J. Hist. Biol. **3**: 299-323.
MOORE, J.E.S. 1895: On the structural changes in the reproduction cells during the spermatogenesis of Elasmobranchs. – Quart. J. Microscop. Sci. N.S. **38**: 275-313, 3 Abb., 4 Taf.
MOORE, R.T. 1985: The challenge of the dolipore/parenthesome septum. In: MOORE, D., CASSELTON, L.A. et al. (Edit): Developmental biology of higher fungi, S. 175-212, ill. = Brit. Mycol. Soc. Symp. **10**.
MOORE, R.T. & MCALEAR, J.H. 1961: Fine structure of mycota. 5. Lomasomes. – Mycologia **53**: 194-200.
MOORE, R.T. & MCALEAR, J.H. 1962: Fine structure of mycota. 7. Observations on septa of Ascomycetes and Basidiomycetes. – Amer. J. Bot. **49**: 86-94, ill.
MOQUIN-TANDON, A. 1827: Essai sur les dédoublemens ou multiplications d'organs dans les végétaux. – Bibl. Univ., Genève, Sci. et Arts. **34**: 214-234.
MOQUIN-TANDON, A. 1841: Éléments de tératologie végétale, ... XIII + 403 S. – Paris.
MORGAN, T.H. 1910: Chromosomes and heredity. - Amer. Naturalist **44**: 449-496.
MORGAN, T.H. & CATTELL, E. 1912: Data for the study of sex-linked inheritance in *Drosophila.* – J. Exp. Zool. **13**: 79-101.
MORIN, F. 1893: Anatomie comparée et expérimentale de la feuille des Muscinées. Anatomie de la nervure appliquée à la classification. Thèse Fac. Sci. Rennes. 139 S., 24 Taf. – Rennes & Paris.
MORISON, R. 1672: Plantarum Umbelliferarum distributio nova, per tabulas cognationis et affinitatis ex libro naturae observata & detecta. [25] + 93 + [3] S., 42 Taf. – Oxford.

MORREN, CH. 1830: Sur un végétal microscopique d'un genre nouveau proposé sous le nom de Crucigenie ... Bull. Sci. Nat. Géol. **22**: 293-295.
MORREN, CH. 1853: Souvenirs phénologiques de l'hiver 1852-1853. – Bull. Acad. Roy. Sci. Belgique **20**: 160-186.
MORTON, A.G. 1981: History of botanical science, an account of the development of botany from ancient times to the present day. XII + 474 S., 28 Abb. – London etc., Academic Press.
MÜLLER, Carl 1890 a: Ein Beitrag zur Kenntnis der Formen des Collenchyms. – Ber. Deutsch. Bot. Ges. **8**: 150-166, 1 Taf.
MÜLLER, Carl 1890 b: Ueber die Balken in den Holzelementen der Coniferen. – Ber. Deutsch. Bot. Ges. **8**: (17)-(46), 1 Taf.
MÜLLER, Carl 1893: Zur Kenntniss der Entwicklungsgeschichte des Polypodiaceensporangiums. – Ber. Deutsch. Bot. Ges. **11**: 54-72, 1 Taf.
MÜLLER, F. 1864: Für Darwin. 91 S., 67 Abb. – Leipzig.
MÜLLER, F. 1881: Two kinds of stamens with different functions in the same flower. – Nature **24**: 307-308.
MÜLLER, H. 1873: Die Befruchtung der Blumen durch Insekten und die gegenseitigen Anpassungen beider. VIII + 478 S., 152 Abb. – Leipzig.
MÜLLER, H. 1878: Die Insekten als unbewußte Blumenzüchter. – Kosmos **3**: 314-337, 403-426, 476-499, 15 Abb.
MÜLLER, H. 1879: Die Wechselbeziehungen zwischen den Blumen und den ihre Kreuzung vermittelnden Insekten. In: SCHENK, A. (Edit.) Handb. Botanik **1**: 1-112.
MÜLLER, H. 1881: Alpenblumen, ihre Befruchtung durch Insekten und ihre Anpassungen an dieselben. - IV + 611 S., 173 Abb. – Leipzig.
MÜLLER, K. 1846: Zur Entwickelungsgeschichte der Lycopodiaceen. Bot. Zeitung **4**: Sp. 521-528, 537-545, 593-600, 609-615, 657-667, 681-691, 3 Taf.
MÜLLER, Karl 1939: Untersuchungen über die Ölkörper der Lebermoose. – Ber. Deutsch. Bot. Ges. **57**: 326-370, 2 Taf.
MÜLLER, K.O. & BÖRGER, H. 1941: Experimentelle Untersuchungen über die *Phytophthora*-Resistenz der Kartoffel – zugleich ein Beitrag zum Problem der „erworbenen Resistenz" im Pflanzenreich. – Arbeiten Biol. Reichsanst. Land- u. Forstw. **23**: 189-231.
MÜLLER, K.-P. 1984: Der Beitrag Hugo von Mohls zur Entwicklung der Zellenlehre. 131 S., Portr., 9 Abb. Diss. med. Univ. München. – München.
MÜLLER, O. 1886: Die Zwischenbänder und Septen der Bacillariaceen. – Ber. Deutsch. Bot. Ges. **4**: 306-316, 1 Taf.
MÜLLER, O. 1895: Ueber Achsen, Orientirungs- und Symmetrieebenen bei den Bacillariaceen. – Ber. Deutsch. Bot. Ges. **13**: 222-234, 1 Taf.
MÜLLER, O.F. 1773: Vermium terrestrium et fluviatilium seu animalium infusorium, helminthicorum et testaceorum, non marinorum succincta historia. Vol. **1**. Pars 1.[XXXVI] + 135 S. – Kopenhagen & Leipzig.
MÜLLER, P. 1933: Verbreitungsbiologie der Garigueflora. – Beih. Bot. Centralbl. **50**, II: 395-469, 4 Abb.
MÜLLER, P. 1936: Ueber Samenverbreitung durch den Regen. – Ber. Schweiz. Bot. Ges. **45**: 181-190, 5 Abb.
MÜLLER, P. 1955: Verbreitungsbiologie der Blütenpflanzen. 152 S., 43 Abb. = Veröff. Geobot. Inst. Rübel Zürich **30**. [2. Aufl. vgl. MÜLLER-SCHNEIDER 1977!]
MÜLLER-(ARGOVIENSIS), J. 1881: Lichenologische Beiträge. XII. (Schluß). – Flora **64**: 100-112.
MÜLLER-DOBLIES, D. 1976: Die zeitliche Korrelation von Laub- und Blütenentfaltung bei den Amaryllideae. – Ber. Schweiz. Bot. Ges. **85**: 177-178.
MÜLLER-DOBLIES, D., STÜTZEL, TH. & WEBERLING, F. 1992: A drepanium is not a cyme. Short communication. – Flora **187**: 61-65, 1 Abb.
MÜLLER-DOBLIES, D. & WEBERLING, F. 1984: Über Prolepsis und verwandte Begriffe. – Beitr. Biol. Pflanzen **59**: 121-144, 12 Abb.

MÜLLER-SCHNEIDER, P. 1977: Verbreitungsbiologie (Diasporologie) der Blütenpflanzen. 226 S., 46 Abb. = Veröff. Geobot. Inst. ETH Stift. Rübel **61**.
MÜLLER-SCHNEIDER, P. & LHOTSKÁ, M. 1971: Zur Terminologie der Verbreitungsbiologie der Blütenpflanzen. – Folia Geobot. Phytotax. **6**: 407-417.
MÜLLER-STOLL, W.R. & AHRENS, G. 1990: Zur Morphologie der Ölkörper der Lebermoose. – Feddes Repert. **101**: 547-560, 9 Abb., 6 Tab.
MÜLLER-THURGAU, H. 1874: Die Sporenvorkeime und Zweigvorkeime der Laubmoose (Protonema und Rhizoiden). – Arbeiten Bot. Inst. Würzburg **1**: 475-499, 9 Abb.
MÜLLER-WILLE, S. 1999: Botanik und weltweiter Handel. Zur Begründung eines Natürlichen Systems der Pflanzen durch Carl von Linné (1707-78). 351 S., 17 Abb. = Studien zur Theorie der Biologie **3**. – Berlin: VWB.
MÜNCH, E. 1926: Dynamik der Saftströmungen. – Ber. Deutsch. Bot. Ges. **44**: 68-71.
MÜNCH, E. 1930: Die Stoffbewegungen in der Pflanze. VII + 234 S., 30 Abb. – Jena.
MÜNCHHAUSEN, O.v. 1770: Ausführliches Verzeichniß aller Bäume und Stauden, welche in Deutschland in freyer Luft fortkommen, .. Der Hausvater **5**. Theil, 1. Stück. S. 79-368. – Hannover.
MULDER, G.J. 1838: Sur la composition de quelques substances animales. – Bull. Sci. Phys. Nat. Néerl. **1838**: 104-119.
MULLER, H.J.. 1938: The remaking of chromosomes. – Collecting Net **13**: 182-195, 198, 1 Tab.
MULLER, H.J. 1950: The development of the gene theory. In: DUNN, L.C. (Edit.) Genetics in the 20th Century. S. 77-99. – New York: Macmillan.
MURBECK, S. 1916: Über die Organisation, Biologie und verwandtschaftlichen Beziehungen der Neuradoideen. – Acta Univ. Lund. N.F. Avd.2. **12**, Nr. 6: 1-29, 3 Taf.
MURBECK, S. 1919: Beiträge zur Biologie der Wüstenpflanzen. I. Vorkommen und Bedeutung von Schleimabsonderung aus Samenhüllen. – Acta Univ. Lund. N.F. Avd. 2. **15**, Nr. 10: 1-36.
MURBECK, S. 1920: Beiträge zur Biologie der Wüstenpflanzen. II. Die Synaptospermie. – Acta Univ. Lund. N.F. Avd. 2. **17**, Nr. 1: 1-53.
MYERS, A.A. & GILLER, P.S. 1988: Analytical biogeography. An integrated approach to the study of animal and plant distribution. XIII + 578 S., ill. – London & New York: Chapman & Hall.
MYLIUS, G. 1912: Das Polyderm. – Ber. Deutsch. Bot. Ges. **30**: 363-365.
MYLIUS, G. 1913: Das Polyderm. Eine vergleichende Untersuchung über die physiologischen Scheiden Polyderm, Periderm und Endodermis. – Biblioth. Bot. **18**(79): 1-119, 4 Taf.
NACHTIGALL, W. 1982: Biotechnik und Bionik – Fachübergreifende Disziplinen der Naturwissenschaft. – Akad. Wiss. Lit. Mainz, Abh. Math.-Naturwiss. Kl. **1982** (1): 1-29.
NAEF, A. 1919: Idealistische Morphologie und Phylogenetik. (Zur Methodik der systematischen Morphologie). VI + 77 S., 4 Abb. – Jena.
NÄGELI, C. 1844 a: Bewegliche Spiralfaden (Saamenfaden ?) an Farren. – Z. Wiss. Bot. **1**(1): 168-188, 1 Taf.
NÄGELI, C. 1844b/46: Zellenkerne, Zellenbildung und Zellenwachsthum bei den Pflanzen. – Z. Wiss. Bot. **1**(1): 34-144; (3/4): 22-93.
NÄGELI, C. 1845: Wachsthumsgeschichte von *Delesseria Hypoglossum*. – Z. Wiss. Bot. **1**(2): 121-137.
NÄGELI, C. 1846: Ueber das Wachsthum und den Begriff des Blattes. – Z. Wiss. Bot. **1**(3/4): 153-187.
NÄGELI, C. 1855: Diosmose (Endosmose und Exosmose) der Pflanzenzelle. In: NÄGELI, C. & CRAMER, C., Pflanzenphysiologische Untersuchungen **1**. Heft, S. 21-35. – Zürich.
NÄGELI, C. 1858: Das Wachsthum des Stammes und der Wurzel bei den Gefäßpflanzen und die Anordnung der Gefäßstränge im Stengel. 156 S., 19 Taf. = Beitr. Wiss. Botanik (Leipzig) **1**. Heft.
NÄGELI, C. 1861: Beiträge zur Morphologie und Systematik der Ceramiaceae. – Sitzungsber. Königl. Bayer. Akad. Wiss. München **1861**, II: 297-415, 1 Taf.

NÄGELI, C. 1865: Ueber den Einfluß äußerer Verhältnisse auf die Varietätenbildung im Pflanzenreiche. – Sitzungsber. Königl. Bayer. Akad. Wiss. München **1865**, II: 228-284.
NÄGELI, C. 1866: Ueber die Entstehung und das Wachsthum der Wurzeln bei den Gefässkryptogamen. – Sitzungsber. Königl. Bayer. Akad. Wiss. München **1866**, II: 525-554.
NÄGELI, C. 1884: Mechanisch-physiologische Theorie der Abstammungslehre. XI + 822 S. – München & Leipzig.
NÄGELI, C. & LEITGEB, H. 1868: Entstehung und Wachsthum der Wurzeln. – In: NÄGELI, C. (Edit.), Beiträge zur Wissensch. Botanik **4**: 73-160.
NÄGELI, C. & PETER, A. 1885: Die Hieracien Mittel-Europas. Monographische Bearbeitung der Piloselloiden mit besonderer Berücksichtigung der mitteleuropäischen Sippen. XI + 931 S., 7 Abb. – München.
NÄGELI, C. & SCHWENDENER, S. 1865/67: Das Mikroskop. Theorie und Anwendung desselben. 654 S., 276 Abb. – Leipzig.
NÄGELI, C. & SCHWENDENER, S. 1877: Das Mikroskop. Theorie und Anwendung deselben. 2. Aufl. XII + 647 S., 302 Abb. – Leipzig.
NAKAE, T. 1976: Identification of the outer membrane protein of *E. coli* that produce transmembrane channels in reconstituted vesicle membranes. – Biochem. Biophys. Res. Commun. **71**: 877-884.
NANNFELDT, J.A. 1930: Några nya synpunkter på ascomyceternas system. – Svensk Bot. Tidskr. **24**: 146-148.
NANNFELDT, J.A. 1932: Studien über die Morphologie und Systematik der nicht-lichenisierten inoperculaten Discomyceten. – Nova Acta Regiae Soc. Sci. Upsal. ser. 4. **8**, no. 2: 1-369, 20 Taf.
NAPP-ZINN, K. 1955: Zur Terminologie der Sproßgewebe. – Beitr. Biol. Pfl. **32**: 377-385.
NAPP-ZINN, K. 1973/74: Anatomie des Blattes. II. Blattanatomie der Angiospermen. A. Entwicklungsgeschichte und topographische Anatomie des Angiospermenblattes. XVI + 1424 S., 280 Abb., 68 Tab. = Handb. Pflanzenanat. 2. Aufl. Spez. Teil. **VIII, 2 A**.
NATHO, G., MÜLLER, Ch. & SCHMIDT, H. (Edit.) 1990: Wörterbücher der Biologie. Morphologie und Systematik der Pflanzen. 2 Teile. 852 S., 560 Abb. - Jena & Stuttgart: Fischer.
NATHORST, A.G. 1908: Über die Anwendung von Kollodiumabdrücken bei der Untersuchung fossiler Pflanzen. – Ark. Bot. **7**, Nr. 4: 1-8, 1 Taf.
NATUS, P. 1675: A phytological observation concerning Oranges and Limons, both separately and in one piece produced on one and the same tree at Florence. – Phil. Transact. **9/10**: 313-314.
NAUMANN, E. 1917: Beiträge zur Kenntnis des Teichnannoplamktons. II. Über das Neuston des Süßwassers. – Biol. Zentralbl. **37**: 98-106.
NAUMANN, E. 1919: [Einige Gesichtspunkte auf die Ökologie des Limnoplanktons mit besonderer Rücksicht auf das Phytoplankton.] Schwed., deutsche Zusammenfass. – Svensk Bot. Tidskr. **13**: 129-163, 6 Abb.
NAUMOVA, T.N. 1993: Apomixis in Angiosperms. Nucellar and integumentary embryony. Translated by I. MERSHCHIKOVA. 114 S., ill. – Boca Ratan etc.: CRC Press.
NAWASCHIN, M. 1927 a: Variabilität des Zellkerns bei *Crepis*-Arten in Bezug auf die Artbildung. – Z. Zellf. Mikroskop. Anat. **4**: 171-215.
NAWASCHIN, M. 1927 b: Über die Veränderung der Zahl und Form der Chromosomen infolge der Hybridisation. – Z. Zellf. Mikroskop. Anat. **6**: 194-233, 15 Abb.
NAWASCHIN, S. 1894: Kurzer Bericht meiner fortgesetzten Studien über die Embryologie der Betulineen. – Ber. Deutsch. Bot. Ges. **12**: 163-169, 1 Abb.
NAWASCHIN, S. 1898: Resultate einer Revision der Befruchtungsvorgänge bei *Lilium Martagon* und *Fritillaria tenella*. – Bull. Acad. Imp. Sci. Saint-Pétersbourg sér. V. **9**: 377-382.
NAWASCHIN, S. 1900: Ueber die Befruchtungsvorgänge bei einigen Dicotyledonen (Vorläufige Mittheilung). – Ber. Deutsch. Bot. Ges. **18**: 224-230, 1 Taf.
NAWASCHIN, S. [NAVAŠIN] 1912: (Sur le dimorphisme nucléaire des cellules somatiques de *Galtonia candicans*, russ.). – Izvest. Imp. Akad. Nauk ser.VI. **6**: 373-385. = Bull. Acad. Imp. Sci.

NAWASCHIN, S. 1927: Zellkerndimorphismus bei *Galtonia candicans* Des. und einigen verwandten Monokotylen. – Ber. Deutsch. Bot. Ges. **45**: 415-428, 1 Taf.
NEBEL, B.R. 1939: Chromosome structure. – Bot. Rev. **5**: 563-626, 30 Abb.
NECKER, N.J. de 1790: Corollarium ad Philos. botanicam Linnaei spectans, ... 31 S., 54 Taf. – Neuwied & Straßburg.
NEEDHAM, J. 1942 (Repr. 1950): Biochemistry and morphogenesis. XVI + 785 S., ill.
NEES V. ESENBECK, CH.G. 1816: Das System der Pilze und Schwämme. 329 S. + Taf. – Würzburg.
NEES V. ESENBECK, CH.G. 1821: Handbuch der Botanik. **2**. Band. VI + 690 S. (= Handbuch der Naturgeschichte, Edit. G.H. SCHUBERT 4. Theil). – Nürnberg.
NEES V. ESENBECK, CH.G. 1833: Naturgeschichte der Europäischen Lebermoose mit besonderer Beziehung auf Schlesien ... **1**. Band. XX + 347 S. – Berlin.
NEES [v. ESENBECK], CH.G., HORNSCHUCH, CH.F. & STURM, J. 1823: Bryologia germanica oder Beschreibung der in Deutschland und in der Schweiz wachsenden Laubmoose. **1**. Theil. CLII + 260 S. – Nürnberg.
NEES [v. ESENBECK], TH.F.L. 1822: Correspondenz [ohne Titel]. „Die Zergliederung der männlichen Blüthen des *Sphagnum*... „ – Flora **5**: 33-36, 1 Taf.
NEES [v. ESENBECK], TH.F.L. & HENRY, A. 1837: Das System der Pilze. **1**. Abtheilung. 74 S., 12 Taf. – Bonn.
NEGER, F.W. 1913: Biologie der Pflanzen auf experimenteller Grundlage (Bionomie). XXIX + 775 S., 315 Abb. – Stuttgart.
NEI, M., MARUYAMA, T. & CHAKRABORTY, R. 1975: The bottleneck effect and genetic variability in populations.– Evolution **29**: 1-10.
NEILREICH, A. 1846: Flora von Wien. CXII + 706 S. – Wien.
NELSON, G.J. 1971: Paraphyly and polyphyly. Redefinitions. – Syst. Zool. **20**: 471-472.
NELSON, G.J. & PLATNICK, N. 1981: Systematics and biogeography. Cladistics and vicariance. XI + 567 S., ill. – New York: Columbia Univ. Press.
NEMEC, B. 1900: Ueber die Art der Wahrnehmung des Schwerkraftreizes bei den Pflanzen. – Ber. Deutsch. Bot. Ges. **18**: 241-245.
NEMEC, B. 1910: Das Problem der Befruchtungsvorgänge und andere zytologische Fragen. 532 S., 119 Abb., 5 Taf. – Berlin
NEMEC, B. 1931: Mixoploidy and the cellular theory. In: BROOKS, F.T. & CHIPP, T.F. (Edit.): Fifth Int. Bot. Congress Cambridge, Report of Proceedings, S. 233-234. – Cambridge.
NETOLITZKY, F. 1926: Anatomie der Angiospermen-Samen. 364 S., 26 Abb. = Handb. Pflanzenanat. II. Abt., 2. Teil, **10**.
NETOLITZKY, F. 1932: Die Pflanzenhaare. 253 S., 64 Abb. = Handb. Pflanzenanat. I. Abt., 2. Teil, **4**.
NETTANCOURT, D. de 1977: Incompatibility in angiosperms. XIII + 230 S., 45 Abb. Monographs on Theoretical and Applied Genetics **3**. – Berlin etc.: Springer.
NEUHOFF, W. 1924: Zytologie und systematische Stellung der Auriculariaceen und Tremellaceen. – Bot. Arch. **8**: 250-297, 8 Abb., 4 Taf.
NEUMAYER, H. 1924: Die Geschichte der Blüte. Versuch einer zusammenfassenden Beantwortung der Frage nach der Vergangenheit der generativen Region bei den Anthophyten. – Abh. Zool.-Bot. Ges. Wien **14**(1): 1-110, 2 Taf.
NICHOLSON, H.A. 1872: A manual of palaeontology for the use of students with a general introduction on the principles of palaeontology. XVI + 601 S., 401 Abb. – Edinburgh & London.
NICOLSON, D.H. 1975: Isonyms and pseudo-isonyms: identical combinations with the same type. - Taxon **24**: 461-466.
NICOLSON, D.H. 1991: A history of botanical nomenclature. – Ann. Missouri Bot. Gard. **78**: 33-56.
NIKLAS, K.J. 1994: Plant allometry. The scaling of form and process. – XVI + 395 S., ill. - Chicago etc.: Univ. Chicago Press.
NILSSON, N.H. 1885/86: Dikotyla jordstammar. – Acta Univ. Lund. **21**, Math. Naturwiss. Nr. X: 1-243, 1 Taf.

NILSSON, S. & PRAGLOWSKI, J. (Edit.) 1992: Erdtman's Handbook of palynology. 2. Aufl. 580 S., 150 Taf., 70 Abb. – Kopenhagen: Munksgaard.

NISSEN, C. 1966: Die botanische Buchillustration, ihre Geschichte und Bibliographie. 2. Aufl. 3 Bände in einem Band. X + 264 + 316 + 97 S. – Stuttgart: Hiersemann

NIXON, K.C. & CARPENTER, J.M. 1993: On outgroups. – Cladistics **9**: 413-426, 2 Abb.

NOACK, K. & SCHNEIDER, E. 1933: Ein chlorophyllartiger Bakterienfarbstoff. – Naturwissenschaften **21**: 835.

NOLL, F. 1903: Fruchtbildung ohne vorausgegangene Bestäubung (Parthenocarpie) bei der Gurke. – Sitzungsber. Niederrhein. Ges. Natur- u. Heilkunde Bonn **1902 A**: 149-162.

NORDENSKIÖLD, E. 1926: Die Geschichte der Biologie. Ein Überblick. Deutsch von G. SCHNEIDER. VII + 648 S. – Jena. [Engl.: The history of biology. New York 1928, Repr. 1946].

NORDHAGEN, R. 1937: Studien über die monotypische Gattung *Calluna* Salisb. I. Ein Beitrag zur Bicornes-Forschung. – Bergens Mus. Årb., Naturv. Rekke **4**: 1-70, 25 Abb.

NORMAN, J.M. 1857: Quelques observations de morphologie végétale faites au jardin botanique de Christiania. – Programme Univ. Christiania. 32 S. 2 Taf.

NOVIKOFF, A.B. 1961: Lysosomes and related particles. In: BRACHET, J. & MIRSKY, A.E. (Edit.), The cell. Biochemistry, physiology, morphology. Vol. **2**: 423-488, 27 Abb.

NUTTALL, Th. 1818: The genera of North American plants, and catalogue of the species. Vol. **2**. 254 S. + index. – Philadelphia [Reprint: New York: Haffner. 1971].

NYGREN, A. 1941: Apomixis in the angiosperms. – Bot. Rev. **7**: 507-542.

NYGREN, A. 1954: Apomixis in the angiosperms. II. – Bot. Rev. **20**: 577-649.

NYLANDER, W. 1858(-60): Synopsis methodica Lichenum omnium hucusque cognitorum, praemissa introductione lingua gallica tractata. Vol. **1**. 430 S., 8 Taf. – Paris.

NYLANDER, W. 1860: De Stictis et Stictinis adnotatio. – Flora **43**: 65-66.

NYMAN, C.F. 1878-82: Conspectus florae Europaeae, seu enumeratio methodica plantarum phanerogamarum Europae indigenarum ... VIII + 858 S. – Örebro.

OBERHUMMER, E. 1928/29: Herkunft und Bedeutung des Wortes Rasse. – Anz. Akad. Wiss. Wien Phil.-Hist. Kl. **65**: 205-215.

OCHSNER, F. 1928: Studien über die Epiphytenvegetation der Schweiz (insbesondere des schweizerischen Mittellandes). – Jahrb. St. Gallischen Naturwiss. Ges. **63**: 1-108, 15 Abb., 16 Tab.

ODIER, A. 1823: Mémoire sur la composition chimique des parties cornées des insectes. – Mém. Soc. Hist. Nat. Paris **1**: 29-42.

O'DOWD, D.J. 1982: Pearl bodies as ant food: an ecological role for some leaf emergences of tropical plants. – Biotropica **14**: 40-49, 2 Abb., 2 Tab.

OHKUMA, K., LYON, J.L., ADDICOTT, F.T. & SMITH, O.E. 1963: Abscisin II, an abscission-accelerating substance from young cotton fruit. – Science **142**: 1592-1593.

OHTA, T. 1992: The nearly neutral theory of molecular evolution. – Annual Rev. Ecol. Syst. **23**: 263-286, 4 Abb.

OLDEMAN, R.A.A. 1974: L'architecture de la forêt Guyanaise. 204 S., 113 Abb. – Paris: O.R.S.T.O.M. (Mémoires **73**).

OLIVER, F.W. & SCOTT, D.H. 1903: On *Lagenostoma Lomaxi*, the seed of *Lyginodendron*. – Proc. Roy. Soc. London **71**: 477-481.

OLIVER, F.W. & SCOTT, D.H. 1904: On the structure of the Paleozoic seed *Lagenostoma Lomaxi*, with a statement of the evidence upon which it is referred to *Lyginodendron*. – Philos. Trans. Roy. Soc. London, Ser. B. **197**: 193-247, 7 Taf.

OLTMANNS, F. 1904: Morphologie und Biologie der Algen. 1. Band. Spezieller Teil. VI + 733 S. – Jena.

OOSTERBROEK, P. 1987: More appropriate definitions of paraphyly and polyphyly, with a comment on the Farris 1974 model. – Syst. Zool. **36**: 103-108.

ORNDUFF, R. & DULBERGER, R. 1978: Floral enantiomorphy and the reproductive system of *Wachendorfia paniculata* (Haemodoraceae). – New Phytol. **80**: 427-434, 1 Abb., 3 Tab.

ORSHAN, G. 1963: Seasonal dimorphism of desert and mediterranean chamaephytes and its significance as a factor in their water economy. In: RUTTER, A.J. & WHITEHEAD, F.H. (Edit.): The water relations of plants. Brit. Ecol. Soc. Symposium **3**: 206-222, 7 Abb., 3 Tab. – London: Blackwell.
OSBORN, H.F. 1905: The ideas and terms of modern philosophical anatomy. – Science N.S. **21**: 959-961.
OTT, S. 1988: Photosymbiodemes and their development in *Peltigera venosa*. – Lichenologist **20**: 361-368.
OUDEMANS, C.A.J.A. 1861: Uber den Sitz der Epidermis bei den Luftwurzeln der Orchideen. – Verh. Kon. Akad. Wetensch. **9** (5): 1-32.
OUDET, P., GROSS-BELLARD, M. & CHAMBON, P. 1975: Electron microscopic and biochemical evidence that chromatin structure is a repeating unit. – Cell **4**: 281-300, 13 Abb.
OVERTON, E. 1893: On the reduction of the chromosomes in the nuclei of plants. – Ann. Bot. (London) **7**: 139-143.
OWEN, R. 1848: On the archetype and homologies of the vertebrate skeleton. VIII + 203 S., ill. – London.
PACINI, E., FRANCHI, G.G. & HESSE, M. 1985: The tapetum: its form, function, and possible phylogeny in Embryophyta. – Pl. Syst. Evol. **149**: 155-185, 3 Abb., 6 Tab.
PAINTER, T.S. 1933: A new method for the study of chromosome rearrangements and the plotting of chromosome maps. – Science **78**: 585-586, 1 Abb.
PAINTER, T.S. & MULLER, H.J. 1929: Parallel cytology and genetics of induced translocations and deletions in *Drosophila*. – J. Heredity **20**: 287-302.
PALADE, G.E. 1952: The fine structure of the mitochondria. – Anat. Record **114**: 427-451, 4 Taf.
PALISOT DE BEAUVOIS, A.M.F.J. 1812: Essai d'une nouvelle agrostographie. LXXIV + 184 S. – Paris.
PALM, B. 1915: Studien über Konstruktionstypen und Entwicklungswege des Embryosackes der Angiospermen. 259 S. Diss. rer. nat. Stockholm. – Stockholm.
PANKHURST, R.J. 1971: Botanical keys generated by computer. – Watsonia **8**: 357-368.
PANT, D.D. 1965: On the ontogeny of stomata and other homologous structures. – Plant Science Series **1**: 1-24. Allahabad.
PANT, D.D. & MEHRA, B. 1964 a: Ontogeny of stomata in some Ranunculaceae. – Flora **155**: 179-188, 15 Abb.
PANT, D.D. & MEHRA, B. 1964 b: Development of stomata in leaves of three species of *Cycas* and *Ginkgo biloba* L. – J. Linn. Soc. Bot. **58**: 491-496, 3 Abb.
PAOLILLO, D.J., KREITNER, G.L. & REIGHARD, J.A. 1968: Spermatogenesis in *Polytrichum juniperinum*. – Planta **78**: 226-261, 55 Abb.
PAPENFUSS, G.F. 1955: Classification of the Algae. In: A century of progress in the natural sciences. S. 115-224. – San Francisco: Calif. Acad. Sci.
PARDER, A.B., JACOB, M. & MONOD, J. 1959: The genetic control and cytoplasmic expression of „inducibility" in the synthesis of ß-galactosidase by *E. coli*. – J. Molec. Biol. **1**: 165-278, 5 Abb., 1 Tab,
PARKE, M., MANTON, I. & CLARKE, B. 1955: Studies on marine flagellates. II. Three new species of *Chrysochromulina*. – J. Marin. Biol. Ass. U.K. **34**: 579-609.
PASCHER, A. 1911: Über die Beziehungen der Cryptomonaden zu den Algen (Vorläufige Mitteilung). – Ber. Deutsch. Bot. Ges. **29**: 193-203.
PASCHER, A. 1914 a: Über Flagellaten und Algen. – Ber. Deutsch. Bot. Ges. **32**: 136-160.
PASCHER, A. 1914 b: Über Symbiosen von Spaltpilzen und Flagellaten mit Blaualgen. – Ber. Deutsch. Bot. Ges. **32**: 339-352, 1 Taf.
PASCHER, A. 1929: Studien über Symbiosen. I. Über einige Endosymbiosen von Blaualgen in Einzellern. – Jahrb. Wiss. Bot. **71**: 386-462, 32 Abb., 1 Taf.
PASTEUR, G. 1975: The proper spelling of taxonomy. – Syst. Zool. **25**: 192-193.
PASTEUR, G. 1982: A classificatory review of mimicry systems. – Annual Rev. Ecol. Syst. **13**: 169-199.

PATE, J.S. & GUNNING, B.E.S. 1972: Transfer cells. – Annual Rev. Pl. Physiol. **23**: 173-196.
PATOUILLIARD, N. 1887: Les Hyménomycetès d'Europe. Anatomie générale et classification des champignons supérieurs. Matériaux pour l'histoire des champignons. Vol. **1**. XI + 166 S. – Paris.
PATTERSON, C. 1988: Homology in classical and molecular biology. – Molec. Biol. Evol. **5**: 603-625.
PATTERSON, C. & ROSEN, D.E. 1977: Review of ichthyodectiform and other Mesozoic teleost fishes and the theory and practice of classifying fossils. – Bull. Amer. Mus. Nat. Hist. **158**: 81-172, 54 Abb.
PATTERSON, D.J. 1989: Stramenopiles: chromphytes from a protistan perspective. In: GREEN, J.C., LEADBEATER, B.S.C. & DIVER, W.L. (Edit.): The Chromophyte algae. Problems and perspectives. = Syst. Ass. Special Vol. **38**: 357-379, 23 Abb. – Oxford: Clarendon Press.
PAX, F. 1890: Allgemeine Morphologie der Pflanzen mit besonderer Berücksichtigung der Blüthenmorphologie. X + 404 S., 126 Abb. – Stuttgart.
PAYEN 1839: Rapport sur un mémoire de M. Payen relatif à la composition de la matière ligneuse. – Compt. Rend. Hebd. Séances Acad. Sci. **8**: 51-53. [ausführlicher in Ann. Sci. Nat. Bot. sér. 2. **11**: 21-29. 1839].
PAYER, J.-B. 1857: Traité d'organogénie comparée de la fleur. VIII + 749 S., 154 Taf. – Paris. [Reprint: Lehre: Cramer. 1966].
PAYNE, W.W. 1970: Helicocytic and allelocytic stomata: unrecognized patterns in the Dicotyledoneae. – Amer. J. Bot. **57**: 140-147, 31 Abb.
PAYNE, W.W. 1978: A glossary of plant hair terminology. – Brittonia **30**: 239-255.
PAYNE, W.W. 1979: Stomatal patterns in embryophytes: their evolution, ontogeny and interpretation. – Taxon **28**: 117-132, 4 Abb.
PEARCE, G., STRYDOM, D., JOHNSON, S. & RYAN, C.A. 1991: A polypeptide from tomato leaves induces wound-inducible proteinase inhibitor proteins. – Science **253**: 895-898, 6 Abb.
PEARSE, B.M.F. 1975: Coated vesicles from pig brain: purification and biochemical characterization. – J. Molec. Biol. **97**: 93-98, 1 Abb., 2 Tab., 3 Taf.
PEGLER, D.N. & YOUNG, T.W.K. 1971: Basidiospore morphology in the Agaricales. – Beih. Nova Hedwigia **35**: 1-210, 31 Abb., 53 T/af.
PELLETIER & CAVENTOU 1877: Sur la matière verte des feuilles. – J. Pharm. Sci. Ass. **3**(11): 486-491.
PENNELL, F.W. 1919: Concerning duplicate types. – Torreya **19**: 13-14.
PENZIG, O. 1921-22: Pflanzen-Teratologie systematisch geordnet. 2. Aufl. 3 Bände. XVI + 283 S.; 548 S.; 624 S. – Berlin.
PERRONCITO, A. 1909: Mitocondri, cromidii e apparato reticolare interno nelle cellule spermatiche. – Rendiconti Reale Ist. Lombardo Sci. Lett. ser. II. **42**: 602-605.
PERRONCITO, A. 1910: Contributo allo studio della biologia cellulare. Mitocondri, cromidiee e apparato reticolare interne nelle cellule spermatiche. – Mem. R. Accad. Lincei, Cl. Sci. Fis. Mat. ser. 5. **8**(6): 226-261, 6 Abb., 3 Taf.
PERRONCITO, A. 1911: Beiträge zur Biologie der Zelle (Mitochondrien, Chromidien, Golgisches Binnennetz in den Samenzellen). - Arch. Mikroskop. Anat., I. Abt. **77**: 311-321.
PERSOON, CH.H. 1794: Neuer Versuch einer systematischen Eintheilung der Schwämme. – Neues Mag. Bot. **1**: 63-80.
PERSOON, CH.H. 1796: Observationes mycologicae. 1. Teil. 116 S., 6 Taf. – Leipzig.
PERSOON, CH.H. 1798/1800: Icones et descriptiones fungorum minus cognitarum. 2 Fasc. VI + 60 S., 14 Taf. – Leipzig.
PERSOON, CH.H. 1801: Synopsis methodica fungorum. 2 Vol. 240 + 706 S. – Göttingen.
PERSOON, CH.H. 1805: Synopsis plantarum seu enchiridium botanicum, ... Pars I. XII + 546 S. – Paris & Tübingen.
PERUMALLA, C.J., PETERSON, C.A. & ENSTONE, D.E. 1990: A survey of angiosperm species to detect hypodermal Casparian bands. I. Roots with a uniseriate hypodermis and epidermis. – Bot. J. Linn. Soc. **103**: 93-112, 14 Abb.

PETERS, I. 1968: Opalphytolithe – ihre Brauchbarkeit und Verwendungsmöglichkeiten als pflanzliche Mikrofossilien. – Palaeontographica, Abt. B. **123**: 243-256, 2 Abb., 4 Taf. (Festband WEYLAND).
PETERS, R.A. 1949: The cell. – Advancem. Sci. **6**: 259-266, 4 Abb., 3 Tab.
PETERSEN, J.B. 1929: Beiträge zur Kenntnis der Flagellatengeisseln. – Bot. Tidsskr. **40**: 373-389, 11 Abb.
PETERSEN, R.H. 1974: The rust fungus life cycle. – Bot. Rev. **40**: 453-513.
PETERSON, R.L. & FARQUHAR, M.L. 1996: Root hairs: specialized tubular cells extending root surfaces. – Bot. Rev. **62**: 1-40, 1 Abb.
PEYRONEL, B. 1923: Fructification de l'endophyte à arbuscule et à vésicules des mycorhizes endotrophes. – Bull. Soc. Mycol. France **39**: 119-126.
PEYRONEL, B., FASSI, B., FONTANA, A. & TRAPPE, J.M. 1969: Terminology of mycorrhizae. – Mycologia **61**: 410-411.
PFEFFER, W. 1874: Die Oelkörper der Lebermoose. – Flora **57**: 2-6, 17-27, 33-43, 1 Taf.
PFEFFER, W. 1875: Über Zustandekommen eines hohen hydrostatischen Druckes durch endosmotische Wirkung. – Sitzungsber. Niederrhein. Ges. Natur- Heilk. Bonn 1875: 276-279 (In: Verh. Naturhist. Vereines Preuss. Rheinl. Westfalens **32**). – Vgl. Referat in Bot. Zeitung **34**: Sp. 75-78. 1876.
PFEFFER, W. 1877: Osmotische Untersuchungen. Studien zur Zellmechanik. VIII + 236 S., 5 Abb. – Leipzig.
PFEFFER, W. 1881 Pflanzenphysiologie. Ein Handbuch der Lehre vom Stoffwechsel und Kraftwechsel in der Pflanze. [1. Aufl.]. 2 Bände: VIII + 383 S., 39 Abb.; VIII + 474 S., 43 Abb. – Leipzig.
PFEFFER, W. 1884: Locomotorische Richtungsbewegung durch chemische Reize. – Untersuch. Bot. Inst. Tübingen **1**: 363-482.
PFEFFER, W. 1897: Pflanzenphysiologie. Ein Handbuch der Lehre vom Stoffwechsel und Kraftwechsel in der Pflanze. 2. Aufl. Band **1**: Stoffwechsel. X + 620 S., 70 Abb. – Leipzig.
PFEFFER, W. 1904: Pflanzenphysiologie. Ein Handbuch der Lehre vom Stoffwechsel und Kraftwechsel in der Pflanze. 2. Aufl. Band **2**: Kraftwechsel. XI + 986 S., 91 Abb. – Leipzig.
PFEIFFER, A. 1891: Die Arillargebilde der Pflanzensamen. - Bot. Jahrb. Syst. **13**: 492-540.
PFEIFFER, H. 1928: Die pflanzlichen Trennungsgewebe. VIII + 236 S., 36 Abb. = Handb. Pflanzenanat. I. Abt. 2. Teil, **5**.
PFITZER, E. 1869 a: Über Bau und Zelltheilung der Diatomeen. – Sitzungsber. Niederrhein. Ges. Natur- Heilk. 1869 in: Verh. Naturhist. Vereines Preuss. Rheinl. Westphalens **26**, SB: 86-89.
PFITZER, E. 1869 b: Ueber den Bau und die Zelltheilung der Diatomeen. – Bot. Zeitung **27**: Sp. 774-776.
PFITZER, E. 1870: Beiträge zur Kenntniss der Hautgewebe der Pflanzen. – Jahrb. Wiss. Bot. **7**: 532-587, 2 Taf.
PFITZER, E. 1871 a: Untersuchungen über Bau und Entwicklung der Bacillariaceen (Diatomaceen). – Bot. Abh. Morphol. Physiol. **1**, 2. Heft: 1-189, 6 Taf.
PFITZER, E. 1871 b: Beiträge zur Kenntnis der Hautgewebe der Pflanzen. III. Ueber die mehrschichtige Epidermis und das Hypoderma. – Jahrb. Wiss. Bot. **8**: 16-74, 1 Taf.
PFITZER, E. 1882: Grundzüge einer vergleichenden Morphologie der Orchideen. IV + 194 S., 35 Abb., 4 Taf. – Heidelberg.
PFITZNER, W. 1881: Über den feineren Bau der bei der Zelltheilung auftretenden fadenförmigen Differenzierungen des Zellkerns. Ein Beitrag zur Lehre vom Bau des Zellkerns. – Morph. Jahrb. **7**: 289-311, 2 Abb.
PHILIBERT, H. 1884: De l'importance du péristome pour les affinités naturelles des mousses. 2e article. – Rev. Bryol. **11**: 65-72.
PHILIP, V.J. & HACCIUS, B. 1976: Embryogenesis in *Bambusa arundinacea* Willd. and structure of the mature embryo. – Beitr. Biol. Pfl. **52**: 83-100, 10 Abb.
PHILIPSON, W.R. 1937: A revision of the British species of the genus *Agrostis* Linn. – J. Linn. Soc., Bot. **51**: 73-151.

PHILIPSON, W.R., WARD, J.M. & BUTTERFIELD, B.G. 1971: The vascular cambium. Its development and activity. 182 S., ill. – London: Chapman & Hall.
PHILIPTSCHENKO, J. 1927: Variabilität und Variation. 101 S., 4 Abb. – Berlin.
PICKETT-HEAPS, J.D. 1972: Variation in mitosis and cytokinesis in plant cells: Its significance in phylogeny and evolution of ultrastructural systems. – Cytobios **17**: 59-77.
PIETSCH, W. 1911: Entwicklungsgeschichte des vegetativen Thallus, insbesondere der Luftkammern der Riccien. – Flora **103**: 347-384, 21 Abb.
PIJL, L. van der 1941: Flagelliflory and cauliflory as adaptations to bats in *Mucuna* and other plants. – Ann. Bot. Gard. Buitenzorg **51**: 83-93.
PIJL, L. van der 1955: Some remarks on myrmecophytes. – Phytomorphology **5**: 190-200.
PIJL, L. van der 1957: On the arilloids of *Nephelium, Euphoria, Litchi* and *Aesculus*, and the seeds of Sapindaceae in general. – Acta Bot. Neerl. **6**: 618-641.
PIJL, L. van der 1969: Principles of dispersal in higher plants. VII + 154 S., 26 Abb. – Berlin etc.: Springer.
PILGER, R. 1903: Taxaceae. - Pflanzenreich IV. 5 = Heft **18**: 1-124, 24 Abb. – Berlin. [Reprint: Weinheim: Engelmann. 1959].
PIPER, C.V. 1906: North American species of *Festuca*. – Contr. U.S. Natl. Herb. **10**: 1-48.
PLANCHON, J.E. 1873: Ulmaceae. In: CANDOLLE, A. de (Edit.), Prodromus systematis naturalis regni vegetabilis **17**: 151-210.
PLANCHON, J.E. (& HOUTTE, L. van) 1850/51: La *Victoria regia* au point de vue horticole et botanique, avec des observations sur la structure et les affinités des Nymphéacees. – Fl. Serres Jard. Eur. **6**: 193-224, 249-254; **7**: 25-29, 49-53.
PLANTEFOL, L. 1946/47: Fondements d'une théorie phyllotaxique nouvelle. I. - IV. – Ann. Sci. Nat. Bot. sér. 11. **7**: 153-229, 24 Abb.; **8**: 1-71, 26 Abb. [Reprint: Paris, Masson. 1948].
PLANTEFOL, L. & PRÉVOST, A.-M. 1962: La notion d'étamine à travers ses diverses dénominations. – Rev. Philos. France (87e Année) **107**: 145-172.
PLATE, L. 1901: Die Anatomie und Phylogenie der Chitonen. Fortsetzung. In: Fauna Chilensis 2: 251-600. = Zool. Jahrb. Suppl. **5**. – Jena.
PLATE, L. 1905: Die Mutationstheorie im Lichte zoologischer Tatsachen. – Compte-Rendu Séances 6. Congrès Int. Zoologie Berne 1904: 203-212.
PLATE, L. 1910: Vererbungslehre und Deszendenztheorie. In: Festschrift zum sechzigsten Geburtstag RICHARD HERTWIGS. Vol. **2**: 535-610.
PLATE, L. 1912: Deszendenztheorie. In: Handw. Naturwiss. [1. Aufl.] **2**: 897-951, 69 Abb.
PLATE, L. 1913: Vererbungslehre mit besonderer Berücksichtigung des Menschen, für Studierende, Ärzte und Züchter. XII + 519 S., 179 Abb., 3 Taf. – Leipzig.
PLATE, L. 1914: Prinzipien der Systematik mit besonderer Berücksichtigung des Systems der Tiere. In: Die Kultur der Gegenwart 3. Teil, 4. Abt. **4**: 92-164, 16 Abb.
PLATNER, G. 1886: Ueber die Befruchtung bei *Arion empiricorum*. - Arch. Mikroskop. Anat. **27**: 32-72, 2 Taf.
PLATNICK, N.I. & NELSON, G. 1978: A method of analysis for historical biogeography. – Syst. Zool. **27**: 1-16, 10 Abb.
PLOWE, J.Q. 1931: Membranes in the plant cell. I. Morphological membranes at protoplasmatic surfaces. – Protoplasma **12**: 196-220.
PLUKENET, [L.] 1696: Almagestum botanicum sive phytographiae Pluc'netianae onomasticum methodo synthetica digestum, ... [IV] + 404 S. – London.
POELT, J. 1965: Über einige Artengruppen der Flechtengattungen *Caloplaca* und *Fulgensia*. – Mitt. Bot. Staatssamml. München **5**: 571-607.
POELT, J. & MAYRHOFER, H. 1988: Über Cyanotrophie bei Flechten. – Pl. Syst. Evol. **158**: 265-281, 8 Abb.
POHL, F. 1930: Untersuchungen zur Morphologie und Biologie des Pollens. II. Kittstoffreste auf der Pollenoberfläche windblütiger Pflanzen. – Beih. Bot. Centralbl. **46**, I: 286-305, 10 Abb.
PONA, G. 1617: Monte Baldo descritto da Giovanni Pona Veronese, in cui si figurano, & descriuono molte rare Piante de gli Antichi ... - (16) + 248 + (15) S. – Venedig.

PONTECORVO, G. 1954: Mitotic recombinations in the genetic system of filamentous fungi. – Proc. 9th Int. Congr. Genetics **1**: 192-200 (= Caryologia Suppl.).
PONTECORVO, G. 1956: The parasexual cycle in Fungi. – Annual Rev. Microbiol. **10**: 393-400.
PONTEDERA, J. 1720: Anthologia, sive de floris natura libri tres, 303 + 296 S., ind., 12 Taf. – Padua.
POREMBSKI, S. & BARTHLOTT, W. 1988: Velamen radicum micromorphology and classification of Orchidaceae. – Nord. J. Bot. **8**: 117-137.
PORSCH, O. 1924: Methodik der Blütenbiologie. In: Handb. Biol. Arbeitsmeth. **XI, 1**: 395-514, 13 Abb., 3 Taf.
PORTER, K.R., CLAUDE, A. & FULLAM, E.F 1945: A study of tissue culture cells by electron microscopy. Methods and preliminary observations. – J. Exp. Med. **81**: 233-246, 5 Taf.
PORTUGAL, F.H. & COHEN, J.S. 1977: A century of DNA. A history of the discovery of the structure and function of the genetic substance. XIII + 384 S., ill. – Cambridge, Mass. & London: MIT Press.
POSCHLOD, P., MATTHIES, D., JORDAN, S. & MENGEL, CH. 1996: The biological flora of Central Europe – an ecological bibliography. – Bull. Geobot. Inst. ETH **62**: 89-108, 1 Tab.
POST, L.v. 1918: Skogsträdpollen i sydsvenska torfmosselagerföljder. – Forh. Skand. Naturforsk. **16**: 433-465, ill.
POTONIÉ, H. 1883: Ueber die Zusammensetzung der Leitbündel bei den Gefässkryptogamen. – Jahrb. Königl. Bot. Gart. Berlin **2**: 233-278.
POTONIÉ, H. 1893: Der Begriff der Blüthe. – Naturwiss. Wochenschr. **8**: 517-520, 1 Abb.
POTONIÉ, H. 1894 a: Elemente der Botanik. 3. Aufl. VII + 343 S., 507 Abb. – Berlin.
POTONIÉ, H. 1894 b: Pseudo-Viviparie an *Juncus bufonius* L. – Biol. Centralbl. **14**: 11-21.
POTONIÉ, H. 1897: Die Herkunft des Blattes. Vorläufige Notiz. – Deutsche Bot. Monatsschr. **15**: 9-11.
POTONIÉ, H. 1897-99: Lehrbuch der Pflanzenpalaeontologie mit besonderer Rücksicht auf die Bedürfnisse des Geologen. VII + 402 S., 3 Taf., 355 Abb. – Berlin.
POTONIÉ, H. 1898: Die Metamorphose der Pflanzen im Lichte palaeontologischer Thatsachen. 29 S., 14 Abb. – Berlin.
POTONIÉ, H. 1900: Über die fossilen Filicales im Allgemeinen und die Reste derselben zweifelhafter Verwandtschaft. In: ENGLER, A. & PRANTL, K. (Edit.), Die natürlichen Pflanzenfamilien [1. Aufl.]. **I, 4**: 473-515.
POTONIÉ, H. 1902: Die Pericaulom-Theorie. – Ber. Deutsch. Bot. Ges. **20**: 502-520.
POTONIÉ, H. 1912: Grundlinien der Pflanzen-Morphologie im Lichte der Palaeontologie. 259 S., 175 Abb. – Jena.
POTONIÉ, R. 1934 a: Zur Morphologie der fossilen Pollen und Sporen. – Arbeiten Inst. Paläobot. **4**: 5-24.
POTONIÉ, R. 1934 b: Zur Mikrobotanik des eocänen Humodils des Geiseltals. – Arbeiten Inst. Paäobot. **4**: 25-125.
POUCHET, G. 1884: D'un oeil véritable chez les protozoaires. – Compt.-Rend. Hebd. Séances Mém. Soc. Biol. **36** (sér. 8. 1): 593-596.
POULTON, E.B. 1904: What is a species ? – Trans. Entom. Soc. London **1903**, Part. V. Proc.: LXXVII-CXVI.
POUYANNE, 1917: La fécondation des *Ophrys* par les insectes. – Bull. Soc. Hist. Nat. Afr. Nord **8**: 6-7.
PRAGLOWSKI, J. & PUNT, W. 1973: An elucidation of the microreticulate structure of the exine. – Grana **13**: 45-50.
PRAKASH, S., LEWONTIN, R.C. & HUBBY, J.L. 1969: A molecular approach to the study of genic heterozygosity in natural populations. IV. Patterns of gene variation in central, marginal and isolated populations of *Drosophila pseudoobscura*. – Genetics **61**: 841-858, 3 Abb., 2 Tab.
PRANTL, K. 1872: Die Ergebnisse der neueren Untersuchungen über die Spaltöffnungen. – Flora **55**: 305-312, 321-328, 337-346, 369-382.

PRANTL, K. 1887: Beiträge zur Morphologie und Systematik der Ranunculaceen. – Bot. Jahrb. Syst. **9**: 225-273.
PREISIG, H.R., ANDERSON, O.R., CORLISS, J.O., MOESTRUP, O., POWELL, M.J., ROBERSON, R.W. & WETHERBEE, R. 1994: Terminology and nomenclature of protist cell surface structures. – Protoplasma **181**: 1-28, 81 Abb. [Abdruck in WETHERBEE, R. et al.: The Prostistan cell surface. – Wien & New York: Springer].
PRENTICE, H.C. 1976: A study in endemism: *Silene diclinis*. – Biol. Conserv. **10**: 15-30, 5 Abb., 2 Tab.
PRESCOTT, G.W. 1951: History of phycology. In: SMITH, G.E. (Edit.): Manual of Phycology. S. 1-11.
PREST, J. 1981: The Garden of Eden. The Botanic Garden and the re-creation of paradise. 122 S., 71 Abb. – New Haven & London: Yale Univ. Press.
PRÉVOST, F. 1968: Architecture de quelques Apocynacées ligneuses. – Mém. Soc. Bot. France **1966**: Colloque sur la physiologie de l'arbre, S. 23-36, ill.
PRIESTLEY, J.H. 1928: The meristematic tissues of the plant. – Biol. Rev. **3**: 1-20.
PRINGSHEIM, E.G. 1932: Julius Sachs, der Begründer der neueren Pflanzenphysiologie. 1832-1897. XII + 302 S., 13 Taf. – Jena.
PRINGSHEIM, N. 1854: Untersuchungen über den Bau und die Bildung der Pflanzenzelle. Erste Abtheilung. Grundlinien einer Theorie der Pflanzenzelle. VII + 90 S., 4 Taf. [Gesammelte Abh. **3**: 33-134].
PRINGSHEIM, N. 1855: Über die Befruchtung der Algen. – Ber. Bekanntm. Verh. Königl. Preuss. Akad. Wiss. Berlin **1855**: 133-165. [Gesammelte Abh. **1**: 1-34].
PRINGSHEIM, N. 1856: Über die Befruchtung und den Generationswechsel der Algen. – Monatsber. Königl. Preuss. Akad. Wiss. Berlin **1856**: 225-237, 1 Taf. [Gesammelte Abh. **1**: 35-48].
PRINGSHEIM, N. 1858: Beiträge zur Morphologie und Systematik der Algen. – Jahrb. Wiss. Bot. **1**: 1-81, 6 Taf. [Gesammelte Abh. **1**: 193-278].
PRINGSHEIM, N. 1863: Zur Morphologie der *Salvinia natans*. – Jahrb. Wiss. Bot. **3**: 484-541, 6 Taf. [Gesammelte Abh. **2**: 299-360].
PRINGSHEIM, N. 1882: Ueber Chlorophyllfunction und Lichtwirkung in der Pflanze. – Jahrb. Wiss. Bot. **13**: 377-490. [Gesammelte Abh. **4**: 299-412].
PRINGSHEIM, N. 1895-96: Gesammelte Abhandlungen. Band 1-4. – Jena.
PRITZEL, G.A. 1872: Thesaurus literaturae botanicae omnium gentium ... 2. Aufl. 576 S. – Leipzig. [Repr.: Milano 1950].
PROCTOR, M. & YEO, P. 1973: The pollination of flowers. 418 S., 134 Abb., 56 Taf. – London: Collins.
PRYER, K.M. 1999: Phylogeny of marsileaceous ferns and relationships of the fossil *Hydropteris pinnata* reconsidered. – Int. J. Plant Sci. **160**: 931-954, 12 Abb.
PULLE, A.A. 1938: Compendium van de terminologie, nomenclatuur en systematiek der zaadplanten. 338 S., ill. – Utrecht.
PUNT, W., BLACKMORE, S., NILSSON, S. & LE THOMAS, A. 1994: Glossary of pollen and spore terminology. (= LPP Contrib. Series **1**). 71 S., ill. – Utrecht: LPP Foundation.
PURI, V. 1952: Placentation in angiosperms. – Bot. Rev. **18**: 603-651, 14 Abb.
PURKINJE, J.E. 1830: De cellulis antherarum fibrosis nec non de granorum pollinarium formis commentatio phytotomica. VIII + 58 S. – Breslau.
PURKINJE, J.E. 1840: Über die Analogien in den Struktur-Elementen des thierischen und pflanzlichen Organismus. [Vortragsreferat]. – Uebers. Arbeiten Veränd. Schles. Ges. Vaterl. Cult. **1839**: 81-82.
QUETELET, A. 1846: Lettres sur la théorie des probabilités appliquée aux sciences morales et politiques. IV + 450 S. – Brüssel.
RACIBORSKI, M. 1900: Ueber die Vorläuferspitze (Beiträge zur Biologie des Blattes). – Flora **87**: 1-25, 8 Abb.
RADLKOFER, L. 1856: Die Befruchtung der Phanerogamen. Ein Beitrag zur Entscheidung des darüber bestehenden Streites. VII + 36 S., 3 Taf. – Leipzig.

RALFS, J. 1850: On the Nostochineae. – Ann. Mag. Nat. Hist. ser. II. **5**: 321-343.
RAMME, W. 1930: Revisionen und Neubeschreibungen in der Gattung *Pholidoptera* Wesm. (Orth., Tettigon.). – Mitt. Zool. Mus. Berlin **16**: 798-821, 9 Abb., 1 Taf.
RAMSAY, H.P. 1979: Anisospory and sexual dimorphism in the Musci. In: CLARKE, G.C.S & DUKKETT, J.G. (Edit.): Bryophyte systematics. – Syst. Assoc. Spec. Vol. **14**: 281-316, 64 Abb., 3 Tab. London etc.: Academic Press.
RAMSBOTTOM, J. 1939: The expanding knowledge of mycology since Linnaeus. – Proc. Linn. Soc. London **151**: 280-367, 2 Taf.
RANDOLPH, L.F. 1928 a: Types of supernumerary chromosomes in maize. – Anat. Record **41**: 102.
RANDOLPH, L.F. 1928 b: Chromosome numbers in *Zea Mays* L. – Cornell Univ. Agric. Exp. Sta. Mem. **117**: 1-44.
RAO, T.A. & DAS, S. 1979: Leaf sclereids – occurrence and distribution in the angiosperms. – Bot. Notis. **132**: 319-324.
RAO, V.S. 1971: The disc and its vasculature in the flowers of some dicotyledons. – Bot. Notis. **124**: 442-450, ill.
RASMUSSEN, F.N. 1982: The gynostemium of the neottioid orchids. 96 S., 77 Abb. = Opera Bot. **65**.
RASMUSSEN, H. 1981: Terminology and classification of stomata and stomatal development - a critical survey. – Bot. J. Linn. Soc. **83**: 199-212, 3 Abb.
RAUH, W. 1937: Über die Bildung von Hypokotyl- und Wurzelsprossen und ihre Bedeutung für die Wuchsform der Pflanzen. – Nova Acta Leop. N.F. **4**: 393-553, 86 Abb.
RAUH, W. 1940: Die Wuchsformen der Polsterpflanzen. – Bot. Arch. **40**: 289-462, 38 Abb., 10 Taf.
RAUH, W. 1950: Morphologie der Nutzpflanzen. 2. Aufl. 290 S., 236 Abb. – Heidelberg: Quelle & Meyer.
RAUH, W. 1957: Über cephaloide Blütenregionen bei Kakteen, mit besonderer Berücksichtigung der Blütenkurztriebe von *Neoraimondia* Br. et R. – Beitr. Biol. Pflanzen **34**: 129-146, 1 Abb., 8 Taf..
RAULIN, J. 1869: Études chimiques sur la végétation. – Ann. Sci. Nat. Bot. sér. 5. **11**: 93-299.
RAUNKIAER, C. 1905: Types biologiques pour la géographie botanique. – Overs. Kongl. Danske Vidensk. Selsk. Forh. **1905**: 347-437.
RAUNKIAER, C. 1909/10: Formationsundersögelse og formationsstatistik. – Bot. Tidsskr. **30**: 20-132, 20 Abb., 41 Tab.
RAUNKIAER, C. 1916: On bladstörrelsens anvendelse i de biologiske plantegeografi. – Bot. Tidskr. **34**: 225-239, 1 Taf.
RAUNKIAER, C. 1918: Über den Begriff der Elementarart im Lichte der modernen Erblichkeitsforschung. – Z. Indukt. Abstammungs- Vererbungsl. **19**: 225-240.
RAUNKIAER, C. 1934: The life forms of plants and statistical plant geography being the collected papers of C. RAUNKIAER. XVI + 632 S., ill. – Oxford.
RAUSCHERT, S. (+) 1993: Kleines Lexikon nomenklatorischer, genetischer und taxonomischer Fachbegriffe aus der Orchideenliteratur. 56 S. – Halle/Saale: R. Rauschert.
RAVEN, P.H. 1986: Modern aspects of the biological species in plants. In: IWATSUKI, K., RAVEN, P.H. & BOCK, W.J. (Edit.): Modern aspects of species. S.11-29. – Tokyo: Univ. of Tokyo Press.
RAY, J. 1682: Methodus plantarum nova, brevitatis & perspicutatis causa synoptice in tabulis exhibita; [XXII] + 166 + [XXXIV] S. – London [Reprint: Hist. Nat. Class. **26**. Weinheim: Cramer. 1962].
RAY, J. 1686: Historia plantarum. Vol. **1**. 983 S. – London
RAY, J. 1703: Methodus plantarum emendata et aucta ... 202 S., ind. – London.
REGELMANN, J.-P. 1980: Die Geschichte des Lyssenkoismus. 353 + 83 S. – Frankfurt a.M.: R.G.Fischer.
REICHENBACH, H.G. 1852: De pollinis Orchidearum genesi ac structura et de Orchideis in artem ac systema redigendis. Diss. phil. (?) Univ. Leipzig. 38 S., 2 Taf. – Leipzig.

REIF, W.-E. 1983: Evolutionary theory in German paleontology. In: GRENE, M. (Edit.): Dimensions of Darwinism, S. 173-203. – Cambridge: Univ. Press & Paris: Maison des Sciences de l'Homme.
REINKE, J. 1871: Untersuchungen über Wachsthumsgeschichte und Morphologie der Phanerogamen-Wurzel. – Bot. Abh. Morphol. Physiol. **1**, 3. Heft: 1-50, 2 Taf.
REINKE, J. 1872: Ueber die anatomischen Verhältnisse einiger Arten von *Gunnera* L. – Nachr. Königl. Ges. Wiss. Georg-Augusts-Univ. **1872**: 100-108.
REINKE, J. 1895: Abhandlungen über Flechten IV. Skizzen zu einer vergleichenden Morphologie des Flechtenthallus (Schluß). – Jahrb. Wiss. Bot. **28**: 359-486, 113 Abb.
REINSCH, J. 1927: Über die Entstehung der Ästivationsformen von Kelch und Blumenkrone dikotyler Pflanzen und über die Beziehung der Deckungsweise zur Gesamtsymmetrie der Blüte. – Flora **121**: 77-124, 3 Taf.
REITER, H. 1885: Die Consolidation der Physiognomik als Versuch einer Oekologie der Gewächse. XII + 258 S. – Graz.
REMANE, A. 1952: Die Grundlagen des natürlichen Systems, der vergleichenden Anatomie und der Phylogenetik. 400 S., 82 Abb. – Leipzig: Geest & Portig.
REMANE, A. 1956: Die Grundlagen des natürlichen Systems, der vergleichenden Anatomie und der Phylogenetik. 2. Aufl. 364 S., 82 Abb. – Leipzig: Geest & Portig.
RENAULT, B. 1879: Structure comparée de quelques tiges de la flore carbonifère. – Mém. Arch. Mus. Hist. Nat., sér. II. **2**: 213-348, 8 Taf.
RENNER, B. & GALLOWAY, D.J. 1982: Phycosymbiodemes in *Pseudocyphellaria* in New Zealand. – Mycotaxon **16**: 197-231.
RENNER, O. 1916: Zur Terminologie des pflanzlichen Generationswechsels. – Biol. Centralbl. **36**: 337-374.
RENNER, O. 1917: Versuche über die gametische Konstitution der Önotheren. – Z. Indukt. Abstammungs- Vererbungsl. **18**: 121-294, 48 Abb., div. Tabellen.
RENNER, O. 1929: Artbastarde bei Pflanzen. In: Handb. Vererb. **II A** (Lief. 7): 1-161, 83 Abb. – Berlin.
RENSCH, B. 1929: Das Prinzip geographischer Rassenkreise und das Problem der Artbildung. 206 S., 27 Abb. – Berlin.
RENSCH, B. 1947: Neuere Probleme der Abstammungslehre. Die transspezifische Evolution. VII + 407 S., 102 Abb. – Stuttgart.
RENZAGLIA, K.S., BROWN, R.C., LEMMON, B.E., DUCKETT, J.G. & LIGRONE, R. 1994: Occurrence and phylogenetic significance of monoplastidic meiosis in liverworts. – Canad. J. Bot. **72**: 65-72, ill.
REVEAL, J.L. 1993: A list of validly published, automatically typified, ordinal names of vascular plants. – Taxon **42**: 825-844.
REYNOLDS, D.R. 1989: The bitunicate ascus paradigm. – Bot. Rev. **55**: 1-52.
RICHARD, L.-C. 1798: Dictionnaire élémentaire de botanique par BULLIARD, revu & .... par L.-C. RICHARD. XLII + 228 S., 18 Taf.– Paris [Nachdruck: Amsterdam 1800].
RICHARD, L.-C. 1808: Démonstrations botaniques, ou analyse du fruit considéré en général. XII + 111 S. – Paris. [Deutsche Ausgabe von VOIGT, F.S.: Analyse der Frucht und des Saamenkorns. XVI + 216 S., 1 Taf. - Leipzig 1811].
RICHARD, L.-C. 1818: De Orchideis europaeis adnotationes. – Mém. Mus. Hist. Nat. **4**: 23-61 [Vorabdruck: Paris 1817, n.v.].
RICHARDS, J.H. & CALDWELL, M.M. 1987: Hydraulic lift: Substantial nocturnal water transport between soil layers by *Artemisia tridentata* roots. – Oecologia **73**: 486-489, 2 Abb.
RICKETT, H.W. 1944: The classification of inflorescences. – Bot. Rev. **10**: 187-231.
RICKETT, H.W. 1954: Materials for a dictionary of botanical terms. I., II. – Bull. Torrey Bot. Club **81**: 1-15, 188-198.
RICKETT, H.W. 1955: Materials for a dictionary of botanical terms. III. Inflorescences. Bull. Torrey Bot. Club **82**: 419-445, 8 Abb.
RICKSON, F.R. 1976: Anatomical development of the leaf trichilium and Müllerian bodies of *Cecropia peltata* L. – Amer. J. Bot. **63**: 1266-1271, 11 Abb.

RIDING, R. (Edit.) 1991: Calcareous algae and stromatolites. XI + 571 S., ill. – Berlin etc.: Springer.
RIEDER, C.L. 1982: The formation, structure, and composition of the Mammalian kinetochore and kinetochore fiber. – Int. Rev. Cytol. **79**: 1-58.
RIEGER, R. & MICHAELIS, A. 1958: Genetisches und cytogenetisches Wörterbuch. 2. Aufl. 648 S., 149 Abb. – Berlin etc.: Springer.
RIEGER, R., MICHAELIS, A. & GREEN, M.M. 1991: Glossary of genetics, classical and molecular. 5. Aufl. 553 S. – Berlin etc.: Springer.
RIKLI, M. 1903: Die Anthropochoren und der Formenkreis des *Nasturtium palustre* DC. – Ber. Zürcherischen Bot. Ges. **8**: 71-82, 1 Abb. (in Ber. Schweiz. Bot. Ges. **13**).
RIKLI, M. 1913: Geographie der Pflanzen a) Florenreiche. – Handw. Naturwiss. [1. Aufl.] **4**: 776-857.
RILEY, H.P. 1952: „Gene" and „genetics". – Amer. Naturalist **86**: 249-250.
RIS, H. 1961: Ultrastructure and molecular organization of genetic systems. – Canad. J. Genet. Cytol. **3**: 95-120.
RITOSSA, F. 1962: A new puffing pattern induced by temperature shock and DNP in *Drosophila*. – Experientia **18**: 571-573, 3 Abb.
RITTERBUSCH, A. 1976: Die Organopoiëse der Blüten von *Calceolaria tripartita* R. et P. (Scrophulariaceae). – Bot. Jahrb. Syst. **95**: 267-320, 10 Abb., 1 Tab.
RIVAS, L.R. 1964: A reinterpretation of the concepts „sympatric" and „allopatric" with proposal of the additional terms „syntopic" and „allotopic". – Syst. Zool. **13**: 42-43.
ROBARDS, A.W. 1968: A new interpretation of plasmodesmatal ultrastructure. – Planta **82**: 200-210, 8 Abb.
ROBARDS, A.W. & LUCAS, W.J. 1990: Plasmodesmata. – Annual Rev. Pl. Physiol. Pl. Molec. Biol. **41**: 369-419.
ROBBINS, W.J. 1922: Cultivation of excised root tips and stem tips under sterile conditions. – Bot. Gaz. **73**: 376-390, 4 Abb., 5 Tab.
ROBBRECHT, E. 1988: Tropical woody Rubiaceae. Characteristic features and progressions. Contributions to a new subfamilial classification. = Opera Bot. Belg. **1**. 271 S., 61 Abb.
ROBERTS, H.F. 1929: Plant hybridization before Mendel. XIV + 374 S., 48 Taf. – Princeton, N.J. [Reprint: New York & London, Hafner. 1965].
ROBERTS, R.B. (Edit.) 1958: Microsomal particles and protein synthesis. – First Sympos. Biophys. Society. X + 168 S. – London: Pergamon Press.
ROBERTSON, CH. 1925: Heterotropic bees. – Ecology **6**: 412-452.
ROBERTSON, J.D. 1959: The ultrastructure of cell membranes and their derivatives. In: CROOK, E.M. (Edit.), The structure and function of subcellular components. Biochem. Soc. Symp. **16**: 3-43. – Cambridge: Univ. Press.
ROBERTSON, W.R.B. 1916: Chromosome studies. I. Taxonomic relationships shown in the chromosomes of Tettigidae and Acrididae: ... – J. Morph. **27**: 179-280, 4 Abb., 26 Taf.
ROBINSON, D.G. 1991: What is a plant cell ? – Plant Cell **3**: 1145-1146.
ROBYNS, W. 1971: Over viviparie en biotecnose bij planten. – Meded. Kon. Vlaamse Acad. Wetensch. Lett. Schone Kusten Belg. **33**: 3-14.
ROE, K.E. & FREDERICK, R.G. 1981: Dictionary of theoretical concepts in biology. XLI + 267 S. – Metuchen, N.J. & London: Scarecrow.
RÖMER, J. J. 1815: Versuch eines botanisch-terminologischen Handwörterbuchs. VI + 826 S. – Zürich [meist zitiert im unveränderten Druck von 1816].
ROEPER, J. 1824: Enumeratio Euphorbiarum quae in Germania et Pannonia gignuntur. VIII + 68 S., 3 Taf. – Göttingen.
ROEPER, J. 1826: Observationes aliquot in florum inflorescentiarumque naturam. – Linnaea **1**: 433-466.
ROMANES, G.J. 1893 (2. Aufl. 1899): An examination of Weismannism. IX, 221 S. (beide Aufl.!) – Chicago.
RONSE DECRAENE, L.P. & SMETS, E.F. 1994: Merosity in flowers: definition, origin, and taxonomic significance. – Pl. Syst. Evol. **191**: 83-104, 7 Abb., 1 Tab.

ROON, A.C. de 1967: Foliar sclereids in the Marcgraviaceae. – Acta Bot. Neerland. **15**: 585-623, 16 Taf.
ROOSEBOOM, M. 1967: The history of the microscope. – Proc. Roy. Microscop. Soc. **2**: 266-293.
ROSE, [V.] 1804: Ueber eine eigenthümliche vegetabilische Substanz. – Neues Allg. J. Chemie **3**: 217-219. [Engl.: J. Nat. Philos. **12**: 97-99. 1805].
ROSEN, D.E. 1976: A vicariance model of Caribbean biogeography. – Syst. Zool. **24**: 431-464, 21 Abb.
ROSEN, F. 1892: Beiträge zur Kenntniss der Pflanzenzellen. I. Ueber tinctorielle Unterscheidung verschiedener Kernbestandteile und der Sexualkerne. – Beitr. Biol. Pfl. **5**: 443-459, 1 Taf.
ROSEN, F. 1901: Studien über das natürliche System der Pflanzen. I. – Beitr. Biol. Pflanzen **8**: 129-212.
ROSENBERG, O. 1903: Das Verhalten der Chromosomen in einer hybriden Pflanze. – Ber. Deutsch. Bot. Ges. **21**: 110-119, 1 Taf.
ROSENBERG, O. 1926/27: Die semiheterotypische Teilung und ihre Bedeutung für die Entstehung verdoppelter Chromosomenzahlen. – Hereditas **8**: 305-338.
ROSS, H.H. 1974: Biological systematics. 354 S. – Reading, Mass. etc.: Addison-Wesley.
ROSTAFINSKI, J.Th.v. 1873: Versuch eines Systems der Mycetozoen. Diss. Phil. Univ. Straßburg. IV + 215 S. – Straßburg.
ROSTRUP, E. & JØRGENSEN, C.A. 1973: Den danske flora. 20. Aufl. von A. HANSEN. 664 S., 141 Abb. – Kopenhagen: Gyldendal.
ROTH, E., JEON, K. & STACEY, G. 1988: Homology in endosymbiotic systems: the term "symbiosome". In: PALACIOS, R. &VERMA, D.P.S. (Edit.): Molecular genetics of plant-microbe interactions. S. 220-225. – St. Paul, Minn.: APS Press.
ROTH, D. 1969: Embryo und Embryotheca bei den Laubmoosen. Eine histogenetische und morphologische Untersuchung. – Biblioth. Bot. **129**: 1-49, 20 Abb., 1 Tab., 9 Taf.
ROTH, I. 1955: Zur morphologischen Deutung des Grasembryos und verwandter Embryotypen. – Flora **142**: 564-600, 14 Abb.
ROTH, I. 1977: Fruits of Angiosperms. XVI + 675 S., 232 Abb. = Handb. Pflanzenanat. 2. Aufl., Spezieller Teil **X.1**.
ROTH, L., DAUNDERER, M. & KORMANN, K. 1994: Giftpflanzen – Pflanzengifte. 4. Aufl. VI + 1090 S., ill. – Landsberg: ecomed (bzw. Hamburg: Nikol).
ROTHMALER, W. 1948: Über das natürliche System der Organismen. – Biol. Zentralbl. **67**: 242-250.
ROTHMALER, W. 1950: Allgemeine Taxonomie und Chorologie der Pflanzen. Grundzüge der speziellen Botanik. VII + 204 S., 42 Abb. – Jena: Gronau.
ROTHMALER, W. 1955: Allgemeine Taxonomie und Chorologie der Pflanzen. Grundzüge der speziellen Botanik. 2. Aufl. VII + 215 S., 49 Abb. – Jena: Gronau.
ROTHMALER, W. 1956: Taxonomische Monographie der Gattung Antirrhinum. – Feddes Repert. Spec. Nov. Regni Veg. Beih. **136**: 1-124, 16 Abb., 10 Taf.
ROWLEY, J.R. 1963: Ubisch body development in *Poa annua*. – Grana Palynol. **4**: 25-36.
ROZE, E. 1895: Recherches sur l'origine des noms des organes floraux. – Bull. Soc. Bot. France **42**: 213-225.
RUDOLPHI, K.A. 1807: Anatomie der Pflanzen. XVI + 285 S., 6 Taf. – Berlin.
RUHLAND, W. 1901: Zur Kenntniss der intracellularen Karyogamie bei den Basidiomyceten. – Bot. Zeitung **59**, I: 187-206, 1 Taf.
RUHLAND, W. 1915: Untersuchungen über die Hautdrüsen der Plumbaginaceen. Ein Beitrag zur Biologie der Halophyten. – Jahrb. Wiss. Bot. **55**: 409-498, 20 Abb.
RUMPHIUS, G.E. 1741: Herbarium amboinense, ... Edit. J. BURMANN. Vol. **1**. [XXXVI] + 200 S., 82 Taf. – Amsterdam, Den Haag & Utrecht.
RUPKE, N.A. 1993: Richard Owen's vertebrate archetype. – Isis **84**: 231-251, 3 Abb.
RUSSELL, E.S. 1916: Form and function. A contribution to the history of animal morphology. 383 S. – London.

Russow, E. 1872: Vergleichende Untersuchungen betreffend die Histiologie (Histiographie und Histiogenese) der vegetativen und sporenbildenden Organe und die Entwicklung der Sporen der Leitbündel-Kryptogamen, mit Berücksichtigung der Histiologie der Phanerogamen, ausgehend von der Betrachtung der Marsiliaceen. – Mém. Acad. Imp. Sci. St. Pétersb. sér. VII. **19**: 1-207, 11 Taf.

Russow, E. 1875: Betrachtungen über das Leitbündel- und Grundgewebe aus vergleichend morphologischerm und phylogenetischem Gesichtspunkt. [IV] + 78 S. – Dorpat [Festgabe für A. v. Bunge].

Rutishauser, A. 1969: Embryologie und Fortpflanzungsbiologie der Angiospermen. Eine Einführung. VII + 163 S., 74 Abb., 21 Tab. – Wien & New York: Springer.

Rutishauser, R. 1981: Blattstellung und Sprossentwicklung bei Blütenpflanzen unter besonderer Berücksichtigung der Nelkengewächse (Caryophyllaceae s.l.). – Diss. Bot. **62**. 127 S., 18 Taf.

Saccardo, P.A. 1906: Chi ha creato il nome „Fanerogame" ? – Boll. Soc. Bot. Ital. **1906**: 25-27.

Saccardo, P.A. & Sydow, P. 1899: Sylloge Fungorum omnium hucusque cognitorum. Vol. **14**. Supplementum universale Pars IV. 1316 S. – Padua.

Sachs, J. 1858: Über die gesetzmäßige Stellung der Nebenwurzeln der ersten und zweiten Ordnung bei verschiedenen Dicotyledonen-Gattungen. – Sitzungsber. Kaiserl. Akad. Wiss. Wien, Math.-Naturwiss. Cl. **26**: 331-344, 2 Taf.

Sachs, J. 1863: Ueber die Stoffe, welche das Material zum Wachsthum der Zellhäute liefern. – Jahrb. Wiss. Bot. **3**: 183-258.

Sachs, J. 1865: Handbuch der Experimental-Physiologie der Pflanzen. = Hofmeister, W. (Edit.): Handbuch der physiologischen Botanik **4**. IX + 514 S., 50 Abb. – Leipzig.

Sachs, J. 1868: Lehrbuch der Botanik nach dem gegenwärtigen Stand der Wissenschaft. [1. Aufl.] XII + 632 S., 358 Abb. – Leipzig.

Sachs, J. 1872: Ueber den Einfluss der Lufttemperatur und des Tageslichts auf die stündlichen und täglichen Änderungen des Längenwachsthums (Streckung) der Internodien. – Arbeiten Bot. Inst. Würzburg **1**(2): 99-192, 2 Abb., zahlr. Tab., 7 Taf.

Sachs, J. 1873: Lehrbuch der Botanik nach dem gegenwärtigen Stand der Wissenschaft. 3. Aufl. XVI + 848 S., 461 Abb. – Leipzig. [Engl. Ausg.: Oxford 1875].

Sachs, J. 1874: Lehrbuch der Botanik nach dem gegenwärtigen Stand der Wissenschaft. 4. Aufl. XVI + 928 S. – Leipzig.

Sachs, J. 1875: Geschichte der Botanik vom 16. Jahrhundert bis 1860. = Geschichte der Wissenschaften in Deutschland **15**. XII + 612 S. – München [Reprint: New York, Johnson & Hildesheim: Olms. 1966].

Sachs, J. 1876: Was heißt rudimentär ? – Flora **59** (= N.F. 34): 8-9.

Sachs, J. 1877: Ueber die Anordnung der Zellen in jüngsten Pflanzentheilen. – Verh. Phys.-Med. Ges. Würzburg N.F. **11**: 219-242, 1 Taf.

Sachs, J. 1878: Ueber die Anordnung der Zellen in jüngsten Pflanzentheilen. –Arbeiten Bot. Inst. Würzburg **2**(1): 46-104.

Sachs, J. 1879 a: Ueber nicht celluläre Pflanzen. – Verh. Phys.-Med. Ges. Würzburg N.F. **13**, Sitz.-Ber.: XLIV-XLV.

Sachs, J. 1879 b: Ueber Ausschliessung der geotropischen und heliotropischen Krümmungen während des Wachstums. – Arbeiten Bot. Inst. Würzburg **2**(2): 209-225, 3 Abb.

Sachs, J. 1882: Vorlesungen über Pflanzenphysiologie. XII + 991 S., 455 Abb. – Leipzig.

Sachs, J. 1892: Beiträge zur Zellentheorie. a) Energiden und Zellen. – Flora **75**: 57-67.

Sageret, [A.] 1826: Considérations sur la production des hybrides, des variantes et des variétés en général, et sur celles de la famille des Cucurbitacées en particulier. – Ann. Sci. Nat. **8**: 294-314.

Sahni, B. 1920: On the structure and affinities of *Acmopyle Pancheri*, Pilger. – Philos. Trans. Roy. Soc. London, Ser. B. **210**: 253-310.

Saint-Lager, J.-B. 1884: Recherches historiques sur les mots males et plantes femelles. 48 S., 1 Taf. Paris: Baillière. [Auch in: Ann. Soc. Bot. Lyon. **11**, n.v.]

SAINT-LAGER, J.-B. 1886: Histoire des herbiers. – Ann. Soc. Bot. Lyon **13** (Mém.): 1-120.
SAKURAI, A., YOKOTA, T. & CLOUSE, S.D. (Edit.) 1999: Brassinosteroids. Steroidal plant hormones. IX + 253 S., 81 Abb. – Tokyo: Springer.
SALISBURY, R.A. 1800: Remarks on some technical terms used in botany. – Trans. Linn. Soc. London **5**: 135-142.
SANDERS, A.P.M. 1973: Physiologische Erklärungen der Phyllotaxis und ihre Vorgeschichte. – Janus **60**: 115-127.
SANDT, W. 1925: Zur Kenntnis der Beiknospen. Zugleich ein Beitrag zum Korrelationsproblem. = Bot. Abh. **7**. 160 S., 50 Abb. – Jena.
SANIO, C. 1857: Untersuchungen über diejenigen Zellen des Holzkörpers, welche außer den Markstrahlen, im Winter assimilirte Stoffe führen. – Linnaea **29**: 111-168, 1 Taf.
SANIO, C. 1860: Vergleichende Untersuchungen über den Bau und die Entwickelung des Korkes. – Jahrb. Wiss. Bot. **2**: 39-108.
SANIO, C. 1863 a: Vergleichende Untersuchungen über die Elementarorgane des Holzkörpers. – Bot. Zeitung **21**: 85-91, 93-98, 101-111, 113-118, 121-128, 1 Taf.
SANIO, C. 1863 b: Vergleichende Untersuchungen über die Zusammensetzung des Holzkörpers. – Bot. Zeitung **21**: 357-363, 369-375, 377-385, 389-399, 401-412.
SANIO, C. 1873: Anatomie der gemeinen Kiefer (*Pinus sylvestris* L.) II. – Jahrb. Wiss. Bot. **9**: 50-126, 1 Tabelle, 10 Taf.
SAPORTA, G. de & MARION, A.-F. 1885: L'évolution du règne végétal. Les phanérogames. Tome I. X + 251 S., 106 Abb. – Paris.
SAPP, J. 1990: Symbiosis in evolution: an origin story. – Endocytobiosis Cell. Res. **7**: 5-36.
SARAUW, G.F.-L. 1903: Sur les mycorrhizes des arbres forestiers et sur le sens de la symbiose des racines. – Rev. Mycol. **25**: 157-172, 1 Taf.
SASSEN, M.M.A. 1974: The stylar transmitting tissue. – Acta Bot. Neerl. **23**: 99-108.
SATIR, P. 1965: Structure and function in cilia and flagella. Protoplasmatologia **III. E**: 1-52.
SATTLER, R. 1974: A new conception of the shoot of higher plants. – J. Theoret. Biol. **47**: 367-382.
SATTLER, R. 1984: Homology - a continuing challenge. – Syst. Bot. **9**: 382-394, 5 Abb.
SATTLER, R. 1988: Homoeosis in plants. – Amer. J. Bot. **75**: 1606-1617.
SATTLER, R. 1990: Towards a more dynamic plant morphology. – Acta Biotheor. **38**: 303-315, 1 Abb., 1 Tab.
SAUER, J.D. 1988: Plant migration. The dynamics of geographic patterning in seed plant species. XVI + 282 S., 14 Abb. – Berkeley etc.: Univ. of California Press.
SAUNDERS, E.R. 1925: On carpel polymorphism. I. – Ann. Bot. (London) **39**: 123-167, 83 Abb.
SAUTER, J.J. 1980: The Strasburger cells – equivalents of compagnion cells. – Ber. Deutsch. Bot. Ges. **93**: 29-42, 8 Abb.
SAUTTER, Ch. 1992: Structure and biogenesis of glyoxysomes and peroxysomes. In: HERRMANN, R.G. (Edit.), Cell Organelles. Plant Gene Research. S. 403-458. – Wien & New York: Springer.
SAUVAGEAU, C. 1896: Sur l' *Ectocarpus virescens* Thuret et ses deux sortes de sporanges pluriloculaires. – J. Bot. (Morot) **10**: 98-107, 113-126, 7 Abb.
SAUVAGEAU, C. 1918: Recherches sur les Laminaires des côtes de France. – Mém. Acad. Sci. Paris 56: 1-233, 85 Abb.
SAVILE, D.B.O. 1968: The case against „uredium". – Mycologia **60**: 459-464.
SAX, K. 1921: Chromosome relationships in wheat. – Science N.S. **54**: 413-415.
SCHACHT, H. 1850: Entwickelungs-Geschichte des Pflanzen-Embryon. – Verh. Eerste Kl. Kon. Ned. Inst. Wetensch. Amsterdam 3. Reihe **2**: 1-234, 26 Taf.
SCHACHT, H. 1853: Der Baum. [1. Aufl.]. XVI + 401 S., 64 Abb., 7 Taf. – Berlin.
SCHACHT, H. 1856: Lehrbuch der Anatomie und Physiologie der Gewächse. 1. Theil. VIII + 446 S., 83 Abb., 5 Taf. – Berlin.
SCHACHT, H. 1858: Ueber Pflanzen-Befruchtung. – Jahrb. Wiss. Bot. **1**: 193-232; 5 Taf.
SCHACHT, H. 1859: Lehrbuch der Anatomie und Physiologie der Gewächse. 2. Theil. VIII + 623 S., 293 Abb., 11 Taf. – Berlin.

SCHACHT, H. 1860: Der Baum. Studien über Bau und Leben der höheren Gewächse. 2. Aufl. VIII +374 S., 227 Abb., 4 Taf. – Berlin.
SCHACHT, H. 1864: Die Spermatozoiden im Pflanzenreich. Ein Beitrag zur Kenntnis derselben. 54 S., 6 Taf. – Braunschweig.
SCHAEFER, M. 1982: Wörterbücher der Biologie. Ökologie. 3. Aufl. 433 S. – Jena: Fischer.
SCHÄFFER, J.Ch. 1759: Vorläufige Beobachtungen der Schwämme um Regensburg. [VIII] + 59 S., 4 Taf. – Regensburg.
SCHAFFNER, J.H. 1897: Contribution to the life history of *Sagittaria variabilis*. – Bot. Gaz. **23**: 252-273, 7 Taf.
SCHELENZ, H. 1909: Zur Geschichte des Naturselbstdrucks, der Physiotypie. – Arch. Gesch. Naturwiss. Technik **1**: 167-195, 6 Taf.
SCHELLENBERG, G. 1920: Über die Verteilung der Geschlechtsorgane bei den Bryophyten. – Beih. Bot. Centralbl. **37**, I: 115-153.
SCHENCK, H. 1889: Ueber das Aërenchym, ein dem Kork homologes Gewebe bei Sumpfpflanzen. – Jahrb. Wiss. Bot. **20**: 526-574, 6 Taf.
SCHENCK, H. 1892: Beiträge zur Biologie und Anatomie der Lianen, im Besonderen der in Brasilien einheimischen Arten. 1. Theil. Beiträge zur Biologie der Lianen. = Bot. Mitt. Tropen **4**, 1. XV + 253 S., 7 Taf. – Jena.
SCHERER, S. 1990: The protein molecular clock. Time for a reevaluation. – Evol. Biol. **24**: 83-106.
SCHERF, G. 1997: Wörterbuch Biologie. 517 S., ill. – München: Deutscher Taschenbuchverlag (dtv 32500).
SCHERFFEL, A. 1912: Zwei neue, trichocystenartige Bildungen führende Flagellaten. – Arch. Protistenk. **27**: 94-128.
SCHEUCHZER, J. 1719: Agrostographia, sive Graminum, Juncorum, Cyperorum, Cyperoideum iisque affinium historia. [40] + 512 + [24] S., 19 Taf. – Zürich.
SCHILDER, F.A. 1952: Einführung in die Biotaxonomie (Formenkreislehre). Die Entstehung der Arten durch räumliche Sonderung. 162 S., 123 Abb. – Jena: Fischer.
SCHILL, R. & WOLTER, M. 1986: On the presence of elastoviscin in all subfamilies of the Orchidaceae and the homology to pollenkitt. – Nord. J. Bot. **6**: 321-324, 3 Abb.
SCHILLER, J. 1913: Über Bau, Entwicklung, Keimung und Bedeutung der Parasporen der Ceramiaceen. – Oesterr. Bot. Z. **63**: 144-149, 203-210, 11 Abb., 3 Taf.
SCHILLER, J. 1971: A propos de la diffusion du terme biologie. In: SCHILLER, J. (Edit.), Colloque international „Lamarck". S. 239-242. Paris.
SCHILLING, A.J. 1894: Anatomisch-biologische Untersuchung über die Schleimbildung der Wasserpflanzen. – Flora **78**: 280-360, 17 Abb.
SCHIMPER, A.F.W. 1882: Ueber die Gestalt der Stärkebildner und Farbkörper. – Bot. Centralbl. **12**: 175-178.
SCHIMPER, A.F.W. 1883: Ueber die Entwickelung der Chlorophyllkörner und Farbkörper. – Bot. Zeitung **41**: 105-112, 121-131, 137-146, 153-162, 1 Taf.
SCHIMPER, A.F.W. 1884: Ueber Bau und Lebensweise der Epiphyten Westindiens. – Bot. Centralbl. **17**: 192-195, 223-227, 253-258, 284-294, 319-326, 350-359, 381-389, 2 Taf.
SCHIMPER, A.F.W. 1885: Untersuchungen über die Chlorophyllkörper und die ihnen homologen Gebilde. – Jahrb. Wiss. Bot. **16**: 1-247, 5 Taf.
SCHIMPER, A.F.W. 1888: Die Wechselbeziehungen zwischen Pflanzen und Ameisen im tropischen Amerika. (= Botanische Mittheilungen aus den Tropen **1**). 97 S., 3 Taf. – Jena.
SCHIMPER, A.F.W. 1891: Die indo-malayische Strandflora. (= Botanische Mittheilungen aus den Tropen **3**. Heft). XII + 204 S., 7 Abb., 1 Karte, 1 Taf. – Jena.
SCHIMPER, A.F.W. 1898: Pflanzen-Geographie auf physiologischer Grundlage. XVIII + 877 S., 502 Abb., 5 Taf., 4 Karten. – Jena.
SCHIMPER, C.F. 1829/30: Beschreibung des *Symphytum Zeyheri* und seiner zwei deutschen Verwandten, des *S. bulbosum* und *S. tuberosum* Jacq., nebst Erläuterungen ... – Mag. Pharm. **28**: 3-49; **29**: 1-71, 3 Taf.

SCHIMPER, C.F. 1837: Auszug aus dem Vortrage des Herrn Dr. C. F. SCHIMPER aus München in der Botanischen Section. – Verh. Schweiz. Naturf. Ges. **1836**: 113-117.
SCHIMPER, C.F. 1860: [ohne Titel]. – Amtl. Ber. Versamml. Deutsch. Naturf. Ärzte **31**: 87-88.
SCHIMPER, W.P. 1850: Recherches anatomiques et morphologiques sur les mousses. – Mém. Soc. Mus. Hist. Nat. Strasbourg **4**: 1-66, 9 Taf.
SCHINDEWOLF, O.H. 1936: Paläontologie, Entwicklungslehre und Genetik. Kritik und Synthese. VII + 108 S. – Berlin.
SCHINDEWOLF, O.H. 1950: Grundfragen der Paläontologie. 506 S., 332 Abb. – Stuttgart: Schweizerbart.
SCHINZ, H. & THELLUNG, A. 1907: Begründung vorzunehmender Namensänderungen an der zweiten Auflage der „Flora der Schweiz" von Schinz und Keller. – Bull. Herb. Boissier, sér. 2. **7**: 97-112.
SCHINZ, H.R. 1910: [Besprechung von LANG, Arnold. Ueber Vererbungsversuche. Verh. Deutsch.Zool.Ges. 1909]. – Ber. Schweiz. Bot. Ges. **19**: 23-28.
SCHLEE, D. 1971: Die Rekonstruktion der Phylogenese mit Hennig's Prinzip. – Aufsätze Reden Senckenberg. Naturf. Ges. **20**. 62 S. – Frankfurt a.M.
SCHLEGEL, H.G. 1999: Geschichte der Mikrobiologie. 280 S., 93 Abb. – Halle (Saale): Leopoldina (= Acta Hist. Leopoldina **28**).
SCHLEICHER, W. 1878: Die Knorpelzelltheilung. – Arch. Mikroskop. Anat. **16**: 248-300.
SCHLEIDEN, M.J. 1837: Einige Blicke auf die Entwicklungsgeschichte des vegetabilischen Organismus bei den Phanerogamen. – Arch. Naturgesch. **3**, I: 290-320, 414, 1 Taf.
SCHLEIDEN, M.J. 1838: Beiträge zur Phytogenesis. – Arch. Anat. Physiol. Wiss. Med. **5**: 137-176, 2 Taf. [Abdruck in: JAHN 1987, S. 46-77].
SCHLEIDEN, M.J. 1839: Über die Bildung des Eichens und Entstehung des Embryo's bei den Phanerogamen. – Verh. Kais. Leopold.-Carol. Akad. Naturf. (= Nova Acta ..) **11**: 27-58.
SCHLEIDEN, M.J. 1841: Beiträge zur Anatomie der Cacteen. – Mém. Acad. Imp. Sci. St.-Pétersbourg Divers Savans **4**: 335-380.
SCHLEIDEN, M.J. 1842: Grundzüge der wissenschaftlichen Botanik... **1**. Theil. Methodologische Einleitung. Vegetabilische Stofflehre. Die Lehre von der Pflanzenzelle. [1. Aufl.] XXVI + 289 S. – Leipzig.
SCHLEIDEN, M.J. 1843: Grundzüge der wissenschaftlichen Botanik ... **2**. Theil. Morphologie. Organologie. [1. Aufl.] XVIII + 564 S. – Leipzig.
SCHLEIDEN, M.J. 1845: Grundzüge der Wissenschaftlichen Botanik nebst einer Methodologischen Einleitung als Anleitung zum Studium der Pflanze. **1**. Theil. 2. Aufl. XX + 615 S., 243 Abb. 1 Taf. – Leipzig.
SCHLEIDEN, M.J. 1846: Grundzüge der Wissenschaftlichen Botanik nebst einer Methodologischen Einleitung als Anleitung zum Studium der Pflanze. **2**. Theil. 2. Aufl. XVI + 625 S., 153 Abb., 4 Taf. – Leipzig.
SCHLEIDEN, M.J. 1852: Die Pflanze und ihr Leben. Populäre Vorträge. 3. Aufl. 359 S., 15 Abb., 5 Taf. – Leipzig.
SCHLITTLER, J. 1943: Die Blütenabgliederung und die Perikladien bei den Vertretern des Anthericumtypus sowie ihre Bedeutung für die Systematik. – Ber. Schweiz. Bot. Ges. **53**: 491-507, 13 Abb.
SCHLITTLER, J. 1960: Die Asparageenphyllokladien erweisen sich auch ontogenetisch als Blätter. – Bot. Jahrb. Syst. **79**: 428-446.
SCHLIWA, M. 1986: The cytoskeleton. An introductory survey. = Cell Biol. Monogr. **13**. XI + 326 S., 88 Abb. – Wien: Springer.
SCHLOESING, TH. & MÜNTZ, A. 1877: Sur la nitrification par les ferments organisés. – Compt. Rend. Hebd. Séances Acad. Sci. **84**: 301-303.
SCHMID, E. 1906: Beiträge zur Entwicklungsgeschichte der Scrophulariaceae. – Beih. Bot. Centralbl. **20**, I: 175-299, 58 Abb., 2 Taf.
SCHMID, G. 1930: Die Metamorphose der Pflanzen. In: WALTHER, J. (Edit.): Goethe als Seher und Erforscher der Natur, S. 205-226, 2 Taf. – Halle a.S.

SCHMID, G. 1935: Über die Herkünfte der Ausdrücke Morphologie und Biologie. Geschichtliche Zusammenhänge. – Nova Acta Leop. N.F. **2**(8): 597-620.
SCHMID, G. 1936: Geschichte der Botanisierbüchse. – Oesterr. Bot. Z. **85**: 140-150.
SCHMID, R. 1975: Two hundred years of pollination biology: an overview. – Biologist **57**: 26-35.
SCHMID, R. 1976: Filament histology and anther dehiscence. – Bot. J. Linn. Soc. **73**: 303-315.
SCHMID, R. 1977: Edith R. Saunders and floral anatomy: bibliography and index to families she studied. – Bot. J. Linn. Soc. **74**: 179-187.
SCHMID, R. 1982: The terminology and classification of steles: historical perspective and the outlines of a system. – Bot. Rev. **48**: 817-931.
SCHMID, R. 1988: Reproductive versus extra-reproductive nectaries – Historical perspective and terminological recommendations. – Bot. Rev. **54**: 179-232.
SCHMIDT, A. 1924: Histologische Studien an phanerogamen Vegetationspunkten. – Bot. Arch. **8**: 345-404, 13 Abb., 6 Taf., 12 Taf.
SCHMIDT, E.W. 1912: Pflanzliche Mitochodrien. – Progr. Rei Bot. **4**: 163-181, 6 Abb.
SCHMIDT, H. 1912: Wörterbuch der Biologie. VIII + 583 S., ill. – Leipzig.
SCHMIDT, M. 1931: Experimentelle Analyse der Genom- und Plasmonwirkung bei Moosen. II. Über eine hemihaploide und andere heteroploide Rassen von *Physcomitrium piriforme* (L.)Brid. – Z. Indukt. Abstammungs- Vererbungsl. **57**: 306-342, 2 Taf.
SCHMITHÜSEN, J. 1985: Vor- und Frühgeschichte der Biogeographie. 166 S., ill. = Biogeographica **20**. – Saarbrücken.
SCHMITT, M. 1991: Die Geschichte des Begriffs „ökologische Nische". – Freiburger Univ.-Bl. 30. Jahrg. **113**: 67-75.
SCHMITZ, E.-H. 1989/90: Das Mikroskop. = Handbuch zur Geschichte der Optik. Ergänzungsband II. **A,B**. 846 S., ill. – Bonn: Wayenborgh.
SCHMITZ, F. 1872: Die Blüthen-Entwicklung der Piperaceen. – Bot. Abh. Morphol. Physiol. **2**, 1. Heft: 1-74.
SCHMITZ, F. 1882: Die Chromatophoren der Algen. Vergleichende Untersuchungen über Bau und Entwicklung der Chlorophyllkörper und analogen Farbstoffkörper der Algen. – Bonn: Cohen & Co. (n.v., Vorabdruck aus: Verh. Naturhist. Ver. Preuss. Rheinl. Westf. **40**: Verh. 1-180. 1883).
SCHMITZ, F. 1883: Untersuchungen über die Befruchtung der Florideen. – Sitzungsber. Königl. Preuss. Akad. Wiss. Berlin **1883** I: 215-258, 1 Taf.
SCHMITZ, F. 1893: Die Gattung *Microthamnion* J.Ag. (= *Seirospora* Harv.). – Ber. Deutsch. Bot. Ges. **11**: 273-286.
SCHMITZ, F. & HAUPTFLEISCH, P. 1896: Rhodophyceae. In: ENGLER & PRANTL, Natürl. Pflanzenfam. **I, 2**: 298-306. – Leipzig.
SCHMITZ, R. & GRAEPEL, P.H. 1980: Zur Geschichte der Sexualtheorie der höheren Gewächse. – Sudhoffs Arch. **64**: 1-24, 250-286.
SCHMUCKER, TH. 1925: Rechts- und Linkstendenz bei Pflanzen. – Beih. Bot. Centralbl. **41**, I: 51-81.
SCHMUCKER, TH. & LINNEMANN, G. 1951: Geschichte der Anatomie des Holzes. In: FREUND, H. (Edit.): Handbuch der Mikroskopie in der Technik **V, 1**: 1-78, ill. - Frankfurt a.M.: Umschau.
SCHNARF, K. 1923: Kleine Beiträge zur Entwicklungsgeschichte der Angiospermen. IV. Über das Verhalten des Antherentapetums einiger Pflanzen. – Oesterr. Bot. Z. **72**: 242-245, 1 Abb.
SCHNARF, K. 1929: Embryologie der Angiospermen. 690 S., 69 Abb. = Handb. Pflanzenanat. II. Abt., 2. Teil. **X/2**. – Berlin.
SCHNARF, K. 1933: Embryologie der Gymnospermen. VI + 304 S., 26 Abb. = Handb. Pflanzenanat. II. Abt. Teil. **X/2**. – Berlin.
SCHNEIDER, A. 1873: Untersuchungen über Plathelminthen. – Ber. Oberhess. Ges. Natur-Heilk. **14**: 69-140, 4 Taf.
SCHNEIDER, C.K. 1917: Illustriertes Handwörterbuch der Botanik. 2. Aufl. Edit. K. LINSBAUER. XXI + 824 S., 396 Abb. – Leipzig.

SCHNEIDER, H. & PRYER, K.M. 2002: Structure and function of spores in the aquatic heterosporous fern family Marsileaceae. – Int. J. Plant Sci. **163**: 485-505, 9 Abb., 3 Tab.
SCHNELLE, F. 1955: Pflanzen-Phänologie. 299 S., 14 Karten, 46 Abb. = Probleme der Bioklimatologie 3. – Leipzig: Geest & Portig.
SCHNEPF, E. 1964: Zur Feinstruktur von *Geosiphon pyriforme*. Ein Versuch zur Deutung cytoplamatischer Membranen und Kompartimente. – Arch. Mikrobiol. **49**: 112-131, 17 Abb.
SCHNEPF, E. 1969: Sekretion und Exkretion bei Pflanzen. – Protoplasmatologia **VIII, 8**. 181 S. 76 Abb. – Wien & New York: Springer.
SCHNIZLEIN, A. & FRICKHINGER, A. 1848: Die Vegetations-Verhältnisse der Jura- und Keuperformation in den Flussgebieten der Wörnitz und Altmühl. VIII + 344 S., 1 Karte. – Nördlingen.
SCHÖNFELDER, P. 1968: Adalpin – dealpin, ein historisch-chorologisches Begriffspaar. – Mitt. Florist.-Soziol. Arbeitsgem. N.F. **13**: 5-9.
SCHOLZ, H. 1993: Analogie-Modelle und theoretische Konzepte im Streit um die Befruchtung und Embryogenese der Samenpflanzen. – Biol. Zentralbl. **112**: 199-206.
SCHOLZ, H. 1995: Das Archäophytenproblem in neuer Sicht. – Schriftenr. Vegetationsk. **27**: 431-439 (SUKOPP-Festschrift).
SCHONEWILLE, O. 1941: Die Bedeutung von Goethes Versuch über die Metamorphose der Pflanze für den Fortgang der botanischen Morphologie. – Bot. Arch. **42**: 421-460.
SCHOPFER, W.-H. 1948: Les débuts de l'anatomie végétale moderne. L'histoire du cambium. – Arch. Int. Hist. Sci. **1**: 270-279.
SCHOTT, H. 1834: Genera Filicum. 40 S. + 20 Taf. – Wien.
SCHOUTE, J.C. 1903: Die Stelär-Theorie. 175 S., 7 Abb. – Jena & Groningen.
SCHOUTE, J.C. 1935: On corolla aestivation and phyllotaxis of floral phyllomes. – Verh. Kon. Ned. Akad. Wetensch., Afd. Natuurk., 2. Sect. **34**, No. 4: 1-77, 8 Abb.
SCHOUTE, J.C. 1938: Morphology. In: VERDOORN, F. (Edit.): Manual of Pteridology. S. 1-64. – The Hague.
SCHOUW, J.F. 1823: Grundzüge einer allgemeinen Pflanzengeographie. Aus dem Dänischen übersetzt vom Verf. VIII + 524 S. – Berlin.
SCHRADER, F. 1935: Notes on the mitotic behavior of long chromosomes. – Cytologia **6**: 422-430.
SCHREBER, J.Ch.D. 1769: Beschreibung der Gräser nebst ihren Abbildungen nach der Natur. 1. Theil. 154 S., 20 Taf. – Leipzig.
SCHREIBER, L., BREINER, H.-W., RIEDERER, M., DÜGGELIN, M. & GUGGENHEIM, R. 1994: The Casparian strip of *Clivia miniata* Reg. roots: Isolation, fine structure and chemical nature. – Bot. Acta **107**: 353-361, 4 Abb.
SCHROEDER, F.-G. 1969: Zur Klassifizierung der Anthropochoren. – Vegetatio **16**: 225-238.
SCHROEDER, F.-G. 1987: Infloreszenzen, Synfloreszenzen und Moduln. Ein terminologischer Beitrag zur Infloreszenzmorphologie. – Bot. Jahrb. Syst. **108**: 449-471, 11 Abb.
SCHROEDER, F.-G. 2000: Die Anökophyten und das System der floristischen Statuskategorien. – Bot. Jahrb. Syst. **122**: 431-437.
SCHRÖTER, C. 1902: Die Vegetation des Bodensees. = Bodenseeforschungen 9. Abschnitt, 2. Teil. VIII + 86 S., 3 Taf., 1 Karte, 15 Abb.
SCHRÖTER, C. 1913: Genetische Pflanzengeographie. In: Handw. Naturwiss. [1. Aufl.]. **4**: 907-942.
SCHRÖTER, C. & KIRCHNER, O. 1896: Die Vegetation des Bodensees. = Bodenseeforschungen 9. Abschnitt, 1. Teil. 122 S., 3 Abb., 2 Taf.
SCHRÖTER, J. 1872: Die Brand- und Rostpilze Schlesiens. – Abh. Schles. Ges. Vaterl. Cult. Abth. Naturwiss. **1869/72**: 1-31.
SCHUBERT, R. & WAGNER, G. 2000: Botanisches Wörterbuch. Pflanzennamen und botanische Fachwörter. 12. Aufl. 734 S. = UTB 1476. – Stuttgart: Ulmer.
SCHUCHERT, Ch. 1897: What is a type in natural history ? – Science N.S. **5**: 636-640.
SCHÜEPP, O. 1927: Meristeme. VII + 115 S., 42 Abb. = Handb. Pflanzenanat. I. Abt., 2. Teil. 4.

SCHÜEPP, O. 1966: Meristeme. Wachstum und Formbildung in den Teilungsgeweben höherer Pflanzen. 253 S., 159 Abb. – Basel & Stuttgart: Birkhäuser.
SCHÜRHOFF, P.N. 1915: Amitosen von Riesenkernen im Endosperm von *Ranunculus acer*. – Jahrb. Wiss. Bot. **55**: 499-519.
SCHÜRHOFF, P.N. 1926: Die Zytologie der Blütenpflanzen. XI + 792 S., 282 Abb. – Stuttgart.
SCHÜTT, F. 1891: Sulla formazione scheletrica intracellulare di un Dinoflagellato. – Notarisia **6**: 1323-1344.
SCHÜTT, F. 1895: Die Peridineen der Plankton-Expedition. I. Theil. Studien über die Zellen der Peridineen. – Ergebn. Plankton-Exped. Humboldt-Stift. **IV**, M.a.A.: 1-170, 27 Taf.
SCHULTZ, C.H. [-SCHULTZENSTEIN] 1843: Die Anaphytose oder Verjüngung der Pflanzen. XXVI + 214 S. – Berlin.
SCHULTZ, C.H. [-SCHULTZENSTEIN] 1847: Neues System der Morphologie der Pflanzen nach den organischen Bildungsgesetzen ... VI + 246 S., 1 Taf. – Berlin.
SCHULTZE-MOTEL, J. (Edit.) 1986: Rudolf Mansfelds Verzeichnis landwirtschaftlich und gärtnerischer Kulturpflanzen (ohne Zierpflanzen). 2. Aufl. Band **1**. XVI + 577 S., 241 Abb. – Berlin: Akademie-Verlag.
SCHULZ-SCHAEFFER, J. 1976: A short history of cytogenetics. – Biol. Zentralbl. **95**: 193-221 [gekürzt auch in dem folgenden]
SCHULZ-SCHAEFFER, J. 1980: Cytogenetics. Plants, animals, humans. XIII + 446 S., 219 Abb. – New York etc.: Springer.
SCHUMACHER, W. & LAMBERTZ, P. 1956: Über die Beziehungen zwischen der Stoffaufnahme durch Blattepidermen und der Zahl der Plasmodesmen in den Außenwänden. – Planta **47**: 47-52.
SCHUMANN, K. 1889: Untersuchungen über das Borragoid. – Ber. Deutsch. Bot. Ges. **7**: 53-80, 1 Taf.
SCHUMANN, K. 1890: Neue Untersuchungen über den Blüthenanschluß. VIII + 519 S., 10 Taf. – Leipzig.
SCHUMANN, K. 1904: Praktikum für morphologische und systematische Botanik. VIII + 610 S., 154 Abb. – Jena.
SCHUSSNIG, B. 1938: Vergleichende Morphologie der niederen Pflanzen. **1**. Teil: Formbildung. VIII + 382 S., 470 Abb. – Berlin.
SCHUSSNIG, B. 1954: Grundriss der Protophytologie. VIII + 310 S., 407 Abb. – Jena: VEB Fischer.
SCHUSSNIG, B. 1960: Handbuch der Protophytenkunde. **2**. Band. X + 1144 S. – Jena: VEB Fischer.
SCHUSTER, R.M. 1966: The Hepaticae and Anthocerotae of North America East of the hundreth meridian. Vol. **1**. XVII + 802 S., 84 Abb., 7 Tab. – New York & London: Columbia Univ.
SCHUSTER, R.M. 1992: The oil bodies in the Hepaticae. I. Introduction. – J. Hattori Bot. Lab. **72**: 151-162.
SCHWEINFURTH, G. 1875: Ueber Sammeln und Conserviren von Pflanzen höherer Ordnung (Phanerogamen). In: NEUMAYER, G. (Edit.): Anleitung zu wissenschaftlichen Beobachtungen auf Reisen. S. 374-388. – Berlin.
SCHWEINGRUBER, F.H. 1988: Tree rings. Basics and applications of dendrochronology. XIV + 276 S., ill. – Dordrecht etc.: Reidel.
SCHWENDENER, S. 1860: Ueber den Bau und das Wachsthum des Flechtenthallus. – Vierteljahrsschr. Naturf. Ges. Zürich **5**: 272-296, 1 Taf.
SCHWENDENER, S. 1868: Ueber die Beziehungen zwischen Algen und Flechtengonidien. – Bot. Zeitung **26**: Sp. 289-292.
SCHWENDENER, S. 1869: Die Algentypen der Flechtengonidien. Programm für die Rectoratsfeier der Universität. 42 S., 3 Taf. – Basel.
SCHWENDENER, S. 1874: Das mechanische Princip im anatomischen Bau der Monocotylen mit vergleichenden Ausblicken auf die übrigen Pflanzenklassen. VIII + 179 S., 13 Abb., 14 Taf. – Leipzig: Engelmann.

SCHWENDENER, S. 1878: Mechanische Theorie der Blattstellungen. IV + 141 S., 17 Taf. – Leipzig.
SCHWENDENER, S. 1883: Die Schutzscheiden und ihre Verstärkungen. – Abh. Königl. Akad. Wiss. Berlin **1882**, Phys. Abh. No. 3. 75 S., 5 Taf. [Kurzfassung: Ber. Deutsch. Bot. Ges. **1**: 48-53. 1883].
SCHWERDTFEGER, F. 1963: Autökologie. Die Beziehungen zwischen Tier und Umwelt. = Ökologie der Tiere Band **1**. 461 S., 271 Abb. – Hamburg & Berlin: Parey.
SCHWERE, S. 1896: Zur Entwicklungsgeschichte der Frucht von *Taraxacum officinale* Web. Ein Beitrag zur Embryologie der Compositen. – Flora **82**: 32-66, 4 Taf.
SCOTT, G.D. 1957: Lichen terminology. – Nature **179**: 486-487.
SCOTT, T.A. & MERCER, E.I. 1997: Concise encyclopedia biochemistry and molecular biology. 3. Aufl. 737 S., ill. – Berlin & New York: de Gruyter.
SEARS, E.R. 1941: Nullisomics in *Triticum vulgare*. – Genetics **26**: 167-168.
SEDDON, G. 1974: Xerophytes, xeromorphs and sclerophylls: the history of some concepts in ecology. – Biol. J. Linn. Soc. **6**: 65-87.
SEDLAG, U. & WEINERT, E. 1987: Wörterbücher der Biologie. Biogeographie, Artbildung, Evolution. 333 S., 120 Abb., 11 Tab. = UTB 1430. – Stuttgart: Fischer.
SEIDEMANN, J. 1968: Beiträge zur Geschichte der Stärke-Mikroskopie. 1. Mitt. – Die Stärke, Weinheim **20**: 169-172, 2 Abb.
SEIFRIZ, W. 1929: The structure of protoplasm. – Biol. Rev. **4**: 76-102.
SELL, Y. 1968: La notion d'inflorescence tronquée: exemple du genre *Justicia*. – Compt. Rend. Hebd. Séances Acad. Sci. Ser.D. Sci. Nat. **267**: 1361-1364.
SELL, Y. 1969: La dissémination des Acanthacées. Variations sur le type xérochasique fondamental. – Rev. Gén. Bot. **76**: 417-453, 19 Abb., 3 Taf.
SELL, Y. 1976: Tendances évolutives parmi les complexes inflorescentiels. – Rev. Gén. Bot. **83**: 247-267, 8 Abb.
SEMENOV-TIAN-SHANSKY, A. 1910: Die taxonomischen Grenzen der Art und ihrer Unterabteilungen. Versuche einer genauen Definition der unteren systematischen Kategorien. 24 S., 6 Abb. – Berlin.
SEN, U. & DE, B. 1992: Structure and ontogeny of stomata in ferns. – Blumea **37**: 239-261.
SERNANDER, R. 1901: Den skandinaviska vegetationens spridnings-biologi. IV + 459 S. – Upsala & Berlin.
SERNANDER, R. 1906: Entwurf einer Monographie der europäischen Myrmekochoren. – Kongl. Svenska Vetenskapsakad. Handl. **41**, Nr. 7: 1-410, 11 Taf., 29 Abb.
SERNANDER, R. 1927: Zur Morphologie und Biologie der Diasporen. – Nova Acta Regiae Soc. Sci. Upsal. Vol. Extra Ord. **1927**: 1-104, 12 Abb.
SÉRUSIAUX, E. 1986: The nature and origin of campylidia in lichenized fungi. – Lichenologist **18**: 1-35, 79 Abb., 1 Tab.
SEWARD, A.C. 1917: Fossil plants. A text-book for students of botany and geology. Vol. 3. Pteridospermeae, Cycadofilices, Cordaitales, Cycadophyta. XVIII + 656 S., 253 Abb. – Cambridge [Repr.: New York & London, Hafner. 1963].
SEYBOLD, A. 1943: Pflanzenpigmente und Lichtfeld als physiologisches, geographisches und landwirtschaftlich-forstliches Problem. – Ber. Deutsch. Bot. Ges. **60**: (64)-(85).
SEYBOLD, A. 1957: Träufelspitze? – Beitr. Biol. Pfl. **33**: 237-264, 10 Abb.
SHARP, L.W. 1929: Structure of large somatic chromosomes. – Bot. Gaz. **88**: 349-382, 2 Taf.
SHARP, L.W. 1934: Introduction to cytology. 3. Aufl. XIV + 567 S. – New York & London.
SHAW, W.R. 1898: Ueber die Blepharoplasten bei *Onoclea* und *Marsilea*. – Ber. Deutsch. Bot. Ges. **16**: 177-184, 1 Taf.
SHIVELY, J.M., BALL, F., BROWN, D.H. & SAUNDERS, R.E. 1973: Functional organelles in prokaryotes: polyhedral inclusions (carboxysomes) of *Thiobacillus neapolitanus*. – Science **182**: 584-586.
SHOWALTER, A.M. 1928: The chromosomes of *Pellia neesiana*. – Proc. Natl. Acad. U.S.A: **14**: 63-66, 10 Abb.

SHULL, G.H. 1914: Duplicate genes for capsule-form in *Bursa bursa-pastoris*. – Z. Indukt. Abstammungs- Vererbungsl. **12**: 97-149.
SHULL, G.H. 1915: Genetic definitions in the new standard dictionary. – Amer. Nat. **49**: 52-59.
SIEBOLD, C.Th.V. 1848: Lehrbuch der vergleichenden Anatomie der wirbellosen Thiere. XIV + 680 S. – Berlin.
SIEBURTH, J.McN., SMETACEK, V. & LENZ, J. 1978: Pelagic ecosystem structure: Heterotrophic compartments of the plankton and their relationships to plankton size fractions. – Limnol. Oceanogr. **23**: 1256-1263, 1 Abb.
SIEMENS, H.W. 1917: Die biologischen Grundlagen der Rassenhygiene und der Bevölkerungspolitik. 80 S., 8 Abb. – München.
SIESSER, W.G. 1981: Christian Gottfried Ehrenberg: founder of micropaleontogy. – Centaurus **25**: 166-188, 3 Abb.
SIEVERS, A. & VOLKMANN, D. 1979: Gravitropism in single cells. – Encycl. Pl. Phys. N.S. **7**: 567-572, 5 Abb.-
SIFTON, H.B. 1945: Air-space tissues in plants. – Bot. Rev. **11**: 108-143.
SIFTON, H.B. 1957: Air-space tissues in plants. II. – Bot. Rev. **23**: 303-312.
SILVA, P.C. 1980: Names of classes and families of living algae. 156 S. = Regn. Veget. **103**. – Utrecht: Bohn, Scheltema & Holkema; The Hague: Junk.
SILVA, P.C. 1996: Stability versus rigidity in botanical nomenclature. – Nova Hedwigia, Beih. **112**: 1-8.
SIMMONS, H.G. 1910: Om hemerofila växter. – Bot. Notis. **1910**: 137-155.
SIMPSON, G.G. 1944: Tempo and mode in evolution. XVIII + 237 S., 36 Abb., 19 Tab. – New York: Columbia Univ. Press. [Deutsche Übersetzung von G. HEBERER: Zeitmaße und Ablaufformen der Evolution. XI + 331 S. – Göttingen: Musterschmidt. 1951].
SIMPSON, G.G. 1953: The Baldwin effect. – Evolution **7**: 110-117 (vgl. Kommentar von WADDINGTON, Evolution **7**: 386-387)
SIMPSON, G.G. 1961: Principles of animal taxonomy. XII + 247 S., 30 Abb. – New York: Columbia Univ. Press.
SINGER, CH. 1931: A short history of biology. A general introduction in the study of living things. XXXV + 572 S., 194 Abb. – Oxford.
SINGER, S.J. & NICOLSON, G.L. 1972: The fluid mosaic model of the structure of cell membranes. – Science **175**: 720-731, 7 Abb.
SINGH, H. 1978: Embryology of Gymnosperms. XII + 302 S., 151 Abb. = Handb. Pflanzenanat. 2. Aufl., Spez. Teil, **X, 2**.
SINNOTT, E.W. 1914: Investigations on the phylogeny of the angiosperms. I. The anatomy of the node as an aid in the classification of angiosperms. – Amer. J. Bot. **1**: 303-322, 6 Taf.
SINNOTT, E.W. & BLOCH, R. 1940: Cytoplasmic behavior during division of vacuolate plant cells. – Proc. Natl. Acad. U.S.A. **26**: 223-227.
SIRKS, M.J. 1917: Stérilité, auto-incompatiilité, et differenciation sexuelle physiologique. – Arch. Néerl. Sci. Exact. Nat. B **3**: 205-234.
SIRODOT, [S.] 1875: Développement des Algues d'eau douce du genre *Batrachospermum;* générations alternantes. 2e note. – Compt. Rend. Hebd. Séances Acad. Sci. **76**: 1335-1339.
SIRONVAL, C. 1947: Expériences sur les stades de développement de la forme filamenteuse en culture de *Funaria hygrometrica* L. – Bull. Soc. Roy. Bot. Belgique **79**: 48-68.
SITTE, P. 1984: Symmetrien bei Organismen. – Biol. in unserer Zeit **14**: 161-170, 23 Abb.
SITTE, P., FALK, H. & LIEDVOGEL, B. 1980: Chromoplasts. In: CZYGAN, F.-Ch. (Edit.): Pigments in plants. 2. Aufl. S. 117-148. – Stuttgart & New York: Fischer.
SITTE, P., WEILER, E.W., KADEREIT, J.W., BRESINSKY, A. & KÖRNER, CH. 2002: STRASBURGER, Lehrbuch der Botanik für Hochschulen. 35. Aufl. 1124 S., 1418 Abb. – Heidelberg: Spektrum.
SITTE, P., ZIEGLER, H., EHRENDORFER, F. & BRESINSKY, A. 1991: Lehrbuch der Botanik für Hochschulen. Begründet von STRASBURGER, E. et al. 33. Aufl. XVIII + 1030 S., 1023 Abb., 50 Tab., 1 Karte. – Stuttgart etc.: Fischer.
SKOOG, F., STRONG, F.M. & MILLER, C.O. 1965: Cytokinins. – Science **148**: 532-533.

SLAUTTERBACK, D.B. 1963: Cytoplasmic microtubules. I. *Hydra*. – J. Cell Biol. **18**: 367-388.
SMIT, P. 1974: History of the life sciences. An annotated bibliography. XIV + 1071 S. – Amsterdam: Asher.
SMITH, A.D. et al. (Edit.) 1997: Oxford dictionary of biochemistry and molecular biology. XI + 740 S. – Oxford etc.: Univ. Press.
SMITH, J. 1839: Notice of a plant which produces seeds without any apparent action of pollen. – Trans. Linn. Soc. London **18**: 509-512, 1 Taf.
SMITH, S.E. & READ, D.J. 1997: Mycorrhizal symbiosis. 2. Aufl. IX + 605 S., ill. – San Diego etc.: Academic Press.
SMOCOVITIS, V.B. 1992: Disciplining botany: a taxonomic problem. – Taxon **41**: 459-470.
SNEATH, P.H.A. & SOKAL, R.R. 1962: Numerical taxonomy. – Nature **193**: 855-860.
SNEATH, P.H.A. & SOKAL, R.R. 1973: Numerical taxonomy. The principles and practice of numerical classification. 573 S., ill. – San Francisco: Freeman.
SNELL, W.H. & DICK, E.A. 1971: A glossary of mycology. 2. Aufl. XXXI + 181 S., 15 plates. – Cambridge: Harvard Univ.
SOBER, E. 1983: Parsimony in systematics. Philosophical issues. – Annual Rev. Ecol. Syst. **14**: 335-358.
SOLEREDER, H. 1898-99: Systematische Anatomie der Dicotyledonen. XII + 984 S., 189 Abb. – Stuttgart.
SOLMS-LAUBACH, H. Graf zu 1887: Einleitung in die Paläophytologie vom botanischen Standpunkt aus. VIII + 416 S. – Leipzig.
SOLTIS, D.E. & SOLTIS, P.S. (Edit.) 1990: Isozymes in plant biology. 268 S., ill. – London: Chapman & Hall.
SOLTIS, P.S. & SOLTIS, D.E. 1995: Plant molecular systematics: Inferences of phylogeny and evolutionary processes. – Evol. Biol. **28**: 139-194, 17 Abb.
SOLTIS, P.S., SOLTIS, D.E. & DOYLE, J.J. (Edit.) 1992: Molecular systematics of plants. XII + 434 S., ill. – New York & London: Chapman & Hall.
SOÓ, R.v. 1926/27: Systematische Monographie der Gattung *Melampyrum*. – Repert. Spec. Nov. Regni Veg. **23**: 259-176, 385-397, **24**: 127-193.
SOYFER, V.N. 1994: Lysenko and the tragedy of Soviet science. Translated by L. GRULIOW & R. GRULIOW. XXIV + 381 S., 30 Abb. – New Brunswick, New Jersey: Rutgers Univ. Press.
SPÄTH, H.L. 1912: Der Johannistrieb. Ein Beitrag zur Kenntnis der Periodizität und Jahresringbildung sommergrüner Holzgewächse. 91 S., 21 Abb. Diss. phil. Univ. Berlin. – Berlin.
SPATZIER, W. 1893: Ueber das Auftreten und die physiologische Bedeutung des Myrosins in der Pflanze. – Jahrb. Wiss. Bot. **25**: 39-78, 1 Taf.
SPEMANN, H. 1915: Zur Geschichte und Kritik des Begriffs der Homologie. In: Die Kultur der Gegenwart 3. Teil, **IV, 1**: 63-86. – Leipzig & Berlin.
SPERLICH, A. 1939: Das trophische Gewebe. B: Exkretionsgewebe.186 S., 46 Abb. = Handb. Pflanzenanat. I. Abt., 2. Teil. **4**.
SPETA, F. 1984: Zwiebeln – versteckte Vielfalt in einfacher Form. – Linzer Biol. Beitr. **16**: 3-44, 24 Abb.
SPETA, F. 1997: Zur Geschichte der Wurzelforschung mit besonderer Berücksichtigung der Aktivität in Österreich. – Stapfia **50**: 7-288, 47 Abb.
SPIESS, E.B. 1977: Genes in populations. XI + 780 S., ill. S. – New York etc.: Wiley.
SPIGELIUS, A. [= SPIEGEL] 1633: Isagoges in rem herbarium libri duo. 272 + (16) S. – Leiden.
SPINNER, H. 1923: Contribution à la géographie et à la biologie du Buis (*Buxus sempervirens*). – Verh. Naturf. Ges. Basel **35**: 129-147, 2 Taf. (Festband H. CHRIST).
SPJUT, R.W. 1994: A systematic treatment of fruit types. – Mem. N.Y. Bot. Gard. **70**: 1-182, 53 Abb.
SPJUT, R.W. & THIERET, J.W. 1989: Confusion between multiple and aggregate fruits. – Bot. Rev. **55**: 53-72.
SPRAGUE, T.A. 1933 a: Botanical terms in Pliny's Natural History. – Bull. Misc. Inf. [Kew Bull.] **1933**: 30-40.

SPRAGUE, T.A. 1933 b: Botanical terms in Albertus Magnus. – Bull. Misc. Inf. [Kew Bull.] **1933**: 440-459.
SPRENGEL, Ch.K. 1793: Das entdeckte Geheimnis der Natur im Bau und in der Befruchtung der Pflanzen. 444 Sp. + Register, 25 Taf. – Berlin. [Reprint: Lehre, Cramer etc. = Hist. Nat. Class. **92**. 1972; engl. Übersetzung der Einleitung in LLOYD & BARRETT 1996].
SPRENGEL, K. 1802: Anleitung zur Kenntniß der Gewächse, in Briefen. Erste Sammlung. [XII] + 430 S., 4 Taf. – Halle.
SPRENGEL, K. 1812: Von dem Bau und der Natur der Gewächse. X + 654 S., 14 Taf. – Halle.
SPRING, A.F. 1849: Monographie de la famille des Lycopodiacées. Seconde partie. – Mém. Acad. Roy. Belg. **24**: 1-358.
SPRUCE, R. 1885: Hepaticae Amazonicae et Andinae quas in itinere suo ...Trans. Proc. Bot. Soc. Edinburgh **15**: 1-589, 22 Taf.
STACE, C.A. 1965: Cuticular studies as an aid to plant taxonomy. – Bull. Brit. Mus. (Nat. Hist.) Bot. **4**: 1-78, 10 Abb., 1 Taf.
STAFLEU, F.A. 1956: Nomenclatural conservation in the phanerogams. – Taxon **5**: 85-95.
STAFLEU, F.A. 1971: Linnaeus and the Linnaeans. The spreading of their ideas in systematic botany, 1735-1789. (= Regnum Veget. **79**). XVI + 386 S., 71 Abb., frontispiz. – Utrecht: I.A.P.T.
STAFLEU, F.A. 1987: Die Geschichte der Herbarien. – Bot. Jahrb. Syst. **108**: 155-166.
STAFLEU, F.A. & COWAN, R.S. 1976-1988: Taxonomic literature. A selective guide to botanical publications and collections with dates, commentaries and types. 7 Bände. (Regnum Veget. **94, 98, 105, 110, 112, 115, 116**). – Utrecht: Bohn, Scheltema & Holkema.
STAFLEU, F.A. & MENNEGA, E.A. 1992-2000: Taxonomic literature. ... Supplement. 6 Bände erschienen [A-E] (Regnum Veget. **125, 130, 132, 134, 135, 137**). – Koenigstein: Koeltz.
STAHL, E. 1881: Ueber sogenannte Compasspflanzen. – Jenaische Z. Naturwiss. **15** (= N.F. **8**): 381-389, 1 Taf.
STAHL, E. 1882: Ueber den Einfluss des sonnigen oder schattigen Standortes auf die Ausbildung der Laubblätter. – Jenaische Z. Naturwiss. **16**: 162-200, 2 Taf.
STAHL, E. 1888: Pflanzen und Schnecken. Biologische Studie über die Schutzmittel der Pflanzen gegen Schneckenfraß. – Jenaische Z. Naturwiss. **22**: 557-684.
STAHL, E. 1893: Regenfall und Blattgestalt. Ein Beitrag zur Pflanzenbiologie.– Ann. Jard. Bot. Buitenzorg **11**: 98-182, 3 Taf.
STAHL, E. 1900: Der Sinn der Mycorhizabildung. Eine vergleichend-biologische Studie. – Jahrb. Wiss. Bot. **34**: 539-668, 2 Abb.
STANIER, R.Y. & VAN NIEL, C.B. 1941: The main outlines of bacterial classification. – J. Bacteriol. **42**: 437-466.
STANIER, R.Y. & VAN NIEL, C.B. 1962: The concept of a bacterium. - Arch. Mikrobiol. **42**: 17-35.
STANLEY, S.M. 1979: Macroevolution. Pattern and process. XI + 332 S., ill. – San Francisco: Freeman.
STAPF, O. (Edit.) 1929-31, 1941: Index Londinensis to illustrations of Flowering Plants, Ferns and Fern Allies (= Iconum botanicum index Londinensis sive G. A. Pritzelii Iconum botanicarum index locupletissimus emendatus auctus et ad annum MCMXX productus). 6 Vol. + 2 Vol. Suppl. (W.C. WORSDELL, Edit. A.W. HILL) 1941. – Oxford.
STARR, M.P. 1975: A generalized scheme for classifying organismic associations. In: JENNINGS, D.H. & LEE, D.L. (Edit.): Symbiosis. – Symp. Soc. Exp. Biol. **29**: 1-20.
STAUFFER, H.U. 1963: Gestaltwandel bei Blütenständen von Dicotyledonen. – Bot. Jahrb. Syst. **82**: 216-251, 13 Abb.
STAUFFER, R.C. 1957: Haeckel, Darwin, and ecology. – Quart. Rev. Biol. **32**: 138-144.
STEARN, W.T. 1949: The use of the term „clone". – J. Roy. Hort. Soc. **74**: 41-47.
STEARN, W.T. (Edit.) 1953: International code of nomenclature for cultivated plants. 29 S. – London: Royal Horticultural Society.
STEARN, W.T. 1955: Linnaeus's ‚Species Plantarum' and the language of botany. – Proc. Linn. Soc. London **165**: 158-164.

STEARN, W.T. 1957: An introduction to the Species Plantarum and cognate botanical works of Carl Linnaeus. In: LINNAEUS, C., Species Plantarum. A Facsimile of the first edition. Vol. 1. XIV + 50 S., 3 Abb. – London: Ray Society.
STEARN, W.T. 1965: The five brethren of the rose: an old botanical riddle. – Huntia **2**: 180-184, 1 Abb.
STEARN, W.T. 1971: Sources of information about botanic gardens and herbaria.– Biol. J. Linn. Soc. **3**: 225-233.
STEARN, W.T. 1992: Botanical Latin. History, grammar, syntax, terminology and vocabulary. 4. Aufl. xiv + 546 S. – Newton Abbot: David & Charles.
STEARNS, S.C. 1996: Life-history tactics: a review of the ideas. – Quarterly Rev. Biol. **51**: 3-47, 9 Abb., 6 Tab.
STEBBINS, G.L. 1947: Types of polyploids: their classification and significance. – Advances Genet. **1**: 403-429.
STEBBINS, G.L. 1950: Variation and evolution of plants. XX + 643 S., 55 Abb. – New York: Columbia Univ. Press.
STEBBINS, G.L. 1957: Self fertilization and population variability in the higher plants. – Amer. Nat. **91**: 337-354, 1 Abb., 1 Tab.
STEBBINS, G.L. 1970: Transference of function as a factor in the evolution of seeds and their accessory structures. – Israel J. Bot. **19**: 59-70.
STEBBINS, G.L. 1970/71: Adaptive radiation of reproductive characteristics in angiosperms. I. Pollination mechanisms. II. Seeds and seedlings. – Annual Rev. Ecol. Syst. **1**: 307-326; **2**: 237-260.
STEBBINS, G.L. 1974: Flowering plants. Evolution above the species level. XVIII + 399 S., ill. – Cambridge, Mass.: Belknap, Harvard Univ. Press.
STEENIS, C.G.G.J. VAN 1932: Botanical results of a trip to the Anambas and Natoena islands. – Bull. Jard. Bot. Buitenzorg sér. III. **12**: 151-211, 11 Abb.
STEENIS, C.G.G.J. VAN 1957: Specific and infraspecific delimitation. In: Flora Malesiana Ser. I. **5**: CLXVI-CCXXXIV, 7 Abb.
STEENIS, C.G.G.J. VAN 1981: Rheophytes of the world. An account of the floodresistant flowering plants and ferns and the theory of autonomous evolution. XV + 407 S., 47 Abb. – Alphen aan de Rijn etc.: Sijthoff & Noordhoff.
STELEANU, A. 1989: Geschichte der Limonologie und ihrer Grundlagen. 441 S. – Frankfurt a.M.: Haag & Herchen.
STEPHENS, E.L. 1909: The embryo-sac and embryo of certain Penaeaceae. – Ann. Bot. (London) **23**: 363-378, 2 Abb.
STERLING, C. 1963: Structure of the male gametophyte in Gymnosperms. – Biol. Rev. **38**: 167-203.
STERN, C. & SCHAEFFER, E.W. 1943: On wild-type iso-alleles in *Drosophila melanogaster*. – Proc. Natl. Acad. Sci. U.S.A. **29**: 361-367.
STERNBERG, C.M.v. 1820-38: Versuch einer geognostisch-botanischen Darstellung der Flora der Vorwelt ... Heft 1-8. 220 + LXXXI, 59 + 68 Taf. – Prag.
STEVENS, P.F. 1984: Homology and phylogeny: morphology and systematics. – Syst. Bot. **9**: 395-409.
STEVENS, P.F. 1994: The development of biological systematics: Antoine-Laurent de Jussieu, nature, and the natural system. XXIII + 616 S. – New York: Columbia University.
STEVENS, P.F. & CULLEN, S.P. 1990: Linnaeus, the cortex-medulla theory, and the key to his understanding of plant form and natural relationships. – J. Arnold Arbor. **71**: 179-220, 3 Abb., 2 Tab.
STEVENS, R.A. & MARTIN, E.S. 1978: A new ontogenetic classification of stomatal types. – Bot. J. Linn. Soc. **77**: 53-64.
STEWART, C.-B. 1993: The powers and pitfalls of parsimony. – Nature **361**: 603-607.
STEWART, W.N. 1947: A comparative study of stigmarian appendages and *Isoetes* roots. – Amer. J. Bot. **34**: 315-324.
STORK, H.E. 1956: Epiphyllous flowers. – Bull. Torrey Bot. Club **83**: 338-341, ill.

STOSCH, H.A.v. 1962: Über das Perizonium der Diatomeen.– Vorträge Gesamtgeb. Bot. N.F. **1**: 43-52, 4 Abb., 1 Taf.
STOSCH, H.A.v. 1975: An amended terminology of the Diatom girdle. – Beih. Nova Hedwigia **53**: 1-28, 7 Taf., 18 Abb. (= Third Symp. Diatoms).
STOUT, A.B. 1917: Fertility in *Cichorium intybus*: the sporadic occurrence of self-fertile plants among the progeny of self-sterile plants. – Amer. J. Bot. **4**: 375-395.
STOWE, B.B. & YAMAKI, T. 1957: The history and physiological action of the gibberelins. – Annual Rev. Pl. Physiol. **8**: 181-216, 3 Tab.
STRAKA, H. 1980: Sculpture - structure in the sense of Potonié. – Grana **19**: 157-158.
STRASBURGER, E. 1866/67: Ein Beitrag zur Entwicklungsgeschichte der Spaltöffnungen. – Jahrb. Wiss. Bot. **5**: 297-342.
STRASBURGER, E. 1869/70: Die Befruchtung bei den Farnkräutern. – Jahrb. Wiss. Bot. **7**: 390-408, 2 Taf.
STRASBURGER, E. 1873: Ueber *Azolla*. 86 S., 7 Taf. – Jena.
STRASBURGER, E. 1875: Ueber Zellbildung und Zelltheilung. IX + 256 S., 7 Taf. – Jena.
STRASBURGER, E. 1877: Ueber Befruchtung und Zelltheilung. – Jenaische Z. Naturwiss. **11** (N.F. 4): 436-536.
STRASBURGER, E. 1878: Ueber Befruchtung und Zelltheilung. 108 S., 9 Taf. – Jena [Nachdruck des vorigen].
STRASBURGER, E. 1879: Die Angiospermen und die Gymnospermen. 173 S., 22 Taf. – Jena.
STRASBURGER, E. 1882 a: Ueber den Theilungsvorgang der Zellkerne und das Verhältniss der Kerntheilung zur Zelltheilung. – Arch. Mikroskop. Anat. **21**: 476-590.
STRASBURGER, E. 1882 b: Ueber den Bau und das Wachsthum der Zellhäute. XVI + 264 S., 7 Taf. – Jena.
STRASBURGER, E. 1884 a: Die Controversen der indirecten Kerntheilung. – Arch. Mikroskop. Anat. **23**: 246-304.
STRASBURGER, E. 1884 b: Neue Untersuchungen über den Befruchtungsvorgang bei den Phanerogamen als Grundlage für eine Theorie der Zeugung. XI + 176 S., 2 Taf. – Jena.
STRASBURGER, E. 1884 c: Das botanische Practicum. [1. Aufl.]. XXXVI + 664 S., ill. – Jena.
STRASBURGER, E. 1891: Ueber den Bau und die Verrichtungen der Leitungsbahnen in den Pflanzen. X + 1000 S., 17 Abb., 5 Taf. = Histol. Beitr. **3**. – Jena.
STRASBURGER, E. 1892: Ueber das Verhalten des Pollens und die Befruchtungsvorgänge bei den Gymnospermen. – Histol. Beitr. **4**: 1-46, 2 Taf.
STRASBURGER, E. 1894: Ueber periodische Reduktion der Chromosomenzahl im Entwicklungsgang der Organismen. – Biol. Centralbl. **14**: 817-838, 848-866. [engl. in Ann. Bot., London **8**: 281-316].
STRASBURGER, E. 1901: Ueber Plasmaverbindung pflanzlicher Zellen. – Jahrb. Wiss. Bot. **36**: 493-610, 2 Taf.
STRASBURGER, E. 1905: Typische und allotypische Kernteilung. Ergebnisse und Erörterungen. – Jahrb. Wiss. Bot. **42**: 1-71, 1 Taf.
STRASBURGER, E. 1907 a: Die Ontogenie der Zelle seit 1875. – Progr. Rei Bot. **1**: 1-138, 40 Abb.
STRASBURGER, E. 1907 b: Über die Individualität der Chromosomen und die Pfropfhybriden-Frage. – Jahrb. Wiss. Bot. **44**: 482-555, 3 Taf.
STRASBURGER, E. 1910: Chromosomenzahl. – Flora **100**: 398-446, 1 Taf.
STRASBURGER, E. , NOLL, F., SCHENCK, H. & SCHIMPER, A.F.W. 1894: Lehrbuch der Botanik für Hochschulen. [1. Aufl.]. VI + 558 S., 577 Abb. – Jena.
STRASBURGER, E. , NOLL, F., SCHENCK, H. & SCHIMPER, A.F.W. 1898: Lehrbuch der Botanik für Hochschulen. 3. Aufl. VIII + 570 S., 617 Abb. – Jena.
STRAUSS, G., HASS, U. & HARRAS, G. 1989: Brisante Wörter von Agitation bis Zeitgeist. Ein Lexikon zum öffentlichen Sprachgebrauch. – Schrift. Inst. Deutsche Sprache **2**. 778 S. – Berlin & New York: de Gruyter.
STRÖMBERG, R. 1937: Theophrastea. Studien zur botanischen Begriffsbildung. – Göteborgs Kungl. Vetensk. Vitterhets Samhälles Handl., 5. Reihe Ser. A, **6**, no. 4: 1-235.

STROMEYER, F. 1800: Commentatio inauguralis sistens historiae vegetabilium geographicae specimen. Diss. Univ. Göttingen. [VIIII] + 30 S. – Göttingen.
STROMEYER, F. 1815: Notiz über ein von ihm aufgefundenes höchst empfindliches Reagens für die Jode. – Gött. Gel. Anz. **1815**, I: 81-87.
STRUGGER, S. 1950: Über den Bau der Proplastiden und Chloroplasten. – Naturwissenschaften **37**: 166-167.
STUBBE, H. 1954: Über die vegetative Hybridisierung von Pflanzen. Versuche an Tomatenmutanten. – Kulturpflanze **2**: 185-236, 9 Abb., 4 Tab.
STUBBE, H. 1965: Kurze Geschichte der Genetik bis zur Wiederentdeckung der Vererbungsregeln Gregor Mendels. 2. Aufl. XIV + 272 S., 42 Abb. Jena: VEB G. Fischer.
STUBBE, H. & WETTSTEIN, F.v. 1941: Über die Bedeutung von Klein- und Großmutationen für die Evolution. – Biol. Zentralbl. **61**: 265-297, 9 Abb., 8 Tab.
STUDNICKA, F.K. 1927: Joh. Ev. Purkinjes und seiner Schule Verdienste um die Entdeckung tierischer Zellen und um die Aufstellung der „Zellen"-Theorie. – Prace Morav. Přír. Společn. **4**,4: 1-72.
STUDNICKA, F.K. 1933: Matthias Jacob Schleiden und die Zellentheorie von Theodor Schwann. – Anat. Anz. **76**: 80-95.
STUDNICKA, F.K. 1937: Noch einiges über das Wort Protoplasma. – Protoplasma **27**: 619-625.
STÜTZEL, Th. & BRIECHLE, M. 1990: Saugschuppen bei Eriocaulaceen. Untersuchungen zum Wasserhaushalt und mögliche Konsequenzen für die Phylogenie der Eriocaulaceen. – Flora **184**: 81-89, 4 Abb.
STUPPY, W. 1996: Systematische Morphologie und Anatomie der Samen der biovulaten Euphorbiaceen. Diss. rer. nat. Univ. Kaiserslautern. III + 368 S., ill.
STURTEVANT, A.H. 1925: The effects of unequal crossing over at the bar locus in *Drosophila*. – Genetics **10**: 117-147, 1 Taf., 26 Tab.
STURTEVANT, A.H. 1926: A crossover reducer in *Drosophila melanogaster* due to inversion of a section of the third chromosome. – Biol. Zentralbl. **46**: 697-702.
STURTEVANT, A.H. 1965: A history of genetics. VIII + 165 S. – New York: Harper & Row.
STYLES, B.T. (Edit.) 1986: Infraspecific classification of wild and cultivated plants. XIV + 435 S., ill. = Syst. Ass. Special Vol. **29**. – Oxford: Clarendon Press.
SUGIYAMA, J. (Edit.) 1987: Pleomorphic fungi: The diversity and its taxonomic implications. XV + 325 S., ill. – Tokyo: Kodanska & Amsterdam etc.: Elsevier.
SUKOPP, H. 1995: Neophytie und Neophytismus. In: BÖCKER, R., GEBARDT, H., KONOLD, H. & SCHMIDT-FISCHER, S. (Edit.): Gebietsfremde Pflanzenarten. S. 3-32. – Landsberg: ecomed.
SUKOPP, H. 2001: Neophyten. – Bauhinia **15**: 19-37, 3 Tab.
SUTTON, W.S. 1903: The chromosomes in heredity. – Biol. Bull. Mar. Biol. Lab. Woods Hole **4**: 231-248.
SVEDELIUS, N. 1915: Zytologisch-entwicklungsgeschichtliche Studien über *Scinaia furcellata*. Ein Beitrag zur Frage der Reduktionsteilung der nicht tetrasporenbildenden Florideen. – Nova Acta Regiae Soc. Sci. Upsal.ser. 4. **4**, no. 4: 1-55.
SWAMY, B.G.L. & PARAMESWARAN, N. 1962: The helobial endosperm. – Biol. Rev. **38**: 1-50.
SWINBURNE, R.G. 1964: The presence-absence theory. – Ann. Sci. **18**: 131-145.
SYLVESTER-BRADLEY, P.C. (Edit.) 1956: The species concept in palaeontology. – Syst. Ass. Publ. **2**. 145 S. London: Syst. Ass.
TÄCKHOLM, G. 1922: Zytologische Studien über die Gattung *Rosa*. – Acta Horti Berg. **7**: 97-381, 56 Abb.
TAKHTAJAN, A. 1959: Die Evolution der Angiospermen. VIII + 344 S., 43 Abb. – Jena: VEB Fischer.
TAKHTAJAN, A. 1964: The taxa of the higher plants above the rank of order. – Taxon **13**: 160-164.
TAKHTAJAN, A. 1976: Neoteny and the origin of the flowering plants. - In: BECK, Ch.B. (Edit.): Origin and early evolution of angiosperms. S. 207-219. – New York & London: Columbia Univ. Press.

TAKHTAJAN, A. 1991: Evolutionary trends in flowering plants. X + 241 S., 21 Abb. – New York: Columbia Univ. Press.
TANGL, E. 1879: Ueber offene Communicationen zwischen den Zellen des Endosperms einiger Samen. – Jahrb. Wiss. Bot. **12**: 170-190, 3 Taf.
TANSLEY, A.G. 1935: The use and abuse of vegetational concepts and terms. – Ecology **16**: 284-307.
TANSLEY, A.G. & CHICK, E. 1901: Notes on the conducting tissue-system in Bryophyta. – Ann. Bot. (London) **15**: 1-38, 2 Taf.
TARGIONI TOZZETTI, A. 1855: Saggio di studi intorno al guscio dei semi. – Mem. Reale Accad. Sci. Torino, Ser. 2, **15**: 359-443, 4 Taf.
TAYLOR, F.J.R. 1974: Implications and extensions of the serial endosymbiosis theory of the origin of Eukaryotes. – Taxon **23**: 229-258.
TAYLOR, F.J.R. (Edit.) 1987: The biology of Dinoflagellates. Bot. Monogr. **21**. XII + 785 S., ill. – Oxford etc.: Blackwell.
TEPPNER, H. 1980: A propos Cytogeographie - einige Gedanken zum Benennen karyologischer Arbeitsrichtungen. – Phyton (Horn) **20**: 117-128.
TERNETZ, Ch. 1912: Beiträge zur Morphologie und Physiologie der *Euglena gracilis* Klebs. – Jahrb. Wiss. Bot. **51**: 435-514, 1 Taf.
THELLUNG, A. 1905: Einteilung der Ruderal- und Adventivflora in genetische Gruppen. In: NÄGELI, O. & THELLUNG, A., Die Flora des Kantons Zürich. I. Teil. – Vierteljahrsschr. Naturf. Ges. Zürich **50**: 232-236.
THELLUNG, A. 1912: La flore adventice de Montpellier. – Mém. Soc. Sci. Nat. Cherbourg **38**: 57-728.
THELLUNG, A. 1922: Zur Terminologie der Adventiv- und Ruderalfloristik. – Allg. Bot. Zeitschr. **24/25**: 36-42.
THELLUNG, A. 1925: Kulturpflanzen-Eigenschaften bei Unkräutern. – Veröff. Geobot. Inst. Rübel **3**: 745-762 (Festschrift C. SCHRÖTER).
THEOBALD, W.L., KRAHULIK, J.L. & ROLLINS, R.C. 1979: Trichome description and classification. In: METCALFE, C.R. & CHALK, L.: Anatomy of the Dicotyledons, 2. Aufl. **1**: 40-53. Oxford: Clarendon.
THIENEMANN, A. 1910: Die Stufenfolge der Dinge, der Versuch eines natürlichen Systems der Naturkörper aus dem achtzehnten Jahrhundert. Eine histor. Skizze. – Zool. Anz. **3**: 185-274.
THIENEMANN, A. 1921: Seetypen. – Naturwissenschaften **9**: 343-346.
THOMAS, F. 1873: Beiträge zur Kenntnis der Milbengallen und der Gallmilben. Die Stellung der Blattgallen an den Holzgewächsen und die Lebensweise von *Phytoptus*. – Z. Gesammten Naturwiss. Berlin **42**: 513-537.
THOMAS, H.H. 1933: The old morphology and the new. – Proc. Linn. Soc. London **145**: 17-32 [33-46: Diskussion].
THOMAS, O. 1893: Suggestions for the more definite use of the word „Type" and its compounds, as denoting specimens of a greater or less degree of authenticity. – Proc. (Gen. Meetings Sci. Bus.) Zool. Soc. London **1893**: 241/242
THORN, K. 1957: Praealpin – dealpin. Wandlungen eines Arealbegriffes. – Mitt. Florist.-Soziol. Arbeitsgem. N.F. **6/7**: 79-89.
THORPE, J.P. 1982: The molecular clock hypothesis: biochemical evolution, genetic differentiation and systematics. – Annual Rev. Biol. Syst. **13**: 139-168.
THURET, G. 1844: Note sur le mode de reproduction du *Nostoc verrucosum*. – Ann. Sci. Nat. Bot. sér. 3. **2**: 319-323, 1 Taf.
THURET, G. 1850: Recherches sur les zoospores des Algues et les anthéridies des Cryptogames. – Ann. Sci. Nat. Bot. sér. 3. **14**: 214-260.
THURET, G. 1852: Note sur la fécondation des Fucacées. – Mém. Soc. Sci. Nat. Cherbourg **1**: 161-167.
THURET, G. 1853: Sur la fécondation des Fucacées. – Compt. Rend. Hebd. Séances Acad. Sci. **36**: 745-748.

THURET, G. 1875: Essai de classification des Nostochinées. – Ann. Sci. Nat. Bot. sér. 6. 1: 372-382.
THURMANN, J. 1849: Essai de phytostatique appliqué à la chaîne du Jura et aux contrées voisines. Vol. 1. XII + 444 S., 3 Taf. – Bern.
THURSTON, E.L. & LERSTEN, N.R. 1969: The morphology and toxicology of plant stinging hairs. – Bot. Rev. **35**: 393-412.
TIDICAEUS, P. 1582: Phytologia generalis, capitibus aliquot complectens ea quae ad plantarum essentiam naturamque universim explicandam pertinent. [68 S.]. – Diss. Lipsiae. [n.v., zit. nach PRITZEL 1872].
TIEGHEM, Ph.VAN 1882: Sur quelques points de l'anatomie des Cucurbitacées. – Bull. Soc. Bot. France **29**: 277-283.
TIEGHEM, Ph.VAN 1881-84: Traité de botanique. XXXII + 1656 S., 803 Abb. – Paris.
TIEGHEM, Ph.VAN 1891: Traité de botanique. 2. Aufl. XXXI + 1855 S., ill. – Paris [n.v., zit. nach R. SCHMID 1982].
TIEGHEM, Ph.VAN 1893: Sur la classification des Basidiomycètes. – J. Bot. (Morot) **7**: 77-87.
TIEGHEM, Ph.VAN 1897 a: Sur les Inséminées à nucelle pourvu d'un seul tégument, formant la subdivision des Unitegminées ou Icacinacées. – Compt. Rend. Hebd. Séances Acad. Sci. **124**: 839-844.
TIEGHEM, Ph.VAN 1897 b: Sur les Inséminées à nucelle pourvu de deux téguments, formant la subdivision des Bitegminées. – Compt. Rend. Hebd. Séances Acad. Sci. **124**: 871-876.
TIEGHEM, Ph.VAN 1898: Structure de quelques ovules et parti qu'on en peut tirer pour améliorer la classification. – J. Bot. (Morot) **12**: 197-220.
TIEGHEM, Ph.VAN 1900: Sur les dicotylédones du groupe des Homoxylées. – J. Bot. (Morot) **14**: 259-297, 330-361.
TIEGHEM, Ph.VAN 1901: L'hypostase, sa structure et son rôle constants, sa position et sa forme variables. – Bull. Mus. Hist. Nat. (Paris) **7**: 412-418.
TIEGHEM, Ph.VAN & DOULIOT, H. 1886: Sur la polystélie. – Ann. Sci. Nat. Bot. sér. 7. **3**: 275-322.
TIEGHEM, Ph.VAN & DOULIOT, H. 1888: Recherches comparatives sur l'origine des membres endogènes dans les plantes vasculaires. – Ann. Sci. Nat. Bot. sér. 7. **8**: 1-660, 40 Taf.
TILLICH, H.-J. 1977: Vergleichend-morphologische Untersuchungen zur Identität der Gramineen-Primärwurzel. – Flora **166**: 415-421.
TILNEY-BASSETT, R.A.E. 1986: Plant chimeras. 199 S., ill. – London: Arnold.
TIMONIN, A.C. 1995: Ontogenetic basis for classification of stomatal complexes – a reapproach. – Flora **190**: 185-195, 4 Abb.
TISCHLER, G. 1917: Chromosomenzahl, -Form und -Individualität im Pflanzenreiche. – Progr. Rei Bot. **5**: 164-284.
TISCHLER, G. 1937: On some problems of cytotaxonomy and cytoecology. – J. Indian Bot. Soc. **16**: 165-169.
TOBLER, F. 1939: Die mechanischen Elemente und das mechanische System. 56 S., 42 Abb. = Handb. Pflanzenanat. I. Abt., 2. Teil. **4**. – Berlin.
TODD, J.E. 1882: On the flowers of *Solanum rostratum* and *Cassia chamaecrista*. – Amer. Naturalist **16**: 281-287.
TOMLINSON, P.B. 1960: Seedling leaves in palms and their morphological significance. – J. Arnold Arbor. **41**: 414-428.
TOMLINSON, P.B. 1984: Homology: an empirical view. – Syst. Bot. **9**: 374-381.
TOMLINSON, P.B. & ZIMMERMANN, M.H. 1969: Vascular anatomy of monocotyledons with secondary growth - an introduction. – J. Arnold Arbor. **50**: 159-179, ill.
TORT, M. (Edit.) 1996: Dictionnaire du Darwinisme et de l'évolution. 3 Vol. XIV + 4862 S. – Paris: Presses universitaires de France.
TOURNEFORT, J.P. de 1700: Institutiones rei herbariae. Editio altera, gallica longe auctior. Vol. **1**. 697 S. – Paris.
TRAPP, A. 1956: Zur Morphologie und Entwicklungsgeschichte der Staubblätter sympetaler Blüten. (Botanische Studien 5). 93 S., 65 Abb. – Jena: VEB Fischer.

TRATTINICK, L. 1804-06: Fungi austriaci, iconibus illustrati. IV + 202 S. 18 Taf. – Wien [n.v., kaum veränderter Neudruck: Wien 1830].
TRATTINICK, L. 1823: Rosacearum Monographia. Vol. 1. XXII + 86 + 130 S. – Wien.
TRAUTMANN, J.Ch. 1988: Camillo Golgi (1843-1926) und die Entdeckung des „apparato reticolare interno" (Golgi-Apparat). 116 + 74 S., 17 Abb. – Diss. med. Mediz. Univ. Lübeck.
TRÉCUL, A. 1846: Recherches sur l'origine des racines. – Ann. Sci. Nat. Bot. sér. 3. **6**: 303-345.
TREHANE, P. (Edit.) 1995: International code of nomenclature for cultivated plants. - 1995 (ICNCP or Cultivated plant code). Regn. Veget. **133**. XVI + 175 S. – Wimborne, U.L.: Quarter Jack.
TREUB, M. 1879: Notes sur l'embryogénie de quelques Orchidées. – Verh. Kon. Akad. Wetensch. **19**: 1-50, 8 Taf.
TREUB, M. 1889 a: Études sur les Lycopodiacées. VIII. Considerations théoriques. – Ann. Jard. Bot. Buitenzorg **8**: 23-34.
TREUB, M. 1889 b: Les bourgeons floraux du *Spathodea campanulata* Beauv. – Ann. Jard. Bot. Buitenzorg **8**: 38-46, 3 Taf.
TREUB, M. 1891: Sur les Casuarinées et leur place dans le système naturel. – Ann. Jard. Bot. Buitenzorg **10**: 145-231.
TREVIRANUS, G.R. 1802: Biologie oder Philosophie der lebenden Natur für Naturforscher und Aerzte. **1**. Band. XIV + 470 S. – Göttingen.
TREVIRANUS, G.R. 1803: Biologie oder Philosophie der lebenden Natur für Naturforscher und Aerzte. **2**. Band. IV + 508 S. – Göttingen.
TREVIRANUS, L.C. 1806: Vom inwendigen Bau der Gewächse und von der Saftbewegung in denselben. XX + 208 S., 2 Taf. – Göttingen.
TREVIRANUS, L.C. 1863: Amphicarpie und Geocarpie. – Bot. Zeitung **21**: 145-147.
TROLL, W. 1928 a: Organisation und Gestalt im Bereich der Blüte. XIII + 413 S., 312 Abb. – Berlin.
TROLL, W. 1928 b: Zur Auffassung des parakarpen Gynaeceums und des coenocarpen Gynaeceums überhaupt. – Planta **6**: 255-276, 16 Abb.
TROLL, W. 1931: Beiträge zur Morphologie des Gynaeceums. I. Über das Gynaeceum der Hydrocharitaceen. – Planta **14**: 1-18, 12 Abb.
TROLL, W. 1932 a: Über Diplophyllie und verwandte Erscheinungen. – Planta **15**: 355-406, 35 Abb
TROLL, W. 1932 b: Morphologie der schildförmigen Blätter. – Planta **17**: 153-314, 95 Abb.
TROLL, W. 1933: Verzeichnis der mit Schild- bzw. Schlauchblättern versehenen Angiospermen. – Bot. Jahrb. Syst. **65**: 559-596.
TROLL, W. 1934 a: Grundsätzliches zum Stigmarien-Problem. – Flora **129**: 94-112, 5 Abb.
TROLL, W. 1934 b: Beiträge zur Morphologie des Gynaeceums III. Über das Gynaeceum von *Nigella* und einiger anderer Helleboreen. – Planta **21**: 266-291, 22 Abb.
TROLL, W. 1934 c: Über die binsenähnlichen Blattformen bei Umbelliferen. – Planta **23**: 1-18, 15 Abb.
TROLL, W. 1935-37: Vergleichende Morphologie der höheren Pflanzen. **1**. Band, 1. Teil. VII + IV + XII + 955 S. – Berlin.
TROLL, W. 1938-39: Vergleichende Morphologie der höheren Pflanzen. **1**. Band, 2. Teil. S. 957-2005, ill. – Berlin.
TROLL, W. 1940-42 (43 ?): Vergleichende Morphologie der höheren Pflanzen. **1**. Band, 3. Teil. S. 2007-2736, ill. - Berlin.
TROLL, W. 1942: Gestalt und Urbild. Gesammelte Aufsätze zu Grundfragen der organischen Morphologie. 2. Aufl. 182 S., 30 Abb. (= Die Gestalt Heft **2**). – Halle (Saale).
TROLL, W. 1949 a: Über die Grundbegriffe der Wurzelmorphologie. – Oesterr. Bot. Z. **96**: 444-452.
TROLL, W. 1949 b: Die Stiel-Spreiten-Relation als Ausdruck des Prinzips der variablen Proportionen. – Naturwissenschaften **36**: 333-338, 10 Abb.

TROLL, W. 1951: Über den Infloreszenzbegriff und seine Anwendung auf die blühende Region krautiger Pflanzen. – Akad. Wiss. Lit. Mainz, Abh. Math.-Naturwiss. Kl. **1950**(15): 375-415, 32 Abb.
TROLL, W. 1953: [Bericht der] Kommission für biologische Forschung. Botanischer Teil. – Akad. Wiss. Lit. [Mainz], Jahrb. **1953**: 39-43 [vgl. auch in Fortschr. Bot. **17**: 36-40. 1955].
TROLL, W. 1954: Praktische Einführung in die Pflanzenmorphologie. **1**. Teil: Der vegetative Aufbau. VII + 258 S., 239 Abb. – Jena: Fischer.
TROLL, W. 1957: Praktische Einführung in die Pflanzenmorphologie. **2**. Teil: Die blühende Pflanze. 420 S., 406 Abb. – Jena: Fischer.
TROLL, W. 1961 a: *Cochliostema odoratissimum* Lem. Organisation und Lebensweise. Nebst vergleichenden Ausblicken auf andere Commelinaceen. – Beitr. Biol. Pfl. **36**: 325-389, 38 Abb.
TROLL, W. 1961 b: [Bericht der] Kommission für biologische Forschung. Botanischer Teil. – Akad. Wiss. Lit. [Mainz], Jahrb. **1961**: 113-125.
TROLL, W. 1962: Über die „Prolificität" von *Chlorophytum comosum*. Beitrag zur Kenntnis einer Goethe-Pflanze. – Neue Hefte Morph. **4**: 9-68, 30 Abb., 15 Taf.
TROLL, W. 1964: Die Infloreszenzen. Typologie und Stellung im Aufbau des Vegetationskörpers. **1**. Band. XVI + 615 S., 553 Abb. – Stuttgart: Fischer.
TROLL, W. & HÖHN, K. 1973: Allgemeine Botanik. Ein Lehrbuch auf vergleichend-biologischer Grundlage. 4. Aufl. XIX + 994 S., 712 Abb. – Stuttgart: Enke.
TROLL, W. & MEISTER, A. 1951: Wesen und Aufgaben der Biosystematik in ontologischer Beleuchtung. – Philos. Jahrb. **61**: 1-27.
TROLL, W. & WEBERLING, F. 1989: Infloreszenzuntersuchungen an monotelen Familien. Materialien zur Infloreszenzmorphologie. VII + 490 S., 373 Abb. - Stuttgart & New York: Fischer.
TROSCHEL, I. 1880: Untersuchungen über das Mestom im Holze der dikotylen Laubbäume. – Verh. Bot. Vereins Prov. Brandenburg **21**, Abh.: 78-96, 1 Taf.
TROW, A.H. 1895: The karyology of *Saprolegnia*. – Ann. Bot. (London) **9**: 609-652, 2 Taf.
TRYON, R. 1960: A glossary of some terms relating to the fern leaf. – Taxon **9**: 104-109.
TSCHAILACHJAN, M.Ch. 1958: Hormonale Faktoren des Pflanzenblühens. – Biol. Zentralbl. **77**: 641-662, 13 Abb.
TSCHERMAK-WOESS, E. 1956: Notizen über die Riesenkerne und „Riesenchromosomen" in den Antipoden von *Aconitum*. – Chromosoma **8**: 114-134.
TSCHERNOYAROW, M. 1914: Über die Chromosomenzahl und besonders beschaffene Chromosomen im Zellkerne von *Najas major*. – Ber. Deutsch. Bot. Ges. **32**: 411-416, 1 Taf.
TSCHIRCH, A. 1882: Beiträge zu der Anatomie und dem Einrollungsmechanismus einiger Grasblätter. – Jahrb. Wiss. Bot. **13**: 544-568, 3 Taf.
TSCHIRCH, A. 1885: Beiträge zur Kenntniss des mechanischen Gewebesystems der Pflanzen. – Jahrb. Wiss. Bot. **16**: 303-335, 3 Taf.- Kurzfass.: Ber. Deutsch. Bot. Ges. **3**: 73-75. 1885.
TSCHIRCH, A. 1888 („1889"): Angewandte Pflanzenanatomie. **1**. Band. Allgemeiner Theil. Grundriss der Anatomie. 548 S., 614 Abb. – Wien & Leipzig.
TSCHIRCH, A. 1905: Über die Heterorhizie bei Dikotylen. – Flora **94**: 68-78, 16 Abb.
TSCHULOK, S. 1910: Das System der Biologie in Forschung und Lehre. Eine historisch-kritische Studie. X + 410 S. – Jena.
TSENG, C.K. & CHANG, T.J. 1955: Studies on the life history of *Porphyra tenera* Kjellm. – Sci. Sin. **4**: 375-398.
TULASNE, L.-R. 1849: Etudes d'embryogénie végétale. – Ann. Sci. Nat. Bot. sér. 3. **12**: 21-137, 5 Taf.
TULASNE, L.-R. 1851: Note sur l'appareil reproducteur dans le lichens et les champignons. – Compt. Rend. Hebd. Séances Acad. Sci. **32**: 427-430, 470-475 und in: Ann. Sci. Nat. Bot. sér. 3. **15**: 370-380.
TULASNE, L.-R. 1852: Mémoire pour servir à l'histoire organographique et physiologique des lichens. – Ann. Sci. Nat. Bot. sér. 3. **17**: 5-128, 153-249.
TULASNE, L.-R. 1860: De quelques Sphéries fongicoles, à propos d'un mémoire de M. Antonine de Bary sur les *Nyctalis*. – Ann. Sci. Nat. Bot. sér. 4. **13**: 5-19.

TURESSON, G. 1922 a: The species and the variety as ecological units. – Hereditas **3**: 100-113, 6 Abb.
TURESSON, G. 1922 b: The genotypical response of the plant species to the habitat. – Hereditas **3**: 211-350, 79 Abb., 29 Tab.
TURESSON, G. 1923: The scope and import of genecology. – Hereditas **4**: 171-176.
TURESSON, G. 1926/27: Studien über *Festuca ovina* L. I. Normalgeschlechtliche, halb- und ganzvivipare Typen nordischer Herkunft. – Hereditas **8**: 161-206, 15 Abb.
TURESSON, G. 1929: Zur Natur und Begenzung der Arteinheiten. – Hereditas **12**: 323-334.
TURPIN, P. 1806: Sur l'organe par lequel le fluide fécondant peut s'introduire dans l'ovule des végétaux. – Ann. Mus. Hist. Nat. **7**(3): 199-211.
TURPIN, P. 1819: Mémoire sur l'inflorescence des Graminées et des Cypérées, comparée avec celle des autres végétaux sexifères; suivi de quelques observations sur les disques. – Mém. Mus. Hist. Nat. (Paris) **5**: 426-492, 2 Taf.
TURPIN, P. 1828: Observations sur le nouveau genre *Surirella*. – Mém. Mus. Hist. Nat. **16**: 361-368, 1 Taf.
TURPIN, P. 1830: Mémoire sur l'organisation intérieure et extérieure des tubercules du *Solanum tuberosum* et de l'*Helianthus tuberosus*, considérés comme une véritable tige souterraine, – Mém. Mus. Hist. Nat. Paris **19**: 1-56, 5 Taf.
TURRILL, W.B. 1936: Contacts between plant classification and experimental botany. – Nature **137**: 563-566.
TURRILL, W.B. 1938: The expansion of taxonomy, with special reference to the Spermatophyta. – Biol. Rev. Cambridge Philos. Soc. **13**: 342-373.
TURRILL, W.B. 1942: Taxonomy and phylogeny. – Bot. Rev. **8**: 247-270, 473-532, 655-707.
TURRILL, W.B. 1946: The ecotype concept; a consideration with appreciation and criticism, especially of recent trends. – New Phytol. **45**: 34-43.
UBISCH, G.v. 1927: Zur Entwicklungsgeschichte der Antheren. – Planta **3**: 490-495, 8 Abb.
UBRIZSY, A. 1980: Erste unmittelbare Erkenntnisse bezüglich der Existenz der Sporen. – Schweiz. Z. Pilzk. **58**: 54-59.
ULBRICH, E. 1924: Präparations-, Konservierungs- und Frischhaltungsmethoden für pflanzliche Organismen und Anleitung für die Ordnung und Aufbewahrung von Sammlungen konservierter Pflanzen. In: Handb. Biol. Arbeitsmeth. Abt. **XI. 1**: 689-960, 28 Abb.
ULBRICH, E. 1928: Biologie der Früchte und Samen (Karpobiologie). 230 S., 51 Abb. = Biol. Studienbücher **6**. – Berlin.
ULE, E. 1915: Biologische Beobachtungen im Amazonasgebiet. 19 S., 4 Taf. = Vorträge aus dem Gesamtgebiet der Botanik **3**. – Berlin.
UNDERWOOD, G. 1954: Categories of adaptation. – Evolution **8**: 365-377.
UNGER, F. 1832: Ueber das Daseyn, die Form und den Zweck der sogenannten Poren (richtiger Tüpfel) der Zellgewebswandung. – Flora **15**, II: 577-586.
UNGER, F. 1833: Die Exantheme der Pflanzen und einige mit diesen verwandte Krankheiten der Gewächse pathogenetisch und nosographisch dargestellt. XII + 422 S., 7 Taf. – Wien.
UNGER, F. 1834: Ueber die Anthere von *Sphagnum*. – Flora **17**, I: 145-153, 5 Abb.
UNGER, F. 1836: Ueber den Einfluß des Bodens auf die Vertheilung der Gewächse, nachgewiesen in der Vegetation des nordöstlichen Tirol's. XXIV + 367 S., 2 Karten, 6 Tabellen. – Wien.
UNGER, F. 1840: Ueber den Bau und das Wachsthum des Dicotyledonen-Stammes. Preisschrift. 204 S., 16 Taf. – St. Petersburg.
UPHOF, J.C.Th. 1962: Plant hairs. In: Handb. Pflanzenanat. 2. Aufl. **IV, 5**: 1-206, 82 Abb., 5 Taf.
USCHMANN, G. 1967: Zur Geschichte der Stammbaumdarstellungen. In: GERSCH, M. (Edit.): Gesammelte Vorträge über moderne Probleme der Abstammungslehre **2**: 9-30, 19 Abb.
USHER, M.B. 2000: The nativeness and non-nativeness of species. – Watsonia **23**: 323-326.
VAILLANT, S. 1718: Sermo de structura florum, ... Discours sur la structure des fleurs... 56 S. – Leiden. [Engl. in Huntia **11**: 97-128, 2002].
VALE, R.D., REESE, T.S. & SHEETZ, M.P. 1985: Identification of a novel force-generating protein, kinesin, involved in microtubule-based mobility. – Cell **42**: 39-50.

VALENTIN, G. 1836: Feinere Anatomie der Sinnesorgane. – Repert. Anat. Physiol. **1**: 141-147.
VALENTINE, D.H. 1949: The units of experimental taxonomy. – Acta Biotheoret. **9**: 75-88.
VAN FLEET, D.S. 1961: Histochemistry and function of the endodermis. – Bot. Rev. **27**: 165-220.
VARGA, L. 1928: Ein interessanter Biotop der Biocönose von Wasserorganismen. – Biol. Zentralbl. **48**: 143-162, 1 Abb.
VARMA, A. & HOCK, B. (Edit.) 1995: Mycorrhiza. Structure, function, molecular biology and biotechnology. XVI + 747 S., 151 Abb., 37 Tab. – Berlin etc.: Springer.
VAUCHER, J.-P. 1841: Histoire physiologique des plantes de l'Europe. Vol. **4**. III + 637 S. – Paris.
VAVILOV, N.I. 1922: The law of homologous series in variation. – J. Genetics **12**: 47-89, 2 Taf. [Russ. Erstveröffentlichung 1920, n.v.]
VAVILOV, N.I. 1926: [Centers of origin of cultivated plants]. Trudy Prikl. Bot. Selekc. **16**, No. 2. [russ. Orig. n.v., engl. in VAVILOV 1992, S. 22-135].
VAVILOV, N.I. 1928: Geographische Genzentren unserer Kulturpflanzen. In: Verh. V. Int. Kongr. Vererbungswiss. Berlin **1**: 342-369, 6 Abb. = Z. Indukt. Abstamm. Vererbungsl. Suppl. **1**. Leipzig.
VAVILOV, N.I. 1992: Origin and geography of cultivated plants. Edit. V.F. DOROFEYEV. Translated by D. LÖVE. XXXI + 498 S., ill. – Cambridge: Univ. Press.
VEGIS, A. 1965: Ruhezustände bei höheren Pflanzen, Induktion, Verlauf und Beendigung: Übersicht, Terminologie, allgemeine Probleme. In: Handb. Pflanzenphys. **15,2**: 499-533, 4 Abb.
VEJDOVSKÝ, F. 1912 („1911/12"): Zum Problem der Vererbungsträger. 184 S., 16 Abb., 12 Taf. + Text – Prag.
VELENOVSKÝ, J. 1904: Die gegliederten Blüten. – Beih. Bot. Centralbl. **16**: 289-300, 2 Taf.
VELENOVSKÝ, J. 1905-10: Vergleichende Morphologie der Pflanzen. 1. - 3. Teil. 1216 S., 200 Abb., 2 Taf. – Prag.
VELENOVSKÝ, J. 1913: Vergleichende Morphologie der Pflanzen. 4. Teil (Supplement). 224 S., 100 Abb., 2 Taf. – Prag.
VENTENAT, E.P. 1799 [an VII]: Tableau du règne végétal, selon la méthode de Jussieu. Vol. **1**. LXXII + 627 S. – Paris.
VERBEKE, J.A. 1992: Fusion events during floral morphogenesis. – Annual Rev. Pl. Physiol. Pl. Molec. Biol. **43**: 583-598.
VERNON, K. 1988: The founding of numerical taxonomy. – Brit. J. Hist. Sci. **21**: 143-159.
VESQUE, J. 1890: De l'emploi des caractères anatomiques dans la classification des végétaux. – Bull. Soc. Bot. France **36**: XLI-LXXVII, 4 Abb. [Diskussion: LXXVII-LXXXIX].
VICKERY, H.B. 1950: The origin of the word protein. – Yale J. Biol. Med. **22**: 387-393.
VIERHAPPER, F. 1906: Monographie der alpinen *Erigeron*-Arten Europas und Vorderasiens. – Beih. Bot. Centralbl. **19**, II: 385-560, 6 Taf., 2 Karten.
VIERHAPPER, F. 1919: Über echten und falschen Vikarismus. – Oesterr. Bot. Z. **68**: 1-22.
VINES, S.H. 1878: The "pro-embryo" of *Chara*: an essay in morphology. – J. Bot. **16**: 355-363.
VITT, D.H. 1968: Sex determination in mosses. – Michigan Bot. **7**: 195-203, 20 Abb.
VLIEGENTHART, J.A. & VLIEGENTHART, J.F.G. 1966: Reinvestigation of authentic samples of auxins a and b, and related products by mass spectrometry. – Recueil Trav. Chim. Pays-Bas **85**: 1266-1272.
VÖCHTING, H. 1878: Über Organbildung im Pflanzenreich. Physiologische Untersuchungen über Wachsthumsursachen und Lebenseinheiten. Erster Theil. X + 258 S., 15 Abb., 2 Taf. – Bonn.
VÖCHTING, H. 1884: Über Organbildung im Pflanzenreich. Physiologische Untersuchungen über Wachsthumsursachen und Lebenseinheiten. Zweiter Theil. IX + 200 S., 8 Abb., 4 Taf. – Bonn.
VOGEL, S. 1954: Blütenbiologische Typen als Elemente der Sippengliederung dargestellt anhand der Flora Südafrikas. X + 338 S., 177 Abb., 5 Taf. = Botanische Studien Heft **1**. – Jena: VEB Fischer.

VOGEL, S. 1963 a: Duftdrüsen im Dienste der Bestäubung. Über Bau und Funktion der Osmophoren. – Akad. Wiss. Lit. Mainz, Abh. Math.-Naturwiss. Kl. **1962**(10): 599-763, 50 Abb., 13 Tab.
VOGEL, S. 1963 b: Das sexuelle Anlockungsprinzip der Catasetinen- und Stanhopeen-Blüten und die wahre Funktion ihres sogenannten Futtergewebes. – Oesterr. Bot. Z. **110**: 308-337, 10 Abb.
VOGEL, S. 1966: Parfümsammelnde Bienen als Bestäuber von Orchideen und *Gloxinia*. – Oesterr. Bot. Z. **113**: 302-361, 17 Abb., 2 Tab.
VOGEL, S. 1968/69: Chiropterophilie in der neotropischen Flora. Neue Mitteilungen. I.-III. – Flora, Abt. B. **157**: 562-602, 15 Abb.; **158**: 185-222, 289-323, 18 Abb.
VOGEL, S. 1969: Über synorganisierte Blütensporne bei einigen Orchideen. – Oesterr. Bot. Z. **116**: 244-262, 10 Abb.
VOGEL, S. 1971: Ölproduzierende Blumen, die durch ölsammelnde Bienen bestäubt werden. – Naturwissenschaften **58**: 58.
VOGEL, S. 1974: Ölblumen und ölsammelnde Bienen. – Trop. Subtrop. Pflanzenwelt **7**: 1-267, 75 Abb., 8 Tab.
VOGEL, S. 1977: Nektarien und ihre ökologische Bedeutung. – Apidologie **8**: 321-335.
VOGEL, S. 1978: Pilzmückenblumen als Pilzmimeten. – Flora **167**: 329-398, 23 Abb.
VOGEL, S. 1983: Ecophysiology of zoophilic pollination. In: Encycl. Pl. Phys. N.S. **12 C**: 559-624, 23 Abb., 8 Tab.
VOGEL, S. 1993: Betrug bei Pflanzen: Die Täuschblumen. – Akad. Wiss. Lit. Mainz, Abh. Math.-Naturwiss. Kl. **1993**, Nr. 1: 1-48, ill.
VOGEL, S. 1997: Remarkable nectaries: structure, ecology, organophyletic perspectives. I. Substitutive nectaries. – Flora **192**: 305-333, 13 Abb., 1 Tab.
VOGELLEHNER, D. 1983: Botanische Terminologie und Nomenklatur. Eine Einführung. 2. Aufl. 140 S. = UTB 1266. – Stuttgart: Fischer.
VOGLER, P. 1901: Ueber die Verbreitungsmittel der schweizerischen Alpenpflanzen. – Flora **89**: 1-137, 1 Abb., 4 Taf.
VOLKENS, G. 1884: Die Kalkdrüsen der Plumbagineen. – Ber. Deutsch. Bot. Ges. **2**: 334-342, 1 Taf.
VOLKENS, G. 1887: Die Flora der aegyptisch-arabischen Wüste auf Grundlage anatomisch-physiologischer Forschungen dargestellt. VIII + 156 S., 18 Taf. – Berlin.
VOSS, E.G. 1952: The history of keys and phylogenetic trees in systematic biology. – J. Sci. Lab. Denison Univ. **43**: 1-25.
VOZNESENSKAYA, E.V., FRANCESCHI, V.R., KIIRATS, O., FREITAG, H. & EDWARDS, G.E. 2001: Kranz anatomy is not essential for terrestrial C_4 plant photosynthesis. – Nature **414**: 543-546, 3 Abb., 2 Tab.
VRIES, H. de 1877: Untersuchungen über die mechanischen Ursachen der Zellstreckung ausgehend von der Einwirkung von Salzlösungen auf den Turgor wachsender Pflanzenzellen. 120 S., 1 Abb., zahlr. Tab. – Leipzig.
VRIES, H. de 1880: Ueber die Kontraktion der Wurzeln. – Landwirtsch. Jahrb. **9**: 37-80.
VRIES, H. de 1885: Plasmolytische Studien über die Wand der Vacuolen. – Jahrb. Wiss. Bot. **16**: 465-598, 4 Taf.
VRIES, H. de 1900: Das Spaltungsgesetz der Bastarde. Vorläufige Mitteilung. – Ber. Deutsch. Bot. Ges. **18**: 83-90. [Abdruck in KŘIŽENECKÝ 1965, S. 96-102]
VRIES, H. de 1901: Die Mutationstheorie. Versuche und Beobachtungen über die Entstehung der Arten im Pflanzenreich. 1.Band. Die Entstehung der Arten durch Mutation. XII + 648 S., 181 Abb., 8 Taf. – Leipzig.
VRIES, H. de 1911: Über doppeltreziproke Bastarde von *Oenothera biennis* L. und *O. muricata* L. – Biol. Centralbl. **31**: 97-104.
VUILLEMIN, P. 1902: Sporange et sporocyste. – Bull. Soc. Bot. France **49**: 16-18.
VUILLEMIN, P. 1907: Les bases actuelles de la systématique en mycologie. – Progr. Rei Bot. **2**(1): 1-170.

VUILLEMIN, P. 1910 a: Matériaux pour une classification rationelle des Fungi imperfecti. – Compt. Rend. Hebd. Séances Acad. Sci. **150**: 882-884.
VUILLEMIN, P. 1910 b: Les Conidiosporés. – Bull. Séances Soc. Sci. Nancy sér. III. **11**: 129-172.
VUILLEMIN, P. 1911: Les Aleurisporées. – Bull. Séances Soc. Sci. Nancy sér. III. **12**: 151-175.
WAAGEN, W. 1869: Die Formenreihe des *Ammonites subradiatus*. Versuch einer paläontologischen Monographie. 78 S. = Geognost.-Paläont. Beitr. **2**: 179-256, 5 Taf. – München.
WACKENRODER, H. 1831: Ueber das Oleum radicis Dauci aetherum, das Carotin, den Carotenzucker und den offizinellen succus Dauci; ... – Mag. Pharm. ed. Geiger **33**: 144-172.
WADDINGTON, C.H. 1953: The „Baldwin effect", „genetic assimilation" and „homoeostasis". – Evolution **7**: 386-387.
WAGENITZ, G. 1976: Was ist eine Achäne? Zur Geschichte eines karpologischen Begriffs. – Candollea **31**: 79-85.
WAGENITZ, G. 1983: *Centaurea* and the Index Kewensis. – Taxon **32**: 107-109.
WAGENITZ, G. 1997: Die „Scala naturae" in der Naturgeschichte des 18. Jahrhunderts und ihre Kritiker. – Jahrb. Gesch. Theorie Biol. **4**: 179-195.
WAGENITZ, G. 2001: Über das Wort „Ansalben". – Florist. Rundbr. **34**: 25-27.
WAGNER, A. [1909]: Geschichte des Lamarckismus als Einführung in die psychobiologische Bewegung der Gegenwart. VIII + 314 S., Frontispiz. – Stuttgart.
WAGNER, G. & BÖRNER, Th. 1977: Zur Etymologie von „Prokaryota" und „Eukaryota". – Biol. Rundschau **15**: 121-123.
WAGNER, M. 1868: Die Darwin'sche Theorie und das Migrationsgesetz der Organismen. VIII + 62 S. – Leipzig.
WAGNER, M. 1889: Die Entstehung der Arten durch räumliche Sonderung. Gesammelte Aufsätze. Edit. M. WAGNER. 667 S. – Basel.
WAGNER, R. 1835: Einige Bemerkungen und Fragen über das Keimbläschen (vesicula germinativa). – Arch. Anat. Physiol. Wiss. Med. **1835**(4): 373-377.
WAGNER, R.P., MAGUIRE, M.P. & STALLINGS, R.L. 1993: Chromosomes: a synthesis. IX + 523 S., ill. – New York etc.: Wiley-Liss.
WAGNER, W.H., Jr. 1952: The fern genus *Diellia*, its structure, affinities and taxonomy. – Univ. Calif. Publ. Bot. **26**(1): 1-212, 31 Abb., 21 Taf.
WAGNER, W.H., Jr. 1954: Reticulate evolution in the Appalachian Aspleniums. – Evolution **8**: 103-118.
WAGNER, W.H., Jr. 1961: Problems in the classification of ferns. In: Recent advances in botany from ... IX. Int. Bot. Congress Montreal 1959. **1**: 841-844. – Toronto.
WAGNER, W.H., Jr. 1980: Origin and philosophy of the Groundplan-divergence method of cladistics. – Syst. Bot. **5**: 173-193, 3 Abb., 1 Tab.
WAGNER, W.H., Jr. & JOHNSON, D.M. 1983: Trophopod, a commonly overlooked storage structure of potential systematic value in ferns. – Taxon **32**: 268-269.
WAHL, H.A. 1945: Alternation of generations and classification with special reference to the teaching of elementary botany. – Torreya **45**: 1-12.
WAINIO, E. 1880: Tutkimus Cladoniain phylogenetillisetä kehityksestä ... (Untersuchung über die phylogenetische Entwicklung der Cladonien). 62 S. – Helsinki [Autoref.: Bot. Centralbl. **5**: 164-166. 1881].
WAINIO, E. 1890: Étude sur la classification naturelle et la morphologie des lichens du Brésil. – Acta Soc. Fauna Fl. Fenn. **7**: I-XXIX, 1-247 (Pars prima), 1-236 (Pars secunda).
WAKKER, J.H. 1887: De Elaioplast. Een nieuw orgaan van het Protoplasma. – Maandbl. Naturw. **13**: 109-117.
WAKKER, J.H. 1888: Studien über die Inhaltskörper der Pflanzenzelle. – Jahrb. Wiss. Bot. **19**: 423-496, 4 Taf.
WALDEYER, W. 1888: Ueber Karyokinese und ihre Beziehungen zu den Befruchtungsvorgängen. – Arch. Mikroskop. Anat. **32**: 1-122, 14 Abb.
WALDEYER, W. 1901/03: Die Geschlechtszellen. In: Handbuch der vergleichenden und experimentellen Entwickelungslehre der Wirbeltiere. **1**, 1(1): 86-476, ill. – Jena.

WALLACE, A.R. 1889: Darwinism. An exposition of the theory of natural selection with some of its applications. XVI + 494 S., 37 Abb., Portr., 1 Karte. – London.
WALLROTH, F.W. 1825: Naturgeschichte der Flechten. 1. Theil. Von dem Flechtenlager im Allgemeinen. LVIII + 722 S. – Frankfurt a.M.
WALLROTH, F.W. 1833: Flora cryptogamica Germaniae. Pars II. continens Alges et Fungos. = BLUFF, M.J. & FINGERHUTH, C.A., Compendium florae Germaniae. Band 4. VIII + 923 S. – Nürnberg.
WALTER, H. 1931: Die Hydratur der Pflanze und ihre physiologisch-ökologische Bedeutung (Untersuchungen über den osmotischen Wert). XII + 174 S., 73 Abb., 125 Tab. – Jena.
WALTER, H. 1955: Die Klimagramme als Mittel zur Beurteilung der Klimaverhältnisse für ökologische, vegetationskundliche und landwirtschaftliche Zwecke. – Ber. Deutsch. Bot. Ges. **68**: 331-344, 26 Abb.
WALTER, H. 1960-67: Klimadiagramm-Weltatlas. Loseblattausgabe in drei Teilen. 55 Karten, ca. 9000 Diagramme. – Jena: Fischer.
WALTER, H. 1976: Die ökologischen Systeme der Kontinente (Biogeosphäre). Prinzipien ihrer Gliederung mit Beispielen. VI + 131 S., 63 Abb., 20 Tab. – Stuttgart & New York: Fischer.
WARBURG, O. 1892: Ueber Ameisenpflanzen (Myrmekophyten). – Biol. Centralbl. **12**: 129-142.
WARMING, E. 1873 a: Untersuchungen über Pollen bildende Phyllome und Kaulome. – Bot. Abh. Morphol. Physiol. **2**, 2. Heft: 1-90, 6 Taf.
WARMING, E. 1873 b: Sur la différence entre les trichomes et les épiblastèmes. (Dänisch). – Vidensk. Meddel. Naturhist. Foren. Kjöbenhavn **1872**: 159-205, Res. 16-27.
WARMING, E. 1895: Plantesamfund. Grundtraek af den økologiske plantegeografi. VII + 335 S. – Kopenhagen.
WARMING, E. 1896: Lehrbuch der ökologischen Pflanzengeographie. Eine Einführung in die Kenntnis der Pflanzenvereine. Deutsche Ausgabe von E. KNOBLAUCH. XII + 412 S. - Berlin.
WARMING, E. 1909: Oecology of plants. 422 S. – London.
WARMING, E. & MÖBIUS, M. 1929: Handbuch der systematischen Botanik. 4. Aufl. XVI + 526 S., 724 Abb., 1 Taf. – Berlin.
WARNER, J.R., RICH, A. & HALL, C.E. 1962: Electron microscope studies of ribosomal clusters synthesizing hemoglobin. – Science **138**: 1399-1403.
WASSERMANN, F. 1926: Zur Analyse der mitotischen Kern- und Zellteilung. – Z. Anat. Entwicklungsgesch. **80**: 344-432.
WATERBURY, J.B. & STANIER, R.Y. 1978: Patterns of growth and development in Pleurocapsalean Cyanobacteria. – Microbiol. Rev. **42**: 2-44.
WATERS, M.G., SERAFINI, T. & ROTHMAN, J.E. 1991: ‚Coatomer': a cytosolic protein complex containing subunits of non-clathrin-coated Golgi transport vesicles. – Nature **349**: 248-251, 4 Abb.
WATSON, J.D. & CRICK, F.H.C. 1953 a: A structure for deoxyribose nucleic acid. – Nature **171**: 737-738, 1 Abb.
WATSON, J.D. & CRICK, F.H.C. 1953 b: Genetical implications of the structure of deoxyribonucleic acid. – Nature **171**: 964-967, 5 Abb.
WEBB, L.C. 1959: A physiognomic classification of Australian rain forests. – J. Ecol. **47**: 551-579, 3 Abb., 4 Taf.
WEBBER, H.J. 1897: Notes on the fecundation of Zamia and the pollen tube apparatus of *Ginkgo*. – Bot. Gaz. **24**: 225-235, 1 Taf.
WEBBER, H.J. 1903: New horticultural and agricultural terms. – Science N.S. **18**: 501-503.
WEBER, C.A. 1893: Über die diluviale Vegetation von Klinge in Brandenburg und über ihre Herkunft. – Bot. Jahrb. Syst. **17**, Beibl. 40: 1-20.
WEBER, F. 1936: Das Wort Protoplasma. – Protoplasma **26**: 109-112.
WEBER, H. 1936: Vergleichend-morphologische Studien über die sproßbürtige Bewurzelung. – Nova Acta Leopold. N.F. **4**: 227-298, 41 Abb., 2 Taf.
WEBER, Herbert (Edit.) 1997 : Wörterbuch der Mikrobiologie. 652 S., 112 Abb., 19 Tab. – Jena etc.: Fischer.

WEBER, H.E., MORAVEC, J. & THEURILLAT, J.-P. 2000: International Code of Phytosociological Nomenclature. 3rd edition. – J. Veg. Sci. **11**: 739-768.
WEBERLING, F. 1955: Morphologische und entwicklungsgeschichtliche Untersuchungen über die Ausbildung des Unterblattes bei dikotylen Gewächsen. – Beitr. Biol. Pfl. **32**: 27-105, 37 Abb.
WEBERLING, F. 1981: Morphologie der Blüten und Blütenstände. 391 S., 193 Abb. – Stuttgart: Ulmer.
WEBERLING, F. 1989: Morphology of flowers and inflorescences. Translated by R.J. PANKHURST. XIV + 405 S., 193 Abb. – Cambridge: Univ. Press.
WEDDELL, H.-A. 1854: Sur les cystolithes ou concrétions calcaires des Urticacées et d'autres végétaux. – Ann. Sci. Nat. Bot. sér. 4. **2**: 257-272, ill.
WEHMEYER, L.E. 1926: A biologic and phylogenetic study of the stromatic Sphaeriales. – Amer. J. Bot. **13**: 575-645.
WEHNELT, B. 1943: Die Pflanzenpathologie der deutschen Romantik als Lehre vom kranken Leben und Bilden der Pflanzen, ihre Ideenwelt und ihre Beziehungen zu Medizin, Biologie und Naturphilosophie historisch-romantischer Zeit. 237 S., 12 Taf. – Bonn.
WEIDEL, W. & PELZER, H. 1964: Bagshaped macromolecules – a new outlook on bacterial cell walls. – Advances Enzymol. **26**: 193-232, 10 Abb.
WEILING, F. 1969: Über die Verwendung des Begriffes „genetisch" vor und zur Zeit Mendels sowie über die mögliche Herkunft des von Mendel im Sinne des heute üblichen Begriffes „Gen" benutzten Terminus „Element". – Sudhoffs Arch. **52**: 394-395.
WEIN, K. 1932: Die Wandlungen im Sinn des Wortes „Flora". – Repert. Spec. Nov. Regni Veg. Beih. **66**: 74-87.
WEINBERG, W. 1908: Über den Nachweis der Vererbung beim Menschen. – Jahresh. Vereins Vaterl. Naturk. Württemberg **64**: 369-382.
WEIS, F.W. 1770: Plantae cryptogamicae florae Gottingensis. XII + 354 S., 1 Taf.— Göttingen.
WEISMANN, A. 1883: Ueber die Vererbung. Ein Vortrag. IV + 59 S. – Jena. [abgedruckt in WEISMANN 1892, S. 73-121].
WEISMANN, A. 1885: Die Kontinuität des Keimplasmas als Grundlage einer Theorie der Vererbung. Jena.
WEISMANN, A. 1887: Über die Zahl der Richtungskörper und über ihre Bedeutung für die Vererbung. VIII + 75 S. – Jena.
WEISMANN, A. 1891: Amphimixis oder: Die Vermischung der Individuen. VI + 176 S., 12 Abb. – Jena.
WEISMANN, A. 1892: Aufsätze über Vererbung und verwandte biologische Fragen. V + 848 S., 10 Abb. – Jena.
WEISMANN, A. 1902: Vorträge über Deszendenztheorie. Vol. **1**. XII + 456 S. Vol. **2**. VI + 462 S., 3 Taf. – Jena.
WELLS, H.G., HUXLEY, J. & WELLS, G.P. 1931: The science of life. 896 S., 339 Abb. – London etc.: Cassell & Co.
WELLS, K. & WELLS, E.K. (Edit.) 1982: Basidium and basidiocarp. Evolution, cytology, function and development. Springer series in microbiology. IX + 187 S., 117 Abb. – Berlin etc.: Springer.
WELLS, K.D. 1973: William Charles Wells and the races of man. – Isis **64**: 215-225.
WENT, F.A.F.C. 1908: The development of ovule, embryo-sac and egg in Podostemaceae. – Recueil Trav. Bot. Néerl. **5**: 1-16, 1 Taf.
WERDERMANN, E. 1933: Brasilien und seine Säulenkakteen. VI + 122 S., 89 Abb., 4 Taf., 1 Karte – Neudamm
WERKER, E. 1997: Seed anatomy. Handb. Pflanzenanat. Spez. Teil X, 3. XII + 424 S., 171 Abb., 2 Tab. – Berlin & Stuttgart: Borntraeger.
WERNER, D. 1992: Symbiosis of plants and microbes. X + 389 S., ill. – London etc.: Chapman & Hall.
WERNER, F.C. 1972: Wortelemente lateinisch-griechischer Fachausdrücke in den biologischen Wissenschaften. Suhrkamp Taschenbuch **64**. 475 S. – o.O.: Suhrkamp.

WERNHAM, H.F. 1913: Floral evolution: with particular reference to the sympetalous dicotyledons. = New Phytologist Reprint 5. 151 S. – Cambridge [Reprint from New Phytol. 11, 12. 1911/12, n.v.].
WESTERKAMP, Ch. 1997: Keel blossoms: Bee flowers with adaptions against bees. – Flora 192: 125-132, 8 Abb.
WESTERMAIER, M. 1890: Zur Embryologie der Phanerogamen, insbesondere über die sogenannten Antipoden. – Nova Acta Acad. Caes. Leop.-Carol. Germ. Nat. Cur. 57: 1-39, 3 Taf.
WESTING, A.H. 1965/68: Formation and function of compression wood in gymnosperms. [I.], II. – Bot. Rev. 31: 381-480; 34: 51-78.
WESTOBY, M. 1984: The self-thinning rule. – Advances Ecol. Res. 14: 167-225, 28 Abb., 2 Tab.
WETTSTEIN, F. v. 1926: Über plasmatische Vererbung, sowie Plasma- und Genwirkung. – Nachr. Ges. Wiss. Göttingen, Math.-Phys. Kl. 1926: 250-281.
WETTSTEIN, F. v. 1932: Bastardpolyploidie als Artbildungsvorgang bei Pflanzen. – Naturwissenschaften 20: 981-984.
WETTSTEIN, R. v. 1895: Der Saison-Dimorphismus als Ausgangspunkt für die Bildung neuer Arten im Pflanzenreiche. – Ber. Deutsch. Bot. Ges. 13: 303-313.
WETTSTEIN, R. v. 1896: Monographie der Gattung *Euphrasia*. 316 S., 7 Abb., 4 Kart., 14 Taf. – Leipzig.
WETTSTEIN, R. v. 1898: Grundzüge der geographisch-morphologischen Methode der Pflanzensystematik. 64 S. 4 Abb., 7 Karten. – Jena.
WETTSTEIN, R. v. 1901-08: Handbuch der Systematischen Botanik. [1. Aufl.]. 2 Bände. IV + 201 S., 128 Abb.; 578 S., 369 Abb. – Leipzig & Wien.
WETTSTEIN, R. v. 1903: Der Neo-Lamarckismus. – Verh. Deutsch. Naturf. Ärzte 74. Vers. Karlsbad 1: 77-91.
WETTSTEIN, R. v. 1924: Handbuch der Systematischen Botanik. 3. Aufl. VIII + 1018 S., 653 Abb. – Leipzig & Wien.
WETTSTEIN, R. v. 1935: Handbuch der Systematischen Botanik. 4. Aufl. Edit. F. WETTSTEIN. X + 1149 S., 709 Abb. – Leipzig & Wien.
WHEATLEY, D.N. 1982: The centriole: a central enigma of cell biology. XIII + 232 S., ill. – Amsterdam etc.: Elsevier.
WHEELER, E.A., BAAS, P. & GASSON, P.E. (Edit.) 1989: IAWA list of microscopical features for hardwood identification ... by an IAWA Committee. – IAWA Bull. N.S. 10(3): 219-332, 189 Abb.
WHITE, F. 1976: The underground forests of Africa: a preliminary review. – Gardens' Bull. Singapore 29: 57-71, 3 Abb.
WHITE, M.J.D. 1948 (Repra. 1948): Animal cytology & evolution. 375 S. – Cambridge: Univ. Press.
WHITTEMORE, A.T. 1993: Species concepts: a reply to Ernst Mayr. – Taxon 42: 573-583.
WIDDER, F.J. 1967: Der Generationswechsel der Spermatophyten. – Aquilo, Ser. Bot. 6: 273-296, 8 Abb.
WIEHE, W. & BRECKLE, S.-W. 1990: Die Ontogenese der Salzdrüsen von *Limonium* (Plumbaginaceae). – Bot. Acta 103: 107-110, 3 Abb.
WIELAND, G.R. 1906: American fossil Cycads. VIII + 296 S., 55 Taf. = Publ. Carnegie Inst. Wash. 34. – Washington.
WIENS, D. 1978: Mimicry in plants. – Evolut. Biol. 11: 365-403.
WIESER, W. (Edit.) 1994: Die Evolution der Evolutionstheorie. Von Darwin zur DNA. 284 S., ill. – Heidelberg: Spektrum.
WIESNER, J. 1865: Mikroskopische Untersuchungen der Maislische und der Maisfaserproducte. – Polytechn. J. 175: 225-243, 10 Abb.
WIESNER, J. 1866/67: Anatomisches und Histochemisches über das Zuckerrohr. In: KARSTEN,

H. (Edit.), Bot. Unters. Physiol. Laborat. Landwirtsch. Lehranstalt Berlin **1**: 113-128.
WIESNER, J. 1868: Beobachtungen über den Einfluß der Erdschwere auf Größen- und Formverhältnisse der Blätter. – Sitzungsber. Kais. Akad. Wiss., Math.-Naturwiss. Cl., Abt.1. **58**: 369-389.
WIESNER, J. 1878: Note über das Verhalten des Phloroglucins und einiger verwandter Körper zur verholzten Zellmembran. – Sitzungsber. Kais. Akad. Wiss., Math.-Nat.Kl. **77**, I. Abth.: 60-66.
WIESNER, J. 1889: Biologie der Pflanzen. = Elemente der Wissenschaftlichen Botanik. Band **3**. IX + 305 S., 60 Abb., 1 Karte. – Wien.
WIESNER, J. 1905: Jan Ingen-Housz. Sein Leben und sein Wirken als Naturforscher und Arzt. X + 252 S., ill. – Wien.
WIGAND, A. 1854: Der Baum. Betrachtungen über Gestalt und Lebensgeschichte der Holzgewächse. IX + 256 S., 2 Taf. – Braunschweig.
WIJK, H.L.G. van 1909-1916: A dictionary of plant names. 2 Bände. XXIV + V + 1444 S.; XXXII + 1696 S. – Den Haag [Reprint: Amsterdam 1962].
WILEY, E.O. 1981: Phylogenetics. The theory and practice of phylogenetic systematics. XV + 439 S., ill. – New York etc.: Wiley.
WILHELM, K. 1880: Beiträge zur Kenntnis des Siebröhrenapparates dicotyler Pflanzen. VIII + 92 S., 9 Taf. – Leipzig.
WILKIE, J.S. 1962/63: Nägeli's work on the fine structure of living matter. I. - III. – Ann. Sci. **16**: 11-41, 171-207, 209-239, 1 Taf.
WILKINSON, H.P. 1979: The plant surface (mainly leaf). In: METCALFE, C.R. & CHALK, L., Anatomy of the Dicotyledons. 2. Aufl. **1**: 97-165, 16 Abb. – Oxford: Clarendon.
WILLDENOW, C.L. 1787: Florae Berolinensis Prodromus secundum Systema Linneanum ab illustr. viro ac Eq. C.P. Thunbergio emendatum conscriptus. XVI + 440 S., 7 Taf. – Berlin [Reprint: Verh. Berliner Bot. Vereins, Sonderband. Berlin 1987].
WILLDENOW, C.L. 1792: Grundriss der Kräuterkunde zu Vorlesungen entworfen. [1. Aufl.] XIV + 486 S., 8 Taf. – Berlin.
WILLDENOW, C.L. 1798: Grundriss der Kräuterkunde zu Vorlesungen entworfen. 2. Aufl. VI + 370 S., 18 Taf. – Berlin.
WILLDENOW, C.L. 1802 a: Grundriss der Kräuterkunde zu Vorlesungen entworfen. 3. Aufl. IV + 644 S., 11 Taf. – Berlin.
WILLDENOW, C.L. 1802 b: Bemerkungen über einige seltene Farrenkräuter. 32 S., 1 Taf. – Erfurt.
WILLE, N. 1883 a: Om slaegten *Gongrosira* Kütz. – Öfversigt Kongl. Vetensk.-Akad. Förh. **40**, No.3: 5-20, 1 Taf.
WILLE, N. 1883 b: Ueber Akineten und Aplanosporen bei den Algen. – Bot. Centralbl. **16**: 215-219.
WILLE, N. 1887: Über Akineten und Aplanosporen. – Jahrb. Wiss. Bot. **18**: 492-514, 1 Taf.
WILLEMET, R. 1791: Monographie pour servir à l'histoire naturelle et botanique de la famille des plantes étoilées. CIII S. – Straßburg.
WILLIS, J.C. 1915: The endemic flora of Ceylon with reference to geographical distribution and evolution in general. – Philos. Trans. Roy. Soc. London, Ser. B. **206**: 307-342.
WILLIS, J.C. 1919: The floras of the outlying islands of New Zealand and their distribution. – Ann. Bot. (London) **33**: 267-293.
WILLIS, J.C. 1922: Age and area. A study in geographical distribution and origin of species. X + 259 S. – Cambridge.
WILLMANN, R. 1985: Die Art in Raum und Zeit. Das Artkonzept in der Biologie und Paläontologie. 207 S., 46 Abb. – Berlin & Hamburg: Parey.
WILLSTÄTTER, R. & MIEG, W. 1907: Ueber die gelben Begleiter des Chlorophylls. – Ann. Chem. **355**: 1-28.
WILLSTÄTTER, R. & STOLL, A. 1913: Untersuchungen über Chlorophyll. Methoden und Ergebnisse. VIII + 424 S., 16 Abb., 11 Taf., zahlr. Tab. – Berlin.
WILMOTT, A.J. 1939: Annotatationes systematicae. IV. Typification of some British Sorbi. – J.

Bot. London **77**: 204-207.
WILSON, C.L. 1953: The telome theory. – Bot. Rev. **19**: 417-437, 10 Abb.
WILSON, E.B. 1896: The cell in development and inheritance. XVII + 377 S. – New York. [n.v., gesehen: Nachdruck New York 1897]
WILSON, E.B. 1906: Studies on chromosomes. III. The sexual differences of the chromosome-groups in Hemiptera, with some considerations on the determination amd inheritance of sex. – J. Exp. Zool. **3**: 1-40, 6 Abb.
WILSON, E.B. 1909: Recent researches on the determination and heredity of sex. – Science N.S. **29**: 53-70.
WILSON, E.O. (Edit.) 1988: Biodiversity. XIII + 521 S., ill. – Washington, DC.: National Academic Press.
WILSON, E.O. 1994: Naturalist. XII + 380 S., ill. – Washington, DC.: Island Press.
WINIWARTER, H. v. 1900: Recherches sur l'oogenèse et l'organogenèse de l'ovaire des Mammifères (lapin et homme). – Arch. Biol. (Liège, Paris) **17**(1): 33-199.
WINKLER, Hans 1906: Botanische Untersuchungen aus Buitenzorg. II. 7. Ueber Parthenogenesis bei *Wikstroemia indica* (L.) C.A.Mey. – Ann. Jard. Bot. Buitenzorg **20**(= sér. 2. **5**): 208-276.
WINKLER, Hans 1908 a: Parthenogenesis und Apogamie im Pflanzenreiche. 166 S., 14 Abb. – Jena.
WINKLER, Hans 1908 b: Über Pfropfbastarde und pflanzliche Chimären. – Ber. Deutsch. Bot. Ges. **25**: 568-576, 3 Abb.
WINKLER, Hans 1912: Untersuchungen über Pfropfbastarde. 1. Teil. VIII + 186 S., 2 Abb. – Jena.
WINKLER, Hans 1916: Über die experimentelle Erzeugung von Pflanzen mit abweichenden Chromosomenzahlen. – Z. Bot. **8**: 417-531.
WINKLER, Hans 1920: Verbreitung und Ursache der Parthenogenesis im Pflanzen- und Tierreiche. VI + 231 S. – Jena.
WINKLER, Hubert 1936: Habitus und Phylogenie. – Beitr. Biol. Pfl. **24**: 1-11.
WINKLER, Hubert 1939: Versuch eines „natürlichen" Systems der Früchte. – Beitr. Biol. Pfl. **26**: 201-220, 1 Abb.
WINKLER, Hubert 1940: Zur Einigung und Weiterführung in der Frage des Fruchtsystems. – Beitr. Biol. Pfl. **27**: 92-130, 9 Abb.
WINSOR, M.P. 1985: The impact of Darwinism upon the Linnaean enterprise, with special reference to the work of T. H. Huxley. In: WEINSTOCK, J. (Edit.): Contemporary perspectives on Linnaeus. S. 55-84, 2 Abb. – London: Univ. Press of America.
WINTER, K. & SMITH, J.A.C. (Edit.) 1996: Crassulacean acid metabolism. Biochemistry, ecophysiology and evolution. VIII + 449 S., 123 Abb. (= Ecological Studies 114). – Berlin etc.: Springer.
WINTREBERT, P. 1931: La rotation immédiate de l'oeuf pondu et la rotation d'activation chez *Discoglossus pictus* Otth. – Compt. Rend. Hebd. Séances Mém. Soc. Biol. **106**: 439-442.
WISSELINGH, C. van 1925: Die Zellmembran. VIII + 266 S., 73 Abb. = Handb. Pflanzenanat. Allg.Teil. Band **III/2**.
WITTROCK, V.B. 1878: Om *Linnaea borealis* L. En jemnförande biologisk, morfologisk och anatomisk undersökning. – Bot. Notis. **1878**: 17-32, 49-54, 83-96, 122-127.
WODEHOUSE, R.P. 1935: Pollen grains. 574 S., ill. – New York & London.
WOESE, C.R. & FOX, G.E. 1977: Phylogenetic structure of the prokaryotic domain: The primary kingdoms. – Proc. Natl. Acad. U.S.A. **74**: 5088-5090, 1 Tab.
WOLFF, C.F. 1759: Theoria Generationis quam pro gradu doctoris medicinae stabilivit ... 146 S., 2 Taf. – Halle.
WOLFF, C.F. 1764: Theorie von der Generation, in zwei Abhandlungen erklärt und bewiesen. 283 S. – Berlin.
WOLFF, F. & WITTSTOCK, O. 1999: Latein und Griechisch im deutschen Wortschatz. Lehn- und

Fremdwörter. 205 S., ill. Lizenzausgabe der 6. Aufl. – Wiesbaden: VMA-Verlag.
WOLKINGER, F. 1969: Morphologie und systematische Verbreitung der lebenden Holzfasern bei Sträuchern und Bäumen. I. Zur Morphologie und Zytologie. – Holzforschung **23**: 135-144, 10 Abb., 3 Tab.
WOLTERS, J. 1991: The troublesome parasites – molecular and morphological evidence that Apicomplexa belong to the dinoflagellate-ciliate clade. – BioSystems **25**: 75-83, 2 Abb., 2 Tab.
WORONIN, M. 1870: *Sphaeria Lemaneae, Sordaria fimiseda, Sordaria coprophila* und *Arthrobotrys oligospora*. - Abh. Senckenberg. Naturf. Ges. **7**: 325-360, 6 Taf.
WORSDELL, W.C. 1904: The structure and morphology of the ‚ovule'. An historical sketch. – Ann. Bot. **18**: 57-86, 27 Abb.
WRIGHT, S. 1929: Evolution in a Mendelian population. – Anat. Record **44**: 287.
WRIGHT, S. 1931: Evolution in Mendelian populations. – Genetics **16**: 97-159, 21 Abb.
WRISBERG, H.A. 1765: Observationum de animalculis infusoriis natura. [XVI] + 110 S., 2 Taf. – Göttingen.
WUKETITS, F.M. 1984: Die Synthetische Theorie der Evolution – Historische Voraussetzungen, Argumente, Kritik. – Biol. Rundschau **22**: 73-86.
WUNDERLICH, R. 1954: Über das Antherentapetum mit besonderer Berücksichtigung seiner Kernzahl. Eine kritische Zusammenfassung. – Oesterr. Bot. Z. **101**: 1-63, 2 Tab.
WYDLER, H. 1844: Morphologische Mittheilungen. 2. Zur Charakteristik der Blattformationen ausserhalb der Blüte. – Bot. Zeitung **2**: Sp. 625-634.
WYDLER, H. 1851 a: Die Knospenlage der Blätter in übersichtlicher Zusammenstellung. – Flora **34**: 113-128, 1 Taf.
WYDLER, H. 1851 b: Ueber die symmetrische Verzweigungsweise dichotomer Infloreszenzen. – Flora **34**: 289-301, 305-312, 321-330, 337-348, 353-365, 369-378, 385-398, 401-412, 417-426, 433-448, 3 Taf.
YAPP, R.H. 1922: The concept of habitat. – J. Ecol. **10**: 1-17.
YEO, P.F. 1993: Secondary pollen presentation. Form, function and evolution. - Pl. Syst. Evol. Suppl. **6**. VIII + 268S., 55 Abb. – Berlin etc.: Springer.
ZEILLER, R. 1905: Une nouvelle classe de gymnospermes: les ptéridospermées. – Rev. Gén. Sci. **16**: 718-727, 7 Abb.
ZETZSCHE, F. & VICARI, H. 1931: Untersuchungen über die Membran der Sporen und Pollen. III. 2. *Picea orientalis, Pinus silvestris* L., *Corylus Avellana* L. – Helv. Chim. Acta **14**: 62-67.
ZIEGLER, H. & LÜTTGE, U. 1966: Die Salzdrüsen von *Limonium vulgare*. I. Mitteilung. Die Feinstruktur. – Planta **70**: 193-206, 12 Abb.
ZIMMERMANN, A. 1902: Ueber Bakterienknoten in den Blättern einiger Rubiaceen. – Jahrb. Wiss. Bot. **37**: 1-11, 9 Abb.
ZIMMERMANN, A. 1922: Die Cucurbitaceen. Heft 2: Beiträge zur Morphologie, Anatomie, Biologie, Pathologie und Systematik. IV + 186 S., 99 Abb. – Jena.
ZIMMERMANN, J.G. 1932: Über die extrafloralen Nektarien der Angiospermen. – Beih. Bot. Centralbl. **49**, I: 99-196, 46 Abb., 4 Taf.
ZIMMERMANN, W. 1930: Die Phylogenie der Pflanzen. XI + 454 S., 250 Abb., 1 Tab. – Jena.
ZIMMERMANN, W. 1931: Arbeitsweise der botanischen Phylogenetik und anderer Gruppierungswissenschaften. In: Handb. Biol. Arbeitsmeth. Abt. **IX**, Teil **3**: 941-1053, 14 Abb.
ZIMMERMANN, W. 1934: Genetische Untersuchungen an *Pulsatilla* I-III. – Flora **129**: 158-234, 16 Abb.
ZIMMERMANN, W. 1935: Die phylogenetische Herkunft der gegenständigen und wirteligen Blattstellung. – Jahrb. Wiss. Bot. **81**: 239-326, 14 Abb., 6 Tabellen.
ZIMMERMANN, W. 1938 a: Phylogenie. In: VERDOORN, F. (Edit.): Manual of Pteridology. S. 558-618, 20 Abb. – Den Haag.
ZIMMERMANN, W. 1938 b: Vererbung „erworbener Eigenschaften" und Auslese. VIII + 347 S., 80 Abb. – Jena: Fischer.
ZIMMERMANN, W. 1938 c: Die Telomtheorie. – Biologe **7**: 385-391, 6 Abb.

ZIMMERMANN, W. 1949: Geschichte der Pflanzen. XI + 111 S., 47 Abb. – Stuttgart: Thieme.
ZIMMERMANN, W. 1953: Evolution. Die Geschichte ihrer Probleme und Erkenntnisse. = Orbis Academicus Band II/3. IX + 623 S., 20 Abb. – Freiburg & München: Alber.
ZIMMERMANN, W. 1959: Die Phylogenie der Pflanzen. 2. Aufl. XXI + 777 S., 331 Abb. – Stuttgart: Fischer.
ZIMMERMANN, W. 1965: Die Telomtheorie. = Fortschritte der Evolutionsforschung Band **1**. IX + 235 S., 120 Abb. – Stuttgart: Fischer.
ZIMMERMANN, W. 1966: Kritische Beiträge zu einigen biologischen Problemen. VII. Die Hologenie. – Z. Pflanzenphysiol. **54**: 125-144, 6 Abb.
ZINDER, N.D. & LEDERBERG, J. 1952/53: Genetic exchange in *Salmonella*. – J. Bacteriol. **64**: 679-699, 6 Abb., 5 Tab.
ZIRKLE, C. (Edit.) 1949: Death of a science in Russia. The fate of genetics as described in Pravda and elsewhere. XIV + 319 S. – Philadelphia: Univ. Pennsylvania.
ZOHARY, M. 1937: Die verbreitungsökologischen Verhältnisse der Pflanzen Palästinas.I. Die antitelechorischen Erscheinungen. – Beih. Bot. Centralbl. **56** A: 1-155, 17 Abb., 12 Taf.
ZOHARY, M. 1962: Plant life of Palestine. Israel and Jordan. 262 S., 70 Abb. = Chronica Bot. **33**. – New York: Ronald Press.
ZOPF, W. 1897: Ueber Nebensymbiose (Parasymbiose). – Ber. Deutsch. Bot. Ges. **15**: 90-92.
ZUCKERKANDL, E. & PAULING, L. 1962: Molecular disease, evolution, and genic heterogeneity. In: KASHA, M. & PULLMANN, B. (Edit.): Horizons in biochemistry. Szent-Györgyi-Dedicatory Volume. S. 189-225. New York & London: Academic Press.
ZUCKERKANDL, E. & PAULING, L. 1965 a: Evolutionary divergence and convergence in proteins. In: BRYSON, V. & VOGEL, J. (Edit.): Evolving genes and proteins. S. 97-166. – New York & London: Academic Press.
ZUCKERKANDL, E. & PAULING, L. 1965 b: Molecules as documents of evolutionary history. – J. Theor. Biol. **8**: 357-366.
ZUNCK, H.L. 1840: Die natürlichen Pflanzensysteme geschichtlich entwickelt. VII + 208 S. – Leipzig.
ZWICKEL, W. 1932: Studien über die Ocellen der Lebermoose. – Beih. Bot. Centralbl. **49**, I: 569-648, 8 Abb.

Wörter und Wortbestandteile lateinischer und griechischer Herkunft

(i-, o- und u- sind Bindevokale, die an den Stamm des ersten Wortbestandteiles angehängt werden).

a-	gr. *a-*, verneinende Vorsilbe
adelpho-	gr. *adelphos*, Bruder
adventiv-	lat. *advenire*, hinzukommen, ankommen
aequi-	lat. *aequus*, gleich
akro-	gr. *akros*, spitz
aktino-	gr. *aktis, aktinos*, Strahl
allo-	gr. *allos*, anders
alloio-	gr. *alloios*, andersartig, verschieden
amphi-	gr. *amphi*, um, um herum, beidseits, ungefähr
an-	gr. *an-*, verneinende Vorsilbe (vor Vokalen)
ana-	gr. *ana*, aufwärts, über ... hin
andro-	gr. *aner, andros*, Mann, männlich
anemo-	gr. *anemos*, Wind
angio-	gr. *aggos* und *aggeion*, Gefäß, Behälter (gg wie ng gesprochen)
aniso-	gr. *anisos*, ungleich
annuus	lat. *annuus*, jährlich
antho-	gr. *anthos*, Blume, Blüte
-anther	gr. *antheros*, blühend
anthropo-	gr. *anthropos*, Mensch
anti-	gr. *anti*, gegenüber (entgegengesetzt)
aphano-	gr. *aphanes*, unscheinbar, versteckt
apikal	lat. *apex, apicis*, Spitze, Ende
apo-	gr. *apo-*, von ... weg, entfernt von
archae-	gr. *archaios*, ursprünglich, altertümlich
arche-	gr. *arche*, Beginn, Ursprung
arthro-	gr. *arthron*, Gelenk, Glied
auto-	gr. *autos*, selbst, eigen
auxo-	gr. *auxein*, vermehren, vergrößern, wachsen
axo-	gr. *axon* u. lat. *axis*, Achse
ball-	gr. *ballein*, werfen, schleudern
basi-	gr. *basis*, Grundlage
bi-	lat. *bis*, zweifach, *bi-*, zwei
bio-	gr. *bios*, Leben
blasto-	gr. *blastos* oder *blaste*, Keim, Spross
boleo-	gr. *bole*, Wurf, Schuss
brachy-	gr. *brachys*, kurz
brochido-	gr. *brochis, brochidos*, kleine Schlinge
bryo-	gr. *bryon*, Moos
cauli-	lat. *caulis*, Stängel (Stengel)
centro-	gr. *kentron* u. lat. *centrum*, Mittelpunkt
cephalo-	gr. *kephale*, Kopf, Spitze
chasmo-	gr. *chasma, chasmatos*, Spalte
chlamydo-	gr. *chlamys, chlamydos*, Mantel

chloro-	gr. *chloros*, grün, gelbgrün
chondro-	gr. *chondros*, Korn, Körnchen
chori-	gr. *chorizein*, trennen
choro-	gr. *chora*, Land
chromato-	gr. *chroma, chromatos*, Farbe
chrono-	gr. *chronos*, Zeit
-chthon	gr. *chthon, chthonos* , Erde, Land
clado-	gr. *klados*, Trieb, Zweig
coelo-	gr. *koilos*, hohl, vertieft
coeno-	gr. *koinos*, gemeinsam, allgemein
co-, col-, com, con	lat. *con-*, zusammen mit
crassi-	lat. *crassus*, dick
cyano-	gr. *kyanos*, blaue Farbe
cyste	gr. *kystis*, Blase, Höhlung
cyto-	gr. *kytos*, Raum, Zelle, Höhlung
dendro-	gr. *dendron*, Baum
derm(at)o-	gr. *derma, dermatos*, Haut
-desmos	gr. *desmos*, Band, Strick
dia-	gr. *dia*, durch, hindurch
diplo-	gr. *diploos, diplous*, zweifach
dispers	lat. *dispersus*, zerstreut
divisio	lat. *divisio*, Teilung, Abteilung
-drom	gr. *dromos*, Lauf, Laufen
dys-	gr. *dys-* abweichend, als Vorsilbe schwer, un-,
elaio-	gr. *elaion*, Öl
endo-	gr. *endon*, innen
entomo-	gr. *entoma*, Insekten; *entomos*, eingeschnitten
ephemero-	gr. *ephemeros*, vergänglich
epi-	gr. *epi, epi-*, auf, bei
erythro-	gr. *erythros*, rot
exo-	gr. *exo*, außerhalb, außen
facial	lat. *facies*, Aussehen
flagelli-	lat. *flagellum*, Geißel
flor-	lat. *flos, floris*, Blüte, Blume
-gamie, gamet	gr. *gamein*, heiraten; *gamos*, Hochzeit
geno-	gr. *genos*, Abstammung, Familie
geo-	gr. *ge*, Erde
gono-, -gonie	gr. *gone*, Zeugung, Nachkomme
-graphie	gr. *graphein*, einritzen, schreiben
gymno-	gr. *gymnos*, nackt
gyno-, -gynie	gr. *gyne*, Weib, Frau
haplo-	gr. *haploos, haplous*, einfach
hemero-	gr. *hemeros*, zahm, veredelt
hemi-	gr. *hemi-*, halb
hetero-	gr. *heteros*, anderer, abweichend
holo-	gr. *holos*, ganz, vollständig
homo-	gr. *homos*, gemeinsam, derselbe
homoio-	gr. *homoios*, gleichartig, ähnlich
hormo-	gr. *hormos*, Kette, Schnur

hyalo-	gr. *hyalos*, Glas, Kristall
hybrido-	lat. *hibrida* (*hybrida*) Mischling
hydato-, hydro-	gr. *hydor, hydatos*, Wasser
hygro-	gr. *hygros*, feucht, nass
hymeno-	gr. *hymen, hymenos*, dünne Haut
hypho-	gr. *hyphe*, Gewebe
hypno-	gr. *hypnos*, Schlaf
hypo-	gr. *hypo*, unter
hypso-	gr. *hypsos*, Höhe, Gipfel
hystero-	gr. *hysteros*, letzter, geringer
idio-	gr. *idios*, eigen, eigentümlich
inter-	lat. *inter*, zwischen, inmitten
intra-	gr. *intra*, innerhalb
iso-	gr. *isos*, gleich
kalyptro-	gr. *kalyptra*, Hülle, Deckel
kampto-	gr. *kamptos*, gebogen
kampylo-	gr. *kampylos*, gekrümmt
karpo-	gr. *karpos*, Frucht
karyo-	gr. *karyon*, Nuss, Kern
kata-	gr. *kata*, von ... herab, entlang
kineto-	gr. *kinein*, bewegen
klad-	gr. *klados*, Zweig, Ast
kleisto-	gr. *kleistos*, verschließbar (verschlossen)
klin-	gr. *kline*, Bett; auch *klinein,* neigen
koleo-	gr. *koleos*, Scheide
koll-	gr. *kolla*, Leim
korm-	gr. *kormos*, Klotz, Pfosten
kraspedo-	gr. *kraspedon*, Saum, Rand
krypto-	gr. *kryptos*, verborgen
lacuna	lat. *lacuna*, Vertiefung, Lücke
lecto-	lat. *legere* (Part. *lectum*), sammeln
lepido-	gr. *lepis, lepidos*, Schuppe
lepto-	gr. *leptos*, dünn, schmal
leuko-	gr. *leukos*, weiß, glänzend
ligno-	lat. *lignum*, Holz
litho-	gr. *lithos*, Stein, Fels
locus	lat. *locus*, Ort, Stelle
loculus	lat. *loculus*, Kapsel, Büchse
-log, -logie	gr. *logos*, Wort, Rede
lopho-	gr. *lophos*, Haarschopf
lumen	lat. *lumen, luminis*, Licht, lichte Weite
lyso-, -lyse	gr. *lysis*, Auflösung, Trennung
mastigo-	gr. *mastix, mastigos*, Peitsche
makro-	gr. *makros*, groß, lang
meio-	gr. *meion*, kleiner, weniger
mero-, -merie	gr. *meros*, Teil
meso-	gr. *mesos*, mittlerer
metr-	gr. *metron*, Maß, Maßstab
meta-	gr. *meta,* nach
mikro-	gr. *mikros*, klein

Wörter und Bestandteile lateinischer und griechischer Herkunft

mito-	gr. *mitos*, Faden
mixis	gr. *mixis*, Vermischung, Begattung
mono-	gr. *monos*, allein, einzeln
morpho-	gr. *morphe*, Gestalt
muco-	lat. *mucus*, Schleim
myc(et)-	gr. *mykes, myketos*, Pilz
myio-	gr. *myia*, Fliege
myko-	gr. *mykes, mykon,* Pilz
myxo-	gr. *myxa*, Schleim
nan(n)o-	gr. *nannos, nanos*, Zwerg und lat. *nanus,* Zwerg
nema(to)-	gr. *nema, nematos,* Faden
nodus	lat. *nodus*, Knoten
nomo-	gr. *nomos*, Sitte, Regel
nucleo-	lat. *nucleus*, Kern
-odont	gr. *odous, odontos*, Zahn
öko-	gr. *oikos*, Haus
oleo-	lat. *oleum*, Öl
oligo-	gr. *oligos*, wenig
oo-	gr. *oon*, Ei
ombro-	gr. *ombros*, Regen
onto-	gr. *on, ontos*, das Seiende
-onym	gr. *onyma*, Namen
opistho-	gr. *opisthen*, hinten
organo-	gr. *organon*, Werkzeug, Organ
ornitho-	gr. *ornis, ornithos*, Vogel
ortho-	gr. *orthos*, aufrecht, gerade
osmo-	gr. *osme*, Geruch, Duft
pachy-	gr. *pachys*, dick
paedo-	gr. *pais, paidos*, Kind
palaeo-	gr. *palaios*, alt, ehemalig
palin-	gr. *palin*, zurück, rückwärts
pan-, panto-	gr. *pan* (n. von *pas*), *pantos*, alles
par-, para-	gr. *para*, neben, entlang
pariet-	lat. *paries, parietis*, Wand
partheno-	gr. *parthenos*, Jungfrau, Mädchen
-patr	lat. *patria*, Vaterland
penta-	gr. *pente*, fünf
peri-	gr. *peri*, um ... herum
phaeo-	gr. *phaios*, schwärzlich, braun
phäno-	gr. *phainein*, erscheinen
phanero-	gr. *phaneros*, sichtbar
phello-	gr. *phellos*, Kork
phil-	gr. *philos*, Freund
-phob	gr. *phobos*, Furcht
phor-, -phor	gr. *phorein*, tragen
photo-	gr. *phos, photos*, Licht
phragmo-	gr. *phragmos*, Zaun, Wand
phyko-	gr. *phykos*, Tang, Alge
phylo-	gr. *phylon*, Stamm, Familie
phyllo-	gr. *phyllon*, n. Blatt
phys-	gr. *physa*, Blase

Wörter und Bestandteile lateinischer und griechischer Herkunft

phyto-	gr. *phyton*, Pflanze
plagio-	gr. *plagios*, schief, schräg
plano-	gr. *planos*, umherirrend
plasm(at)-	gr. *plasma, plasmatos*, Gestalt, Gebilde
plasto-	gr. *plastos*, gebildet, geformt
pleio-	gr. *pleion*, mehr, häufiger
plekto-	gr. *plektos*, geflochten
plero-	gr. *pleres*, voll, gesättigt
plesio-	gr. *plesios*, nahe bei
pleuro-	gr. *pleura*, Seite (des Körpers), Rippe
-pod(ium)	gr. *pous, podos*, Fuß, Bein
poly-	gr. *polys, poly*, viel
poro-	gr. *poros*, Durchgang, Weg
prae-	lat. *prae, prae-*, vor
prim-	lat. *primus*, erster
pro-	lat. *pro*, vor, für und gr. *pro*, vor
prot(er)o-	gr. *proteros*, vordere, frühere
pseudo-	gr. *pseudes*, falsch
pterido-	gr. *pteris, pteridos*, Farn
pykno-	gr. *pyknos*, dicht, stark
radix	lat. *radix, radicis*, Wurzel
raphe	gr. *rhaphe*, Naht
rhizo, -rhiz	gr. *rhiza*, Wurzel, Ursprung
rhodo-	gr. *rhodon*, Rose, rot
sapro-	gr. *sapros*, verfault
sarko-	gr. *sarx, sarkos*, Fleisch
schizo-	gr. *schizein*, spalten
sema-, semo-	gr. *sema, sematos*, Zeichen, Merkmal
semi-	lat. *semi-*, halb-
septum	lat. *saeptum (septum)*, Gehege, Schranke
siphono-	gr. *siphon, siphonos*, Röhre
sklero-	gr. *skleros*, trocken, hart
-skop	gr. *skopein*, umherschauen, spähen
som(ato)-	gr. *soma, somatos*, Körper
soro-	gr. *soros*, Haufen
sperm(ato)- - spermie	gr. *sperma, spermatos*, Same, Saat
-sporie	gr. *sporos, spora*, Säen, Same
stasi-	gr. *stasis*, (Still-)Stehen
stego-	gr. *stege*, Decke, Dach
-stemon	gr. *stemon, stemonos*, Faden
stephano-	gr. *stephanos*, Kranz
sticho-	gr. *stichos*, Reihe, Linie
stom(at)o-	gr. *stoma, stomatos*, Mund
stromato-	gr. *stroma, stromatos*, Lager
syl-	gr. *syn*, mit (vor l)
sym-	gr. *syn*, mit (vor b, m, p)
syn-	gr. *syn, syn-*, mit
synapto-	gr. *synaptein*, zuammenknüpfen; *synaptos*, verbunden
taenio-, -tän	gr. *tainia*, Band, Binde
taxo-	gr. *taxis*, Ordnung, Anordnung

tegument	lat. *tegumen(tum)* Decke, Überzug
telo-	gr. *telos*, Ende, Ziel
tenui-	lat. *tenuis*, dünn, zart
tetra-	gr. *tetra-*, vier-
-thecium	gr. *theke*, Behälter, Kiste
-tomie	gr. *tome*, Schneiden, Schnitt
-tonie	gr. *tonos*, Saite, Spannung
topo-, -top	gr. *topos*, Ort, Gegend
tri-	gr. *treis, tria*, drei
tricho-	gr. *thrix, trichos*, Haar
-trop	gr. *tropos*, Richtung
tropho-	gr. *trophe*, Ernährung
vicari-	lat. *vicarius*, stellvertretend
xero-	gr. *xeros*, trocken
xylo-	gr. *xylon*, Holz
zoidio-, zoo-	gr. *zoon*, Tier
zono-	gr. *zone*, Gürtel
zygo-	gr. *zygos*, Joch der Zugtiere

Englisch-deutsches Register

Soweit die deutsche Entsprechung nicht als eigenes Stichwort im Wörterbuch erscheint, wird das Stichwort, unter dem man nachsehen muss, hinter einem Hinweispfeil aufgeführt.

abaxial abaxial
abbreviation Abbreviation
aberration Lusus
abortion Abort
abscisic acid Abscisinsäure
abscission Abscission
abscission layer Trenngewebe
absorbing trichome Saugschuppe
absorptive tissue Absorptionsgewebe
abundance Abundanz
acarocecidium Acarocecidie
accessory bud Beiknospe
accessory cells Nebenzellen
accessory flower Vorderblüte
accessory shoot Beispross
acervulus Acervulus
acetolysis Acetolyse
acetyl-CoA Acetyl-Coenzym A
achene Achäne
achlamydeous achlamydeisch
achory Atelechorie
achromatin Achromatin
acladium Akladium
acrocarpic akrokarp
acrocarpous akrokarp
acrocentric akrocentrisch → Chromosomentypen
acrogynous akrogyn
acronematic akronematisch → Geißeltypen
acropetal akropetal
acrotonic akroton
acrotonous akroton
acrotony Akrotonie
actin Actin
actinomorphic (-phous) polysymmetrisch → Symmetrie
action spectrum Wirkungsspektrum
active transport aktiver Transport
acyclic azyklisch → Blütenbau
adaptation Adaptation
adaptedness Adaptation
adaptive character Anpassungsmerkmal
adaptive radiation adaptive Radiation
adaxial adaxial
addorsed adossiert
adelphoparasitism Adelphoparasitismus

adelphous adelphisch
adhesive root Haftwurzel
adnate adnat
adnate adnat → Antherenbau
adventitious bud Adventivknospe
adventitious embryony Nucellarembryonie
adventitious root Adventivwurzel
adventitious root sprossbürtige → Wurzel
adventitious shoot Adventivspross
adventive adventiv
adventive embryony Nucellarembryonie
adventive plant Adventivpflanze
aecidiospore Aecidiospore
aecidium Aecidium
aeciospore Aecidiospore
aecium Aecidium
aerating root Pneumatophor
aerenchyma Aerenchym
aestivation Ästivation
aethalium Aethalium
agameon Agameon
agamete Agamet
agamogenesis Agamogonie
agamogony Agamogonie
agamospecies Agamospecies
agamospermy Agamospermie
age and area hypothesis Age-and-Area-Hypothese
aggregate fruit Sammelfrucht
agmatoploidy Agmatoploidie
agrestal Segetalpflanze
agriophyte Agriophyt
air bag or **sac** Luftsack
air chambre Luftkammer
air root Luftwurzel
aire pore Atemöffnung
akinete Akinet
akolutophyte Akolutophyt
albumen Endosperm
albumen Nährgewebe
albuminous Samentypen (mit Nährgewebe)
albuminous cells Strasburger-Zellen
albumins Albumine
aleuriospore Aleuriospore
aleurone layer Aleuronschicht

algae Algen
alignment Alignment
alkaloids Alkaloide
allele Allel
allele frequency Allelfrequenz
allelopathy Allelopathie
alliance Verband
allocation Allokation
allochory Allochorie
allochthonous allochthon
allodiversity Allodiversität → Biodiversität
allogamy Allogamie
allometry Allometrie
allomone Allomon
allopatric allopatrisch
allophyte Allophyt
allopolyploidy Allopolyploidie
allorhizal allorrhiz
allorhizic allorrhiz
allorhizy Allorrhizie
allosteric allosterisch → Enzym
allosyndesis Allosyndese
allotopic allotop
allotropy Allotropie
alpha taxonomy Alpha-Taxonomie
alternate alternierend → Phyllotaxis (A.)
alternation in nuclear phase Kernphasenwechsel
alternation of generation Generationswechsel
alternation of hosts Heterözie
alternation rule Alternanzregel
alternative name nomen alternativum
altitudinal zone Höhenstufe
ambiguous name nomen ambiguum
amendment Emendation
ament Kätzchen
amino acid Aminosäure
amitosis Amitose
amitotic amitotisch
amoeboid tapetum amöboides Tapetum → Tapetumtypen
ampelography Ampelographie
amphiastralmitosis Amphiastral-Spindel
amphicarpic, -ous amphikarp
amphiesma Amphiesma
amphimict Amphimikt
amphimixis Amphimixis
amphistomatic, -ous amphistomatisch → Blattbau
amphithecium Amphithecium
amphitonie Amphitonie
amphosome Amphosom
ampulla Ampulle

amylases Amylasen
amyloplast Amyloplast
anacrogynous anakrogyn
anadromous anadrom
anaerobe Anaerobier
anagenesis Anagenese
anagram Anagramm
analogous analog
analogy Analogie
analysis Analyse
anamorph Anamorphe
anaphase Anaphase
anastomosis Anastomose
anatomy Anatomie
anatropous anatrop → Samenanlage (C.)
anchoring root Haftwurzel
androdioecious androdiözisch
androecium Androeceum
androecium (bryophytes) Antheridienstand → Gametangienstand
androgamete Androgamet
androgynophore Androgynophor
androgyny Androgynie
andromonoecious andromonözisch
androphore Androphor
androspore Androspore
anecophyte Anökophyt
anellophore Anellophor
anemochore Flugfrucht
anemochorous anemochor
anemochorous fruit Flugfrucht
anemochory Anemochorie
anemogamous anemogam
anemogamy Anemogamie
anemophily Anemogamie
aneuploidy Aneuploidie
aneusomaty Aneusomatie
angiocarpic (-pous) angiokarp → Fruchtkörper
angiosperms Angiospermae
angular collenchyma Eckenkollenchym → Kollenchym
animal-dispersal Zoochorie
anisoclady Anisokladie
anisocotyly Anisokotylie
anisogamy Anisogamie
anisophylly Anisophyllie
anisorhizy Anisorrhizie
anisospory Anisosporie
anisotomy Anisotomie
anlage Anlage (1)
annual annuell
annual ring Jahresring
annual shoot Jahrestrieb

annulus Anulus
anomalous thickening anomales sekundäreas → Dickenwachstum
anorthoploid anorthoploid
ant-dispersal Myrmekochorie
anthecology Blütenökologie
anthela Spirre
anther Anthere
antheridial filament spermatogener Faden
antheridium Androgametocyste
antheridium Antheridium
antherozoid Spermatozoid
anthesis Anthese
anthocarp Anthokarp
anthoclade Anthokladium
anthocorm theory Anthokorm-Theorie → Blütentheorien
anthocyan Anthocyan
anthodium Anthodium
antholysis Antholyse
anthophore Anthophor
anthropochory Anthropochorie
anthropophile Anthropochore
antibiotic Antibiotikum
anticlinal antiklin
anticodon Anticodon
antidromal antidrom
antidromous antidrom
antidromy Antidromie
antiport Antiport
antitelechory Atelechorie
aperture Apertur
apetalous apetal
aphanoplasmodium Aphanoplasmodium → Plasmodiumtypen
aphid technique Aphidentechnik
aphlebia Aphlebien
apical apparatus Apikalapparat
apical cell Scheitelzelle
apical dominance apikale Dominanz
apical growth Spitzenwachstum
apical initial group apikale Initialengruppe → Initialzellen
apical meristem Apikalmeristem
apical placentation apikale → Placentation
apical septum Apikalseptum
aplanogamete Aplanogamet
aplanogamy Aplanogamie
aplanospore Aplanospore
aplanospore Aplanospore → Sporentypen
apocarpous chorikarp → Gynoeceum
apochlamydous apochlamydeisch
apogameon Apogameon
apogamy Apogamie
apomeiosis Apomeiosis
apomict Apomikt
apomixis Apomixis
apomorph(ous) apomorph
apomorphy Apomorphie
apopetalous apopetal
apopetalous apetal
apophysis Apophyse
apophyte Apophyt
apoplast Apoplast
apoplastid apoplastid
aporogamy Aporogamie
apospory Aposporie
apothecium Apothecium
apotracheal parenchyma apotracheales Parenchym → Holzparenchym
apotropous apotrop → Samenanlage (D.)
appendage Appendix
appressorium Appressorium
aquaporins Aquaporine
arbuscular mycorrhiza Arbusculäre → Mykorrhiza
archaeophyte Archäophyt
archegionates Archegoniaten
archegonium Archegonium
archeophyte Archäophyt
archespore, -sporium Archespor
archetype Typus, morphologischer
archicarp Archikarp
architectural tree model Baum-Modell
arctotertiary arktotertiär
area Areal
areole Areole
aril Arillus
arillode Arillodium
arilloid Arilloid
arm-palisade Armpalisaden
arthrodontous arthrodont → Peristomtypen
arthrospore Arthrospore
articulated laticifer gegliederte → Milchröhre
artificial system System, künstliches
asc Ascus
ascidial ascidiat
ascidium Ascidium
ascocarp Ascokarp
ascogonium Ascogon
ascohymenial ascohymenial
ascolichens Ascolichenes
ascolocular ascolocular
ascoma Ascokarp
ascostroma Ascostroma

ascus Ascus
assimilates Assimilate
assimilation Assimilation
assimilation of nitrate Nitratassimilation
association Assoziation
aster Aster
astrosclereid Astrosklereide → Sklereide
asymmetrical asymmetrisch → Symmetrie
asynapsis Asynapse
atavism Atavismus
atelechory Atelechorie
auricle Blattöhrchen
autapomorphous autapomorph
autapomorphy Autapomorphie
author Autor
author citation Autorzitat
autoallopolyploid autoallopolyploid
autobasidium Holobasidie → Basidientypen
autochory Autochorie
autochthonous autochthon
autodiversity Autodiversität → Biodiversität
autoecious autözisch
autogamy Autogamie
autoicous autözisch
automixis Automixis
autonym Autonym
autophyte Autophyt
autopolyploidy Autopolyploidie
autosome Autosom
autospore Autospore
autosyndesis Autosyndese
autotrophic autotroph
autotrophy Autotrophie
auxiliary cell Auxiliarzelle
auxins Auxine
auxospore Auxospore
auxotrophic auxotroph
auxotrophy Auxotrophie
auxozygote Auxospore
awn Granne
axial parenchyma axiales → Holzparenchym
axil(la) Blattachsel
axile placentation zentralwinkelständige → Placentation
axillary axillär
axillary bud Achselknospe
axillary shoot Achselspross
axillary stipule Axillarstipel
axoneme Axonema
azygospore Azygospore
backcrossing Rückkreuzung

bacteria Bakterien
bacterial flagellum Prokaryotengeißel → Flagellum
bacteriochlorophyll Bakteriochlorophyll
bacteriophage Bakteriophage
bacteriorhodopsin Bakteriorhodopsin
bacteroids Bakteroide
bacule Baculum
baculum Baculum
baeocyte Baeocyt
Baker's law Bakers Gesetz
Baldwin-effect Baldwin-Effekt
ballistic fruit Schleuderfrucht
ballistospore Ballistospore
ballochory Ballochorie
banner Vexillum
bare name nomen nudum
bark Borke
barochory Barochorie
basal apparatus Basalapparat
basal body Basalkörper
basal group Basisgruppe
basal internode Grundinternodium
basal membrane Basilarmembran
basal placentation basale → Placentation
basal plate Basalplatte
basic form Stammform
basic number Basiszahl
basic organs Grundorgane
basic process Elementarprozess
basicarpy Basikarpie
basidiocarp Basidiokarp
basidiolichens Basidiolichenes
basidioma Basidiokarp
basidiospore Basidiospore
basidium Basidie
basifixed basifix → Antherenbau
basifugal akropetal
basinym, basionym Basionym
basipetal basipetal
basitonic basiton
basitony Basitonie
bast Bast
bast fibre Phloemfaser → Faser
bat pollination Chiropterophilie
bat-dispersal Chiropterochorie
batology Batologie
bauplan Bauplan
B-chromosome B-Chromosom
beak Schnabel
beetle pollination Cantharophilie
Beltian bodies Beltsche Körperchen
Belt's bodies Beltsche Körperchen
benthos Benthos

berry Beere
berry-like cone Beerenzapfen
betalains Betalaine
bicollateral bundle bicollaterales → Leitbündel
biennial bienn
biennial plant Bienne
bifacial bifacial → Blattbau
big bang strategy Big-Bang-Strategie
bigeneric hybrid Gattungsbastard
binomial nomenclature Nomenklatur, binäre
bioassay Biotest
biocoenosis Biozönose
biodiversity Biodiversität
biogenetic law Biogenetische Grundregel
biogeography Biogeographie
bioindicator Bioindikator
biological clock biologische Uhr
Biological Flora Biologische Flora
biological membrane Biomembran
biological species Species, biologische
biology Biologie
bioluminescence Biolumineszenz
biomass Biomasse
biome Biom
biomembrane Biomembran
biometrics Biometrie
biometry Biometrie
bionics Bionik
biosystematics Biosystematik
biosystematy Biosystematik
biotechnics Biotechnik
biotope Biotop
biotype Biotyp
bird flower ornithophile Blume
bird pollination Ornithophilie
bird-dispersal Ornithochorie
bisexual zweigeschlechtig
bisexual zwittrig
bitegmic bitegmisch → Samenanlage (A.)
bivalent Bivalent
bladder hair Blasenhaar
blastospore Blastospore
bleeding Blutung
blepharoplast Blepharoplast
blossom Blume
blue-green algae Cyanophyta
boragoid Boragoid
bordered pit Hoftüpfel
bostryx Schraubel
botanic garden Botanischer Garten
botanical exchange club Tauschverein, botanischer

botany Botanik
boundary tissue Abschlussgewebe
brachyblast Kurztrieb
brachysclereid Brachysklereide → Sklereide
brachystylous kurzgriffelig → Heterostylie
bract Bractee, Hochblatt, Vorblatt
bracteole Vorblatt
bradyspory Bradysporie
bradytelic bradytelisch → Evolutionsgeschwindigkeit
branch Ast → Sprossachse
branching Verzweigung
brassinolide Brassinolid
breeding system Fortpflanzungssystem
brown algae Braunalgen
brown rot Braunfäule
brush blossom Bürstenblume
bryology Bryologie
bud Knospe
bud mutation Knospenmutation
bud sport Knospenmutation
budding Zellsprossung
bulb Zwiebel
bulbil Bulbille
bulblet Bulbille
bulliform cells Gelenkzellen
bundle sheath Bündelscheide
burdo Burdo
bursicle Bursicula
butterfly blossom psychophile Blume
buttres root Brettwurzel
buzz pollination Vibrationsbestäubung

caenogenesis Caenogenie
caeoma Caeoma-Tyo
calamine plants Galmeipflanzen → Metallophyt
calathide Calathidium
calcicolous plant Kalkpflanze
callose Callose
callus Kallus
calmodulin Calmodulin
Calvin cycle Calvin-Zyklus
Calvin-Benson cycle Calvin-Zyklus
calycanthemy Calycanthemie
calycophylly Calycophyllie
calyptra Kalyptra
calyptrogen Kalyptrogen
calyx Calyx
cambial initial Cambiuminitiale
cambial zone Cambialzone
cambiform Cambiform
cambium Cambium

Register (engl.)

campylidium Campylidium
campylotropous kampylotrop → Samenanlage (C.)
canal raphe Kanalraphe → Raphe
cane sugar Saccharose
cantharophilous cantharophil
cantharophily Cantharophilie
cap Hut
cap Kappe → Prozessierung
capillitium Capillitium
capitule Köpfchen
capitulescence Köpfchenstand
capitulum (Charophyceae) Capitulumzelle
capsid Capsid
capsule Kapsel
carbohydrates Kohlenhydrate
carboxysomes Carboxysomen
cardenolides Cardenolide
cardiac glycosides Cardenolide
carinal canal Carinalkanal
carnivorous plants Insectivoren
carotenes Carotine → Carotinoide
carotenoids Carotinoide
carpel Karpell
carpel polymorphism Karpellmorphismus
carpellate pistillat
carpellody Karpellodie
carpogonium Karpogon
carpology Karpologie
carpophore Karpophor
carpospore Karpospore
carposporophyte Karposporophyt
carrier Translokator
caruncle Caruncula
caryopsis Karyopse
caryotype Karyotyp
Casparian band Caspary-Streifen
Casparian strip Caspary-Streifen
Casparian thickening Caspary-Streifen
catadromous katadrom → anadrom
catalase Katalase
catalepsis Katalepsis
catalogue of seeds Index Seminum
cataphyll Niederblatt
category Rangstufe
catharobes Katharobien
catkin Kätzchen
catkin-bearing plants Amentiferae
caudex Caudex
caudicle Caudicula
caulid Cauloid
caulidium Cauloid
cauliflory Cauliflorie
caulome Caulom

caulonema Kaulonema
cavea Cavea
cecidiology Cecidiologie
cell Zelle
cell biology Zellbiologie
cell compartment Kompartiment
cell culture Zellkultur
cell cycle Zellzyklus
cell division Zellteilung
cell membrane Biomembran
cell membrane Zellmembran
cell plate Zellplatte
cell sap Zellsaft
cell theory Zelltheorie
cell wall Zellwand
cellular zelluläre → Endospermentwicklung
cellular respiration Zellatmung
cellulose Cellulose
cenospecies Coenospecies
central canal Zentralkanal
central cells (moss leaf) Deuter
central cylinder Zentralzylinder
central dogma of molecular biology Zentrales Dogma der Molekularbiologie
central mother cells Zentralmutterzellen
central strand Zentralstrang
central-filament type uniaxialer Typ
centriole Centriol
centromere Centromer
centroplasm Centroplasma
centrosome Centrosom
centrum Centrum
cephalium Cephalium
cephalodium Cephalodium
cespitose horstig
chain of beings Scala naturae
chalaza Chalaza
chalazogamic chalazogam
chalazogamy Chalazogamie
chalazosperm Chalazosperm
chalk gland Salzdrüse
chamaephyte Chamaephyt
Chantransia-stage Chantransia-Stadium
chaperones Chaperone
character Merkmal
characteristic species Charakterart
Chargaff rule Chargaff-Regel
chasmantheric chasmantheric
chasmogamous chasmogam
chasmogamy Chasmogamie
chasmophyte Chasmophyt
chemical race Chemotypus
chemical strain Chemotypus
chemiosmotic hypothesis Chemiosmoti-

sche Hypothese
chemoautotrophy Chemoautotrophie → Autotrophie
chemosynthesis Chemosynthese
chemotaxonomy Chemotaxonomie
chemotype Chemotypus
chiasma Chiasma
chiastobasidium Chiastobasidie → Basidientypen
chimaera Chimäre
chimera Chimäre
chiropterochory Chiropterochorie
chiropterogamy Chiropterophilie
chiropterophilous flower chiropterophile Blume
chiropterophily Chiropterophilie
chitin Chitin
chlamydospore Chlamydospore
chlorenchyma Chlorenchym
chloronema Chloronema
chlorophyll Chlorophyll
chlorophyll body Chloroplast
chlorophyllose cells Chlorophyllzellen
chloroplast Chloroplast
chlorosis Chlorose
chlorosome Chlorosom
chondrioma Chondriom
chondriome Chondriom
choripetalous choripetal
chorisis Dédoublement
chorology Chorologie
chorotype Arealtyp
chromatic adaptation Chromatische Adaptation
chromatid Chromatid
chromatin Chromatin
chromatophore Chromatophor
chromatoplasm Chromatoplasma
chromocentre Chromozentrum
chromomere Chromomer
chromonema Chromonema
chromoplast(id) Chromoplast
chromosome Chromosom
chromosome cytology Karyologie
chromosome mutation Chromosomenmutation
chromosome number Chromosomenzahl
chromosome race Cytotyp
chromosome theory of heredity Chromosomentheorie der Vererbung
chronospecies Chronospecies
cilia Cilie
cincinnus Wickel
cingulum Cingulum
circadian rhythm Tagesrhythmik
cirrus Cirrhus
cirrus Ranke
cistron Cistron
citric acid cycle Citrat-Zyklus
clade Clade
cladistic affinity kladistische Verwandtschaft
cladistic biogeography kladistische Biogeographie
cladistics Kladistik
cladode Platykladium
cladogenesis Kladogenese
cladogram Kladogramm
cladomania Kladomanie
clamp Schnalle
class Klasse
classification of organisms Organismensystem
claw Nagel
cleistantherous kleistanther
cleistocarp Kleistothecium
cleistocarpic (-pous) kleistokarp → Fruchtkörper
cleistocarpous kleistokarp
cleistogamous kleistogam
cleistogamy Kleistogamie
cleistothecum Kleistothecium
climatic diagram Klimadiagramm
climax Klimax
climbing plant Kletterpflanze → Liane (2)
clinanthium Köpfchenboden
cline Merkmalsgradient
clinostat Klinostat
clone Klon
closed bundle geschlosseenes → Leitbündel
cluster cup Aecidium
coccal coccal
coccolith Coccolith
coccosphere Coccosphäre → Coccolith
codominance Kodominanz
codon Codon
coelocauly Coelocaulie
coenobium Aggregationsverband
coenobium Coenobium
coenoblast Coenoblast
coenocytic coenocytisch
coenogamete Coenogamet
coenomegaspore Coenomegaspore
coenozygote Coenozygote
coevolution Coevolution
coexistence Koexistenz
cofactor Cofaktor

coflorescence Cofloreszenz
cohesion movement Kohäsionsbewegung
cohesion theory Kohäsionstheorie
cohort Kohorte
coleoptile Koleoptile
coleorhiza Koleorrhiza
colinear colinear
collar Wurzelhals
collateral bundle collaterales → Leitbündel
collecting hairs Fegehaare
collectors' number Sammelnummer
collenchyma Kollenchym
colleter Kolletere
colony Kolonie
colpate colpat → Colpus
colporate colporat
columella Columella
column Gynostemium
combination Kombination
commensalism Commensalismus
commiscuum Commiscuum
commissure Commissur
common name Vernacularname
companion Begleitart
companion cells Geleitzellen
comparium Comparium
compartment Kompartiment
compass plant Kompasspflanze
compitum Compitum
complex heterozygoty Komplexheterozygotie
compound fruit Fruchtstand
compound umbel Doppeldolde
compression wood Druckholz → Reaktionsholz
concaulescence Concauleszenz
concentric bundle konzentrisches → Leitbündel
conceptacle Conceptaculum
concerted evolution Konzertierte Evolution
Conchocoelos phase Conchocoelis-- Phase
conchospore Conchospore
concrescence Verwachsung
conducting tissue Leitgewebe
conducting tract Transmissionsgewebe
conduplicate orthoplok → Embryobau
cone Zapfen
cone scale Zapfenschuppe
confused name nomen confusum
congenital fusion Verwachsung, congenitale
conidiogenesis Konidiogenese
conidioma Konidioma

conidiospore Konidie
conidium Konidie
conifers Coniferae
conjugation Konjugation
connecting bands Pleurae → Cingulum
connective Connectiv
conserved name nomen conservandum
consortium Consortium
consumer Konsument
contorted contort → Ästivation
contractile root Zugwurzel
contractile vacuole Vakuole, kontraktile
convergence Konvergenz
convivium Convivium
coppice Niederwald
copulation Kopulation
core-fruit Apfelfrucht
coremium Coremium
cork Kork
cork cambium Phellogen
corm(us) Kormus
cormophytes Kormophyten
corolla Corolla
corona Corona
corona Paracorolla
corona (Charophyceae) Coronula
coronal scale Schlundschuppe
corpus Corpus
corpusculum Klemmkörper
correction Emendation
correlation Korrelation
cortex Amphiesma
cortex Rinde
cortical bundle corticales → Leitbündel
cortina Cortina
corymbe Corymbus
cosmopolite Kosmopolit
costa Costa
costa Rippe
cotyledon Kotyledone
coumarin Cumarin
cover Deckungsgrad
cover cell Deckelzelle
craspedium Craspedium
crassinucellar crassinucellat → Samenanlage (B.)
crassinucellate crassinucellat → Samenanlage (B.)
Crassulacean acid metabolism Crassulaceen-Säurestoffwechsel
crassulae Crassulae
cristae mitochondriales Cristae mitochondriales
criteria of homology Homologiekriterien

cross zone Querzone
cross-field Kreuzungsfeld
Crossing over Crossing over
crown gall Wurzelhalstumor
crozier Haken
crustaceous lichen Krustenflechte
cryoscopy Kryoskopie
crypsis Mimese
cryptochromes Cryptochrome
cryptocotylar germination hypogäische → Keimung
cryptogams Cryptogamae
cryptomitosis geschlossene Mitose → Mitosetypen
cryptophyte Kryptophyt
cryptopore kryptopor
cryptospecies Kryptospecies
crystalliferous cell Kristallzelle
culm Halm
cultigen Cultigen
cultivar Cultivar
cultivated plant Kulturpflanze
culton Culton
cup Cupula
cupule Brutbecher
cupule Cupula
curled wood Maserholz
cushion plant Polsterpflanze
cuticle Cuticula
cuticle analysis Cuticularanalyse
cuticular layers Cuticularschichten
cutin Cutin
cyanelle Cyanelle
cyanobiont Cyanobiont
cyanogenic glycosides cyanogene Glykoside
cyanolichens Cyanolichenen
cyanophilic lichens Cyanolichenen
cyanophycin granules Cyanophycinkörner
cyanotrophy Cyanotrophie
cyathium Cyathium
cyathus Brutbecher
cybrid Zellhybride
cyclic zyklisch → Blütenbau
cyclins Cycline
cylindrical leaf Rundblatt
cyme Cyme
cymose inflorescence cymöse → Infloreszenz
cyphella Cyphelle
cypsela Achäne
cyst Cyste
cystide Cystide

cystocarp Cystokarp(ium)
cystolith Cystolith
cytochromes Cytochrome
cytogenetic cytogenetisch
cytogenetics Cytogenetik
cytogony Cytogonie
cytokinesis Zellteilung
cytokinins Cytokinine
cytology Cytologie
cytopharynx Cytopharynx
cytoplasma Cytoplasma
cytoskeleton Cytoskelett
cytosol Cytosol
cytostome Cytostom
cytosystematics Karyosystematik
cytotaxonomy Karyosystematik
cytotype Cytotyp

dark reaction Dunkelreaktion → Photosynthese
dark respiration Dunkelatmung
Darlington's rule Darlingtons Regel
Darwinisme Darwinismus
date of publication Publikationsdatum
dauermodification Dauermodifikation
daughter cells Tochterzellen
day-neutral plant tagneutrale Pflanze
deceptive flower Täuschblume
decurrent leaves herablaufende Blätter
dédoublement Dédoublement
deduplication Dédoublement
defensive substances Abwehrstoffe
deficiency Defizienz
degeneration Degeneration
degree of coverage Deckungsgrad
dehiscence Dehiszenz
dehiscent fruit Streufrucht
deletion Deletion
deme Dem
demography Demographie
dendritic trichomes Baumhaare → Trichomtypen
dendrochronology Dendrochronologie
dendrogram Dendrogramm
dendrology Dendrologie
denitrification Denitrifikation
deoxyribonucleic acid DNA
derivation Ableitung
dermatoblast Dermatoblast
dermatocalyptrogen Dermatokalyptrogen
dermatogen Dermatogen
description Beschreibung
descriptive phrase Phrase
desert Wüste

desmotubule Desmotubulus
destruents Destruenten
determinate inflorescence geschlossene → Infloreszenz
determination Determination
deuterogamy Deuterogamie
development Entwicklung (ontogenetisch)
deviation rule Deviationsregel
dextrorsum rechtswindend
diadelphy Diadelphie
diagnosis Diagnose
diagnostic species diagnostische Arten
diagram Diagramm
diakinesis Diakinese
dialypetalous dialypetal → Dialypetalae
diandrous diandrisch
diaphragm(a) Diaphragma
diaphysis Diaphyse
diaspore Diaspore
diaspore bank Samenbank
diatoms Diatomeen
dibotryum Doppeltraube
dichasial cyme Dichasium
dichasium Dichasium
dichlamydeous dichlamydeisch
dichogamy Dichogamie
dichotomy Dichotomie
diclinism Diklinie
diclinous diklin
dicliny Diklinie
dicots Dikotylen
dicotyledonous dikotyl
dicotyledons Dikotylen
dicotylous dikotyl
dictyosome Dictyosom
didynamous didynamisch
differentation Differenzierung
differential gene activation Genaktivierung, differentielle
differential species Differentialart
diffuse kinetochore Kinetochor, diffuser
diffuse-porous wood zerstreutporiges → Holz
diffusion Diffusion
digestive gland Digestionsdrüse
dikaryon Dikaryon
dikaryophase Dikaryophase
dikaryotic dikaryotisch
dilatation Dilatation
dilation Dilatation
dimerous dimer
dimorphism Dimorphismus
dinesis Dinese
dinokaryon Dinokaryon

dinomitose Dinomitose
dioecious diözisch
dioecism Diözie
diplanetism Diplanie
diplobiont Diplobiont
diplohaplont Diplohaplont
diploid diploid
diplolepidous diplolepid → Peristomtypen
diplont Diplont
diplophase Diplophase
diplophylly Diplophyllie
diplospory Diplosporie
diplostemonous diplostemon
diplotene Diplotän
diploxylic diploxyl
directional selection gerichtet → Selektionstypen
disc Discus
discobolocyst Discobolocyste
disjunct area Areal, disjunktes
disjunctor Disjunktor
disk flower Scheibenblüte
dislocation Dislokation
disomy Disomie
dispersal Ausbreitung
dispersal ecology Diasporologie
dispersal unit Diaspore
disporangiate disporangiat
disruptive selection disruptiv → Selektionstypen
dissemination Dissemination
disseminule Diaspore
dissepiment Septum
dissimilation Dissimilation
distal distal
distichous distich → Phyllotaxis (A.)
distichy Distichie → Phyllotaxis (A.)
distribution map Arealkarte
disymmetric disymmetrisch → Symmetrie
dithecous dithecisch → Antherenbau
divergence Divergenz
divergency Divergenz
division Abteilung
DNA helicase Helicase
dolichostylous langgriffelig → Heterostylie
dolipore Doliporus
Dollo's law Dollosches Gesetz
domain Domäne
domatium Domatium
domestication Domestikation
domestication syndrome Domestikationssyndrom
dominance Dominanz

dominant dominant
dormancy Dormanz
dormancy of seeds Samenruhe
dormant bud Ruheknospe
dorsal suture Rückennaht
dorsifixed dorsifix → Antherenbau
dorsiventral bifacial → Blattbau
dot map Punktkarte → Arealkarte
double flower Blüte, gefüllte
double helix Doppelhelix
drepanium Sichel
drip tip Träufelspitze
drupe Steinfrucht
dubious name nomen dubium
dung-fly flowers Sapromyiophilae
duplicate Dublette
duplication Duplikation
durian theory Durio-Theorie
dwarf male Nannandrium
dwarf male Zwergmännchen
dwarf shrub Zwergstrauch
dyad Dyade
dyneins Dyneine
dysploidion Dysploidion
dysploidy Dysploidie
dystrophic dystroph
dystropy Dystropie
dyszoochory Dyszoochorie

early wood Frühholz → Holz
ecad Ecas
ecblastesis Ecblastesis
ecocline Ökokline
ecogram Ökogramm
ecological isolation ökologisch → Isolationsmechanismen
ecological niche Nische
ecological optimum ökologisches Optimum
ecological physiology Ökophysiologie
ecology Ökologie
ecology Pflanzengeographie (s.l.)
ecophysiology Ökophysiologie
ecospecies Ökospecies
ecosystem Ökosystem
ecotone Ökoton
ecotype Ökotypus
ectexine Ektexine → Exine
ectodesma Ektodesmos
ectomycorrhiza Ektomykorrhiza → Mykorrhiza
ectoplasm Ektoplasma
ectospore Exospore → Sporentypen
ectotrophic mycorrhiza Ektomykorrhiza → Mykorrhiza
edaphon Edaphon
effectively published name Name, wirksam veröffentlichter
egg apparatus Eiapparat
egg-cell Eizelle
ejectosome Ejectosom
elaiophor Elaiophor
elaioplast Elaioplast
elaiosome Elaiosom
elaiosphere Oleosom
elastoviscin Elastoviscin
elater Elatere
electron microscope Elektronenmikroskop
electron transport chain Elektronentransportkette
elementary species Jordanon
elicitor Elicitor
ellagic acid Ellagsäure
embryo Embryo
embryo sac Embryosack
embryogenesis Embryogenese
embryogeny Embryogenese
embryology Embryologie
emergence Emergenz
Emerson effect Emerson-Effekt
enantiomorphy Enantiomorphie
enantiostylous enantiostyl
enantiostyly Enantiostylie
enation Enation
enation theory Emergenztheorie
endemic endemisch
endemic taxon Endemit
endemisme Endemismus
endexine Endexine → Exine
endocarp Endokarp
endocyanome Endocyanom
endocyanosis Endocyanose
endocytobiosis Endocytobiose
endocytosis Endocytose
endodermis Endodermis
endogenous endogen
endolithic endolithisch
endolithophyte Endolithophyt
endomembrane Endomembran
endomitosis Endomitose
endomycorrhiza Endomykorrhiza → Mykorrhiza
endoparasite Endoparasit
endophyte Endophyt
endoplasm Endoplasma
endoplasmatic reticulum endoplasmatisches Reticulum
endopolyploidy Endopolyploidie

endoscopic endoskop → Embryo
endosperm Endosperm
endosperm haustorium Endospermhaustorium
endosperm nucleus Endospermkern
endospore Endospor
endospore Endospore → Sporentypen
endostome Endostom
endosymbiont theory Endosymbionten--Theorie
endosymbiosi theory Endosymbionten--Theorie
endothecium Endothecium
endothelium Endothel(ium)
endotrophic mycorrhiza Endomykorrhiza → Mykorrhiza
endozoic endozoisch
endozoochory Endozoochorie
energid Energide
enhanceosome Enhanceosom
enhancer Enhancer
enrichment branch Bereicherungsspross
enrichment zone Bereicherungszone
entomogamy Entomogamie
entomophilous entomogam
entomophily Entomogamie
enumeration Enumeratio
envelope Lorica
enzyme Enzym
eophyll Primärblatt
epeltate epeltat
ephemeral ephemer
ephemerophyte Ephemerophyt
epiblast Epiblast
epiblema Rhizodermis
epicalyx Epicalyx
epichil(e) Epichil
epichilium Epichil
epicotyl Epikotyl
epicuticular wax Epicuticularwachs
epidermis Epidermis
epigean germination epigäische → Keimung
epigenesis Epigenese
epigonium Embryotheca
epigynous epigyn
epigyny Epigynie
epihydrophily Ephydrogamie
epilimnion Epilimnion
epimatium Epimatium
epinasty Epinastie
epipetalous epipetal
epiphragm Epiphragma
epiphyllous epiphyll

epiphyte Epiphyt
epiplasm Epiplasma
epipleura Epipleura
epipodium Epipodium
episepalous episepal
epistomatic, -ous epistomatisch → Blattbau
epitheca Epitheca → Theca
epithecium Epithecium
epithelium Epithel
epithem(e) Epithem
epitony Epitonie
epitropous epitrop → Samenanlage (D.)
epitype Epitypus
epixylic, -ous epixyl
epizoic epizoisch
epizoochory Epizoochorie
epoekophyte Epökophyt
equatorial plate Äquatorialplatte
equitant leaf Schwertblatt
ergasiolipophyte Ergasiolipophyt
ergasiophygophyte Ergasiophygophyt
ergasiophyte Ergasiophyt
ergastic materials (substances) ergastische Gebilde
ericoid ericoid
espalier-shape Spalierwuchs
essential huiles ätherische Öle
ethnobotany Ethnobotanik
ethological isolation blütenökologisch → Isolationsmechanismen
ethylene Ethylen
etiolation Etiolement
etioplast Etioplast
euanthium theory Euanthientheorie → Blütentheorien
euchromatin Euchromation
eucyte Eucyt
eudicots Eudikotyledonen → Dikotylen
eukaryotes Eukaryoten
euphily Eutropie
euploid euploid
euploidion Euploidion
euploidy Euploidie
euryoecious euryök
eusporangiate ferns Eusporangiatae
eutrophic eutroph
evaporation Evaporation
evapotranspiration Evapotranspiration
evolutinary biology Evolutionsbiologie
evolution Evolution
evolutionary clock Molekulare Uhr
exalbuminous Samentypen (ohne Nährgewebe)
exanthema Exanthem

Register (engl.)

exciple Excipulum
excipulum Excipulum
excreta Exkrete
excretion Exkretion
exine Exine
exocarp Exokarp
exocytose Exocytose
exodermis Exodermis
exogamy Allogamie
exogenous exogen
exon Exon
exoscopic exoskop → Embryo
exospore(-ium) Exospor
exostome Exostom
exothecium Exothecium
experimental taxonomy Taxonomie, experimentelle
exsiccata Exsikkate
extant rezent
extinction Aussterben
extrachromosomal inheritance extrachomosomale Vererbung
extrafloral nectary Nektarium, extraflorales
extranuptial nectary Nektarium, extranuptiales
extraxylary fibre extraxylare → Faser
extrorse extrors
extrusive organelle Extrusom
extrusome Extrusom
eyespot Stigma (2.)

false fruit Scheinfrucht
false stem Scheinstamm
false sympetaly Pseudosympetalie
false whorl Scheinquirl
family Familie
farina Pollen
fasciation Fasciation
fascicle Faszikel
fascicle Leitbündel
fascicular cambium fascicular → Cambium
fascie Fasciation
feature Merkmal
fecund fertil
fen Niedermoor → Moore
fenestriform pit Fenstertüpfel
fermentation Gärung
ferns Farne
fertile fertil
fertilization Befruchtung
fiber Faser

fibre Faser
fibre tracheid Fasertracheide
fibrous layer Faserschicht
fidelity Treue
filament Staubfaden → Filament
filament (Cyanobacteria) Filament
filamentous trichal
filamentous thallus Haplonema
filiform apparatus Fadenapparat
fine structure Ultrastruktur
fingerprinting Fingerprint-Techniken
flag blossom Schmetterlingsblüte
flagellar apparatus Geißelapparat
flagellar hair Mastigonema
flagellates Flagellaten
flagellation Begeißelung
flagelliflory Flagelliflorie
flagellin Flagellin
flagellum Geißel
flavonoids Flavonoide
fleshy taproot Rübe
fleur Blume
floating leaf Schwimmblatt
floating tissue Schwimmgewebe
flora Flora
floral diagram Blütendiagramm
floral dimorphism Blütendimorphismus
floral ecology Blütenökologie
floral element Florenelement
floral formula Blütenformel
floral nectary Nektarium, florales
florescence Anthese
florescence Floreszenz
floret Blütchen → Köpfchen
floridean starch Florideenstärke
florigen Blühhormon
floristic realm Florenreich
floristic region Florengebiet
floristics Floristik
flower Blüte
flower cup Hypanthium
flower dimorphism Blütendimorphismus
flowering glume Lemma
flowering plants Angiospermae
flowering sequence Aufblühfolge
fluid mosaic model Fluidmosaik-Modell
fly blossom myiophile Blume
foliage Laub
foliage leaf Folgeblatt
foliage leaf Laubblatt
foliar theory Blatt-Theorie
foliation Vernation
foliose folios
foliose lichen Blattflechte

follicle Follikel
food chain Nahrungskette
food tissue Futtergewebe
forest Wald
forest line Waldgrenze
form Form
form genus Formgattung
formation Formation
formula Formel
fossil Fossil
founder effect speciation Gründereffekt
→ Artbildung
founder principle (effect) Gründereffekt
fountain type multiaxialer Typ
fragmentation Fragmentation
frameshift mutation Leserastermutation
free central placentation zentrale → Placentation
free nuclear division Kernteilung, freie
frequency Frequenz
frond Wedel
frondescence Frondeszenz
frost germinator Frostkeimer
frost hardiness Frostresistenz
frost resistance Frostresistenz
fructification Fruchtkörper
fructose Fructose
fruit Frucht
fruit body Fruchtkörper
fruitlet Früchtchen
frustule Frustel
fruticose lichen Strauchflechte
fundamental tissue Grundgewebe
fungi Fungi
fungus-gnat flower Pilzmückenblume
funicle Funiculus
funnel-cell Trichterzelle
furrow Colpus
fusiform initial Fusiforminitiale → Cambiuminitiale
fusion Verwachsung
fusion nucleus Embryosack, sekundärer
fusoid cells Fusoidzellen

galbulus Beerenzapfen
gall Galle
gallery forest Galeriewald
gametangiogamy Gametangiogamie
gametangiophore Gametangienträger
gametangium Gametangium
gametangium (Thallophytes) Gametocyste
gamete Gamet
gametoecium Gametangienstand

gametogamy Gametogamie
gametogenesis Gametogenese
gametophyte Gametophyt
gamogony Gamogonie
gamones Gamone
gamont Gamont
gamopetalous sympetal
gamophylly Gamophyllie
garigue Garrigue
gas vacuole Gasvesikel
Gause's principle Gauses Prinzip
geitonogamy Geitonogamie
gelatinous epidermis Schleimepidermis
gelatinous fibre gelatinöse → Faser
gemma Gemme
gemma cup Brutbecher
gene Gen
gene centre Genzentrum
gene duplication Genduplikation
gene expression Genexpression
gene family Genfamilie
gene flow Genfluss
gene map Genkarte
gene pool Genpool
gene technology Gentechnik
genecology Genökologie
generation Generation
generative cell generative Zelle
generic name nomen genericum
genet Genet
genetic genetisch
genetic code genetischer Code
genetic drift Genetische Drift
genetic engineering Gentechnik
genetics Genetik
genom(e) Genom
genome mutation Genommutation
genophore Genophor
genotype Genotypus
genus Genus
geocarpic geokarp
geocarpy Geokarpie
Geoffroyism Lamarckismus
geofrutex Geofrutex
geophyte Geophyt
geotropism Gravitropismus
germ cell Keimzelle
germ line (track) Keimbahn
germination Keimung
gerontoplast Gerontoplast
giant chromosome Riesenchromosom
gibberellines Gibberelline
gigas effect Gigas-Effekt
gill Lamelle

girdle Zellgürtel → Cingulum
girdle lamella Gürtellamelle
gland Drüse
glandular hair Drüsenhaar
glandular tapetum Sekretionstapetum → Tapetumtypen
glandular trichome Drüsenhaar
gleba, glebe Gleba
globulins Globuline
glochid(ium) Glochidium
gloeocystidium Gloeocystide
glomerule (-lus) Glomerulus
glucan Glucan
gluconeogenesis Gluconeogenese
glucose Glucose
glucosinolates Glucosinolate
glume Gluma
glutathione Glutathion
glutelins Gluteline
glycocalyx Glykocalyx
glycogen Glykogen
glycolysis Glykolyse
glycoprotein Glykoprotein
glyoxysome Glyoxysom
Golgi apparatus Golgi-Apparat
Golgi body Dictyosom
gone Gone
gonidium Gonidie
gonimoblast Gonimoblast
gonophyll theory Gonophyll-Theorie → Blütentheorien
gousse Legumen
grade (of organization) Organisationsstufe
gradualism Gradualismus
graft chimaera Pfropfchimäre
grafting Pfropfung
grains of aleurone Aleuronkörner
Gram stain Gram-Färbung
grana Grana
grand period of growth große Periode des Wachstums
gravitropism Gravitropismus
green algae Chlorophyta
green manuring Gründüngung
grid map Rasterkarte → Arealkarte
ground tissue Grundgewebe
ground-plan Typus, morphologischer
group Gruppe
group Sippe
group Taxon
growing point Vegetationspunkt
growth Wachstum
growth form Wuchsform

growth in thickness Dickenwachstum
growth ring Jahresring
guard cells Schließzellen
guide cells Deuter
gullet Schlund (Flagellatae)
gullet flower Lippenblume
guttation Guttation
gymnanthous achlamydeisch
gymnoblast Gymnoblast
gymnocarpic (-pous) gymnokarp → Fruchtkörper
gymnosperms Gymnospermen
gymnostomatous gymnostom
gymnostomous gymnostom
gynaecium Gynoeceum
gynobasic gynobasisch
gynodioecism Gynodiözie
gynoecium Gynoeceum
gynoecium (bryophytes) Archegonienstand → Gametangienstand
gynomonoecism Gynomonözie
gynophore Gynophor
gynostegium Gynostegium
gynostemium Gynostemium

habit Habitus
habitat Biotop, Habitat
hadrome Hadrom
Haeckel's law Biogenetische Grundregel
hair Trichom
hair-point Glashaar
half-shrub Halbstrauch
halophyte Halophyt
hamathecium Hamathecium
handle cell Manubrium
hapaxanthic (-thous) monokarp
haplobiont Haplobiont
haplobiontic haplobiontisch
haplochlamydeous monochlamydeisch
haplodiplont Diplohaplont
haploid haploid
haplolepidous haplolepid → Peristomtypen
haploneme Haplonema
haplonte haplont
haplophase Haplophase
haplospory Haplosporie
haplostemonous haplostemon
hapteron Haptere
haptonema Haptonema
hardening Abhärtung
Hardy-Weinberg law Hardy-Weinberg-Gesetz
harmomegathy Harmomegathie

Hartig net Hartigsches Netz
hastula Hastula
haustorium Haustorium
head Köpfchen
heartwood Kernholz
heat resistence Hitzeresistenz
heat-shock proteins Hitzeschockproteine
heath Heide
hedgehog zone Dornpolsterflur
helicoid cyme Schraubel
heliophilous leaf Sonnenblatt
helobial helobiale → Endospermentwicklung
helophyte Helophyt
help cell Synergide
hemerochorous hemerochor
hemerochory Hemerochorie
hemerophilous hemerophil
hemerophobous hemerophob
hemerophyte Hemerophyt
hemiangiocarpe (-pous) hemiangiokarp → Fruchtkörper
hemiangiosperms Hemiangiospermen
hemicryptophyte Hemikryptophyt
hemicyclic hemizyklisch
hemiparasite Hemiparasit
hemiploid hemiploid
hemirosette herbs Halbrosettenpflanze → Rosettenpflanze
hemitropous hemitrop → Samenanlage (C)
hemitropy Hemitropie
hemizygous hemizygot
Hennig's principle Hennigs Prinzip
heomoeostasis Homöostase
hepatics Lebermoose
herb Kraut
herbaceous krautig
herbal Kräuterbuch
herbarium Herbarium
herbarium technique Herbartechnik
herbivores Herbivore
hercogamy Herkogamie
hereditary factor Anlage (2)
heredity Vererbung
hermaphrodite zweigeschlechtig
hermaphrodite Zwitter, zwittrig
hesperidium Citrusfrucht → Panzerbeere
heteranthery Heteranthery
heteroblastic heteroblastisch
heterocarpous heterokarp
heterocarpy Heterokarpie
heterochlamydeous heterochlamydeisch
heterochromatin Heterochromatin
heterochromosome Heterochromosom
heterochrony Heterochronie
heterocolpate heterocolpat
heterocyclic heterozyklisch
heterocyst Heterocyste
heterocyte Heterocyste
heterodiaspory Heterodiasporie
heteroecious heterözisch
heteroecism Heterözie
heterogametic heterogametisch
heterogamous Köpfchen, heterogam
heterogamy Heterogamie
heteroglycans Heteroglykane → Polysaccharid
heterokaryosis Heterokaryose
heterokaryote (-tic) heterokaryotisch
heteromericarpy Heteromerikarpie
heteromerous heteromer → Blütenbau
heteromerous heteromer
heteromorphic heteromorph
heterophyllous heterophyll
heterophylly Heterophyllie
heteroplasmy Heteroplasmie
heteroploidy Heteroploidie
heteropycnotic heteropyknotisch
heterosis Heterosis
heterospermy Heterospermie
heterosporic (-sporous) heterospor
heterospory Heterosporie
heterostyly Heterostylie
heterotactic heterotaktisch
heterothallic heterothallisch
heterotopy Heterotopie
heterotrichous heterotrich
heterotrophic heterotroph
heterotrophy Heterotrophie
heterotropous heterotrop → Samenanlage (D.)
heteroxenous heterözisch
heterzygote (-zygous) heterozygot
hibernaculum Turio
hierarchy Hierarchie
high forest Hochwald
Hill reaction Hill-Reaktion
hilum Hilum
histogen theory Histogentheorie
histogeny (-genesis) Histogenese
histology Histologie
histones Histone
Hofmeister's rule Hofmeister-Regel
holarctic kingdom (realm) Holarktis
holobasidium Holobasidie → Basidientypen
holocarpic (Adj.) Holokarpie

holocentric chromosome Kinetochor, diffuser
hologamy Hologamie
hologeny Hologenie
holomorph Holomorphe
holoparasite Holoparasit
holorosette herb Ganzrosettenpflanze → Rosettenpflanze
holotype Holotypus
holozygote Holozygote
homeostasis Homöostase
homeotic genes homöotische Gene
homoblastic homoblastisch
homochlamydeous homoiochlamydeisch
homodromous homodrom
homoeosis Homoeosis
homogametic homogametisch
homogamy Homogamie
homoglycans Homoglykane → Polysaccharid
homoiohydric homoiohydr
homoiomerous homöomer
homology Homologie
homonomy Homonomie
homonym Homonym
homoplasy Homoplasie
homoploid homoploid
homorhizic homorrhiz
homorhizy Homorrhizie
homosporous isospor
homospory Isosporie
homostylic (-lous) homostyl
homothallic homothallisch
homotopy Homotopie
homoxylous homoxyl
homozygot (-zygous) homozygot
honey leaf Nektarblatt
honey-dew Honigtau
hormocyst Hormocyste
hormocystangium Hormocystangium
hormogone (-nium) Hormogonium
horotelic horotelisch → Evolutionsgeschwindigkeit
host plant Wirt
host specifity Wirtspezifität
hsps Hitzeschockproteine
humic substances Huminstoffe
humus Humus
hyaline cell Hyalinzelle
hyalodermis Hyalodermis
hyaloplasm(a) Hyaloplasma
hybrid Hybride
hybrid inviability Hybridavitalität → Isolationsmechanismen

hybrid sterility Hybridsterilität
hybrid swarm Hybridschwarm
hybrid vigour Heterosis
hybrid zone Hybridzone
hybridization Hybridisierung
hybridized habitat Hybridhabitat
hybridogenous hybridogen
hydathode Hydathode
hydrenchym Hydrenchym
hydrobiology Hydrobiologie
hydrochorous hydrochor
hydrochory Hydrochorie
hydrocyte Hyalinzelle
hydrogamie Hydrogamie
hydrogen hypothesis Hydrogen-Hypothese
hydroids Hydroiden
hydrophily Hydrogamie
hydrophyte Hydrophyt
hydroponics Hydrokultur
hydropote Hydropote
hygrochasy Hygrochasie
hygrophilous hygrophil
hygrophyte Hygrophyt
hymenial algae Hymenialalgen
hymenium Hymenium
hymenophore Hymenophor
hypanthium Hypanthium
hypha Hyphe
hyphydrogamie Hyphydrogamie
hypnobasidium Sklerobasidie → Basidientypen
hypnospore Hypnospore
hypnozygote Hypnozygote
hypochil Hypochil
hypocotyl Hypokotyl
hypocotyledonary bud Hypokotylknospe
hypocrateriform stieltellerförmig
hypodermis Hypodermis
hypogean germination hypogäische → Keimung
hypogynous hypogyn
hypogyny Hypogynie
hypohydrophily Hyphydrogamie
hypolimnion Hypolimnion
hyponasty Hyponastie
hyponym Hyponym
hypopeltate hypopeltat
hypophysis Hypophyse
hypopode Hypopodium
hypostase Hypostase
hypostomatic hypostomatisch → Blattbau
hypostomatous hypostomatisch → Blattbau

hypostomium Hypostomium
hypotagma Unterbau
hypotheca Hypotheca → Theca
hypothecium Hypothecium
hypsophylle Hochblatt
hysterothecium Hysterothecium

ichthyochory Ichthyochorie
iconography Iconographie
iconotype Iconotypus
idealistic morphology Morphologie, Idealistische
idioblast Idioblast
idioblastic sclereid Sklereid
idiochromosome Geschlechtschromosom
idiogamy Idiogamie
idiogram Karyogramm
idioplasm Idioplasma
illegitimate pollination illegitime Bestäubung
illustration Icon
imbibition Quellung
imbricated imbricat → Ästivation
imperfect fungi Fungi imperfecti
importins Importine
inaperturate inaperturat
inbreeding Inzucht
inbreeding depression Inzuchtdepression
incompatibility Inkompatibilität
incompatibility Inkompatibilität → Isolationsmechanismen
incubous oberschlächtig
indeterminate inflorescence offene → Infloreszenz
index species Charakterart
indicator species Bioindikator
indigenous Autophyt
individual Individuum
induction Induktion
indumentum Indument
indusium Indusium
inferior unterständig → Ovar
inflorescence Infloreszenz
infrageneric taxon Taxon, infragenerisches
infra-red gas analyzer Ultrarotabsorptionsschreiber
infraspecific taxon Taxon, infraspezifisches
infructescence Fruchtstand
infusoria Infusorien
inheritance Vererbung

inheritance of acquired characters Vererbung erworbener Eigenschaften
inhibition zone Hemmungszone
initial cells Initialzellen
inner bark Bast
innovation Innovation
innovation zone Innovationszone
insectivorous plants Insectivoren
insertion Insertion
intectate intectat
integument Integument
intercalary bands Copulae → Cingulum
intercellular channel Interzellulargang
intercellular space Interzellulare
interception (water) Interzeptionswasser
intercoastal area Intercostalfeld
intercolpium Intercolpium
interfascicular cambium interfascicular → Cambium
intermediary form Zwischenform
internal bundle internes → Leitbündel
internode Internodium
interpetiolar stipules Interpetiolarstipeln
interphase Interphase
interspecific hybrid Artbastard
intine Intine
intravaginal branch intravaginaler Trieb
intravaginal squamules Intravaginalschuppen
introgression Introgression
introgressive hybridization Introgression
intron Intron
introrse intrors
inulin Inulin
invasion Invasion
inversion Inversion
invertase Invertase
inverted repeat Palindrom
involucel(lum) Involucellum
involucral bract Involucralblatt
involucre Involucrum
ion channel Ionenkanal
ion pump Ionenpumpe
IRGA Ultrarotabsorptionsschreiber
isidium Isidie
isoalleles Isoallele
isobilateral aequifacial → Blattbau
isochromosome Isochromosom
isogametes Isogameten
isogamy Isogamie
isolateral aequifacial → Blattbau
isolation Isolation
isomerous isomer → Blütenbau
isonym Isonym

isophylly Isophyllie
isopleth Isoplethe
isosporous isospor
isospory Isosporie
isotype Isotypus
isozymes Isozyme
itinerary Itinerar

Jordanon Jordanon
juvenile form Jugendform

K selection K-Selektion → Selektionstypen
kairomone Kairomon
karyogamy Karyogamie
karyogram Karyogramm
karyokinesis Karyokinese
karyology Karyologie
karyoplasm Karyoplasma
keel Carina
keel blossom Schiffchenblume → Schmetterlingsblüte
kettle trap Kesselfallenblume
key Bestimmungsschlüssel
kinesin Kinesin
kinetid Geißelapparat
kinetochore Kinetochor
kingdom Reich
klinostat Klinostat
Knight-Darwin law Knight-Darwinsches Gesetz
Kranz anatomy Kranz-Typus
Krebs cycle Citrat-Zyklus

label Schede
labellum Labellum
lacunar collenchyma Lückenkollenchym → Kollenchym
LAD Blattflächendichte
lagging strand Folgestrang → Replikationsgabel
LAI Blattflächenindex
Lamarckism Lamarckismus
lamella Assimilationslamelle
lamella Lamelle
lamellar collenchyma Plattenkollenchym → Kollenchym
laminary placentation laminale → Placentation
lammas growth Johannistrieb
lammas shoot Johannistrieb
late wood Spätholz → Holz
latent bud Ruheknospe
lateral lateral

lateral leaf Flankenblatt
lateral root Seitenwurzel
latex Latex
laticifer Milchröhre
laurel forest Lorbeerwald
laurophyllous laurophyll
layer Ableger
leading strand Leitstrang → Replikationsgabel
leaf Blatt
leaf area density Blattflächendichte
leaf area index Blattflächenindex
leaf axil Blattachsel
leaf base Blattgrund
leaf blade Blattspreite
leaf bud Blattknospe
leaf-bud scale Knospenschuppe
leaf gap Blattlücke
leaf nodule Blattknöllchen
leaf size classes Blattgrößenklassen
leaf stalk Petiolus
leaf succession Blattfolge
leaf tendril Blattranke
leaf trace Blattspur
leaf venation Blattaderung
leaflet Blättchen
leaflet Fiederblättchen → Fiederblatt
lectins Lectine
lectotype Lectotypus
leghaemoglobin Leghämoglobin
legitimate pollination legitime → illegitime Bestäubung
lemma Lemma
lenticel Lenticelle
leptocauly Leptocaulie
leptoid Leptoide
leptome Leptom
leptosporangiate leptosporangiat
leptosporangiate ferns Leptosporangiatae
leptotene Leptotän
leucoplast(id) Leukoplast
liana (liane) Liane (1)
libriform fiber Libriformfaser
lichen herbarium Lichenotheca
lichen substances Flechtenstoffe
lichenization Lichenisation
lichenology Lichenologie
lichenometry Lichenometrie
lichens Lichenes
lid capsule Pyxidium
life Leben
life-cycle Entwicklungsgang
life form Lebensform

life strategy Lebensstrategie
light germinator Lichtkeimer
light line Lichtlinie → Malpighische Zellen
light reaction Lichtreaktion → Photosynthese
light saturation Lichtsättigung
light-harvesting complex Antennenkomplex
lignification Verholzung
lignin Lignin
lignotuber Lignotuber
ligulate floret Zungenblüte
ligule Ligula
ligule Zunge → Zungenblüte
likeness Ähnlichkeit
limb Limbus
limnology Limnologie
linkage Koppelung
linkage group Koppelungsgruppe → Koppelung
Linneon Linneon
lip Labellum
lipids Lipide
liposome Oleosom
lithophyte Lithophyt
litter Streu
liverworts Lebermoose
living fossil Fossil, lebendes
location Fundort
locomotion Lokomotion
locule (-lus) Loculus
loculicidal loculicid
loculus Theca (1.)
locus Locus
locusta Ährchen
lodicule Lodicula
lomasome Lomasom
loment(um) Gliederhülse
lomentaceous fruit Bruchfrucht
lomentose siliqua Gliederschote
long-day plant Langtagpflanze
long-distance dispersal Fernausbreitung
long-shoot Langtrieb
long-styled langgriffelig → Heterostylie
longitudinal division Schizotomie
lophate lophat
lorica Lorica
lumen Lumen
lumper Lumper
Lysenkoism Lyssenkoismus
lysicarpous lysikarp → Gynoeceum
lysigenous lysigen → Interzellulare
lysimeter Lysimeter
lysogenic cycle lysogener Zyklus

lysosome Lysosom
lytic cycle lytischer Zyklus
maceration Mazeration
macroconidium Makrokonidie
macrocyst Makrocyste
macroelements Makronährelemente
macroevolution Makroevolution
macrogametangium Makrogametangium
macrogamete Makrogamet
macromutation Makromutation
macrophanerophyte Makrophanerophyt
macrophyll Megaphyll
macrosporangium Megasporangium
macrospore Megaspore
macrosporogenesis Megasporogenese
macrosporophyll Megasporophyll
macrostylous langgriffelig → Heterostylie
main axis Hauptspross
main florescence Hauptfloreszenz
main root Primärwurzel → Wurzel
malacophily Malakophilie
male germ unit male germ unit
Malpighian cells Malpighische Zellen
mamilla Mamille
mangrove Mangrove
manoxylic manoxyl
manubrium Manubrium
maquis Macchie
margin of thallus Lagerrand
marginal flower Randblüte
marrow Mark
marsh plant Helophyt
mass extinction Massenaussterben → Aussterben
massula Massula
mast year Mastjahr
mastigoneme Mastigonema
mating type Kreuzungstyp
matrix Matrix
Matthew's hypothesis Matthews Hypothese
mazaedium, mazedium Mazaedium
median plane Mediane
medifixus medifix
medullary medullär
medullary bundle medulläres → Leitbündel
medullary ray Markstrahl
megagamete Makrogamet
megaphyll Megaphyll
megaphyte Schopfbaum
megaprothallus Megaprothallium
megasporangium Megasporangium
megaspore Megaspore

megaspore mother cell Embryosackmutterzelle
megaspore mother cell Megasporenmutterzelle
megaspore nucleus Embryosack, primärer
megasporogenesis Megasporogenese
megasporophyll Megasporophyll
meiophylly Meiophyllie
meiosis Meiose
meiosporangium Meiosporangium
meiospore Meiospore
melittophilous flowers melittophile Blumen
melittophily Melittophilie
membrane traffic Membranfluss
Mendelian population Mendelpopulation
Mendel's laws Mendelsche Regeln
mericarp Merikarp(ium)
mericarpic nutlet Klause
meristem Meristem
meristemoid Meristemoid
meristic variation Variation, meristische
meristoderm Meristoderm
merogamy Merogamie
merophyte Merophyt
mesocarp Mesokarp
mesocotyl Mesokotyl
mesophilic mesophil
mesophilous mesophil
mesophyll Mesophyll
mesophyte Mesophyt
mesotonous mesoton
mesotony Mesotonie
messenger RNA mRNA → RNA
mestom(e) Mestom
mestom(e) sheath Mestomscheide
metabolism Metabolismus
metacentric metacentrisch → Chromosomentypen
metakinesis Metakinese
metalimnion Sprungschicht
metallophyte Metallophyt
metamorphosis Metamorphose
metaphase Metaphase
metaphase plate Äquatorialplatte
metaphloem Metaphloem → Phloementwicklung
metaphyll Folgeblatt
metaphytes Metaphyten
metatopy Metatopie
metaxyphyll Zwischenblatt
micellar theory Micellartheorie
microbiology Mikrobiologie

microclimate Mikroklima
microconidium Mikrokonidie
microcyst Mikrocyste
microevolution Mikroevolution
microfilament Mikrofilament
microfossils Mikrofossilien
microgametangium Mikrogametangium
microgamete Mikrogamet
micromutation Mikromutation
micropaleontology Mikropaläontologie
microphyll Mikrophyll
microprothallium Mikroprothallium
micropyle Mikropyle
microscope Mikroskop
microsome Mikrosom
microsporangium Mikrosporangium
microsporangium Pollensack
microspore Mikrospore
microsporophyll Mikrosporophyll
microstylous kurzgriffelig → Heterostylie
microtome Mikrotom
microtubules Mikrotubuli
middle lamella Mittellamelle
midrib Mittelrippe → Rippe
migration Migration
mimesis Mimese
mimicry Mimikry
mineralization Mineralisation
minerals Mineralstoffe
minimal area Minimalareal
mires Moore
missing link Missing link
mitochondria Mitochondrien
mitosis Mitose
mitospore Mitospore
mixoploidy Mixoploidie
mobile element mobiles genetisches Element
mode of reproduction Fortpflanzungssystem
modes of selection Selektionstypen
modifiability Modifikabilität
modification Modifikation
module Modul
molecular clock Molekulare Uhr
molecular genetics Molekulargenetik
molecular marker Molekularer Marker
molecular systematics Molekulare Systematik
molybdopterin Molybdopterin
monad Monade
monadiform monadal
monoaxial filament type uniaxialer Typ
monochasium Monochasium

monochlamydeous monochlamydeisch
monoclinous monoklin
monocots Monokotylen
monocotyledonous monokotyl
monocotyledons Monokotylen
monoecious monözisch
monogenic monogen
monogony Monogonie
monography Monographie
monokaryon Monokaryon
monolete monolet
monomerous monomer
monophilic monophil
monophyly Monophylie
monoplastidy Monoplastidie
monoploid monoploid
monopodial monopodial
monopodium Monopodium
monoporate monoporat
monosome Monosom
monospore Monospore
monosporic monosporisch → Embryosacktypen
monosulcate monosulcat
monosymmetrical monosymmetrisch → Symmetrie
monotelic inflorescence monotele → Infloreszenz
monothecous monothecisch → Antherenbau
monotopic monotop
monotypic monotypisch
monsoon forest Monsunwald
monstrosity Monstrosität
Morganism Morganismus
morph Morphe
morphogenesis Morphogenese
morphogeny Morphogenie
morphology Morphologie
morphosis Morphose
morphospecies Morphospecies
morphotaxon Morphotaxon
mortality Mortalität
mosaic evolution Heterobathmie
moss herbarium Bryotheca
moss sieve element Leptoide
mother cell of the guard cells Spaltöffnungsmutterzelle
motor cells Gelenkzellen
motor proteins Motorproteine
muciferous body Schleimsack → Schleimkörper
mucilage Schleim
mucilage cavity Schleimhöhle

mucilage cell Schleimzelle
mucilaginous cell Schleimzelle
mucilaginous epidermis Schleimepidermis
mucocyst Mucocyste
mucro Mucro
Müllerian bodies Müllersche Körperchen
multiaxial flower theorem Pseudanthientheorie → Blütentheorien
multiaxial type multiaxialer Typ
multicellular organism Vielzeller
multigene family Genfamilie
multi-layered structure Multilayered Structure
multilocular pluriloculär
multiple epidermis Epidermis, multiple
multiple fruit Sammelfrucht
multivalent Multivalent
murein Murein
mustard oil glucosides Glucosinolate
mutagen Mutagen
mutant Mutante
mutation Mutation
mutation rate Mutationsrate
mutualism Mutualismus
mycelium Mycel
mycelium with clamp connections Schnallenmycel
mycobiont Mykobiont
mycocecidium Mykocecidie
mycology Mykologie
mycoplasms Mycoplasmen
mycorrhiza Mykorrhiza
mycotheca Mykothek
mycotrophic mykotroph
mycotrophy Mykotrophie
myosin Myosin
myrmecochory Myrmekochorie
myrmecophily Myrmekophilie
myrmecophylaxis Myrmekophylaxis
myrmecophyte Myrmekophyt
myrmecotrophy Myrmekotrophie
myrosin-cell Myrosinzelle
myxamoeba Myxamöbe
myxoflagellate Myxoflagellat
myxospermy Myxospermie

nacreous cell Nacré-Wand
naked seed Same, nackter
naked-seed plant Gymnospermen
name Name
name based on a monstrosity nomen monstrositatis
name of a species Artname

name of the imperfect state nomen anamorphosis
name only nomen nudum
nanisme Nanismus
nannocyte Nannocyte
nanophanerophyte Nanophanerophyt
nastic movement Nastie
native Autophyt
natural pruning Stammreinigung
natural selection Selektion
natural system System, natürliches
naturalization Naturalisation
naturalized eingebürgert
naturalized alien Agriophyt
nature printing Naturselbstdruck
neck canal cell Halskanalzelle
neck cells Halszellen
necromass Nekromasse
nectar Nektar
nectar guide Saftmal
nectariferous leaf Nektarblatt
nectariferous tissue Nektariumsgewebe
nectariole Nektariole
nectary Nektarium
needle Nadel
neighboring cell Nachbarzelle
nematocyste Nematocyste
nematodontous nematodont → Peristomtypen
neo-Darwinism Neodarwinismus
neophyte Neophyt
neopolyploid neopolyploid
neosynangial hypothesis Neosynangialtheorie
neoteny Neotenie
neotype Neotypus
nest leaf Mantelblatt
nest leaf Nischenblatt
net photosynthesis Nettophotosynthese
neuston Neuston
neutral theory Neutralitäts-Theorie
new morphology Morphologie, Neue
new name nomen novum
New Systematics Taxonomie, experimentelle
nexine Nexine → Exine
nirogen fixation Stickstoff-Fixierung
nitrification Nitrifikation
nitrogen cycle Stickstoffkreislauf
nitrogenase Nitrogenase
nodal anatomy Knotenanatomie
node Knoten
nomenclatural type Typus, nomenklatorischer

nomenclature Nomenklatur
non-articulated laticifer ungegliederte → Milchröhre
nondisjunction Non-Disjunktion
non-glandular hair Deckhaar
nonstoried cambium nichtetagiertes Cambium → Cambiumbau
nothogenus Nothogenus
nothomorph Nothomorph
nothospecies Nothospecies
nototribic nototrib
NPC-classification NPC-System
nucellus Nucellus
nuclear nucleäre → Endospermentwicklung
nuclear division Mitose
nuclear envelope Kernhülle
nuclear matrix Kernmatrix
nuclear membrane Kernhülle
nuclear pores Kernporen → Kernhülle
nucleoid Nucleoid
nucleolar organizer region Nucleolus-Organisator-Region
nucleolus Nucleolus
nucleome Nucleom
nucleomorph Nucleomorph
nucleoplasm Karyoplasma
nucleoplasmic ratio Kern-Plasma-Relation
nucleoporins Nucleoporine
nucleosome Nucleosom
nucleus Nucleus
nucule Nüsschen
nullisomic nullisom
numerical taxonomy Phänetik
nunatak hypothesis Nunatak-Hypothese
nuptial nectary Nektarium, nuptiales
nut Nuss
nutational movement Nutationsbewegung
nutlet Klause
nutlet Nüsschen
nutritive tissue Nährgewebe
nyctinasty Nyktinastie

obdiplostemonous obdiplostemon
obligatory weed Anökophyt
obturator Obturator
Occam's razor Parsimonieprinzip
ocellus Ocelloid
ocellus Ocellus
ochrea, ocrea Ochrea
offshoot Ableger
oil-body Ölkörper (2)

oil cell Ölzelle
oil flower Ölblume
oleosome Oleosom
oligolectic oligolektisch
oligomerous oligomer
oligophilic oligophil
oligotrophic oligotroph
ombrogamy Ombrogamie
ombrogenous bog Hochmoor → Moore
ontogeny Ontogenie
oocarp Oospore
oogamous oogam
oogamy Oogamie
oogone (-nium) Oogon
oospore Oospore
open offen → Ästivation
open bundle offenes → Leitbündel
open form of growth offene Organisation
open reading frame offener Leserahmen
operational taxonomic unit operational taxonomic unit
operator Operator
opercle Operculum
operon Operon
opposite-leaved gegenständig → Phyllotaxis (A.)
opsigony Opsigonie
orbicules Ubisch-Körper
order Ordnung
oreophyte Oreophyt
organ Organ
organ genus Organgattung
organelle Organell
organizational level Organisationsstufe
organoid Organell
ornamentation of spores Sporenornament
ornithochory Ornithochorie
ornithophilous flower ornithophile Blume
ornithophily Ornithophilie
orthogenesis Orthogenese
orthoploid orthoploid
orthotropous atrop → Samenanlage (C.)
osmometer Osmometer
osmophore Osmophor
osmoregulation Osmoregulation
osmosis Osmose
osmotic value osmotisches Potential
osteosclereid Osteoskiereide → Sklereide
ostiole Ostiolum
outgroup Außengruppe
outline map Umrisskarte → Arealkarte
ovary Ovar
overtopping Übergipfelung

ovule Samenanlage
ovuliferous scale Samenschuppe
oxyhydrogen gas bacteria Knallgasbakterien
oxylipins Oxylipine

pachycauly Pachycaulie
pachytene Pachytän
paedogamy Paedogamie
paedomorphosis Paedomorphose
palaeoecology Paläoökologie
palaeopolyploid paläopolyploid
palate Palatum
pale Palea (2)
paleoecology Paläoökologie
paleospecies Paläospecies
palindrome Palindrom
palingenesis Palingenie
palisade layer Palisadenschicht
palisade parenchym Palisadenparenchym
palmate palmat
palmelloid tetrasporal
palynology Palynologie
pangenesis theory Pangenesis-Theorie
panicle Rispe
panmixis Panmixie
pantocolpate pantocolpat
pantoporate pantoporat
pantropic(al) pantropisch
papilionaceous flower Schmetterlingsblüte
papilla Papille
pappus Pappus
parabiosis Parabiose
paracarpous parakarp → Gynoeceum
paraclade Parakladium
parallel evolution Homoiologie
parallel mutation Parallelmutation
parallel variation Parallelvariation
parallelism Homoiologie
parallelism Parallelismus
paramo Paramo
paramorph Paramorphe
parapatric parapatrisch
paraphyletic paraphyletisch
paraphylls Paraphyllien
paraphyly Paraphylie
paraphysis Paraphyse
parasexuality Parasexualität
parasite Parasit
paraspore Paraspore
parasymbiosis Parasymbiose
paratracheal parenchyma Holzparenchym

paratype Paratypus
parenchyma Parenchym
parenchyma-like fiber Ersatzfaser
parent form Stammform
parenthosome Parenthosom
parichnos Parichnos
parietal cell Deckzelle
parietal placentation parietale → Placentation
paroecious parözisch
parthenocarpy Parthenokarpie
parthenogamy Parthenogamie
parthenogenesis Parthenogenese
parthenospore Parthenospore
partial flower Meranthium
partial inflorescence Partialinfloreszenz
passage cell Durchlasszelle
pathogen Pathogen
pattern formation Musterbildung
pearl bodies Perldrüsen
pectin Pektin
pedicel Pedicellus
pedosphere Pedosphäre
peduncle Pedunculus
pegged rhizoide Zäpfchenrhizoid
pellicle Pellicula
peloria, pelory Pelorie
peltate peltat
pentacyclic pentazyklisch
pentamerous pentamer
pepo Kürbisfrucht → Panzerbeere
peptids Peptide
perennial perenn
perennial herbaceous plant Staude
perforation plate Perforationsplatte
perfume flower Parfümblume
perianth Perianth
perianth bristles hypogyne Borsten
pericarp Perikarp
perichaetium Perichaetium
pericladium Perikladium
periclinal periklin
periclinal chimera Periklinalchimäre
pericycle Perizykel
periderm Periderm
peridiole Peridiole
peridium Peridie
perigone Perigon
perigonium Perigonium
perigynium Marsupium
perigynium (*Carex*) Utriculus
perigynous perigyn
perine Perispor
period of flowering Anthese

periphyse Periphyse
periplasm Periplasma
periplasmodium Periplasmodium
periplast Pellicula
perisperm Perisperm
perispore (-rium) Perispor
peristome (-mium) Peristom
perithecium Perithecium
perizonium Perizonium
permanent plot Dauerfläche
permanent tissue Dauergewebe
peroxisome Peroxisom
persistent modification Dauermodifikation
personate flower Maskenblume
perula Knospenschuppe
petal Petalum
petalody Petalodie
petiole Petiolus
phaeoplast Phaeoplast
phage Bakteriophage
phagocytosis Phagocytose → Endocytose
phagotrophy Phagotrophie
phanerocotylar germination epigäische → Keimung
phanerogams Phanerogamen
phanerophyte Phanerophyt
phaneroplasmodium Phaneroplasmodium → Plasmodiumtypen
phaneropor phaneropor
pharmacophagy Pharmakophagie
phellem(a) Phellem
phelloderm Phelloderm
phellogen Phellogen
phelloid Phelloid
phene Phän
phenetic system System, phänetisches
phenetics Phänetik
phenocopy Phänokopie
phenogram Phänogramm
phenology Phänologie
phenotype Phänotypus
pheromone Pheromon
Pherophyll Tragblatt
phi-sheath Phi-Scheide
phialide Phialide
phialospore Phialokonidie
phloem Phloem
phloem fibre Phloemfaser → Faser
phloem loading Phloembeladung
phloem parenchyma Phloemparenchym
phloem ray Phloem(mark)strahl
phloem unloading Phloementladung
phloeoterma Phloeoterma

phobotaxis phobische Reaktion
phorophyte Phorophyt
photoautotrophy Photoautotrophie →
 Autotrophie
photobiont Photobiont
photolysis Photolyse
photomorph Photosymbiodem
photomorphogenesis Photomorphogenese
photomorphosis Photomorphose
photoperiodism Photoperiodismus
photophosphorylation Photophosphorylierung
photorespiration Photorespiration
photorezeptor Photorezeptor
photosymbiodeme Photosymbiodem
photosynthesis Photosynthese
photosystem Photosystem
phototrophy Phototrophie
phototropines Phototropine
phototropism Phototropismus
phragmobasidium Phragmobasidie →
 Basidientypen
phragmoplast Phragmoplast
phragmosome Phragmosom
phreatophyte Phreatophyt
phycobiliproteins Phycobiliproteide
phycobilisome Phycobilisom
phycobiont Phycobiont
phycocyanin Phycocyanin
phycoerythrin Phycoerythrin
phycology Phycologie
phycoplast Phycoplast
phyllary Involucralblatt
phyllid Phylloid
phylloclade (-ium) Phyllokladium
phyllode Phyllodium
phyllode theory Phyllodientheorie
phyllody Phyllodie
phyllome Phyllom
phyllomorph Phyllomorph
phyllosphere Phyllosphäre
phyllosporous phyllospor
phyllospory Phyllosporie
phyllotaxis Phyllotaxis
phylogenetic nomenclature Nomenklatur, phylogenetische
phylogenetic system System, phylogenetisches
phylogenetic tree Stammbaum
phylogenetics Phylogenetik
phylogeny Phylogenie
phylogeography Phylogeographie
physiological clock biologische Uhr

physiology Physiologie
phytoalexin Phytoalexin
phytochelatin Phytochelatin
phytochrome system Phytochromsystem
phytochromobilin Phytochromobilin
phytocoenosis Phytocoenose
phytogeography Pflanzengeographie (s.str.)
phytography Phytographie
phytohormone Phytohormon
phytology Botanik
phyton hypothesis Phytontheorie
phytonic theory Phytontheorie
phytopathology Phytopathologie
phytosociological nomenclature Nomenklatur, pflanzensoziologische
phytotelma Phytotelma
phytotoxins Phytotoxine
picoplankton Pikoplankton
pileus Hut
pinch-trap flower Klemmfallenblume
pinna Fieder
pinnate leaf Fiederblatt
pinocytosis Pinocytose → Endocytose
pioneer vegetation Pioniervegetation
pistil Pistill
pistillate pistillat
pistillode Pistillrudiment
pistillody Karpellodie
pit Tüpfel
pit membrane Schließhaut
pit pair Tüpfelpaar → Tüpfel
pitcher-leaf Ascidium
pitfall trap Kesselfallenblume
pith Mark
pith ray Markstrahl
pitting Tüpfelung
placenta Placenta
placentoid Placentoid
plagiotropous plagiotrop
planation Planation
plankton Plankton
planogamete Planogamet
planospore Planospore → Sporentypen
planospore Zoospore
planozygote Planozygote
plant cell Pflanzenzelle
plant community Phytocoenose
plant geography Pflanzengeographie (s.str.)
plant kingdom Pflanzenreich
plant science Botanik
plant sociology Pflanzensoziologie
plant with ballistic fruits Ballist

plasma membrane Plasmamembran
plasmalemma Plasmamembran
plasmatic streaming Plasmaströmung
plasmid Plasmid
plasmodesm(a) Plasmodesmos
plasmodium Plasmodium
plasmogamy Plasmogamie
plasmolysis Plasmolyse
plasmon Plasmon
plastidome Plastidom
plastids Plastiden
plastochron(e) Plastochron
plastocyanin Plastocyanin
plastoglobuli Plastoglobuli
plastom Plastom
plasts Plasten
plectenchyma Plektenchym
pleiochasium Pleiochasium
pleiomery Pleiomerie
pleiotropy Pleiotropie
pleomorphism Pleomorphie
plesiomorph(ous) plesiomorph
plesiomorphy Plesiomorphie
plesion Plesion
pleurocarpic (-pous) pleurokarp
pleuston Pleuston
ploidy level Ploidiegrad
plumule Plumula
plumule sheath Koleoptile
plurilocular pluriloculär
pneumathode Pneumathode
pneumatophore Pneumatophor
pod Legumen
podarium Podarium
podetium Podetium
poikilohydric poikilohydr
polar nuclei Polkerne
polarity Polarität
pollen Pollen
pollen analysis Pollenanalyse
pollen chamber Pollenkammer
pollen coat substance Pollenkitt
pollen dimorphism Pollendimorphismus
pollen flower Pollenblume
pollen formula Pollenformel
pollen grain Pollenkorn
pollen morphology Pollenmorphologie
pollen mother cell Pollenmutterzelle
pollen-ovule ratio Pollen-Samenanlagen--Verhältnis
pollen presentation Pollenpräsentation
pollen sac Pollensack, Theca (1.)
pollen tube Pollenschlauch
pollenkitt Pollenkitt

pollinarium Pollinarium
pollination Bestäubung
pollination drop Bestäubungstropfen
pollination ecology Blütenökologie
pollinator Bestäuber
pollinium Pollinium
polyA tail polyA-Schwanz → Prozessierung
polyad Polyade
polyandry Polyandrie
polyarch polyarch
polycarpic polykarp
polychory Polychorie
polyderm Polyderm
polyembryony Polyembryonie
polygeny Polygenie
polyhaploid polyhaploid
polylectic polylektisch
polymer Polymer
polymerase chain reaction Polymerase-Kettenreaktion
polymerous polymer
polymorphism Polymorphismus
polymorphous polymorph
polypheny Pleiotropie
polyphilic polyphil
polyphyletic polyphyletisch
polyphyly Polyphylie
polyploid polyploid
polyploid complex Polyploidkomplex
polyploidy Polyploidie
polyribosome Polysom
polysaccharide Polysaccharid
polysome Polysom
polysomy Polysomie
polyspermy Polyspermie
polyspore Polyspore
polystemonous polystemon
polytelic inflorescence polytele → Infloreszenz
polytene chromosome Riesenchromosom
polythecous polythecisch → Antherenbau
polytopic polytop → monotop
pome Apfelfrucht
poor grassland Magerrasen
population Population
population biology Populationsökologie
population ecology Populationsökologie
population genetics Populationsgenetik
porate porat
pore Porus
pore Siebpore
poricidal poricid

poricidal poricid → Antherenbau
poridical capsule Porenkapsel
porins Porine
porogamy Porogamie
porospore Porospore
position effect Positionseffekt
postgenital fusion Verwachsung, postgenitale
potometer Potetometer
P-protein P-Protein
P-Protein bodies Proteinkörper → P-Protein
prairie Steppe
preadaptation Präadaptation
precursor Präkursor
precursor tip Vorläuferspitze
preformation theory Präformationstheorie
pre-linnean vorlinnéisch
presence Stetigkeit
presequence Präsequenz
pressure flow hypothesis Druckstromtheorie
prickle Stachel
primary flower Primanblüte
primary foliage leaf Primärblatt
primary host Hauptwirt
primary pit-field Tüpfelfeld, primäres
primary producers Primärproduzenten
primary production Primärproduktion
primary root Hauptwurzel, Primärwurzel
primary thickening primäres → Dickenwachstum
primary wall Primärwand → Zellwand
primer Primer
primordium Anlage (1), Primordium
principal axis Abstammungsachse
principal axis Hauptspross
principle of competitive exclusion Gauses Prinzip
principle of parsimony Parsimonie-Prinzip
probasidium Probasidie
procambium Procambium
procarp Prokarp
process morphology Prozessmorphologie
processing Prozessierung
producer Produzent
product rule Reizmengengesetz
proembryo Proembryo
programmed cell death Zelltod, programmierter
progression Progression
prokaryotes Prokaryoten

prolamellar body Prolamellarkörper
prolamines Prolamine
prolepsis Prolepsis
proliferation Proliferation
proliferation Prolifikation
promoter Promotor
prop cell Osteosklereid → Sklereide
propagation Fortpflanzung
propagation Vermehrung
propagulum Propago
prophage Prophage
prophase Prophase
prophyll(um) Vorblatt
proplastid Proplastide
proproot Stützwurzel → Luftwurzel
prosenchyma Prosenchym
prosenchymatous prosenchymatisch
protandrous proterandrisch
protease Proteinase
proteasome Proteasom
proteids Proteide
protein folding Proteinfaltung
protein sorting Proteinsortierung
proteins Proteine
proteome Proteom
proteomics Proteomik → Proteom
proterandrous proterandrisch
proterandry Proterandrie
proterogynous proterogyn
proterogyny Proterogynie
prothallial cells Prothalliumzellen
prothallus Prothallus
prothallus (-lium) Prothallium
protists Protisten
protoalkaloids Protoalkaloide
protocorm Protokorm
protoderm Protoderm
protologue Protolog
protonema Protonema
protonym Protonym
protophloem Protophloem → Phloementwicklung
protophytes Protophyta
protoplasm Protoplasma
protoplasmodium Protoplasmodium → Plasmodiumtypen
protoplast Protoplast
provar Provar
provascular tissue Procambium
provisional name nomen provisorium
proximal proximal
proxy dates Proxydaten → Paläoökologie
psammophyte Psammophyt
pseudanthe (-thium) Pseudanthium

pseudanthium hypothesis Pseudanthientheorie → Blütentheorien
pseudoalkaloids Pseudoalkaloide
pseudoangiocarpous pseudoangikarp → Fruchtkörper
pseudobulb Pseudobulbe
pseudocapillitium Pseudocapillitium
pseudocarp Scheinfrucht
pseudocilia Pseudocilien
pseudocopulatory flower Sexualtäuschblume
pseudocorolla Pseudocorolla
pseudocrassinucellar (-late) pseudocrassinucellat → Samenanlage (B.)
pseudocyphella Pseudocyphelle
pseudogamy Pseudogamie
pseudogene Pseudogen
pseudomixis Somatogamie
pseudomonad Kryptotetrade
pseudomonocotyledonous pseudomonokotyl
pseudo-monomerous pseudomonomer → Gynoeceum
pseudomycelium Sprossungsmycel
pseudo-nectaire Scheinnektarium
pseudo-nectary Scheinnektarium
pseudoparaphyse Pseudoparaphyse
pseudoperidium Pseudoperidie
pseudoplasmodium Aggregationsplasmodium
pseudopodetium Pseudopodetium
pseudopodium Pseudopodium
pseudopollen Pseudopollen
pseudoraphe Pseudoraphe
pseudo-stem Scheinstamm
pseudostipules Pseudostipeln
pseudo-syncarpous pseudocoenkarp → Gynoeceum
pseudothecium Pseudothecium
pseudovacuole Gasvesikel
pseudovelamen Pseudovelamen
pseudovivipary Pseudoviviparie → Viviparie
psychophily Psychophilie
psychrophytic psychrophil
pteridology Pteridologie
pteridophyll Pteridophyll
pteridosperms Pteridospermae
ptyxis Vernation
publication Publikation
pulp Mark, Pulpa
pulsating vacuole Vakuole, kontraktile
pulvinus Pulvinus
puna Puna

punctuationism Punctuated Equilibrium
pure line Reine Linie
pushing flagellum Schubgeißel
pusule Pusule
pycnidiospore Pyknospore
pycnidium Pyknidie
pycnium Pyknidie
pycnium Spermogonium
pycnoconidium Pyknospore
pyknoxylic pyknoxyl
pyrene Steinkern
pyrenocarp Steinfrucht
pyrenocarp(ous) pyrenokarp
pyrenoid Pyrenoid
pyrophyte Pyrophyt
pyxidium Pyxidium

quantum speciation peripatrisch → Artbildung
quincunx Quincunx

race Rasse
raceme Traube
racemisation Racemisation
racemose inflorescence racemöse → Infloreszenz
rachilla Ährchenachse → Ährchen
rachis Rhachis
rachis-leaf Rhachisblatt
radial bundle radiales → Leitbündel
radication Radikation
radicels Radicellen
radicle Radicula
radicle sheath Koleorrhiza
rain-pollination Ombrogamie
raised bog Hochmoor → Moore
ramentum Spreuschuppe (2)
ramet Ramet
ramification Verzweigung
random fixation Random Fixation
random genetic drift Genetische Drift
range of variation Variationsbreite
rank Rangstufe
raphe Raphe
raphids Raphiden
rate of evolution Evolutionsgeschwindigkeit
rattle-burr Schüttelklette
ray floret Strahlblüte
ray initial Markstrahlinitiale → Cambiuminitiale
ray tracheid Markstrahltracheide
reaction norm Reaktionsnorm
reaction wood Reaktionsholz

recapitulation theory Biogenetische Grundregel
recaulescence Recauleszenz
recent rezent
receptacle Blütenboden → Köpfchenboden
receptacle Receptaculum
receptacular bristles Spreuborsten
receptacular scale Spreublatt
receptive hypha Empfängnishyphe
receptor Rezeptor
recessive rezessiv
recombination Rekombination
recombination system Rekombinationssystem
red algae Rotalgen
red data book Rote Liste
reduction divisions Meiose
refugium Refugium
regeneration Regeneration
regular polysymmetrisch → Symmetrie
reiteration Reiteration
rejected name nomen rejiciendum
rejected name nomen utique rejiciendum
relationships Verwandtschaft
relevé Vegetationsaufnahme
relict species Reliktart
renewal bud Innovationsknospe
repellents Abwehrstoffe
repetitive DNA repetitive Sequenz
replication Replikation
replication fork Replikationsgabel
replicon Replikon
replum Replum
reporter gene Reportergen
repressor Repressor
reproduction Fortpflanzung
reproductive biology Fortpflanzungsbiologie
reproductive ecology Fortpflanzungsbiologie
reproductive organ Fortpflanzungsorgan
resin canal Harzkanal
resin duct Harzkanal
resistance Resistenz
resources Ressourcen
respiration Atmung
respiratory cavity Atemhöhle
respiratory chain Atmungskette
respiratory quotient respiratorischer Quotient
ressemblance Ähnlichkeit
resting bud Ruheknospe
restitution nucleus Restitutionskern

restriction endonucleases Restriktionsendonucleasen
resupinate resupinat
resupination Resupination
reticulate evolution reticulate Evolution
reticulum Reticulum
retinaculum Klemmkörper, Retinaculum
retort cell Retortenzelle
retrotransposon Retrotransposon
retrovirus Retrovirus
reverse mutation Rückmutation
reversion (of a character) Merkmalsumkehr
revision Revision
rheogameon Rheogameon
rheophyte Rheophyt
rhexigenous rhexigen
rhipidium Fächel
rhizina Rhizine
rhizodermis Rhizodermis
rhizoid Rhizoid
rhizome Rhizom
rhizome geophyte Rhizomgeophyt
rhizomorph Rhizomorphe
rhizophore Rhizophor
rhizoplast Rhizoplast
rhizopodium Rhizopodium
rhizosphere Rhizosphäre
rhodology Rhodologie
rhodoplast Rhodoplast
rhytidome Borke
ribonucleic acid RNA
ribosomal RNA rRNA → RNA
ribosome Ribosom
ribozymes Ribozyme
rich pasture Fettwiese
ridge Rippe
ring Anulus
ring-porous wood ringporiges → Holz
RNA editing RNA-Editierung
root Wurzel
root bud Wurzelknospe
root cap Kalyptra (2)
root crown Wurzelhals
root hair Wurzelhaar
root nodule Wurzelknöllchen
root pocket Wurzeltasche
root pressure Wurzeldruck
root sheath Koleorrhiza
root sucker Wurzelspross → Wurzelknospe
root system Wurzelsystem
root thorn Wurzeldorn
root tuber Wurzelknolle

rootlet Rhizoid
rootstock Rhizom
rosette Blattrosette
rosette Rosette
rosette plant Rosettenpflanze
rosette-tree Schopfbaum
rostellum Rostellum
r selection r-Selektion → Selektionstypen
ruderal plant Ruderalpflanze
rudiment Anlage (1), Rudiment
rule of equidistance Äquidistanzregel
rule of priority Prioritätsprinzip
ruminate endosperm ruminiertes Endosperm
rumposome Rumposom

salt gland Salzdrüse
saltationism Saltationismus
salver-shaped stieltellerförmig
samara Samara
sanctioned name Name, sanktionierter
Sanio's bars Trabekel (4.)
Sanio's laws Sanios Gesetze
sap mark Saftmal
sap sign Saftmal
saponins Saponine
saprobes Saprobien
sapromyophiles Sapromyiophilae
saprophyte Saprophyt
sapwood Splintholz
sarciniform sarcinoid
sarcocarp Sarkokarp
sarcotesta Sarkotesta
SAT-chromosome SAT-Chromosome
satellite Satellit
savanna(h) Savanne
scale Schuppe, Spreuschuppe (2)
scale leaf Niederblatt, Schuppenblatt
scale of nature Scala naturae
scales Schuppenhaare → Trichomtypen
scape Schaft
scar Narbe (2)
scatter cone Streukegel
schizidium Schizidium
schizocarp Schizokarp
schizogenous schizogen
schizogony Schizogonie
Schweinfurth technique Schweinfurth--Methode
scintillons Scintillonen
scion Ableger
sciophyll Schattenblatt
sclereid Sklereide
sclerenchyma Sklerenchym

sclerobasidium Sklerobasidie → Basidientypen
sclerophyllous sklerophyll
sclerotesta Sklerotesta
sclerotium Sclerotium
scorpioid cyme Wickel
sculpturing Skulptur → Pollenmorphologie
scutellum Scutellum
seasonal dimorphism Saisondimorphismus
seasonality Saisonalität
secondary flower Sekundanblüte
secondary nectar receptacle Safthalter
secondary nucleus Embryosack, sekundärer
secondary phloem sekundäres Phloem → Phloementwicklung
secondary plant substances sekundäre Pflanzenstoffe
secondary thickening sekundäres → Dickenwachstum
secondary wall Sekundärwand → Zellwand
secretion Sekret
secretory cell Exkretbehälter, Sekretzelle
secretory tapetum Sekretionstapetum → Tapetumtypen
secretory tissue Exkretionsgewebe
secretory tissue Sekretionsgewebe
section Sektion
sectorial chimaera Sektorialchimäre
seed Same
seed bank Samenbank
seed coat Testa
seed-list Index Seminum
seed plants Spermatophyten
seed pool Samenbank
seed scale Samenschuppe
seedling Keimpflanze, Sämling
seirospore Seirospore
selection Selektion
self-fertility Selbstfertilität
self-fertilization Autogamie
self-incompatibility Selbstinkompatibilität
self-pollination Selbstbestäubung → Autogamie
self pruning Stammreinigung
self-sterility Selbstinkompatibilität
semachory Semachorie
semaphoront Semaphoront
semaphyll Semaphyll
semicell Semizelle
semiconservative replication semikon-

servative → Replikation
semipermeability Semipermeabilität
semispecies Semispecies
senescence Seneszenz
sepal Sepalum
sepalody Sepalodie
separation layer Trenngewebe
septal nectary Septalnektarium
septate wood fibre gefächerte → Faser
septicidal septicid
septifragal septifrag
sequencing Sequenzierung
series Series
serpentine plants Serpentinpflanzen → Metallophyt
seta Seta
Sewall Wright effect Genetische Drift
sex Geschlecht
sex chromosome Geschlechtschromosom
sex determination Geschlechtsbestimmung
sexine Sexine → Exine
sexual character Geschlechtsmerkmal
sexual dimorphism Geschlechtsdimorphismus
sexual system Sexualsystem
sexuality Sexualität
shade leaf Schattenblatt
shaft Schaft
shake-burr Schüttelklette
sheath Blattscheide
sheath Scheide
shield cell Schild
shoot Spross
shoot apex Vegetationskegel
shoot of second sap Johannistrieb
shoot thorn Sprossdorn
short shoot Kurztrieb
short-day plant Kurztagpflanze
short-styled kurzgriffelig → Heterostylie
showy structure Schauapparat
shrub Strauch
sibling species Zwillingsarten
siderophores Siderophore
sieve cell Siebzelle
sieve element Siebelement
sieve field Siebfeld
sieve plate Siebplatte
sieve tube Siebröhre
sieve tube member Siebröhrenglied
sieve-element plastids Siebelement-Plastiden
silencer Silencer
silica-body Kieselkörper

silica-cell Kieselzelle
silicicolous plant Kieselpflanze
silicle Schötchen → Schote
siliqua Schote
similarity Ähnlichkeit
simultaneous cytokinesis simultane → Pollenbildung
sinistrorse linkswindend
sink Sink
siphoneous siphonal
siphonocladial siphonocladal
siphonogamy Siphonogamie
sister cells Schwesterzellen
sister group Schwestergruppe
slime bodies Proteinkörper → P-Protein
slime moulds Myxomycetes
slime plugs Proteinkörper → P-Protein
sociability Soziabilität
soft inheritance Vererbung erworbener Eigenschaften
somatogamy Somatogamie
soralium Soral
soredium Soredium
sorocarp Sorokarp
sorophore Sorophor
sorus Sorus
source Source
spacer Spacer
spadix Kolben
spathe Spatha
special form forma specialis
speciation Artbildung
species Species
species aggregate Aggregat
species concept Species-Definition
species group Aggregat
species selection Artselektion
specific epithet Artepitheton
specific name nomen specificum
specimen box Botanisierbüchse
sperm Spermatozoid
sperm cell Spermazelle
spermatangium Spermatangium
spermatangium Spermatogonium
spermatid Spermatide
spermatium Spermatium
spermatogenesis Spermatogenese
spermatogenous cell spermatogene Zelle
spermatozoid Spermatozoid
spermogonium Spermogonium
sphingophilous flower sphingophile Blume
sphingophily Sphingophilie

spicule Ährchen
spike Ähre
spikelet Ährchen
spike-like panicle Ährenrispe
spindle Spindelapparat
spine Dorn
spiral theory Spiraltheorie → Phyllotaxis (B.)
split gene Mosaikgen
spongy mesophyll Schwammparenchym
spontaneous generation Urzeugung
sporange (-gium) Sporangium
sporangiophore Sporangiophor
spore Spore
spore mother cell Sporenmutterzelle
sporidium Sporidium
sporocarp Sporokarp
sporocyst Sporocyste
sporocyte Sporenmutterzelle
sporoderm Sporoderm
sporodochium Sporodochium
sporogenesis Sporogenese
sporogonium Sporogon(ium)
sporomorph Sporomorphe
sporophyll Sporophyll
sporophyte Sporophyt
sporopollenin Sporopollenin
sport Lusus
sporulation Sporulation
spring wood Frühholz → Holz
sprout mycelium Sprossungsmycel
sprouting Zellsprossung
spur Sporn
stabilizing selection stabilisierend → Selektionstypen
stachyosporous stachyospor
stachyospory Stachyosporie
stalk Stipes (Stiel)
stalk cell Stielzelle
stamen Stamen
staminate staminat
staminode Staminodium
staminody Staminodie
standard Vexillum
starch Stärke
starch granules Stärkekörner → Stärke
starch sheath Stärkescheide
starting point Ausgangspunkt
stasigenesis Stasigenese
state Status
statolith theory Statolithentheorie
stegma Stegma
stegocarpous stegokarp
stelar theory Stelärtheorie

stele Zentralzylinder
stellate trichomes Sternhaare → Trichomtypen
stem Sprossachse
stem cells Initialzellen
stenoecious stenök
steppe Steppe
stereid Stereide
sterigma Sterigma
sterile steril
sterile carpel Carpellodium
sterile cell Stielzelle
sterility Sterilität
sternotribe sternotrib
stichidium Stichidium
stichobasidium Stichobasidie → Basidientypen
stigma Stigma
stimulus Reiz
stinging hair Brennhaar
stipe Cauloid, Stipes
stipel Stipelle
stipular spine Stipulardorn
stipule Stipel
stolon Stolo
stoma(te) Stoma
stomatal apparatus Spaltöffnungsapparat
stomium Stomium
stone cell Brachysklereide → Skereide
stone fruit Steinfrucht
storage root Speicherwurzel
storage tissue Speichergewebe
storage tracheid Speichertracheide
storied cambium etagiertes Cambium → Cambiumbau
stratification Schichtung
stratification Stratifikation (von Samen)
streptophytes Streptophyta
stress Stress
strobile Zapfen
stroma Stroma
stromatolite Stromatolith
stromule Stromulus
strophiole Strophiolum
structure Struktur → Pollenmorphologie
stylar canal Griffelkanal
style Stylus
stylodium Stylodium
stylopodium Stylopodium
subdivision Unterabteilung
suber Kork
suberin Suberin
subfamily Subfamilie
subgenus Subgenus

subhymenium Subhymenium
submetacentric submetacentrisch → Chromosomentypen
suborder Subordo
subpetiolar bud Intrapetiolarknospe
subsection Subsektion
sub-shrub Halbstrauch
subsidiary cells Nebenzellen
subspecies Subspecies
substrate-level phosphorylation Substratkettenphosphorylierung
subtending bract Deckschuppe
subvariety Subvarietät
succession Sukzession
succession of shoots Sprossfolge
successive cytokinesis succedane → Pollenbildung
succubous unterschlächtig
succulent sukkulent
sucrose Saccharose
sugar leaf Zuckerblatt
sulcus Sulcus
summer wood Spätholz
sun leaf Sonnenblatt
sunken apex Scheitelgrube
superfluous name nomen superfluum
superior oberständig → Ovar
superposed superponiert
superposition Superposition
superspecies Superspecies
supporting tissue Festigungsgewebe
suspensor Suspensor
suspensor haustorium Suspensorhaustorium
sweeping hairs Fegehaare
swelling Quellung
syconium Syconium
syllepsis Syllepsis
symbiont Symbiont
symbiosis Symbiose
symbiosome Symbiosom
symbiotic theory Endosymbionten-Theorie
symmetry Symmetrie
sympatric sympatrisch
sympetalous sympetal
symplast Symplast
symplesiomorphy Symplesiomorphie
symplicate symplicat
sympodium Sympodium
symport Symport
synandrium Synandrium
synangium Synangium
synanthropic synanthrop

synapomorphy Synapomorphie
synapsis Synapsis
synaptospermy Synaptospermie
synaptospory Synaptosporie
synascidiate synascidiat
syncarpous synkarp → Gynoeceum
syncephalium Syncephalium
synconium Syconium
syncyanosis Syncyanose
syncytium Syncytium
syndesis Synapsis
synergid Synergide
synflorescence Synfloreszenz
syngameon Syngameon
syngamy Syngamie
synnema Synnema
synoecious synözisch
synonym Synonym
synorganisation Synorganisation
synsepaly Synsepalie
syntaxon Syntaxon
syntaxonomy Syntaxonomie
syntepaly Syntepalie
syntopic syntop
syntype Syntypus
synusia Synusie
synzoochory Synzoochorie
synzoospore Synzoospore
system System
systematic serology Serodiagnostik
systematics Systematik
systemic systemisch
systemin Systemin

tabular root Brettwurzel
tachyspory Tachysporie
tachytelic tachytelisch → Evolutionsgeschwindigkeit
taeniocyst Taeniocyste
taiga Taiga
tall herbaceous vegetation Hochstaudenflur
tangential collenchyma Plattenkollenchym → Kollenchym
tapetum Tapetum
taproot Pfahlwurzel
tautonym Tautonym
taxis Taxie
taxon Sippe, Taxon
taxonomy Taxonomie
tectate tectat
tectum Tectum
tegmen Tegmen
tegmic seed Tegmen-Samen → Samenty-

pen
teleomorph Teleomorphe
teleutosorus Telium
teleutospore Teleutospore
teliospore Teleutospore
telium Telium
telocentric telocentrisch → Chromosomentypen
telome Telom
telome theory Telomtheorie
telomere Telomer
telophase Telophase
temperate phage temperent → Bakteriophage
tempo of evolution Evolutionsgeschwindigkeit
temporal isolation zeitlich → Isolationsmechanismen
tendril Cirrhus, Ranke
tension wood Zugholz → Reaktionsholz
tentacle Tentakel
tenuinucellar (-ate) tenuinucellat → Samenanlage (B.)
tepal Tepalum
teratology Teratologie
terete leaf Rundblatt
terminal bud Terminalknospe
terminal flower Terminalblüte
terminology Terminologie
tertiary bark Borke
testa Testa
testal seed Testa-Samen → Samentypen
tetracyclic tetrazyklisch
tetrad Pollentetrade, Tetrade
tetramerous tetramer
tetrarch tetrarch
tetrasporangiate tetrasporangiat
tetrasporangium Tetrasporangium
tetraspore Tetraspore
tetrasporophyte Tetrasporophyt
thalloid thallos
thallophytes Thallophyten
thallose thallos
thallus Thallus
theca Theca
theory of evolution Deszendenztheorie
theory of evolution Evolutionstheorie
thermal time Thermalzeit
thermocline Sprungschicht
thermoperiodisme Thermoperiodismus
thermophilous thermophil
therophyte Therophyt
thioredoxins Thioredoxine
thorn Dorn

thorn cushion plant Dornpolsterpflanze
thorn leaf Blattdorn
throat Schlund (Blüte)
thylakoid Thylakoid
thyrse Thyrsus
tillering Bestockung
tinsel pleuronematisch → Geißeltypen
tissue Gewebe
tissue culture Gewebekultur
tmema Tmema
tonoplast Tonoplast
topotype Topotypus
torus Torus
totipotence Totipotenz
toxicyst Toxicyste
trabecula Trabekel
trace elements Mikronährelemente
trachea Trachee
tracheid(e) Tracheide
trade-off Trade-off
trailing flagellum Schleppgeißel
trait Merkmal
trama Trama
trample bur Trampelklette
transcription Transkription
transcriptosome Transkriptosom
transduction Transduktion
transect Transekt
transfection Transfektion
transfer cell Transferzelle
transfer RNA tRNA → RNA
transference of function Funktionsübertragung
transformation Transformation
transformation series Transformationsserie
transfusion tissue Transfusionsgewebe
transgenic plant transgene Pflanze
transit peptide Transitpeptid
transit sequence Transitpeptid
transition Transition
transitory form Zwischenform
translation Translation
translator Translator
translocation Translokation
translocon Translokon
transmitting tissue Transmissionsgewebe
transmutation theory Deszendenztheorie
transpiration Transpiration
transpiration coefficient Transpirationskoeffizient
transpiration ratio Transpirationskoeffizient
transposable element Transposon
transposition Transposition

transposon Transposon
transverse plane Transversalebene
transversion Transversion
trap blossom Fallenblume
traumatic parenchyma Wundparenchym
tree Baum
tree limit Baumgrenze
tree line Baumgrenze
tribe Tribus
tricarbolic acid cycle Citrat-Zyklus
trichoblast Trichoblast, Trichophor
trichocyst Trichocyste
trichogyne Trichogyne
trichome Trichom
trichosclereid Trichosklereide → Sklereide
tricolpate tricolpat
tricolporate tricolporat
trilete trilet
trimerous trimer
trioecious triözisch
triploid triploid
trisomy Trisomie
trophic chain Nahrungskette
trophophyll Trophophyll
trophopod Trophopod
trophosporophyll Trophosporophyll
tropical rain-forest Regenwald, tropischer
tropics Tropen
tropism Tropismus
tropophyte Tropophyt
truncate synflorescence Rumpfsynfloreszenz
truncation Truncation → Rumpfsynfloreszenz
trunk Stamm → Sprossachse
trypanocarpy Trypanokarpie
tube Tubus
tube cell vegetative Zelle
tuber Knolle, Sprossknolle
tuberculate rhizoid Zäpfchenrhizoid
tubular flower Röhrenblüte
tubulin Tubulin
tufted horstig
tumbleweed Steppenroller
tumour Tumor
tundra Tundra
tunica Tunica
turgor Turgor
turgor mechanism Turgoschleudermechanismus
turgor mechanism Turgorspritzmechanismus
turgor movement Turgorbewegung
turio(n) Turio

twig Ast → Sprossachse
twin hair Zwillingshaar
tylosis Thylle
type Typus
type locality Typuslokalität
types of spores Sporentypen
typification Typisierung
typostrophism Typostrophenlehre
typotype Typotypus

ubiquinons Ubichinone
ubiquist Ubiquist
ubiquitin Ubiquitin
Ubisch bodies Ubisch-Körper
ulcus Ulcus
ultrastructure Ultrastruktur
umbel Dolde
umbel-like panicle Doldenrispe → Corymbus
umbilicus Nabel (2)
under leaves Amphigastrien
undulipodium Undulipodium
unequal cell division Zellteilung, inaequale
unifacial unifacial → Blattbau
uniport Uniport
unisexual eingeschlechtig
unit membrane Biomembran
unitegmic unitegmisch → Samenanlage (A.)
univalent Univalent
upper pale Palea (2)
uredinium Uredinium
uredosorus Uredinium
uredospore Uredospore

vacillant versatil → Antherenbau
vacuolar pigment Chymochrom
vacuole Vakuole
vacuome Vakuom
vaginula Vaginula
validly published name Name, gültig veröffentlichter
vallecula Vallecula
vallecular canal Vallecularkanal
valvate valvat
valve Valva, Valve
variability Variabilität
variation Variation
variegation Panaschüre
variety Varietät
variety (cultivated plants) Cultivar
vascular bundle Leitbündel
vascular cambium fascicular → Cambium
vascular cryptogames Gefäßkryptoga-

men
vascular cylinder Leitbündelrohr
vascular plants Gefäßpflanzen
vascular strand Leitbündel
vascular tracheid Gefäßtracheide → Tracheide
vasculum Botanisierbüchse
vasicentric vasizentrisch → Holzparenchym
vasicentric tracheid vasizentrische → Tracheide
vegetation Vegetation
vegetation ecology Vegetationskunde
vegetation ecology Vegetationsökologie
vegetation period Vegetationsperiode
vegetation zones Vegetationszonen
vegetative vegetativ
vegetative cell vegetative Zelle
vegetative hybridization vegetative Hybridisierung
vegetative propagation vegetative Vermehrung
veil Velum
vein Blattader
veined wood Maserholz
velamen radicum Velamen
venter cell Bauchkanalzelle
ventral canal cell Bauchkanalzelle
ventral scale Ventralschuppe
ventral suture Ventralnaht
vernacular name Vernacularname
vernalization Vernalisation
vernation Vernation
versatile versatil → Antherenbau
verticillaster Scheinquirl
verticillate wirtelig → Phyllotaxis (A.)
vesicle Vesikel
vesicular-arbuscular mycorrhiza Arbusculäre → Mykorrhiza
vesicular trichome Blasenhaar
vessel Trachee
vessel element Tracheenglied
vessel member Tracheenglied
vestured pits skulpturierte Tüpfel → Hoftüpfel
vibrational pollination Vibrationsbestäubung
vicariance Vikarismus
vicariance biogeography kladistische Biogeographie
vicariation Vikarismus
vicarious species vikariierende Arten
vicarism Vikarismus
virescence Verlaubung

viroids Viroide
virulent phages virulent → Bakteriophage
virus Virus
viscidium Viscidium
viscin threads (strands) Viscinfädem
vitta Ölstrieme
vivipary Viviparie
vivotoxin Vivotoxin
volva Volva
voucher specimen Belegexemplar

Wagner tree Wagner tree
Wallace effect Wallace-Effekt
Wardian case Wardsche Kiste
wasp-flower Wespenblume
water-absorbing peltate scale Saugschuppe
water balance Wasserbilanz
water budget Wasserhaushalt
water dispersal Hydrochorie
water-ferns Hydropterides
water leaf Wasserblatt
water pore Hydathode
water potential Wasserpotentiel
water regime Wasserhaushalt
water sac Wassersack
water shoot Wasserreis
water sprout Wasserreis
water-storage tissue Hydrenchym
weed Segetalpflanze, Unkraut
Weismannism Weismannismus
whiplash flagellum akronematisch → Geißeltypen
white rot Weißfäule
whorl Wirtel
whorled wirtelig → Phyllotaxis (A.)
wild type Wildtyp
wings Flügel
winter stander Wintersteher
witches' broom Hexenbesen
wood Holz
wood fibre Holzfaser → Faser
wood ray Holzstrahl
woodland Wald

xanthophylls Xanthophylle → Carotinoide
X-chromosome X-Chromosom
xenia Xenie
xenogamy Xenogamie
xenophyte Xenophyt
xerochasy Xerochasie
xeromorphic xeromorph
xeromorphosis Xeromorphose
xeromorphy Xeromorphie

xerophilic (-lous) xerophil
xerophyte Xerophyt
xylem Xylem
xylem cavitation Kavitation
xylem fibre Holzfaser → Faser
xylopodium Xylopodium

Y-chromosome Y-Chromosom

zoid Zoid
zoidiophily Zoophilie
zoochlorellae Zoochlorellen
zoochory Zoochorie

zoophily Zoophilie
zoosporangium Zoosporangium
zoospore Planospore → Sporentypen
zoospore Zoospore
zooxanthellae Zooxanthellen
zygomorphic monosymmetrisch → Symmetrie
zygophore Zygophor
zygote Zygote
zygotene Zygotän

Französisch-deutsches Register

Soweit die deutsche Entsprechung nicht als eigenes Stichwort im Wörterbuch erscheint, wird das Stichwort, unter dem man nachsehen muss, hinter einem Hinweispfeil aufgeführt.

abaxial abaxial
aberration Lusus
abondance Abundanz
abréviation Abbreviation
abscission Abscission
acarocécidie Acarocecidie
accessoire Begleitart
acervule Acervulus
acétolyse Acetolyse
achaine, Achäne
achène Achäne
achlamydé achlamydeisch
achorie Atelechorie
achromatine Achromatin
acide abscisique Abscisinsäure
acide aminé Aminosäure
acide désoxyribonucléïque DNA
acide ellagique Ellagsäure
acide ribonucléïque RNA
acinète Akinet
acolutophyte Akolutophyt
acrocarpe akrokarp
acrocentrique akrocentrisch → Chromosomentypen
acrogyne akrogyn
acronématé akronematisch → Geißeltypen
acropète akropetal
acrotone akroton
acrotonie Akrotonie
actine Actin
actinomorph polysymmetrisch → Symmetrie
acumen précurseur Vorläuferspitze
acyclique azyklisch → Blütenbau
adaptation Adaptation
adaptation chromatique Chromatische Adaptation
adaxial adaxial
adelphe adelphisch
adelphoparasitism Adelphoparasitismus
adné adnat → Antherenbau
adossé adossiert
adventif adventiv
aérenchyme Aërenchym
aérosome Gasvesikel
aethalie Aethalium

affinité Verwandtschaft
affinité cladistique kladistische Verwandtschaft
agamète Agamet
agamoespèce Agamospecies
agamogonie Agamogonie
agamospermie Agamospermie
agent pathogène Pathogen
agmatoploïdie Agmatoploidie
agrégat Aggregat
aigrette Pappus
aiguille Nadel
aiguillon Stachel
ailes Flügel
aire de répartition Areal
aire de répartition disjointe Areal, disjunktes
aire de répartition fermée Areal, geschlossenes
aisselle foliaire Blattachsel
akène Achäne
akinète Akinet
albumen Nährgewebe, sekundäres → Endosperm
albumen ruminé ruminiertes Endosperm
albumines Albumine
alcaloïdes Alkaloide
aleurie Aleuriospore
algologie Phycologie
algues Algen
algues brunes Braunalgen
algues rouges Rotalgen
algues vertes Chlorophyta
alignement Alignment
allèle Allel
allelopathie Allelopathie
allocation Allokation
allochorie Allochorie
allochtone allochthon
allogamie Allogamie
allomone Allomon
allométrie Allometrie
allopatrique allopatrisch
allopolyploïdie Allopolyploidie
allorhizie Allorrhizie
allosyndèse Allosyndese
allotopique allotop

allotropie Allotropie
alpha taxonomie Alpha-Taxonomie
alternance de générations Generationswechsel
alternance de phases nucléaires Kernphasenwechsel
alterne alternierend → Phyllotaxis (A.)
amidon Stärke
amidon des Floridées Florideenstärke
amitose Amitose
amitotique amitotisch
amorce Primer
ampélographie Ampelographie
amphicarpe amphikarp
amphigastres Amphigastrien
amphimictique Amphimikt
amphimixie Amphimixis
amphistomatique amphistomatisch → Blattbau
amphithèce Amphithecium
amphosome Amphosom
amplificateur Enhancer
amplification en chaîne par réaction Polymerase-Kettenreaktion
amplitude des variations Variationsbreite
ampoule Ampulle
amylases Amylasen
amyloplaste Amyloplast
anacrogyne anakrogyn
anadrome anadrom
anagenèse Anagenese
anagramme Anagramm
analogie Analogie
analogue analog
analyse Analyse
analyse pollinique Pollenanalyse
anamorphe Anamorphe
anaphase Anaphase
anastomose Anastomose
anatomie Anatomie
anatomie de type kranz Kranz-Typus
anatomie nodale Knotenanatomie
anatrope anatrop → Samenanlage (C.)
anaérobie Anaerobier
ancêtre commun Stammform
andrécie Antheridienstand → Gametangienstand
androcée Androeceum
androdioïque androdiözisch
androgamète Androgamet
androgynie Androgynie
androgynophore Androgynophor
andromonoïque andromonözisch
androphore Androphor
androspore Androspore, Mikrospore
anellophore Anellophor
anémochore anemochor
anémochorie Anemochorie
anémogame anemogam
anémogamie Anemogamie
anémophilie Anemogamie
aneuploïdie Aneuploidie
aneusomatie Aneusomatie
angiocarpe angiokarp → Fruchtkörper
Angiospermes Angiospermae
anisocladie Anisokladie
anisocotylie Anisokotylie
anisogamie Anisogamie
anisophyllie Anisophyllie
anisorhizie Anisorrhizie
anisosporie Anisosporie, Heterosporie
anisotomie Anisotomie
anneau Anulus
année de glandée Mastjahr
annuel annuell
anorthoploïde anorthoploid
anoxybionte Anaerobier
anthèle Spirre
anthère Anthere
anthéridie Antheridium
anthérocyste Androgametocyste
anthérozoïde Spermatozoid
anthèse Anthese
anthocarpe Anthokarp
anthoclade Anthokladium
anthocyane Anthocyan
anthode Anthodium
antholyse Antholyse
anthophore Anthophor
anthropochore Anthropochore
anthropochorie Anthropochorie
antibiotique Antibiotikum
anticline antiklin
anticodon Anticodon
antidrome antidrom
antidromie Antidromie
antiport Antiport
apérianthé achlamydeisch
aperture Apertur
apétale apetal
apex Vegetationskegel
apex caulinaire Sprossscheitel → Vegetationskegel
aphlébies Aphlebien
apical furrow Scheitelgrube
aplanogamète Aplanogamet
aplanogamie Aplanogamie
aplanospore Aplanospore → Sporentypen

aplatissement Planation
apocarpe chorikarp → Gynoeceum
apochlamydé apochlamydeisch
apogamie Apogamie
apoméiose Apomeiosis
apomictique Apomikt
apomixis Apomixis
apomorphe apomorph
apomorphie Apomorphie
apopétale apopetal
apophyse Apophyse
apophyte Apophyt
apoplaste Apoplast
apoplastidé apoplastid
aporogamie Aporogamie
aposporie Aposporie
apothécie Apothecium
apotrope apotrop → Samenanlage (D.)
appareil apical Apikalapparat
appareil basal Basalapparat
appareil de Golgi Golgi-Apparat
appareil filiforme Fadenapparat
appareil flagellaire Geißelapparat
appareil micropylaire Eiapparat
appareil protecteur Abschlussgewebe
appareil stomatique Spaltöffnungsapparat
appareil tégumentaire Abschlussgewebe
appareil vexillaire Schauapparat
appendice Appendix
apport d'engrais vert Gründüngung
appressorium Appressorium
aquaporines Aquaporine
arbre Baum
arbre de Wagner Wagner tree
arbre généalogique Stammbaum
arbre monocaule Schopfbaum
arbre support Phorophyt
arbres à chatons Amentiferae
arbrisseau Strauch
arbuste Strauch
Archées Archaea
archégone Archegonium
Archégoniates Archegoniaten
archéophyte Archäophyt
archéspore Archespor
archétype Typus, morphologischer
archicarpe Archikarp
aréole Areole
aréologie Chorologie
arête Granne
arête (mousses) Glashaar
arille Arillus
arillode Arillodium

ARN de transfert tRNA → RNA
ARN messager mRNA → RNA
ARN ribosomique rRNA → RNA
arthroconidie Arthrospore
arthrodonte arthrodont → Peristomtypen
arthrospore Arthrospore
article Modul
ascidie Ascidium
ascidié ascidiat
ascidiforme ascidiat
ascocarpe Ascokarp
ascogone Ascogon
ascohyménial ascohymenial
ascoloculaire ascolocular
ascostroma Ascostroma
asque Ascus
assimilation Assimilation
assimilation de nitrate Nitratassimilation
assise génératrice Cambium
assise mécanique Faserschicht
assise mécanique (anthère) Endothecium
assise nourricière Tapetum
assise protéique Aleuronschicht
assise subéro-phellodermique Phellogen
association Assoziation
aster Aster
astrosclérite Astroskleroide → Skleroide
asymétrique asymmetrisch → Symmetrie
asyndèse Asynapse
atavisme Atavismus
atéléchorie Atelechorie
aubier Splintholz
auricule Blattöhrchen
autallopolyploïde autoallopolyploid
autapomorphe autapomorph
autapomorphie Autapomorphie
auteur Autor
autochorie Autochorie
autochtone autochthon
autofécondation Autogamie
autofertilité Selbstfertilität
autogamie Autogamie
auto-incompatibilité Selbstinkompatibilität
autoïque autözisch
automixie Automixis
autonyme Autonym
autopollinisation Selbstbestäubung → Autogamie
autopolyploïdie Autopolyploidie
autosome Autosom
autospore Autospore
autosterilité Selbstinkompatibilität
autosyndèse Autosyndese
autotrophe autotroph

autotrophie Autotrophie
autoxène autözisch
auxiblaste Langtrieb
auxines Auxine
auxospore Auxospore
auxotrophie Auxotrophie
auxotrophique auxotroph
avitalité de l'hybride Hybridavitalität → Isolationsmechanismen
avortement Abort
axe caulinaire Caulom
axe d'origine Abstammungsachse
axe principale Abstammungsachse, Hauptspross
axillaire axillär
axonème Axonema
azygospore Azygospore

bactéries Bakterien
bactériochlorophylle Bakteriochlorophyll
bactériophage Bakteriophage
bacteriorhodopsine Bakteriorhodopsin
bacule Baculum
baeocyte Baeocyt
baie Beere
baie cortiquée Panzerbeere
balai de sorcière Hexenbesen
balistospore Ballistospore
ballonet Luftsack
balochorie Ballochorie
bande de Caspary Caspary-Streifen
bandes connectives Pleurae → Cingulum
bandes intercalaires Copulae → Cingulum
banque de semences Samenbank
barbe Granne
barochorie Barochorie
barres de Sanio Trabekel (4.)
base foliaire Blattgrund
base végétative Unterbau
basicarpie Basikarpie
baside Basidie
basidiocarpe Basidiokarp
basidiospore Basidiospore
basifixe basifix → Antherenbau
basifuge akropetal
basionyme Basionym
basipète basipetal
basitone basiton
basitonie Basitonie
bec Schnabel
benthos Benthos
bifacial bifacial → Blattbau
bilan d'eau Wasserbilanz

biloculaire disporangiat
biocénose, biocoenose Biozönose
biocycle Entwicklungsgang
biodiversité Biodiversität
bioessai Biotest
biogéographie Biogeographie
biogéographie végétale Pflanzengeographie (s.str.)
biologie Biologie
biologie cellulaire Zellbiologie
biologie de la reproduction Fortpflazungsbiologie
biologie des populations Populationsökologie
biologie évolutive Evolutionsbiologie
bioluminescence Biolumineszenz
biomasse Biomasse
biome Biom
biométrie Biometrie
bionique Bionik
biosystématique Biosystematik
biotechnique Biotechnik
biotope Biotop
biotype Biotyp
bisannuel bienn
bisequé zwittrig
bisexué zweigeschlechtig
bitegminé bitegmisch → Samenanlage (A.)
bitégumenté bitegmisch → Samenanlage (A.)
bivalent Bivalent
blastospore Blastospore
blépharoplaste Blepharoplast
bois Holz
bois à pores diffuses zerstreutporiges → Holz
bois à zone poreuse ringporiges → Holz
bois de coeur Kernholz
bois de compression Druckholz → Reaktionsholz
bois de réaction Reaktionsholz
bois de tension Zugholz → Reaktionsholz
bois final Spätholz → Holz
bois initial Frühholz → Holz
bois madré Maserholz
bois parfait Kernholz
boîte á herboriser Botanisierbüchse
boragoïde Boragoid
bostryx Schraubel
botanique Botanik
boucle Schnalle
bourdon Burdo
bourgeon Knospe

bourgeon accessoire Beiknospe
bourgeon adventif Adventivknospe
bourgeon axillaire Achselknospe
bourgeon de regénérescence Innovationsknospe
bourgeon d'innovation Innovationsknospe
bourgeon dormant Ruheknospe
bourgeon foliaire Blattknospe
bourgeon hypocotylaire Hypokotylknospe
bourgeon intrapétiolaire Intrapetiolarknospe
bourgeon latent Ruheknospe
bourgeon radiculaire Wurzelknospe
bourgeon surnuméraire Beiknospe
bourgeon terminal Terminalknospe
bourgeonnement Zellsprossung
bouture Ableger
brachyblaste Kurztrieb
bractée Bractee, Tragblatt
bractée (Coniferae) Deckschuppe
bractée de l'involucre Involucralblatt
bractée involucrale Involucralblatt
bractéole Vorblatt
bradyspory Bradysporie
bradytélic bradytelisch → Evolutionsgeschwindigkeit
branche gourmande Wasserreis
brévistylé kurzgriffelig → Heterostylie
bryologie Bryologie
buisson Strauch
buisson nain Zwergstrauch
bulbe Zwiebel
bulbille Bulbille
bursicule Bursicula

cadre de Caspary Caspary-Streifen
cadre ouvert de lecture offener Leserahmen
caenogenèse Caenogenie
cal Kallus
calathide Calathidium
calice Calyx
calicule Epicalyx
callose Callose
callosité Kallus
calmoduline Calmodulin
calycanthémie Calycanthemie
calycophyllie Calycophyllie
calyptre Kalyptra
calyptrogène Kalyptrogen
cambium Cambium
cambium étagé etagiertes Cambium → Cambiumbau

cambium fasciculaire fascicular → Cambium
cambium interfasciculaire interfascicular → Cambium
cambium non étagé nichtetagiertes Cambium → Cambiumbau
campylotrope kampylotrop → Samenanlage (C.)
canal central Zentralkanal
canal intercellulaire Interzellulargang
canal ionique Ionenkanal
canal oléifère Ölstrieme
canal résinifère Harzkanal
canal stylaire Griffelkanal
canal valléculaire Vallecularkanal
cantharophilie Cantharophilie
capillitium Capillitium
capitule Calathidium, Köpfchen
capside Capsid
capsule Kapsel
capsule poricide Porenkapsel
caractère Merkmal
caractère adaptif Anpassungsmerkmal
caractère sexuel Geschlechtsmerkmal
carboxysomes Carboxysomen
carène Carina
caroncule Caruncula
carotènes Carotine → Carotinoide
caroténoïdes Carotinoide
carpelle Karpell
carpellodie Karpellodie
carpobiologie Diasporologie
carpode Carpellodium
carpogone Karpogon
carpologie Karpologie
carpophore Fruchtkörper, Karpophor
carpospore Karpospore
carposporophyte Karposporophyt
carte de gènes Genkarte
carte de points Punktkarte → Arealkarte
carte de répartition Arealkarte
carte des surfaces d'extension Flächenkarte → Arealkarte
carte par quadrillage Rasterkarte → Arealkarte
carte quadrillée Rasterkarte → Arealkarte
caryocinèse Karyokinese
caryogamie Karyogamie
caryogramme Karyogramm
caryologie Karyologie
caryoplasme Karyoplasma
caryopse Karyopse
caryosome Nucleosom
caryosystématique Karyosystematik

Register (franz.)

caryotype Karyotyp
catadrome katadrom → anadrom
catalase Katalase
catalepsis Katalepsis
catalogue des semences Index Seminum
cataphylle Niederblatt
catharobionts Katharobien
caudicule Caudicula
caulidie Cauloid
cauliflorie Cauliflorie
cauloïde Cauloid
caulome Caulom
caulonéma Kaulonema
cavea Cavea
cavitation Kavitation
cavité mucigène Schleimhöhle
cécidie Galle
cécidiologie Cecidiologie
ceinture Zellgürtel → Cingulum
ceinture épithécale Epipleura
cellulaire zelluläre → Endospermentwicklung
cellule Zelle
cellule à essence Ölzelle
cellule à myrosine Myrosinzelle
cellule apicale Deckelzelle, Scheitelzelle
cellule auxiliaire Auxiliarzelle
cellule criblée Siebzelle
cellule d'abscission Tmema
cellule de canal du ventre Bauchkanalzelle
cellule de capitulum Capitulumzelle
cellule de passage Durchlasszelle
cellule de transfert Transferzelle
cellule disjonctrice Disjunktor
cellule du canal de col Halskanalzelle
cellule du pied Stielzelle
cellule eucaryote Eucyt
cellule générative generative Zelle
cellule germinale Keimzelle
cellule infundibuliforme Trichterzelle
cellule initiale du sac embryonnaire Embryosack, primärer
cellule lagéniforme Retortenzelle
cellule mère d'albumen Endospermkern
cellule mère des grains de pollen Pollenmutterzelle
cellule mère de la mégaspore Megasporenmutterzelle
cellule mère des spores Sporenmutterzelle
cellule mère du sac embryonnaire Embryosackmutterzelle
cellule mère du stomate Spaltöffnungsmutterzelle

522

cellule mère primordiale Embryosackmutterzelle
cellule mucilage Schleimzelle
cellule pariétale Deckzelle
cellule pierreuse Brachysklereide → Sklereide
cellule procaryote Protocyt
cellule sécrétrice Sekretzelle
cellule spermatique Spermazelle
cellule spermatogène spermatogene Zelle
cellule voisine Nachbarzelle
cellule végétale Pflanzenzelle
cellule végétative vegetative Zelle
cellules annexes Geleitzellen, Nebenzellen
cellules bulliformes Gelenkzellen
cellules cambiformes Cambiform
cellules compagne Geleitzellen
cellules de garde Schließzellen
cellules de Malpighi Malpighische Zellen
cellules de Strasburger Strasburger-Zellen
cellules du col Halszellen
cellules filles Schwesterzellen, Tochterzellen
cellules fusoïdes Fusoidzellen
cellules-guides Deuter
cellules initiales Initialzellen
cellules mères centrales Zentralmutterzellen
cellules prothalliennes Prothalliumzellen
cellules stomatiques Schließzellen
cellulose Cellulose
cénobe Coenobium
cénocytique coenocytisch
cénogenèse Caenogenie
centre génétique Genzentrum
centrifuge zentrifugal
centripète zentripetal
centriole Centriol
centromère Centromer
centroplasme Centroplasma
centrosome Centrosom
céphalanthe Köpfchen
céphalium Cephalium
céphalodie Cephalodium
cerne annuelle Jahresring
cespiteux horstig
chaîne alimentaire Nahrungskette
chaîne respiratoire Atmungskette
chaîne transporteuse d'electron Elektronentransportkette
chaînon manquant Missing link

chalaze Chalaza
chalazogame chalazogam
chalazogamie Chalazogamie
chalazosperme Chalazosperm
chambre aérifère Luftkammer
chambre pollinique Pollenkammer
chambre sous-stomatique Atemhöhle
chaméphyte Chamaephyt
champ de croisement Kreuzungsfeld
champ de ponctuation Tüpfelfeld, primäres
champignons Fungi
champignons imparfaits Fungi imperfecti
chapeau Hut
chaperones Chaperone
chargement de phloème Phloembeladung
chasmanthèrique chasmanther
chasmogamie Chasmogamie
chasmophyte Chasmophyt
chaton Kätzchen
chaume Halm
chéiroptérochorie Chiropterochorie
chéiroptérophilie Chiropterophilie
chiasma Chiasma
chiastobaside Chiastobasidie → Basidientypen
chimère Chimäre
chimère de greffe Pfropfchimäre
chimère périclinale Periklinalchimäre
chimère sectorielle Sektorialchimäre
chimiosynthèse Chemosynthese
chimiotaxinomie Chemotaxonomie
chimiotype Chemotypus
chitine Chitin
chlamydospore Chlamydospore
chlorenchyme Chlorenchym
chlorocystes Chlorophyllzellen
chloronéma Chloronema
chlorophylle Chlorophyll
chloroplaste Chloroplast
chondriome Chondriom
chondriosomes Mitochondrien
choripétale choripetal
chorise Dédoublement
chorologie Chorologie
chromatide Chromatid
chromatine Chromatin
chromatophore Chromatophor
chromatoplasme Chromatoplasma
chromocentre Chromozentrum
chromomère Chromomer
chromonèma Chromonema
chromoplaste Chromoplast

chromosome Chromosom
chromosome à satellite SAT-Chromosom
chromosome B B-Chromosom
chromosome géant Riesenchromosom
chromosome polytène Riesenchromosom
chromosome sexuel Geschlechtschromosom
chromosome X X-Chromosom
chromosome Y Y-Chromosom
chronoespèce Chronospecies
chronospore Hypnospore
cicatrice Narbe (2)
cil Cilie
cinétochore Kinetochor
cinétochore diffus Kinetochor, diffuser
cingulum Cingulum
circumvasculaire vasizentrisch → Holzparenchym
cire épicuticulaire Epicuticularwachs
cirre Cirrhus
cistron Cistron
citation de l'auteur Autorzitat
clade Clade
cladistique Kladistik
cladode Platykladium
cladogenèse Kladogenese
cladogramme Kladogramm
classe Klasse
classification artificielle System, künstliches
classification des organismes Organismensystem
classification naturelle System. natürliches
classification phénétique System, phänetisches
classification phylogénétique System, phylogenetisches
clé (de détermination) Bestimmungsschlüssel
cléistocarpe kleistokarp
cléistocarpe kleistokarp → Fruchtkörper
cléistogame kleistogam
cléistogamie Kleistogamie
cléistothèce Kleistothecium
climax Klimax
clinanthe Köpfchenboden
cline Merkmalsgradient
clinostat Klinostat
cloison Septum
cloison apicale Apikalseptum
cloison criblée Siebplatte
cloison perforée Perforationsplatte

cloisonnement simultané simultane →
Pollenbildung
cloisonnement successif succedane →
Pollenbildung
clone Klon
clorose Chlorose
cnidocyste Nematocyste
coccale coccal
coccolite Coccolith
coccospore Baeocyt
code génétique genetischer Code
codominance Kodominanz
codon Codon
coelocaulie Coelocaulie
coenobe Coenobium
coenoblaste Coenoblast
coenocytique coenocytisch
coeno-espèce Coenospecies
coenogamète Coenogamet
coenomégaspore Coenomegaspore
coenozygote Coenozygote
coévolution Coevolution
coexistence Koexistenz
cofacteur Cofaktor
coflorescence Cofloreszenz
cohorte Kohorte
coiffe Kalyptra
coléoptile Koleoptile
coléorhize Koleorrhiza
colinéaire colinear
collenchyme Kollenchym
collenchyme angulaire Eckenkollenchym → Kollenchym
collenchyme annulaire Ringkollenchym → Kollenchym
collenchyme lacunaire Lückenkollenchym → Kollenchym
collenchyme tangentiel Plattenkollenchym → Kollenchym
collet (de la racine) Wurzelhals
collétère Kolletere
colonie Kolonie
colonne Gynostemium
coloration de Gram Gram-Färbung
colpé colpat → Colpus
colporé colporat
colpus Colpus
columelle Columella
combinaison Kombination
commensalisme Commensalismus
commiscuum Commiscuum
commissure Commissur
communauté végétale Phytocoenose
comparium Comparium

compartiment Kompartiment
complexe inflorescentiel Synfloreszenz
concaulescence Concauleszenz
conceptacle Conceptaculum
conchospore Conchospore
concrescence Verwachsung
concrescence congénitale Verwachsung, congenitale
concrescence postgénitale Verwachsung, postgenitale
condupliqué orthoplok → Embryobau
cône Zapfen
cône bacciforme Beerenzapfen
congénérique congenerisch
conidie Konidie
conidiogenèse Konidiogenese
conidioma Konidioma
conidiospore Konidie
conifères Coniferae
conjugaison Konjugation
connectif Connectiv
consommateur Konsument
consortium Consortium
conspécifique conspezifisch
contorté contort → Ästivation
convergence Konvergenz
convivium Convivium
copulation Kopulation
coque chitinoïde Lorica
corbeille à propagules Brutbecher
corémie Coremium
cormophytes Kormophyten
cormus Kormus
cornet Wassersack
corolle Corolla
coronule Coronula
corps chlorophyllien Chloroplast
corps de perle Perldrüsen
corps mucigineux Proteinkörper → P-Protein
corps oléiforme Ölkörper (2)
corpus Corpus
corpuscule Klemmkörper
corpuscule basal Basalkörper
corpuscule central Centrosome
corpuscule siliceux Kieselkörper
corpuscules de Belt Beltsche Körperchen
corpuscules de Müller Müllersche Körperchen
corrélation Korrelation
cortine Cortina
corymbe Corymbus
cosmopolite Kosmopolit
cosse Legumen

côte Costa, Rippe
cotylédon Kotyledone
couche d'aleurone Aleuronschicht
couches cuticulaires Cuticularschichten
coumarine Cumarin
couple de ponctuation Tüpfelpaar →
  Tüpfel
couronne Corona
coussinet foliaire Pulvinus
craspedium Craspedium
crassinucellé crassinucellat → Samenanlage (B.)
crêtes mitochondriales Cristae mitochondriales
crible Siebfeld
critères d'homologie Homologiekriterien
crochet ascogène Haken
crochet dangeardien Haken
croissance Wachstum
croissance apicale Spitzenwachstum
croissance de type ouvert offene Organisation
croissance en épaisseur Dickenwachstum
croissance en épaisseur primaire primäres → Dickenwachstum
croissance en espalier Spalierwuchs
croissance secondaire sekundäres → Dickenwachstum
croissance secondaire anormale anomales sekundäreas → Dickenwachstum
crossing-over Crossing over
cryoscopie Kryoskopie
Cryptogames Cryptogamae
cryptogames vasculaires Gefäßkryptogamen
cryptomitose geschlossene Mitose → Mitosetypen
cryptophyte Kryptophyt
cryptopore kryptopor
cultivar Cultivar
culton Culton
culture cellulaire Zellkultur
culture de tissus Gewebekultur
culture hydroponique Hydrokultur
cupule Brutbecher, Cupula
cuticule Cuticula
cutine Cutin
cyanelle Cyanelle
cyanobionte Cyanobiont
cyanolichens Cyanolichenen
cyanophytes Cyanophyta
cyanotrophie Cyanotrophie
cyathe, cyathium Cyathium

cybride Zellhybride
cycle cellulaire Zellzyklus
cycle d'azote Stickstoffkreislauf
cycle de Calvin Calvin-Zyklus
cycle de développement Entwicklungsgang
cycle de Krebs Citrat-Zyklus
cycle lysogène lysogener Zyklus
cycle lytique lytischer Zyklus
cycle mitotique Zellzyklus
cyclines Cycline
cyclique zyklisch → Blütenbau
cyclose Plasmaströmung
cylindre central Zentralzylinder
cylindre vasculaire Leitbündelrohr
cyme Cyme
cyme bipare Dichasium
cyme helicoïde Schraubel
cyme multipare Pleiochasium
cyme ombelliforme Pleiochasium
cyme unipare Monochasium
cyme unipare scorpioïde Wickel
cyphelle Cyphelle
cystide Cystide
cystocarpe Cystokarp(ium)
cystogamie Konjugation (1)
cystolithe Cystolith
cytochromes Cytochrome
cytogamie Plasmogamie
cytogénétique Cytogenetik, cytogenetisch
cytogonie Cytogonie
cytokinèse Zellteilung
cytokinines Cytokinine
cytologie Cytologie
cytopharynx Cytopharynx
cytoplasme Cytoplasma
cytosol Cytosol
cytosquelette Cytoskelett
cytostome Cytostom
cytotaxonomie Karyosystematik
cytotype Cytotyp

darwinisme Darwinismus
date de la publication Publikationsdatum
décalage du cadre de lecture Leserastermutation
déchargement de phloème Phloementladung
dédoublement Dédoublement
déficience Defizienz
définition de l'espèce Species-Definition
dégénérescence Degeneration
dégénérescence consanguine Inzuchtdepression

degré de recouvrement Deckungsgrad
déhiscence Dehiszenz
delétion délé Deletion
déme Dem
demi-anthère Theca (1.)
demographie Demographie
dendrochronologie Dendrochronologie
dendrogramme Dendrogramm
dendrologie Dendrologie
dénitrification Denitrifikation
déphasage du cadre de lecture Leserastermutation
dérivation Ableitung
dérive génique Genetische Drift
dermatogène Dermatogen
description Beschreibung
désert Wüste
desmotubule Desmotubulus
détermination Determination
détermination du sexe Geschlechtsbestimmung
deuter Deuter
deutérogamie Deuterogamie
deutérophloème sekundäres Phloem → Phloementwicklung
deutophloème sekundäres Phloem → Phloementwicklung
développement Entwicklung (ontogenetisch)
dextrorse rechtswindend
diacinèse Diakinese
diade Dyade
diadelphie Diadelphie
diagnose Diagnose
diagramme Diagramm
diagramme floral Blütendiagramm
dialycarpe (-pique) chorikarp → Gynoeceum
dialypétale choripetal
dialypétale dialypetal → Dialypetalae
diandre diandrisch
diaphragme Diaphragma
diaspore Diaspore
diasporologie Diasporologie
diastases Amylasen
Diatomées Diatomeen
dicaryon Dikaryon
dicaryophase Dikaryophase
dicaryotique dikaryotisch
dichlamydé dichlamydeisch
dichogamie Dichogamie
dichotomie Dichotomie
dicline diklin
diclinie Diklinie

Dicotylédones Dikotylen
dictyosome Dictyosom
didyname didynamisch
différenciation Differenzierung
diffusion Diffusion
dilatation Dilatation
dimére dimer
dimorphisme Dimorphismus
dimorphisme floral Blütendimorphismus
dimorphisme pollinique Pollendimorphismus
dimorphisme saisonnier Saisondimorphismus
dimorphisme sexuel Geschlechtsdimorphismus
dinocaryon Dinokaryon
dinomitose Dinomitose
dioïcie Diözie
dioïque diözisch
diplanétisme Diplanie
diplobionte Diplobiont
diplohaplonte Diplohaplont
diploïde diploid
diplolépidé diplolepid → Peristomtypen
diplonte Diplont
diplophase Diplophase
diplophyllie Diplophyllie
diplosporie Diplosporie
diplostémone diplostemon
diplotène Diplotän
diploxylé diploxyl
discobolocyste Discobolocyste
disjoncteur Disjunktor
dislocation Dislokation
disomie Disomie
disque Discus
dissémination Ausbreitung, Dissemination
dissimilation Dissimilation
distal distal
distichie Distichie → Phyllotaxis (A.)
distique distich → Phyllotaxis (A.)
dithèque dithecisch → Antherenbau
divergence Divergenz
division cellulaire Zellteilung
division cellulaire inégale Zellteilung, inaequale
dolichoblaste Langtrieb
dolipore Doliporus
domaine Domäne
domatie Domatium
domestication Domestikation
dominance Dominanz
dominance apicale apikale Dominanz

dominant dominant
dormance Dormanz
dormance des semences Samenruhe
dorsal abaxial
dorsifix dorsifix → Antherenbau
dorsiventral bifacial → Blattbau
dorsiventral monosymmetrisch → Symmetrie
double Dublette
double hélice Doppelhelix
drépanium Sichel
drupe Steinfrucht
duplication Duplikation
duplication des gènes Genduplikation
duramen Kernholz
dyade Dyade
dynéines Dyneine
dysploïdie Dysploidie
dysploïdion Dysploidion
dystrophique dystroph
dystropie Dystropie

eau de l'interception Interzeptionswasser
ébauche Anlage (1), Primordium
écaille Schuppe, Spreublatt, Spreuschuppe (2)
écaille avec cellules absorbantes Saugschuppe
écaille corolline Schlundschuppe
écaille ovulifère Samenschuppe
écaille protectrice du bourgeon Knospenschuppe
écaille tectrice Zapfenschuppe
écaille ventrale Ventralschuppe
ecblastesis Ecblastesis
échelle de la nature Scala naturae
échelle des êtres naturels Scala naturae
écidie Aecidium
écidiospore Aecidiospore
écie Aecidium
écocline Ökokline
écoespèce Ökospecies
écogramme Ökogramm
écologie Ökologie
écologie florale Blütenökologie
écophysiologie Ökophysiologie
écoradiation adaptive Radiation
écorce Borke, Rinde
écosytème Ökosystem
écotone Ökoton
écotype Ökotypus
écoulement de gènes Genfluss
ectexine Ektexine → Exine
ectodesme Ektodesmos

ectomycorhize Ektomykorrhiza → Mykorrhiza
ectoplasme Ektoplasma
écusson Schild, Scutellum
édaphon Edaphon
effet Baldwin Baldwin-Effekt
effet de position Positionseffekt
effet fondateur Gründereffekt
effet Wallace Wallace-Effekt
éjectosome Ejectosom, Trichocyste
élaiophore Elaiophor
élaioplaste Elaioplast
élaiosome Elaiosom
élatère Elatere
élément criblé Siebelement
élément de vaisseau Tracheenglied
élément du tube criblée Siebröhrenglied
élément floristique Florenelement
élément mobile mobiles genetisches Element
eliciteur Elicitor
embranchement Abteilung
embryogénie Embryogenese
embryologie Embryologie
embryon Embryo
embryonie adventive Nucellarembryonie
embryonie nucellaire Nucellarembryonie
émergence Emergenz
empire floristique Florenreich
énantiomorphie Enantiomorphie
énantiostyle enantiostyl
énantiostylie Enantiostylie
énation Enation, Emergenz
enchaînement Anschluss
endémique endemisch
endémisme Endemismus
endexine Endexine → Exine
endocarpe Endokarp
endocytobiose Endocytobiose
endocytose Endocytose
endoderme Endodermis
endogène endogen
endolithique endolithisch
endolithophyte Endolithophyt
endomembrane Endomembran
endomitose Endomitose
endomycorhize Endomykorrhiza → Mykorrhiza
endonucléases de restriction Restriktionsendonucleasen
endoparasite Endoparasit
endophyte Endophyt
endoplasme Endoplasma
endopolyploïdie Endopolyploidie

Register (franz.) 528

endoscopique endoskop → Embryo
endosperme Endosperm
endospore Endospor
endospore Endospore → Sporentypen
endosporium Endospor
endostome Endostom
endothécium Endothecium
endothélium Endothel(ium)
endozoïque endozoisch
endozoochorie Endozoochorie
enduit pollinique Pollenkitt
endurcissement Abhärtung
énergide Energide
enhanceosome Enhanceosom
enseigne à nectar Saftmal
ensemble de gènes Genpool
entomogame entomogam
entomogamie Entomogamie
entomophilie Entomogamie
entrenoeud Internodium
entrenoeud de base Grundinternodium
énumération Enumeratio
enveloppe nucléaire Kernhülle
enzyme Enzym
éperon Sporn
éphemère ephemer
éphemèrophyte Ephemerophyt
épi Ähre
épiblaste Epiblast
épiblème Rhizodermis
épicalice Epicalyx
épicarpe Exokarp
épichile Epichil
épichilium Epichil
épicotyle Epikotyl
épiderme Epidermis
épiderme mucigène Schleimepidermis
épiderme multiple Epidermis, multiple
épigenèse Epigenese
épigone Embryotheca
épigyne epigyn
épigynie Epigynie
épihydrogamie Ephydrogamie
épihydrophilie Ephydrogamie
épilimnion Epilimnion
épillet Ährchen
épimatium Epimatium
épinastie Epinastie
épine Dorn, Stachel
épine caulinaire Sprossdorn
épine foliaire Blattdorn
épine radiculaire Wurzeldorn
épine stipulaire Stipulardorn
épipétale epipetal
épiphragme Epiphragma
épiphylle epiphyll
épiphyte Epiphyt
épiplasme Epiplasma
épipode Epipodium
épipodium Epipodium
épisépale episepal
épistomatique epistomatisch → Blattbau
épithécie(-ium) Epithecium
épithélium Epithel
épithéma, épithème Epithem
épithèque Epitheca → Theca
épithète spécifique Artepitheton
épitonie Epitonie
épitrope epitrop → Samenanlage (D.)
épitype Epitypus
épixyle epixyl
épizoïque epizoisch
épizoochorie Epizoochorie
épécophyte Epökophyt
équilibre ponctué Punctuated Equilibrium
ergasiolipophyte Ergasiolipophyt
ergasiophygophyte Ergasiophygophyt
ergasiophyte Ergasiophyt
érythroplaste Rhodoplast
espace intercellulaire Interzellulare
espaceur Spacer
espèce Species
espèce agame Agameon, Agamospecies
espèce biologique Species, biologische
espèce caracteristique Charakterart
espèce collective Aggregat
espèce cryptique Kryptospecies
espèce fossile Paläospecies
espèce morphologique Morphospecies
espèce naturalisée Agriophyt
espèce panchrone Chronospecies
espèce-relique Reliktart
espèces diagnostiques diagnostische Arten
espèces jumelles Zwillingsarten
espèces vicariantes vikariierende Arten
estivation Ästivation
étage altitudinal Höhenstufe
étamine Stamen
été de la Saint-Martin Johannistrieb
étendard Vexillum
ethnobotanique Ethnobotanik
éthylène Ethylen
étiolement Etiolement
étioplaste Etioplast
étiquette d'herbier Schede
étude de la végétation Vegetationskunde
eubaside Holobasidie → Basidientypen

eucaryotes Eukaryoten
euchromatine Euchromatin
euploïde euploid
euploïdie Euploidie
euploïdion Euploidion
eurycystes Deuter
Eusporangiées Eusporangiatae
eutrophique eutroph
eutropie Eutropie
évaporation Evaporation
évapotranspiration Evapotranspiration
éventail Fächel
évolution Evolution
évolution en mosaique Heterobathmie
évolution parallèle Homoiologie
évolution réticulée reticulate Evolution
exanthème Exanthem
excipulum Excipulum
excitation Reiz
excreta Exkrete
excrétion Exkretion
excrétions Exkrete
exine Exine
exocarpe Exokarp
exoderme Exodermis
exogène exogen
exon Exon
exoscopique exoskop → Embryo
exospore Exospor
exospore Exospore → Sporentypen
exostome Exostom
exothécium Exothecium
expression d'un gène Genexpression
exsiccata Exsikkate
exsudation de la plante Blutung
extinction Aussterben
extra-groupe Außengruppe
extrorse extrors
extrusome Extrusom

facteur génotypique Anlage (2)
facteur héréditaire Anlage (2)
facteurs de l'évolution Evolutionsfaktoren
faisceau bicollatéral bicollaterales → Leitbündel
faisceau central Zentralstrang
faisceau collatéral collaterales → Leitbündel
faisceau concentrique konzentrisches → - Leitbündel
faisceau conducteur Leitbündel
faisceau corticale corticales → Leitbündel
faisceau cribrovasculaire Leitbündel
faisceau fermé geschlossenes → Leitbündel

faisceau interne internes → Leitbündel
faisceau médullaire medulläres → Leitbündel
faisceau ouvert offenes → Leitbündel
faisceau radial radiales → Leitbündel
famille Familie
famille de gènes Genfamilie
famille multigénique Genfamilie
fasciation Fasciation
fascicule Faszikel
faucille Sichel
faux-fruit Scheinfrucht
faux-nectaire Scheinnektarium
faux-verticille Scheinquirl
fécond fertil
fenestré lophat
fenêtre foliaire Blattlücke
fermentation Gärung
fertile fertil
feuillage Laub
feuillaison Frondeszenz
feuille Blatt, Laubblatt
feuillé folios
feuille adulte Folgeblatt
feuille bractéale Hochblatt
feuille carpellaire Karpell
feuille de lumière Sonnenblatt
feuille d'ombre Schattenblatt
feuille écailleuse Schuppenblatt
feuille en glaive Schwertblatt
feuille ensiforme Schwertblatt
feuille fistuleuse Rundblatt
feuille flottante Schwimmblatt
feuille latérale Flankenblatt
feuille pennée Fiederblatt
feuille primordiale Primärblatt
feuille submergée Wasserblatt
feuilles décurrentes herablaufende Blätter
feuilles ventrales Amphigastrien
feuillet Lamelle
fibre Faser
fibre gélatineux gelatinöse → Faser
fibre intermédiaire Ersatzfaser
fibre libriforme Libriformfaser
fibre ligneuse simpliponctué Libriformfaser
fibre ligneux Holzfaser → Faser
fibre ligneux cloisonnée gefächerte → Faser
fibre phloemienne Phloemfaser → Faser
fibre-trachéide Fasertracheide
fidélité Treue
filament (Cyanobacteria) Filament
filament conidiogène Anellophor

filament proembryonnaire Suspensor
filament récepteur Empfängnishyphe
filament spermatogène spermatogener Faden
filament sporogène Gonimoblast
filaments de viscine Viscinfädem
filet staminal Staubfaden → Filament
fingerprinting Fingerprint-Techniken
fitness Fitness
fixation d'azote Stickstoff-Fixierung
fixation randomisée Random Fixation
flagelle Geißel
flagelle propulseur Schubgeißel
flagelle tracteur Schleppgeißel
Flagellés Flagellaten
flagelliflorie Flagelliflorie
flavonoïdes Flavonoide
fleur Blüte, Blume
fleur à brousse Bürstenblume
fleur à guêpes Wespenblume
fleur à parfum Parfümblume
fleur à piège Fallenblume
fleur à pollen Pollenblume
fleur à sphingides sphingophile Blume
fleur accessoire Vorderblüte
fleur bilabiée Lippenblume
fleur chéiroptérophile chiropterophile Blume
fleur double Blüte, gefüllte
fleur du disque Scheibenblüte
fleur en tube Röhrenblüte
fleur ligulée Zungenblüte
fleur marginale Randblüte
fleur oléifère Ölblume
fleur ornithophile ornithophile Blume
fleur papilionacée Schmetterlingsblüte
fleur personée Maskenblume
fleur pollinifère Pollenblume
fleur primipare Primanblüte
fleur psychophile psychophile Blume
fleur rayonnante Strahlblüte
fleur secondaire Sekundanblüte
fleur surnuméraire Vorderblüte
fleur terminale Terminalblüte
fleur tubiforme Röhrenblüte
fleuron Blütchen → Köpfchen
fleuron ligulé Zungenblüte
floraison Anthese
flore Flora
florescence Floreszenz
florigène Blühhormon
floristique Floristik
flux de gènes Genfluss
foliole Blättchen

foliole Fiederblättchen → Fiederblatt
foliole intercalaire Zwischenfieder
foliolule Fiederchen → Fieder
follicule Follikel
forêt Wald
forêt de laurier Lorbeerwald
forêt de moussons Monsunwald
forêt galerie Galeriewald
forêt (tropicale) pluviale Regenwald, tropischer
forme intermédiaire Zwischenform
formation Formation
forme Form
forme biologique Lebensform
forme de croissance Wuchsform
forme de jeunesse Jugendform
forme juvénile Jugendform
forme parentale Stammform
forme spéciale forma specialis
formule Formel
formule florale Blütenformel
formule pollinique Pollenformel
fornice Schlundschuppe
fossile Fossil
fossile vivant Fossil, lebendes
fouet Geißel
fougères Farne
fourche de réplication Replikationsgabel
fragmentation Fragmentation
fréquence Frequenz
frondaison Frondeszenz
fronde Wedel
fronde basale aphlebiforme Mantelblatt
fronde nidiforme Nischenblatt
fructose Fructose
fructule Früchtchen
fruit Frucht
fruit á ballistique Schleuderfrucht
fruit á déhiscence explosive Springfrucht
fruit anémochore Flugfrucht
fruit composé Fruchtstand
fruit déhiscent Streufrucht
fruit lomentacé Bruchfrucht
fruit multiple Sammelfrucht
frustule Frustel
funicule Funiculus
fuseau amphistral Amphiastral-Spindel
fuseau mitotique Spindelapparat
fécondation Befruchtung

gaine Scheide
gaine du faisceau Bündelscheide
gaine foliaire Blattscheide
gaine méstomique Mestomscheide

gaine radiculaire Koleorrhiza
gainule Vaginula
galbule Beerenzapfen
galle Galle
gamétange Gametangium
gamétangie Gametangiogamie
gamétangiophore Gametangienträger
gamète Gamet
gamète femelle Eizelle
gamétocyste Gametocyste
gamétogamie Gametogamie
gamétogenèse Gametogenese
gamétophyte Gametophyt
gamétophyte mâle nain Zwergmännchen
gamie Syngamie
gamogonie Gamogonie
gamones Gamone
gamonte Gamont
gamophyllie Gamophyllie
gamosépalie Synsepalie
gamotépalie Syntepalie
garniture interne Centrum
garrigue Garrigue
gemme Gemme
gène Gen
gène mosaïque Mosaikgen
gène reporteur Reportergen
gène sauteur Transposon
génécologie Genökologie
génération Generation
génération spontanée Urzeugung
gènes homéotiques homöotische Gene
genet Genet
génétique Genetik, genetisch
génétique des populations Populationsgenetik
génétique moléculaire Molekulargenetik
génome Genom
génophore Genophor
génotype Genotypus
genre Genus
genre de forme Formgattung
genre d'organe Organgattung
géobotanique Pflanzengeographie (s.l.)
géocarpe geokarp
géocarpie Geokarpie
géographie botanique Pflanzengeographie (s.str.)
géophyte Geophyt
géophyte à rhizome Rhizomgeophyt
géotropism Gravitropismus
germination Keimung
germination épigée epigäische → Keimung

germination hypogée hypogäische → Keimung
gibbérelines Gibberelline
gitonogamie Geitonogamie
glande Drüse
glande à sel Salzdrüse
glande de Licopoli Salzdrüse
glande de Mettenius Salzdrüse
glande digestive Digestionsdrüse
glande septale Septalnektarium
gléba, glèbe Gleba
globulines Globuline
glochid(i)e Glochidium
gloeocystide Gloeocystide
glomérule Glomerulus
glucides Kohlenhydrate
gluconéogenèse Gluconeogenese
glucose Glucose
glucosinolates Glucosinolate
glume Gluma
glumelle inférieure Lemma
glumelle supérieure Palea (2)
glumellule Lodicula
glutathion Glutathion
glutélines Gluteline
glycocalyx Glykocalyx
glycogène Glykogen
glycolyse Glykolyse
glycoprotéine Glykoprotein
glyoxysome Glyoxysom
gone Gone
gonflement Quellung
gonidie Gonidie
gonidies hyméniales Hymenialalgen
gonimoblaste Gonimoblast
gorge Schlund (Blüte)
gousse lomentacée Gliederhülse
goutte de pollinisation Bestäubungstropfen
gradualisme Gradualismus
grain basal Basalkörper
grain de pollen Pollenkorn
graine Same
graine albuminée Samentypen (mit Nährgewebe)
graine exalbuminée Samentypen (ohne Nährgewebe)
graine nue Same, nackter
grains d'aleurone Aleuronkörner
grains d'amidon Stärkekörner → Stärke
grana Grana
granules de cyanophycine Cyanophycinkörner
grappe Traube

grappe double Doppeltraube
greffage Pfropfung
groupe Gruppe, Taxon
groupe ancestral Basisgruppe
groupe d'associations Verband
groupe de liaison Koppelungsgruppe →
 Koppelung
groupe externe Außengruppe
groupe-frère Schwestergruppe
groupe taxinomique Sippe
guide à nectar Saftmal
guttation Guttation
gymnocarpe gymnokarp → Fruchtkörper
gymnospermes Gymnospermen
gymnostome gymnostom
gynécée Gynoeceum
gynécie Archegonienstand → Gametangienstand
gynobasique gynobasisch
gynodioécie Gynodiözie
gynogamétocyste Gynogametocyste
gynogamète Makrogamet
gynomonoécie Gynomonözie
gynophore Gynophor
gynospore Megaspore
gynostège Gynostegium
gynostème Gynostemium
gynotège Gynostegium

habitat Habitat
habitus Habitus
hadrome Hadrom
halophyte Halophyt
hampe florale Schaft
hapaxanthe monokarp
haplobionte Haplobiont
haplobiontique haplobiontisch
haplodiplobionte Diplohaplont
haploïde haploid
haplolépidé haplolepid → Peristomtypen
haploneme Haplonema
haplophase Haplophase
haplosporie Haplosporie
haplostémone haplostemon
haptère Haptere
haptonéma Haptonema
harmomégathie Harmomegathie
hastule Hastula
haustoire du sac embryoannaire Endospermhaustorium
haustorie Haustorium
haustorie du suspenseur Suspensorhaustorium
hélobial helobiale → Endospermentwicklung

hélophyte Helophyt
hémérochorie Hemerochorie
hémérophobe hemerophob
hémérophyte Hemerophyt
hémiangiocarpe hemiangiokarp → Fruchtkörper
hémiangiospermes Hemiangiospermen
hémicarpe Merikarp(ium)
hémicryptophyte Hemikryptophyt
hémicyclique hemizyklisch
hémiparasite Hemiparasit
hémisiphoné siphonocladal
hémisomate Semizelle
hémitrope hemitrop → Samenanlage (C.)
hémitropie Hemitropie
Hépatiques Lebermoose
herbacé krautig
herbe Kraut
herbier Herbarium, Kräuterbuch
herbier bryologique Bryotheca
herbier de lichens Lichenotheca
herbier de mousses Bryotheca
herbivores Herbivore
hercogamie Herkogamie
hérédité Vererbung
hérédité extrachromosomique extrachomosomale Vererbung
hermaphrodite zweigeschlechtig
hermaphrodite Zwitter, zwittrig
hespéridie Citrusfrucht → Panzerbeere
hétérantherie Heterantherie
hétérobaside Phragmobasidie → Basidientypen
hétéroblastique heteroblastisch
hétérocarpe heterokarp
hétérocarpie Heterokarpie
hétérocaryose Heterokaryose
hétérocaryotique heterokaryotisch
hétérochlamydé heterochlamydeisch
hétérochromatine Heterochromatin
hétérochromosome Heterochromosom
hétérochronie Heterochronie
hétérocolpé heterocolpat
hétérocotylie Anisokotylie
hétérocyclique heterozyklisch
hétérocyste Heterocyste
hétérogame Köpfchen, heterogam
hétérogametique heterogametisch
hétérogamie Anisogamie, Heterogamie
hétéroïque heterözisch
hétéromère heteromer
hétéroméricarpie Heteromerikarpie
hétéromorphe heteromorph
hétérophylle heterophyll

hétérophyllie Heterophyllie
hétéroplasmie Heteroplasmie
hétéroploïdie Heteroploidie
hétéropycnotique heteropyknotisch
hétérorhizie Heterorhizie
hétérosis Heterosis
hétérospermie Heterospermie
hétérosporé heterospor
hétérosporie Heterosporie
hétérostylie Heterostylie
hétérotactique heterotaktisch
hétérothallique heterothallisch
hétérotopie Heterotopie
hétérotriché heterotrich
hétérotrope heterotrop → Samenanlage (D.)
hétérotrophe heterotroph
hétérotrophie Heterotrophie
hétéroxène heterözisch
hétéroxenie Heterözie
hétérozygote heterozygot
hétérozygotie complexe Komplexheterozygotie
heure biologique biologische Uhr
heure physiologique biologische Uhr
hibernacle Turio
hiérarchie Hierarchie
hile Hilum
histogenèse Histogenese
histologie Histologie
histones Histone
holobaside Holobasidie → Basidientypen
hologamie Hologamie
hologenèse Hologenie
holomorphe Holomorphe
holoparasite Holoparasit
holotype Holotypus
holozygote Holozygote
homéomère homöomer
homéosis Homoeosis
homéostasie Homöostase
homoblastique homoblastisch
homochlamydé homoiochlamydeisch
homodrome homodrom
homogamie Homogamie
homogamétique homogametisch
homologie Homologie
homonomie Homonomie
homonyme Homonym
homoplasie Homoplasie
homorhize homorrhiz
homorhizie Homorrhizie
homosporie Isosporie
homostyle homostyl

homothallique homothallisch
homotopie Homotopie
homoxylé homoxyl
homozygote homozygot
horloge moléculaire Molekulare Uhr
hormocyste Hormocyste
hormogonie Hormogonium
hormone de floraison Blühhormon
horotélique horotelisch → Evolutionsgeschwindigkeit
hôte Wirt
hôte principal Hauptwirt
huiles essentielles ätherische Öle
huiles volatiles ätherische Öle
humus Humus
hyalocyte Hyalinzelle
hyaloderme Hyalodermis
hyaloplasme Hyaloplasma
hybridation Hybridisierung
hybridation végétative vegetative Hybridisierung
hybride Hybride
hybride bigénérique Gattungsbastard
hybride interspécifique Artbastard
hybridogène hybridogen
hydathode Hydathode
hydrates de carbon Kohlenhydrate
hydrobiologie Hydrobiologie
hydrochore hydrochor
hydrochorie Hydrochorie
hydrogamie Hydrogamie
hydroïdes Hydroiden
hydrophyte Hydrophyt
hydropote Hydropote
Hydroptéridées Hydropterides
hygrochasie Hygrochasie
hygrophile hygrophil
hygrophyte Hygrophyt
hyménium Hymenium
hyménophore Hymenophor
hypanthium Hypanthium
hyphe Hyphe
hypnospore Hypnospore
hypnozygote Hypnozygote
hypochile Hypochil
hypocotyle Hypokotyl
hypocratériforme stieltellerförmig
hypoderme Hypodermis
hypogyne hypogyn
hypogynie Hypogynie
hypohydrophilie Hyphydrogamie
hypolimnion Hypolimnion
hyponastie Hyponastie
hyponyme Hyponym

hypopelté hypopeltat
hypophyse Hypophyse
hypopode (-dium) Hypopodium
hypostase Hypostase
hypostomatique hypostomatisch → Blattbau
hypostomium Hypostomium
hypothalle Prothallus
hypothécie Hypothecium
hypothèque Hypotheca → Theca
hypothèse de Matthew Matthews Hypothese
hypotonie Hypotonie
hypsophylle Hochblatt

ichthyochorie Ichthyochorie
iconographie Iconographie
iconotype Iconotypus
idioblaste Idioblast
idiogamie Idiogamie
idiogramme Karyogramm
idioplasme Idioplasma
illustration Icon
imbriqué imbricat → Ästivation
impeltate epeltat
importines Importine
impression spontanée Naturselbstdruck
inaperturé inaperturat
inbreeding Inzucht
incapitulescence Köpfchenstand
incompatibilité Inkompatibilität
incube oberschlächtig
indicateur écologique Bioindikator
indigène Autophyt
individu Individuum
induction Induktion
indument(um) Indument
indusie Indusium
inflorescence Infloreszenz
inflorescence cymeuse cymöse → Infloreszenz
inflorescence de renfort Cofloreszenz
inflorescence définie geschlossene → Infloreszenz
inflorescence indéfinie offene → Infloreszenz
inflorescence monotèle monotele → Infloreszenz
inflorescence partielle Partialinfloreszenz
inflorescence polytèle polytele → Infloreszenz
inflorescence principale Hauptfloreszenz
inflorescence racemeuse racemöse → Infloreszenz

inflorescence tronquée Rumpfsynfloreszenz
infructescence Fruchtstand
infusoires Infusorien
infère unterständig → Ovar
initiale de rayon médullaire Markstrahlinitiale → Cambiuminitiale
initiale du cambium Cambiuminitiale
initiale fusiforme Fusiforminitiale → Cambiuminitiale
innovation Innovation
insertion Insertion
intecté intectat
intercolpium Intercolpium
interphase Interphase
intine Intine
introgression Introgression
intron Intron
introrse intrors
inuline Inulin
invasion Invasion
inversion Inversion
invertase Invertase
involucelle Involucellum
involucre Involucrum
isidie (-dium) Isidie
isoallèles Isoallele
isobilatéral aequifacial → Blattbau
isochromosome Isochromosom
isoenzymes Isozyme
isogamètes Isogameten
isogamie Isogamie
isolatéral aequifacial → Blattbau
isolation Isolation
isolation écologique ökologisch → Isolationsmechanismen
isolation éthologique blütenökologisch → Isolationsmechanismen
isolation temporelle zeitlich → Isolationsmechanismen
isolement Isolation
isomère isomer → Blütenbau
isonyme Isonym
isophyllie Isophyllie
isoplèthe Isoplethe
isosporé isospor
isosporie Isosporie
isotype Isotypus
isozymes Isozyme
itinéraire Itinerar

jardin botanique Botanischer Garten
Jordanon Jordanon

kairomone Kairomon
kinesine Kinesin
kyste Cyste

labelle Labellum
lacune carénale Carinalkanal
lacune foliaire Blattlücke
lacune vasculaire Carinalkanal
Lamarckisme Lamarckismus
lame Lamelle
lamelle Lamelle
lamelle chlorophyllienne Assimilationslamelle
lamelle moyenne Mittellamelle
lande Heide
large dispersion Fernausbreitung
latéral lateral
laticifère Milchröhre
laticifère articulé gegliederte → Milchröhre
laticifère non articulé ungegliederte → Milchröhre
lectines Lectine
lectotype Lectotypus
leghémoglobine Leghämoglobin
légume Legumen
lemme Lemma
lenticelle Lenticelle
leptocaulie Leptocaulie
leptoïde Leptoide
leptome Leptom
Leptosporangiées Leptosporangiatae
leptotène Leptotän
leucoplaste Leukoplast
leurre floral Täuschblume
leurre sexuel Sexualtäuschblume
liaison Koppelung
liane Liane (1)
liber Bast, Phloem
lichen crustacé Krustenflechte
lichen foliacé Blattflechte
lichen fruticuleux Strauchflechte
lichénisation Lichenisation
lichénologie Lichenologie
lichenothèque Lichenotheca
lichens Lichenes
lichens ascosporés Ascolichenes
lichens basidiosporés Basidiolichenes
liège Kork, Phellem
lignée Cultivar
lignée germinale Keimbahn
lignée pure Reine Linie
lignification Verholzung
lignine Lignin

ligule Ligula, Zunge → Zungenblüte
limbe foliaire Blattspreite
limite des arbres Baumgrenze
limite forestière Waldgrenze
limnologie Limnologie
Linnéon Linneon
lipides Lipide
lirelle Hysterothecium
lithophyte Lithophyt
litière Streu
livre rouge Rote Liste
lobe corollin Limbus
localité Fundort
localité-type Typuslokalität
locomotion Lokomotion
locule Loculus
loculicide loculicid
locus Locus
locuste Ährchen
lodicule Lodicula
loge Loculus
loge pollinique Pollenkammer
loi biogénétique Biogenetische Grundregel
loi de Baker Bakers Gesetz
loi de Darlington Darlingtons Regel
loi de Dollo Dollosches Gesetz
loi de Hardy-Weinberg Hardy-Weinberg-Gesetz
loi de Knight-Darwin Knight-Darwinsches Gesetz
loi de récapitulation phylogénique Biogenetische Grundregel
loi de Serres-Muller Biogenetische Grundregel
lois de Mendel Mendelsche Regeln
lois de Sanio Sanios Gesetze
lomasome Lomasom
longistylé langgriffelig → Heterostylie
lophé lophat
lorica Lorica
lumen Lumen
lumière Lumen
lysicarpe lysikarp → Gynoeceum
lysigène lysigen → Interzellulare
lysimètre Lysimeter
lysosome Lysosom
Lyssenkisme Lyssenkoismus

macération Mazeration
macroconidie Makrokonidie
macrocyste Makrocyste
macroévolution Makroevolution
macrogamétange Makrogametangium

macrogamète Makrogamet
macrophanèrophyte Makrophanerophyt
macrosclérite Makrosklereide → Sklereide
macrosporange Megasporangium
macrospore Megaspore
macrosporogenèse Megasporogenese
macrosporophylle Megasporophyll
malacophilie Malakophilie
mâle nain Nannandrium
mamille Mamille
mangrove Mangrove
manoxylique manoxyl
manubrium Manubrium
maquis Macchie
marcotte Ableger
marge Lagerrand
marqueur moleculaire Molekularer Marker
marsupium Marsupium
massule Massula
mastigonème Mastigonema
mastigospore Zoospore
matériaux ergastique ergastische Gebilde
matrice Matrix
matrice nucléaire Kernmatrix
maturation moléculaire Prozessierung
mauvaise herbe Segetalpflanze, Unkraut
mazaedium, mazedium Mazaedium
mechanical tissue Festigungsgewebe
médifixe medifix
médullaire medullär
médulle Mark
mégaphylle Megaphyll
mégaprothalle Megaprothallium
mégasporange Megasporangium
mégaspore Megaspore
mégasporogenèse Megasporogenese
mégasporophylle Megasporophyll
méiogamète Meiogamet
méiophyllie Meiophyllie
méiose Meiose
méiosporange Meiosporangium
méiospore Meiospore
méiotospore Meiospore
mélittophilie Melittophilie
membrane basilaire Basilarmembran
membrane cellulaire Zellmembran
membrane de la ponctuation Schließhaut
membrane nucléaire Kernhülle
membrane unitaire Biomembran
méricarpe Merikarp(ium)
méristème Meristem
méristème apical Apikalmeristem
méristème d'entretien de la coiffe Dermatokalyptrogen
méristémoïde Meristemoid
méristoderme Meristoderm
mérogamie Gametogamie, Merogamie
mérophyte Merophyt
mésocarpe Mesokarp
mésocaryon Dinokaryon
mésocotyle Mesokotyl
mésophile mesophil
mésophylle Mesophyll
mésophyte Mesophyt
mésopode Mesopodium
mésotone mesoton
mésotonie Mesotonie
méstome Mestom
métabolisme Metabolismus
métabolisme acide de Crassulacées Crassulaceen-Säurestoffwechsel
métabolites secondaires sekundäre Pflanzenstoffe
métacentrique metacentrisch → Chromosomentypen
métacinèse Metakinese
métamorphose Metamorphose
métaphase Metaphase
métaphloème Metaphloem → Phloementwicklung
métaphylle Folgeblatt
métaphytes Metaphyten
métatopie Metatopie
métaxyphylle Zwischenblatt
méthode de Schweinfurth Schweinfurth-Methode
microbiologie Mikrobiologie
microclimat Mikroklima
microconidie Mikrokonidie
microcyste Mikrocyste
microévolution Mikroevolution
microfilament Mikrofilament
microfossiles Mikrofossilien
microgamétange Mikrogametangium
microgamète Mikrogamet
micromélittophile Mikromelittophile
micromutation Mikromutation
micromyophiles Mikromyiophilae
micropaléontologie Mikropaläontologie
microphylle Mikrophyll
microprothalle Mikroprothallium
micropyle Mikropyle
microscope Mikroskop
microscope électronique Elektronenmikroskop

microsome Mikrosom
microsporange Mikrosporangium
microspore Mikrospore
microsporocyte Pollenmutterzelle
microsporophylle Mikrosporophyll
microtome Mikrotom
microtubules Mikrotubuli
migration Migration
mimetisme Mimikry
mimèse Mimese
minéralisation Mineralisation
mitochondries Mitochondrien
mitogamète Mitogamet
mitose Mitose
mitose fermée geschlossene Mitose → Mitosetypen
mitose ouverte offene Mitose → Mitosetypen
mitospore Mitospore
mixoploïdie Mixoploidie
modèle architectural des arbres Baum-Modell
modificabilité Modifikabilität
modification Modifikation
modification (nomenclature) Emendation
modification durable Dauermodifikation
module Modul
moelle Mark
monade Monade
monadoïde monadal
monocarpique monokarp
monocaryon Monokaryon
monochasium Monochasium
monochlamydé monochlamydeisch
monocline monoklin
monocorme Monokorm
monocotylé monokotyl
Monocotylédones Monokotylen
monogénique monogen
monogonie Monogonie
monographie Monographie
monoïque monözisch
monolète monolet
monomère monomer
monophylie Monophylie
monoplastidie Monoplastidie
monoploïde monoploid
monopode Monopodium
monopodique monopodial
monoporé monoporat
monosome Monosom
monospore Monospore
monosporique monosporisch → Embryosacktypen

monosulqué monosulcat
monothèque monothecisch → Antherenbau
monotopique monotop
monotypique monotypisch
monstruosité Monstrosität
morganisme Morganismus
morphe Morphe
morphogenèse Morphogenese
morphogénie Morphogenie
morphologie Morphologie
morphologie du pollen Pollenmorphologie
morphologie idéaliste Morphologie, Idealistische
morphose Morphose
mortalité Mortalität
mosaïque de feuilles Blattmosaik
mucilage Schleim
mucocyste Mucocyste
mucron Mucro
multiplication Vermehrung
multiplication végétative vegetative Vermehrung
multivalent Multivalent
muréine Murein
mutagène Mutagen
mutant(e) Mutante
mutation Mutation
mutation chromosomique Chromosomenmutation
mutation de génome Genommutation
mutation du cadre de lecture Leserastermutation
mutation gemmaire Knospenmutation
mutation parallèle Parallelmutation
mutation réverse Rückmutation
mutualisme Mutualismus
mycélium Mycel
mycélium bouclé Schnallenmycel
mycétologie Mykologie
mycobionte Mykobiont
mycocécidie Mykocecidie
mycologie Mykologie
mycoplasms Mycoplasmen
mycorhize Mykorrhiza
mycorhize à arbuscules Arbusculäre → Mykorrhiza
mycorhize ectotrophe Ektomykorrhiza → Mykorrhiza
mycorhize endotrophe Endomykorrhiza → Mykorrhiza
mycothèque Mykothek
mycotrophe mykotroph

Register (franz.)

mycotrophie Mykotrophie
myophile myiophile Blume
myosine Myosin
myrmécochorie Myrmekochorie
myrmécophilie Myrmekophilie
myrmécophyte Myrmekophyt
myrmécotrophie Myrmekotrophie
myxamibe Myxamöbe
myxoflagellé Myxoflagellat
myxomycetès Myxomycetes
myxospermie Myxospermie

nanandre, nannandre Nannandrium
nanisme Nanismus
nannocyste Nannocyte
nannocyte Nannocyte
nanophanérophyte Nanophanerophyt
nastie Nastie
naturalisation Naturalisation
naturalisé eingebürgert
navet Rübe
nectaire Nektarium
nectaire extrafloral Nektarium, extraflorales
nectaire extranuptial Nektarium, extranuptiales
nectaire floral Nektarium, florales
nectaire nuptial Nektarium, nuptiales
nectar Nektar
nectarothèque Safthalter
nématocyste Nematocyste
nématodonte nematodont → Peristomtypen
nématothalle Haplonema
néobaside Holobaside → Basidientypen
néo-darwinisme Neodarwinismus
néophyte Neophyt
néopolyploïde neopolyploid
néoténie Neotenie
néotype Neotypus
nervation foliaire Blattaderung
nervure Blattader
nervure centrale (médiane) Mittelrippe → Rippe
neuston Neuston
niche écologique Nische
nitrification Nitrifikation
nitrogénase Nitrogenase
nitrophyte Nitrophyt
niveau de développement Organisationsstufe
niveau d'organisation Organisationsstufe
nodosité Wurzelknöllchen
noeud Knoten

noix Nuss
nom Name
nom alternatif nomen alternativum
nom ambigu nomen ambiguum
nom anamorphe nomen anamorphosis
nom à rejeter absolument nomen utique rejiciendum
nom confus nomen confusum
nom conservé nomen conservandum
nom de l'espèce Artname
nom de monstruosité nomen monstrositatis
nom douteux nomen dubium
nom générique nomen genericum
nom nouveau nomen novum
nom nu nomen nudum
nom provisoire nomen provisorium
nom publié effectivement Name, wirksam veröffentlichter
nom publié validement Name, gültig veröffentlichter
nom rejeté nomen rejiciendum
nom sanctionné Name, sanktionierter
nom spécifique nomen specificum
nom superflu nomen superfluum
nom valide Name, gültig veröffentlichter
nom vernaculaire Vernacularname
nombre chromosomique Chromosomenzahl
nombre de base Basiszahl
nomenclature Nomenklatur
nomenclature binaire Nomenklatur, binäre
nomenclature phytosociologique Nomenklatur, pflanzensoziologische
non-disjonction Non-Disjunktion
notho-espèce Nothospecies
nothogenre Nothogenus
nothomorphe Nothomorph
notion d'espèce Species-Definition
nototribique nototrib
nouvelle morphologie Morphologie, Neue
noyau Nucleus, Steinkern
noyau de restitution Restitutionskern
noyau secondaire du sac embryonnaire Embryosack, sekundärer
noyaux centraux (polaires) Polkerne
nucelle Nucellus
nucléaire nucleäre → Endospermentwicklung
nucléoïde Nucleoid
nucléoplasme Karyoplasma
nucléoporines Nucleoporine
nucléosquelette Kernmatrix

nucléole Nucleolus
nucléome Nucleom
nucléomorphe Nucleomorph
nucléosome Nucleosom
nucléus Nucleus
nucule Klause, Nüsschen
nullisomique nullisom
numéro d'échantillon Sammelnummer
numéro de spécimen Sammelnummer
nyctinastie Nyktinastie

obdiplostémone obdiplostemon
obturateur Obturator
ocelle Ocelloid, Ocellus
ocelle Stigma (2.)
ochréa, ocréa Ochrea
oeuf Zygote
oignon Zwiebel
oléocorps Ölkörper (2)
oléosome Oleosom
oligo-éléments Mikronährelemente
oligolectique oligolektisch
oligomère oligomer
oligotrophique oligotroph
ombelle Dolde
ombelle double Doppeldolde
ombilic Nabel (2)
ombrogamie Ombrogamie
ombrohydrochorie Ombrohydrochorie
onglet Nagel
ontogenèse Ontogenie
oogame oogam
oogamie Oogamie
oogone Oogon
oosphère Eizelle
oospore Oospore
opercule Operculum
oppositipétale epipetal
oppositisépale episepal
opposé gegenständig → Phyllotaxis (A.)
opposé superponiert
opsigonie Opsigonie
optimum écologique ökologisches Optimum
opérateur Operator
opéron Operon
orbicules Ubisch-Körper
ordre Ordnung
ordre de floraison Aufblühfolge
oreillette Blattöhrchen
organe Organ
organe de reproduction Fortpflanzungsorgan
organes fondamenteux Grundorgane

organism pluricellulaire Vielzeller
organite Organell
originaire Autophyt
ornementation des spores Sporenornament
ornithochorie Ornithochorie
ornithogamie Ornithophilie
ornithophilie Ornithophilie
orophyte Oreophyt
orthogénèse Orthogenese
orthoploïde orthoploid
orthotrope atrop → Samenanlage (C.)
osmomètre Osmometer
osmophore Osmophor
osmorégulation Osmoregulation
osmose Osmose
ostiole Atemöffnung, Ostiolum
ostéosclérite Osteosklereide → Sklereide
ouvert offen → Ästivation
ovaire Ovar
ovule Samenanlage
oxylipines Oxylipine

pachycaulie Pachycaulie
pachytène Pachytän
palais Palatum
paléa, paléole Palea (2)
paléoécologie Paläoökologie
paléopolyploïde paläopolyploid
palindrome Palindrom
palingenèse Palingenie
palmé palmat
palmelloïde tetrasporal
palynologie Palynologie
panachure Panaschüre
panicule Rispe
panicule spiciforme Ährenrispe
panicule umbelliforme Doldenrispe → Corymbus
panmixie Panmixie
pantropicale pantropisch
papille Papille
pappus Pappus
parabiose Parabiose
paracarpe parakarp → Gynoeceum
paraclade Parakladium
paracorolle Paracorolla
parallélisme Parallelismus
páramo Paramo
paramorphe Paramorphe
parapatrique parapatrisch
paraphylie Paraphylie
paraphylles Paraphyllien
paraphylétique paraphyletisch

paraphyse Paraphyse
parasexualité Parasexualität
parasite Parasit
parasite complet Holoparasit
parasymbiose Parasymbiose
paratype Paratypus
parenchyme Parenchym
parenchyme apotrachéal apotracheales Parenchym → Holzparenchym
parenchyme axial axiales → Holzparenchym
parenchyme cicatriciel Wundparenchym
parenchyme lacuneux Schwammparenchym
parenchyme libérien Phloemparenchym
parenchyme palissadique Palisadenparenchym
parenchyme palissadique à replis Armpalisaden
parenchyme paratrachéal paratracheales Parenchym → Holzparenchym
parenthésome Parenthosom
parenté Verwandtschaft
parenté cladistique kladistische Verwandtschaft
parichnos Parichnos
parietal tapetum Sekretionstapetum → Tapetumtypen
paroi cellulaire Zellwand
paroi nacré Nacré-Wand
paroi primaire Primärwand → Zellwand
paroi secondaire Sekundärwand → Zellwand
paroïque parözisch
parthénocarpie Parthenokarpie
parthénogenèse Parthenogenese
parthénospore Parthenospore
pectine Pektin
pédicelle Pedicellus
pédogamie Paedogamie
pédomorphose Paedomorphose
pédoncule Pedunculus
pellicule Pellicula
pélorie Pelorie
pelté peltat
penne Fieder
pentacyclique pentazyklisch
pentamère pentamer
péponide Kürbisfrucht → Panzerbeere
peptides Peptide
pérennant perenn
pérenne perenn
périanthe Perianth
péricarpe Perikarp

périchaetium, périchète Perichaetium
périclade Perikladium
péricline periklin
péricolpé pantocolpat
péricycle Perizykel
périderme Periderm
péridiole Peridiole
péridium Peridie
périgone Perigon
périgone (bei Moosen) Perigonium
périgyne perigyn
périne Perispor
période de végétation Vegetationsperiode
périphyse Periphyse
périplasme Periplasma
périplasmode Periplasmodium
périplaste Pellicula
périporé pantoporat
périsperme Perisperm
périspore Perispor
péristome Peristom
périthèce Perithecium
périzonium Perizonium
peroxysome Peroxisom
pérule Knospenschuppe
pétale Petalum
pétale nectarifère Nektarblatt
pétalodie Petalodie
pétiole Petiolus
phaeoplaste Phaeoplast
phage tempérés temperent → Bakteriophage
phagocytose Phagocytose → Endocytose
phagotrophie Phagotrophie
Phanérogames Phanerogamen
phanérophyte Phanerophyt
phanéropore phaneropor
pharmacophagie Pharmakophagie
phase Conchocoelis Conchocoelis-Phase
phase lumineuse Lichtreaktion → Photosynthese
phase obscure Dunkelreaktion → Photosynthese
phelloderme Phelloderm
phellogène Phellogen
phelloïde Phelloid
phellème Phellem
phène Phän
phénocopie Phänokopie
phénogramme Phänogramm
phénologie Phänologie
phénotype Phänotypus

Phéophycées Braunalgen
phéoplaste Phaeoplast
phéromone Pheromon
phialide Phialide
phialospore Phialokonidie
phloème Phloem
phobotaxie phobische Reaktion
photobionte Photobiont
photolyse Photolyse
photomorphe Photosymbiodem
photomorphogénèse Photomorphogenese
photomorphose Photomorphose
photopériodisme Photoperiodismus
photophosphorylation Photophosphorylierung
photorécepteur Photorezeptor
photorespiration Photorespiration
photosymbiodème Photosymbiodem
photosynthèse Photosynthese
photosynthèse C3 C_3-Typ der Photosynthese
photosynthèse C4 C_4-Typ der Photosynthese
photosystème Photosystem
phototrophie Phototrophie
phototropines Phototropine
phototropisme Phototropismus
phragmobaside Phragmobasidie → Basidientypen
phragmoplaste Phragmoplast
phragmosome Phragmosom
phrase descriptive Phrase
phycobiliprotéines Phycobiliproteide
phycobilisome Phycobilisom
phycobionte Phycobiont
phycocyanine Phycocyanin
phycoérythrine Phycoerythrin
phycologie Phycologie
phycoplaste Phycoplast
phycothèque Phycothek
phyllidie Phylloid
phylloclade Phyllokladium
phyllode Phyllodium
phyllodie Phyllodie
phyllome Phyllom
phyllosphère Phyllosphäre
phyllosporie Phyllosporie
phyllotaxie Phyllotaxis
phylogenèse Phylogenie
phylogénétique Phylogenetik
phylogénie Phylogenie
phylogéographie Phylogeographie
physiologie Physiologie

phytoalexine Phytoalexin
phytochelatine Phytochelatin
phytocénose Phytocoenose
phytographie Phytographie
phytogéographie Chorologie
phytogéographie Pflanzengeographie (s.str.)
phytohormone Phytohormon
phytologie Botanik
phytopathologie Phytopathologie
phytosociologie Pflanzensoziologie
phytotoxines Phytotoxine
pied Stipes (Stiel)
piège floral en urne Kesselfallenblume
piège floral par pincement Klemmfallenblume
pilorhize Kalyptra (2)
piléus Hut
pinocytose Pinocytose → Endocytose
piquant Stachel
pistil Pistill
pistillode Pistillrudiment
pistilloïdie Karpellodie
pistillé pistillat
placenta Placenta
placenta central libre zentrale → Placentation
placentation apicale apikale → Placentation
placentation axile zentralwinkelständige → Placentation
placentation basale basale → Placentation
placentation laminale laminale → Placentation
placentation pariétale parietale → Placentation
placentoïde Placentoid
plage criblée Siebfeld
plagiotrope plagiotrop
plan de construction Bauplan
plan médian Mediane
plan transversal Transversalebene
plancton Plankton
planogamète Planogamet
planospore Planospore → Sporentypen
planospore Zoospore
planozygote Planozygote
plante adventive Adventivpflanze
plante à fruits ballistiques Ballist
plante à rosette Rosettenpflanze
plante bisanuelle Bienne
plante boléochore Boleochore
plante boussole Kompasspflanze

plante calcicole Kalkpflanze
plante cultivée Kulturpflanze
plante de journée courte Kurztagpflanze
plante de journée longue Langtagpflanze
plante en coussinet Polsterpflanze
plante grimpante Kletterpflanze → Liane (2)
plante herbacée vivace Staude
plante hôte Wirtspflanze → Wirt
plante photoapériodique tagneutrale Pflanze
plante pulvinée Polsterpflanze
plante rudérale Ruderalpflanze
plante silicicole Kieselpflanze
plante transgénique transgene Pflanze
plantes insectivores Insectivoren
plantes vasculaires Gefäßpflanzen
plantule Keimpflanze, Sämling
plaque basale Basalplatte
plaque cellulaire Zellplatte
plaque équatoriale Äquatorialplatte
plasmalemme Plasmamembran
plasme germinatif Idioplasma
plasmide Plasmid
plasmode Plasmodium
plasmodesme Plasmodesmos
plasmogamie Plasmogamie
plasmolyse Plasmolyse
plasmon(e) Plasmon
plastes Plasten, Plastiden
plastes des éléments criblés Siebelement-Plastiden
plastidome Plastidom
plastochrone Plastochron
plastome Plastom
plectenchyme Plektenchym
pléiochasium Pleiochasium
pléiomérie Pleiomerie
pléiotropie Pleiotropie
pléomorphisme Pleomorphie
plésiomorphe plesiomorph
plésiomorphie Plesiomorphie
pleurocarpe pleurokarp
pleuronématé pleuronematisch → Geißeltypen
pleuston Pleuston
plumule Plumula
pluriloculaire pluriloculär
pneumathode Pneumathode
pneumatophore Pneumatophor
poche (digestive) Wurzeltasche
poche à eau Wassersack
poche sécrétrice Exkretbehälter
podaire Podarium
podétion Podetium
poil Trichom
poil absorbant Saugschuppe, Wurzelhaar
poil de Nobbe Zwillingshaar
poil entregreffé Zwillingshaar
poil glanduleux Drüsenhaar
poil radical Wurzelhaar
poil raide Seta
poil urticant Brennhaar
poils collecteurs Fegehaare
poils dendroïdes Baumhaare → Trichomtypen
poils en écaille Schuppenhaare → Trichomtypen
poils étoilés Sternhaare → Trichomtypen
poils visqueux Klebstoffhaare
point de départ Ausgangspunkt
point végétatif Vegetationspunkt
polarité Polarität
pollen Pollen
pollinaire, pollinarie Pollinarium
pollinie Pollinium
pollinisateur Bestäuber
pollinisation Bestäubung
pollinisation illégitime illegitime Bestäubung
pollinisation légitime legitime → illegitime Bestäubung
pollinisation par vibration Vibrationsbestäubung
polyade Polyade
polyandrie Polyandrie
polyarche polyarch
polycarpique polykarp
polychorie Polychorie
polyderme Polyderm
polyembryonie Polyembryonie
polygénie Polygenie
polylectique polylektisch
polymorphe polymorph
polymorphisme Polymorphismus
polymorphisme carpellaire Karpellmorphismus
polymérie Pleiomerie
polymère polymer, Polymer
polyoside Polysaccharid
polyphylétique polyphyletisch
polyphylétisme Polyphylie
polyphénie Pleiotropie
polyploïde polyploid
polyploïdie Polyploidie
polyribosome Polysom
polysaccharide Polysaccharid
polysome Polysom

polysomie Polysomie
polyspermie Polyspermie
polystémone polystemon
polythèque polythecisch → Antherenbau
polytopique polytop → monotop
pomme Apfelfrucht
pompe ionique Ionenpumpe
ponctuation Tüpfel, Tüpfelung
ponctuation aréolée Hoftüpfel
ponctuation du champ de croisement Fenstertüpfel
ponctuations ornées skulpturierte Tüpfel → Hoftüpfel
pool de gènes Genpool
population Population
population hybride Hybridschwarm
population mendélienne Mendelpopulation
pore Porus
pore aérifère Atemöffnung
pore de plage criblée Siebpore
pores nucléaires Kernporen → Kernhülle
poricide poricid → Antherenbau
poricide poricid
porogamie Porogamie
port Habitus
porte-embryon Suspensor
poré porat
potential d'eau Wasserpotentiel
potomètre Potetometer
pourriture blanche Weißfäule
pousse Spross
pousse adventive Adventivspross
pousse annuelle Jahrestrieb
pousse de la deuxième sève Johannistrieb
pousse d'enrichissement Bereicherungsspross
pousse de renfort Bereicherungsspross, Parakladium
pousse de répétition Parakladium
pousse de Saint-Jean Johannistrieb
pousse intravaginale intravaginaler Trieb
pousse radiculaire Wurzelspross → Wurzelknospe
pousse surnuméraire Beispross
polyspore Polyspore
P-protéine P-Protein
préadaptation Präadaptation
précurseur Präkursor
préfeuille Vorblatt
préfoliaison Vernation
préfoliation Vernation
préfloraison Ästivation

prélinnéen vorlinnéisch
Préphanérogames Praephanerogamen
présence Stetigkeit
présence relictuelle Reliktvorkommen
présentation du pollen Pollenpräsentation
pression racine Wurzeldruck
primordium Anlage (1), Primordium
principe de Hennig Hennigs Prinzip
principe de la parcimonie Parsimonie-Prinzip
principe de priorité Prioritätsprinzip
probaside Probasidie
procambium Procambium
procarpe Prokarp
procaryotes Prokaryoten
processus élémentaire Elementarprozess
producteur Produzent
producteurs primaires Primärproduzenten
production primaire Primärproduktion
produits d'assimilation Assimilate
proembryon Proembryo
progression Progression
prolamine Prolamin
prolepsie Prolepsis
prolifération Prolifikation
prolifération axiale Diaphyse
prolification Prolifikation
prolifique fertil
promoteur Promotor
propagule Diaspore, Propago
prophage Prophage
prophase Prophase
proplaste Proplastide
prosenchymateux prosenchymatisch
prosenchyme Prosenchym
protandre proterandrich
protandrie Proterandrie
protéase Proteinase
protéasome Proteasom
protéides Proteide
protéines Protein
protéines de stress Hitzeschockproteine
protéome Proteom
protérandrie Proterandrie
protérogynie Proterogynie
prothalle Prothallium
protistes Protisten
protocorme Protokorm
protoderme Protoderm
protogyne proterogyn
protogynie Proterogynie
protologue Protolog
protonéma Protonema

protonyme Protonym
protophloème Protophloem → Phloementwicklung
Protophytes Protophyta
protoplaste Protoplast
protothalle Prothallus
protoplasme Protoplasma
proximale proximal
psammophyte Psammophyt
pseudanthium Pseudanthium
pseudobulbe Pseudobulbe
pseudocapillitium Pseudocapillitium
pseudocarpe Scheinfrucht
pseudocyphelle Pseudocyphelle
pseudoflagelles Pseudocilien
pseudogamie Pseudogamie
pseudogène Pseudogen
pseudomonocotylédoné pseudomonokotyl
pseudomonomère pseudomonomer → Gynoeceum
pseudomycélium Sprossungsmycel
pseudoparaphyse Pseudoparaphyse
pseudopéridium Pseudoperidie
pseudoplasmodium Aggregationsplasmodium
pseudopode Pseudopodium
pseudopodétion, pseudopodétium Pseudopodetium
pseudopollen Pseudopollen
pseudoraphé Pseudoraphe
pseudostipules Pseudostipeln
pseudosympétalie Pseudosympetalie
pseudosyncarpe pseudocoenkarp → Gynoeceum
pseudothécie (-cium) Pseudothecium
pseudotronc Scheinstamm
pseudovacuole Gasvesikel
pseudovelamen Pseudovelamen
pseudoverticille Scheinquirl
psychophilie Psychophilie
psychrophile psychrophil
ptéridie Samara
ptéridologie Pteridologie
ptéridophylle Pteridophyll
ptéridospermées Pteridospermae
publication Publikation
pulpe Pulpa
pulvinus Pulvinus
puna Puna
pusule Pusule
pycnide Pyknidie
pycnidiospore Pyknospore
pycnoconidie Pyknospore

pycnoxylique pyknoxyl
pyrénocarpe pyrenokarp
pyrénoïde Pyrenoid
pyrophyte Pyrophyt
pyxide Pyxidium

quinconce Quincunx
quotient respiratoire respiratorischer Quotient

race Cultivar, Rasse
race chromosomique Cytotyp
racème Ähre
racème double Doppeltraube
racémisation Racemisation
rachéole Ährchenachse → Ährchen
rachis Rhachis
racine Wurzel
racine adhésive Haftwurzel
racine adventive Adventivwurzel
racine adventive sprossbürtige → Wurzel
racine aérienne Luftwurzel
racine contrefort Brettwurzel
racine de réserve Speicherwurzel
racine-échasse Stützwurzel → Luftwurzel
racine latérale Seitenwurzel → Wurzel
racine pivotante Pfahlwurzel
racine primaire Primärwurzel
racine principale Hauptwurzel
racine principale Primärwurzel → Wurzel
racine tractrice Zugwurzel
radiaire polysymmetrisch → Symmetrie
radication Radikation
radicelles Radicellen
radicule Radicula
rameau Ast → Sprossachse
rameau axillaire Achselspross
rameau court Kurztrieb
rameau long Langtrieb
rameau-relais Fortsetzungsspross
rameau surnuméraire Beispross
ramentum Spreuschuppe (2)
ramification Verzweigung
rang Rangstufe
raphé Raphe
raphides Raphiden
rattachement Anschluss
rayon libérien Phloem(mark)strahl
rayon ligneux Holzstrahl
rayon médullaire Markstrahl
réaction du Hill Hill-Reaktion
rebord thallin Excipulum
recaulescence Recauleszenz
récent rezent

réceptacle Receptaculum
réceptacle Blütenboden → Köpfchenboden
récepteur Rezeptor
récessif rezessiv
recombinaison Rekombination
réduction chromatique Meiose
refuge Refugium
régéneration Regeneration
région de l'organisateur nucléolaire Nucleolus-Organisator-Region
région floristique Florengebiet
région holarctique Holarktis
règle de Chargaff Chargaff-Regel
règle de la déviation Deviationsregel
règle de l'alternance Alternanzregel
règle de l'équidistance Äquidistanzregel
règne Reich
règne végétal Pflanzenreich
reiteration Reiteration
relevé Vegetationsaufnahme
renflement ligneux Lignotuber
réplication Replikation
réplicon Replikon
replum Replum
répresseur Repressor
reproduction Fortpflanzung
réseau de Hartig Hartigsches Netz
résistance Resistenz
résistance au gel Frostresistenz
respiration Atmung
respiration cellulaire Zellatmung
respiration obscure Dunkelatmung
ressemblance Ähnlichkeit
ressources Ressourcen
résupination Resupination
résupiné resupinat
réticule (-lum) Reticulum
réticulum endoplasmique endoplasmatisches Reticulum
rétinacle Retinaculum
rétinacle (Orchid.) Viscidium
rétrocroisement Rückkreuzung
rétrotransposon Retrotransposon
rétrovirus Retrovirus
revêtement Indument
révision Revision
rhéophyte Rheophyt
rhexigène rhexigen → Interzellulare
rhipidium Fächel
rhizine Rhizine
rhizoderme Rhizodermis
rhizoïde Rhizoid
rhizoïde à paroi tuberculée Zäpfchenrhizoid

rhizoïde tuberculé Zäpfchenrhizoid
rhizome Rhizom
rhizomorphe Rhizomorphe
rhizophore Rhizophor
rhizoplaste Rhizoplast
rhizopode Rhizopodium
rhizosphère Rhizosphäre
Rhodophycées Rotalgen
rhodoplaste Rhodoplast
rhytidome Borke
ribosome Ribosom
ribozymes Ribozyme
rosée mielleuse Honigtau
rosette Blattrosette, Rosette
rostellum Rostellum
rudiment Anlage (1), Rudiment
rythm circadien Tagesrhythmik

sac aérifère Luftsack
sac embryonnaire Embryosack
sac pollinique Pollensack
saccharose Saccharose
saccule aquifère Wassersack
saltationisme Saltationismus
samare Samara
saponines Saponine
saprobionts Saprobien
sapromyophiles Sapromyiophilae
saprophyte Saprophyt
sarcinoïde sarcinoid
sarcocarpe Sarkokarp
sarcotesta Sarkotesta
satellite Satellit
savane Savanne
schizidie Schizidium
schizocarpe Schizokarp
schizogène schizogen → Interzellulare
schizogonie Schizogonie
schizotomie Schizotomie
scintillons Scintillonen
sclérenchyme Sklerenchym
sclérite Sklereide
sclérophylle sklerophyll
sclérobaside Sklerobasidie → Basidientypen
sclérotesta Sklerotesta
sclérote Sclerotium
sculpture Skulptur → Pollenmorphologie
scutellum Scutellum
sécrétion Sekret
section Sektion
seirospore Seirospore
sélection Selektion
sélection d'espèce Artselektion

sémaphylle Semaphyll
semence Same
semi-espèce Semispecies
semiperméabilité Semipermeabilität
sénescence Seneszenz
sépale Sepalum
sépalodie Sepalodie
septicide septicid
septifrage septifrag
septum Septum
septum apical Apikalseptum
séquençage Sequenzierung
série Series
sérotaxonomie Serodiagnostik
serre portative de Ward Wardsche Kiste
séta Seta
seuil de disjonction Disjunktionsschwelle
sexe Geschlecht
sexualité Sexualität
sidérophores Siderophore
signal à nectar Saftmal
silenceur Silencer
silicule Schötchen → Schote
silique Schote
silique lomentacée Gliederschote
sillon Colpus
similitude Ähnlichkeit
sinistrorse linkswindend
siphoné siphonal
siphonogamie Siphonogamie
sociabilité Soziabilität
société d'échange des plantes Tauschverein, botanischer
soie Seta
soies Spreuborsten
soies hypogynes hypogyne Borsten
somatogamie Somatogamie
soralie Soral
sore Sorus
sorédie Soredium
sorocarpe Sorokarp
sorophore Sorophor
souche Cultivar
soudure congénitale Verwachsung, congenitale
soudure postgénitale Verwachsung, postgenitale
sous-arbrisseau Halbstrauch, Zwergstrauch
sous-embranchement Unterabteilung
sous-espèce Subspecies
sous-famille Subfamilie
sous-genre Subgenus
sous-ordre Subordo

sous-section Subsektion
sous-variété Subvarietät
spadice Kolben
spathe Spatha
spéciation Artbildung
spécificité de l'hôte Wirtspezifität
spectre d'action Wirkungsspektrum
Spermaphytes Spermatophyten
spermatide Spermatide
spermatie Spermatium
spermatocyste Androgametocyste
spermatogenèse Spermatogenese
spermatogone Spermatangium, Spermatogonium
Spermatophytes Spermatophyten
spermatozoïde Spermatozoid
spermogonie Spermogonium
sphingophilie Sphingophilie
spicule Ährchen
spirodécussation Spirodecussation
spirodistichie Spirodistichie
spirotonie Spirotonie
sporange Sporangium
sporangiophore Sporangiophor
spore Spore
spore aplanétique Aplanspore
spore d'été Uredospore
spore endogène Endospore → Sporentypen
spore exogène Exospore → Sporentypen
spore flagellé Zoospore
sporidie Sporidium
sporocarpe Fruchtkörper, Sporokarp
sporocyste Sporocyste
sporoderme Sporoderm
sporodochie Sporodochium
sporogenèse Sporogenese
sporogone Sporogon(ium)
sporophylle Sporophyll
sporophyte Sporophyt
sporopollénine Sporopollenin
sporulation Sporulation
squamules intravaginales Intravaginalschuppen
stachyosporé stachyospor
stade Chantransia Chantransia-Stadium
stade Codiolum Codiolum-Stadium
staminaire staminat
staminé staminat
staminal staminat
staminode (-dium) Staminodium
staminodie Staminodie
stasigenèse Stasigenese
station Fundort, Habitat

statut Status
stégocarpe stegokarp
sténocyste Begleiter
stéphanocolpé zonocolpat
stéphanoporé zonoporat
steppe Steppe
stéréide Stereide
stérigmate Sterigma
stérile steril
stérilité Sterilität
stérilité de l'hybride Hybridsterilität → Isolationsmechanismen
stérilité des hybrides Hybridsterilität
sternotribique sternotrib
stichide Stichidium
stichobaside Stichobasidie → Basidientypen
stigma Stigma (2.)
stigmate Stigma (1.)
stimulus Reiz
stipe Cauloid, Scheinstamm
stipe Stipes (Stiel)
stipelle Stipelle
stipule Stipel
stipule axillaire Axillarstipel
stipules inter-pétiolaires Interpetiolarstipeln
stolon Stolo
stomate Stoma
stomium Stomium
stratégie de la vie Lebensstrategie
stratégie de reproduction Reproduktionsstrategie → Lebensstrategie
stratification Stratifikation (von Samen), Schichtung
stress Stress
strobile Zapfen
stroma Stroma
stromatolithe Stromatolith
strophiole Strophiolum
structure Struktur → Pollenmorphologie
structure pluristratifiée Multilayered Structure
style Stylus
stylode Stylodium
stylopode Stylopodium
subérine Suberin
subhyménium Subhymenium
substance lichéniques Flechtenstoffe
suc cellulaire Zellsaft
suc laiteux Latex
succession Sukzession
succube unterschlächtig
succulent sukkulent
suçoir Haustorium

suçoir du sac embryonnaire Endospermhaustorium
suite des pousses Sprossfolge
sulcus Sulcus
supère oberständig → Ovar
super-espèce Superspecies
superposé superponiert
superposition Superposition
suspenseur Suspensor
suture dorsale Rückennaht
suture ventrale Ventralnaht
sycone Syconium
syllepsie Syllepsis
symbionte Symbiont
symbiose Symbiose
symétrie Symmetrie
sympatrique sympatrisch
sympétale sympetal
symplaste Symplast
symplésiomorphie Symplesiomorphie
sympode Sympodium
sympodisation Übergipfelung
symport Symport
synandrie Synandrium
synange Synangium
synanthropique synanthrop
synapomorphie Synapomorphie
synapsis Synapsis
synaptospermie Synaptospermie
synaptosporie Synaptosporie
syncarpe synkarp → Gynoeceum
syncyanose Syncyanose
syncytium Syncytium
syncéphalium Syncephalium
syndrome de la domestication Domestikationssyndrom
syndèse Synapsis
synergide Synergide
synflorescence Synfloreszenz
syngaméon Syngameon
syngamie Syngamie
synnémie Synnema
synoécique synözisch
synoïque synözisch
synonyme Synonym
synorganisation Synorganisation
synsépalie Synsepalie
syntaxon Syntaxon
syntaxonomie Syntaxonomie
syntopique syntop
syntype Syntypus
syntépalie Syntepalie
synusie Synusie
synzoochorie Synzoochorie

Register (franz.) 548

synzoospore Synzoospore
systématique Systematik
systématique moléculaire Molekulare Systematik
système System
sytème phytochrome Phytochromsystem
système racinaire Wurzelsystem
système sexuel Sexualsystem
systémine Systemin
systémique systemisch

tachysporie Tachysporie
tachytélic tachytelisch → Evolutionsgeschwindigkeit
taeniocyste Taeniocyste
taiga Taiga
taillis Niederwald
tallage Bestockung
tapetum Tapetum
tapis Tapetum
tapis amoeboïde amöboides Tapetum → Tapetumtypen
tapis coenocytique amöboides Tapetum → Tapetumtypen
tapis sécréteur Sekretionstapetum → Tapetumtypen
tautonyme Tautonym
taux d'évolution Evolutionsgeschwindigkeit
taux de mutation Mutationsrate
taxie Taxie
taxon Taxon
taxon endémique Endemit
taxon infragénérique Taxon, infragenerisches
taxon infraspécifique Taxon, infraspezifisches
taxonomie Taxonomie
taxonomie experimentale Taxonomie, experimentelle
taxonomie numérique Phänetik
taxonomie phénétique Phänetik
technique génétique Gentechnik
tecté tectat
tegmen Tegmen
tégument Integument, Tegmen
tégument seminal Testa
téléomorphe Teleomorphe
téleutosore Telium
téleutospore Teleutospore
téliospore Teleutospore
télocentrique telocentrisch → Chromosomentypen
télome Telom

télomère Telomer
télophase Telophase
tentacule Tentakel
tenuinucellé tenuinucellat → Samenanlage (B.)
tépale Tepalum
tératologie Teratologie
terminologie Terminologie
test Testa
test biologique Biotest
tétracyclique tetrazyklisch
tétrade Pollentetrade, Tetrade
tétramère tetramer
tétrarche tetrarch
tétrasporangié tetrasporangiat
tétraspore Tetraspore
tétrasporocyste Tetrasporangium
tétrasporophyte Tetrasporophyt
thalle Thallus
thalloïde thallos
Thallophytes Thallophyten
théorie cellulaire Zelltheorie
théorie chromosomique de l'hérédité Chromosomentheorie der Vererbung
théorie de cohésion Kohäsionstheorie
théorie de durian Durio-Theorie
théorie de l'anthocorme Anthokorm-Theorie → Blütentheorien
théorie de l'émergence Emergenztheorie
théorie de l'énation Emergenztheorie
théorie de la descendance Deszendenztheorie
théorie de la pangenèse Pangenesis-Theorie
théorie de la préformation Präformationstheorie
théorie de la spirale Spiraltheorie → Phyllotaxis (B.)
théorie de la stèle Stelärtheorie
théorie de neutralité de l'évolution Neutralitäts-Theorie
théorie des histogénes Histogentheorie
théorie des statolithes Statolithentheorie
théorie d'euanthium Euanthientheorie → Blütentheorien
théorie du phyllode Phyllodientheorie
théorie du phyton Phytontheorie
théorie du pseudanthium Pseudanthientheorie → Blütentheorien
théorie du péricaulome Pericaulomtheorie
théorie du télome Telomtheorie
théorie endosymbiotique Endosym-

bionten-Theorie
théorie foliaire Blatt-Theorie
théorie micellaire Micellartheorie
théorie transformiste Evolutionstheorie
thèque Theca
thermophile thermophil
thermopériodisme Thermoperiodismus
thermorésistance Hitzeresistenz
thérophyte Therophyt
thylacoïde, -koïde Thylakoid
thylle Thylle
thyrse Thyrsus
tige Sprossachse
tige fasciée Fasciation
tissu Gewebe
tissu aquifère Hydrenchym
tissu conducteur Leitgewebe, Transmissionsgewebe
tissu d'absorption Absorptionsgewebe
tissu d'éléments dynamiques Bewegungsgewebe
tissu de flottaison Schwimmgewebe
tissu de réserve Speichergewebe
tissu de soutien Festigungsgewebe
tissu de transfusion Transfusionsgewebe
tissu de transmission Transmissionsgewebe
tissu de turgescence Schwellgewebe
tissu fondamental Grundgewebe
tissu nectarifère Nektariumsgewebe
tissu nourricier Futtergewebe
tissu permanent Dauergewebe
tissu sécréteur Exkretionsgewebe
tissu sécréteur Sekretionsgewebe
tonoplaste Tonoplast
topotype Topotypus
tordu contort → Ästivation
tore Torus
torus Torus
totipotence Totipotenz
toundra Tundra
tourbière minérotrophe Niedermoor → Moore
tourbière ombrotrophe Hochmoor → Moore
tourbières Moore
toxicyste Toxicyste
trabécule Trabekel
trace foliaire Blattspur
trachée Trachee
trachéide Tracheide
trachéide de réserve Speichertracheide
trachéide juxtavasculaire vasizentrische → Tracheide
trachéide transversale Markstrahltracheide
trachéide vasculaire Gefäßtracheide → Tracheide
trachéophytes Gefäßpflanzen
trade-off Trade-off
trame Trama
transcription Transkription
transduction Transduktion
transect Transekt
transfection Transfektion
transfert de fonction Funktionsübertragung
transformation Transformation
transformisme Deszendenztheorie
transition Transition
translation Translation
translator Translator
translocation Translokation
translocon Translokon
transmission des caractères acquis Vererbung erworbener Eigenschaften
transmission héréditaire Vererbung
transpiration Transpiration
transport actif aktiver Transport
transposition Transposition
transposon Transposon
transversion Transversion
tribu Tribus
trichoblaste Trichoblast
trichocyste Trichocyste
trichogyne Trichogyne
trichome Trichom
trichome vésiculaire Blasenhaar
trichophore Trichophor
trichosclérite Trichosklereide → Sklereide
tricolpé tricolpat
tricolporé tricolporat
trilète trilet
trimère trimer
trioïque triözisch
triploïde triploid
trisomie Trisomie
tronc Stamm → Sprossachse
troncature Truncation → Rumpfsynfloreszenz
trophophylle Trophophyll
trophopode Trophopod
trophosporophylle Trophosporophyll
tropiques Tropen
tropisme Tropismus
tropophyte Tropophyt
trypanocarpie Trypanokarpie
tube Tubus
tube criblé Siebröhre

tube pollinique Pollenschlauch
tubercule Knolle
tubercule Sprossknolle
tubercule aérien Pseudobulbe
tubercule napiforme Rübe
tubercule radicaire Wurzelknolle
tubuline Tubulin
tumeur Tumor
tumeur du collet Wurzelhalstumor
tunica Tunica
tunique cellulosique Amphiesma
turgescence Turgor
turion Turio
tyle Thylle
type Typus
type céomique Caeoma-Tyo
type de l'aire de répartition Arealtyp
type multiaxial multiaxialer Typ
type nomenclatural Typus, nomenklatorischer
type pluriaxial multiaxialer Typ
type sauvage Wildtyp
type uniaxial uniaxialer Typ
types de spores Sporentypen
typification Typisierung
typotype Typotypus

ubiquinones Ubichinone
ubiquiste Ubiquist
ultrastructure Ultrastruktur
unifacial unifacial → Blattbau
unisexué eingeschlechtig
unité germinale femelle Eiapparat
unité germinale mâle male germ unit
unité taxonomique opérationelle operational taxonomic unit
unité végétative Ramet
unitegumenté, uniteguminé unitegmisch → Samenanlage (A.)
univalent Univalent
urédie Uredinium
urédospore Uredospore
urne Ascidium
utricule Utriculus

vacuole Vakuole
vacuole contractile Vakuole, kontraktile
vacuole gazeuse Gasvesikel
vacuome Vakuom
vaginule Vaginula
vaisseau à latex Milchröhre
vaisseau du bois Trachee
vaisseau ligneux Trachee
valeur osmotique osmotisches Potential

vallécule Vallecula
valvaire valvat → Ästivation
valve Valva, Valve
variabilité Variabilität
variation Variation
variation méristique Variation, meristische
variation parallèle Parallelvariation
variété Varietät
variété (plante cultivée) Cultivar
végétatif vegetativ
végétation Vegetation
végétation pionnier Pioniervegetation
velamen Velamen
ventral adaxial
vernalisation Vernalisation
vernation Vernation
versatile versatil → Antherenbau
verticille Wirtel
verticillé wirtelig → Phyllotaxis (A.)
vésicule Vesikel
vésicule pulsatile Vakuole, kontraktile
vicarisme Vikarismus
vie Leben
vigueur hybride Heterosis
virescence Verlaubung
viroïdes Viroide
virus Virus
vivace perenn
viviparie Viviparie
voile Velum
volve Volva
vrille Cirrhus, Ranke
vrille foliaire Blattranke

Weismannisme Weismannismus

xanthophylles Xanthophylle → Carotinoide
xénie Xenie
xénogamie Xenogamie
xénophyte Xenophyt
xérochasie Xerochasie
xéromorphe xeromorph
xéromorphie Xeromorphie
xérophile xerophil
xérophyte Xerophyt
xylopode Xylopodium
xylème Xylem

zoïde Zoid
zoïdiogamy Zoophilie
zoïdiophilie Zoophilie
zone apicale apikale Initialengruppe → Initialzellen

zone cambiale Cambialzone
zone d'abscission Trenngewebe
zone d'enrichissement Bereicherungszone
zone de renfort Bereicherunsgzone
zone d'hybridation Hybridzone
zone d'inhibition Hemmungszone
zone d'innovation Innovationszone
zone intercostale Intercostalfeld
zone transverse Querzone
zones de végétation Vegetationszonen

zoochlorelles Zoochlorellen
zoochorie Zoochorie
zoogamète Planogamet
zoosporange Zoosporangium
zoospore Zoospore
zooxanthelles Zooxanthellen
zygomorphe monosymmetrisch → Symmetrie
zygote Zygote
zygotène Zygotän

Quellen der Abbildungen

1. PULLE, A.A. 1938: Compendium van de terminologie, nomenclatuur en systematiek der zaadplanten. 338 S., ill. – Utrecht: N. V. A. Oosthoek's Uitgevers-Maatschappij.
2. HICKEY, L.J. 1973: Classification of the architecture of dictyledonous leaves. – American Journal of Botany **60**: 17-33, Fig. 41-62. Copyright: American Botanical Society. Editor: Dr. K. J. Niklas, Cornell University, Ithaca, N. Y. 14853–5908.
3. WEBERLING, F. 1981: Morphologie der Blüten und Blütenstände. 391 S., 193 Abb. – Stuttgart. Ulmer.
4. STEARN, W. T. 1992: Botanical Latin. History, grammar, syntax, terminology and vocabulary. 4. Aufl. xiv + 546 S. – Newton Abbot: David & Charles.
6. DAHLGREN, R. & RASMUSSEN, F. N. 1983: Monocotyledon evolution. Characters ans phylogenetic estimation. – Evol. Biol. **16**: 255-395. Fig 2 (Publ. Plenum Press, 233 Spring Street, New York, N. Y. 10013).
7. TROLL, W. 1994: Die Infloreszenzen. Typologie und Stellung im Aufbau des Vegetationskörpers. **1**. Band. XVI + 615 S., 553 Abb. – Fischer.
8. + 9. MELCHIOR, H. (edit.) 1964: A. Engler's Syllabus der Pflanzenfamilien. 12. Aufl. **2**. Band. Angiospermen, Übersicht über die Florengebiete der Erde. – Berlin-Nikolassee: Gebr. Borntraeger
10. Teilfig. A-N: VAN COTTHEM, offenbar unveröffentlicht. Teilfig. O aus: METCALFE, C. R. & CHALK, L. 1979: Anatomy of the Dicotyledons. 2. Aufl. **1**. Band, Fig. 10,3. – Oxford: Clarencon Press.